Geochemie und Umwelt

Jörg Matschullat
Heinz Jürgen Tobschall
Hans-Jürgen Voigt

Springer

Berlin
Heidelberg
New York
Barcelona
Budapest
Hong Kong
London
Mailand
Paris
Santa Clara
Singapur
Tokio

Jörg Matschullat
Heinz Jürgen Tobschall
Hans-Jürgen Voigt

Geochemie und Umwelt

Relevante Prozesse in Atmo-, Pedo- und Hydrosphäre

Mit 168 Abbildungen und 116 Tabellen

Springer

PD Dr. Jörg Matschullat
Universität Heidelberg
Institut für Umwelt-Geochemie
Postfach 10 30 20
D-69020 Heidelberg

Prof. Dr. Heinz Jürgen Tobschall
Friederich-Alexander-Universität
Erlangen-Nürnberg
Institut für Geologie und Mineralogie
Schloßgarten 5
D-91054 Erlangen

PD Dr. habil. Hans-Jürgen Voigt
Technische Universität Berlin
UWG Gesellschaft für Umwelt- und
Wirtschaftsgeologie mbH
Wolfener Str. 36
D-12681 Berlin

ISBN 3-540-61866-X
Springer-Verlag Berlin Heidelberg New York

Die Deutsche Bibliothek - CIP-Einheitsaufnahme

Geochemie und Umwelt: Relevante Prozesse in Atmo-, Pedo- und Hydrosphäre – Berlin; Heidelberg; New York; Barcelona; Budapest; Hong Kong; London; Mailand; Paris; Santa Clara; Singapur; Tokio: Springer 1997
ISBN 3-540-61866-X
NE: Matschullat, Jörg [Hrsg.]

Printed in Germany

Satz und Layout: Anne Marie de Grosbois
Umschlaggestaltung: design & production, Heidelberg
Umschlags- und Abschnitts-Photographien: Jörg Matschullat

SPIN: 10507664 32/3136 – 5 4 3 2 1 0

Gedruckt auf säurefreiem Papier

Geleitwort

Die Erde verdankt ihren Stoffbestand kosmischen Ereignissen in unserem Sonnensystem und dessen Vorgängern. Im Verlauf seiner Geschichte hat unser Planet eine dünne Haut aus der Stoffsonderung von Silikaten, Oxiden und Schmelzen gebildet: die Erdkruste. In einem frühen Stadium entstanden Gewässer und Atmosphäre, deren Zusammensetzungen sich dann den Umbildungsprozessen in der Erdkruste jeweils anpaßten. So hat die Atmosphäre nur während der zweiten Hälfte der Erdgeschichte freien Sauerstoff enthalten, der höhere Formen organischen Lebens ermöglichte. In der Wechselwirkung der Atmosphäre und der Gewässer mit der obersten Erdkruste entstanden in Prozessen der Verwitterung die Böden, auf denen die pflanzliche Nahrung für Tiere und Menschen wächst. Der natürliche Stoffbestand der Böden war ursprünglich weitgehend frei von gesundheitsschädigenden Verbindungen.

Der Mensch benötigt täglich wenige Kilogramm Nahrung und Trinkwasser sowie etwa 20 kg Atemluft. Nur bei der Nahrung summiert sich der Bedarf für die gesamte Weltbevölkerung zu Mengen, die sich den Produktionsgrenzen des gegenwärtigen Ackerbaus nähern. Für den Trinkwasserbedarf ist die Bevölkerungsentwicklung noch nicht so kritisch. Auf nur 6,3% der Erdoberfläche lassen Böden und Klima Ackerbau zu. Bei weiterem Bevölkerungswachstum erfordert die zusätzliche Ernährung eine Vergrößerung der künstlich gedüngten und bewässerten Flächen – ein Eingriff, der umweltschädigende Folgen haben kann.

Auf dem relativ kleinen Gebiet von nur 1,5% der Erdoberfläche werden die meisten Industriegüter gefertigt. Diese Ballung von Industrie und Bevölkerung erfordert einen erheblichen Teil der Energieproduktion und stellt eine Gefährdung von Trinkwasser, Luft und Nahrung durch freigesetzte Schadstoffe dar. Mit der Größe von Produktion und Bevölkerung wächst der Abfall, dessen gefahrlose Lagerung in dichtbesiedelten Gebieten Probleme bereitet.

In diesem Buch werden zahlreiche komplexe Wechselwirkungen zwischen Böden, Nahrung, Gewässern, Luft und menschlicher Tätigkeit beschrieben. Die schädigenden Auswirkungen der menschlichen Tätigkeit zu quantifizieren ist in manchen Fällen schwierig. Nur über sachliche und umfassende Informationen kann eine emotionsfreie Diskussion zwischen Verursachern und Geschädigten in einer sich laufend verändernden Umwelt erreicht werden. Meistens erfolgt die Erkennung von umweltschädigenden Wirkungen technischer Prozesse lange nach deren Einführung. Die stete Änderung der Umwelt ist vor allem durch das enorme Wachstum der Bevölerung und ihrer Ansprüche seit Beginn des vergangenen Jahrhunderts bedingt. Die Schübe des Anwachsens der Erdbevölkerung vor der industriellen Revolution waren jeweils mit Innovationen im Ackerbau verbunden.

Obwohl das schnellste Bevölkerungswachstum außerhalb der hochindustrialisierten Länder stattfindet, steigt der Energieverbrauch in der Welt nahezu parallel zum Bevölkerungswachstum an. Dieser Befund sollte den Industrieländern Verpflichtung zur Umweltschonung und zur Aufklärung von potentiellen Umweltschäden sein. Insbesondere die an der Industrieproduktion direkt und indirekt verdienende Bevölkerung muß Vorsorge gegen die Verunreinigungen von Luft, Gewässern und Böden treffen. Nicht zuletzt ist dabei an die sich global auswirkenden Prozesse zu denken, so an die potentielle Veränderung des Klimas und der Sonneneinstrahlung durch Emissionen von Kohlendioxid, Methan, Fluor-Chlor-Kohlenwasserstoffen (FCKW) usw. in die Atmosphäre. Ein weniger bekannter Fall von menschlichem Einfluß ist die leichte Erhöhung des Bleigehaltes im Oberflächenwasser aller Ozeane. Es ist davon keine Gesundheitsschädigung zu erwarten. Der Vorgang zeigt jedoch die Fernwirkung der Emissionen und das globale Ausmaß mancher Kreisläufe.

Zu den Studienobjekten der Geochemie gehört der Stoffwechsel zwischen Gesteinen, Gewässern und Atmosphäre im vorindustriellen Zustand. Der menschliche Einfluß auf natürliche Systeme läßt sich nur erkennen oder quantitativ erfassen, wenn man sich auf den vorindustriellen Zustand beziehen kann. Die Verbindungen einiger Elemente wie Quecksilber, Cadmium und Thallium sind schon in sehr niedrigen Konzentrationen toxisch, so daß eine geringe Erhöhung der natürlichen Gehalte dieser Elemente in Böden, Nahrung und Gewässern zu Gesundheitsschäden führen kann. Da in der Geochemie Schlüsse aus dem natürlichen Stoffwechsel von Spurenelementen in Gesteinen und Gewässern gezogen werden, ist dieses Fach prädestiniert, die anthropogen veränderten Kreisläufe umweltrelevanter Spurenelemente zu untersuchen. Klärschlämme, Industriestäube und Müll unterscheiden sich von natürlichen Untersuchungsobjekten der Geochemie nicht so erheblich, als daß man sie nicht mit ähnlichen instrumentellen Methoden analysieren könnte. Bei den meisten Problemen der Umweltanalyse ist zu bedenken, daß sie von den Bearbeitern auch Einsicht in die relevanten technischen Prozesse erfordern.

Januar 1997 Prof. em. Dr. K.H. Wedepohl

Einführung

GEOCHEMIE UND UMWELT

Aktivitäten des Menschen greifen in vielen Fällen bereits nachhaltig in die globalen Kreisläufe vieler Elemente ein. In regionalem und lokalem Maßstab können anthropogene Einflüsse die natürlichen Stoffflußraten bereits in den Hintergrund gedrängt haben. So übersteigen die Emissionen aus anthropogenen Quellen häufig jene natürlicher Herkunft um ein Vielfaches. Dieser Trend ist – global betrachtet – ungebrochen, obwohl es erfreuliche Teilerfolge z.B. bei der Emissionsreduktion v.a. in den westlichen Industrienationen gibt (z.B. Brimblecombe 1995; Graedel u. Crutzen 1993; Nriagu 1989; → Kap. 1, 2, 4). In vielen Ökosystemen haben die menschlichen Eingriffe Reservoire, Flußraten und die chemischen sowie physikalischen Speziationen von Spurenmetallen gegenüber deren natürlichen Vorkommen außerordentlich verändert. Da Spurenmetallkreisläufe häufig mit biologischen Zyklen verbunden sind, ist ein Eintrag mancher Metalle, z.B. As, Cd, Hg, Pb, in Nahrungsketten, auch in jene des Menschen, zu erwarten – und zum Teil bereits nachzuweisen (→ Kap. 10). In ihrer Komplexität oft noch schwieriger zu bearbeiten und wegen der zahlreichen Möglichkeiten der Umwandlung innerhalb von Gewässern, Sedimenten und Böden nur mit großem Aufwand nachzuweisen ist die Gruppe der organischen Schadstoffe. Zugleich wird zunehmend deutlicher, daß neben der anthropogenen Emission organischer Stoffe, vermeintlicher „Xenobiotika", dieselben Verbindungen z.T. in hohem Maß natürlich produziert werden. Eine Differenzierung zwischen anthropogenen und natürlichen Quellen ist nicht einfacher nachzuweisen als wir dies von anorganischen Verbindungen und Elementen kennen (→ Kap. 6–9, 16, 24). Die zahlreichen Wechselwirkungen zwischen organischer und anorganischer Materie sowohl im rein chemischen Sinne als auch hinsichtlich biogeochemischer Prozesse zu detektieren, steckt trotz vieler Jahre engagierter Arbeit noch in den Kinderschuhen und wird erst langsam – auch durch den Fortschritt der Analysentechnik (→ Kap. 8, 9) – entschlüsselt und für das Verständnis ökosysteminterner und globaler Prozesse verfügbar.

Die Geochemie der Umwelt konzentriert sich daher auf Fragen, die mit den folgenden Stichworten beschrieben werden können:

- Definition natürlicher Metallkonzentrationen (geochemischer Hintergrund), Flußraten der Metalle und Ermittlung ihrer chemischen und physikalischen Spezies (→ Kap. 1, 2, 4, 7, 10–13, 16–18, 23). Ohne diese Basisinformationen können Veränderungen durch den Menschen weder quantitativ erkannt noch qualitativ verstanden werden.
- Die Gesamtkonzentrationen und Speziationen der „klassischen" Umweltelemente As, Cd, Hg und Pb müssen weiterhin allein wegen ihrer hohen Toxizität ermittelt werden (→ Kap. 10). Zudem sind derartige geochemische Basisdaten z.B. für Tl, In, Bi, Sb, Sn, Cr und die Platingruppenelemente (PGE) zu erarbeiten, Elemente, deren Toxizitätsgrad nur unzureichend bekannt ist (→ Kap. 11).

- Indirekte Beeinflussungen von Elementkreisläufen durch sich verändernde biogeochemische Prozesse müssen bearbeitet werden (Bsp.: Saure Deposition und Gewässereutrophierung; → Kap. 1, 3, 4, 18, 19, 23).
- Analytische Verfahren zur Identifizierung der in aquatischen und terrestrischen Ökosystemen vorliegenden chemischen und physikalischen Spezies müssen entwickelt und in der Umweltgeochemie angewandt werden. Nur wenn Spezies zweifelsfrei identifiziert und quantitativ bestimmt werden, können Stoffkreisläufe im Hinblick auf Speziestransformationen, Aufenthaltszeiten und Reaktionen zwischen den Spezies diskutiert werden. Derartige Arbeiten erbrächten grundlegende Erkenntnisse sowohl für die klassische Geochemie als auch deren angewandten Sproß, die Umweltgeochemie.
- Metallorganische Spezies, z.B. von As, Hg, Se und Sn, sowie jene Prozesse, die zu ihrer Bildung führen, müssen bestimmt und untersucht werden. Diese Spezies werden häufig von Organismen aufgenommen und entlang der Nahrungskette akkumuliert (→ Kap. 4, 5).
- Organische Verbindungen und deren Metabolite müssen detektiert und in ihrer Bedeutung für die biogeochemischen Prozesse beschrieben werden. Es muß eindeutig differenziert werden können zwischen natürlich entstehenden und anthropogen emittierten Verbindungen sowie deren jeweiliger Funktion innerhalb von Ökosystem-Kompartimenten (→ Kap. 5–9, 24).

UMWELTGEOCHEMIE – WAS IST DAS?

Die Umwelt ist „die Gesamtheit der Lebensbedingungen von Menschen, Tieren und Pflanzen, die direkt oder vermittelt auf sie einwirken und die von ihnen verändert oder umgestaltet werden" (ergänzt zu Meyers Neues Lexikon). Damit entspricht der Begriff der Umwelt dem des Biotops bzw. Ökotops sensu Odum (1983) und ist Voraussetzung und Ergebnis der fortwährenden dynamischen Wechselbeziehung zwischen belebter Materie (Biota) und den abiotischen Lebensgrundlagen.

Dem Wasser kommt dabei nicht nur eine entscheidende Bedeutung für das Entstehen von Leben zu. Die belebte Materie besteht zu einem Großteil aus Wasser. Zugleich ist die Hydrosphäre das universelle Bindeglied zwischen allen Erdsphären, d.h. zwischen Atmo-, Bio- und Pedo-(Litho-)sphäre. Wasser wirkt als universelles Lösungs-, Transport-, Speicher- und Reaktionsmedium im Gesamtsystem Biomasse-Gas-Wasser-Boden-Gestein. In seiner Gesamtheit ist dieses in Zeit und Raum veränderliche, dynamische System im Sinne geologischer Zeiträume als geschlossenes System zu betrachten (Vernadski 1936). Da sich Veränderungen in Teilen des Systems langfristig (d.h. in geologischen Zeiträumen) auf das Gesamtsystem auswirken, muß die Betrachtung der Umwelt stets eine ganzheitliche sein (Fortescue 1980; Lovelock 1996). In diesem Sinne ist auch das Anliegen des vorliegenden Buches zu verstehen, das sich die Aufgabe gestellt hat, einen Überblick über die Geochemie der Umwelt zu vermitteln. Dabei werden in erster Linie terrestrische Prozesse diskutiert, v.a. auch, weil es für den Bereich der marinen Geochemie eine Vielzahl guter Lehrbücher und Publikationen gibt (z.B. Chester 1993).

Nach Goldschmidt (1954) beschäftigt sich die Geochemie mit der Bestimmung der relativen und absoluten Verteilung der Elemente und ihrer Isotope an der Zusammensetzung der Erde und ihrer Teile sowie mit den Gesetzen, die diese Verteilung regulieren: „*Modern geochemistry studies the distribution and amounts of chemical elements in minerals, ores, rocks, soils, waters and the atmosphere and the circulation of elements in nature, on the basis of their atoms and ions*". Degegen besteht die Aufgabe der Umweltgeochemie auch darin, die mit der Lebenstätigkeit der biotischen Materie verbundenen Veränderungen in der Verteilung der Elemente sowie die sie auslösenden bzw. kontrollierenden Prozesse und Faktoren im Gesamtsystem Atmo-Bio-Hydro-Litho(Pedo)sphäre zu untersuchen.

Die Umweltgeochemie behandelt daher a priori keine rein geowissenschaftlichen Themen sensu strictu, sondern ist auf die enge Zusammenarbeit und den Austausch mit Nachbardisziplinen angewiesen. In Abgrenzung zu den Biowissenschaften stehen nicht die Lebewesen und deren Gemeinschaften im Vordergrund des Interesses, sondern deren Lebensraum und dessen Beeinflussung durch natürliche und anthropogen überprägte Vorgänge. Häufig wird der Mensch (und insbesondere seine mit der industriellen Revolution im vergangenen Jahrhundert beginnende aktive Beeinflussung des Lebensraums) als entscheidender „Störfaktor" der natürlichen Stoffkeisläufe dargestellt. Sicherlich ist richtig, daß die durch die menschliche Tätigkeit hervorgerufene Beschleunigung geochemischer Prozesse heute Dimensionen angenommen hat, die mit erdgeschichtlichen Evolutionsprozessen vergleichbar sind. Der Mensch ist jedoch und bleibt stets nur ein Bestandteil der belebten Materie, und seine Lebenstätigkeit ist ebenso wie die der Mikroorganismen vorrangig in einer katalytischen Beschleunigung der Prozesse zu sehen. In gleicher Weise wie Mikroorganismen aktiviert er Prozesse und schafft Abbauprodukte solange der Nährboden vorhanden ist und solange die Abbauprodukte (Abprodukte/Enzyme) nicht seine Lebenstätigkeit behindern. Indem sich die Lebenstätigkeit der Biota innerhalb von thermodynamisch offenen Teilsystemen vollzieht, d.h. die Energie- und Stoff- Zu- und Abflüsse gewährleistet sind, gibt es keine natürliche Schranke für die Organismen (einschließlich des Menschen), ihre am Ende selbstzerstörerische, ungehemmte Lebenstätigkeit zu vollziehen.

Geht man jedoch davon aus, daß der Mensch als vernunftbegabtes Tier die natürlichen Prozesse erkennen kann, so besteht die Möglichkeit, seine Lebenstätigkeit umweltverträglich zu gestalten (z.B. Weizsäcker u. Malley 1996). Dazu will das vorliegende Buch einen Beitrag leisten. Es gilt deshalb zu klären, worin die Hauptveränderungen bestehen, die durch die menschliche Tätigkeit im Gesamtsystem hervorgerufen werden. Sie lassen sich folgendermaßen zusammenfassen:

- Beschleunigte Umverteilung der Elemente in und zwischen den einzelnen Sphären, die sich in einer Anreicherung bzw. einem Entzug in den einzelnen Kompartimenten ausdrücken. Beispiele sind • veränderte Akkumulationsbedingungen in aquatischen Ökosystemen (→ Kap. 17–19), • veränderte Verteilungsmuster der Elemente in urbanen, aquatischen und terrestrischen Ökosystemen (→ Kap. 2–7, 10, 11) insbesondere im Boden und im Sickerwasser, aber auch bereits im Grundwasser (→ Kap. 20–24), • veränderte Beschaffenheit der atmosphärischen Deposition (→ Kap. 1, 2, 4)
- Verschärfung der Ungleichgewichtszustände partieller Systeme durch veränderte thermodynamische Randbedingungen, insbesondere der milieubestimmenden Grundparameter: Temperatur-, Druck-, Redox- und pH-Wert-Verhältnisse (→ Kap. 1–6, 12–24)
- Entstehung thermodynamisch instabiler Zustandsformen und veränderter Migrationsformen durch verstärkte Komplexierung anorganischer und organischer Elementverbindungen (→ Kap. 2–8, 12, 14, 15, 17–24)
- Zufuhr neuer, den natürlichen Lebensräumen ubiquitär nicht oder nur in eingeschränktem Umfang eigener Stoffe mit teilweise erheblich eingeschränkten natürlichen Abbaumöglichkeiten (→ Kap. 2, 7–9, 10–16, 24)
- Veränderte wasserhaushaltliche Randbedingungen als kontrollierende Variable der Wechselwirkung zwischen den Sphären (→ Kap. 6, 14, 20, 21, 23, 24)
- Irreversibilität der ablaufenden Prozesse (→ Kap. 1–5, 10, 17–19, 23)

FÜR WEN IST DIESES BUCH? – TIPS ZUM LESEN UND ARBEITEN

Die Gliederung des Buches folgt den Erdsphären (Atmo-, Pedo- und Hydrosphäre), wobei der Anthroposphäre im Sinne des unmittelbaren menschlichen Lebensraums und dessen mehr oder minder bewußter Gestaltung ein besonderer Stellenwert eingeräumt wurde. Pfeile (→) verweisen auf andere Kapitel bzw. Abschnitte, in denen das Thema vertieft bzw. aus anderer Perspektive diskutiert wird. Diese Querverweise helfen, sich innerhalb des Buches einen schnellen Überblick zu Grundlagen und Schwerpunktthemen zu verschaffen, die über die Grobgliederung des Buches hinausgehen. Didaktische Boxen innerhalb der einzelnen Kapitel behandeln Inhalte, welche die für das Verständnis des jeweiligen Kapitels unmittelbar notwendigen Kenntnisse übertreffen. Im gesamten Text tauchen meist anstelle der ausgeschriebenen Element- und Verbindungsnamen die entsprechenden Kürzel aus dem Periodensystem der Elemente (PSE) auf.

In der Lehre lassen sich didaktische Einheiten sowohl innerhalb einer Sphäre thematisieren als auch z.B. das Verhalten eines ausgewählten Elementes in verschiedenen Erdsphären. Neben den Querverweisen sollen das ausführliche Sachverzeichnis und die sorgsam zusammengestellten Literaturhinweise Studierenden und Dozenten helfen, sich auf Unterrichtsinhalte vorzubereiten bzw. auch eigenständig Seminarthemen zu arbeiten. Wir haben bewußt darauf verzichtet, (Rechen)-Aufgaben und deren Lösungen in das Buch zu integrieren, da der Schwerpunkt weniger auf den geochemischen Grundlagen liegt (→ weiterführende Literaturverweise zu dieser Einleitung), als vielmehr in deren Anwendung in konkreten Projekten. Die Beiträge eignen sich dabei ebenso für Seminar-Arbeitsgruppen wie auch zur Vorbereitung von Vorlesungen zum Thema „Geochemie und Umwelt". Gerne lassen sich die Herausgeber und Autoren in speziellen und ergänzenden Sachfragen ansprechen (→ Autorenverzeichnis).

Danksagungen

Die Anregung zu diesem Buch geht auf Dr. Wolfgang Engel zurück, den Kopf der Planung Geowissenschaften im Springer Verlag. Ohne seine Ermunterung und Unterstützung wäre das Buch entweder gar nicht oder erst viel später zustande gekommen. Ein besonderer Dank gilt allen Autoren. Sie haben sich auf unsere Wünsche zu inhaltlichen Modifikationen, Erweiterungen, Kürzungen usw. eingelassen und das größte Verständnis sowohl hinsichtlich der Einhaltung des stets zu eng bemessenen Zeitplanes gezeigt als auch ein großes fachliches Engagement bewiesen, mit ihren Beiträgen dem Gesamtziel dieses Buches zu dienen. Dabei wollen wir auch jenen Autoren danken, die Beiträge erarbeiteten, welche letztendlich nicht übernommen werden konnten – weil sie den Umfang des Buches gesprengt hätten bzw. weil der entsprechende Beitrag als Fremdkörper empfunden worden wäre. Ein herzlicher Dank gilt ebenfalls den Kolleginnen und Kollegen, die uns als Gutachter in der Frühphase geholfen haben und die später dazu beitrugen, die guten Beiträge noch besser zu machen. Neben „alten Hasen" haben auch Studierende der Herausgeber als kritische Testleser gewirkt und manch wertvolle Anregung nicht zuletzt zur Gliederung des Buches sowie zu speziell gewünschten Inhalten gegeben, worüber wir uns besonders gefreut haben.

Heidelberg,
Erlangen und
Berlin

Jörg Matschullat,
Heinz Jürgen Tobschall
und Hans-Jürgen Voigt

LITERATUR

Andrews JE, Brimblecombe P, Jickells TD, Liss PS (1996) An introduction to environmental chemistry. Blackwell Science, Oxford London Edinburgh; 209 S.

Alloway BJ, Ayres DC (1996) Schadstoffe in der Umwelt – Chemische Grundlagen zur Beurteilung von Luft-, Wasser- und Bodenverschmutzungen (bearbeitet und ergänzt von U. Förstner). Spektrum Akademischer Verlag, Heidelberg Berlin Oxford, 382 S.

Appelo CAJ, Postma D (1994) Geochemistry, groundwater and pollution. Balkema, Rotterdam Brookfield; 536 S.

Berner EK, Berner RA (1987) The global water cycle: geochemistry and environment. Prentice Hall, New Jersey; 397 S.

Bliefert C (1994) Umweltchemie. Verlag Chemie, Weinheim New York Basel; 453 S.

Brimlecombe P (1995) Air composition and chemistry. Cambridge Environmental Chemistry Series 5: 267 S.; Cambridge University Press, Cambridge New York Melbourne

Broecker (1994) Labor Erde – Bausteine für einen lebensfreundlichen Planeten. Springer, Berlin Heidelberg New York; 274 S.

Chester R (1993) Marine geochemistry. Chapman & Hall, London Glasgow New York; 698 S.

Drever JI (1988) The geochemistry of natural waters. Prentice Hall, New Jersey; 2. Aufl.: 437 S.

Ellis D (1989) Environments at risk – case histories of impact assessment. Springer, Berlin Heidelberg New York; 329 S.

Faure G (1992) Principles and applications of inorganic geochemistry – A comprehensive textbook for geology students. Maxwell Macmillan, New York Toronto Oxford; 628 S.

Fiedler HJ, Rösler HJ (1987) Spurenelemente in der Umwelt. VEB Gustav Fischer, Jena; 278 S.

Fletcher P (1993) Chemical thermodynamics for earth scientists. Longman Scientific, Essex New York; 464 S.

Fortescue JAC (1980) Environmental Geochemistry – A holistic approach. Ecological Studies 35: 347 S.; Springer, New York Heidelberg Berlin

Graedel TE, Crutzen PJ (1993) Chemie der Atmosphäre – Bedeutung für Klima und Umwelt. Spektrum Akademischer Verlag, Heidelberg Berlin Oxford; 511 S.

Hallberg RO (1983) Environmental biogeochemistry. Ecological Bulletins 35: 576 S., Stockholm

Harrison RM, de Mora SJ, Rapsomanikis S, Johnston WR (1991) Introductory chemistry for the environmental sciences. Cambridge Environmental Chemistry Series 4: 354 S.; Cambridge University Press, Cambridge New York Melbourne

Krauskopf KB, Bird DK (1995) Introduction to geochemistry. McGraw Hill, New York; 3. Aufl.: 647 S.

Kummert R, Stumm W (1989) Gewässer als Ökosysteme – Grundlagen des Gewässerschutzes. Teubner, Stuttgart; 331 S.

Lovelock JE (1996) Gaia: die Erde ist ein Lebewesen – Anatomie und Physiologie des Organismus Erde. Heyne, München; 191 S.

Mason B, Moore CB (1985) Grundzüge der Geochemie. Enke, Stuttgart; 340 S.

Matschullat J, Müller G (Hrsg; 1994) Geowissenschaften und Umwelt. Springer, Berlin Heidelberg New York; 364 S.

Nriagu (ed; 1976) Environmental biogeochemistry. Ann Arbor Science, Ann Arbor; 2 Bände: 797 S.

Nriagu JO (ed; 1989) Trace metals in lakes. Sci Total Environment 87/88: 529 S.; Elsevier, Amsterdam

Odum EP (1983) Grundlagen der Ökologie in 2 Bänden. Thieme, Stuttgart; 836 S.

Salbu B, Steinnes E (eds; 1995) Trace elements in natural waters. CRC Press, Boca Raton Ann Arbor London; 302 S.

Salomons W, Förstner U (1984) Metals in the hydrocycle. Springer, Berlin Heidelberg New York; 349 S.

Sigg L, Stumm W (1989) Aquatische Chemie – Eine Einführung in die Chemie wässriger Lösungen und in die Chemie natürlicher Gewässer. Verlag d. Fachvereine, Zürich; 388 S.

Vernadskij VI, Vinogradov AP (o.J.) Chemistry of the earth's crust: Proc of the geochemical conference commemorating the centenary of academician V.I. Vernadskij's birth. Israel program for scientific translations, Jerusalem

Voigt HJ (1990) Hydrogeochemie – Eine Einführung in die Beschaffenheitsentwicklung des Grundwassers. Springer, Berlin Heidelberg New York; 310 S.

Weizsäcker EU von, Malley J (1996) Zukunftsfähige Entwicklung – wieso eigentlich nicht? In: Verein zur Weiterbildung in Wissenschaft und Forschung (A.A.R.S.R.; Hrsg) Handbuch Zukunftsfähige Entwicklung – Experten und Institutionen. Lemmens Verlag, Bonn; S. 20–28

Inhaltsverzeichnis

Pedosphäre

Anthroposphäre

Hydrosphäre

Inhalt der didaktischen Boxen

Autorenverzeichnis

BIELERT, DIPL. MIN. ULRICH
Geochemisches Institut
Universität Göttingen
Goldschmidtstr. 1
D–37 077 Göttingen
ubieler@ugcvax.dnet.gwdg.de

BLUM, PROF. DR. DRES. H.C. WINFRIED E.H.
Institut für Bodenforschung
Universität für Bodenkultur
Gregor-Mendel-Str. 33
A–1180 Wien

BRACKE, DR. GUIDO
Institut für Mineralogie – Geochemie
Universität Tübingen
Wilhelmstr. 56
D–72 074 Tübingen

BRÜGMANN, PROF. DR. LUTZ
Schützenkamp 10
D–22 880 Wedel

zusätzlich:
Department of Geology and Geochemistry
Stockholm University
S–106 91 Stockholm

BRUMSACK, PROF. DR. HANS-JÜRGEN
Institut für Chemie und Biologie des Meeres (ICBM)
Universität Oldenburg
Postfach 25 03
D–26 111 Oldenburg
h.brumsack@geo.icbm.uni-oldenburg.de

DIETZEL, DR. MARTIN
Geochemisches Institut der Universität Göttingen
Goldschmidtstraße 1
D–37 077 Göttingen
mdietze@gwdg.de

ECKHARDT, DR. JÖRG-DETLEF
Institut für Petrographie u. Geochemie
Universität Karlsruhe
Kaiserstr. 12
D–76 128 Karlsruhe
detlef.eckhardt@bio-geo.uni-karlsruhe.de

EWERS, PD DR. ULRICH
Hygiene-Institut des Ruhrgebiets
Rotthauser Straße 19
D–45 879 Gelsenkirchen

GABRIEL, DR. BARBARA
Thüringer Landesanstalt für Umwelt
Referat 5.2 Grundwasser
Prüssingstraße 25
D–07 745 Jena

GARBE-SCHÖNBERG, DR. CARL-DIETER
Geologisch-Paläontologisches Institut
Universität Kiel
Olshausenstraße 40
D–24 118 Kiel
dgs@zaphod.gpi.uni-kiel.de

GRATHWOHL, PROF. DR. PETER
Geologisches Institut
Universität Tübingen
Sigwartstr. 10
D–72 076 Tübingen
grathwohl@uni-tuebingen.de

HAIBER, DR. GEORG
Institut für Umwelt-Geochemie
Universität Heidelberg
Im Neuenheimer Feld 236
D–69 120 Heidelberg

HANNAPPEL, DR. STEPHAN
UWG Gesellschaft für Umwelt- und Wirtschaftsgeologie mbH
Wolfener Str. 36
D–12 681 Berlin

HEINRICHS, PD DR. HARTMUT
Geochemisches Institut
Universität Göttingen
Goldschmidtstraße 1
D–37 077 Göttingen
heinrichs@ugcvax.dnet.gwdg.de

HERGET, DR. JÜRGEN
Geographisches Institut
Ruhr-Universität Bochum
Universitätsstr. 150
D–44 801 Bochum

HOEFS, PROF. DR. JOCHEN
Geochemisches Institut
Universität Göttingen
Goldschmidtstraße 1
D–37 077 Göttingen
jhoefs@gwdg.de

HUNDESRÜGGE, DR. THOMAS
Nycomed Arzneimittel GmbH
Fraunhofstr. 7
D–85 737 Ismaning

JEKEL, PROF. DR. MARTIN
Institut für Technischen
Umweltschutz
Fachgebiet Wasserreinhaltung
Sekretariat KF4
Technische Universität Berlin
Straße des 17. Juni 135
D–10 623 Berlin
wrh@itu201.ut.TU-Berlin.de

KLINGER, DR. CHRISTOPH
DMT-Gesellschaft für Forschung und
Prüfung mbH – Baugrundinstitut
Franz-Fischer-Weg 61
D–45 307 Essen
kappernagel@DMT-FP.Cubis.de

KRITZER, DIPL. CHEM. PETER
Forschungszentrum Karlsruhe
Institut für Technische Chemie
Postfach 3640
D–76 021 Karlsruhe
peter.kritzer@itc-cpv.fzk.de

MATSCHULLAT, PD DR. JÖRG
Institut für Umwelt-Geochemie
Universität Heidelberg
Im Neuenheimer Feld 236
D–69 120 Heidelberg
jmt@classic.min.uni-heidelberg.de

MIELKE, PROF. DR. HOWARD W.
Center for Bioenvironmental Research
College of Pharmacy
Xavier University of Louisiana
7325 Palmetto Street
USA–New Orleans, LA 70 125
hmielke@xavier.xula.edu

MÜLLER, PROF. DR. DRES. H.C. GERMAN
Institut für Umwelt-Geochemie
Universität Heidelberg
Im Neuenheimer Feld 236
D–69 120 Heidelberg
envigeo@classic.min.uni-heidelberg.de

PLEBOW, DIPL. CHEM. ALEXANDER
Geochemisches Institut
Universität Göttingen
Goldschmidtstraße 1
D–37 077 Göttingen
aplesso@ugcvax.dnet.gwdg.de

REEMTSMA, DR. THORSTEN
Institut für Technischen Umweltschutz
Fachgebiet Wasserreinhaltung, Sekr. KF4
Technische Universität Berlin
Straße des 17. Juni 135
D–10 623 Berlin
reemtsma@itu202.ut.TU-Berlin.de

SATIR, PROF. DR. DR. H.C. MUHARREM
Institut für Mineralogie – Geochemie
Universität Tübingen
Wilhelmstr. 56
D–72 074 Tübingen
satir@uni-tuebingen.de

SCHÄFER, DIPL. GEOL. JÖRG
Institut für Petrographie u. Geochemie
Universität Karlsruhe
Kaiserstr. 12
D–76 128 Karlsruhe
dg16@rz.uni-karlsruhe.de

SCHÖLER, PROF. DR. HEINZ FRIEDRICH
Institut für Umwelt-Geochemie
Universität Heidelberg
Im Neuenheimer Feld 236
D–69 120 Heidelberg
orggeo@classic.min.uni-heidelberg.de

SCHULTE, PROF. DR. ANDREAS
FB7 Waldökologie
Universität GH Paderborn
An der Wilhelmshöhe 44
D–37 671 Höxter

STEINER, DIPL. MIN. ILKA
ARGE „Weißer Weg“
Lichtenwalder Str. 9
D–09 131 Chemnitz

STOFFERS, PROF. DR. PETER
Geologisch-Paläontologisches Institut und Museum
Universität Kiel
Olshausenstr. 40
D–24 118 Kiel

THEIN, PROF. DR. JEAN
Geologisches Institut
Universität Bonn
Nußallee 8
D–53 115 Bonn

TOBSCHALL, PROF. DR. HEINZ JÜRGEN
Institut für Geologie und Mineralogie
Universität Erlangen-Nürnberg
Schloßgarten 5
D–91 054 Erlangen
htobscha@geol.uni-erlangen.de

ULRICH, PROF. DR. DRES. H.C. BERNHARD
Am Hirtenberg 16
OT Bösinghausen
D–37 136 Waake

VEERHOFF, DR. MICHAEL
Geologisches Institut
Universität Bonn
Nußallee 8
D–53 115 Bonn
une001@bm.rhrz.uni-bonn.de

VIERECK-GÖTTE, PROF. DR. LOTHAR
Dr. Viereck – Büro für konzeptionellen Umweltschutz
Goethestraße 20
D–44 791 Bochum
100572.412@compuserve.com

zusätzlich:
Institut für Geowissenschaften
Universität Jena
Burgweg 11
D–07 749 Jena

VOIGT, PD DR. HANS-JÜRGEN
UWG Gesellschaft für Umwelt- und Wirtschaftsgeologie mbH
Wolfener Str. 36
D–12 681 Berlin
100566.1632@compuserve.com

WEDEPOHL, PROF. EM. DR. K.H.
Geochemisches Institut
Universität Göttingen
Goldschmidtstraße 1
D–37 077 Göttingen

WERNER, DR. ARMIN
Zentrum für Agrarlandschafts- und Landnutzungsforschung e.V. (ZALF)
Eberswalder Straße 84
D–15 374 Müncheberg
awerner@wany.zalf.de

ZEILER, DR. MANFRED
Ökologiezentrum
Universität Kiel
Schauenburger Straße 112
D–24 098 Kiel

gegenwärtige Adresse:
Bundesamt für Seeschiffahrt und Hydrographie
Bernhard-Nocht-Str. 78
D–20 359 Hamburg

ZEITZ, DOZ. DR. SC. AGR. JUTTA
Institut für Grundlagen der Pflanzenbauwissenschaften
FG Ökologie der Ressourcennutzung
Humboldt-Universität Berlin
Invalidenstraße 42
D–10 115 Berlin

ZIEGLER, DR. GÜNTER
Thüringer Landesanstalt für Umwelt
Referat 5.2 Grundwasser
Prüssingstraße 25
OT Göschwitz
D–07 745 Jena

Atmosphäre

Atmosphäre

Atmosphäre

Atmosphäre

Atmosphäre

1 Atmosphärische Deposition von Spurenelementen in „Reinluftgebieten“

JÖRG MATSCHULLAT · PETER KRITZER

1.1 ZUR BEDEUTUNG VON AEROSOLEN

80% der atmosphärischen Masse befinden sich in der Troposphäre (≤ 10 km). Für die folgenden Betrachtungen ist vor allem die Grundschicht unterhalb der Peplopause (ca. 2–3 km) wesentlich. Dieser sog. Wolken- oder Reibungsraum ist die „Schnittstelle“ von Atmo-, Pedo- und Hydrosphäre. Elementkonzentrationen, Verweilzeiten und Transportprozesse in dieser Schicht sind von wesentlicher Bedeutung für den atmosphärischen Stoffeintrag.

Die Abbildung 1.1 zeigt die Verknüpfung der wesentlichen Regelgrößen, welche die Vorgänge an der Schnittstelle bestimmen. Für die Immission sind neben klimatischen und meteorologischen Parametern vor allem physikalisch-chemische Eigenschaften der Inhaltsstoffe auf dem Transmissionsweg bis zum Eintrag wesentlich (Diffusion, Bindungscharakteristika, photochemische Reaktionen etc.). Für weiterführende Informationen zu chemischen und physikalischen Gesetzmäßigkeiten und Grundgrößen kann u.a. auf Suffet (1977), Däßler (1986), Dop (1986), Finlayson-Pitts u. Pitts (1986), Hales (1986), Jaenicke (1987), Fiedler u. Rösler (1987), Fortak (1988), Voland u. Götze (1988), Lahmann (1990), Watson et al. (1990), Graedel u. Crutzen (1994), Roedel (1994) sowie Kouimtzis u. Samara (1995) verwiesen werden.

Neben der Gasphase enthält die Umgebungsluft relativ geringe Anteile von Aerosolen (ng m^{-3}), die sich aus Bodenpartikeln sowie Mineralstaub (Al, Si, Ti), Meersalz- (Na, Cl), organischen Partikeln (v.a. Pollen und Sporen), Ruß, einschließlich Partikeln

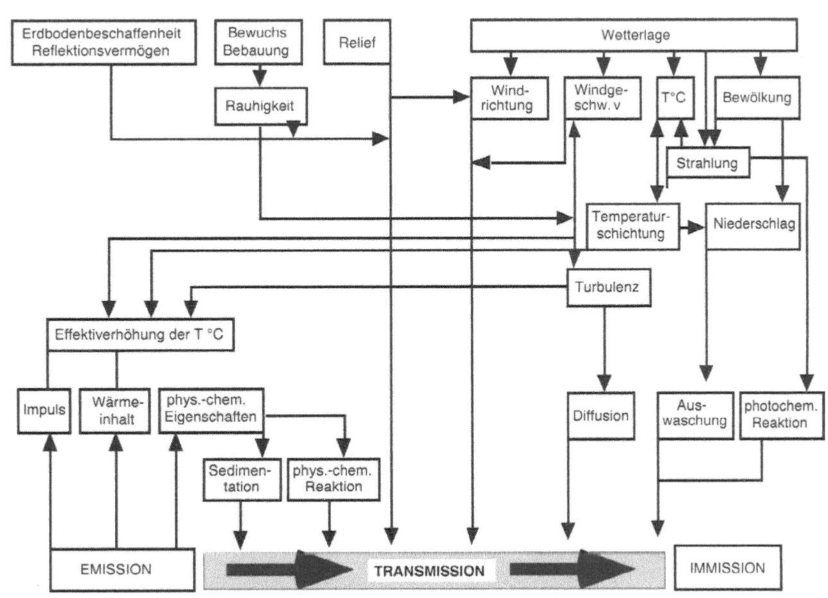

Abb. 1.1. Regelgrößen der Schnittstelle von Atmo-, Hydro- und Biosphäre nach Däßler (1986)

von Vegetationsbränden (C, As, Cr, Cu, Pb, V und Zn) und aus Industriesmog (Ammoniumsulfat und -nitrat) zusammensetzen (Colbeck 1995; Pacyna 1995). Die Abschätzung der entsprechenden Massenanteile ist noch immer mit relativ großen Fehlern behaftet. Salomons u. Förstner (1984: 103ff.) tragen weltweite Daten zu atmosphärisch eingetragenen Partikeln zusammen und stellen vom Wind getragene geogene Stäube an erste Stelle ($5 \cdot 10^{15}$ g a^{-1}), gefolgt von Meeressalzen (10^{15} g a^{-1}) und Industrieemissionen ($0{,}2 \cdot 10^{15}$ g a^{-1}). Colbeck (1995) und Pacyna (1995) dagegen stellen Meeressalze ($1–10 \cdot 10^{15}$g a^{-1}) vor geogene Stäube ($1–3{,}4 \cdot 10^{15}$ g a^{-1}) und Industrieemissionen ($0{,}1–0{,}6 \cdot 10^{15}$ g a^{-1}). Die industrielle Staubemission wird sich trotz ihrer Reduktion in den westlichen Industrieländern (z.B. Umweltbundesamt 1994) global wenig geändert haben.

Die Hauptmasse aller Aerosole (5 nm bis 100 μm) liegt im Größenbereich von 1 bis 10 μm. Während die natürlichen Anteile vor allem Korngrößen von 1 bis 100 μm aufweisen und damit als grobe Partikel bezeichnet werden, die bevorzugt gravitativ deponieren (*trockene Deposition – dry deposition*), weist der überwiegende Anteil anthropogen freigesetzter Par-

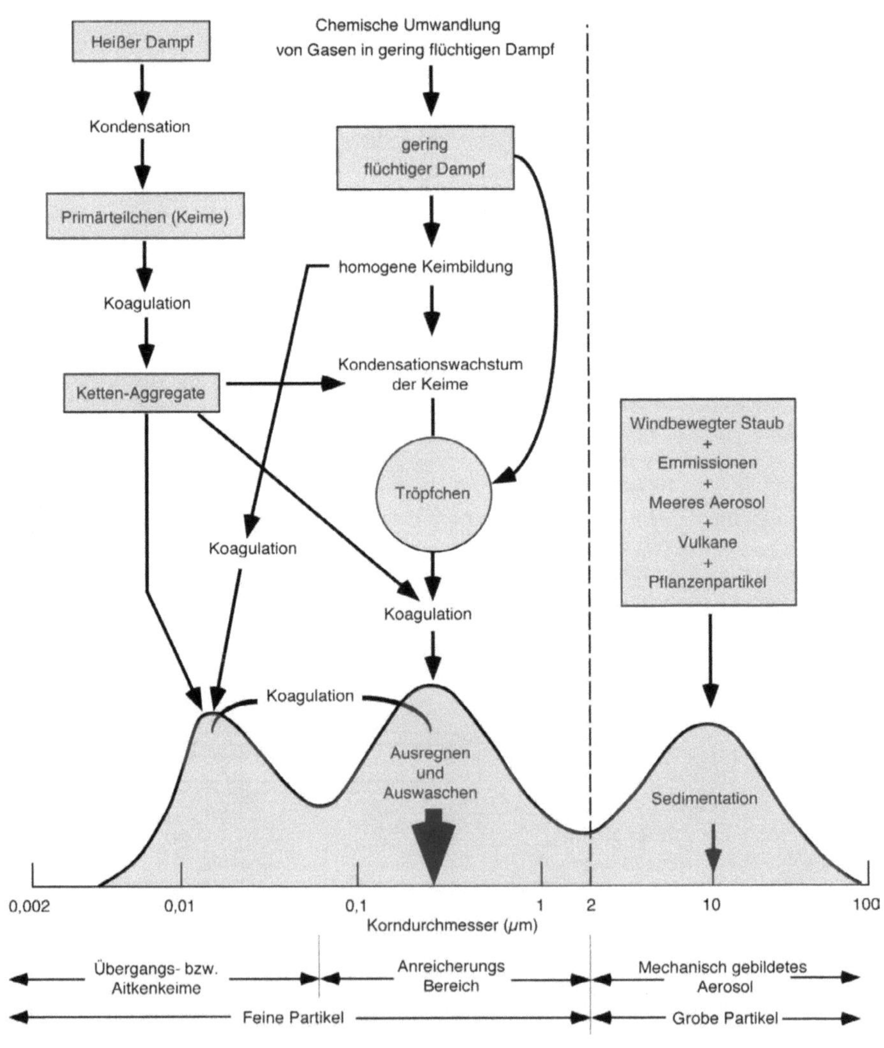

Abb. 1.2. Schema der Größenverteilung atmosphärischer Aerosole. Drei Modi treten hervor mit der jeweiligen Quelle und den vorherrschenden Prozessen, die zur Akkumulation bzw. zum Transfer in und zwischen den Modi führen (nach Whitby u. Sverdrup 1980)

tikel Korngrößen unterhalb von 1 μm auf, mit einem kontinuierlichen Übergang in die Gasphase (Prospero et al. 1983; Abb. 1.2). Diese feinen Partikel werden vor allem über das Ausregnen und Auswaschen (*rain out* und *wash out*) aus der unteren Troposphäre entfernt (*nasse Deposition – wet deposition*). Je nach lokaler meteorologischer Situation erfolgt die Deposition mit unterschiedlichen Verteilungskoeffizienten zwischen der trockenen und der nassen, bzw. auch der Interzeptions-Deposition. Letztere beschreibt das Auskämmen der Atmosphäre durch Pflanzen bzw. deren Rezeptoroberflächen wie Blätter und Nadeln und kann in Waldgebieten der Mittelgebirge erhebliche Anteile an der Gesamtdeposition annehmen.

Die kleinen Partikeldurchmesser erklären die weite Verbreitung des Aerosols; es kann mit dem Wind über große Strecken transportiert werden (10^3–10^4 km). Seine Verweilzeit wird dort von drei Mechanismen bestimmt: thermische Koagulation, Ausregnen und Sedimentation, in Reihenfolge der Partikelgröße (Roedel 1994). Die längsten Verweilzeiten haben Partikel < 10 μm, die zugleich die bedeutendste Komponente für den Ferntransport darstellen. Schätzungen schwanken zwischen 10 und 60 Tagen, was bei mittleren Windgeschwindigkeiten um 5 m s^{-1} bereits zu Transportentfernungen von 180–1100 km führt.

Präzisere Aussagen über die Ausbreitung von Aerosolen können auf zwei verschiedenen Wegen gewonnen werden. *Quellenorientierte Modelle* betrachten Elementkonzentrationen und -verteilungen am Ort der Emission und deren Verlauf in Abwindrichtung. Während die Konzentrationen mit zunehmender Entfernung grundsätzlich abnehmen (Verdünnungseffekt; z.B. Wexler et al. 1994), können die Anreicherungsfaktoren einzelner Elemente steigen. Dies ist besonders für solche Elemente von Bedeutung, die gasförmig emittiert werden und erst in größerer Entfernung koagulieren bzw. an Partikeln kondensieren (Ondov et al. 1989; → Kap. 2).

In dieser Arbeit wird bei der Interpretation der trokkenen Deposition das *rezeptororientierte Modell* verfolgt. Hierbei werden die Elementeinträge an einem von lokalen Emittenten weitgehend unbelasteten Ort (*unbelastetes Gebiet* oder *Reinluftgebiet*, im Gegensatz zu *Belastungs-* oder *Ballungsgebiet*) ermittelt. Echte Reinluftgebiete, also solche mit minimaler anthropogener Belastung, sind dabei allerdings aufgrund der ubiquitären Verbreitung der meisten Elemente auf Hochgebirgsregionen, Wüsten, Ozeane und die Polregionen beschränkt; vgl. Tabelle 1.4). Wiederum erlaubt die Auswertung von Anreicherungsfaktoren, saisonaler Verteilung einzelner Elemente, und einer gründlichen statistischen Datenanalyse Rückschlüsse auf die Quellen der einzelnen Elemente.

Die vom Menschen durch Verfeuerung fossiler Brennstoffe, Industrie und Verkehr emittierten „Spurenelemente" weisen eine hohe Anreicherung gegenüber ihrem natürlichen (meist geringen) Erdkrustenanteil auf (v.a. As, Cd, Cu, Hg, Pb, Zn; Tabelle 1.3). Zur Berechnung der Anreicherungsfaktoren (*enrichment factors, EF*) siehe den Beitrag von Zoller et al. (1974) sowie Heinrichs u. Brumsack (→ Kap. 2). Auf die zahlreichen organischen Verbindungen und Ruß sowie auf Radikale kann an dieser Stelle nicht näher eingegangen werden; es wird auf weiterführende Literatur verwiesen (z.B. Warneck 1988; Graedel u. Crutzen 1994).

Globale Stofffrachten

Erste globale Abschätzungen für eine Vielzahl von Elementen wurden von Bowen (1979), Lantzy u. Mackenzie (1979), Nriagu (1979) und Wiersma u. Davidson (1986) publiziert; entsprechende Daten haben auch, z.T. regional begrenzt, u.a. Pacyna (1984; 1986a, b; 1993), Cass u. McRae (1986), Injuk u. Van Grieken (1995) zusammengestellt. Lantzy u. Mackenzie (1979) errechneten die globalen Frachten für eine Vielzahl von Elementen und deren potentielle Quellen, und ermittelten aus dem mit 100 multiplizierten Quotienten der gesamten anthropogenen Emissionen und der gesamten natürlichen Emission den *Interferenzfaktor IF*. Er ist für geogene Elemente (Al, Ti usw.) am niedrigsten, für Elemente wie Hg und Pb, die überwiegend anthropogen emittiert werden, am höchsten. Ende der 70er Jahre gab es erst wenige zuverlässige Immissionsdaten, die eine Verifikation der Emissionsabschätzungen im Umkehrschluß erlaubten. Auch ist das Zahlenmaterial heute als veraltet anzusehen. Inzwischen stehen aktuellere Daten zur Verfügung (Nriagu u. Pacyna 1988; Nriagu 1989; Puxbaum 1991; Pacyna 1995). Wichtig ist es vor allem bei der Berechnung globaler Modelle, das Verteilungsungleichgewicht von Kontinentalmassen und Emittenten auf der Nord- bzw. Südhalbkugel zu beachten (z.B. Murozumi et al. 1969). Darüber hinaus ist der Tatsache Rechnung zu tragen, daß es während des atmosphärischen Transportes zu einer Fraktionierung der Elemente kommt; abhängig von ihrer Mobilität, Phasenaffinität, Masse sowie Korngröße der Trägerpartikel.

Waldgebiete als Rezeptoren

Ökosysteme sind im Sinne eines dynamischen Fließgleichgewichtes an den Stoffeintrag aus der Luft angepaßt, zum Teil, wie ombrogene Moore, sogar vollständig darauf angewiesen (→ Kap. 5). Anthropogene Veränderungen der Inhaltsstoffe erfolgen im Sinne eines Ökosystems so schnell, daß eine Anpassung der Einzelglieder an die veränderten Inputgrößen nicht im Sinne einer evolutiven Änderung der internen Struktur möglich ist (→ Kap. 3). Dies gilt generell für alle stofflichen Einflüsse. Besonders problematisch ist jedoch der Eintrag von Stoffen, die in den nunmehr erhöhten Konzentrationen ökotoxisch wirken.

Als Rezeptor für den atmosphärischen Stoffeintrag treten Waldgebiete (Bestandesniederschläge) generell mit überdurchschnittlichen Stoffmassen gegenüber Freilandflächen hervor (Faktor 2 bis 3; z.B. Führer et al. 1988; Möller u. Lux 1992; Andreae 1994; Wienhaus et al. 1994; Bozau 1995). Dies gilt unabhängig von der topographischen Höhe des Waldgebietes, wenngleich die Stofffrachten meist auch mit den größeren Niederschlagsmengen, d.h. mit der topographischen Höhe, steigen. Ursache ist die vergrößerte Rauhigkeit der Oberfläche durch die Bestände, weshalb in Nadelbaumbeständen längerfristig mit höheren Eintragsraten zu rechnen ist als in Laub- oder Mischwaldbeständen (Ellenberg 1986: S. 432f.), sowie der Einfluß des Auftriebszwanges (Ahrens et al. 1988). Dazu kommen die häufigeren Nebeltage auf Höhen oberhalb von ca. 600 m ü.NN. Obwohl Nebel hinsichtlich Volumen und Masse keinen wesentlichen Anteil an der Gesamtmenge der Niederschläge hat, kommt ihm eine erhebliche Bedeutung bezüglich der Schadstoffkonzentrationen und deren direkten Wirkungen z.B. auf die Nadel- und Blattoberflächen zu (Lammel 1991; Lammel u. Metzig 1991). Der nebelbürtige Stoffeintrag ist weitgehend identisch mit der okkulten oder Interzeptions-Deposition. Bei reinen Wolkennebelbildungen dürfte, je nach Standort und Zeit, die mit dem Nebel eingetragene Fracht nahezu identisch mit den Einträgen der Niederschläge sein. Die Zusammensetzung der Wolkenwasserchemie stimmt weitgehend mit dem resultierenden Regen überein (Möller et al. 1993; Wong et al. 1993).

In diesem Beitrag werden beispielhaft Aerosol- und Niederschlagsproben aus dem Osterzgebirge diskutiert. Das Untersuchungsgebiet im Grenzbereich von Polen, der Tschechischen Republik und Deutschland ist für seine hohe Schadstoffbelastung bekannt („Schwarzes Dreieck"; Cerny u. Paces 1995; Abb. 1.3). In den letzten Jahren ist jedoch der atmosphärische Stoffeintrag zurückgegangen, was zum

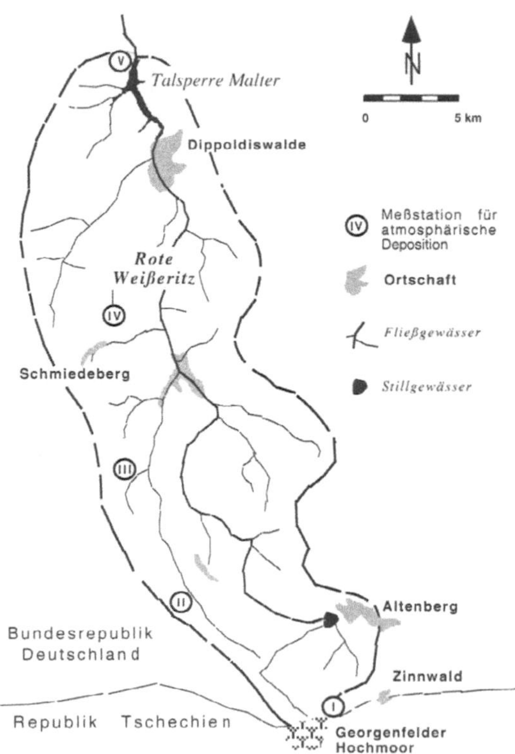

Abb. 1.3. Meßstationen im Einzugsgebiet der Roten Weißeritz, Osterzgebirge

großen Teil auf die Stillegung und Modernisierung zahlreicher Betriebe als Folge der Änderung der politisch-wirtschaftlichen Situation in dieser Region zurückzuführen ist (Matschullat et al. 1995 im Vergleich zu Möller u. Lux 1992; Wienhaus et al. 1994). In einem etwa 100 km^2 großen Einzugsgebiet südsüdwestlich von Dresden zwischen Zinnwald auf dem Erzgebirgskamm (870 m ü.NN) und der Talsperre Malter bei Dippoldiswalde (300 m ü.NN) wurden an fünf Lokalitäten elf Stationen zur Ermittlung der Gesamtdeposition und zusätzlich zwei Meßstationen (*Zi*: Wetterstation Zinnwald des Deutschen Wetterdienstes und *Ma*: Talsperre Malter) zur Ermittlung der trockenen Deposition eingerichtet (Matschullat 1995).

Box 1.1 Probennahme – Präparation – Analytik – Qualitätskontrolle

Probennahme. Belastbare Daten der Ökosystemforschung können auf langjährige Meßreihen zurückgreifen (Jahrzehnte) und beweisen die Notwendigkeit des damit verbundenen Aufwandes (Smith u. Siccama 1981; Andersson u. Olsson 1985; Hauhs 1985; Einsele 1986; Ellenberg et al. 1986; Matschullat et al. 1994a; Likens u. Bormann 1995).

Die vorliegenden Depositionsdaten aus dem Erzgebirge wurden mit Totalisatoren gewonnen (54 cm^2); eine Prinzipskizze ist in Abbildung 1.4 dargestellt. Wichtig ist es, an jeder Sammelstelle mindestens vier Totalisatoren arbeiten zu lassen, um entweder aus Mischproben oder den gemittelten Einzelergebnissen möglichst zuverlässige Daten zu erhalten. Die Variation von Einzelergebnissen aus mehreren Sammlern sowohl mit der Zeit, als auch in Abhängigkeit von ihrer räumlichen Plazierung an einem Standort beträgt bis zu 200% (Ulrich et al. 1986: 398ff.). Beliebig herausgegriffene Ergebnisse des parallelen Vergleichs von elf verschiedenen Sammelsystemen z.B. für die nasse Deposition präsentieren Höfken (1989) und Winkler et al. (1989), ebenfalls mit Abweichungen bis zu 200%. Die Standzeit soll unter vier Wochen betragen, optimal ist eine wöchentliche Beprobung (Meiwes et al. 1984). Andererseits muß bedacht werden, daß wegen der angegebenen Variation kurzzeitige Messungen von nur eingeschränktem Nutzen sind, also nicht mehr als Momentaufnahmen darstellen (Ulrich 1994: S. 2). Auf ca. 105 km^2 wurden fünf Meßstationen mit 44 Sammlern betrieben und lieferten bei monatlicher Beprobung insgesamt 1056 Niederschlagsproben (Matschullat et al. 1994b; Bozau 1995; Lange 1996; Matschullat u. Bozau 1996). Die Größe des Meßfeldes betrug ca. 200 m^2; dabei wurden die Sammler im Bestand so plaziert, daß sie hinsichtlich des Kronendaches die Einträge möglichst flächenrepräsentativ erfassen konnten. Auf Freilandflächen wurde darauf geachtet, einen möglichst großen Abstand von den Baumbeständen zu verwirklichen ($\geq$ 50 m). Im Winter (bei Schneefall) wurden die Totalisatoren durch Schnee-Eimer ersetzt (104 cm^2). Die Aufstellung des Meßnetzes und der Betrieb richteten sich im wesxentlichen nach den Empfehlungen für Betreiber von Niederschlagsstationen (BETREN; DVWK 1992). Dabei wurden die geostatistischen Empfehlungen von Neutze u. Pohlmann (1992) beachtet und umgesetzt, so daß die Meßdaten als flächenrepräsentativ für das bearbeitete Einzugsgebiet angesehen werden können. Bei Beachtung der kleinräumigen Variation der Niederschläge ist es dann möglich, den Stofffluß auf ein gewünschtes Teilgebiet mit relativ kleinem Fehler ($\pm$ 20%) zu quantifizieren; eine ausreichende Genauigkeit für die meisten Stoffbilanzen, wie sie bislang durchgeführt werden (Ross u. Lindberg 1994).

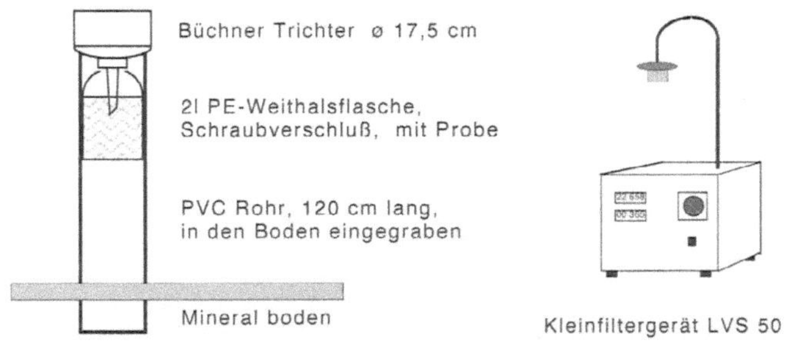

Die Beprobung der Aerosole erfolgte mit Kleinfiltergeräten (Low-Volume Samplers) auf Polycarbonat-Membranfiltern. Diese Geräte arbeiten mit einem Durchfluß von $\leq$ 3 m^3 Luft pro Stunde, so daß nur Partikel, die gravitativ niedergehen, berücksichtigt werden. Von Mai 1992 bis April 1994 wurden 114 Aerosol-Filterproben (wöchentliche Probennahme) gesammelt und untersucht. Die Probennahme ist durch die VDI-Richtlinie 2463 (VDI 1980) geregelt. Soll hingegen die Gesamt-Staubmenge gemessen werden, bzw. ist zusätzlich die Trennung einzelner Kornfraktionen notwendig, so werden bevorzugt High-Volume Samplers mit sog. Impaktoren eingesetzt (Bürkholz 1973, 1987; Murphy 1984; Holländer 1995).

Abb. 1.4. Schema der angewendeten Probennahmetechniken. Passive (Totalisatoren) und aktive Sammler (Kleinfiltergeräte)

Box 1.1 Probennahme – Präparation – Analytik – Qualitätskontrolle

Probenpräparation. Die Sammelflaschen der Totalisatoren wurden im Gelände geleert bzw. gegen saubere 2 l PE-Flaschen ausgewechselt. Trichter und Grobfilter wurden ggf. gereinigt. Vor Ort wurden Temperatur, Leitfähigkeit und pH-Werte gemessen. Die Proben wurden kühl gehalten und innerhalb von 24 Stunden ins Labor gebracht. Ein filtriertes Aliquot (0,4 μm Nuclepore und Schleicher & Schüll Polycarbonat-Membranfilter) von 100 ml wurde für die Anionenanalyse abgetrennt und tiefgefroren. Ein weiteres Aliquot diente der nochmaligen Überprüfung von pH-Wert und Leitfähigkeit. Die restliche Probe wurde angesäuert (pH 2 mit HNO_3 p.a.) und kühl gelagert (4 °C) bzw. tiefgefroren.

Die Filter der Aerosol-Sammler wurden zunächst direkt analytisch bearbeitet (zerstörungsfrei); anschließend wurden Aliquote (Filter zerschnitten) nach konventionellem Vollaufschluß analytisch bearbeitet (AAS, ICP-AES, TXRFA). Zur Aufschlußtechnik siehe Heinrichs (1990), Heinrichs u. Herrmann (1990), Ruppert (1992) und Stoeppler (1994).

Analytik. Für die Quantifizierung der elementaren Zusammensetzung von Filterstäuben und Niederschlagsproben steht eine Reihe von Analysemethoden zur Verfügung. Einen Überblick über die Vor- und Nachteile der verschiedenen Methoden geben Maenhaut (1989, 1990), Naumer u. Heller (1990), Landsberger u. Biegalski (1995) und Jambers et al. (1995). Über die verschiedenen Applikationen der jeweiligen Meßmethoden sei auf die Zeitschrift Analytical Chemistry verwiesen.

- Atom-Absorptions-Spektrometrie (AAS): Welz (1983, 1990); Heinrichs u. Herrmann (1990)
- Instrumentelle Neutronenaktivierungs-Analyse (INAA): Dams et al. (1970); Dams (1990, 1992); Pfrepper et al. (1981); Heydorn (1990)
- Ionenchromatographie (IC/HPLC): Weiß (1991)
- Elektronenstrahl-Mikrosonde (EPXMA): Theisen (1965); Keil (1967); Anderson (1973); Williams (1987)
- Plasma-Induzierte Atom-Emissions-Spektroskopie (ICP-AES): Thompson u. Walsh (1983); Boumans (1987)
- Plasma-Induzierte Massen-Spektrometrie (ICP-MS): Date u. Gray (1989); Jarvis et al. (1992); Holland u. Eaton (1991)
- Protonen/Partikel-Induzierte Röntgenemissions-Analyse (PIXE): Johansson (1992); Maenhaut (1987, 1990); Koltay (1990); Pozsgai (1991); Johansson et al. (1995)
- Röntgenfluoreszenz-Spektrometrie (RFA): Gilfrich et al. (1973); Klockenkämper (1980); Williams (1987); Jenkins (1988); Gilfrich (1990); Hahn-Weinheimer et al. (1995)
- Sekundär-Massenspektrometrie (SIMS/SNMS): Benninghoven et al. (1987); Bentz et al. (1995); Schuricht (1995)
- Totalreflektierende Röntgenfluoreszenz-Spektrometrie (TXRFA): Klockenkämper et al. (1992)

Qualitätskontrolle. Bei vielen der analytischen Verfahren reichen die Bestimmungsgrenzen hinunter bis in ppb- und ppt-Bereich. Das ist erforderlich, denn bei einer Filterbelegung von 1 mg liegen die absolut zu bestimmenden Massen mancher Elemente im Bereich von 10^{-12}–10^{-15} g. Dies verdeutlicht die Gefahr einer Kontamination während Probennahme und -aufbereitung. Nicht der eigentliche analytische Meßvorgang mit vielleicht 30–50% Fehler im unteren Meßbereich der Analysemethoden, sondern die Unsicherheit bei der Probennahme selbst sowie bei Transport und Aufarbeitung der Proben bergen die größten Gefahren der Spurenanalytik. Die hieraus resultierenden Fehler können (unbemerkt!) leicht über 100% ansteigen (Grasselli 1992; Hartmann 1992; Tölg 1993).

Zur Qualitätskontrolle wurden neben Ionenbilanzen für die Hauptkomponenten, der Mehrfachvermessung von Einzelproben und der Verwendung von Standard-Referenzmaterial auch Vergleiche zwischen verschiedenen Labors und Analysenmethoden durchgeführt, die eine zuverlässige Analytik bestätigen konnten. In allen Fällen wurden maximale Standardabweichungen von 10% toleriert. Für die Bearbeitung von Aerosolfiltern mittels RFA stellt das Fehlen von Proben-analogem Standard-Referenzmaterial noch immer ein Problem dar. Käufliche Standards weisen herstellungsbedingt eine andere Tiefenverteilung auf als reale Proben (NBS 1987; Griepink et al. 1988; Wätjen et al. 1993; Quisefit et al. 1994). Da aber bei der RFA sowohl die anregenden als auch die emittierten Strahlen von der Probe selbst absorbiert werden, ist eine gleiche Tiefenverteilung von Standard und realer Probe für die korrekte Quantifizierung unabdingbar (Van Dyck et al. 1985; Kritzer 1995).

1.2 STOFFMENGEN, FLUßRATEN UND ANREICHERUNGSVERHALTEN VON SPURENSTOFFEN

Gesamtdeposition

Ebenso wie die Konzentrationen der Hauptkomponenten weisen die Spurenelemente in Mitteleuropa Gehalte auf, die deutlich oberhalb derer von industriefernen Standorten, besonders auf der südlichen Halbkugel, liegen. Die Tabelle 1.1 stellt zunächst die entsprechenden Konzentrationen für das Osterzgebirge und zum Vergleich für den Westharz dar.

Die Elementkonzentrationen reihen sich in absteigender Folge nach Zn > Pb > Cu > (Ni ~ As ~ V) > Cr > Cd > Co, mit variablen As, Ni und V-Konzentrationen. Die Konzentrationen von Co, Cr und Ni ähneln sich in beiden Einzugsgebieten und sind relativ niedrig. Dies entspricht ihrer generell niedrigen Anreicherung im atmosphärischen Eintrag (Galloway et al. 1982 in Salomons u. Förstner 1984: S. 102). Auch die As- und Cd-Konzentrationen beider Gebiete liegen in vergleichbaren Größen, was für eine überregionale Quelle spricht, obwohl z.B. As überdurchschnittlich hoch in das Osterzgebirge eingetragen werden könnte – als Ergebnis der hohen As-Anteile in Pyriten der Braunkohlen im Böhmischen Becken. Eine weitere potentielle Quelle ist die Buntmetall-Verhüttung in Freiberg, von der viel As emittiert wird (frdl. mdl. Mitt. Prof. Beuge und Prof. Pilot, Freiberg) und zugleich durch die Ölfeuerung Cr, Ni und V freigesetzt werden.

Allein die Zn-Konzentrationen im Niederschlag des Westharzes liegen unter denen des Osterzgebirges. Hier sind lokale Einflüsse denkbar, z.B. durch terrestrische Stäube. Hild (1993) zeigt Anreicherungen bis über 1000 mg Zn kg^{-1} für die Feinfraktion von Bachsedimenten und Gesteinsmehl aus demselben Einzugsgebiet. Cu, Pb und V zeigen dagegen im Harz erhöhte Konzentrationen. Es ist nicht unwahrscheinlich, daß diese Anreicherungen auf das lokal höhere Verkehrsaufkommen, den Anteil verbleiten Benzins (Pb) und den Ruß der Dieselfahrzeuge (Cu; Heinrichs 1993) zurückzuführen sind; die V-Anteile sind damit jedoch nicht erklärt. Aktuelle Daten aus dem Harz (St. Andreasberg) von Roostai u. Siewers (1993) zeigen, daß sich seit 1989 wenig geändert hat: As 0,8, Cd 0,23, Co 0,2, Cr 0,5, Cu 8,8, Ni 1,9, Pb 8 und Zn 38 $\mu g\ l^{-1}$ (n = 24). Nur die Pb-Konzentrationen scheinen gesunken zu sein und liegen etwa bei denen des Osterzgebirges; die Zn-Konzentrationen gleichen sich, und bei den anderen Elementen (Ausnahme As) werden im Harz weiterhin höhere Konzentrationen gemessen als im Osterzgebirge. Die Tabelle 1.2 zeigt die aus den Daten von Tabelle 1.1 errechneten Einträge der ausgewählten Elemente in beide Einzugsgebiete.

Die Einträge in das Osterzgebirge sind gegenüber denen in den Westharz geringer. Einzige Ausnahme sind die Zn-Frachten, die in vergleichbarer Menge eingetragen werden. Dabei muß bedacht werden, daß die Unterschiede nicht zuletzt auf die sehr unterschiedlichen Bestandesanteile zurückzuführen sind; die Konzentrationen dagegen sind vergleichbar. Auffallend sind jedoch die Abweichungen v.a. bei den Elementen As, Cu, Ni, Pb und Zn (Tabelle 1.1). Diese Elemente weisen im Osterzgebirge zugleich die höchsten Anreicherungsfaktoren auf (Tabelle 1.3). Eine schlüssige Erklärung dieses Phänomens steht noch aus.

Tabelle 1.1. Medianwerte ($\mu g\ l^{-1}$) ausgewählter Schwermetalle in der Gesamtdeposition im Freiland- und Bestandesniederschlag von Osterzgebirge (Mai'92–Apr.'94: Matschullat et al. 1994b; Bozau 1995; Lange 1996) und Westharz (Nov.'87– Dez.'89: Siewers u. Roostai 1990; Andreae 1994). F = Verhältnis von Bestandes- zu Freiland-Niederschlag

	Erzgebirge			Harz		
	Freiland	Bestand	F	Freiland	Bestand	F
As	0,7	1,5	2,1	0,8	3,2	4,0
Cd	0,1	0,3	3,0	0,2	0,5	3,5
Co	0,05	0,3	6,0	0,1	0,5	5,0
Cr	0,3	0,9	3,0	0,6	1,4	4,0
Cu	1,6	3,3	2,1	2,8	7,3	3,9
Ni	0,7	2,0	2,9	0,6	2,3	5,7
Pb	4	7	1,8	13,9	26,6	3,0
V	0,45	1,7	3,8	1,2	4,5	3,8
Zn	30	50	1,7	14,0	39,1	3,9

Tabelle 1.2. Eintragsberechnung für ausgewählte Schwermetalle (g ha^{-1} a^{-1}) auf das Einzugsgebiet der Talsperre Malter (Osterzgebirge, Matschullat u. Bozau 1996; Lange 1996) und das der Sösetalsperre (Westharz, nach Andreae 1994). EG = Einzugsgebiet

	Erzgebirge			Harz		
	Freiland	Bestand	ø EG	Freiland	Bestand	ø EG
As	6,3	13,5	8,6	7,8	31,4	27,9
Cd	1,8	2,9	2,1	3,0	5,3	5,0
Co	1,4	3,1	1,9	1,8	4,9	4,4
Cr	5,2	8,2	6,1	8,1	13,8	12,9
Cu	26,2	40,2	31	39,3	71,4	66,6
Ni	8,0	20,6	12	8,2	22,9	20,7
Pb	36	63	45	194	262	252
V	4,1	15,3	7,8	12,0	45,0	40,1
Zn	270	450	330	195	384	356

Trockene Deposition

Zwischen den Stationen *Ma* und *Zi* konnte ein Konzentrationsgefälle des Gesamtaerosols mit steigender geographischer Höhe festgestellt werden (*Ma*: 6–93 $\mu g\ m^{-3}$, Median 26 $\mu g\ m^{-3}$; *Zi*: 2–41 $\mu g\ m^{-3}$, Median 17 $\mu g\ m^{-3}$). Dies deckt sich mit der Erfahrung, daß Luft in großer Höhe weniger Partikel „Reinluft") enthält (Bullrich 1976) und spiegelt sich in den Ergebnissen der Gesamtdeposition wieder (Bozau 1995; Matschullat u. Bozau 1996; Lange 1996).

Neben den Konzentrationen lassen vor allem die Anreicherungsfaktoren (*EF*) Rückschlüsse auf die Herkunft der Elemente zu (Tabelle 1.3 und Abb. 1.5). Dabei werden saisonale und meteorologische Variabilität nicht berücksichtigt. Elemente mit *EF*-Werten um eins sind überwiegend natürlichen Quellen zuzuordnen. Auf die Massen bezogen liefern Gesteinsbestandteile, die über Verwitterung und Erosion in die Atmosphäre eingetragen werden, die Hauptmenge des kontinentalen Aerosols. Ein zusätzlicher anthropogener Eintrag spielt für diese Elemente so gut wie keine Rolle; er geht in der natürlichen Varianz unter. Zu diesen Elementen gehören u.a. Alkali- und Erdalkalimetalle, Al, Si, Ti sowie die Schwermetalle Fe und Mn (Andreae et al. 1986). Als Quelle des Na wird in der Literatur – auch für kontinentale Regionen – häufig das Meerwasser genannt. Allerdings ist Na mit über 2% am Gesteinsaufbau der oberen Erdkruste beteiligt und sollte damit in kontinentalen Regionen hauptsächlich aus „Verwitterungsquellen" stammen. Bei Herkunft aus dem Meerwasser sollte kontinentales Aerosol ein ähnliches Na/Mg-Verhältnis aufweisen wie das Meerwasser (ca. 10:1), was aber i.d.R. aufgrund des hohen Gesteinsanteils von Mg zu dessen Gunsten verschoben ist (bei den vorliegenden Daten ca. 2:1).

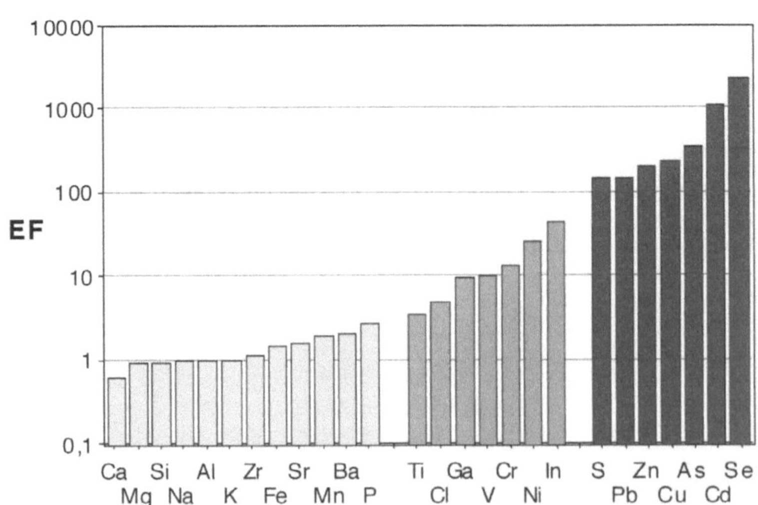

Abb. 1.5. Atmosphärische Element-Anreicherungsfaktoren an der Station Zinnwald (*Zi*) Bezugselement ist Aluminium

Anthropogen emittierte Elemente (schwarz) weisen erheblich erhöhte EF auf (± ≥ 100). Vor allem Hochtemperatur-Prozesse (Kohlekraftwerke, Industrieanlagen und Automobile) emittieren niedrigsiedende Elemente und Verbindungen im gasförmigen Zustand. Bei diesen Prozessen bleiben auch moderne Filteranlagen weitgehend wirkungslos. Deshalb zeigen solche Elemente generell sehr hohe Anreicherungen (mehr als zwei Größenordnungen). Dies unterstreicht auch die vorliegende Untersuchung an beiden Stationen. Die EF für As (170 *Ma* bzw. 330 *Zi*), Se (1800 bzw. 2300), Cd (320 bzw. 1100) zeigen zudem, daß anthropogen emittierte, kleinpartikuläre Aerosole auch an „unbelasteten" Meßstellen sehr hohe Anreicherungen aufweisen (Tabelle 1.3). Dies unterstreicht das häufig dokumentierte ubiquitäre Vorhandensein solcher Elemente (Murozumi et al. 1969; Duce et al. 1975; Rahn u. Loewenthal 1984; Maenhaut 1989; Artaxo et al. 1992). Dagegen zeigen Elemente, die aufgrund ihrer geringen Flüchtigkeit partikulär emittiert und von Filteranlagen weitgehend zurückgehalten werden, ein „intermediäres" Verhalten (grau) mit EF zwischen 3 und 20 (z.B. V: 6,2 bzw. 9,7; Cr: 7,0 bzw. 13; Ni: 17 bzw. 26).

In der trockenen Deposition ergibt sich eine ähnliche Reihung der Elementkonzentrationen wie bei der Gesamtdeposition von Zn > Pb > Cu > (As > V > Ni) > Cr > Cd (Co wurde nicht vermessen). An der Station *Zi* ist allerdings die Abfolge der Elemente Cu und Pb vertauscht. Für diesen relativ höheren Cu-Anteil wurde bislang keine schlüssige Erklärung gefunden.

Tabelle 1.3. Median-Konzentrationen und Anreicherungsfaktoren an den Meßstationen sowie das Sommer/Winter-Verhältnis (S/W) an der Station *Zi*. Konzentrationen der Oberkruste aus Wedepohl (1995). Die beiden letzten Spalten geben Quelle und Herkunft der einzelnen Elemente an (vgl. Text)

	c_{Kruste} ppm	c_{Luft} (Ma) ng m^{-3}	c_{Luft} (Zi) ng m^{-3}	EF_{Al} (Ma)	EF_{Al} (Zi)	S/W (Zi)	Quelle	Herkunft
Na	25670	296	141	1,2	1,0	0,9	g	
Mg	13510	146	63,5	1,1	0,9	1,7	g	
Al	77440	732	421	1,0	1,0	1,5	g	
Si	303480	1671	1420	0,6	0,9	1,4	g	
P	665	21,6	9,0	3,4	2,5	2,7	g	lokal
S	953	1980	699	220	135	*	a; FB	lokal
Cl	640	27,5	16,2	4,6	4,7	0,6	a; V, FB	
K	28650	286	151	1,1	1,0	1,1	g	
Ca	29450	374	102	1,3	0,6	1,4	g	
Ti	3117	55,2	58,2	1,9	3,4	1,3	g	FT
V	53	3,1	2,8	6,2	9,7	*	a; FB	lokal+FT
Cr	35	2,3	2,5	7,0	13,1	2,6	a; I	lokal+FT
Mn	527	18,8	5,4	3,8	1,9	1,3	g	lokal
Fe	30890	533	233	1,8	1,4	1,7	g	
Ni	18,6	3,0	2,6	17	26	0,6	a; FB	lokal+FT
Cu	14,3	7,3	17,4	54	224	0,5	a; FB	FT
Zn	52	57,8	57,0	118	202	0,5	a; FB, I, V	lokal+FT
Ga	14	0,66	0,69	5,0	9,1	0,7	a; FB	lokal+FT
As	2,0	3,2	3,6	169	331	0,3	a; I	FT
Se	0,08	1,37	1,01	1812	2322	0,9	a; FB	lokal+FT
Sr	316	4,0	2,6	1,3	1,5	1,5	g	
Zr	237	1,63	1,40	0,7	1,1	1,1	g	
Cd	0,10	0,30	0,60	317	1100	0,6	a; I	FT
In	0,06	0,029	0,013	51	40	0,9	a; FB	lokal
Ba	668	10,4	7,3	1,6	2,0	1,3	a; FB (?)	lokal
Pb	17	30,6	13,0	190	141	0,7	a; V	lokal+FT

g: geogene Quellen; a: anthropogene Quellen; FB: fossile Brennstoffe; V: Verkehr; I: industrielle Prozesse;
FT: Ferntransport-Mechanismen; * für S und V liegen zu wenige Winter-Meßwerte vor

Obwohl die durchschnittlichen Konzentrationswerte der globalen Oberkruste (Wedepohl 1995) z.T. größere Abweichungen von der regionalen Geochemie ausweist (v.a. bei Ni und Zr), führt eine Berechnung der Anreicherungsfaktoren mit den regionalen Werten nicht zu anderen Ergebnissen (Daten kompiliert in Matschullat 1995: S. 161).

Einfluß der geographischen Lage

Die geographische Lage von Meßstationen erlaubt Aussagen zur potentiellen Herkunft des Aerosols. Freistehende Meßstationen auf Bergen oder inmitten weiter Ebenen berücksichtigen auch ferntransportierte Aerosole, hier repräsentiert durch die Station *Zi*. Wird eine Meßstelle dagegen in einem engen Tal plaziert, kann sie nur einen verhältnismäßig geringeren Teil dieser ferntransportierten Partikel erfassen (Station *Ma*). Durch die isolierte Tallage überwiegt der lokale Eintrag aus nahegelegenen Quellen (in vorliegendem Beispiel: Kleinstadt, Landwirtschaft, Durchgangsstraße, Museumseisenbahn).

Elemente, deren EF an der Station *Zi* höher liegen, können aus diesem Grund dem überwiegenden Eintrag via Ferntransport zugeschrieben werden. Hierzu zählen As, Cd, Cr und Cu. Elemente, deren EF an der Station *Ma* größer sind, sollten dagegen zu erheblichen Anteilen aus den lokalen Quellen stammen (P, S, Ca, Mn, Fe, In, Pb; Tabelle 1.3).

Die gemessenen Konzentrationen anthropogen

Tabelle 1.4. Typische atmosphärische Konzentrationen verschiedener Elemente für verschiedene Reinluft- und Belastungsgebiete

	arktische Reg.[1)] ng m^{-3}	Amazonasbecken [2)] ng m^{-3}	Stadtgebiete [3)] ng m^{-3}	Mailand [4)] ng m^{-3}	Ung. Puszta [5)] ng m^{-3}
Na	1000		300–1000		
Mg	110	30–50			
Al	10–200	40–50	250–800		246
Si			300–2000		730
P		15–35	70		139
S	190		1500–3000	9100	1570
Cl		55–90	30–200		15
K	50	140–270	250–600	900	229
Ca	50	20–25	200–2000	1100	386
Ti	2–20	4,0–5,0	20–100	100	19,4
V			8–20	100	2,4
Cr	0,25		3–20	10	4,6
Mn	0,50	1,0–1,2	10–30	9	11
Fe	10–100	28–35	250–1500	5000	272
Ni	0,25	0,8–1,2	10–30	10	2,3
Cu	1,00	0,9–1,2	10–50	100	2,9
Zn	7,3		70–250	800	26,4
As			1–30	20	2,5
Se	0,05–0,13		1		1,2
Cd			<2		
Pb	0,8	1,0–1,2	50–1000	500	21

[1)] Artaxo et al. 1992 (Antarktis); Shaw 1991 (Alaska); [2)] Artaxo et al. 1988 (Amazonas-Becken); [3)] Jensen 1982 (Kopenhagen); Kasahara 1992 (Wien); Maenhaut et al. 1990 (Brüssel); Molnar et al. 1994 (Budapest); alle zitiert in Koltay 1994; Krivan u. Egger 1986 (Ulm); Lee et al. 1994 (englische Städte); [4)] Prodi et al. 1992 (Mailand), zitiert in Koltay 1994; [5)] Borbely-Kiss et al. 1990 (Ungarische Puszta)

emittierter Elemente am Erzgebirgskamm liegen zwischen Daten aus ruralen und aus urbanen Gebieten. Es dominiert der Ferntransport über die Westwinddrift, die sowohl in den Harz als auch das Osterzgebirge Emissionen westeuropäischer Industriestandorte und Gebieten höchster Verkehrsdichte trägt. Trotz hoher Variabilität z.B. der meteorologischen Verhältnisse, scheinen die Emissionen einer generalisierten Schadstoff-Trajektorie (NW → SE) zu folgen, die von verschiedenen Autoren beschrieben wurde (z.B. Borbely-Kiss et al. 1991). So stimmen die gemessenen Elementverhältnisse an Orten, die entlang dieser Trajektorie liegen, relativ gut überein (Kritzer 1995). Zugleich kann festgestellt werden, daß die in der Vergangenheit (bis ca. 1990/91) sehr hohen Einträge ökotoxisch relevanter Elemente in das Osterzgebirge zurückgegangen sind.

Jahreszeitliche Differenzierung

Die saisonalen Schwankungen erlauben weitere Aussagen über die Herkunft anthropogen emittierter Aerosole. Im Winterhalbjahr sind die Konzentrationen aller Elemente, deren Emission auf die Verbrennung fossiler Brennstoffe zurückzuführen ist, signifikant erhöht. Bei im Winter häufig vorherrschender Inversionswetterlage ist der vertikale (und vielfach auch der horizontale) Austausch der Luftmassen stark eingeschränkt. Unterhalb der Inversionsschicht reichern sich emittierte Elemente an; die Schichten oberhalb erfahren nur Ferntransport-Einfluß (As, Cd, Cu, Ni, Pb, Zn; Abb. 1.6). Dagegen zeigen Elemente, deren Verbreitung auch vegetationsbedingt ist (Beauford u. Barber 1977; Bergametti et al. 1989), im Sommerhalbjahr erhöhte Konzentrationen (z.B. P, Mg, Ca).

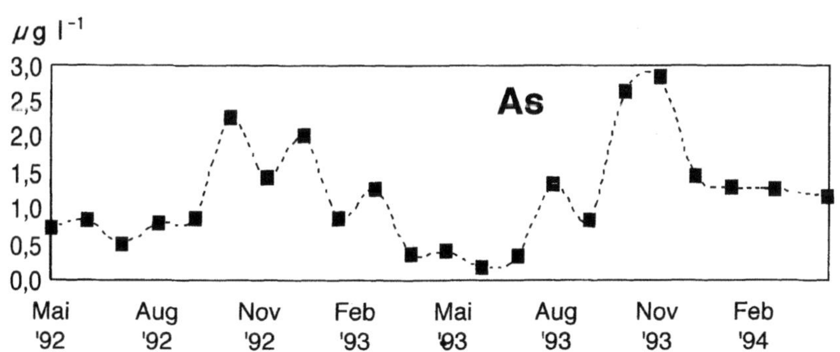

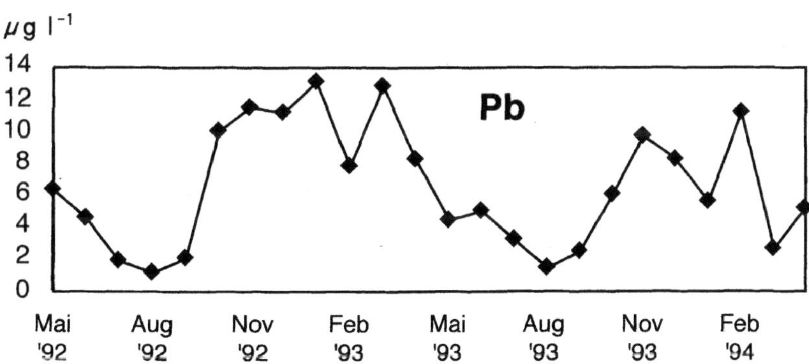

Abb. 1.6. Jahresgang der As- und Pb-Einträge im Osterzgebirge

Box 1.2 Statistische Auswertung: Explorative Datenanalyse – Korrelation – Faktorenanalyse

Bei großen Datensätzen ist es nahezu unmöglich, mit konventionellen Methoden (uni-, bivariat) mehr als eine oberflächliche Darstellung durchzuführen. Hier ist die Anwendung multivariater statistischer Verfahren unerläßlich, um die Datensätze soweit zu vereinfachen, daß die Interpretation verifiziert bzw. falsifiziert werden kann. Die heute erhältlichen Statistik-Pakete für den PC bieten dafür umfangreiches Werkzeug, das dem geschulten Bearbeiter die Arbeit sehr erleichtert. Allerdings muß vor dem „unbedarften Spielen" mit diesen Techniken gewarnt werden – statistische Signifikanz kann weder bewiesen werden, noch steht dahinter ein Werturteil im Sinne von realer Wichtigkeit oder Verallgemeinerbarkeit. „Das Wesentliche an der statistischen Analyse ist die Zusammenfassung" (Ehrenberg 1986). Obwohl die meisten Statistik-Software-Pakete zugleich brauchbare Handbücher mitliefern, ist für das Selbststudium oft zusätzliche Literatur notwendig (z.B. Bahrenberg u. Giese 1975; Marsal 1979; Ehrenberg 1986; Akin u. Siemes 1988; Rock 1988; Rollinson 1988; Swan u. Sandilands 1995). Wesentlich ist ebenfalls, bereits vor der Probennahme klare Hypothesen zu formulieren und sich für statistische Testverfahren zur späteren Auswertung zu entscheiden, da die resultierenden Anforderungen bei der Probennahme und -bearbeitung den Algorithmen Rechnung tragen muß. So muß der Bearbeiter sich darüber Klarheit verschaffen, welche statistisch relevanten Eigenschaften sein Datenkollektiv aufweist und welche Verfahren überhaupt sinnvoll anwendbar sind.

Explorative Datenanalyse (EDA). Die graphische Auswertung der meisten Aufgaben ist heute dank der leistungsfähigen Programme keine besondere Hürde mehr. Aussagekräftiger als schlichte Histogramme sind die „Box- und Whisker-Plots", mit denen sowohl die wesentlichen Merkmale der deskriptiven Statistik des Datensatzes (univariat) als auch übersichtliche Vergleiche zwischen Datensätzen möglich sind (Abb. 1.7; → Kap. 21).

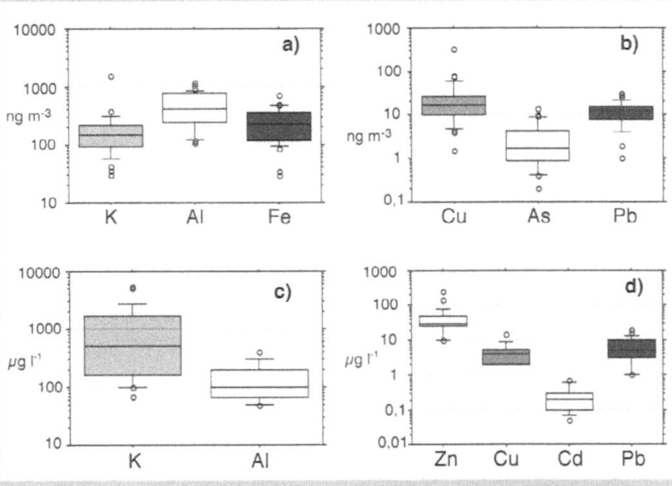

Abb. 1.7. Box und Whisker-Plots ausgewählter Elementkonzentrationen im Aerosol (**a, b**) und im Niederchlag (**c, d**)

Die **lineare Korrelation** ist ein Maß für den linearen Zusammenhang zweier Zufallsvariablen, der über den Korrelationskoeffizienten r ausgedrückt wird. Die beiden Zufallsvarablen korrelieren umso stärker, je näher r bei 1 liegt; ist r dagegen 0, liegt keine Korrelation vor. Je höher die Anzahl der Wertepaare ist, desto sicherer wird die statistische Aussage (Bahrenberg u. Giese 1975). Voraussetzung für die lineare Korrelation ist eine Normalverteilung beider Variablen. Liegt diese nicht vor, kann durch Logarithmieren einer Variable u.U. eine Normalverteilung erreicht werden.

Tabelle 1.5. Korrelation verschiedener Elemente zu Se. Ein Korrelationskoeffizient von 0,70 (0,82) entspricht einem Signifikanzniveau von 1% (0,1%). Geringere Korrelationskoeffizienten sind mit n.s. (nicht signifikant) gekennzeichnet

	S	Cl	V	Cr	Ni	Cu	Zn	Ga	Pb
Korrelation zu Se	0,72	0,74	0,90	n.s.	0,85	0,82	n.s.	0,85	n.s.

Um den Einfluß der Kohleverbrennung in der nahegelegenen Stadt Dippoldiswalde kenntlich zu machen, wird in vorliegendem Beispiel eine Korrelation verschiedener Elemente zu Selen, das diesbezüglich als Tracer-Element angesehen wird (Ondov et al. 1989), aufgestellt (Tabelle 1.5). Es zeigt sich, daß S, Cl, V, Ni, Cu und Ga eine signifikante Korrelation zu Se aufweisen, die Elemente Cr, Zn und Pb dagegen nicht. Tatsächlich können diese Elemente mit höheren Korrelationskoeffizienten zu Se aus der lokalen Kohlefeuerung stammen (Krejci et al. 1993). Ein Nachweis ist es jedoch nicht, wie eine kritische Betrachtung der Anreicherungsfaktoren in Tabelle 1.3 zeigt. Die Überlagerung der verschiedenen Quellen macht eine eindeutige Zuordnung auf der Basis des vorhandenen Datensatzes schwierig.

Box 1.2 Statistische Auswertung: Explorative Datenanalyse – Korrelation – Faktorenanalyse

Faktorenanalyse. Soll die jeweilige Herkunft von Variablen bestimmt werden (source apportionment), ist die Anwendung der Faktorenanalyse sinnvoll (→ Kap. 2). Zunächst werden alle Variablen als Vektoren in einer Matrix zusammengefaßt. Eine hohe Korrelation zwischen zwei Variablen hat zur Folge, daß ihre Vektoren linear voneinander abhängig sind und zur Beschreibung der Matrix einer von beiden unnötig ist. Die Faktorenanalyse reduziert auf diese Weise die Zahl der ursprünglichen Variablen. Die neugebildeten Faktoren werden anschließend so rotiert, daß eine möglichst einfache Zuordnung zwischen den alten Variablen und den neuen Faktoren erreicht wird („Einfachstruktur"). Der wesentliche Vorteil der Faktorenanalyse für die vorliegende Fragestellung besteht darin, daß a priori keinerlei Kenntnisse über Quellen der verschiedenen Elemente vorausgesetzt werden müssen. Tauchen verschiedene Elemente in gleichen Faktoren auf, kann eine ähnliche Herkunft vermutet werden. Die „Zuordnung" der einzelnen Faktoren zu verschiedenen Quellen ist das eigentliche Problem der Faktorenanalyse.

Tabelle 1.6. Faktorenanalyse (Varimax) der Elementkonzentrationen. Faktor 1 und 2 stellen geogene Quellen dar, Faktor 3 und 4 anthropogene. Weitergehende Diskussion s. Text.

	1. Faktor	2. Faktor	3. Faktor	4. Faktor
erklärte Varianz (%)	45,7	17,9	6,1	5,1
Na			0,57	
K	0,86			
Mg	0,79			
Al	0,61			
Ca		0,91		
Mn	0,74			
Fe	0,72			
Ni				0,85
Cu				0,56
Zn			0,74	
Pb			0,70	

Die statistische Aussage einer Faktorenanalyse ist umso besser, je weniger Variablen und je mehr Wertepaare untersucht werden. Für hochsignifikante Analysen ist wie bei allen statistischen Untersuchungen eine große Anzahl an Wertepaaren (mehrere hundert) unumgänglich. Für die hier vorliegenden Meßergebnisse kann eine Faktorenanalyse lediglich Hinweise auf die gemeinsame Herkunft verschiedener Elemente geben. Im vorliegenden Beispiel wurden die Elemente Na, K, Mg, Al, Ca, Mn, Fe, Ni, Cu, Zn und Pb für die Faktorenanalyse untersucht. Aus 33 (!) Wertepaaren werden vier Faktoren nach dem Varimax-Prinzip extrahiert, die zusammen rund 75% der gesamten Varianz erklären. Die Faktoren sind in Tabelle 1.6 zusammengefaßt; eine Ladung kleiner als 0,5 ist nicht ausgewiesen.

Die einzelnen Faktoren können im folgenden interpretiert werden: Faktor 1 beinhaltet geogene Elemente, die zusammen den Hauptteil des untersuchten Aerosols ausmachen. Er kann den natürlichen Entstehungsprozessen wie Gesteinsverwitterung zugeordnet werden. Faktor 2 steht für eine zusätzliche natürliche Quelle von Ca (pflanzliche Quellen?). Faktor 3, der hauptsächlich die Elemente Zn und Pb und zu einem geringeren Teil Na enthält und Faktor 4, der Ni und Cu einschließt, sind anthropogenen Quellen zuzuordnen. Faktor 3 läßt auf Automobilverkehr schließen; trotz erheblicher Reduzierung des Anteils an verbleitem Benzin stellt der Verkehr weiterhin einen großen Anteil der Pb-Emissionen. Auch Zn wird zu erheblichem Anteil von Automobilen emittiert (Konzentrationen im Motoröl um 1000 ppm; Huang et al. 1994; → Kap. 10). Faktor 4 könnte durch die Nutzung fossiler Brennstoffe erklärt werden.

Box 1.2 Statistische Auswertung:

Explorative Datenanalyse – **Korrelation** – Faktorenanalyse

Kanonische Korrelation. Bei einer kleineren Zahl von Wertepaaren ist die kanonische Korrelation aussagekräftiger als die Faktorenanalyse. Dabei wird die Korrelation zweier Datenmatrizen, die jeweils aus mehreren Variablen gebildet werden, berechnet (Mardia et al. 1979: S. 281–299). So werden beispielsweise die Elemente Mg, Al, K, Ca, Mn und Fe in einer „geogenen“ und die Elemente Ni, Cu, Zn und Pb zu einer „anthropogenen“ Datenmatrix zusammengefaßt. Für jede dieser Datenmatrizen werden anschließend die kanonischen Korrelationen mit der „Windrichtungsmatrix“, bestehend aus den acht Windrichtungen, kanonisch berechnet.

Zu diesem Zweck wurden für vorliegendes Beispiel die Wetterdaten der Wetterstation Zinnwald verwendet, die dreimal täglich Daten von Windrichtung (eingeteilt in acht Sektoren) und -stärke (nach Beaufort) liefert. Hieraus können für die Sammelperioden jedes Filters die Anteile jeder Windrichtung sowie eine durchschnittliche Windgeschwindigkeit bestimmt werden. Ein Zusammenhang einzelner Elementkonzentrationen mit der Windgeschwindigkeit (sowohl mit den Beaufortschen Windstärken als auch mit den echten Windgeschwindigkeiten) konnte dabei nicht erkannt werden. Hohe Windgeschwindigkeiten erhöhen zwar den „Partikelumsatz“, führen aber gleichzeitig zu einer verstärkten vertikalen Durchmischung. Unser zu kleiner Datensatz kann keine Informationen dazu liefern, welcher Effekt überwiegt.

Die Windrichtung sollte vor allem mit solchen Elementen korrelieren, die auf stationäre Quellen zurückzuführen sind. Dies ist vor allem bei anthropogen emittierten Elementen der Fall. Geogene Elemente hingegen, die aus jeder Windrichtung mit in etwa gleicher Konzentration eingebracht werden, sollten dagegen keine Korrelation mit der Windrichtung aufweisen. Da aufgrund der langen Meßperiode von einer Woche für jedes Filter die zeitliche Auflösung gering ist, und darüber hinaus Auswaschung und sicherlich auch die Windgeschwindigkeit Einfluß auf die Konzentrationen einzelner Elemente besitzen, liefert eine einfache lineare Korrelation hier keine brauchbaren Ergebnisse.

Bei der kanonischen Korrelation korrelieren die geogenen Elemente nur schwach mit den Windrichtungen (Wilks Lambda = 0,086; p-Wert: 11,6%), was mit der oben angeführten Annahme übereinstimmt. Die anthropogen emittierten Elemente dagegen zeigen eine signifikante Korrelation mit den Windrichtungen (Wilks Lambda 0,15; p-Wert: 1,0%). Eine statistisch zuverlässige Zuordnung einzelner Elemente zu verschiedenen Windrichtungen war aufgrund des zu kleinen Datensatzes nicht möglich. Andererseits wurde deutlich, daß die Station Zinnwald hinsichtlich des Eintragsmonitoring nicht optimal plaziert ist; die Lage im „Windschatten“ des Lugsteins führt zu Veränderungen sowohl der Windrichtung als auch der -geschwindigkeit.

1.3 REGIONALISIERUNG VON IMMISSIONSDATEN

F.T. Last listet im Vorwort des Bandes *Acidic Deposition – Its Nature and Impacts* 29 Lokalitäten in Nordamerika und 41 in Europa auf (jeweils oberhalb des 45. Breitengrades), an denen bedeutende Forschungsarbeiten zur atmosphärischen Deposition stattfinden (Last u. Watling 1991: S. XIX). Die Gebiete liegen nahezu ausnahmslos weit von Industriezentren und Städten entfernt, um nicht Stadtaerosole mit ihren spezifischen Eigenschaften (Krivan u. Egger 1986; Heinrichs 1993; → Kap. 2), sondern ein „Reinluftaerosol“ zu beproben, das eine größere Flächenrepräsentativität zeigt. Allein für Deutschland sind 14 Beobachtungsflächen ausgewiesen, wobei z.T. größere Studien wie das Schönbuch-Projekt (Einsele 1986) nicht berücksichtigt wurden. Daten dieser Stationen gehen in die folgende Diskussion ein, während Stationen südlich des 45. Breitengrades (n = 10) ebenso wie Stationen auf der südlichen Halbkugel (n = 3) weitgehend unberücksichtigt bleiben. In der folgenden Tabelle 1.7 werden die Eintragsraten ausgewählter Spurenelemente in das Osterzgebirge mit entsprechenden Daten aus Europa und Nordamerika verglichen.

Durch die hohe Besiedlungsdichte in Europa liegen ländliche Gebiete näher an den emissionsstarken Ballungsgebieten und vor allem in Mitteleuropa

Tabelle 1.7. Vergleich der Einträge im Osterzgebirge mit anderen Mittelgebirgen. Angegeben sind die Flüsse aus Freilandniederschlägen, bzw. deren Medianwerte. Angaben in (g ha^{-1} a^{-1}), gerundet

	Osterzgebirge	Westharz	ø BRD 1988#	ø Europa*	Nordamerika
Al	1200	2300	800	–	40–630
Fe	≤1100	2700	1100	1100	60–680
Mn	<700	1800	200	200	8
Cd	2,1	5,0	6	10	–
Co	1,9	4,4	–	–	–
Cr	6,1	13	7	10	–
Cu	31	67	160	150	4–300
Ni	12	21	25	39	3–150
Pb	45	250	190	130	20–480
Zn	330	360	540	60	50

Osterzgebirge: diese Arbeit; Westharz: Siewers u. Roostai (1990), Andreae (1994): Daten von 1988, 89; # Freilandniederschläge in Westdeutschland und * Europa (NL, B, F, CH, A, PL): Führer et al. (1988: Tafel II und III, 76ff.); Nordamerika: Jeffries (1984)

(Herkunft der meisten Daten) sind die Entfernungen zwischen einer Emissionsquelle und der potentiellen Senke relativ gering. Dadurch werden größere Staubmengen sowohl anthropogenen wie geogenen Ursprungs umgesetzt, was die Daten für Al, Fe und Zn im Vergleich Europas mit Nordamerika zu bestätigen scheinen. Es ist anzunehmen, das dies entsprechend auch für die anderen Metalle gilt (Tabelle 1.7).

Auf der Basis der ermittelten Freiland- und Bestandeseinträge im Osterzgebirge, dem Harz und Vergleichsgebieten in Mitteleuropa (nur aktuelle Daten) kann für die einzelnen Komponenten von einem Stofffluß ausgegangen werden, der in Tabelle 1.8 hypothetisch zusammengefaßt ist. In den meisten Fällen spreizen sich die Flußraten über eine Größenordnung. Das ist insofern interessant, als die hier verwendeten Daten aus längeren Beobachtungsreihen stammen und eine entsprechend hohe Repräsentativität aufweisen sollten. Die Schwankungen des Niederschlages waren unbedeutend bzw. können die starken Variationen nicht erklären. Als primäre „Fehlerquelle" muß die oben angesprochene Variabilität der Aerosolkonzentrationen angesehen werden. Bowen (1979) und später Wiersma u. Davidson (1986) trugen globale Aerosoldaten zusammen, die entsprechend hohe Abweichungen zeigen. Der Aerosoltransport ist Ereignis-geprägt und diese Impulse werden in vielen Fällen auch bei weiteren Transportentfernungen nicht homogenisiert. Die Spannweite der Daten von Wiersma u. Davidson (1986) ist weiter als jene von Bowen. Das kann an der breiteren Datenbasis liegen, bzw. an der etwas unterschiedlichen Interpretation dessen, was als „Reinluftgebiet" zu gelten hat. Während Bowen sich auf die Shetland Inseln, das nördliche Norwegen, NW-Kanada und den Südpol beschränkt, erfassen Wiersma und Davidson auch zahlreiche Daten aus großen Naturschutzgebieten Nordamerikas. Sie werten in ihrer Arbeit nur jene Daten aus, die zwischen 1976 und 1983 publiziert wurden und verweisen auf eine Publikation von Rahn (1976), die vermutlich eine ähnliche Datenbasis wie Bowen (1979) erfaßt. Zwischen den beiden hier verwendeten Kompilationen zeigen sich bei weitgehender Übereinstimmung einige Differenzen, die kurz angesprochen werden sollen. Für die Elemente Al, As, Ba, Ca, Fe, Hg und K errechnen sich aus der jüngeren Arbeit (Wiersma u. Davidson 1986) höhere Medianwerte, für die Elemente Cd, Ce, Cl, Cu, La, Mg, Pb, Rb, Sc, Th, V, W und Zn dagegen geringere Medianwerte. Es kann kaum Zufall sein, daß die zweite Gruppe die wesentlichen Elemente aus der Verbrennung fossiler Brennstoffe enthält. Ob die Verringerung allerdings insofern real ist, als sie mit einem leichten Rückgang der globalen Belastung gekoppelt ist, kann hiermit nicht bewiesen werden. Der Befund paßt allerdings zu dem Rückgang dieser Elemente in rezentem Schnee sowohl Grönlands als auch der Antarktis (Murozumi et al. 1969; Boutron et al. 1994) und neuen Ergebnissen der Schwermetallakkumulation in limnischen Sedimenten (Renberg et al. 1994).

Tabelle 1.8. Durchschnittliche Stoffflüsse in Mittelgebirgen des gemäßigten Klimabereiches in Europa, differenziert nach Freiland- und Bestandesniederschlägen. Flüsse in (kg ha^{-1} a^{-1}) für Haupt- (H bis Mn) und in (g ha^{-1} a^{-1}) für Spurenkomponenten (Cd bis Zn)

	Eintrag Freiland	Eintrag Bestand	Gesamtbereich
H	0,14 - 0,95	0,1 - 3,31	0,1 - 3,3
Na	1 - 12	2 - 27,3	1 - 27
K	1,9 - 14	12,3 - 28,6	1,9 - 29
Ca	4,6 - 21	4,2 - 27	4,2 - 27
Mg	0,9 - 1,9	1,1 - 7,5	0,9 - 7,5
NH_4	6,0 - 11	3 - 18	3 - 18
F	0,5 - 0,9	2,6 - 4,5	0,5 - 4,5
Cl	6,5 - 25	10 - 52	6,5 - 52
NO_3	4,4 - 33	5,1 - 64,7	4,4 - 65
SO_4	7,6 - 50	11,1 - 185	7,6 - 185
PO_4	9,0	9,0	9
HCO_3	15,2	10,1	10,1 - 15,2
DOC	0,5 - 1,9	1,4 - 3,4	0,5 - 3,4
Si		1,3	1,3
Al	0,08 - 0,9	0,17 - 3,6	0,08 - 3,6
Fe	0,09 - 0,9	0,13 - 3,0	0,09 - 3,0
Mn	0,03 - 0,72	0,32 - 5,3	0,03 - 5,3
Cd	0,5 - 16	0,8 - 20	0,5 - 20
Co	< 1	1,3 - <4,5	<1 - <4,5
Cr	6 < 15	6,1 - 23	6 - 23
Cu	9 - 100	26 - 96	9 - 100
Ni	2 - 51	18 - 18	2 - 51
Pb	9 - 250	17 - 353	9 - 353
Sr		90 - 140	90 - 140
Zn	110 - 1900	100 - 3000	100 - 3000

Quellen: Meesenburg 1987; Führer et al. 1988; Cichorowski et al. 1989; Feger et al. 1989; Baur u. Feger 1992; Bacon 1993; Krejci u. Cerny 1993; Roostai u. Siewers 1993; Viligoor u. Laznik 1993; Wozniak u. Twarowski 1993; Bäumler 1995; Bozau 1995

1.4 ZUKÜNFTIGE VERÄNDERUNGEN

Hohe Immissionen sind die Ursache der erhöhten Emissionen, die seit langem global verteilt werden. Die Hauptlast der Einträge liegt, wie auch die Verursacher, auf der nördlichen Halbkugel. Dabei sind in abnehmender Reihenfolge drei bis vier Immissionsstandorte zu unterscheiden: der Nahbereich von Emittenten (Stadt- und Industriegebiete; → Kap. 2), Waldgebiete (→ Kap. 3, 4) und landwirtschaftliche Nutzflächen (→ Kap. 6). In den Ballungsgebieten ist es vor allem die lokale Emission, die nach kurzem Transportweg zur Deposition kommt (Ferrer u. Perez 1990; Heinrichs 1993; Lee et al. 1994). Die Waldgebiete der Industrieländer liegen zumeist fernab der Zentren in Räumen, die aufgrund ihrer Morphologie oder des Naturraumpotentials weniger als Agrarland oder Siedlungsfläche geeignet sind. Ihr Verbreitungsschwerpunkt sind die Mittelgebirgslandschaften. Wegen der dortigen durchschnittlich höheren Niederschläge und der Auskämmwirkung der Pflanzendecke werden hier dennoch höhere Einträge gemessen als in den landwirtschaftlich genutzten Räumen, deren Belastung meist primär über Düngung und Meliorationsmaßnahmen ausgelöst wird.

In dieser grundsätzlichen Situation läßt sich seit Beginn der achtziger Jahre in den westlichen Industrienationen ein gewisser Wandel erkennen. Das Bewußtsein für den Umweltschutz ist gestiegen und moderne Technologien erlauben eine Reduktion der Emissionen. Deutlich ist der Rückgang bereits für S, aber auch für Pb und Cd (Enquetekommission 1993: S. 106ff.; Umweltbundesamt 1995). Weiterer Rückgang ist möglich und auch zu erwarten. Im Gegensatz dazu stehen die Bemühungen der „3. Welt-Nationen", die eigene Wirtschaftsentwicklung zu steigern und Produktion und Konsum an den Standard der nördlichen Industrienationen heranzuführen. Sowohl im Hinblick auf ihren Bevölkerungsreichtum als auch ihrer globalen Bedeutung bezüglich der Emissionen ist das wirtschaftliche Wachstum der asiatischen Länder hier von größter Bedeutung (Rodhe et al. 1992). Der Anstieg des Primärenergiebedarfs wird nach derzeitigen Schätzungen um 2,1% p.a. steigen, d.h. um ca. 48% bis zum Jahre 2010. Dabei wird der durchschnittliche globale Erdölverbrauch von 38 (1991) auf 45 Mio. barrel pro Tag ansteigen, während die Wachstumsrate des Kohleverbrauchs allein für China und Südostasien mit 4% p.a. angegeben wird. Der Ehrgeiz der chinesischen Regierung, innerhalb der nächsten 20 Jahre eine wesentliche Motorisierung der Bevölkerung zu ermöglichen und – parallel dazu – den Ausbau der Energieumsatzleistung zu vervielfachen, wird den bereits auf S-Depositionskarten erkennbaren „hot spot" im südlichen China deutlich wachsen lassen und globale Auswirkungen nicht nur auf die Immission von Schwefel haben (Galloway 1989). So ist mittelfristig damit zu rechnen, daß sich zwar die Zentren von Emission und Immission, bezogen auf bestimmte Stoffklassen, verändern, die globale Bilanz jedoch keine wesentliche Veränderung erfährt.

Danksagung

Die Autoren danken Frau Dr. Elke Bozau und Dipl. Chem. Lutz Lange für ihre Untersuchungen der Gesamtdeposition sowie Prof. Dr. Willy Maenhaut (Universität Gent) für die große Gastfreundschaft und fachliche Unterstützung bei der Analyse der Filterproben. Die DFG ermöglichte durch ihre Förderung, einen Großteil der vorgestellten Daten zu erarbeiten.

LITERATUR

Ahrens D, Hanss A, Obländer W (1988) Bericht über die räumliche Verteilung von Luftschadstoffen in Südwestdeutschland. Forstwiss Centralblatt 107: 326–341

Akin H, Siemes H (1988) Praktische Geostatistik. Hochschultext. Springer, Berlin Heidelberg New York, 304 S.

Anderson CA (Hrsg; 1973) Microprobe analysis. Wiley & Sons, New York

Andersson F, Olsson B (1985) Lake Gårdsjön – an acid forest lake and its catchment. Ecol Bull 37: 336 S.

Andreae H (1994) Deposition anorganischer Komponenten. In: Matschullat J, Heinrichs H, Schneider J, Ulrich B (Hrsg) Gefahr für Ökosysteme und Wasserqualität – Ergebnisse interdisziplinärer Forschung im Harz. Springer, Berlin Heidelberg New York, S. 107–111

Andreae MO, Charlson RJ, Bruynseels F, Storms H, Van Grieken RE, Maenhaut W (1986) Internal mixture of sea salt, silicates, and excess sulfate in marine aerosols. Science 232: 1620–1623

Artaxo P, Storms H, Bruynseels F, Van Grieken RE, Maenhaut W (1988) Composition and sources of aerosols from the Amazon basin. J Geophys Res 93: 1605–1615

Artaxo P, Rabello MLC, Maenhaut W, Van Grieken RE (1992) Trace elements and individual particle analysis of atmospheric aerosols from the Antarctic peninsula. Tellus 44B: 318–334

Bacon JR (1993) Characterization of lead and other heavy metals in the Scottish Upland environment using isotopic composition. In: Allan RJ, Nriagu JO (eds) Int Conf Heavy metals in the environment, 2: 282–285; CEP Consultants, Toronto

Bahrenberg G, Giese E (1975) Statistische Methoden und ihre Anwendung in der Geographie. Teubner, Stuttgart, 310 S.

Baur S, Feger KH (1992) Importance of natural soil processes relative to atmospheric deposition on the mobility of aluminium in forested watersheds of the Black Forest. Environ Pollut 77: 99–105

Bäumler R (1995) Dynamik gelöster Stoffe in verschiedenen Kompartimenten kleiner Wassereinzugsgebiete in der Flyschzone der Bayerischen Alpen – Auswirkungen eines geregelten forstlichen Eingriffs. Dissertation, Univ Bayreuth; Bayreuther Bodenkundl Berichte 40: 133 S.

Beauford W, Barber J (1977) Release of particles containing metals from vegetation into the atmosphere. Science 195: 571–573

Benninghoven A, Rüdenauer FG, Werner HW (Hrsg; 1987) Secondary ion mass spectrometry. Chemical Analysis 86: 1230 S.; Wiley & Sons, New York

Bentz JWG, Goschnick J, Schuricht J, Ache HJ, Zehnpfennig J, Benninghoven A (1995) Analysis and classification of individual outdoor aerosol particles with SIMS time-of-flight mass spectrometry. Fresenius J Anal Chem 353: 603–608

Bergametti G, Dutot AL, Buat-Menard P, Losno R, Remoudaki E (1989) Seasonal varibility of the elemental composition of atmospheric aerosol particles over the northwestern Mediterranean. Tellus 41B: 353–361

Borbely-Kiss I, Koltay E, Szabo G, Bozo L, Meszaros E, Molnar A (1990) An evaluation of elemental concentrations in atmospheric aerosols over Hungary: Regional signatures and long-range transport modelling. Nucl Instrum Methods Phys Res B49: 388–394

Borbely-Kiss I, Bozo L, Koltay E, Meszaros E, Molnar A, Szabo G (1991) Elemental composition of aerosol particles under background conditions in Hungary. Atmos Environ 25A: 661–668

Boutron CF, Candelone JP, Hong S (1994) Past and present changes in the large scale tropospheric cycles of lead and other heavy metals as documented in Antarctic and Greenland snow and ice: a review. Geochim Cosmochim Acta 58: 3217–3225

Bowen HJM (1979) Environmental chemistry of the elements. Academic Press, London New York Toronto, 333 S.

Boumans PVJM (1987) Inductively coupled plasma emission spectrometry, Part 1 and 2. In: Boumans PVJM (ed) Chemical Analysis 90; Wiley & Sons, New York

Bozau E (1995) Zum atmosphärischen Stoffeintrag in das Osterzgebirge. Unveröff Dissertation, Geowiss Univ Heidelberg, 102 S.

Bullrich K (1976) Atmosphärische Spurenstoffe. Naturwissenschaften 63: 171–179

Bürkholz A (1973) Eichuntersuchungen an einem Kaskadenimpaktor. Staub Reinhaltung Luft 33, 10

Bürkholz A (1987) Einsatz von Kaskadenimpaktoren zur Staubmessung. Umwelt Z VDI Immissionsschutz, Abfall Gewässerschutz 8

Cass GR, McRae GJ (1986) Emissions and air quality relationships for atmospheric trace metals. In: Nriagu JO, Davidson CI (eds) Toxic metals in the atmosphere, Advances Environ Sci Technol 17: 145–171, Wiley & Sons, New York, Chichester

Cerny J, Paces T (1995) Acidification in the Black Triangle region. Excursion June 26–30 1995; 99 S.

Cichorowski G, Michel B, Versteegen D, Wettmann R (1989) Grundwasserbelastungen durch Luftschadstoffe. Untersuchung im Auftrag des BMFT: Akute und latente Belastungen des Grundwassers durch Luftschadstoffe, FKZ 0339 131A, 143 S., Darmstadt

Colbeck I (1995) Particle emission from outdoor and indoor sources. In: Kouimtzis T, Samara C (eds) Airborne particulate matter. The handbook of environmental chemistry 4D: 1–33; Springer, Berlin Heidelberg New York

Dams R (1990) Radiochemical and instrumental neutron activation analysis – recent trends. Fresenius J Anal Chem 337: 492–498

Dams R (1992) Nuclear activation techniques for the determination of trace elements in atmospheric aerosols, particulates and sludge samples. Pure Appl Chem 64: 991–1014

Dams R, Robbins JA, Rahn KA, Winchester JW (1970) Nondestructive neutron activation analysis of air pollution particulates. Anal Chem 42: 861–867

Däßler HG (1986) Einfluß von Luftverunreinigungen auf die Vegetation: Ursachen – Wirkungen – Gegenmaßnahmen. VEB Gustav Fischer Jena, 223 S.

Date AR, Gray AL (eds; 1989) Applications of inductively coupled plasma mass spectrometry. 254 S. Blackie, Glasgow London

Dop Hvan (1986) Atmospheric distribution of pollutants and modelling of air pollution dispersion. In: Hutzinger O (ed) Air pollution. Handbook of environmental chemistry 4A: 107–147; Springer, Berlin Heidelberg New York

Duce RA, Hoffman GL, Zoller WH (1975) Atmospheric trace metals at remote northern and southern hemisphere sites: Pollution or natural? Science 187: 59–61

DVWK (Hrsg; 1992) Niederschlag – Empfehlung für Betreiber von Niederschlagsstationen (BETREN). Regelwerk, Entwurf November 1992, 69 S.; Bonn

Ehrenberg ASC (1986) Statistik oder der Umgang mit Daten – Eine praktische Einführung mit Übungen. Verlag Chemie, Weinheim, 344 S.

Einsele G (1986) Das landschaftsökologische Forschungsprojekt Naturpark Schönbuch. Wasser- und Stoffhaushalt, Bio-, Geo- und Forstwirtschaftliche Studien in Südwestdeutschland. Forschungsbericht der DFG. Verlag Chemie, Weinheim, 636 S.

Ellenberg H (1986) Zur Filterwirkung von Laubwäldern und Nadelforsten. In: Ellenberg H et al. (Hrsg) Ökosystemforschung – Ergebnisse des Solling-Projekts. Ulmer, Stuttgart, S. 432–433

Ellenberg H, Mayer R, Schauermann J (1986) Ökosystemforschung – Ergebnisse des Sollingprojekts 1966–1986. Ulmer, Stuttgart, 507 S.

Enquete-Kommission des deutschen Bundestages zum Schutz des Menschen und der Umwelt (1993) Verantwortung für die Zukunft – Wege zum nachhaltigen Umgang mit Stoff- und Materialströmen. Economia Verlag, Bonn, 332 S.

Feger KH, Brahmer G, Baur S, Haug I (1989) Project Arinus: effects of restabilization measures (fertilization) and atmospheric deposition on the cycling of nitrogen and sulfur in the eco- and hydrosphere of Black Forest sites. Exkursionsführer Oktober 1988 in: Ulrich B (Hrsg) Internationaler Kongreß Waldschadensforschung: Wissensstand und Perspektiven. Kernforschungszentrum Karlsruhe GmbH; Karlsruhe

Ferrer N, Perez JJ (1990) Determination of sources of atmospheric aerosol in the neighborhood of Barcelona based on receptor models. Atmos Environ 24B: 181–184

Fiedler HJ, Rösler HJ (1987) Spurenelemente in der Umwelt – Umweltforschung. VEB Gustav Fischer, Jena, 278 S.

Finlayson-Pitts BJ, Pitts JN jr (1986) Atmospheric chemistry: fundamentals and experimental techniques. Wiley & Sons, New York, Chichester, 1098 S.

Fortak H (1988) Prinzipielle Grenzen der Vorhersagbarkeit atmosphärischer Prozesse. In: Germann K, Warnecke G, Huch M (Hrsg) Die Erde – Dynamische Entwicklung, menschliche Eingriffe, globale Risiken. Springer, Berlin Heidelberg New York, S. 169–182

Führer HW, Brechtel HM, Ernstberger H, Erpenbeck C (1988) Ergebnisse von neuen Depositionsmessungen in der Bundesrepublik Deutschland und im benachbarten Ausland. DVWK Mitteilungen 14: 122 S.; Bonn

Galloway JN (1989) Atmospheric acidification: Projections for the future. Ambio 18: 161–166

Galloway JN, Thornton JD, Norton SA, Volchok HL, McLean RAN (1982) Trace metals in atmospheric deposition: a review and assessment. Atmos Environ 16: 1677–1700

Gilfrich JV (1990) New horizons in X-ray fluorescence analysis. X-Ray Spectrom 19: 45–51

Gilfrich JV, Burkhalter PG, Birks LS (1973) X-ray spectrometry for particulate air pollution – A quantitative comparison of techniques. Anal Chem 45: 2002–2009

Graedel TE, Crutzen PJ (1994) Chemie der Atmosphäre – Bedeutung für Klima und Umwelt. Spektrum Akademischer Verlag, Heidelberg Berlin Oxford, 511 S.

Grasselli JG (1992) Analytical chemistry - Feeding the environmental revolution? Anal Chem 64: 677A–685A

Griepink B, Marchandise H, Colinet E, Dams R (1988) The certification of the surface density (kg/m^3) of BCR CRM 038 ("Fly ash from pulverised coal") comprised in Methyl Cellulose films simulating dust charged filters. In: Comission of the European Communities, Community Bureau of Reference (eds), bcr information, 22 S.

Hahn-Weinheimer P, Hirner A, Weber-Diefenbach K (1995) Röntgenfluoreszenzanalytische Methoden. Vieweg, Braunschweig Wiesbaden, 285 S.

Hales M (1986) The mathematical characterization of precipitation scavenging and precipitation chemistry. In: Hutzinger O (ed) Air pollution. The handbook of environmental chemistry 4A: 149–217; Springer, Berlin Heidelberg New York

Hartmann E (1992) Quality in analytical chemistry. Fresenius J Anal Chem 342: 764–768

Hauhs M (1985) Wasser- und Stoffhaushalt im Einzugsgebiet der Langen Bramke (Harz). Ber Forschungszentr Waldökosysteme/Waldsterben 17: 206 S., Göttingen

Heinrichs H (1990) Aufschlußverfahren in der Analytischen Geochemie. Labor Praxis 10: 1–10, Würzburg

Heinrichs H (1993) Die Wirkung von Aerosolkomponenten auf Böden und Gewässer industriefemer Standorte: eine geochemische Bilanzierung. Unveröff Habilitationsschrift, Univ Göttingen, 119 S.

Heinrichs H, Herrmann AG (1990) Praktikum der analytischen Geochemie. Springer, Berlin Heidelberg New York, 669 S.

Heydorn K (1990) INAA – application and limitation. Fresenius J Anal Chem 337: 498–502

Hild A (1993) Geochemische Untersuchungen an Bachsedimenten aus dem Einzugsgebiet der Talsperre Malter (Osterzgebirge). Unveröff Diplomarbeit, Geowiss Göttingen, 66 S.

Höfken KD (1989) Raten der nassen, feuchten und trockenen Deposition in Wäldern: Meßansätze und Ergebnisse. In: Ulrich B (Hrsg) Internat Kongreß Waldschäden: Wissensstand und Perspektiven. Friedrichshafen, Bodensee, S. 257–267

Holland,G, Eaton AN (eds; 1991) Applications of plasma source mass spectrometry. 222 S. The Royal Society of Chemistry, Cambridge

Holländer W (1995) Sampling of airborne particulate matter. In: Kouimtzis T, Samara C (eds) Airborne particulate matter. The handbook of environmental chemistry 4D: 143–173; Springer, Berlin Heidelberg New York

Huang X, Olmez I, Aras NK (1994) Emissions of trace elements from motor vehicles: potential marker elements and source composition profile. Atmos Environ 28: 1385–1391

Injuk J, Van Grieken R (1995) Atmospheric concentrations and deposition of heavy metals over the North Sea: a literature review. J Atmos Chem 20: 179–212

Jaenicke R (1987) Atmosphärische Kondensationskeime. In: Jaenicke R (Hrsg) Atmosphärische Spurenstoffe. DFG-Forschungsbericht, Verlag Chemie, Weinheim, S. 321–339

Jambers W, De Bock L, Van Grieken R (1995) Recent advances in the analysis of individual environmental particles – a review. Analyst 120: 681–692

Jarvis KE, Gray AL, Houk RS (1992) Handbook of inductively coupled plasma mass spectrometry. Blackie, Glasgow London, 380 S.

Jeffries DS (1984) Atmospheric deposition of pollutants in the Sudbury area. In: Nriagu JO (ed) Environmental impacts of smelters, Wiley & Sons, New York, S. 118–154

Jenkins R (1988) X-ray spectrometry. Chemical Analysis 99: 180 S.; Wiley & Sons, New York

Johansson SAE (1992) Particle induced X-ray emission and complementary nuclear methods for trace element determination. Analyst 117:259–265

Johansson SAE, Campbell JL, Malmquist KG (1995) Particle-induced X-ray emission spectrometry (PIXE). Chemical Analysis 133: 450 S.; Wiley & Sons

Keil K (1967) The electron microprobe X-ray analyzer and its application in mineralogy. Fortschr Miner 44: 4–66

Klockenkämper R (1980) Röntgenspektralanalyse. In: Ullmanns Enzyklopädie der technischen Chemie. 4. Aufl, 5: 501–518, Verlag Chemie, Weinheim

Klockenkämper R, Knoth J, Prange A, Schwenke H (1992) Total-reflection X-ray fluorescence spectroscopy. Anal Chem 64, 23: 1115A–1123A

Koltay E (1990) Elemental analysis of atmospheric aerosols: Results and perspectives of the PIXE technique. Int J PIXE 1: 93–112

Koltay E (1994) The application of PIXE and PIGE techniques in the analytics of atmospheric aerosols. Nucl Instrum Methods Phys Res B 85: 75–83

Kouimtzis T, Samara C (eds; 1995) Airborne particulate matter. The handbook of environmental chemistry 4D: 339 S.; Springer, Berlin Heidelberg New York

Krejci R, Cerny J (1993) Differences in wet-only and bulk precipitation chemistry at two stations in the Krusne Hory mountains. In: Cerny J (ed) Biogeomon and workshop on integrated monitoring S. 158–159; Czech Geol Survey, Prag

Krejci R, Swietlicki E, Ross HB (1993) Source characterisation of the central European aerosol. In: Cerny J (ed) Biogeomon and workshop on integrated monitoring S. 160–161; Czech Geol Survey, Prag

Kritzer P (1995) Untersuchung von Aerosolen aus dem Osterzgebirge. Heidelberger Beitr Umwelt-Geochem 1: 105 S.

Krivan V, Egger KP (1986) Multielementanalyse von Schwebstäuben der Stadt Ulm und Vergleich der Luftbelastung mit anderen Regionen. Fresenius Z Anal Chem 325:41–49

Lahmann E (1990) Luftverunreinigung – Luftreinhaltung. Eine Einführung in ein interdisziplinäres Wissensgebiet. Paul Parey, Berlin Hamburg, 198 S.

Lammel G (1991) Wolke und Nebel aus luftchemischer und ökotoxikologischer Sicht. Umweltwissenschaften und Schadstoff-Forschung Z Umweltchem Okotox 3: 242–251

Lammel G, Metzig G (1991) Multiphase chemistry of orographic clouds: observations at subalpine mountain sites. Fresenius J Anal Chem 1991: 564–574

Landsberger S, Biegalski S (1995) Analysis of inorganic particulate poollutants by nuclear methods. In: Kouimtzis T, Samara C (eds) Airborne particulate matter. The handbook of environmental chemistry 4D: 175–200; Springer, Berlin Heidelberg New York

Lange L (1996) Spurenelemente in Niederschlag und Torfprofilen aus dem Osterzgebirge. Unveröff Diplomarbeit, Chemie Univ Heidelberg, 87 S.

Lantzy RJ, Mackenzie FT (1979) Atmospheric trace metals: global cycles and assessment of man's impact. Geochim Cosmochim Acta 43: 511–525

Last FT, Watling R (Hrsg; 1991) Acidic deposition – its nature and impact. Proc Roy Soc Edinburgh B97: 343 S.

Lee DS, Garland JA, Fox AA (1994) Atmospheric concentrations of trace elements in urban areas of the United Kingdom. Atmos Environ 28: 2691–2713.

Likens GE, Bormann (1995) Biogeochemistry of a forested ecosystem. 2. Aufl. Springer, Heidelberg New York, 159 S.

Maenhaut W (1987) Particle-induced X-ray emission spectrometry: An accurate technique in the analysis of biological, environmental and geological samples. Anal Chim Acta 195: 125–140

Maenhaut W (1989) Analytical techniques for atmospheric trace elements. In: Pacyna JM, Ottar B (eds) Control and fate of atmospheric trace metals. Kluwer Academic Publishers, S. 259–301

Maenhaut W (1990) Recent advances in nuclear and atomic spectrometric techniques for trace element analysis. A new look at the position of PIXE. Nucl Instrum Methods Phys Res B49: 518–532

Maenhaut W, Cornille P, Pacyna JM, Vitols V (1989) Trace elements composition and origin of the atmospheric aerosol in the Norwegian Arctic. Atmos Environ 23: 2551–2569

Mardia KV, Kent JT, Bibby JM (1979) Multivariate Analysis. Academic Press, London, 520 S.

Marsal D (1979) Statistische Methoden für Erdwissenschaftler. Schweizerbart'sche Verlagsbuchhandlung, 192 S.

Matschullat J (1995) Geochemische Flüsse und Gradienten in anthropogen beeinflußten Mittelgebirgslandschaften (Habilitation). Heidelberg: Heidelberger Beitr Umwelt-Geochem 1: 184 S.

Matschullat J, Bozau E (1996) Atmospheric element input in the Eastern Ore mountains. Appl Geochem 11, 1–2: 149–154

Matschullat J, Heinrichs H, Schneider J, Ulrich B (1994a) Gefahr für Ökosysteme und Wasserqualität – Ergebnisse interdisziplinärer Forschung im Harz. Springer, Berlin Heidelberg New York, 478 S.

Matschullat J, Bozau E, Brumsack HJ, Fänger R, Heinrichs H, Hild A, Lauterbach G, Schneider J, Schubert M, Leßmann D, Halves J, Schaefer M, Sudbrack R (1994b) Stoffdispersion Osterzgebirge – Ökosystemforschung in einer alten Kulturlandschaft. In: Matschullat J, Müller G (Hrsg) Geowissenschaften und Umwelt. Springer, Berlin Heidelberg New York, S. 227–244

Matschullat J, Kritzer P, Maenhaut W (1995) Geochemical fluxes in forested acidified catchments. Water Air Soil Pollut 85, 2: 859–864

Meesenburg H (1987) Acid deposition in the Black Forest – an overview. In: Mosello R, De Margaritis B (Hrsg) Atti del Simposio: Deposizioni Acide: un Problema per Acque e Foreste. Documenta Ist Ital Idrobiol 14: 73–82

Meiwes KJ, Hauhs M, Gerke H, Asche N, Matzner E, Lamersdorf N (1984) Die Erfassung des Stoffkreislaufes in Waldökosystemen – Konzept und Methodik. In: Ulrich B (Hrsg) Ber Forschungszentr Waldökosysteme/Waldsterben Univ Göttingen B7: 70–141

Möller D, Acker K, Wieprecht W (1993) Cloud chemistry at the Brocken in the Harz mountains, Germany. Eurotrac Newsletter 12: 24–29

Möller D, Lux H (1992) Deposition atmosphärischer Spurenstoffe in der ehemaligen DDR bis 1990 – Methoden und Ergebnisse. Komm Reinhaltung Luft (Hrsg), VDI Schriftenreihe 18: 308 S.

Murozumi M, Chow J, Patterson C (1969) Chemical concentrations of pollutant lead aerosols, terrestrial dusts and sea salts in Greenland and Antarctic snow strata. Geochim Cosmochim Acta 33: 1247–1294

Murphy CH (1984) Handbook of particle sampling and analysis methods. Verlag Chemie International, Deerfield Beach, 354 S.

Naumer H, Heller W (1990) Untersuchungsmethoden in der Chemie. Thieme, Stuttgart; 2. Aufl, 390 S.

NBS Certificate (1987) Standard reference material 2676c, US Department of Commerce, National Bureau of Standards, Gaithersburg (MD), USA

Neutze A, Pohlmann H (1992) Ein statistischer Beitrag zur Planung eines flächenrepräsentativen Meßnetzes für Niederschlagsdepositionen – Ergebnisse von Freilandstationen in der Bundesrepublik Deutschland 1984–1987. DVWK Materialien 4: 98 S., Bonn

Nriagu JO (1979) Global inventory of natural and anthropogenic emissions of trace metals to the atmosphere. Nature 279: 409–411

Nriagu JO (1989) A global assessment of natural sources of atmospheric trace metals. Nature 338: 47–49

Nriagu JO, Pacyna JM (1988) Quantitative assessment of worldwide contamination of air, water and soils by trace metals. Nature 333: 134–139

Ondov JM, Choquette CE, Zoller WH, Gordon GE, Biermann AH, Heft RE (1989) Atmospheric behavior of trace elements on particles emitted from a coal-fired power plant. Atmos Environ 23: 2193–2204

Pacyna JM (1984) Estimation of the atmospheric emissions of trace elements from anthropogenic sources in Europe. Atmos Environ 18: 41–50

Pacyna JM (1986a) Atmospheric trace elements from natural and anthropogenic sources. In: Nriagu JO, Davidson CI (eds) Toxic metals in the atmosphere. Advances in Environ Sci Technol 17: 33–52; Wiley & Sons, New York Chichester

Pacyna JM (1986b) Emission factors of atmospheric elements. In: Nriagu JO, Davidson CI (eds) Toxic metals in the atmosphere. Advances Environ Sci Technol 17: 1–32; Wiley & Sons, New York Chichester

Pacyna JM (1993) Atmospheric deposition of heavy metals to the Baltic Sea. In: Allan RJ, Nriagu JO (eds) Int Conf Heavy metals in the environment. CEP Consultants, Toronto, S. 93–96

Pacyna JM (1995) Sources, particle size distribution and transport of aerosols. In: Kouimtzis T, Samara C (eds) Airborne particulate matter. The handbook of environmental chemistry 4D: 69–97; Springer, Berlin Heidelberg New York

Pfrepper G, Görner W, Niese S (1981) Spurenelementbestimmung durch Neutronenaktivierung. Akademische Verlagsgesellschaft Geest & Portig, Leipzig, 260 S.

Pozsgai I (1991) X-ray microfluorescence analysis inside and outside the electron microscope. X-Ray Spectrom 20: 215–223

Prospero JM, Charlson RJ, Mohnen V, Jaenicke R, Delany AC, Moyers J, Zoller W, Rahn K (1983) The atmospheric aerosol system: An overview. Rev Geophys Space Phys 21: 1607–1629

Puxbaum H (1991) Metal compounds in the atmosphere. In: Merian E (ed) Metals and their compounds in the environment. Verlag Chemie Weinheim New York Cambridge, S. 257–286

Quisefit JP, de Chateaubourg P, Garivait S, Steiner E (1994) Quantitative analysis of aerosol filters by wavelength-dispersive X-ray spectrometry from bulk reference samples. X-Ray Spectrom 23: 59–64

Rahn KA, Loewenthal DH (1984) Elemental tracers of distant regional pollution aerosols. Science 223: 132–139

Renberg I, Persson MW, Emteryd O (1994) Pre-industrial atmospheric lead contamination detected in swedish lake sediments. Nature 368: 323–326

Rock NMS (1988) Numerical geology. Lecture Notes in Earth Sciences 18: 427 S.; Springer, Berlin Heidelberg New York

Rodhe H, Galloway J, Dianwu Z (1992) Acidification in Southeast Asia – prospects for the coming decades. Ambio 21: 148–150

Roedel W (1994) Physik unserer Umwelt – Die Atmosphäre. Springer, Berlin Heidelberg, 2. Aufl. 467 S.

Rollinson H (1988) Using geochemical data: evaluation, presentation, interpretation. 352 S.; Longman, Harlow

Roostai AH, Siewers U (1993) Metal pollution in stream water and sediments in the area of the Brocken in the Upper Harz Mountains (FRG). In: Cerny J (ed) Biogeomon. Czech Geological Survey, Prag, S. 250–251

Ross HB, Lindberg SE (1994) Atmospheric chemical input to small catchments. In: Moldan B, Cerny J (eds) Biogeochemistry of small catchments – a tool for environmental research. Wiley & Sons, New York, SCOPE 51: 55–84

Ruppert H (1992) Totalaufschluß von Böden, Schlämmen, Lockersedimenten und Festgesteinen mit Säuren zur nachfolgenden Bestimmung der Element-Gesamtgehalte. Entwurf zur Vornorm DIN, Bayer Geol Landesamt, 03/1992, 13 S.

Salomons W, Förstner U (1984) Metals in the hydrocycle. Springer, Berlin Heidelberg New York, 349 S.

Schuricht J (1995) Tiefenauflösende Analyse von Außenluftaerosolpartikeln mit Sekundärmassenspektrometrie. Forschungszentrum Karlsruhe Wissenschaftliche Berichte FZKA 5529: 113 S.; Karlsruhe

Shaw GE (1991) Aerosol chemical components in Alaska air masses. J Geophys Res 96(D12)22: 357–368

Siewers U, Roostai AH (1990) Schwermetallbilanz aus Immission und geogenem Anteil im Einzugsgebiet der Sösetalsperre/-Harz. Ber Forschungszentr Waldökosysteme Göttingen B19: 57 S.

Smith WH, Siccama TG (1981) The Hubbard Brook ecosystem study: Biogeochemistry of lead in the northern hardwood forest. J Environ Qual 10, 3: 323–333

Stoeppler M (1994) Probennahme und Aufschluß. Labormanual. Springer, Berlin Heidelberg New York, 181 S.

Suffet IH (1977) Fate of pollutants in the air and water environments I. Advances Environ Sci Technol 8: 484 S., Wiley & Sons, New York

Swan ARH, Sandilands M (1995) Introduction to geological data analysis. 446 S.; Blackwell Science, Oxford

Theisen R (1965) Quantitative electron microprobe analysis. Springer, Berlin Heidelberg New York

Thompson M, Walsh JN (1983) A handbook of inductively coupled plasma spectrometry. 268 S.; Blackie Press, Glasgow

Tölg G (1993) Spurenanalytik in unserer Zeit: Eine Quelle für Innovationen und Ängste. Chem Lab Biotech 44: 271–281

Ulrich B (1994) Nutrient and acid-base budget of Central European forest ecosystems. In: Godbold DL, Hüttermann A (eds) Effects of acid rain on forest processes. Wiley-Liss, New York, S. 1–50

Ulrich B, Mayer R, Matzner E (1986) Vorräte und Flüsse der chemischen Elemente. In: Ellenberg et al. (Hrsg) Ökosystemforschung – Ergebnisse des Solling-Projekts. Ulmer, Stuttgart, S. 375–417

Umweltbundesamt (1994) Daten zur Umwelt 1992/93. 688 S.; Erich Schmidt Verlag, Berlin

Umweltbundesamt (1995) Jahresbericht 1994. Jahresbericht. Umweltbundesamt, Berlin, 349 S.

Van Dyck P, Markowicz A, Van Grieken R (1985) Influence of sample thickness, excitation energy and geometry on particle size effects in XRF. X-Ray Spectrom 14: 183–187

VDI/Verein Deutscher Ingenieure (1980) VDI 2463-8, Messen von Partikeln; Messen der Massenkonzentration (Immission); Basisverfahren für nicht fraktionierende Verfahren. In: VDI-Handbuch Reinhaltung der Luft; Bd. 4; Beuth-Verlag, Berlin

Viligoor K, Laznik M (1993) Precipitation chemistry at the latvian station Rutsava. In: Cerny J (ed) Biogeomon. Czech Geological Survey, Prag, S. 306–307

Voland B, Götze J (1988) Gesetzmäßigkeiten der geochemischen Zusammensetzung von Aerosolen unterschiedlicher Herkunft. Z Angew Geol 34: 313–317

Warneck P (1988) Chemistry of the atmosphere. International Geophysics Series 13; Academic Press, San Diego, 760 S.

Wätjen U, Kriews M, Dannecker W (1993) Status report: Preparing an ambident aerosol filter reference material for elemental analysis. Fresenius J Anal Chem 345: 261–264

Watson RT, Rodhe H, Oeschger H, Siegenthaler U (1990) Greenhouse gases and aerosols. In: Houghton JT, Jenkins GJ, Ephraums JJ (eds) Climate change – The IPCC scientific assessment. Cambridge University Press, Cambridge New York, S. 2–40

Wedepohl KH (1995) The composition of the continental crust. Geochim Cosmochim Acta 59, 7: 1217–1232

Weiß J (1991) Ionenchromatographie. 2. Aufl. 475 S.; Verlag Chemie, Weinheim

Welz B (1983) Atomabsorptionsspektrometrie. Verlag Chemie, Weinheim, 3. Aufl, 527 S.

Welz B (1990) Atomabsorptionsspektroskopie. In: Naumer H, Heller W (Hrsg) Untersuchungsmethoden in der Chemie. Thieme, Stuttgart; 3. Aufl, S. 210–235

Wexler AX, Lurmann FW, Steinfeld JH (1994) Modelling urban and regional aerosols. I. Model development. Atmos Environ 28: 531–546

Whitby KT, Sverdrup GM (1980) California aerosols: their physical and chemical characteristics. Adv Environ Sci Technol 10: 477–517

Wienhaus O, Lux H, Reuter F, Zimmermann F (1994) Ergebnisse langjähriger Immissions- und Depositionsmeßreihen aus dem südsächsischen Raum. Staub Reinhalt Luft 54: 71–74

Wiersma GB, Davidson CI (1986) Trace metals in the atmosphere of remote areas. In: Nriagu JO, Davidson CI (eds) Toxic metals in the atmosphere. Advances Environ Sci Technol 17: 201–266; Wiley & Sons, New York Chichester

Williams KL (1987) An introduction to X-ray spectrometry. Allen & Unwin, London, 370 S.

Winkler P, Jobst S, Harder C (1989) Meteorologische Prüfung und Beurteilung von Sammelgeräten für die nasse Deposition. BPT-Berichte 1: 139 S.; München

Wong HKT, Banic CM, Strachan WMJ (1993) Trace metals in cloud water and precipitation. In: Allan RJ, Nriagu JO (eds) Int Conf Heavy metals in the environment, CEP Consultants, Toronto, S. 273–277

Wozniak Z, Twarowski R (1993) Monitoring precipitation depositions in Karkonosze – quantitative and qualitative aspects. In: Cerny J (ed) Biogeomon, Czech Geological Survey, Prag, S. 312–313

Zoller WH, Gladney ES, Duce RA (1974) Atmospheric concentrations and sources of trace metals at the South Pole. Science 183: 198–200

2 Anreicherung von umweltrelevanten Metallen in atmosphärisch transportierten Schwebstäuben aus Ballungszentren

HARTMUT HEINRICHS · HANS-JÜRGEN BRUMSACK

2.1 EINGRIFFE IN NATÜRLICHE STOFFKREISLÄUFE

Trotz vermehrter Bemühungen zur Verbesserung der Luftreinhaltung in den Ballungszentren der westlichen Industrienationen nehmen die Säure- und Staubkonzentrationen in der Atmosphäre weltweit weiterhin zu. Bevölkerungswachstum, Verstädterung und der Wunsch nach steigendem Lebensstandard haben zwangsläufig eine rasch fortschreitende Industrialisierung mit wachsenden Umweltproblemen zur Folge. Zunehmende Anteile der Erdoberfläche werden für Siedlungs-, Verkehrs- und Industriebauten auf Kosten natürlicher Landschaften genutzt. Bei der großräumigen Belastung der Umwelt, auch außerhalb der eigentlichen Industriezonen, spielt die Ausbreitung von Schadstoffen in der Atmosphäre und ihre Deposition an der Erdoberfläche eine herausragende Rolle (→ Kap. 1). Die deponierten sauren Luftbeimengungen stammen aber nahezu vollständig aus Gebieten hoher Industrie-, Verkehrs- und Siedlungsdichte.

Die Bedeutung der anthropogenen Quellen ist nur dann richtig einzuschätzen, wenn die natürlichen Kreisläufe und das Ausmaß ihrer Überprägung durch menschliche Eingriffe im System Atmosphäre, Pedosphäre und Hydrosphäre bekannt sind. Anthropogene Eingriffe in natürliche geogene Stoffkreisläufe beziehen sich neben den wichtigsten Säurebildnern SO_2, NO_x, NH_4^+ vor allem auf Schwermetalle. Um die partikelgebundenen Luftverunreinigungen der Ferndepositionen leichter identifizieren zu können, ist es naheliegend, zunächst die Luftverunreinigungen in den Ballungsräumen näher zu untersuchen. Ballungsräume sind eine wesentliche Quelle von Schadstoffemissionen, die weit über die unmittelbar in Anspruch genommenen Flächen hinaus wirken. Siedlungsflächen stellen in ihrem Umland eine Wärmeinsel dar. Die aufgeheizte Luft steigt z.B. im Stadtzentrum auf und saugt dabei Luftmassen aus den stärker industrialisierten Randgebieten an. Der atmosphärische Kreislauf der emittierten Luftinhaltsstoffe wird durch den Rücktransport zur Erdoberfläche geschlossen. Ein Teil der anthropogen in den Kreislauf eingebrachten partikelgebundenen Spurenmetalle wird dissipativ über Aerosole vom primären Ort des Vorkommens, der Gewinnung, der Verarbeitung und des Verbrauchs emittiert und erst nach mehr oder weniger weitem Transport dem Boden oder den Gewässern und damit der Biosphäre wieder zugeführt. Unser Wissen über diese mit meteorologischen Vorgängen stark verknüpften Prozesse ist noch immer unzulänglich.

2.2 SCHWEBSTÄUBE AUS BALLUNGSZENTREN

Die untersuchten Schwebstäube wurden überwiegend nach der Spinnweben-Methode gesammelt. Spinnweben sind natürliche Fänger atmosphärisch transportierter Feinstäube. Sie sammeln die Partikeln über einen längeren Zeitraum direkt ein. Kurzfristige Variationen lassen sich durch lange Sammelzeiten glätten. Eine Probe setzt sich aus einer Vielzahl einzelner, aufeinandergerollter Spinnennetze eines Probennahmeareals zusammen. Die Methode wird von Rachold et al. (1992) und Rachold et al. (1993) beschrieben. Für die Bilanzierung sind vor allem stark beladene Spinnennetze aus Großstädten (Hamburg, Hannover, Göttingen, Kassel, Wiesbaden, Frankfurt, Mainz, Köln, Dortmund, Unna) analysiert worden (Heinrichs 1993). Hinzu kommen bislang unveröffentlichte Daten. In Zusammenarbeit mit dem TÜV Berlin-Brandenburg konnten 25 Schwebstaubproben in Berlin nach der Membranfiltermethode mit durchflußgeeichten Geräten gesammelt und analysiert werden (Heinrichs 1993). In die erweiterte Datenbasis sind zusätzlich Ergebnisse von Vogg u. Härtel (1977), Dannecker et al. (1986), Krivan u. Egger (1986), einem Autorenkollektiv des Forschungszentrums Karlsruhe-AFR 006 (1983) und von Rachold (1991) eingeflossen. Die wichtigsten Komponenten (Quellen) in den Schwebstoffen sind in der Tabelle 2.1 aufgeführt.

Tabelle 2.1. Die wichtigsten Quellen von Schwebstoffkomponenten

Quelle	Literatur
Ruß aus Diesel- und Benzinfahrzeugen	Cass u. McRae 1983; Hildemann et al. 1991; Heinrichs 1993
Reifenabrieb	Hildemann et al. 1991; Heinrichs 1993
Bremsabrieb	diese Arbeit
Teer (anstelle von Bitumen)	Hildemann et al. 1991; Heinrichs 1993
natürlicher Staub (kontinentale Oberkrustenzusammensetzung)	Wedepohl 1975, 1984; Heinrichs et al. 1980
Meersalz	Faure 1991
Ziegel- und Zementabrieb	Heinrichs 1993
SO_x und Sulfate (als S), Chlorwasserstoff (als Cl), Rußrückstände von leichtem Heizöl	Heinrichs 1993
Reingasstäube aus der Zementindustrie	Bambauer u. Schäfer 1984; Heinrichs 1993
Reingasstäube aus Stein- und Braunkohlenkraftwerken	Natusch et al. 1974; Bolton et al. 1975; Kaakinen et al. 1975; Kautz et al. 1975a; Klein et al. 1975; Lyon u. Emery 1975; Block u. Dams 1976; Schiffers u. Pietzner 1976; Obrusník et al. 1979; Dannecker 1982; Heinrichs 1982; Brumsack et al. 1984; Gutberlet 1984; Heinrichs et al. 1984; Meij et al. 1984; Gerhard et al. 1985; Tomza u. Kaleta 1986; Tauber 1988; Obrusník et al. 1989; Heinrichs 1993
Stahl- und Eisenindustrie	Midwest Research Institute 1971; Lee et al. 1975; Schade 1977; Jecko u. Ridsdale 1978; Umweltbundesamt 1982; Theobald u. Maas 1983; Greinacher 1989; Heinrichs 1993
Müllverbrennungsanlagen	Kirsch 1975/76; Greenberg et al. 1978; Hämmerli 1983; Heinrichs et al. 1991
Reingasstäube aus Heizkraftwerken (schweres Heizöl)	Kautz et al. 1975b; Obrusník et al. 1989; Heinrichs u. Brumsack in Heinrichs 1993

Beim Ruß von Dieselfahrzeugen wurden bisher nur Lastkraftwagen berücksichtigt. Lastkraftwagen sind wegen ihrer leistungsstarken Motoren überproportional an den Emissionen aus Dieselkraftstoffen beteiligt (z.B. Umweltbundesamt 1992)

Elementanreicherungen in Schwebstäuben

Die Anreicherung eines Elementes (x) in atmosphärischen Schwebstäuben gegenüber dem natürlichen Hintergrund (kontinentale Oberkrustenzusammensetzung) kann z.B. mit dem Elementanreicherungsfaktor (EF) ausgedrückt werden:

$$EF(x) = \frac{Konz.(x)_{Probe}}{Konz.(x)_{Erdkruste}} \qquad 2.1$$

Die Konzentrationen können auch auf ein konservatives Bezugselement (z.B. Al, Ti etc.) normiert werden.

$$EF(Al_{norm.}) = \frac{(Konz.(x)_{Probe} / Konz.(Al)_{Probe}}{(Konz.(x)_{Erdkruste} / Konz.(Al)_{Erdkruste}} \qquad 2.2$$

Die Elementanreicherungsfaktoren (EF) geben in diesen Fällen an, um welchen Faktor die Konzentrationen in den Schwebstäuben über dem natürlichen lithogenen Anteil in der Probe angereichert sind. Über die Anreicherungsfaktoren können auch verschiedene Konzentrationsangaben von atmosphärischen Staubbelastungen, beispielsweise $\mu g\ g^{-1}$ und $ng\ m^{-3}$, miteinander verglichen werden.

In Abbildung 2.1 werden die Al-normierten Anreicherungsfaktoren mittlerer Schwebstaub-Konzentrationen aus Ballungszentren der Bundesrepublik mit denen einer Modellzusammensetzung für anthropogen belastetes Material aus Ballungszentren weltweit („*urban particulates*") nach Lantzy u. Mackenzie (1979) verglichen, deren Daten aus Untersuchungen von Harrison et al. (1971), Dams et al. (1973) und Rahn (1976) stammen. Die Anreicherungsfaktoren (EF_{Al}) für Ti, Fe und Co liegen im Bereich von ca. 1–5 und für Mn, V, Cr und Ni von 5–40. Noch höher angereichert sind Mo, Sn, Cu, As, Zn, Ag, Hg, Sb, Pb, Se und Cd. Den bei weitem höchsten Anreicherungsfaktor weist der Kohlenstoff (hier nicht dargestellt) auf. Die von verschiedenen Autoren ermittelten Anreicherungsfaktoren liegen in ähnlichen Größenordnungen, obwohl die anthropogene Belastung beträchtlichen standortbedingten Schwankungen unterliegen muß (→ Kap. 1). Diese weitgehende Übereinstimmung in den gemittelten Datensätzen weist auf eine vergleichsweise große und chemisch ähnlich zusammengesetzte anthropogene Grundkomponente hin.

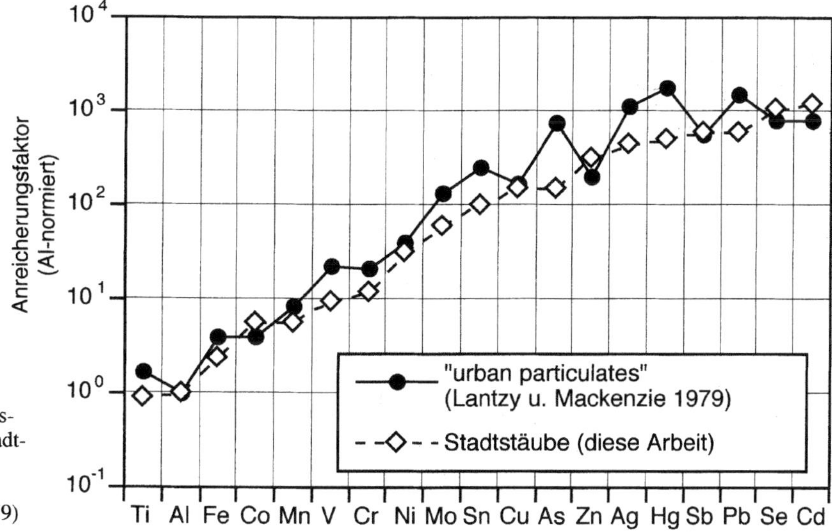

Abb. 2.1. Al-normierte Anreicherungsfaktoren ausgewählter Elemente in Stadtstäuben im Vergleich zu "*urban particulates*" nach Lantzy u. Mackenzie (1979)

Box 2.1 Modellrechnungen

Die vielerorts gemessenen Niederschlagsdepositionen stellen Mischungen aus vielen unabhängigen Quellen dar. Beispielsweise werden anthropogene, schwebefähige Feinstäube aus Gebieten mit hoher Industrie-, Verkehrs- und Siedlungsdichte in die Atmosphäre emittiert, durchmischt, verdünnt, chemisch-physikalisch verändert und deponiert. Für eine Reihe von Elementen ist die Atmosphäre keinesfalls nur als ein inertes Transportmedium zu betrachten. Aus diesem Grund bleibt die Bilanzierung weitgehend auf partikulär transportierte Elemente beschränkt. Auswaschungen und Adsorptionen, vor allem gasförmiger Schwefelverbindungen, werden in die Bilanz einbezogen. Aussagen zu Bindungsformen lassen sich in dieser Untersuchung nicht machen.

Zur Identifizierung der Quellen und zur Berechnung von Anteilen können verschiedene Rechenmodelle, wie z.B. die rotierende Faktorenanalyse (Varimax) und diverse Mischungsmodelle (Petmix, Rezeptormodelle) allein oder kombiniert eingesetzt werden. Einen Überblick über Entwicklung und Stand dieser Modellrechnungen vermitteln z.B. Friedlander (1973), Henry u. Hidy (1979), Gordon (1980), Le Maitre (1982), Heidam (1982), Henry et al. (1984), Thurston u. Spengler (1985), Cass u. McRae (1986), Hopke (1986), Keiding et al. (1986), Lowenthal et al. (1987), Maenhaut u. Cafmeyer (1987), Gordon (1988) u.a.. Bei der Faktorenanalyse werden Elemente enger statistischer Korrelation in den Proben mit den Elementkombinationen der Emissionsquellen verglichen. Elemente, die z.B. unter bestimmten meteorologischen Bedingungen in gleicher Weise variieren, treten wahrscheinlich in denselben Partikeln auf und können die gleiche Herkunft haben. Ein Problem der Faktorenanalyse liegt in der Interpretation der Faktoren. In dieser Arbeit wurden Rezeptormodelle auf verschiedene Weise eingesetzt. Rezeptormodelle beruhen auf Elementmassenbilanzen, die den relativen Beitrag jeder mutmaßlichen Quelle zu einer Mischprobe berücksichtigen. Durch diese Methode werden diejenigen Mischungen ermittelt, die den gemessenen Konzentrationen bzw. Anreicherungsfaktoren in der Gesamtprobe am besten entsprechen. Dazu ist eine gute analytische Quellenbeschreibung erforderlich. Die Ergebnisse sind umso aussagekräftiger, je mehr sich die Feinstäube aus den verschiedenen Quellen chemisch voneinander unterscheiden. Die Methode eignet sich aber nicht zur Beschreibung von Fraktionierungsprozessen. Hier liegt die wesentliche Schwäche des Verfahrens. Im Nahbereich der Emittenten lassen sich Feinstaubfraktionierungen bei langen Sammelzeiten noch weitgehend minimieren.

In der Regel werden Haupt- und Spurenelemente in der Mischprobe und in allen Teilproben aus verschiedenen Quellen in Konzentrationen gemessen. Gesucht werden die Anteile b_i der n Teilproben an der Gesamtprobe, wobei p Elemente aus n Staubquellen analysiert wurden. Liegt das i-te Element in der Gesamtprobe in der Konzentration y_i und in den Einzelproben j in der Konzentration x_{ji} vor, so gilt:

$$y_i = b_1 x_{1i} + b_2 x_{2i} + \dots + b_n x_{ni} \tag{2.3}$$

oder, in Vektorform mit $\vec{y} = (y_1, \dots y_n)$ und $\vec{x}_1 = (x_{i1}, \dots x_{in})$:

$$\vec{y} = \sum b_1 \vec{x}_1 \tag{2.4}$$

wobei $\vec{y}, \vec{x}_1, \vec{x}_2, \dots \vec{x}_n$ die einzelnen Vektoren darstellen. Da die Anzahl der Elemente die Anzahl der Quellen übersteigt, ist das System überbestimmt. Aus diesem Grund werden die Koeffizienten nach der Methode der kleinsten Quadrate bestimmt. Das hat den Nachteil, daß bei der Modellrechnung mit reinen Konzentrationsangaben die Hauptelemente, wie z.B. C, S, Si, Ca, Fe, Al, Cl, K, Na und Mg, im Vergleich zu den Spurenelementen stärker gewichtet werden. Viele Unterscheidungsmerkmale, die auf charakteristischen Spurenelementmustern in den Feinstäuben beruhen, kommen nicht zur Geltung. Dieser Umstand hängt damit zusammen, daß beispielsweise eine 100%ige Abweichung bei einem Element, das im ppm-Bereich vorliegt, einen ebenso großen Beitrag zum Fehlerquadrat leistet, wie eine Abweichung von 10^{-4} bei einem Element, das im %-Bereich vorkommt. Damit Unterscheidungsmerkmale, die auf charakteristischen Spurenelementmustern in den Feinstäuben beruhen, zur Geltung kommen, müssen die Beiträge unterschiedlich gewichtet werden. Le Maitre (1982) beschreibt dieses Mischungsmodell im Detail für die Berechnung von Modalbeständen aus Gesteinsanalysen.

Box 2.1 Modellrechnungen

Die in dieser Arbeit vorgestellte Massenbilanz basiert auf Daten von 42 Elementen. Mit Ausnahme von Sauerstoff, Stickstoff und Wasserstoff werden alle wichtigen Haupt-, Neben- und Spurenbestandteile in die Berechnung einbezogen. Sauerstoff, Stickstoff und Wasserstoff können, im Gegensatz zum Schwefel, nur unzureichend in den mutmaßlichen Quellen definiert werden. Die Grundlage für diese Bilanz bilden neben den Elementkonzentrationen die vollständigen wasserfreien Gesamtmassen. Die Elemente Sauerstoff, Stickstoff und Wasserstoff sind in diesen nicht näher definierten Restmassen (Differenz zwischen Gesamtmasse und Summe der bestimmten Elementmassen) enthalten.

Die Abbildung 2.2 zeigt Konzentrationen von Hauptelementen in Stadtstäuben im Vergleich zu denen von zwei wichtigen Quellen: die natürlichen Stäube, repräsentiert durch die kontinentale Oberkrustenzusammensetzung, sowie Ruß aus Dieselfahrzeugen. Ruß aus Dieselfahrzeugen und natürliche Stäube sind aber zu gering an S, Ca, Cl, Zn und Pb konzentriert, um in diesem einfachen Mischungsmodell mit nur zwei Komponenten die Zusammensetzung von Schwebstäuben aus Ballungsgebieten erklären zu können. Viele wichtige Informationen, die an bestimmte Leitelemente im Spurenbereich gekoppelt sind, werden in einem solchen Mischungsmodell kaum berücksichtigt.

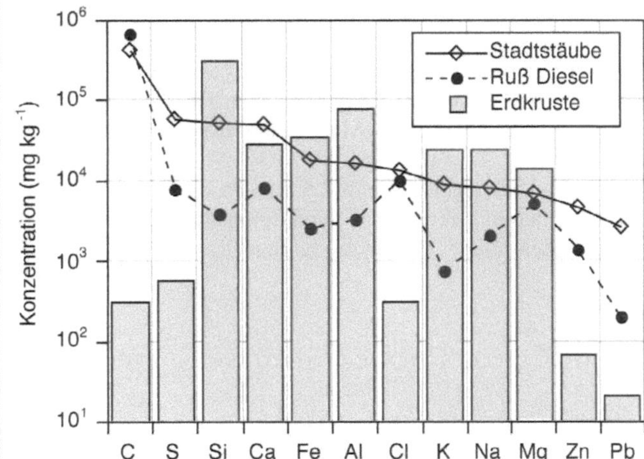

Abb. 2.2. Konzentrationen von Hauptelementen in Stadtstäuben im Vergleich zu natürlichen Mineralstäuben sowie Ruß aus Dieselfahrzeugen (Literatur → Kap. 2.2)

Rezeptormodelle können grundsätzlich auch mit den Elementanreicherungsfaktoren (EF) anstelle von Elementkonzentrationen gerechnet werden. Dabei werden die Elementkonzentrationen durch die Elementgehalte der kontinentalen Oberkruste dividiert. Auf diese Weise erhalten die gegenüber dem natürlichen Hintergrund hoch angereicherten Elemente, wie z.B. Kohlenstoff und viele leichtflüchtige Spurenmetalle, eine stärkere Wichtung (Abb. 2.3). Die überwiegend lithogenen Elemente Ca, Fe, Mg, K, Na, Al und Si werden dann aufgrund ihrer hohen natürlichen Konzentrationen nicht mehr selektiv bevorzugt.

Um zu einer größeren Aussagekraft der Modellrechnungen zu gelangen, wurden in dieser Arbeit die Berechnungen immer mit beiden Modellansätzen und jeweils mit 42 Elementen durchgeführt. Der Schwerpunkt dieser Arbeit wurde auf die stärker angereicherten, umweltrelevanten Metalle gelegt. Der Übersichtlichkeit halber werden in den nachfolgenden Abschnitten nur die gegenüber der kontinentalen Oberkruste signifikant angereicherten Elemente dargestellt.

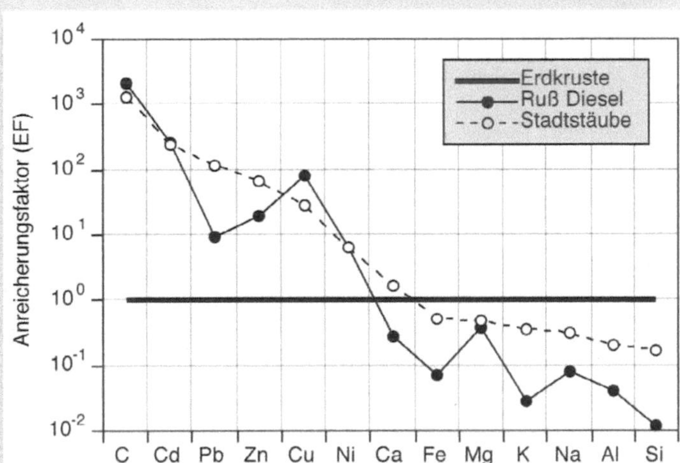

Abb. 2.3. Anreicherungsfaktoren (EF) von Elementen in Stadtstäuben sowie Ruß aus Dieselfahrzeugen im Vergleich zum "natürlichen Hintergrund" (Literatur → Kap. 2.2)

2.3 ELEMENTANREICHERUNGSFAKTOREN VON REINGASSTÄUBEN AUS HOCHTEMPERATURPROZESSEN SOWIE RUß AUS DEM KFZ-VERKEHR

Das Korngrößenspektrum atmosphärischer Partikeln umfaßt den Bereich von 0,002 bis 100 μm. Von besonderer Bedeutung sind feine Partikeln von 0,1 bis 2 μm Durchmesser, die durch Kondensation bei Verbrennungsprozessen gebildet werden. Sie weisen lange Aufenthaltszeiten auf und bilden insbesondere in anthropogen belasteten Regionen einen Großteil der Gesamtmenge der in der Atmosphäre dispergierten Partikeln.

In den Abbildungen 2.4 und 2.5 werden die Elementanreicherungsfaktoren (EF) von Reingasstäuben aus wichtigen industriellen und kommunalen Hochtemperaturprozessen mit denen von Schwebstäuben verglichen, wobei die Konzentrationen der kontinentalen Oberkrustenzusammensetzung (natürlicher Hintergrund) zur Normierung herangezogen wurden. Gesucht werden die Anteile einer Komponente, in diesem Fall Reingasstäube, an den Elementanreicherungsfaktoren der Stadtstäube. Diese weitgehend mineralischen Feinstäube sind deutlich zu gering an Kohlenstoff konzentriert, um als Hauptkomponenten (Hauptquellen) in Betracht zu kommen. Obwohl die Anreicherungsfaktoren vieler volatiler Spurenmetalle in den Reingasstäuben aus Steinkohlenkraftwerken und Müllverbrennungsanlagen im Vergleich zu denen der Schwebstäube aus Ballungszentren sehr hoch sind, ist der rechnerische Anteil an der Gesamtprobe verhältnismäßig klein. Die wesentliche limitierende Größe ist in diesem Fall der organische/amorphe bzw. elementare Kohlenstoff. Diese Aussage gilt auch für Reingasstäube anderer Herkunft.

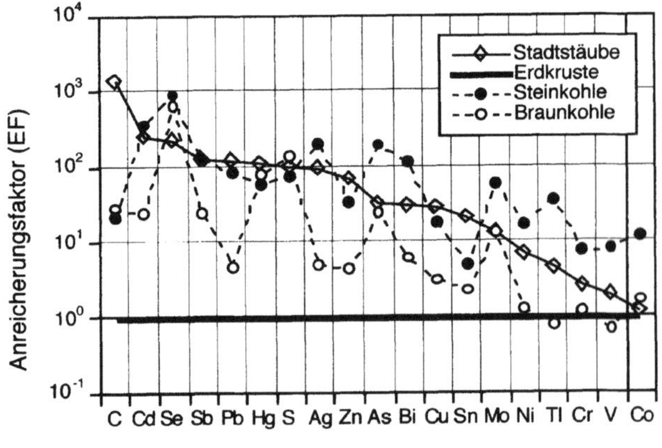

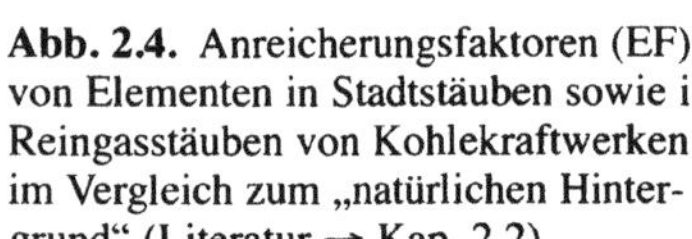

Abb. 2.4. Anreicherungsfaktoren (EF) von Elementen in Stadtstäuben sowie in Reingasstäuben von Kohlekraftwerken im Vergleich zum „natürlichen Hintergrund" (Literatur → Kap. 2.2)

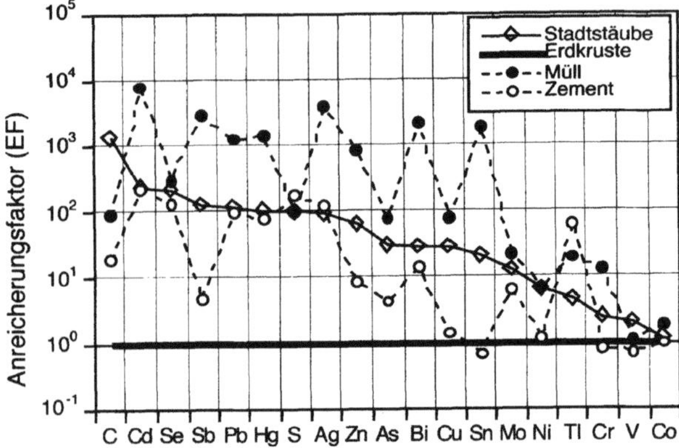

Abb. 2.5. Anreicherungsfaktoren (EF) von Elementen in Stadtstäuben sowie Reingasstäuben von Müllverbrennungsanlagen und Zementwerken im Vergleich zum „natürlichen Hintergrund" (Literatur → Kap. 2.2)

Kohlenstoff wird in modernen Hochtemperaturanlagen effizient verbrannt, wobei die entstehenden Reingasstäube morphologisch sehr unterschiedlich zusammengesetzt sein können. Sie bestehen aus einer extrem heterogenen Mischung von massiven und hohlen schmelzkugelartigen Gläsern und feinkristallinen Körnern. Der Kohlenstoff kommt als amorpher Kohlenstoff sowie Graphit vor und hat einen Massenanteil von wenigen Prozent. Reingasstäube weisen in der Regel Korngrößen unter 10 μm auf, wobei die Korngrößenverteilung wesentlich von der Effizienz des Rauchgasreinigungsverfahrens abhängt. Die hohlen schmelzkugelartigen Gläser (Cenosphären) und die Kohlenstoffreste treten überwiegend im oberen Korngrößenbereich auf. Die größte Dichte weist demgegenüber die mineralische Feinstfraktion der Reingasstäube auf.

Müller (1980, 1982) konnte einen Zusammenhang zwischen den Schmelz- und Siedepunkten von Elementen und ihrer massenmäßigen Verteilung auf Aerosolgrößenklassen herstellen. Die Komponenten mit den niedrigsten Schmelz- und Siedepunkten haben nach diesen Untersuchungen die längsten atmosphärischen Verweilzeiten, da sie bevorzugt an kleinste Partikeln mit großen spezifischen Oberflächen gebunden sind. Die Partikeln unterscheiden sich aber nicht nur durch ihre Größe, sondern weisen auch einen unterschiedlichen Chemismus auf, der stark von ihrer Herkunft abhängt. Die volatilen Elemente sind an den geschmolzenen Partikeloberflächen gegenüber tieferen Schichten angereichert und kommen auch in eigenen kristallinen Mineralphasen vor. Bei einer Fraktionierung der Reingasstäube werden die volatilen Elemente in den feinsten mineralischen Fraktionen (größte Oberfläche) relativ zur Gesamtprobe angereichert (z.B. Natusch et al. 1974).

Eine physikalische Fraktionierung der Aerosole kann in der Atmosphäre eintreten, wenn z.B. durch

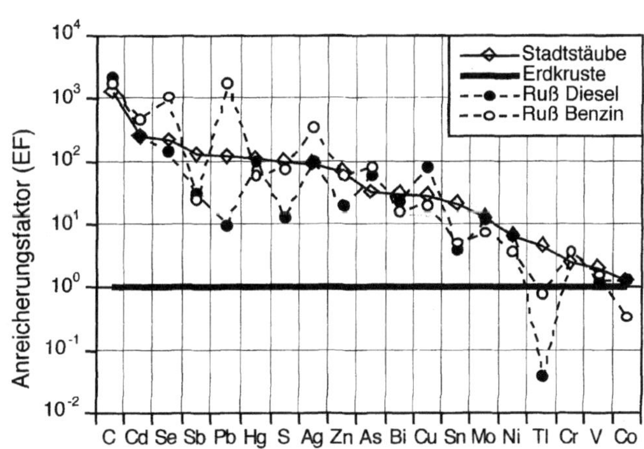

Abb. 2.6. Anreicherungsfaktoren (EF) von Elementen in Stadtstäuben, Ruß aus Diesel- und Benzin-Kraftfahrzeugen im Vergleich zum „natürlichen Hintergrund" (zur Literatur → Kap. 2.2)

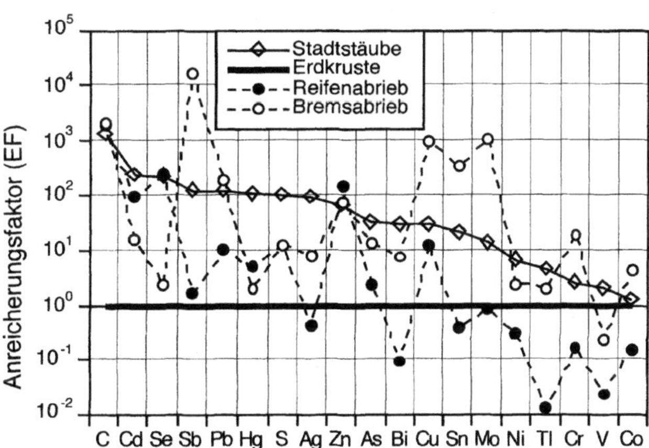

Abb. 2.7. Anreicherungsfaktoren (EF) von Elementen in Stadtstäuben, Reifen- sowie Bremsabrieb im Vergleich zum „natürlichen Hintergrund" (Literatur → Kap. 2.2)

Sedimentation die gröberen Partikeln ausgeschieden werden. Diese gröbere Fraktion ist aber kohlenstoffreicher und weist eine geringere Dichte auf. Alle Feinstaubfraktionen aus Reingasstäuben befinden sich allerdings im unteren Korngrößenbereich der transportierbaren natürlichen Stäube. Eine derartige Fraktionierung von Reingasstäuben würde daher implizieren, daß der Transport entweder zeitlich versetzt erfolgt, oder daß eine kohlenstoffreichere und zugleich an volatilen Elementen ärmere Fraktion im Nahbereich einer solchen Emissionsquelle überwiegt. Der Kohlenstoff müßte aber bei einer solchen Fraktionierung gemäß der Korngröße extrem angereichert werden, um diese dann kohlenstoffreichen Partikeln als Hauptkomponente von anthropogenen Schwebstäuben berücksichtigen zu können. Weiterhin ist eine Differenzierung in Depositionsräume des Nah- und Fernbereichs recht schwierig.

Angesichts der Absolutmengen freigesetzter Reingasstäube können vor allem Stein- und Braunkohlekraftwerke als potentielle Quellen betrachtet werden. Die großräumige geographische Verteilung von Kohlekraftwerken wird von betriebswirtschaftlichen Kriterien bestimmt: Nähe zum Ort der Gewinnung oder gute Verkehrsanbindung, Nähe zum Verbraucher und Verfügbarkeit von Kühlwasser sind dabei entscheidende Kriterien. In den Altbundesländern konzentrieren sich die meisten Stein- und Braunkohlekraftwerke im Großraum Ruhrgebiet. Diese ungleichmäßige Verteilung steht allerdings im krassen Widerspruch zu der gesuchten anthropogenen Grundkomponente, die in allen Ballungsgebieten chemisch ähnlich zusammengesetzt ist. Ein überproportionaler Anteil von Reingasstäuben der Kohleverbrennung an anthropogenen luftgetragenen Partikeln aus Ballungszentren ist daher sehr unwahrscheinlich (→ Kap.7).

Für die Modellrechnung werden vor allem kohlenstoffreiche Komponenten benötigt, wie z.B. Ruß aus Diesel- und Benzinfahrzeugen, die eine große, weitgehend standortunabhängige Partikelquelle darstellen (Abb. 2.6). Die Erfassung von Emissionen aus dem Kraftfahrzeugverkehr ist jedoch erheblich schwieriger als z.B. die stationärer Hochtemperaturprozesse. Der Schadstoffausstoß der verschiedenen Fahrzeugtypen hängt vom Betriebszustand und Alter des Motors ebenso ab, wie von zahlreichen Parametern des Verkehrs. Die mit den rußreichen Verbrennungsrückständen einhergehenden Elementfreisetzungen sind auf sehr verschiedene Zusätze zu den Kraftstoffen und Schmierölen sowie auf Abrieb und Korrosion von Motor, Tank und Auspuffanlage zurückzuführen. Dieser Ruß könnte als Quelle für viele Spurenmetalle dienen (Abb. 2.6).

Unübersehbar sind allerdings dessen Defizite an Elementen wie Sb, Sn, Tl und überwiegend mineralisch gebundenen Hauptelementen wie Si, Ca, Fe, Al, K, Na (Abb. 2.2). Zu den partikulären kohlenstoffreichen Emissionen aus dem Kraftfahrzeugverkehr müssen auch der Reifen- und Bremsabrieb gezählt werden (Abb. 2.7). Im Reifenabrieb sind vor allem das Element Zn und im Bremsabrieb die Elemente Sb, Cu, Sn, Mo und Cr angereichert. Trotz der vielen einschränkenden Fehlermöglichkeiten soll im folgenden mit Hilfe des vorgestellten Rechenmodells versucht werden, eine prozentuale Massenbilanz der natürlichen und anthropogenen Komponenten atmosphärischer Partikeln zu erstellen, die auf Feinstaubuntersuchungen aus Ballungsgebieten basiert.

Box 2.2 Rechenergebnisse und Quellenabschätzungen

Auf der Grundlage der beiden vorgestellten Modellrechnungen wurden eine Vielzahl von Elementmassenbilanzen durchgeführt. Die erhaltenen Ergebnisse werden in den Abbildungen 2.8a und b zusammenfassend dargestellt. Die wichtigsten Komponenten in den stark anthropogen überprägten Stadtstäuben stellen Reifenabrieb (22–30%), Ruß aus Dieselfahrzeugen (11–30%) sowie Teer bzw. Bitumen (1–27%) dar. Die große Spannweite der beiden zuletzt genannten Komponenten ist auf die begrenzte Anzahl von zur Verfügung stehenden Leitelementen zurückzuführen. Beispielsweise steht für Teer (Straßenabrieb) in der Modellrechnung nur der Kohlenstoff als Leitelement zur Verfügung. Die Zusammensetzung der Feinstäube aus Ballungszentren wird offenbar zu weit mehr als 60% durch Emissionen aus dem Straßenverkehr geprägt. Ruß aus Kraftfahrzeugen weist einen mittleren Anteil von knapp unter 30% (13,5–35) auf. Der Anteil vom Bremsabrieb (0,4%) ist im Vergleich zum Reifenabrieb (25%) gering. Etwas weniger als 20% der Feinstaubfracht sind auf schwermetallarme mineralische Stoffe, wie natürliche Staubeinträge (mittlere kontinentale Oberkrustenzusammensetzung) und Gebäudeabrieb (Zement- und Ziegelabrieb), zurückzuführen.

Box 2.2 Rechenergebnisse und Quellenabschätzungen

Ziegelabrieb kann aufgrund der sehr ähnlichen chemischen Zusammensetzung allerdings nicht hinreichend von natürlichen Gesteinsstäuben (mittlere kontinentale Oberkrustenzusammensetzung) unterschieden werden. Diese beiden Komponenten sind daher in der Abbildung 2.8 zusammengefaßt worden.

Schwermetallreiche Feststoffemissionen aus großen industriellen und kommunalen Punktquellen tragen mit ca. 10% zur Staubmasse bei. Die S-Anteile, die durch Adsorption von SO_x und Ammoniumsulfat an Feststoffpartikeln gebunden wurden, betragen ca. 5%. Auch Meersalz ist, in Abhängigkeit von der Entfernung zur Küste, noch mit ca. 1% an den mittleren Stadtstaubmassen beteiligt.

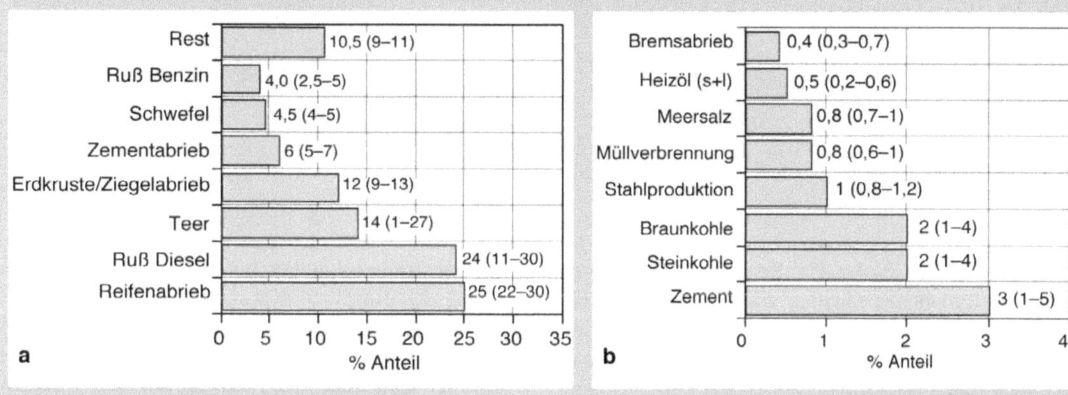

Abb. 2.8 a, b. Prozentuale Anteile der natürlichen und anthropogenen Komponenten von Stadtstäuben (diese Arbeit) **a)** Rest bis Reifenabrieb und **b)** Rest aufgeschlüsselt: Bremsabrieb bis Zement

2.4 RELATIVE BEITRÄGE VON UMWELTRELEVANTEN SPURENMETALLEN

Interessant ist ein Vergleich der relativen Anteile der von den wesentlichen Emittenten (Quellen) in die Schwebstäube eingebrachten umweltrelevanten Spurenmetalle (Abb. 2.9). Zur besseren Übersicht wurden sämtliche betrachteten Emissionsquellen von Schwermetallen in drei Summenparametern zusammengefaßt: Emissionen aus dem Kraftfahrzeugverkehr, den industriellen und kommunalen Hochtemperaturprozessen sowie den natürlichen Staubeinträgen.

Luftverunreinigungen durch umweltrelevante Metalle stammen fast ausschließlich aus dem Kraftfahrzeugverkehr und aus industriellen und kommunalen Hochtemperaturprozessen. Der überwiegende Anteil der Elemente Cu, Sb, Zn, Mo, As und Cr wird durch den Kraftfahrzeugverkehr freigesetzt. Die größte Quelle für Cu stellt Ruß aus Dieselfahrzeugen dar, gefolgt vom Bremsabrieb, auf den der wesentliche Anteil von Sb und Mo zurückzuführen ist. Das Element Zn stammt überwiegend aus dem Reifenabrieb, der Zn-Konzentrationen in der Größenordnung von 1% aufweist. Die Elemente As und Cr sind auf mehrere Quellen des Straßenverkehrs verteilt. Beim As spielt auch die Freisetzung aus Steinkohlenkraftwerken eine wichtige Rolle. Zum Element Pb, dem klassischen Leitelement für den Autoverkehr, können derzeit keine genauen Angaben gemacht werden. Der Anteil von verbleitem Benzin am Gesamtverbrauch von Ottokraftstoffen lag 1988/89 bei ca. 50% und 1989/90 bei nur noch 37%. Diese Tendenz hat sich weiter fortgesetzt (→ Kap. 10). Nach Abschluß dieser Entwicklung wird die Pb-Emission, bezogen auf eine weitgehend konstante Bleifreisetzung in den Jahren 1976–1985, um rund 75% reduziert sein. In künftigen Modellrechnungen können Platingruppenelemente (Zereini u. Urban 1993, 1994; → Kap. 11), die aus Katalysatoren stammen, für die Berechnung des Anteils der Feststoffemissionen von Kraftfahrzeugen eingesetzt werden.

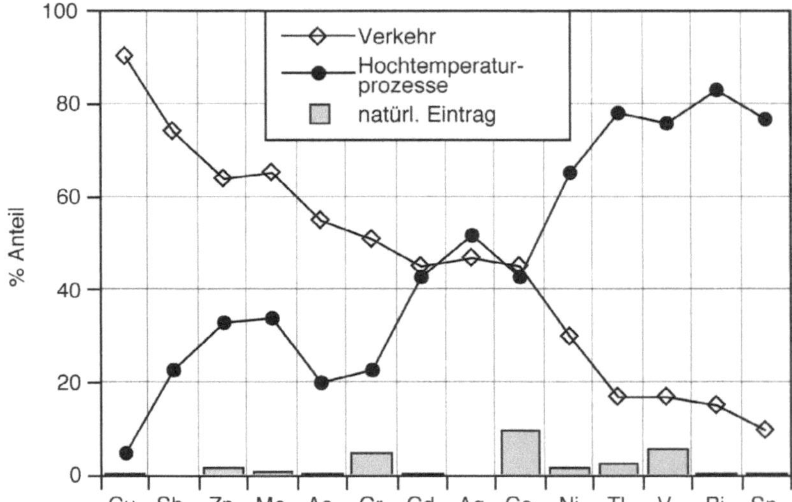

Abb. 2.9. Relative prozentuale Anteile des Kraftfahrzeugverkehrs, industrieller und kommunaler Hochtemperaturprozesse sowie der natürlichen Komponenten am Schwermetallgehalt von Stadtstäuben (diese Arbeit)

Die Elemente Cd, Ag, Co, Se und Hg lassen sich vielen verschiedenen Quellen zuordnen. Se und Hg sind in Abbildung 2.9 wegen des in dieser Arbeit nicht berücksichtigten gasförmigen Transports nicht enthalten. Die Feststoffemissionen aus Ölfeuerungen führen zu hohen Ni- und V-Einträgen, da beide Elemente in Porphyrinen angereichert sind. Hohe Beiträge an Sn, Bi und Sb sind auf die Müllverbrennung zurückzuführen, wohingegen das Tl überwiegend bei der Zementproduktion freigesetzt wird. Natürliche Stäube und Gebäudeabrieb haben bei den hier diskutierten umweltrelevanten Spurenelementeinträgen nur eine sehr untergeordnete Bedeutung.

Staub-Immissionen

Das Hauptproblem bei der Erfassung von Ursachen und Prozessen, die nach heutigem Kenntnisstand zur vermehrten Belastung durch partikelgebundene Schadstoffe führen, liegt darin, daß die üblicherweise gemessenen Elementkonzentrationen in den Depositionen keine Rückschlüsse auf die Art der eingetragenen Materialien zulassen. Die Proben bestehen aus Substanzgemischen, bei denen es sehr schwer ist, Informationen über Gesamtmenge, Matrixzusammensetzung und Herkunft einzelner Komponenten zu erzielen. Die an potentiell toxischen Spurenmetallen hoch angereicherten Feinstäube aus den industriellen und kommunalen Ballungszentren werden auf dem Weg zu den entlegenen, industriefernen Depositionsräumen mit natürlichen und anthropogenen Materialien vermischt, verdünnt und deponiert. Die Immission von Luftverunreinigungen hängt u.a. vom Aggregatzustand der einzelnen Komponenten, von der Reaktionsfähigkeit und Löslichkeit in der kondensierten Phase und von den Eigenschaften der Akzeptoroberfläche ab. Das Blatt- und Nadelwerk von Bäumen vergrößert die Ablagerungsflächen im Vergleich zur Waldbodenfläche um einen Faktor (beidseitiger Blattindex) von 10–25 (z.B. Ellenberg et al. 1986; Erler 1991; Constantin 1993).

Trotz des erheblich gestiegenen Verkehrs- und Wirtschaftsaufkommens ist die Summe der Emissionen anthropogener Flugstäube in der Bundesrepublik Deutschland ständig zurückgegangen (z.B. Umweltbundesamt 1992). Trotz abnehmender mineralischer Komponenten hat der relative Anteil an kohlenstoffreichen Partikeln allerdings zugenommen. Die drastische Verminderung der überwiegend mineralischen Staubemissionen ist auf den Einsatz von Elektrofiltern, Massenkraftabscheidern, filternden Abscheidern und Wäschern bei den Hochtemperaturprozessen zurückzuführen. Im Gegensatz dazu nahmen die massenmäßig bedeutenden Feststoffemissionen aus dem Straßenverkehr, nämlich Reifenabrieb, Dieselruß und Teer bzw. Bitumen, weiter zu.

Danksagung

Wir möchten uns bei Herrn Dr. B. Schnetger (ICBM, Univ. Oldenburg) und Herrn T. Wenzel (Geochemisches Institut, Univ. Göttingen) für die Untersuchung von Bremsbelägen bedanken. Diese Ergebnisse haben das Auftreten charakteristischer Leitelemente bestätigt. Herrn Prof. Dr. B. Eckhardt (ICBM, Univ.

Oldenburg) gilt unser Dank für hilfreiche Kommentare zu den Modellrechnungen. Den Gutachtern möchten wir für die vielen Anregungen unseren Dank aussprechen.

LITERATUR

AFR-Bericht KfK-AFR 006 (1983) Elementanalyse von Schwebstäuben. Geschäftsstelle der Arbeitsgemeinschaft zur Förderung der Radionuklidtechnik (AFR), Kernforschungszentrum Karlsruhe

Bambauer HU, Schäfer H (1984) Der Mineralbestand eines thalliumhaltigen Reingasstaubes aus der Zementproduktion. Fortschr Miner 62: 33–50

Block C, Dams R (1976) Study of fly ash emission during combustion of coal. Environ Sci Technol 10: 1011–1017

Bolton NE, Carter JA, Emery JF, Feldman C, Fulkerson W, Hulett LD, Lyon WS (1975) Trace element mass balance around a coal-fired steam plant. In: Babu SP (ed) Trace elements in fuel. Adv Chem Ser 141: 175–187; Washington, D.C.

Brumsack HJ, Heinrichs H, Lange H (1984) West German coal power plants as sources of potentially toxic emissions. Environ Technol Letters 5: 7–22

Cass GR, McRae GJ (1983) Source-receptor reconciliation of routine air monitoring data for trace metals: An emission inventory assisted approach. Environ Sci Technol 17: 129–139

Cass GR, McRae GJ (1986) Emissions and air quality relationships for atmospheric trace metals. In: Nriagu JO, Davidson CI (eds) Toxic metals in the atmosphere. Advances Environ Sci Technol 17: 145–171; Wiley & Sons, New York

Constantin J (1993) Stoffeinträge in ein Fichtenwaldökosystem durch Depositionen luftgetragener Partikel und Nebeltröpfchen. Ber Forschungszentr Waldökosysteme, A106: 165 S.

Dams R, Heindryckx R, van Cauwenberghe K (1973) Scheikunde en analyse van luchtapollutie. Deel III: Appendices. Ind Chim Belg 38: 627–648

Dannecker W (1982) Anwendung der Atomspektroskopie zur Beurteilung chemischer und ökotoxischer Eigenschaften von Stäuben aus Emissionen und Immissionen. In: Welz B (Hrsg) Atomspektrometrische Spurenanalytik, Verlag Chemie, Weinheim, S. 187–211

Dannecker W, Steiger M, Naumann K (1986) Windrichtungsabhängige Probenahme und Multielementanalyse von Aerosolen zur besseren Beurteilung der Immissionsbelastung. Fresenius Z Anal Chem 325: 50–56

Ellenberg H, Mayer R, Schauermann J (Hrsg; 1986) Ökosystemforschung: Ergebnisse des Sollingprojekts 1966-1986. Ulmer, Stuttgart, 507 S.

Erler J (1991) Zur stomatären Leitfähigkeit von Fichten. Unveröff Diplomarbeit, Institut für Geobotanik, Universität Göttingen, 94 S.

Faure G (1991) Principles and applications of inorganic geochemistry. Mac Millan, New York, 626 S.

Friedlander SK (1973) Chemical element balances and identification of air pollution sources. Environ Sci Technol 7: 235-240

Gerhard L, Kautz K, Pickhardt W, Scholz A, Zimmermeyer G (1985) Untersuchung der Spurenelementverteilung bei der Verbrennung von Steinkohle in drei Kraftwerken. VGB Kraftwerkstechn 65: 753–763

Gordon GE (1980) Techniques for treating multielement particulate data to obtain information on sources: overview. Annals of the New York Academy of Sciences 338: 93–102

Gordon GE (1988) Receptor models, Environ Sci Technol 22: 1132–1142

Greinacher E (1989) Zink-Blei-Rückgewinnung aus Stahlwerksflugstäuben. Erzmetall 42: 306–311

Greenberg RR, Gordon GE, Zoller WH, Jacko RB, Neuendorf DW, Yost KJ (1978) Composition of particles emitted from the Nicosia Municipal Incinerator. Environ Sci Technol 12: 1329–1332

Gutberlet H (1984) Messung der Schwermetallabscheidung einer Rauchgasentschwefelungsanlage nach dem Kalkwaschverfahren. Kommission der Europäischen Gemeinschaft. Forschungsbericht ENV-492-D (B), 112 S.

Hämmerli H (1983) Grundlagen zur Berechnung von Müllfeuerungen. In: Thomé-Kozmiensky KJ (Hrsg) Müllverbrennung und Rauchgasreinigung. E. Freitag Verlag, Berlin, S. 477–525

Harrison PR, Rahn KA, Dams R, Robbins JA, Winchester JW, Brar SS, Nelson DM (1971) Areawide trace metal concentrations measured by multielement neutron activation analysis. APCA Journal 21: 563–570

Heidam NZ (1982) Atmospheric aerosol factor models, mass and missing data. Atmos Environ 16: 1923–1931

Heinrichs H (1982) Trace element discharge from a brown coal fired power plant. Environ Technol Letters 3: 127–136

Heinrichs H (1993) Die Wirkung von Aerosolkomponenten auf Böden und Gewässer industrieferner Standorte: eine geochemische Bilanzierung. Unveröff Habilitationsschrift, Univ Göttingen, 119 S.

Heinrichs H, Brumsack HJ, Lange H (1984) Emissionen von Stein- und Braunkohlekraftwerken der Bundesrepublik Deutschland. Fortschr Miner 62: 79–105

Heinrichs H, Brumsack HJ, Schultz W (1991) Analyse von Müll. LaborPraxis 9: 709–715

Heinrichs H, Schulz-Dobrick B, Wedepohl KH (1980) Terrestrial geochemistry of Cd, Bi, Tl, Pb, Zn and Rb. Geochim Cosmochim Acta 44: 1519–1533

Henry RC, Hidy GM (1979) Multivariate analysis of particulate sulfate and other air quality variables by pricipal components, I. Annual data from Los Angeles and New York. Atmos Environ 13: 1581–1596

Henry RC, Lewis CW Hopke PK, Williamson HJ (1984) Review of receptor model fundamentals. Atmos Environ 18: 1507–1515

Hildemann LM, Markowski GR, Cass GR (1991) Chemical composition of emissions from urban sources of fine organic aerosol. Environ Sci Technol 25: 744–759

Hopke PK (1986) Quantitative source attribution of metals in the air using receptor models. In: Nriagu JO, Davidson CI (eds) Toxic Metals in the Atmosphere. Adv Environ Sci Technol 17: 173–200; Wiley & Sons, New York

Jecko G, Ridsdale PD (1978) Eurostandards of steel furnace dusts. Geostandards Newsletter 2: 23–26

Kaakinen JW, Jorden RM, Lawasani MH, West RE (1975) Trace element behavior in coal-fired power plant. Environ Sci Technol 9: 862–869

Kautz K, Kirsch H, Laufhütte DW (1975a) Über Spurenelementgehalte in Steinkohlen und den daraus entstehenden Reingastäuben. VGB Kraftwerkstechnik 55: 672–676

Kautz K, Kirsch H, Singh Dev R (1975b) Chemismus und Morphologie von Kraftwerksstäuben. VGB Kraftwerkstechnik 55: 180–187

Keiding K, Jensen FP, Heidam NZ (1986) Absolute modelling of urban aerosol elemental composition by factor analysis. Anal Chim Acta 181: 79–85

Kirsch H (1975/76) VGB Tätigkeitsbericht, Essen, S. 141–144

Klein DH, Andren AW, Carter JA, Emery JF, Feldman C, Fulkerson W, Lyon WS, Ogle JC, Talmi Y, van Hook RI, Bolton N (1975) Pathways of thirty-seven trace elements through coal-fired power plant. Environ Sci Technol 9: 973–979

Krivan V, Egger KP (1986) Multielementanalyse von Schwebstäuben der Stadt Ulm und Vergleich der Luftbelastung mit anderen Regionen. Fresenius Z Anal Chem 325: 41–49

Lantzy R, Mackenzie FT (1979) Atmospheric trace metals: global cycles and assessment of man's impact. Geochim Cosmochim Acta 43: 511–525

Lee RE Jr, Christ HL, Riley AE, Mac Leod KE (1975) Concentration and size of trace metal emissions from a power plant, a steel plant, and a cotton gin. Environ Sci Technol 9: 643–647

Le Maitre RW (1982) Numerical Petrology. Development in Petrology 8: 1-233, Elsevier Scientific Publishing Company, Amsterdam

Lowenthal DH, Hanumara RC, Rahn KA, Currie LA (1987) Effects of systematic error, estimates and uncertainties in chemical mass balance apportionments: Quail Roost II revisited. Atmos Environ 21: 501–510

Lyon WS, Emery JF (1975) Neutron activation analysis applied to the study of elements entering and leaving a coal-fired steam plant. Intern J Environ Appl Chem 4: 125–133

Maenhaut W, Cafmeyer J (1987) Particle induced X-ray emission analysis and multivariate techniques: an application to the study of the sources of respirable atmospheric particles in Gent, Belgium. J Trace Microprobe Technol 5: 135–158

Meij R, van der Kooij J, van der Sluys JLG, Siepman FGC, van der Sloot HA (1984) Characteristics of emitted fly ash and trace elements from utility boilers fired with pulverized coal. Kema Scientific & Technical Reports 2: 1–8

Midwest Research Institute (1971) Particulate pollutant system study. Handbook of Emission Property, Vol. III. MRJ Project 3326-C, Midwest Research Institute, Durham, N.C.

Müller J (1980) Tagungsberichte der Gesellschaft für Aerosolforschung, Schmallenberg. Gesellschaft für Aerosolforschung, Schmallenberg, BRD, S. 190–197

Müller J (1982) Residence time and deposition of particlebound atmospheric substances. In: Georgii H-W, Pankrath J (eds) Deposition of Atmospheric Pollutants. D Reidel Publ Co, Dordrecht, Netherlands, S. 43–52

Natusch DFS, Wallace JR, Evans CA (1974) Toxic trace elements: Preferential concentration in respirable particles. Science 183: 202–204

Obrusník L, Starkova B, Blazek J, Bencko V (1979) Instrumental neutron activation analysis of fly ash, aerosols and hair. J Radioanal Chem 54: 311–324

Obrusník L, Starkova B, Blazek J (1989) Composition and morphology of stack emissions from coal and oil fueled boilers. J Radioanal Nucl Chem Letters 133: 377–390

Rachold V (1991) Spinnweben als Indikatoren für atmosphärisch transportierte, natürliche und anthropogene Stäube. Unveröff Diplomarbeit, Geowissenschaften Univ Göttingen, 67 S.

Rachold V, Heinrichs H, Brumsack H-J (1992) Spinnweben: Natürliche Fänger atmosphärisch transportierter Feinstäube. Naturwissenschaften 79: 175–178

Rachold V, Heinrichs H, Brumsack H-J (1993) Nachweis luftgetragener Schadstoffe in Spinnweben. In: Jorde W (Hrsg) Allergologie für die Praxis. Dustri-Verlag Dr. Karl Feistle, München-Deisenhofen, S. 47–58

Rahn KA (1976) The chemical composition of the atmospheric aerosol. Univ of Rhode Is. Technical Report, Kinston, R.I.

Schade H (1977) Prognose der Feststoffemissionen aus der Eisen- und Stahlindustrie des Landes NRW bis zum Jahre 1985. Schriftenreihe des Landesamtes für Immissionsschutz 42: 32-45

Schiffers A, Pietzner H (1976) Chemische und physikalische Untersuchungen an Rauchgasrückständen aus braunkohlengefeuerten Kesselanlagen im Rheinischen Revier. Braunkohle 1/2: 3–11

Tauber C (1988) Spurenelemente in Flugaschen. Verlag TÜV Rheinland GmbH, Köln, 469 S.

Theobald W, Maas H (1983) Rückstände der Eisen- und Stahlindustrie. In: Kumpf W, Maas K, Straub H (Hrsg) Müll und Abfallbeseitigung. Lfg 6. E Schmidt Verlag, Berlin, 8575 :1-45

Thurston GD, Spengler JD (1985) A quantitative assessment of source contributions to inhalable particulate matter pollution in metropolitan Boston. Atmos Environ 19: 9–25

Tomza U, Kaleta P (1986) Trace elements in brown coal and its products of combustion. J Radioanal Nucl Chem Letters 107: 1–10

Umweltbundesamt (1982) Emissionen eines gemischten Hüttenwerkes. Umwelt 93: 13–14

Umweltbundesamt (1992) Daten zur Umwelt 1990/91. E Schmidt Verlag, Berlin; 675 S.

Vogg H, Härtel R (1977) Experience in the analysis of atmospheric aerosols at the Karlsruhe Nuclear Center. J Radioanal Chem 37: 857–866

Wedepohl KH (1975) The contributions of chemical data to assumptions about the origin of magmas from the mantle. Fortschr Miner 52: 141–172

Wedepohl KH (1984) Die Zusammensetzung der oberen Erdkruste und der natürliche Kreislauf ausgewählter Metalle. Ressourcen. In: Merian E (Hrsg) Metalle in der Umwelt. Verlag Chemie, Weinheim, S. 1–10

Zereini F, Urban H (1993) Zur Verteilung der Platingruppenelemente (PGE) in der Umwelt. Heidelberger Geowiss Abh 67: 176–177

Zereini F, Urban H (1994) Platingruppenelemente (PGE) in Schlamm- und Abwasserproben aus Absatzbecken der Autobahnen A8 und A66. In: Matschullat J, Müller G (Hrsg) Geowissenschaften und Umwelt S. 171–176; Springer, Berlin Heidelberg New York Tokyo

Pedosphäre

3 Chemische Prozesse im Ökosystem-Kompartiment Boden

BERNHARD ULRICH

3.1 BÖDEN ALS TRANSFORMATOREN

In den Stofftransport zwischen Atmosphäre und Hydrosphäre sind Böden eingeschaltet. Sie wirken als Senken für eingetragene Stoffe, können aber auch als Quellen wirken. Ihr Verhalten gegenüber eingetragenen Stoffen hängt entscheidend vom chemischen Bodenzustand ab, der zugleich eine wichtige Randbedingung für den biologischen Bodenzustand darstellt. Aufgrund ihres Gehalts an Karbonaten und/oder Silikaten stellen Mineralböden schwache Basen dar, die mit aus der Biosphäre stammenden Protonen titriert werden.

Ursachen der Bodenver- und -entsauerung

Die mengenmäßig bedeutendste biogene Säure ist die *Kohlensäure*, die durch Atmungsvorgänge im Boden entsteht (Kap. → 22). Bei einem pH-Wert <5 liegt die Kohlensäure fast ganz in undissoziierter Form vor, so daß Versauerungen zu tieferen pH-Werten andere Säuren erfordern. Ein sehr geringer Anteil des bei der Veratmung (Mineralisierung) von organischer Substanz freiwerdenden CO_2 verläßt den Boden in gelöster Form im Sickerwasser, bei pH-Werten >5 nach Reaktion mit Basen als Hydrogenkarbonat. Diese Entkopplung im CO_2-Umsatz von Ökosystemen ist die Ursache dafür, daß die Bodenversauerung in terrestrischen Ökosystemen eine zwar langsame, aber unaufhaltsame natürliche Entwicklung ist. Andererseits ermöglicht diese Entkopplung das Auftreten von Alkalinität in Form von Hydrogenkarbonaten in Gewässern als grundlegende Voraussetzung für aquatisches Leben.

Eine Protonenquelle ist auch die *Akkumulation von K^+, Mg^{2+} und Ca^{2+} in der Biomasse* in Form organischer Salze. Die bei der Salzbildung aus organi-

Box 3.1 Protonenquellen und -akzeptoren

Mineralböden stellen schwache Basen dar, die mit aus der Biosphäre stammenden Protonen titriert werden. Protonenquellen sind

- Kohlensäure aus Atmungsprozessen
- Akkumulation von K^+, Mg^{2+} und Ca^{2+} in der Biomasse mit äquivalenter Protonenabgabe durch Wurzeln
- Entkopplungen im Stickstoffkreislauf (Protonenproduktion bei Ammoniumaufnahme und Nitrifikation).

Als Protonenakzeptoren (Basen) dienen

- Karbonate, wobei der pH-Wert im Bereich des Neutralpunkts bleibt
- Silikate (unter Freisetzung von Alkali- und Erdalkali-Kationen)
- austauschbar gebundene Alkali- und Erdalkali-Kationen
- Manganoxide und besonders Aluminiumhydroxo-Verbindungen in Tonmineralen bei pH-Werten um 4
- schließlich Eisenhydroxide bei pH-Werten um 3.

Bei der unabänderlichen natürlichen Bodenversauerung werden damit unterschiedliche Pufferbereiche durchlaufen, deren Chemismus jeweils den Chemismus des entsprechenden Bodenhorizonts prägt. Von diesem Chemismus hängt die Qualität des Sickerwassers hinsichtlich Alkalinität und Azidität (Gehalte an Protonen, ionarem Aluminium, Eisen und Schwermetallen) ab.

schen sauren Gruppen freigesetzten Protonen werden über die Wurzeloberfläche an den Boden abgegeben. Bei der Mineralisierung organischer Substanz werden die H-Ionen wieder verbraucht (rückläufige Reaktion 3.1):

$$RH_2 + Ca^{2+} \Leftrightarrow R\text{-}Ca + 2H^+ \qquad 3.1$$

Im geschlossenen Ionenkreislauf eines stabilen Ökosystems sind Hin- und Rückreaktion gleich groß, so daß der Biomasseumsatz ohne Effekt auf den Base/Säure-Zustand des Bodens bleibt. Kommt es allerdings zu örtlichen oder zeitlichen Verschiebungen in der Bildung und dem Abbau organischer Substanz, macht sich dies in einem heterogenen chemischen Bodenzustand bemerkbar (örtlich oder zeitlich wechseln Versauerung und Entsauerung ab). So kann z.B. der wurzelnahe Boden (die Rhizosphäre) als Folge der Kationenaufnahme versauern, während in Kotaggregaten von Bodenwühlern bei der Mineralisierung und Ammonifizierung Entsauerung stattfindet. Wird dem Ökosystem Biomasse entzogen, so bleiben H-Ionen zurück und der Boden versauert nachhaltig. Bei landwirtschaftlicher Nutzung wird dieser Bodenversauerung und Nährstoffverarmung seit langem durch Rückführung von Biomasse (Stallmist) und Mergelung bzw. Kalkung entgegen gewirkt.

Stickstoff wirkt in den verschiedenen Oxidationsstufen, die im Ökosystem auftreten, teils als Säure, teils als Base. Bei der Zersetzung organischer Substanz, genauer bei ihrer Mineralisierung, wird Ammoniak frei (Gl. 3.2):

$$R\text{-}NH_2 + H_2O = R\text{-}OH + NH_3 \qquad 3.2$$

NH_3 reagiert bei pH-Werten unter 8 als Base (Protonenakzeptor), wirkt also entsauernd (Gl. 3.3):

$$NH_3 + H^+ = NH_4^+ \qquad 3.3$$

In durchlüfteten Böden wird Ammonium durch Mikroorganismen oxidiert, dabei entsteht Salpetersäure, zusätzlich wird das Proton aus dem Ammoniumion freigesetzt (Gl. 3.4):

$$NH_4^+ + 2O_2 = HNO_3 + H_3O^+ \qquad 3.4$$

Der Mineralisierung organischer N-Verbindungen steht im Ökosystem die Aufnahme und Assimilation von Ammonium und Nitrat gegenüber. Dabei werden die Reaktionen (Gl. 3.2 bis 3.4) genau umgekehrt, so daß bei geschlossenem N-Kreislauf keine Veränderung im Bodenzustand zurückbleibt, falls nicht räumliche oder zeitliche Entkopplungen im Stoffkreislauf bestehen und zu bodenchemischer Heterogenität führen. Wird bei landwirtschaftlicher Nutzung die Biomasse mit der Ernte entzogen, so wirkt eine Düngung mit Ammoniumsalzen versauernd (physiologisch saure Düngung): die Gleichungen 3.2 und 3.3 laufen von rechts nach links ab (→ Kap. 6). Umgekehrt wirkt sich eine Düngung mit Nitraten aus. Analog zum N laufen die Umsetzungen zwischen anorganischem Sulfat und organisch gebundenem *Schwefel* ab. Da die Sulfataufnahme in die Biomasse sehr viel geringer ist als die N-Aufnahme, ist die Bedeutung der S-Umsetzungen für den chemischen Bodenzustand entsprechend gering.

Seit Mitte letzten Jahrhunderts spielt als großräumige Säurequelle der Säureeintrag aus anthropogenen Luftverunreinigungen, besonders SO_2 und NO_x, eine zunehmende Rolle (→ Kap. 23). Wegen der gleichzeitigen Emission von NH_3 aus Intensivtierhaltungen bildet sich durch Reaktion mit H_2SO_4 und HNO_3 in der Troposphäre Ammoniumsulfat und Ammoniumnitrat, so daß der pH-Wert im Regenwasser kein Maß des Säureeintrags ist. Im Ökosystem wird bei der N-Aufnahme das Proton aus dem Ammonium wieder freigesetzt.

Puffersubstanzen im Boden

Der chemische Bodenzustand kann nach Pufferbereichen gegliedert werden (Ulrich 1981, 1986; Schwertmann et al. 1987); diese Gliederung ist in Tabelle 3.1 wiedergegeben. Als quantitativ bedeutsame Puffersubstanzen treten Karbonate, primäre Silikate, die austauschbar gebundenen Kationen, sekundäre Tonminerale sowie Eisenoxide auf, deren Pufferbereiche deutlich voneinander abgesetzt sind. Die Bodenentwicklung ist daher mit einer Abnahme der Säureneutralisierungskapazität (SNK) der Böden verknüpft. Dies verdeutlicht die Abbildung 3.1 (aus Prenzel 1985a). Beim langsamen Zusatz von H-Ionen zu einem nicht vernäßten Mineralboden wird sich der pH-Wert entlang der Linie A bis F entwickeln. Das Fortschreiten auf dieser Linie stellt eine Versauerung dar, auch wenn sich auf den Plateaus A—B, C—D und E—F der pH-Wert nicht ändert. Das Plateau A—B wird als *Karbonat-Pufferbereich* bezeichnet. Der pH-Wert wird vom CO_2-Partialdruck bestimmt und kann zwischen 6,5 und 8,3 schwanken (Prenzel 1985b)

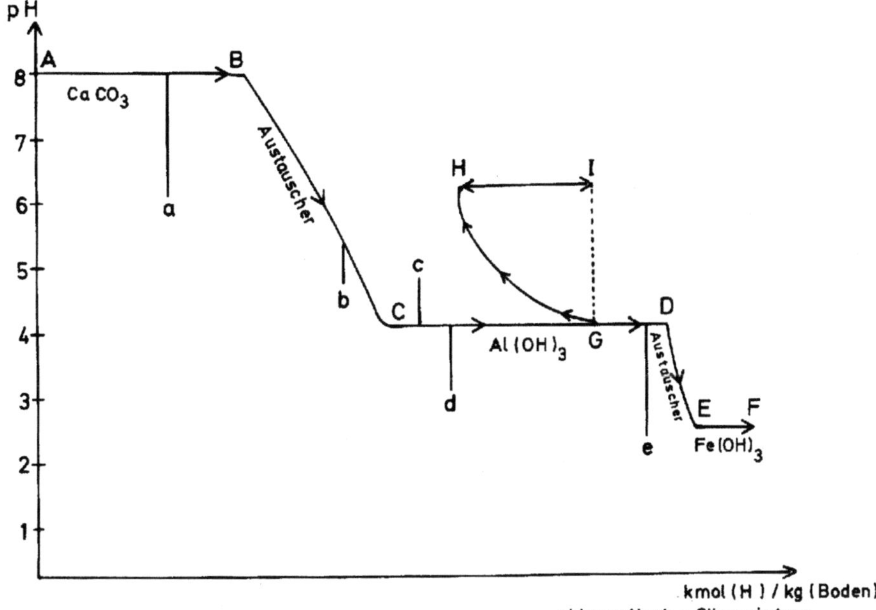

Abb. 3.1. Schema des pH-Verlaufs bei der Bodenversauerung in durchlüfteten Böden mit Versickerung (aus Prenzel 1985a)

Tabelle 3.1. Charakterisierung des chemischen Bodenzustands (Puffersubstanzen, Pufferreaktionen, Pufferraten, bodenchemische Veränderungen, Pufferbereiche und Ansprachemerkmale)

Puffer-substanz	Pufferreaktion (Beispiel)	Pufferrate kmol H^+ ha^{-1} a^{-1}	bodenchemische Veränderung	Pufferbereich	Ansprachemerkmale
Karbonate	$CaCO_3 + H_2CO_3 = Ca(HCO_3)_2$	hoch (>2)	Verlust von $CaCO_3$ als $Ca(HCO_3)_2$	Karbonat	Feinboden $CaCO_3$-haltig (HCl-Probe)
Silikate	$-(SiO)M_b + H^+ = -(SiOH) + M_b^+$	0,2–2	Freisetzung von Gitterkationen, Tonbildung	Silikat	Feinboden $CaCO_3$-frei, M_b/KAKe nahe 1 hilfsweise $pH(H_2O)$ und pH(KCl) >5,0
Kationen-austauscher	$[Aust]M_b + H^+ = [Aust]H + M_b^+$ $[Aust]M_b + Al^+ = [Aust]Al + M_b^+$	hoch	Nährstoffverluste Abnahme der KAKe	Kationen-austausch	$0{,}9 > [M_b/KAKe] > 0{,}15$ hilfsweise $pH(H_2O) > 4{,}2$; pH(KCl) 4,2–5
Tonminerale	$[Aust]Al + H^+ = [Aust]H + Al^+$ $-(SiO)Al + H^+ = -(SiOH) + Al^+$	hoch mittel	Abbau von Tonmineralen	Aluminium	$[M_b/KAKe] < 0{,}15$ hilfsweise pH(KCl) 4,2–3,8
Fe-Oxide, -Hydroxide	$4FeOOH + 8H^+ + CH_2OH =$ $= 4Fe^{2+} + 7H_2O + CO_2$	mittel bei Präsenz wasserlösl. Huminstoffe	Mobilisierung von Fe als org. Komplex	Aluminium/ Eisen	Podsoligkeit (Aeh-, Ahe-Horizonte) NH_4Cl-extrahierbares H+Fe hilfsweise pH(KCl) 3,8 bis 3,2
			Bleichung bei hohem O_2-Partialdruck	Eisen	Podsolierung (Ae-, Bs-Horizonte) hilfsweise pH(KCl) <3,2

Symbole: M_b, M_b^+ = Ionenäquivalente Ca, Mg, K, Na
Al, Al^+ = Ionenäquivalente Al^{3+} und Al-hydroxo-Kationen
KAKe = effektive Kationenaustauschkapazität
(nach Ulrich 1981, 1986; Schwertmann et al. 1987)

In karbonatfreien Böden kann sich im pH-Bereich 5–6 ein weiteres Plateau ausbilden, bei dem die Silikatverwitterung die Pufferreaktion darstellt (*Silikatpufferbereich*, vgl. Tabelle 3.1). Bei der Silikatverwitterung werden M_b-Kationen (Na^+, K^+, Mg^{2+}, Ca^{2+}) unter H-Ionen-Verbrauch freigesetzt. Voraussetzung für die Ausbildung eines Plateaus ist, daß die H-Ionen-Belastung nicht größer ist als die mögliche Freisetzungsrate von M_b-Kationen. Diese liegt je nach Art und Gehalt der Silikate zwischen 0,2 und 2 $kmol_c\ ha^{-1}\ a^{-1}$. In stabilen Waldökosystemen, die über weite Bereiche der nacheiszeitlichen Entwicklung die Vegetation Mitteleuropas bestimmt haben, wird die Säurebelastung im Wesentlichen durch die Bildung von Kohlensäure bei Atmungsprozessen im Boden und die Auswaschung von Hydrogenkarbonaten (Wasserhärte) bestimmt. Bei gleicher Wasserhärte nimmt daher die Säurebelastung mit steigenden Niederschlägen, d.h. mit zunehmender Höhenlage, zu. In den Hochlagen der Mittelgebirge ist der Silikatpufferbereich im Laufe der Nacheiszeit daher nach Verlust der leichter verwitterbaren Silikate relativ rasch durchlaufen worden.

Das Plateau C—D (*Aluminium-Pufferbereich*) ist bestimmt durch die Auflösung von Aluminiumhydroxoverbindungen mit einer dem Aluminiumhydroxid entsprechenden Löslichkeit, die im Boden als Residuen der Silikatverwitterung akkumuliert wurden. Diese Reaktion puffert den pH-Wert bei ≈ 4,0–4,2. Analog wird durch Eisenoxide/-hydroxide (*Eisen-Pufferbereich* das Plateau E—F bestimmt.

Die Übergänge zwischen den Plateaus verlaufen nicht sprunghaft, weil die Übergänge B—C und in viel geringerem Ausmaß D—E als Folge der Silikatverwitterung und von Kationenaustauschreaktionen gepuffert werden. Beim Kationenaustausch werden M_b-Kationen durch H-Ionen (im Fall variabler Ladung) oder durch Kationsäuren (besonders Al-Ionen, die durch H-Ionen aus Silikatgittern z.B. von Tonmineralen freigesetzt wurden) ersetzt. Die im Abschnitt B—C verbrauchte SNK wird als *Kationenaustausch-Pufferbereich* bezeichnet. Dabei können durch Einlagerung von Polyaluminiumhydroxokationen in den Zwischenschichtraum der Dreischichttonminerale (Smectite, Vermiculite) sehr stabile, nicht austauschbare Bindungsformen des Al auftreten. Dies kann bis zur Bildung eines Vierschichttonminerals, des sekundären oder Aluminium-Chlorits, führen. Die Pufferreaktion ist dann irreversibel. Die Abnahme der SNK macht sich in diesem Fall als Abnahme der effektiven Kationenaustauschkapazität (KAK_e) bei hohen Anteilen von M_b-Kationen an der KAK_e (hoher Basensättigung) bemerkbar.

Vor Erreichen des Plateaus C—D, also des Al-Pufferbereichs, lösen sich die bei der Silikatverwitterung gebildeten *Mangan-Mischoxide* auf. Wegen der geringen Mn-Vorräte ist die Pufferkapazität dieser Reaktion klein, sie hat jedoch große Bedeutung als Signal. Wenn in einem Boden die SNK erstmals bis zu dieser Pufferreaktion verbraucht wurde, treten in der Bodenlösung und am Kationenaustauscher hohe Anteile von Mn^{2+}-Ionen auf, die auch zu hohen Mn-Gehalten im Pflanzenbewuchs und im Sickerwasser führen (z.B. Meyer u. Ulrich 1990). Hohe Mn-Gehalte in Blättern zeigen deshalb an, daß die Bodenversauerung im Hauptwurzelraum im Verlauf der letzten Jahre bis Jahrzehnte in den Übergangsbereich zum Al-Pufferbereich fortgeschritten ist.

Der Eisen-Pufferbereich tritt sehr selten auf. Der Übergang vom Al- zum Fe-Pufferbereich spielt sich in den humosen Oberbodenhorizonten stark versauerter Waldböden unter dem Einfluß wasserlöslicher organischer Substanz und von Redoxprozessen ab. Wegen seiner weiten Verbreitung wird dieser Übergangsbereich als *Aluminium/Eisen-Pufferbereich* ausgeschieden (vgl. Tabelle 3.1).

Die Kurve in Abb. 3.1 gibt den pH-Verlauf wieder, wenn sich bei langsamer gleichmäßiger Zugabe von H-Ionen die Bodenlösung nahe dem chemischen Gleichgewicht mit den Puffersubstanzen im Boden befindet. Bei plötzlicher Zugabe oder plötzlichem Entzug von Säuren bewegt sich der pH-Wert vorübergehend aus der Gleichgewichtslage heraus, hier angedeutet durch die Kurvenäste a bis e. Die Kurve G—H gibt die Auswirkungen einer Kalkung als Beispiel für einen Entsauerungsvorgang wieder. Das System setzt dem Versuch einer pH-Anhebung einen Widerstand entgegen, der allerdings schwächer ist als die ursprüngliche Pufferreaktion, denn nur ein Teil der Pufferprozesse ist reversibel (z.B. die Abnahme der Basensättigung). Die Menge der in der Bodenmatrix gespeicherten aktivierbaren Säure ist ein praktisch bedeutsames Maß der Versauerung. Die mengenmäßig wichtigste Komponente sind die austauschbaren Protonen und Kationsäuren (M_a-Kationen, hauptsächlich Al^{3+} und Mn^{2+}). Sie wird analytisch durch die Basenneutralisierungskapazität (BNK) erfaßt (Ulrich et al. 1984) und ist ein wichtiges Maß für die Bemessung von Kalkgaben (z.B. Meiwes 1994).

Pufferbereich und Sickerwasserqualität

Böden können durch die Emission von Gasen und durch die Auswaschung von Stoffen mit dem Sickerwasser als Quellen wirksam werden. Ihre Transformator-Funktion wird dabei in der Relation Input zu Output deutlich. Die Qualität des Outputs mit dem Sickerwasser wird entscheidend von seiner Alkalinität bestimmt (→ Kap. 23). Die Alkalinität repräsentiert den Ladungsüberschuß von Protonenakzeptoren (Basen) gegenüber Protonen und Protonendonatoren (Säuren) in einem Wasser. In Bodenlösungen tritt als Protonenakzeptor ganz überwiegend HCO_3^- auf; CO_3^{2-} und OH^- sind meist vernachlässigbar. Als Säuren überwiegen meist nicht Protonen, sondern Kationsäuren (M_a-Kationen: Al-Ionenspezies, Mn^{2+}, Schwermetalle), bei sehr niederen pH-Werten können auch organische Säuren auftreten. Die Alkalinität ist dann durch Gleichung 3.5 definiert:

$$\text{Alkalinität } [\text{mmol}_c\ l^{-1}] \equiv [HCO_3^-] + [OH^-] - [H^+] - \Sigma x[M_a^{x+}] \qquad 3.5$$

Bei einem Ladungsüberschuß der Säuren spricht man von negativer Alkalinität oder Azidität. Bei den im Boden vorliegenden CO_2-Partialdrucken wird die Konzentration an HCO_3^- (und an OH^-) bei pH-Werten <5 gegenüber der Konzentration an Säuren vernachlässigbar klein; die Bodenlösung weist dann neben Neutralsalzen (M_b-Kationen im Ladungsgleichgewicht mit Anionen starker Säuren wie Cl^-, NO_3^- und SO_4^{2-}) nur noch Azidität auf. Neben der Angabe der Azidität (der negativen Alkalinität) in $\text{mmol}_c\ l^{-1}$ eignet sich auch der Aziditätsgrad für den Vergleich verschiedener Lösungen. Der Aziditätsgrad gibt den Anteil der Säuren (H + M_a-Kationen) an der Kationensumme (Terme unter dem Bruchstrich) an Gleichung 3.6:

$$\text{Aziditätsgrad} \equiv \{[H^+] + \Sigma x[M_a^{x+}]\}/\{[H^+]+\Sigma x[M_a^{x+}] + \Sigma x[M_b^{x+}]\} \qquad 3.6$$

Das Summenzeichen steht für die Summierung aller M_a-Kationen bzw. M_b-Kationen.

Die Alkalinität des Sickerwassers ist in Böden im Karbonat-Pufferbereich sehr hoch (große Wasserhärte); in Böden im Silikat-Pufferbereich dagegen gering, sie liefern weiches Wasser. Bei Durchlaufen des Kationenaustausch-Pufferbereichs (Übergang B—C in Abb. 3.1) nimmt die Alkalinität weiter ab und tendiert bei einer Basensättigung < 15% gegen Null. Erst dann beginnen auch Al-Ionen als quantitativ wichtigste Komponente der Azidität in der Bodenlösung aufzutreten. Dies läßt sich sowohl an Bodenkollektiven unterschiedlicher Basensättigung zeigen (Ulrich 1966) als auch aus Kationenaustausch-Modellen berechnen (Reuss u. Johnson 1986).

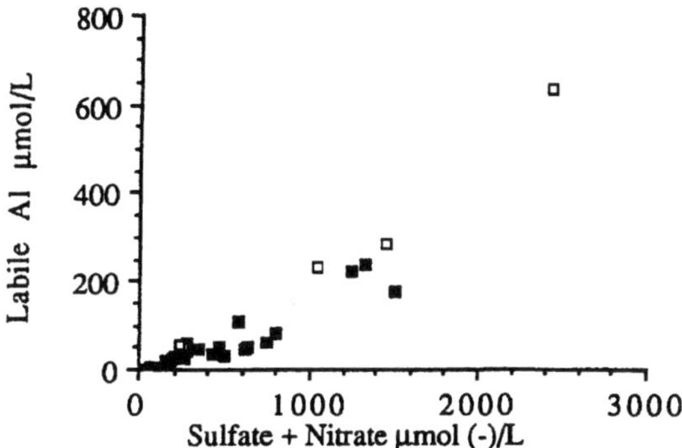

Abb. 3.2. Relation zwischen den Anionen starker Säuren und labilem Al in Bodenlösungen von Böden mit einer Basensättigung <10%. (Proben aus einer vergleichenden Untersuchung nordamerikanischer und europäischer Waldökosysteme, aus Cronan 1994)

Das Auftreten von Azidität in der Bodenlösung in Konzentrationen über 10 $\mu\text{mol}_c\ l^{-1}$ ist an die Gegenwart von Anionen wie Nitrat, Sulfat oder organische Anionen gebunden. Das meerwasserbürtige Chlorid wird zusammen mit Na^+ eingetragen und mit diesem auch wieder im Sickerwasser ausgetragen, so daß es nur bei kurzfristigen und nur über kurze Distanzen reichenden Entkopplungen von Protonen oder Kationsäuren begleitet sein kann. Der seit über einem Jahrhundert durch anthropogene Emissionen bedingte Sulfat- und Nitrateintrag ermöglichte in Böden im Aluminium-Pufferbereich einen erheblichen Anstieg der Al^{3+}-Konzentration in der Bodenlösung. Dies wird in Abb. 3.2 deutlich, in der die Relation zwischen der Konzentration von Anionen starker Säuren (Sulfat + Nitrat) und von labilem Al in Bodenlösungen aus Böden mit einer Basensättigung < 10% dargestellt ist. Die Proben entstammen einer vergleichenden Untersuchung nordamerikanischer und europäischer Ökosysteme (Cronan 1994). In dem Fichtenökosystem F1 im Solling erwiesen sich die Flüsse von Sulfat und Aluminium im Sickerwasser in der ganzen Zeitspanne von 1973 bis 1991 als streng gekoppelt (Ulrich 1994a).

In der vorindustriellen Periode waren hohe Al-Konzentrationen an das Auftreten von Nitrat geknüpft. Das Nitrat resultiert aus periodischen Entkopplungen des N-Kreislaufs (Versauerungsschübe) mit Auswaschung von Nitrat als Folge ökosysteminterner Vorgänge (Akkumulation leicht mineralisierbarer N-reicher organischer Substanz) und klimatischer Variabilität (warm/trockene Witterungsperioden, die die Mineralisierung begünstigen).

Im humosen Oberboden traten in stark versauerten

Podsolböden höhere Konzentrationen an organischen Anionen auf, die im Bh-Horizont festgelegt wurden und tiefere Bodenbereiche nicht beeinflußt haben. Aluminium liegt dabei überwiegend als metallorganischer Komplex in der Bodenlösung vor. Heute ist unter dem Einfluß des Säureeintrags in Waldökosystemen unter Auflagehumus der Al/Fe-Pufferbereich mit pH-Werten < 3,8 und dem Auftreten wasserlöslicher organischer Substanz (Fulvo-, Huminsäuren) weit verbreitet. Die organische Substanz bildet mit Fe, Al, Pb und Cu deutlich stabilere Komplexe als mit Cd, Zn und Mn. Dies hat zur Folge, daß Mn, Zn und Cd durch Bodenhorizonte im Al-Pufferbereich leichter mit dem Sickerwasser verlagert werden als Fe, Cu und Pb, die in den Humushorizonten zurückgehalten werden. Gelöste Humusstoffe können als Komplexbildner erheblich zur Mobilisierung von Cu, Fe, Al und Pb beitragen und die Lösungskonzentrationen im pH-Bereich > 3,7 für Cu und Fe bzw. > 4,2 für Al und Pb bestimmen. Als organische Komplexe können Schwermetalle auch in Bodenlösungen mit niedriger Alkalinität und pH-Werten > 5 vorkommen. Al, Fe und Pb werden dabei bevorzugt von höhermolekularen Humusstoffen komplexiert, die gut an mineralische Oberflächen adsorbiert werden, während Cu an niedermolekulare Humusstoffe gebunden wird, die schlechter adsorbiert werden (König et al. 1986). Eine Tiefenverlagerung organischer Komplexe ist nur in sandigen Substraten zu erwarten. In lehmigen Böden werden organische Verbindungen sorbiert und im Boden zurückgehalten. Dies zeigen auch Analysen von gelöstem Kohlenstoff (DOC) und Al-organischen Komplexen in der Bodenlösung in Abhängigkeit von der Bodentiefe (Dietze u. Ulrich 1992; Feger 1993).

3.2 ENTWICKLUNGSTENDENZEN DES CHEMISCHEN BODENZUSTANDS IM HUMIDEN KLIMABEREICH

Basensättigung der Böden zu Beginn der Nacheiszeit

Im Laufe der letzten Eiszeit wurde der größte Teil Mittel- und Nordeuropas von Sedimenten bedeckt, die durch physikalische Verwitterung aus frischen Gesteinen hervorgegangen sind: Geschiebelehme, -mergel und -sande, Schmelzwassersande, Talsande und schluffreiche äolische Sedimente wie Löss. Letztere bedeckten in einer mehr oder minder mächtigen Decke die oft umgelagerten Reste älterer Verwitterungen und Bodenbildungen im Periglazialraum. Es ist davon auszugehen, daß zu Beginn des Holozäns vorversauerte Unterböden in Form von älteren Fließerden oder Gesteinsverwitterungen möglich waren (vgl. Fiedler u. Hofmann 1991), daß diese aber weitgehend von unterschiedlich mächtigen Decken kaltzeitlicher nicht vorversauerter Sedimente überlagert waren. Neuere Untersuchungen in den Plateaulagen der Mittelgebirge zeigen, daß gegen NH_4Cl austauschbares Al bis zu mehreren Metern Tiefe im angewitterten Gestein vorkommt (Buntsandstein im Solling; Deutschmann 1994; Meiwes et. al 1994). Die Deutung dieser Versauerungen ist noch offen, sie könnten auch präholozän sein. Für den Austausch des Al durch Silikatverwitterung während der Kaltzeiten als Voraussetzung zur Erhöhung der Basensättigung dürfte die Alkalinität des Sickerwassers nicht hoch genug gewesen sein. Als Ausgangszustand der nacheiszeitlichen Bodenentwicklung kann davon ausgegangen werden, daß der Hauptwurzelraum überwiegend hohe Basensättigung aufwies.

Kationenverluste während der nacheiszeitlichen Bodenentwicklung

Die Kationenverluste während der nacheiszeitlichen Bodenentwicklung können aus Kationenbilanzen von Böden und ihrem Ausgangsmaterial erschlossen werden; dabei bleiben allerdings meist Unsicherheiten bezüglich der Vergleichbarkeit von Boden und dem als Ausgangsmaterial angenommenen Sediment. Aus derartigen Kationenbilanzen errechnen sich in Lössen und lehmigen Verwitterungsböden (stau- und grundwasserfrei) Verluste an M_b-Kationen (Na, K, Mg, Ca) von im Mittel (Median) ca. 8000 $kmol_c\ ha^{-1}$ (Stahr 1979: 2000–24 000, n = 26; Mazzarino et al. 1983: 6000–11 000, n = 3). Als Beispiel sei ein Lößboden betrachtet. Bei einem Tongehalt des Ausgangslösses von 10% mit einer Kationenaustauschkapazität von 1 $mmol_c\ g^{-1}$ Ton beträgt der Vorrat an austauschbaren M_b-Kationen im Ausgangsmaterial der Bodenbildung (1 m Tiefe, Dichte 1,5 $g\ cm^{-1}$) ca. 1500 $kmol_c\ ha^{-1}$. Wenn der Boden bis in den Al-Pufferbereich versauert ist, entstammen bei einem Verlust von 8000 $kmol_c\ ha^{-1}$ an M_b-Kationen demnach 6500 $kmol_c\ ha^{-1}$ der holozänen Verwitterung primärer Silikate. Bei einer Dauer der Bodenbildung von ca. 10 000 Jahren entspricht dies einer durchschnittlichen Silikatverwitterungsrate von 0,65 $kmol_c\ ha^{-1}\ a^{-1}$. Es ist anzunehmen, daß die Silikatverwitterungsrate am Anfang der Bodenbildung höher war, bis die leicht verwitterbaren Silikate aufgezehrt waren, und dann auf geringere Werte abgefallen ist.

Bei der *Silikatverwitterung* kann es zur Neubildung von Tonmineralen kommen, wobei, entsprechend der Kationenaustauschkapazität (KAK) der Tonminerale, die bei der Verwitterung der primären Silikate freigesetzten M_b-Kationen als austauschbare Kationen im Boden verbleiben. Durch Verlehmung und Verbraunung hat dieser Prozeß die Bv-Horizonte der nacheiszeitlich unter Wald entwickelten Braunerden geprägt, während er sich in den Cv-Horizonten morphologisch nicht ausprägt. Für Parabraunerden aus Löß wurde ein Ausmaß der holozänen Tonbildung von ca. 100 kg m^{-2} (63–117) ermittelt (Zusammenstellung in Schachtschabel et al. 1992, Tabelle 91; Mazzarino et al. 1983). Bei einer KAK von 1 $mmol_c$ g^{-1} Ton entspricht dies 1000 $kmol_c$ ha^{-1} an M_b-Kationen.

Im humiden Klimabereich treten die Verluste an M_b-Kationen als Folge von *Base/Säure-Reaktionen* ein und werden durch den Austrag von Salzen mit dem Sickerwasser und den Export von Biomasse realisiert. Der Austrag mit dem Sickerwasser erfolgt unter natürlichen Bedingungen als Hydrogenkarbonat (Quelle: CO_2) oder Nitrat (Quelle: HNO_3 aus organisch gebundenem N).

Kohlensäure steht aus Wurzel- und Zersetzeratmung in reichem Ausmaß zur Verfügung. Unterstellt man eine gleichbleibende Alkalinität von 0,2 $mmol_c$ l^{-1}, so nimmt die M_b-Kationenauswaschung proportional mit der Sickerwassermenge von 0,3 $kmol_c$ ha^{-1} a^{-1} im kollinen Bereich (650 mm Niederschlag, 500 mm Verdunstung, 150 mm Versickerung) auf 2 $kmol_c$ ha^{-1} a^{-1} im hochmontanen Bereich (1500 mm Niederschlag, 1000 mm Versickerung) zu. Diese Auswaschungsraten liegen im Bereich der durchschnittlichen jährlichen Verlustraten von M_b-Kationen, wie sie von Mazzarino et al. (1983) angegeben werden.

Werden freigesetzte M_b-Kationen z.B. als Hydrogenkarbonate ausgewaschen, so bilden sich Tonminerale geringerer KAK, im Extremfall bleiben als Verwitterungsprodukte Aluminiumhydroxid und SiO_2 (Opal) zurück. Diese Form der Silikatverwitterung ist nicht auf den Wurzelraum beschränkt, sondern kann in porösen Gesteinen bis in große Tiefen erfolgen (Beispiel: Buntsandstein im Solling; Deutschmann 1994; → Kap. 21). Sie führt zur Bildung von Gesteinszersatz. Tiefreichender Gesteinszersatz (Saprolith) findet sich besonders in den feuchten Tropen. Verglichen damit sind die Verwitterungsmerkmale in den Cv-Horizonten und im Ausgangsmaterial der Bodenbildung in Mitteleuropa gering.

Box 3.2 Die Abnahme der Basensättigung während des Holozäns

Bei frischem Ausgangsmaterial der Bodenbildung war die Basensättigung zu Beginn der Nacheiszeit hoch. Während des Holozäns sind beträchtliche Basenverluste (5000 bis 10 000 $kmol_c$ ha^{-1}) eingetreten. Der größte Teil davon entstammt der Verwitterung primärer Silikate und wurde als Alkalinität mit dem Sickerwasser abgeführt. In den bei der Silikatverwitterung entstandenen aufweitbaren Dreischicht-Tonmineralen wurde permanente Schichtladung durch Einlagerung von Polyaluminiumhydroxo-Kationen unter Verdrängung von Ca, Mg und K neutralisiert; dabei entstehen letztlich Vierschicht-Tonminerale (Al-Chlorit). Hierbei bleibt die Basensättigung hoch, so daß die Alkalinität des Sickerwassers kaum abnimmt. Anthropogene Nutzung hat durch Verstärkung der Säurebelastung zur Abnahme der Basensättigung geführt. Es ist davon auszugehen, daß die lehmigen Waldböden der Mittelgebirge in die Phase der Industrialisierung mit einer Basensättigung im Bv-Horizont um 30% und Vorräten an austauschbarem Ca+Mg+K in Höhe von 100–300 $kmol_c$ ha^{-1} eingetreten sind. Das Sickerwasser hat dann eine mäßige Alkalinität aufgewiesen. Der auf die Emission von SO_2 und NO_x zurückgehende Säureeintrag hat die Waldböden seit Mitte letzten Jahrhunderts mit ca. 60 (Laubwälder in Schutzlagen) bis ca. 340 $kmol_c$ ha^{-1} an Säure (Nadelwälder in exponierten Lagen) belastet. Dies hat in der Mehrzahl der Waldböden Deutschlands zur Abnahme der Basensättigung und der Vorräte an Nährstoffkationen auf sehr geringe Werte geführt. Bei einer Basensättigung des Sickerwasserleiters <15% tendiert die Alkalinität des Sickerwassers gegen Null; das Ausmaß der Azidität (vorwiegend Al-Ionen) hängt von der Sulfat- und Nitratkonzentration und damit vom Sulfat- und Nitrateintrag ab. Für Sulfat existieren metastabile Speicherphasen, die bei abnehmender Sulfatkonzentration und pH-Wert in der Bodenlösung mobilisiert werden.

Das *Nitrat* resultiert aus periodischen Entkopplungen des Stickstoff-Kreislaufs mit Auswaschung von Nitrat als Folge ökosysteminterner Vorgänge (Akkumulation leicht mineralisierbarer N-reicher organischer Substanz) und klimatischer Variabilität (warm/trockene Witterungsperioden, die die Mineralisierung begünstigen). Besonders nachhaltige Entkopplungen im Stickstoffkreislauf treten im Laufe der Bodenversauerung bei Durchlaufen des Kationenaustausch-Pufferbereichs auf. Sie führen zu Humusverlusten im Mineralboden und einem Vorratsabbau an organisch gebundenem Stickstoff (Humus-Disintegration; Ulrich 1994b; Eichhorn u. Hüttermann 1994). Auch diese Säurebelastung durch HNO_3 nimmt mit zunehmender Höhenlage zu; sie kann in der nacheiszeitlichen Ökosystementwicklung in der kollinen Stufe unter 100 $kmol_c\ ha^{-1}$ bleiben, in der hochmontanen Stufe bis 500 $kmol_c\ ha^{-1}$ ausmachen (Ulrich 1980). In Böden geringer Basensättigung mit Auflagehumus sind Phasen des Humusabbaus auf eine starke Auflichtung (z.B. Kahlschlag) und auf den Auflagehumus beschränkt. In der natürlichen Waldentwicklung Mitteleuropas hat Auflagehumus-Abbau eine untergeordnete Rolle gespielt.

Biomasseexport ist nur als Folge anthropogener Eingriffe von Bedeutung (Holz-, Reisig-, Streunutzung, Waldweide). Eine bilanzmäßige Abschätzung zeigt, daß bis zur Mitte des ersten Jahrtausends AD die anthropogen bedingten Basenverluste in den damals genutzten Höhenlagen (kollin, submontan) 500 $kmol_c\ ha^{-1}$ wohl kaum überschritten haben (Ulrich 1995a). In den Sandböden Norddeutschlands und angrenzender Gebiete mit geringen austauschbaren Basenvorräten und niedriger Silikatverwitterungsrate hat die Belastung durch die anthropogenen Eingriffe ausgereicht, daß bereits bronzezeitlich die Oberbodenversauerung und die Ablösung der Waldvegetation durch Calluna-Heiden eingesetzt hat. Im Endstadium dieser Entwicklung treten wasserlösliche Huminsäuren auf, die im Bh-Horizont immobilisiert werden; unterhalb des Bh-Horizonts kann mittlere Basensättigung erhalten geblieben sein. Bodentypologisch ist diese Entwicklung durch Heide-Podsole mit Oberböden im Fe/Al- oder Fe-Pufferbereich charakterisiert. In den schluffigen und lehmigen Böden der Mittelgebirge dürfte die Belastung von ca. 500 $kmol_c\ ha^{-1}$ noch durch Abnahme der KAK aufgefangen worden sein, so daß sich Basensättigung und Alkalinität der Bodenlösung und damit der aktuelle ökologische Bodenzustand bis ca. 500 AD nicht grundlegend geändert haben.

Die frühmittelalterliche Ausdehnung der Landwirtschaft um ca. 200 Höhenmeter nach oben in die submontane Stufe der Mittelgebirge zu Beginn des Wärmeoptimums (800 AD) hat durch Ernteexporte und Humusdisintegration mit Nitratauswaschung zu einer Abnahme der Basensättigung geführt, so daß nunmehr mit etwa mittlerer Basensättigung zu rechnen ist. Bei der Aufgabe der höher gelegenen Siedlungen und Ackerflächen in der Wüstungsperiode (ca. 1400–1500 AD) dürfte neben der Klimaverschlechterung auch die nutzungsbedingte Verschlechterung des Bodenzustands von entscheidender Bedeutung gewesen sein.

Nach 1500 AD sind auch die Wälder der montanen und obermontanen Stufe zunehmend in die Nutzung, jetzt als Rohstoff- und Energie-Ressource, einbezogen worden. Für den Bodenzustand ist von mittlerer Basensättigung auszugehen, d.h. von einem Vorrat an M_b-Kationen von ca. 500 $kmol_c\ ha^{-1}$. Hier wie in der submontanen Stufe können die nutzungsbedingten Basenexporte bis zum Beginn der Industrialisierung (ca. 1850 AD) auf ca. 250 $kmol_c\ ha^{-1}$ geschätzt werden (Ulrich 1995a).

Es ist demnach davon auszugehen, daß die lehmigen Waldböden der Mittelgebirge in die Phase der Industrialisierung mit einer Basensättigung im Bv-Horizont um 30% und Vorräten an austauschbaren M_b-Kationen bis 1 m Bodentiefe in Höhe von 100–300 $kmol_c\ ha^{-1}$ eingetreten sind. Das Sickerwasser hat dann eine mäßige Alkalinität aufgewiesen.

Veränderungen des chemischen Zustands der Waldböden mit der Industrialisierung

Mit der Industrialisierung wurden sehr unterschiedliche anthropogene Einflüsse auf die Waldökosysteme wirksam. Durch die *Waldbewirtschaftung* wurde eine Stabilisierung der Waldökosysteme angestrebt. Die Forstnutzung wurde nach dem Nachhaltigkeitsprinzip organisiert, d.h. es wurde nicht mehr Holz entnommen als nachwuchs, und die ökologisch besonders ungünstigen Nebennutzungen wie Waldweide und Streunutzung wurden abgelöst.

Eine stabilisierende Wirkung ist auch den zunächst langsam ansteigenden *Stickstoffeinträgen* aus anthropogenen Emissionen zuzuschreiben. Die vielfach dokumentierten gravierenden Beeinträchtigungen des Waldwachstums durch die oben geschilderte historische Waldnutzung waren hauptsächlich durch einen unzureichenden Umsatz des Stickstoffs im Ökosystem bedingt. Der anthropogene N-Eintrag hat den natürlichen Eintrag in Höhe von < 5 kg N $ha^{-1}\ a^{-1}$ bald erheblich übertroffen und den N-Umsatz stetig erhöht; dies ermöglichte eine langsame aber stetige Steigerung der Biomasseproduktion. Erst ab 1960 haben die N-Emissionen (NO_x aus Hochtemperaturverbrennung, NH_3 hauptsächlich aus Intensivtierhaltung) ein Ausmaß erreicht, das durch Verschiebung der Konkurrenzsituation innerhalb der Vegetation letztlich zur Destabilisierung der Waldökosysteme – und nicht nur dieser – führt. Seit Anfang der 70er Jahre beträgt die Emissionsdichte in Deutschland 50–56 kg N ha^{-1} a^{-1}. Der langfristig verträgliche N-Eintrag in genutzte Waldökosysteme wird durch die Bindung von N im Holzzuwachs von Baumhölzern bestimmt; diese beträgt 10–15 kg N ha^{-1} a^{-1}. Unter natürlichen Bedingungen begrenzt die Verfügbarkeit von N die Biomasseproduktion. Der hohe N-Eintrag fördert das Wachstum, was sich seit 2–3 Jahrzehnten in einer Steigerung des Holzzuwachses bemerkbar gemacht hat. Durch die stärkere Förderung von Pflanzenarten mit einer raschen Jugendentwicklung werden die Konkurrenzverhältnisse in den Pflanzengesellschaften verschoben, auch z.B. zugunsten der Bodenvegetation (für eine Übersicht siehe Ulrich 1995b). Langfristig führt dies zu Hemmungen bei der natürlichen bzw. zu Schwierigkeiten bei der künstlichen Verjüngung der Wälder. Der darin zum Ausdruck kommenden Tendenz zur Sukzession, zur Ablösung des bisherigen Ökosystems durch eines mit anderer Artenzusammensetzung, kann der Forstmann zwar durch konkurrenzregelnde Maßnahmen entgegenarbeiten (Pflanzung und Freischneiden, Herbizid-Einsatz verbietet sich aus Gründen des Umweltschutzes), wobei er je nach Standort auch an die Grenzen seiner Möglichkeiten stoßen wird.

Geochemisch interessant ist die Frage nach dem *Verbleib des deponierten Stickstoffs* (→ Kap. 6). Ein großer Teil wird derzeit noch im Biomassezuwachs akkumuliert, auf Standorten mit Oberböden im Fe/Al-Pufferbereich auch im Bodenhumus (durch Stabilisierung der Zersetzungsrückstände aus Feinwurzeln durch Fe- und Al-Ionen; Ulrich 1989). Die Nitratkonzentrationen im Sickerwasser von Wäldern liegen bisher meist unterhalb des Grenzwerts für Trinkwasser (50 mg NO_3 l^{-1}). Das Ausmaß der Denitrifikation im Sicker- und Grundwasser mit Hilfe von gelöster organischer Substanz (DOC) als Energiequelle ist unklar. Langzeitstudien weisen einen zunehmenden Trend der Nitratkonzentration in Waldquellen und -bächen aus (Hauhs 1989; Führer u. Hüser 1991; Eichhorn u. Hüttermann 1994). Über gasförmige N-Verluste aus Waldökosystemen gibt es kaum Daten. Papen et al. (1994) geben für Fichtenwälder Werte bis 7 kg N ha^{-1} a^{-1} an, die Streuung ist allerdings groß. Die Hauptkomponente ist N_2, Lachgas (N_2O) kann bis zur Hälfte ausmachen. Brumme (1994; Brumme u. Beese 1992) fanden Werte > 1 kg N_2O-N ha^{-1} a^{-1} nur in einem Buchenwald auf saurem Boden (1,6–3,7 kg N_2O-N ha^{-1} a^{-1}). Es ist zu erwarten, daß mit zunehmender N-Sättigung der Waldökosysteme die N-Verluste durch Nitrataustrag und N_2O -Emission zunehmen.

Die *Emission der Säureanhydride* SO_2 (aus der Verbrennung fossiler Brennstoffe) und NO_x ist seit Mitte letzten Jahrhunderts exponentiell angestiegen mit Einbrüchen durch die beiden Weltkriege und die Wirtschaftskrise um 1930. Sie erreichte in Deutschland ihr Maximum um 1985 mit einer Emissionsdichte von 9 kmol H^+ ha^{-1} a^{-1}. In Westdeutschland wurden die SO_2-Emissionen durch Luftreinhaltemaßnahmen von 1980 bis 1990 um 70% zurückgeführt. Der Säureeintrag in Wälder zeigt seit 1987 einen markanten abnehmenden Trend, im Solling ist er auf etwa die Hälfte zurückgegangen (Ulrich 1994a). Er erfolgt nur zum Teil in Form von Protonen, deren Ladung durch Anionen starker Säuren kompensiert wird; 25–50% der Säure werden als NH_4^+ eingetragen, das sich durch Reaktion von NH_3 mit H_2SO_4 in der Atmosphäre bildet. Säurecharakter haben auch die Schwermetalle, die bei niederen pH-Werten in Aerosolen in Lösung gehen und als Ionen eingetragen werden. Von 1984 bis 1993 ist die Niederschlags-Deposition von Pb, As, Cr und Co erheblich zurückgegangen; bei Pb und As etwa auf denselben Prozentsatz wie die Emission (Pb: auf 13%, As auf 26%). Bei Cd ergab sich trotz Emissionsminderung auf 40% ein uneinheitlicher Trend, bei Ni wurde kein Rückgang der Deposition gefunden (Schulte u. Gehrmann 1996; Schulte et al. 1995, 1996; → Kap. 4).

Die Auswirkungen des Säureeintrags auf den chemischen Bodenzustand werden durch die kumulative Säuredeposition bestimmt. Die kumulative Säureemission läßt sich aus dem Emissionsverlauf der Säurebildner SO_2 und NO_x ableiten; bezogen auf 1 ha der Fläche beträgt sie für Westdeutschland ca. 400 kmol H^+ a^{-1}. Die *kumulative Säuredeposition* variiert in Westdeutschland zwischen ca. 60 (Laubwälder in Schutzlagen) und ca. 340 $kmol_c$ ha^{-1} (Nadelwälder in exponierten Kamm- und Plateaulagen; Ulrich 1989). Der Vergleich dieser Belastung mit den Vorräten an austauschbaren M_b-Kationen zu Beginn der Industrialisierung (100–300 $kmol_c$ ha^{-1}, s.o.) läßt erwarten, daß die Waldböden heute im ganzen Wurzelraum geringe Basensättigung (Al-Pufferbereich) aufweisen. Dies wird durch die Anfang der 1990er Jahre durchgeführte Bodenzustandserhebung im Wald bestätigt. Nach einer vorlaufigen Auswertung liegen in 1/3 der Waldböden Deutschlands die Vorräte an austauschbaren M_b-Kationen unter 20 $kmol_c$ ha^{-1}, in 2/3 der Waldböden liegt die Basensättigung in 30–60 cm Tiefe unter 15%, für die Tiefenstufe 60–90 cm gilt dies für die Hälfte der Waldböden (Ulrich u. Puhe 1994). Die Zunahme der Bodenversauerung in den letzten Jahrzehnten hat sich in zahlreichen Untersuchungen bestätigt. Dabei wird die Säurebelastung hauptsächlich durch die Deposition bestimmt, Nutzung und ökosysteminterne Protonenproduktion spielen eine untergeordnete Rolle (Bredemeier et al. 1990; Mulder 1991).

Der *Säureeintrag in den Boden* erfolgt einerseits entlang der Fließwege des Sickerwassers, wo es zunächst zu Pufferreaktionen mit den Porenwandungen kommt. Ein erheblicher Anteil der deponierten Säure wird jedoch zunächst in den Blättern abgepuffert, z.B. durch die Bildung von Sulfaten mit M_b-Kationen. Die Pflanzenaufnahme dieser M_b-Kationen erfolgte unter äquivalenter Freisetzung von Protonen an der Wurzeloberfläche, so daß dieser Teil des Säureeintrags den Boden über die Wurzeloberfläche erreicht und zur Versauerung der Rhizosphäre beiträgt. Der Kationenbedarf wird durch verstärkte Aufnahme abgedeckt oder führt, wo dies wegen des chemischen Bodenzustand nicht möglich ist, zu Nährstoffmangel. Die depositionsbedingte Bodenversauerung beginnt also in der Rhizosphäre und den Porenwandungen, d.h. mikroskalig und pflanzt sich langsam in größere Skalenbereiche fort. Bei der üblichen Gewinnung von Bodenproben muß daher damit gerechnet werden, daß man über unterschiedliche chemische Bodenzustände gemittelte Werte mißt (z.B. Basensättigung). Dasselbe gilt für die wäßrige Phase wie Gleichgewichts-Bodenlösungen (Sättigungsextrakt; Meiwes et al. 1984a), Lysimeter-Lösungen (durch Einbau von keramischen Saugkerzen in den Boden und Absaugen der Bodenlösung; Meiwes et al. 1984b) sowie Bodenlösungen durch Abzentrifugieren oder Abpressen (Brumsack et al. 1992). Schlüsse aus der Zusammensetzung von Bodenlösungen auf die Art der Festphasen lassen wegen der oft langsamen Gleichgewichtseinstellung und der räumlichen Heterogenität keine sicheren Rückschlüsse auf Mineralphasen zu.

Der Protonen- und Ammoniumeintrag führt *in den obersten Zentimetern des Mineralbodens* zur Auflösung der Aluminium-Chlorite, die als stabile Endglieder der Mineralverwitterung in sauren Böden betrachtet wurden. Durch Herauslösen der Al-Hydroxo-Schicht entstehen frei expandierende Smectite (Frank u. Gebhardt 1991). Weitere Schritte in der Degradation der Tonminerale sind der Verlust von Kalium aus Vermiculiten und von Magnesium aus aufgeweiteten Smectiten (Flehmig et al. 1990). Die Endprodukte sind amorphe Si-reiche Silikate, die die Oberflächen von Mineralen und Aggregaten bedecken (Veerhoff u. Brümmer 1991). Der Protonenverbrauch durch Kalium-Freisetzung liegt in der Größenordnung von 0,1 $kmol_c$ ha^{-1} a^{-1} (Böttcher u. Heinrichs 1994).

Flüssebilanzen zeigen, daß Sulfat aus der Deposition im Boden akkumuliert und auch wieder mobilisiert werden kann (z.B. Ulrich 1994a). *Akkumulierte Schwefelmengen* von 130 und 240 $kmol_c$ ha^{-1} lassen erkennen, daß große Anteile des deponierten Sulfats im Boden zurückgehalten sein können, wobei der weitaus größte Teil des Sulfats dispers verteilt vorliegt (Böttcher u. Heinrichs 1994). In Gleichgewichts-Bodenlösungen wurden Ionenaktivitätsprodukte in der Größenordnung der Löslichkeitsprodukte von Gibbsit ($Al[OH]_3$) zwischen pH 4 und 7, von Alunit ($KAl_3[OH]_6[SO_4]_2$) zwischen pH 3,8 und 7, und von Jurbanit ($AlOHSO_4$) zwischen pH 3,8 und 4,2 gefunden (Prenzel 1994). In Schwefel-Anreicherungen konnte Alunit in Übergängen zu Jarosit ($[K,Na]Fe_3[OH]_6[SO_4]_2$) sowie Basaluminit ($Al_4[OH]_{10}SO_4 \cdot 5H_2O$) mit der Mikrosonde identifiziert werden (Böttcher u. Heinrichs 1994).

Sorption oder Ausfällung von Sulfat sind mit der Konsumtion von H^+ (bzw. der Produktion von OH^-) verknüpft, wobei beide Vorgänge reversibel sind Reaktionen 3.7, 3.8:

Sorption:

$$X(OH)_2 + H_2SO_4 \Leftrightarrow XSO_4 + 2H_2O \qquad 3.7$$

Fällung:

$$Al(OH)_3 + H_2SO_4 \Leftrightarrow AlOHSO_4 + 2H_2O \qquad 3.8$$

Bei der Akkumulation von Sulfat aus saurer Deposition wird also Schwefelsäure bei gleichbleibender Sulfatkonzentration und pH in der Bodenlösung in der Festphase des Bodens stillgelegt. Auf die Umkehrreaktion, die *Desorption von Sulfat* bzw. die *Auflösung von Al-Hydroxosulfaten* bei abnehmenden Sulfateinträgen und Sulfatkonzentrationen in der Bodenlösung, weisen Flüssebilanzen in niederschlagsreichen Jahren (z.B. Solling im Jahr 1981; Ulrich 1994a) und bei starkem Rückgang der Sulfatdeposition (Erzgebirge) hin. Im Meßjahr 1993/94 wurde im Wernersbachgebiet (Erzgebirge) eine Sulfatmobilisierung in Höhe von 11 $kmol_c$ ha^{-1} a^{-1} ermittelt, die von einem hohen Al^{3+}-Austrag (8 $kmol_c$ ha^{-1} a^{-1}; Langusch 1995) begleitet war. Dies bedeutet, daß in niederschlagsreichen Jahren und bei einem drastischen Rückgang des Sulfateintrags die Säurebelastung des Sickerwassers vorübergehend hohe Werte annehmen kann. Die Sulfatbindung zeigt ein Maximum bei pH-Werten um 4, also im Aluminium-Pufferbereich, oberhalb pH 4,5 nimmt sie stark ab, unterhalb pH 3,5 löst sich $AlOHSO_4$ auf (Prenzel 1994; Reaktion 3.9):

Auflösung:

$$AlOHSO_4 + H^+ \Rightarrow Al^{3+} + SO_4^{2-} + H_2O \quad 3.9$$

Bodenhorizonte im Fe/Al-Pufferbereich haben akkumuliertes Sulfat weitgehend verloren. Die Al-Konzentrationen in den Bodenlösungen dieser humosen Oberbodenhorizonte zeigen Untersättigung hinsichtlich Gibbsit, Alunit und Jurbanit an (Matzner u. Prenzel 1992). Im Ökosystem stammen die Protonen, die zur Auflösung von $AlOHSO_4$ führen, hauptsächlich aus dem Stickstoffkreislauf, und zwar aus Nitrifikationsschüben (Gl. 3.4).

In Abbildung 3.3 ist der unter dem Einfluß des Säureeintrags sich einstellende *Tiefengradient im Base/Säure-Zustand* der Waldböden schematisch wiedergegeben. Die oberirdisch anfallende Streu (L-Horizont) kann zwar sehr geringe Anteile wasserlöslicher organischer Säuren enthalten, in der Ionenzusammensetzung dominieren jedoch bei weitem die M_b-Kationen und zeigen die bei der Mineralisierung frei werdende Basizität an. Der Auflagehumus mit dem Vermoderungshorizont (Of) und dem Humusstoffhorizont (Oh) ist intensiv durchwurzelt. Wenn sich der oberste humose Mineralboden im Fe/Al-Pufferbereich befindet (Ahe-Horizont als Ausdruck von Podsoligkeit), wird Fe und Al aus diesem Horizont in der Feinwurzelrinde transportiert und reichert sich auch in den Feinwurzeln im Auflagehumus an. Bei der Zersetzung der Feinwurzeln werden die Zersetzungsprodukte durch Komplexbildung mit Fe und Al stabilisiert. Dies führt zum Anwachsen der Auf-

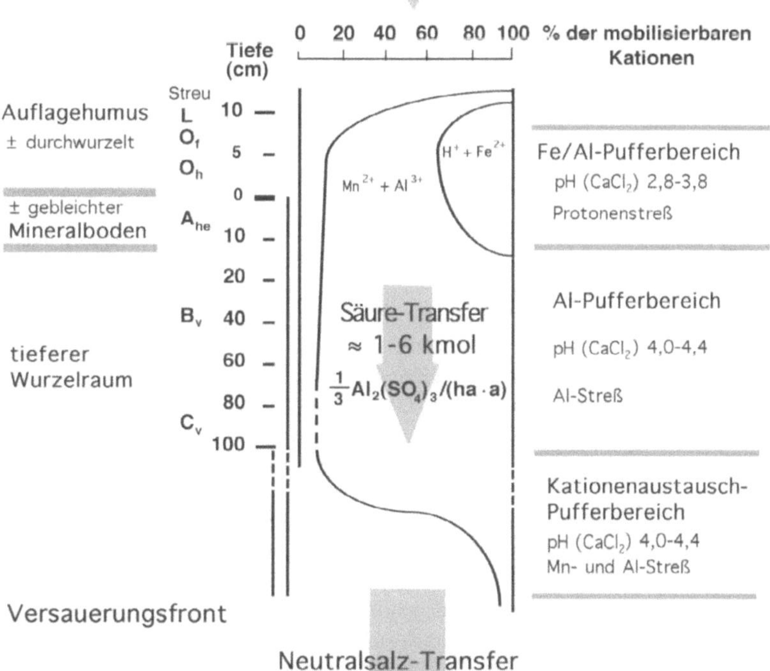

Abb. 3.3. Tiefengradient der Bodenversauerung unter dem Einfluß Saurer Deposition (der Tiefenmaßstab ist gestaffelt, die Mineralbodenoberfläche entspricht Null)

lagehumusdecke bei gleichzeitiger Zunahme der Vorräte an Fe und Al. Auf vielen Standorten (knapp die Hälfte der Waldböden Deutschlands weist Podsoligkeit oder Podsolierung auf) wurde diese Entwicklung durch die Saure Deposition ausgelöst. Im Ahe-Horizont verläuft unter Protonenverbrauch und Freisetzung von ionarem Al die Zerstörung der Tonminerale. Durch den darunter befindlichen Mineralboden im Al-Pufferbereich wird das Äquivalent der als Protonen und Ammonium eingetragenen starken Säure als Al-Ionen mit dem Sickerwasser nach unten verlagert; die begleitenden Anionen sind vorwiegend Sulfat und zu unterschiedlichen Anteilen Nitrat. Je nach Änderungen in der Sulfatkonzentration und im pH-Wert kann Sulfat in der Festphase akkumuliert werden oder in Lösung übergehen. Wird im Unterboden ein Bereich höherer Basensättigung und damit der Kationenaustausch-Pufferbereich erreicht, so wird Al eingetauscht, Mg und Ca ausgetauscht. Die Gleichgewichtsferne in diesem Bereich gibt sich durch niedere pH-Werte trotz höherer Basensättigung zu erkennen. Bei einem einheitlichen Substrat mit gleichmäßiger Porenverteilung und Sickerwasserbewegung kann es zur Ausbildung einer markanten Versauerungsfront kommen, unterhalb derer das Sickerwasser durch Dissoziation gelöster Kohlensäure Alkalinität aufweist. Das ausgewaschene Sulfat tritt nunmehr als Sulfathärte in Erscheinung. Substratwechsel und inhomogener Sickerwassertransport können zu unterschiedlichen Ausprägungen der Versauerungsfront führen (Malessa 1994).

Die aktuelle Tendenz ist, daß der depositionsbedingten starken Versauerung der Waldböden seit Anfang der 80er Jahre durch großflächige *Kalkungsmaßnahmen* entgegengewirkt wird. Um die pH-Verschiebungen in Grenzen zu halten, werden vorzugsweise Gesteinsmehle verwendet, wegen des Mg-Gehalts besonders von dolomitischen Kalken. Die Kalkgaben von 3000 kg ha^{-1} sollten nach ca. 20 Jahren wiederholt werden. Die Kalkung führt rasch zu einer Erhöhung der Ca- und Mg-Konzentrationen in der Bodenlösung und mindert damit das Risiko von Al-Streß. Die Auswirkung auf die Basensättigung hängt von der Azidität (organische Al- und Fe-Komplexe) ab, die im Auflagehumus akkumuliert ist, und ist meist zunächst gering. Diese Kalkungsmaßnahmen sind als Teil einer langfrstig auf die Restauration und Stabilisierung der Waldökosysteme ausgerichteten Waldbewirtschaftung zu sehen. Zu dieser Strategie gehören auch die Ablösung standortfremder gleichaltriger Nadelbaum-Reinbestände durch naturnahe Mischwälder und die kleinflächige Nutzung.

LITERATUR

Brumsack H J, Zuleger E, Gohn E, Murray R W (1992) Stable and radiogenic isotopes in pore waters from Leg 127, Japan Sea. Proc. ODP Sci Results, Pt 1: College Station, TX (Ocean Drilling Program) 127/128: 635–650

Böttcher G, Heinrichs H (1994) Wechselwirkungen zwischen Festphasen und Lösungen in Bodenprofilen. In: Matschullat J, Heinrichs H, Schneider J, Ulrich B (Hrsg) Gefahr für Ökosysteme und Wasserqualität. Springer, Berlin Heidelberg New York Tokyo, S. 123–161

Bredemeier M, Matzner E, Ulrich B (1990) Internal and external proton load to forest soils in northern Germany. J Environ Qual 19: 469–477

Brumme R (1994) Gasförmige N- und C-Austräge aus Waldböden. Ber Forschungszentr Waldökosyst Univ Göttingen B 37: 17–24

Brumme R, Beese F (1992) Effects of liming and nitrogen fertilization on emissions of CO_2 and N_2O from a temperate forest. J Geophys Res 97: 12851–12858

Cronan CS (1994) Aluminum biogeochemistry in the ALBIOS forest ecosystems: the role of acidic deposition in aluminum cycling. In: Godbold DL, Hüttermann A (Hrsg) Effects of acid rain on forest processes. Wiley-Liss, New York, S. 51–81

Deutschmann G (1994) Zustand und Entwicklung der Versauerung des Bodens und des oberflächennahen Buntsandsteinuntergrundes eines Waldökosystems im Solling. Ber Forschungszentr Waldökosyst A118: 180 S., Göttingen

Dietze G, Ulrich B (1992) Aluminum speciation in acid soil water and ground water. In: Mattheß G, Frimmel FH, Hirsch P, Schulz HD, Usdowski E (Hrsg) Progress in Hydrogeochemistry. Springer Berlin Heidelberg New York, S. 269–281

Eichhorn J, Hüttermann A (1994) Humus disintegration and nitrogen mineralization. In: Godbold DL, Hüttermann A (Hrsg) Effects of Acid Rain on Forest Processes. Wiley-Liss, New York, S. 129–162

Feger KH (1993) Bedeutung von ökosysteminternen Umsätzen und Nutzungseingriffen für den Stoffhaushalt von Waldlandschaften. Freiburger Bodenk Abh 31: 237 S.

Fiedler HJ, Hofmann H (1991) Soil characteristics of forest ecosystems developed within the formerly periglacial area of Central Europe. In: Teller A, Mathy P, Jeffers JNR (Hrsg) Responses of Forest Ecosystems to Environmental Changes. S. 76-84; Elsevier Applied Sciences

Flehmig W, Fölster H, Tarrah J (1990) Stoffbilanzierung in einer Pseudogley-Parabraunerde aus Löß unter Anwendung der IR-Phasenanalyse. Z Pflanzenernähr Bodenk 153: 149–155

Frank U, Gebhardt H (1991) Transformation and destruction of clay minerals caused by recent strong acidification. Proc 7th Euroclay Conference, 1: 369–374; Dresden

Führer HW, Hüser R (1991) Bioelementausträge aus mit Buche bestockten Wassereinzugsgebieten im Krofdorfer Forst; Zeittrends und Effekte von Verjüngungseingriffen. Forstwiss Centralbl 110: 240–247

Hauhs M (1989) Lange Bramke: An ecosystem study of a forested catchment. In: Adriano DC, Havas M (Hrsg) Acidic Precipitation Vol. I: 275–305; Case Studies. Springer Verlag New York Berlin

König N, Baccini P, Ulrich B (1986) Die Bedeutung der Humusstoffe für die Schwermetallverteilung zwischen Boden und Bodenlösung in einem sauren Waldboden. Z Pflanzenernähr Bodenk 149: 68–82

Langusch J (1995) Untersuchungen zum Ionenhaushalt zweier Wassereinzugsgebiete in verschiedenen Höhenlagen des Osterzgebirges. Unveröff Dissertation Forstwiss Abteilung TU Dresden

Malessa V (1994) Ökologische Typisierung von Tiefengradienten der Bodenversauerung. In: Matschullat J, Heinrichs H, Schneider J, Ulrich B (Hrsg) Gefahr für Ökosysteme und Wasserqualität. Springer, Berlin Heidelberg New York, S. 162–185

Matzner E, Prenzel J (1992) Acid deposition in the German Solling area: effects on soil solution chemistry and Al mobilization. Water Air Soil Pollut 61: 221–234

Mazzarino MJ, Heinrichs H, Fölster H (1983) Holocene versus accelerated actual proton consumption in German forest soils. In: Ulrich B, Pankrath J (Hrsg) Effects of Accumulation of Air Pollutants in Forest Ecosystems. Reidel, Dordrecht, S. 113–123

Meiwes KJ (1994) Kalkungen. In: Matschullat J, Heinrichs H, Schneider J, Ulrich B (Hrsg) Gefahr für Ökosysteme und Wasserqualität. Springer, Berlin Heidelberg New York, S. 415–431

Meiwes K-J, König N, Khanna PK, Prenzel J, Ulrich B (1984a) Chemische Untersuchungsverfahren für Mineralboden, Auflagehumus und Wurzeln zur Charakterisierung und Bewertung der Versauerung in Waldböden. Ber Forschungszentr Waldökosyst Univ Göttingen 7: 1–67

Meiwes K-J, Hauhs M, Gerke H, Asche N, Matzner E, Lamersdorf N (1984b) Die Erfassung des Stoffkreislaufs in Waldökosystemen. Ber Forschungszentr Waldökosyst 7: 68–142, Göttingen

Meiwes KJ, Merino A, Fortmann H (1994) Untersuchung der Versauerung in Bohrprofilen von Meßstellen des Grundwassergütemeßnetzes des Landes Niedersachsen. Ber Forschungszentr Waldökosyst B34: 86 S., Göttingen

Meyer M, Ulrich B (1990) Auswirkungen einer Kalkung auf Böden mit Mangantoxizität bei Douglasienbeständen auf Buntsandstein in der Nordeifel. Forst Holz 45: 493–498

Mulder J (1991) The impact of atmospheric pollutants on soils. In: Chadwick MJ, Hutton M (Hrsg) Acid depositions in Europe. Stockholm Environment Institute, S. 18–30

Papen H, Hermann H, Butterbach-Pahl K, Rennenberg H (1994) Emissionen von N_2O, NO und NO_2 aus Böden zweier Fichtenstandorte im Schwarzwald. KfK-PEF Ber 127: 212 S., Forschungszentrum Karlsruhe

Prenzel J (1985a) Verlauf und Ursachen der Bodenversauerung. Z Deutsch Geol Ges 136: 293–302

Prenzel J (1985b) Die maximale Löslichkeit von oberflächlich ausgebrachtem Kalk. Allg Forstzeitschr 41: 1142

Prenzel J (1994) Sulfate sorption in soils under acid deposition: comparison of two modeling approaches. J Environ Qual 23: 188–194

Reuss JO, Johnson DW (1986) Acid deposition and the acidification of soils and waters. Ecol Studies 59: 119 S., Springer, Berlin Heidelberg New York

Schachtschabel P, Blume H-P, Brümmer G, Hartge K-H, Schwertmann U (1992) Scheffer/Schachtschabel – Lehrbuch der Bodenkunde. 13. Aufl: 491 S., Enke, Stuttgart

Schulte A, Gehrmann J (1996) Entwicklung der Emission und Niederschlags-Deposition von Schwermetallen in Westdeutschland. 2. Arsen, Chrom, Kobalt und Nickel. Z Pflanzenernähr Bodenk 160: im Druck

Schulte A, Gehrmann J, Wenzel W (1995) Entwicklung der Niederschlags-Deposition von Arsen in Waldökosystemen. Forstarchiv 66: 86–90

Schulte A, Balazs A, Block J, Gehrmann J (1996) Entwicklung der Emission und Niederschlags-Deposition von Schwermetallen in Westdeutschland. 1. Blei und Cadmium. Z Pflanzenernähr Bodenk 160: im Druck

Schwertmann U, Süsser P, Nätscher L (1987) Protonenpuffersubstanzen in Böden. Z Pflanzenernähr Bodenk 150: 174–178

Stahr K (1979) Die Bedeutung periglazialer Deckschichten für Bodenbildung und Standorteigenschaften im Südschwarzwald. Freiburger Bodenkundl Abhandl 9: 273 S.

Ulrich B (1966) Kationenaustauschgleichgewichte in Böden. Z Pflanzenernähr Düng Bodenk 113: 141–159

Ulrich B (1980) Die Bedeutung von Rodung und Feuer für die Boden- und Vegetationsentwicklung in Mitteleuropa. Forstwiss Centralbl 99: 376–384

Ulrich B (1981) Ökologische Gruppierung von Böden nach ihrem chemischen Bodenzustand. Z Pflanzenernähr Bodenk 144: 289–305

Ulrich B (1986) Natural and anthropogenic components of soil acidification. Z Pflanzenernähr Bodenk 149: 702–717

Ulrich B (1989) Effects of acidic precipitation on forest ecosystems in Europe. In Adriano DC, Johnson AH (Hrsg). Acidic Precipitation 2: 189–272; Biological and Ecological Effects. Springer New York Berlin

Ulrich B (1994a) Nutrient and acid/base budget of Central European forest ecosystems. In Godbold DL, Hüttermann A (Hrsg) Effects of Acid Rain on Forest Ecosystems. Wiley-Liss New York, S. 1–50

Ulrich B (1994b) Process hierarchy in forest ecosystems: an integrative ecosystem theory. In: Godbold DL, Hüttermann A (Hrsg) Effects of Acid Rain on Forest Processes. Wiley-Liss, New York, S. 353–397

Ulrich B (1995a) Der ökologische Bodenzustand – seine Veränderung in der Nacheiszeit, Ansprüche der Baumarten. Forstarchiv 66: 117–127

Ulrich B (1995b) The history and possible causes of forest decline in central Europe, with particular attention to the German situation. Environ Reviews 3: 262–276

Ulrich B, Meiwes KJ, König N, Khanna PK (1984) Untersuchungsverfahren und Kriterien zur Bewertung der Versauerung und ihrer Folgen in Waldböden. Forst Holzwirt 39: 278–286

Ulrich B, Puhe J (1994) Auswirkungen der zukünftigen Klimaveränderung auf mitteleuropäische Waldökosysteme und deren Rückkopplungen auf den Treibhauseffekt. In: Enquete-Kommission "Schutz der Erdatmosphäre" des Dt. Bundestags (Hrsg) Studienprogramm Wälder 2: 208 S., Economica Verlag, Bonn

Veerhoff M, Brümmer GW (1991) Mineralogische und chemische Charakterisierung von Abbauprodukten der Silikatverwitterung unter stark sauren Bedingungen. Mitt Deutsch Bodenkdl Ges 66 (II): 1123–1126

4 Schwermetalle in Waldökosystemen

Andreas Schulte • Winfried E.H. Blum

4.1 Inventuren – Verbleib und Verteilung von Schwermetallen in Waldökosystem-Kompartimenten

Die Bilanzierung von Elementflüssen gibt Auskunft über das Verhalten von Schwermetallen im betrachteten Ökosystem. Dabei können sich sowohl An- und Abreicherungen als auch stationäre Zustände in einzelnen Kompartimenten oder im ganzen Waldökosystem ergeben. Um Zustandsänderungen erkennen zu können, bedarf es einerseits langfristiger und flächenrepräsentativer Flußmessungen, andererseits einer Abschätzung einzelner Kompartimentvorräte (Inventuren). Für Schwermetalle sind die Ergebnisse derartiger Inventuren für einen Buchen- und Fichtenbestand im Solling ausführlich bei Mayer (1981) bzw. Ellenberg et al. (1986) und erneut einschließlich weiterer Vergleichsbestände in Nordwestdeutschland bei Schultz (1987), Lamersdorf (1988), Andreae (1993) und Matschullat et al. (1994) dargestellt. Nach Lamersdorf (1988) und Andreae (1993) ergibt sich zusammenfassend für die betrachteten Spurenstoffe folgende Reihenfolge in den Elementvorräten der untersuchten Fichtenbestände in Nordwestdeutschland:

Zn > Pb > Cu > Cr > Cd/Co/Ni > As > Se > Bi

Die Tabelle 4.1 zeigt beispielhaft Ergebnisse der Spurenstoffinventur eines Fichtenbestandes im Solling (Daten: verändert nach Mayer 1981; Schultz 1987 und Lamersdorf 1988).

Je weiter ein Waldökosystem in Kompartimente unterteilt wird, je detaillierter die Vorräte dieser Kompartimente erfaßt und mit den Einzelflüssen verglichen werden, desto aufschlußreicher und detaillierter sind die Ergebnisse. Literaturzusammenfassungen zur Verteilung von Schwermetallen in Waldökosystem-Kompartimenten sowie deren Bedeutung als Mikronährstoff oder als Schadstoff finden sich bei Mayer (1981), Lamersdorf (1988), Fiedler u. Rösler (1993) und Markert (1993).

Flußraten und Bilanzen

Ein erster Schritt zur Beurteilung der aktuellen Belastung von Ökosystemen durch Schwermetalle ist die Erfassung und Bilanzierung der Elementflüsse (Input – Output) sowie die Bestimmung der Vorräte eines Ökosystems, das dabei als „Black-Box", das heißt als räumlich abgegrenztes Reaktionssystem angesehen wird. Auf der Grundlage von Flußbilanzen können Veränderungen in den Elementvorräten von Waldökosystemen durch Messung der Stoffein- und -austräge erfaßt werden (Ulrich et al. 1979; Mayer 1981). Der Rechenweg zur Schätzung der Flüsse in

Tabelle 4.1. Spurenstoffinventur eines Fichtenbestandes im Solling in kg ha^{-1}

	Cr	Co	Cd	Cu	Ni	Pb	Zn
Oberirdische Biomasse	0,29	0,20	0,15	0,4	0,2	2	8
Unterirdische Biomasse	0,07	0,30	0,17	0,5	0,3	15	17
Humusauflage	1,39	0,30	0,04	4,3	1,2	27	6
Mineralboden (EDTA, 0–50 cm)	2,80	4,90	0,32	3,2	1,7	43	22
Gesamt	4,6	5,7	0,69	9	3,1	86	53
Mineral. gebundener Vorrat (t)	420	42	-	47	149	90	342

Waldökosystemen und zur Identifizierung der sie bedingenden Prozesse ist von Ulrich (1991) zusammenfassend dargestellt worden.

Der gesamte Kronenraum ist Akzeptoroberfläche für den atmosphärischen Stoffeintrag, der sich aus trockener und nasser Deposition zusammensetzt (→ Kap. 1). Darüber hinaus gelangen auch Stoffe über die Pflanzenaufnahme aus dem Boden in den Kronenraum und unterliegen dort der Auswaschung. Weder die trockene Deposition noch die Pflanzenaufnahme sind im Bestand hinreichend genau meßbar. Der Stoffaustausch zwischen Kronenraum und Waldboden wird durch die beiden Flußraten Streufall (feste Phase) und Bestandesniederschlag (flüssige Phase) bestimmt. Sowohl die mit dem Streufall als auch mit dem Bestandesniederschlag den Waldboden erreichenden Stoffmengen sind die Summe aus internen Stoffverlagerungen im Ökosystem und aus der Atmosphäre eingetragener Stoffe (Schmidt 1987).

Entsprechend der Struktur von land- und forstwirtschaftlich genutzten Ökosystemen liegen Metalle in einer charakteristischen Verteilung und in bestimmten Bindungsformen vor (→ Kap. 3, 6). Ökosysteme sind offene Systeme, die mit ihrer Umwelt Energie und Materie austauschen. Für solche Systeme definiert die Thermodynamik irreversibler Prozesse einen stationären Zustand als einen Zustand, in dem trotz dauernder Veränderungen im System der räumliche Mittelwert der Zustandsvariablen, (z.B. der Cd-Menge), unabhängig von der Zeit konstant ist (Ulrich 1987b).

Betrachtet man die Belastung eines Ökosystems durch Schwermetalle, so sind die Raten des Schwermetalleintrags in das System, der Veränderung der Schwermetallmengen unter Berücksichtigung von Wechselwirkungen und des Schwermetallaustrags das unmittelbarste Belastungsmaß. Die aus langjährigen Flußbilanzen von Waldökosystemen und Freiflächen im Solling (Niedersachsen) berechneten Depositions-, Veränderungs- und Austragsraten von Luftverunreinigungen zeigten Ende der 70er Jahre erstmals, daß Ökosysteme selbst fernab von Emittenten erheblich mit über den Niederschlag deponierten Säuren und Schwermetallen belastet werden (Ulrich et al. 1979; Mayer 1981). Eine mittlerweile große Anzahl von Arbeiten untermauerte die Hypothese, daß sich Waldökosysteme in Industrieländern im Hinblick auf ihren Schwermetallhaushalt nicht mehr in ihrem stationären Zustand befinden (u.a. Kazda u. Glatzel 1984; Asche 1985; Zöttl 1985; Banin et al. 1987; Mies 1987; Schmidt 1987; Schultz 1987; Zöttl 1987; Lamersdorf 1988; Schulte 1988; Bergkvist et al. 1989; Heyn 1989; Gehrmann 1990; Lovett u. Kinsman 1990; Andreae 1993; Schulte et al. 1995, 1996; Schulte u. Gehrmann 1996). Untersuchungen an acht Waldökosystemen Norddeutschlands in Beständen vergleichbaren Alters aber unterschiedlicher Baumarten (Buche, Eiche, Fichte, Kiefer) und unterschiedlichem Ausgangssubstrat führten zu den in Tabelle 4.2 nach Schultz (1987) dargestellten Ökosystembilanzen für sieben Schwermetalle. Positive Bilanzen (Input < Output) ergeben sich dabei für Cr, Cu und Pb, negative (Input > Output) für Cd und Co, während für Ni und Zn keine einheitlichen Tendenzen sichtbar sind.

Insgesamt lassen sich die Ergebnisse der unterschiedlichen Studien zur Bilanzierung von Schwermetallen in Waldökosystemen (Mayer 1981; Asche

Tabelle 4.2. Änderung des Ökosystemvorrats von Schwermetallen in acht Wäldern Norddeutschlands nach Schultz (1987); Bilanzgrößen in g ha^{-1} a^{-1} als Mittelwerte des Meßzeitraums von 1983–1985

	Solling		Harste	Spanbeck	Heide		Wingst	
	Buche	Fichte	Buche	Fichte	Eiche	Kiefer	Buche	Fichte
Cr	15	18	45	8	4	0	1	0
Cu	79	21	44	33	76	31	63	49
Pb	334	403	122	186	189	159	328	340
Ni	2	-15	19	-137	3	-9	6	-10
Zn	-37	-924	129	23	141	-118	77	21
Cd	-1,9	-7,6	-0,7	-15,7	-7,4	-3,0	-4,1	-10,3
Co	-38	-301	-5	113	0	-26	-4	-54

1985; Schmidt 1987; Schultz 1987; Bergkvist et al. 1989; Gehrmann 1990; Andreae 1993) wie folgt zusammenfassen:

- Die versauerungssensitiven Elemente Cd, Co, Ni und Zn weisen bei den meisten Standorten negative Ökosystembilanzen auf.
- Die eine starke Affinität für organische Bodenkomponenten aufweisenden Schwermetalle Cu, Cr und Pb reichern sich hingegen in den Waldökosystemen vor allem in der Humusauflage an.

Da Schwermetalle auf Mikroorganismen, Pflanzen und Tiere toxisch wirken können (Literaturübersicht bei Lepp 1981a, b; Merian 1984; Hock u. Elstner 1984; Fiedler u. Rösler 1993), ist unbestritten, daß sich sowohl aus der Akkumulation als auch aus der Mobilisierung dieser Elemente eine potentielle Gefährdung für das Ökosystem Wald und seine Umwelt ergibt.

4.2 SCHWERMETALLE IM WALDÖKOSYSTEM-KOMPARTIMENT BODEN

Spätestens seit Beginn der Industrialisierung, dem zunehmenden Verbrauch fossiler Brennstoffe und der Intensivierung der Landwirtschaft läßt sich ein über das natürliche Maß hinausgehender Bodeneintrag von Schwermetallen erkennen, der zu einer erheblichen Akkumulation dieser Elemente im Boden geführt hat. Dies gilt nicht nur für die unmittelbare Umgebung von *Industrieanlagen* (z. B. Stöckhardt 1853; Schroeder u. Reuss 1883; Übersicht bei Fiedler u. Rösler 1993; Eklund 1995; → Kap. 2), *Städten* (Kramer 1976; Blume 1981; Asche 1985; Harres et al. 1985; Kues 1987; Pouyat et al. 1995; → Kap. 2, 10), *Verkehrswegen* (Kloke 1974; Blume 1981; Brümmer 1982; Pouyat u. McDonnell 1991; → Kap. 10, 11), für *Sonderstandorte* wie dem Stammabflußbereich von Altbäumen (Kazda u. Glatzel 1984; Koenies 1985; Jochheim 1985; Schulte u. Spiteller 1987; Grenzius 1988; Turcsanyi u. Fangmeier 1990), für *klärschlamm- und abwassergedüngte Böden* (Diez u. Rosopulo 1977; Banin et al. 1981; Häni u. Klötzli 1984; → Kap. 6), sondern infolge des Ferntransports auch für *nicht in Emittentennähe gelegene Böden unter Wald* (Mayer 1981; Zeschwitz 1986; Schultz 1987; Lamersdorf 1988; Bergkvist et al. 1989; Gehrmann 1990; Andreae 1993; Schulte u. Gehrmann 1996; Schulte et al. 1996; → Kap. 1).

Die in die Böden eingetragenen Schwermetalle werden von den Bodenaustauschern (Humus, Ton, pedogene Oxide und Hydroxide) adsorbiert bzw. nach chemischer Reaktion gefällt und damit immobi-

Box 4.1 Deposition von Schwermetallen: Neue Tendenzen im Zuge von Luftreinhaltemaßnahmen

Um die Belastungssituation von Waldökosystemen durch atmosphärisch eingetragene Schwermetalle auch quantitativ zu erfassen, müssen die Raten trockener und nasser Deposition gemessen werden. Während die Bestimmung der Niederschlagsdeposition als Regen oder Schnee keine Schwierigkeiten bereitet (Gravenhorst et al. 1980; Nürnberg et al. 1983; Brechtel u. Hammes 1984; DVWK 1984; Meiwes et al. 1984), ist die trockene Deposition das Ergebnis komplizierter Wechselwirkungen zwischen Atmosphäre und Akzeptoroberfläche und entsprechend schwierig zu erfassen (Schmidt 1987; → Kap. 1).

Die im Solling durch Ulrich et al. (1979) bzw. Mayer (1981) gewonnenen Erkenntnisse über hohe Depositions- und Akkumulationsraten von Säuren und Schwermetallen bildeten eine wesentliche wissenschaftliche Entscheidungsbasis für direkte Maßnahmen zur Emissionsminderung von Luftverunreinigungen durch gesetzgeberische und administrative Regelungen (z.B. Großfeuerungsanlagen-Verordnungen; Einführung bleifreien Benzins etc.), Veränderung der Industriestruktur sowie der Rohstoff-, Produkt- und Abfallströme vor allem bei der Schwermetalle verarbeitenden Industrie.

Im folgenden wird der Frage nachgegangen, ob die ab Anfang der 80iger Jahre im Zuge der öffentlichen Diskussion zum Waldsterben und möglichen Klimaveränderungen getroffenen Luftreinhaltemaßnahmen Auswirkungen auf die Emission und Immission von Schwermetallen und Metalloiden in Deutschland erkennen lassen. Dazu werden 10jährige Meßreihen (1984–1993) an bis zu 50 Waldmeßflächen in vier Bundesländern in Westdeutschland analysiert und mit Abschätzungen der Entwicklung der Emission im gleichen Zeitraum verglichen. Die beschriebenen Ergebnisse und Schlußfolgerungen lassen sich wie folgt zusammenfassen:

Blei. In vier Bundesländern Deutschlands wurde von 1984–1993 die Pb-Deposition mit dem Freiland- bzw. Bestandesniederschlag gemessen. Die absolute Höhe der Pb-Deposition schwankt in Abhängigkeit vom Standort. In allen untersuchten Meßflächen nimmt die Pb-Deposition mit dem Freilandniederschlag und dem Bestandesniederschlag im Untersuchungszeitraum signifikant ab. Im Durchschnitt aller beobachteten Freiflächen (n=25) verringerte sich die Pb-Deposition mit dem Freilandniederschlag von

Box 4.1 Deposition von Schwermetallen: Neue Tendenzen im Zuge von Luftreinhaltemaßnahmen

147 g ha^{-1} (±57) im Jahr 1984 auf 31 g ha^{-1} (±27) im Jahr 1993 (r = -0,934***). Unter Wald (Buche und Fichte; n=34) nahm die mittlere Blei-Deposition mit dem Bestandesniederschlag von 163 g ha^{-1} (±74) auf 40 g ha^{-1} (±41) im gleichen Zeitraum ab (r = -9,930***).

Die relative Abnahme der Pb-Deposition entspricht in etwa der Abnahme der Pb-Emission in Deutschland im gleichen Zeitraum infolge unverbleiter Kraftstoffe im Jahr 1984 sowie technischer Maßnahmen zur Minderung von Luftverschmutzung an Industrieanlagen. Nach Jockel (1993) nahm die Pb-Emission in Deutschland von ca. 4600 Tonnen im Jahr 1985 auf 600 Tonnen in 1995 ab (Schulte et al. 1996).

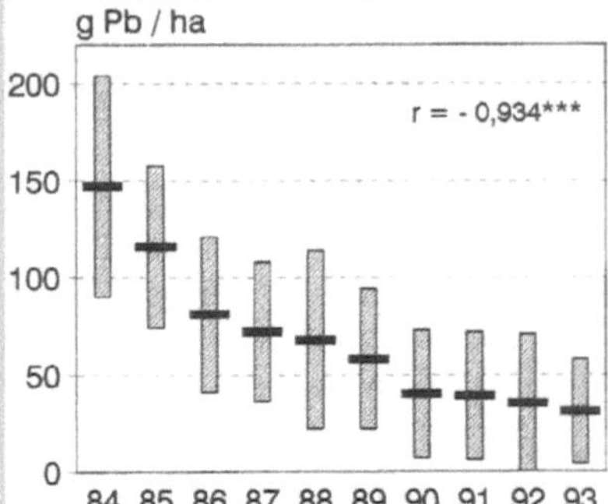

Abb. 4.1. Entwicklung der Pb-Deposition mit dem Niederschlag in Westdeutschland (n = 25 Meßstationen in vier Bundesländern; arithmetischer Mittelwert ± Standardabweichung der Stichprobe)

Cadmium. Im Durchschnitt aller 25 Freiland-Meßflächen nahm die Cd-Deposition von 3,4 g ha^{-1} (±1,2) im Jahr 1984 auf 2,0 g ha^{-1} (±1,4) bzw. 60% ab (r= -0,900***). Eine signifikante Abnahme der Cd-Deposition konnte jedoch im Gegensatz zum Pb nur an elf von 25 Meßstationen beobachtet werden. An zwei Stationen stieg der Eintrag signifikant an, die anderen zwölf Stationen lassen keinen Trend erkennen. Die relative Cd-Abnahme mit dem Niederschlag ist damit wesentlich geringer als die von Jockel (1993) prognostizierte Emissionsminderung von Cd im etwa gleichen Zeitraum (1985 = 45 Tonnen; 1995 = 19 Tonnen bzw. 40%; Schulte et al. 1996).

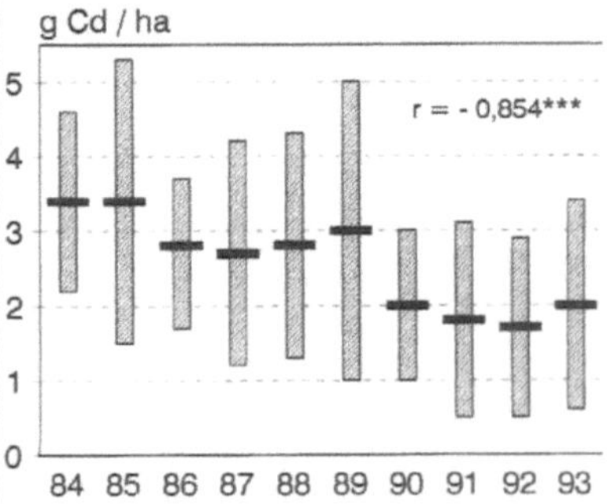

Abb. 4.2. Entwicklung der Cd-Deposition mit dem Niederschlag in Westdeutschland (n = 25 Meßstationen in vier Bundesländern; arithmetischer Mittelwert ± Standardabweichung der Stichprobe)

Arsen, Chrom, Kobalt und Nickel. Auf Meßflächen in Nordrhein-Westfalen wurde von 1984 bis 1993 die Deposition von As, Cr, Co und Ni mit dem Freilandniederschlag gemessen. Die absolute Höhe der Deposition der untersuchten Elemente schwankt in Abhängigkeit vom Standort und der jährlichen Niederschlagshöhe. Auf allen beobachteten Meßflächen nimmt die Deposition von As mit dem Freilandniederschlag im Beobachtungszeitraum signifikant ab. Im Durchschnitt aller untersuchten Meßflächen (n=6) verringert sich die As-Deposition mit dem *Freilandniederschlag von 11,0 g ha^{-1} (±3,3) im Jahr 1984 auf 3,0 g ha^{-1}* (±0,7) bzw. 27% im Jahr 1993 (r = -0,982***). Die relative Abnahme der *As-Deposition entspricht in etwa der prognostizierten Abnahme der As-*Emission in Westdeutschland im gleichen Zeitraum. Nach Jockel (1993) nahm die As-Emission in Westdeutschland von ca. 82 Tonnen im Jahr 1985 auf 21 Tonnen bzw. 26% in Jahr 1995 ab (Schulte u. Gehrmann 1996) .

Auch bei Cr und Co verringerte sich der Eintrag auf der Mehrheit der Meßflächen signifikant. Der durchschnittliche Eintrag von Cr nahm von 8,5 g ha^{-1} (±1,6) im Jahr 1984 auf 3,5 g ha^{-1} (±0,7) im Jahr 1993 (r = -0,888***), der von Co von 2,6 g ha^{-1} (±0,95) auf 1,1 g ha^{-1} (±0,25) ab (r = -0,869***). Die Niederschlags-Deposition von Ni hingegen läßt auf keiner beobachteten Meßfläche eine signifikante Abnahme erkennen (Schulte u. Gehrmann 1996). Von allen untersuchten Spurenstoffen weist Co die geringsten Depositionsraten auf. Relativ zum Co-Eintrag wurden 1993 auf die sechs beobachteten Flächen in Nordrhein-Westfalen durchschnittlich 2,2mal soviel Cd, 2,7mal soviel As, 3,2mal soviel Cr, 6,5mal soviel Ni und 66mal soviel Pb mit dem Niederschlag eingetragen (Schulte u. Gehrmann 1996).

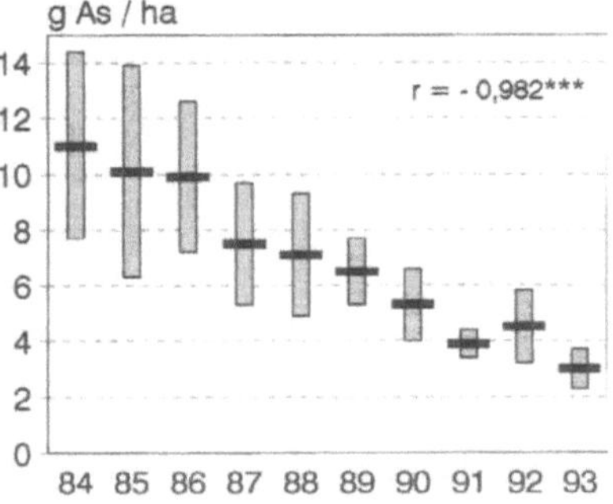

Abb. 4.3. Entwicklung der As-Deposition mit dem Niederschlag in Westdeutschland (n = 6 Meßstationen in vier Bundesländern; arithmetischer Mittelwert ± Standardabweichung der Stichprobe)

Die Daten zeigen insbesondere für die Schwermetalle Pb, Cr und Co sowie das Metalloid As, daß Emissionsminderungen toxischer Spurenstoffe nicht nur technisch möglich, sondern auch politisch durchsetzbar sind und direkt auch zu Minderungen der jeweiligen Einträge in terrestrische Ökosysteme führen.

lisiert. Je nach Art und akkumulierter Menge des Schwermetalls verbleibt jedoch immer ein Anteil in der Bodenlösung, der sowohl durch die Pflanzenwurzeln aufgenommen werden kann, als auch über den Transport mit dem Sickerwasser ins Grundwasser und somit zur Kontamination des Trinkwassers führen kann (Brümmer 1982; DECHEMA 1989; Matschullat et al. 1994; Otto 1994; WGBU 1994). Damit sind vor allem auch die mit dem Sickerwasser das Ökosystem verlassenden Schwermetallfrachten und -konzentrationen von ökologischer Relevanz.

Lithogene, pedogene und anthropogene Schwermetallgehalte in Waldböden

Schwermetalle sind als natürliche Bestandteile der Ausgangsgesteine in allen Böden vorhanden. Werden die durchschnittlichen substratspezifischen Schwermetallkonzentrationen, wie sie zum Beispiel von Vinogradow (1959), Kloke (1984) und Lichtfuss (1989) angegeben werden, überschritten, handelt es sich um Schwermetallanreicherungen. Diese können auf schwermetallreiches Ausgangsgestein bzw. Vererzung, auf pedogenetische Prozesse oder auf menschliche Aktivitäten zurückgeführt werden. In Böden entstehen dabei charakteristische vertikale und horizontale Konzentrationsgradienten (Filipinski u. Grupe 1990). In mehreren Untersuchungen wurde beobachtet, daß sich anthropogen angereicherte Schwermetalle im Vergleich zu geogenen durch höhere Mobilität auszeichnen (König u. Kramer 1985; Filipinski 1989; Filipinski u. Grupe 1990). Gefährdungspotentiale für Waldökosysteme und deren Umwelt lassen sich somit aus der Herkunft und den Gehalten der Schwermetalle in Böden ableiten.

Das regionale Auftreten von lithogen erhöhten Schwermetallgehalten in Waldböden ist an bestimmte Ausgangsgesteine sowie Vererzungen gebunden. Überschreitungen der Bodengrenzwerte wurden in Böden aus Basalt bei Ni und Cr, in Böden aus Kupferschiefer bei Cd, Cu, Zn und Pb festgestellt. Als Folge der Vererzungen traten Anreicherungen mit Cd, Pb und Zn in Böden aus Kalken und Schiefern des Mitteldevons und in Böden aus dem oberen Muschelkalk auf. Anreicherungen mit Zn wurden in Böden aus Kalken des Zechsteins, mit Pb in Böden aus Tonschiefer des Unterdevons beobachtet (Kuntze et al. 1988; zitiert nach Filipinski u. Grupe 1990). Lithogene Anreicherungen führen in Böden zu einer relativ gleichmäßigen Verteilung der Schwermetallkonzentrationen im gesamten Profil. Abnehmende Schwermetallkonzentrationen, die sich von einem Zentrum in alle Richtungen erstrecken, kennzeichnen die horizontale Verteilung lithogener Schwermetallanreicherung (Lichtfuss 1989; Filipinski u. Grupe 1990). Pedogenetische Prozesse führen zu Konzentrationserhöhungen aller Elemente in bestimmten Bodenhorizonten. Unterschiede in der Verlagerungsintensität der einzelnen Elemente hängen von der Sorptionskapazität der Festphase zu den Schwermetallen und von den spezifischen Eigenschaften der Schwermetalle selbst ab. Lateraler Transport bewirkt den Anstieg der Schwermetallgehalte in den Böden der Senken im Vergleich zu Kuppen (Kuntze u. Herms 1986; Filipinski u. Grupe 1990). Anthropogen angereicherte Schwermetalle werden vorrangig im Oberboden akkumuliert. So entstehen typische, ausgeprägte Konzentrationsgradienten zwischen den Oberböden und den darunterliegenden Mineralbodenhorizonten.

Die Pb-Akkumulation in der Humusauflage von Waldböden ist spätestens seit Goldschmidt u. Peters (1933) bekannt. Seitdem ist wiederholt über Korrelationen der Schwermetallgehalte mit den C-Gehalten des Bodens berichtet worden (Hildebrandt 1974; Hildebrandt u. Blum 1974; Bergseth u. Stuanes 1976; Andresen et al. 1980; Aichberger et al. 1982; Abo-Rady 1985; Zeschwitz 1986). Mit Hilfe der Ermittlung der Gesamtgehalte bzw. der ökologisch wirksamen Anteile und der Verteilung sind Aussagen zur Schwermetallakkumulation möglich, wenn man sie mit den Gehalten „unbelasteter" Böden vergleicht. Wie das in rezent gebildetem Eis nachgewiesene Pb (Murozumi et al. 1969) allerdings deutlich macht, liegen solche Vergleiche aufgrund der globalen atmosphärischen Belastung (→ Kap. 1) an der Grenze der Gültigkeit. Langjährige Untersuchungen der Flüssebilanzen in Ökosystemen und vergleichende Untersuchungen von Böden in größeren Zeitabständen (Friedland et al. 1984; Friedland u. Mader 1984; Zeschwitz 1986) erlauben aufschlußreichere Interpretationen. Anhand einer solchen Studie, in der 104 Bodenproben in einem Zeitabstand von etwa 20 Jahren verglichen wurden, stellt Zeschwitz (1986) fest, daß sich die Pb-, Zn- und Cu-Gehalte der nordwestdeutschen Waldböden seit Mitte der 60iger Jahre hochsignifikant geändert haben und bestätigt damit indirekt auf methodisch anderem Weg die Schlußfolgerungen der Flußbilanzmessungen in nordwestdeutschen Waldökosystemen von Mayer (1981), Asche (1985), Schultz (1987), Schmidt (1987), Lamersdorf (1988), Gehrmann (1990) und Andreae (1993). Gesamtgehalte und die damit verbundenen tendenziellen Aussagen zu Akkumulations- oder Mobilisierungsvorgängen ermöglichen jedoch nur sehr eingeschränkte ökologische Aussagen. Zur Kennzeichnung möglicher toxischer Wirkungen eignet sich die

Bestimmung des aktiven pflanzenverfügbaren Anteils sowie der Konzentrationen und Species in der Bodenlösung mit den wesentlichen sie beeinflussenden Faktoren wohl eher.

Löslichkeit und Bindungsformen

Die Löslichkeit von Schwermetallen wird von verschiedenen Bodeneigenschaften bestimmt (Herms u. Brümmer 1984; Schulte 1988; Blume u. Brümmer 1991) Als wesentliche Einflußgrößen werden der *pH-Wert* (McBride u. Blasiak 1976; Herms u. Brümmer 1980; Herms 1982; Harter 1983; Gerth 1985; König et al. 1986; Brümmer et al. 1983; Neite 1989; Blume u. Brümmer 1991; Stahl u. James 1991a; Ankomah 1993; Schulte u. Beese 1994a, b), die *Gegenwart von löslichen organischen Komplexbildnern* (Stevenson 1976; Sposito et al. 1980; Brümmer et al. 1983; Filip et al. 1985; König et al. 1986), die *Art und Konzentration der anwesenden Salze und anorganischen Komplexbildner* (Garcia-Miragaya u. Page 1976; Tiller et al. 1984a, b; Herms und Brümmer 1984; König et al. 1986; Zhu u. Alva 1993) sowie die *Art und Konzentration anderer anwesender Schwermetalle* genannt (Schmitt u. Sticher 1986a, b).

Andererseits verfügen Bodenkomponenten wie die *organische Substanz* (Petruzelli et al. 1981; Förstner et al. 1984; Asche u. Beese 1986; Neite 1989), *Tonminerale* (Reddy u. Perkins 1974; Navrot et al. 1978; Tiller et al. 1984a, b; Gerth 1985) sowie *pedogene Oxide* (Shuman 1977; Gerth u. Brümmer 1983; Borggaard 1987; Stahl u. James 1991a, b; Fu et al. 1992) über eine große Adsorptionskapazität für Schwermetalle, die zudem bei hohen pH-Werten auch noch durch Fällung schwerlöslich definierter Verbindungen wie Karbonate und Phosphate gebunden werden (Raikhy u. Takkar 1981; Brümmer et al. 1983; Tiller et al. 1984a). Wenzel (1995) sowie Wenzel u. Blum (1996) geben einen Überblick über die in der Literatur zur Charakterisierung der Bindungsformen am häufigsten vorgeschlagenen Extraktionsmittel. Neben den Einzelanwendungen werden darüber hinaus sequentielle Extraktionsverfahren angeführt, in denen verschiedene Extraktionsmittel stufenweise zur Auslaugung einer Probe eingesetzt werden. Grundvoraussetzung für die Eignung dieser Methoden ist eine möglichst ausgeprägte Selektivität der eingesetzten Lösungen. Sequentielle Extraktionsverfahren für unterschiedliche Schwermetalle werden unter anderem von Dues (1987), Zeien u. Brümmer (1989, 1991), McGrath u. Cegarra (1992), Keller u. Vedy (1994), Ramos et al. (1994) sowie Wenzel u. Wieshammer (1996) beschrieben und diskutiert.

Adsorption und Transport

Atome oder Atomgruppierungen, die sich in der Oberfläche einer Phase befinden, unterscheiden sich grundlegend von denen im Innern der Phase, da sie nicht symmetrisch, sondern nur einseitig mit Nachbaratomen in Wechselwirkungen treten können. Deshalb weisen sie in der Regel nicht-abgesättigte Valenzen auf, die eine Bindung von Fremdatomen oder -molekülen an der Oberfläche ermöglichen (Wedler 1970). Der heute als Adsorption (früher: Absorption) bezeichnete Vorgang wird an Böden bereits seit 1850 untersucht (Thomson 1850; Way 1850; Biedermann 1869 etc.). Unter Adsorption wird heute die Bindung an Oberflächen verstanden. Von Absorption spricht man, wenn ein Stoff eine Phase vollständig durchdringt und mit ihm eine homogene Mischphase bildet. Der Begriff Sorption wird verwendet, wenn man über das relative Ausmaß von Oberflächen- und Volumeneffekt nichts aussagen kann (Wedler 1970; Schulte 1988; → Kap. 24). Die Adsorptionsprozesse werden von einer Reihe spezifischer Systemparameter bestimmt, die zusammenfassend von Wedler (1970) und Slejko (1985) vorgestellt werden. Die Bedeutung der wichtigsten Adsorptionsmodelle (*Langmuir; Freundlich; BET; Gouy-Chapman*) für die Beschreibung der Adsorptionsprozesse von Schwermetallen in Böden wird bei Schulte (1988) diskutiert.

Die Erkenntnis, daß die physikalischen Adsorptionsprozesse in Böden durch deren Oberflächen bestimmt werden, ist zumindest seit Orchiston (1952, 1954, 1955) bekannt. Mayer (1978, 1981), Herms (1982), Gerth (1985) sowie Christensen (1989c) zeigten, daß Bodenlösungen hinsichtlich ihrer Schwermetallverbindungen praktisch immer untersättigt sind, das heißt ihre Lösungskonzentration nicht durch die Löslichkeit ihrer Verbindungen bestimmt wird und folgerten, daß Adsorptionsgleichgewichte die Bodenlösungskonzentrationen der Schwermetalle bestimmen. Dies machte die besondere Bedeutung der spezifischen Oberfläche für die Adsorption und Mobilität von Schwermetallen in Waldböden deutlich. Schulte et al. (1992) wählten zur Bestimmung der spezifischen Oberfläche von Böden ein Probenkollektiv von 140 Bodenhorizonten und untersuchten sie auf physikalische und chemische Eigenschaften. Die spezifische Oberfläche der Proben wurde über die Adsorption von H_2O, Äthylenglycolmonoethyläther (EGME) und N_2 ermittelt. Im Methodenvergleich wird deutlich, daß sich die über die Adsorption von H_2O und EGME ermittelten spezifischen Oberflächen nicht signifikant unterscheiden. Dagegen weicht die über N_2-Adsorption berechnete spezifische Oberfläche erheblich von der mit den polaren Stoffen (H_2O bzw. EGME) gemessenen ab. Als abhängige Variable wird die spezifische Oberfläche in erster Linie durch den Tongehalt und den Tonmineralbestand bestimmt. Darüber hinaus beeinflussen die Gehalte an organischer Substanz sowie Eisen- und Manganoxiden die spezifische Oberfläche umso mehr, je geringer der Tongehalt bzw. der Gehalt an aufweitbaren Dreischichtmineralen ist. Als unabhängige Variable erweist sich die über die Adsorption von EGME berechnete spezifische Oberfläche als die Bodenkenngröße, welche die effektive Kationenaustauschkapazität sowie die Hygroskopizität mit dem höchsten Bestimmtheitsmaß beschreibt. Die gesamte, eingeschränkt auch die äußere Oberfläche, können als bodentypische Kenngrößen aufgefaßt werden, die von zahlreichen bodenphysikalischen und bodenchemischen Parametern bestimmt werden. Zusammen mit dem pH-Wert ist sie ein leicht zu ermittelnder, aussagekräftiger Kennwert der festen Bodensubstanz. Es bietet sich daher an, bei Modellen zur Adsorption und zum Transport von Schadstoffen in Böden, insbesondere von Schwermetallen, als qualitativen und quantitativen Kennwert der festen Bodensubstanz ihre über die Adsorption von EGME oder Wasser ermittelte spezifische Oberfläche zu verwenden (Schulte et al. 1992).

Zur Untersuchung der Adsorption von Schwermetallen in Waldböden wurden Bodenproben unterschiedlicher chemischer Bodenreaktion ausgewählt und auf chemische und physikalische Eigenschaften untersucht. Traditionelle Adsorptionsisothermen zeigen die Beziehung zwischen der adsorbierten Menge eines Schwermetalls und der Bodenlöslichkeitskonzentration nur für den untersuchten Boden und sind daher nicht oder nur eingeschränkt auf andere Böden übertragbar. Um die Adsorption und Mobilität von Schwermetallen auch für Waldböden mit großer Variabilität der Bodeneigenschaften modellieren zu können, wurde versucht, für Böden völlig unterschiedlichen Stoffbestands generalisierende Adsorptionsisothermen zu erstellen. Die bei Schulte u. Beese (1994a, b) vorgestellten generalisierenden Adsorptionsdichte-Isothermen von Cd, Zn, Cu und Pb für Bodengruppen eines Pufferbereichs scheinen hierzu eine hinreichend übereinstimmende Beschreibung der Quantitäts-/Intensitätsbeziehung dieser Schwermetalle in Böden zu ermöglichen, die hinsichtlich ihrer spezifischen Oberfläche sehr unterschiedlich sind. Adsorptionsdichte-Isothermen erhält man, wenn man die Adsorptionsdichte AD gegen die Gleichgewichtskonzentration (C) aufträgt:

$$AD = \frac{S \cdot N_L \cdot 10^{-6}}{AW \cdot SSA} \qquad 4.1$$

AD = Adsorptionsdichte in Ionen m^{-2}

S = Menge adsorbiertes Metall in mg kg^{-1}

N_L = Lohschmidtsche Zahl (6,023 x 10^{23})

AW = Atomgewicht des Schwermetalls

SSA = Spezifische Oberfläche des Bodens in $m^2\,g^{-1}$

Der theoretische Hintergrund und die Methodik zur Erstellung von Adsorptionsdichte-Isothermen sind ausführlich bei Schulte (1988) dargestellt. Die hohen Bestimmtheitsmaße der für die Gesamtoberfläche berechneten generalisierenden Adsorptionsdichte-Isothermen für Cd und Zn zeigen, daß die in Böden völlig unterschiedlichen Stoffbestands auftretenden Lösungskonzentrationen dieser Metalle in erster Linie als eine Funktion der Adsorptionsdichte und ökochemischer Kennwerte (Zugehörigkeit zu einem Pufferbereich) aufzufassen sind. Dies gilt bei Pb nur für die Böden des Al-Hydroxid-Pufferbereichs (→ Kap. 3). Bei den Böden des Silikat- bzw. Karbonat-Pufferbereichs zeigt sich, daß die Adsorptionsdichte von Pb für gegebene, relativ geringe Bodenlösungskonzentrationen mit steigendem C_{org}-Gehalt der Proben abnimmt. Die Lösungskonzentration von Pb im neutralen bis schwach alkalischen Reaktionsbereich scheint bei relativ geringen, aber ökologisch relevanten oberflächlich gebundenen Pb-Mengen nicht nur eine Funktion der Adsorptionsdichte zu sein, sondern durch die Anwesenheit von organischen Komplexbildnern der Lösungs- und Festphase beeinflußt zu werden. Dies scheint auch für die Adsorption von Cu zu gelten (Schulte u. Beese 1994b).

Die entwickelten Adsorptionsdichte-Isothermen fanden Eingang in erste, modellhafte Überlegungen zur Beschreibung des Transports der Schwermetalle Cd, Cu, Pb und Zn in der ungesättigten Bodenzone (Priesack et al. 1991). Um die Mobilität von Schwermetallen in der ungesättigten Waldbodenzone und damit die potentielle Grundwasserkontamination abzuschätzen, ist eine quantitative Beschreibung des Schwermetalltransports notwendig. Sie muß die Klimabedingungen, die Bodeneigenschaften und die Schwermetallbelastung der Waldböden durch Einträge und Akkumulation miteinander verknüpfen. Die Beschreibung sollte dabei von verhältnismäßig einfach zu ermittelnden Parametern abhängen, um sie auch flächenhaft über Wassereinzugsgebiete hinaus auf größere Regionen anwenden zu können. Das entwickelte Modell beschreibt den Transportprozeß in

mittels einer um einen Adsorptionssenkentherm erweiterten Konvektions-Diffusions-Transportgleichung:

$$\Theta \frac{\delta C}{\delta t} + \rho \frac{\delta S}{\delta t} = \frac{\delta}{\delta x} (D \Theta \frac{\delta C}{\delta x}) + q \frac{\delta C}{\delta x} \qquad 4.2$$

wobei Q der volumetrische Wassergehalt ($cm^3 \, cm^{-3}$), C die Schwermetallkonzentration ($mg \, cm^{-3}$), r die Lagerungsdichte des Bodens ($g \, cm^3$), S das adsorbierte Schwermetall pro Einheit Trockengewicht des Bodens ($g \, g^{-1}$), x die Tiefe (cm), D der effektive Diffusionskoeffizient ($cm^2 \, s^{-1}$) und q die mittlere Sickerrate (s^{-1}) sei. Diese partielle Differentialgleichung wird nach einem vollimpliziten finiten Differenzverfahren mit extrapolierenden Koeffizienten gelöst (Priesack et al. 1991). Die Senkentherme für die jeweiligen Schwermetalle sind durch *Freundlich*-Adsorptionsisothermen

$$S = k \, C^N \qquad 4.3$$

mit einem Adsorptionskoeffizienten k ($cm^3 \, g^{-1}$) und dem Adsorptionsexponenten N gegeben. Sie sind aus generalisierenden Adsorptionsdichte-Isothermen abgeleitet. Diese Adsorptionsdichte-Isothermen sind in Abhängigkeit vom pH-Wert des Bodens als Regressionsgleichungen zwischen Bodenlösungskonzentration und der Adsorptionsdichte AD (Ionen m^{-2}) ermittelt. Die ersten Ergebnisse zeigen, daß das Modell geeignet scheint, in Hinblick auf die zu vermeidende Grundwasserkontamination Grenzwerte zu ermitteln, die die bedeutendsten Einflußgrößen des Schwermetalltransports (von Cd, Cu, Pb und Zn) berücksichtigen. Insbesondere durch die Möglichkeit der direkten Berücksichtigung der Schwermetalleinträge und der Vorbelastung der Böden sowie der expliziten Berechnung des Transportprozesses ist das Modell eine gute Alternative zu der von Blume u. Brümmer (1987 bzw. 1991) vorgeschlagenen Methode, die Mobilität von Metalloiden in Böden zu diagnostizieren (Priesack et al. 1991).

Das zum Teil sehr unterschiedliche Verhalten von Schwermetallen und Metalloiden in Waldböden macht eine detailliertere Betrachtung einzelner Elemente notwendig. Im folgenden wird für ausgewählte Elemente getrennt eine Literaturzusammenfassung zu Vorkommen und Bedeutung in Waldökosystemen, zu den chemischen Eigenschaften sowie zum Verhalten unter besonderer Berücksichtigung der die Ad- und Desorption sowie den Transport beeinflussenden Faktoren gegeben.

Verhalten und Bedeutung ausgewählter Schwermetalle in Waldböden

Cadmium. Für Mikroorganismen, Pflanzen und Tiere ist Cd ein nicht lebensnotwendiges und bereits in sehr geringen Konzentrationen toxisches Element. Seit der in Japan von 1947 bis 1965 aufgetretenen Itai-Itai Erkrankung durch zu hohe Cd-Belastungen im Reis liegen umfangreiche Untersuchungen über schädigende Wirkungen des Cd vor (Übersicht bei Adriano 1986). Die mittleren Gehalte nicht kontaminierter Böden liegen im Rahmen des mittleren Gehalts der Erdkruste, in der Regel zwischen 0,05 und 0,5 $mg \, kg^{-1}$. In der Nähe von verkehrsreichen Straßen treten jedoch Werte bis 3 $mg \, kg^{-1}$ (Kloke 1974; Brümmer 1981), in der Umgebung von Metallhütten bis 50 $mg \, kg^{-1}$ (Fiedler u. Rösler 1993) sowie in Sedimenten und Auenböden der Elbe bzw. der Oker und anderer Bäche des Harzvorlandes bis 200 $mg \, kg^{-1}$ (Köster u. Merkel 1985) auf.

Über die Löslichkeit, die Pflanzenaufnahme und den Transport von Cd liegt eine kaum noch zu überschauende Anzahl von Veröffentlichungen vor. Übereinstimmend kann aus diesen Arbeiten abgeleitet werden, daß Cd zu den relativ mobilsten Schwermetallen im Boden/Wasser-System gehört, dessen Löslichkeit mit zunehmender Bodenacidität ansteigt (Fassbender u. Seekamp 1976; Cavallaro u. McBride 1978; Schönhard 1979; Mayer 1978, 1981; Herms u. Brümmer 1978, 1980, 1984; Herms 1982; Tyler u. McBride 1982; Hardiman et al. 1984; Gerth 1985; Asche u. Beese 1986; Schulte 1988; Christensen 1989c; Godbold et al. 1991; Sanchez-Martin u. Sanchez-Camanzano 1993; Schulte u. Beese 1994 a, b).

Mit einer dem Zn ähnlichen Elektronenkonfiguration 4p2 partizipiert Cd in den meisten geochemischen und biologischen Prozessen, an denen auch Zn teilnimmt (Hahiri 1974; Chaney et al. 1976; Teply et al. 1978; Cousins 1979). Letztlich ist auch das natürliche Auftreten von Cd zumeist mit dem Vorhandensein von Zink-Erzen verknüpft (Page et al. 1981). Darüber hinaus besitzt Cd einen Ionenradius (97 pm), der dem von Ca (99 pm) sehr ähnlich ist (Weast 1981). Aus diesem Grund nimmt es an vielen Reaktionen teil, die mit Ca-Austausch, -Adsorption oder Komplexbildung verbunden sind (Van Balen et al. 1980; Tyler u. McBride 1982; Christensen 1989c). Für Cd bestimmt in erster Linie die pH- und elektrolytkonzentrationenabhängige Adsorption an den Partikeloberflächen die Lösungskonzentration, da mögliche Huminstoffkomplexe nur eine geringe Stabilität besitzen oder gar nicht gebildet werden (König et al.

1986). Zahlreiche Untersuchungen von Bodenlösungen zeigen, daß man im Vergleich zu den berechneten Löslichkeiten von $Cd(OH)_2$, $Cd(PO)_4$, $Cd(SO)_4$ und $CdCO_3$ in der Regel untersättigte Lösungen vorfindet (Levi-Minzi et al. 1976; Mayer 1981; Herms 1982). Erst bei hohen pH-Werten und gleichzeitig sehr hohen Cd-Gehalten wurden Fällungsvorgänge von Cd beobachtet (Santillan-Medrano u. Jurinak 1975; Street et al. 1977; Christensen 1989c; Sanchez-Martin u. Sanchez-Camanzano 1993).

Ad- und Desorptionsprozesse sind daher für die Bindung von Cd im Boden wesentlich wichtiger als die Fällung von definierten Verbindungen. Als Cd-Adsorbenten kommt dabei insbesondere Fe- neben Mn- und Al-Oxiden eine besondere Bedeutung zu (Tiller et al. 1984a und 1984b; Gerth 1985; Fu et al. 1992). Bei höheren Cd-Konzentrationen wird Cd bevorzugt an der Tonfraktion adsorbiert (Lagerwerff u. Brower 1972; Stuanes 1976; Garcia-Miragaya u. Page 1976; Tiller et al. 1984a und 1984b; Gerth 1985). Einen Überblick über den Wissensstand zu Ad- und Desorptionsprozessen in Böden bei ökotoxikologisch relevanten Bodenlösungskonzentrationen von Cd geben die Publikationen von Christensen (1984a, b, 1985a, b, 1987a, b, 1989a, b). McBride (1980) weist auf die Wichtigkeit von $CaCO_3$-Partikeln karbonathaltiger Böden für die Adsorption von Cd hin. Dabei können drei Sorptionsprozesse gleichzeitig auftreten: (i) oberflächliche Adsorption, (ii) Diffusion und (iii) Fällung, wobei die Adsorption von Cd im Gegensatz zur Diffusion und Fällung sehr schnell (0–60 min) verläuft (Lagerwerff 1972; Christensen 1989c). Neben der Diffusion in Karbonat-Partikeln kann Cd ebenso wie Zn und Ni auch in das Gitter von Oxiden und Tonmineralen diffundieren (Gerth 1985). Dadurch kann Cd weitgehend irreversibel in Böden festgelegt werden. Dies kann bei den Oxiden auch durch ein Wachstum der Oxidpartikel erfolgen (Schachtschabel et al. 1992).

Bei pH-Werten > 8 und sehr hohen Cd-Gehalten in Böden bildet sich Cd-Karbonat (Soon 1981). In Waldböden sind die Voraussetzungen für die Entstehung von $CdCO_3$ jedoch in der Regel nicht gegeben (Schulte u. Beese 1994a). Stabilitätsuntersuchungen an Humusstoff-Komplexen ergaben je nach Herkunft, Zusammensetzung und Art der Gewinnung der Stoffe unterschiedliche Stabilitätsreihen. Die meisten Untersuchungen kommen jedoch zu dem Ergebnis, daß Fe, Al, Pb und Cu deutlich stabilere Komplexe mit Fulvo- oder Huminsäuren bilden als Cd, Zn und Mn (Stevenson 1976; Sposito et al. 1980; König et al. 1986). Cadmium gehört damit zwar zu den weniger stark durch organische Substanz im Boden gebundenen Schwermetallen; eine Cd-Akkumulation läßt sich aber dennoch in den humusreichen O- und A-Horizonten bzw. der den Waldboden bedeckenden Vegetation erkennen (Mayer 1981; Zeschwitz 1986; Banin et al. 1987; Dues 1987; Schultz 1987; Markert 1993). Dies kann darauf zurückgeführt werden, daß vor allem im sauren pH-Bereich die Cd-Löslichkeit durch organische Substanzen deutlich stärker erniedrigt wird als durch mineralische Bodenkomponenten.

Darüber hinaus kann die Cd-Löslichkeit auch durch die Bildung löslicher anorganischer Komplexe erhöht werden. Messungen mit ionenspezifischen Elektroden und Atomabsorptionsspektrometrie zeigten, daß die Cd-Aktivität in Bodenlösungen in der Regel kleiner als die Konzentration ist und weisen somit auf die Existenz von verschiedenen Cd-Komplexen neben Cd^{2+}-Ionen in der Lösung hin (Street et al. 1977; Hardiman et al. 1984). So wird vor allem durch Bildung von Cd-Chloro-Komplexen ($CdCl^+$, $CdCl_2^o$, $CdCl_3^-$ und $CdCl_4^{-2}$) die Cd-Adsorption bei Cl^- -Konzentrationen > 10^{-3} mol l^{-1} beträchtlich verringert (Christensen 1989c). Bei Chlorid-Aktivitäten von 10^{-2} mol l^{-1} entspricht die $CdCl^+$-Konzentration in etwa der von Cd^{2+}, bei Chlorid-Aktivitäten von 0,25 mol l^{-1} wird der $CdCl_2^o$-Komplex zum dominierenden Bestandteil in der Lösung (Hem 1972; Lindsay 1974; Herms 1982). Die insbesondere im ariden Klima Israels, Ägyptens und den USA verbreitete Versalzung der Böden aufgrund langjähriger künstlicher Bewässerung kann zu einer beträchtlichen Mobilisierung von Cd in Böden führen (Hardiman et al. 1984). Neben den Chlorid-Komplexen kann auch die Ausbildung von $CdSO_4^o$ insbesondere in den durch Deposition von H_2SO_4 stark mit Sulfat angereicherten Böden unter Wald in Mitteleuropa die Adsorption von Cd beeinträchtigen. Der Einfluß der Sulfate ist unter diesen Bedingungen bisher nicht untersucht worden. Eine Ausfällung von Cd als schwerlösliches CdS konnte von Herms u. Brümmer (1980) beobachtet werden, bleibt aber auf Bodenhorizonte mit ständig reduzierenden Bedingungen beschränkt.

Die Ad- und Desorption von Cd ist von vielen Autoren durch Modelle nach Langmuir (1918) beschrieben worden. Das über die *Langmuir*-Gleichung ermittelte Adsorptionsmaximum steht dabei in direkter Relation zur Kationenaustauschkapazität der Böden (Page et al. 1972; John 1972; Hahiri 1974; Levi-Minzi et al. 1976; Cavallaro u. McBride 1978; Cataldo et al. 1981; Christensen 1989c). Probleme, die durch die Anwendung der *Langmuir*-Gleichung sowie bei der Berechnung der Adsorptionsmaxima entstehen, werden ausführlich von Veith u. Sposito (1977), Posner u. Bowden (1980), Sposito (1982) und Harter (1984) diskutiert. Nach Schachtschabel et al. (1992) erweist sich vor allem die *Freundlich*-Adsorptionsisotherme als geeignet, das Verhalten von Cd im Boden zu beschreiben. Mit fallendem pH-Wert geht die Bindungsstärke der sorptiven Cd-Festlegung zurück. Die unspezifische Adsorption, die vor allem auf eine durch Coulombsche Kräfte bewirkte Bindung des Cd an die Oberflächen der Festphasen beruht, überwiegt bereits ab pH 6 den spezifisch adsorbierten, das heißt den im wesentlichen an hydroxylierten Oberflächen von Fe-, Al- und Mn-Oxiden nach Deprotonisierung der OH-Gruppen festgelegten Anteil. Mit fallendem pH-Wert steigt damit der Anteil des Cd, der in einer durch andere Kationen leicht austauschbaren Form vorliegt (Tiller et al. 1979; Herms 1982). Die genannten Autoren zeigen übereinstimmend, daß der pH-Wert die bestimmende Größe der Cd-Löslichkeit in Böden darstellt und den Einfluß des Stoffbestands, das heißt der Quantität und Qualität der für die Adsorption zur Verfügung stehenden spezifischen Oberfläche variiert.

Kupfer. Wie Zn ist Cu ein für die Ernährung aller Lebewesen essentielles Schwermetall. Die Tatsache, daß es neben Cd und Zn darüber hinaus für viele Algen, Bakterien, Pilze und Viren auch eins der toxischsten Schwermetalle ist, hat man sich bei der Verwendung von Cu-Verbindungen wie Cu-Chlorid, Cu-Sulfamat, Cu-Cyanid unter anderem zunutze gemacht. Durch jahrzehntelange Anwendung von Cu-haltigen Pflanzenschutzmitteln, insbesondere von Kupfervitrol-haltigen Chemikalien, ist es in Hopfen- und Weinanbaugebieten zum Teil zu einer starken Cu-Anreicherung in Böden gekommen, die zu EDTA- bzw. DTPA-löslichen Cu-Gehalten von über 500 mg kg^{-1} führten (Schwertmann u. Huit 1975; Hansen 1980). Vor allem industrielle Abwässer verursachten eine beträchtliche Cu-Anreicherung in Sedimenten, die im Mittel im Hamburger Hafen bei 530 mg kg^{-1} Tr.S. liegen (Schachtschabel et al. 1992). Werte über 700 mg kg^{-1} wurden auch für Acker- und Grünlandstandorte der Grane- und Okeraue im Harz gemessen (Köster u. Merkel 1985). Anhand vergleichender Untersuchungen stellt Zeschwitz (1986) fest, daß sich die Cu-Gehalte nordwestdeutscher Waldböden seit Mitte der 60iger Jahre signifikant erhöht haben. Die absolute Cu-Zunahme wurde mit 40 mg kg^{-1} angegeben. Fiedler u. Rösler (1987) geben als Resultat einer Literaturstudie einen Mittelwert von Cu in A-Horizonten deutscher Waldböden von 43 mg kg^{-1} an (Schwankungsbreite 1–70 bzw. im O-Horizont 6–90 mg kg^{-1}).

In kontaminierten Böden können bis zu 80% des Gesamtgehalts EDTA-extrahierbar vorliegen (Berrow u. Reaves 1985). EDTA-Extraktionen werden auch als Indikator für den in vielen Regionen herrschenden Cu-Mangel in Böden und möglicher Auswirkungen auf das Pflanzenwachstum gebraucht (Boorgaard 1976; Robson u. Reuter 1981). Gute Korrelationen zwischen der EDTA-löslichen Fraktion und der Pflanzenaufnahme von verschiedenen Getreidesorten wurden von Lakanen u. Ervio (1971), Dolar et al. (1971), Osiname et al. (1973) sowie Tills u. Alloway (1983) beschrieben. Anhand von über 600 Feldversuchen folgern Hendriksen u. Jensen (1958), daß ein EDTA-löslicher Kupfergehalt > 1 mg kg^{-1} keinen Cu-Mangel bei Pflanzen hervorruft. Reith (1968) gibt als kritischen Wert 0,75 mg kg^{-1} an. Als Grenzwert einsetzender Cu-Toxizität für Pflanzen wird von Walsh et al. (1972) eine EDTA-lösliche Kupferfraktion von 30 mg kg^{-1} genannt. Eine hohe Cu-Konzentration in der Bodenlösung hemmt die Aufnahme von Zn und Mo durch die Pflanzen und kann insbesondere auf streuabbauende Mikroorganismen (Tyler 1981) toxisch wirken. Schachtschabel et al. (1992) geben als Grenzkonzentration beginnender Schädigung einen Wert von 0,1 mg Cu l^{-1} in der Bodenlösung bzw. 50 mg kg^{-1} EDTA-lösliches Cu an. Die untersuchten Bodenproben weisen wesentlich geringere Konzentrationen bzw. Gehalte auf. Eine ausführliche Zusammenfassung der Funktionen von Cu in Pflanzen gibt Bussler (1981). Die Mechanismen der Wurzelaufnahme von Cu sind ungeklärt, bestehende Theorien werden von Lepp (1981a, b), Wiedemann (1986) und Markert (1993) diskutiert. Toxische Wirkungen von Cu sind als Hemmung des Wurzelwachstums (Wainwright u. Woolhouse 1975), als Respirationsdefekte (Wu et al. 1975) und als Hemmung der Photosynthese (Sandman u. Boger 1980) beschrieben.

Nach Herms (1982) kann das Löslichkeitsverhalten von Cu in Böden nicht durch einfache protolytische Reaktionen definierter Verbindungen beschrieben werden, sondern wird wesentlich durch bodentypische Ad- und Desorptionsprozesse sowie Komplexierungsvorgänge bestimmt. Wie bei Pb weisen Mn-Oxide die höchste Bindungskapazität unter den Bodenkomponenten auf (Fu et al. 1992). Dennoch liegt aufgrund relativ geringer Mn-Oxid-Gehalte der größte Anteil des im Boden adsorbierten Cu mit organischer Substanz assoziiert vor (McLaren u. Crawford 1974). Nach Stevenson u. Fitch (1981) ist Cu stärker an die Fulvosäure-Fraktion gebunden, während die Bindung an die Humussäure-Fraktion schwächer ist. Die Geschwindigkeit der Adsorption von Cu an organische Substanz ist relativ groß. Für die Cu-Adsorption an einem H-gesättigten Hochtorfmoor als Modellsubstanz ergab sich, daß bereits nach weniger als zwei Minuten etwa 90% der maximalen Adsorption erreicht waren. Sowohl an Moor- und Flußwasser-Huminstoffen als auch an Waldbodenhuminstoffen (König et al. 1986) scheint Cu im Gegensatz zu Pb bevorzugt an niedermolekulare organische Substanzen gebunden zu sein (→ Kap. 5). Da hochmolekulare Huminstoffe besser an mineralische und oxidische Oberflächen adsorbiert werden als niedermolekulare, scheint Cu durch organische Substanzen wesentlich stärker in die Lösungsphase transferiert zu werden als Pb (König et al. 1986). Bei Untersuchungen der Cu-Adsorption über das Modell nach *Langmuir* an 13 neutralen und alkalischen karbonathaltigen Böden konnten Raihky u. Takkar (1981) zeigen, daß der Gehalt an organischer Substanz die entscheidende Bestimmungsgröße für die Bindungsfestigkeit (Bindungskonstante) war.

Der Gehalt an organischer Substanz ist nach Herms (1982) auch für das spezielle, pH-abhängige Löslichkeitsverhalten von Cu verantwortlich, das sich deutlich von Cd und Zn unterscheidet. Im Bereich von pH 5 bis 7 weist Cu in allen Proben ein ausgeprägtes Löslichkeitsminimum auf. Oberhalb dieser pH-Werte ist die Bildung löslicher organischer Komplexe für die Mobilisierung verantwortlich. Ab pH 6,5–7 liegt Cu in Bodenlösungen zu etwa 90% organisch komplexiert vor (Hodgson et al. 1966; McBride u. Blasiak 1976), in sauren Böden dagegen nur zu etwa 15% (Hodgson et al. 1966; Sanders u. Bloomfield 1980). Bei Böden, die sich im Ca-Pufferbereich befinden, wird die pH- und bodenabhängige Freisetzung organischer Komplexbildner zum wesentlichen, die Cu-Löslichkeit bestimmenden Faktor (Herms 1982). Eine Fällung schwer löslicher Verbindungen ist durchaus wahrscheinlich, aber nicht löslichkeitsbestimmend. Bei pH-Werten < 6,0 ist sie auszuschließen (Mayer 1981; Herms 1982). Neben silikatischer Bindung spielt die Adsorption von Cu an Tonmineralen eine bedeutende Rolle. Auch hier wie an den Oxiden und der organischen Substanz wird Cu zu höheren Anteilen und in einem größeren pH-Bereich durch spezifische Adsorption gebunden als Cd und Zn (Bingham et al. 1964). Nach McBride u. Mortland (1979) ist Cu an Tonoberflächen in Form des hydratisierten $Cu(H_2O)_6^{2+}$-Ions leicht austauschbar adsorbiert, scheint aber in der Lage zu sein, über isomorphen Ersatz in das Tongitter einzuwandern und damit „fixiert" zu werden.

Blei. Wie Cd ist auch Pb ein in der Umwelt mittlerweile allgegenwärtiges, aber nicht essentielles Schwermetall. Mit vier Elektronen in der Valenzelektronenschale (5d10, 6s2, 6p2) tritt Blei in den Oxidationsstufen 2 und 4 auf, wobei das zweiwertige Pb bei weitem am beständigsten ist. Generell weist Pb eine deutlich geringere Toxizität als Cd auf. Mit einem Interferenzfaktor von ca. 350 ist Pb das im Verhältnis zur natürlichen Emission am meisten durch anthropogene Quellen emittierte Schwermetall der letzten beiden Jahrhunderte (→ Kap. 1, 2). Die Pb-Emissionen liegen überwiegend als partikuläre (< 5 μm), anorganische Verbindungen, vorwiegend als Pb-Halogenide ($PbBrCl$; $2PbBrCl \cdot NH_4Cl$; $2PbO \cdot PbBrCl$) vor (Ewers u. Schlipköter 1984). Dies ermöglicht neben der emittentennahen Deposition auch einen Transport über große Entfernungen. Der von Murozumi et al. (1969) nachgewiesene exponentielle Anstieg der Bleigehalte von Grönlandeisproben seit Mitte des 18. Jahrhunderts (Beginn der industriellen Revolution) bestätigte dies erstmals eindrucksvoll. In frischem Eis liegen die Pb-Gehalte um 0,2 μg kg^{-1} und betragen damit das 250–500fache des Pb-Gehalts von Proben mit einem Alter von ca. 3000 Jahren. Spätestens seit Mitte des 18. Jahrhunderts muß auch mit einer erhöhten Pb-Deposition in stadt- und industrieferne Waldökosysteme gerechnet werden. Das meiste Pb wird in der organischen Auflage und in den humusreichen A-Horizonten gespeichert. Hier ist das Verhältnis von oberflächlich adsorbierten (EDTA-extrahierbar) zum mineralisch gebundenen Vorrat im Vergleich zum Beispiel zu Cr und Ni, deren Gehalte größtenteils geogenen Ursprungs sind, sehr groß (Schultz et al. 1987). Mit zunehmender Tiefe nehmen die Pb-Gehalte im Boden rasch ab.

Der durchschnittliche Pb-Gehalt der Erdkruste wird von Wedepohl (1984) mit 15–16 mg kg^{-1} angegeben. „Unbelastete" Böden weisen daher einen ähnlichen Wert auf, der nach Nriagu (1978) zwischen 10 und 20 mg kg^{-1} schwankt. Stark erhöhte Pb-Gehalte treten vor allem an verkehrsreichen Straßen (bis 700 mg kg^{-1}), in der Umgebung von Metallhütten (bis 3000 mg kg^{-1}) sowie infolge des jahrhundertealten Erzabbaus im Harz auch in den Auenböden des Harzvorlands (bis 4000 mg kg^{-1}) auf (Schachtschabel et al. 1992). Nach Fiedler u. Rösler (1987) schwanken die Gehalte in O- bzw. A-Horizonten deutscher Waldböden zwischen 35 und 470 mg kg^{-1} bzw. zwischen 40 und 2000 mg kg^{-1}. Extrem hohe Gehalte von über 4000 mg kg^{-1} fanden sich im Stammablaufbereich von Altbuchen (Schulte 1985).

Bleiverbindungen können von Pflanzen als gelöste Anteile der auf den Blättern sedimentierten Staubpartikel oder über die Wurzeln als im Boden gelöste Salze aufgenommen werden (Ewers u. Schlipköter 1984). Der „natürliche" Pb-Gehalt von Pflanzen liegt nach Peterson (1978) unter 3 mg kg^{-1} Trockensubstanz. Selbst hohe Pb-Gehalte von 30–40 mg kg^{-1} führen bei Pflanzen zu keinerlei Schäden oder Wachstumsdepressionen (Prince 1957; Jones et al. 1973; v. Hodenberg u. Finck 1975). Als Grenzkonzentration der Nährlösungen für beginnende Schadwirkung wurde ein Wert von ca. 10 mg l^{-1} bei Gerste und anderen Gemüsepflanzen ermittelt (Davis et al. 1978 aus: Schachtschabel et al. 1992). Dieser relativ hohe Wert steht in krassem Gegensatz zu Ergebnissen von Hydrokulturversuchen an Fichtenkeimlingen von Godbold (1984), der eine deutliche Hemmung des Wurzelwachstums bei Konzentrationen ab etwa 29 $\mu g\ l^{-1}$ bei pH 4,0 feststellte. Diese Pb-Konzentration wird in den oberen Horizonten von Waldökosystemen Norddeutschlands zeitweise erreicht und überschritten. Eine Beteiligung von Pb an den für Fichtenwälder typischen Absterbevorgängen von Feinwurzeln kann daher entgegen den Schlußfolgerungen von Trüby u. Zöttl (1990) nicht ausgeschlossen werden.

Vor allem hochmolekulare Grauhuminsäuren sind für die außerordentlich starke Bindung von Pb an die organische Substanz verantwortlich (Hildebrandt u. Blum 1974). In der Selektivitätsreihenfolge rangiert Pb jedoch nicht nur bei der *organischen Substanz* (Bergseth u. Stuanes 1976; Bunzl et al. 1976; König et al. 1986), sondern auch bei *pedogenen Oxiden*, vor allem *Mn-Oxiden* (Jenne 1968; Hildebrandt u. Blum 1976; Gadde u. Laitinen 1974; McKenzie 1980) und *Tonmineralen* (Bittell u. Miller 1974) vor allen anderen untersuchten Metallen. Blei gehört zu den wenig löslichen, immobilen und damit im Vergleich zu Cd, Zn und Ni deutlich weniger pflanzenverfügbaren Schwermetallen (Sommer 1978; Mayer 1978 und 1981; Herms 1982; König et al. 1986). Nach Hildebrandt u. Blum (1974) sind die Selektivitätskoeffizienten für die Pb-Adsorption an Illit 30mal größer als an Montmorillonit oder Kaolinit, was mit isomorphem Ersatz von K^+-Ionen durch die etwa gleichgroßen Pb^{2+}-Ionen erklärt wird. Die Pb-Adsorption an Tonmineralen bei pH < 6,0 wird auf physikalische Adsorption zurückgeführt, da der größte Teil des adsorbierten Pb mit 1,0 N $MgCl_2$ desorbierbar ist (Hildebrandt u. Blum 1974). Von allen Schwermetallen wird Pb am stärksten durch spezifische Adsorptionsprozesse gebunden. Als Maß für Spezifität der pH-abhängigen Schwermetall-Adsorption kann der pH-Wert verwendet werden, bei dem 50% der vorhandenen Schwermetallionen durch Bodenkomponenten adsorbiert werden können (Gerth 1985). Nach Kinniburgh et al. (1976) ergibt sich dabei für frisch gefällte Eisenoxide folgende Reihe abnehmender Bindungsspezifität (pH_{50}):
Pb (3,1) > Cu (4,4) > Zn (5,4) > Ni (5,6) > Cd (5,8) > Co (6,0) > Mg (7,8)

Bei den verschiedenen Bodenkomponenten sinkt die Bindungskapazität und -spezifität für Blei in der Reihenfolge: Mn-Oxide >> Fe-Oxide > Al-Oxide > Huminstoffe >> Tonminerale (Hildebrandt u. Blum 1974; Kinniburgh et al. 1976; Abd-Elfattah u. Wada 1981). Bei allen Sorbenten nimmt der unspezifisch und damit leicht austauschbar gebundene Pb-Anteil mit sinkendem pH-Wert ab. Der Einfluß des pH-Wertes auf die Löslichkeit ist jedoch bei Pb deutlich geringer als bei den anderen Schwermetallen (Anderson 1977; Herms 1982; König et al. 1986). Nach Herms (1982) zeigt Pb in Bodenproben ein ähnliches Löslichkeitsverhalten wie Cu. Ein ausgeprägtes Minimum der Pb-Löslichkeit wird je nach Probe bei pH-Werten zwischen 5 und 6 festgestellt. Sowohl oberhalb als auch unterhalb dieses Bereichs steigen die Löslichkeitskonzentrationen je nach Bodenprobe unterschiedlich stark an. Bei pH-Werten > 6 findet Herms keine Beziehung zwischen Lösungs- und Gesamtverhalten an Pb. In diesem Bereich werden die Pb-Konzentrationen der Gleichgewichtslösungen durch die unterschiedliche Fähigkeit der verschiedenen Proben zur Freisetzung löslicher organischer Komplexbildner bestimmt. Nach König et al. (1986) wird Pb dabei im Gegensatz zu Cu bevorzugt von höhermolekularen Huminstoffen komplexiert. Der Bildung löslicher anorganischer Pb-Komplexe wird dagegen eine untergeordnete Rolle zugesprochen. Nach Hahne u. Kroontje (1973) spielt in Salzböden die Bildung von PbCl ab Chloridkonzentrationen in der Bodenlösung über 10^{-5} M eine bedeutende Rolle. Mehrere Autoren sprechen auch der Fällung insbesondere von schwerlöslichen Pb-Phosphaten [$Pb_3(PO_4)_2$; $Pb_4O(PO_4)_2$; $Pb_5(PO_4)_3OH$] eine Funktion als löslichkeitsbestimmendem Faktor von Pb zu (Santillan-Merdano u. Jurinak 1975). In karbonathaltigen Böden und Sedimenten mit hohen pH-Gehalten wird zudem die Bildung von Pb-Karbonat ($PbCO_3$) bzw. Pb-haltigen Karbonaten vermutet (Santillan-Medrano u. Jurinak 1975; Griffin u. Shimp 1976; Förstner u. Wittmann 1981). Aus anderen Untersuchungen ergeben sich keine Hinweise auf die Fällung von Pb-Phosphaten (Hassett 1974; Griffin u. Au 1977). Nach umfangreichen Untersuchungen von Herms (1982) gleichen sich im pH-Bereich von 3 bis 5,5 die in Unterbodenproben gemessenen Pb-Lösungskonzentrationen an die für Phosphatgehalte der Lösungen von 10^{-5} bis 10^{-7} mol l^{-1} berechneten Löslichkeitsgradienten von $Pb_5(PO_4)_3Cl$ und $Pb_3(PO_4)_2$ an. Herms u.

Brümmer (1984) nehmen daher eine löslichkeitsbestimmende Wirkung dieser Verbindung in Böden mit saurer Reaktion an. Bei höheren pH-Werten überdeckt der Einfluß von Komplexierungsvorgängen den Effekt einer möglichen Pb-Phosphatbildung. Mayer (1981) folgert aus Untersuchungen des Sikkerwassers in den Solling-Ökosystemen (mittlere maximale P-Konzentration = $2 \cdot 10^{-5}$ mol l^{-1}; mittlerer pH-Wert = 4,2), daß Pb-Phosphate in den Sollingböden keine löslichkeitsbestimmende Festphase bilden, schließt dies aber für Fe^{3+} und Cr^{3+} nicht aus.

Ein Pb-Transport in Richtung Grundwasser erfolgt in Böden infolge der geringen Pb-Löslichkeit und der hohen Adsorptionskapazität auch der mineralischen Bodenkomponenten nur in sehr geringem Maße. Bilanzierungen und Modellversuche mit Bodensäulen ergaben, daß selbst in sehr sauren Böden über 99% sehr hoher zugeführter Pb-Mengen in den oberen Bodenhorizonten adsorbiert werden (Mayer 1978; Blume u. Hellriegel 1981; Asche u. Beese 1986; Priesack et al. 1991). Trotz sinkender Depositionsraten von Pb in Waldökosysteme (Schulte u. Gehrmann 1996; Schulte et al. 1996) stellt sich bei den hohen akkumulierten Pb-Vorräten in Waldböden im Zuge voranschreitender Bodenversauerung (Ulrich 1994) nicht die Frage ob, sondern wann Pb in Zukunft in Waldböden mobilisiert wird.

Zink. Für Mikroorganismen, Pflanzen, Tiere und Menschen ist Zn ein essentielles Spurenelement. Das Metall wird seit etwa 2000 Jahren vom Menschen gewonnen und in erster Linie für industrielle Zwecke genutzt. Mittlerweile stellt es eines der am meisten verwendeten Schwermetalle dar, das vor allem als Korrosionsschutz bei der Stahlproduktion und als Härter bei der Herstellung von Autoreifen verwandt wird (→ Kap. 2, 12). Da Zn wie Cd und Ni zu den relativ mobilen Schwermetallen in Böden gehört, ist mit dem bereits in mehreren Waldökosystemen beobachteten Vorratsabbau über den Transport mit dem Sickerwasser zwangsläufig die Gefahr einer Kontamination des Grund- bzw. Trinkwassers verbunden.

Die mittleren Gehalte nicht kontaminierter Böden sind etwa gleich hoch wie der Zn-Gehalt der bodenbildenden Substrate. Sand- und Kalksteine gelten mit 16 bis 20 mg kg^{-1} als relativ Zn-arme Ausgangssubstrate (Bowen 1966). Die Gehalte von Tonsteinen liegen mit etwa 100 mg kg^{-1} deutlich über dem Mittel der Erdkruste, das von Wedepohl (1984) mit 69 mg kg^{-1} angegeben wird. Die Grenzkonzentration in Nährlösungen für beginnende Zn-Toxizität beträgt bei verschiedenen Pflanzen etwa 2,5 mg Zn l^{-1} (Davis et al. 1978). Die Mikroorganismentätigkeit wird ab etwa 5 mg Zn l^{-1} (Schachtschabel et al. 1992) vorübergehend geschädigt. Nach Lamersdorf (1988), der Ergebnisse der Hydrokulturversuche von Schlegel (1985) mit in mehreren Waldböden gemessenen maximalen Zn-Bodenlösungskonzentrationen (< 0,5 mg Zn l^{-1}) vergleicht, ist die direkte Beteiligung von Zink an den in Waldökosystemen festgestellten Wurzelschäden unwahrscheinlich.

Die Diskussion über das Verhalten von Zn in Böden beschränkte sich in den 60iger und 70iger Jahren in erster Linie auf die Frage, ob die Zn-Gehalte in Bodenlösungen durch Lösungs- bzw. Fällungsvorgänge definierter Zn-Verbindungen bestimmt werden. Ähnlich wie bei Cd konnten bei hohen pH-Werten und hohen Zn-Gehalten auch direkte Fällungsvorgänge von $Zn(OH)_2$ und $ZnCO_3$ beobachtet werden (Singh u. Sekhon 1977). Darüber hinaus wird die Bildung von $ZnNH_4PO_4$ und $Ca[Zn(OH)_3]_2 \cdot 2H_2O$ (Kalbasi et al. 1978) sowie $Zn_5(CO_3)_2\ (OH)_6$ vermutet (Prokhorov u. Gromova 1973; Saeed u. Fox 1979). Im Gegensatz dazu erachten andere Autoren eine direkte Fällung von $Zn(OH)_2$ oder $ZnCO_3$ als unwesentlich (Ferguson u. Bubela 1974; Trehan u. Sekhon 1977; Herms 1982). Ebenso soll die mehrfach beschriebene Verringerung der Zn-Verfügbarkeit nach Phosphatdüngung nicht auf eine Fällung von Zn-Phosphaten zurückzuführen sein (Franck 1978). Pasricha et al. (1987) untersuchten den Einfluß von P auf die Quantitäts-/Intensitätsbeziehung von Zn an vier unterschiedlichen Böden und kamen zu dem Ergebnis, daß eine P-Zugabe die Konzentration von Zn in der Bodenlösung nicht verändert. Auch Lindsay (1979) geht davon aus, daß die Zn-Gehalte in Bodenlösungen unter den Löslichkeitsprodukten von Zn-Phosphaten liegen.

Insbesondere die Arbeit von Herms (1982), aber auch die Untersuchungen von Mayer (1981), Brümmer et al. (1983), Tiller et al. (1984a, b) und Ankomah (1993) zeigen, daß die Löslichkeit von Zn in Böden durch ein komplexes Wechselspiel zwischen Ad- und Desorptionsprozessen bei starker Abhängigkeit vom pH-Wert bestimmt wird, welches sich einer quantitativen Berechenbarkeit mit Hilfe einfacher thermodynamischer Betrachtungen entzieht. Fällungsreaktionen definierter Zn-Verbindungen dürften nur bei hohen pH-Werten und sehr hohen Zn-Gehalten, also in Ausnahmefällen, einen direkten Einfluß auf die Zn-Löslichkeit ausüben (Herms 1982). Eine große Bedeutung für die Zn-Adsorption in Böden wird den Fe-, Mn- und Al-Oxiden zugesprochen (Kalbasi et al. 1978; Shuman 1977; McKenzie 1980; Brümmer et al. 1983; Gerth u. Brümmer 1983; Gerth 1985; Stahl u. James 1991a, b).

Nach Shuman (1977) ist die Adsorptionskapazität von gealterten Fe-Oxiden (Goethit) mit denen von gealterten Al-Oxiden (Gibbsit) zu vergleichen. Die Adsorptionskapazität frischer Oxide ist etwa 10mal höher, was ihrer 10fach größeren spezifischen Oberfläche entspricht und auf die Bedeutung der spezifischen Oberfläche auch für die Zn-Adsorption hinweist.

Mit fallendem pH-Wert des Bodens nimmt die Bedeutung aufgeweiteter Tonminerale insbesondere für die Zn-Adsorption zu (Gerth 1985). Durch aufgeweitete Tonminerale gebundenes Zink ist nach Scharpenseel et al. (1983) nur schwer extrahierbar. Als Mechanismus wird ein Eintausch gegen Mg in Oktaederschichten, aber auch eine starke spezifische Bindung an den inneren Oberflächen angenommen (Wada u. Kakuto 1980). Nach Gerth (1985) zeigten sich bei Goethit, aber auch bei anderen kristallinen Fe- und Mn-Oxiden sowie silikatischen Tonmineralen, in starkem Maße Diffusionsvorgänge für die Festlegung von Cd, Ni und Zn verantwortlich. Dabei wies die Diffusion eine starke Abhängigkeit vom Me^{2+}-Durchmesser der Schwermetalle auf. Die maximalen relativen Diffusionsraten nehmen mit steigendem Me^{2+}-Durchmesser in der Reihenfolge Ni > Zn > Cd ab und werden bei pH-Werten von 5,1 (Zn), 6,1 (Ni) und 6,0 (Cd) beobachtet. Mit der Diffusion von Zn in das Innere von Partikeln kann damit eine starke Immobilisierung verbunden sein (Gerth 1985), wobei bisher keine Erkenntnisse über den Diffusionsweg vorliegen. Das Ausmaß der Schwermetalladsorption durch organische Substanzen ist offenbar nur zum Teil von der vorliegenden Menge organischer Stoffe abhängig. Die Reihenfolge, in der Schwermetalle von organischer Substanz sorbiert werden können (Pb > Cu >> Cd ≥ Zn), weist Zn wie Cd als ein durch die organische Substanz weniger stark gebundenes Schwermetall aus. Nach König et al. (1986) bestimmt sowohl bei Zn als auch bei Cd in erster Linie die pH- und elektrolytkonzentrationsabhängige Adsorption an Partikeloberflächen die Lösungskonzentration, da mögliche Humusstoffkomplexe nur eine geringe Stabilität besitzen oder gar nicht gebildet werden. Dabei formulieren sie die Hypothese, daß organische Substanzen durch Komplexierung der im sauren Milieu vorherrschenden Metalle Al und Fe Adsorptionspositionen an den Bodenoberflächen für Cd und Zn freimachen können.

Bei pH-Werten im neutralen bis schwach alkalischen Bereich wurde eine Zn-Mobilisierung infolge Bildung löslicher organischer Komplexe beobachtet (Geering u. Hodgson 1969; Herms 1982). Der Bildung löslicher organischer Komplexe wie zum Beispiel $ZnSO_4^{\circ}$ oder $ZnHPO_4^{\circ}$ kommt im Vergleich zur Bildung organischer Komplexe nach Herms (1982) in diesem pH-Bereich nur eine geringe Bedeutung zu. Nach Herms u. Brümmer (1980) liegt Zn^{2+} bei neutraler bis schwach alkalischer Bodenreaktion zu fast 100% organisch komplexiert vor. Neben Tonmineralen, der organischen Substanz sowie pedogenen Oxiden kann eine Adsorption von Zn auch an Karbonaten erfolgen (Jurinak u. Bauer 1956; Brümmer 1981). Nach Brümmer et al. (1983) beträgt die Adsorptionskapazität für spezifisch gebundenes Zn in $CaCO_3$-gepufferten Systemen für $CaCO_3$ 0,44 μmol Zn g^{-1} Substanz, für Bentonite 44, für Huminsäure 842, für amorphe Fe- und Al-Oxide 1190 bzw. 1310 und für d-MnO_2 1540, was auf eine relativ geringe Bedeutung des Karbonatgehalts für die Zn-Adsorption hindeutet. Zn-Isothermen von Böden sind u.a. von Jurinak u. Bauer (1956), Udo et al. (1970), Warnecke u. Barber (1973), Shuman (1975), Gerth (1985), Schulte u. Beese (1994b) sowie Schulte (1995) aufgestellt worden. Eine Anpassung der Daten an die *Langmuir*-Gleichung wurde von Shuman (1975) sowie Schulte (1988) bzw. Schulte u. Beese (1994b) für die Zn-Adsorption versucht. Dabei konnte eine signifikante Korrelation zwischen der Kationenaustauschkapazität bzw. der spezifischen Oberfläche und dem berechneten Adsorptionsmaximum festgestellt werden.

Zusammenfassend läßt sich über das Verhalten von Zn in Böden sagen, daß es neben Cd und Ni zu den relativ mobilen Schwermetallen gehört. Die Zn-Löslichkeit wird im wesentlichen durch Ad- und Desorptionsprozesse in Abhängigkeit vom pH-Wert und dem Gehalt an pedogenen Oxiden und aufweitbaren Dreischichtmineralen bestimmt. Bei pH-Werten < 6 steigt die Löslichkeit und damit auch die Pflanzenverfügbarkeit von Zn stark an.

4.3 ZUSAMMENFASSENDE SCHLUßFOLGERUNGEN UND AUSBLICK

Die wissenschaftliche Betrachtung als Basis einer Wertung des Problems „Schwermetalle in Waldökosystemen" muß auf dem Stoffhaushalt von Waldökosystemen aufbauen. Die Begriffe Stabilität, Elastizität und Resilienz werden auf der Grundlage der Stoffbilanz von Waldökosystemen bzw. der von Ulrich (1983, 1987a, b, 1992, 1994; → Kap. 3) entwickelten Waldökosystemtheorie definiert. Als wesentliche Ursache für die Destabilisierung von Waldökosystemen wird die anthropogene Belastung mit Säure,

Schwermetallen und anderen Luftverunreinigungen diskutiert. Als großräumiges Belastungsmaß werden die Raten der Emission von Schwermetallen, als standörtliches Belastungsmaß die Raten der Deposition von Schwermetallen mit dem Niederschlag vorgestellt, miteinander verglichen und neue Tendenzen aufgezeigt. Für den Eintrag der beobachteten Schwermetalle und Metalloide in Waldökosysteme Deutschlands gilt verallgemeinernd:

$$\mathrm{Co} < \mathrm{As} \cong \mathrm{Cd} \cong \mathrm{Cr} < \mathrm{Ni} << \mathrm{Pb}$$

Auch wenn Pb nach wie vor quantitativ am stärksten mit dem Niederschlag in Ökosysteme eingetragen wird, wirken die Anfang der 80iger Jahre eingeleiteten Emissionsminderungen – hier vor allem die Einführung unverbleiter Kraftstoffe 1984 (→ Kap. 10, 13) – am effektivsten bei Pb und am uneffektivsten für Cd bzw. Ni, für das keine Minderung im Eintrag mit dem Niederschlag erkennbar ist:

$$\mathrm{Pb} > \mathrm{As} > \mathrm{Co} \cong \mathrm{Cr} > \mathrm{Cd}\ (\mathrm{Ni})$$

Ebenfalls alarmierend ist der stark steigende Verbrauch von Ni in Deutschland und die in etwa gleichbleibende, relativ hohe Belastung des Niederschlags mit diesem Metall. Halten die beobachteten Entwicklungen bei der Niederschlags-Deposition von Pb und Ni an, wird Ni schon im nächsten Jahrzehnt Pb als das mengenmäßig am stärksten vertretene Schwermetall im Niederschlag ablösen (Schulte u. Gehrmann 1996). Durch die hohe Löslichkeit von Ni bei pH-Werten < 6 in Böden ist die Adsorptionskapazität bzw. Filterfunktion vor allem der stark versauerten Waldböden für Ni weitgehend erschöpft. Negative Ökosystembilanzen zeigen, daß akkumuliertes Ni bereits mit dem Sickerwasser in Richtung Grundwasser verlagert wird (Schultz 1987; Gehrmann 1990; Andreae 1993). Daß Emissionsminderungen von Spurenelementen nicht nur technisch möglich sind, sondern auch direkt zu Minderungen der jeweiligen Einträge mit dem Niederschlag führen, kann mit den vorgelegten Ergebnissen vor allem von Pb und As belegt werden (Schulte et al. 1995; Schulte u. Gehrmann 1996). Für das extrem toxische Cd sind daher mit Nachdruck verstärkte Maßnahmen zur Emissionsminderung zu fordern. Trotz der seit über 20 Jahren geführten öffentlichen Diskussion, wurden mögliche Ersatzprodukte und Recyclingverfahren nicht der Bedeutung des Problems entsprechend eingeführt.

Die dennoch selbstverständlich positiv zu bewertenden Ergebnisse sollten jedoch nicht zu der Schlußfolgerung verleiten, daß das Problem „Schwermetalle in Waldökosystemen" gelöst sei. Zum einen ist die durchschnittliche Depositionsrate aller untersuchten Meßstationen im Jahr 1993 von Pb mit 31 g ha^{-1} und Cd mit 2,0 g ha^{-1} im Vergleich zu „unbelasteten" Gebieten immer noch sehr hoch (Literaturübersicht bei Bergkvist et al. 1989), zum anderen verbleiben die spätestens seit Beginn der Industrialisierung in Mitteleuropa akkumulierten Pb-Vorräte vor allem in Waldböden, die mit Werten von einigen Kilogramm auf industriefernen Standorten bis hin zu mehreren hundert Kilogramm Pb ha^{-1} belastet sein können. Bei zunehmender Bodenversauerung infolge überhöhter S-Einträge (abnehmende Tendenz) und N-Einträge (zunehmende Tendenz) könnte auch das im Vergleich mit anderen Schwermetallen relativ immobile Pb mobilisiert werden und ökosystemschädigend wirken bzw. ins Grundwasser verlagert werden (Schulte 1988). Negative Ökosystembilanzen für Cd (Schultz 1987; Gehrmann 1990; Andreae 1993) zeigen, daß der im Boden akkumulierte Cd-Vorrat bereits abgebaut wird. In versauerten Waldböden kann atmosphärisch deponiertes Cd nicht mehr adsorbiert werden und wird mit dem Sickerwasser aus dem Ökosystem ausgewaschen (Schultz 1987; Schulte u. Beese 1994a, b). Vor allem die Reduktion der Emission und Immission von As infolge der Einführung von effektiveren Filtern in Kohlekraftwerken (Jockel 1993) ist positiv zu bewerten. Ähnlich wie beim Pb verbleiben jedoch die spätestens seit Beginn der Kohleverbrennung akkumulierten As-Vorräte im Boden. So konnte insbesondere in Böden historischer Bergbaugebiete regional eine Akkumulation von As nicht-geogenen Ursprungs von bis zu > 100 kg ha^{-1} festgestellt werden. Die Frage, inwieweit As bei zunehmender Bodenversauerung mobilisiert und infolgedessen ins Grundwasser gelangen kann, bedarf ebenfalls näherer Untersuchung. Unzureichend erforscht ist auch die Entstehung und eventuelle Ausgasung organischer As-Verbindungen durch Biotransformation in Waldböden und deren Auswirkungen auf die Zersetzerkette (Schulte et al. 1995).

Untersuchungen zur Adsorption und Mobilität von Cd, Cu, Pb und Zn in Waldböden werden diskutiert. Traditionelle Adsorptionsisothermen zeigen die Beziehung zwischen der adsorbierten Menge eines Schwermetalls und der Bodenlösungskonzentration nur für den untersuchten Boden und sind daher nicht oder nur eingeschränkt auf andere Böden übertragbar. Um die Adsorption und Mobilität von Schwermetallen auch für Böden mit großer Variabilität der Bodeneigenschaften modellieren zu können, wurde versucht, für Böden völlig unterschiedlichen Stoffbestands generalisierende Adsorptionsisothermen zu erstellen. Die vorgestellten generalisierenden Adsorptionsdichte-Isothermen von Cd, Cu, Pb und Zn für Bodengruppen eines Pufferbereichs scheinen eine hierzu hinreichend übereinstimmende Beschreibung der Quantitäts-/Intensitätsbeziehung dieser Schwermetalle in Waldböden zu ermöglichen, die hinsichtlich ihrer spezifischen Oberfläche sehr unterschiedlich sind (Schulte u. Beese 1994a, b). Es wird gezeigt, daß ein Grenzwert, angegeben in mg Schwermetall kg^{-1} Boden, weder den unterschiedlichen Puffereigenschaften der Böden aufgrund unterschiedlicher Ausstattung mit Ton, Humus und Oxiden, noch den unterschiedlichen bodenchemischen Kennwerten des Reaktionsraumes wie dem pH-Wert und der Ionenzusammensetzung der Bodenlösung gerecht wird. Schwermetallgehalte in Böden, angegeben in mg kg^{-1}, sind ohne zusätzliche Informationen ökotoxikologisch nicht oder nur sehr eingeschränkt interpretationsfähig. Dennoch werden auch in Europa Schwermetall-Grenzwerte in mg kg^{-1} angegeben, die von vielen Autoren insbesondere unter der Berücksichtigung der zunehmenden Bodenversauerung nicht nur für Waldböden mit geringer Adsorptionskapazität als zu hoch angesehen werden (→ Kap. 16). Wichtigstes Kriterium bei der Ermittlung von Grenzwerten für die Schwermetallbelastung von Böden ist die Quantitäts-/Intensitäts-Beziehung, die den Übergang von Schwermetallen aus dem mobilisierbar gebundenen in den gelösten Ionenpool beschreibt. Dabei ergeben dann diejenigen Schwermetallgehalte der Böden die zu ermittelnden Grenzwerte für die Bodenbelastbarkeit, bei denen in der Bodenlösung bzw. im Sickerwasser z.B. die für Trinkwasser gültigen Grenzwerte erreicht oder überschritten werden. Schwermetalleinflüsse auf Wachstum und Ertrag von Pflanzen bzw. von pflanzenverzehrenden Tieren, aber auch das Erreichen toxikologisch relevanter Grenzwerte in pflanzlichen Lebensmitteln treten in der Regel erst bei wesentlich höheren Schadstoffgehalten auf. Unter dem Gesichtspunkt des immer aktueller werdenden Grundwasserschutzes sind sie deshalb nicht als Parameter für die Ermittlung von Grenzwerten geeignet. (→ Kap. 20, 21, 23)

Die Zugehörigkeit eines Bodenhorizontes zu einem Pufferbereich und der Stoffbestand des Bodenhorizontes sind die bedeutendsten Einflußgrößen der Schwermetalladsorption. Die Zuordnung einer Bodenprobe zu einem Pufferbereich ist durch einfache pH-Messungen und morphologische Kriterien möglich, während der für die Schwermetalladsorption wichtige Stoffbestand der Böden nur über zahlreiche mehr oder weniger aufwendige Untersuchungen charakterisiert werden kann (Korngrößenanalyse, Tonmineralbestand, Bestimmung des Gehalts an pedogenen Oxiden und organischer Substanz). Die Bestimmung der spezifischen Gesamtoberfläche über die Adsorption von EGME unter definierten Bedingungen ergibt jedoch einen relativ einfach zu bestimmenden und aussagekräftigen Kennwert der festen Bodensubstanz, der die für die Schwermetalladsorption wichtigen Eigenschaften der unterschiedlichen Stoffkomponenten hinreichend genau zu parameterisieren vermag (Schulte et al. 1992). Aus der Regressionsgleichung zwischen der Adsorptionsdichte eines Schwermetalls und der Bodenlösungskonzentration in Abhängigkeit von der Zugehörigkeit eines Bodenhorizontes zu einem Pufferbereich scheinen sich Grenzwerte aufstellen zu lassen, die die bedeutendsten Einflußgrößen der Schwermetalladsorption berücksichtigen und damit ökologisch insbesondere im Hinblick auf eine zu vermeidende Grundwasserkontaminierung wesentlich aussagefähiger wären, als die derzeit für alle Bodenzustände und -eigenschaften geltenden Grenzwerte. Um die Mobilität dieser angereicherten Schwermetalle in der ungesättigten Bodenzone und damit auch die potentielle Grundwasserkontamination abzuschätzen, ist eine quantitative Beschreibung des Schwermetalltransports notwendig. Sie muß die Klimabedingungen, die Bodeneigenschaften und die Schwermetallbelastung der Böden durch Einträge und Akkumulation miteinander verknüpfen. Die Beschreibung sollte dabei von verhältnismäßig einfach zu ermittelnden Parametern abhängen, um sie auch flächenhaft über Wassereinzugsgebiete hinaus auf größere Regionen anwenden zu können. Ein erster Schritt zur Beschreibung des Transports der Schwermetalle Cd, Cu, Pb und Zn wurde mittels einer um einen Adsorptions-Senkenterm erweiterten Konvektions-Diffusions-Transportgleichung gemacht (Priesack et al. 1991).

Zukünftiger Forschungsbedarf besteht vor allem bei der Weiterentwicklung eines Modells zum Transport von Schwermetallen in Waldböden im Zuge voranschreitender Versauerung unter Einbeziehung bisher nur wenig untersuchter Elemente wie Cr, Ni, Co, Hg, V, As, Sn und anderen toxisch wirkenden Spurenstoffen. Die vor allem in der Humusauflage von Waldböden angereicherten Schwermetalle stellen bei weiter voranschreitender Bodenversauerung eine ökologische Zeitbombe dar. Nicht nur in Deutschland sind viele Trinkwasserschutzgebiete mit Wald auf sauren Sandböden bestockt (z.B. Lüneburger Heide). Mit der durch gesetzliche Maßnahmen bewirkten zunehmenden Umstellung auf bleifreies Benzin in der Mehrzahl der Industrienationen sowie zusätzlichen Maßnahmen zur Luftreinhaltung hat eine Abnahme der Schwermetall-Emission in diesen

Ländern stattgefunden. Durch die schnelle Industrialisierung und enorm steigende Kraftfahrzeugverkehrsdichte in einigen „Schwellenländern“ (z.B. China, Indonesien, Brasilien) unter Verwendung verbleiter Kraftstoffe und stark steigendem Schwermetall-Verbrauch ist allerdings nur eine geographische Verlagerung des Problems „Schwermetalle in Waldökosystemen“ und nicht dessen globale Lösung zu erwarten.

LITERATUR

Abd-Elfattah A, Wada K (1981) Adsorption of lead, copper, zinc, cobalt and cadmium by soils that differ in cation-exchange materials. J Soil Sci 32: 271–283

Abo-Rady M (1985) Schwermetalle in Lockerbraunerden im Vogelsberg und Taunus. Geol Jhb Hessen 113: 229–250

Adriano DC (1986) Trace elements in the terrestrial environment. Springer, Heidelberg New York

Aichberger KW, Bachler W, Bichler H (1982) Schwermetalle in Böden Oberösterreichs und deren Verteilung im Bodenprofil. Landwirtsch Forsch 38: 350–362

Anderson A (1977): Heavy metals in Swedish soils: on their retention, distribution and amounts. Swed J Agric Res 7: 7–20

Andreae H (1993) Verteilung von Schwermetallen in einem forstlich genutzten Wassereinzugsgebiet unter dem Einfluß saurer Deposition am Beispiel der Sösemulde (Westharz) Ber Forschungszentrum Waldökosysteme A99: 160 S, Göttingen

Andresen AM, Johnson AH, Siccama TS (1980) Levels of lead, copper and zinc in the forest floor in the northeastern United States. J Environ Qual 9: 293–296

Ankomah AB (1993) Magnesium and pH effect on zinc sorption by goethite. Soil Sci 154, 3: 206–213

Asche N (1985) Stoffeinträge in das Naturschutzgebiet Braunschweig-Riddagshausen. Ber Forschungszentrum Waldökosysteme, A14, Göttingen

Asche N, Beese F (1986) Untersuchungen zur Schwermetalladsorption in einem sauren Waldboden. Z Pflanzenernähr Bodenk 149: 172–180

Banin A, Navrot J, Noy I, Yoles D (1981) Accumulation of heavy metals in arid-zone soils irrigated with treated sewage effluents and their uptake by Rhodes grass. J Environ Qual 10: 536–540

Banin A, Navrot J, Perl A (1987) Thin-horizon sampling reveals highly localized concentrations of atmophile heavy metals in a forest soil. Science Total Environ 61: 145–152

Bergkvist B, Folkeson L, Berggren D (1989) Fluxes of Cu, Zn, Pb, Cd, Cr and Ni in temperate forest ecosystems – A literature review. Water Air Soil Pollut 47: 217–286

Bergseth H, Stuanes A (1976) Selektivität von Humusmaterial gegenüber einigen Schwermetallionen. Acta Agric Scand 26: 52–58

Berrow ML, Reaves GA (1985) Extractable copper concentrations in Scottish soils. J Soil Sci 36: 31–43

Biedermann R (1869) Einige Beiträge zur Frage der Bodenabsorption. Land Vers Stat 11: 81–95

Bingham FT, Page AL, Sims JR (1964) Retention of Cu and Zn by H–Montmorillonite. Soil Sci Soc Proc 351–354

Bittel JE, Miller RJ (1974) Lead, cadmium and calcium selectivity coefficients on Montmorillionite, Illite and Kaolinite. J Environ Qual 3: 250–254

Blume HP (1981) Schwermetallverteilung und -bilanzen typischer Waldböden aus nordischem Geschiebemergel. Z Pflanzenernähr Bodenk 144: 156–163

Blume HP, Hellriegel TH (1981) Blei- und Cadmium-Status Berliner Böden. Z Pflanzenernähr Bodenk 144: 181–196

Blume HP, Brümmer G (1987) Prognose des Verhaltens von Schwermetallen in Böden mit einfachen Feldmethoden. Mitt Dtsch Bodenkundl Ges 53: 111–117

Blume HP, Brümmer G (1991) Prediction of heavy metal behavior in soil by means of simple field tests. Ecotoxicol Environ Safety 22: 164–174

Borgaard OK (1976) The Use of EDTA in Soil Analysis. Acta Agric Scand 26: 144–150

Borgaard OK (1987) Influence of iron oxides on cobalt adsorption by soils. J Soil Sci 38: 229–238

Bowen HJM (1966) Trace elements in biochemistry. Academic Press, London

Brechtel HM, Hammes W (1984) Aufstellung und Betreuung der Niederschlagssammler "Münden". Meßanleitung 3. Hess. Forstl. Versuchsanstalt, Hann. Münden

Brümmer G (1981) Ad- und Desorption oder Ausfällung und Auflösung als Lösungskonzentration bestimmender Vorgänge in Böden. Mitt Dt Bodenkdl Ges 30: 7–18

Brümmer G (1982) Einfluß des Menschen auf den Stoffhaushalt der Böden. Christiana Albertina 17: 59–70

Brümmer G, Gerth J, Herms U, Clayton PM (1983) Adsorption-desorption and/or precipitation-dissolution processes of zinc in soils. Geoderma 31: 337–354

Bunzl K, Schmidt W, Sansoni B (1976) Kinetics of ion exchange in soil organic matter: 4. Adsorption and desorption of Pb, Cu, Cd, Zn and Ca by peat. J Soil Sci 27: 32–41

Bussler W (1981) Physiological function and utilisation of copper. In: Lonergan (ed) Copper in soils and plants. Perth/Australia: Proc Internat Symp, Academic Press

Cataldo DA, Garland TR, Wildung RA (1981) Cadmium distribution and chemical fate in soybean plants. Plant Physiol 68: 835–836

Cavallaro N, McBride MB (1978) Copper and cadmium adsorption characteristics of selected acid and calcaerous soils. Soil Sci Soc Am J 42: 550–557

Chaney RL, White MC, Tierhoven MV (1976) Interactions of Cd and Zn in phytotoxicity to uptake of soybean. Agron Abstr 68: 21–218

Christensen TH (1984a) Cadmium soil sorption at low concentrations: I. Effect of time, cadmium load, pH and calcium. Water Air Soil Pollut 21: 105–114

Christensen TH (1984b) Cadmium soil sorption at low concentrations: II. Reversibility and effect of changes in solute composition. Water Air Soil Pollut 21: 115–125

Christensen TH (1985a) Cadmium soil sorption at low concentrations: III. Prediction and observation of mobility. Water Air Soil Pollut 26: 255–264

Christensen TH (1985b) Cadmium soil sorption at low concentrations: IV. Effect of waste leachates on distribution coefficients. Water Air Soil Pollut 26: 265–274

Christensen TH (1987a) Cadmium soil sorption at low concentrations: V. Evidence of competition by other heavy metals. Water Air Soil Pollut 34: 293–303

Christensen TH (1987b): Cadmium soil sorption at low concentrations: VI. A model for zinc competition. Water Air Soil Pollut 34: 305–314

Christensen TH (1989a): Cadmium soil sorption at low concentrations: VII. Effect of stable solid waste leachate complexes. Water Air Soil Pollut 44: 43–56

Christensen TH (1989b): Cadmium soil sorption at low concentrations: VIII. Correlation with soil parameters. Water Air Soil Pollut 44: 71–82

Christensen TH (1989c): Cadmium soil sorption at low concentrations. Polyteknisk Forlag, Denmark

Cousins RJ (1979) Metallothionein synthesis and degradation: Relationship to cadmium metabolism. Environ Health Perspect 28: 131–136

Davis RD, Becket PHT, Wollan E (1978) Critical levels of twenty potentially toxic elements in young spring barley. Plant Soil 49: 195–408

DECHEMA (1989) Beurteilung von Schwermetallkontaminationen im Boden. Deutsche Ges Chem Apparatewesen, Frankfurt

Diez T, Rosopulo A (1977) Schwermetallgehalte in Böden und Pflanzen nach extrem hohen Klärschlammgaben. Landwirtsch Forschung 33, 1: 236–248

Dolar SG, Keeney DR, Walsh LM (1971) Availability of Cu, Zn and Mn in Soils III. Predictability of plant uptake. J Sci Fd Agric 22: 282–286

Dues G (1987) Untersuchungen zu den Bindungsformen und ökologisch wirksamen Fraktionen ausgewählter toxischer Schwermetalle in ihrer Tiefenverteilung in Hamburger Böden. Hamburger Bodenkundl Arb 9

DVWK (1984): Ermittlung der Stoffdeposition in Waldökosysteme DVWK-Regeln 112; Parey, Hamburg

Eklund M (1995) Cadmium and lead deposition around a Swedish battery plant as recorded in oak tree rings. J Environ Qual 24, 126–131

Ellenberg H, Mayer R, Schauermann I (1986) Ökosystemforschung – Ergebnisse des Solling-Projekts. Ulmer, Stuttgart, 507 S.

Ewers U, Schlipköter HW (1984) Blei. In: Merian E (Hrsg) Metalle in der Umwelt. Verlag Chemie, Weinheim

Fassbender HW, Seekamp G (1976) Fraktionen und Löslichkeit der Schwermetalle Cd, Co, Cr, Cu, Ni und Pb im Boden. Geoderma 16: 55–69

Ferguson J, Bubela B (1974) The concentration of Cu (II), Pb (II) and Zn (II) from aqueous solutions by particulate algal matter. Chem Geol 13: 163–186

Fiedler HJ, Rösler HJ (1987) Spurenelemente in der Umwelt. 1. Aufl, 278 S., Gustav Fischer Verlag, Jena

Fiedler HJ, Rösler HJ (1993) Spurenelemente in der Umwelt. 2. Aufl, Gustav Fischer Verlag, Jena

Filip Z, Checshire MV, Goodmann B, McPhall BA (1985) The occurence of copper, iron, zinc and other elements and the nature of some copper and iron complexes in humic substances from municipal refuse disposed of in a landfill. Sci Total Environ 44: 1–16

Filipinski M (1989) Pflanzenaufnahme und Lösbarkeit von Schwermetallen aus Böden hoher geogener Anreicherung und zusätzlicher Belastung. Unveröff Diss Univ Göttingen

Filipinski M, Grupe M (1990) Verteilungsmuster lithogener, pedogener und anthropogener Schwermetalle in Böden. Z Pflanzenernähr Bodenk 153: 69–73

Förstner U, Wittmann GTW (1981) Metal Pollution in the Aquatic Environment. Springer, Berlin Heidelberg New York, 486 S.

Förstner U, Ahlf W, Calmano W, Sellhorn C (1984) Schwermetall/Feststoff-Wechselwirkungen in Ästuargewässern: Sorptionsexperimente mit organischen Partikeln. Vom Wasser 63: 141–156

Franck E (1978) Ermittlung von Zink-Ertragswerten fur Hafer und Weizen, Beurteilung der Zn-Versorgung von Getreide in Schleswig-Holstein und Untersuchungen über Ursachen unzureichender Zn-Versorgung. Unveröff Diss Univ Kiel

Friedland AH, Mader DL (1984) Trace metal profiles in the forest floor of New England. J Soil Sci Soc Am 48: 139–142

Friedland AH, Johnson AH, Siccama TG (1984) Trace metal content of the forest floor in the Green Mountains of Vermount: spatial and temporal patterns. Water Air Soil Pollut 21: 129–137

Fu G, Allen HE, Cowan CE (1992) Adsorption of cadmium and copper by manganese oxide. Soil Sci 152, 2: 27–81

Gadde RR, Laitinen HA (1974) Studies of heavy metal adsorption by hydrous iron and manganese oxides. Anal Chem 46: 2022–2026

Garcia-Miragaya J, Page AL (1976) Influence of ionic strength and inorganic complex formation on the sorption of trace amounts of cadmium by Montmorillonite. Soil Sci Soc Am J 40: 658–663

Geering HR, Hodgson JF (1969) Micronutrient cation complexes in soil solution: III. Characterisation of the soil solution ligands and their complexes with Zn and Cu. Soil Sci Soc Am Proc 33: 81–85

Gehrmann J (1990) Umweltkontrolle am Waldökosystem. Forschung und Beratung, C48, Landwirtschaftsverlag, Münster-Hiltrup

Gerth J (1985) Untersuchungen zur Adsorption von Ni, Zn und Cd durch Bodentonfraktionen unterschiedlichen Stoffbestandes und verschiedenen Bodenkomponenten. Unveröff Diss Univ Kiel

Gerth J, Brümmer G (1983) Adsorption und Festlegung von Nickel, Zink und Cadmium durch Goethit. Fresenius Z Anal Chem 316: 616–620

Godbold DL (1984) The uptakke and toxicity of heavy metals in Picea abies (Karst.). Ber Forschungszentrum Waldökosysteme A4, Göttingen

Godbold DL, Litzinger M, Griese C (1991) Cadmium toxicity in clones of Populus tremula. Water Air Soil Pollut 57/58: 209–215

Goldschmidt VM, Peters C (1933) Über die Anreicherung seltener Elemente in Steinkohlen. Nachr Ges Wiss Göttingen, 371–386

Gravenhorst G, Perseke C, Rohbock E (1980) Untersuchung über die feuchte und trockene Deposition von Luftverunreinigungen in der Bundesrepublik Deutschland. Umweltforschungsplan des Bundesministers des Inneren, Forschungsprojekt 10402600 Frankurt

Grenzius R (1988) Starke Bodenversauerung und Schwermetallanreicherung durch Stammabfluß in der Innenstadt von Berlin. Mitt Dtsch Bodenkdl Ges 56: 369–374

Griffin RA, Au AK (1977) Lead adsorption by Montmorillonite using a competitive Langmuir equation. Soil Sci Soc Am J 41: 880–882

Griffin RA, Shimp NF (1976) Effect of pH on exchange adsorption or precipitation of lead from landfill leachates by clay minerals. Environ Sci Technol 10: 1256–1261

Hahiri F (1974) Plant uptake of cadmium as influenced by cation exchange, organic matter, zinc and soil temperature. J Environ Qual 3: 180–182

Hahne HCH, Kroontje W (1973) Significance of pH and chlorids concentrations on the behaviour of heavy metals pollutants: Mercury (II), Cadmium (II), Zinc (II) and Lead (II). J Environ Qual 2: 444–450

Häni H, Klötzli F (1984) Schwermetalle in Klärschlamm und Müllkompost. In: Merian E (Hrsg) Metalle in der Umwelt. Verlag Chemie, Weinheim, S. 153–162

Hansen R (1980) Konzentrationen und Transport von Schwermetallen im Ökotop Weinberg. Forschungsstelle Bodenerosion Univ Trier, Heft 6

Hardiman RT, Jacoby B, Banin A (1984) Factors affecting the distribution of cadmium, copper and lead and their effect upon yield and zinc content in bush beans (*Phaseolus vulgaris* L.). Plant Soil 81: 17–27

Harres HP, Friedrich H, Höllerwarth M, Seuffert O (1985) Schwermetallbelastung städtischer Böden und ihre Beziehung zur Bioindikation. Geol Jahrb Hessen 113: 251–270

Harter RD (1983) Effects of soil pH on adsorption of lead, copper, zinc and nickel. Soil Sci Am J 47: 47–51

Harter RD (1984): Curve-fit errors in Langmuir adsorption maxima. Soil Sci Soc Am J 48: 749–752

Hassett JJ (1974) Capacity of selected Illinois soils to remove lead from aqueous solutions. Commun Soil Sci Plant Anal 5: 499–505

Hem JD (1972) Chemistry and occurence of cadmium and zinc in surface water and groundwater. Water Resources Res 8, 3: 661–679

Hendricksen A, Jensen HL (1958) Chemical and microbiological determination of copper in soils. Acta Agric Scand 8: 441–469

Herms U (1982) Untersuchungen zur Schwermetallöslichkeit in kontaminierten Böden und kompostierten Siedlungsabfällen in Abhängigkeit von Bodenreaktion, Redoxbedingungen und Stoffbestand. Unveröff Diss Univ Kiel

Herms U, Brümmer G (1978) Einfluß organischer Substanzen auf die Löslichkeit von Schwermetallen. Mitt Dtsch Bodenkdl Ges 27: 181–192

Herms U, Brümmer G (1980) Einfluß der Bodenreaktion auf Löslichkeit und tolerierbare Gesamtgehalte and Ni, Cu, Zn, Cd und Pb in Böden und kompostierten Siedlungsabfällen. Landw Forsch 33, 4: 408–423

Herms U, Brümmer G (1984) Einflußgrößen der Schwermetalllöslichkeit und -bindung in Böden. Z Pflanzenernähr Bodenk 147: 400–424

Heyn B (1989) Elementflüsse und Elementbilanzen in Waldökosystemen der Bärhalde – Südschwarzwald. Freiburger Bodenkdl Abh 23, Freiburg im Breisgau

Hildebrandt EE (1974) Die Bindung von Emissionsblei in Böden. Freiburger Bodenkdl Abh 4: 1–147

Hildebrandt EE, Blum WEH (1974) Lead fixation by iron oxides. Naturwissenschaften 61: 169–170

Hock B, Elstner EF (1984) Pflanzentoxikologie. B. I. Wissenschaftsverlag, Mannheim

Hodenberg A von, Finck A (1975) Ermittlung von Toxizitäts-Grenzwerten für Zink, Kupfer und Blei in Hafer und Rotklee. Z Pflanzenernähr Bodenk 138: 489–503

Hodgson JT, Lindsay WI, Trierweiler JF (1966) Micronutrient cation compexing in soil solution: II. Complexation of zinc and copper in displaced solutions from calcereous soils. Sci Soc Am Proc 30: 723–726

Jenne EA (1968) Trace inorganics in water. Adv Chem 73: 337–341

Jochheim H (1985) Der Einfluß des Stammablaufwassers auf den chemischen Bodenzustand und die Vegetationsdecke in Altbuchenbeständen verschiedener Waldbestände. Ber Forschungszentrum Waldökosysteme A28, Göttingen

Jockel W (1993) Schwermetallemissionen in die Atmosphäre. Entsorgungspraxis 10: 718–721

John MK (1972) Cadmium adsorption maxima of soils as measured by the Langmuir isotherm. Can J Soil Sci 52: 343–350

Jones JHP, Clement CR, Hopper JJ (1973) Lead uptake from solution by perennial ryegrass and its transport from roots to shoots. Plant Soil 38: 403–414

Jurinak JJ, Bauer N (1956) Thermodynamics of zinc adsorption on calcite, dolomite and magnesite-type minerals. Soil Sci Soc Am Proc 20: 466–471

Kalbasi M, Racz GJ, Levenrudgers LA (1978) Reaction products and solubility of applied zinc compounds in some Manitoba soils. Soil Sci 125: 55–64

Kazda M, Glatzel G (1984) Schwermetallanreicherung und Schwermetallverfügbarkeit im Einsickerungsbereich vom Stammablaufwasser in Buchenwäldern (Fagus sylvatica) des Wienerwaldes. Z Pflanzenernähr Bodenk 147: 743–752

Keller C, Vedy JC (1994) Distribution of copper and cadmium fractions in two forest soils. J Environ Qual 23L 987–999

Kinniburgh DG, Jackson ML, Syers JK (1976) Adsorption of alkaline earth, transition, and heavy metal cations by hydrous oxide gels of iron and aluminum. Soil Sci Am J 40: 796–801

Kloke A (1974) Blei-, Zink-, Cadmium-Anreicherungen in Böden und Pflanzen. Staub Reinhalt Luft 34: 18–21

Kloke A (1984) Problematik von Orientierungs-, Richt- und Grenzwerten für Schwermetalle in biologischen Substanzen. Loccumer Protokolle 2: 61–119

Koenies H (1985) Über die Eigenart der Mikrostandorte im Flußbereich der Altbuchen unter besonderer Berücksichtigung der Schwermetallgehalte in der organischen Auflage und im Oberboden. Ber Forschungszentrum Waldökosysteme A26, Göttingen

König N, Baccini P, Ulrich B (1986) Der Einfluß der natürlichen organischen Substanzen auf die Metallverteilung zwischen Boden und Bodenlösung in einem sauren Waldboden. Z Pflanzenernähr Bodenk 149: 68–82

König W, Kramer F (1985) Schwermetallbelastung von Böden und Kulturpflanzen in Nordrhein-Westfalen. Schriftenr Landesanstalt Ökologie, Landschaftsentw Forstplanung, Nordrhein-Westfalen, Bd. 10

Köster W, Merkel D (1985) Schwermetalluntersuchungen landwirtschaftlich genutzter Böden und Pflanzen in Niedersachsen. Landwirtschaftskammer Hannover

Kramer F (1976) Erste Untersuchungen zur Erstellung eines Bodenbelastungskatasters (Pb, Zn, Cd, Cu) im Raume Duisburg-Dinslaken. Schriftenreihe Landesamt Immission Bodenschutz NW 39: 45–48

Kues J (1987) Bodenuntersuchungsprogramm Stadtwald Hannover. Niedersächsisches Landesamt für Bodenforschung, Hannover, Archiv-Nr. 101 322, Hannover

Kuntze H, Grupe M, Filipinski M, Pluquet E (1988) Kennzeichnung der Empfindlichkeit der Böden gegenüber Schwermetallen unter Berücksichtigung geogener und pedogener Grundgehalte sowie anthropogener Zusatzbelastung. Forschungsbericht Nr. 10701001. Umweltbundesamt, Berlin

Kuntze H, Herms U (1986) Bedeutung geogener und pedogener Faktoren für die weitere Belastung der Böden mit Schwermetallen. Naturwiss 73: 195–204

Lagerwerff JV (1972) Lead, mercury and cadmium as environmental contaminants. In: Mortveld G, Lindsay WI (eds) Micronutrients in agriculture. Soil Sci Am, Madison/Wisconsin

Lagerwerff JV, Brower DL (1972) Exchange adsorption of trace quantities of cadmium in soils treated with chloride of Al, Ca and Na. Soil Sci Soc Am Proc 36: 734–737

Lakanen E, Ervio R (1971) A comparison of eight extractant for the determination of plant available micronutrient in soils. Suomen Maataloustieteelisen Seuran Julkaissuja 123: 223–232

Lamersdorf N (1988) Verteilung und Akkumulation von Spurenstoffen in Waldökosystemen. Ber Forschungszentrum Waldökosysteme A36, Göttingen

Langmuir I (1918) The adsorption of gases on plane surfaces of glas, mica and platinum. Am Chem J 40: 1316–1403

Lepp NW (ed; 1981a) Effect of heavy metal pollution on plants. 1: Effects of trace metals on plant function. Applied Science Publishers, Essex

Lepp NW (ed; 1981b) Effect of Heavy Metal Pollution on Plants. 2: Metals in the environment. Applied Science Publishers, Essex

Levi-Minzi R, Soldathini GF, Riffaldi R (1976) Cadmium adsorption by soils. J Soil Sci 27: 10–15

Lichtfuss R (1989) Geogene, pedogene und anthropogene Schwermetallgehalte in Böden In: DECHEMA (1989) Beurteilung von Schwermetallkontaminationen im Boden. Deutsche Ges chem Apparatewesen, Frankfurt

Lindsay WI (1974) The role of chelation in micronutrient availability. In: Carson (ed) The plant roots and its environment. Univ of Virginia Press, Charlottesville

Lindsay WI (1979) Chemical equilibria in soils. Wiley Interscience, New York

Lovett GM, Kinsman JD (1990) Atmospheric pollutant deposition to high-elevation ecosystems. Atmos Environ 24, 11: 2767–2786

Markert B (ed; 1993) Plants as biomonitors: indicators for heavy metals in the terrestrial environment. Verlag Chemie, Weinheim, 640 S.

Matschullat J, Heinrichs H, Schneider J, Ulrich B (Hrsg; 1994) Gefahr für Ökosysteme und Wasserqualität – Ergebnisse interdisziplinärer Forschung im Harz. Springer, Berlin Heidelberg New York, 478 S.

Mayer R (1978) Adsorptionsisothermen als Regelgrößen beim Transport von Schwermetallen in Böden. Z Pflanzenernähr Bodenk 141: 11–28

Mayer R (1981) Natürliche und anthropogene Komponenten des Schwermetallhaushalts von Waldökosystemen. Göttinger Bodenkdl Ber 70

Mayer R, Heinrichs H (1977) Gehalte an 26 Elementen (einschließlich Spurenelementen) in Düngemitteln und Böden sowie Bodenvorräte und Flüssebilanzen in 2 Waldökosystemen. Mitt Dtsch Bodenk Ges 25: 367–376

McBride MB (1980) Chemisorption of Cd on calcite surface. Soil Soc Am Proc 44: 26–28

McBride MB, Blasiak JJ (1976) Zinc and copper solubility as a function of pH in an acid soil. Soil Sci Soc Am J 43: 866–870

McBride MB, Mortland MM (1979) Copper (II) interactions with montmorillonite: Evidence of physical methods. Soil Sci Soc. Am. Proc. 38: 408–415

McGrath SP, Cegarra J (1992) Chemical extractability of heavy metals during and after long-term applications of sewage sludge to soil. J Soil Sci 43: 313–321

McKenzie RM (1980) The adsorption of lead and other heavy metals on oxides of manganese and iron. Austr J Soil Res 18: 73–81

McLaren RG, Crawford DV (1974) Studies on soil copper: 3. Isotopically exchangeable copper in soils. J Soil Sci 25: 111–119

Meiwes KJ, Hauhs M, Gerke H, Asche N, Matzner E, Lamersdorf N (1984) Die Erfassung des Stoffkreislaufs in Waldökosystemen. Konzept und Methodik. Ber Forschungszentr Waldökosysteme B7: 129 S., Göttingen

Merian E (Hrsg, 1984) Metalle in der Umwelt. Verlag Chemie, Weinheim, 722 S.

Mies E (1987) Elementeinträge in tannenreiche Mischbestände des Südschwarzwaldes. Freiburger Bodenkdl Abh 18, Freiburg im Breisgau

Murozumi MT, Chow TJ, Patterson WK (1969) Chemical concentrations of polluted lead, aerosols, terrestrial dusts and sea salts in Greenland and Antarctic snow strata. Geochim Cosmochim Acta 33: 1247–1294

Navrot J, Singer A, Banin A (1978) Adsorption of cadmium and its exchange characteristics in some Israeli soils. J Soil Sci 29: 505–511

Neite H (1989) Zum Einfluß von pH und organischem Kohlenstoffgehalt auf die Löslichkeit von Eisen, Blei, Mangan und Zink in Waldböden. Z Pflanzenernähr Bodenk 152: 441–445

Nriagu JO (1978) The biogeochemistry of lead in the environment. Elsevier, Amsterdam

Nürnberg HW, Nguyen UD, Valenta P (1983) Deposition von Säure und toxischen Schwermetallen mit den Niederschlägen in der Bundesrepublik Deutschland In: Jahresbericht der Kernforschungsanlage Jülich 1982/83, 5: 4–53

Orchiston HD (1952) Adsorption of water vapor: I. Soil Sci 76: 453–465

Orchiston HD (1954) Adsorption of water vapor: II. Soil Sci 78: 463–480

Orchiston HD (1955): Adsorption of water vapor: III. Soil Sci 79: 71–78

Osiname AO, Schulte EE, Corey RB (1973) Soil tests for available copper and zinc in soils of western Nigeria. J Sci Agric 24: 1341–1349

Otto HJ (1994) Waldökologie. Ulmer, Stuttgart

Page AL, Bingham FT, Chang AC (1981) Cadmium. In. Lepp NW (ed) Effect of heavy metal pollution on plants. 1: Effects of trace metals on plant function. Applied Science Publishers, Essex

Page AL, Bingham FT, Nelson C (1972) Cadmium adsorption and growth of various plant species as influenced by solution cadmium concentration. J Environ Qual 1, 3: 288–292

Pasricha NS, Baddesha HS, Aulakh MS, Nayyar VK (1987) The zinc quantity-intensity relationships in four different soils as influenced by phosphorus. Soil Sci 143, 1: 1–4

Peterson PJ (1978) Lead. In: Nriagu JO (ed) The biogeochemistry of lead in the environment. Elsevier, Amsterdam

Petruzelli G, Guidi G, Lubrano L (1981) Influence of organic matter on lead adsorption by soil. Z Pflanzenernähr Bodenk 144: 74–76

Posner AM, Bowden JW (1980) Adsorption isotherms: should they be split? J Soil Sci 31: 1–10

Pouyat RF, McDonnel MJ (1991) Heavy metal accummulation in forest soils along an urban-rural gradient in Southeastern New York, USA. Water Air Soil Pollut 57/58: 797–807

Pouyat RF, McDonnel MJ, Pickt STA (1995) Soil characteristics of oak stands along an urban-rural land use gradient. J Environ Qual 24: 516–526

Priesack E, Schulte A, Beese F (1991) Ein Modell zur Beschreibung des Transports der Schwermetalle Cd, Cu, Pb und Zn in der ungesättigten Bodenzone. Verh Ges f Ökologie 20/2: 859–863

Prince AL (1957) Influence of soil types on the mineral composition of corn tissues as determination spectrographically. Soil Sci 83: 3998–4015

Prokhorov VM, Gromova YEA (1973) Effect of the pH and the salt concentration of zinc sorption by soils. Soviet Soil Sci 3: 693–699

Raikhy NP, Takkar PN (1981) Copper adsorption by soils and its relations with plant growth. Z Pflanzenernähr Bodenk 144: 597–612

Ramos L, Hernandez LM, Gonzales MJ (1994) Sequential extraction of copper, lead, cadmium and zinc in soils from a site near Donana National Park. J Environ Qual 23: 50–57

Reddy MR, Perkins HF (1974) Fixation of zinc by clay minerals. Soil Sci Soc Am Proc 38: 229–231

Reith JWS (1968) Copper deficiency in crops in Northeast Scotland. J Agric Sci 70: 39–45

Robson AD, Reuter RJ (1981) Diagnosis of copper deficiency and toxity. In: Lonergan (ed) Copper in soils and plants. Academic Press, Perth

Saeed M, Fox FL (1979) Influence of phosphate fertilization on zinc adsorption by tropical soils. Soil Sci Soc Am J 43: 583–686

Sanchez-Martin MJ, Sanchez-Camanzano M (1993) Adsorption and mobility of cadmium in natural, uncultivated soils. J Environ Qual 22: 734–742

Sanders JR, Bloomfield C (1980) The influence of pH, ionic strength and reactant concentrations on copper complexing by humified organic matter. J Soil Sci 31: 53–63

Sandman G, Boger P (1980) Copper defiency and toxicity in scenedesmus. Z Pflanzenphysiol 98: 53–59

Santillan-Medrano J, Jurinak JJ (1975) The chemistry of lead and cadmium in soil: Solid phase formation. Soil Sci Am Proc 39: 851–856

Schachtschabel P, Blume HP, Brümmer G, Hartge KH, Schwertmann U (Hrsg; 1992) Scheffer/Schachtschabel Lehrbuch der Bodenkunde. Enke, Stuttgart, 13 Aufl, 491 S.

Scharpenseel HW, Eichwald E, Haupenthal CH, Neue HU (1983) Zinc deficiency in soil toposequence grown to rice, at Tiaong, Quezon Province Philippines. Catena 10: 115–132

Schlegel H (1985) Schwermetalltoxizitiät bei Fichtenkeimlingen (*Picea abies* K.) am Beispiel von Cadmium, Zink und Quecksilber. Unveröff Diplom-Arbeit, Univ Göttingen

Schmidt M (1987) Atmosphärischer Eintrag und interner Umsatz von Schwermetallen in Waldökosystemen. Ber Forschungszentrum Waldökosysteme A34: 174 S., Göttingen

Schmitt HW, Sticher H (1986a) Prediction of heavy metal contents and displacement in soils. Z Pflanzenernähr Bodenk 149: 157–171

Schmitt HW, Sticher H (1986b) Long term trend analysis of heavy metal content and translocation in soils. Geoderma 38: 195–207

Schönhard G (1979) Vergleich der Wirkung von Kalk und einem Kationenaustauscher bei der Festlegung von Schwermetallen im Boden. Landw Forsch 32: 395–404

Schroeder J, Reuss C (1883) Die Beschädigung der Vegetation durch Rauch und die Oberharzer Hüttenrauch Schäden. Parey, Berlin, 333 S.

Schulte A (1985) Veränderungen bodenchemischer Parameter im Stammablaufbereich von Buchenwaldökosystem auf Kalk und Basalt. Unveröff Diplom-Arbeit Univ Göttingen

Schulte A (1988) Adsorption von Schwermetallen in repräsentativen Böden Israels und Nordwestdeutschlands in Abhängigkeit von der spezifischen Oberfläche. Ber Forschungszentrum Waldökosysteme A46, Göttingen

Schulte A (1995) Adsorption density, mobility and limit values of Cd, Zn, Cu and Pb in acid forest soils. J Environ Geochem Health 16: 525–535

Schulte A, Spitteler M (1987) Veränderungen bodenchemischer Parameter im Stammablaufbereich von Buchen. Forst-Holzwirt 42, 6: 150–154

Schulte A, Beese F (1994a) Adsorptionsdichte-Isothermen von Schwermetallen und ihre ökologische Bedeutung. Z. Pflanzenernähr Bodenk 157: 295–303

Schulte A, Beese F (1994b) Isotherms of cadmium sorption density. J Environ Qual 23: 712–718

Schulte A, Gehrmann J (1996) Entwicklung der Emission und Niederschlags-Deposition von Schwermetallen in Boden Deutschlands. 2. Arsen, Chrom, Cobalt und Nickel. Z Pflanzenernähr Bodenk 159: 385–389

Schulte A, Gehrmann J, Wenzel W (1995) Entwicklung der Niederschlags-Deposition von Arsen in Waldökosysteme. Forstarchiv 66: 86–90

Schulte A, Balazc A, Block I, Gehrmann J (1996) Entwicklung der Emission und Niederschlags-Deposition von Schwermetallen in Böden Deutschlands 1. Blei und Cadmium. Z Pflanzenernähr Bodenk 159: 377–383

Schulte A, Banin A, Ulrich B (1992) Adsorption von Wasser, Äthylenglycol-monoethyläther sowie Stickstoff und ihre Beziehung zu Eigenschaften Deutscher und Israelischer Bodenproben. Z Pflanzenernähr Bodenk 155: 43–49

Schultz R (1987) Vergleichende Betrachtung des Schwermetallhaushalts verschiedener Waldökosysteme Norddeutschlands. Ber Forschungszentrum Waldökosysteme A32: 217 S, Göttingen

Schultz R, Lamersdorf N, Heinrichs H, Mayer R, Ulrich B (1987) Raten der Deposition, der Vorratsänderungen und des Austrags einiger Spurenelemente in Waldökosystemen. Unveröff DFG-Abschlußbericht Nr. UR35/46-1

Schwertmann U, Huit M (1975) Erosionsbedingte Stoffverteilung in zwei hopfengenutzten Kleinlandschaften der Hallertau (Bayern). Z Pflanzenernähr Bodenk 138: 397–405

Shuman LM (1975) The effect of soil properties on zinc adsorption by soils. Soil Sci Soc Am Proc 39: 454–458

Shuman LM (1977) Adsorption of Zn by Fe and Al hydrous oxides as influenced by aging and pH. Soil Sci Soc Am J 41: 703–706

Singh B, Seekhon GS (1977) The effect of soil properties on adsorption and desorption of zinc by alkaline soils. Soil Sci 124: 366–369

Slejko FJ (1985) Adsorption technology. A step-by-step approach to process evaluation and application. Marcel Dekker, New York

Sommer G (1978) Gefäßversuche zur Ermittlung der Schadgrenzen von Cd, Cu, Pb und Zn im Hinblick auf den Einsatz von Abfallstoffen in der Landwirtschaft. Landw Forsch 35: 350–364

Soon YK (1981) Solubility and sorption of cadmium in soils amended with sewage sludge. J Soil Sci 32: 85–95

Sposito G (1982) On the use of the Langmuir equation in the interpretation of "adsorption" phenomena: 2. The "two-surface" Langmuir equation. Soil Sci Soc Am J 46: 1147–1152

Sposito G, Holztclaw KM, Levesque-Madore CS (1980) Trace metal complexation by fulvic acid extracted from sewage sludge: 1. Determination of stability constants and linear correlation analysis. Soil Sci Soc Am Proc 45: 465–468

Stahl RS, James BR (1991a) Zinc sorption by manganese-oxide-coated-sand as a function of pH. Soil Sci Soc Am J 55: 1291–1294

Stahl RS, James BR (1991b) Zinc sorption by iron-oxide-coated sand as a function of pH. Soil Sci Soc Am J 55: 1287–1290

Stevenson FJ (1976) Stability constants of Cu, Pb, and Cd complexes with humic acids. Soil Sci Soc Am J 40: 665–672

Stevenson FJ, Fitch A (1981) Reactions with organic matter. In: Lonergan (ed) Copper in soils and plants. Academic Press, Perth/Australia

Stöckhardt U (1853) Untersuchungen junger Fichten und Kiefern, welche durch den Rauch der Antonshütte krank geworden sind. Tharandter Forstl Jahrbuch 9, Tharandt

Street JJ, Lindsay WI, Sabey BR (1977) Solubility and plant uptake of cadmium in soil amended with cadmium and sewage sludge. J Environ Qual 6: 72–77

Stuanes A (1976) Adsorption of Mn^{2+}, Zn^{2+}, Cd^{2+} and Hg^{2+} from binary solutions by mineral material. Acta Agric Scand 26: 243–250

Teply TR, Wagner G, Sedman R, Piper W (1978) Effect of metals on haemobiosynthesis and metabolism. Fed Proc 37: 35–39

Thomson HS (1850) On the absorbent power of soils. Royal Agric Soc Engl J 11: 68–74

Tiller KG, Nayyar VK, Clayton PM (1979) Specific and nonspecific sorption of cadmium by soil clays as influenced by zinc and calcium. Austr J Soil Res 17: 17–28

Tiller KG, Gerth J, Brümmer G (1984a) The sorption of Cd, Zn and Ni by soil clay fractions: Procedures for partition of bound forms and their interpretation. Geoderma 34: 1–16

Tiller KG, Gerth J, Brümmer G (1984b) The relative affinities of Cd, Ni and Zn for different soil clay fractions and goethite. Geoderma 34: 17–35

Tills AR, Alloway BJ (1983) An appraisal of currently used soil tests for available copper with reference to defeciencis in English soils. J Sci Fd Agric 34: 1190–1196

Trehan SP, Sekhon GS (1977) Effect of clay, organic matter and $CaCO_3$ content on zinc adsorption by soils. Plant Soil 46: 329–336

Trüby P, Zöttl HW (1990) Schwermetallbelastung und Gesundheitszustand von Waldbäumen. KFK-PEF Berichte 61, 1: 257–269

Turcsanyi G, Fangmeier A (1990) Blei- und Cadmiumgehalt von Buchenwurzeln (Fagus sylvatica) in Stammfuß- und Zwischen-Stammbereichen. Z Pflanzenernähr Bodenk 153: 197–200

Tyler G (1981) Heavy metals in soil biology and biochemistry. In: Paul, Ladd (eds) Soil biochemistry 5. Marcel Dekker, New York

Tyler LD, McBride MB (1982) Influence of Ca, pH and humic acid on Cd uptake. Plant Soil 64: 259–262

Udo EJ, Bohn HL, Tucker TC (1970) Zinc adsorption by calcereous soils. Soil Sci Soc Am Proc 34: 405–407

Ulrich B (1983) A concept of forest ecosystems stability and of acid deposition as driving force for destabilization. In: Ulrich B (ed) Effects of accumulation of air pollutants in forest ecosystems. D Reidel Publ, Dordrecht

Ulrich B (1987a) Stabilitat, Elastizität und Resilienz von Waldökosystemen unter dem Einfluß saurer Depositionen. Forstarchiv 58: 232–240

Ulrich B (1987b) Stability, elasticity and resilience of terrestrial ecosystems with respect to matter balance. Ecol Studies 61: 11–49

Ulrich B (1991) Rechenweg zur Schätzung der Flüsse in Waldökosystemen – Identifizierung der sie bedingenden Prozesse. Ber Forschungszentrum Waldökosysteme B24: 204–210

Ulrich B (1992) Forest ecosystem theory based on material balance. Ecol Modelling 63: 163–183

Ulrich B (1994) Process hierarchy in forest ecosystems: An integrative ecosystem theory. In: Godbold DL, Hüttermann A (eds) Effects of acid rain on forest processes. Wiley-Liss, Inc., S. 353-397

Ulrich B, Meyer R, Khanna PK (1979) Deposition von Luftverunreinigungen und ihre Auswirkungen in Waldökosystemen des Solling. Schriften der Forstl Fak Univ Götingen 58: 291 S. Sauerländer Verlag, Frankfurt

Van Balen E, Van DeGeijn SC, Dejmet GM (1980) Autographic evidence for incorporation of cadmium into calcium oxalate crystals. Z Pflanzenernähr Physiol 97: 123–133

Veith JA, Sposito G (1977) On the use of the Langmuir equation in the interpretation of "adsorption" phenomena. Soil Sci Am J 41: 697–702

Vinogradow AP (1959) The geochemistry of rare and dispersed chemical elements in soils. Consultants Bureau, New York

Wada K, Kakuto Y (1980) Selective adsorption of zinc on halloysite. Clays Clay Minerals 28: 321–327

Wainwright SJ, Woolhouse HW (1975) The ecology of resource degradation and renewal. In: Chadwick, Goodman (eds) 15th Symp Brit Ecol Soc, Blackwell Publ, Oxford

Walsh LM, Erhardt WH, Siebel HD (1972) Copper toxicity in sanpbeans (*Phaseolus vulgaris* L.). J Environ Qual 1: 197–200

Warnecke DD, Barber SA (1973) Diffusion of zinc in soils: III. Relation to zinc adsorption isotherms. Soil Sci Soc Am Proc 37: 355–258

Way JT (1850) On the power of soils to absorb manure. Royal Agric Soc Engl J 13: 313–321

WBGU (1994) Welt im Wandel: Die Gefährdung der Böden. Wissenschaftlicher Beirat der Bundesregierung/Jahresgutachten 1994, Bremerhaven

Weast RC (1981) Handbook of chemistry and physics. 61. Aufl., CRC Press, Florida

Wedepohl KH (1984) Die Zusammensetzung der oberen Erdkruste und der natürliche Kreislauf ausgewählter Metalle. In: Merian E (Hrsg) Metalle in der Umwelt. Verlag Chemie, Weinheim, S. 1–10

Wedler G (1970) Adsorption. Verlag Chemie, Weinheim

Wenzel W (1995) Verteilung und Mobilität von Schwermetallen in Böden: Methodik der Erfassung, Variabilität, Dynamik und ökosystemare Effekte. Unveröff Habilitationschrift Univ für Bodenkultur, Wien

Wenzel W, Blum WEH (1996) Effect of sampling, sample preparation and extraction techniques on mobile metal fractions in soils. Adv Soil Sci (im Druck)

Wenzel W, Wieshammer W (1996) Extractability of mobile Al, Co, Cu, Fe, Mn, Ni, V and Zn from soils. J Environ Qual (im Druck)

Wiedemann H (1986): Untersuchung von Schwermetallgehalten in Feinwurzeln von Waldbäumen. Unveröff Diplom-Arbeit Univ Göttingen

Wu L, Thurmann DA, Bradshaw AD (1975) The uptake of copper and its effect upon respiratory processes of roots of copper tolerant and non-tolerant clones of *Agrostis stolonifera* L. New Phytol 75: 231–237

Zeien H, Brümmer GW (1989) Chemische Extraktionen zur Bestimmung von Schwermetallbindungsformen in Böden. Mitt Dtsch Bodenkdl Ges 59: 505–510

Zeien H, Brümmer GW (1991) Ermittlung der Mobilität und Bindungsformen von Schwermetallen in Böden mittels sequentieller Extraktionen. Mitt Dtsch Bodenkdl Ges 66: 439–442

Zeschwitz E (1986) Änderungen der Schwermetallgehalte nordwestdeutscher Waldböden unter Immissionseinfluß. Geol Jahrbuch F21; Hannover

Zhu B, Alva AK (1993) Differential adsorption of trace metals by soils as influenced by exchangeable cations and ionic strength. Soil Sci 155, 1: 61–70

Zöttl HW (1985) Heavy metal levels and cycling in forest ecosystems. Experientia 41: 1104–1113

Zöttl HW (1987) Stoffumsätze in Ökosystemen des Schwarzwaldes. Forstwiss Cbl 106: 105–114

5 Zur Geochemie von Mooren

JUTTA ZEITZ

5.1 GEOCHEMISCHE KENNWERTE WACHSENDER MOORE

Moore sind Ökotope mit einer an der Oberfläche anstehenden mindestens 3 dm mächtigen Torfschicht, die im natürlichen oder naturnahen Zustand durch eine spezifische, torfbildende Vegetation und im entwässerten Zustand als Moorboden auch durch eine mooruntypische Vegetation gekennzeichnet ist. Moorböden im Sinne der bodenkundlichen Systematik werden durch Horizonte mit charakteristischen geogenen und/oder pedogenen Merkmalen gegliedert (Ehwald 1980; Tüxen 1984; Göttlich 1990; KA4 1994; DIN 4047-4 1995).

Voraussetzung für die Moorentstehung ist ein Wasserüberschuß am Standort. Durch den Luftabschluß der unter Wasser gelangenden Pflanzen (anaerobe Bedingungen) wird die produzierte Biomasse teilweise von der Humifizierung abgeschlossen. Es kommt zur Unterbrechung des Kohlenstoff-Kreislaufs und zur Anhäufung organischer Masse. Solche sedentär entstehenden Substrate werden als Torf bezeichnet (mit > 30% organischer Substanz in der Trockenmasse). In wachsenden Mooren übertrifft die Biomasseproduktion langfristig betrachtet die Zersetzung; die Stoff- und Energiebilanz ist positiv. Wachsende Moore sind deshalb als Stoffsenken zu bezeichnen (Kuntze 1988; Succow 1988). Moore können aber auch aus sich im Wasser absetzenden Stoffen entstehen; diese sedimentären Substrate werden als Mudden bezeichnet. Je nach topogenen und hydrologischen Verhältnissen können sie sehr mächtig sein und den Moorkörper fast völlig ausfüllen (z.B. Verlandungsmoore) oder geringmächtig als erste Schicht im Verlauf der Moorbildung die topogene Hohlform auskleiden. Aufgrund ihrer Entstehungsbedingungen können sich Moore stark unterscheiden, im wesentlichen:

- hinsichtlich der hydrologischen Bedingungen und damit aufgrund der Wasserspeisung des Moores vom Moorrand als Quelle, Zufluß bei Muldenlage, Überrieselungswasser bei Hanglage; vom Moorzentrum als See, Fluß oder Quelle oder flächig als Grundwasser, Überflutungswasser und als Regenwasser)
- hinsichtlich der Elektrolyt-, Sauerstoff- und Nährstoffverhältnisse des Wassers, welches die Moore ernährt.

Hydrologische und ökologische Bedingungen wirken wechselseitig. Je nach fachlichen Schwerpunkten liegen unterschiedliche Klassifizierungen der Moore vor; am bekanntesten ist die Zweiteilung in Hochmoore (ombrogene Moore, Regenmoore) und Niedermoore (topogene Moore). Hinsichtlich der Trophiebeschreibung gilt die Zweiteilung analog in ausschließlich regenwassergenährte ombrotrophe Moore (entspricht den Hochmooren) und mineralwassergenährte minerotrophe Moore (entspricht den Niedermooren). Eine Übersicht verschiedener Klassifizierungssysteme geben Göttlich (1990) und Grosse-Brauckmann (1994, 1996). Nach hydrologisch-genetischen Aspekten schlägt Succow (1988) eine erweiterte Aufteilung der Moore in acht Moortypen vor, wobei die Hochmoore i.e.S. nicht unterteilt und von Succow durch den Begriff Regenmoor bereits treffend hinsichtlich ihrer vorherrschenden Wasserspeisung gekennzeichnet werden. Die Niedermoore sind in sieben weitere Typen unterteilbar: Verlandungs-, Überflutungs-, Versumpfungs-, Durchströmungs-, Quell-, Hang- und Kesselmoor.

Tabelle 5.1. Ökologische Moortypen und ihre Kennzeichnung (aus Succow 1988, gekürzt)

Kennzeichnung	oligotroph-saure Moore (Sauer-Armmoore)	mesotroph-saure Moore (Sauer-Zwischenmoore)	Mesotroph-subneutrale Moore (Basen-Zwischenmoore)	mesotroph-kalkhaltige Moore (Kalk-Zwischenmoore)	eutrophe Moore (Reichmoore)
Moorernährung (Wasserzufuhr)	ausschließlich bis vorherrschend durch Regenwasser	durch saures, das Moor meist durchströmendes Mineralbodenwasser	durch basenreiches, das Moor meist durchströmendes Mineralbodenwasser	durch kalkhaltiges, das Moor meist durchströmendes Mineralbodenwasser	durch fremdstoffreiches, das Moor zeitweilig überstauendes Mineralbodenwasser
C/N-Verhältnis	> 33	20–33	20–33	20–33	< 20
pH (in KCl)	< 4,8	< 4,8	4,8–6,4	6,4–8,5	3,2–7,5
V-Wert (Basensättigung)	< 46	< 46	46–70	> 70	< 30 – > 80
torfbildende Offenvegetation	• Scheuchzerio Rhynchosporion • Sphagnetalia fusci	• Spagno-Caricetalia	• Caricetalia diandrae	• Tofieldietalia	• Magnocarici-Phragmitetalia
naturnahe Strauchvegetation	• Ledo-Sphagnetum • Pino rotundatae-Sphagnetum	• Sphagno-Salicetum auritae • Eriophoro-Salicetum auritae	• Betulo-Salicetum repentis	• Betulo-Salicetum repentis	• Alno-Salicetum cinereae
naturnahe Waldvegetation	• Eriophoro-Pinetum • Eriophoro-Betuletum	• Carici-Betuletum • Sphagno-Alnetum	• Pentandro-Salicetum	• Pentandro-Salicetum	• Symphyto-Alnetum • Carici elongatae-Alnetum • Cardamino-Alnetum
vorherrschende Torfarten	Bleichmoostorf Wollgrastorf Beisentorf Kiefernbruchtorf Reisertorf	Seggen-Bleichmoostorf Seggen-Wollgrastorf Birkenbruchtorf	Braunmoostorf Seggen-Braunmoostorf Seggentorf Schilf-Seggentorf	Schneidentorf Schilf-Seggentorf Braunmoostorf Seggen-Braunmoostorf (oft auch torffrei)	Schilftorf Erlenbruchtorf Seggen-Schilftorf Seggentorf, grob
Landschaftsbindung	niederschlagsreiche Gebiete: Küsten- u. Mittelgebirgsraum Altmark, Lausitz	Altmoränengebiet, Sander- u. Endmoränen der Jungmoräne, Kristallin der Mittelgebirge	Jungmoränengebiet	Jungmoränengebiet, Gebiete im Kalksteinsuntergrund	keine Landschaftsbindung

In Abhängigkeit dieser hydrologisch-genetischen Moortypen variieren insbesondere die Nährstoffgehalte und in breiter Spanne die pH-Werte, so daß einerseits eine typische aktuelle Vegetation und andererseits nach Torfbildung auch eine spezielle Torfart auftreten. In Auswertung umfangreicher eigener Gelände- und Laborarbeiten sowie der Literatur schlägt Succow (1988) fünf ökologische Moortypen vor (Tabelle 5.1)

Zwischen pH-Wert und Basensättigung (V-Wert) konnte Succow (1988) über das Probenkollektiv ostdeutscher Moore eine sehr gut gesicherte lineare Regression ermitteln. Kadner u. Fischer (1961) wiesen eine positive Korrelation zwischen dem pH-Wert der Torfe – der in erster Linie durch die Humusstoffe bedingt ist und durch die anorganischen Bestandteile sowie die damit verbundene Sättigung mit Kationen beeinflußt wird – und dem Ca-Gehalt nach. Torfarten mit sehr weiter pH-Spanne sind Schilf- und Schilfseggentorfe, aber auch Erlenbruchtorfe (Tabelle 5.2).

Moore sind gewaltige C- und N-Speicher; in den Niedermooren Deutschlands sind nach Kuntze (1993) rund 120 Mio t organisch gebundener N akkumuliert. Basierend auf einem C/N-Verhältnis von 15 : 1, entspricht dies 1,8 Mrd t C.

Stickstoff. Torfe weisen im Vergleich zu den Substraten in Mineralböden einen hohen N-Gehalt auf (Tabelle 5.3; siehe dazu auch Grosse-Brauckmann 1975). Die N-Gehalte in Torfen mit einer kalkreichen

Tabelle 5.2a. Befunde von Torfen: pH-Werte, N-Gehalte und C/N-Verhältnisse von Torfen und Mooren (Spannen und Mittelwerte; Daten aus Succow 1988, geringfügig ergänzt und teilweise umgerechnet durch Grosse-Brauckmann 1996; aus Grosse-Brauckmann 1996)

		pH					N % org.					C/N			
Mooreinheit	Torfarten	n	Min	Max	Mitt	von–bis	n	Min	Max	Mitt	von–bis	Max	Min	Mitt	von–bis
I.	ombrogen, NWD	32	2,3	4,1	3,0		32	0,8	2,4	1,3		74	25	47	
Sauer-Armmoor,	Bln	33	2,7	4,8	3,8		25	1,2	2,1	1,6		50	27	36	
oligotroph	BlnWgr, Wgr	15	2,4	4,2	3,3		14	1,3	2,1	1,7		45	28	35	
	Extr, Mitt		2,3	4,8	3,4	2,2–4,8		0,8	2,4	1,5	1,2–1,7	74	28	39	50–33
II.	SeBlm	13	2,8	5,7	4,2		15	1,3	2,3	1,37		45	25	35	
Sauer-Zwmoor,	Rei, Kibr	6	3,0	5,6	3,9		6	1,5	2,1	1,8		40	28	34	
mesotroph	BeiSeBlm, Bei	6	2,4	5,8	4,0		5	1,5	2,1	2,0		38	27	30	
	Extr, Mitt		2,4	5,8	4,0	2,2–4,8		1,3	2,3	1,8	1,7–2,2	45	33	36	33–20
	Mitt I u. II				3,7					1,7					
III.	SchiSe	14	2,0	7,4	5,2		15	1,8	3,2	2,3		32	18	25	
Reichmoor,	Schi	32	2,6	6,5	5,2		32	1,7	4,8	2,8		34	12	21	
eutroph	Erlbr	8	3,9	6,1	5,2		9	1,9	3,7	2,7		30	17	22	
	Extr, Mitt		2,0	7,4	5,2	3,5–8,0		1,7	4,8	2,6	2,2–5,8	34	12	23	20–10
IV.	BrnSe	14	4,9	7,4	6,4		15	1,5	4,0	2,4		38	14	24	
Bas-Kalk-Zw,	Brm, Schnei	18	5,0	7,5	6,1		18	1,5	3,8	2,3		38	15	26	
mesotroph	Extr, Mitt		4,9	7,5	6,2	4,8–8,0		1,5	4,0	2,3	1,7–2,2	38	14	25	33–20

Erläuterungen: n = Anzahl der Proben; Extr = Extremwerte; Min = niedrigster/Max = höchster Befund; Mitt = Mittelwert; $N\%_{org}$ = N-Gehalt, bezogen auf die organische Substanz; C/N = C/N-Verhältnis; Zw-, Bas- und Kalk-Zw = Zwischen-, Basen- und Kalkzwischenmoor; NWD = Nordwestdeutschland (diese Werte nicht von Succow); Blm = Bleichmoostorfe; BlmWgr, Wgr = Bleichmoos-Wollgrastorfe und Wollgrastorfe; SeBlm = Seggen-Bleichmoostorfe; Rei, Kibr = Reiser- und Kiefernbruchtorfe; BeiSeBlm, Bei = Beisen-Seggen-Torfmoostorfe und Beisertorfe; SchiSe = Schilf-Seggentorfe; Brm, Schnei = Braunmoostorfe und Schneidentorfe

Tabelle 5.2b. Schematische Abgrenzung der Moore nach Succow (1988): pH-Werte, N-Gehalte und C/N-Verhältnisse von Torfen und Mooren (Spannen und Mittelwerte; Daten aus Succow 1988, geringfügig ergänzt und teilweise umgerechnet durch Grosse-Brauckmann 1996; aus Grosse-Brauckmann 1996)

	pH		N % org.		C/N	
Mooreinheit	von	bis	von	bis	von	bis
Sauer-Anmoor, ol	2,2	4,8	1,2	1,7	50	33
Sauer-Zwmoor, mes	2,2	4,8	1,7	2,2	33	20
Reichmoor, eu	3,5	8,0	2,2	5,8	20	10
Bas-Kalk-Zw, mes	4,8	8,0	1,7	2,2	33	20

ol, mes, eu = oligo-, meso- und eutroph

Umgebung (weichseleiszeitliche Endmoränen) können bis 4 Gew.-% betragen (Kuntze 1993). Berücksichtigt man die Lagerungsdichte (geringe Lagerungsdichte in wachsenden Hoch- und Übergangsmooren mit 0,05 g cm^{-3} und 0,2 g cm^{-3} bei Niedermooren), so belaufen sich die Werte für den N-Vorrat in kg ha^{-1} • 10 cm mit 600 kg N für Hochmoor; 500 kg N für Übergangsmoor und > 2500 kg N für nicht entwässerte Niedermoore. Mit steigender Verdichtung der Torfe (durch Kompression infolge Entwässerung) steigen diese Werte entsprechend.

Phosphor und Kalium weisen sowohl in ombrogenen und topogenen Mooren gleich niedrige Werte auf (Naucke 1990); die einzelnen Torfarten unterscheiden sich nicht signifikant (Succow 1986); aus den Gesamtgehalten der Elemente sind keine Beziehungen zur tropischen Einstufung eines Moores zu ermitteln. Je höher die Kalkversorgung eines Moores, um so schlechter ist die K-Sorption im Torf. Da auch Mg sehr stark sorbiert wird, tritt auf Mooren eine „*Ca-Mg*-Selektivität" auf und K unterliegt der Auswaschungsgefahr.

Box 5.1 Ökologische Moortypen

Eine Überprüfung der Zuordnung von chemischen Daten typischer Torfe zu den ökologischen Moortypen von Succow zeigte, daß eine eindeutige Zuordnung nicht immer möglich war (Tabelle 5.2) und insbesondere abweichende Auffassungen zum „trennenden pH-Grenzwert" bestanden, so daß Grosse-Brauckmann (1996) eine Gliederung der Moore und der sie hauptsächlich kennzeichnenden Torfeinheiten in drei Gruppen für realistisch hält:

- Hochmoortorfe: Unter den Pflanzenresten sind niemals Mineralbodenwasserzeiger vertreten; bei Fehlen von ansprechbaren Pflanzenresten sollten Torfe mit pH < 4 als Hochmoortorfe eingeordnet werden.
- Übergangsmoortorfe: Unter den Pflanzenresten sind stets Mineralbodenwasserzeiger vertreten; sie haben vorwiegend R-Zeigerwerte < 3 (nur selten 4) und N-Zeigerwerte von meist 2–3; Grenz-pH-Wert entsprechend zwischen 4 und 5 (nach Ellenberg 1992).
- Niedermoortorfe: Unter den Pflanzenresten sind stets Mineralbodenwasserzeiger vertreten; R-Zeigerwert überwiegend > 4; N-Zeigerwert 3–9; entsprechender pH-Grenzwert > 5; Karbonat enthaltende Torfe sind stets als Niedermoortorfe einzustufen.

(Zeigerwerte nach Ellenberg: R = Reaktionszahl; bezeichnet das Vorkommen im Gefälle der Bodenreaktion und des Kalkgehaltes; beginnt bei 1 mit Starksäurezeigerpflanzen und endet im Einstufenabstand bei 9 mit Basen- und Kalkzeigerpflanzen. N = Stickstoffzahl bzw. Nährstoffzahl; bezeichnet das Vorkommen im Gefälle der Mineralstickstoffversorgung während der Vegetationszeit; beginnt mit 1, stickstoffärmste Standorte anzeigend und endet mit 9 an übermäßig stickstoffreichen Standorten konzentriert).

Die Bodenkundliche Kartieranleitung (KA4 1994) unterscheidet ohne anthropogene Einflüsse:

- (Norm)-Niedermoor (Basenreiches Niedermoor): pH ($CaCl_2$) 4–6
- Kalkniedermoor: pH ($CaCl_2$): > 6
- Übergangsmoor, basenarm, sauer: pH ($CaCl_2$) < 4
- (Norm)-Hochmoor: pH ($CaCl_2$) < 4

Eine Zusammenstellung von verschiedenen ökologischen Moorgliederungen gibt die Abbildung 5.1.

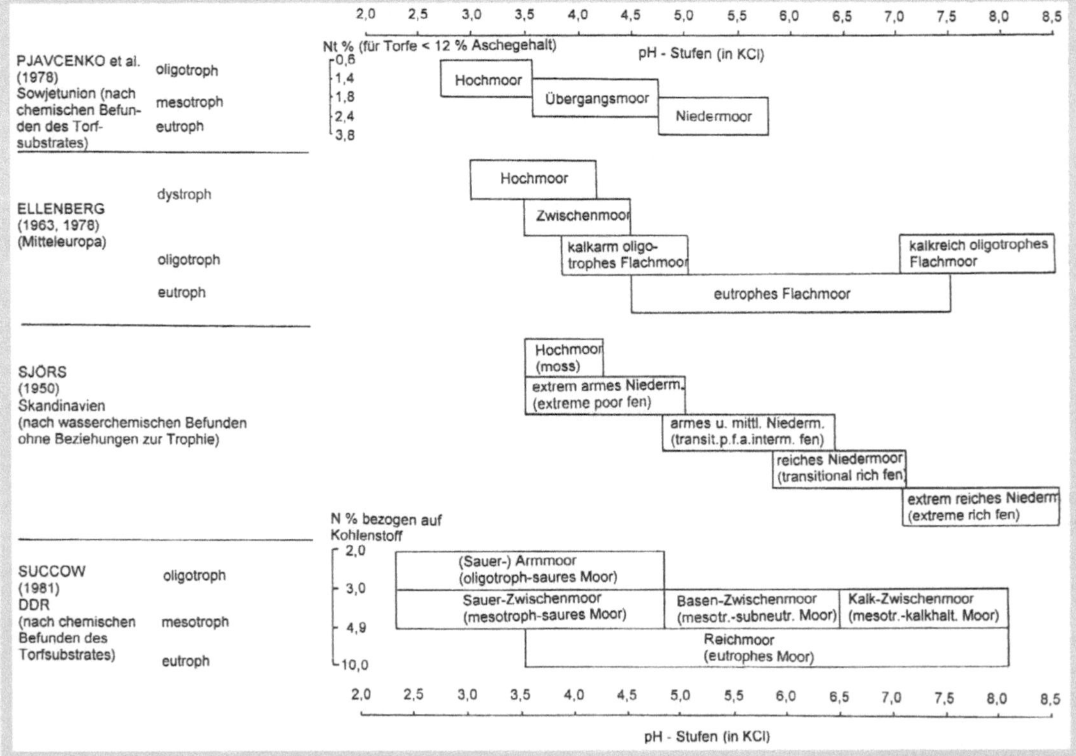

Abb. 5.1. Übersicht ökologischer Moorgliederungen (aus Succow 1988)

Tabelle 5.3. Mittlere natürliche Kalk- und Nährstoffgehalte (% TS) verschiedener Torfe und Vergleich zu Spannweiten von Mineralbodensubstraten (Kuntze 1984; Kuntze et al. 1992)

Torfart	N	P_2O_5	K_2O	CaO	pH
Hochmoor	1,2	< 0,1	< 0,05	< 0,3	< 3
Übergangsmoor	1,0–2,5	0,1–0,2	0,05–0,1	0,3–1,0	3–4
Niedermoor	> 2,5	> 0,2	> 0,1	> 1,0	> 4
Mineralbodensubstrate	0,03–0,3	0,02–0,2	0,2–3,0	0,2–1,5	3–7

Die Mg-Versorgung in küstennahen Hochmoorböden entspricht den pflanzenbaulichen Forderungen nach einem Mindestgehalt von 0,2% in der Trockensubstanz; zudem ist die Mg-Verfügbarkeit auf den sauren Hochmooren sehr gut. In oligotrophen Mooren ist das Verhältnis Mg/Ca > 1, in eutrophen Mooren findet man 0,5 < Mg/Ca < 1 (Naucke 1990). Die Fe-Gehalte der untersuchten Torfe betrugen bis 22 Gew.-% (bezogen auf die Gesamtsubstanz); im Gegensatz zu Kadner u. Fischer (1961) konnte Succow (1988) keine Tendenz höheren Fe-Gehaltes mit steigenden pH-Werten nachweisen. Ebenfalls keine Beziehungen bestanden zwischen Fe-Gehalten und hydrologischen Moortypen.

Die *Spurenelemente* sind in Hochmoorböden sehr gering, in Niedermoorböden in Abhängigkeit von den moorspeisenden Wassern vergleichsweise höher (Tabelle 5.4). Die Spurenelemente sind in Mooren vorwiegend an die organische Substanz gebunden oder in der organischen Substanz enthalten und ihre Verfügbarkeit wird durch steigende pH - Werte sowie hohen Zersetzungsgrad negativ beeinflußt; insbesondere auf kalk- oder eisenreichen, durchschlickten Niedermooren (v.a. Überflutungsmoore) kommt es zu Mangelerscheinungen an diesen Spurenelementen. Hochmoorstandorte sind sehr gut geeignet zur Nachweisführung von anthropogen bedingten Immissionen: entweder durch direkte Einlagerungen von Schwermetallen in Pflanzen (z.B. sammeln sich Mn und Cd bevorzugt in Blättern der Moosbeere an; Wandtner 1981) oder als Schichtablage. Hochmoore sind somit auch geeignet als umweltrelevanter Indikator (einschließlich zeitlicher und räumlicher Zuordnung von Immissionsereignissen), wie insbesondere umfangreiche Arbeiten aus England und Finnland zeigten (Thompson u. Oldfield 1986).

Für den Gehalt an Mineralstoffen, einschließlich der essentiellen Spurenelemente einer größeren Anzahl balneologisch genutzter Torfe höherer Zersetzung liefert Nauke (1990) neuere Werte (Tabelle 5.5).

Ältere Angaben über Mineralstoffkonzentrationen in Torfen, die durch Analyse des bei 800^0 C bestimmten Glührückstandes ermittelt wurden, bestätigen die veröffentlichten Zahlenwerte (in Gew.-%; z.B. Naucke 1968: SiO_2 10–45; Al_2O_3 1–11, bei Niedermoortorf bis 22; Fe_2O_3 1,5–5,5, bei Niedermoortorf bis 30; CaO 2–45; MgO 1–20; MnO 0,1–0,3; K_2O 0,1–2,5; Na_2O 0,2–5; P_2O_5 1–3; SO_3 5–20), wobei die unteren Grenzwerte für Hochmoortorfe gelten, die ohne Einschwemmung und/oder Einwehungen entstanden sind. Als Quelle der Mineralstoffgehalte in solchen Hochmooren wird das „Mithochwachsen"

Tabelle 5.4. Magnesium- (Gew.-% TM) und Spurenelementgehalte (mg kg^{-1} TM) im Boden (nach Kuntze 1984)

	Hochmoor	Niedermoor	Mineralböden
B	1,0	2,0	5,0–100
Mg	0,4	0,8–1,0	0,1–1,0
Mn	5,0	53	200–4000
Fe	300	3500	500–4000
Cu	1,0	64	5–100
Zn	6,0	9,0	10,0–300
Mo	0,2	14,0	0,5–5,0

Tabelle 5.5. Angaben für 14 Hochmoor- (H_h-) und 25 Niedermoor- (H_n-) Torfe, die in Deutschland balneologisch genutzt werden (nach Naucke 1979)

	Asche %	pH	Al %	Fe %	Mn ppm	Ni ppm	Co ppm	Cr ppm	Zn ppm	Pb ppm	Cu ppm	Sr ppm	Ca %	Mg %
H_h Mittel	3,0	4	0,15	0,24	28	15	8	16	23	23	8	8	0,3	0,16
max.	5,1	4,5	0,36	0,47	61	40	18	28	50	60	20	14	0,6	0,27
min.	1,0	3,5	0,02	0,03	4	2	3	1	3	2	2	4	0,2	0,08
H_n Mittel	35	6	1,0	1,7	280	43	25	80	66	42	18	40	3,0	0,39
max.	56	7	1,7	2,6	420	66	40	130	106	83	28	55	4,0	0,68
min.	22	5	0,3	0,1	140	20	10	30	26	2	8	25	2,0	0,10

von durch die Pflanzen zu Beginn des Moorwachstums von mineralischem (einschließlich minerotrophem Moor) Untergrund aufgenommenen Nährstoffen gesehen (Naucke 1990).

Eine Möglichkeit, die chemische Absorption von Ionen in Böden zu kennzeichnen, ist die Bestimmung der Kationenaustauschkapazität (KAK in mval 100 g^{-1} Boden; → Kap. 3, 4). Dieser Summenwert austauschbarer Kationen gilt vor allem für Ca, Mg, K, Na, H, Al, NH_4, Fe sowie für Mn, Cu, Zn. Die KAK steigt mit zunehmender Zersetzung der Torfe, da die KAK der Humusstoffe ja nach ihrem Polymerisationsgrad bei Humaten > Huminen > Fulvaten ist (Tabelle 5.6).

Auch Paepke (1992) konnte auf einem stark entwässerten Versumpfungsmoor mit zunehmendem Zersetzungsgrad eine steigende KAK/Kohlenstoffeinheit nachweisen und begründet dies mit der relativen Zunahme von OH-Gruppen gegenüber Carboxyl-Gruppen als Ausdruck des erhöhten Polymerisationsgrades der Huminsäuren. Zwischen dem pH-Wert und den KAK-Werten besteht ein positiver Zusammenhang, da die permanenten Ladungen bei organischen Austauschern weitgehend pH-abhängig sind. Die negative Überschußladung von Huminstoffen ist von der Art und Verteilung funktioneller COOH-, NH_2- und phenolischer Gruppen abhängig. Mit Anstieg des pH-Wertes wird die H^+-Dissoziation dieser funktionellen Gruppen verstärkt und bewirkt ein Ansteigen der KAK-Werte (Renger 1965; Kuntze et al. 1992; Tabelle 5.7).

In Mooren können mehr oder weniger mächtige Vorkommen von chemisch definierbaren Substanzen, sog. Moormineralien gefunden werden. Von auch

Tabelle 5.6. Kationenaustauschkapazität verschieden zersetzter Moorböden (H2–H9) und Mineralböden (S, sL, T) mit unterschiedlicher Bodenart (nach Kuntze et al. 1992)

	Moorboden			Mineralboden		
	H2	H6	H9	S	sL	T
KAK (mval 100 g^{-1})	100	120	150	3	12	30
ρt (g cm^{-3})	0,05	0,15	0,30	1,5	1,5	1,5
KAK (mval 100 cm^{-3})	50	180	450	46	180	450

(mit ρt = Rohdichte nach DIN 19683/12)

Tabelle 5.7. pH-Werte der Austauschlösung und relative Änderung der KAK in Mineral- und Moorböden (Bei einem pH-Wert von 7,0 entspricht die KAK 100%; nach Renger 1965 und Feige 1972)

pH	8,4	7,0	6,0	5,0	4,0	3,0
anorganische Substanz	104	100	90	80	77	
organische Mineralbodensubstanz	108	100	79	54	35	
Moorboden – organische Substanz	118	100		77		38

wirtschaftlicher Bedeutung sind insbesondere anorganische Minerale, durchweg Eisenverbindungen (Grosse-Brauckmann 1990). Für die Entstehung sind einerseits Verschiebungen der pH- und Redox-Verhältnisse verantwortlich, aber auch Mikroorganismen, die in der Lage sind, II-wertiges in III-wertiges Eisen umzuwandeln (z.B. Eisenbakterien *Gallionella ferruginea*). Neben den Eisenhydroxiden kommen Eisenphosphate (Vivianit, $Fe_3[PO_4]_2 \cdot 8H_2O$), Eisenkarbonate (z.B. Siderit) und Eisensulfid vor (ausführlich dazu Grosse-Brauckmann 1990).

Wie bereits gezeigt, können Torfe in Abhängigkeit der Bildungsbedingungen hinsichtlich ihrer pflanzlichen Zusammensetzung und der mineralischen Anteile variieren. Eine dritte und sehr wesentliche Variationsmöglichkeit ist der Zersetzungsgrad. Erste Hinweise wurden im Zusammenhang mit der KAK und dem pH-Wert gegeben. Der Zersetzungsgrad von Torfen stellt das Ausmaß der Zersetzung torfbildender Pflanzenteile dar. Auch in wachsenden Mooren kommt es während der Torfablagerung zu beträchtlichen Stoffverlusten, von den Vorgängen her vergleichbar mit dem Umsatz von Laubfall oder pflanzlichen Ernterückständen. Diese Stoffverluste können im Vergleich zur aufgewachsenen Biomasse über 50% betragen. Aus Datierungen (z.B. mittels der Pollenanalyse) vermutet man, daß das durchschnittliche Wachstum der Moore 0,5–1,0 mm a^{-1} betragen haben könnte (Lappalainen 1996: S. 63). Bei den Stoffverlusten spielen zwei Prozesse eine wesentliche Rolle: die Mineralisation und die Humifizierung.

Die *Mineralisation* ist die durch Bodenorganismen vorgenommene biochemische Umwandlung von organischer Substanz bis zu anorganischen Verbindungen. Als Endprodukt entstehen Gase – unter aeroben Bedingungen CO_2, N_2 und unter aneroben Bedingungen NH_3; H_2S; CH_4 – sowie Wasser, Anionen und Kationen und Asche (SiO_2; Fe_2O_3). Dabei wird Energie freigesetzt, die die Mikroorganismen wiederum für ihren eigenen Betriebsstoffwechsel benötigen. Mit der Mineralisation kann die organische Substanz als solche komplett „veratmet“ werden. Die Mineralisierung der Torfe verläuft in drei Phasen (Müller et al. 1980; Kuntze et al. 1992):

1. Biochemische Initialphase. Hochpolymere Verbindungen werden durch Hydrolyse und Oxidation z.T. enzymatisch in ihre Einzelbausteine ohne sichtbare äußere Zerstörung des Zellverbandes zerlegt. Dies können Umwandlungen von Stärke in Zucker, Eiweiß in Aminosäuren, Chlorophyll in aromatische Verbindungen sein.

2. Mechanische Zerteilungsphase. Die biochemisch bereits aufgelockerten Substanzen werden durch Organismen der Makro- und Mikrobodenfauna zerkleinert und vermischt.

3. Mikrobielle Umbauphase. Heterotrophe und saprophytische Organismen spalten enzymatisch organische Verbindungen in ihre Grundbausteine, die sie für ihren eigenen Betriebsstoffwechsel benötigen.

Diese mikrobielle Veratmung von organischer Substanz unter Freisetzung von CO_2, H_2O, Mineralstoffen und Energie ist als die eigentliche Mineralisation zu bezeichnen. Ihr Umfang und ihre Intensität hängen von verschiedenen Standortfaktoren ab (→ Kap. 5.2). Der aerobe bakterielle Zelluloseabbau in Torfen erfolgt vorwiegend durch *Cytophaga* (Küster 1990). Hinsichtlich der Pflanzeninhaltsstoffe ergibt sich folgende Reihenfolge der Stabilität gegenüber Mineralisation: Zucker, Stärke, Proteine < Proteide < Pektine < Zellulose < Lignine < Wachse < Harze < Gerbstoffe. Daraus erklärt sich der unterschiedlich schnelle Abbau von verschiedenen Pflanzenarten: Leguminosen < andere Kräuter < Gräser < Laubgehölze < Nadelhölzer < Zwergsträucher < Bleichmoose. Arbeiten aus Weißrußland zeigen, daß die Mineralisationsgeschwindigkeit von Riedmoortorfen um das 2–3 fache höher ist, als bei Holz- und Schilftorfen (Lishtvan u. Bambalov 1987).

Diese drei Phasen der Mineralisation bilden die Grundlage für die *Humifizierung*, bei der aus reaktionsfähigen Spaltprodukten stabile Humusstoffe synthetisiert werden. Humusstoffe sind Makromoleküle. In den sauren und nährstoffarmen Hochmooren entstehen die Humusstoffe als eine chemische Reaktion; die biochemische Entstehung von Huminstoffen erfolgt auf Standorten mit hoher mikrobiologischer Aktivtät. Die in Hochmooren vorwiegend vorkommenden Fulvosäuren haben einen niedrigen Polymerisationsgrad und eine geringe Stabilität, in Niedermooren herrschen Huminsäuren mit höherer Stabilität vor.

Sollen Moore wachsen, müssen diese Phasen möglicher Zersetzung zeitlich begrenzt sein. Erst wenn das abgestorbene und zersetzte Pflanzenmaterial bei Wasserüberschuß in die ständig wassergesättigten Bereiche abgelagert wird, werden die mikrobiellen Umsetzungen weitgehend gestoppt und das Pflanzenmaterial bleibend konserviert. Bei gleichen hydrologischen Bedingungen hängt der Zersetzungsgrad von der Zersetzbarkeit der Pflanzeninhaltsstoffe

Tabelle 5.8. Wichtige Eigenschaften der Spurengase CH_4 und N_2O (aus Duxbury et al. 1993)

	N_2O	CH_4
Atmosphärische Konzentration	311 ppb (v)	1,74 ppm (v)
relatives Treibhauspotential (im Vergleich zu CO_2 = 1)	270	37
Verweilzeit in der Atmosphäre (Jahre)	130	10
Gegenwärtiger Anteil am Treibhauseffekt (in %)	5	13

und von den pH-Verhältnissen ab. Bei sehr geringen pH-Werten sind die Lebensbedingungen für die Mikroorganismen überwiegend ungünstig, zudem sind Bleichmoose relativ stabil gegen Zersetzung, so daß nur geringe Stoffumsätze vorherrschen. Sehr intensive Zersetzungen laufen in karbonathaltigen und Niedermooren mit hohen pH-Werten ab. Die Zersetzungsgrade steigen mit den N-Gehalten und enger werdenden C/N-Verhältnissen der Torfe. Höhere Temperaturen beschleunigen die Zersetzung; so sind die im Subatlantikum entstandenen Torfe auf den nordwestdeutschen Hochmooren stark zersetzt („Schwarztorf"). Die Auswertung von Zersetzungsgraden (ZG) verschiedener Torfarten, deren Bestimmung im Rahmen von Meliorationsstandortgutachten in der damaligen DDR durchgeführt wurden, erbrachten folgende Reihenfolge (Woreschk u. Pöhler 1977; Zersetzungsgrad in Stufen nach der im Gelände durchführbaren Handquetschmethode nach von Post (1924) mit ZG 1 unzersetzt bis ZG 10 stark zersetzt):

- Seggentorf: Wertespanne des ZG's 3–6 mit über 1/3 der Proben mit 4–5
- Schilftorfe: Wertespanne des ZG's 3–7 mit Schwerpunkt bei 5–6
- Seggen - Schilftorf: Wertespanne des ZG's 4–7 mit Schwerpunkt 5–6
- Erlenbruchtorfe: Wertespanne des ZG's 5–8 mit Schwerpunkt 6–8

Mit zunehmendem Zersetzungsgrad der Torfe nimmt die Zahl der Mikroorganismen ab, Hauptursache könnte die geringe Verfügbarkeit leicht abbaubarer Substanzen sein (Küster 1990; → Kap. 5.3).

Kohlenstoff. Wachsende und naturnahe Moore gehören zu den wichtigsten terrestrischen Speichern organischer C-Verbindungen; nach Martikainen et al. (1993) enthalten Moore 20–30% des weltweit akkumulierten C-Vorrates. Dieser wesentlichen Senkenfunktion steht eine in den letzten Jahren stärker diskutierte Quellenfunktion von Feuchtgebieten gegenüber: Naturbelassene Niedermoore sind als starke CH_4-Quelle einzuschätzen, sie können 190 bis 430 kg CH_4-C ha^{-1} a^{-1} freisetzen (Duxbury et al. 1993; Martikainen et al. 1995). Methan entsteht bei dem anaeroben Zelluloseabbau durch die Tätigkeit von anaeroben Zellulosezersetzern (*Clostridium*; Küster 1990). Methan gehört neben Lachgas (N_2O) und Kohlendioxid (CO_2) zu den wichtigsten klimarelevanten Spurengasen und es hat verglichen mit CO_2 ein höheres relatives Treibhauspotential (Augustin et al. 1996; Tabelle 5.8).

5.2 VERÄNDERUNGEN GEOCHEMISCHER KENNWERTE DURCH ENTWÄSSERUNG UND NUTZUNG

Grundvoraussetzung jeder Moornutzung durch den Menschen ist die Entwässerung. Damit wird der Moorbildungsprozeß unterbrochen; die physikalischen, chemischen und biologischen Eigenschaften der Moorsubstrate werden in Abhängigkeit von der Intensität der Entwässerung mehr oder weniger stark verändert. Pedogenetisch definierte Bodenhorizonte können entstehen (z.B. Vermulmungs-, Aggregierungs-, Schrumpfungshorizonte; KA4 1994). Bei Absenkung des Wasserspiegels im Moor bildet sich eine belüftete Schicht. Der vorher reduzierte N-Kreislauf wird mobilisiert, mit dem Abbau der organischen Substanz kommt es zur N-Freisetzung. Die durch eine Entwässerung einsetzenden Teilprozesse charakterisieren Schmidt et al. (1981) wie folgt:

a. senkungsbedingte Verdichtung des Moorsubstrates
b. Schrumpfung und Quellung (bei wechselnden Wasserständen)
c. aerobe Humifizierung
d. oxidativer Torfverzehr
e. Lockerung und Durchmischung durch Bodentiere und Bodenbearbeitung
f. Verlagerungs- und/oder Auswaschungsvorgänge.

Über die Veränderung der physikalisch-hydrologischen Eigenschaften infolge Entwässerung liegen umfangreiche Arbeiten vor (u.a. Eggelsmann 1990; Schmidt et al. 1981; Sauerbrey 1981; Zeitz 1991, 1996; Zeitz u. Tölle 1996). Die Ergebnisse sollen im folgenden zusammengefaßt werden:

- durch Kompression steigt die Lagerungsdichte; der Gehalt grober Poren > 50 mm sinkt, damit nimmt auch die gesättigte Wasserleitfähigkeit ab,
- das Gefüge der Moorsubstrate ändert sich durch Schrumpfung und Quellung; der Anteil an Mittelporen sinkt; die ungesättigte Leitfähigkeit wird geringer und bedingt eine verminderte kapillare Wassernachlieferung aus gesättigten Moorbereichen; die effektiv nutzbare Speicherkapazität degradierter vermulmter Oberböden (Anteil leichtpflanzenverfügbaren Haftwassers) ist vergleichbar gering wie in Ackerkrumen der Sandböden,
- degradierte und insbesondere vegetationsfreie Mooroberböden können sich auf > 40° C erhitzen bzw. Tagesschwankungen in der Temperatur des Oberbodens von 50–60 Grad aufweisen (Titze 1992; Luthardt 1987),
- degradierte Moore neigen aufgrund der Ausbildung von vermulmtem Gefüge, welches im trockenen Zustand schwer benetzbar und einzelkornartig vorliegt, zu Wind- und Wassererosion,
- im Ergebnis der unter a–f genannten Teilprozesse kommt es insbesondere auf flachgründigen Versumpfungsmooren zur Mikroreliefierung und zunehmender Arealheterogenität.

Die unter a–f genannten Teilprozesse der Entwässerung führen in der Summe zur Abnahme der Moormächtigkeit, auch als "Höhenverlust" oder „Moorschwund" bezeichnet. Über den Anteil der Einzelprozesse gibt es v.a. aufgrund methodischer Probleme nur sehr wenige und inhaltlich recht abweichende Angaben. Für das Havelländische Luch in Brandenburg ergaben die Untersuchungen von Mundel (1969), daß von einem Moorstandort von ursprünglich 2,20 m Mächtigkeit nur noch 0,70 m geblieben sind, wobei seiner Meinung nach je 1/3 des Moorverlustes auf Kompression und Schrumpfung, ein weiteres Drittel auf den Torfverzehr zurückzuführen sind. Für die Verhältnisse in den Niederlanden gibt Schothorst (1977) folgende Angaben: 55% des Moorschwundes gehen auf Torfverzehr, 35% auf Kompression und 10% auf Schrumpfung zurück. Münder (1980) und De Mol (1989) faßten Angaben der Literatur zum Torfschwund organisch genutzter Moore unterschiedlicher Torfarten und Moorlandschaften zusammen (z.B. Deutschland, Finnland, Niederlande, Rußland): Münder ermittelte für Moore unter Grünland jährliche Torfabbauraten von 0,3–1 cm und unter Ackernutzung 0,8–2,5 cm; De Mol berichtete über Spannen von 0,2 cm a^{-1} (Grünland; Niederlande) bis 5,4 cm a^{-1} (Ackernutzung; Griechenland). Die Torfschwundraten auf Niedermooren waren 1,5 mal größer als die auf Hochmooren. Pro Dezimeter zusätzliche Entwässerungstiefe stieg der Torfschwund um 0,1–0,3 cm a^{-1} im Bereich „üblicher" Entwässerungstiefen.

Für deutsche Klimaverhältnisse kann bei Grünlandnutzung von durchschnittlich 0,1–1,0 cm a^{-1} und bei Ackernutzung von 1,2–2,0 cm a^{-1} Moorverlust ausgegangen werden (Lehrkamp 1987; Titze 1992). In Abhängigkeit vom mittleren Sommergrundwasserstand ermittelte Titze (1992) auf Grünland Höhenverluste von 0,5 cm a^{-1} (GW-Stand 5 dm u. GOK) bis 1,0 cm a^{-1} (GW-Stand 10 dm u. GOK); jeder Umbruch würde nach Meinung des Autors den Moorschwund um 1 cm erhöhen. Eggelsmann (1978) konnte Zusammenhänge zwischen dem die klimatischen Standortbedingungen kennzeichnenden Regenfaktor nach Lang (s.u.) und dem jährlichen Höhenverlust bei Ackernutzung mit Hilfe einer logarithmischen Korrelation ($r = 0{,}729$) finden (Abbildung 5.2).

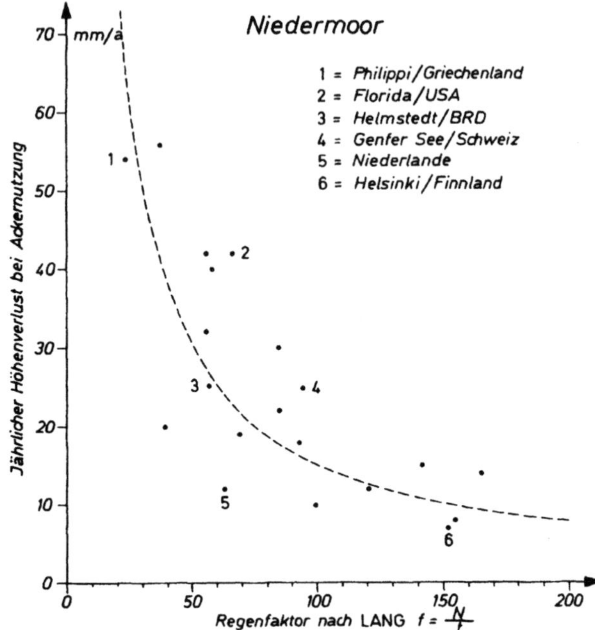

Abb. 5.2. Jährlicher Höhenverlust bei Ackernutzung infolge Oxidation in Abhängigkeit vom Klima (Regenfaktor nach Lang 1915; zitiert in Eggelsmann 1978)

Pfadenhauer et al. (1990) bestätigten dieses Vorgehen durch Ergebnisse aus dem überwiegend ackerbaulich genutzten Donaumoor bei Ingolstadt (Regenfaktor = 1100 : 6,6 = 159; der Regenfaktor ist der Quotient aus der Summe des Jahresniederschlags und der Jahresdurchschnittstemperatur in einem Gebiet). Extreme Moorverluste treten unter den klimatischen Bedingungen in Mazedonien ein; Bouzinos et al. (1994) berichten über Verluste von > 5 cm a^{-1} und dem völligen Verschwinden ausgedehnter Niedermoore in den letzten Jahrzehnten (Christanis u. Papadaki 1992). Eggelsmann (1990) beschreibt die Spanne des Höhenverlustes in Mooren von > 4 cm a^{-1} bei Niedermooren bis < 0,6 cm a^{-1} bei Hochmooren und nennt die wesentlichen standortkundlichen sowie bewirtschaftungsabhängigen Einflußfaktoren (Tabelle 5.9).

Seine Angabe, daß die Moornutzungsart „Forst" geringe Höhenverluste bedingt, steht im Widerspruch zu Schmidt (1994), der unter Wald aufgrund der starken Durchlüftung und Substratauflockerung vergleichsweise hohe Abbauraten fand. Toth (1983)

Tabelle 5.9. Oxidativer Höhenverlust von Moorböden unter verschiedenen Bedingungen nach Eggelsmann (1990)

	Höhenverlust		
Bedingungen	hoch	mittel	gering
in Niedermooren (mm a^{-1})	>40	30	<20
in Hochmooren (mm a^{-1})	>10	8	<6
Mittlere Jahrestemperatur (°C)	>10	8	<6
Jahresniederschlag (mm a^{-1})	<500	700	>900
Grundwasserflurabstand während der Vegetationsperiode (cm)	>100	70	<40
Bodenfeuchte nahe Oberfläche	frisch	feucht	naß
Bodenreaktion obere Bodenschicht (pH)	>5	4,5	<4,5
Bodennutzung	Acker, Hackfrüchte, Gartenbau	Acker, Getreide	Grünland, Forst

berechnete den Verlust an organischer Substanz in 0–25 cm des Oberbodens in ungarischen Niedermooren, die über einen Zeitraum von > 30 Jahren stark unterschiedliche Grundwasserstände und Nutzungen aufwiesen (10–30 cm u. GOK und Naßwiese verglichen mit > 100 cm u. GOK und Ackernutzung). Bei geringem Grundwasserstand betrug der Verlust 4,8–5,9% und bei tiefem Grundwasserstand 14,4–27,4%.

Als Maß des Torfabbaus durch mikrobiell-biochemische Prozesse kann die Ermittlung der CO_2-Freisetzung (Bodenatmung) im Feld oder Labor unter kontrollierten Bedingungen angesehen werden, so daß die Messung des aus dem Boden diffundierenden CO_2 als Endprodukt aller mikrobiellen Bodenaktivitäten Gegenstand umfangreicher Untersuchungen ist. Dies ist umsomehr von Bedeutung, als CO_2 entscheidend zum Treibhauseffekt beiträgt. Für ostdeutsche Klimaverhältnisse konnte Mundel (1976) in Auswertung von Lysimeterversuchen folgende Aussagen treffen:

1. Bei mittelmächtigen Niedermooren (50 cm Torf) besteht eine deutliche Abhängigkeit der Mineralisation (CO_2-Messung durch Ultrarot-Absorptionsschreiber) von der Grundwassertiefe; das Maximum besteht bei 80 cm GW u. GOK; tiefere Entwässerung führt nicht zum Ansteigen der Mineralisation.
2. Tiefe Niedermoore (150 cm Torf) haben auch bei GW-Ständen > 100 cm noch ansteigende und sehr hohe Mineralisationsraten (Tabelle 5.10).
3. Mit dem Fortgang der Mineralisation werden die leichter abbaubaren Torfsubstanzen bevorzugt mineralisiert, so daß es zu einer relativen Anreicherung der stabilen Anteile kommt.
4. Niedrige Bodentemperatur ist der begrenzende Faktor für die Mineralisation im Winter, Frühjahr und Herbst; der Grundwasserstand hat dann keinen Einfluß auf die Bodenatmung.
5. Zwischen der Torfmineralisation und der Bodentemperatur in 10 cm Bodentiefe bestehen gesicherte einfach lineare Beziehungen; bei mittelmächtigen Niedermooren stieg die tägliche Abbaurate mit jedem Grad Temperaturerhöhung um 0,33 g CO_2, bei dem sehr mächtigen Niedermoor um 0,45 g CO_2 an.
6. Eine Sandbedeckung der Niedermoore erbrachte eine beachtliche Verminderung der Torfmineralisation; sie betrug nur 47% der Vergleichsvariante Moorgrasland.
7. Je nach Grundwassertiefe wurden jährlich 2,9 bis 6,7 t ha^{-1} Kohlenstoff mineralisiert. Die höchste Abbaurate im Durchschnitt aller geprüften Grundwasservarianten wurde bei 90 cm Grundwasserstand u. GOK gefunden. Mit Hilfe des Zellulosetests konnten Behrendt et al. (1994) ein Maximum zwischen 70 und 80 cm ermitteln und somit die Ergebnisse von Mundel (1976) bekräftigen.

Höhere Zersetzungsgrade der Torfe bewirken eine erhöhte Lagerungsdichte, die nach Münder (1980) wiederum zu einer Verringerung der Torfmineralisation führt. Dies steht im Einklang mit Schalitz u. Lehmann (1992) und Kuntze u. Bartels (1995), die ausführen, daß die Mineralisierung des Moorbodens um so intensiver abläuft, je lockerer er gelagert ist und deshalb Walzen, Beweiden und angemessenes Befahren als moorschonende Bewirtschaftungsform vorschlagen. Der Anteil luftführender Grobporen wird dadurch gehemmt, der Wassergehalt erhöht, die Verluste an Torfsubstanz und Stickstoff sinken. Brutversuche mit Niedermooren unterschiedlicher Azidität ergaben, daß ein hoher pH-Wert ($pH_{CaCl_2} > 7$) zu wesentlich höheren Freisetzungsraten führt als ein niedriger (Abbildung 5.3; Scheffer 1994).

Die Ergebnisse zum Einfluß des Wassergehaltes auf die CO_2-Freisetzung bestätigen die Lysimeterdaten von Mundel (1976). Die höchsten CO_2-Frei-

Tabelle 5.10. Mineralisation und Torfschwund in Abhängigkeit von C-Vorrat und Grundwasserstand (nach Mundel 1976)

	Grundwassertiefe (cm)			
	30	60	90	120
a. mineralisierter C (g m^{-2})	286	398	490	374
Torfschwund (cm a^{-1})	0,18	0,25	0,31	0,24
b. mineralisierter C (g m^{-2})	391	562	669	658
Torfschwund(cm a^{-1})	0,41	0,59	0,70	0,69

a. 50 cm mächtige Torfauflage: 57 kg C m^{-2} (Mittelwert);
b. 150 cm mächtige Torfauflage: 103 kg C m^{-2} (Mittelwert)

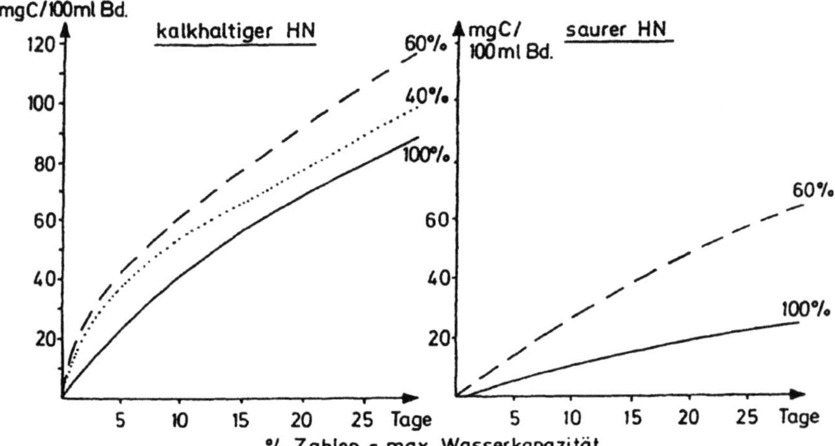

Abb. 5.3. CO_2-Freisetzung im Brutversuch bei einem kalkhaltigen und einem sauren Hochmoor (aus Scheffer 1994)

setzungen waren bei beiden Standorten bei 60–80% der maximalen Wasserkapazität erreicht (entspricht Bodenwasservolumen bei Feldkapazität), feuchtere sowie trockenere Verhältnisse senken die biochemische Aktivität.

Der mikrobielle Torfabbau und eine fortgeschrittene Bodenentwicklung führten in ostdeutschen Niedermooren zu einer deutlichen Verringerung des Gehalts an organischer Substanz mit folgenden torfarten- und horizontbezogenen Aussagen (Succow 1988):

- über die Hälfte der untersuchten Schilf- und Seggentorfe wiesen Gehalte an organischer Substanz von > 60% auf,
- vererdete Torfe und Torfe aus dem Torfschrumpfungshorizont hatten im Mittel noch 50–60% organische Substanz,
- vermulmte Torfe und Torfe aus dem stark aggregierten Torfbröckelhorizont (beide Horizonte sind nach Schmidt et al. 1981 Kennzeichen für degradierte Niedermoore) hatten im Mittel nur noch < 50% organische Substanz,
- Versumpfungsmoore zeigten die stärkste Abnahme, gefolgt von kalkhaltigen Torfen der Verlandungs- und Quellmoore,
- kalkhaltige Durchströmungsmoore mit ihren schon primär höchsten organischen Gehalten zeigten die relativ geringsten Verminderungen.

Paepke (1992) versuchte auf unterschiedlich genutzten Standorten eines Versumpfungsmoores in Brandenburg eine qualitative Beurteilung des Huminstoffzustandes mit Hilfe des Farbquotienten nach Welte (1955), der F-Kurven nach Hargital (1974) und der KAK vorzunehmen. Der höchste Huminsäuregehalt lag im gering zersetzten und ständig im Grundwasser liegenden Torfhorizont. Mit zunehmender Zersetzung nahm der Gehalt an Huminsäuren ab und es pegelte sich ein Gleichgewicht mit den mineralischen Bestandteilen ein. Mit abnehmenden Huminsäuregehalt steigt der Polymerisationsgrad der noch verbleibenden Huminsäure; der Anteil an Grauhuminsäuren erfährt eine relative Zunahme. Im engen Zusammenhang mit dem Abbau der organischen Substanz infolge mikrobiellen Torfverzehrs steht ein Ansteigen des Glührückstandes; dessen Ansteigen nennt Illner (1977) als Maßzahl zur Bewertung der Bodenentwicklung. Freymüller (1967) fand eine durchschnittliche jährliche Zunahme des Glührückstandes um 0,25% für das Dachauer Moor im Verlauf von 50 Jahren.

Aufgrund der hohen N-Gehalte sind bei Entwässerung insbesondere die Niedermoore von wesentlichen Veränderungen betroffen; die folgenden Ausführungen zur N-Dynamik entwässerter Moore beziehen sich somit ausschließlich auf die verschiedenen ökologischen Niedermoortypen. Die N-Gesamtgehalte in gering entwässerten Niedermooren (mit einer Trockenrohdichte rd = 0,05 g cm^{-3}) betragen 2000 bis 4000 kg ha^{-1} bezogen auf eine 20 cm mächtige Schicht; in verdichteten Niedermooren kann dieser Wert bis auf > 30 000 kg N ha^{-1} 20 cm^{-1} ansteigen. Bei jährlichen Abbauraten von 1 bis 2 cm können demnach bis zu 3000 kg N ha^{-1} mineralisiert werden (Kuntze 1984). Auch wenn ein stark wüchsiger Pflanzenbestand einen Teil des Stickstoffes aufnimmt und der N-Einbau in die stabilen Huminstoffe („Immobilisierung") zum "*Output*" in einer N-Bilanz führt, so wird auch ein beträchtlicher Teil als Nitrat ausgewaschen und nach Denitrifikation als N_2 und N_2O an die Atmosphäre abgegeben (Tabelle 5.11).

Tabelle 5.11. Stickstoffbilanz in kg N ha^{-1} (Kuntze 1993)

	saures Niedermoor Wiese (120 dt ha^{-1} TM)	kalkreiches Niedermoor, Ackernutzung (Fruchtfolge: Zuckerrüben/Getreide)
Input: Düngung	200	100
Immission (Raum Bremen)	30	30
Mineralisation	(500)[1]	(1000)
Output: Entzug	400	250
Auswaschung	10	100
Denitrifikation	100	150
Immobilisation	(220)	(630)

[1] kalkulierte Größe

Die N-Umsätze in Niedermooren sind das Ergebnis von N-Mineralisierung, N-Immobilisierung (Humifizierung) und Nitrifikation unter aeroben Bedingungen sowie von Denitrifikation unter anaeroben Bedingungen. Die Mineralisierung des organisch gebundenen Stickstoffs wird ausschließlich von Mikroorganismen durchgeführt (Luthardt 1987). In sauren Niedermooren ist die N-Mineralisierung und Nitratbildung gehemmt; Scheffer (1990) konnte in ungedüngten Niedermooren im Verlauf einer Vegetationszeit nur 10–20 kg NH_4-N ha^{-1} und 10 kg NO_3-N ha^{-1} in 40 cm Tiefe messen. In einem kalkhaltigen Niedermoor waren dagegen bis 600 kg N ha^{-1} in 0–90 cm Bodentiefe nachzuweisen. Bei den biochemischen Stickstoffumsetzungen tritt als kurzlebiges Zwischenprodukt das pflanzentoxische Nitrit auf; es kann entweder bei der Oxidation des Ammoniums zum Nitrat oder bei der Denitrifikation des Nitrats zum N_2 oder Ammonium gebildet werden. Auf sauren Niedermooren ist der Nitritgehalt gering. Je höher der pH-Wert, desto eher ist mit Nitrit im Boden zu rechnen; Tate et al. (1982) fanden in kalkreichen Niedermooren Floridas 20 mal höhere Nitritwerte als in kalkarmen Mooren. Für kalkreiche Niedermoore Ostdeutschlands wiesen Behrendt et al. (1994) einen engen Zusammenhang zwischen Grundwasserstand und Nitrateintrag nach (Abbildung 5.4).

Auch Scheffer u. Toth (1979) konnten in Lysimetern hohe Nitratgehalte in stark entwässerten Torfen messen. Die Angaben über die absoluten Austragswerte schwanken beträchtlich, nennenswerte Austräge ermittelte Rück (1991) erst bei bereits als mooruntypisch zu nennenden Grundwasserständen von > 2,0 m (Tabelle 5.12).

Scheffer (1994) berichtete über Nitrat-N-Austräge aus kalkhaltigen Niedermooren von 40–80 kg N ha^{-1} a^{-1}. Lysimeteruntersuchungen ergaben keine nennenswerten Nitratauswaschungen; von dem im Sickerwasser nachgewiesenen NO_3-N werden 50% durch Denitrifikation reduziert (Rijtema 1978). Stärker vererdete Niedermoore geben bei gleichem Grundwasserstand mehr NO_3-N an das Grundwasser ab, als weniger vererdete. N-Auswaschungsverluste sind auf flachgründigen sandunterlagerten Niedermooren größer als auf tiefgründigen (Käding et al. 1984). Eschner (1989) untersuchte die N-Verluste des Grund- und Oberflächenwassers aus Grünland und

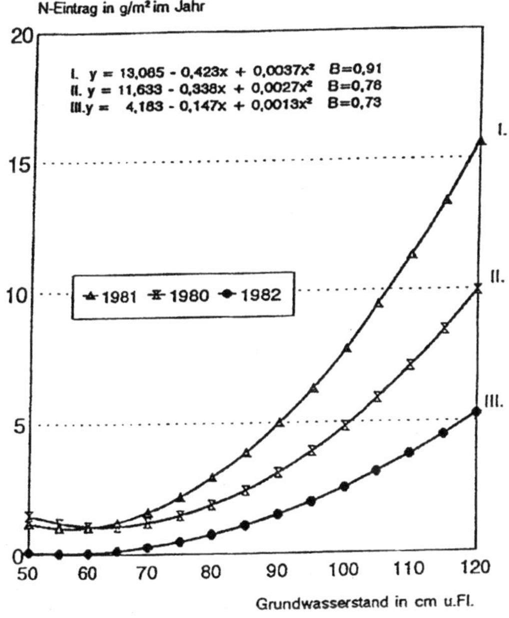

Abb. 5.4. Beziehung zwischen Grundwassertiefe und dem NO_3-N-Eintrag (aus Behrendt et al. 1994)

Tabelle 5.12. Nitrat-N-Gehalt im Sickerwasser und Nitrat-N-Austrag aus einem kalkhaltigen Niedermoor (Donauried; Rück 1991)

Grundwasserstand (cm u. GOK)	NO_3-N (mg l^{-1})	NO_3-N-Austrag (kg N ha^{-1} a^{-1})
44–77	0,1–1,1	0
138–173	0,5–7,0	2,8
209–269	26–84	140,8

Ackerland eines kalkhaltigen Versumpfungsmoores mit den Ergebnissen:

1. Unter Grasland wird mit max. 14 kg N ha^{-1} a^{-1} deutlich weniger Nitrat ausgewaschen als unter Acker mit max. 67 kg N ha^{-1} a^{-1},
2. aufgrund des hohen Denitrifikationspotentials werden sehr hohe Nitrat-Konzentrationen im Oberboden in den unteren Bodenschichten stark eleminiert,
3. die höchsten N-Verluste durch Einwaschung in das Grundwasser traten in den Monaten Januar–März auf,
4. ackerbauliche Nutzung und häufig wechselnde Grundwasserstände führten zur Nitratkonzentration im oberflächennahen Grundwasser von > 40 mg NO_3-N l^{-1},
5. in sehr flachgründigen Niedermooren können 60–80 kg N ha^{-1} ausgewaschen werden, wobei zeitweilig bis zu 180 mg NO_3-N l^{-1} im Grundwasser auftreten, Ursache sind ein aufgrund abnehmender C-Verfügbarkeit verringertes Denitrifikationspotential sowie die kurze Filterstrecke zum durchlässigen Sand und zum Grundwasser.

Übereinstimmend berichteten mehrere Autoren darüber, daß eine N-Düngung die Mineralisierung stark erhöht, da die Mikroorganismen zur Zersetzung der organischen Substanz Nitrat benötigen (Eschner 1989; Scheffer 1994; Watzke 1993). Durch diesen als *„priming effect“* bezeichneten Prozeß kann nach Briemle (1991) speziell der Zelluloseabbau erhöht werden; die verstärkende Wirkung ist besonders auf sauren Niedermooren zu beobachten.

Stickstoffbilanzen lassen vermuten, daß durch Denitrifikation erhebliche N-Verluste auftreten können. Der meßmethodische Nachweis ist sehr schwierig; häufiger wurde das Denitrifikationspotential der Torfe bestimmt (Kuntze et al. 1988; Scheffer et al. 1988; Eschner 1989; Paepke 1992). Bei der Denitrifikation wird unter anaeroben Bedingungen Nitrat (Elektronenakzeptor) zu N_2O und N_2 reduziert. N_2O gehört zu den Treibhausgasen und trägt auch zum Abbau der Ozonschicht bei (Scheffer 1994). Hohe Denitrifikationsraten treten in den Niedermooren auf, wo viel Nitrat und gleichzeitig viel löslicher C vorhanden sind. Entwässerung und Belüftung der Niedermoore fördern den biochemischen Umsatz und somit auch die Denitrifikation. Die Zufuhr von leicht abbaubaren organischen Substanzen aus Wirtschaftsdüngern und von Nitrat erhöhen die Denitrifikation. Mit zunehmenden Zersetzungsgrad nimmt das Denitrifikationspotential der Torfe ab. Als limitierender Faktor für die Denitrifikation wirkt sich die Art und Menge der verfügbaren mineralisierbaren C-Verbindungen aus. Zwischen dem Anteil an löslichen C-Verbindungen und der Höhe der Denitrifikationraten besteht ein signifikanter Zusammenhang (Eschner 1989).

Vermulmte und aggregierte Torfe haben ein geringeres Denitrifikationspotential als vererdete Torfe, da in diesen Substraten infolge der Humifizierung die Verfügbarkeit von löslichem C gering ist. Das Denitrifikationspotential ist auf Grünland höher als auf Ackerland, weil durch die ständig frisch bereitgestellten Wurzeln genügend C vorhanden ist. Steigende Temperaturen erhöhen die Denitrifikation, ein Optimum befindet sich zwischen 20–25° C. Der Wechsel trockener und feuchter, d.h. aerober und anaerober Phasen, steigert den Umsatz der organischen Substanz und die Denitrifikation (Eschner 1989). Paetel (1961) nimmt an, daß Schrumpfen und Quellen die Struktur der Torfe durch Zerrungen und Quetschungen stark angreifen und schließlich zersetzen; diese Vorgänge würden die Torfzersetzung stärker beschleunigen als mikrobiologische Einflüsse. Der pH-Wert der Niedermoore hat keinen oder nur einen geringen Einfluß auf die Denitrifikation (Scheffer 1994). Werte der potentiellen Denitrifikation sind:

- 16–66 kg N ha^{-1} a^{-1} auf subtropischen Mooren (Terry u. Tate 1980),
- 150–200 kg N ha^{-1} a^{-1} auf nordwestdeutschen Mooren (Richter 1987),
- 300 kg N ha^{-1} a^{-1} auf nordostdeutschen Mooren (Eschner 1989).

Die N_2O-Emission aus Freilandmessungen verschiedener Autoren zeigt die Tabelle 5.13.

Tabelle 5.13. N_2O-Emission (verschiedene Autoren)

	N_2O (kg N ha^{-1} a^{-1})
Feuchtgebiete Niederlande (Franken et al. 1992)	3–13
saures Niedermoor, Grünland, Bremen (Scheffer 1994)	16–20
kalkreiches Niedermoor, Grünland, Paulinenaue (Augustin et al. 1994):	
0 kg N	1,2
60 kg N	1,6
120 kg N	2,5
480 kg N	14,0

In den mineralstoffarmen Hochmooren besteht eine geringe P-Sorption; ackerbauliche Nutzung führte zu erhöhten P-Ausscheidungen (Kuntze 1988). In Niedermooren wird der durch Abbau der organischen Substanz und Düngung anfallende mineralische Phosphor durch Chelatbilung mit Kationen wie Ca, Al und Fe festgelegt bzw. durch die Pflanzen aufgenommen; die P-Austräge sind gering (0,2 kg P ha^{-1} a^{-1}). Auf vermulmten Böden tritt eine besonders hohe Anreicherung an Gesamt-P auf (Luthardt 1987).

Kalium ist in organischen Böden sehr beweglich. Mundel (1990) ermittelte in Lysimeterversuchen K-Verluste von 5–75 kg ha^{-1} a^{-1}. In vermulmten Torfen traten höhere K-Verluste als in vererdeten Torfen auf (Luthardt 1987). Mit der Bodenentwicklung infolge Entwässerung und intensiver landwirtschaftlicher Nutzung reichern sich die Spurenelemente, zunehmend von aggregierten über vererdeten bis vermulmten Torf um das Doppelte bis Vierfache an. Ursache sind die relative Anreicherung infolge Torfmineralisation, relativ geringe Mobilität im basenreichen Milieu und zunehmend Einträge durch Immission (Luthardt 1987). Die Kenntnisse über die biotischen Faktoren während der Stoffumwandlungsprozesse sind überwiegend als "*black box*" einzuschätzen, es liegen bisher nur wenige Forschungsergebnisse vor. Für die Bedingungen in den nordostdeutschen Niedermooren ergaben die Untersuchungen von Luthardt (1987) und Behrendt (1995) folgende Ergebnisse:

- der Zelluloseabbau (als Maß für die mikrobielle Aktivität) war auf vererdeten Niedermooren geringer als auf vermulmten,
- Umbruch und Neuansaaten erhöhten den Zelluloseabbau stark,
- zwischen Bodenfeuchte und Zelluloseabbau bestehen korrelative Beziehungen; bei 70 Vol.-% Bodenfeuchte liegt das Maximum; Bodenfeuchten darunter oder darüber ergaben geringere Abbauwerte,
- auf intensiv genutzten Flächen ist der Zelluloseabbau höher als auf Flächen mit extensiv umbruchloser Bewirtschaftung,
- die Freßaktivität von Bakterien zeigte einen deutlichen Rückgang mit intensiver Nutzung gegenüber extensiver Bewirtschaftung,
- das für die Bildung von stabilen Humusstoffen notwendige Wechselspiel von Bodentieren und Mikroorganismen findet auf vermulmten Standorten nicht statt, so daß es hier zum restlosen Verlust der organischen Substanz kommt.

5.3 WIEDERVERNÄSSUNG VON STARK ENTWÄSSERTEN MOOREN

Bisherige Bemühungen zur Wiedervernässung von genutzten Mooren liegen in Mittel- und Nordeuropa fast ausschließlich für teilweise oder völlig abgebaute Hochmoore – durch industrielle oder bäuerliche (Hand-)Torfgewinnung – vor. So wurde 1980 auf Druck eines erstarkenden Naturschutz- und Umweltbewußtseins im Bundesland Niedersachsen ein „Moorschutzprogramm" ins Leben gerufen. Die technischen Voraussetzungen für die Wiedervernässung von teilabgebauten Hochmooren sind:

- Verbleiben eines mindestens 50 cm mächtigen Restkörpers, der als Staukörper für Niederschläge wirksam wird,
- Grabensohlen sollen möglichst nicht in den Sanduntergrund einschneiden, um ein Zuströmen von minerotrophem Wasser zu verhindern,
- Verfüllen aller Binnengräben nach Abtorfung auf der Fläche mit stark zersetztem Torf,
- Rückführung vorher gewonnener Bunkerde; mindestens 30 cm Schichtmächtigkeit um ein Hochmoorwachstum hinsichtlich biologischer (Samenpotential) und chemischer (nährstoffarme, saure) Voraussetzungen zu initiieren.

Forschungsaktivitäten konzentrieren sich hinsichtlich des Erfolgs der Wiedervernässung von Hochmooren auf pflanzensoziologische Aspekte und Wiederbesiedlungsergebnisse hochmoortypischer Torfmoose (siehe dazu Veröffentlichung des Kongresses „*Restoration of Temperate Wetlands*", Wheeler u. Shaw 1995). Betrachtet man die Bedeutung für den Schutz und die Erhaltung von Niedermooren, so ist grundsätzlich zwischen dem Schutz der unentwässerten, noch wachsenden oder naturnahen und dem der land- und forstwirtschaftlich genutzten Niedermooren zu unterscheiden. Zur ersten Gruppe schreibt Succow (1991: S. 90): „*Unentwässerte Moore stellen nicht nur ein Feuchtbiotop mit einem hohen Naturschutzwert dar, sie sind gleichzeitig auch Naturräume mit sich erneuernden hochwertigen Naturressourcen und Entsorgungsräume für überschüssige Nähr- und Schadstoffe. Heute sind wachsende, lebende Moore in Mitteleuropa zu den letzten natürlichen Ökosystemen zu rechnen; sie haben höchsten Naturschutzwert*".

In Ostdeutschland sind 5000 ha Moorareale in etwa 50 Reservaten unter Schutz; nur maximal 1500 ha sind davon wachsende Moore. Hinzu kommen ca. 20 000 ha Moor mit bislang nur geringer oder keiner Torfverzehrung. Überlegungen zum Schutz und zur Erhaltung der meist intensiv land- oder forstwirtschaftlich genutzten Niedermoore wurden zu dem Zeitpunkt das erste Mal geäußert, als erste Degradierungserscheinungen auf die die Bodenfruchtbarkeit verschlechternden Prozesse aufmerksam machten. Ab Mitte der 80iger Jahre wurden viele Empfehlungen für eine „moorschonende", aber weiterhin landwirtschaftliche Nutzung gegeben. Grundsätzlich laufen sie vom Prinzip her auf das Ausnutzen der die Mineralisierung mindernden Parameter hinaus, d.h. es ist der Kompromiß zu finden zwischen weiterhin agrarischer Produktion (extensive Mäh- und Weidenutzung) und

- winterlicher Überflutung und GW-Stände in der Vegetationszeit < 30–50 cm,
- keine N-Düngung; kein Gülle- und Pestizideinsatz,
- geringer Tierbesatz /ha bei Weide,
- Nährstoffaushagerung.

Die konsequenteste Art des Niedermoorschutzes wäre die völlige Verhinderung einer Torfmineralisation durch eine Wiedervernässung dieser ehemals agrarisch genutzten Standorte (Toth 1983). Die Forschungen zu einem „Ökosystemmanagement von Niedermooren", die in Deutschland beispielgebend in einem großen Verbundvorhaben seit 1991 durch das BMBF gefördert werden, wurden dringend notwendig, weil Niedermoore aufgrund der verschlechterten standortökologischen Bedingungen und der veränderten agrarökonomischen Verhältnisse zunehmend zu marginalen Standorten wurden. Erfahrungen aus dem Hochmoorschutz (Eigner u. Schmatzler 1991) sind nicht auf Niedermoore übertragbar, da diese sich durch eine weitaus größere standortkundliche und landschaftsökologische Diversität auszeichnen. Aufgrund der engen Verknüpfung des Grundwasserregimes mit den umgebenden Mineralböden sind interökosystemare Stoffflüsse zu beachten (Kuntze 1995). Sollen künftig Niedermoore mit dem Ziel des Arten- und Biotop (Moorboden)schutzes betreut werden, so sind Zonen verschiedener Nutzungsintensität auszuweisen. Extensive landwirtschaftliche Nutzungen und partielle Wiedervernässung mit Nutzungsauflassung können in ein und demselben Moorgebiet existieren, die Arealheterogenität wird steigen (Zeitz 1993, 1996). Die Grundlage zur Ausweisung derartiger Zonierungen sollte ein ökologisches Entwicklungskonzept bilden (Kretschmer et al. 1995). Die bis 1995 ermittelten Untersuchungsergebnisse von den im o.g. Forschungsverbund betrachteten Niedermooren Dümmer (Niedersachsen), Drömling (Sachsen-Anhalt/Niedersachsen), Rhin-Havelluch (Brandenburg) und Friedländer Große Wiese (Mecklenburg-Vorpommern) sind in Auswertung der Prüffaktoren „verschiedene Vernässungsverfahren" (Überflutung, Überstau, Anstau; zeitweilig, ganzjährig) und „Nutzungsvarianten" (Hagerung, Sukzession, Schnittnutzung) hinsichtlich bodenchemischer Parameter wie folgt zusammenzufassen:

- Hydrologisch-hydrotechnisch erscheint Überstau für eine großflächige Wiedervernässung wirksamer zu sein als An- und Einstaubewässerung (aufgrund der verringerten gesättigten Wasserdurchlässigkeit im Moorkörper; Blankenburg 1995).
- Die pedogenetischen Entwicklungsstadien bestimmen Geschwindigkeit und Umfang der Benetzung und Rückquellung der Torfe.
- Vererdete Niedermoore sind leichter rückquellbar als teilweise irreversibel geschrumpfte, vermulmte Niedermoore (Schmidt 1995).
- Stoffdynamisch ist eine Hagerung nur durch Wiesennutzung am ehesten bei K, weniger bei P und N erreichbar (Eschner u. Liste 1995). Disharmonische N-, P-, K-Verhältnisse können Einfluß auf die Pflanzenbestandsentwicklung nehmen. Dies stimmt auch überein mit den Ergebnissen von Watzke (1993, 1995), der deshalb für eine extensive Mähnutzung der Niedermoore vorschlägt, bis zu 100 kg K ha^{-1} zu düngen.

- N_{min}-Gehalte im Oberboden von Standorten mit zunehmender Vernässung lagen bei 30–60 kg ha^{-1} und bestätigen, daß unter noch wechselfeuchten (d.h. nicht ständig nassen) Bodenverhältnissen auch bei extensiver Nutzung die N-Mineralisation beträchtlich sein kann (Sauerbrey u. Eschner 1991; Eschner u. Liste 1995). Obgleich die Gesamtgehalte an Mineral-N in den Bodenprofilen bis zu 35% abnahmen, haben sich unter Vernässung die Ammoniumgehalte verdoppelt. Diese Differenz könnte auf höhere Nitratverluste über Denitrifikation zurückzuführen sein, wie auch die Untersuchungen von Eschner (1989) auf flachgründigen Versumpfungsmooren gezeigt haben. Niedermoore mit typisch degradierten Bodenhorizonten (Bodentyp „Mulm") enthalten prinzipiell mehr mobile Nährstoffe (N_{min}, P und K als doppellactatlösliche Fraktionen), wobei nur beim P und K durch höhere Bodenfeuchten eine Gehaltsabnahme gemessen wurde. Die Nährstoffgehalte der geringer entwässerten und in der Bodenentwicklung noch nicht soweit fortgeschrittenen Niedermoore (Bodentyp „Erdfen") sind dagegen für N und P vergleichsweise gering.
- Die aus intensiver landwirtschaftlicher Nutzung herausgenommenen Niedermoore sind auch durch eine Wiedervernässung in den ersten Jahren (d.h. bezogen auf die Forschungsarbeiten mindestens drei Jahre) als labile Ökosysteme mit Disharmonien in der Stoffdynamik zu bewerten (Eschner u. Liste 1995). Die ersten Ergebnisse zur Aushagerung von eutrophen landwirtschaftlich bisher intensiv genutzten Niedermooren in Nordostdeutschland zeigten, daß eine K-Aushagerung binnen 2–4 Jahren möglich ist, aber eine P-Aushagerung länger dauert (Käding 1994).
- Brutversuche in verschiedenen Niedermooren (hinsichtlich des pH-Wertes, der organischen Gehalte und der Trockenrohdichte) in Abhängigkeit der Substratfeuchte zeigten, daß bei den schwächer vererdeten Oberböden der sauren Niedermoore erst bei 100% der maximalen Wasserkapazität die höchste Zunahme an Nitrat gemessen, bei den stärker vererdeten kalk- und basenreichen Oberböden lag das Maximum der Nitratbildung bei 70% der maximalen Wasserkapazität und sinkt bei zunehmenden Wassergehalt. Hausschild u. Scheffer (1995) schlußfolgern daraus, daß höhere Wassergehalte nur in den Torfen der kalkhaltigen stärker degradierten Niedermoore die Nitratbildung reduzieren. Ursache ist der in den sauren Standorten hohe Anteil an leicht mineralisierbaren N-Verbindungen, so daß eine Wiedervernässung auf diesen Standorten die biochemische Umsetzung zunächst nicht mindert. Eine allmähliche Austrocknung und Wiedervernässung kalkhaltiger Niedermoore förderte im Brutversuch dagegen die Nitratbildung. Inwiefern die mit dem Wassergehalt zunehmende Nitratbildung auf sauren Niedermooren auch die Denitrifikation fördert, konnte noch nicht geklärt werden.
- In Sukzession gegangenes Feuchtgrünland im Drömling und naturbelassener Erlenbruchwald wiesen vergleichsweise die geringsten anorganischen N-Gehalte auf; es besteht ein statistisch gesicherter Zusammenhang zwischen den N_{an}-Bodenwerten und dem Grundwasserstand (Signifikanzniveau > 95%) (Meissner et al. 1995).
- Untersuchungen auf der Maßstabsebene von Labor und Mikrohabitat zu Wirkungen von Milieuveränderungen (Bodenfeuchte) auf Bioaktivität und Bakteriengemeinschaften zeigten, daß zunehmende Bodenfeuchte und abnehmende Bodentemperatur unter Hagerung eine stärkere Drosselung der Bioaktivität bei einer andersartigen Zusammensetzung der Bakteriengemeinschaften bewirkten als unter Sukzession (Liste et al. 1995).

Kuntze (1995) weist darauf hin, daß ein Ökosystem-Management für Niedermoore innerhalb kurzer Zeiträume (wenige Jahre) nicht zu beherrschen ist und daß der mit einer Wiedervernässung zunehmenden Denitrifikation und Methanbildung zukünftig mehr Aufmerksamkeit zu widmen ist. Letzterer Fragestellung widmen sich seit 1993 insbesondere Augustin u. Merbach (1995), Augustin et al. (1994, 1996) und Merbach et al. (1994). Basierend auf den grundlegenden Arbeiten zur Lachgas- und Methan-Emission aus Niedermooren von Terry u. Tate (1980) sowie Duxbury et al. (1993) untersuchten sie degradierte Niedermoore in Brandenburg und Mecklenburg-Vorpommern sowie Versuchsvarianten mit Wiedervernässung. Die vollständige Wiedervernässung führte bei N_2O zu extrem geringen Werten im Untersuchungszeitraum Oktober 94 bis Juli 95; ein Einfluß der Temperatur war nicht feststellbar. Flächenbereiche desselben Standortes mit Grundwasserständen von 60 cm u. GOK lieferten N_2O-Emissionen von bis zu 90 g N_2O–N ha^{-1} d^{-1} (April 1995); die N_2O-N-Gehalte waren im April am höchsten. Die CH_4-Emission auf einem Wiedervernässungsversuch (d.h. Wiedervernässung eines ehemals entwässerten und landwirtschaftlich genutzten Niedermoores) war bei tiefen Bodentemperaturen (bis Mitte Mai 1995) bei allen

Bodenfeuchtevarianten (entwässert, naß, überstaut) sehr niedrig. Bei höheren Bodentemperaturen wies die Variante „überstaut" maximal CH_4-C-Werte bis 7,8 kg CH_4-C ha^{-1} d^{-1} aus. Die vorläufige Abschätzung der aktuellen jährlichen N_2O- und CH_4-Emission aus nassen und überstauten, d.h. wiedervernäßten Niedermooren zeigt, daß einer stark verringerten N_2O-Emission (0,6 kg N_2 O-N ha^{-1}) eine extrem erhöhte CH_4-Emission gegenüber steht (10,6 bzw. 293 kg CH_4-C ha^{-1}; Augustin et al. 1996). Durch Wiedervernässung wird die CO_2-Freisetzung (als Ergebnis der Torfmineralisation) im Vergleich zu stark entwässerten Niedermooren (→ 5.2) drastisch gesenkt (Mundel 1976; Behrendt et al. 1994).

Über die spezielle Problematik der Mobilisierbarkeit persistenter Schadstoffe durch Wiedervernässung von Niedermooren in industriellen Ballungsgebieten berichten Hein et al. (1993). Ein entwässertes Niedermoor am Rand der Niederterrasse des Rheins (Nähe Duisburg) sollte aus naturschutzfachlicher Sicht wiedervernäßt werden. Bodenuntersuchungen zeigten aber erhebliche Kontaminationen mit Schwermetallen (Cd, Zn, Pb, As) aufgrund von Ablagerungen aus Überflutungssituationen, so daß bei den vorherrschenden niedrigen pH-Werten des Niedermoores (pH 4,3) eine Wiedervernässung die Mobilisierung der Schwermetalle und einen möglichen Eintrag in das Grundwasser hervorrufen kann. Es wurde von den Autoren eine stufenweise Grundwasseranhebung mit ständiger Kontrolle der Wasserqualität vorgeschlagen.

Der Schutz der Moore ist in den entsprechenden Naturschutzgesetzen auf Länderebene in Form des Schutzes „besonderer Biotope" geregelt. Ein Umbruch bzw. eine Steigerung der bisherigen Nutzungsintensität bedarf immer eines Antrages an die Fachbehörde und deren Erlaubnis. Im Bundesland Brandenburg wird derzeitig der Begriff einer „ordnungsgemäßen Landbewirtschaftung" definiert und in diesem Zusammenhang Empfehlungen für eine moorschonende landwirtschaftliche Nutzung ausgearbeitet. In anderen Bundesländern (z.B. Niedersachsen, Mecklenburg-Vorpommern, Brandenburg) werden aus naturschutz- und/oder bodenschutzfachlicher Sicht Planungsunterlagen (Karten und Daten auf der Basis von Geographischen Informationssystemen) erarbeitet, die eine differenzierte Nutzung einschließlich Moorrenaturierung ermöglichen. Da bei einer Moorrenaturierung jegliche wirtschaftliche Nutzung entfällt, ist ein Aufkaufen der Flächen durch staatliche Einrichtungen oder durch Natur- und Umweltverbände eine sehr wichtige und für den langfristigen Erfolg auch notwendige Maßnahme. Dazu eignet sich das Verfahren der Flurneuordnung sehr gut, indem durch einen sinnvollen Flächentausch die zu vernässenden Moore herausgelöst werden können.

LITERATUR

Augustin J, Merbach W, Käding H, Schmidt W, Schalitz G (1996) Lachgas- und Methanemission aus degradierten Niedermoorstandorten unter dem Einfluß unterschiedlicher Bewirtschaftung. In: Alfred Wegener-Striftung (Hrsg) Von den Resourcen zum Recycling. Ernst & Sohn, Berlin, 348 S.

Augustin J, Merbach, W, Käding H (1994) Lachgasemissionen aus degradierten Niedermoorböden Nordostdeutschlands. Forschungsreport Ernährung, Landwirtschaft, Forst 10: 6–8

Augustin J, Merbach W (1995) Einfluß von Pflanzenbewuchs und N-Angebot auf die CO_2- und Lachgasemission aus einem sandigen Boden Nordostdeutschlands. Mitt Dtsch Bodenk Ges 76: 509–512

Behrendt A, Mundel G, Hölzel D (1994) Kohlenstoff- und Stickstoffumsatz in Niedermoorböden und ihre Ermittlung über Lysimeterversuche. Z Kulturtech Landentwicklung 35: 200–208

Behrendt A (1995) Moorkundliche Untersuchungen an norddeutschen Niedermooren unter Berücksichtigung des Torfschwundes, ein Beitrag zur Moorerhaltung. Unveröff Dissertation, Humboldt-Univ Berlin, Landwirtschaftlich-Gärtnerische Fak 179 S.

Blankenburg J (1995) Wasserhaushalt von Niedermooren und hydrologisches Managment. Z Kulturtechnik Landentwicklung 36: 102–106

Bouzinos A, Broussovlis J, Christanis K (1994) Conservation and management of greek fens "model" to avoid. Inst of Land Reclamation and Grassland Farming in Falenty, Polen, Proc Int Symp Warsaw-Biebrza, S. 224–230

Briemle G (1991) Mindestpflege und Mindestnutzung unterschiedlicher Grünlandtypen aus landschaftsökologischer und landeskultureller Sicht. Praktische Anleitung zur Erkennung, Nutzung und Pflege von Grünlandgesellschaften. Beih Veröff Naturschutz Landschaftspfl Baden-Württemberg 60: 1–160

Christanis K, Papadaki A (1992) Recent peat formation in northwestern Greece. Proc 9th. Internat Peat Congress, Uppsala Special ed Internat Peat J S. 69–77

DIN 4047 4 (1995) Landwirtschaftlicher Wasserbau Teil 4: 1–26; Berlin

De Mol F (1989) Torfschwund in Moorböden in Abhängigkeit von Torfart, Entwässerungs- und Nutzungsintensität. Unveröff Diplomarb., Univ Göttingen FB Agrarwissenschaften, 48 S.

Duxbury JM, Harper L-A, Mosier A-R (1993) Contribution of Agroecosystems to global chance. In: Duxbury JM, Terry RE, Tate RL (Hrsg) Agricultural ecosystems effects on traces and global climata chance. A SA special publication Nr. 55: 1–55, Am Soc Agronomy

Eggelsmann R (1978) Oxidativer Torfverzehr in Niedermooren in Abhängigkeit vom Klima und mögliche Schutzmaßnahmen. Telma 8: 75–81

Eggelsmann R (1990) Wasserregulierung im Moor. In Göttlich K (1990) Moor- und Torfkunde S. 321–348; 3. Aufl E Schweizerbart'sche Verlagsbuchhandlung

Ehwald E (1980) Bodengenetik, Bodensystematik und Bodengeographie. In: Müller G (Hrsg) Bodenkunde

Eigner J, Schmatzler E (1991) Handbuch des Hochmoorschutzes. Verlag Kilder, Steinfurth, 158 S.

Ellenberg H (1992) Zeigerwerte von Pflanzen in Mitteleuropa. 2. Aufl., 258 S.; Erich Goltze Verlag, Göttingen

Eschner D (1989) N-Verluste (Denitrifikation, Auswaschung) beim Torfabbau in landwirtschaftlich genutzten Niedermooren in ihrer Bedeutung für die Bodenfruchtbarkeit und Belastung des Grund- und Oberflächenwassers. Unveröff Dissertation B, Humboldt-Univ Berlin, Sektion Biologie, Bereich Ökologie, 137 S.

Eschner D, Liste H-H (1995) Stoffdynamik wiederzuvernässender Niedermoore. Z Kulturtechnik Landentwicklung 36: 113–116

Feige W (1969) Bestimmung der Kationenaustauschkapazität und austauschbarer Kationen von carbonatfreien Moorböden. Z Pflanzenernähr Düng Bodenk 123: 101–105

Freymüller H (1967) Die Möglichkeiten der zukünftigen landwirtschaftlichen Nutzung des Dachauer Moores aufgrund seiner bisherigen Entwicklung und seines heutigen Kulturzustandes. Unveröff Diss TH München

Göttlich K (Hrsg; 1990) Moor- und Torfkunde. 3. Auflage E. Schweizerbart'sche Verlagsbuchhandlung, Stuttgart, 529 S.

Grosse-Brauckmann G (1975) Über Beziehungen zwischen chemischen Merkmalen von Torfen und ihrem botanischen Charakter. Sonderdruck aus Moor und Torf in Wissenschaft und Wirtschaft. Bad Zwischenahn/Westufer, 145–155

Grosse-Brauckmann G (1990) Ablagerungen der Moore. In: Göttlich K (1990) Moor- und Torfkunde, S. 175–236

Grosse-Brauckmann G (1994) Probleme der Kartierung und Systematik der Moorböden. Telma 24: 31–56

Grosse-Brauckmann G (1996) Ansprache und Klassifikation von Torfen und Mooren als Voraussetzung für Moorkartierungen. Festschrift Cordes, Abh Naturwiss Verein Bremen 43,2: 213–237

Hargital L (1974) A new method for the complex evaluation of the humus quality and investigation of humification process. X. mezdun. Kongres. pocv. Moskva 372–378

Hauschild J, Scheffer B (1995) Zur Nitratbildung in Niedermoorböden in Abhängigkeit der Bodenfeuchte (Brutversuche). Z Kulturtechnik Landentwicklung 36: 151–152

Hein D, Görtz W, Leisner-Saaber J, Rathje M (1993) Untersuchung der Mobilisierbarkeit persistenter Schadstoffe im System Grundwasser/Boden/Pflanze eines ehemaligen Niedermoors. Vom Wasser 81: 341–352

Illner K (1977) Zur Bodenbildung in Niedermoortorfen. Arch Acker- Pflanzenbau Bodenkd 21: 867–872 ;Berlin

KA4 (1994) Bodenkundliche Kartieranleitung 4. Aufl., 392 S.; E Schweizerbart'sche Verlagsbuchhandlung, Stuttgart

Kadner R, Fischer W (1961) Zur Kenntnis der chemischen Zusammensetzung von Torfen aus Vorkommen in der DDR. Freiberger Forschungshefte A204: 7–23

Käding H (1994) Ökologische Bewirtschaftung von Niedermoorgrünland unter Berücksichtigung der Nährstoffbilanzen. Arch Natur- Lands 33: 187–194

Käding H, Robowsky KD, Mundel G (1984) Untersuchungen über den NO_3-Eintrag ins Grundwasser auf Niedermoorböden bei Graslandnutzung. Forschungsabschlußbericht G4, Institut für Futterprod AdL, Paulinenaue, 162 S.

Kretschmer H, Zeitz J, Tölle R, Lehrkamp H, Haberstock W, Hielscher K, Pfeffer H, Dietrich O (1995) Ökologisches Entwicklungskonzept Oberes Rhinluch. Zwischenbericht an das BMFT/BMBF, 153 S., Müncheberg/Berlin

Kuntze H (1984) Bewirtschaftung und Düngung von Moorböden. Ber Bodentechnol Inst NLfB Hannover, Druck Ad. Allmers, Varel, 80 S.

Kuntze H (1988) Nährstoffdynamik der Niedermoore und Gewässertrophierung. Telma 18: 61–72

Kuntze H (1993) Niedermoore als Senke und Quelle für Kohlenstoff und Stickstoff. Wasser Boden 9: 699–702

Kuntze H (1995) Ökosystemmanagement von Niedermooren – eine Einführung. Z Kulturtechnik Landentwicklung 36: 99–101

Kuntze H, Scheffer B, Richter G (1988) N-Umsatz in Niedermoorböden. Abschlußbericht, Nieders Landesamt Bodenforsch 90 S.; Hannover

Kuntze H, Roeschmann G, Schwertfeger G (1992) Bodenkunde. UTB - Taschenbuch Ulmer Stuttgart, 424 S.

Kuntze H, Bartels R (1995) Einfluß des schweren Walzens auf den Stickstoffumsatz eines Niedermoorbodens. Z Kulturtechnik Landentwicklung 36: 153–154

Küster E (1990) Mikrobiologie von Moor und Torf. In: Göttlich K (1990) Moor- und Torfkunde. S. 262–271

Lappalainen E (ed; 1996) Global peat resources. International Peat Society, Jyskä, Finnland; ISBN 952-90-7487-5

Lehrkamp H (1987) Die Auswirkungen der Meliorationen auf die Bodenentwicklung im Randow-Welse-Bruch. Humboldt-Univ Berlin, Sektion Pflanzenproduktion, unveröff Diss A, 99 S.

Lishtvan J, Bambalov N (1987) Mineralisierung und Umwandlung der organischen Substanz in Torfböden Belorußlands. Int Symp Bodenentwicklung auf Niedermoor und Konsequenzen für die landwirtschaftliche Nutzung, Mai 1987 Eberswalde, S. 92–103, AdL der DDR (Hrsg)

Liste HH, Eschner D, Köhn S, Recke C (1995) Wirkung von Milieuveränderungen auf Bioaktivität und Bakteriengemeinschaften in einem unterschiedlich genutzten Niedermoorboden. Z Kulturtechnik Landentwicklung 36: 157–159

Luthardt V (1987) Ökologische Untersuchungen an landwirtschaftlich genutzten tiefgründigen Niedermoorstandorten unterschiedlicher Bodenentwicklung. Unveröff Diss A, AdL der DDR, Berlin, 140 S.

Martikainen PJ, Nykänen H, Crill P, Silvola J (1993) Effect of a lowered water table on nitrous oxide fluxes from northern peatlands. Nature 366: 51–53

Martikainen PJ, Nykänen H, Alm J, Silvola J (1995) Changes in fluxes of carbon dioxide, methane and nitrous oxide due to forest drainage of mire sites of different trophy. Plant Soil 168-169: 571–577

Meissner R, Rupp H, Braumann F, Müller H (1995) Auswirkungen von Extensivierungsmaßnahmen im sachsen-anhaltinischen Drömling auf die Verlagerung von Stickstoffverbindungen aus Böden in die Gewässer. Z Kulturtechnik Landentwicklung 36: 155–156

Merbach W, Augustin J, Käding H (1994) Einfluß von N-Düngung und Wasserregime auf Lachgasfreisetzung degradierter Niedermoorböden Nordostdeutschlands. Mitt Dtsch Bodenkundl Ges 73: 95–98

Mundel G (1969) Untersuchungen zur Entstehung des Havelländischen Luches und seiner Veränderungen durch Meliorationsmaßnahmen mit besonderer Berücksichtigung der Torfmineralisation. AdL der DDR, Berlin Unveröff Diss A, 253 S.

Mundel G (1976) Untersuchungen zur Torfmineralisation in Niedermooren. Arch Acker- Pflanzenbau u. Bodenk 20: 669–679; Berlin

Mundel G (1990) Kaliumvorrat und Kaliumhaushalt intensiv genutzter Niedermoorböden – Lysimeterergebnisse. Arch Acker- Pflanzenbau Bodenkd 34: 599–607; Berlin

Müller G (Hrsg; 1980) Bodenkunde. VEB Deutscher Landwirtschaftsverlag Berlin, 392 S.

Münder T (1980) Moorschwund, Kennzeichen, Einflußfaktoren, Auswirkungen u. Maßnahmen zur Minderung des oxidativen Torfverzehrs. unveröff Literaturstudie, Humboldt-Univ Sektion Pflanzenproduktion,

Naucke W (1968) Die Untersuchung des Naturstoffes Torf und seiner Inhaltsstoffe. Chemiker Zeitung/chemische Apparatur 92: 261–280

Naucke W (1979) Untersuchungen niedersächsischer Torfe zur Bewertung ihrer Eignung für die Moortherapie. Telma 9: 251–274

Naucke W (1990) Chemie von Moor und Torf. In: Göttlich K (Hrsg; 1990), S. 237–259

Paepke A (1992) Untersuchungen zu Kennwerten der Torfzersetzung in flachgründigen Niedermooren. Unveröff Diss,Humboldt-Univ Berlin, Fak Landwirtschaft Gartenbau, 116 S.

Paetel R (1961) Moorsackung, eine Funktion der Gleichgewichtsverlagerung. Wasserwirtschaft Wassertechnik 11: 225–228

Pfadenhauer J, Krüger GM, Mühr E (1990) Ökologisches Entwicklungskonzept Wurzacher Ried. Forschungsbericht i.A. des Umweltministeriums Baden-Württemberg, 304 S.

Post, L von (1924) Das genetische System der organogenen Bildungen Schwedens. Comité internat Pédologie IV, communication 22, Rom

Renger M (1965) Die Bestimmung und Berechnung der Austauschkapazität des Bodens und seiner organischen und anorganischen Anteile. Unveröff Diss; TU Hannover

Richter G (1987) Die Bedeutung der Denitrifikation im Stickstoffumsatz von Niedermoorböden. Unveröff Diss; Bodenkunde, Univ. Göttingen

Rijtema PE (1978) Een benadering voor de Stikstof-emissie nit net grasland bedrijt. ICW, 982: 39

Rück F (1991) N-Haushalt und Nitratauswaschung in kalkreichen Niedermooren unter Acker und Ödland. Führer zur bodenkdl-pflanzenbaulichen Exkursion anläßl. der VDLUFA-Tagung in Ulm (Hrsg VDLUFA): S. 51–55

Sauerbrey R (1981) Untersuchungen zur kapillaren Leitfähigkeit in Niedermoorböden. Unveröff Diss B, Humboldt-Univ Berlin, Sektion Pflanzenproduktion, 72 S.

Sauerbrey R, Eschner D (1991) Ökologiegerechte landwirtschaftliche Niedermoornutzung. Telma 21: 205–212

Schalitz G, Lehmann J (1992) Zum Stellenwert der Bodenverdichtung im Rahmen der ökologiegerechten Nutzung von Niedermoorgrünland. Jahrestagung 1992 der AG für Grünland und Futterbau in der Ges Pflanzenbauwiss Stuttgart-Hohenheim: S. 45–60

Scheffer B, Toth A (1979) Der Einfluß der Grundwasserhöhe auf die Stickstoffumsetzungen in Niedermoorböden. Mitteil Dtsch Bodenkundl Ges 29: 635–640

Scheffer B, Kuntze H, Richter G (1988) Denitrifikation in ungesättigten Bereich von Niedermoorböden. Z Deutsch Geol Ges 139: 435–441

Scheffer B (1990) Nitrit in einem sauren Niedermoorboden. Z Kulturtechnik Landentwicklung 31: 96–101

Scheffer B (1994) Zur Stoffdynamik von Niedermoorböden. NNA-Bericht 2: 67–75; Hannover

Schmidt W (1994) Über den Einfluß der Entwässerung und der Nutzung auf die Gefügeentwicklung in Niedermoorböden. NNA-Bericht 7. Jg.: 59–66

Schmidt W (1995) Einfluß der Wiedervernässung auf physikalische Eigenschaften des Moorkörpers der Friedländer Großen Wiese. Z Kulturtechnik Landentwicklung 36: 107–112

Schmidt W, Mundel G, Scholz A, Waydbrink W (1981) Kennzeichnung und Beurteilung der Bodenentwicklung auf Niedermoor unter besonderer Berücksichtigung der Degradierung. Forsch-Bericht Inst Futterproduktion Paulinenaue AdL der DDR, Berlin, 124 S.

Schothorst CJ (1977) Subsidence of low moor peat soils in the Western Netherlands. Geoderma 17: 265–291

Succow M (1986) Prozeßabläufe auf intensiv genutzten Niedermooren der DDR. Tagungsber, AdL der DDR, 245: 63–76, Berlin

Succow M (1988) Landschaftsökologische Moorkunde. Verlag Gebrüder Borntraeger, Berlin Stuttgart, 340 S.

Succow M (1991) Wachsende (naturnahe) Moore. In: Wegener U (1991) Schutz und Pflege von Lebensräumen. Gustav Fischer, Jena Stuttgart, S. 89–125

Tate R, Terry E (1982) Nitrite production in pahokee muck; frequency of occurrence and source. Soil Sci 133: 213–217

Terry E, Tate R (1980) Denifrification as a pathway for nitrate removal from organic soils. Soil Sci 129: 162–166

Thompson R, Oldfield F (1986) Environmental Magnetism. Allen & Unwin, London, 240 S.

Titze E (1992) Grundsätze der landwirtschaftlichen Moornutzung aus ökologischer und hydrologischer Sicht. Unveröff Vortragsmanuskript, Univ Rostock

Toth A (1983) Die Nutzung und der Schutz der ungarischen Moore. Telma 13: 153–160

Tüxen J (1984) Definition wesentlicher Begriffe in der Moor- und Torfkunde – Im Gedenken an Siegfried Schneider. Telma 14: 101–112

Wandtner R (1981) Indikatoreigenschaften der Vegetation von Hochmooren der Bundesrepublik Deutschland für Schwermetall-Immissionen. Dissertationes Botanicae 59: 190 S.; Cramer Verlag, Vaduz

Watzke G (1993) Standortangepaßte Bewirtschaftungsstrategie bei Extensivierung und Flächenstillegung auf Niedermooren. Zwischenbericht, Paulinenaue, im Auftrag des MUNR, Brandenburg, 52 S.

Watzke G (1995) Düngungsempfehlungen nach Stichproben korrigieren. Neue Landwirtschaft 11: 43–46

Welte E (1955) Zur Konzentrationsmessung von Huminsäuren. Z Pflanzenernähr Düng Bodenkd 74: 219–227

Wheeler B, Shaw S (1995) Restoration of Temperate Wetlands. Wiley & Sons, Chichester, 562 S.

Woreschk B, Pöhler C (1977) Untersuchungen über die Zersetzung von Niedermoortorfen. Unveröff Diplomarbeit, Humboldt-Univ Berlin, Sektion Pflanzenproduktion, 34 S.

Zeitz J (1991) Untersuchungen über Filtrationseigenschaften von Niedermoorböden mit Hilfe verschiedener Methoden unter Berücksichtigung der Bodenentwicklung. Z Kulturtechnik Landentwicklung 32: 227–234

Zeitz J (1993) Zustandserfassung und Kartierung der Moorböden im Niedermoorgebiet Oberes Rhinluch als Grundlage für die Planung von standortangepaßten, umweltschonenden Nutzungsformen. Forschungsbericht im Auftrag des MUNR, Forschungsber FM/H/91-335.11/35-20

Zeitz J (1996) Kartierung und Bewertung von Niedermooren als Grundlage für Fachplanungen – dargestellt am Beispiel des Oberes Rhinluchs (Brandenburg). Wasser Boden 48, 4: 58–64

Zeitz J, Tölle R (1996) Soil properties of genetically originated peat horizons in drained fens. Proc IPS, Bremen 2: 198–206

6 Landwirtschaftlich genutzte Böden als Quellen und Senken bei geochemischen Prozessen

ARMIN WERNER

6.1 STOFFE IN LANDWIRTSCHAFTLICH GENUTZTEN BÖDEN

Neben der Gewinnung geogener Rohstoffe führt die land- und forstwirtschaftliche Landnutzung zu den bedeutendsten Eingriffen des Menschen in die oberste Erdkruste. So stellt mit 49% der Landesfläche in der Bundesrepublik Deutschland die Landwirtschaft den Hauptnutzer der Böden dar (Anonym 1995). Die von der Landwirtschaft auf diesen Böden durchgeführten Maßnahmen zum Anbau der Kulturpflanzen beeinflussen zum einen Zustände und Prozesse im Boden, sie führen aber auch zu neuen Zuständen und einer Beeinflussung der damit verbundenen stofflich-energetischen Prozesse des Bodens. Landwirtschaftliche Landnutzung, die grob in Ackerbau und Grünlandnutzung gegliedert werden kann, verändert durch den Einsatz von Betriebsmitteln der Produktion (Dünger, Pflanzenschutz, Landtechnik etc.) insbesondere die bodenbezogenen Stoff- und Energieflüsse in den Agroökosystemen. Hierdurch werden auch die Quellen- und Senkenfunktionen des Bodens für die nutzungsrelevanten Stoffe (vorwiegend Pflanzennährstoffe, Kohlenstoffverbindungen, Wasser sowie einige Spurengase und Schwermetalle) beeinflußt (→ Kap. 1–4). Ziel dieses Kapitels ist es deshalb darzustellen, wie landwirtschaftliche Landnutzung die stoffbezogenen Prozesse im Boden verändert, welche wesentlichen Faktoren diese Prozesse beeinflussen und wie diese in der landwirtschaftlichen Praxis gesteuert oder reguliert werden können.

Die primäre Funktion des Bodens für die landwirtschaftliche Pflanzenproduktion (Acker, Grünland) ist die Bereitstellung des Standortes für die Pflanzenwurzeln. Diese Standortfunktion ist verbunden mit Pufferleistungen der Bodenmatrix für pflanzenrelevante Elemente oder Moleküle, die als *Pflanzennährstoffe* subsumiert werden können. Diese sind für die Stoffbildungsprozesse, das Wachstum und die Entwicklung der Einzelpflanze Voraussetzung. Desweiteren werden andere pflanzenphysiologisch wirksame Stoffe (Schwermetalle, Pflanzenschutzmittel und „Fremdstoffe" *Xenobiotika*) sowie Wasser von der Bodenmatrix gebunden bzw. abgegeben. Transportmedium für die Stoffe im Boden ist fast ausschließlich Wasser. Die natürliche Dynamik von Stoffen in landwirtschaftlich genutzten Böden, also diejenigen Veränderungen, die unabhängig von anthropogenen Einflüssen stattfinden, sind nicht Gegenstand dieses Kapitels. Die wissenschaftliche Disziplin der „Pflanzenernährung" differenziert die Pflanzennährstoffe aufgrund des Mengenbedarfes seitens der Pflanzen (Mengel 1979) in:

a *Makronährstoffe* (Hauptnährelemente wie anorganischer Stickstoff:
NH_4^+/NO_3^-, K, PO_4, Ca, Mg, S) und in

b *Mikronährstoffe* (Spurennährelemente wie Fe, Mn, Zn, Cu, Cl, B etc.).

Ergänzende Gruppen von relevanten Stoffen in Böden stellen die natürlichen oder durch den Menschen eingebrachten Begleitstoffe dar, die nicht unmittelbar der Pflanzenversorgung dienen (u. a. Schwermetalle, Pflanzenschutzmittelwirkstoffe). Im weiteren erfolgt weitgehend eine Beschränkung auf die wesentlichen Makronährstoffe. Schwerpunkt der Betrachtung dabei ist aufgrund der geohydrologischen Bedeutung der anorganisch gebundene Stickstoff (weiterführende Literatur s.a.: Stevenson 1982; Bach 1987; Förster 1988; Huwe u. van der Ploeg 1992; Kretzschmar et al. 1985). In einem kleinen Exkurs werden zudem die wesentlichen Aspekte des Verhaltens von Pflanzenschutzmittelwirkstoffen skizziert.

Die Bodenmatrix kann grob in die mineralischen, geogenen Komponenten sowie die organischen, biogenen Fraktionen gegliedert werden (Mückenhausen 1993). Beide Kompartimente können je nach herrschenden Rahmenbedingungen die o.a. Stoffe binden oder abgeben. Hierdurch werden die genutzten Bodensysteme zum einen durch Adsorption, chemische Bindung, aber auch durch (bio-)chemische Inkorporation in andere Moleküle der Bodenmatrix zu

Tabelle 6.1. Senkeneigenschaften von landwirtschaftlich genutzen Böden

Stoffe	Prozeß/Ursache der Senkenbildung	Abhängigkeit der Senkenstärke von wesentlichen Einflußfaktoren	Zunahme der Quantität des Einflußfaktors verändert die Senkenstärke in Richtung:	Verfügbarkeit aus „Senke" (z. B. für Pflanze oder Verlagerung)
NO_3^-, NH_4^+, K^+, SO_4^{2-}	• „Speicherung" im freien Bodenwasser • Fixierung (NH_4^+, K^+) in Tonmineralen des Bodens • unspezifische Adsorption an Oberflächen von Bodenbestandteilen • mikrobieller Einbau in die organische Bodensubstanz (insbesondere N) = „Immobilisierung" • chemische Umwandlungsprozesse	• Sorptionsfähigkeit des Substrates für Kationen bzw. Anionen, Tongehalt • Wassergehalt im Substrat • Wasserhaltefähigkeit des Substrates • mikrobielle Aktivität	• Zunahme • Zunahme • Zunahme • Zunahme	NO_3^-: hoch K^+, NH_4^+: hoch (aus Bodenwasser) K^+, NH_4^+: mittel (vom Austauscher) SO_4^{2-}: hoch
allg. organische C- und N-Verbindungen	• mikrobieller Einbau in die organische Bodensubstanz (Humifizierung) • Adsorption an Oberflächen von Bodenbestandteilen • in Bodenwasser (als DOC)	• mikrobielle Aktivität • Gehalt an aktiven Oberflächen im Boden	• Zunahme • Zunahme	aus C_{org}: niedrig aus DOC: hoch aus N_{org}: mittel
Pflanzenschutzmittelwirkstoffe bzw. deren Metabolite	• adsorptive Bindung an organische bzw. anorganische Bodenbestandteile • Inkorporation und organische Bodensubstanz durch mikrobielle Aktivität	• Art der Wirkstoffe und Applikationstechnik/-termin • mikrobielle Aktivität	• – • Zunahme	aus C_{org}: niedrig aus DOC: hoch
Schwermetalle	• physikochemische Umwandlungsprozesse • Adsorption an Oberflächen von Bodenbestandteilen	• chemische Reaktivität der Bodenbestandteile • Sorptionsfähigkeit des Bodens für Kationen • pH-Wert	• Zunahme • Zunahme • Zunahme	niedriger Boden-pH: hoch hoher Boden-pH: niedrig
PO_4^{2-}	• spezifische Adsorption an Oberflächen von Bodenbestandteilen (insbes. geladene Oberflächen: Tonminerale etc.) • physikochemische Reaktionen (u.a. Fällungen)	• Gehalt an Al- oder Fe-Oxiden, Tongehalt • Gehalt an konkurrierenden Anionen (z.B. Molybdat, Silikat, Borat)	• Zunahme • Zunahme	düngungsbedingt: mittel, im allgemeinen: gering (Ausnahme: düngungsbedingte Ausschöpfung der Sorptionskapazität, z.B. nach langjähriger hoch dosierter Gülleapplikation)
Wasser	• Auffüllung von Kleinst-Hohlräumen (Poren) und Kapillaren im Boden • unspezifische Adsorption an Oberflächen von Bodenbestandteilen • Absorption in hydrophile organische Bodenkomponenten	• Porengehalt, Porengrößenverteilung (Gefüge) • Gehalt an Oberflächen- und Kontaktflächen der Bodenbestandteile • Wassergehalt im Boden	• Zunahme • Zunahme • Zunahme	hoch

Tabelle 6.2. Quelleneigenschaften von landwirtschaftlich genutzten Böden

Stoffart	Prozeß/Ursache der Quellenbildung	Abhängigkeit der Stärke der Quellen von wesentlichen Einflußfaktoren	Zunahme der Quantität des Einflußfaktors verändert die Stärke der Quellen in Richtung:	Inkorporierbarkeit der Stoffe in die Quellen (z.B. aus Immissionen, Verwitterung, Zufuhr etc.)
NO_3^-, SO_4^{2-}	• Verlagerung mit Bodenwasser • Verlagerung mit Bodensediment	• Gehalt in Bodenlösung • Wasserfluß im Boden • Wirkung von Wasser/Wind an Bodenoberfläche	• Zunahme • Zunahme • Zunahme	hoch
K^+	• Verlagerung mit Bodenwasser • Freisetzung von Austauscher • Verlagerung mit Bodensediment	• Gehalt in Bodenlösung • Wasserfluß im Boden • Konzentration an anderen Kationen für Austauscher	• Zunahme • Zunahme • Zunahme	hoch
PO_4^{2-}	• Verlagerung mit Bodensediment	• Wirkung von Wasser und Wind an Bodenoberfläche	• Zunahme	hoch
Schwermetalle	• Verlagerung mit Bodensediment • bei Cd: • Freisetzung vom Austauscher • Verlagerung mit Bodenwasser	• Wirkung von Wasser und Wind an Bodenoberfläche • pH-Wert • Konzentration von anderen Kationen • Gehalt in Bodenlösung • Wasserfluß im Boden	• Zunahme • Abnahme • Zunahme • Zunahme • Zunahme	elementabhängig
allgemeine organische C- und N-Verbindung	• Verlagerung mit Bodensediment • Ausscheidung aus Pflanzen • Freisetzung aus organischer Substanz im Boden (Dekomposition, Humusabbau)	• Wirkung von Wasser und Wind an Bodenoberfläche • physiologische Aktivität Pflanze • mikrobielle Aktivität im Boden	• Zunahme • Zunahme • Zunahme	in C_{org}: mittel in DOC: hoch in N_{org}: mittel
Pflanzenschutzmittelwirkstoffe bzw. deren Metabolite	• Verlagerung mit Bodenwasser • Verlagerung mit Bodensediment • Freisetzung von Austauscher • Freisetzen aus organischer Bodensubstanz (*bound residues*) • Verdunstung von Bodenoberfläche	• Wasserfluß im Boden • Wirkung von Wasser und Wind an Bodenoberfläche • Konzentrationen an anderen austauschfähigen Substanzen • mikrobielle Aktivität im Boden • Dampfdruck der Wirkstoffe	• Zunahme • Zunahme • Zunahme • Zunahme • Zunahme	wirkstoffabhängig
Wasser	• Entleerung von Poren und Kapillaren des Bodens aufgrund Schwerkraft oder kapillarem Hub zur verdunstenden Oberfläche • Entnahme durch die Pflanzenwurzeln	• Wassergehalt des Bodens • Wasserspeicherfähigkeit (Porengehalt, Porengrößenverteilung) • Gehalt an Ober- und Kontaktflächen der Bodenbestandteile	• Zunahme • Abnahme • Abnahme	trockene Böden: mittel feuchte Böden: hoch
Spurengase (z.B. N_2O)	• Zwischenstufe bei Nitrifizierung ($NH_4^+ \rightarrow NO_3^-$) bzw. Denitrifizierung ($NO_3^- \rightarrow N_2$)	• Sauerstoffgehalt Boden (= Funktion des Wassergehaltes u.a.) • Gehalt an mikrobiell leicht umsetzbaren org. Kohlenstoff-Verbindungen)	• Abnahme • Zunahme	hoch

Die gesamtökologische Bedeutung der bodenbezogenen Quellen und Senken hängt von deren Flächenanteil in den betrachteten Landschaften sowie ihrer jeweiligen Kapazität ab

Senken; zum anderen durch Desorption oder (bio-) chemische Umwandlung aber auch zu Quellen von derartigen Stoffen, die damit die Systemgrenzen der Pflanzenproduktion (oberirdischer Pflanzenbestand, durchwurzelter Bodenraum) überschreiten und das eigentliche Produktionssystem verlassen können.

6.2 LANDWIRTSCHAFTLICH GENUTZTE BÖDEN ALS QUELLEN UND SENKEN

Übersicht und Systematik

Die landwirtschaftlich genutzten Böden können für Pflanzennährstoffe und andere Substanzen in mehrfacher Hinsicht zu Senken (Tabelle 6.1, S. 96) bzw. Quellen (Tabelle 6.2, S. 97) werden. Die dabei ursächlichen Prozesse sind in ihrer Art sehr durch das Bodensubstrat geprägt. Die Stärke der Prozesse wird dabei in erheblichem Maße durch die stofflich-energetischen Wechselwirkungen Boden-Pflanze beeinflußt. Diese wiederum sind sehr standort- und nutzungsabhängig. Die gesamtökologische Bedeutung der bodenbezogenen Quellen und Senken hängt von deren Flächenanteil in den betrachteten Landschaften sowie ihrer jeweiligen Kapazität ab. Bei den Quellen- und Senkenfunktionen von landwirtschaftlich genutzten Böden sind deshalb solche zu unterscheiden, die zum einen über größere Flächenanteile und dort weitgehend gleichförmig wirksam werden. Diese fungieren als *diffuse* Quellen und Senken, in denen die Aus- und Einträge bzw. Akkumulationen flächenhaft stattfinden; es ist keine exakte Einzelquelle oder -senke lokalisierbar. In Tabelle 6.3 sind dies vorwiegend die landwirtschaftlich genutzten Böden, die flächenhaften Auenstandorte und Niedermoore. Sind die Quellen und Senken eher kleinräumig und exakt lokalisierbar, stellen diese, vergleichbar zu Direkteinleitern oder Schluckbrunnen, *punktförmige* Quellen und Senken dar (Kolluvien, Aufschüttungen, Feuchtgebiete; in Tabelle 6.3, S. 99f).

Ein wohl sehr prägnantes Beispiel punktförmiger Quellen bei landwirtschaftlich genutzten Böden stellen die Urin- bzw. Kotzufuhren durch Weidetiere auf Grünland dar. Durch diese Stoffeinträge können nach Käding (1996) einmalig erhebliche Mengen an Nährstoffen räumlich sehr begrenzt dem Boden zugeführt werden (z.B. 307 kg N ha^{-1} und 108 kg K ha^{-1} durch Kot sowie 267 kg N ha^{-1} und 747 kg K ha^{-1} durch Harn eines Fleckens). Wie hoch die unter derartigen Flecken möglichen Stoffausträge in das Grundwasser dann sind, ist standort-, substrat- und bewirtschaftungsspezifisch. So finden Williams u. Haynes (1994), daß bei Rindern bis zu 60 kg N ha^{-1} unter Urinflecken ausgetragen werden. Gleichzeitig wurde dabei festgestellt, daß ca. 40% des mit dem Urin applizierten Stickstoffs gasförmig verlorengingen (aus NH_4-N und Harnstoff des Urins). In fast allen Fällen wird die Stärke der Quellen bzw. Senken durch die landwirtschaftliche Nutzung beeinflußt und kann damit teilweise auch durch die Art und Weise der Landnutzung gesteuert werden. Die Größenordnungen und die Maßnahmen zur Beeinflussung der Quellen- bzw. Senkenfunktionen von landwirtschaftlich genutzten Böden werden im weiteren anhand relevanter Beispiele dargestellt.

Die wohl kapazitätsmäßig größten Senken stellen jene Böden dar, die durch akkumulative Prozesse in ihrer Entstehung bzw. Entwicklung gekennzeichnet sind. Dies sind in den agrarisch genutzten Landschaften bei wassergetriebener Verlagerung (Erosion) insbesondere die Niederungsbereiche, die in Form von Anlandungs- bzw. Auftragsprozessen Bodenmaterial aus höher gelegenen Bereichen des Umlandes akkumulieren. Mit dem Bodenmaterial, aber auch mit dem fließenden Wasser selber werden, je nach Bodenart und Nutzungsintensität auf dem Herkunftsstandort, Pflanzennährstoffe sowie organische Bodenbestandteile (und damit C_{org} und N) in die Akkumulationsgebiete transportiert. Derartige Senkenbereiche sind zum einen Auenstandorte von Fließgewässern sowie geologische Hohlformen im Gelände. Desweiteren gilt dies für Niedermoore, in denen die im Speisungswasser dieser Niederungen gelösten Stoffe nach Aufnahme in Pflanzen im Torfmaterial akkumuliert werden (Succow u. Jeschke 1986; → Kap. 5). Inwieweit die landwirtschaftliche Nutzung die Böden in ihren Senkenfunktionen für atmogene oder bodenendogene Gase beeinflußt, ist kaum untersucht (Rogasik et al. 1996), lediglich die Senkenfunktion für CO_2 wird charakterisiert (z.B. Zbell u. Höhn 1995). Eine Übersicht zu Quellen und Senken bei landwirtschaftlich genutzten Böden gibt Tabelle 6.3.

Bodenerosion als Entstehungsursache für Senken und Quellen

Da in den meisten Landschaften die landwirtschaftlich genutzten Flächen eine mehr oder minder große Reliefenergie (höhenbezogene Strukturierung) aufweisen und auf diesen Standorten nur unter sehr günstigen Umständen (Vorliegen einer pflanzlichen Bedeckung und Durchwurzelung des Bodens) kein wassergetriebener Bodenabtrag erfolgt, findet in der Regel in den Geländedepressionen eine ständige Stoffanladung statt, die dort akkumuliert wird. Dieser Anlandungsbereich (Kolluvium) kann in den genutzten Flächen nur wenige Quadratmeter, aber in einigen Fällen auch mehrere Hektar groß werden. Die durch Wassererosionsereignisse bewegten Bodenmassen sind abhängig von der jeweiligen Standortsituation (Bodenart, Bodenbedeckung, Hanglänge, Hangneigung etc.) und der Niederschlagsintensität (Bork 1988). Unter mitteleuropäischen Verhältnissen können Werte für Bodenerosion durch Wasser unter Zuckerrüben von bis zu 170 t Bodenmaterial ha^{-1} a^{-1} gemessen werden (Deumlich 1995: S. 245). Unterstellt man einen mittleren Bodenabtrag von 10 t ha^{-1} a^{-1}, so sind hiermit bei üblichen Nährstoffgehalten (mg 100 g^{-1} Boden) für Nitrat-N (0,5–2), Phosphat-P (5–10) und Kalium (8–15) auch jährliche Nährstofffrachten von 0,05–0,2 kg N ha^{-1}, 0,5–1,0 kg P ha^{-1} bzw. 0,8–1,5 kg K ha^{-1} verknüpft. Diese Frachten (und damit potentiellen Nährstoffquellen) liegen damit weit unter den Größenordnungen von potentiell mit Sickerwasser erfolgenden jährlichen Nährstoffausträgen aus landwirtschaftlich genutzten Böden für Stickstoff (10–100 kg N ha^{-1}) und Kalium (10–20 kg K ha^{-1}), aber deutlich über denen für Phosphat-P (0,002–0,01 kg P ha^{-1}). Die so entstandenen Kolluvien stellen Senken für Stoffe dar. Da in solchen Bodenbereichen durch den Akkumulationsprozeß dann Pflanzennährstoffe, aber auch organische Bodensubstanz in höheren Konzentrationen als in den umliegenden Flächen bzw. den ursprünglichen (nunmehr überdeckten) Böden vorliegen, können derartige Akkumulationsgebiete, je nach Nutzungsweise, wiederum selber zu Quellen von Stoffen werden.

Neben der wassergetriebenen Bodenverlagerung können erosive Prozesse am Oberboden ebenfalls durch Wind (Deflation) verursacht werden. Quellen für das Bodenmaterial sind dann meistens die sandigen bis lehmigen Bodenarten, die bei unzureichender Bodenbedeckung und ausreichender Windenergie insbesondere ihre Feinbestandteile (u.a. organische Bodenbestandteile) durch Ausblasung verlieren können. Die Verlustraten (und damit die Quellenleistungen) sind eine Funktion der Korngrößenzusammensetzung des Bodens, des Humusgehaltes, der Windenergie, der Bodenbedeckung durch Pflanzen (-reste) sowie des Bodenwassergehaltes (Funk 1995). Das mit dem Wind verfrachtete Material und damit auch die Nährstoffe werden in Leebereichen der

Tabelle 6.3a. Beispiele und Entstehungsprozesse für *Senkenstandorte* in landwirtschaftlich genutzten Landschaften

Beispiele	Ursache/Prozeß	vorrangig betroffene Stoffe
landwirtschaftlich genutzte Böden	Erhöhung der Speicherfähigkeit und der Gehalte an Pflanzennährstoffen sowie C_{org} im Boden zur Verbesserung/Steigerung der Standortfunktion für Kulturpflanzen („Bodenfruchtbarkeit"); ergänzend: unerwünschte Stoffeinträge	• N, P, K, Ca, C_{org} • Wasser ergänzend: • Pflanzenschutzmittelwirkstoffe • Stäube und andere atmogene Immissionen
Auenflächen bei Fließgewässern	Bodenerosion im Oberlauf der Fließgewässer und Anlandung in Auen	• Bodenmaterial („Sediment") • Pflanzennährstoffe, C_{org} • Schwermetalle und andere anthropogen eingetragenen Stoffe
Kolluvien	Wassererosion des Bodens am Ober- und Mittelhang, Anlandung in Geländedepressionen	• Bodenmaterial („Sediment") • N, K, P, C_{org}
Aufschüttungen	Winderosion von Bodenmaterial im Leebereich von Geländestrukturen	• Bodenmaterial („Sediment") • N, K, P, Ca, C_{org}
Feuchtgebiete, Naßstellen, Sölle (wasserführende Senken in Moränenlandschaften), Standgewässer	Aufnahme von Bodenmaterial bzw. löslichen Stoffen mit lateral fließendem Wasser an Bodenoberfläche bzw. im Bodenkörper, Akkumulation in Geländedepressionen/Standgewässern	• Bodenmaterial („Sediment") • N, K, P, C_{org} • Wasser
Niedermoore	Verlandung/Versumpfung von Senken/Standgewässern; Akkumulation von Biomasse als Torf	• N, P, C_{org}, CO_2 • Wasser

Landschaft abgelagert (Senken) und stellen dort, wie nach Wassererosion auch, wieder Quellen für Stoffe dar. Die so durch Wind verlagerbaren Bodenmengen und damit auch die Nährstoffe können der Wassererosion vergleichbare Werte annehmen (s.o.; Schäfer et al. 1991). Allerdings können die abgelagerten Sedimente aufgrund der unterschiedlichen physischen Sortierkräfte beim Verlagerungsprozeß durch Wasser oder Wind sich erheblich in ihrer Zusammensetzung unterscheiden. Aufgrund der genannten funktionalen Abhängigkeit sind besonders humose Sande und stark zersetzte Torfböden bei fehlender Bodenbedekkung und mangelndem Windschutz durch Winderosionsprozesse sehr gefährdet (Anonym 1991a).

Böden als Emissionsquellen: Beispiel Stickstoff

Die landwirtschaftlich genutzten Böden haben keine physikochemische Speicherfähigkeit für das Nitrat-Ion. Der eigentliche „Speicher“ für Nitrat-N im Boden ist das Bodenwasser (Tabelle 6.1). Entsprechend hoch ist das Risiko der Verlagerbarkeit von Nitrat-N in tiefere Bodenschichten und bis zum Grundwasserleiter bei Wasserbewegung im Boden (Tabelle 6.2). Das Ammonium-Ion dagegen wird in der Regel leicht an Bodenbestandteilen adsorbiert bzw. in Zwischenschichten von Tonmineralen eingelagert („Austauscher“; → Kap. 3) und besonders im Frühjahr freigegeben (Marzadori et al. 1994). Das Ammonium-Ion wird deshalb unter Praxisverhältnissen nur bei Vorliegen sehr hoher Konzentrationen bzw. in sorptions- und tonarmen Böden mit dem Sickerwasser verlagert. Da es zum anderen sehr schnell von Pflanzenwurzeln aufgenommen wird, die Ammonifikation aus organischer Bodensubstanz in der Regel zudem mit dem Pflanzenwachstum parallel verläuft und freies NH_4 unter diesen Wachstumsbedingungen evtl. auch schnell mikrobiell zu NO_3 nitrifiziert wird, stellen landwirtschaftlich nach „guter fachlicher Praxis“ (s.u.) genutzte Böden in der Regel keine Quellen für NH_4 dar (Tabelle 6.2). Ammonium-Emissionen können aber durch gasförmige Verluste als Ammoniak(NH_3)-Gas aus der Landnutzung entstehen. Quellen hierfür können zum einen ammoniumhaltige Düngemittel sein (z.B. Ammonium-

Tabelle 6.3b. Beispiele und Entstehungsprozesse für *Quellenstandorte* in landwirtschaftlich genutzten Landschaften

Beispiele	Ursache/Prozeß	vorrangig betroffene Stoffe
landwirtschaftlich genutzte Böden (allgemein)	• Austrag von Stoffen mit Sickerwasser in den tieferen, nicht durchwurzelten Bodenbereich	• NO_3^-, K^+, SO_4^{2-}, Ca^{2+}, C_{org} • Wasser
	• Abtrag von Boden und Stoffen von der Bodenoberfläche durch Wasser oder Wind	• Bodensediment • N, P, K, Ca, C_{org}
	• Abgabe gasförmiger Verbindungen (verschiedene Detailprozesse)	• CO_2, Wasserdampf • NH_3, N_2O, N_2 • Pflanzenschutzmittelwirkstoffe, Methan aus Auenflächen, Kolluvien, Aufschüttungen
Feuchtgebiete, Naßstellen (landwirtschaftlich genutzt)	s. landwirtschaftlich genutzte Böden (gelegentlich: Verstärkung gegenüber der allgemeinen Quellenfunktion landwirtschaftlicher Böden aufgrund höherer Nährstoffgehalte)	
	• Abgabe gasförmiger Verbindungen	• Methan, CO_2, Wasserdampf • N_2O, N_2
	• Austrag gelöster Stoffe zu hydraulisch kommunizierenden Gewässern	• N, P, C_{org} • Pflanzenschutzmittelwirkstoffe
Niedermoore (landwirtschaftlich genutzt)	• s. landwirtschaftlich genutzte Böden Abgabe gasförmiger Verbindungen	• N_2O, N_2 • Methan, CO_2, Wasserdampf

sulfat), deren Anwendung bei Böden mit pH-Werten über pH 7,5 zu Ammoniakverlusten führen kann. Auch bei der enzymatischen Umwandlung von Harnstoff im Boden (als N-Dünger ausgebracht) können bei ungünstigen bodenchemischen bzw. Witterungsbedingungen bis zu 15% des applizierten Stickstoffs in Form von NH_3 verlorengehen (Finck 1979).

Eine weitere Quelle für NH_3-Verluste aus Böden können organische Düngemittel aus den Fäkal-Abfallstoffen der Tierproduktion (Stallmist, Gülle) sein (Werner et al. 1987). Insbesondere bei der Ausbringung von Gülle, die bis zu 50% ihres Gesamt-N-Gehaltes (je nach Tierart und -haltung 0,2–0,8% in der Gülle) als Ammoniumverbindungen enthalten kann, können von dieser anorganischen N-Fraktion der Gülle erhebliche gasförmige Verluste (bis zu 80%!; Beauchamp et al. 1982; Amberger 1989) entstehen. Wesentlicher Schritt zur Senkung derartiger Verluste, die je nach Aufwandmenge der Gülle bis zu 100 kg N ha^{-1} ausmachen können (Horlacher u. Marschner 1990), ist eine sofortige Einarbeitung der Gülle nach Spritzapplikation in den Boden (Döhler u. Peretzki 1988). Besser noch ist eine unmittelbare direkte Injektion der Gülle in den Boden. Dort erfolgt eine sehr rasche Bindung des NH_3^+-Ions an die Bodensubstanz bzw. Lösung des NH_3-Moleküls im Bodenwasser. Hierdurch werden NH_3-Verluste praktisch verhindert. So konnten Sommer et al. (1992) eine 98%ige Senkung der NH_3-Verluste durch Injektion von Gülle zwischen die Saatreihen von Weizen erreichen. Auf Böden mit hohen pH-Werten (geogen oder z.B. nach einer Kalkung zur Ca-Zufuhr) ist mit Entbindung des NH_3 aus dem NH_3-Molekül aufgrund Verdrängung der leichteren Base aus ihrem Salz zu rechnen. In solchen Fällen sind Gülleapplikationen zu vermeiden, zumindest aber mit ausreichend tiefer Einarbeitung zu verbinden. Stevens et al. (1989) empfehlen aber auch eine pH-Senkung der Gülle (und damit auch eine solche im Kontaktraum zum Boden) durch Ansäuern der Gülle mit Schwefelsäure, um eine Minderung des NH_3-Freisetzungsrisikos zu erreichen.

Bedeutung der Tierproduktion für die Quellenfunktion

Die Tierproduktion wirkt über zwei Pfade auf die Ausprägung der Quellenfunktion von Böden landwirtschaftlicher Betriebe:

a) Ausbringung von tierischen Exkrementen. Zum einen werden die im Stall bzw. beim Weidegang anfallenden tierischen Exkremente mit ihren Nährstoffgehalten über die Acker- bzw. Weidefläche „entsorgt". Hierbei werden im Fall der „guten fachlichen Praxis" diejenigen Nährstoffmengen pro Flächeneinheit über die Exkremente (Stallmist, Gülle etc.) zurückgeführt, die bilanzmäßig von der gleichen Fläche durch Futter- oder andere Ernteprodukte entzogen wurden. Wird nach diesen Prinzipien in einem landwirtschaftlichen Betrieb die Tierproduktion durchgeführt, so begrenzt dies automatisch die Besatzdichte (Anzahl Tiere pro Flächeneinheit Acker oder Grünland). Die von den Tieren produzierten fäkalen Abfallstoffe enthalten tierart- und haltungsspezifische (insbesondere Fütterung!) Mengen an Pflanzennährstoffen (Tabelle 6.4).

Sollen diese „Abfallstoffe" der Tierproduktion (und damit deren Pflanzennährstoffe) über die landwirtschaftlich genutzte Fläche sachgerecht entsorgt werden, so werden diese Abfälle zum einen zu wertvollen organischen Düngern. Zum anderen muß die maximal zulässige Zufuhr auf diejenige Menge begrenzt werden, die mit den auf dieser Fläche möglichen Ernteprodukten entzogen wird. Ist z.B. auf einem Ackerschlag ein Kornertrag bei Winterweizen in Höhe von 80 dt ha^{-1} (= 8000 kg ha^{-1}) realisierbar, so werden mit diesen Körnern im Mittel 200 kg

Tabelle 6.4. Typen des Nährstoffanfalls aus Exkrementen (Gülle) der Nutztierarten (kg a^{-1}) = Dungeinheiten (Daten nach Vetter u. Klasink 1975; Vetter u. Steffens 1986; Vetter et al. 1989)

Tierart	Altersgruppe	Anzahl Tiere je Dungeinheit	N	P	K
				kg a^{-1}	
Rind	über 2 a alt	1,0	72	15	83
	1–2 a	1,65			
	0–6 Monate	7,0			
Schwein	Schweine > 20 kg	8,5	81	23	38
	Zuchtsau + Ferkel	3,0			
Huhn	Legehennen	110	80	30	33
	Junghennen	280			
	Masthähnchen	350			

Stickstoff ha^{-1} entzogen (bei einem N-Gehalt im Korn von 2,5%; s. Tabelle 6.11). Diese Menge an Stickstoff wird der Fläche bei Ausbringung der Gülle oder des Mistes von 1,0 Dungeinheiten je ha zugeführt. Somit darf nur die Gülle von maximal 2,8 Rindern (über 2 a) oder 21 Mastschweinen (> 20 kg Lebendgewicht) je ha dieser Ackerfläche ausgebracht werden (1,0 Rinder > 2 a bzw. 8,5 Schweine sind je eine Dungeinheit; Tabelle 6.4). Damit wird die maximal je Betrieb haltbare Zahl an Tieren durch die Fläche begrenzt, die dem Betrieb für die Entsorgung der tierischen Exkremente zur Verfügung steht. Ist der Entzug auf der Fläche durch die Ernteprodukte geringer (z.B. aufgrund weniger günstiger Standortbedingungen), so sinkt die Zahl der maximal je Flächeneinheit haltbaren Tiere (z.B. bei 50 dt Kornertrag ha^{-1} statt 80 dt ha^{-1} nur 1,7 Rinder > 2a je ha). Auf Basis dieser Betrachtungen ist eine aus ökologischen Aspekten erfolgende standort- bzw. regionsspezifische Ermittlung der Bestandesobergrenzen von Tierbeständen möglich (Stachow in Werner u. Dabbert 1994: S. 96).

Die hier gewählte Bezugsbasis Stickstoff ist die gebräuchliche. Sie orientiert sich an dem mengenmäßig in den Exkrementen bedeutendsten Nährstoff. Soll dagegen die Bezugsbasis das Element Phosphor sein, so sinkt die maximal je Flächeneinheit haltbare Tierzahl: 80 dt Weizenkorn enthalten 44 kg P (s. Tabelle 6.11). Diese Menge an P wird durch 1,5 Rinder- bzw. 1,9 Schweine-Dungeinheiten erreicht, also 6,5 bzw. 27% weniger Tiere pro Flächeneinheit als bei Bezugsbasis N. Ursächlich hierfür ist der Prozeß der Aufkonzentrierung von Nährstoffen in der Nahrungskette, der bei P stärker erfolgt. Zudem ist aus ernährungsphysiologischen Gründen (besonders beim Schwein) die P-Effizienz in der Nahrungsverwertung geringer als bei Stickstoff. Phosphat wird deshalb in Größenordnung beim Schwein zusätzlich (über den Gehalt in den landwirtschaftlichen Futterprodukten hinaus) benötigt und deshalb ergänzend zugefüttert.

Ist die Zufuhr von Nährstoffen auf die landwirtschaftlich genutzte Fläche höher als der Entzug, so werden diese Nährstoffe im besten Fall durch den Boden gespeichert (Böden mit hohen Schluff- oder Tongehalten). Im ungünstigeren Fall (Böden mit höheren Sandanteilen) können Verluste an N, K, ggf. P zum Grundwasserleiter auftreten (s.o.).

Langjährige Zufuhr von organischen Düngern verändert aufgrund der Zufuhr von Nährstoffen aber auch organischer Substanz die Fließgleichgewichte im Boden. So steigen die Gehalte an Gesamt-Stickstoff (organisch plus anorganisch gebundener N) nach langjähriger Gülledüngung in allen Bodenschichten um 23 bis 70% an (Tabelle 6.5). Im Vergleich zum höheren Gesamt-N-Gehalt des begüllten Oberbodens (0–30 cm) ist der relative Gehalt in den tieferen Bodenschichten nicht höher als in den unbegüllten, ausschließlich mineralisch gedüngten Systemen (Vergleich drittletzte und letzte Zeile in Tabelle 6.5). Die Bodensysteme stellen sich somit in einem dynamischen Fließgleichgewicht auf die unterschiedlichen Bewirtschaftungsintensitäten ein.

Die Gehalte an spezifisch im Boden gebundenem NH_4-N unterscheiden sich auch bei langjähriger Zufuhr über Gülle nicht von den Gehalten ausschließlich mineralisch gedüngter Flächen (Werner u. Dabbert 1994). Langjährige Begüllung führt jedoch zur Absättigung des P-Sorptionsvermögens und damit zu höheren P-Konzentrationen in der Bodenlösung (Scherer et al. 1988). Diese Absättigung ist dabei bei den P weniger gut sorbierenden Sandböden eher erreicht als bei Lößböden.

Tabelle 6.5. Gesamt-N-Gehalte (mg kg^{-1}) mineralisch gedüngter bzw. begüllter Böden in drei Teilen des Bodenprofiles von Standorten im Rheinland bzw. Bergischen Land (Daten aus: Scherer et al. 1988; eigene Berechnungen: jeweils Variante „ohne Gülle", 0–30 cm als Kontrolle = 100)

Standort	Düngungssystem	Gesamt-N 0–30 cm		30–60 cm		60–90 cm	
		mg kg^{-1}	%	mg kg^{-1}	%	mg kg^{-1}	%
Tüschenbonnen	ohne Gülle	1050	100	738	70	365	35
	mit Gülle	1552	148	1215	116	621	59
Kerpen	ohne Gülle	1102	100	937	85	620	56
	mit Gülle	1386	126	1273	116	888	81
Nörvenich	ohne Gülle	951	100	789	83	481	51
	mit Gülle	1163	123	994	104	659	69
	ohne Gülle	1034	100	821	79	489	47
	mit Gülle	1367	132	1160	112	723	70
	mit Gülle	1367	100	1160	85	723	53

Tabelle 6.6. Zufuhr von Pflanzennährstoffen zu landwirtschaftlich genutzen Böden über organische Dünger in den Niederlanden und der Europäischen Union (Daten aus Lee u. Coulter 1990)

Region	N (kg ha^{-1})	P (kg ha^{-1})	K (kg ha^{-1})
Europäische Union	56	9	40
Niederlande	262	44	171

b) Externe Nährstoffzufuhr über Futtermittel. Der zweite Belastungspfad für die Quellenfunktion der landwirtschaftlich genutzten Böden entsteht durch die regional meistens nicht geschlossenen Stoffkreisläufe in der Tierproduktion. Durch Zukauf von Futter aus dem Ausland (insbesondere Stärke- und Eiweißträger) werden zusätzlich ca. 100 kg N jedem ha der landwirtschaftlich genutzten Fläche in der Bundesrepublik zugeführt (Bach 1987). Diese Werte können aber auch im Einzelbetrieb deutlich höher sein (Eulenstein u. Drechsler 1992: S. 37, 41; bei Beispielsbetrieben der tierischen Veredlung: 254 kg N ha^{-1}, 51 kg P ha^{-1}, 88 kg K ha^{-1} Import über zugekaufte Futtermittel).

Da diese Nährstoffüberschüsse (Bach 1987) bzw. die hohen Importe kaum durch Pflanzenentzug konserviert werden können, stellen sie potentielle Quellen in den landwirtschaftlich genutzten Böden dar. Solange diese Importe von Nährstoffen in die Betriebe bzw. die Regionen nicht quantitativ identisch sind mit den Exporten über pflanzliche und tierische Produkte, solange ist ein ausgeglichener Nährstoffsaldo nicht möglich. Diese Situation stellt dann immer ein hohes Nährstoffemissionsrisiko besonders in das Grundwasser dar und kann anhand der Funde von Grenzwertüberschreitungen bei Nitrat im Rohwasser belegt werden (Vetter u. Steffens 1988). Eigentlich müßte hier der Verursacher, der den zusätzlichen Stickstoff in den regionalen Stoffkreislauf einbringt (der Betrieb, der N in Form von Futtermittel zukauft), auch die Verpflichtung haben, für die Entsorgung, das weitere Schicksal dieser N-Menge in der Region zu haften (Verursacherprinzip). Inwieweit dies durch eine einfache administrierbare Lenkungssteuer (N-Düngungssteuer) oder über ein schwierig organisierbares Pfandsystem (frdl. mdl. Mitt. Heyland 1990) gewährleistet werden kann, ist noch Gegenstand politischer Diskussionen. Die Anfang 1996 erlassene Düngeverordnung (BMELF 1996) setzt aber dazu schon wesentliche Zeichen (Forderung ausgeglichener Nährstoffsalden in der Hoftorbilanz). Die erheblichen Disproportionalitäten in der regionalen Verteilung bei der Zufuhr von Pflanzennährstoffen zum Boden über organischen Dünger zeigt Tabelle 6.6. Die Niederlande mit den preiswerten Futtermittelimporten durch ihre Überseehäfen, dem ökonomischen Zwang zur Intensivierung der Produktion (Veredlung) auf kleiner Produktionsfläche haben bei ihren umfangreichen Schweinemast- und Milchviehbeständen erhebliche Nährstoffimporte zu verzeichnen.

6.3 DYNAMIK VON PFLANZENNÄHRSTOFFEN IN BÖDEN

Gehalte an Pflanzennährstoffen in Böden

Zur Bewertung der Quellen- bzw. Senkenfunktion von landwirtschaftlich genutzten Böden ist es erforderlich, die Kapazitäten der Böden hinsichtlich der Bindung bzw. Freisetzung von Stoffen zu kennen. Hierzu können die Gehalte an Pflanzennährstoffen bzw. deren Veränderung hilfreich sein. Wesentliche Einflußgrößen für den Gehalt an Pflanzennährstoffen im Boden sind das Ausgangsgestein, die Bodenart (Körnungszusammensetzung = Anteile an Bodenbestandteilen unterschiedlicher Größenklassen) sowie die Art und Nutzungsdauer dieses Bodens. Je älter das Ausgangsgestein und der Verwitterungsprozeß zur Bodenentstehung sind, um so höher ist der Anteil an Feinbodenbestandteilen und dabei insbesondere an Schluff und Tonmineralen. Je höher wiederum der Feinbodenanteil ist, um so größer ist die Menge an Stoffen, die aus diesem Substrat durch Mineralisierungsprozesse (physikalisch-chemische sowie biologische Umwandlungsprozesse) selber freigesetzt werden kann. Höhere Feinbodenanteile eines Bodens bedingen aber vor allem größere Bindungs- bzw. Speicherfähigkeit für Stoffe (z.B. Wasser und Pflanzennährstoffe). Ursächlich hierfür sind die größeren Oberflächen bei gleichem Bodenvolumen (im Vergleich zu einem Boden mit weniger Feinbodenanteil, z.B. sandige Böden) und gleichzeitig die höhere Zahl und das größere Gesamtvolumen der Hohlräume zwischen den Bodenkörnern.

Derjenige Gehalt an Stoffen, der sich als Gleichgewichtszustand zwischen Bodensubstrat und den maximal im Boden speicherbaren Wassermengen einstellt („Sättigungsextrakt"), charakterisiert diejenige

Tabelle 6.7. Gehalt einiger Kationen im Sättigungsextrakt von Ackerböden (U, L, T, pH 4,5–7,3) und ungedüngten Waldböden (Sandböden, pH 3,5–5,9), angegeben als Mittelwerte und Variationsbreite (150 Proben). Nach Grimme u. Köster (a,b) und Ulrich (c) (aus: Scheffer u. Schachtschabel 1992: S.225)

	Ca (mg l^{-1})	Mg (mg l^{-1})	K (mg l^{-1})	Na (mg l^{-1})
Ackerböden (a, b) Ackerkrume	90	9	16 (1–100)	16
Unterböden	110 (1–680)	9 (1–35)	9 (1–60)	30 (3–55)
Waldboden (c) (Ah-Horizont)	24	6 (2–28)	14	22 (4–67)

Menge an Nährstoffen, die maximal den Stofftransporten im Boden (Versickerung, Pflanzenaufnahme) ausgesetzt werden kann. Die Nährstoffgehalte von verschiedenen Böden in diesem Sättigungsextrakt sind abhängig von der Bodenart (höhere Tongehalte ⇒ höhere Gehalte im Sättigungsextrakt) sowie der Nutzungsform (Wald geringere bis gleiche Gehalte wie Acker; Tabelle 6.7). Die Spannweite der Nährstoffgehalte in den Böden zeigt aber auch, daß insbesondere für Ca, K und Mg bei ackerbaulich genutzten Böden sehr hohe Einzelwerte vorkommen können (Tabelle 6.7). In diesen hohen Werten spiegeln sich die Nährstoffzufuhren durch Düngung der Flächen wider. Die niedrigen Werte des Streuungsbereiches dürften von weitgehend naturnahen Flächen stammen.

Für die Kationen (s. Tabelle 6.7) sind also in Abhängigkeit der Nutzung und der Nährstoffspeicherfähigkeit (s. Kationenaustauschkapazität; → Kap. 3) Zunahmen der verfügbaren Nährstoffgehalte gegenüber dem natürlichen Zustand zu erwarten. Für den pflanzenverfügbaren Stickstoff (vorwiegend Nitrat-N) gilt dies in vergleichbarer Weise. Werden jedoch die Gesamtgehalte der Nährstoffelemente im Boden betrachtet (Tabelle 6.9), so kann je nach Element die anthropogene Nutzung zur Verringerung dieser Gesamtmengen des durchwurzelbaren Bodens führen, von denen immer nur ein kleiner Teil pflanzenverfügbar wird. So sinkt schon nach kurzer Zeit der ackerbaulichen Nutzung der Gesamt-N-Gehalt des Oberbodens von vormals standorttypisch hohen Werten (z.B. 0,15% in Steppenböden (Schachtschabel et al. 1976: S. 235) auf 60–70% des Ausgangswertes (Abb. 6.1a). Ursächlicher Prozeß für diese Abnahme des vorwiegend organisch gebundenen Gesamt-N ist der Übergang zu einem neuen Zustand des Fließgleichgewichtes solcher Stoffgehalte im Boden. Insbesondere bei ackerbaulicher Nutzung, mit den häufigen mechanischen Eingriffen (und damit Belüftung und Förderung der mikrobiellen Humusmineralisation), liegt ein niedrigeres Fließgleichgewicht an Gesamt-N (und entsprechend auch Gesamt-C_{org}) vor, als bei nicht gestörten Bodensystemen (z.B. Steppe). Entsprechend nimmt der Gesamt-N-Gehalt des Oberbodens wieder zu, wenn vormals ackerbaulich genutzte Böden eine Grünlandnutzung erfahren (Abb. 6.1b).

Wird auf vormals normal gedüngten Böden (Grünlandnutzung) die Düngung eingestellt, so verringert sich die Dynamik der Stoffumsätze im Boden (Mineralisation), und die durch die Bewirtschaftung aufgebauten hohen Gehalte an organisch gebundenem C

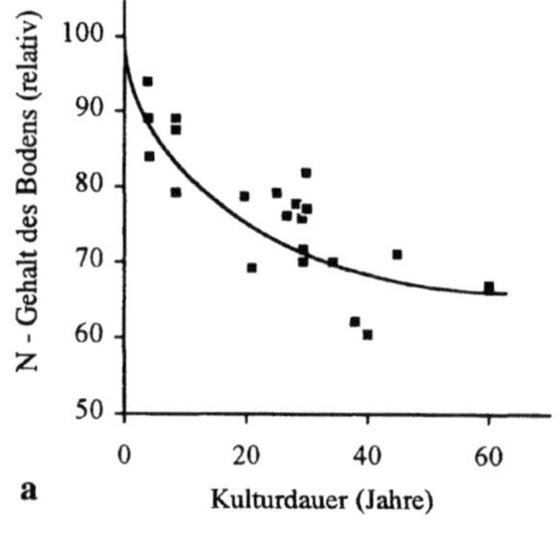

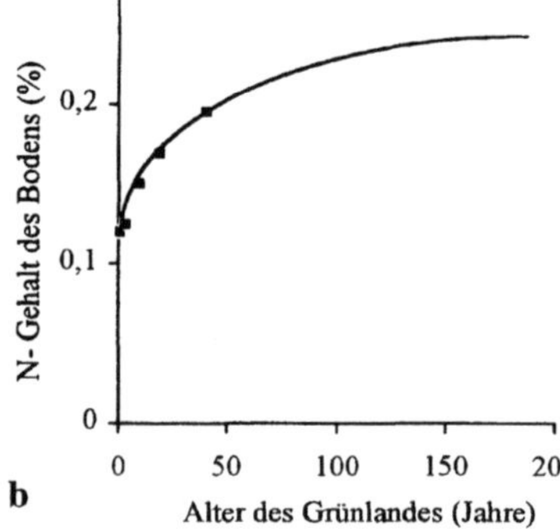

Abb. 6.1. a) (*links*) Änderung des N-Gehaltes eines Steppenbodens bei der Umwandlung in Ackerland (nach H. Jenny) **b)** (*rechts*) Änderung des N-Gehaltes eines Ackerbodens bei der Umwandlung in Grasland (nach H.L. Richardson). Alle Zitate in Schachtschabel et al. 1976

Tabelle 6.8. Dynamik der Netto-N-Mineralisation und der Gesamt-N- und C-Gehalte von Böden nach Einstellung der Düngung (bis dahin: Grünlandnutzung); Chronosequenzuntersuchung (Daten nach Olff et al. 1994)

nach Jahren	N-Mineralisation ($kg\ N\ ha^{-1}\ a^{-1}$)	Nitrifikationsrate[1] (%)	C_{ges} (0–10 cm) $kg\ ha^{-1}$	N_{ges} (0–10 cm) $kg\ ha^{-1}$
2	124	88	71800	5110
6	176	75	|	|
19	140	54	|	|
45	61	51	29400	2460

[1] Nitrifikationsrate = Anteil Nitrat an Gesamtfraktion von anorganischem Stickstoff im Boden

und N (Humus) nehmen über die Zeit ab (Tabelle 6.8). Das System entwickelt sich nach ca. 20 Jahren wieder auf die naturbelassenen Zustände hin. Hierbei bildet die unter- und oberirdische Biomasse der Vegetation sehr spezifische Nährstoffspeicher, deren Relationen sich standortbezogen ausbilden. Aus den Gesamtgehalten von Pflanzennährstoffen des Bodens lassen sich keine Rückschlüsse auf die den Pflanzen tatsächlich verfügbaren Mengen ableiten (Tabelle 6.9). Insbesondere Niedermoorböden und quarzreiche Sandböden weisen sehr geringe Gehalte an Gesamt-K auf und können zudem K kaum an der Bodenmatrix speichern (→ Kap. 5). Vergleichbares gilt für P bei ton- und schluffarmen Böden.

Die Verfügbarkeit des Nährstoffes Ca im Boden ist zum einen aus stoffwechselphysiologischen Gründen der Pflanze erforderlich (u.a. bei Bildung und Einbau von Pektin in Zellwände). Zum anderen reguliert Ca als basisch wirkendes Element in erheblicher Weise den pH-Wert der Bodenlösung und hat durch seine zweiwertige Ionenladung als Ca^{2+} wesentliche Bedeutung in der Koagulierung von Tonmineralen und anderen elektrisch geladenen Bodenbestandteilen (u.a. Huminsäuren). Hierdurch beeinflußt Ca entscheidend die für die Stabilität des Bodens relevante Aggregatbildung (u.a. Krümelstruktur). Das Ca-Ion kann leicht ausgewaschen werden. Entsprechend ist in Abhängigkeit des anzustrebenden pH-Zieles und des Bodenzustandes Ca als Kalkform in hohen Mengen (500–10 000 kg Ca ha^{-1}) regelmäßig zu verabreichen. Hiermit wird deutlich, daß die Ca-Zufuhr zum Boden über eine Kalkung nicht eine Rückführung des Ca-Entzuges durch Ernteprodukte (30–150 kg Ca a^{-1}) beabsichtigt, sondern vorwiegend bodenverbessernde und -erhaltende Ziele verfolgt. Kalkungen werden deshalb auch kaum als „Düngung" (als Zufuhr von Pflanzennährstoffen zum Boden) angesprochen, sondern als Maßnahme zur Sicherung der Bodenfruchtbarkeit allgemein.

Nährstoffaufnahme, Düngung und Düngungswirkung

Die angebauten Kulturpflanzen versuchen, entsprechend ihrem Bedarf aufgrund der Biomassezuwächse, im Verlauf der Vegetationsperiode die benötigten Nährstoffe über die Wurzeln aus dem Boden aufzunehmen (Geisler 1988). Die tatsächlich aufgenommene Nährstoffmenge ist aber eine Funktion aus Nährstoffbedarf und Nährstoffverfügbarkeit (pflanzenaufnehmbare Nährstoffe + Transport- und Lösungsmedium Wasser; Mengel 1979). Die zeitlichen Verläufe von Nährstoffbedarf der Kulturpflanze und von Nährstoffverfügbarkeit im Boden weisen in der

Tabelle 6.9. Spannweiten der Gesamtgehalte und der Gehalte von pflanzenverfügbaren Fraktionen der Pflanzennährstoffe in genutzten Böden (Daten aus: Finck 1979; Schachtschabel et al. 1992)

Nährelement	Gesamtgehalte (mg 100 g^{-1} Boden)	pflanzenverfügbare Gehalte (mg 100 g^{-1} Boden)
K	20–3300	4–40
P	10–80	3–15
Ca	150–4000	2–450
N	10–400	0,011–0,5

Regel keine ausreichende Synchronität und quantitative Übereinstimmung auf (Oehmichen 1986). So nehmen Zuckerrübenpflanzen in ihrer frühen Jugendphase (März/April-Juni) nur ca. 20 kg Stickstoff je ha auf (Burcky 1991). In dieser Zeit stehen in der Regel aber aufgrund von Mineralisationsprozessen im Boden deutlich höhere N-Mengen im Oberboden zur Verfügung (40–80 kg N ha a^{-1}), ein potentielles N-Auswaschungsrisiko. Im weiteren Verlauf sind die Zuckerrübenpflanzen aber bestrebt, 70–80% ihres insgesamt benötigten Bedarfes (ca. 180–250 kg N ha a^{-1}) aufzunehmen. In dieser kurzen Zeit wird bodenseitig diese zusätzliche N-Menge nicht bereitgestellt. Es entsteht ein Fehlbedarf, der in der landwirtschaftlichen Praxis durch gezielte N-Zufuhr als mineralischer (anorganische Stickstoffverbindungen bzw. Harnstoff) oder organischer Dünger (Stallmist, Gülle, Kompost etc.) gedeckt wird.

Die Düngung verfolgt zum weiteren das Ziel, die mit den Ernteprodukten vom Feld entfernten Nährstoffmengen (s. Tabelle 6.3) wieder zu ersetzen, um eine ausreichende Produktivität des Standortes zu erhalten und Raubbau zu vermeiden. Dies betrifft insbesondere N, aber je nach Boden und seiner geogenen Herkunft auch P, K und die anderen Nährstoffe, die teilweise auch aus der Verwitterung des Ausgangsgesteines bzw. Umsetzung von Bodenbestandteilen pflanzenverfügbar werden können. Das Ziel einer *guten fachlichen Praxis* in der landwirtschaftlichen Pflanzenproduktion ist es dabei, immer nur die durch die Ernteprodukte entzogenen Mengen aller Nährstoffe dem Boden in gleicher Quantität (auf Rein-Nährstoffbasis) zurückzuführen (Finck 1991). Durch eine solche Vorgehensweise können unkontrollierte Stoffmengen im Agrarökosystem weitgehend vermieden werden. So sinken bei gezielt ausgeglichenen Nährstoffsalden (Zufuhr minus Abfuhr $\approx$ 0) die Risiken der Austräge von N und auch K mit dem Sickerwasser (Roth u. Werner 1993). Die Gesamtheit der so auch für andere Maßnahmen definierbaren strategischen Prinzipien der Pflanzenproduktion lassen sich als „Integrierter Pflanzenbau" zusammenfassen (Diercks u. Heitefuß 1990; Anonym 1991a; Heyland 1991).

Das Konzept der entzugsbezogenen Düngermenge geht davon aus, daß mit dem verabreichten Dünger ausschließlich der Bedarf der Pflanzenbestände gedeckt wird. Da aber alle (Nähr-) Stoffe im Boden einem Festlegungs-/Freisetzungszyklus an die Bodenmatrix unterworfen sind (s. Tabelle 6.1), wird ein Teil der applizierten Düngernährstoffe am Bodenkomplex gebunden; ein anderer Teil bleibt für die Pflanzen aufnehmbar in der Bodenlösung verfügbar. Insbesondere bei P, teilweise aber auch für K und N erfolgt eine rasche und intensive Bindung bzw. Inkorporation dieser Nährstoffe in den Bodenkomplex. Gleichzeitig erfolgt aber aufgrund der unterschiedlichsten physikochemischen bzw. biologischen Prozesse eine Freisetzung dieser Stoffe aus dem Bodenkomplex. So stammt der von Körnermais insgesamt aufgenommene Stickstoff nur zu 43–57% aus zu diesem Mais appliziertem Dünger-Stickstoff (Reddy u. Reddy 1993). Bei organischem Dünger (Gülle) sind nur 26% aus der Ammoniumfraktion bzw. 49% aus der Gesamt-N-Fraktion der Gülle von den Pflanzen aufgenommen worden (Knittel u. Lang 1992). Der übrige (und damit größere) Anteil des in der Pflanze vorgefundenen Stickstoffs stammt aus den Stoffmengen, die vorher schon am Bodenkomplex gebunden waren. Die nicht aufgenommenen Düngermengen werden dafür in den Bodenkomplex integriert und stehen z.B. den Folgefrüchten nach gleichem Prozeßablauf zur Verfügung (Johnston et al. 1994). Die Nährstofffreisetzung vom Boden, die Nährstoffaufnahme sowie die exogene Zufuhr über Dünger stehen somit in einem Fließgleichgewicht. Wie gut dieses Fließgleichgewicht in der Lage ist, die ausreichende Versorgung der Kulturpflanzen sicherzustellen, hängt vom absoluten Niveau der Stoffflüsse im Fließgleichgewicht ab. Ist dieses zu gering, werden die durch Düngung zugeführten Nährstoffe in größerem Umfang an den Bodenkomplex gebunden als zur Versorgung der Pflanzen bereitgestellt werden muß: Die Düngung muß quantitativ über dem Entzug durch die Pflanzen liegen (es wird zuviel am Boden gebunden). Ist das Niveau zu hoch, so wird den Pflanzen mehr an Nährstoffen aus dem Boden bereitgestellt als diese (inklusiv dem Anteil aus der Düngung) entziehen.

Aus diesem Grund werden die Empfehlungen für die Düngungsgaben in der Praxis am Gehalt an verfügbaren Nährstoffen im Boden orientiert. Hierzu werden die aktuellen Gehalte in Gehaltsklassen gruppiert (s. Tabelle 6.7). Dabei entspricht die Stufe C dem o.a. günstigen Zustand im Fließgleichgewicht. Auf Böden, deren P- oder K-Gehalte in der Stufe C liegen (differenziert nach Bodenart), ist als Höhe der Zusatzdüngung der Entzug der Kulturpflanzen anzusetzen. Böden mit Gehalten in den Klassen B und A erfordern entsprechende Zuschläge über die Entzugshöhe hinaus. Liegen die pflanzenverfügbaren Nährstoffgehalte der Böden in den Klassen D und E, sind deutliche Abschläge gegenüber dem Entzug sinnvoll.

Für den Pflanzennährstoff „N" besteht während der Vegetationsperiode auf genutzten Böden kaum

Tabelle 6.10. Gehaltsklassen für Pflanzennährstoffe bei unterschiedlichen Böden (Auszug; frdl. pers. Mitt. von LUFA Potsdam 1996: P-, K-Analyse nach Doppellaktatmethode

Bodenart	Geh.-Klasse	P*	K*	Mg*
Sand	E	>12,1	>15	>6,5
(<8% Feinbestandteile)	D	≥8,1	≥11	≥5,1
	C	≥6,0	≥7	≥3,6
	B	≥3,5	≥4	≥2,1
	A	<3,5	<4	<2,1
Lehm	E	>12,1	>26	>20
(26–38% Feinbestandteile)	D	≥8,1	≥16	≥12
	C	≥6,0	≥11	≥10
	B	≥3,5	≥6	≥6,1
	A	<3,5	<6	<6,1
Ton/toniger Lehm	E	>12,1	>39	>20
(>38% Feinbestandteile)	D	≥8,1	≥23	≥12
	C	≥6,0	≥16	≥10
	B	≥3,5	≥10	≥6,1
	A	<3,5	<10	<6,1

* mg 100 g^{-1} lufttrockenem Boden; Feinbestandteile: < 0,006 mm

die Notwendigkeit, Zuschläge aufgrund erfolgender Immobilisierungsprozesse einzuplanen. Viel eher sind die Netto-Mobilisierungsprozesse (Mineralisierung N-haltiger organischer Substanz im Boden abzüglich Immobilisierung) sowie die im Boden schon vorhandenen verfügbaren N-Mengen zu berücksichtigen. Letzteres erfolgt durch Einbeziehung von Bodenprobenanalysen, z.B. im Frühjahr vor Beginn der Vegetation. Die dabei zu findenden mineralischen N-Mengen (N_{min}) in dem Hauptwurzelbereich des Bodens (0–60 cm) können zu 100% als verfügbar für die wachsende Frucht angerechnet werden. Die Düngungsmengen (bedarfsorientiert) sind entsprechend zu reduzieren. Schwieriger ist die seitens des Bodens noch zu erwartende Netto-Mineralisation während der Wachstumsperiode abzuschätzen. Hier werden in zunehmendem Maße computergestützte komplexe Simulations- oder Expertensysteme helfen, die zu erwartenden Verhältnisse der N-Nachlieferung abzuschätzen (Engel u. Priesack 1993; Heyland 1991).

Ein nach Tabelle 6.10 angestrebter Gehalt bei pflanzenverfügbaren (also in der Bodenlösung vorliegenden bzw. austauschbaren) Nährstoffen von 6 mg P 100 g^{-1} Boden (10 mg K 100 g^{-1} Boden) bedeutet, daß diese Nährstoffgehalte Düngeräquivalente 270 kg P ha^{-1} (450 kg K ha^{-1}) im Oberboden (0–30 cm) darstellen. Der tatsächlich (in einem Jahr) mögliche Entzug liegt dagegen nur zwischen 25 und 75 kg P ha^{-1} (100–350 kg K ha^{-1}). Diese Unterschiede in den angestrebten Gehalten an Pflanzennährstoffen im Boden (als Düngeräquivalente) und den realisierbaren Entzügen zeigen aber auch die Gesamtproblematik von Stoffquellen und Landnutzung auf. Zum einen soll das Risiko, überhaupt Quellen zu haben, minimiert werden. Zum anderen sind aus ertragsphysiologischer Sicht ausreichende Gehalte an pflanzenverfügbaren Stoffmengen im Boden erforderlich (Tabelle 6.10). Diese liegen für P und K auch in der unteren (pflanzenernährerisch schlechten) Gehaltsklasse, deutlich über den möglichen Entzügen durch Aufnahme in die Pflanzenbiomasse.

Die von den Kulturpflanzenbeständen entzogenen Nährstoffmengen können bei Kenntnis der Nährstoffkonzentration in den Ernteprodukten sowie dem Flächenertrag der Ernteprodukte ermittelt werden. Die Nährstoffkonzentrationen („Gehalte") sind abhängig von der Kulturpflanzenart, dem Ertragsorgan sowie teilweise den Wachstumsbedingungen. In Tabelle 6.11 sind einige mittlere Gehaltsdaten für wesentliche Kulturpflanzenarten zusammengestellt. Hierbei werden „normale" Wachstums- und Bewirtschaftungsbedingungen unterstellt. Die Daten der Tabelle 6.11 stellen Mittelwerte entsprechender realer statistischer Verteilungen dar. Die tatsächlichen Werte streuen um den Mittelwert mit 15–20%. Eine Abhängigkeit der Nährstoffgehalte von den Ernährungsbe-

Tabelle 6.11. Nährstoffkonzentrationen in den Ernteprodukten landwirtschaftlicher Kulturpflanzen (Angaben als % in der Trockenmasse bzw. in der Frischmasse bei Zuckerrüben und Kartoffeln; Daten u.a. nach Anonym 1991b: 14; Finck 1991)

Fruchtart	Haupt-Ernteprodukt (Körner, Wurzel, Knolle)			Ernte-Nebenprodukt (Stroh, Blatt)		
	N	P	K	N	P	K
Winter- und Sommerweizen	2,5	0,35	0,42	0,4	0,09	1,25
Wintergerste	2,1	0,35	0,42	0,5	0,09	1,25
Sommergerste	1,7	0,35	0,42	0,6	0,09	1,25
Winterroggen	1,8	0,35	0,50	0,43	0,09	1,25
Hafer	2	0,35	0,50	0,48	0,09	1,88
Raps	3,7	0,70	0,83	1	0,13	2,08
Körnermais	1,8	0,35	0,42	0,75	0,09	1,25
Ackerbohnen	3,8			1,50	0,08	1,08
Erbsen		0,48	1,17			
Zuckerrüben	0,14	0,04	0,21	0,35	0,04	0,46
Kartoffeln	0,3	0,06	0,50	0,4	0,07	0,50

dingungen während des Wachstums, z.B. aufgrund unterschiedlicher Düngerzufuhr, kann nicht immer nachgewiesen werden. Es gibt jedoch Hinweise für eine Zunahme der N-Gehalte im Getreidekorn bei zunehmender Düngungsintensität (Biermann 1995). Durch Multiplikation des in Tabelle 6.11 aufgeführten mittleren Gehaltswertes (in Prozentpunkten) mit dem jeweiligen Ertrag (in dt ha^{-1}) ergibt sich die Menge an im Ernteprodukt entzogenen Nährstoffen dieser Ernte in kg ha^{-1} (Bsp.: ein Kornertrag von Weizen lag bei 80 dt ha^{-1}, der geschätzte N-Entzug liegt dann bei $80 \cdot 2{,}5 = 200$ kg N ha^{-1}).

Allgemeine Probleme in der sach- und zielgerechten Düngung von Kulturpflanzen

Die o.a. „gute fachliche Praxis" der landwirtschaftlichen Pflanzenproduktion sieht vor, die Zufuhr von Nährstoffen zum Boden auf die mit den Ernteprodukten entzogenen Mengen (ggfs. zuzüglich eines Ausgleichs für unvermeidbare Verluste) zu beschränken. Problematisch bei dieser Strategie ist, daß zwar der Entzug von Nährstoffen aus Sicht der Systemanalyse diejenige Stoffmenge darstellt, die bilanzmäßig und damit ökologisch wirksam wird; aus rein pflanzenphysiologischer Sicht kann es aber sehr wohl günstiger sein, auch über dem Entzug liegende Nährstoffmengen im Boden-Pflanze-System verfügbar zu haben. So können hohe Nährstoffkonzentrationen im Boden einige Prozesse der Ertragsbildung deutlich begünstigen (Finck 1991). Hohe Konzentrationen an pflanzenverfügbarem Stickstoff im Boden können zu geeigneten Zeitpunkten die Stoffbildung und damit die Ausbildung bestimmter Pflanzenorgane beeinflussen (z.B. Bildung der aus vegetativer Masse bestehenden Köpfe von Kohl- oder Salatarten). Die hierauf aufbauenden Düngungsstrategien führen in gemüsebaulich genutzten Böden zu Gehalten an verfügbaren Nährstoffen, die das 3–10fache der Werte für Ackerflächen überschreiten (Finck 1979). Aber auch hier sind die Produktionsstrategien so zu gestalten, daß möglichst ausgeglichene Nährstoffsalden (*Input* minus *Output* ≈ 0) zumindest in der Fruchtfolge entstehen.

Im Ackerbau können auf Qualitätsprodukte ausgerichtete Anbaustrategien (z.B. Brotgetreide, Körnerraps), zu Nährstoffgehalten im Boden führen, die ebenfalls über dem später zu realisierenden Entzug liegen (Baumgärtel 1993; Kübler 1994). Hier wird mit hohen Mengen im Boden verfügbaren Stickstoffs die Eiweißbildung in den Ertragsorganen (Körner) gefördert. Es bleibt aber vorrangige Strategie aller modernen Produktionssysteme, entstehende Saldenüberschüsse bei der Düngung der Folgefrucht zu berücksichtigen. Diesem Gedanken hat zwischenzeitlich der Gesetzgeber Rechnung getragen, indem in der Düngeverordnung (BMELF 1996) die Landwirte verpflichtet werden, ausgeglichene Nährstoffsalden in ihrer Bewirtschaftung zu erreichen. Dies gilt allerdings vorerst nur für die Nährstoffbilanzen des gesamten Betriebes („Hoftorbilanz"; BMELF 1996) und nicht für die einzelner Schläge; letzteres wäre ökologisch sinnvoller und deshalb notwendig. Bei Böden mit guter Speicherfähigkeit für Nährstoffe und Wasser (Substrate mit hohem Anteil an den kleinen Körnungsklassen Schluffe und Tone) gelingt dies durchaus problemlos. Hier können verbliebene Restmengen aufgrund hohen Speichervermögens der Böden auch noch im Folgejahr genutzt werden. Bei Böden mit höheren Sandanteilen (und damit geringerer Speicherfähigkeit für Wasser = Feldkapazität und Nährstoffe) und bei hohen Winterniederschlägen besteht jedoch die Gefahr der Auswaschung von Nährstoffen, insbesondere von Nitrat und K (Garz et al. 1982). In solchen Situationen sind Anbaustrategien zur Verminderung der Nährstoffverluste oder die Aufgabe dieser Produktionsweise unumgänglich. Als Strategien der Minimierung von Nährstoffverlusten kommt hier der Anbau von solchen Pflanzenarten über Winter in Betracht, die hohe Nährstoffmengen noch vor Winter aufnehmen und damit vor einer Auswaschung schützen, also konservieren können (Lütke Entrup u. Stemann 1991). Noch unklar sind aber die Langzeitwirkungen derartiger Nährstoffkonservierungstechnologien auf die Nährstoffdynamik des Bodens sowie den Boden-Humusgehalt (Powlson 1993).

Bewirtschaftungsweisen und Stoffausträge

Die Kombination der verschiedenen Maßnahmen in der landwirtschaftlichen Bodennutzung führt in Wechselwirkung mit dem jeweiligen Standort zu typischen Zuständen der Quellen- und Senkenfunktion der Böden. Für den Bereich des „anorganischen N“ wird die Quellenstärke eines landwirtschaftlich genutzten Bodens besonders dadurch geprägt, welche Mengen an frei verlagerbarem Nitrat im Boden während der Zeiträume intensiver Sickerwasserbildung verfügbar sind. Die Hauptperiode der Sickerwasserbildung auf den meisten Standorten Deutschlands beginnt aufgrund der jahreszeitlichen Niederschlagsverteilung im Spätherbst und kann bis in den Frühsommer dauern (Garz et al. 1982). Da über diesen Zeitraum (vorwiegend Winterhalbjahr) kaum Nährstoffe zusätzlich mineralisiert werden (z.B. N-Freisetzung aus der organischen Bodensubstanz), ist der über Winter erfolgende Stoffaustrag im wesentlichen abhängig von der Menge an verlagerbaren Stoffen unmittelbar vor dem Beginn der Sickerperiode, also Ende Herbst/Anfang Winter. Je höher der Gehalt an anorganischem Stickstoff (N_{min}) im Herbst ist, desto größer ist die Nitratauswaschung (Abb. 6.2). Die Mengen an herbstlichem N_{min} wiederum sind abhängig vom Witterungsverlauf sowie den davor erfolgten Bewirtschaftungsmaßnahmen des Feldes. Hohe N_{min}-Werte im Herbst sind Folge von nicht ausgeschöpftem N-Angebot aus dem Boden (seitens Mineralisation bzw. Düngung). Ursächlich für die nicht erfolgte Ausschöpfung durch die Pflanzen können zum einen ein hohes Angebot aufgrund Überdüngung oder starker Mineralisation, aber auch ein zu geringer Entzug aufgrund ungünstigen Bestandeswachstums sein. In allen Fällen ist die Steuerbarkeit dieser Entwicklung seitens des Landwirtes gering.

Möglichkeiten der Regulation wären zum einen die Optimierung der Wachstumsbedingungen der Pflanzen (und damit des Entzugs an Nährstoffen). So kann durch Zusatzbewässerung eine für die Ertragsbildung ungünstige Witterungssituation des Einzel-

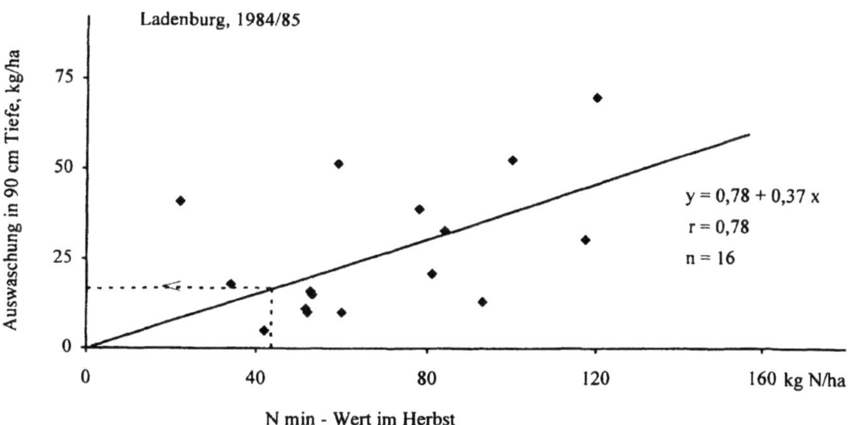

Abb. 6.2. Beziehung zwischen dem herbstlichen N_{min}-Wert im Boden (0–90 cm) und dem Stoffaustrag (N) mit dem Sickerwasser über Winter (1. Nov. – 30. April); Standort Ladenburg (aus: Gölz-Huwe et al. 1989)

Tabelle 6.12. Winterweizenerträge und N_{min}-Gehalte zur Ernte in Abhängigkeit von Düngungsstrategien und Bewässerung (Daten: Knof et al. 1989)

Beregnung	ohne		mit	
N-Düngungsstrategie	(flexibel, bedarfsabhängig) „N operativ"	(feste Vorgaben, statisch) „N Matrix"	(flexibel, bedarfsabhängig) „N operativ"	(feste Vorgaben, statisch) „N Matrix"
Kornertrag (dt ha^{-1})	39,8	45,5	85,5	92,2
N_{min} nach Ernte (kg ha^{-1})	188,4	70,7	54,7	45

jahres kompensiert werden, so daß sich bei Beregnung in einem Trockenjahr deutlich geringere N_{min}-Gehalte nach Weizen einstellen, als bei einem ausschließlich regengespeisten Anbausystem (Tabelle 6.12). Der deutlich höhere Ertrag bei Zusatzbewässerung führt zu höherem N-Entzug und damit zu einem geringeren N_{min}-Wert, obwohl die Bewässerung auch günstige Bedingungen für die N-Freisetzung aus dem Boden über Mineralisation vermuten läßt. Es ist aber auch möglich, schon eingetretene (oder zu erwartende) höhere N_{min}-Mengen im Herbst („Rest-N_{min}") durch geeignete Maßnahmen zu konservieren (s.o. „Zwischenfrüchte"). Durch die Wahl einer schnellwüchsigen Folgefrucht kann evtl. ein Teil des Nährstoffüberschusses noch vor Winter aufgenommen werden.

Strategien der Bewirtschaftung zur Minimierung von Quellenfunktionen

Die wohl wesentlichen Schritte in der Verringerung von Quellenfunktionen für Stoffe aus den landwirtschaftlich genutzten Böden lassen sich unter den Schlagworten „Vermeiden" und „Konservieren" zusammenfassen (Tabelle 6.13). Der Landwirt hat somit mehrere Eingriffsmöglichkeiten und Stellgrößen, die eine gezielte Entwicklung und Anwendung von Minimierungsstrategien der Quellenfunktionen von Böden ermöglichen. So kann z.B. durch Unterlassung von intensiver Bodenbearbeitung im Herbst, nach der Ernte vermieden werden, daß durch die damit sonst verstärkte N-Mineralisation im Boden zusätzliche N-Mengen freigesetzt werden.

Tabelle 6.13. Strategien und Möglichkeiten in der Pflanzenproduktion zur Minderung von Stoffemissionen aus landwirtschaftlich genuzten Böden

Hauptziel	Strategien	Einzelmaßnahmen
Vermeidung von Nährstoffüberhängen	Planung des Anbausystems Gestaltung des Anbauverfahrens	• Auswahl geeigneter Fruchtarten • Festlegung allg. Düngungssysteme • Sortenwahl • Anbautechnik (Aufbau Pflanzenbestand) • Düngung (Termine, Gabenhöhe, Gabenteilung, Düngeform, Nitrifikationshemmer etc.) • Bodenbearbeitung (Termine, Intensität)
Konservierung von Nährstoffüberhängen	Anbausystem	• Auswahl der geeigneten Folgehauptfrucht • Anbauverfahren (Zwischenfrüchte, Strohdüngung)

Tabelle 6.14. Vergleichende Untersuchungen zu Nitratausträgen auf organisch (*org*) bzw. konventionell (*konv*) bewirtschafteten Flächen (aus: Piorr et al. 1994)

Veröffentlichung	Untersuchungsgrundlagen	Methode	Austräge (kg N ha^{-1}) bzw. Konzentrationen (mg NO_3^- N l^{-1})	
			org	konv
Brandhuber u. Hege (1991)	Praxisschläge: org: 13, konv: 53	Bodenproben 1,5–10 m	0–6,1 mg	0–17,8 mg
Feige u. Röthlingsdörfer (1990)	Vergleichsschläge zweier ausgewählter Betriebe	Dränwasser	10–24 kg	21–46 kg
Matthey (1992)	Praxisschläge: org: 9, konv: 88	Dränwasser März–Oktober	3–26 kg	10–100 kg
Vereijken (1988, 1990)	Systemvergleich mit drei Modellbetrieben	Dränwasser	3 mg	10 mg (integr. 8 mg)

Ein bedeutender Weg zur Minimierung von Stoffausträgen aus landwirtschaftlich genutzten Böden ist die mengenmäßige Kontrolle der Stoffflüsse an den betrieblichen Systemgrenzen. Hierzu dienen Nährstoffbilanzen, bei denen der Import von Nährstoffen in den Betrieb bzw. auf die Einzelfläche und der Export durch die pflanzlichen Ernteprodukte bzw. tierischen Produkte saldiert werden. Liegt die Differenz im Bereich von ± 30 kg N ha^{-1} (± 20 kg K; ± 10 kg P), so kann davon ausgegangen werden, daß weitgehend eine relevante Emission von Nährstoffen nicht zu befürchten ist (s.a. Eulenstein u. Drechsler 1992). In einer solchen Bilanz sind Überhänge/Defizite aus der Vorfrucht sowie nicht vermeidbare Verluste bzw. unkontrollierbare Immissionen in Form pauschaler Ansätze mit zu berücksichtigen (BMELF 1996).

Zeigen solche Bilanzen erhebliche Saldenüberschüsse, so ist dies ein verläßlicher Hinweis auf mögliche Emissionssituationen aufgrund nicht genutzter Pflanzennährstoffe. So lassen sich gegenwärtig bei vielen Marktfruchtbetrieben, aber auch Betrieben des Ökologischen Landbaus (Verzicht auf mineralischen Dünger sowie auf chemisch-synthetische Pflanzenschutzmittel, limitierter Futtermittelzukauf) weitgehend ausgeglichene Nährstoffsalden finden. Bei diesen Betrieben ist die Emissionssituation an Nitrat zum Grundwasser (untersucht anhand von Tiefbohrungen) überwiegend als günstig zu bezeichnen (Abb. 6.3). Betriebe, die zu umfangreich eigenes Futter produzieren bzw. die zusätzlich mit zugekauften Futtermitteln erhebliche Nährstoffmengen importieren, haben überwiegend hohe Saldenüberschüsse bei allen Makronährstoffen und entsprechend hohe Nitratfrachten zum Grundwasserleiter (Abb. 6.3).

Ökologischer Landbau in Wasserschutzgebieten. In zunehmendem Maße wird diskutiert, aus Vorsorgegründen in Wassereinzugsgebieten flächendeckend die landwirtschaftliche Landnutzung in Form des Ökologischen Landbaus zu fordern (Heß et al. 1992). Hintergrund dieser Forderung ist die Beobachtung aus Tiefbohrungen bzw. Dränwasserproben, daß bei ökologisch bewirtschafteten Betrieben geringere bis gleiche Nitratkonzentrationen als bei konventionellen Betrieben auftreten. Die Daten in Tabelle 6.14 bestätigen diese Ergebnisse. Dabei ist zu berücksichtigen, daß wesentliche Unterschiede in den Praxiserhebungen oft auf die unterschiedlichen Salden der Hoftorbilanzen (s. o.) sowie die damit verbundene Bewirtschaftungsweise (Abb. 6.3) zurückzuführen sind. Ein vordergründig positiver Aspekt der ökologischen Wirtschaftsweise ist es, daß die

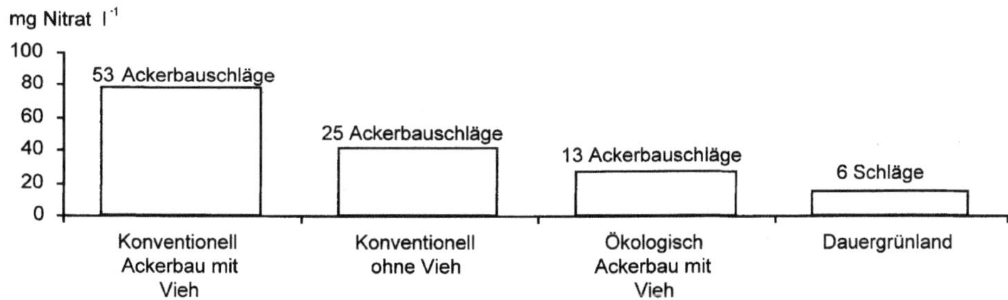

Abb. 6.3. Nitrat in der Sickerwasserzone in Abhängigkeit von der Bewirtschaftung. Probenentnahmetiefe 1,5–10 m (aus: Piorr et al. 1994 nach Brandhuber u. Hege 1991, 1992)

Nitratkonzentrationen im Boden, aufgrund der fehlenden mineralischen Düngung, niedrig sein können. Dies gilt aber nur unter den Früchten, die nicht nach einer N-sammelnden Leguminosenvorfrucht stehen bzw.wenn diese Flächen nicht kürzlich durch Stallmist gedüngt wurden. In diesen Situationen geraten die Kulturpflanzen aufgrund erheblich abgesenkter Nitratkonzentrationen im Boden tatsächlich sogar in Mangelsituationen (Piorr 1992). Für solche Fälle sind entsprechend keine N-Auswirkungen zu erwarten.

Dennoch ist auch bei der ökologischen Wirtschaftsweise mit Risiken möglicher Stoffausträge zu rechnen: die einzige N-Quelle für diese Betriebe sind die Leguminosenpflanzen (z.B. Lupinen, Erbsen, Luzerne). Diese binden über eine Symbiose mit bodenbürtigen Rhizobienbakterien den molekularen Luftstickstoff in Form von stickstoffhaltigen organischen Verbindungen und können so große Mengen Stickstoff (50–400 kg N ha^{-1} a^{-1}) in den Betrieb einbringen. Die danach folgenden Prozesse der Mineralisation dieses organisch gebundenen Stickstoffs bzw. desjenigen, der über die Tierfütterung in Form von Mist oder Gülle wieder auf den Boden gelangt, können aber Risiken der N-Verluste zum Grundwasser beinhalten. So zeigen die Nitratkonzentrationen im Boden (0–90 cm) auf zwei benachbarten aber unterschiedlich (integriert bzw. ökologisch) bewirtschafteten Flächen auch über fünf Jahre annähernd gleichen Verlauf (Abb. 6.4).

Es ist davon auszugehen, daß dem Integrierten Landbau in der Menge vergleichbare N-Austragsrisiken auch im Ökologischen Landbau vorliegen können. Auch für den Ökologischen Landbau und damit auch in Trinkwassereinzugsgebieten sind geeignete Strategien der N-Austragsminimierung zu entwickeln und einzuführen (Heß et al. 1992). Gelingt es dem Integrierten Landbau, seine o. a. Prinzipien, insbesondere die der entzugsorientierten Düngung und damit auch Begrenzung der Tierzahl pro Flächeneinheit in der Praxis umzusetzen, so besteht keine Notwendigkeit, die verschiedenen Bewirtschaftungsweisen in Wassereinzugsgebieten zu präferieren oder abzulehnen.

6.4 ÜBERBLICK ZU WEITEREN RELEVANTEN STOFFEN DER BÖDEN

Weitere Relevanz im Sinne dieses Kapitels haben alle diejenigen Stoffe, deren Verhalten im genutzten Boden bzw. deren Transfer aus dem Agroökosystem in benachbarte Ökosysteme durch die Landnutzung bedeutend beeinflußt wird. Dies sind zum einen K, Ca, SO_4 (als potentiell „wasseraufhärtende" Stoffeinträge) und Cl sowie in einigen Fällen sogar PO_4. Zum anderen werden aber auch niedermolekulare organische Kohlenstoffverbindungen als Produkte der Mineralisation von organischer Substanz im Boden (u.a. Humus, Pflanzenreste) bzw. aus Wurzelausscheidungen mit dem Sickerwasser verlagert und können in das Grundwasser bzw. in tiefere Bodenschichten gelangen.

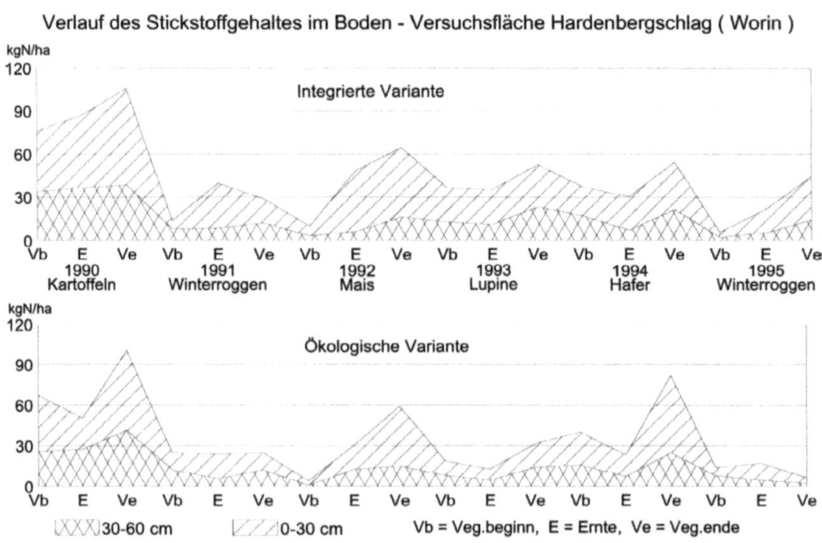

Abb. 6.4. Verlauf des N-Gehaltes im Boden der Versuchsfläche Hardenbergschlag (Worin; aus Wurbs 1995)

Freies Phosphat wird im Boden in der Regel schnell und spezifisch, d.h. wenig reversibel an Oberflächen des mineralisch-organischen Kolloidkomplexes im Boden gebunden (Tabelle 6.1). Eine Verlagerung mit Sickerwasser ist deshalb unter normalen Fällen ausgeschlossen (Hamm 1989). Die Sickerwässer unter normal gedüngten Ackerflächen weisen deshalb kaum nachweisbare Phosphatgehalte auf (Voigt 1989). Kommt es jedoch aufgrund übermäßig hoher Phosphatzufuhr zum Boden (z.B. langjährige stark überhöhte Gülleausbringung = Entsorgung!) zur Erschöpfung der Bindungskapazität des Bodenkomplexes (Zee et al. 1989), so kann weiterhin zugeführtes Phosphat auch in größeren Mengen mit dem Sickerwasser ausgetragen werden (Gerritse 1981; Werner u. Olfs 1987). In Grundwasserproben eines intensiv agrarisch genutzten Gebietes mit Ausbringung hoher Güllemengen (bis hin zur „Gülleverkippung" auf sog. „Hochlastflächen") konnten Steinert u. Wolff (1993: S. 177) ortho-Phosphat mit bis zu 8 mg l^{-1} nachweisen. Vergleichbares tritt bei hydromorphen Böden mit geringer Speicherfähigkeit für Phosphat auf (z.B. Hochmoore; Nemeth et al. 1985; → Kap. 5).

Bodennutzung und Lachgasemission

Landwirtschaftlich genutzte Böden stellen aber nicht nur bei Pflanzennährstoffen oder Kohlenstoffverbindungen Quellen für Emissionsprozesse dar. Einige im Boden natürlicherweise ablaufende mikrobiologische und chemische Prozesse führen auch zu Freisetzungen von gasförmigen Verbindungen. So kann bei Sauerstoffarmut mit der mikrobiellen Reduktion von freien Nitrationen zu Ammoniak bzw. molekularem Stickstoff („Denitrifikation") in geringen Mengen auch das klimawirksame Spurengas Distickstoffoxid (N_2O) freigesetzt werden. Diese Freisetzung kann, in Abhängigkeit von den jeweiligen Rahmenbedingungen (Verfügbarkeit von C_{org}-Verbindungen als Energiequellen für den mikrobiellen Abbau, NO_3-Konzentration, Sauerstoffgehalt und Temperatur) zu Emissionen von 1–2 kg N_2O-N ha^{-1} a^{-1} führen (Bouwman 1990). Die insgesamt gasförmig entstehenden N-Verluste aus dem Dünger- bzw. Bodennitrat bestehen überwiegend aus inertem, molekularem Stickstoff, dem Hauptbestandsbildner unserer Atmosphäre. Je nach Standortbedingung und Bewirtschaftungssystem können diese Verluste bis zu 73% des applizierten Dünger-N ausmachen (Strebel et al. 1980). Als mittleren Wert hat von Rheinbaben (1990) aus der Varianz der Literaturangaben ca. 10% Denitrifikationsverlust bei mineralischen Düngerapplikationen ermittelt.

Der Anteil an N_2O, das bei der Denitrifikation gebildet wird, wird nach Terry u. Tate (1980) in gelegentlich wassergesättigten Böden durch den anfänglichen Nitratgehalt beeinflußt. Hohe Nitratgehalte hemmen danach die weitere Reduktion von N_2O zu N_2. Waren derartige Böden aber länger wassergesättigt, so sinkt die Hemmwirkung des freien Nitrats. Neben der N_2O-Bildung während der Denitrifikation kann in vergleichbarer Rate N_2O auch bei der Nitrifikation von NH_4 zu NO_3 freigesetzt werden (Hutchinson u. Brams 1992). Strategien zur Minimierung der landnutzungsbedingten N_2O-Emissionen lassen sich anhand des gegenwärtigen Wissensstandes nur durch Analogieschlüsse ableiten:

- In Böden, die Kompartimente geringer Sauerstoffgehalte aufweisen können (Grund- und Stauwassereinfluß; Bereiche von Bodenverdichtungen, Kolluvien und Naßstellen etc.), sollten möglichst geringe Nitratgehalte angestrebt werden (u.a. zu steuern durch die N-Düngungstermine, die N-Düngermengen und das Anbausystem);
- Vermeidung von hohen Wassergehalten (aufgrund Beregnung, Überstauung oder mangelhafter Drainung etc.) bei Böden mit natürlichen oder nutzungsbedingt hohen Nitratgehalten (s.a. Freney et al. 1985; z.B. Niedermoorböden, Auenlehme);
- Der Austrag an Nitrat aus den Nutzungssystemen in andere Ökosysteme ist zu minimieren, da in diesen dann oft für die Denitrifikation (und damit potentielle N_2O-Bildung) günstige Umweltbedingungen herrschen (z.B. in Saumbereichen hydromorpher Systeme).

Da sowohl Denitrifikations- als auch Nitrifikationsprozesse zur Freisetzung von N_2O führen können, sind die als N_2O freigesetzten Stickstoffmengen bei denjenigen Böden besonders hoch, in denen erhebliche Mineralisationsprozesse (N-haltiger) organischer Bodensubstanz bei gleichzeitig hohen Bodenwassergehalten ablaufen. Dies sind in besonderem Maße die genutzten Niedermoorböden (→ Kap. 5). Solche haben hohe N-Mengen (mehrere zehntausend kg N ha^{-1}) in der Torfsubstanz des Oberbodens gebunden und sind zudem meist grundwasserbeeinflußt, weisen also gelegentliche hohe Wassergehalte im Substrat auf. In diesen Böden sind die Denitrifikationsraten sehr hoch, dies gilt ebenfalls für Marsch- wie für Auenböden (Lindau et al. 1991). Die Ermittlung der dabei auch freigesetzten N_2O-Mengen ist Gegenstand verschiedener, noch laufender Forschungsarbeiten. Werden derartige Böden allerdings völlig mit Wasser gesättigt, z. B. durch Überstauung, sinkt zwar die N_2O-Emissionsrate, es ist aber dann mit der Bildung und Freisetzung von Methan, einem ebenfalls klimawirksamen Spurengas, zu rechnen (Schachtschabel et al. 1992).

Böden und ihre Bedeutung als Senken bzw. Quellen für Pflanzenschutzmittelwirkstoffe

In der Bundesrepublik werden ca. 30 000 t Wirkstoffe von Pflanzenschutzmitteln (Anonym 1995) auf die landwirtschaftlich genutzte Fläche ausgebracht. Im Mittel sind dies ca. 1,7 kg Wirkstoff pro Hektar LN (d.h. 170 mg m^{-2} bzw. ca. 380 μg kg^{-1} Boden = 0,38 ppm bei einer Schicht von 0–30 cm). Von diesen Wirkstoffen sind ca. 60% Herbizide, 25% Fungizide und 7% Insektizide sowie 8% sonstige Präparate (Vorratsschutz, Wachstumsregler etc.; Ahlsdorf 1991; Nolting et al. 1994). Solche pauschalen Zahlenangaben sind aber wenig hilfreich, um die Bedeutung derartiger Stoffflüsse in die Landschaft zu bewerten. Die Mengenangabe sagt z.B. nichts über die ökologische Wirkung solcher Substanzen. Wie sich die Wirkungen von Pflanzenschutzmitteln in den Landschaftsökosystemen unterscheiden, wovon diese abhängen bzw. wie diese beeinflußt werden können, soll an dieser Stelle grob skizziert werden. Es ist keine Vollständigkeit angestrebt, dies ist sicherlich erst durch das Studium geeigneter Referenzliteratur erreichbar (z.B.: Heitefuß 1975; Börner 1978; Fröhlich 1979; Hurle 1992; Milde u. Müller-Wegener 1989; Simon et al. 1990; BMLF 1993; DFG 1994; → Kap. 24).

Die Anwendung von Pflanzenschutzmitteln erfolgt in der Landwirtschaft mit dem Ziel, die beim Anbau entstehenden Konkurrenz- bzw. Schadwirkungen seitens anderer Organismen von der Kulturpflanze fernzuhalten bzw. sie zu minimieren (Hoffmann et al. 1976). Der Bedarf zur Entwicklung dieser Technologien entsprang zum einen der Notwendigkeit, die Erträge der Kulturpflanzen vor teilweise radikalen biotischen Schadfaktoren zu schützen (Anonym 1987). Zum anderen aber auch, um bei sinkender Zahl an Arbeitskräften in der Landwirtschaft früher arbeitsintensive Maßnahmen in nunmehr geeigneter Form zu ersetzen. Die menschliche Arbeit (z.B. Unkraut hacken) wurde substituiert durch Einsatz fossiler Energie bei der Herstellung und Ausbringung von Pflanzenschutzmitteln (hier: Herbizide). Im Vergleich zu den übrigen Betriebsmitteln der Produktion (Dünger, Saatgut, Bodenbearbeitung etc.) ist der Einsatz von Pflanzenschutzmitteln mit einer sehr hohen energetischen Effizienz verbunden. Es werden je behandelte Fläche (für die Produktion und Ausbringung der Pflanzenschutzmittel) nur geringe Mengen an Energie benötigt. Der Einsatz dieser Mittel jedoch kann zu Ertragssteigerungen (bzw. Ertragssicherungen) von 15–50% (bzw. 100% bei sonst möglichem Totalausfall) bei den Kulturpflanzen und damit biologisch „erzeugter Energie" führen. Durch diese Vorteilswirkung würden bei einem totalen Verbot des Einsatzes von Pflanzenschutzmitteln erhebliche regionale (z.B. Bundesrepublik) oder globale Verluste in den Wohlfahrtsleistungen durch die Landwirtschaft für die Gesellschaft eintreten (Schmitz u. Hartmann 1993).

Allgemeine Übersicht zu Pflanzenschutzmittelwirkstoffen. Pflanzenschutzmittelwirkstoffe entstammen einer Vielzahl von Gruppen chemischer Verbindungen. In der Bundesrepublik waren 1992 noch 195 unterschiedliche Wirkstoffe zugelassen (Tendenz: stagnierend), die in 1531 meldepflichtigen Pflanzenschutzmitteln verwendet werden (Holzmann u. Adam 1993). Als chemische Verbindungen sind die in der Tabelle 6.15 aufgeführten Wirkstoffgruppen zu finden. Eine einheitliche Systematik ist kaum möglich, da vergleichbare chemische Verbindungen unterschiedlichste Wirkungen haben können (z.B.: Carbamate als Herbizide aber auch als Insektizide, Tabelle 6.15). Dementsprechend vielfältig ist die Menge der relevanten Einflußgrößen bzw. das Verhalten dieser Stoffe in der Umwelt.

Die Applikation der Herbizide erfolgt meistens auf kaum bewachsenen Boden (u.a. Vorsaat-, Vorauflauf-, Nachauflaufverfahren) zur Hemmung der Keimung von Unkrautsamen bzw. zur Abtötung oder Wachstumshemmung von schon aufgelaufenen Unkrautpflanzen. Die Selektivität gegenüber der zu schützenden Kulturpflanze basiert dabei auf verschiedenen Mechanismen (mechanisch-physikalisch, chemisch, biochemisch; Heitefuß 1975: S. 90). Fungizide und Insektizide zielen auf Schadorganismen (pilzliche bzw. tierische Organismen), die unmittelbar auf den Pflanzen siedeln. Diese Präparate werden somit direkt auf Pflanzenbestände appliziert. Oft liegt dabei eine mehr oder weniger geschlossene Pflanzendecke vor, so daß ein Großteil der Spritzbrühe vorrangig auf die Pflanzenmasse (Blätter, Stengel, Früchte etc.) gelangt. Von diesen kann ein Teil der Brühe abtropfen bzw. auch abgewaschen werden. Teilweise ist bei einigen Wirkstoffen auch mit erheblichen Verdunstungen in die Atmosphäre zu rechnen (Boehnke et al. 1989). Dort ist dann der photochemische Abbau der wesentliche Senkenpfad.

Senkenfunktion von Böden für Pflanzenschutzmittelwirkstoffe. Der Eintrag der Pflanzenschutzmittelwirkstoffe in den Boden erfolgt in der Regel über Spritzapplikationen auf den Boden bzw. auf Pflanzenbestände (mit 150–600 l Wasser ha^{-1}), als Granulat in bzw. auf den Boden sowie über die Bei-

Tabelle 6.15. Wirkstoffe von Pflanzenschutzmitteln und Typisierung ihrer chemischen Verbindungen (in Anlehnung an Holzmann u. Adam 1993)

Wirkstoffgruppe	chemische Gruppe	Beispiels-Wirkstoffe
Herbizide	Carbonsäurederivate	Dichlorprop, MCPA, Bifenox
	Harnstoffderivate	Diuron, Isoproturon, Methabenzthiazuron
	aromatische Nitroverbindungen	Bromfenox, Pendimethalin, Triallat
	Anilide	Diflufenican, Metazachlor, Propanil
	Heterocyclische Verbindungen (< 3 Ring-N-Atome)	Atrazin, Terbuthylazin, Bentazon, Deiquat
	Carbamate	Diallat, Triallat, Phenmedipham
	sonst. org. Herbizide	Ethofumesat, Glyphosat, Pyridat
Fungizide	Derivate der Kohlen- und Carbarmidsäure sowie der entsprechenden Thiolverbindungen	Gyazatin, Mancozeb, Thiram
	organische Verbindungen der isocyclischen Reihe	Chlorthalonil, Dicloran, Quintozen
	Derivate des o-Phenyldiamins	Benomyl, Carbendazim, Thiabendazol
	5-Ring Heterocyclen (mit zwei oder drei N-Atomen)	Bitertanol, Imazalil, Tebuconazol
	5-Ring Heterocyclen (mit gleichen oder verschiedenen Hetero-Atomen)	Fenfuram, Oxadixyl, Vinclozolin
	6-Ring Heterocyclen (mit gleichen oder verschiedenen Hetero-Atomen)	Analazin, Fenpropimorph, Tridemorph
	sonst. org. Fungizide	Captafol, Folpet, Prochloraz, Pyrazophos
	anorganische Fungizide	Kupferhydroxid, Kupfersulfat, Schwefel
Insektizide	Phosphor- und -phosphonsäureester	Dichlorphos, Mevinphos, Chlorfenvinphos
	Triophosphor- und -phosphonsäureester	Omethoat, Bromophos, Parathion
	Dithiophosphor- und -phosphonsäureester	Dimethoat, Azinphosethyl, Methidathion
	Carbamate	Aldicarb, Carbofuran, Pirimicarb
	Pyrethroide	Bifenthrin, Deltamethrin, Fenvalerat
	sonstige	Lindan, Methoxychlor, Endosulfan
Wachstumsregler	diverse	Chlormequat, Etephon, Maleinsäurehydrazid

zung von Saat- oder Pflanzgut (dünne Pulverschicht als „Beize" bzw. dickere Umhüllung als „Inkrustierung"). Die in dieser Weise ausgebrachten Wirkstoffmengen liegen in der Regel zwischen 10–50 g ha^{-1} bei Saatgutbeizen und 500–2500 g ha^{-1} bei den übrigen Verwendungsbereichen. Seit einigen Jahren sind auch Pflanzenschutzmittelwirkstoffe verfügbar (Sylfonylharnstoffderivate als Herbizide), deren wirksame Aufwandmenge bei lediglich 5–25 g ha^{-1} liegt (d.h. 0,5–2,5 mg m^{-2}).

Die Pflanzenschutzmittelwirkstoffe werden in unterschiedlichem Maße an den mineralisch-organischen Bodenkomplex gebunden und dabei von einer Vielzahl von Schlüsselgrößen beeinflußt. Gleichzeitig setzt unmittelbar nach dem Bodenkontakt bei den meisten Wirkstoffen ein Abbau der Wirkstoffe ein. Dieser Abbau kann physikochemisch oder biologisch erfolgen und ist je nach Wirkstoff unterschiedlich schnell (Herzel u. Schmidt 1988; Haberer et al. 1988). Die Geschwindigkeit dieses Abbaus ist wirkstoff- und substratabhängig. Die internen Vorgaben der Biologischen Bundesanstalt als Zulassungsbehörde für Pflanzenschutzmittel in der Bundesrepublik sehen vor, daß die applizierten Wirkstoffe zu mindestens 90% bis zur nächsten Wirkstoffapplikation (die erfolgt in der Regel im nächsten Jahr) abgebaut werden. Nash (1988) identifizierte insgesamt 44 verschiedene Einflußgrößen, die das Schicksal von Pflanzenschutzmittelwirkstoffen im Boden beeinflussen. In der Regel wird der biologische Abbau durch zunehmende Gehalte an organischer Bodensubstanz gefördert. Sind die Pflanzenschutzmittelwirkstoffe zudem an Pflanzenresten gebunden bzw. in diesen inkorporiert (z.B. abgestorbene Unkrautpflanzen), so ist von einer stärkeren biologischen Abbaumöglichkeit dieser Wirkstoffe im Boden auszugehen (Burauel u. Führ 1988). In nicht unerheblichem Maße werden Pflanzenschutzmittelwirkstoffe auch an die organische Bodensubstanz physikochemisch adsorbiert oder in diese mikrobiell inkorporiert. Hierbei behalten die Wirkstoffe oft noch ihre native Struktur und damit auch Funktionsfähigkeit nach gegebenfalls erfolgender Freisetzung (*non extractable pesticide residues*, *bound residues*; Führ 1987). Für die in der Pflanzenschutzmittelforschung häufig eingesetzten Tracermethoden mit Hilfe von (Radio)-Isotopen „verschwinden“ diese Wirkstoffe somit nicht aus dem Boden, sind aber ökotoxikologisch in der Regel nicht mehr relevant. Erst nach erneuter Freisetzung (z.B. bei mikrobiellem Abbau der organischen Bodensubstanz) können sie biologisch wirksam werden bzw. sind auch verlagerbar. Die mikrobielle Aktivität des Bodens (als Bestandteil des Bodenlebens) wird kaum von Pflanzenschutzmitteln beeinflußt (Frank 1991). Stärkeren Einfluß auf die mikrobielle Aktivität im Boden haben vor allem die pflanzenbaulichen Wirkgrößen (Art der Kulturpflanze, Bodenbedeckung, Erntereste, Bodenbearbeitung etc.; Gröblinghoff 1987).

Quellenfunktion von Böden für Pflanzenschutzmittelwirkstoffe. Die nicht vom Boden gebundenen Wirkstoffmengen bzw. die nicht abgebauten Wirkstoffanteile können, je nach ihrer Wasserlöslichkeit, mit dem Sickerwasser in tiefere Bodenschichten verlagert werden. Die dabei über die gesamte Wegstrecke bis zur nächsten Senke im Boden ablaufende Sorption und Desorption am Bodenkomplex ist in ihrer Gesamtheit mit einem chromatographischen Prozeß vergleichbar. Die stationäre Phase ist hierbei der mineralisch-organische Bodenkomplex einschließlich dem Haftwasser. Die mobile Phase ist das sich bewegende Bodenwasser mit seinen gelösten bzw. suspendierten organischen sowie anorganischen Bestandteilen. Aufgrund der Applikationsmethode (s.o.), des Anwendungsumfangs sowie des Verbleibverhaltens im Boden werden vor allem Herbizide in die Zone des Grundwasserleiters verlagert. Dementsprechend stammen die Funde von Pflanzenschutzmittelwirkstoffen im Grund- bzw. Rohwasser vorwiegend von Herbiziden, selten von Insektiziden und praktisch gar nicht von Fungiziden (Wolter 1995).

Das Freisetzungsverhalten vom Boden bzw. das Verlagerungsverhalten der Wirkstoffe wird durch eine Vielzahl von Einflußgrößen bestimmt. Als wesentliche Senken für verlagerte Pflanzenschutzmittel sind das Grundwasser sowie die Oberflächengewässer zu betrachten (→ Kap. 24). Die Eintragspfade können in beiden Fällen das Sickerwasser im Boden sein. Für die Oberflächengewässer besteht im Oberflächenabfluß sowie im Sedimenteintrag bei Wasser- und Winderosion der bedeutendere Eintragspfad (Hurle 1992). Der Grad von Transportmöglichkeiten wird in erheblicher Weise von den physikochemischen Wirkstoffeigenschaften bestimmt. Allgemeingültige Abschätzungen des Verlagerungsverhaltens von Pflanzenschutzmittelwirkstoffen sind somit nicht möglich (Pestemer u. Nordmeyer 1990). Hierzu sind für jeden Wirkstoff die entsprechenden physikochemischen Kenngrößen zu ermitteln, mit denen dann aber auch übertragbare Simulationsmodelle zur Beschreibung des Verlagerungsverhaltens bei angenommenen Rahmenbedingungen möglich sind (s. u.a. Diestel et al. 1993).

Die Befrachtung des Sickerwassers mit Pflanzenschutzmittelwirkstoffen erfolgt auf mehreren Wegen:

- durch Direkteintrag in das Bodenwasser bei der Applikation,
- durch Desorptionsprozesse vom Bodenkolloid und
- durch Freisetzung von vormals in organischer Bodensubstanz gebundenen Wirkstoffen aufgrund von Mineralisationsprozessen.

Je besser wasserlöslich ein Wirkstoff ist und je langsamer er abgebaut wird, um so höher ist das Auswaschungsrisiko. Die Wirkstoffe müssen aber, um überhaupt wirksam in bzw. an der Pflanze sein zu können, wasserlöslich sein und zudem nicht zu schnell abgebaut werden, um überhaupt ausreichende Wirksamkeit zu zeigen. In der Entwicklung von Pflanzenschutzmittelwirkstoffen ist somit ständig ein Kompromiß zu finden zwischen pflanzenschutzrelevanter Wirksamkeit und ökotoxikologischer Bedeutung. Je länger einige Wirkstoffe Kontakt zum Bodenkomplex der oberen Bodenschicht haben, desto geringer wird das Auswaschungsrisiko für diese Wirkstoffe (Brumhard et al. 1987). Ursächlich sind hierbei Adsorptions- bzw. Inkorporationsprozesse (*bound residues*). Je später es also nach Applikation einiger Wirkstoffe zu Niederschlägen kommt, um so geringer ist die Gefahr der Wirkstoffauswaschung.

Während der Bodenpassage erfolgt eine ständige Be- bzw. Entladung des Transportmediums Sickerwasser in Wechselwirkung mit den Bodenbestandteilen. Gleichzeitig erfolgen auch chemische, physikalische bzw. biologische Abbauprozesse. Letztere nehmen insbesondere mit der Bodentiefe aufgrund ungünstiger werdender Umweltbedingungen für die Mikroorganismen ab. Sickerwasser stellt somit den wichtigsten Eintragspfad von Pflanzenschutzmittelwirkstoffen in das Grundwasser dar, es ist der flächenhafte, diffuse Eintragsweg. Die tatsächlichen Austragsfrachten an Wirkstoffen sind zum einen abhängig vom physikochemischen Verhalten der Wirkstoffe und der Aufwandsmenge (s.o.). Zum anderen beeinflußt der Anteil an großen Poren bzw. Hohlräumen im Boden das Austragsverhalten. Bei Böden, in denen hohe Anteile an Tiergängen, Wurzelröhren oder Schrumpfungsrissen vorliegen, können deutlich höhere Austräge an Pflanzenschutzmittelwirkstoffen entstehen als in weniger stark strukturierten Böden. In den o.a. groben Hohlräumen kann mit Pflanzenschutzmittelwirkstoffen befrachtetes Wasser bevorzugt zum Grundwasserleiter gelangen (*preferential flow*). Dies führt dazu, daß zum Beispiel Standorte mit Minimalbodenbearbeitung (wenig Bodenbewegung) bzw. tonige Böden (Gefahr von Schrumpfungsrissen) höhere Austragsrisiken aufweisen als eher sandige oder intensiv bearbeitete Böden. Diese Wirkung ist gegensätzlich zu der für Pflanzennährstoffe (s.o.). Diese werden z.B. auf „leichteren" (sandigen) Böden eher ausgetragen als auf „schweren" (lehmig-tonigen) Böden.

Die Grenzwerte für den Gehalt von Pflanzenschutzmittelwirkstoffen für Trinkwasser betragen in der Bundesrepublik (Gültigkeit: EU-weit) max. 0,1 μg Wirkstoff l^{-1} (bei einzelnen Wirkstoffen) bzw. 0,5 μg Wirkstoff l^{-1} (als Summengrenzwert bei Vorliegen mehrerer Wirkstoffe; → Kap. 16). Unterstellt man, daß im ungünstigsten Fall die aus der durchwurzelten Bodenzone ausgetragenen Wirkstoffmengen vollständig in den Grundwasserkörper gelangen, die Grundwasserneubildung ausschließlich aus landwirtschaftlich genutzten Flächen erfolgt und im Grundwasserkörper kein Abbau der Pflanzenschutzmittel stattfindet, so würde die gesamte mit dem Sickerwasser ausgetragene Menge an Pflanzenschutzmitteln im Rohwasser der Trinkwassererzeuger wiederzufinden sein. Die Anwendung der Pflanzenschutzmittel darf deshalb nur so erfolgen, daß eine Kontamination des Grundwassers (und damit des potentiellen Trinkwassers) möglichst nicht entsteht bzw. keine Überschreitung des o.a. Grenzwertes für Trinkwasser eintritt. Hierbei muß der flächenhafte Grundwasserschutz im Vordergrund stehen und nicht nur der Schutz von Vorrang- bzw. Trinkwasserschutzgebieten. Die gezielte Analyse von Rohwasserproben auf Pflanzenschutzmittelwirkstoffe zeigt in den Jahren 1989 bis 1993 bei den meisten gesuchten Wirkstoffen nur sehr wenige Proben, in denen die Wirkstoffe nachweisbar sind (0,5–3,5% der untersuchten Proben). Die Gehalte dieser Proben überschreiten den o.a. Grenzwert für Trinkwasser aber nicht. Eine vergleichbare Zahl von Proben haben aber Gehalte an Einzelwirkstoffen, die den Grenzwert überschreiten (Wolter 1995). Die häufigsten Funde aber (bei bis zu 25% der untersuchten Wasserproben) betreffen die Triazin-Herbizide (Atrazin und dessen Metabolit Desethylatrazin sowie Simazin). Die höhere Zahl an Funden ist teilweise auch auf die gezielte Suche dieser „Problemwirkstoffe" zurückzuführen. Bemerkenswert sind die Funde von Atrazin auch nach dessen bundesweitem Anwendungsverbot im Jahr 1991. Hier sind zum einen Teil unerlaubte Anwendungen, wohl aber auch noch Auswaschungen von im Boden gebundenen Rückständen zu unterstellen.

Die landwirtschaftlich genutzten Böden erbringen für ausgebrachte Pflanzenschutzmittel eine enorme Senkenleistung. Ihre Größe kann daran abgeschätzt werden, wieviel Wirkstoffmenge abgebaut oder zurückgehalten werden muß, um nach sachgemäßer Anwendung einen unzulässig hohen Eintrag in das Grundwasser zu vermeiden. Unterstellt man die o.a. Aufwandmenge an Pflanzenschutzmitteln in der Bundesrepublik von 1,7 kg Wirkstoff ha^{-1} und eine mittlere jährliche Sickerwasserbildung von 200 mm (200 l m^{-2}), so müssen 99,988% der ursprünglich ausgebrachten Wirkstoffmenge bis zur nächsten Applikation abgebaut, an den Bodenkolloid adsorbiert, in organische Bodenbestandteile inkorporiert oder anderweitig vor einer Auswaschung geschützt werden (Tabelle 6.16). Praktisch ist somit die gesamte Wirkstoffmenge vor dem Austrag zu schützen. Lediglich bei sehr niedrigen Aufwandmengen bzw. stärkerer Verdünnung nimmt die notwendige Senkenleistung der Böden ab. Würde es möglich sein, Wirkstoffe zu entwickeln, deren niedrigste wirksame Aufwandmenge nur von 10 g ha^{-1} noch einmal um den Faktor 100 gesenkt werden kann, so wäre kein Risiko der Überschreitung des Trinkwassergrenzwertes im Grundwasser durch diese Pflanzenschutzmittel mehr zu erwarten (letzte Zeile der Tabelle 6.16).

Tabelle 6.16. Notwendige Mindest-Senkenfunktion (Abbau, Inkorporation, Verflüchtigung) von Böden zur Vermeidung von Überschreitungen des Trinkwassergrenzwertes im Grundwasser aufgrund Verlagerung mit dem Sickerwasser bei sachgemäßer Applikation von Pflanzenschutzmitteln. Dargestellt als Funktion der Sickerwassermenge und der Applikationsmenge je Flächeneinheit

applizierte Wirkstoffmenge	Sickerwasserbildung (mm)			
($g\ ha^{-1}$)	50	100	200	300
1700	99,997 %	99,994 %	99,988 %	99,982 %
1000	99,995 %	99,990 %	99,980 %	99,970 %
500	99,990 %	99,980 %	99,960 %	99,940 %
10	99,500 %	99,000 %	98,000 %	97,000 %
1	95,000 %	90,000 %	80,000 %	70,000 %
0,1	50,000 %	0,000 %	-	-

(in % der applizierten Wirkstoffmenge; Annahmen: Betrachtungszeitraum = 1 Jahr, einmalige Applikation, keine weiteren Senken auf dem Weg zum Grundwasserleiter)

Beeinflussung der Quellen- und Senkenfunktion für Pflanzenschutzmittelwirkstoffe. Die Art des Umgangs mit Pflanzenschutzmitteln beeinflußt in erheblichem Maße das Auftreten und die Bedeutung der Pflanzenschutzmittelwirkstoffe in der Umwelt (Tabelle 6.17). Die Vermeidung des Eintrags von Wirkstoffen in Oberflächengewässer gelingt wohl am ehesten durch Ausschaltung von direkten Einleitungspfaden und von Abtrift (Ganzelmeier et al. 1995). Die Vermeidung des Eintrags von Wirkstoffen in das Grundwasser bedarf der Wahl geeigneter Wirkstoffe, Minderung der Aufwandmengen und Wahl des Applikationstermines.

Tabelle 6.17. Möglichkeiten der Beeinflussung des Verhaltens von Pflanzenschutzmittelwirkstoffen in Bezug auf die Quellen- und Senkenfunktion von landwirtschaftlich genutzen Böden

Zielkompartiment	Strategie	notwendiger Prozeß	pflanzenbauliche Maßnahme
Grundwasser	Vermeidung direkten Eintrags	• Minderung Dränausträge	• Vermeidung Applikation auf drainierten Feldern
		• Minderung prefential flow	• Vermeidung Direktsaat oder Minimalbodenbearbeitung
	Vermeidung indirekten Eintrags	• Minderung Sickerwasserbildung	• ganzjährige Pflanzendecke
		• Minderung Aufwand an Pflanzenschutzmitteln	• geeignete Fruchtfolgegestaltung, optimieren Applikationstechnik, optimaler Anwendungstermin, Wahl geeigneten Wirkstoffs, Verringerung Ausbringungsmenge
		• Erhöhung Adsorption bzw. Abbau im Boden	• Förderung Bodenleben, Zufuhr organischer Substanz
Oberflächengewässer	Vermeidung direkten Eintrags	• Vermeidung Abtrift	• Applikation bei Windstille
		• Vermeidung Direktapplikation	• Einhaltung Abstandsauflagen
	Vermeidung indirekten Eintrags	• Vermeidung Runoff	• Gewährleistung Bodenbedeckung
		• Vermeidung Erosion	• Gewährleistung Bodenbedeckung und Wurzelverbau Boden
Atmosphäre	Vermeidung direkten Eintrags	• Vermeidung Verdunstung	• Wahl geeigneten Wirkstoffs; Applikation bei Kühle und Windstille; hohe Tropfengröße des Spritzbelages

Box 6.1 Besondere Aspekte der Quellen- und Senkenfunktion von landwirtschaftlich genutzten Böden

Klimaveränderung. Die mit einer möglichen Klimaveränderung für Mitteleuropa postulierten Erhöhungen der mittleren Lufttemperaturen sowie zeitlichen Verschiebungen der Niederschlagsverteilungen würden zum einen die Rahmenbedingungen für die senken- und quellenbezogenen Prozesse im Boden verändern (Details bei Rogasik et al. 1994). Zum anderen würden sich die Entwicklungs- und Wachstumsbedingungen für die Pflanzen deutlich ändern. So können bei höheren CO_2-Konzentrationen (705 ppmv) bei Kulturpflanzen (Hirse, Soja) bis zu 35% höhere Kornerträge erwartet werden (Reeves et al. 1994). Hierbei wird auch die Nährstoffaufnahme durch die Pflanzen ansteigen (Overdieck u. Ikels 1991). Die Konzentration an Pflanzennährstoffen wird aufgrund höherer Biomasse aber teilweise geringer als vor der Klimaänderung sein (Verdünnungseffekt; Reeves et al. 1994).

Nutzungsänderung. Der Wechsel von landwirtschaftlicher Bodennutzung zu anderen Nutzungsformen (z.B. Wald, freie Sukzession oder offen gehaltene Flächen) verändert die Quellen- und Senkenfunktionen des Bodens. Eine Einstellung der Düngung verändert drastisch die Stoffflüsse des Bodens (Tabelle 6.8). Diese Entwicklungen zeigen aber auch die Problematik der einfachen „Auflassung" von vormals agrarisch genutzten Flächen auf. Der Verlust von 2650 kg Ges.-N ha^{-1} (Tabelle 6.8) stellt über die Zeit von 44 Jahren einen kalkulatorischen jährlichen Stickstoff-Verlust von ca. 60 kg ha^{-1} a^{-1} dar. Gelangen von diesem nur 20% mit 100 mm Sickerwasser als Nitrat in das Grundwasser, so wird hierdurch mit einer Nitrat-N-Konzentration von 12 g N l^{-1} schon der gegenwärtige bundesrepublikanische Grenzwert für Trinkwasser (11,3 g Nitrat-N l^{-1}) überschritten. Die oft aus ökonomischen Gründen erfolgende Herausnahme bisher genutzter Flächen aus der Produktion („Sozialbrache") ist aufgrund des Entstehens von erheblichen Quellenpotentialen für Stoffe somit behutsam und sachgerecht vorzunehmen. Denkbar sind z.B. Abreicherungsstrategien durch gezielten Stoffexport mit geeigneter Biomasse („Aushagerung").

6.5 ZUKÜNFTIGE FLÄCHENNUTZUNG

Die landwirtschaftliche Landnutzung derart zu gestalten, daß die Senken- und Quellenfunktion der genutzten Böden berücksichtigt bzw. gezielt entwickelt werden soll, ist eine relativ junge Zielvorstellung. Indirekt jedoch wurden diese Funktionen schon immer durch die Landwirte genutzt und teilweise auch gezielt verändert. So wurden die sehr guten Nährstoffquellen der Böden von Niedermoor- bzw. Auenstandorten schon immer geschätzt und umfangreiche Meliorationsmaßnahmen zu ihrer Nutzbarmachung durchgeführt. Dies erfolgte besonders in den letzten 250 Jahren. Die Senkenfunktion wurde dagegen nur indirekt, vorwiegend als Wasserspeicher in Landschaften bzw. zur Entsorgung von Stoffen herangezogen. In zunehmendem Maße erhält der landwirtschaftlich genutzte Boden aber auch Bedeutung in bezug auf seine Filter- und Reinigungsfunktion für Stoffeinträge anthropogenen Ursprungs (u.a. atmogene Stäube, Aerosole; kommunale oder industrielle Abfallstoffe etc.).

Die Quellen- und Senkenfunktion der Böden auch in der landwirtschaftlichen Nutzung zu berücksichtigen wurde erst relevant, als insbesondere Nitrat-N (Anfang der siebziger Jahre; Obermann u. Bundermann 1977) und auch Pflanzenschutzmittelwirkstoffe (Mitte der achtziger Jahre dieses Jahrhunderts; s. u.a. Milde u. Friesel 1987; Oehmichen u. Haberer 1987) in Oberflächen- und Grundwasser in zunehmendem Maße gefunden wurden. Erhebliche Anstrengungen wurden seitdem unternommen, nicht nur die notwendige Grundlagenforschung zu den hier relevanten Prozessen und ihrer Beeinflußbarkeit durchzuführen, sondern auch dieses Wissen in die praktische Landnutzung zu transferieren und es zur Anwendung zu bringen. Dieser Prozeß ist gegenwärtig bei weitem noch nicht abgeschlossen. Der Wissensstand zu den Quellen- und Senkenfunktionen in bezug auf ihre Beeinflußbarkeit durch die Landwirtschaft ist allerdings erheblich, wenn auch nicht umfassend (Ganzert 1994). Es liegen aber wohl vorwiegend ökonomische, administrative und gesellschaftsbezogene Hemmnisse vor, die eine ausreichende Anwendung dieses Wissens zur optimalen Steuerung der

Senken- und Quellenfunktionen durch die Landwirtschaft verhindern. Zum anderen ist auch die Entwicklung neuer Technologien der Pflanzenproduktion erforderlich.

Innovation und Weiterentwicklung der Landnutzungstechnologien

Erheblichen Einfluß auf die Quellenfunktion der landwirtschaftlich genutzten Böden haben die Qualitäten (Art und Zeitpunkt) sowie die Quantitäten der Bewirtschaftungsmaßnahmen. Dies betrifft zum einen die Stoffzufuhr (Nährstoffe, Pflanzenschutzmittel), zum anderen aber auch die Art und Intensität der Bodenbearbeitung sowie die angebaute Kulturpflanzenart. In zunehmendem Maße werden den Landwirten Anbausysteme seitens Forschung und Beratung vorgeschlagen, die insbesondere den Input an Stoffen nach ökonomischen sowie gleichzeitig ökologischen Zielen orientieren. Die Akzeptanz derartiger Strategien, die unter „guter fachlicher Praxis" bzw. „Integriertem Pflanzenbau" (s.o.) zusammengefaßt werden, hängt vorwiegend von der ausreichend umfassenden Bereitstellung des notwendigen Wissens bei den Landwirten, aber insbesondere von konkreten Entscheidungsgrößen (Indikatoren/Schwellenwerte) ab. Diese wiederum können aufgrund der zunehmenden Komplexität der Landnutzung (bedingt durch die steigende Zahl und Widersprüchlichkeit von Zielen) nur noch mit geeigneten Entscheidungshilfesystemen bewältigt werden. Hierzu werden in der Zukunft (5–10 Jahre) geeignete, computerunterstützte Entscheidungshilfesysteme in der Praxis bereitstehen. Diese werden helfen, potentielle Standort- und Nutzungsrisiken besser zu identifizieren und Handlungsoptionen für Praktiker und Berater zur zielgerichteten Bewirtschaftung vorzuschlagen und anzuwenden.

Als direkte Schritte in der Verringerung negativer Auswirkungen von Senkenfunktionen der landwirtschaftlich genutzten Böden werden vorrangig einzelne Aspekte der Düngungsverfahren, aber auch der Pflanzenschutzsysteme gezielt verändert. So können neue Düngerstoffe eine gezieltere Nährstoffzufuhr zum Pflanzenbestand entsprechend des Pflanzenbedarfs ermöglichen, die damit weniger dem zufälligen Wirken von Umwelteinflüssen ausgesetzt ist. Hier sind langsam „fließende" N-Dünger denkbar (Shoji et al. 1991; für polyolefinumhüllten Harnstoff). Aber auch reine NH_4-Depotdünger, die bei kleinräumig konzentrierter Applikation im Boden aufgrund hoher NH_3-Konzentrationen den mikrobiellen Umbau (Nitrifikation) hemmen, können zukünftig Verwendung finden. Das schwer auswaschbare NH_4-Ion bleibt dabei also länger für die Pflanze im Boden verfügbar (Himken 1995). Vergleichbares kann für Phosphat mit Hilfe einer in der Nähe der Pflanzenreihe erfolgenden Banddüngung zu Phosphor erfolgen, wobei hierdurch eine wesentlich höhere Ausnutzung des P-Düngers möglich wird (Sanchez et al. 1990).

Welche Bedeutung in Zukunft biologische Verfahren der Düngung erlangen werden (z.B. N-fixierende Nicht-Leguminosen, Phosphatminerale auflösende Mikroorganismen/Mycorrhiza etc. – "*biofertilizers*"; Thomas 1993), ist noch nicht absehbar. Es kann aber unterstellt werden, daß durch Nutzung solcher Verfahren in der Regel die Stärke von Stoffquellen gleichbleibt bzw. geringer wird. Die Steuerbarkeit solcher Systeme sinkt aber aufgrund der Komplexität von biologischen Systemen.

Die besonders in den Moränen- und Auengebieten vorherrschende erhebliche Inhomogenität des Bodens (besonders hinsichtlich der Bodenart) innerhalb der Produktionsflächen (Heterogenität der Schläge) kann zu erheblichen Quellen für Stoffe aus der Landwirtschaft, insbesondere in das Grundwasser führen. Vergleichbare räumliche Variabilitäten sind aber auch bei sonst scheinbar „homogenen" Flächen zu finden (Springob et al. 1985, für Lößböden). Die gegenwärtige landwirtschaftliche Praxis behandelt den gesamten Schlag einheitlich hinsichtlich Stoffzufuhrmenge und -qualität. Liegen aber innerhalb eines Schlages größere Schlagteile vor, die in ihren bodenchemischen bzw. -physikalischen Eigenschaften vom Rest des Schlages abweichen (Abb. 6.5), so werden diese Schlagteile nicht standortgerecht bewirtschaftet (s.o.); die Entstehung von lokalen, kleinräumigen Stoffquellen ist vorprogrammiert. Im allgemeinen versucht der Landwirt, derartige Bodenunterschiede durch die Wahl der geeigneten Schlaggröße und -form zu verringern. Der Schlag soll bodenseitig, d.h. von den Produktionspotentialen her möglichst einheitlich sein. Hierbei kann aus technologischen und betriebswirtschaftlichen Gründen die Schlaggröße nicht beliebig verkleinert werden. Bodenunterschiede innerhalb des Schlages werden also immer wieder zu finden sein.

Gegenwärtig stehen landtechnische Entwicklungen vor der Praxiseinführung, die eine ortsspezifische (punktgenaue) Applikation differenzierter (d.h. bedarfs- und standortgerechter) Stoffmengen auf einem Feld erlauben (Ehlert 1995). Die hierzu notwendigen pflanzenbaulichen Entscheidungsregeln sind gegenwärtig ebenfalls in der Erprobungsphase (Werner 1995). Die Anwendung dieser auf satellitengestützter Ortung basierenden Technologie wird in Zukunft erhebliche positive Wirkungen der Land-

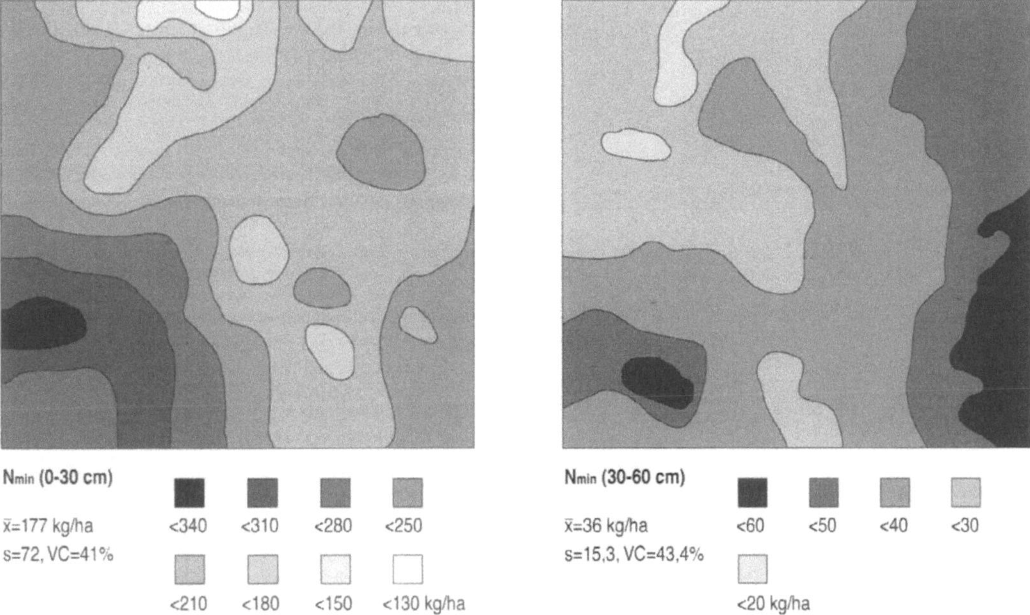

Abb. 6.5. Räumliches Verteilungsmuster von Boden-N_{min} (Nitrat- + Ammonium-N-Gehalt im Frühjahr) in 2 Bodenschichten (Isoflächen = Ergebnis einer Kriging-Interpolation von 72 Meßpunkten; aus: Springob et al. 1985)

wirtschaft für eine bessere Berücksichtigung der Quellen- und Senkenfunktion der Böden und damit für den Umwelt- und Naturschutz bewirken (Werner et al. 1996).

Auswirkungen der zukünftigen Flächennutzung auf die Quellen- und Senkenfunktion der Böden

Die jeweils vorherrschende landwirtschaftliche Landnutzung ist eine Reaktion der landwirtschaftlichen Betriebe auf die dann geltenden ökonomischen und juristischen Rahmenbedingungen sowie auf den Entwicklungsstand der Pflanzenproduktionstechnologien. Die in Zukunft wirkenden ökonomischen Rahmenbedingungen für die Landwirtschaft können aufgrund der fehlenden Möglichkeiten zur Vorhersage der nationalen oder übernationalen Agrarpolitik (Europäische Union, Welthandelsorganisation) nicht abgeschätzt werden. Lediglich durch die qualifizierte Annahme von möglichen Rahmenbedingungen in Form von Szenarien sind Abschätzungen der gesamten Spannweite an Reaktionen seitens der Betriebe und die damit verbundenen ökologischen Wirkungen möglich. So konnten Kersebaum et al. (1995) für einen agrarisch genutzten Raum von ca. 9000 km^2 zeigen, daß bei Verringerung der Nutzungsintensität sowie bei Herausnahme von 4–32% bisher landwirtschaftlich genutzter Flächen aufgrund veränderter ökonomischer Rahmenbedingungen der potentielle Austrag an Nitrat aus der durchwurzelten Bodenzone im Mittel der Fläche um 18–26% (je nach wirksam werdender Nutzungsänderung) sinkt.

Ein wohl einzigartiges „Experiment" von kurzfristiger, flächendeckender Veränderung der Landnutzungsintensität stellt die in den Jahren 1990 bis 1995 abgelaufene Entwicklung der Landwirtschaftsstruktur und Landbewirtschaftung in den neuen, östlichen Bundesländern von Deutschland dar. Die mit dem Übergang von den Rahmenbedingungen der DDR-Landwirtschaft zu denen der westdeutschen Landwirtschaft verbundenen ökonomischen Veränderungen haben zu drastischen Rückgängen in den pro Flächeneinheit aufgewendeten Düngermengen sowie zu erheblich verringerter Tierbesatzdichte geführt (z.B. Brandenburg; 1989: 0,83 Dungeinheiten ha^{-1}; 1992: 0,36 Dungeinheiten ha^{-1}; eine Dungeinheit Rinder/Kühe ca. 126 kg N a^{-1}, ca. 29 kg P a^{-1}; ca. 128 kg K a^{-1} (für andere Tierarten gelten andere Werte!). Hierdurch sank der Saldoüberschuß bei Stickstoff in einem Untersuchungsgebiet von 62 000 ha in Brandenburg von 1989: 110 kg N ha^{-1} auf 48 kg N ha^{-1} (frdl. pers. Mitt. Eulenstein 1996). Ähnliche Entwicklungen, allerdings bei geringeren absoluten Mengen, sind auch bei den übrigen Makronährstoffen zu verzeichnen. Durch geänderte ökonomische Rahmenbedingungen können somit erhebliche Veränderungen der Quellen- bzw. Senkenwirkungen von landwirtschaftlich genutzten Böden verursacht werden. Entsprechend wird seit geraumer Zeit die Lenkungswirkung von politischen Vorgaben in diesem Bereich untersucht (u.a.: Weinschenck 1989; TAB 1993).

Wesentlichen Einfluß auf die zukünftige Veränderung der Quellen- und Senkenfunktion von landwirtschaftlich genutzten Böden werden neben den ökonomischen Rahmenbedingungen insbesondere der Stand von ökologischem Wissen bei den Produzenten und den Verbrauchern sowie der Entwicklungsstand von Technologien der Pflanzenproduktion haben.

Danksagung

Der Autor dankt Frau Annemarie Nitz für die Erstellung des Manuskripts und insbesondere Frau Dorett Berger für ihre umfassende Betreuung der Literaturzusammenstellung sowie der mühevollen Korrekturarbeiten am Text. Herrn Dr. Frank Eulenstein gilt der Dank für seine offenen und kritischen Beiträge während der Vorbereitung des Manuskriptes und zur Endredaktion.

LITERATUR

Ahlsdorf B (1991) Grundwasserkontamination durch Pflanzenschutzmittelanwendung im Baumschulgebiet Pinneberg. In: Blume HP, Finck A, Horn R, Sattelmacher B (Hrsg) Dissertation, Schriftenreihe Inst Pflanzenernähr Bodenkunde Univ Kiel 15: 189 S.

Amberger A (1989) NH_3-Verluste aus der Anwendung organischer und anorganischer Dünger. VDLUFA Schriftenreihe 30: 103-108: Kongreßband

Anonym (1987) Die Pflanzen schützen – den Menschen nützen. Eine Geschichte des Pflanzenschutzes. Industrieverband Pflanzenschutz e.V. Frankfurt (Hrsg) 231 S.; Verlag CWFG, Karlsruhe

Anonym (1991a) Integrierter Pflanzenbau-Inhalte und Ziele. Fördergemeinschaft Integierter Pflanzenbau (Hrsg) Rheinischer Landwirtschaftsverlag, Bonn

Anonym (1991b) Richtwerte für die Düngung. 13. Aufl. 41 S., Landwirtschaftskammer Schleswig-Holstein

Anonym (1995) Statistisches Jahrbuch über Ernährung, Landwirtschaft und Forsten. Landwirtschaftsverlag, Münster- Hiltrup 522 S.

Bach M (1987) Die potentielle Nitratbelastung des Sickerwassers durch die Landwirtschaft in der Bundesrepublik Deutschland. Göttinger Bodenkdl Ber 93: 1–186

Baumgärtel G (1993) Stickstoffdüngung und Nitratreste nach Ernte im Rapsanbau. Z Raps 2: 90–92

Beauchamp EG, Kidd GE, Thurtell G (1982) Ammonia volatilization from liquid dairy cattle manure in the field. Canadian J Soil Sci 62: 11–19

Biermann St (1995) Flächendeckende, räumlich differenzierte Untersuchung von Stickstoffflüssen für das Gebiet der neuen Bundesländer. Unveröff Dissertation Inst Acker- und Pflanzenbau, Landw Fak Univ Halle, 123 S.

BMELF (1993) Nährstoffe und Pflanzenschutzmittel in Agrarökosystemen. Angewandte Wissenschaft 426: 161 S. Landwirtschaftsverlag, Münster

BMELF (1996) Verordnung über die Grundsätze der guten fachlichen Praxis beim Düngen (Düngeverordnung). Bundesgesetzblatt Teil 1, 6: 118–121, 6. Februar 1996, Bonn

Boehnke A, Siebers J, Nolting HG (1989) Verbleib von Pflanzenschutzmitteln in der Umwelt. UBA-Forschungsber 126 05 008/02

Börner H (1978) Pflanzenkrankheiten u. Pflanzenschutz. Uni Taschenbücher 518: 406 S., Ulmer Stuttgart

Bork HR (1988) Bodenerosion und Umwelt. Verlauf, Ursachen und Folgen der mittelalterlichen und neuzeitlichen Bodenerosion. Bodenerosionsprozesse. Modelle und Simulationen. Landschaftsgenese Landschaftsökologie 13: 1–21

Bouwman AF (1990) Exchange of greenhouse gases between terrestrial ecosystems and the atmosphere. In: Bouwman AF (Hrsg) Soils and the greenhouse effect, 575 S., Wiley & Sons, Chichester

Brandhuber R, Hege U (1991) Nitratbelastung des Sickerwassers unter Acker- und Grünland viehhaltender Betriebe – Ergebnisse von Tiefenuntersuchungen. VDLUFA Schriftenreihe 33: 203–208

Brandhuber R, Hege U (1992) Tiefenuntersuchungen auf Nitrat unter Ackerschlägen des ökologischen Landbaus. Lebendige Erde 4: 224–229

Brumhard B, Führ F, Mittelstaedt W (1987) Leaching behaviour of aged pesticides: standardized soil column experiments with ^{14}C- metamitron and ^{14}C- methabenzthiazuron. Proc British Crop Protection Conference Weeds, 2: 585–592

Burauel B, Führ F (1988) The enhanced mineralisation of simazine and bentazon in soil after plant uptake. Z Pflanzenernähr Bodenk 151, 5: 311–314

Burcky K (1991) Die Dynamik des Stickstoffs im Boden und dessen Aufnahme und Verwertung. 54th Winter Congress Internat Inst Sugar Beet Research. Conf Proc Brussels, Belgium, 20–21 February 1991: 287–29

Deumlich D (1995) Landschaftsindikator Bodenerosion. In: Bork HR, Dalchow C, Kächele H, Piorr HP, Wenkel KO (Hrsg) Agrarlandschaftswandel in Nordost-Deutschland unter veränderten Rahmenbedingungen: ökologische und ökonomische Konsequenzen S. 241–263, Ernst & Sohn, Berlin

Deutsche Forschungsgemeinschaft (1994) Ökotoxikologie von Pflanzenschutzmitteln. Sachstandsbericht Deutsche Forschungsgemeinschaft, Arbeitsgruppe Ökotoxikologie, 414 S. VCH Verlagsgesellschaft, Weinheim

Diercks R, Heitefuß R (1990) Integrierter Landbau: Systeme umweltbewußter Pflanzenproduktion. Grundlagen–Praxiserfahrungen–Entwicklungen. 420 S., Verlagsunion Agrar

Diestel H, Markwardt N, Moede J (1993) Experimentelle Untersuchungen sowie Modellentwicklungen zur Verlagerung von Pflanzenschutzmitteln in der ungesättigten Bodenzone. In: Bork HR, Renger M, Alaily F, Roth C, Wessolek G (Hrsg) Bodenökologie und Bodengenese 10: 110 S., Berlin

Döhler H, Peretzki F (1988) Damit der Güllestickstoff nicht in der Luft verpufft. Top agrar 3: 88–90

Ehlert D (1995) Stand der Technik und Forschungsaufgaben zur kleinräumigen Bestandesführung. In: Kuratorium für Technik und Bauwesen in der Landwirtschaft (Hrsg) Technik für die kleinräumige Bestandesführung, KTBL-Hefte, Arbeitspapier 214: 50–57, Landwirtschaftsverlag, Münster-Hiltrup

Engel Th, Priesack E (1993) „Expert N" – Ein Baukastensystem für Stickstoffmodelle – Ausgangssituation, Zielsetzung und Umsetzung. In: Engel Th, Bahdioli M (Hrsg) Expert N und Wachstumsmodelle, Agarinformatik 24: 11–20, Ulmer, Stuttgart

Eulenstein F, Drechsler H (1992) Ursachen, Differenzierungen und Steuerung der Nitratkonzentration im Grundwasser überwiegend agrarisch genutzter Wassereinzugsgebiete. Unveröff Diss., Univ Göttingen, FB Agrarwiss 269 S.

Feige W, Röthlingshöfer R (1990) Nitratauswaschung aus zwei unterschiedlich bewirtschafteten Ackerböden. Z Kulturtechnik Landentw 31: 89–95

Finck A (1979) Dünger und Düngung. Grundlagen und Anleitung zur Düngung der Kulturpflanzen. 442 S., Verlag Chemie, Weinheim, New York

Finck A (1991) Düngung, ertragssteigernd, qualitätsverbessernd, umweltgerecht. 174 S., Ulmer, Stuttgart

Förster P (1988) Zeitliche und vertikale Nitratverteilung in der gesättigten und ungesättigten Bodenzone grundwassernaher Sandböden Nordwestdeutschlands. Z Acker-Pflanzenbau 191: 238–247

Frank T (1991) Untersuchung mikrobieller Aktivitäten in ackerbaulich genutzten Böden unter besonderer Berücksichtigung des Einflusses von Pflanzenschutzmitteln. Diss. Universität Göttingen Fachbereich Agrarwissenschaften

Freney JR, Simpson JR, Denmead OT, Muirhead WA, Leuning R (1985) Transformation and transfer of nitrogen after irrigation a cracking clay soil with an urea solution. Aust J Agric Res 36: 685–694

Fröhlich G (1979) Phytopathologie und Pflanzenschutz. Fischer Verlag, Stuttgart New York, 295 S.

Führ F (1987) Non-extractable pesticide residues in soil. In: Greenhalgh R, Roberts TR (eds) Pesticide science and biotechnology. International Union of Pure and Applied Chemistry (IUPAC), Proc 6th Internat Congr Pesticide Chem 10–15 Aug 1986: 381–389

Funk R (1995) Quantifizierung der Winderosion auf einem Sandstandort Brandenburgs unter besonderer Berücksichtigung der Vegetationswirkung. ZALF-Bericht 16: 95 S., Zentrum für Agrarlandschafts- und Landnutzungsforschung (ZALF) e.V., Müncheberg

Ganzelmeier H, Rautmann D, Spangenberg R, Streloke M, Herrmann M, Wenzelburger HJ, Walter HF (1995) Untersuchungen zur Abtrift von Pflanzenschutzmitteln. Ergebnisse eines bundesweiten Versuchsprogrammes. Mitt Biol Bundesanstalt Land- Forstwirtschaft 304, Berlin-Dahlem

Ganzert C (1994) Umweltgerechte Landwirtschaft. Nachhaltige Wege für Europa. 110 S., Economia Verlag, Bonn

Garz J, Herbst F, Boese L (1982) Die Abwärtsverlagerung von Nitrat im Boden während des Winterhalbjahres in ihrer Abhängigkeit von der Niederschlagsmenge und der Feldkapazität. Arch Acker- Pfl Boden 26: 71–76

Geisler G (1988) Pflanzenbau. 2. Aufl., 530 S., Paul Parey, Berlin Hamburg

Gerritse RG (1981) Mobility of phosphorous from pig slurry in soils. In: Hucker TWG, Catrouse G (Hrsg) Phosphorous in sewage sludge and animal waste slurries: 347–369, D Reidel Publ, Dordrecht

Gröblinghoff FF (1987) Einfluß langjähriger Anwendung agrotechnischer Maßnahmen auf die biologische Aktivität sowie Umfang und Zusammensetzung der Bodenmikroflora. Unveröff Dissertation Landw Fak Univ Bonn, 134 S.

Gölz-Huwe H, Simon W, Huwe B, van der Ploeg RR (1989) Zum jahreszeitlichen Nitratgehalt und zur Nitratauswaschung von landwirtschaftlich genutzten Böden in Baden-Württemberg. Z Pflanzenernähr Bodenkd 152: 273–280

Haberer K, Normann S, Schmitz M (1988) Pflanzenschutzmittel aus Sicht der öffentlichen Wasserversorgung. Teil 1: Vielfalt der Eigenschaften, Anwendungen und des Verhaltens von Pflanzenschutzmitteln in Boden und Wasser. Wasser Boden 4: S. 177

Hamm A (1989) Entwicklung der P-Bilanz in der Bundesrepublik Deutschland. In: Aktuelle Probleme des Gewässerschutzes: Nährstoffbelastung und -elimination: 99–109; Oldenbourg, München Wien

Heitefuß R (1975) Pflanzenschutz. Grundlagen der praktischen Phytomedizin. Thieme, Stuttgart, 270 S.

Herzel F, Schmidt G (1988) Abbauverhalten von Pflanzenschutzmitteln. Wasser und Boden 4: 174–177

Heß J, Piorr A, Schmidtke K (1992) Grundwasserschonende Landbewirtschaftung durch Ökologischen Landbau? Dortmunder Beiträge zur Wasserforschung, Veröff Inst Wasserforsch GmbH Dortmund und Dortmunder Stadtwerke AG 45, 61 S.

Heyland KU (1991) Integrierte Pflanzenproduktion. System und Organisation. 296 S., Ulmer, Stuttgart

Himken M (1995) Einfluß plazierter N-Düngung zu Mais und Kartoffeln auf die N-Effizienz und das Sproß- und Wurzelwachstum. Dissertation Univ Hannover, Inst Pflanzenernähr, 157 S., Ulrich E. Grauer, Stuttgart

Hoffmann GM, Nienhaus F, Schönbeck F, Weltzien HC, Wilbert H (1976) Lehrbuch der Phytomedizin. 490 S. Paul Parey, Berlin Hamburg

Holzmann A, Adam E (1993) Wirkstoffmeldungen nach § 19 des Pflanzenschutzgesetzes- Ergebnisse aus dem Meldeverfahren für die Jahre 1987 bis 1992. Berichte aus der Biologischen Bundesanstalt für Land- und Forstwirtschaft 62 S. Braunschweig

Horlacher D, Marschner H (1990) Schätzrahmen von Ammoniakverlusten nach Ausbringung von Rinderflüssigmist. Z Pflanzenernähr Bodenkd 153: 107–115

Hurle K (1992) Untersuchungen zum Abbau von Herbiziden in Böden. Acta Phytomedica 8: 120 S. Paul Parey, Berlin Hamburg

Hutchinson GL, Brams EA (1992) Nitric oxide versus nitrous oxide emissions from an ammonium ion-ammended Bermuda grass pasture. J Geophys Res 97: 9889–9896

Huwe B, van der Ploeg R (1992) Modellierung des Stickstoffhaushalts landwirtschaftlich genutzter Böden. In: Deutsche Forschungsgemeinschaft (Hrsg) Wärme und Schadstofftransport im Grundwasser 1: 185–230, VCH, Weinheim

Johnston AE, McEwen J, Lane PW, Hewitt MV, Poulton PR, Yeoman DP (1994) Effects of one to six year old ryegrass-clover leys on soil nitrogen and on the subsequent yields and fertilizer nitrogen requirements of the arable sequence winter wheat, potatoes, winter wheat, winter beans (Vicia faba) grown on a sandy loam soil. J Agric Sci 122, 1: 73–89

Käding H (1996) Auswirkungen variierter Kalium-Düngung auf Niedermoorgrünland. Arch Acker-Pfl Boden 40: 205–215

Kersebaum KC, Mirschel W, Wenkel KO (1995) Landschaftsindikator Stickstoff. In: Bork HR, Dalchow C, Kächele H, Piorr HP, Wenkel KO (Hrsg) Agrarlandschaftswandel in Nordost-Deutschland unter veränderten Rahmenbedingungen: ökologische und ökonomische Konsequenzen S. 166–202, Ernst & Sohn, Berlin

Knittel H, Lang H (1992) Auswirkungen der Gülledüngung auf Ertrag, N-Bilanz und N_{min}-Verlauf in einem Dauerversuch. Agribiol Res 45, 3: 257–265

Knof G, Kretschmer H, Künkel K, Marchand P, Merbach W, Rietz C, Teichardt R, Wenkel KO, Wolf M (1989) Umweltschonende landwirtschaftliche Bodennutzung. Forschungszentrum für Bodenfruchtbarkeit, Müncheberg, FZB-Report 1989: 114–132

Kretzschmar R, Neuhaus H, Scheffer B, Schmidt WD, Walther W (1985) Bodennutzung und Nitrataustrag. DVWK Schriftenreihe 73: 225 S.; Paul Parey, Berlin und Hamburg

Kübler E (1994) Weizenanbau. 191 S., Ulmer, Stuttgart

Larigauderie A, Richards JH (1994) Root proliferation characteristics of seven perennial arid-land grasses in nutrient-enriched microsites. Oecologia 99, 1-2: 102–111

Lee J, Coulter B (1990) A macro view of animal manure production in the European Community and implications for environment. Manure and the environment. VIV-Europe, Utrecht, Netherlands, 14 November 1990, 31 S.

Lindau CW, DeLaune RD, Jiraporncharoen S, Manajuti D (1991) Nitrous oxide and dinitrogen emissions from Panicum hemitomon S. freshwater marsh soils following addition of N-15 labelled ammonium and nitrate. J Freshwater Ecol 6, 2: 191–198

Lütke Entrup N, Stemann G (1991) Untersaaten im Mais binden Stickstoff im Herbst. Top agrar 6: S. 64

Marzadori C, Vittori Antisari L, Gioacchini P, Sequi-P (1994) Turnover of interlayer ammonium in soil cropped with sugar beet. Biol Fertility Soils 18, 1: 27–31

Matthey J (1992) Nährstoffe im Dränwasser. Versuchsbericht Alternativer Landbau der LWK Schleswig-Holstein

Mengel K (1979) Ernährung und Stoffwechsel der Pflanze. 5. Aufl 466 S., G Fischer, Stuttgart

Milde G, Friesel P (1987) Grundwasserbeeinflussung durch Anwendung von Pflanzenschutzmitteln. Schriftenreihe Verein WaBoLu 68: 11–43, G Fischer, Stuttgart

Milde G, Müller-Wegener U (1989) Pflanzenschutzmittel und Grundwasser. Bestandsaufnahme, Verhinderungs- und Sanierungsstrategien. 725 S., G Fischer, Stuttgart New York

Mückenhausen E (1993) Die Bodenkunde und ihre geologischen, geomorphologischen, mineralogischen und petrologischen Grundlagen. 4. Aufl, 579 S., DLG-Verlag, Frankfurt/M

Nash RG (1988) Dissipation from soil. In: Grover R (ed) Environmental chemistry of herbicides 1: 131–169, C.R.C. Press, Baton Rouge

Nemeth K, Recke H, Bartels R (1985) Zum Phosphataustrag aus Gülle gedüngten Hochmoorgrünland. Z Landwirt Forstwirt 38: 288–296

Nolting HG, Herrmann M, Gottschild D (1994) Exposition von terrestrischen und aquatischen Ökosystemen. Gezielte Einträge durch Anwendung. In: Deutsche Forschungsgemeinschaft (Hrsg) Ökotoxikologie von Pflanzenschutzmitteln. Sachstandsbericht Deutsche Forschungsgemeinschaft, Arbeitsgruppe Ökotoxikologie: S. 31-34 VCH, Weinheim

Obermann P, Bundermann G (1977) Untersuchungen zur NO_3-Belastung des Grundwassers im Einzugsgebiet eines Wasserwerkes. Wasser und Boden 10: 289–293

Oehmichen H, Haberer K (1987) Stickstoffherbizide im Rhein. Vom Wasser 66: 225–241

Oehmichen J (1986) Pflanzenproduktion. Produktionstechnik 2: 607 S.; Paul Parey, Berlin Hamburg

Olff H, Berendse F, Visser W de (1994) Changes in nitrogen mineralization, tissue nutrient concentrations and biomass compartmentation after cessation of fertilizer application to mown grassland. J Ecology 82: 611–620

Overdieck D, Ikels P (1991) Mineralstoffe in Rotklee und Wiesenschwingel bei atmosphärischer O_2-Anreicherung (*Trifolium pratense L.* und *Festuca pratensis Huds.*). Verhn Ges Ökol 19, 3: 281–287

Pestemer W, Nordmeyer H (1990) Modelluntersuchungen mit ausgewählten Pflanzenschutzmitteln im Bodenprofil im Hinblick auf die Beurteilung einer Grundwasserbelastung. Mitt Biol Bundesanstalt Land Forstwirtschaft 259: 80 S., Berlin-Dahlem

Piorr A (1992) Zur Wirkung von residualem Kleegras- und Wirtschaftsdüngerstickstoff auf die N-Dynamik in ökologisch bewirtschafteten Böden und die N-Ernährung von Getreide. Unveröff Diss., Agrikulturchem Inst Univ Bonn, 171 S.

Piorr HP, Werner A, Bachinger J. Wurbs A (1994) Reduzierung der Stoffausträge durch organischen Landbau – Risiken und Möglichkeiten. In: Nährstoffeinträge in die Gewässer. Materialien zum Umweltbundesamt-Kolloquium 16.02.1994 in Berlin, 16 S.

Powlson DS (1993) Understanding the soil nitrogen cycle. Soil-Use Management 9, 3: 86–94

Reddy GB, Reddy KR (1993) Fate of nitrogen-15 enriched ammonium nitrate applied to corn. Soil Sci Soc Am J 5, 1: 111–115

Reeves DW, Rogers HH, Prior SA, Wood CW, Runion GB (1994) Elevated atmospheric carbondioxide effects on sorghum and soybean nutrient status. J Plant Nutrition 17, 11: 1939–1954

Rheinbaben W von (1990) Nitrogen losses from agricultural soils through denitrification – a critical evaluation. Z Pflanzenernähr Bodenkd 153: 157–166

Rogasik J, Dämmgen U, Lüttich M (1996) Ökosystemare Betrachtungen zum Einfluß klimatischer Faktoren und veränderter Intensität der Landnutzung auf Quellen- und Senkeneigenschaften von Böden für klimarelevante Spurengase. In: Obenauf S, Rogasik J (Hrsg) Klimaveränderung und Landbewirtschaftung – Landwirtschaft als Verursacherin und Betroffene, 1. Workshop 22.–24. Mai in Müncheberg, Landbauforschung Völkenrode, 165: 87–104

Roth R, Werner A (1993) Sind entzugsorientierte Düngungsstrategien zur Vermeidung von Nährstoffausträgen auf auswaschungsgefährdeten Standorten denkbar? Mitt Ges Pflanzenbauwiss 6: 25–28, Gießen

Sanchez CA, Swanson S, Porter PS (1990) Banding P to improve fertilizer use efficiency of lettuce. J Am Soc Horticult Sci 115, 4: 581–584

Schäfer W, Neemann W, Kruse B (1991) Bodenerosion durch Wind. Ber Landwirtsch Sonderheft 205, 3: 37–50, Paul Parey, Berlin Hamburg

Schachtschabel P, Blume HP, Brümmer G, Hartge KH, Schwertmann U (1976) Scheffer/Schachtschabel – Lehrbuch der Bodenkunde. 9. Aufl. 394 S., Enke, Stuttgart

Schachtschabel P, Blume HP, Brümmer G, Hartge KH, Schwertmann U (1992) Scheffer/Schachtschabel – Lehrbuch der Bodenkunde. 12. Aufl. 491 S., Enke, Stuttgart

Scherer HW, Werner W, Kohl A (1988) Einfluß langjähriger Gülledüngung auf den Nährstoffhaushalt des Bodens. 1. Mitt N-Akkumulation und N-Nachlieferungsvermögen. Z Pflanzenernähr Bodenk 151: 57–61

Schmitz M, Hartmann M (1993) Landwirtschaft und Chemie. Simulationsstudie zu den Auswirkungen einer Reduzierung des Einsatzes von Mineraldüngern und Pflanzenschutzmitteln aus ökonomischer Sicht. Abschlußbericht zu einem Forschungsprojekt angeregt und unterstützt von der Fördergemeinschaft Integrierter Pflanzenbau e.V. (FIB) Bonn (Wissenschaftsverlag VAUK Kiel KG), 279 S.

Shoji S, Gandeza AT, Kimura K (1991) Simulation of crop response to polyolefin-coated urea: II. Nitrogen uptake by corn. Soil Sci Soc Am J 55, 5: 1468–1473

Simon L, Spiteller M, Haisch A, Wallnöfer PR (1990) Metabolismus von Pflanzenschutzmitteln in verschiedenen Böden – eine Literaturstudie. Pflanzenschutz-Nachrichten Bayer 43, 1-2: 111–139

Sommer SG, Jensen ES, Schjorring JK (1992) Leaf absorption of gaseous ammonia after application of pig slurry on sand between rows of winter wheat. Air Pollut Res Rep 39: 395–402

Springob G, Anlauf R, Kersebaum KC, Richter J (1985) Räumliche Variabilität von Bodeneigenschaften und Nährstoffgehalten zweier Schläge auf Löß-Parabraunerde. Mitt Dtsch Bodenkdl Ges 43/II: 691–696

Steinert P, Wolff J (1993) Standortspezifische Bewertung von Grundwasserbelastungen durch Pflanzenschutzmittel und Düngemittel am Beispiel ausgewählter Wasserwerke. In: J. Wolff, W. Walther (Hrsg) Grundwasserkontamination durch diffuse Stoffeinträge. Braunschweiger Grundwasserkolloquium, Februar 1993, Niedersächsisches Landesamt für Ökologie: 169–185

Stevens RJ, Laughlin RJ, Frost JP (1989) Effect of acidication with sulphuric acid on the volatilization of ammonia from cow and pig slurries. J Agric Sci 113: 389–395

Stevenson FJ (1982) Nitrogen in agricultural soils. Am Soc Agron, 940 S., Madison

Strebel O, Grimme H, Renger M, Fleige H (1980) A field study with nitrogen-15 of soil and fertilizer nitrate uptake and of water withdrawal by spring wheat. Soil Sci 130: 205–210

Succow M, Jeschke L (1986) Moore in der Landschaft. 286 S., Urania, Leipzig Jena Berlin

TAB (1993) Vorsorgestrategien zum Grundwasserschutz für den Bereich Landwirtschaft. In: Meyer R, Jörissen J, Socher M (Hrsg) Teilbericht zum Technikfolgen-Abschätzungsprojekt „Grundwasserschutz und Wasserversorgung" des Büros für Technikfolgenabschätzung beim Deutschen Bundestag, TAB-Arbeitsbericht 17, Teilbericht I: 277 S., Bonn

Terry RE, Tate RL (1980) The effect of nitrate on nitrous oxide reduction in organic soils and sediments. Soil Sci Soc Am J 44: 744–746

Thomas J (1993) Biofertilisers: prospects and problems. Fertiliser News 38, 4: 63–65

Vereijken P (1990) Integrierte Nährstoffversorgung im Ackerbau. Schweiz Landwirtschaftl Forschung 29: 359–365

Vetter H, Klasink A (1975) Einfluß starker Wirtschaftsdüngergaben auf Boden, Wasser und Pflanzen. Landw Forsch 28: 249–268

Vetter H, Steffens G (1986) Wirtschaftseigene Düngung. DLG Verlag, Frankfurt/Main, 169 S.

Vetter H, Steffens G (1988) Bodenbewirtschaftung und Nitratbelastung des Grundwassers in einem Wasserwerk im Weser-Ems. Z Kulturtechnik Flurbereinigung 29: 129–140

Vetter H, Klasink A, Steffens G (1989) Mist- und Gülledüngung nach Maß. VDLUFA-Schriftenreihe 19/1989; VDLUFAS-Verlag, Darmstadt

Voigt HJ (1989) Hydrogeochemie – eine Einführung in die Beschaffenheitsentwicklung des Grundwassers. 310 S., Deutscher Verlag für Grundstoffindustrie, Leipzig

Weinschenck G (1989) Agrarpolitische Lösungen für die Europäische Wirtschaft-Optionen aus der Sicht des wissenschaftlichen Agrarökonomen. In: Popp HW (Hrsg) Agrarpolitische Lösungen für die europäische Landwirtschaft im Hinblick auf die Gatt-Runde und die EG 1992, 14: 1–2

Werner A (1995) Ziele und Möglickeiten der kleinräumigen Bestandesführung. In: Kuratorium für Technik und Bauwesen in der Landwirtschaft (Hrsg) Technik für die kleinräumige Bestandesführung: KTBL-Hefte, Arbeitspapier 214: 7–26, Landwirtschaftsverlag, Münster-Hiltrup

Werner A, Dabbert S (1994) Bewertung von Standortpotentialen im ländlichen Raum des Landes Brandenburg. ZALF-Berichte, 2. Aufl., 2 Bde., 4/1 und 4/2, Zentrum für Agrarlandschafts- und Landnutzungsforschung (ZALF) e.V., Müncheberg

Werner A, Roth R, Kretschmer H (1996) Einbeziehung von naturschutzfachlichen Zielen bei pflanzenbaulichen Maßnahmen durch ortsgetreue Bewirtschaftung von sensiblen Flächen und Räumen. Z Pflanzenbauwiss (im Druck)

Werner W, Fritsch F, Scherer W (1987) Einfluß langjähriger Gülledüngung auf den Nährstoffhaushalt des Bodens. Z Pflanzenernähr Bodenkd 151: 63–68

Werner W, Olfs H (1987) Phosphatbelastung der Oberflächengewässer in der Bundesrepublik Deutschland. Chemische Industrie, VCH, Weinheim Frankfurt

Williams PH, Haynes RJ (1994) Comparison of initial wetting pattern, nutrient concentrations in soil solution and the fate of 15N-labelled urine in sheep and cattle urine patch areas of pasture soil. Plant Soil 162, 1: 49–59

Wolter R (1995) Pflanzenschutzmittelfunde im Wasser. In: Forum Gewässerschutz und Pflanzenschutz, 16.März 1995 in Bonn, Industrieverband Agrar e.V. Frankfurt

Wurbs A (1995) Sanierung und Vermeidung flächenhafter Grundwasserkontamination durch Methoden des alternativen Landbaus. 2. Zwischenber Forschungsvorhaben 102 02 630 des Umweltbundesamtes

Zbell B, Höhn A (1995) Einfluß von Landnutzungsänderungen auf das CO_2-Minderungspotential von Agrarlandschaften des nordostdeutschen Tieflandes. ZALF-Bericht 23: 135–140, Zentrum für Agrarlandschafts- und Landnutzungsforschung e.V., Müncheberg

Zee SEATM van der, Lens F, Louer MJPF (1989) Prediction of phosphate transport in small columns with an approximate sorption kinetics model. Water Resources Res 25, 6: 1353–1365

7 Zur Geochemie der Böden industriell geprägter urbaner Gebiete

LOTHAR VIERECK-GÖTTE • JÜRGEN HERGET

7.1 BODENBELASTUNGEN IM RUHRGEBIET – GRUNDLEGENDE ASPEKTE

Die Böden in Siedlungsgebieten industriell geprägter Ballungsbereiche sind stark anthropogen überprägt. Sie enthalten anorganische und organische Fremdstoffe, die vereinzelt für Pflanzen und Menschen toxische Konzentrationen erreichen (→ Kap. 10). Die Quantifizierung flächiger Belastungen mit Schwermetallen begann vor nur etwa 20 Jahren (Krämer 1976). Auf die ebenfalls großflächigen Belastungen mit z.T. chlorierten polyaromatischen Verbindungen wurde man sogar erst vor etwa zehn Jahren u.a. durch die Folgeprobleme der Bebauung von industriellen Altstandorten aufmerksam (Führ et al. 1986; Hembrock 1988; König u. Hembrock 1989). Zuvor standen allein die visuell und geruchlich wahrnehmbaren Belastungen der Luft und der Oberflächengewässer im Vordergrund des Interesses von Bevölkerung und Politikern sowie kommunalen und staatlichen Verwaltungen. Im Gegensatz zu Luft und Wasser konservieren Böden jedoch ihre einmal erhaltenen Belastungen durch persistente Stoffe und sind daher meist irreversibel kontaminiert. Bodenuntersuchungen wurden schon seit den 60er Jahren durchgeführt, konzentrierten sich jedoch auf ausgewählte Schwermetalle und die polycyclischen aromatischen Kohlenwasserstoffe in Folge der Klärschlammanwendung auf landwirtschaftlich genutzten Flächen.

Im folgenden sollen die vorhandenen Belastungen anhand der an Böden des Ruhrgebietes erhobenen Befunde dokumentiert, vergleichend erläutert und ihre möglichen Ursachen diskutiert werden. Dabei stehen nicht industrielle Altstandorte oder Altdeponien im Vordergrund sondern die großflächig anzutreffenden Böden außerhalb von Altlastverdachtsflächen, d.h. die „ganz normalen Böden" eines industriell geprägten Ballungsraumes.

Industriehistorische, räumliche Charakterisierung des Ruhrgebiets

Das Ruhrgebiet ist der größte industrielle Ballungsraum West-Europas. Es umfaßt eine Fläche von ca. 4.400 km^2 mit einer Bevölkerung von mehr als 5,4 Millionen Menschen (7% der Bevölkerung der BRD). Im Süden wird es durch die Ruhr und im Norden durch die Lippe begrenzt, die beide als Wasserresourcen des Ruhrgebiets genutzt werden. Die mit mehr als 2000 Einwohnern pro km^2 (ø BRD: 223 E km^{-2}) am dichtesten besiedelte Kernregion, die Emscher Zone (Abb. 7.1), umfaßt eine Fläche von 1500 km^2 und erstreckt sich von Duisburg im Südwesten entlang des zum Abwasser-Kanal ausgebauten Flußlaufes der Emscher bis nahezu nach Dortmund im Nordosten. In der Emscher-Zone betragen die Anteile der Ackerflächen 15–20%, der Waldflächen 5–10% und der Siedlungsflächen 65–75%. Die Ausprägung dieser Zone sowie die Gliederung des Ruhrgebiets in Industriezonen spiegeln die industriehistorische Entwicklung dieser ehemaligen Agrarlandschaft als Folge der technologischen Entwicklungen bei der Kohleförderung wider(Brepohl 1957).

In der im Süden beiderseits der Ruhr von Essen-Kettwig bis Schwerte verlaufenden *Ruhr-Zone (I)* liegen die Wurzeln des seit dem Mittelalter bekannten oberflächennahen Abbaus der hier an der Geländeoberfläche ausstreichenden oberkarbonischen Steinkohle-Flöze. Nur die Anlage von zum Ruhrtal entwässernden sog. Erbstollen ermöglichte das Absenken des Grundwasserspiegels und damit Abbautiefen von einigen 10er Metern.

Die Erfindung der Dampfmaschine war Voraussetzung für das im frühen 19. Jahrhundert begonnene Abpumpen von Grundwasser und damit den Abbau der mächtigen, unter oberkretazisches Deckgebirge (Emscher Mergel) und quartäre Glazialsedimente nach Norden abtauchenden Kohlevorkommen in Tiefbauzechen (bis ca. 500 m) in der nördlich anschließenden *Hellweg-Zone (II)*. Das gleichzeitige Aufkommen der Eisenbahn führte zur Ansiedlung von Großbetrieben der Eisen- und Stahlindustrie neben Kohle-Kraftwerken, Kokereien und Gaswerken in diesem Raum. Essen, Bochum und Dortmund bildeten Kristallisationskerne der städtischen Entwicklung der sog. ersten Gründerphase um 1840.

In der zweiten Gründerphase verlagerte sich der Bergbau ab etwa 1870 mit dem Bau von Großzechen mit einer Belegschaft von mehr als 1000 Mann nach

Norden in die siedlungsfreie, teilweise sumpfige Niederungslandschaft (25–60 m ü.NN) der von Duisburg im Südwesten bis Castrop-Rauxel im Nordosten reichenden *Emscher-Zone (III)*. Ein ungehemmtes, explosionsartiges Wachstum setzte ein. Ein flächendeckendes, engverwobenes Gefüge von Verkehrs-, Industrie- und Siedlungsflächen, der Inbegriff der Ruhrgebietslandschaft, entstand.

In der sich nördlich anschließenden und von Oberhausen-Sterkrade nach Recklinghausen verlaufenden *Vestischen Zone (IV)* begann eine landschaftsprägende Industrialisierung erst in der dritten Gründerphase um die Jahrhundertwende (1890–1910). Die Zone liegt auf einer Schichtstufe über dem Emschertal und ist heute durch Großzechen mit Nebenanlagen und seit den dreißiger Jahren auch durch chemische Großbetriebe gekennzeichnet.

Der Kohleabbau mit Abbautiefen von 1000–1500 m erreichte die entlang des gleichnamigen Flusses verlaufende *Lippe-Zone (V)* erst nach dem Zweiten Weltkrieg. Der Transport der gebrochenen Kohle erfolgt jedoch über z.T. mehrere 10er Kilometer untertage zur Emscher und Vestischen Zone, in denen die Weiterverarbeitung stattfindet. Daher finden sich zwischen Dorsten und Hamm nur vereinzelte stark industrialisierte Bereiche mit modernen Großzechen und Chemiebetrieben in einer ländlich strukturierten Landschaft.

Die randliche *Rhein-Zone (R)* mit ihrem Zentrum in Duisburg weißt eine besondere Entwicklung auf, die durch den Einfluß der überregionalen Verkehrsleitlinie des Rheins geprägt ist. Sie hat nur eine geringe west-östliche Ausdehnung (< 10 km) und weist ihre dichteste industrielle Besiedlung in Duisburg, dem größten europäischen Binnenhafen auf, wo sie durch Stahlwerke und Nicht-Eisen-Metallhütten geprägt wird.

Stoffauswahl

Während der letzten 40 Jahre wurden eine ganze Reihe von anorganischen und organischen Verbindungen als human- oder ökotoxikologisch relevant bzw. als karzinogen erkannt. Im Hinblick auf den Schutz der menschlichen Gesundheit und der Nutzung von Böden zur Nahrungsmittelproduktion sind jedoch von diesen allein solche von Bedeutung, die

- in Staubniederschlag angereichert sind *und/oder*
- eine geringe Abbaubarkeit in Böden aufweisen *und*
- in relevanten Mengen von Pflanzen aufgenommen *und*
- im Menschen angereichert werden;
- pflanzenschädigendes Potential haben.

Zu diesen gehören die in Tabelle 7.1 aufgeführten anorganischen und organischen Verbindungen. Während Verbindungen von As, Cd, Pb, Tl und Hg aufgrund ihrer humantoxischen – As zusätzlich aufgrund seiner karzinogenen – Eigenschaften von Bedeutung sind, sind Bodenbelastungen durch Zn und Cu allein aufgrund des pflanzenschädigenden Potentials der Verbindungen dieser Metalle relevant. Nickel- und Cr(VI)-Verbindungen sind dagegen nur im Hinblick auf ihre inhalative Kanzerogenität als Untersuchungsparameter von Interesse (→ Kap. 16). Die langjährigen Bodenuntersuchungen im Ruhrgebiet haben gezeigt, daß unter den vorgenannten Metallen den Verbindungen von Pb und Cd eine besondere Bewertungsrelevanz zukommt. Dies sind auch die einzigen Metalle, zu denen umfangreiche Daten aus langjährigen kontinuierlichen Immissionsmessungen vorliegen.

Als organische Verbindungen sind die polycyclischen aromatischen Kohlenwasserstoffe (PAK) und die polychlorierten Biphenyle (PCB), Dibenzo(p)-

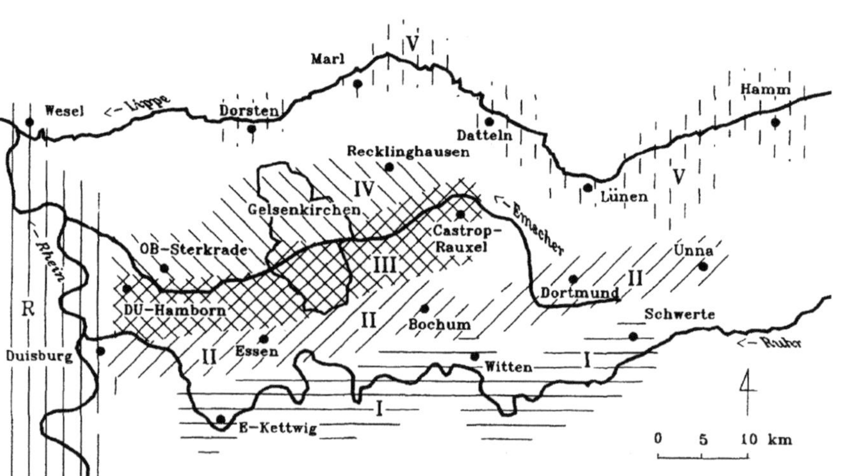

Abb. 7.1. Industriezonen-Gliederung des Ruhrgebiets (nach Brepohl 1957, aus Herget 1996)

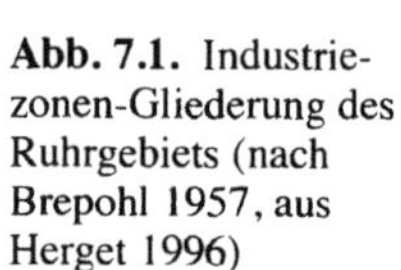

I Ruhr-Zone
II Hellweg-Zone
III Emscher-Zone
IV Vestische Zone
V Lippe-Zone
R Rhein-Zone

dioxine und Dibenzofurane (PCDD/F) in den Böden des Ruhrgebiets bewertungsrelevant (→ Kap. 16). Bedauerlich ist, daß die reproduzierbare routinemäßige Bestimmung dieser lipophilen Substanzen im Staubniederschlag noch immer ein ungelöstes Problem darstellt und so mit Ausnahme von Einzelmessungen Daten zur Immissionsbelastung fehlen. Die zur Insektenbekämpfung oder Saatgutbeizmittel eingesetzten Organochlorpestizide (OCP), z.B. DDT, sind dagegen nicht von großflächiger Relevanz sondern treten nur nutzungsabhängig, insbesondere auf Einzelflächen in Klein- und Hausgärten in erhöhten Konzentrationen auf (Hembrock 1988). Sie werden daher hier nicht weiter berücksichtigt.

Tabelle 7.1. Wichtige persistente Schadstoffe im Medium Boden (modifiziert nach LAGA 1991)

Schwermetalle u. a. Spurenelemente
-vorrangig für Mensch und Tier schädlich: Cadmium, Blei, Arsen, Quecksilber, Thallium
-vorrangig pflanzenschädigend: Zink, Kupfer, Nickel, Chrom
Organische Verbindungen
Polycyclische Aromatische Kohlenwasserstoffe (PAK) Polychlorierte Biphenyle (PCB) Polychlorierte Dibenzo(p)dioxine und Dibenzofurane (PCDD/F) Organochlorpestizide (OCP)

Box 7.1 Probennahme und Analytik

Die nachfolgend aufgeführten Stoffgehalte entstammen zahlreichen veröffentlichten und unveröffentlichten Untersuchungsprojekten. Sie beziehen sich auf die Boden-Trockenmasse und kennzeichnen die humosen Anteile der beprobten Bodenprofile, die A-Horizonte, gelegentlich auch Oberboden oder Mutterboden genannt. In Abhängigkeit von der jeweiligen Flächennutzung wurden, der jeweiligen Horizontmächtigkeit entsprechend, unterschiedliche Profilintervalle beprobt:

• Stadtwald, -park	0 – ca. 10 cm	
• Grünland, Rasenflächen	0 – ca. 10 cm	
• Ackerland	0 – ca. 30 cm	(Pflugtiefe)
• Haus- u. Kleingarten	0 – ca. 25 cm	(Grabe- bzw. Spatentiefe)
• Spielplätze:		
vegetationsfreie Flächen	0 – 35 cm	(Buddeltiefe)
Rabatten und Rasenflächen	0 – ca. 10 cm	

Die nachfolgend angegebenen Stoffgehalte beziehen sich auf die sog. umweltpolitischen Gesamtgehalte, d.h. für Schwermetalle und As, die nach Extraktion mit Königswasser (bzw. Salpetersäure für Tl) sowie für die lipophilen organischen Verbindungen PAK, PCB und PCDD/F die mit organischen Lösungsmitteln wie Toluol und n- oder cyclo-Hexan ermittelten Gehalte. Weitere Ausführungen zur Wahl der Extraktionsmittel und der gerätetechnischen Bestimmungsverfahren → Kap. 16.

7.2 STOFFGEHALTE IN BÖDEN DER BALLUNGSGEBIETE IN NRW

Vergleich mit ländlichen Gebieten

Die seit nunmehr 20 Jahren in Nordrhein-Westfalen durchgeführten Bodenuntersuchungen geben ein zuverlässiges Bild sowohl der regional- als auch nutzungstypischen Gehalte an Schwermetallen und polycylischen aromatischen Kohlenwasserstoffen in Oberböden des Bundeslandes (König u. Krämer 1985; Späte u. Werner 1991; Fliegner u. Reinirkens 1993). Die Datenbasis zu Gehalten an chlororganischen Fremdstoffen ist dagegen unzureichend (CLAM 1991). Die in Tabelle 7.2 zusammengestellten, regional aufgegliederten Daten zeigen, daß die niedrigsten Gehalte erwartungsgemäß in den ländlichen Gebieten Nordrhein-Westfalens auftreten.

Tabelle 7.2. Mittlere Gehalte (50%-Perzentil, mg kg^{-1}) an Schwermetallen und Arsen in Böden unterschiedlicher Flächenkategorien Nordrhein-Westfalens (Daten aus LÖLF 1989)

Metall(oid)	Flächenkategorie I Ländlicher Raum	II Großstadtrandgebiete	III Ballungsgebiete
As	-	-	10
Cd	0,50	0,51	1,1
Cr	29	22	35
Cu	15	17	38
Ni	20	12	16
Pb	44	48	104
Hg	0,09	0,09	0,26
Tl	-	-	0,35
Zn	88	100	273

Anreicherungen um das zwei- bis vierfache ergeben sich in den Siedlungsböden der Ballungsräume für die Schwermetalle Cd, Cu, Pb, Ni, Hg und Zn. Keine Anreicherung weist dagegen Cr auf, das analytisch als Cr_{gesamt} (Cr^{III} und Cr^{VI}) ermittelt wird.

Es muß bei der Interpretation dieses Datensatzes berücksichtigt werden, daß die Daten vorwiegend landwirtschaftlich und kleingärtnerisch genutzten Flächen entstammen und sonstige Nutzungen nahezu unberücksichtigt blieben. Bestehende nutzungsbedingte Unterschiede zwischen den mittleren Fremdstoffgehalten der Böden in NRW macht jedoch Tabelle 7.3 deutlich. Die höchsten Gehalte an Pb, Cd und Zn charakterisieren die Böden der Erzabbaugebiete. Die höchsten Mediane der übrigen Metalle (außer Ni) sowie der PAK und der PCB werden in Überschwemmungsgebieten angetroffen. Dort wurden ebenfalls für Hexachlorbenzol (HCB) die höchsten Gehalte nachgewiesen (Hembrock 1988), so daß aufgrund ihrer Lipophilie zu erwarten ist, daß nahezu alle schwerflüchtigen chlororganischen Verbindungen einschließlich der PCDD/F dort im Mittel am stärksten angereichert sind.

Ein zutreffenderes Bild der Anreicherungen zwischen ländlichen und städtischen Gebieten gibt ein Vergleich von Flächen gleicher Nutzung (Tabelle

Tabelle 7.3. Mittlere Gehalte (50%-Perzentile) an Metallen und ausgewählten organischen Schadstoffen in Böden in NRW, Angaben in mg kg^{-1} (Schwermetalle), μg kg^{-1} (BAP und PCB) bzw. ng I-TE kg^{-1} (PCDD/F) (Daten aus König u. Krämer 1985; CLAM 1991; Späte u. Werner 1991; König u. Hein 1995; Fliegner u. Reinirkens 1993; Viereck et al. 1994)

Nutzung	Cd	Cr	Cu	Hg	Ni	Pb	Zn	BAP	PCB_6	PCDD/F
Acker	0,42	25	12	<0,1	12	30	67	44	5	5
Grünland	0,63	28	18	-	25	56	127	210	<5	5
Wald (Ah)	0,39	20	19	-	13	99	92	25[1)]	5	35
Siedlungsböden	0,94	27	32	-	29	103	243	120[2)]	22	12
Kleingärten	0,77	28	27	-	55	80	213	370	23	12
Überschwemmungsgebiete	2,7	60	75	1,1	39	150	480	600	100	-
Erzabbaugebiete	3,7	30	30	0,43	25	810	610	-	-	-

1) Beprobungstiefe 0–30cm
2) hier: Spielplätze
PCB_6 Summe der sechs Referenz-Kongenere PCB 28, 52, 101, 138, 153, 180

Tabelle 7.4. Schwermetallgehalte in Siedlungsböden in Nordrhein-Westfalen (Angaben in mg kg^{-1} Trockenmasse, 50%-Perzentile für Metalle nach Späte u. Werner 1991; Daten für BAP: 50%-Perzentil für Gartenböden nach Crößmann u. Wüstemann 1992)

Flächenkategorie Metall	I Ländliche Gebiete	II Ballungsrandbereiche	III Ballungsgebiete
Cd	0,26	0,50	0,94
Cr	15	25	43
Cu	12	18	32
Ni	6	18	34
Pb	42	50	103
Zn	74	107	243
BAP	0,11	0,34	0,73

7.4). Zum Vergleich der Schwermetalle werden hier Siedlungsböden gewählt, zum Vergleich der PAK's (stellvertretend Benzo(a)pyren, BAP) Gartenböden, die in NRW besonders intensiv untersucht wurden. In den städtischen Böden weisen die Metalle, auch Cr, ca. zwei- bis vierfach höhere Gehalte auf. Deutlich höher liegt mit > 6fach allein wiederum der Anreicherungsfaktor für BAP. Die scheinbar hohe Anreicherung von Ni resultiert aus der extrem (fast unglaubwürdig) niedrigen Angabe der Konzentration in ländlichen Böden, die unter den Angaben zum geogenen Hintergrund liegt.

Die zuvor zusammengestellten Meßwerte zeigen, daß sowohl die regionale Lage von Flächen als auch deren anthropogene Nutzung die Konzentrationen der Schwermetalle und organischen Fremdstoffe in ihren Böden bestimmen. Beide Aspekte können bei der Beantwortung der Frage nach den Ursachen der höheren Belastungen in Ballungsgebieten hilfreich sein.

Variation der Stoffgehalte in Böden innerhalb des Ruhrgebiets

Schwermetalle. Die Böden des Ruhrgebiets weisen nutzungsbedingt unterschiedliche Gehalte an Schwermetallen auf (Tabelle 7.5). Als Referenzwerte werden im allgemeinen die Bodengehalte in Grünland herangezogen, da sie unter den aufgeführten Nutzungen in der Regel die geringste anthropogene Beeinflussung aufweisen und ihre Gehalte daher insbesondere bei langjährig gleicher Nutzung am ehesten als Maß für die langzeitige Immissionsbelastungen gelten können. Im Vergleich zu Grünlandböden sind Ackerböden aufgrund des durch Pflügen verursachten Verdünnungseffektes durch nahezu 50% niedrigere Gehalte gekennzeichnet. Die in Böden auf Spielplätzen (hier stellvertretend für Siedlungsböden) und Kleingärten dagegen anzutreffenden höheren Gehalte deuten auf zusätzliche Einträge an Schwermetallen aus anderen als Immissionsquellen hin. In den A-Horizonten der Stadtwaldböden hat aufgrund der Interzeptionswirkung der Bäume eine weitere Anreicherung allein von Pb stattgefunden (→ Kap. 1, 3, 4). Die vergleichsweise niedrigen Konzentrationen der übrigen Metalle zeigen an, daß hier wie auch in ballungsfernen Wäldböden die stark sauren Boden-pH-Werte zu einem höheren Aus- als Eintrag führen (Neite et al. 1992; → Kap. 23).

Daten, die zur Darstellung der flächenhaften Verbreitung von Schwermetallen im Ruhrgebiet geeignet wären, liegen leider nur zu Pb vor. Es handelt sich dabei um Daten aus Bodenuntersuchungen, die zwischen 1977 und 1983 parallel zu den Immissions-

Tabelle 7.5. Hintergrundwerte (50%-P) für ausgewählte Metalle in Böden in Ballungsräumen in Nordrhein-Westfalen (Konzentrationen in mg kg^{-1}; aus Späte u. Werner 1991)

Stoff	Pb	Cd	Zn	Cu	Cr	Ni
Acker	44	0,53	108	16	34	27
Grünland	79	0,92	179	21	40	27
Spielplätze	103	0,94	243	32	43	34
Kleingärten	106	1,0	298	35	48	44
Wald (A-Horizont)	128	0,49	140	32	26	17

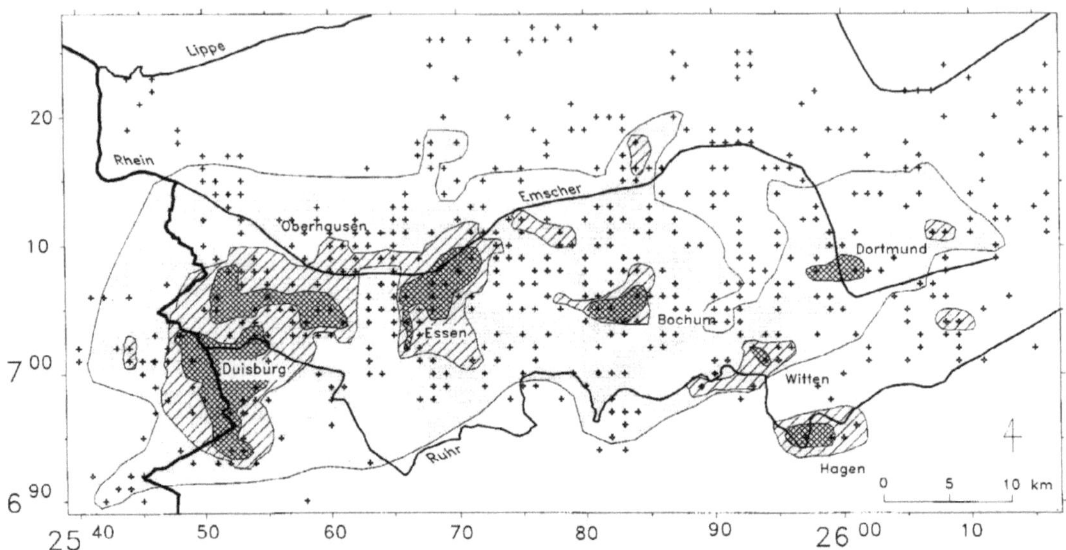

Abb. 7.2. Pb-Gehalte der Gartenböden im Ruhrgebiet (nach Viereck-Götte 1995)

messungen der Landesanstalt für Immissionsschutz NRW an den Meßpunkten des Luftqualitätüberwachungsprogramms durchgeführt wurden. Eine Auswertung des umfangreichsten Datensatzes zu den Gehalten in Gartenböden wurden im Landesumweltamt NRW mit Hilfe des Bodeninformationssystems durchgeführt (Thiele et al. 1994). Die Verbreitungskarte von Pb in den Gartenböden des Ruhrgebietes zeigt, daß die Böden großflächig durch Gehalte > 100 mg kg^{-1} (50%-Perzentil aller Ruhrgebietsböden) gekennzeichnet sind. Konzentrationen > 300 mg kg^{-1} kennzeichnen allein die kommunalen Kerngebiete (Abb. 7.2). Die (noch immer bestehende) größere Häufung von NE-Metallhütten und Stahlwerken im Westteil des Ruhrgebiets korreliert mit der dortigen größeren Flächenausdehnung höherer Belastungen. Die Karte steht in Übereinstimmung mit den Meßdaten für Pb im Staubniederschlag während der 70er und selbst der 80er Jahre (MURL 1993a). Die niedrigeren Pb-Gehalte im Castroper Grüngürtel (zwischen Bochum und Dortmund im nordöstlichen Kartenteil) zeigen, daß über Stadtgrenzen hinausgehende Immissionsbelastungen durch Staubniederschlag nicht zu höheren Gehalten als 100 mg kg^{-1} in Gartenböden führen.

Stellt man die für Teilgebiete des Ruhrgebiets berechneten Mediane der Pb-Gehalte in Gartenböden tabellarisch zusammen, so geben sie die Industriegeschichte der vorher genannten Industriezonen sehr eindrucksvoll wieder (Tabelle 7.6).

Tabelle 7.6. Mittlere Pb-Gehalte in Gartenböden des Ruhrgebiets (Angaben in mg kg^{-1}), Daten aus dem Programm „LIS-Erhebungen zum Wirkungskataster des Luftreinhalteplanes“ (Datenbank Bodeninformationssystem des Landes NRW)

Region	Städte in dieser Region	Probenzahl N/M/S	Industrie-Zonen IV Nord*	III Mitte*	II Süd*
Ruhrgebiet West	Duisburg/ Oberhausen	13/36/28	119	238	162
Ruhrgebiet Mitte (Westteil)	Essen/ Bottrop	06/26/26	94	172	130
Ruhrgebiet Mitte (Ostteil)	Bochum/ Herne	43/45/28	81	144	115
Ruhrgebiet Ost (Westteil)	Castrop-Rauxel /Witten	28/17/39	69	91	100
Ruhrgebiet Ost (Ostteil)	Dortmund	24/40/28	81	110	89

* Nord: ca. nördlich BAB A42 bzw. Emscher und Rhein-Herne-Kanal
Mitte: ca. zwischen BAB A42 („Emscher-Schnellweg“) und BAB A40
Süd: ca. südlich der BAB A40 („Ruhr-Schnellweg“)

Ein instruktives Beispiel der Auswirkungen der Industriezonenentwicklung auf die Bodenbelastungen gibt auch die Pb-Verbreitungskarte der Böden von Kinderspielplätzen in der Stadt Gelsenkirchen (Abb. 7.3b). Deren Südteil ist Teil der altindustrialisierten Emscher Zone (III), während das Gebiet nördlich der Emscher als Teil der Vestischen Zone (IV) erst eine Industrialisierung in diesem Jahrhundert erfahren hat und auch heute noch eine geringere Besiedlungs- und Industriedichte aufweist (Abb. 7.3a). Während der Südteil kerngebietstypische Pb-Gehalte von > 100 mg kg[-1] aufweist, ist der Norden durch die randgebietstypischen Gehalte von < 100 mg kg[-1] gekennzeichnet. Im äußersten Nordosten sind mit < 35 mg kg[-1] noch nahezu geogene Ausgangskonzentrationen erhalten, die andeuten, daß sich die langjährigen Emissionen der Ölraffinerien und Kraftwerke in Scholven und der Kokerei in Hassel (Abb. 7.3a) nicht auf die Schwermetallgehalte der Böden ausgewirkt haben.

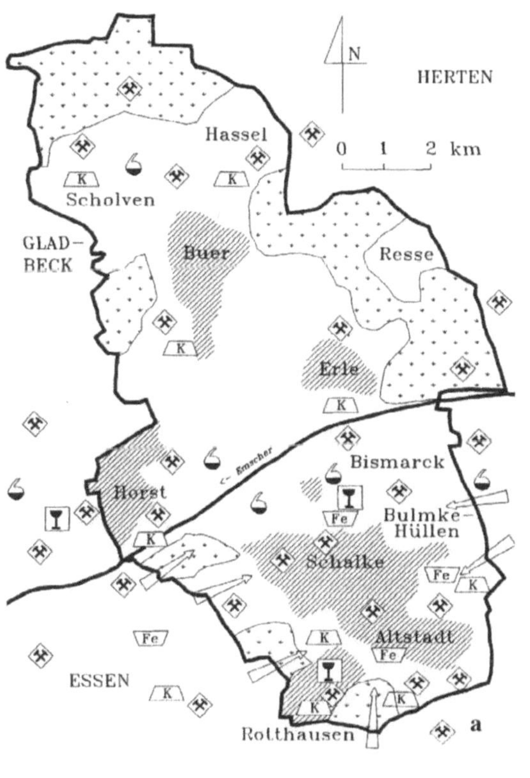

Land- und Forstwirtschaft

Ventilationsbahn

Steinkohlenbergbau (Zechen, Halden, z.T. Kraftwerke)

Kokerei

Chemische Industrie, Raffinerie

Glasindustrie

Hüttenwerk

Abb. 7.3 a. Ausgewählte umweltrelevante Industriebetriebe (inkl. Altstandorten) in der schematisierten Stadtstruktur von Gelsenkirchen (aus Herget 1996)

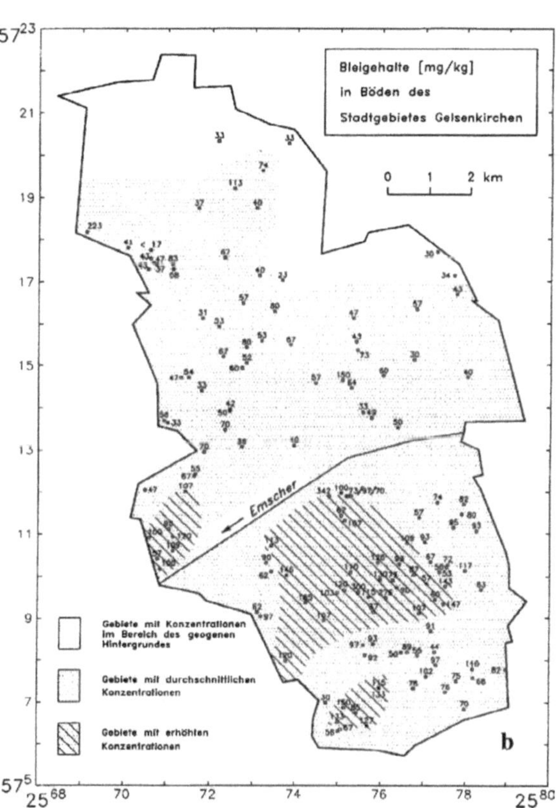

Abb. 7.3 b. Pb-Gehalte in Böden des Stadtgebiets von Gelsenkirchen (aus Herget 1994)

Tabelle 7.7. Statistische Verteilung der BAP-Gehalte in Oberböden ausgewählter Kommunen im Ruhrgebiet; Daten aus Kleingärten des Ruhrgebiets aus LÖLF (1991) zum Vergleich

Kommune	Flächennutzung	n	25P – 75P[1)]	50P	Mittelwert	90P	95P	Max
Ruhrgebiet (LÖLF 1991)	Gärten	487	–	0,6	–	2,0	2,8	10
Duisburg (Duisburg 1991)	Gärten, Kinderspielplätze	133	0,13 – 0,75	0,4	1,5	2,1	3,9	60
Essen (Essen 1996, Meier 1993)	Kinderspielplätze	174	0,30 – 1,6	0,6	0,9	3,4	6,4	30
Gelsenkirchen (Viereck et al. 1994)	allg.	329	–	0,5	–	2,4	4,6	35
Bochum (Viereck-Götte 1995b)	Kinderspielplätze	82	0,05 – 0,38	0,15	–	1,2	3	9
Krefeld (Krefeld 1992)	Kinderspielplätze	70	0,05 – 0,50	0,15	–	2,3	4	20
Herne[2)] (Doetsch 1994)	allg.	141	0,15 – 0,50	0,3	0,4	0,8	1,2	(4)[3)]

[1)] 25P–75P = Interquartilbereich;
[2)] Siedlung Teutoburgia auf Altlastverdachtsfläche;
[3)] möglicherweise Falschpositiv-Befund, da BAP-Peak im Chromatogramm überlagert wird

BAP. Resultierend aus den Stoffeigenschaften von BAP (geringe Wasserlöslichkeit, geringe Flüchtigkeit, hohe Sorptionsneigung) konservieren die Siedlungsböden des Ruhrgebiets die über Jahrzehnte eingetragenen Mengen. Die in Tabelle 7.7 zusammengestellten mittleren Gehalte in Oberböden ausgewählter Kommunen liegen daher mit 0,15–0,6 mg kg^{-1} mehr als zehnfach höher als in Oberböden ländlicher Räume, z.B. Ackerböden (ca. 0,025 mg kg^{-1}; König et al. 1991).

Böden der Emscher-Zone weisen gegenüber denen der südlich gelegenen Hellweg-Zone (hier vertreten durch Bochum) oder eines linksrheinischen urbanen Zentrums (hier: Krefeld) im allgemeinen höhere Gehalte auf. Die Auswirkungen der industriehistorischen Entwicklung auf die Bodenbelastungen macht ebenfalls die Verbreitungskarte der BAP-Gehalte in Böden von Spielplätzen in Gelsenkirchen deutlich. Wie schon bei Pb sind deutliche Unterschiede zwischen dem Südteil (Emscher-Zone) und dem Nordteil der Stadt (Vestische Zone) erkennbar. Während im Süden große Flächenanteile mehr als 1 mg kg^{-1} aufweisen, unterschreitet der größere Flächenanteil im Norden eine Konzentration von < 0,2 mg kg^{-1}. Verallgemeinernd läßt sich sagen, daß die in Städten des Ruhrgebiets zu erwartenden BAP-Gehalte in der Regel zwischen 0,1 und 1,0 mg kg^{-1} liegen, der Median bei 0,6 mg kg^{-1}, die Obergrenze der verbreiteten Gehalte bei 2 mg kg^{-1}. Auf Flächen außerhalb von Altlastverdachtsflächen sind im zentralen Ruhrgebiet dagegen nur 0,1–0,6 mg kg^{-1} zu erwarten, bei einem Median von 0,3 mg kg^{-1} und einer Obergrenze der verbreiteten Gehalte von 1,0 mg kg^{-1} (Viereck-Götte 1995a, b; Abb. 7.4, Tabelle 7.8).

Tabelle 7.8. Erwartungswerte der statistischen Verteilung der BAP-Gehalte in humosen Oberböden des Ruhrgebiets

Bezugsgebiet	Erwartungsbereich*	Median	Obergrenze** der verbreiteten Gehalte
Alle Flächen	0,10 – 1,0	0,6	2,0
Außerhalb von Altlastverdachtsflächen	0,10 – 0,60	0,3	1,0

* Interquartilbereich (25–75%-Perzentil)
** 90%-Perzentil

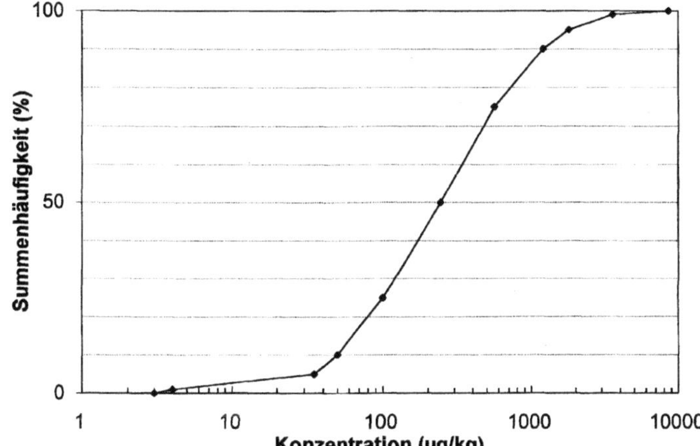

Abb. 7.4. Summenhäufigkeitskurve der Gehalte an Benzo(a) pyren in Siedlungsböden des Ruhrgebiets (Beprobungstiefe < 35 cm) außerhalb von Altlastverdachtsflächen (n = 357)

PCB. Repräsentative Daten zu PCB in Böden des Ruhrgebiets sind nicht vorhanden. Selbst im Rahmen des Chloraromaten-Projektes des Landes (CLAM 1991) wurde das Ruhrgebiet nur randlich erfaßt und ein Meßwertebereich bis 15 μg kg^{-1} (90%-Perzentil) für die Summe der sechs Referenz-PCB 28, 52, 101, 138, 153 und 180 angegeben. Eigene, im Rahmen der Untersuchung der Kinderspielplätze im Ruhrgebiet durchgeführte Untersuchungen zeigen, daß die Konzentrationen in Böden bei einem Median von 20 μg kg^{-1} im allgemeinen zwischen 10 und 50 μg kg^{-1} für die Summe der sechs Referenzkongenere schwanken (Abb. 7.5). Werte unter 10 μg kg^{-1} charakterisieren im wesentlichen umgelagerte Böden, die Anteile von unbelastetem Unterbodenmaterial (meist Lößlehm) enthalten. Werte über 100 μg kg^{-1} sind selten. Nahezu ausnahmslos weisen Bodenproben Verteilungsprofile dieser sechs PCB auf (sog. Kongenerenprofile), die dem technischen Gemisch Clophen A 60 vergleichbar sind. In diesen spielen die niederchlorierten PCB 28–101 nur eine untergeordnete Rolle und die Komponenten PCB 138 und 153 dominieren mit zusammen ca. 60–70%. Ein verändertes Kongenerenmuster kann als Indiz für spezielle Belastungsursachen gesehen werden.

PCDD/F. Im Gegensatz zu den PCB liegen zu PCDD/F veröffentlichte Daten zu den Gehalten in Böden des Ruhrgebiets vor (CLAM 1991; Duisburg 1994; Hamm 1993; Wuppertal 1993; Herget 1994 zu Gelsenkirchen). Es ist jedoch zu bemerken, daß einerseits Hamm in der Lippe-Zone liegt, d.h. ein Repräsentant der nördlichen Randzone des Ruhrgebiets ist. Andererseits ist Wuppertal nicht Teil des

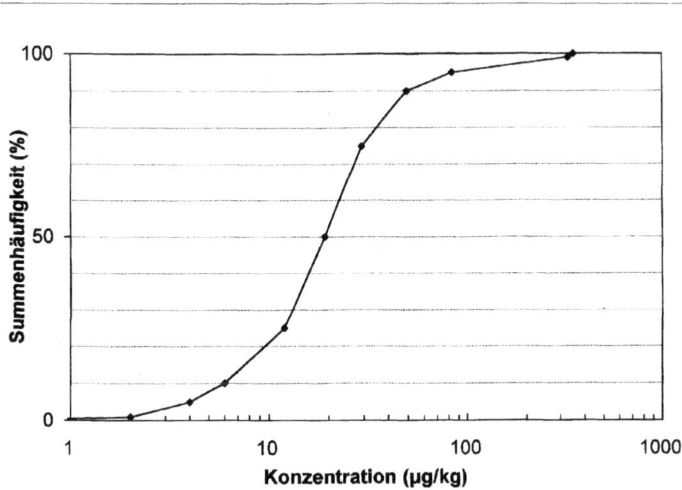

Abb. 7.5. Summenhäufigkeitskurve der Summe der sechs Referenz-PCB nach AbfKlärVO in Siedlungsböden des Ruhrgebiets (Beprobungstiefe < 35 cm) außerhalb von Altlastverdachtsflächen (n = 101)

Tabelle 7.9. PCDD/F-Gehalte in Böden des Ruhrgebiets (Daten aus CLAM 1991; Gelsenkirchen 1992; Hamm 1993; Duisburg 1994; Wuppertal 1993, 1994; Duisburg 1994)

	Allgemeinflächen			Baumbestand und Wald	umgelagerte Böden
Kommune	Probenzahl	Arithm. Mittelwert	Maximalwert	Einzelmeßwerte	
Duisburg[1]	14	36	78	-	-
Wuppertal[2]	37	13,8	39	85,9 / 64,2 (inkl.Oh)	-
Gelsenkirchen[3]					
• Südteil	5	13,2	17	15,4 / 31,9	1,8 / 3,4
• Nordteil	4	7,2	10	10,6 / 18,3	-
Hamm[4]					
• Verdichtungsgebiet	28	8,0	19,2	12,4 / 34,0	4,6
• Randbereiche	28	4,6	10,3	-	-
• Ländl. Gebiete	11	4,6	6,3	-	-
Nordrhein-Westfalen[5]					
• Verdichtungsgebiete	28	10–15	25	-	-
• Ländlicher Raum	69	5	11,4	-	-

1) exponierte Gartenflächen im Nahbereich von Emittenten
2) Grünflächen, z.T. auf Spielplätzen
3) Grünflächen auf Spielplätzen
4) Dauergrünlandflächen
5) nach CLAM 1991

Ruhrgebiets, es liegt im kohlefreien Bergischen Land. Seine von Metallverarbeitung bestimmte Industriegeschichte ist jedoch historisch vergleichbar mit zentralen Zonen des Ruhrgebiets. Der qualitativ hochwertigste Datensatz wurde in Hamm erstellt, wo auf der Basis von ca. 60 Proben von Dauergrünlandflächen ein Bodenkataster erstellt wurde und durch weitere 60 Proben spezielle Fragen möglicher Eintragsquellen untersucht wurden. Im allgemeinen weisen emittentenferne und skelettarme Böden des Ruhrgebiets einheitliche Verteilungsmuster der PCDD/F-Kongenere (sog. Homologenprofile) auf. Diese sind durch eine Zunahme der Summen der Dioxine von den tetra- zu den octachlorierten und etwa gleichhohe Summen der tetra- bis octachlorierten Furane gekennzeichnet. Die Daten aus den Kommunen zeigen, daß die Meßwerte in den Verdichtungsgebieten zwischen 5 und 20 ng I-TE kg^{-1} (arithm. Mittelwerte: 13 ng I-TE kg^{-1}; Internationale Toxizitätsäquivalente) schwanken; Maximalwerte erreichen 20–40 ng I-TE kg^{-1} (Tabelle 7.9). In den Randbereichen liegen die Mittelwerte unter 10 ng I-TE kg^{-1}. Die ländlichen Gebiete innerhalb der Kommunen sind durch Werte um 5 ng I-TE kg^{-1} charakterisiert. In Annäherung an Emittenten wie NE-Metallhütten oder Standorte der Metallverarbeitung können die lokalen Mittelwerte der PCDD/F-Gehalte auf mehr als 30 ng I-TE kg^{-1} und die Maximalwerte auf 80 ng I-TE kg^{-1} steigen (Duisburg 1993).

Vereinzelte Meßwerte von Flächen mit Baumbestand oder Waldstandorte fallen durch mindestens zweifach höhere Konzentrationen auf (Gelsenkirchen 1992; Hamm 1993; Wuppertal 1993). Zwei Profiluntersuchungen in Hamm ergaben für Böden im Traufbereich zweifach und für die der Laubmischwald-Standorte drei- bis vierfach höhere PCDD/F-Gehalte als auf den benachbarten Grünlandflächen. Böden von Straßenbegleitflächen entlang verkehrsreicher Straßen weisen um ca. 20% erhöhte Meßwerte bis in Mindestentfernungen von 4 m vom Straßenrand auf. Dies steht im Widerspruch zu Ergebnissen des Chloraromatenprogrammes NRW, in dem eine Bodenbelastung nur bis in 0,5 m gefunden wurde (CLAM 1991). Bei Nord-Süd-Erstreckung der Straße ist eine Asymmetrie der Belastung mit bis zu zweifach höheren Meßwerten von 9 ng I-TE kg^{-1} in 5 m Entfernung auf der windabgewandten Ostseite zu erkennen (Hamm 1993). Dies zeigt an, daß dort erhöhte Bodenwerte vermutlich bis in deutlich größere Entfernungen als 5 m gefunden werden können. Bodenumlagerungen führen durch Einarbeitung von unbelastetem Unterbodenmaterial nahezu ausschließlich zu einer Reduktion der PCDD/F-Gehalte auf niedrige Gehalte von z.T. weniger als die Hälfte der für langzeitig exponierte Dauergrünlandflächen charakteristischen Werte (Tabelle 7.9).

7.3 URSACHEN DER STOFFGEHALTE

Was unterscheidet also ländliche von städtischen Böden gleicher Nutzung und was Böden unterschiedlicher Nutzung im gleichen siedlungsstrukturellen Gebiet, z.B. einem industriellen Ballungsgebiet wie dem Ruhrgebiet? Betrachten wir zunächst einmal die in Tabelle 7.10 zusammengestellten Charakteristika, die ein industrielles Siedlungsgebiet von einem ländlichen unterscheiden. Nicht aufgeführt sind hier die größere Häufung von Altdeponien und Altstandorten, da sie nicht Inhalt dieser Betrachtungen sein sollen. Die Aufstellung zeigt einerseits, daß die höheren Emissionsmengen aus der Energieerzeugung, aus den Industriebetrieben und aus dem Kfz.-Verkehr in höheren immissionsbürtigen Einträgen durch Staubniederschlag in Stadtböden resultieren können (→ Kap. 2). Andererseits fallen erhebliche Mengen an Bauschutt, Hausmüll, industriellen Nebenprodukten und Reststoffen an, die es zu verwerten oder zu entsorgen gilt (→ Kap. 12). Nachfolgend sollen Beispiele gegeben werden, ob und mit welchen Folgen sich diese Quellen den Böden in erhöhten Gehalten der genannten Stoffe mitteilen.

Immissionsbelastungen

Beschreibung der historischen Immissionssituation. Die über mehr als 100 Jahre ungehemmte industrielle Entwicklung des Ruhrgebiets war begleitet von einer als unausweichlich betrachteten Immissionsbelastung durch Rauch, Ruß und schwefeliger Säure, die immer wieder zu Beschwerden der Anwohner, insbesondere der Bauern führte (Brüggemeier u.

Tabelle 7.10. Unterschiede eines urban-industriellen Ballungsraumes im Vergleich zu einem ländlichen Siedlungsgebiet

Merkmal	Unterschied zu ländlichen Gebieten
BEVÖLKERUNG	
Bevölkerungsdichte	höher
Güterverbrauch	schneller, höher
Anfall von Müll	höher
ENERGIEBEDARF	
Energiebedarf pro Flächeneinheit (Hausbrand, Kraftwerke)	höher
Anfall an Verbrennungsaschen	höher
BAUTÄTIGKEIT	
Strukturwandel	schneller
Baumaßnahmen	mehr
Bodenumlagerungen	häufiger
Bodenaushubmengen	größer
Bauschuttmenge	größer
VERKEHR	
Verkehrswegenetz	dichter
Kfz.-Verkehrsdichte	höher
Kfz.-Emissionsmengen pro Flächeneinheit	höher
INDUSTRIE	
Industriebetriebsdichte	höher
Industrieemissionsmengen pro Flächeneinheit	höher
Anfall industrieller Reststoff	größer
Kriegsbedingte Zerstörungen	größer

Tabelle 7.11. Entwicklung der Pb- und Cd-Gehalte in Schwebstaub (Jahresmittel der Tagesmittelwerte) und Staubniederschlag (Jahresmittelwerte) im westlichen Ruhrgebiet (MURL 1989, 1993b); IW1 = Richtwert für Schwebstaub aus der TA Luft 1986

Stoff	Einheit	IW 1	1975	1980	1985	1990	Ländlicher Raum UBA (1990)
Schwebstaub	$\mu g\ m^{-3}$	150	100	80	90	60	20
Pb	$mg\ kg^{-1}$	(13.333)	10600	5250	3800	2166	> 1000
Cd	$mg\ kg^{-1}$	(267)	80	62	44	45	> 10
Stoff	**Einheit**	**IW 1**	**1980**	**1985**	**1990**	**1993**	**Ballungs-Randgebiet NRW (1990)**
Staubniederschlag	$mg\ m^{-2}\ d^{-1}$	350	180	155	150	120	80–100
Pb	$mg\ kg^{-1}$	(714)	> 833	742	500	333	300
Cd	$mg\ kg^{-1}$	(14)	> 14	12	6	5	5

Rommelspacher 1992). Obwohl Kalkbäder zur Rauchgasreinigung seit 1870 und Elektrofilter zur Staubabscheidung (mit einer Effektivität von mehr als 90%) seit den späten 20er Jahren des 20. Jahrhunderts bekannt waren, wurden jedoch aus wirtschaftlichen Gründen bis in die 50er Jahre hinein keinerlei Maßnahmen zur Emissionsminderung getroffen. Erst in der Mitte der 50er Jahre wurden die ersten regelmäßigen SO_2-Messungen in Gelsenkirchen begonnen. Seit Erlaß des Landesimmissionsschutz-Gesetzes in 1962 erfolgen regelmäßige Messungen im Rahmen eines Luftqualitätsüberwachungsprogrammes. Die Daten zeigen, daß die Luftbelastungen durch Staub und seine Inhaltsstoffe seit dieser Zeit stoffabhängig um 60–90% reduziert wurden (Buck et al. 1982; MURL 1989, 1993a). Die Ursachen dafür sind vielfältig: Schließung von Zechen, Kokereien, Hütten- und Stahlwerken auf 50% des ursprünglichen Bestandes sowie höhere Schornsteine und emissionsmindernde Maßnahmen wie Einbau von Filtern und Entschwefelungsanlagen. Mit Ausnahme einiger lokaler Bereiche sind die Luftbelastungen im Ruhrgebiet heute mit denen anderer deutscher Großstädte wie Frankfurt, Berlin oder München vergleichbar. So wurden die Pb-Gehalte im Staubniederschlag seit 1982 von 150 auf 40 $\mu g\ m^{-2}\ d^{-1}$ (entsprechend von 833 auf 333 mg Pb kg^{-1} Staub) reduziert, die Cd-Gehalte in der gleichen Zeit von 2,5 auf 0,6 $\mu g\ m^{-2}\ d^{-1}$ (von 14 auf 5 mg kg^{-1} Staub; Tabelle 7.11; → Kap. 2).

Daten zu BAP liegen nur vereinzelt seit 1970 vor und auch nur zum Gehalt in Schwebstaub. Noch immer ist die reproduzierbare routinemäßige Bestimmung von BAP (ebenso wie die von PCB und PCDD/F) im Staubniederschlag dagegen ein ungelöstes Problem. Die Daten zeigen, daß die Belastungen im Schwebstaub seit 1970 um mehr als 99% von 80 ng m^{-3} auf < 2 ng m^{-3} reduziert wurden (Tabelle 7.12). Die wesentlichste Reduktion erfolgte in der Mitte der 70er Jahre (1976/77) mit der Umstellung des Hausbrands von Steinkohlen-Einzelfeuerungsanlagen auf Öl-Zentral- bzw. Gasheizungen. Ebenfalls die Konzentration von BAP pro Gewichtseinheit Staub wurde in gleichem Maße in den 70er Jahren von 500 mg kg^{-1} auf 50 mg kg^{-1} und in den 80er Jahren weiter auf < 30 mg kg^{-1} reduziert. In Analogie zum Verhältnis der Pb-Konzentrationen in Schwebstaub und Staubniederschlag (ca. 7–9 mg kg^{-1}; → Kap. 1, 2) lassen die vorliegenden Daten auf BAP-Konzentrationen im heutigen Staubniederschlag des Ruhrgebiets von ca. 3–5 mg kg^{-1} (1970–75: ca. 60–80 mg kg^{-1}) schließen. Seit Beginn der Messungen werden die höchsten BAP-Werte im zentralen Ruhrgebiet ermittelt, wo noch immer die letzten alten Kokereien aktiv sind. In deren Umgebung werden die doppelten Konzentrationen der regionalen Hintergrundwerte des mittleren Ruhrgebiets gemessen.

Immissionsbedingte Belastungsanteile: Metalle. Ein Maß für die maximal durch Staubniederschlag verursachten Pb-Gehalte in Ruhrgebietsböden geben die im Rahmen eines Forschungsvorhabens vom Institut für Bodenkunde der Universität Bonn zusammengestellten Daten physikalisch-chemischer Kenngrößen zu 350 repräsentativen Böden aus NRW (Liebe u. Brümmer im Druck). Dieser macht deutlich, daß in Acker- oder Grünlandböden des Ruhrgebiets Pb-Gehalte von 70 mg kg^{-1} im allgemeinen nicht überstiegen werden, sofern der Bodenskelettanteil (Korn-

Tabelle 7.12. Zeitliche Entwicklung der Immissionsbelastung durch Benzo(a)pyren im westlichen Ruhrgebiet (Jahresmittelwert I 1); IW1 = Richtwert für Schwebstaub aus der TA Luft 1986 (Daten aus Murl 1989, 1993b; Pott u. Heinrich 1992)

Parameter	Einheit	Richtwert IW 1	1970	1975	1978	1985	1988	1990
Schwebstaub	$\mu g\ m^{-3}$	150	210	100	100	90	60	60
BAP	$ng\ m^{-3}$ Luft	5**	84*	57*	5*	4,46	2,17	1,64
Absolut-Konz.	$mg\ kg^{-1}$ Staub	(33)	400*	570*	50*	50	36	27

*Daten einer Meßstation in Duisburg; **diskutierter Wert
Art der Meßwerte: Schwebstaub 24 h-Werte, 3 Messungen pro Woche an 12 Stationen
BAP in Staub 24 h-Werte, 1 Messung pro Woche an 12 Stationen

fraktion > 2 mm) 2% nicht übersteigt und die Böden nicht im Nahbereich (ca. 1,5 km) von industriellen Emittenten wie NE-Metallhütten und Stahlwerken liegen. Dies entspricht etwa dem in Tabelle 7.5 aufgeführten 50%-Perzentil der Grünlandböden, so daß selbst in 50% dieser Böden zusätzliche anthropogene Einträge aus sonstigen Quellen, z.B. technogene Beimengungen angenommen werden müssen (→ Kap. 4).

Immissionsbedingte Belastungsanteile: BAP. Als Hauptverursacher der großflächig erhöhten Konzentrationen an PAK (und PCDD/F, s.u.) in Böden des Ruhrgebiets sind der Steinkohle-Hausbrand und die Kfz-Emissionen aus der Verbrennung von verbleitem Benzin bekannt (Pott u. Heinrich 1992). Emissionsbürtige Einträge über die Deposition von Staub führten jedoch nur zu maximalen BAP-Gehalten von weniger als 0,7–0,9 mg kg^{-1}. Bis zu diesen Konzentrationen weisen die Meßwert-Häufigkeits-Diagramme der Datensätze zu Oberböden aus zahlreichen Kommunen des Ruhrgebiets eine kontinuierliche Abnahme der Meßwert-Häufigkeit auf. In Böden außerhalb von Altlastverdachtsflächen entspricht dies etwa dem 80%-Perzentil der untersuchten Böden. Darüber hinausgehende Gehalte werden den partikulären Verunreinigungen durch gebrauchte Reststoffe und industrielle Nebenprodukte zugeschrieben.

Immissionsbedingte Belastungsanteile: PCB. Das in Böden meist auf die obersten Bodenschichten beschränkte Auftreten der PCB's, ihre erhöhten Konzentrationen in Böden baumbestandener Flächen und die Homogenität der Kongenerenprofile lassen annehmen, daß die vorgefundenen Konzentrationen nahezu ausschließlich über den Luftpfad eingetragen wurden und diffusen Quellen entstammen. Erhöhte Einzelwerte, die häufig durch individuelle Kongenerenprofile gekennzeichnet sind, lassen sich auf lokale Verunreinigungen durch Öle oder die Aufbringung von Klärschlämmen oder Schlämmen aus Regenrückhaltebecken bzw. die Lage der Böden in Überschwemmungsgebieten zurückführen (Hembrock 1988; GfA 1991).

Immissionsbedingte Belastungsanteile: PCDD/F. Die vorgefundenen Homologenprofile der PCDD/F, ihre drastische Abnahme mit zunehmender Bodenprofiltiefe sowie ihre Zunahme mit zunehmendem Baumbestand einer Fläche deuten auf einen immissionsbürtigen Eintrag in Böden aus diffusen Quellen hin. Wahrscheinliche Hauptverursacher der großflächig erhöhten Konzentrationen an PCDD/F in Böden des Ruhrgebiets sind der Steinkohlen-Hausbrand und die Kfz.-Emissionen aus der Verbrennung von verbleitem Benzin. Die Verbrennung von Steinkohle in Einzelfeuerungsanlagen und die Verwendung von verbleitem Benzin weisen seit 20 bzw. 10 Jahren eine deutlich rückläufige Bedeutung auf, so daß die Ursachen der ubiquitär vorhandenen Bodenbelastungen durch PCDD/F als historisch bedingt angesehen werden können.

Belastungen durch grob-partikuläre Einträge

Die Ermittlung der Ursachen erhöhter Konzentrationen von Fremdstoffen in Böden ist nur möglich durch Beschreibung der angetroffenen partikulären Beimengungen im Rahmen der Entnahme von Bodenproben. Diese erfolgt im allgemeinen jedoch nicht, zum einen weil sie in vorhandenen Normen nicht gefordert wird, zum anderen aufgrund der Unkenntnis des probennehmenden Personals. Im Rahmen der Untersuchung von Kinderspielplätzen im Ruhrgebiet wurden die Skelettanteile der Böden in Anlehnung an die Vorgaben der Stadtbodenkartierungsempfehlung der Deutschen Bodenkundlichen Gesellschaft jedoch differenziert erfaßt (AK Stadtböden 1989). Die Untersuchungsergebnisse aus den Ruhrgebietsstädten Essen und Gelsenkirchen waren Grundlage zweier

Tabelle 7.13. Beimengungen in Siedlungsböden (i.allg. < 15%), hier: Spielplätze (Angaben in rel. %, aus Meuser 1991; Herget 1992; Meier 1993)

Stadtgebiete Probenzahl	Essen 680	Gelsenkirchen 462
ohne Beimengungen (syn. < 2%)	20	13
Geogene Beimengungen		
Gerölle	69	37
Karbonatgesteine	2	3
Sonstige Gesteine	2	6
Technogene Beimengungen		
Bauschutt		
Ziegel	76	77
Mörtel, Beton, Gips	20	41
Straßenaufbruch, Teer, Teerpappe, Bitumen	1	2
Bergematerial (inkl. Kohle u. Siltstein)	63	67
gebrannte Berge	3	29
Aschen		
Asche	10	71
Ofenausbruch	3	< 1
Granulat	1	16
Schlacken		
Hochofen-/Hütten-Schlacke	68	18
Stahlwerk-Schlacke	34	1
Müll		
Glas	21	20
Kunststoff, Styropor	4	6
Papier, Pappe, Alufolie	3	1
Keramik	2	3
Metall	1	1
Holzkohle, Holzreste	1	1

am Geographischen Institut der Ruhr-Universität Bochum durchgeführter Diplomarbeiten (Herget 1992; Meier 1993). Die Daten zeigen, daß nur 10 bzw. 20% der beprobten Böden beimengungsfrei waren (Tabelle 7.13).

Unter den geogenen Beimengungen dominieren Gerölle. Unter den Beimengungen technogenen Ursprungs lassen sich Bauschutt, Bergematerial, Aschen, Schlacken und Müll unterscheiden (Tabelle 7.14). Unter diesen am häufigsten anzutreffen ist Bauschutt, insbesondere Ziegelbruch, mit ca. 75% aller Proben. Dieser Tatbestand ist mit den Befunden in Berlin vergleichbar (Smettan u. Mekiffer 1996) und wird allein schon verständlich, wenn man sich das Ausmaß der Zerstörung der Ruhrgebietsstädte am Ende des Zweiten Weltkrieges deutlich macht. Ebenso tritt in mehr als 60% der Böden beider Untersuchungsprojekte Bergematerial aus dem Steinkohlenbergbau auf, was ein ruhrgebietsspezifisches Charakteristikum ist.

Uneinheitlich zwischen einzelnen Ruhrgebietsstädten sind dagegen die Angaben für Aschen und Schlacken. Sie spiegeln die stadttypische industrielle Besiedlung und kommunale Reststoff-Verwertungspraxis wider. Bei Aschen handelt es sich um Rostaschen aus der Verbrennung von Steinkohle und Koks in Klein- und Großfeuerungsanlagen, wie z.B.

Tabelle 7.14. Begriffsdefinitionen industrieller mineralischer Nebenprodukte und Reststoffe (nach Kneib u. Bongard 1994; Meier 1993)

Produkt	Definition
Erdaushub	Natürlich gewachsene oder bereits verwendete, jedoch ehemals natürlich gewachsene Böden und Gesteine, die bei Neubau-, Sanierungs- und Erweiterungsmaßnahmen im Tiefbau anfallen
Bauschutt	Mineralische Baumaterialien (Natursteine, Ziegel, Beton, Mörtel), die bei Abrißarbeiten von Bauwerken oder Bauwerksteilen im Hochbau (seltener Tiefbau) anfallen
Straßenaufbruch	aus Natursteinen, Beton und Asphaltgemischen (Bitumen- oder Teerasphalt) bestehendes Deck- und Tragschichtmaterial von Straßen
Bergematerial	Beim Abbau und Aufbereitung von Kohle oder mineralischen Rohstoffen (Erzen) anfallendes, nicht abbauwürdiges Nebengestein einer Lagerstätte
Aschen	Bei Verbrennungsprozessen anfallende Rückstände
Schlacken	Bei der Verhüttung von Erz (Eisen und Nichteisen- bzw. Buntmetalle) und der Verarbeitung von Metall durch Schmelzen abgetrennte Nebenprodukte
Müll	Alle hausmüllähnlichen Abfälle aus Glas, Keramik, Metall, Papier, Pappe, Kunststoff, Gummi, Leder, Knochen

Dampflokomotiven oder Kraftwerken, sowie Räumaschen aus Kokereien und metallverarbeitenden Betrieben. Schlacken lassen sich in überwiegend glasige Nicht-Eisen(NE)-Metallhüttenschlacken und kristalline, graue Stückeschlacken unterscheiden. Die zu den Stückeschlacken zählenden Hochofenschlakken und Stahlwerks- bzw. Elektroschlacken sind als Beimengungen nur anhand ihrer chemischen Analyse zu unterscheiden; gleiches gilt für die Unterscheidung von NE-Metallhüttenschlacken, Räumaschen und Rostaschen. Aufgrund ihrer Blasigkeit wurden Rostaschen und NE-Metallhüttenschlacken auch als Isolationsmaterial in den Böden/Decken mehrstöckiger Wohnhäuser verwendet und sind daher nicht selten mit Bauschutt assoziiert (Meuser 1993; Kneib u. Bongard 1994).

Die hohen Anteile an Beimengungen in Stadtböden zeigen, daß die Bodennutzung in urban-industriell geprägten Ballungsräumen eine intensive Überprägung der Böden zur Folge hat. Sie werden daher als autochthone (Kultisole), d.h. durch anthropogene mechanische Einwirkung veränderte Kulturböden, oder als Deposole bezeichnet, d.h. allochthone Auftragsböden aus aufgebrachten natürlichen und/oder technogenen Substraten (Schraps 1989). Typische Beispiele dieser anthropomorphen Böden wurden im Rahmen der umfangreichen Untersuchungen auf Spielplätzen des Ruhrgebiets angetroffen (s. Spalte Siedlungsgebiete in Abb. 7.6). Sie sind überwiegend durch umgelagertes Bodenmaterial und Einmischung der natürlichen oder technogenen Materialien bis in 50–60 cm Tiefe charakterisiert. Seltener ist auch ein vergleichbar mächtiger Auftrag von rein technogenen Substraten wie Bergematerial, Aschen, Hütten- oder Stückeschlacken im Zuge der Reststoffverwertung im Rahmen z.B. von Bodenausgleichs- oder Wegebaumaßnahmen anzutreffen. Böden anderer Nutzung weisen im Gegensatz dazu auch im Ruhrgebiet häufig einen ebensolchen Aufbau auf wie entsprechende Böden außerhalb von Ballungsgebieten (Abb. 7.6). Die Mächtigkeit des beimengungsarmen A-Horizontes der Stadtwaldböden beträgt allgemein weniger als 15 cm, die von Grünflächen ca. 10 cm. Auch die Böden unter Ackernutzung sind überwiegend beimengungsarm und weisen einen AP-Horizont („P" von pflügen) üblicher Mächtigkeit (Pflugtiefe) auf. Allein Böden unter Gartennutzung, die durch langzeitige Aufbringung von organischem Material einen zweigeteilten, insgesamt 40 cm mächtigen RAP(R von rigolen)/-RAH-Horizont aufweisen, sind nicht selten auf Deposolen angelegt.

Industrielle Nebenprodukte und Reststoffe: Metalle. Die Böden auf Flächen unterschiedlicher Nutzung sind durch unterschiedliche Gehalte an Schwermetallen gekennzeichnet. Wie zuvor ausgeführt, ist die Konzentration in Grünlandböden ein Maß für den immissionsbürtigen Anteil der Böden anderer Nutzung. Die Bedeutung technogener Beimengungen selbst für die Schwermetallgehalte in diesen Böden machen die statistischen Kenndaten des Datensatzes der Referenzböden aus NRW deutlich, der Grundlage der Veröffentlichung von Liebe u. Brümmer (im Druck) ist. Die darin enthaltenen Böden des Ruhrgebiets

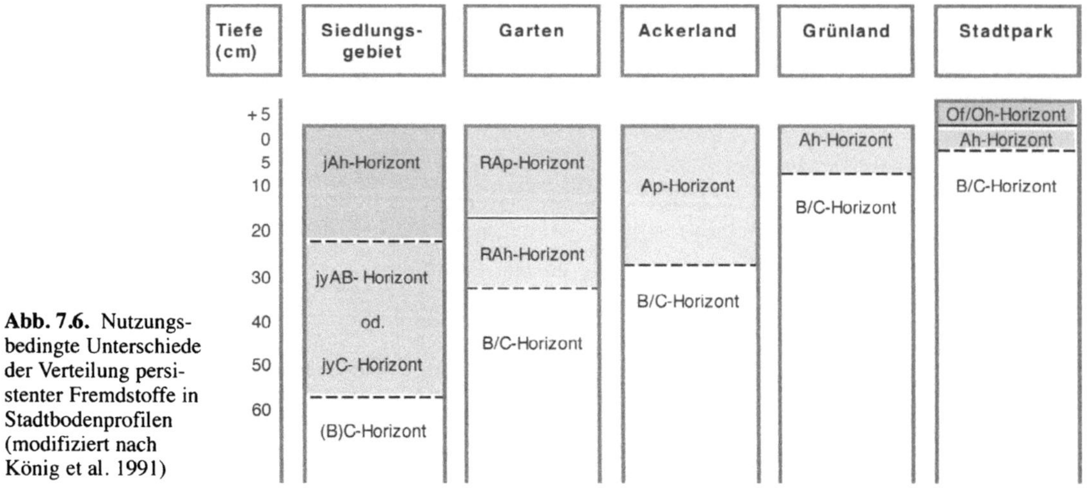

Abb. 7.6. Nutzungsbedingte Unterschiede der Verteilung persistenter Fremdstoffe in Stadtbodenprofilen (modifiziert nach König et al. 1991)

Tabelle 7.15. Skelettanteil-bedingte Variationen der mittleren Metallgehalte (50%-Perzentil) und ausgewählter Bodenkennwerte in Oberböden des Ruhrgebiets außerhalb von Altlastverdachtsflächen (Daten des Datensatzes, der Grundlage der Veröffentlichung Liebe u. Brümmer, im Druck, ist; Angaben in mg kg^{-1})

Skelettanteil (%)	0–2	2–10	10–15
Probenzahl (n)	14	11	5
pH-Wert	6,4	7,0	7,0
$CaCO_3$ (%)	0,0	0,8	2,1
C_{org} (%)	2,2	4,3	8,1
Al	8250	8000	12300
As	10	14	43
Be	0,35	0,44	1,0
Bi	0,5	0,8	4,6
Cd	1,0	1,5	4,2
Co	7	8	22
Cr_{ges}	27	42	73
Cu	18	44	114
Fe	14600	16100	65900
Hg	0,13	0,18	0,47
Mn	740	1080	5900
Ni	14	22	58
P	800	1300	2400
Pb	58	102	670
Sb	<0,5	1,5	6,5
Sn	4	10	33
Tl	0,2	0,2	1,5
V	44	48	125
Zn	137	322	1160

(außerhalb spezifisch belasteter Standorte) sind in Tabelle 7.15 in drei Klassen mit unterschiedlichen Skelettanteilen gegliedert.

Es ist zu erkennen, daß sich die Gruppen deutlich in ihren mittleren Gehalten zahlreicher untersuchter Metalle unterscheiden, obwohl im Rahmen der Probenvorbereitung die Skelettanteile abgesiebt wurden. Es ist daher anzunehmen, daß die Skelettanteile auf Anteile technogener Beimengungen hinweisen, die in Korngrößen unter 2 mm vorliegen. Welcher Art die Beimengungen sind, läßt sich aufgrund der unzureichenden Bodenansprache nicht mehr ermitteln; die Art und Breite des erhöhten Metallspektrums läßt Stückeschlacken (Stahlwerksschlacken und Hochofenschlakken), NE-Metallhüttenschlacken und Bergematerial dagegen als sehr wahrscheinlich erscheinen. Dies wird deutlich bei Betrachtung der Gehalte ausgewählter Metalle sowie an As und BAP, die durch den Erstautor (als ehemaligem Mitarbeiter des Hygiene-Instituts des Ruhrgebiets in Gelsenkirchen) im Rahmen der Untersuchungen auf ca. 1000 Kinderspielplätzen in NRW an Baustoffen ermittelt wurden (Tabelle 7.16). Die Auswahl der Parameter erfolgte in Anlehnung an einen ministeriellen Erlaß (MAGS 1990) unter Ergänzung der PAK.

Die Zusammenstellung der als Baustoffe eingesetzten und wie zuvor aufgezeigt (Tabelle 7.13) als Beimengungen in Böden nachgewiesenen Materialien zeigt, daß höhere als in Böden verbreitete Gehalte an As (> 29 mg kg^{-1}), Pb (100 mg kg^{-1}) und Cd (1,0 mg kg^{-1}) insbesondere in NE-Metall-Hüttenschlacken sowie in geringerem Maße in Bauschutt, Bergematerial des Erzbergbaus und MVA-Asche, untergeordnet auch in gebranntem Bergematerial, Rostasche aus der Steinkohlenfeuerung sowie Stahlwerksschlacke auftreten. Chrom dagegen ist insbesondere in Stahlwerksschlacke angereichert, untergeordnet auch in MVA-Asche. Aus den Untersuchungen von Böden und Baustoffen in der Stadt Essen resultierende Daten zu Gehalten weiterer Metalle in den technogenen Substraten wurden kürzlich durch Meuser (1996) veröffentlicht. Sie zeigen, daß insbesondere die NE-Metallhüttenschlacken ebenfalls durch hohe Gehalte an Co, Sb, Sn und V gekennzeichnet sind.

Tabelle 7.16. Mineralische technogene Substrate auf Spiel- und Bolzplätzen in Siedlungsgebieten in NRW (Angaben in mg kg^{-1})

Material	As (mg kg^{-1})	Pb (mg kg^{-1})	Cd (mg kg^{-1})	Cr (mg kg^{-1})	BAP (μg kg^{-1})
Gebrauchte Reststoffe					
Bauschutt/Haustrümmer	1–59	30–3300	<0,3–2,3	3–113	2100–4800
Industrielle Nebenprodukte					
Bergematerial					
• Steinkohlenproduktion	9–21	17–64	<0,3–1,1	7–29	---
• dito, gebrannt	5–74	12–105	<0,3–1,8	5–37	<10–40
• Erzbergbau NRW	31–47	939–2000	6–16	20–43	190–2600
Steinkohlenfeuerung					
• Schmelzkammergranulat	1–7	7–37	<0,3–1,0	4–69	<10–30
• Rostasche	1–46	4–145	<0,3–3,1	6–89	<10
Stückeschlacken					
• Hochofenschlacke	<1–8	<7–30	<0,3	<2–24	---
• Stahlwerksschlacke (LD- od. Elektroschl.)	1–41	10–167	<0,3–0,7	283–5428	90
NE-Metall-Hüttenschlacken					
• Typ I (NE-Metallhütte)	5–1035	315–10900	<0,3	200–300	<10
• Typ II (Zinkhütte E.)	33–470	1380–16000	7–49	17–62	100–1000*
• Typ III	8–85	1245–2500	0,3–14	8–84	2500–6000*
MVA-Asche	1–45	433–8470	2–174	4–861	---

* Typ II und III vermutlich vermischt mit wenig bzw. viel Räumasche

Industrielle Nebenprodukte und Reststoffe: BAP. Während unter den in Tabelle 7.16 aufgeführten industriellen Reststoffen und Nebenprodukten Bergematerial als Träger von BAP ohne Bedeutung ist, gehört Bauschutt zu denjenigen Bau- und Reststoffen, die im Ruhrgebiet erhöhte BAP-Gehalte aufweisen. Weitere BAP-Träger sind Straßenaufbruch, wenn es sich um Teerasphalt-Straßendecken handelt, sowie Bergematerial aus dem Erzbergbau in NRW (linksrheinisch) und Hüttenschlacken aus NE-Metallhütten mit Anteilen „koksartiger Asche" (rechtsrheinisch) sowie „Räumaschen" z.B. aus Kokereien. Während in den „Hüttenschlacken" die Koksaschenreste als Träger in Betracht kommen, sind die BAP-Gehalte in dem Bergematerial des Erzbergbaus unerklärbar; ein möglicher BAP-Träger konnte im Rahmen der Untersuchungsprojekte nicht identifiziert werden. Die NE-Metallhüttenschlacken sind von lokaler Bedeutung, meist allein in der kommunalen Umgebung der einzelnen Hütte, wo sie nicht nur als Isolationsmaterial in Wohnhäusern, sondern insbesondere als Deck- oder Tragschichtmaterial auf wassergebundenen Bolzplätzen, sowie wassergebundenen Wege- und Platzflächen auf Spielplätzen, in Parkanlagen, Kleingärten und Privatgrundstücken eingesetzt wurden (Tabelle 7.17). Die Verwendung von industriellen Nebenprodukten und Reststoffen bei der Erstellung von Profilen auf Tennenflächen (Tennisplätze, Sportanlagen) ist seit mehreren Jahren durch Güterichtlinien und Erlasse reglementiert. Die langjährig unkontrollierte Verwendung dieser z.T. BAP-haltigen industriellen Nebenprodukte und gebrauchten Reststoffe im sonstigen Wege- und Platzbau ist jedoch eine Quelle ständiger Stoffeinträge in die Siedlungsböden des Ruhrgebiets durch Aufarbeitung, Umlagerungen, Verschleppungen und Verwehungen. Mittlerweile wurden von der Ländergemeinschaft Abfall auch für den überwiegenden Teil dieser Baustoffe gültige Regelungen des Recyclings mineralischer Reststoffe erlassen (LAGA 1994). Diese berücksichtigen jedoch im wesentlichen nur Aspekte des Grundwasserschutzes.

Industrielle Nebenprodukte und Reststoffe: PCB. Daten zu PCB-Gehalten in industriellen Reststoffen und Nebenprodukten liegen nicht vor. Dagegen ist das Datenmaterial umfangreich, das PCB-Gehalte in Schlämmen aus Kläranlagen und Regenrückhaltebecken im mg kg^{-1} -Bereich belegt (Grimmer et al. 1980; GfA 1991). Zu Bodenbelastungen führen diese, wenn sie in Unkenntnis der vorhandenen PCB-Gehalte, z.B. als sog. Bodenverbesserungsmittel oder als Oberbodenersatz zur Rekultivierung kommunaler Grünflächen eingesetzt werden.

Industrielle Nebenprodukte und Reststoffe: PCDD/F. PCDD/F-haltige industrielle Reststoffe und Nebenprodukte sind in Böden des Ruhrgebiets selten anzutreffen. Ursache dafür sind einerseits die hohen Analysekosten, die eine routinemäßige Einbeziehung der PCDD/F in Untersuchungsprogramme verhindern. Andererseits führen die geltenden gesetzlichen Regelungen dazu, daß bekanntermaßen PCDD/F-haltige Stoffe, wie z.B. Filterstäube, starken Kontrollen unterliegen. Vereinzelt erreichen jedoch belastete Komposte und als „Bodenverbesserungsmittel" bezeichnete Schlämme, wie z.B. Papierschlammrückstände, Böden landwirtschaftlich oder gärtnerisch genutzter Flächen (Friege 1992). Ein Reststoff hat jedoch als Deckschichtmaterial im wassergebundenen Wege- und Platzflächenbau unter dem Namen Kieselrot Ende der 60er Jahre aufgrund seiner guten mechanischen Eigenschaften eine weite Verbreitung und zu Beginn der 90er Jahre bundesweit einen großen Bekanntheitsgrad. erreicht. Es handelt sich um Bergematerial Cu-vererzter, unterkarbonischer, bituminöser Schiefer aus Marsberg, die während des Zweiten

Tabelle 7.17. Beispiele für die Verwendung von Baustoffen im Tiefbau in Siedlungsgebieten

Anwendungsbereich	Tennisplätze	Tennenflächen (Sportanlagen)	Bolzplätze	Wassergebundene Wege- oder Platzflächen	Asphaltierte Wege-, Platz- und Straßenflächen
Deckschicht	Ziegelmaterial	Natursteinmaterial, Haldenmaterial			Asphalt
Ausgleichsschicht	–				Bausand, Granulat (SKF), Hüttensand
Dynam. Schicht	Lavaschlacke, Rostasche		–		
Tragschicht	Naturstein-Schotter, Lavaschlacke Hochofenschlacke		Recycling-Bauschutt, MVA-Aschen, Naturstein-Schotter Hochofenschlacke, Stahlwerksschlacke		
Filterschicht	Kiessand, Granulat (SKF), Hüttensand		Granulat (SKF), Hüttensand		

Tabelle 7.18. Schwermetallgehalte in geogenen mineralischen Baustoffen auf Spiel- und Bolzplätzen in Siedlungsgebieten in NRW (Angaben in mg kg^{-1})

Material	As	Pb	Cd	Cr
Spielsand	<1–5	<3–11	<0,5	<1–10
Flußkies	3–7	<5–27	<0,5	4–14
Lavaschlacke	<1–4	<5–27	<0,5	7–21
Dolomit-Splitt	<1–7	<5–57	<0,5–0,7	<1–18
Kalkstein-Schotter	5–11	13–310	<0,5–0,9	2–19
Kalkstein-Splitt (Stolberg)	8–11	220–530	9–11	5–12
Dolomit-Splitt (Berg.-Gladbach)	23–111	1000–3750	20–64	5–19

Weltkrieges einer chlorierenden Röstung unter Zugabe von NaCl und anschließenden Laugung unterzogen wurden (Stock et al. 1993). Für den Bodenschutz von Bedeutung ist das Deckschichtmaterial Kieselrot erfahrungsgemäß durch seine Verschleppung und Verwehung in zu den Platzflächen benachbarten Grünflächen.

Geogen vorbelastete natürliche mineralische Baustoffe. Den vorgenannten Metallgehalten entsprechende Cd- und Pb-Gehalte werden in Nordrhein-Westfalen ebenfalls von Baumaterialien aus den Pb-Zn-Erzgebieten erreicht, die im wassergebundenen Wegebau in Parkflächen, auf Bolz- und Sportflächen sowie auf Kinderspielflächen eingesetzt wurden (Tabelle 7.18). Dabei handelt es sich zum einen um einen Dolomitsplitt aus Bergisch-Gladbach und zum anderen um die Bergematerialien der Lagerstätten Ramsbeck und Meggen. Deren Verwendung erfolgte vorwiegend außerhalb des Ruhrgebiets, da dort genügend industrielle Nebenprodukte als Wegebaumaterialien anfielen. Besonders „betroffen" von der Verwendung des Dolomitsplitts sind der Erftkreis sowie die Städte Köln und Düsseldorf (Gerlach et al. 1993).

7.4. EINFLUß DER BEIMENGUNGEN AUF DIE MOBILITÄT DER SCHWERMETALLGEHALTE

Abschließend soll angesprochen werden, welchen Einfluß die in urban-industriell geprägten Kultur- und Auftragsböden angetroffenen Beimengungen auf die Mobilität der Schwermetalle haben. Es ist allgemeiner Kenntnisstand, daß die Mobilität von Schwermetallen in Böden durch deren Gehalt an Humus, Ton und Sesquioxiden sowie durch die Bodenacidität, den pH-Wert bestimmt wird (DVWK 1988; Schachtschabel et al. 1992). Die erhöhten Gehalte an Beimengungen in urbanen Böden führen zu einer Verminderung der Bodengehalte an Adsorbentien und somit zu einer leichteren Verfügbarkeit der kationischen Metalle. Diese wird jedoch mehr als kompensiert durch die gleichzeitige drastische Erhöhung der pH-Werte. Die Zusammenstellung der üblichen pH-Werte der in den Böden des Ruhrgebiets angetroffenen Beimengungen zeigt, daß sie nahezu ausnahmslos alle alkalische bis stark alkalische Werte aufweisen (Tabelle 7.19). Nur so ist der Befund zu erklären, der sich aus der Untersuchung von Spielplatzböden in Essen ergibt (Tabelle 7.20), wonach der vorgefundene pH-Wert unabhängig von der Profiltiefe mit pH 7,2–7,5 im schwach alkalischen Bereich liegt.

Tabelle 7.19. pH-Werte in technogenen Substraten

Technogene Substrate	pH-Wert
Erdaushub	5–7
Bauschutt	>7
Straßenaufbruch	5–7
Bergematerial	
Steinkohlen-BB	>7
Aschen	
Müllverbrennungsaschen	9–12
Kraftwerksaschen	7–12
Schlacken	
NE-Metallhüttenschlacken	>7 (?)
Stückeschlacken	9–12
Müll	
Hausmüllähnliche Abfälle	7–8

Tabelle 7.20. Mittlere pH-Werte der Siedlungsböden in Essen, hier Spielplätze (n = 134; nach Meier 1993)

Untere Entnahmetiefe (cm)	pH-Wert
35	7,25
70	7,42
105	7,42
140	7,51
> 140	7,42

Der überwiegend alkalische Charakter der Kultur- und Auftragsböden wird dokumentiert durch ein Häufigkeitsdiagramm der pH-Werte der Böden in der Stadt Gelsenkirchen (Abb. 7.7). Die Verteilung der Werte ist polymodal, wobei die pH-Werte zwischen 5 und 6 den Böden gesicherter Altlastenflächen zugeordnet werden können, die mit allochthonem Lößlehm abgedeckt wurden. In den übrigen Böden dominieren schwach alkalische pH-Werte, wobei die große Zahl von pH-Werten über 8 überrascht.

Bei dem Versuch, das Mobilitätsverhalten der kationischen Metalle in urban-industriell geprägten Kultur- und Auftragsböden im Hinblick auf eine mögliche Grundwassergefährdung modellhaft zu beschreiben, muß grundsätzlich der Charakter des Unterbodens bzw. B- und C-Horizontes des Bodenprofils beachtet werden. Ist dieser natürlich gewachsen, d.h. nicht anthropogen beieinflußt und autochthon, so ist bei den üblicherweise im Ruhrgebiet anzutreffenden pleistozänen Ausgangssubstraten der Bodenbildung ein vom beimengungsreichen schwach alkalischen A-Horizont mit der Tiefe abnehmender pH-Wert zu erwarten. Dies bedeutet, daß aus dem Oberboden gelöste Metalle im Unterboden nicht wieder fixiert werden und so dem Grundwasser zugeführt werden. Ist der Unterboden dagegen allochthonen Ursprungs, so ist keine eindeutige Aussage über seinen pH-Wert möglich; die Befunde zeigen jedoch, daß in diesen Fällen auch dort ein alkalischer pH-Wert vorliegt und damit im Oberboden gelöste Metalle im Unterboden wieder fixiert werden können. Abweichend von diesem Modell unterscheiden sich die Böden in Stadtwäldern und Stadtparkanlagen nicht von entsprechenden Flächen außerhalb der Ballungsgebiete; sie sind ebenso von der allgemein fortschreitenden Bodenversauerung betroffen (→ Kap. 23) und weisen stark saure pH-Werte im A-Horizont auf, die mit der Tiefe ansteigen (Abb. 7.8).

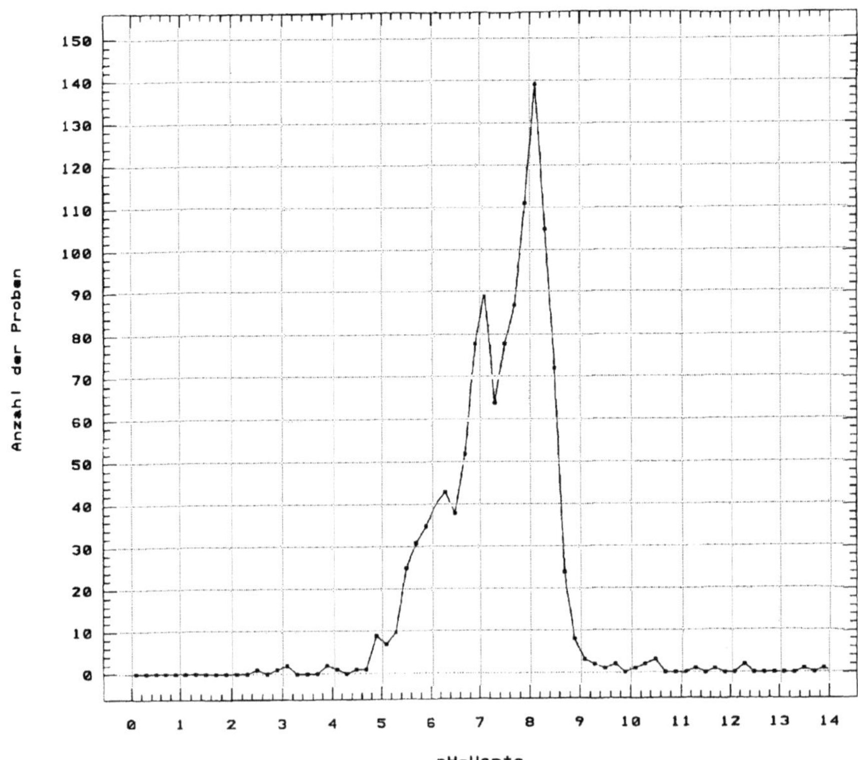

Abb. 7.7. pH-Werte in Böden der Stadt Gelsenkirchen (aus Viereck-Götte et al. 1994)

Genese des Unterbodens	Auftragsböden*	Kulturböden*	Stadtparkanlagen Stadtwälder **
Autochthon	▽	▽	△
Allochthon ***	▽△	▽△	△

* alle Siedlungsflächen, Kinderspielplätze, Straßenbegleitflächen, Altlasten, z.T. auch Grünflächen

** Flächen mit Oberböden ohne größere anthropogene Beeinflussung durch z.B Eintrag von Bauschutt, z.T. auch Grünflächen

*** Angeschüttete technogene Substrate bzw. Böden, die unter gleichzeitiger Einbringung von Beimengungen technogenen Ursprungs (z.B. Bauschutt, Schlacken) umgelagert wurden

Abb. 7.8. Nutzungsgeschichtlich bedingte, tiefenabhängige Variation des pH-Wertes in urbanen Böden des Ruhrgebietes

LITERATUR

AK Stadtböden (1989) Kartierung von Stadtböden – Empfehlung des Arbeitskreises Stadtböden der Deutschen Bodenkundlichen Gesellschaft für die bodenkundliche Kartieranleitung urban, gewerblich und industriell überformter Flächen (Stadtböden). Texte Umweltbundesamt 18/89: 162 S.

Brepohl W (1957) Industrievolk im Wandel von der agraren zur industriellen Daseinsform dargestellt am Ruhrgebiet. Mohr Verlag, Tübingen, 400 S.

Brüggemeier FJ, Rommelspacher T (1992) Blauer Himmel über der Ruhr – Geschichte der Umwelt im Ruhrgebiet 1840-1990. Klartextverlag Essen, 235 S.

Buck M, Ixfeld H, Ellermann K (1982) Entwicklung der Immissionsbelastung in der Rhein-Ruhr-Region seit 1965. Landesanstalt für Immissionsschutz des Landes Nordrhein-Westfalen (Hrsg) LIS-Berichte 18: 56 S., Essen

CLAM (1991) Chloraromaten – Herkunft und Transfer (Dioxinmeßprogramm NRW – CLAM) Abschlußbericht 1990. Ministerium für Umwelt, Raumordnung und Landwirtschaft (Hrsg) 374 S., Düsseldorf

Crößmann, G., M. Wüstemann (1992) Belastungen in Haus- und Kleingärten durch anorganische und organische Stoffe mit Schädlingspotential – Sachstandsdokumentation. Texte Umweltbundesamt 11/95: Teil I: 133 S., Teil II: 51 S., Teil III: 19 S.

Doetsch P (1994) Erweiterte Gefährdungsabschätzung und Sanierungsuntersuchung der Zechensiedlung „Teutoburgia" in Herne. Unveröff Abschlußbericht der Focon-Ingenieurgesellschaft, Aachen, für die Stadt Herne, Amt für Umweltschutz, 205 S.

Duisburg (1991): Ergebnisse von Bodenuntersuchungen in Duisburg, die in den Jahren 1987 bis 1990 vom Chemischen und Lebensmitteluntersuchungsamt der Stadt Duisburg durchgeführt wurden. Unveröff Mitteilung an den ministeriellen Arbeitskreis des MAGS NRW zu Kinderspielplätzen

Duisburg (1994) Dioxine – Erläuterungen, Informationen, Meßergebnisse, Bewertungen. Duisburger Umweltthemen 2 Spezial, 2. Auflage mit Ergänzungen. Der Oberstadtdirektor, Umweltdezernat (Hrsg) 74 S.

DVWK (1988) Filtereigenschaften des Bodens gegenüber Schadstoffen. Teil I: Beurteilung der Fähigkeit von Böden, zugeführte Schwermetalle zu immobilisieren. Deutscher Verband für Wasserwirtschaft und Kulturbau e.V. (DVWK) Merkblätter zur Wasserwirtschaft 212: 8 S.

Essen (1996) Altlasten und Bodenschutz in Essen. Amt für Umweltschutz, Chemisches und Geowissenschaftliches Institut, Stadt Essen (Hrsg) Beiträge zum Umweltschutz in Essen 12.

Fliegner M, Reinirkens P (1993) Vorliegende Referenzwerte für PAK in Böden Nordrhein-Westfalens. Bodenschutzzentrum des Landes Nordrhein-Westfalen (Hrsg) 82 S.

Friege H (1992) Konsequenzen aus der Belastung von Komposten mit Dioxinen und anderen chlororganischen Verbindungen. Müll Abfall 2/92: 74–78

Führ F, Scheele B, Kloster G (1986) Schadstoffeinträge in Boden durch Industrie, Besiedlung, Verkehr und Landbewirtschaftung (organische Stoffe). VDLUFA Schriftenreihe 16: 73–84, Kongreßband 1985, Gießen

Gelsenkirchen (1992) Gehalte an polychlorierten Dibenzodioxinen und -Furanen in Bodenproben von Kinderspielplätzen. Unveröff Untersuchungsbericht, Teil 6, des Hygiene-Instituts des Ruhrgebiets, Gelsenkirchen. Im Auftrag der Stadt Gelsenkirchen, Jugendamt, 9 S.

Gerlach R, Radtke U, Spona KD, Baum G (1993) Schwermetallbelastungen wassergebundener Decken auf Kinderspielplätzen – Teil 1. Düsseldorfer Geogr Schr 31: 239–249

GfA (1991) Zusammenfassende Auswertung der bisher vorgenommenen Untersuchungen im Stadtgebiet von Remscheid. Unveröff Gutachten B-9010-0373-11. Ges Arbeitsplatz Umweltanalytik mbH. Im Auftrag der Stadt Remscheid, 52 S.

Grimmer GH, Hilge G, Niemitz W (1980) Vergleich der polycyclischen aromatischen Kohlenwasserstoffprofile von Klärschlammproben aus 25 Kläranlagen. Vom Wasser 54: 255–272

Hamm (1993) Gutachten über die Dioxinbelastung des Oberbodens von Hamm. Hygiene-Institut des Ruhrgebiets, Inst Umwelthygiene und Umweltmedizin, Gelsenkirchen, und Fakultät Geowiss, Ruhr-Univ Bochum. Stadtverwaltung Hamm, Gesundheitsamt (Hrsg) 62 S.

Hembrock A (1988) Organische Schadstoffe im System Boden/-Pflanze. LÖLF-Jahresbericht 1987: 37–39

Herget J (1992) Schadstoffe in Stadtböden – Gehalte, Herkunft und Verbreitung am Beispiel des Stadtgebietes Gelsenkirchen. Unveröff Diplomarbeit Geogr, Ruhr-Univ Bochum, 156 S.

Herget J (1994) Zur räumlichen Variabilität der Gehalte ausgewählter Schadstoffe in Stadtböden Gelsenkirchens. Z Pflanzenernähr Bodenk 157: 309–314

Herget J (1996): Räumliche Differenzierung der Schadstoffgehalte in Stadtböden in Gelsenkirchen. Ber dtsch Landeskd 70: 183–201

Kneib WD, Bongard B (1994) Inventarisierung von technogenen Substraten und Charakterisierung technisch hergestellter Böden. Abschlußbericht mit Anhang zum Vorhaben 107 03 007/04 des UFOPlans, im Auftrag des Umweltbundesamtes, 334 S.

König W, Hembrock A (1989) Vorkommen und Transfer persistenter chlorierter organischer Schadstoffe in Böden, Nutzpflanzen und Nahrung. In: Halogenierte organische Verbindungen in der Umwelt: Herkunft, Messung, Wirkung, Abhilfemaßnahmen. Tagungsbericht der VDI-Kommission Reinhaltung der Luft; Kolloquium Mannheim, 25. bis 27. April 1989. VDI-Berichte 745: 423–439

König W, Hein D (1995) Dioxinbelastung von Böden im Einflußbereich unterschiedlicher Belastungsursachen und bei verschiedener Nutzung. In: Kreysa G, Wiesner J (Hrsg) Kriterien zur Beurteilung organischer Bodenkontaminationen: Dioxine (PCDD/F) und Phthalate. Internationale Expertenbeiträge und Resumee. DECHEMA-Fachgespräche Umweltschutz, DECHEMA e.V., Frankfurt/Main: 83–103

König W, Krämer F (1985) Schwermetallbelastung von Böden und Kulturpflanzen in Nordrhein-Westfalen. Schriftenreihe der LÖLF NRW 10: 159 S., Landwirtschaftsverlag Münster-Hiltrup

König W, Hembrock-Heger A, Wilkens M (1991) Persistente organische Chemikalien im Boden. UWSF-Z Umweltchem Ökotox 3, 1: 33–36

Krämer F (1976) Erste Untersuchungen zur Erstellung eines Bodenbelastungskatasters (Pb, Zn, Cd, Cu) im Raum Duisburg – Dinslaken. Schriftenreihe der LIB 39: 45–48

Krefeld (1992) Umweltbericht 1992. Teil 2 Boden, Ergebnisse des ersten Bodenuntersuchungsprogrammes. Der Oberstadtdirektor (Hrsg), 90 S.

LAGA (1991) LAGA-Informationsschrift Altablagerungen und Altlasten. Länderarbeitsgemeinschaft Abfall (Hrsg) Abfallwirtschaft in Forschung und Praxis 37: 176 S.

LAGA (1994) Anforderungen an die stoffliche Verwertung von mineralischen Reststoffen/Abfällen. Länderarbeitsgemeinschaft Abfall (Hrsg) Technische Regeln. Fassung vom 07.09.1994.

Liebe F, Brümmer GW (im Druck) Mobile und mobilisierbare Gehalte an anorganischen Schadstoffen in Böden Nordrhein-Westfalens. In: Landesumweltamt NRW (Hrsg) Materialien zu Altlasdtensanierung und Bodenschutz

LÖLF (1989) Aufstellung „Vorläufiger Hintergrundwerte" für Schwermetalle in Böden von NRW. (4 Tabellen), Düsseldorf

LÖLF (1991) Meßdaten von polycyclischen aromatischen Kohlenwasserstoffen (PAK) in Böden. Unveröff Mitteilung Landesanstalt für Ökologie, Landschaftsentwicklung und Forstplanung Nordrhein-Westfalen an den ministeriellen Arbeitskreis des MAGS NRW zu Kinderspielplätzen (Berichterstatterin A. Hembrock-Heger)

MAGS (1990) Metalle auf Kinderspielplätzen. Erlaß des Ministeriums für Arbeit, Gesundheit und Soziales NRW. 10.08.1990, Az.: VB 4-0292.5.3

Meier D (1993) Schadstoffbelastung von städtischen Grün- und Spielanlagen in Abhängigkeit von Substraten und Flächennutzung am Beispiel der Stadt Essen. Unveröff Diplomarbeit Fakultät XVII Geowiss Ruhr-Univ Bochum, 87 S.

Meuser H (1991) Verteilung unterschiedlicher technogener Bodensubstrate in Essener Stadtböden. Mitt Dt Bodenkdl Ges 66: 819–822

Meuser H (1993) Technogene Substrate in Stadtböden des Ruhrgebietes. Z Pflanzenernähr Bodenk 156: 137–142

Meuser H (1996) Berücksichtigung der Metalle Beryllium (Be), Cobalt (Co), Antimon (Sb), Selen (Se), Zinn (Sn) und Vanadium (V) bei Bodenuntersuchungen auf Altablagerungen. Altlasten Spektrum 2/96: 82–93

MURL (1989) Luftreinhaltung in Nordrhein-Westfalen. Eine Erfolgsbilanz der Luftreinhalteplanung 1975–1988. Ministerium für Umwelt, Raumordnung und Landwirtschaft des Landes Nordrhein-Westfalen. Düsseldorf, 272 S.

MURL (1993a) Wirkungskataster zu den Luftreinhalteplänen des Ruhrgebietes 1993. Immissionswirkungen durch Luftverunreinigungen auf den Menschen. Ministerium für Umwelt, Raumordnung und Landwirtschaft des Landes Nordrhein-Westfalen, Düsseldorf, 319 S.

MURL (1993b) Luftreinhalteplan Ruhrgebiet West 1993. Ministerium für Umwelt, Raumordnung und Landwirtschaft des Landes Nordrhein-Westfalen, Düsseldorf, 334 S.

Neite H, Kazda M, Paulißen D (1992) Schwermetallgehalte in Waldböden Nordrhein-Westfalens – Klassifizierung und kartographische Auswertung. Z Pflanzenernähr Bodenk 155: 217–222

Pott F, Heinrich U (1992) Polyzyklische aromatische Kohlenwasserstoffe. In: Wichmann HE, Schlipköter HW, Füllgraf G (Hrsg) Handbuch der Umweltmedizin: Toxikologie, Epidemiologie, Hygiene, Belastungen, Wirkungen, Diagnostik, Prophylaxe. Ecomed Fachverlag, Landsberg/Lech, 18 S.

Schachtschabel P, Blume HP, Brümmer G, Hartge KH, Schwertmann U (1992) Scheffer/Schachtschabel Lehrbuch der Bodenkunde. Ferdinand Enke Verlag, Stuttgart 13. Aufl, 491 S.

Schraps WG (1989) Zur Systematik anthropomorpher Böden im Ruhrgebiet. Mitt Dtsch Bodenkundl Ges 59/II: 981–982

Smettan U, Mekiffer B (1996) Kontamination von Trümmerschuttböden mit PAK. Z Pflanzenernähr Bodenk 159: 169–175

Späte A, Werner W (1991) Erfassung und Auswertung der Hintergrundgehalte ausgewählter Schadstoffe in Böden Nordrhein-Westfalens. Landesamt für Wasser und Abfall NRW (Hrsg) Materialien zur Ermittlung und Sanierung von Altlasten. 4: 109 S.

Stock HD, Fürst P, Krause GHM, Delschen T (1993) Dioxinbelastung durch das Röstlaugenverfahren in der Marsberger Kupferhütte. Handbuch zum VDI-Seminar Bodenschutz, Düsseldorf, 29./30.06.1993: 31 S.

TA Luft (1986) Erste Allgemeine Verwaltungsvorschrift zum Bundes-Immissionsschutzgesetz. Technische Anleitung zur Reinhaltung der Luft v. 27.02.1986. GMBl. 1986, 95 S.

Thiele V, Neite H, Gollan B (1994) Das Bodeninformationssystem des Landes Nordrhein-Westfalen (BIS NRW) Hard- und Softwarekonzept des Prototyps. GIS 7, 5: 19–24.

Viereck-Götte L (1995a) Deutsch-polnischer Erfahrungsaustausch über Bewertungsmaßstäbe für Bodenbelastungen und Schadstoffdepositionen am Beispiel von Kleingärten. Anlage 1: Deutsche Erfahrungen in Belastungsgebieten Nordrhein-Westfalens. Bericht zu MOE-Vorhaben im Auftrag des Umweltbundesamtes, 116 S.

Viereck-Götte L (1995b) Variation der Gehalte an Benzo(a)pyren als Leitparameter der PAK in Siedlungsböden, Bau- und Reststoffen. In: Stadt Herne, Amt für Umweltschutz (Hrsg) Herner Umweltgespräche 2. Risikobewertung bei Bodenbelastungen am Beispiel Benzo(a)pyren

Viereck-Götte L, Hoffmann A, Neumann R (1994) Bodenbelastungskataster Gelsenkirchen. Abschlußbericht. Im Auftrag der Stadtverwaltung Gelsenkirchen und des Landes Nordrhein-Westfalen. 86 S.

Wuppertal (1993) Umweltschutz in Wuppertal – Bodenbericht. Oberstadtdirektor der Stadt Wuppertal, Dezernat für Umweltschutz (Hrsg), 71 S.

Wuppertal (1994) Belastung des Bodens mit polychlorierten Dibenzo-p-dioxinen und Dibenzofuranen in der Region Wuppertal-Oberbarmen/Schwarzbach. Unveröff Bericht des Hygiene-Instituts des Ruhrgebiets, Gelsenkirchen, im Auftrag des Umweltamtes der Stadt Wuppertal. 7 S.

8 Bildung und Verbleib natürlicher halogenorganischer Verbindungen in Wasser, Böden und Sedimenten

HEINZ FRIEDRICH SCHÖLER • GEORG HAIBER

8.1 QUELLEN HALOGENORGANISCHER VERBINDUNGEN

Organohalogenverbindungen wie Polychlorierte Dibenzodioxine, Polychlorierte Biphenyle, Chlorphenole, chlorierte Ethane und Ethene, Trihalogenmethane, Methyliodid und auch FCKWs, die man lange Zeit nur als anthropogen hergestellte Produkte angesehen hat (→ Kap. 7, 16), sind in den letzten Jahren auch als Syntheseprodukte der Natur identifiziert worden. Viele Publikationen in jüngster Zeit deuten darauf hin, daß die natürliche Chlorchemie immer mehr in den Blickpunkt des Interesses rückt (Gribble 1992, 1994a, 1994b, 1995; 1996; Geckeler u. Eberhardt 1995; Grimvall u. de Leer 1995; Hoekstra u. de Leer 1995; Naumann 1993, 1994). Natürliche Chlorierungsprozesse sind bislang kaum untersucht und wurden bei der Diskussion von Massenbilanzen bisher meist vernachlässigt. Schwierigkeiten bereitet vor allem die eindeutige Zuordnung eines halogenorganischen Moleküls zu einer natürlichen Quelle, wenn der Mensch das identische Molekül in großem Maßstab herstellt und großflächig verteilt.

Nach ersten Massenbilanzen sind natürliche Organohalogenverbindungen nicht nur allgegenwärtig in unserer Umwelt, sondern bei einigen Verbindungen – z.B. Methylchlorid, Trichlormethan oder Tetrachlormethan – überschreitet die natürliche Bildung die anthropogene Synthese um das Zehn- bis Einhundertfache (Wever 1991; Wever et al. 1991; Hoekstra u. de Leer 1993). Die Mehrzahl der bisher entdeckten natürlichen Organohalogenverbindungen – meist sind es chlorierte, bromierte oder iodierte sowie einige fluorierte Verbindungen – beträgt zur Zeit ca. 2570 (Abb. 8.1).

Gerade vor 100 Jahren wurde von Drechsel mit Iodtyrosin aus der Koralle *Gorgonia cavolonii* der erste halogenierte Naturstoff isoliert und identifiziert (Drechsel 1896). Erst 1934 wurde mit dem Flechteninhaltsstoff Diploicin die erste natürliche Organochlorverbindung entdeckt (Neidleman u. Geigert 1986; Abb. 8.2).

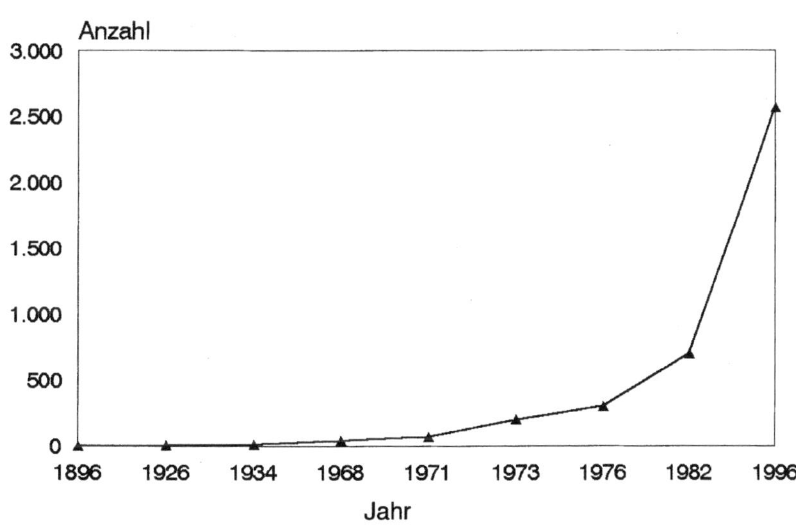

Abb. 8.1. Zeitliche Entwicklung der identifizierten natürlichen halogenorganischen Verbindungen (nach Gribble 1996)

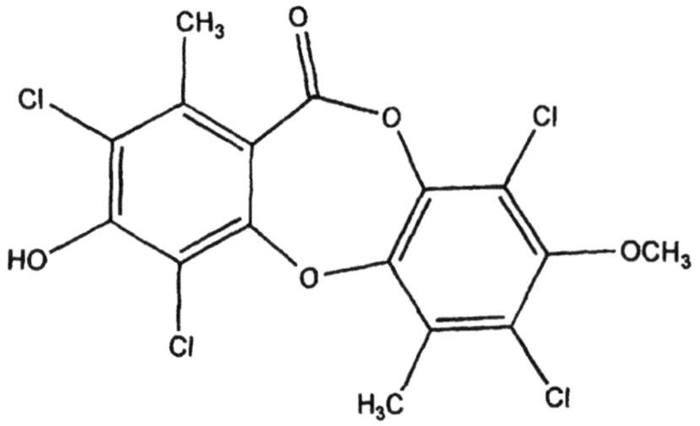

Abb. 8.2. Strukturformel von Diploicin

Bis zum Beginn der 80er Jahre waren natürliche Organohalogenverbindungen eine Domäne der Naturstoffchemiker und ihre Bildung wurde als Laune der Natur betrachtet. Bei mehr als 80 Pflanzenarten wurden halogenierte organische Verbindungen isoliert (Fenical 1982; Engvild 1986). Das Enzym Thyroxin ist eine beim Menschen vorkommende iodorganische Verbindung. Mehrere Antibiotika, die aus Pilzen und Bakterien isoliert wurden, sind halogenierter Natur – z.B. Aureomycin, Avilamycin, Chloramphenicol, Chlorotricin, Clindamycin und Griseofulvin (Mason et al. 1982; Thesing 1991).

Die Produzenten sind Mikroorganismen, Algen und Pilze sowohl aus dem marinen als auch aus dem terrestrischen Bereich sowie atmosphärische Reaktionen, die das über die Brandung in die Atmosphäre gelangende Chlorid zunächst oxidieren. In der Folge reagieren diese hochreaktiven Chlor-Spezies mit organischen Verbindungen zu Chlororganika.

Natürliche Organohalogenverbindungen aus marinen Quellen

Nach Schätzungen von Keene (1995) gelangen infolge der Brandung jährlich rund 5 bis 15 Billionen Tonnen Chlorid über den Weltmeeren in die Atmosphäre, wovon der Hauptteil durch trockene und nasse Deposition dem Meer zurückgeführt wird; allerdings verbleiben 3 bis 5% des über dem offenen Ozean aufgewirbelten Chlorids in der Atmosphäre, im Küstenbereich bleiben mehr als 90% des Chlorids in Form von Aerosolen in der Luft. Je nach chemischer Zusammensetzung der Atmosphäre wird das Chlorid über Säure- und Oxidationsreaktionen in reaktivere Chlor-Spezies wie hypochlorige Säure, Nitrosylchlorid und Nitrylchlorid überführt. Letzteres wird als Hauptquelle der Chloratome in der Stratosphäre angesehen. Keene (1995) weist ausdrücklich auf die Möglichkeit der Produktion chlorierter Acetate durch atmosphärische Prozesse hin. Marine Algen und Seetang produzieren jährlich rund 3 Millionen Tonnen Methylchlorid (Moore 1995). Man vermutet, daß die Substanz in der Atmosphäre zu Chlorwasserstoff oxidiert wird und über Land oder dem Meer wieder abregnet. Neben chlorierten Verbindungen produzieren Algen in großem Maße auch bromierte und iodierte sowie gemischt halogenierte flüchtige und wenig flüchtige Organohalogenverbindungen (Gschwend et al. 1985; Wever 1991; Wever et al. 1991). Das im Wasser gelöste Chlorid kann in Verbindungen wie Methyliodid bzw. Methylbromid Brom und Iod verdrängen. Moore (1995) meint, daß beispielsweise die Bildung von Trichlormethan durchaus denkbar sei.

Natürliche Organohalogenverbindungen aus terrestrischen Quellen

Aufgrund der anthropogenen Überprägung ist die Identifizierung natürlicher Organohalogenverbindungen auf den Landgebieten besonders schwierig. Im Vergleich zur marinen Produktion flüchtiger chlorhaltiger Verbindungen – das gilt zumindest für Methylchlorid – spielen terrestrische Quellen wie Pilze eher eine untergeordnete Rolle. Harper (1985, 1995) schätzt, daß ca. 1 Million Tonnen Methylchlorid terrestrisch von Pilzen produziert wird. Dies entspricht dem 30-fachen der anthropogen erzeugten Menge. Methylchlorid wird vor allem beim Abbau des natürlichen Massenproduktes Holz gebildet. Hauptsächlich Insekten (z.B. Heuschrecken und Zecken) benutzen chlororganische Verbindungen als Sexuallockstoff oder um Freßfeinde abzuschrecken (Gluskoter u. Ruch 1971; Gribble 1992). Erstaunlicherweise enthalten auch weiße Blutkörperchen Peroxidasen, mit deren Hilfe sie zur Abtötung von Erregern hypochlorige Säure produzieren (Weiss et al. 1986).

Durch Waldbrände wurden schon immer Dioxine und Chlorphenole in der Umwelt abgegeben. Ob allerdings, wie von zwei Arbeitsgruppen behauptet (Nestrick u. Lamparski 1982; Sheffield 1985), Waldbrände die Hauptquelle von Dioxinen in der Umwelt darstellen, wird in Fachkreisen angezweifelt. Unstrittig ist dagegen die mikrobielle Dioxinproduktion aus Phenolen, katalysiert durch das Enzym Meerrettich-Peroxidase (Svenson et al. 1989; Öberg et al. 1990, 1993). Schließlich emittieren weltweit jährlich 500 bis 700 aktive Vulkane etwa 3 Millionen Tonnen Chlorwasserstoff in die Atmosphäre, das wiederum als Ausgangsprodukt für die Produktion weiterer Chlororganika dient (Gribble 1994b).

8.2 NATÜRLICHE CHLORIERUNGS-MECHANISMEN MITTELS HALOPEROXIDASEN

Auf der Suche nach den Synthesewegen der Natur für halogenhaltige Naturstoffe entdeckte man die Enzym-Klasse der Haloperoxidasen. Diese Enzyme sind in der Lage, anorganische Halogenide nach folgender Gleichung 8.1 oxidieren, und so für den Einbau in organische Moleküle verfügbar machen:

$$\text{Substrat} + H_2O_2 + X^- + H^+ \xrightarrow{\text{Enzym}} \text{halogeniertes Produkt} + 2\,H_2O \qquad 8.1$$

Bis heute kennt man sechs verschiedene Haloperoxidasen:

- Meerrettich-Peroxidase aus der Meerrettichwurzel,
- Lacto-Peroxidase aus Milch,
- Myelo- und
- Eosinophil-Peroxidase aus weißen Blutkörperchen,
- Thyroid-Peroxidase aus der Schilddrüse sowie
- Chloroperoxidase aus dem Pilz *Caldariomyces fumago* (Neidleman u. Geigert 1986).

Alle Enzyme sind aus einer prosthetischen Gruppe, dem Häm, und einem Apoenzym, dem Glycoprotein, aufgebaut. Dabei enthalten alle Haloperoxidasen außer Myeloperoxidase Ferriporphyrin als prosthetische Gruppe (Abb. 8.3). Das Metallion aktiviert die heterolytische Spaltung des Wasserstoffperoxids, während das Porphyringerüst das Oxidation-Reduktionspotential reguliert. Meistens ist ein Fe^{3+}-Ion das Zentralion; bei Chlorperoxidasen kann es partiell durch Mn^{2+} ersetzt werden (Neidleman u. Geigert 1986). Die Glycoproteinkomponente steuert die Reaktivität

Mechanismus A: Hypohalogenige Säure (HOX) als Intermediat

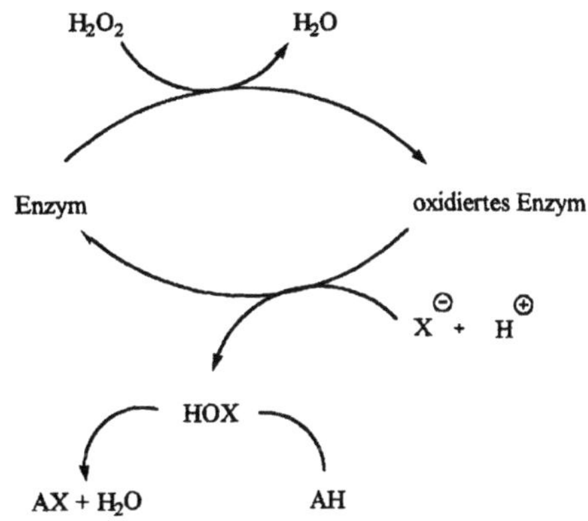

Mechanismus B: Enzym-gebundenes Intermediat (EOX)

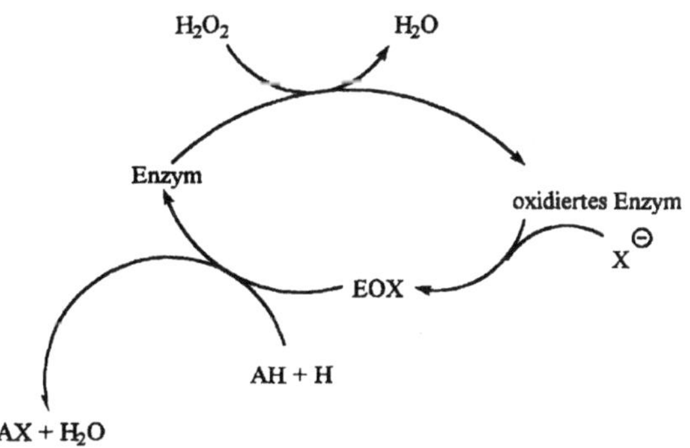

Abb. 8.4. Mechanismen der Haloperoxidase-katalysierten Halogenierung (Mechanismus **A** → über hypohalogenige Säure als Intermediat; Mechanismus **B** → über ein enzymgebundenes Intermediat)

Abb. 8.3. Die Häm-Gruppe vieler Haloperoxidasen – Ferriporphyrin

und stabilisiert die reaktiven Zwischenprodukte.

Für die enzymatische Halogenierung werden in der Literatur zwei Mechanismen diskutiert: Beide Möglichkeiten sind in Abbildung 8.4 dargestellt. Die Mechanismen unterscheiden sich im Intermediat. Bildet sich hypohalogenige Säure als Zwischenprodukt, so sind Reaktionsgeschwindigkeit, Substratspezifität und Produktselektivität, im Unterschied zum Enzym-gebundenen Zwischenprodukt, gleich der bei chemischen Halogenierungen. Für Myeloperoxidase gilt Reaktionsmechanismus *A* (Harper 1985), während für die Chlorierung mit Chloroperoxidase Mechanismus *B* favorisiert wird. Libby et al. (1982) studierten diesen Mechanismus: Danach lief im Unterschied zur chemischen Chlorierung die

Chlorid-Oxidation langsamer ab als die Chlorierung des Substrates, gleichzeitig war die Reaktion substratspezifisch. Brown u. Hager (1967) konnten schließlich einen ionischen Verlauf der Reaktion nachweisen. Allerdings bildet sich in Abwesenheit von chlorierbaren Substraten elementares Chlor, so daß noch Unsicherheiten hinsichtlich des Mechanismus bleiben.

8.3 Hinweise auf natürlich chlorierte Substanzen und Chloroperoxidase in Wasser, Böden und Sedimenten

Wenngleich der AOX-Wert (adsorbable organic halogens) nichts über die Struktur einzelner chlorierter Spezies aussagt, fungiert er gleichermaßen als Sonde, um an organisches Material in Wässern, Böden und Sedimenten gebundenes Halogen anzuzeigen (Nkusi u. Müller 1994; Nkusi et al. 1994). Zur Entwicklung des AOX-Wertes und seiner Bedeutung im Trinkwasserbereich und bei der Abwasserüberwachung sei auf entsprechende Literatur hingewiesen (Kühn et al. 1977; Jekel u. Roberts 1980; Hoffmann et al. 1988; Keller 1989; Jokela et al. 1992).

AOX-Gehalte in Sedimenten und Interstitial-Wasser

Überraschenderweise ergaben AOX-Untersuchungen von Seesedimenten und des zugehörigen Interstitial-Wassers sehr hohe AOX-Gehalte. Müller und Mitarbeiter untersuchten die Abgabe von AOX aus dem Sediment an das Interstitial-Wasser mittels Diffusionskammer-Peeper im Sediment des Bodensees (Müller u. Schmitz 1985; Schmitz et al. 1986; Haiber et al. 1996; Müller 1995; Müller et al. 1996; → Kap. 19). Die Konzentrationen von AOX und C_{org} im Interstitial-Wasser im zentralen Teil des Sees bei 140 m Tiefe sind in Abbildung 8.5 dargestellt. Im überstehenden Wasserkörper beträgt der AOX-Gehalt 6 ± 1 μg l^{-1} (DOC-Gehalt: 1,1 ± 0,05 mg l^{-1}). Die AOX-Konzentrationen des Interstitialwassers hingegen liegen zwischen 119 und 423 μg l^{-1}. Dies entspricht einem Anreicherungsfaktor von 20–70 zwischen dem Interstitialwasser und dem Wasserkörper. Ein Transport aus dem Sediment in den Wasserkörper ist anzunehmen. Aus der Sedimentdatierung ist bekannt, daß bei einer Sedimenttiefe von 10 cm das Jahr 1880 erreicht wird (Dominik et al. 1981). Eine anthropogene Quelle für Organohalogenverbindungen unterhalb dieser Grenze ist äußerst unwahrscheinlich.

Auch ein datierter Sedimentkern von 32 cm Länge aus dem Mindelsee, der in einem Naturschutzgebiet in der Nähe von Radolfzell/Bodensee liegt, zeigt AOX-Konzentrationen zwischen 34,0 und 92,8 mg kg^{-1} Cl bei einem C_{org}-Gehalt zwischen 2,25 und 3,43% (Tabelle 8.1; Müller et al. 1996). Eine systematische Änderung des AOX mit der Sedimenttiefe (dem Alter) wurde nicht gefunden – eine anthropogene Verschmutzung der oberen Sedimentlagen konnte nicht nachgewiesen werden. Auch hier muß es sich um natürliche Organohalogenverbindungen handeln.

AOX-Gehalte in Böden

AOX-Untersuchungen an präindustriellen Torfen und von mehrere Jahrhunderte alten Grundwasserproben ergaben zum Teil sehr hohe AOX-Gehalte.

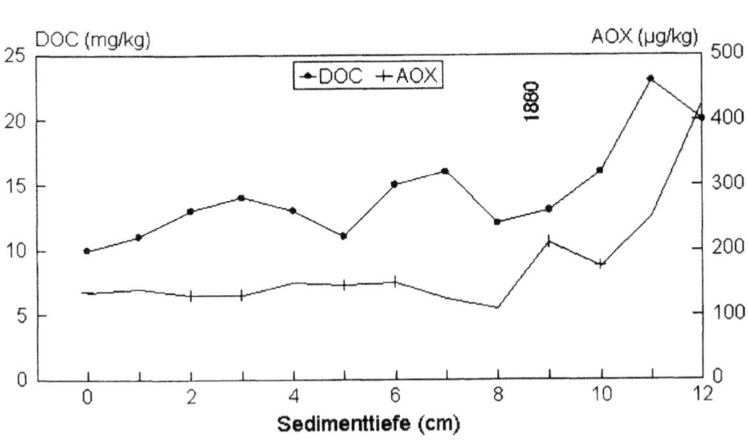

Abb. 8.5. AOX und DOC im Interstitialwasser des Bodensee-Sedimentes

Tabelle 8.1. AOX und C_{org} in Sedimentprofilen des Mindelsees (Nähe Bodensee)

Tiefe (cm)	AOX (mg kg^{-1} Cl TS)	C_{org} (%)
0–2	50,6	3,43
2–4	60,6	3,41
4–6	40,2	3,32
6–8	66,6	3,29
8–10	92,8	2,83
10–12	42,6	–
15–17	50,0	2,59
20–22	58,0	2,25
25–27*	36,5	2,34
30–32	34,0	2,68

*Ab dieser Tiefe wird ein Alter von >□200 a erreicht

Die mit 200–300 mg kg^{-1} höchsten AOX-Werte wurden dabei in den besonders huminstoffreichen Torfproben nachgewiesen. Man muß davon ausgehen, daß der Halogengehalt der Proben natürlichen Ursprungs ist. Die Tabelle 8.2 zeigt die AOX- sowie die C_{org}-Gehalte eines Torfprofils aus dem Osterzgebirge (Sachsen). Der unterste Teil des Profils hat ein Alter zwischen 2500 und 3000 Jahren. Die C_{org}-Konzentrationen lagen in einem engen Bereich (47,1–59,4%), wohingegen die AOX-Gehalte sich zwischen 122,4 und 397,8 mg kg^{-1} bewegten. Die niedrigeren Konzentrationen (< 200 mg kg^{-1}) lagen in der Mitte des Kerns. Vergleicht man mit heutigen *Sphagnum*-Arten – die bedeutendsten Moose bei der Torfbildung (→ Kap. 5) – so zeigen diese AOX-Gehalte zwischen 70 und 90 mg kg^{-1} (Harper 1985). Dies ist deutlich weniger als im untersuchten Torfkern und deutet auf eine Bildung von Organohalogenverbindungen bei der Torfbildung hin.

Tabelle 8.2. AOX-Konzentrationen in einem datierten Torfprofil aus dem Osterzgebirge/Sachsen (Müller et al. 1996)

Tiefe (cm)	AOX (mg kg^{-1} Cl)	C_{org} (%)*	Datierung (Jahr)*
0–010	229,5	47,1	
10–020	397,8	56,4	
20–030	239,4	53,4	1260±70
30–040	169.7	59,4	
40–050	262,4	49,5	1410±70
50–060	201,3	51,0	
60–070	183,4	48,9	1930±110
70–080	153,2	47,9	
80–090	132,0	49,1	1940±70
90–100	135,1	46,9	
100–110	122.4	48,6	1970±80
110–120	133,0	49,1	
120–130	175,2	47,3	2050±70
130–140	184,6	46,9	
140–150	190,7	48,8	
150–160	230,1	51,0	2290±70
160–170	253,8	50,4	
170–180	342,8	54,7	2500±80
180–200	269,6	56,8	

* nach Bozau (1995)

Tabelle 8.3. AOX-Konzentrationen in Torfproben und Kohleproben nach Müller (Müller 1995; Müller et al. 1996)

Proben	AOX-Wert (mg kg^{-1})
holozäner Torf (mehrere tausend Jahre)	200–300
tertiäre Braunkohle (15 Mio a)	110–170
bituminöse Kohle aus dem Karbon (300 Mio a)	70

Während des Inkohlungsvorganges nimmt jedoch der AOX-Gehalt deutlich ab, wie entsprechende Untersuchungen zeigten (Tabelle 8.3; Müller et al. 1996). Diese Ergebnisse stimmen mit britischen und amerikanischen Untersuchungen aus den 70er und 80er Jahren überein, die zwar nicht den AOX-Gehalt bestimmten, aber aufgrund der Löslichkeit in organischen Lösungsmitteln „von Chlorid in einer organischen Verbindung" berichten (Gluskoter u. Ruch 1971; Daybell 1987). Erstaunlich hohe AOX-Konzentrationen bestimmten Asplund et al. (1989, 1991, 1996; Daybell 1987; Grimvall 1995; Grimvall u. de Leer 1995) in Böden sowie in Oberflächenwässern in Schweden; sie schätzen einen Großteil des AOX als natürlich gebildet ein.

Anscheinend spielt für die Produktion natürlicher Chlororganika das Enzym Chloroperoxidase (CPO) von *Caldariomyces fumago* eine entscheidende Rolle. Modellversuche zeigten die chlorierende Wirkung von CPO in Anwesenheit von Chlorid- und Wasserstoffperoxidkonzentrationen, wie sie in der Natur vorkommen. Daß Böden mit hohem C_{org}-Gehalt ebenfalls CPO enthalten, konnten Asplund et al. (1991) zeigen, indem sie Böden extrahierten und eine chlorierende Wirkung des Extraktes feststellten; eine Bodenlösung aus 500 g Waldboden hatte eine Chlorierungsaktivität von 0,3 Enzymeinheiten (eine Enzymeinheit ist als diejenige CPO-Menge definiert, die 1 μmol Monochlordimedon unter Standardbedingungen in Dichlordimedon umwandelt (Abb. 8.6; Anonymus 1989).

Die Aktivität des Extraktes nimmt mit der Zeit und nach Erwärmen des Extraktes ab; das pH-Optimum der Chlorierung liegt zwischen 3 und 4 (Abb. 8.7; Asplund et al. 1989). Die Intensität dieser Reaktion ist von mehreren Faktoren gesteuert. So sind neben dem pH-Wert auch der C_{org}-Gehalt und das Redoxpotential von Bedeutung. Die bei der Chlorierungsreaktion gebildeten Organochlorverbindungen sind zum Teil wasserlöslich und werden aus dem Oberboden in das Grundwasser eingetragen. Folgerichtig fanden Groen (1995), Groen u. Raben-Lange (1992) sowie Schleyer et al. (1994) bei Grundwasser untersuchungen durchschnittliche AOX-Werte von 1 bis 15 μg l^{-1}; die Spitzenwerte lagen zum Teil über 80 μg l^{-1} (Abb. 8.7).

Die Variation des AOX-Gehaltes des Grundwassers mit dem pH-Wert läßt vermuten, daß hierfür das Enzym Haloperoxidase verantwortlich ist. Der Rückgang der Sorptionsfähigkeit des Bodens und die Abnahme des biologischen Abbaus sind wahrscheinlich nur von geringer Bedeutung.

8.4 EINZELSTOFFANALYTIK ZUR AUFKLÄRUNG DES AOX-GEHALTES – AUSBLICK

Welche Verbindungen verbergen sich nun hinter diesen hohen AOX-Gehalten? Dies wird in Zukunft eine der Kernfragen sein. De Lijser et al. (1991) sowie van Loon (1992) pyrolysierten Böden mit hohem AOX-Gehalten oder Huminsäuren mit einem hohen Anteil an organisch gebundenem Chlor. Sie identifizierten Dichlorpropan, isomere Chlorbenzole, isomere Chlorphenole und zahlreiche nicht exakt identifizierbare Chloralkane und -alkene. Mögliche Artefakte können allerdings bei dieser Methode nicht ausgeschlossen werden, da sich viele der identifizierten Verbindungen bei den hohen Temperaturen beispielsweise durch Crack-, Rekombinations- und Umlagerungsprozesse erst bilden könnten (Saiz-Jimenez 1994).

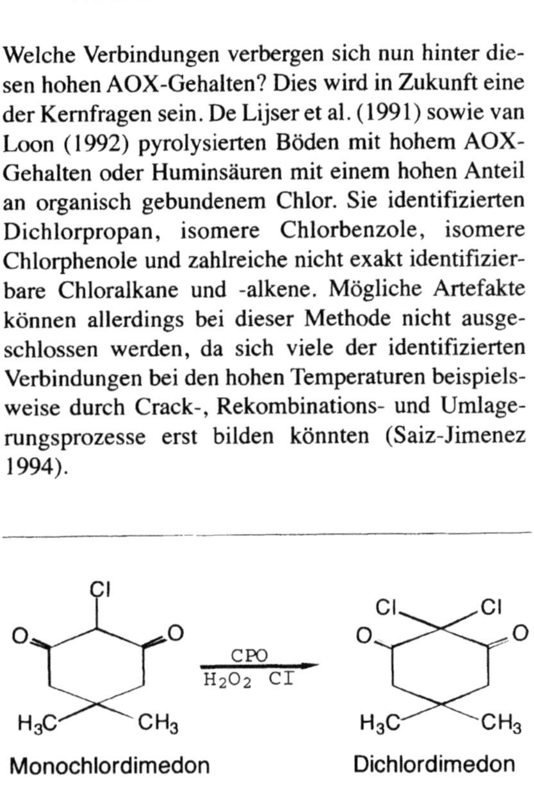

Abb. 8.6. Reaktion von CPO mit Chlordimedon

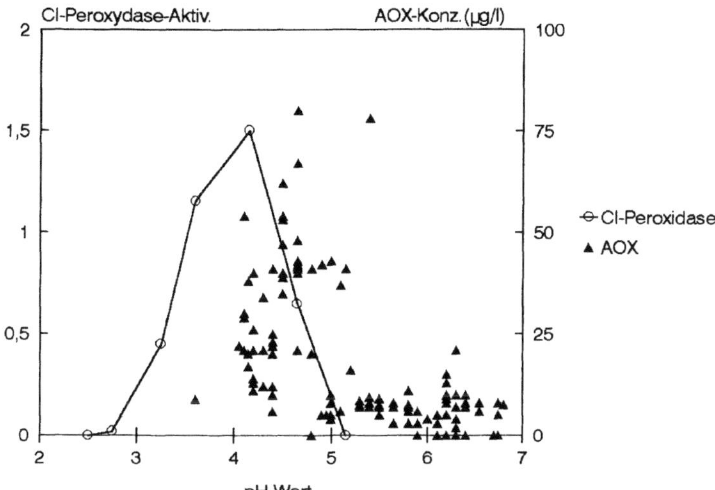

Abb. 8.7. Zusammenhang zwischen pH und Chloroperoxidase-Aktivität (—) sowie zwischen pH und AOX im Grundwasser (nach Schleyer et al. 1994)

Jüngste Untersuchungen an torfhaltigen Böden in den Niederlanden erbrachten bei Trichlormethan und Trichloressigsäure (TCAA) erhöhte Werte. Die Trichlormethankonzentrationen in Bodenluft waren durchschnittlich um den Faktor fünf bis zehn höher als diejenige in der Außenluft. Hoekstra u. de Leer (1995) werten dies als eindeutigen Hinweis auf eine biogene Trichlormethanbildung im Boden. Mit dem Torfgehalt nahmen die TCAA-Konzentrationen zu; man nimmt auch hier eine biogene Produktion an, räumt aber die photochemische Bildung mit nachfolgendem Eintrag in den Boden als weitere mögliche TCAA-Quelle ein. Modellversuche mit kommerzieller Huminsäure und CPO ergaben TCAA-Konzentrationen von rund 260 μg kg^{-1} organischem Material (Hoekstra et al. 1995; Haiber et al. 1996); gleichzeitig nahm auch die Trichlormethanproduktion nahezu linear mit der Zeit zu; gemessen wurde im Zeitraum von 0–80 h. Auch die Umsetzung von Säuren des Citronensäurezyklus mit CPO ergab bei Essigsäure

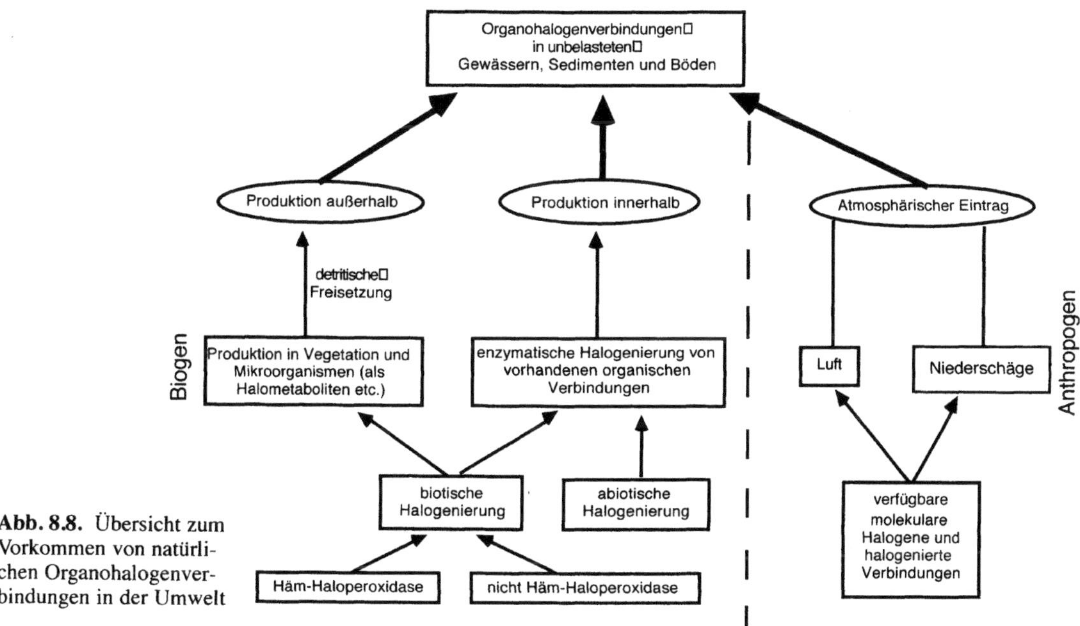

Abb. 8.8. Übersicht zum Vorkommen von natürlichen Organohalogenverbindungen in der Umwelt

eine TCAA-Ausbeute von 8% (Haiber et al. 1996).

Viele Versuche zur Aufklärung des Vorkommens, des Kreislaufs und der Struktur von natürlichen Organohalogenverbindungen haben gezeigt, daß die Menge an Organohalogenverbindungen in Gewässern, Böden und Sedimenten mit den verfügbaren organischen Kohlenstoffverbindungen korreliert. Liegt der C_{org} jedoch über 30%, wie es bei Pflanzen und Torfproben der Fall ist, läßt sich diese Korrelation nicht mehr erkennen. Man vermutet, daß die natürlichen Organohalogenverbindungen durch die Halogenierung von vorhandenen organischen Stoffen gebildet werden, z.B. Fulvin- und Huminsäuren sowie Huminstoffen. Ebenso haben einige Versuche die Korrelation zwischen pH, Färbung des Wassers und dem Gehalt an natürlichen Organohalogenverbindungen bestätigt. Für eine umfassende Beschreibung des Kreislaufes dieser Chlororganika in der Natur fehlen bisher die grundlegenden Untersuchungen. Die Abbildung 8.8 faßt die Entstehung und die Verteilung natürlicher Organohalogenverbindungen in Umweltkompartimenten zusammen.

LITERATUR

Anonymous (1989) Handbuch Feinchemikalien. Sigma Chemical Company, St. Louis/USA

Asplund G, Grimvall A, Petterson C (1989) Naturally produced adsorbable organic halogen (AOX) in humic substances from soil and water. Sci Total Environ 81/82: 239–248

Asplund G, Boren H, Carlsson U, Grimvall A (1991) Soil Peroxidase-mediated chlorination of fulvic acid. In: Allard B, Boren H, Grimvall A (eds) Humic substances in the aquatic and terrestrial environment. Springer, Berlin Heidelberg New York, S. 475–484

Asplund G, Christiansen JV, Grimvall A (1996, in press) A chloroperoxidase like catalyst in soil: Detection and characterization of some properties. Soil Biol Biochem

Bozau E (1995) Zum atmosphärischen Stoffeintrag in das Osterzgebirge. Unveröff Diss, Geowiss Univ Heidelberg 102 S.

Brown FS, Hager CP (1967) Chloroperoxidase IV. Evidence for an ionic electrophilic substitution mechanism. J Am Chem Soc 89: 719–720

Daybell GN (1987) The relationship between sodium and chlorine in some British coals. J Inst Fuel 40: 3–17

de Lijser HJP, Erkelens C, Knol A, Pool W, de Leer EWB (1991) Natural organochlorines in humic soils. GC and GC/MS studies of soil pyrolysates. In: Allard B, Boren H, Grimvall A (eds) Humic substances in the aquatic and terrestrial environment. Springer, Berlin Heidelberg New York, S. 485–494

Dominik J, Mangini A, Müller G (1981) Determination of recent deposition rates in Lake Constance with radioisotopic methods. Sedimentology 28: 653–677

Drechsel E (1896) Beiträge zur Chemie einiger Seethiere. Z Biol 33: 85–101

Engvild KC (1986) Chlorine-containing natural compounds in higher plants, Phytochem 25: 781–791

Fenical W (1982) Natural products chemistry in the marine environment. Science 215: 923–928

Geckeler KE, Eberhardt W (1995) Biogene Organochlorverbindungen-Vorkommen, Funktion, Umweltrelevanz. Naturwissenschaften 82: 2–11

Gluskoter HJ, Ruch RR (1971) Chlorine and sodium in Illinois coals as determined by neutron activation analyses. Fuel 50: 65–77

Gribble GW (1992) Naturally occurring organohalogen compounds – a survey. J Natural Products 55: 1353–1395

Gribble GW (1994a) The natural production of chlorine compounds. Environ Sci Technol 28: 310–319

Gribble GW (1994b) Natural halogens, many more than you think! J Chem Educ 71: 907–911

Gribble GW (1995) The diversity of natural organochlorines in living organisms. In: Euro-Chlor (ed) The natural chemistry of chlorine in the environment. Brüssel: S. 5

Gribble GW (1996) Naturally occuring organohalogen compounds – a comprehensive survey. In: Herz W, Kirby GW, Moore RE, Steglich W, Tamm C (Hrsg) Fortschritte der Chemie organischer Naturstoffe 68: 498 S., Springer, Berlin Heidelberg New York

Grimvall A (1995) Natural organo-chlorines in precipitation and surface waters. In: Euro-Chlor (ed) The natural chemistry of chlorine in the environment. Brüssel: S. 11–12

Grimvall A, de Leer EWB (1995) Naturally produced organohalogens. Environment and chemistry. Kluwer Academic Publ, Dordrecht 437 S.

Groen C (1995) Natural organochlorines in groundwater. In: Euro-Chlor (ed) The natural chemistry of chlorine in the environment. Brüssel: S. 17–18

Groen C, Raben-Lange B (1992) Isolation and characterization of a haloorganic soil humic acid. Sci Total Environ 113: 281–286

Gschwend P, MacFarlane J, Newman K (1985) Volatile halogenated organic compounds released to seawater from temperate marine macroalgae. Science 227: 1033–1035

Haiber G, Jacob G, Niedan V, Nkusi G, Schöler HF (1996) The occurrence of trichloroacetic acid (TCAA) – indications of a natural production? Chemosphere 33, 5: 839–849

Harper DB (1985) Halomethane from halide ion – a highly efficient fungal conversion of environmental significance. Nature 315: 55–57

Harper DB (1995) The natural production of organochlorines by terrestrial fungi and plants. In: Euro-Chlor (Hrsg) The natural chemistry of chlorine in the environment. Brüssel: S. 9

Harrison JE, Schultz JJ (1976) Studies on the chlorinating activity of myeloperoxidase. J Biol Chem 251: 1371–1374

Hoekstra EJ, de Leer EWB (1993) Natural production of chlorinated organic compounds in soil. In: Arendt F, Annokkee GJ, Bosman R, den Brink WJ van (eds) Contaminated Soil. Kluwer Academic Publishers Dordrecht, S. 215–224

Hoekstra EJ, de Leer EWB (1995) Organohalogens: The natural alternative. Chem in Britain S. 127–131

Hoekstra EJ, Lassen P, Leeuwen JG v, de Leer EWB, Carlsen L (1995) Formation of organic chlorine compounds of low molecular weight in the chloroperoxidase-mediated reaction between chloride and humic material. In: Grimvall A, de Leer EWB (eds) Naturally produced organohalogens. Environment and chemistry. Kluwer Academic Publishers Dordrecht, S. 149–158

Hoffmann HJ, Bühler-Neiens G, Laschka D (1988) AOX in Schlämmen und Sedimenten – Bestimmungsverfahren und Ergebnisse. Vom Wasser 71: 125–134

Jekel MR, Roberts PV (1980) Total organic halogen as a parameter for the characterisation of reclaimed waters: measurement, occurrence formation and removal. Environ Sci Technol 14: 970–975

Jokela J, Salkinoja-Salonen MS, Elomaa E (1992) Absorbable organic halogens (AOX) in drinking water and the aquatic environment in Finland. J Water SRT – Aqua 41: 4–12

Keene WC (1995) The natural chemistry of inorganic chemistry in the lower atmosphere: A potential source of organochlorine compounds. Euro-Chlor (ed) The natural chemistry of chlorine in the environment. Brüssel S. 23.

Keller M (1989) AOX-Belastung von Oberflächengewässern im Jahr 1987. Vom Wasser 72: 199–210

Kühn W, Fuchs F, Sontheimer H (1977) Untersuchung zur Bestimmung des organisch gebundenen Chlors mit Hilfe eines neuartigen Anreicherungsverfahrens. Z Wasser-Abwasser-Forsch 6: 192–194

Libby RD, Thomas JA, Kaiser LW, Hager LB (1982) Chloroperoxidase halogenation reactions – chemical versus enzymic halogenating intermediates. J Biol Chem 257: 5030–5037

Mason CP, Edwards KR, Carlson RE, Pignatello J, Gleason FK, Wood JM (1982) Isolation of chlorine-containing antibiotics from the freshwater cyanobacterium *Scytonema hofmanni*. Science 215: 400–402

Moore RM (1995) The natural production of volatile organochlorines in the oceans. In: Euro-Chlor (ed) The natural chemistry of chlorine in the environment. Brüssel: S. 7

Müller G (1995) Natural chlorines in sediments. In: Euro-Chlor (ed) The natural chemistry of chlorine in the environment. Brüssel: S. 19–20

Müller G, Schmitz W (1985) Halogenorganische Verbindungen in aquatischen Sedimenten: anthropogen und biogen. Chem Ztg 109: 415–417

Müller G, Nkusi G, Schöler HF (1996) Natural organohalogens in sediments. Chem Ztg/J prakt Chem 338: 23–29

Naumann K (1993) Chlorchemie der Natur. Chemie in unserer Zeit 1: 33–41

Naumann K (1994) Natürlich vorkommende Organohalogene. Nachr Chem Tech Lab 42: 389–392

Neidleman SL, Geigert J (1986) Biohalogenation: principles, basic roles and applications. Ellis Horwood Publishers, Chichester 203 S.

Nestrick TJ, Lamparski LL (1982) Isomer specific determination of chlorinated dioxins for assessment of formation and potential environmental emissions from wood combustion. Anal Chem 54: 2292–2297

Nkusi G, Müller G (1994) Natürliche organische Halogenverbindungen in der Umwelt – Zur Aussagefähigkeit des Summenparameters AOX. GIT Fachz Lab 38: 647–649

Nkusi G, Schöler HF Müller G (1994) Überblick zum Vorkommen biogener halogenorganischer Verbindungen (BHOV). In: Matschullat J, Müller G (Hrsg) Geowissenschaften und Umwelt. Springer, Berlin Heidelberg New York, S. 151–158

Öberg LG, Glas B, Swanson SE, Rappe C, Paul KG (1990) Peroxidase-catalyzed oxidation of chlorophenols to polychlorinated dibenzo-p-dioxins and dibenzofuranes. Arch Environ Contam Toxicol 19: 930–938

Öberg LG, Wagman N, Andersson R, Rappe C (1993) De novo formation of PCDD/Fs in compost and sewage sludges – a status report. In: Fiedler H, Frank H, Hutzinger O, Parzefall W, Riss A, Safe S (eds) Organohalogen compounds – Analytical methods, formation and sources; Dioxin '93 13. Int Symp chlorinated dioxins and related compounds 11: 297–302

Saiz-Jimenez C (1994) Analytical pyrolysis of humic substances: Pitfalls, limitations, and possible solutions. Environ Sci Technol 28: 1773–1780

Schleyer R, Hammer J, Fillibeck J, Raffius B (1994) Auswirkungen organischer Luftschadstoffe auf die Qualität des Grundwassers. In: Matschullat J, Müller G (Hrsg) Geowissenschaften und Umwelt. Springer, Berlin Heidelberg New York S. 105–115

Schmitz W, Müller G, Maier D, Kühn W (1986) Halogenorganische Verbindungen in Interstitialwässern von Bodensee-Sedimenten. Jahrestagung Fachgruppe Wasserchem, Bad Neuenahr; Vortrag V5: 3

Sheffield A (1985) Sources and releases of PCDDs and PCDFs to the Canadian environment. Chemosphere 14: 811–814

Svenson A, Kjeller LO, Rappe C (1989) Enzyme-mediated formation of 2,3,7,8-tetrasubstituted chlorine dibenzodioxines and dibenzofuranes. Environ Sci Technol 23: 900–902

Thesing J (1991) Die Natur produziert zahlreiche Chlorverbindungen. GIT Fachz Lab 7: 754–755

van Loon W (1992) Isolation and quantitative pyrolysis-mass spectrometry of dissolved chlorolignosulphonic acids. Unveröff Dissertation, Univ Amsterdam, 165 S.

Weiss SJ, Test ST, Eckmann CM, Roos D (1986) Brominating oxidants generated by human eosinophils. Science 234: 200–203

Wever R (1991) Formation of halogenated gases by natural sources. In: Rogers JE, Whitman WB (eds) Microbial production and consumption of greenhouse gases. Am Chem Soc Microbiol S. 277–296

Wever R, Tromp MGM, Krenn BE, Marjani A, van Tol M (1991) Brominating activity of the seaweed *Ascophyllum nodosum*: impact of the biosphere. Environ Sci Technol 25: 446–449

9 Summarische Bestimmung Essigester-extrahierbarer organischer Halogenverbindungen (EOX_E) aus belasteten Böden und Sedimenten

THORSTEN REEMTSMA • MARTIN JEKEL

9.1 ZUR BEDEUTUNG POLARER UND UNPOLARER HALOGENORGANISCHER VERBINDUNGEN

Die organische Schadstoffanalytik belasteter Böden und Sedimente hat sich lange Zeit auf sehr unpolare Substanzen konzentriert (→ Kap. 24). Dafür mögen mehrere Gründe ausschlaggebend gewesen sein: unpolare Substanzen reichern sich am stärksten in der partikulären Phase an, so daß sie dort in sehr hohen Konzentrationen vorliegen können. Sie weisen auch die größten Bioakkumulationspotentiale auf und sind somit von besonderer Bedeutung für die Biosphäre. Ferner sind sehr unpolare Schadstoffe analytisch am besten zugänglich. Diese Schwerpunktsetzung auf unpolare Substanzen hat jedoch in den Hintergrund treten lassen, daß sich auch polarere Verbindungen in der partikulären Phase anreichern. Diese sind im Vergleich zu den sehr unpolaren Verbindungen mobiler und dadurch von größerer Bedeutung hinsichtlich möglicher Sicker- und Grundwasserbelastungen. Des weiteren weisen polarere Substanzen eine höhere Bioverfügbarkeit auf und können damit stärker biologisch wirksam werden.

Die zielgerichtete Analyse einzelner Stoffklassen kann ein sehr spezifisches Bild einer Schadstoffbelastung liefern und es erlauben, diese Belastung bestimmten Quellen zuzuordnen oder Akkumulations-, Degradations- und Transportvorgänge zu verfolgen (Reemtsma et al. 1996). Summenparameter, wie der Gehalt lösungsmittelextrahierbarer organischer Halogenverbindungen (EOX), geben hingegen einen weniger spezifischen, aber breiteren Einblick in die Schadstoffbelastung von Böden und Sedimenten. Sie erfassen auch unbekannte, d.h. nicht identifizierte und nicht identifizierbare Verbindungen.

Die Konzentration auf unpolare Verbindungen spiegelt sich auch in dem genormten Verfahren zur summarischen Bestimmung lösungsmittelextrahierbarer organischer Halogenverbindungen (EOX) wider, welches bewußt auf die mit Hexan extrahierbaren Verbindungen beschränkt wurde (DIN 38414 T17 1989). Neben der durchaus offenen Frage der Sinnhaftigkeit einer solchen Beschränkung ist zu beachten, daß Hexan selbst zur Extraktion so unpolarer Substanzen wie der polychlorierten Biphenyle (PCB) nicht das effektivste Lösungsmittel ist (z.B. Steinwandter 1994). Aus diesem Kontext heraus schien es geboten, das Verfahren der EOX-Bestimmung so zu modifizieren, daß auch polarere sorbierte Organohalogene erfaßt werden. Die diesbezüglich modifizierte EOX-Methodik wird im folgenden kurz dargestellt und einige Anwendungsbeispiele gezeigt, die ihr Potential illustrieren.

9.2 METHODISCHES VORGEHEN ZUR EOX-BESTIMMUNG

Das methodische Vorgehen der EOX-Bestimmung sei hier kurz skizziert: die Probe wird im Soxhlet extrahiert und der so erhaltene organische Extrakt bei 950–1000°C im Sauerstoffstrom verbrannt. Die dabei aus den Organohalogenverbindungen gebildeten Halogenwasserstoffsäuren werden mit dem Verbrennungsgas-Strom in eine mikrocoulometrische Zelle überführt und dort quantifiziert. Im Gegensatz zum genormten Verfahren (DIN 38141 T17 1989) wird in dem von uns modifizierten Verfahren nicht Hexan, sondern der sehr viel polarere Essigester zur Extraktion verwendet. Der Analysenablauf ist in Abbildung 9.1 dargestellt; eine detaillierte Beschreibung findet sich bei Reemtsma u. Jekel (1996a). Um die Mitextraktion anorganischer Halogenide zu verhin-

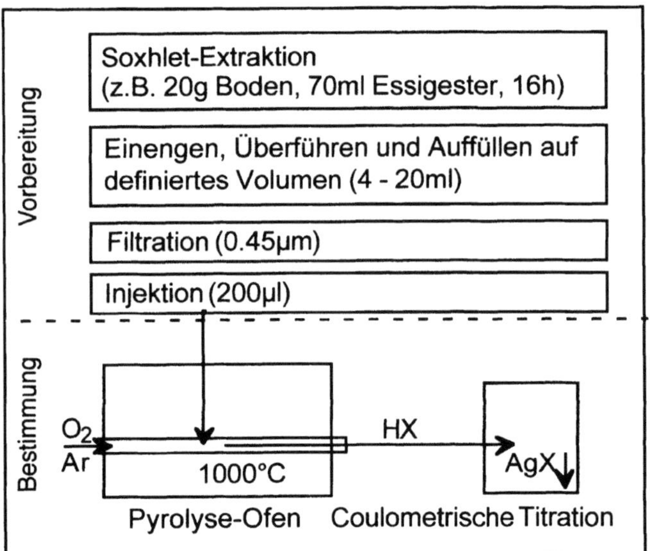

Abb. 9.1. Flußdiagramm der EOX_E-Bestimmung von Böden

dern, müssen die Proben vor der Extraktion vollständig getrocknet sein. Nur so kann das Einschleppen von Halogeniden mit Wasser in die organische Phase vermieden werden. Damit erübrigt sich auch die Reextraktion der organischen Phase mit Wasser bzw. Säure, wie sie im Falle der Extraktion feuchter Proben mit wassermischbaren Lösungsmittelsystemen wie Isopropanol/Hexan (Morton u. Pollak 1987), Isopropanol/Cyclohexan (Martinsen et al. 1988) oder Octanol (Lieu u. Woo 1990) nötig ist. Ein solcher Waschschritt kann nach unseren Erfahrungen eine vollständige Entfernung mitextrahierter anorganischer Halogenide nicht sichern und würde seinerseits auch wieder zu Verlusten polarer Organohalogene durch deren Übergang in die wässrige Phase führen.

Wegen der breiten Extraktionswirkung des Essigesters kommt es beim Einengen der Extrakte leicht zu Ausfällungen. Deshalb ist es notwendig, die analysefertig verdünnten Proben über Teflon-Membranfilter zu filtrieren. Unter den von uns gewählten Bedingungen ist eine Nachweisgrenze von etwa 0,1 $\mu g\ g^{-1}$ erreichbar. Die Standardabweichung bei nicht paralleler Bearbeitung liegt im Bereich von 3–7%.

9.3 ANWENDUNGEN

Vergleich von Hexan und Essigester

Auf Bodenproben Berliner Rieselfelder, die mit abwasserbürtigen Schadstoffen belastet sind (Reemtsma u. Jekel 1996b) und auf Sedimentproben aus dem Berliner Raum wurden die EOX-Bestimmungsverfahren mit Hexan (EOX_H) und Essigester (EOX_E) parallel angewendet. Die Abbildung 9.2 zeigt die EOX_E/EOX_H-Verhältnisse in Abhängigkeit vom EOX_H. Mit Essigester wird in der Regel 2–4fach mehr EOX gefunden als nach Hexan-Extraktion. Ein Zusammenhang zum Belastungsgrad oder zur Probenmatrix ist bisher nicht erkennbar.

Die Effizienz einer Lösungsmittelextraktion ist bestimmt von der Konkurrenz von Lösungsmittel und Boden um die sorbierten Substanzen. Sie ist somit vom Lösungsmittel, von den Eigenschaften der untersuchten Böden und vom Spektrum der die

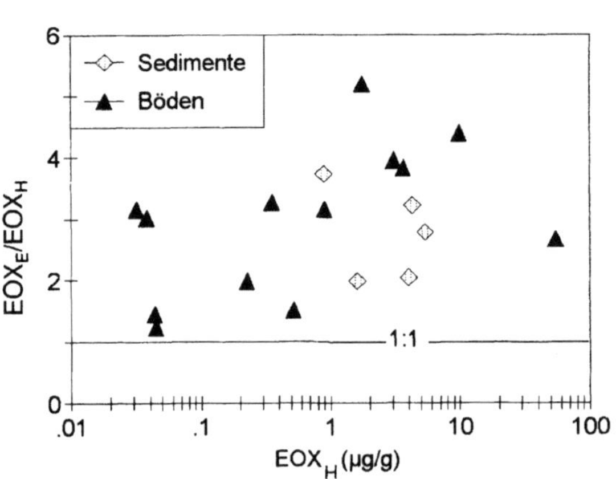

Abb. 9.2. EOX_E/EOX_H-Verhältnisse gegen EOX_H-Gehalte ($\mu g\ g^{-1}$) der untersuchten Böden und Sedimente

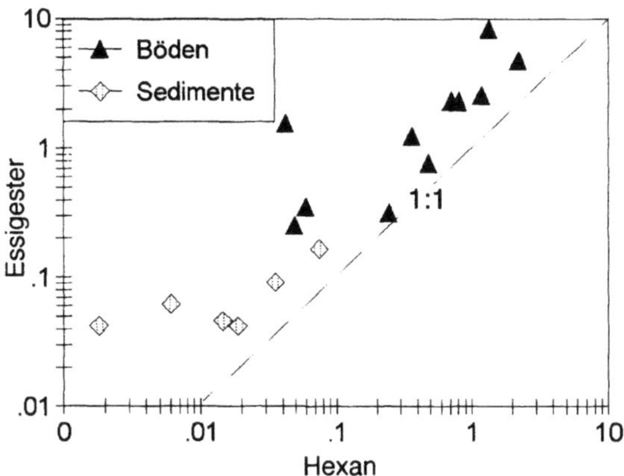

Abb. 9.3. EOX/EOM-Verhältnisse (mg g^{-1}) bei Hexan- und Essigester-Extraktion

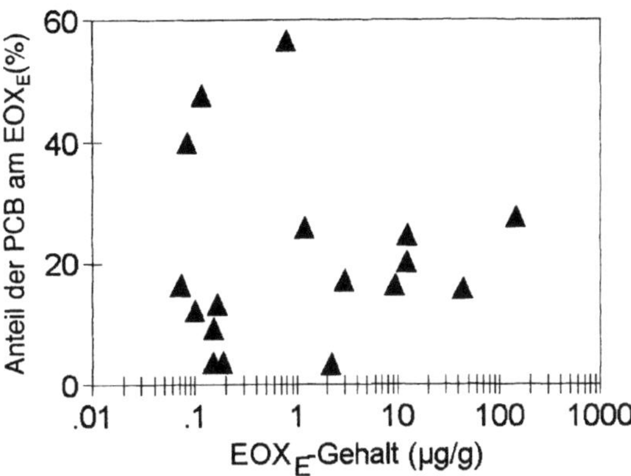

Abb. 9.4. PCB-Beitrag (%) zum EOX_E gegen den EOX_E-Gehalt ($\mu g\ g^{-1}$) der Böden und Sedimente

Organohalogenbelastung ausmachenden Einzelsubstanzen abhängig. Angesichts dieser Vielfalt an Faktoren sind einfache Trends im EOX_E/EOX_H-Verhältnis nicht zu erwarten. Als Maß für die Breite der Extraktionswirkung der beiden Lösungsmittel kann der durch die Soxhlet-Extraktion bewirkte Gewichtsverlust (*extractable organic matter*, EOM) herangezogen werden. Auch hier liegen die Werte bei Essigester-Extraktion durchweg höher als bei Hexan. Betrachtet man die EOX/EOM-Verhältnisse, also gewissermaßen den Halogenierungsgrad des extrahierten organischen Materials, so liegen diese bei Essigester-Extraktion immer deutlich über den mit Hexan Erzielten (Abb. 9.3). Die Mehrbefunde an Organohalogen durch Essigester beruhen demnach sowohl auf der erwarteten breiteren Extraktionswirkung des Essigester, als auch auf einem spezifisch höheren Halogenierungsgrad der (polaren) Fraktion organischen Materials, die mit Essigester, aber nicht mit Hexan extrahierbar ist.

Polare Organohalogene

Die Bedeutung polarer Organohalogene in den Rieselfeldböden wird durch die Ergebnisse von parallel durchgeführten PCB-Analysen gestützt. Diese Analysen wurden in einer Weise durchgeführt, welche die Berechnung des Beitrags der PCB zum EOX_E erlaubt (Abb. 9.4).

Der Anteil der PCB am EOX_E liegt nur in wenigen Fällen über 25% des EOX_E. Im Gegensatz zum genormten EOX-Verfahren macht die Bestimmung des EOX_E mithin deutlich, daß die PCB keineswegs die dominierende halogenorganische Stoffgruppe in den untersuchten Böden sind; dabei kann das Vorhandensein anderer wohl bekannter halogenorganischer Stoffe wie der flüchtigen halogenierten Aliphaten aufgrund des Alters der Belastung und der Probenvorbehandlung (Trocknung) weitgehend ausgeschlossen werden. Den weitaus größten Teil der noch unbekannten Organohalogenbelastung müssen polarere Verbindungen als die PCB ausmachen. Diese dürften in bezug auf Mobilität im Boden/Wasser-System und auf Bioverfügbarkeit von größerer Bedeutung als die PCB sein.

Der Anteil polarer Organohalogene an der EOX-Belastung ist sicher auch von der Kontaminationsquelle abhängig; er kann bei Einträgen über den Wasserpfad (Sedimente, Rieselfelder) größer sein, als bei direkter Kontamination etwa im Falle industrieller Altlasten. Eine Prüfung dieses Zusammenhangs steht noch aus. Allerdings steigt in der Regel die Polarität organischer Substanzen im Zuge ihrer mikrobiellen Umwandlung, so daß auch bei ursprünglich unpolarer Organohalogen-Kontamination der polare Anteil mit der Zeit anwachsen kann. Es sei an dieser Stelle darauf hingewiesen, daß auch die Essigester-Extraktion sicher nicht alle halogenorganischen Verbindungen aus Böden zu extrahieren vermag. Dies konnte anhand von Dotierungsversuchen gezeigt werden (Reemtsma u. Jekel 1996a).

EOX-Dynamik anhand des EOX/EOM-Verhältnisses

Von grundlegender Bedeutung für die Sorptionsfähigkeit partikulären Materials ist dessen C_{org}-Gehalt; über weite Bereiche finden sich deshalb häufig Korrelatioen zwischen Schadstoff- und C_{org}-Gehalten belasteter Böden (Senesi 1993). Zum Erkennen spezifischer Belastungen, die weitgehend unabhängig von den Bodeneigenschaften sind, müssen die Schadstoffgehalte deshalb normiert werden, wozu anstelle des C_{org}-Gehaltes auch der EOM herangezogen werden kann.

Für drei abwasserbeeinflußte Probenkompartimente (Sedimente, Rieselfeldböden und Klärschlämme) sind in der Abbildung 9.5 die EOX_E/EOM_E-Verhältnisse gegen die EOX_E-Gehalte aufgetragen. In dieser Darstellung lassen sich die drei Kompartimente klar voneinander abgrenzen: die Klärschlämme, welche sich am nähesten an der hier relevanten Organohalogen-Quelle (Abwasser) befinden, weisen die höchsten EOX_E-Gehalte auf (20–90 $\mu g\ g^{-1}$), dabei aber moderate EOX_E/EOM_E-Verhältnisse (0,5–1,3 mg g^{-1}). Mit zunehmender Entfernung von der Belastungsquelle sinkt der EOX_E-Gehalt, beim Übergang zu den Sedimenten auf 1–3 $\mu g\ g^{-1}$. Infolge der Verdünnung der Organohalogene mit biogenem, nicht halogeniertem Material sinkt im Sediment auch das EOX_E/EOM_E-Verhältnis (0,04–0,2 mg g^{-1}).

Auch in den Oberböden der Rieselfelder (Abb. 9.5, ganz rechts) finden sich niedrigere EOX_E-Gehalte (10–20 $\mu g\ g^{-1}$) als im Klärschlamm. Die EOX_E/EOM_E-Verhältnisse (um 2,5 mg g^{-1}) sind demgegenüber jedoch deutlich erhöht. Hier ist es trotz zunehmender Entfernung von der Belastungsquelle also nicht zu einer Verdünnung der Organohalogene mit nicht halogeniertem organischem Material gekommen. Vielmehr bleiben persistentere Organohalogene nach Mineralisierung des besser abbaubaren organischen Materials relativ angereichert zurück. Innerhalb der Rieselfeldprofile sinken dann EOX_E-Gehalte und EOX_E/EOM_E-Verhältnisse gleichermaßen mit der Tiefe (bis unter die Nachweisgrenze des EOX_E von 0,1 $\mu g\ g^{-1}$) und beschreiben damit den mit zunehmender Entfernung von der Quelle eintretenden Verdünnungsprozeß.

9.4 FOLGERUNGEN

Die vorgestellte Methode der EOX-Bestimmung aus Böden und Sedimenten mit Essigester-Extraktion (EOX_E) eröffnet die Möglichkeit, gemeinsam mit sehr hydrophoben auch polarere Organohalogene summarisch zu bestimmen. In den hier vorgestellten Fällen wurden gegenüber der genormten Methode Mehrbefunde um den Faktor 2–4 erhalten. Diese Mehrbefunde beruhen sowohl auf einer breiteren Extraktionswirkung des Essigesters, als auch auf einem höheren Halogenierungsgrad der allein mit Essigester extrahierbaren Fraktion. Der hohe Anteil polarer, nur mit Essigester extrahierbarer Organohalogene in den von uns untersuchten Proben kann darin begründet sein, daß diese Proben sämtlich über den (Ab-)Wasserpfad kontaminiert wurden.

Die EOX_E-Bestimmungsmethode erlaubt eine realistischere Einschätzung der Organohalogenbelastung von Böden und Sedimenten. In Verbindung

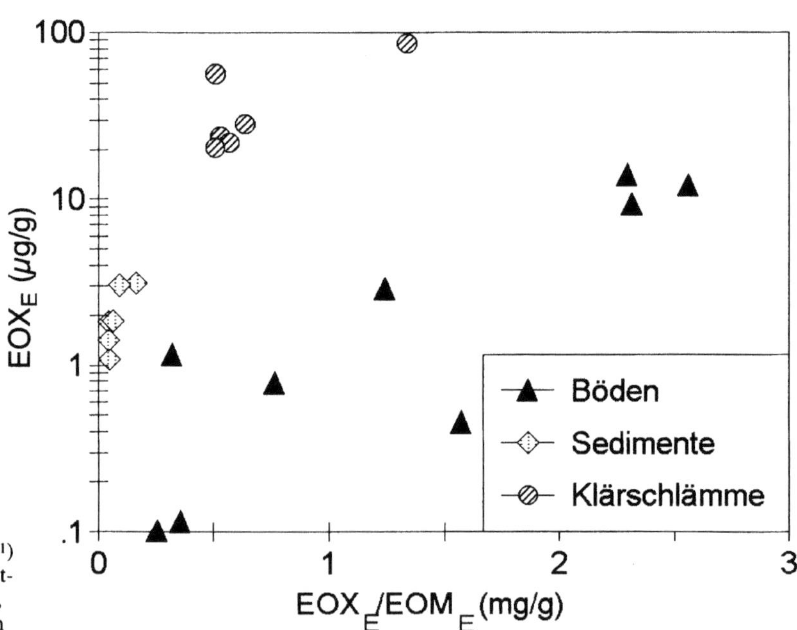

Abb. 9.5. EOX_E-Gehalt ($\mu g\ g^{-1}$) gegen das EOX_E/EOM_E-Verhältnis (mg g^{-1}) der Klärschlämme, Sedimente und Rieselfeldböden

mit der Bestimmung des extrahierbaren organischen Materials (EOM) gibt die EOX_E-Bestimmung Einblick in die Dynamik der Organohalogene und ermöglicht auch Auslaugungsvorgänge im Boden anhand der Abnahme der EOX-Gehalte zu verfolgen.

Danksagung
Wir danken der TU Berlin für die finanzielle Förderung dieser Arbeiten im Rahmen des interdisziplinären Forschungsprojekts „Bindung, Transport, Mobilität und Wirkung anorganischer und organischer Schadstoffe in Rieselfeldökosystemen" (IFPn7/21).

LITERATUR

DIN 38414 T17 (1989) Determination of the organically bound halogens amenable to stripping and extraction. In: Fachgruppe Wasserchemie in der GDCh (ed) German standard methods for the analysis of water, waste water and sludge. Beuth Verlag, Berlin

Lieu VT, Woo VH (1990) Determination of extractable organic halides in soils and oily wastes by pyrolysis/microcoulometric titration. In: Friedman D (ed) Waste Testing and Quality Assurance, ASTM STP 1062. 2: 298–306; Am Soc Testing Mater, Philadelphia

Martinsen K, Kringstad A, Carlberg GE (1988) Methods for the determination of sum parameters and characterization of organochlorine compounds in spent bleach liquors from pulp mills and water, sediment and biological samples from receiving water. Water Sci Technol 20: 13–24

Morton M. Pollak JK (1987) Determination by combustion of the total organochlorine content of tissues, soil, water, waste streams, and oil sludges. Bull Environ Contam Toxicol 38: 109–116

Reemtsma T, Jekel M (1996a) Potential of ethyl acetate in the determination of extractable organic halogens (EOX) from contaminated soil, sediment, and sewage sludge. Chemosphere 32: 815–826

Reemtsma T, Jekel M (1996b) Untersuchungen zum Inventar und zur Mobilität organischer Schadstoffe in Rieselfeldböden. Landschaftsentwickl Umweltforsch 101: 101–108

Reemtsma T, Savric J, Hartig C, Jekel M (1997) LAS, PCB and PAH as indicators for accumulation, biodegradation and transport processes of wastewater constituents in sewage farm soils. In: Eganhouse RP (ed) Molecular markers in environmental geochemistry. Am Chem Soc Symp Series, in press

Senesi N (1993) Organic pollutant migration in soils as affected by soil organic matter. Molecular and mechanistic aspects. In: Petruzzelli D, Helfferich FG (eds) Migration and Fate of Pollutants in Soils and Sediments. NATO ASI Series G32: 47–74; Springer, Berlin Heidelberg New York Tokyo

Steinwandter H (1994) A new micro method for the extraction of polychlorinated biphenyls (PCB's) from sewage sludge. Fresenius J Anal Chem 347: 436–440

Anthroposphäre

10 Urbane Geochemie: Prozesse, Muster und Auswirkungen auf die menschliche Gesundheit

HOWARD W. MIELKE

10.1 GLOBALE AUSWIRKUNGEN: DAS BEISPIEL BLEI

Kulturlandschaften sind von Aktivitäten wie Bergbau, Verhüttung, Exploration, Nutzung fossiler Brennstoffe usw. geprägt, die mit der Errichtung und Funktionsweise anthropogener Systeme verknüpft sind (Transport, Landwirtschaft, Städte etc.). Eine Diskussion der Geochemie auf globalem oder regionalem Maßstab bedarf inzwischen der sorgfältigen Analyse der Energie- und Stoffflüsse innerhalb dieser Kulturlandschaften. Seit Beginn der antiken Zivilisation veränderten Bergbau, Verhüttung und der wirtschaftliche Umgang mit verschiedenen Mineralen die Spurenelementzusammensetzung von Böden und Sedimenten in globalem Maßstab. Dieser Beitrag erörtert solche Veränderungen und deren Auswirkungen und bewertet sie im Hinblick auf Kulturlandschaften und deren Bewohner.

Neue Forschungsergebnisse zeigten erstaunliche Trends, wie den Einfluß von Kulturen auf deren Umwelt und die Beziehung zwischen Umwelt und Gesundheit. Das Element Pb z.B. eignet sich für eine Fallstudie, die den globalen Einfluß des Menschen auf die geochemischen Kreisläufe verdeutlicht. So gibt es heute keinen Ort und kein Umweltmedium, welches nicht von anthropogenen Pb-Anreicherungen beeinflußt wäre. Dieses Kapitel beschreibt Vorgänge, die für die Verteilung von Blei auf globaler Ebene, sowie innerhalb von Bevölkerungszentren verantwortlich sind. Das Wissen um diese Prozesse ist unschätzbar, wenn wir umdenken wollen, um technische und planerische Vorgänge so zu verändern, daß eine schädliche Akkumulation toxischer Substanzen in den Kulturlandschaften künftig unterbunden wird.

Aus globaler Sicht übertrifft die Toxizität von anthropogen freigesetzten Spurenmetallen in die Umwelt die der Summe aller radioaktiven und organischen Schadstoffe (Nriagu u. Pacyna 1988). Blei ist ein Spurenmetall, das seit den frühesten Tagen der antiken Metallurgie mit der zivilisatorischen Entwicklung verbunden ist. Bereits vor etwa 2500 bis 1700 Jahren, während der frühen griechischen und römischen Zivilisation, begann die antike Ära globalen Pb-Anstiegs in der Atmosphäre. Die Untersuchung grönländischer Eiskerne zeigte, daß es zu jener Zeit einen etwa vierfachen Anstieg der Pb-Konzentrationen über die natürlichen Grundwerte gab (Hong et al. 1994). Die Abbildung 10.1 illustriert diese Änderungen der Pb-Akkumulation im Eis. Der innerhalb jener 800 Jahre produzierte Pb-Anteil entspricht etwa 15% der in der späteren Zeit freigesetzten Pb-Mengen. Der Großteil der restlichen Bleibelastung entfällt auf eine nur 40 Jahre andauernde Periode zwischen 1930 und 1970 (Boutron et al. 1991).

10.2 URBANE GEOCHEMIE UND DAS KRAFTFAHRZEUG

Das Auto ist das Konsumgut, welches über die Benzinadditive erhebliche Pb-Mengen in die Umwelt freisetzte. Die vier Jahrzehnte, die 1930 begannen, sind durch den hyperbolischen Anstieg der Kraftfahrzeugmengen und einen entsprechenden Benzinverbrauch charakterisiert. In den Vereinigten Staaten als dem bedeutendsten Produzenten von Kraftfahrzeugen wurden entsprechend die höchsten Pb-Mengen über den Brennstoff in die Umwelt freigesetzt; etwa 5,9 Mio. Tonnen (Abb. 10.2).

Tetraethyl- und Tetramethylblei wurden dem Benzin beigefügt, um die Klopffestigkeit hochverdichtender Motoren zu ermöglichen. Einige Wissenschaftler sahen die Ablagerung von tausenden von Tonnen kleiner Pb-Partikel entlang der größeren Straßen der USA voraus. Dennoch gelang es den Herstellern, den Nachweis der Pb-Schädigung auf diejeni-

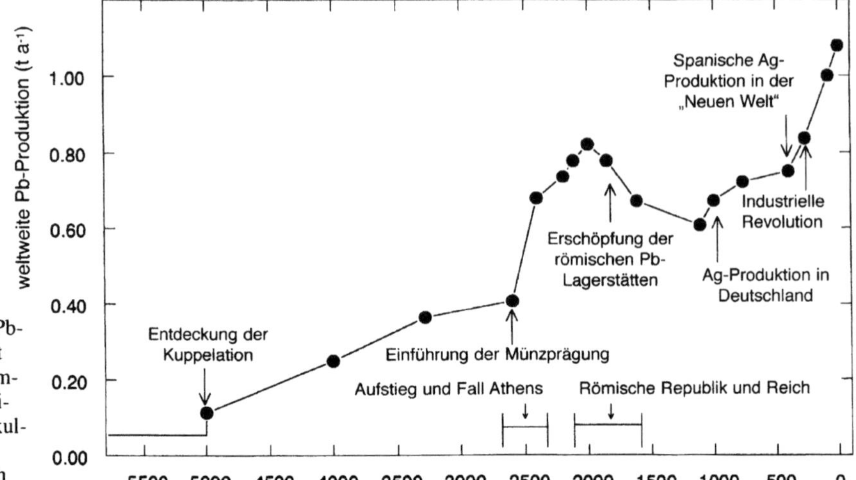

Abb. 10.1. Die globale Pb-Produktion und die damit verbundene Emission stimmen mit wichtigen technischen, wirtschaftlichen, kulturellen und politischen Ereignissen überein (nach US EPA 1986: 2, 5: 4)

gen zu verlagern, die vorschlugen, es für die Additivnutzung zu bannen (Rosner u. Markowitz 1985). Dies sollte ein Präzedenzfall werden für spätere Entscheidungen zum kommerziellen Umgang mit toxischen Materialien und Produkten in den Vereinigten Staaten. Diese Giftstoffe gelten seitdem solange als sicher, bis ein entsprechender Gegenbeweis geliefert wurde. Die den 20er Jahren folgenden Jahrzehnte verzeichneten den schnellen Anstieg der Automobil- und Autobahn-Kultur und den entsprechenden Verbrauch verbleiten Benzins (US Department of Commerce, Bureau of Census 1975). So gab es in den Vereinigten Staaten zwischen den 50er und 70er Jahren einen beispielslosen Anstieg der Kfz-Produktion mit einer entsprechenden Steigerung des mit Blei angereicherten Benzinverbrauchs.

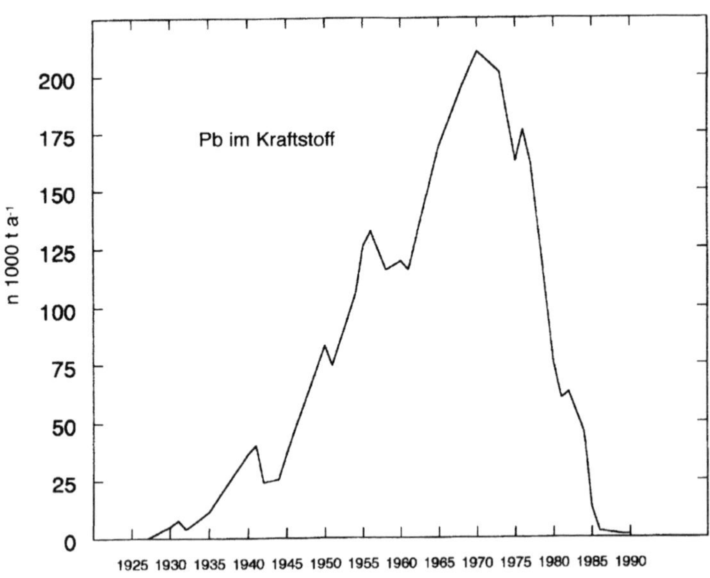

Abb. 10.2. Der jährliche Pb-Verbrauch für Kraftstoffe in den Vereinigten Staaten von 1925 bis 1990 (nach Statement of the Ethyl Corporation in: Hearing before the Committee on Environment and Public Works, US Senate, 98th Congress, 2nd Session on S.2609 A Bill to Amend the Clean Air Act with Regard to Mobile Source Emission Control, 22. Juni 1984: 148. Aktualisiert bis 1990 nach den Anpassungen der Vorschriften)

Die Stadt als technische Überstruktur des 20. Jahrhunderts

Die Anlage moderner Industriestädte zeigt zwei Eigenschaften, die urbane Pb-Verteilungsmuster erklären. Zunächst gibt es in der modernen Stadt ein Geschäftszentrum; die Tagesadresse zahlloser Geschäftsleute und Angestellter, die als Pendler täglich in die umliegenden Stadtteile und Ortschaften fahren. Dazu kommt – vor allem in den Vereinigten Staaten – ein von Privatwagen dominiertes Verkehrssystem mit einem Netzwerk von Autobahnen und Schnellverkehrsstraßen, die den Verkehr in die Stadtzentren hinein konzentrieren. Zu diesem System stelle man sich Kraftstoffe mit Pb-Alkyl-Additiven vor und das Ergebnis ist eine unvermeidbare Pb-Belastung vor allem in den Innenstädten.

Auswirkungen auf die Außenluft. Es wurde bereits darauf hingewiesen, daß die moderne Ära des globalen exponentiellen Anstiegs von Pb-Immissionen an die Kfz-Verbreitung und den weiterhin steigenden Kraftstoffverbrauch gekoppelt ist. Zahlreiche Ermittler haben festgestellt, daß verbleites Benzin die Hauptquelle der städtischen Kontamination darstellt (Day 1977; Fergusson et al. 1980; Angle et al. 1975; Earickson u. Billick 1988). Von der gesamten Ölmenge, die in den Motor kommt, werden etwa 25% im Ölwannenöl, in inneren Motorteilen und im Auspuff zurückgehalten. Die anderen 75% werden durch den Auspuff ausgeschieden. Blei aus Kfz-Abgasen wird partikelförmig in die Atmosphäre freigesetzt (→ Kap. 1, 2) – dabei treten zwei Korngrößenklassen auf. Etwa 40% der Partikel sind größer als 10 μm (Medianmasse) und deponieren schnell gravitativ. Weitere 35% der Partikel sind kleiner als 0,25 μm (Medianmasse) und werden Teil des globalen atmosphärischen Stoffkreislaufes. Sie werden an Oberflächen sorbiert bzw. durch Niederschläge aus der Atmosphäre ausgewaschen (US EPA 1986). Zusätzlich zu der Pb-Deposition im Gletschereis (s.o.) bot die Einführung des „bleifreien" Benzins eine weitere Gelegenheit, den Einfluß des Bleis auf die globalen Stoffkreisläufe zu untersuchen.

Wegen der Kohlenwasserstoff- (KW) und Kohlenmonoxid- (CO) Emissionen der Kraftfahrzeuge und deren Auswirkungen auf die Luftqualität der Städte

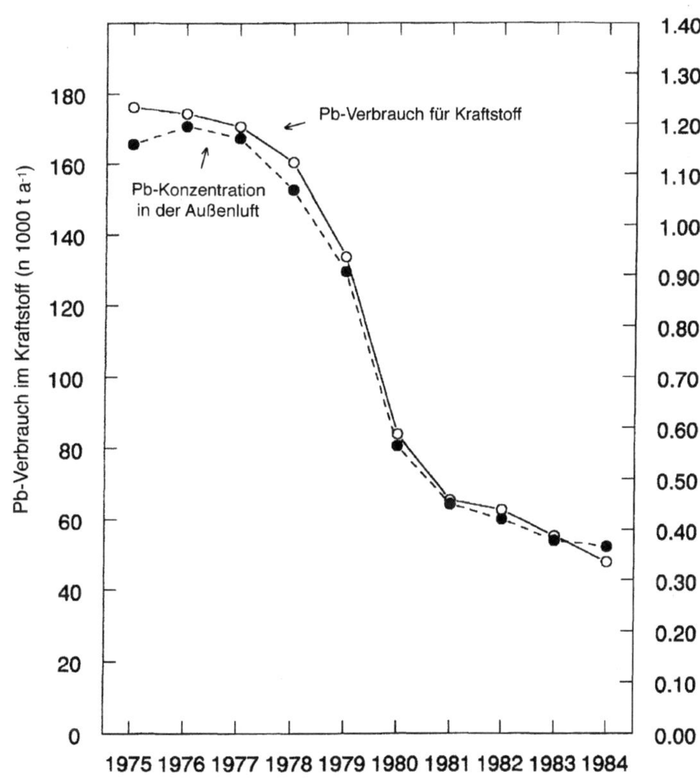

Abb. 10.3. Paralleler Rückgang von Pb-Konzentrationen in der Außenluft mit dem Rückgang des Pb-Verbrauchs für Kraftstoffe in den USA zwischen 1975 und 1984 (nach US EPA 1986: 2, 5: 18)

wurde es notwendig, Schadstoffilter zur Emissionsminderung einzuführen. Der grundsätzliche Ansatz zur Kontrolle von KW und CO war die Einführung des Katalysators (→ Kap. 11). Dieser funktioniert nur effektiv, wenn die Treibstoffe annähernd bleifrei sind. Beginnend im Jahr 1973 wurden bleifreie Treibstoffe in Nordamerika zunehmend und flächendekkend vertrieben und ihr Absatz stieg mit der Zahl moderner Kraftfahrzeuge, die auf bleifreies Benzin angewiesen sind. Die Luftmonitoring-Programme der 70er Jahre zeigten anschaulich, welchen Effekt die Verbannung des verbleiten Benzins auf die Luftqualität hatte. Gegenwärtig enthält unverbleiter Treibstoff nur geringe Bleimengen ($\leq 0{,}013$ g l^{-1}). Die Abbildung 10.3 zeigt den parallelen Rückgang des Bleis in der Luft mit dem Verbrauch verbleiten Benzins.

Auswirkungen auf städtische Böden. Obwohl Wissenschaftler schon in den 70er Jahren vermuteten, daß die städtische Umwelt in den Vereinigten Staaten mit Pb kontaminiert sei, gab es kaum Dokumentationen der Pb-Deposition in Stadtgebieten (Patterson 1980). Der wissenschaftliche Nachweis über das Ausmaß der Pb-Belastung wurde in einer Studie über Gartenböden im Stadtgebiet von Baltimore beschrieben (Mielke et al. 1983). Gartenböden wurden in allen Bereichen der Stadt beprobt, deren Pb-Konzentrationen gemessen und kartographisch dargestellt. Diese Daten wurden statistisch ausgewertet, auf euklidisch geographischen Koordinaten basierend (Mielke Jr. 1986). Die höchste Belastung der Böden war so stark in Richtung auf das Stadtzentrum von Baltimore konzentriert, daß ein zufälliges Auftreten dieses Phänomens nur mit einer Wahrscheinlichkeit von 1:1000 Trilliarden (p-Wert < 10^{-23}) vorkommt. Darüber hinaus konnte die Hypothese, daß verbleites Benzin die Hauptquelle des städtischen Bleis war, durch die Art der Pb-Verteilung in den verschiedenen Wohngebieten von Baltimore erhärtet werden. Die Innenstadt setzt sich überwiegend aus Häusern zusammen, die keinen Außenanstrich haben und aus Steinen gebaut sind. Hier tritt das höchste Pb-Vorkommen auf. Außer dem Pb-Gehalt in Farben gab es offensichtlich eine weitere Ursache für das Bodenblei. Wenn Farben die überwiegende Ursache für den Pb-Gehalt wären, dann müßten kleine Pb-Mengen in unmittelbarer Nähe entsprechend gestrichener Gebäude zu finden sein. Das war jedoch nicht der Fall. Die Stadtteile der Umgebung dagegen, mit älteren, meist gestrichenen Holzbauten, wiesen die geringsten Pb-Mengen in den Böden auf (Mielke et al. 1983).

Weitere Bodenuntersuchungen wurden in Minnesota und Louisiana durchgeführt. Sie zeigten in Großstädten dieselben Verteilungsmuster und lieferten zusätzliche Informationen zur urbanen Geochemie: der Pb-Anteil ist direkt proportional zur Größe der Stadt. Zum Beispiel zeigen die Böden der großen Städte Minneapolis und New Orleans die höchsten Pb-Konzentrationen, während sie in Städten wie Rochester und Nachitoches etwa eine Größenordnung darunter liegen (Mielke et al. 1984/85; Mielke et al. 1984; Mielke et al. 1989; Mielke 1993).

Eine Abschätzung der Pb-Emissionen in diesen Städten wurde aus dem jeweiligen Verkehrsaufkommen berechnet. Der Benzinverbrauch in den einzelnen Bundesstaaten wird statistisch erfaßt (Ethyl Corporation 1982), ebenso wie die tägliche Kfz-Kilometerleistung (daily vehicle mile, DVM) in jenen Landkreisen, die zum Einzugsgebiet bestimmter Städte gehören. Letztere Informationen sind Teil einer nationalen Studie, die vom US Department of Transportation gefördert wird. Die Tabelle 10.1 zeigt die Schätzung der Pb-Emissionen innerhalb der untersuchten vier Städte in Minnesota.

Eine alternative Art der Berechnung der Pb-Deposition innerhalb einer Region oder eines Stadtteils wurde aus den Karten des Verkehrsaufkommens in New Orleans und der kleinen Stadt Thibodaux, Louisiana, abgeleitet. Diese Berechnungen betreffen größere Straßenzüge mit dem jeweils höchsten Verkehrsaufkommen. Die Tabelle 10.2 zeigt, daß 1969 bei

Tabelle 10.1. Geschätzte Bleiemission (t) aus dem Kfz-Verkehr von vier Städten in Minnesota. Die Daten basieren auf den täglichen Fahrzeugleistungen (Daily Vehicle Miles, DVM)

Stadt	% DVM	geschätzte Pb Emission (t)
Minneapolis	5,9	3700–7400
Saint Paul	4,5	2800–5600
Duluth	1,6	1000–2000
Rochester	0,7	440–880

nach Mielke (1984/85)

Tabelle 10.2. Abschätzung der jährlichen Pb-Emissionen (t) aus dem Straßenverkehr an ausgesuchten Plätzen (Durchmesser 1,5 km) in den Stadtzentren. Die Angaben basieren auf dem durchschnittlichen täglichen Verkehrsaufkommen (Average Daily Traffic Volumes, ADTV)

New Orleans		Thibodaux	
Median Soil Lead (mg kg^{-1})			
300–1200		90	
ADTV	Pb (t)	ADTV	Pb (t)
95 000	5,15	10 000	0,45
(n = 8)		(n = 3)	

1) Durchschnittliche Boden-Pb-Werte sind der Pb-Verteilungskarte von New Orleans entnommen (Mielke, 1993, 1994) und von Bodenproben aus der LaFourche Gemeinde.
2) New Orleans 1969 ADTVs und LaFourche 1972 Parish ADTVs. Quelle: Bundesland Louisiana DOTD Traffic Maps (nicht veröffentlicht).
3) n bezieht sich auf die Anzahl der Stellen, die innerhalb der ausgewählten Plätze in 1) getestet wurden.
4) Die Berechnung der Pb-Emissionen aus dem Kfz-Verkehr beruht auf folgenden Annahmen:
   a) Durchschnittlicher Benzinverbrauch = 12,05 mpg (1969) und 11,99 mpg (1972). Quelle: US Department of Transportation Federal Highway Administration, Zusammenfassung für Bundesstraßen-Statistik bis 1985, USDOT (1987)
   b) Pb-Gehalt des Benzins = 2,46 g Pb gal^{-1} (1969); 2,04 g Pb/gal (1972). Quelle: Shelton et al (1982)
   c) Anteil des verbrauchten verbleiten Benzins = 97% (1969); 96% (1972). Quelle: Ethyl Corporation (1982)
   d) Anteil des Pb, der direkt über den Auspuff emittiert wird = 75%. Quelle: EPA (1986)
   e) Die durchschnittlichen täglichen Pb-Emissionen wurden mit 365 multipliziert, um die durchschnittlichen Jahresemissionen der einzelnen Teststellen zu berechnen.

Boden-Pb-Konzentrationen von 300 bis 1200 μg g^{-1} und den höchsten Verkehrsanteilen (95 000 Fahrzeuge täglich) in einem Umkreis von 0,9 km einer wichtigen Verkehrskreuzung eine durchschnittliche Pb-Menge von 4,61 t a^{-1} emittiert wird. In der kleinen Stadt Thibodaux, bei Boden-Pb-Werten um 100 μg g^{-1} und etwa 10 000 Fahrzeugen täglich wurden 1972 innerhalb desselben Radius etwa 0,4 t Pb a^{-1} emittiert. Der Unterschied beträgt etwa eine Größenordnung. Dies entspricht auch dem Unterschied in der Pb-Belastung der städtischen Böden.

New Orleans ist ein Handelszentrum und zugleich eine der am wenigsten industrialisierten Städte der Vereinigten Staaten. Gerade wegen der Abwesenheit von Industrieansiedlungen ist die Stadt ein interessantes Studiengebiet für die Verteilung von Spurenelementen. Die Pb-Anteile in den Böden wurden kartiert (Abb. 10.4), wobei die Karte auf den Medianwerten von Probenkollektiven mit 2683 Einzelproben beruht, die analysiert und nach den jeweiligen Volkszählungsdaten verarbeitet und dargestellt wurden (Mielke 1993, 1994).

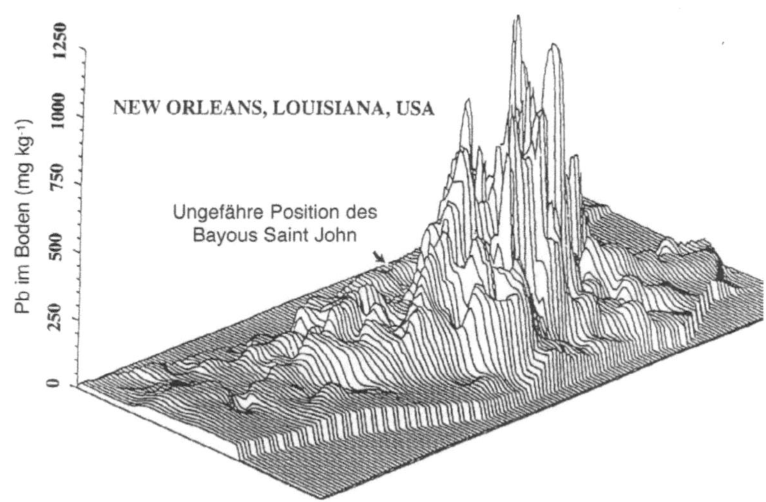

Abb. 10.4. Pb-Verteilung in bewohnten Stadtgebieten von New Orleans. Diese Karte basiert auf den Medianwerten der Bodenproben, die in unmittelbarer Straßennähe in 283 Zensusgebieten gesammelt wurden (Mielke 1994)

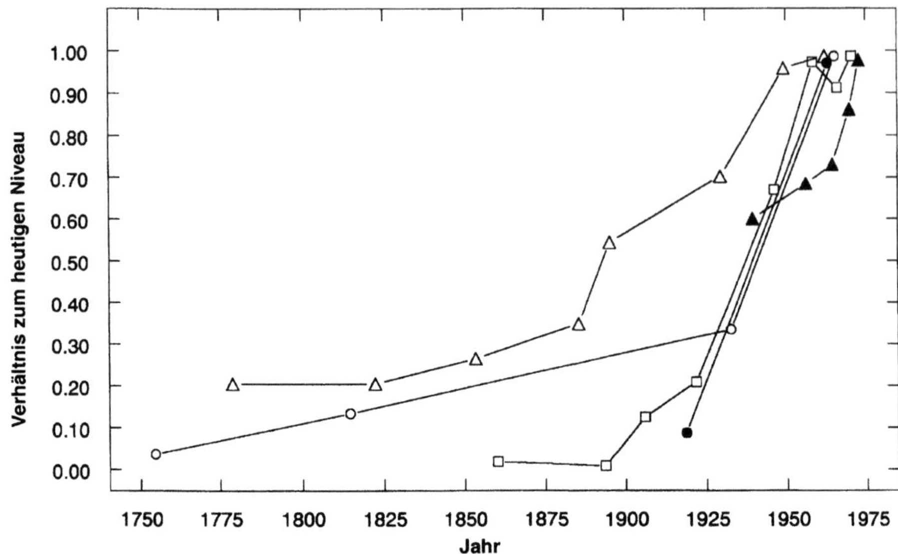

Abb. 10.5. Historische Trends der Pb-Konzentration in Schneeschichten o, alpinen Teich- ❑ und Seesedimenten Δ, Meeressedimenten ▲ und Baumringproben ● aus jeweils emissionsfernen Standorten (nach US EPA 1986: 2, 5:2)

Auswirkungen auf Sedimente. Die Pb-Deposition aus verbleitem Benzin wurde in abgelegenen Bereichen (Rezeptoren, Archive) wie Schneeschichten alpiner Gletscher, in Sedimenten alpiner Teiche und Seen, in Meeressedimenten und auch in Baumringen nachgewiesen (US EPA 1986; Abb. 10.5). In manchen Umgebungen stellte man besondere Empfindlichkeit auf die Anhäufung von Pb-Aerosolen fest. So werden z.B. in Bergwäldern die Pb-Partikel durch den orographisch gesteuerten Niederschlag eingefangen und in Blättern, Streu und Böden konzentriert (Hutchinson 1980; Wiersma u. Brown 1980). In Flußsystemen werden die Pb-Partikel zu den Deltas transportiert, wo sie im Sediment akkumulieren (Trefry et al. 1985).

Ein „Bayou" ist ein kleines, mäandrierendes Altwasser des Mississippi-Deltas. Die Stadt New Orleans befindet sich an diesem Delta und der Bayou Saint John fließt durch die Stadt. Die Spurenmetallmengen dieser Bayou-Sedimente wurden eingehend untersucht (Tabelle 10.3). Im Jahre 1704 wurde am Bayou gesiedelt, der als Transport-Korridor für kleineren Bootsverkehr genutzt wurde. Eine kleine Siedlung wurde im Oberlauf angelegt mit Gebäuden, die ursprünglich entweder auf überschwemmungssicherem Land oder direkt am Fluß auf Pfählen gebaut waren. Verschiedene Unternehmen beeinflußten die Sedimentqualität des Bayou: eine Dosenfabrik befand sich von 1906 bis 1986 direkt am Oberlauf. Während des Zweiten Weltkrieges wurden das Lan-

Tabelle 10.3. Vergleich der Pb-, Zn- und Cd-Konzentrationen (mg kg^{-1}) in Sedimenten des oberen und des unteren Bayous Saint John

	oberer Bayou			unterer Bayou		
Perzentile	Pb	Zn	Cd	Pb	Zn	Cd
Min	1,9	1,8	0,3	4,8	4,3	0,2
25	45,9	77,9	1,2	16,4	18,2	0,5
50	170,5	203,0	1,8	47,9	32,3	0,8
75	363,1	457,6	2,7	76,9	81,9	1,3
Max	6494	5042	13,1	580	1003	5,0
(n)	146	146	126	157	157	157

dungsboot (LCVP) und weitere Wasserfahrzeuge für den D-Day (6. Juni 1944) hier getestet, bevor sie nach Europa transportiert wurden. Entlang der Straßen unmittelbar neben dem Bayou befinden sich mehrere Tankstellen und Kfz-Werkstätten und elf Brücken überqueren ihn, mit zweispurigen Straßen bis zu vielspurigen Autobahnen. Weiterhin quert eine zweigleisige Eisenbahnbrücke den Bayou. Die Lage der Mündung des Bayou in den Pontchartrain See ist in der Abbildung 10.4 dargestellt. Dabei ist zu erkennen, daß der Oberlauf von Wohngebieten umgeben ist, die relativ hoch mit Pb belastet sind (300 bis 600 mg kg^{-1}; Mielke 1993, 1994). Der Unterlauf dagegen liegt zwischen Wohngebieten mit deutlich geringeren Pb-Mengen in den Böden.

Die Hauptbelastung der Sedimente vom Bayou Saint John betrifft den Oberlauf. Dieser war Schauplatz der ersten Besiedlung von New Orleans und weist heute neben der längsten Handels- und Besiedlungsgeschichte die höchste Verkehrsdichte auf. Die am geringsten belasteten Bereiche des Bayou sind zugleich die zuletzt besiedelten und haben ein vergleichsweise geringes Verkehrsaufkommen. Auch ist zu beachten, daß die Pb-, Zn- und Cd-Konzentrationen gemeinsam denselben Zu- bzw. Abnahmetrends folgen. Es ergibt sich eine extrem hohe Rang-Korrelation (p-Wert < 0,000 01) zwischen allen vermessenen Elementen (As, Cd, Co, Cr, Cu, Mn, Ni, Pb, Se und Zn).

10.3 ZUM EINFLUß VON BLEI AUF DIE MENSCHLICHE GESUNDHEIT

Die Toxizität von Pb auf den menschlichen und tierischen Organismus war bereits zu Zeiten der griechischen und römischen Hochkulturen bekannt (Mack 1973; Lin Fu 1980; Waldron 1973). Aus der amerikanischen Kolonialzeit und später sind ebenfalls entsprechende Quellen überliefert. So beschrieb Benjamin Franklin 1786 die Nerventoxizität von Pb als einen „mischievous effect from lead" und führt die Auswirkungen von Pb auf die menschliche Gesundheit detailliert auf.

Kinder: die empfindlichste Gruppe

Aus der Sicht der Umweltmedizin (environmental health) haben vermutlich einige der komplexesten Gesundheitsprobleme unserer modernen Industriegesellschaft eine chemisch-toxikologische Ursache. So sind subtile neurologische Anomalien, die in permanenten Lern- und Verhaltensschwierigkeiten resultieren, mit der Pb-Belastung von Kindern in Zusammenhang gebracht worden (ATSDR 1988; Bellinger et al. 1987; Mushak et al. 1989; Needleman et al. 1990; Schwartz u. Otto 1987).

Expositionspfad: Blei an den Händen. Die enge Beziehung zwischen Kindern und Boden ist eine fundamentale Tatsache menschlichen Seins. Der Hauptpfad der Belastung führt über das Fingerabschlecken und andere Mundaktivitäten, die allen kleinen Kindern gemein sind (LaGoy 1987; Mahaffey 1977; Mielke et al 1984; Sayre 1981; Sayre et al. 1974). Viele Forschungsarbeiten sind der Beziehung von Pb im Boden und der entsprechenden Belastung von Kindern gewidmet (Annest et al. 1983; Angle et al. 1975; Bornschein et al. 1986; Brunekreeff et al. 1981, 1983; Chaney u. Mielke 1986; Charney et al. 1980; Cohen et al. 1973; Fergusson et al. 1985; Hammond 1982; Hammond et al. 1980; Mielke et al. 1989; Rabinowitz et al. 1985; Reeves et al. 1982; Shellshear et al. 1975). In jedem Fall wurde ein signifikanter Zusammenhang zwischen dem Pb-Gehalt von Böden, der Belastung der Kinderhände und der Pb-Inkorporation von Kindern nachgewiesen.

Die Pb-Verteilung in New Orleans hilft, die Beziehungen zwischen dem Boden-Pb und der Exposition der Kinder aufzuklären. So wurde eine Studie durchgeführt, um die Hypothese zu testen, daß Pb im Außenbereich eine größere Bedeutung hat als Pb in Innenräumen (Viverette et al. 1996). Hand- und Oberflächenwischtests halfen, entsprechende Proben von ausgewählten Kindertagesstätten in verschiedenen Gebieten von New Orleans zu erhalten. Dabei wurden sowohl private als auch kommunale Kindergärten untersucht, die im Innenstadtbereich bzw. in den Außenbezirken liegen. Um Pb zu bestimmen, wurden die Handwischproben jeweils vor und nach der Spielzeit im Freien genommen. Erste Ergebnisse zeigen, daß die Pb-Belastung im Außenbereich jene aus den Innenräumen übersteigt. Auch wurde eine positive Beziehung zwischen der Pb-Menge an den Kinderhänden und den jeweiligen Pb-Anteilen in den Böden und im Staub der Außenbereiche festgestellt. Obwohl bei zwei Mädchen nach dem Spielen im Freien außergewöhnlich hohe Pb-Mengen an den Händen nachgewiesen wurden, weisen Jungen generell höhere Anteile auf. Die privaten Tagesstätten in der Innenstadt wiesen eine extrem hohe Belastung der Spielbereiche im Außenbereich auf. Im Gegensatz dazu ist die Qualität der Außenbereiche der öffentlichen Kindergärten der Innenstadt so hoch, daß es bezüglich der Pb-Staubmengen keine Rolle spielt, wo der Kindergarten in der Innenstadt liegt (Viverette et al. 1996).

In Minnesota folgte das Schema der Pb-Exposi-

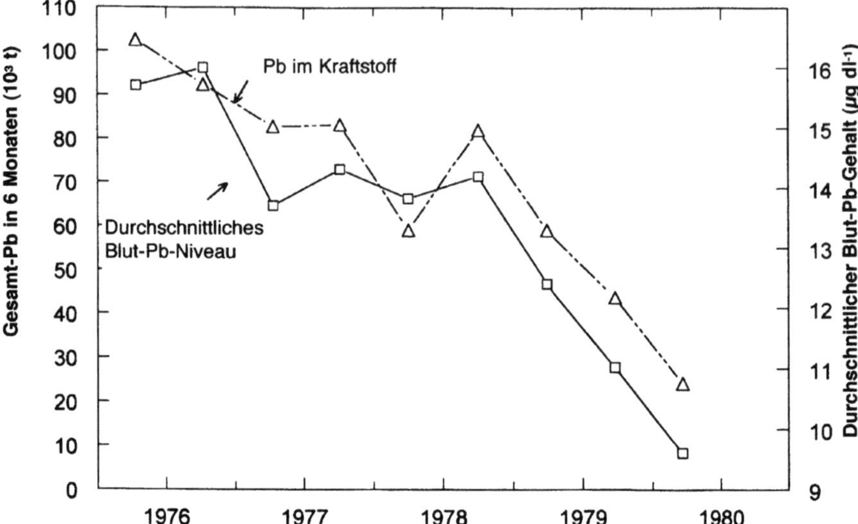

Abb. 10.6. Paralleler Rückgang der durchschnittlichen Blut-Pb-Werte und der Pb-Mengen im Benzin von 1976 bis 1980 in den Vereinigten Staaten (US EPA 1986: 3, 11: 43)

tion von Kindern (Pb im Blut) denselben Mustern wie die Pb-Verteilung in den städtischen Böden (s.o.). Die Exposition der Kinder war in den kleinen Städten am geringsten und am höchsten in den Großstädten. Dort wiederum wiesen Kinder aus Innenstadtbezirken mit hohem Verkehrsaufkommen die höchsten Expositionsraten auf (Mielke et al. 1989; Mielke u. Adams 1989).

Änderung des Gefährdungsgrads. Mitte der 70er Jahre, zu Beginn des Rückgangs von verbleitem Benzin, wurde eine landesweite Studie zum Pb-Gehalt im Blut durchgeführt (Annest et al. 1983). In dem Zeitraum von 1976 bis 1980 trat bereits ein deutlicher Rückgang von Pb im Blut auf. Wie die Abbildung 10.6 zeigt, verläuft der Zusammenhang vom Umsatz verbleiten Benzins und dem Blut-Pb-Gehalt offensichtlich parallel.

Ein weiterer Rückgang des verbleiten Benzins folgte in den 80er Jahren. Die jüngste Studie zum Blut-Pb wurde zwischen 1988 und 1991 durchgeführt (Brody et al. 1994). Dieser Bericht dokumentiert einen deutlichen Rückgang der Pb-Belastung amerikanischer Kindern. Beachtlich ist die Verschiebung des Modalwertes zwischen den 70er und späten 80er Jahren (Abb. 10.7).

Nach den derzeitigen Richtlinien der USA gelten Kinder als hoch Pb-belastet, wenn ihr Blut eine Konzentration von 100 $\mu g\ l^{-1}$ oder mehr aufweist. Nach medizinischen Richtlinien waren in der Zeit von 1976 bis 1980 neun von elf Kindern überdurchschnittlich hoch mit Pb belastet. Diese Belastung ist deutlich zurückgegangen. In der Untersuchung von 1988 bis 1991 zeigt nur noch eins von elf Kindern eine Pb-Konzentration über 100 $\mu g\ l^{-1}$. Dieses „Restproblem" hängt in erster Linie mit der derzeitigen geochemischen Situation der zentralen Bereiche großer Städte zusammen. Wie zuvor beschrieben sind diese Innenstadtgebiete besonders hoch mit Kfz-emittiertem Pb belastet. Das derzeitige Pb-Problem ist nun vor allem mit der Bodenbelastung verbunden, die besonders in den innerstädtischen Wohngebieten größerer Städte sehr hohe Werte erreicht (→ Kap. 7).

Die Nutzung von Metallen hat die globale Geochemie beeinflußt. Eine besonders intensive Veränderung hat der Pb-Kreislauf erfahren mit Anreicherungen vor allem im Bereich der großen Städte als Folge der verbleiten Kraftstoffe. Kinder sind dieser Belastung am intensivsten ausgesetzt. Daher ist es eine vordringliche Aufgabe der Gesellschaft, jede weitere Pb-Belastung von vorgeschädigten Kindern zu verhindern und zugleich den guten Gesundheitszustand nicht geschädigter Kinder zu erhalten. Die Pb-Belastung der Bevölkerung ist auf die Kfz-Emissionen zurückzuführen. Anstrengungen zur Bereinigung müssen sich daher mit der grundsätzlichen Natur des Problems befassen. Dabei ist das Pb-Problem mehr als nur ein medizinisches (Schneider u. Lavenhar 1986). Die dargestellten Daten dokumentieren, daß es eine geographische Beziehing zwischen der Pb-Exposition und Größe einer Stadt sowie vor allem zum jeweiligen Verkehrsaufkommen gibt.

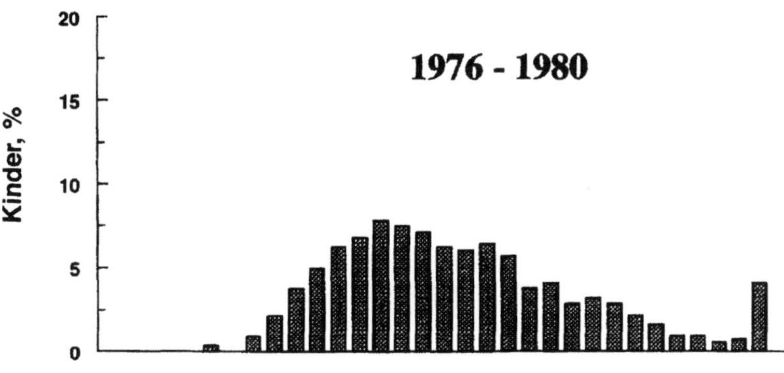

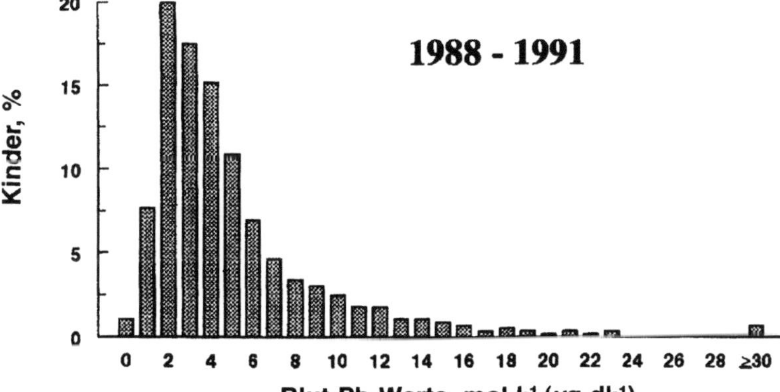

Abb. 10.7. Blut-Pb-Werte für amerikanische Kinder im Alter von 1 bis 5 Jahren in zwei Zeiträumen: 1976 bis 1980 und 1988 bis 1991 (Daten von NHANES II und III in Brody et al. 1994)

Diese Erkenntnis hilft, die notwendigen Anstrengungen dort zu fokussieren, wo das Problem am größten ist – in den Innenstädten. Indem die Pb-Quellen Staub und Boden bereinigt werden, ist den betroffenen Kindern am schnellsten und unmittelbarsten geholfen. Entsprechende Ansätze, die Pb-Belastung zu reduzieren, waren erfolgreich (Mielke et al. 1992).

10.4 ANWENDUNG DER GEOCHEMIE BEI DER STADTPLANUNG

Die gesellschaftliche Bedeutung urbaner geochemischer Forschung für die Gesundheit ist gewaltig. Der Großteil einer Landesbevölkerung wurde zwangsweise überdurchschnittlich hohen Pb-Konzentrationen ausgesetzt und diese Zeit der Belastung war vermutlich die größte epidemische Vergiftung in der Geschichte der menschlichen Zivilisation. Wenn die Gesellschaft dauerhaft-umweltgerechte (sustainable) Städte schaffen will, muß diese Lektion von jenen gelernt und verstanden werden, die für die Planung, den Bau und die Funktion von urbanen Zentren verantwortlich sind. Obwohl Pb im Jahr 1996 vollständig aus Kraftstoffen in den Vereinigten Staaten verbannt werden soll, wird verbleites Benzin weiterhin genutzt – vor allem in den armen und sich entwickelnden Ländern der Erde.

Weitere Substanzen, deren Nutzung im Zusammenhang mit dem Automobil stehen, bedürfen zusätzlicher Forschung. Zum Beispiel enthalten Reifen relativ hohe Zn-Mengen (etwa 1000 g Zn pro Reifen). Mit dem Reifenabrieb wird Zn mit ähnlichen Verteilungsmustern wie beim Pb freigesetzt. So treten die höchsten Zn-Konzentrationen bei hohen Pb-Anomalien im Boden auf. Zink ist ein stark phytotoxisches Element. Seine Bedeutung liegt in der Verringerung des Pflanzenwachstums, gerade auf Standorten, wo Pflanzen zur Stabilisierung des Oberbodens dienen sollen. Auf diese Weise kann Zn indirekt zur Erhöhung der Pb-Freisetzung aus kontaminierten Böden beitragen. Die Lektion der Pb-Dispersion durch das Automobil muß beachtet werden, wenn unsere moderne Gesellschaft ein Umwelterbe hinterlassen möchte, das nicht nur durch eine vergiftete Umwelt gekennzeichnet ist, die großen Gruppen der Bevölkerung eine gesunde und erfolgreiche Zukunft versagt.

Danksagungen

Viele Kollegen verschiedener Institutionen waren an der Durchführung der Forschungsarbeiten zur urbanen Geochemie beteiligt. Besonders möchte ich Dr. Rufus Chaney, USDA, für seinen Beitrag zum Baltimore Studienprojekt hervorheben. Auch Studierende und Kollegen der Universität Maryland, Baltimore County, dem Macalester College, dem Center for Urban and Regional Affairs der Universität von Minnesota und der Xavier Universität von Louisiana haben eine wichtige Rolle im Rahmen der städtischen Untersuchungen gespielt. Gegenwärtige geochemische Forschungsarbeiten in der Stadt New Orleans werden aus dem ATSDR-Titel #R51/ATU398004-3 finanziert.

LITERATUR

Angle C, McIntire M, Vest G (1975) Blood lead of Omaha school children – topographical correlation with industry, traffic and housing. Neb Med J 60: 97–102

Angle C, McIntire M (1982) Children, the barometer of environmental lead. Adv Pediat 29: 3–31

Annest J, Pirkle J, Makuc D, Neese J, Bayse D, Kovar M (1983) Chronological trend in blood lead levels between 1976 and 1980. New Engl J Med 296: 260–261

ATSDR (Hrsg) (1988) The nature and extent of lead poisoning in the United States: A report to Congress. U.S. Department of Health and Human Services, Atlanta, Georgia

Bellinger D, Leviton A, Waternaux C, Needleman H, Rabinowitz M (1987) Longitudinal analysis of prenatal and postnatal lead exposure and early cognitive development. New Engl J Med 316: 1037–1043

Bornschein R, Succop P, Krafft K, Clark C, Peace B, Hammond P (1986) Soil lead, interior house dust lead and childhood lead exposure in an urban environment. Trace Substan Environ Health 20: 322–332

Boutron CF, Gorlach U, Candelone JP, Bolshov MA, Delmas RJ (1991) Decrease in anthropogenic lead, cadmium and zinc in Greenland snows since the late 1960s. Nature 353: 153–156

Brody DJ, Pirkle JL, Kramer RA, Flegal KM, Matte TD, Gunter EW, Paschal DC (1994) Blood lead levels in the United States population. Phase 1 of the Third National Health and Nutrition Examination Survey (NHANES III, 1988 to 1991). JAMA 272: 277–283

Brunekreef B, Veenstra S, Biersteker K, Boleij J (1981) The Arnhem lead study: I. Lead uptake by 1–3 year old children living in the vicinity of a secondary lead smelter in Arnhem, The Netherlands. Environ Res 25: 441–448

Brunekreef B, Noy D, Biersteker K, Boleij J (1983) Blood lead levels of Dutch children and their relationship to lead in the environment. J Air Poll Cont Assoc 33: 872–876

Chaney R, Mielke HW (1986) Standards for soil lead limitations in the United States. Trace Substan Environ Health 20: 357–377

Charney E, Sayre J, Coulter M (1980) Increased lead absorption in inner city children: where does the lead come from? Pediatrics 65: 226–231

Cohen C, Bowers G, Lepow M (1973) Epidemiology of lead poisoning: A comparison between urban and rural children. JAMA 226: 1430–1433

Day JP (1977) Lead pollution in Christchurch. NZ J Sci 20: 395–406

Earickson RJ, Billick IH (1988) The areal association of urban air pollutants and residential characteristics: Louisville and Detroit. Appl Geogr 8: 5–23

Ethyl Corporation (ed; 1982) Yearly report of gasoline sales by States. Ethyl Petroleum Chemicals, 2 Houston Center, Suite 900, Houston, TX 77010

Ethyl Corporation (ed) (1984) Statement of the Ethyl Corporation before the Committee on Environment and Public Works, US Senate, 98th Congress, 2nd Session on S.2609 A Bill to Amend the Clean Air Act with Regard to Mobile Source Emission Control, 22. June 1984: 148 S.

Fergusson J (1985) Lead: petrol lead in the environment and its contribution to human blood lead levels. Sci Total Environ 50: 1–54

Fergusson JE, Hayes RW, Yong TS, Thiew SH (1980) Heavy metal pollution by traffic in Christchurch, New Zealand. Lead and cadmium content of dust, soil, and plant samples. NZ J Sci 23: 293–310

Franklin B (1786) Letter to Benjamin Vaughan written on July 31, 1786. In: Goodman NG (ed) The ingenious Dr. Franklin: selected scientific letters of Benjamin Franklin, 1931 Philadelphia: University of Pennsylvania Press

Hammond P, Clark C, Gartside P, Berger O, Walker A, Michael L (1980) Fecal lead excretion in young children as related to sources of lead in their environments. Int Arch Occ Environ Health 46: 191–202

Hammond P (1982) Exposure to lead. In: Chisholm J et al. (eds) Lead absorption in children. Urban & Schwarzenberg, Baltimore, S. 55–61

Hong S, Candelone JP, Patterson CC, Boutron CF (1994) Greenland ice evidence of hemispheric lead pollution two millennia ago by Greek and Roman civilizations. Science 265: 1841–1843

Hutchinson TC (1980) Impact of heavy metals on terrestrial and aquatic ecosystems. Pacific Southwest Exp Sta 43: 158–164

LaGoy P (1987) Estimated soil ingestion rates for use in risk assessment. Risk Analysis 7: 355–359

Lin Fu JS (1980) Lead poisoning and undue lead exposure in children: history and current status. In: Needleman HL (ed) Low level lead exposure: the clinical implications of current research. Raven Press, New York, S. 5–16

Mack RB (1973) Lead in history. Clin Tox Bull 3: 37–44

Mahaffey K (1977) Relation between quantities of lead ingested and health effects of lead in humans. Pediatrics 59: 448–456

Mielke HW (1994) Lead in New Orleans soils: new images of an urban environment. Environ Geochem Health 16, 3/4: 123–128

Mielke HW (1993) Lead dust contaminated USA communities: comparison of Louisiana and Minnesota. Appl Geochem 8, Suppl 2: 257–261

Mielke HW, Anderson J, Berry K, Mielke Jr PW, Chaney R, Leech M (1983) Lead concentrations in inner-city soils as a factor in the child lead problem. Am J Public Health 73, 12: 1366–1369

Mielke HW, Blake B, Burroughs S, Hassinger N (1984) Urban lead levels in Minneapolis: the case of the Hmong children. Environ Res 34: 64–76

Mielke HW, Burroughs S, Wade R, Yarrow T, Mielke Jr PW (1984/85) Urban lead in Minnesota; soil transect results of four cities. Minnesota Academy of Science 50, 1: 19–24

Mielke HW, Adams JL (1989) Environmental lead risk in the Twin cities. Center for Urban and Regional Affairs, H H Humphrey Center, University of Minnesota, Minneapolis, Minnesota 22 S.

Mielke HW, Adams JL, Reagan PL, Mielke Jr PW (1989) Soil-dust lead and childhood lead exposure as a function of city size and community traffic flow: The case for lead abatement in Minnesota. In: Davies BE, Wixson BG (eds) Lead in soil: Issues and guidelines. Env Geochem Health 9 suppl: 253–271

Mielke HW, Adams JE, Huff B, Pepersack J, Reagan PL, Stoppel D, Mielke Jr PW (1992) Dust control as a means of reducing inner–city childhood Pb exposure. Trace Substances Environ Health 25: 121–128

Mielke Jr PW (1986) Non-metric statistical analyses: some metric alternatives. J Statistical Planning Inference 13: 377–387

Mushak P, Davis JM, Crococetti AF, Gran LD (1989) Prenatal and postnatal effects of low-level lead exposure: integrated summary of a report to the U.S. Congress on childhood lead poisoning. Environ Res 50: 11–36

Needleman HL, Schell A, Bellinger D, Leviton A, Allred EN (1990) The long-term effects of exposure to low doses of lead in childhood. N Engl J Med 322, 2: 83–88

Nriagu JO, Pacyna JM (1988) Quantitative assessment of worldwide contamination of air, water and soils by trace metals. Nature 333: 134–139

Patterson CC (1980) An alternative perspective – lead pollution in the human environment: origin, extent and significance. In: National Academy of Science (ed) Lead in the environment. Washington, D.C. S. 265–349

Rabinowitz M, Leviton A, Needleman H, Bellinger D, Waternaux C (1985) Environmental correlates of infant blood lead levels in Boston. Environ Res 38: 96–107

Reeves R, Kjellstrom T, Dallow M, Mullins P (1982) Analysis of lead in blood, paint, soil and housedust for the assessment of human lead exposure in Auckland. NZ J Sci 25: 221–227

Rosner D, Markowitz G (1985) A 'Gift of God'?: The public health controversy over leaded gasoline during the 1920s. Am J Pub Health 75, 4: 344–352

Sayre J, Charney E, Vostal J, Pless I (1974) House and hand dust as a potential source of childhood lead exposure. AJDC 127: 167–170

Sayre J (1981) Dust lead contribution to lead in children. In: Lynam D, Piantanide LG, Cole JF (eds) Environmental lead. Academic Press, New York, S. 23–40

Schneider DJ, Lavenhar MA (1986) Lead poisoning: more than a medical problem. Am J Pub Health 76: 242–246

Schwartz J, Otto D (1987) Blood lead, hearing thresholds, and neurobehavioral development in children and youths. Arch Env Health 42 (3): 153–160

Settle DM, Patterson CC (1980) Lead in Albacore: guide to lead pollution in Americans. Science 207: 1167–1176

Shellshear I, Jordon L, Hogan D, Shannon F (1975) Environmental lead exposure in Christchurch children: soil lead as a potential hazard. NZ Med J 81: 382–386

Shelton EM, Whisman ML, Woodward PW (1982) Long-term historical trends in gasoline properties are charted. Oil Gas J 80: 95–99.

Trefry JH, Metz S, Trocine RP, Nelson TA (1985) A decline in lead transport by the Mississippi river. Science 230: 439–441

US EPA (1986) Air quality criteria for lead (EPA/600/883/028bF). Environmental Ariteria and Assessment Office, Research Triangle Park, NC 27711; Us Govt Printing Office, 1986-646-116/40638

US Department of Commerce, Bureau of Census (1975) Historical statistics of the US colonial time to 1970. Series Q 157 Highway motor fuel usage: S. 716; and Series Q 202 and 203, Miles traveled by passenger motor vehicles: S. 718

Viverette L, Mielke HW, Brisco M, Dixon A, Schaefer J, Pierre K (1996) Environmental health in minority and other underserved populations: benign methods for identifying lead hazards at day care centers of New Orleans. Environ Geochem Health 18: 41-45

Waldron HA (1973) Lead poisoning in the ancient world. Med Hist 17: 391–399

Wiersma GB, Brown KW (1980) Background levels of trace elements in forest ecosystems. Pacific Southwest Exp Sta 43: 31–37

11 PGE-Emissionen aus Kfz-Abgaskatalysatoren

Jörg-Detlef Eckhardt • Jörg Schäfer

11.1 Die Platingruppenelemente (PGE) und der Katalysator

Die Anzahl der Personenkraftfahrzeuge in der Bundesrepublik Deutschland nimmt seit dem wirtschaftlichen Aufschwung immer mehr zu und erreichte 1994 fast 40 Millionen (Statistisches Bundesamt 1995). Dies führt zu insgesamt zunehmenden Emissionen (SRU 1994; Umweltbundesamt 1994). Der technische Fortschritt hat nicht nur zu einer immer größeren Attraktivität der Kraftfahrzeuge geführt, sondern auch zu einer Verminderung des Schadstoffausstoßes der einzelnen Fahrzeuge. Wie auch in anderen Problemfeldern hat sich jedoch herausgestellt, daß die Entfernung eines Schadstoffes nicht mit einem generellen Rückgang der Emissionen verbunden ist, sondern sich nur auf den gegenwärtig diskutierten Schadstoff oder im besten Fall auf die zu der Zeit technisch erfaßbaren Schadstoffe bezieht. Oft ergibt sich auch die komplexe Situation, daß Ersatzstoffe eingesetzt werden, die selbst potentiell umweltschädlich sind, oder aber zur Reinigung von Emissionen Stoffe eingesetzt werden, die dann ihrerseits an die Umwelt abgegeben werden. Dies gilt auch für die Mitte der achtziger Jahre in Deutschland eingeführten Kfz-Abgaskatalysatoren (Heintz u. Reinhardt 1990).

Die Entwicklung der Katalysatortechnologie infolge strengerer Abgasvorschriften hat in den letzten zehn Jahren in der westlichen Welt und in Deutschland zu einem ständig steigenden Anteil von katalysatorbestückten Fahrzeugen geführt (Statistisches Bundesamt 1995). Stand der Technik ist der sogenannte Drei-Wege-Katalysator, der drei der wichtigsten Schadstoffe im Abgas (Kohlenmonoxid, unverbrannte Kohlenwasserstoffe und Stickoxide) in eine relativ unschädliche Form überführt (Abb. 11.1). Diese Katalysatoren bestehen aus einem wabenartigen Keramikkörper (z.B. aus Cordierit), der mit dem "*washcoat*" aus Al_2O_3 und „Promotoren", meist Ce, beschichtet ist (Johnson Matthey 1992). Aluminium-

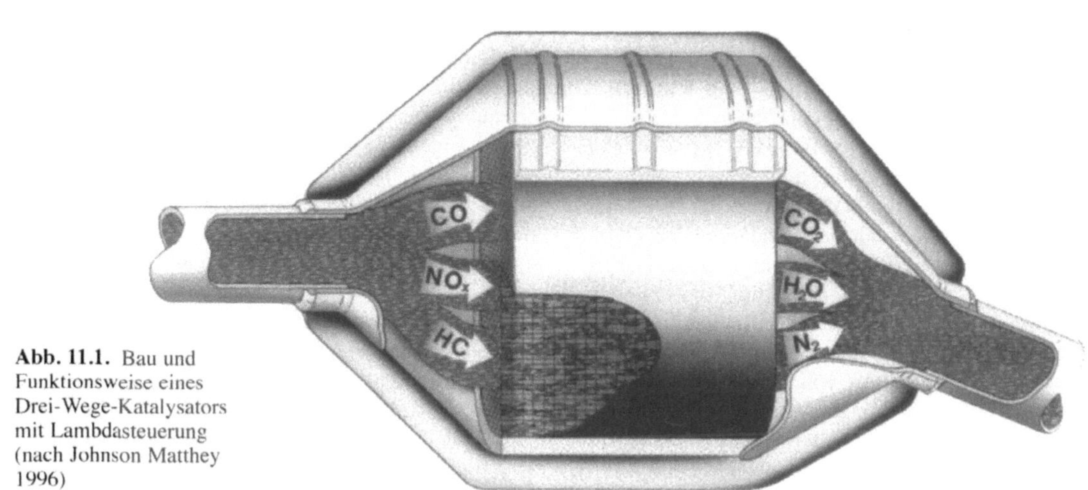

Abb. 11.1. Bau und Funktionsweise eines Drei-Wege-Katalysators mit Lambdasteuerung (nach Johnson Matthey 1996)

oxid hat wichtige thermische Eigenschaften und vergrößert die innere Oberfläche des Katalysators. Cer beschleunigt zusätzlich die im Katalysator stattfindenden Reaktionen. Die Abgaskatalysatoren sind mit Elementen aus der Platinelementgruppe (PGE) beschichtet. Insgesamt sind bis zu drei Gramm der katalytisch wirksamen Edelmetalle Platin (Pt), Rhodium (Rh) und Palladium (Pd) in wechselnden Kombinationen im Katalysator enthalten (Kasedorf 1993; Abthoff et al. 1994).

Die Edelmetalle tragen ihren Namen nicht nur aufgrund ihrer Seltenheit auf der Erdoberfläche, sondern auch weil sie als chemisch sehr widerstandsfähig und reaktionsträge gelten. Diese Eigenschaften und der ihnen eigene metallische Glanz haben schon früh zur bergmännischen Gewinnung und zur Verarbeitung in der Schmuckindustrie sowie zu verschiedensten technischen und medizinischen Anwendungen geführt (Degussa 1967). Im Rahmen der bergmännischen Gewinnung wurde besonders in Südafrika die Aufschlußmethode der Nickeldokimasie weiterentwikkelt (Robert et al. 1971; Hall u. Bonham-Carter 1988). Noch heute werden die Edelmetalle mit dieser Methode zur chemischen Analyse aus ihrer Matrix gewonnen. Trotzdem liegen diese seltenen Elemente auch nach der Schmelzanreicherung noch in so geringen Konzentrationen vor, daß für die analytische Bestimmung hochempfindliche Methoden wie die Graphitrohrofen-Atomabsorptions-Spektrometrie (Eller et al. 1989; Zereini et al. 1994a), die Instrumentelle Neutronenaktivierung (Mc Donald et al. 1994; Heinrich et al. 1996) oder besser noch die Massenspektrometrie mit vorgeschaltetem induktiv gekoppeltem Plasma (ICP-MS; Hall u. Pelchat 1994; Reddi et al. 1994) erforderlich sind. Polarographische Methoden sind für bestimmte Anwendungen ebenfalls geeignet (Hoppstock et al. 1989).

Die Funktion des Katalysators beruht auf der Eigenschaft der PGE, Oxidations- und Reduktionsprozesse zu beeinflussen. Platin katalysiert die Oxidation von Kohlenwasserstoffen (KWs) und Kohlenmonoxid zu Kohlendioxid und Wasser. Rhodium unterstützt die Reduktion der Stickoxide zu elementarem Stickstoff die mit der Oxidation von CO zu CO_2 einhergeht (Heintz u. Reinhardt 1990). Die früheren Katalysatoren dienten lediglich der Oxidation von KWs und CO und waren ausschließlich mit Pt beschichtet. Später kamen Pt/Rh-Katalysatoren mit einem Elementverhältnis von 5:1 zum Einsatz. Als Folge der hohen Marktpreise wird Pt in der jüngeren Vergangenheit in zunehmendem Masse durch Pd substituiert (Abthoff et al. 1994; Johnson Matthey 1995), das besonders in Trimetallkatalysatoren verschiedener Zusammensetzung eingesetzt wird (Engler et al. 1994). Die Verwendung dieser drei Edelmetalle in Katalysatoren dominiert inzwischen den Absatz auf dem Weltmarkt. Deswegen kann aus der Produktion von Pt, Pd und Rh leicht auf die Verwendung dieser Elemente und deren Anteil in Katalysatoren geschlossen werden (Johnson Matthey 1995; Abb. 11.6). Aus den Katalysatoren wird je nach Zustand, Alter und Betriebsbedingungen Material aus der katalytischen Beschichtung freigesetzt und emittiert (Knobloch 1993). Der partikuläre Austrag macht den größten Teil der Emissionen aus, es ist aber auch denkbar, daß die PGE in anderer Form ausgetragen werden.

Zahlreiche Untersuchungen anderer Kfz-emittierter Metalle haben typische Verteilungs- und Transportmuster für diese Elemente aufgezeigt (Unger u. Prinz 1992; Jost 1994; Lung 1996; → Kap. 10). Über das Verhalten der PGE ist bisher wenig bekannt. Es sind ähnliche Verteilungsmuster wie bei den anderen über die Abgase abgegebenen Stoffe zu erwarten, da bei beiden Gruppen der luftgetragene Transport dominiert (Alt et ál. 1993). Für die Edelmetalle ergeben sich aus dem gemeinsamen Einsatz mehrerer Elemente in einem Emittenten zusätzliche Aussagemöglichkeiten über Differentiationen bei der Verteilung. Aus der erst seit kurzer Zeit auftretenden Immission lassen sich die Transportmechanismen direkter nachvollziehen und verfolgen. Aufgrund der charakteristischen Eigenschaften dieser Elemente, sind neue Erkenntnisse über deren bodeninterne Transport- und Umsatzprozesse zu erwarten.

11.2 VON DER PROBENNAHME ZUR ANALYTIK

Probennahme. Die Probennahme für die Untersuchung Kfz-emittierter Schadstoffe ist problemorientiert. Sie richtet sich nach dem Schadstoff und seinen Eigenschaften (Transportweite und -mechanismen) und nach den Standortparametern an der Straße sowie dem Emissionsverhalten der Schadstoffquelle Kfz. Für die vorgestellte Studie wurden sowohl Proben des Straßensedimentes als auch Bodenproben entnommen. Während das Straßensediment eine Momentaufnahme der Zusammensetzung der Immission darstellt, sind die Gehalte im Boden das Resultat des längerfristigen Eintrags und der Transportprozesse im Boden (→ Kap. 3, 4, 7).

Bei der Untersuchung von PGE-Immissionen wird aufgrund der Elementkonzentrationen die meßbare Transportweite mehrere 10er Meter nicht überschreiten und der meßbare vertikale Transport im Boden (unter Einbeziehung der bodenphysikalischen und -chemischen Parameter) wird innerhalb weniger Dezimeter stattfinden. Diese lateralen und vertikalen Bereiche müssen möglichst detailliert aufgeschlüsselt werden, um die relevanten Prozesse untersuchen zu können. Die Beprobung wird in Straßennähe dichter durchgeführt als in größerer Entfernung. In den hier dargestellten Arbeitsgebieten hat sich folgende Beprobung als sinnvoll erwiesen: 0,1 – 0,5 – 1,0 – 1,5 – 2,0 – 3,0 – 5,0 – 7,5 und 10 m Entfernung (Schäfer et al. 1995). Die vertikale Auflösung richtet sich nach dem Bodenaufbau. Es hat sich auch gezeigt, daß die Transportweite der PGE in die Tiefe noch nicht weit fortgeschritten ist, so daß für diese Elemente die meisten Beobachtungen bis jetzt in den obersten Zentimetern des Bodens zu machen sind. Folgende Aufteilung hat sich als sinnvoll erwiesen: Streuauflage (Reste abgestorbener Vegetation), Bodenhorizonte 0–2, 2–5 und 5–10 cm.

Die Probennahme kann nicht, wie für andere Untersuchungen üblich, über Handbohrungen erfolgen, da für die Dokimasie eine ausreichend große Probenmenge notwendig ist und eine Verschleppung von Material unbedingt vermieden werden muß. Ein Quader (Kantenlänge 15–20 cm) wird mit einem Spaten aus dem Boden ausgestochen, in die festgelegten Horizonte unterteilt und die Proben in Papiertüten gefüllt. Für eine komplette Ansprache des Bodenprofils und für eine ergänzende Untersuchung auf Schwermetallgehalte auch in tieferen Horizonten, wird eine zusätzliche Beprobung mit einem Bohrstock (Pürckhauer) durchgeführt. Die Beprobung des Straßensedimentes wird auf einer definierten Fläche mit einem sauberen Handbesen und einer Kehrschaufel durchgeführt. Für Wiederholungsbeprobungen wird die Kehrfläche markiert.

Probenvorbereitung. Die Analyse der Edelmetallgehalte erfolgt nach der Probenvorbereitung und dem Schmelzaufschluß (Nickel-Dokimasie, s.u.) mittels ICP-MS. Nach der Trocknung bei 40°C werden die Proben mit dem Handmörser zerstoßen und das Bodenskelett mit dem Sieb > 2 mm entfernt. Bei sämtlichen an die Trocknung (105°C) anschließenden Aufbereitungsschritten ist eine jeweilige Gewichtskontrolle oder aber verlustfreies Arbeiten notwendig, um die abschließend gemessenen Konzentrationen auf die Ursprungsmenge beziehen zu können. Für die Dokimasie wird in einem anschließenden Schritt in Anlehnung an ein Verfahren von Krom u. Berner (1983) der organische Kohlenstoff entfernt, um mögliche Störungen bei der Schmelzbildung während der Nickel-Dokimasie zu vermeiden (Zereini et al. 1994a).

Dokimasie. Die Dokimasie (grch. Prüfung) ist ein klassisches Schmelzverfahren zur Abtrennung von Edelmetallen vom umgebenden Gestein (Hall u. Bonham-Carter 1988). Die Nickelsulfid-Dokimasie ist eine Variante unter diesen Verfahren, die sich die Eigenschaft der Edelmetalle zunutze macht, sich beim Vorhandensein einer sulfidischen Schmelzphase in dieser quantitativ anzureichern. Diese Elemente werden als chalcophil bezeichnet.

Die Nickel-Dokimasie wird meist mit relativ großen Probeneinwaagen (25–50 Gramm) durchgeführt. Einerseits verlangen bei der hier angewendeten Technik die kleinen Gehalte der Edelmetalle nach einer großen Probeneinwaage, um eine möglichst hohe Anreicherung zu gewährleisten. Zudem muß die inhomogene Verteilung der Edelmetalle in der Probe („Nugget-Effekt") umgangen werden, indem eine Probenmenge eingesetzt wird, die eine repräsentative Verteilung garantiert. Mit der Probe wird eine homogenisierte Schmelz- und Flußmittelmischung aus Borax, Soda, Nickel und Schwefel vermischt. Deren Zusammensetzung variiert zwischen den Anwendern und basiert auf empirischen Grundlagen (Sun et al. 1993; Juvonen et al. 1994; Kolesov u. Sapozhnikov 1995). Die Mischung wird in einem Gekrätz-Tiegel (hochreiner Ton) im Ofen zur Schmelze gebracht. Die Temperaturen (zwischen 1000°C und 1150°C) und die Aufheizschritte und -zeiten variieren ebenfalls von Labor zu Labor. Ist das Material geschmolzen, bilden sich eine boratisch-silikatische und eine sulfidische Schmelzphase, die sich entmischen. In letzterer sammeln sich die Edelmetalle und einige andere Metalle. Nach Ablauf der Schmelzzeit kann man die Schmelze in eine Eisenkokille umgießen oder im Tiegel erkalten lassen, der nachher zerschlagen werden muß. Die sulfidische Phase saigert sich am Boden des jeweiligen Gefässes ab und bildet den Nickel-Regulus oder -König. Dieser besteht aus Ni- und Metallsulfiden. Die Edelmetalle liegen ebenfalls als Sulfide, aber auch in elementarer Form oder als Legierungen vor (Zereini et al. 1994b). Diesem Schritt der Anreicherung der Edelmetalle im Nickelsulfid folgt normalerweise der naßchemische Aufschluß der Reguli oder die Messung der PGE-Gehalte mit der Instrumentellen Neutronenaktivierungsanalyse.

Die naßchemische Abtrennung bringt zunächst nur die unedlen Sulfide mit konzentrierter Salzsäure in Lösung. Die resistenteren Edelmetalle bilden einen Rückstand und werden durch Filtration abgetrennt. Der edelmetallhaltige Rückstand wird mit konzentrierter Salzsäure unter Zusatz von H_2O_2 unter stark oxidierenden Bedingungen in Lösung gebracht. Die

Edelmetalle liegen dann in Form von Tetra- und Hexachlorokomplexen in der Lösung vor. Als letzter Schritt folgt die Reduktion des Volumens und das Abrauchen der überschüssigen Salzsäure. Nach Aufnahme mit verdünnter Salpetersäure liegt ein Lösungsvolumen von 10 ml vor. Insgesamt stellt dieses Verfahren nicht nur eine Matrixabtrennung dar, sondern es führt im Gegensatz zu den meisten anderen Aufschlußverfahren zu einer Aufkonzentration der Elemente.

Analytik. Die Aufkonzentration vor der Messung ist unerläßlich, da die natürlichen PGE-Gehalte in Böden im Bereich der Nachweisgrenzen der üblichen Meßverfahren liegen. Die ICP-MS ist eine oft eingesetzte Methode zur Messung von PGE in Aufschlußlösungen. Die gerätetechnische Nachweisgrenze liegt normalerweise für die PGE im Bereich von 10 pg g^{-1} (ppt). Die neue Generation der hochauflösenden ICP-MS erreicht noch wesentlich niedrigere Nachweisgrenzen. Die Messung mit dem ICP-MS ist relativ unkompliziert; die Elemente können simultan und schnell bestimmt werden. Wird für die Festlegung der Nachweisgrenzen das gesamte Verfahren mit einbezogen, verschlechtern sich die Werte auf 0,1 bis 2 ng g^{-1} für die einzelnen PGE. Die Nachweisgrenze wird vor allem durch Verunreinigungen in den während Dokimasie und Aufschluß eingesetzten Chemikalien verschlechtert. Die Qualität der Messungen hängt nicht nur von den eingesetzten Chemikalien ab, sondern auch von der Erfahrung und Qualitätssicherungsmaßnahmen des jeweiligen Labors. Die Methoden erreichen also gerade die Bereiche der Gehalte in natürlichen unkontaminierten und unvererzten Böden und Gesteinen, bzw. haben z.T. sogar höhere Nachweisgrenzen.

11.3 PGE IN STRAßENSEDIMENTEN UND BÖDEN

Eine landesweite Untersuchung der PGE-Gehalte in Straßensedimenten und Böden an Autobahnen, Landstraßen und innerstädtischen Kreuzungen in Baden-Württemberg hat zu folgenden Ergebnissen geführt:

Die Gehalte von Pt, Rh und Pd in Straßenstäuben und straßennahen Böden übersteigen die natürlichen Konzentrationen bei weitem (Schäfer et al. 1996). Die höchsten gemessenen Pt-Werte an Autobahnen betrugen bis zu 250 $\mu g\ kg^{-1}$. Die Konzentrationen von Pd und Rh erreichen 13 bzw 40 $\mu g\ kg^{-1}$. Der natürliche Hintergrund liegt für die zu untersuchenden Elemente unterhalb von 0,8 $\mu g\ kg^{-1}$. Die höchsten Gehalte werden im Straßensediment und in direkter Fahrbahnnähe nachgewiesen. Die gemessenen Konzentrationen hängen übergeordnet von der Verkehrsdichte ab.

In städtischen Straßenstäuben treten extrem hohe Pt-Gehalte auf, die an einem Standort mit bis zu 1 mg kg^{-1} (ppm) Lagerstättengehalte erreichen. Entsprechend wurden 60 μg Pd kg^{-1} und 200 μg Rh kg^{-1} gemessen. Die dargestellten Standorte haben tägliche Verkehrsaufkommen von 500 bis zu 40 000 Fahrzeugen. Wie die Abbildung 11.2 zeigt, variieren die Gesamtkonzentrationen in den Städten sehr deutlich. Dies ist vor allem auf Unterschiede in der Verkehrsdichte und den Gesamtmengen an anfallendem Sediment (Verdünnung) zu erklären.

Die Gehalte erreichen 1 ppm Pt, 200 ppb Rh und bis zu 150 ppb Pd. Die Proben zeigen eine signifikante Korrelation besonders von Pt und Rh. Das Pt/Rh-Verhältnis ist ca. 6:1. Die höchsten Werte zeigt Stuttgart (S1–S6). Die Werte in Karlsruhe (K1–K6)

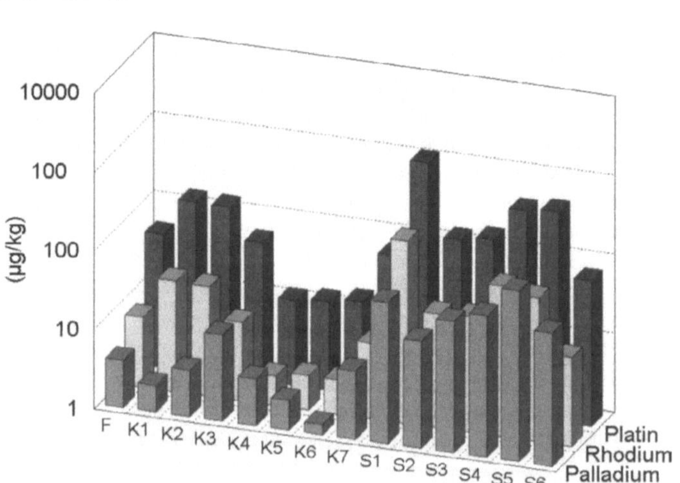

Abb. 11.2. Gehalte von Rh, Pd und Pt in Straßenstäuben Baden-Württembergischer Städte. Alle Proben wurden im Juni 1995 genommen

und Freiburg (F) sind niedriger, korrelieren aber ebenfalls mit der Verkehrsdichte.

Außerstädtische Straßenstandorte zeigen die höchsten Gehalte in den straßennahen Böden. Die Profile senkrecht zum Fahrbahnrand zeigen ähnliche Verteilungsmuster. Die Gehalte in direkter Fahrbahnnähe liegen zwischen 30 μg Pt kg^{-1} an den weniger kontaminierten Standorten (Landstraßen) bis zu 250 μg Pt kg^{-1} an Autobahnstandorten. Entsprechend weisen Pd und Rh Gehalte bis zu 13 bzw. 40 μg kg^{-1} auf. An Autobahnstandorten in Hessen wurden Gehalte bis zu 330 μg Pt kg^{-1}, 16 μg Pd kg^{-1} und 17 μg Rh kg^{-1} nachgewiesen (Zereini u. Urban 1994c, Urban et al. 1995, Heinrich et al. 1996).

Wie bei den anderen Kfz-emittierten Elementen ist eine exponentielle Abnahme der PGE-Konzentrationen mit der Entfernung zu beobachten (Abb. 11.3). Die Gehalte von PGE im Boden erreichen in weniger als 20 Meter Entfernung von der Fahrbahn Werte, die dem geogenen Hintergrund der jeweiligen Standorte entsprechen (Cubelic 1996; Pecoroni 1996). In der vertikalen Verteilung treten die höchsten PGE-Gehalte im obersten Beprobungshorizont (0–2 cm Profiltiefe) auf. Der Horizont zwischen 2 und 5 cm ist ebenfalls noch deutlich durch die verkehrsbedingten Edelmetallimmissionen kontaminiert. Die PGE-Gehalte unterhalb von 5 cm liegen nahe dem geogenen Hintergrund und lassen meist keine sichere Identifikation ihrer Quelle zu. Diese vertikale Verteilung unterscheidet sich etwas von den anderen verkehrsbedingten Elementen wie Pb, Zn oder Cr. Diese sind bereits in größere Tiefen transportiert worden. Weiterhin weisen sie ihre Maximalgehalte meist im zweiten Beprobungshorizont auf (Cubelic 1996; Peccoroni 1996). Dies läßt sich besonders beim Pb mit den seit der Einführung des Katalysators sinkenden Emissionen erklären (→ Kap. 1, 2, 10).

Der Vergleich verschiedener Autobahnstandorte hat gezeigt, daß die Höhe der Immissionen nicht nur von der Fahrzeugdichte abhängt, da Standorte mit gleichem Verkehrsaufkommen zwar vergleichbare Schwermetallgehalte, aber deutlich unterschiedliche Gehalte der Edelmetalle im Boden gezeigt haben. Standortspezifische Merkmale beeinflussen sowohl die Emissionsraten als auch die Ausbreitung der PGE. Die Emissionsraten werden durch die Betriebsbedingungen der Motoren vorgegeben, die von Faktoren wie Stauhäufigkeit oder Straßensteigung abhängen. Für die Ausbreitung in die straßennahen Böden sind vor allem lokale morphologische Parameter und der Bewuchs bzw. die Bebauung von Bedeutung. Die Hauptwindrichtung besitzt ebenfalls einen deutlichen Einfluß auf die Verteilung der PGE (Schäfer et al. 1996). Vergleichende Untersuchungen von PGE-Gehalten in der Streuauflage und dem darunterlie-

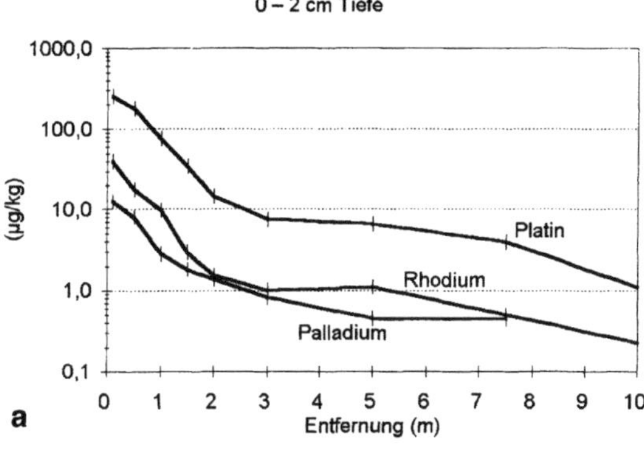

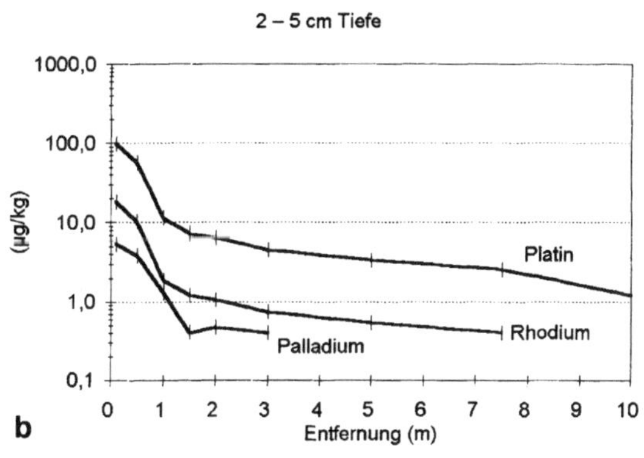

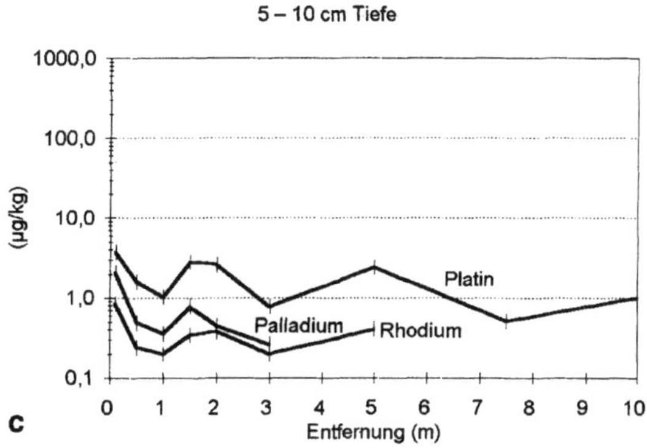

Abb. 11.3a–c. Entfernungsabhängige Darstellung der Pt-, Rh- und Pd-Konzentrationen an einem typischen Autobahnstandort mit hoher Verkehrsdichte (120.000 Kfz/Tag). **a.** Beprobungshorizont 0–2 cm, **b.** Beprobungshorizont 2–5 cm, **c.** Beprobungshorizont 5–10 cm

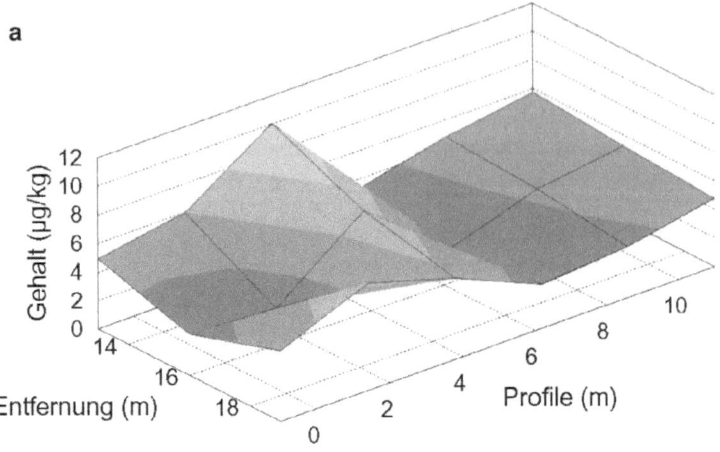

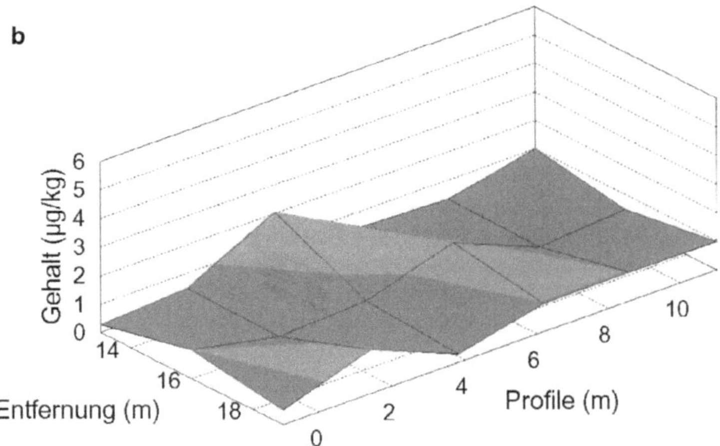

Abb. 11.4. Pt-Gehalte in **a**) Auflageproben und **b**) Bodenproben (Mischproben 0–10 cm) von einem autobahnnahen Versuchsfeld

genden Boden in einem autobahnnahen Testfeld zeigen für die Streuauflage deutlich höhere Gehalte als im darunterliegenden Boden, der Durchschnittsgehalte nahe dem geogenen Untergrund aufweist (Abb. 11.4). Es zeigt sich aber vor allem, daß relative Maxima in der Auflage sich in den darunterliegenden Boden direkt durchpausen, obwohl die Gesamtgehalte an PGE gering sind. Die organische Auflage stellt somit nur einen vorübergehenden Aufenthaltsort für die PGE dar, die nach der Mineralisation der Streu direkt in den Boden gelangen (Schäfer et al. 1995).

In fast allen untersuchten Proben treten die Elemente Pt und Rh in einem Verhältnis von etwa 6:1 auf (Abb. 11.5). Aus diesem Wert lassen sich die Gehalte in den Böden eindeutig den Katalysatoremissionen zuordnen. Die Relation von 6:1 entspricht dem langjährigen Mittel der frühen Pt-Katalysatoren und der danach verwendeten Pt/Rh-Katalysatoren. Die technische Entwicklung der Katalysatoren spiegelt sich somit direkt in den im Boden gemessenen Werten wieder. Mit zunehmender Bodentiefe erhöht sich das Pt/Rh-Verhältnis auf Werte nahe 10.

Meßbare Pd-Gehalte treten erst in den letzten Jahren auf und zeigen insgesamt eine ansteigende Tendenz. Grundsätzlich sind sie hoch, wenn hohe Konzentrationen der anderen Katalysatorelemente vorliegen. Die neueren Trimetallkatalysatoren enthalten je nach Modell sehr unterschiedliche Mengenverhältnisse von Pt, Rh und Pd. Der relative Anteil von Pt sinkt insgesamt, wie sich auch bei Wiederholungsbeprobungen in Straßentunnels zeigt. Hier sinkt das Pt/Rh-Verhältnis in der letzten Zeit auf 4:1. Der Pd-Gehalt steigt relativ und absolut an. Palladium tritt jedoch je nach Standort in unterschiedlichen Verhält-

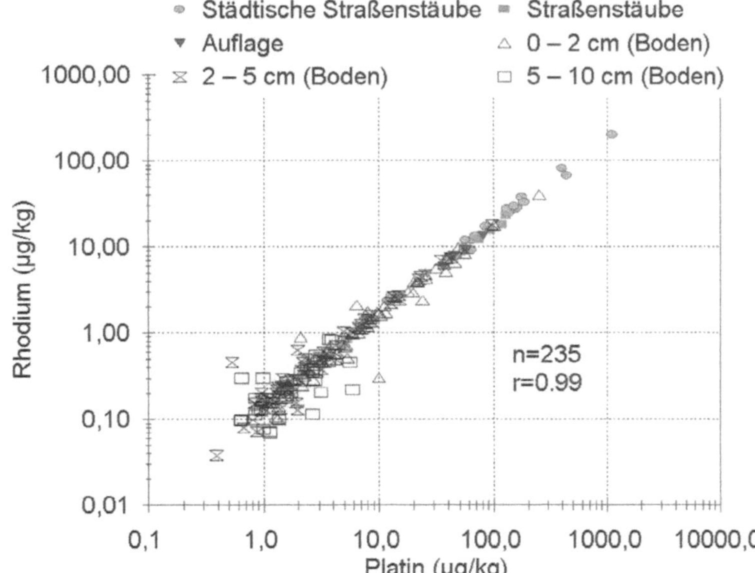

Abb. 11.5. Darstellung des Pt/Rh-Verhältnisses aller Prober aufgeschlüsselt nach Probentypen. Eine Pt/Rh-Rate von 6:1 spiegelt die Verwendung dieser Elemente in Abgaskatalysatoren in den letzten Jahren wider

nissen zu Pt und Rh auf. Die Ursache liegt wahrscheinlich in der Empfindlichkeit dieses Elements auf nicht optimale Arbeitsbedingungen des Katalysators, was zu stark unterschiedlicher Emission aus dem Katalysator in Abhängigkeit vom Fahrverhalten bzw. -betrieb führen kann (Abthoff et al. 1994). Die gefundenen Verhältnisse der drei Katalysatormetalle ergeben sich ebenfalls aus den Mengenanteilen des jährlichen Edelmetallverbrauchs der Katalysatorindustrie (Abb. 11.6).

Vor dem Hintergrund des steigenden Edelmetallbedarfs für die Abgaskatalysatorproduktion gewinnt das Recycling gebrauchter Katalysatoren ständig an Bedeutung. Johnson Matthey (1995) zeigen beispielsweise für Rh, daß mehr als 90% der Jahresförderung in die Abgaskatalysatorindustrie gehen. Für Pt und Pd sind die Anteile zwar geringer, dennoch gebieten die vielfältigen Einsatzmöglichkeiten dieser seltenen Metalle einen schonungsvollen Umgang mit den vorhandenen Ressourcen. Entsprechende Ent-

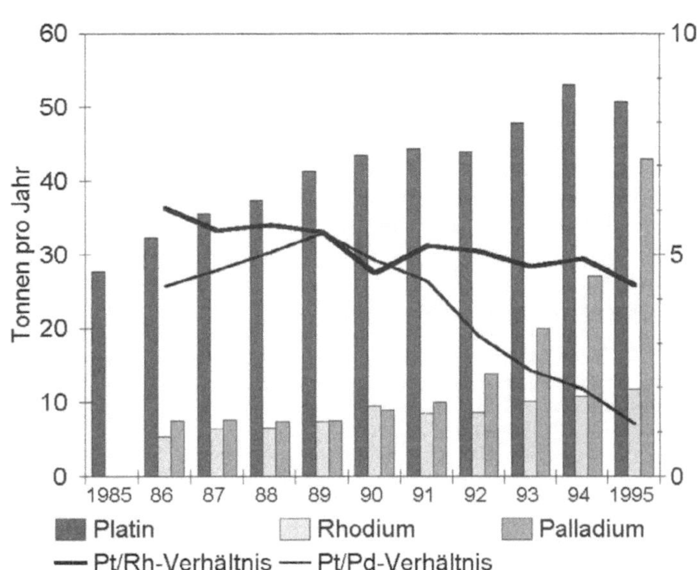

Abb. 11.6. Verbrauch der Edelmetalle Rh, Pd und Pt durch die Katalysatorindustrie, sowie die daraus resultierenden Pt/Rh- und Pt/Pd-Verhältnisse. Die Anteile der drei Elemente zeigen auch die Variation in der Zusammensetzung der Katalysatoren (Daten nach Johnson Matthey 1992, 1996)

wicklungen sind im Gange (Wisecarver et al. 1992; Beary u. Paulsen 1995), bisher liegen die Recyclingraten weltweit jedoch unter 10% (Johnson Matthey 1996).

LITERATUR

Abthoff J, Zahn W, Loose G, Hirschmann A (1994) Serieneinsatz von Palladium in Drei-Wege-Katalysatoren mit hoher Leistungsfähigkeit. Motortechn Z MTZ 55, 5: 292–297

Alt F, Bambauer A, Hoppstock K, Mergler B, Tölg G (1993) Platinum traces in airborne particulate matter. Determination of whole content, particle size distribution and soluble platinum. Fresenius J Anal Chem 346: 693–696

Beary ES, Paulsen PJ (1995) Development of high-accuracy ICP mass spectrometric procedures for the quantification of Pt, Pd, Rh and Pb in used auto catalysts. Anal Chem 67: 3193–3201

Cubelic M (1996) Verkehrsbedingte Edel- und Schwermetallimmissionen in Böden ausgewählter Autobahnstandorte Baden-Württembergs. Unveröff Diplomarbeit, Inst Petrogr Geochem, Univ Karlsruhe 103 S.

Degussa (1967) Edelmetall-Handbuch. Degussa Frankfurt/Main 190 S.

Eller R, Alt F, Tölg G, Tobschall HJ (1989) An efficient combined procedure for the extreme trace analysis of gold, platinum, palladium and rhodium with the aid of graphite furnace atomic absorption spectrometry and total-reflection X-ray fluorescence analysis. Fresenius Z Anal Chem 334: 723–739

Engler BH, Lox ES, Ostgathe K, Ohata T, Tsuchitani K, Ichihara S, Onoda H, Garr GT, Psaras D (1994) Recent trends in the application of tri-metal emission control catalysts. SAE Techn Pap S 940928: 16 S.

Hall GE, Bonham-Carter GF (1988) Review of methods to determine gold, platinum and palladium in production-oriented geochemical laboratories, with application of a statistical procedure to test for bias. J Geochem Expl 30: 255–286

Hall GEM, Pelchat JC (1994) Analysis of geological materials for gold, platinum and palladium at low ppb levels by fire assay - ICP mass spectrometry. Chem Geol 115: 61–72

Heinrich E, Schmidt G, Kratz KL (1996) Determination of platinum-group elements (PGE) from catalytic converters by means of docimasy and INAA. Fresenius J Anal Chem 354: 883–885

Heintz A, Reinhardt G (1990) Chemie und Umwelt. Vieweg, Braunschweig, 359 S.

Hoppstock K, Alt F, Cammann K, Weber G (1989) Determination of platinum in biotic and environmental materials. Part II: A sensitive voltammetric method. Fresenius J Anal Chem 335: 813–816

Johnson Matthey (1992) Platinum 1992. Johnson Matthey, Hatton Garden, London 45 S.

Johnson Matthey (1995) Platinum 1995. Johnson Matthey, Hatton Garden, London 47 S.

Johnson Matthey (1996) Platinum 1996. Johnson Matthey, Hatton Garden, London 52 S.

Jost P (1994) Modellierung von Ausbreitungsverhältnissen für Kfz-Emissionen in Straßen. Staub-Reinhalt Luft 44, 9: 383–386

Juvonen R, Kallio E, Lakoma T (1994) Determination of precious metals in rocks by inductively coupled plasma mass spectrometry using nickel sulfide concentration. Comparison with other pretreatment methods. Analyst 119: 617–621

Kasedorf J (1993) Vergaser- und Katalysatortechnik. Vogel, Würzburg 213 S.

Knobloch S (1993) Bestimmung von Platin in katalysiertem Autoabgas mittels ICP-MS. Unveröff Diss. Univ Hannover, Fachbereich Chemie, 110 S.

Kolesov GM, Sapozhnikov DY (1995) Neutron activation determination of noble metals in samples of terrestrial and cosmic origin using microfire assay concentration. Analyst 120: 1461–1464

Krom MD, Berner RA (1983) A rapid method for the determination of organic and carbonate carbon in geological samples. J Sedimen Petrol 53: 660–663

Lung T (1996) Screening-Modell zur Ausbreitungssimulation von Kfz-Emissionen in locker bebautem Gelände. WLB Wasser, Luft und Boden 1-2: 51-54

McDonald I, Hart RJ, Tredoux M (1994) Determination of the platinum-group elements in South African kimberlites by nickel sulfide fire-assay and neutron activation analysis. Anal Chim Acta 289, 2: 237–247

Pecoroni R (1996) Edel- und Schwermetallbelastung in Böden am Beispiel des Autobahnstandortes Walldorf (BAB6). Unveröff Diplomarbeit, Inst Petrogr Geochem, Univ Karlsruhe 95 S.

Reddi GS, Rao CRM, Rao TAS, Vijaya Lakshmi S, Prabhu RK, Mahalingam TR (1994) Nickel sulphide fire assay - ICP-MS method for the determination of platinum group elements: a detailed study on the recovery and losses at different stages. Fresenius J Anal Chem 348: 350–352

Robert RVD, vanWyk E, Palmer R (1971) Concentration of the noble metals by a fire-assay technique using nickel sulphide as the collector. Nat Inst Metal, RSA Report 1371: 20 S.

Schäfer J, Eckhardt JD, Puchelt H (1995) Einträge von Platingruppenelementen (PGE) aus Kfz-Abgaskatalysatoren in straßennahen Böden. Texte und Berichte zum Bodenschutz 2, Landesamt für Umweltschutz Baden-Württemberg Karlsruhe 14 S.

Schäfer J, Puchelt H, Eckhardt JD (1996) Traffic-related noble metal emissions in south-west Germany. V.M. Goldschmidt Conference, J Conference Abstr 1, 1: 536

SRU (1994) Umweltgutachten. Der Rat der Sachverständigen für Umweltfragen. Verlag Metzler Poeschel, Stuttgart 320 S.

Statistisches Bundesamt (1995) Statistisches Jahrbuch 1994. Verlag Metzler-Poeschel Stuttgart 786 S.

Sun M, Jain J, Zhou M, Kerrich R (1993) A procedural modification for enhanced recovery of precious metals (Au, PGE) following nickel sulphide fire assay and tellurium co-precipitation: applications for analysis of geological samples by inductively coupled plasma mass spectrometry. Can J Appl Spectroscopy 38, 4: 103–108

Umweltbundesamt (1994) Daten zur Umwelt 1992/93. E Schmidt Verlag, Berlin 688 S.

Unger HJ, Prinz D (1992) Verkehrsbedingte Immissionen in Baden-Württemberg – Schwermetalle und organische Fremdstoffe in straßennahen Böden und Aufwuchs. Ministerium für Umwelt Baden Württemberg, Luft-Boden-Abfall 19: 191 S.

Urban H, Zereini F, Skerstupp B, Zientek C (1995) Emissionen von Platingruppenelementen aus Automobil-Abgaskatalysatoren. Forschung Entwicklung Projekte Uni Frankfurt in Geotechnika 1995: 21–24

Wisecarver KD, Yang N, Wu KYA (1992) Dissolution of platinum and palladium form automobile catalysts. Precious Metals 16: 29–37

Zereini F, Urban H, Lüschow HM (1994a) Zur Bestimmung von Platingruppenelementen (PGE) in geologischen Proben mittels Graphitrohr-AAS nach der Nickelsulfid-Dokimasie. Erzmetall 47, 1: 45–52

Zereini F, Skerstupp B, Urban H (1994b) Comparison between the use of sodium and lithium tetraborate in platinum-group element determination by nickel sulphide fire-assay. Geostand Newsletter 18, 1: 105–109

Zereini F, Urban H (1994c) In: Matschullat J, Müller G (Hrsg) Geowissenschaften und Umwelt. Springer, Berlin Heidelberg New York, S. 171–175

12 Siedlungsabfälle: Verwertung – Verbrennung – Deponierung

Hartmut Heinrichs · Thomas Hundesrügge · Hans-Jürgen Brumsack

Knapper werdende Deponieflächen und wachsende Anforderungen an den Umweltschutz machen es auf die Dauer unumgänglich, Abfälle aufzubereiten und zu verwerten. Die Probleme der Abfallbeseitigung lassen sich nur durch ein weitgehend geschlossenes Entsorgungskonzept lösen. Durch dieses müssen die Wiederverwertung von Wertstoffen, die Kompostierung, die Erzeugung von Energie durch thermische Behandlung und die Deponie von Schlacken und Filterstäuben geregelt werden. Grundsätzlich ist jede Deponie eine zukünftige potentielle Altlast, wenn sich Abfallstoffe nicht biologisch und chemisch inert verhalten. Nicht verwertbare Reststoffe müßten gegebenenfalls durch eine thermische Behandlung inertisiert werden. Die TA Siedlungsabfall vom Mai 1993 nennt als Ziel der Abfallverwertung die Schadstoffreduzierung, doch ist der stofflichen Verwertung nicht der Vorrang vor der thermischen eingeräumt worden. Generell kann die wachsende Müllflut nur durch gesetzgeberische Maßnahmen eingedämmt werden, indem mehr Anreize zur Vermeidung und umweltfreundlichen Verwertung geschaffen werden. Zur Bildung einer absatzorientierten Sekundärrohstoff-Wirtschaft müssen wiederverwertbare Stoffe aus Siedlungsabfällen zunehmend durch Recyclingverfahren zurückgewonnen werden. Der Restmüll müßte entsprechend seinen Eigenschaften nachbehandelt und deponiert werden. Die Beschäftigung mit der chemischen Zusammensetzung von Abfällen stellt einen Schlüssel zum Verständnis anthropogen überprägter Elementkreisläufe dar. Viele umweltrelevante Elemente gelangen über nicht verwertbare Abfallprodukte zurück in den exogenen Kreislauf.

12.1 Abfallwirtschaft

Die Gründe für weiter zunehmende Abfallmengen liegen z.B. im Produktionswachstum sowie in den höheren Anforderungen an Produktqualität und -reinheit. Weiterhin sorgen paradoxerweise Umweltschutzmaßnahmen, wie die Rauchgasreinigung oder die Einführung neuer Klärstufen bei der Abwasserreinigung, für eine Zunahme zu entsorgender Reststoffe. Allein in Westdeutschland fallen im produzierenden Gewerbe und in den Kommunen jährlich ca. 230 Mio t Abfälle an. Die Abfallgruppe Bauschutt und Bodenaushub bildet mit 120 Mio t a^{-1} den Hauptanteil am Gesamtaufkommen (Umweltbundesamt 1992). Unter umweltgeochemischen Aspekten weitaus problematischer einzuschätzen sind jedoch die 31 Mio t a^{-1} Siedlungsabfälle.

Siedlungsabfälle im Sinne des Abfallbeseitigungsgesetzes sind Hausmüll und hausmüllähnliche Gewerbeabfälle (87–91%), Sperrmüll (8–10%) und Straßenkehricht (1–3%). In den Altbundesländern werden pro Kopf und Jahr 505 kg erzeugt (Umweltbundesamt 1992). In dieser Zahl sind die Abfallmengen der öffentlichen und privaten Entsorgungsträger enthalten. In den neuen Bundesländern findet derzeit eine Angleichung an das hohe westdeutsche Niveau statt. Die 31 Mio t a^{-1} Siedlungsabfälle in den Altbundesländern nehmen unverfestigt ein Gesamtvolumen von 200 km^{-3} ein. Rund 50 Müllverbrennungsanlagen sind gegenwärtig zur Verbrennung von 9 Mio t a^{-1} Siedlungsabfällen in Betrieb. Noch vor wenigen Jahren wurden 29% der Siedlungsabfälle verbrannt, 68% deponiert und nur 3% kompostiert (Lee u. Haase 1982; Statistisches Bundesamt 1984; Umweltbundesamt 1986, 1992). Die bestehenden Entsorgungsengpässe, vor allem bei der Deponierung, führten zu einer zunehmenden Verwertung von Siedlungsabfällen.

Ein bundesweit einheitliches Abfall- und Sammelkonzept existiert derzeit noch nicht. Die wichtigsten Sortiersysteme in Kommunen und Landkreisen sind die Bring- und Holsysteme. Bei den Bringsystemen werden wiederverwertbare Abfälle, nach Materialsorten getrennt, in dezentral aufgestellten Containern für Glas, Papier, Weißblech etc. gesammelt. Bei den Holsystemen sortiert der Bürger vor, und die Müllabfuhr holt den vorsortierten Müll vor der Haustür ab.

Mit der Verpackungsverordnung vom Juni 1991 wurde das Verursacherprinzip eingeführt. Etwa 30% der Hausmüllmenge bestehen aus Verpackungen. Die Verursacher können sich von der Rücknahmepflicht freistellen, wenn sie, von der öffentlichen Entsorgung getrennt, den Verpackungsmüll flächendeckend einsammeln. Für jede gekennzeichnete Umfüllung aus Aluminium, Blech, Glas, Kunststoff oder Pappe zahlt der Abfüller bzw. Produzent ein gestaffeltes Nutzungsentgelt („Grüner Punkt"), das von der Bonner „Gesellschaft für Abfallvermeidung und Sekundärrohstoffgewinnung mbH – Duales System Deutschland" (DSD) zur Kostendeckung der Wertstoffsammlung und Wiederverwertung eingesetzt wird. Die private Entsorgungswirtschaft war auf die einsetzende Materiallawine von rund 7 Mio t a^{-1} schlecht vorbereitet. Trotz der gestaffelten Rücknahmepflicht mußten aufgrund fehlender Entsorgungseinrichtungen bei der privaten Entsorgungswirtschaft Zwischenlager errichtet werden. Mittlerweile werden rund 66% der Verkaufsverpackungen verwertet. In vielen Kommunen sanken die Deponieeingangsmengen erheblich.

Der eingesammelte Müll wird in zunehmendem Maße automatisch getrennt. Einige Entsorger setzen magnetische Abscheider für Weißblech und Eisenmetalle ein, doch für die Trennung von Aluminium, Verbundstoffen, Papier, Pappe, Textilien und Kunststoffen etc. stehen nur wenige Großanlagen zur Verfügung. Die maschinelle Aufbereitung von Wertstofffraktionen erfolgt häufig durch Sieben, Sichten und selektive Zerkleinerung, wobei Stör- und Ballaststoffe ausgesondert werden. Die maschinell gewinnbaren Sekundärrohstoffe aus gemischten Siedlungsabfällen sind: Leichtfraktion (Papier, Pappe, Kunststoffe, Textilien und Holz), Biomasse (vor allem Vegetabilien) und Eisenschrott. Die Leichtfraktion wird zu Papier, Kunststoff-Folien oder einem pelletierten Brennstoff weiterverarbeitet (Bothe u. Laub 1989). Die Verwertungsquote liegt, bezogen auf das Volumen, bei ca. 50%. Die höchsten Verwertungsquoten von ca. 70% werden in Verbundanlagen erreicht, die Siedlungsabfälle einer stofflichen und energetischen Verwertung unterwerfen.

12.2 FRAKTIONEN VON SIEDLUNGSABFÄLLEN

Die Inhaltsstoffe von Hausmüll, sortiert nach Fraktionen bzw. Kategorien, sind durch die Technische Universität Berlin im Auftrag des Umweltbundesamtes in den Jahren 1979/80 und 1985 nach Art und Menge bestimmt worden. (Umweltbundesamt 1986). Die Auswirkungen auf die zukünftige Müllzusammensetzung durch getrennte Sammlung, entweder als Sonderaktion oder als ständige Einrichtung, können momentan noch nicht exakt berechnet werden. Siedlungsabfälle bestehen zu 25–37% aus Vegetabilien, 15–25% aus Papier und Pappe, 15–25% aus nicht näher identifiziertem Fein- und Mittelmüll (Fraktion < 40 mm), 8–12% aus Reststoffen (dazu zählen Leder, Gummi, Horn, Holz, Knochen, Verbundstoffe, Textilien und Mineralstoffe), 6–7% aus Glas, 6–7% aus Kunststoffen und 6% aus Metallen. Siedlungsabfälle bestehen zu 27% aus Wasser, 42% aus brennbaren und 31% aus nicht brennbaren Stoffen.

Chemische Zusammensetzung von Siedlungsabfällen

Eine maßgebliche Analyse von Müll ist von der Arbeitsgemeinschaft Umweltstatistik (ARGUS) Berlin im Auftrag des Umweltbundesamtes durchgeführt worden (Dobberstein 1983; Greiner et al. 1983). Diese Arbeit über Energie und Schadstoffe in Siedlungsabfällen wurde erst durch das Projekt „Bundesweite Hausmüllanalyse" ermöglicht (Barghoorn et al. 1981). Leider stimmen die Ergebnisse (u.a. für Cd, Cl, Cu, F, Fe, Hg, Mn, Na, Pb, S, Zn) zur quantitativen Analyse von Hausmüll nach Sortierung und Siebung mit den „Outputanalysen" von Verbrennungsrückständen aus Müllverbrennungsanlagen kaum überein (z.B. Truß 1964; Brunner u. Zobrist 1983; Hämmerli 1983; Vogg 1984; Heinrichs et al. 1991a). Diese Diskrepanz kann mit großen Unterschieden im Analysenmaterial erklärt werden. Sperrmüll, Schrott, Glas, Mineral- und grobe Verbundstoffe gingen nicht in die Beprobung zur direkten Laboranalyse ein. Die für den „Analysenmüll" publizierten Daten sind daher als Untergrenzen für Siedlungsabfälle aufzufassen (Dobberstein 1983; Greiner et al. 1983; Lorber 1983). Allerdings können bei Unkenntnis der gesamten Schadstofffracht nur wenige Angaben zu ihrer Herkunft und prozentualen Verteilung auf einzelne Müllfraktionen gemacht werden.

Hausmüll und hausmüllähnliche Gewerbeabfälle werden im Müllbunker mit dem getrennt angelieferten und zerkleinerten Sperrmüll grob gemischt. Durch die zunehmende Abfallverwertung hat sich die Situation grundlegend verändert. Müllverbrennungsanlagen dienen vor allem zur thermischen Vorbehandlung von Restmüll. Noch in den achtziger Jahren konnte aus der Rückstandsanalyse bei der Müllverbrennung die chemische Zusammensetzung von Siedlungsabfällen abgeschätzt werden (Heinrichs et al. 1991a). Die Elementmengen in den Reingasstäu-

Tabelle 12.1. Chemismus von Bunkermüll und kommunalen Klärschlämmen (Heinrichs et al. 1991a) im Vergleich zu natürlichen Hintergrundwerten (Wedepohl 1975, 1984; Heinrichs et al. 1980)

Element (mg kg^{-1}) wenn nicht %	Bunkermüll (waf) ohne Schrott Asche: 38 %	Bunkermüll (waf) mit 6,9 % Schrott Asche: 35 %	Kommunale Klärschlämme (waf) 11 Städte	Mittlere obere kontinentale Erdkruste
Ag	5,7	6,3–7,7	21	0,06
Al %	2,1	2,2	1,3	7,8
As	12	13–18	6,5	2,5
Ba	910	850	1580	730
Be	0,4	0,5	0,7	4
Bi	2	3	5,1	0,13
Ca %	3,4	3,2	4,2	2,9
Cd	18	18	13	0,1
Ce	24	29–43	65	75
Cl	8400	7800	4100	320
Co	11	39–90	17	12
Cr	200	570–1400	220	60
Cu	460	1400–2800	570	25
F	190	180	170	690
Fe %	2	7,5	1,8	3,5
Ga	16	21–35	15	17
Hg	1,8	1,7	8,1	0,05
K %	0,8	0,75	0,61	2,5
La	11	12	28	44
Mg %	0,57	0,54	0,48	1,4
Mn	420	660–1000	490	690
Mo	6,1	73–280	11	1,5
Na %	0,91	0,85	2,8	2,5
Nb	4,9	38–210	7,2	20
Ni	72	150–580	190	30
Pb	910	1000	420	21
Rb	33	31	26	140
S	3600	3400	4500	590
Sb	68	71	74	0,6
Sc	3,5	3,5	3,1	14
Se	2	1,8	1,8	0,11
Si %	9,1	8,5	4,4	30,5
Sn	140	150–210	61	3
Sr	180	170	300	290
Th	3,8	3,5	6	10
Ti	2100	2300	1800	4100
Tl	0,31	0,29	0,24	0,75
U	7,6	≤7,1	≤10	2,5
V	38	170–360	40	85
Zn	1600	1900–2400	2400	70
Zr	68	98–150	65	160

ben, Filterstäuben und Schlacken wurden entsprechend ihren Anteilen am Gesamtrückstand (ohne Schrott) summiert und die gasförmig emittierten Anteile der leichtflüchtigen Elemente eingerechnet. Der Ascherückstand und der Schrott enthielten quantitativ alle untersuchten Elemente des Bunkermülls. Die Tabelle 12.1 zeigt Konzentrationen von Haupt- und Spurenelementen im Bunkermüll und in kommunalen Klärschlämmen im Vergleich zu natürlichen Hintergrundwerten. Der Ascherückstand hat einen Anteil von ca. 38% am wasserfreien (waf) Bunkermüll ohne Schrott. Im Vergleich zum natürlichen Hintergrund (kontinentale Oberkrustenzusammensetzung) fallen im Bunkermüll ohne Schrott die hohen Gehalte an Cd (180) > Sb (113) > Ag (95) > Sn (47) > Pb (43) > Hg (36) > Cl (26) > Zn (23) > Cu (18) = Se (18) > Bi (15) auf (die Anreicherungsfaktoren stehen in Klammern). Die Zusammensetzung von Bunkermüll ohne Schrott ähnelt der von kommunalen Klärschlämmen. Durch die Zufeuerung von kommunalen Klärschlämmen wurde die Schadstofffracht der Müllverbrennungsanlagen kaum beeinflußt. Durch den Schrott (nach der Verbrennung) kommt es im Vergleich zum Bunkermüll ohne Schrott zu auffallenden Erhöhungen (relativ) bei folgenden Elementen: Mo > Nb >> V > Co > Ni > Cr > Cu > Fe.

Prozentuale Elementverteilung in Müllfraktionen

Im Hausmüll beträgt der Anteil der Metallfraktion 3–4%, dagegen in der Summe der Siedlungsabfälle ca. 6%. Den größten Einfluß auf die prozentuale Verteilung von Metallen auf bestimmte Müllfraktionen hat natürlich die Metallfraktion, in der sich der überwiegende Anteil (%) von Sn (95) > Fe (90) > Hg (89) = Cu (89) > V (88) > Cr (86) > Co (85) > Ag (82) > Ni (81) > Pb (68) > Zn (65) > Bi (63) > Cd (47) > As (32) > Sb (31) > Al (18) befindet (Heinrichs et al. 1991a). Verständlicherweise sind auch viele andere Metalle in der Metallfraktion hoch angereichert. Die prozentuale Verteilung von Se, S, F und Cl wird dagegen von der Metallfraktion nur sehr geringfügig beeinflußt. Wie nicht anders zu erwarten, wird bei der gemischten Sammlung die Verteilung von umweltrelevanten Metallen auf einzelne Fraktionen des Mülls ebenfalls maßgeblich von der Metallfraktion bestimmt. Selbst geringe Verunreinigungen mit Metallen führen z.B. in der vegetabilen Fraktion zu deutlichen Schadstofferhöhungen. Auffallend hoch ist weiterhin der Schadstoffeintrag von Cd, Se und Sb durch die Kunststofffraktion.

Kunststoffe in Siedlungsabfällen

Bei den Kunststoffabfällen im Müll überwiegen bei weitem die Massenkunststoffe Polyethylen (PE), Polypropylen (PP), Polyvinylchlorid (PVC), Polystyrol und Styrolcopolymerisate (PS und Cop). Sie gehören zu den als Thermoplaste verarbeiteten Polymerisaten, die sich besonders zur Herstellung von Massenartikeln eignen. Die Kunststoffproduktion hat in Westdeutschland von 1973 bis 1990 von 6,4 Mio t auf rund 9 Mio t zugenommen. Im gleichen Zeitraum stieg der Verbrauch von ca. 5 Mio t a^{-1} auf knapp 8,2 Mio t a^{-1}. Hiervon dienten ca. 30% überwiegend zur Herstellung von Leimen, Klebstoffen, Lacken, Anstrichmitteln, Spachtelmasse, synthetischen Fäden und Fasern. Aber nur etwa 30% des Kunststoffeinsatzes sind im Abfall wiederzufinden. (Statistisches Bundesamt 1984, 1987; Schönborn 1986; Forschungsprogramm Wiederverwertung von Kunststoffabfällen Teilprojekt 1 1977 und Teilprojekt 2 1978; Heinrichs et al. 1991b).

Der Vergleich der Anteile einzelner Kunststoff-Sorten am Verbrauch mit den Anteilen im Müll zeigt eine deutliche Verschiebung, die auf unterschiedlichen Verweilzeiten in der Anwendung beruhen. Der überwiegende Anteil von vielleicht 80% hat eine mittel- und langfristige Verwendungsdauer von mehreren Jahren. Das Mengenverhältnis von PE + PP zu PVC liegt beim Verbrauch bei 2:1 und in den Siedlungsabfällen bei 4:1. PVC befindet sich, im Gegensatz zu PE und PP, überwiegend in Produkten mit langfristiger Anwendung. So liegen die PVC-Anteile der Kunststofffraktion im Haus- und Gewerbemüll bei 14–15% und im Sperrmüll bei 35–40%. Auch bei stagnierendem PVC-Verbrauch von nur ca. 1 Mio t a^{-1} muß sich die Kluft zwischen Inlandverbrauch und Abfallmenge im Laufe der Zeit immer mehr schließen. Die Rücklaufmenge der unerwünschten PVC-Abfälle aus der langfristigen Anwendung wird entsprechend deutlich zunehmen. Gleiches gilt für die in ihnen enthaltenen Mengen an Schwermetallen (Cd, Pb, Sb, Sn etc.) aus früheren Herstellungsjahren. Beim Cd liegt diese potentielle Rücklaufmenge aus PVC-Produkten heute bereits bei mehreren 1000 t und beim Pb zwischen 60 000 und 120 000 t.

Anorganische Zusammensetzung von Kunststoffabfällen

Metalle gelangen in Form von Stabilisatoren (Verbindungen von Pb, Sn, Cd, Zn, Ba und Ca), Pigmenten und Füllstoffen (dazu zählen die Elemente der Stabilisatorgruppe sowie Fe, Ti, S, Sb, Cr, Mo, Se etc.) sowie Flammschutzmitteln (hier ist das Sb zu nennen) in die Kunststofffraktion. Wichtig ist vor allem die PVC-Fraktion mit ihrem hohen Anteil an Stabilisatoren (Heinrichs et al. 1991b). Ungefähr 2/3 des jährlich verbrauchten PVC sind hart und 1/3 weich verarbeitet. Isoliermaterialien, Kabel- und Drahtummantelungen aus Weich-PVC sind häufig durch Pb-Verbindungen stabilisiert. Weichfolien, Fußbodenbeläge, Streichartikel, Weichspritzgußerzeugnisse, Schläuche und Weichextrusionen können verschiedene Stabilisatoren enthalten. Rohre, Fittings, Dachrinnen etc. aus Hart-PVC sind ebenfalls Pb-stabilisiert, Hartfolien, Flaschen, Schallplatten etc. sind Sn-stabilisiert, und Fenster-, Tür- und Rolladenprofile sind Pb-, Ba- und Cd-stabilisiert. Viele dieser PVC-Produkte enthalten häufig zusätzlich größere Sb-Mengen. Untersuchungen an einzelnen PVC-Kunststoffen zeigen, daß in diesen die genannten Elemente in Konzentrationen von mehreren hundert $\mu g\ g^{-1}$ bis 2% und mehr vorkommen können (Heinrichs et al. 1991b). 1985 betrug der Stabilisatorverbrauch in Westdeutschland etwa 8500 t Pb, 480 t Sn, 280 t Cd und 310 t Ba + Zn. Die Cd-Menge in Pigmenten zum Einfärben von Kunststoffen liegt in der Größenordnung des Stabilisatorverbrauchs.

12.3 WIEDERVERWERTUNG VON PAPIER, GLAS, KUNSTSTOFFEN UND METALLEN

Die Menge des von privaten und kommunalen Entsorgern gesammelten und der Papierindustrie wieder zugeführten Altpapiers wuchs in den Altbundesländern bis 1989 auf 5,8 Mio t a^{-1} (Gesamtverbrauch 13,2 Mio t a^{-1}) an. Trotz des Ausbaus der Altpapierverwertung konnte die als Abfall zu beseitigende Altpapiermenge nicht reduziert werden. Die Ursache liegt im überdurchschnittlichen Anstieg von Papiersorten, wie z.B. graphischen Papieren, bei deren Herstellung kaum Altpapier eingesetzt wird. 1989 betrug der Verbrauch an graphischen Papieren 6,2 Mio t mit einer Altpapiereinsatzquote von ca. 16% (Umweltbundesamt 1986, 1992; Verband Deutscher Papierfabriken e.V. 1990). Zwar konnte die Menge des wiederverwerteten Papiers im Zeitraum von 1980 bis 1990 nahezu verdoppelt werden, aber gleichzeitig stieg der Papierverbrauch von 9,7 Mio t a^{-1} auf fast 15 Mio t a^{-1} an. Die Folge davon waren massive Exporte von Altpapier ins europäische Ausland.

Im Jahr 1990 betrug die Altglasverwertungsquote, bezogen auf den Behälterglasabsatz, ca. 45% (1974: 5,5%). Der Behälterglasabsatz ist von 2,7 Mio t im Jahre 1974 auf knapp 4 Mio t 1990 gestiegen. Rund 26 Glashütten verarbeiten Altglas zu neuen Hohlglasprodukten. Beim Altglas gewinnt die Farbsortierung für Grün-, Braun- und Weißglas zunehmend an Bedeutung. Die Verwertungsmöglichkeiten für farblich gemischtes Altglas liegen aufgrund hoher Anforderungen an die Produktqualität von Weiß- und Braunglas ausschließlich im Bereich der Grünglasproduktion. Der Altglaseinsatz liegt beim Grünglas bei 90% und der Marktanteil bei 33%. Für andere Glasprodukte, wie z.B. für Flachgläser, gibt es noch keine Verwertungsmöglichkeiten (Umweltbundesamt 1986, 1992; Bundesverband Glasindustrie und Mineralfaserindustrie e.V. 1990).

Im Vergleich zu anderen Sekundärrohstoffen haben Kunststoffe bislang nur eine geringe Wiederverwertungsquote. Die Kunststoffindustrie hätte sich bereits zu diesem Zeitpunkt auf eine jährliche Rücklaufmenge von rund 800 000 t mit weiter steigender Tendenz (gestaffelte Rücknahmepflicht) einstellen müssen. Das Sortieren von vermischten Kunststoffen zu reinen Sorten ist enorm zeitaufwendig und nahezu unbezahlbar (Boecker 1992). Kunststoffe aus Siedlungsabfällen bestehen oft aus gefärbten Materialien verschiedener Ausgangsstoffe. Selbst gleiche Kunststoffarten unterscheiden sich in Füllstoffen, Farbpigmenten, Stabilisatoren, Weichmachern und anderen Additiven. Alle bekannten Recyclingverfahren verbrauchen mehr Energie, als für die Herstellung neuer Kunststoffprodukte erforderlich ist. Die geringe Qualität von Recyclingprodukten läßt nur die Herstellung von Billigprodukten zu.

Schrott kann ohne Aufbereitung nur selten direkt eingesetzt werden. Der gesamte Schrotteinsatz (12,5 Mio t a^{-1}) in Stahlwerken beträgt ungefähr 30% der Gesamtproduktion (Boecker 1992). Im Vergleich dazu spielt die Verwertung von Müllschrott nur eine untergeordnete Rolle. Der Schwerpunkt bei der Müllschrottgewinnung liegt bei den technischen Verfahren (ca. 375 000 t a^{-1}). Dabei werden Eisenmetalle aus den Schlacken der Müllverbrennung überwiegend durch magnetische Trennung gewonnen. Die Eisenschrottgewinnung durch Container-Sammlung hatte 1985, trotz starker Zuwachsraten, nur einen geringen Anteil von ca. 2% an der gesamten Müllschrottgewinnung von 525 000 t (Oelsen 1986; Faber et al. 1988). Für NE-Metalle ist die Recyclingquote verhältnismäßig hoch: Pb (50%), Al (40%), Cu (38%) und Zn (18%) (Hartmann 1989). Die NE-Metallgewinnung aus Siedlungsabfällen ist dagegen unbedeutend. Die Abbildung 12.1 zeigt die Anteile von Sn, Ni, Cr, Zn, Al, Fe, Cu und Pb in der Metallfraktion der Siedlungsabfälle (ausgedrückt in Prozent des Jahresverbrauchs). Das Recycling von Weißblechdosen ist nur in enger Zusammenarbeit von Dosenherstellung, Müllsortierung, Entzinnungsbetrieb und Stahlhütte lösbar. Bisher werden vom Altdosenmetall nur geringe Anteile erfaßt und als minderwertiger, zinnhaltiger Stahlschrott aufgearbeitet, der im Stahlwerk nur in kleinen Mengen eingesetzt werden kann.

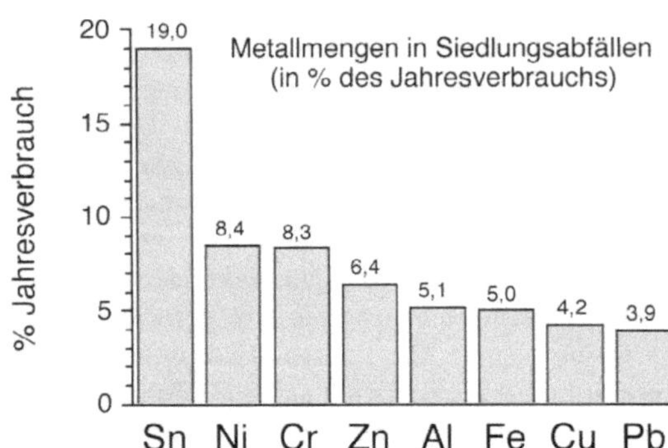

Abb. 12.1. Wichtige Metalle in der Metallfraktion von Siedlungsabfällen in Prozent des Jahresmetallverbrauchs (Harnisch et al. 1986; Hartmann 1989; Heinrichs et al. 1991a; diese Arbeit)

Am Beispiel von Geräte-Batterien kann gezeigt werden, in welchem Umfang durch konsequente Schadstoff-Sammlung seitens der Verbraucher sowie Vermeidungs-Maßnahmen der Produzenten die Metall-Zusammensetzung des Mülls beeinflußt werden kann. Die wichtigsten Schwermetalle in Geräte-Batterien sind Zn, Pb, Cd, Ni und Hg. In den jährlich anfallenden 18 000 t Batterien sind ca. 2400 t Zn, 360 t Pb, 200 t Cd, 200 t Ni und 25 t Hg enthalten. Batterien werden weitgehend getrennt gesammelt. Den Siedlungsabfällen konnte auf diese Weise nahezu 40% des Quecksilbers und 33% des Cadmiums entzogen werden. Bei den anderen Schwermetallen liegen diese Zahlen zwischen 1,5 und 4,7%.

Biologische Abfallbehandlung und Pyrolyse

Zur Aufarbeitung organischer Müllfraktionen ist der Einsatz von Mikroorganismen, wie im Fall der Kompostierung und Methangärung, geeignet. Die Kompostierung und Vergärung von Vegetabilien und Gartenabfällen sind technisch so weit ausgereift, daß Kompost und Gas ohne Schwierigkeiten vermarktet werden könnten (Gottschall u. Stöppler-Zimmer 1994; Häberle u. Bidlingmaier 1994). Die Kompostgüte und die Einhaltung bestimmter Grenzwerte sind dabei die Voraussetzung für eine effektive und dauerhafte Vermarktung.

Die Abbildung 12.2 zeigt Konzentrationen wichtiger Schwermetalle im Kompost aus Küchenabfällen von Mischmüll. Bei einem Abbaugrad von ca. 75% liegen die Konzentrationen von Zn, Pb, Cu, Ni und Cd knapp unter den Richtwerten der Klärschlammverordnung. Bei der Abtrennung aus Müllgemischen werden die Vegetabilien überwiegend durch Schwermetalle der Metall-, Kunststoff- und der nicht näher definierten Fein- bzw. Mittelmüllfraktion (< 40 mm) kontaminiert. Auch der Zusatz von Gartenabfällen (z.B. Grasschnitt) löst, trotz des Verdünnungseffektes, das Problem nicht. Diese schwermetallreichen Komposte lassen sich nur sehr schwer vermarkten.

Mittlerweile scheint sich die Methode zur Kompostierung von getrennt gesammelten organischen Hausmüllbestandteilen („Biomüll") in den meisten Kommunen und Landkreisen durchzusetzen. Die aus „Biomüll" hergestellten Komposte enthalten wesentlich weniger Schwermetalle als die aus Mischmüll stammenden. Der Erfolg hängt in hohem Maße von der Motivierung der Bevölkerung ab, da aufgrund des hohen Abbaugrades ein möglichst sortenreiner und schadstoffarmer „Biomüll" vorliegen muß. Die getrennte Sammlung von Bioabfällen und ihre Kompostierung ist nur dann sinnvoll, wenn der Kompost einer pflanzenbaulichen Verwertung zugeführt werden kann. Bei einem Anschlußgrad von 50% der Haushalte könnte die Biokompostmenge rund 2 Mio t a^{-1} betragen. Durch Vermarktung dieser Kompostmengen könnten andere Bodenverbesserungsmittel, wie z.B. Torf, ersetzt werden (Gottschall et al. 1991; Gottschall u. Stöppler-Zimmer 1994).

Bei der Kompostierung werden die getrennt gesammelten Vegetabilien und auch Gartenabfälle zerkleinert, um in homogenisierter Form mit großer Oberfläche beim Rotteverfahren leicht abbaubar zu sein. In der ersten Rottephase bauen überwiegend mesophile Mikroorganismen Zucker und Eiweiß ab und scheiden als Stoffwechselprodukte z.B. unangenehm riechende Butter- und Valeriansäure ab. Die Temperatur beträgt dabei ca. 40°C. In der thermophilen Phase geht der Abbau von organischen Stoffen

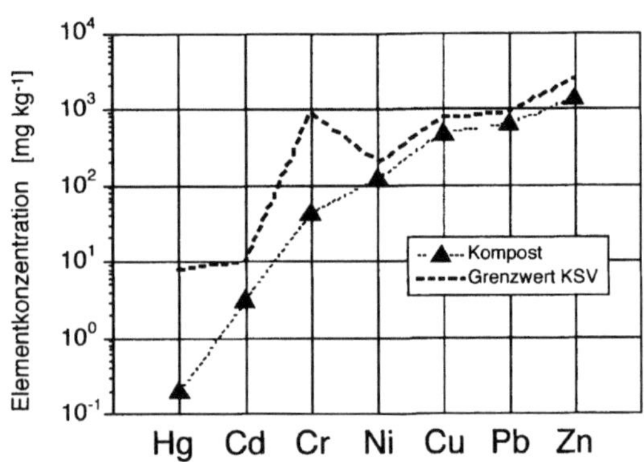

Abb. 12.2. Konzentrationen wichtiger Schwermetalle im Kompost der vegetabilen Mischmüllfraktion im Vergleich zu Grenzwerten der Klärschlammverordnung, KSVO (Heinrichs et al. 1991a; diese Arbeit)

unter aeroben Verhältnissen weiter. Die Temperatur steigt auf etwa 70°C an. Dabei wird auch der überwiegende Anteil von Keimen und Unkrautsamen abgetötet. Bis zum Reifekompost durchläuft der Kompost weitere Zersetzungs-, Um- und Aufbauphasen (Hauptrotte, Nachrotte).

Der Abbau von organischen Fraktionen des Mülls kann auch anaerob erfolgen. Biologisch abbaubare Bestandteile, wie pflanzliche Materialien, Papier und Pappe, werden in einem Faulbehälter unter Einwirkung von Mikroben anaerob in Biogas umgewandelt. Dieses durch die Methangärung erzeugte Gas enthält 55–70% Methan und könnte für die öffentliche Gasversorgung genutzt werden. Als Endprodukt verbleibt ein fester, geruchloser Rückstand, der sich als Bodenverbesserungsmittel einsetzen ließe.

Bei der Pyrolyse werden organische Substanzen unter weitgehendem Ausschluß von Sauerstoff thermisch zersetzt. Neben der energetischen Nutzung steht die stoffliche Wiedergewinnung in Form von gelösten oder gasförmigen niedermolekularen Komponenten im Vordergrund. Gut verwertbar sind Verbundmaterialien (Papier/Kunststoffe), Altreifen, Kunststoffabfälle, Öl- und Destillationsrückstände sowie Klärschlämme industrieller und kommunaler Herkunft (Collin et al. 1978; Kuchta 1994).

12.4 MÜLLVERBRENNUNG

Die nicht verwertbaren Siedlungsabfälle werden überwiegend in Rostfeuerungsanlagen verbrannt. Eine Müllverbrennungsanlage besteht aus einem Müllbunker, einer Beschickungsanlage mit Müllkran und Mülltrichter, einer Rostfeuerung, einer Nachbrennkammer, einer Kesselanlage, einem Entschlacker, einer mehrstufigen Rauchgasreinigungsanlage mit Aschesilos und einem Kamin (z.B. Thomé-Kozmiensky 1983; Kuchta 1994). Die Tabelle 12.2 zeigt die wichtigsten Angaben zu den Müllmengen, Entsorgungsrückständen und Behandlungstechniken von vier hessischen Müllverbrennungsanlagen.

Der Müll wird über einen Aufgabetrichter auf das Rostbett gegeben. Durch den Rost hindurch wird die Primärluft in den Feuerraum eingeblasen. Die Abfälle werden getrocknet, entgast und bei 850–1050°C verbrannt. Der Neigungswinkel des Rostbetts sorgt für den Transport und eine gute Umwälzung des Mülls. Am Ende des Rostbetts fällt die Hauptmasse der Verbrennungsrückstände als Schlacke an. Die Rauchgaswärme wird im Bereich der Kesselanlage zur Energieerzeugung genutzt. Der weitaus größte Anteil der Rauchgasrückstände wird über die Elek-

Tabelle 12.2. Wichtige Daten von vier Müllverbrennungsanlagen (Barniske et al. 1988; Hessisches Landesamt für Umwelt und Reaktorsicherheit 1988; Umweltbundesamt 1989; Hundesrügge 1991a)

Standort	Darmstadt	Frankfurt	Kassel	Offenbach
Angeschl. Einwohner	344 000	1 000 000	350 000	530 000
Müllmenge ($t\ a^{-1}$)	140 000	420 000	116 000	191 000
Feuerungssystem	Vorschubrost	Vorschubrost	Walzenrost	Walzenrost
Schlackenanfall ($t\ a^{-1}$)	42 000	145 000	40 000	60 000
Schlackenverwertung	keine	z.T.	z.T.	keine
Schlackendeponieart	Hausmüll	Hausmüll	Monodeponie	Hausmüll
Deponieort	Brandholz	Buchschlag	Utershausen	Heusenstamm
Schrottauslese ($t\ a^{-1}$)	Menge unbekannt	14 000	5 000	5 700
Rauchgasentstaubung	Elektrofilter	Elektrofilter	Elektrofilter	Elektrofilter
Filterstaubmenge ($t\ a^{-1}$)	4 200	13 100	3 000	5 400
Deponieart	unter Tage	unter Tage	unter Tage	Monodeponie
Abgasreinigungsverfahren	Naßsorption $Na(OH)$ $Ca(OH)_2$	Quasitrocken-sorption $Ca(OH)_2$	Quasitrocken-sorption $Ca(OH)_2$	Naßsorption $Na(OH)$ $Ca(OH)_2$
Abgasrückstände ($t\ a^{-1}$)	1 650	4 500	2 000	2 100
Deponieart	unter Tage	unter Tage	unter Tage	unter Tage
ΣRückstände (%) ohne Schrott	34	39	39	35
Schrott (%)	keine Angaben	3,3	4,3	3
Wärmenutzung	ja	ja	ja	ja

trofilter ausgetragen. Die sauren Schadgase lassen sich durch nasse, trockene und quasitrockene Waschverfahren abscheiden (Hillebrand 1981). Bei den nassen Abgasreinigungsverfahren wird zumeist Wasser, das Zusätze bestimmter Chemikalien enthält, als Waschflüssigkeit eingesetzt. Die nasse Abgasreinigung hat den Nachteil, daß zusätzlich eine Abwasseraufbereitung durchgeführt werden muß. Bei Naßwäschern werden die anfallenden Waschflüssigkeiten neutralisiert und in die Sprühtrockner geleitet. Trockene Reinigungsverfahren lassen sich im wesentlichen nach den bei der Abscheidung wirksamen Prozessen der Adsorption und der Chemisorption einteilen. Bei den adsorptiven Verfahren werden die gasförmigen Inhaltsstoffe der Abluft an Adsorbentien wie Aktivkohle oder Molekularsieben fixiert. Bei der Chemisorption reagieren gasförmige Schadstoffe mit festen Reaktionspartnern, wie z.B. basische Calciumoxide und -hydroxide, die in den zu reinigenden Rauchgasstrom eingeblasen werden. Bei den quasitrockenen Reinigungsverfahren werden Suspensionen von Calcium- und Natriumhydroxiden in den Reaktionsraum eingedüst. Das Wasser verdampft, während die Neutralisationsmittel mit den Schadgasen reagieren. Bei den trockenen bzw. quasitrockenen Verfahren vollzieht sich die Rauchgasreinigung und Entstaubung gleichzeitig. Mit der Verbesserung der Rauchgasreinigungsverfahren sind die Emissionen bei der Müllverbrennung erheblich zurückgegangen. Das größte Problem liegt in der Qualität und Quantität der Verbrennungsrückstände, die entsorgt werden müssen.

Filterstäube und Schlacken bei der Müllverbrennung

Entsprechend der Tabelle 12.2 entstehen bei der Verbrennung pro Tonne Müll (feucht) 300–345 kg Schlacke, 30–43 kg Schrott, 26–31 kg Filteraschen und 11–17 kg Salze aus der Schadgasabscheidung. Die Filteraschen aus den hessischen Anlagen sind außerordentlich komplex zusammengesetzt. Trotzdem zeigen sie in ihren Phasenbeständen viele Gemeinsamkeiten (Tabelle 12.3). Neben Kohlenstoffresten bzw. Graphit und Quarz treten bevorzugt die Chloride des Natriums, Kaliums und Calciums auf. Calciumsulfat-

Tabelle 12.3. Phasenanalysen von Filterstäuben in Gew.-% (Hundesrügge 1990, 1991a, b)

Müllverbrennungsanlage	Offenbach	Kassel	Darmstadt	Frankfurt
Kristallin				
Sylvin, KCl	6,1	3,8	8,2	2,3
Halit, NaCl	9,4	7,6	4,7	
$CaSO_4 \cdot nH_2O$	9,8	18,3	17,0	10,6
$CaCl_2 \cdot Ca(OH)_2 \cdot H_2O$				20,1
$MgCl_2 \cdot nH_2O$				2,5
$ZnCl_2 \cdot 4Zn(OH)_2$			4,3	
Calcit, $CaCO_3$	2,5	2,5	2,5	2,5
Portlandit, $Ca(OH)_2$			2,5	36,1
Hämatit, Fe_2O_3	2,5	5,6	2,7	1,0
Rutil und Anatas, TiO_2	1,9	1,4	1,8	
Kohlenstoff, C	5,2	4,2	2,6	1,3
Kristallin bis röntgen-amorph				
Quarz u. glasig erstarrtes SiO_2	26,4	33,2	30,6	7,8
Röntgen-amorph				
Al_2O_3	14,8	12,3	14,0	4,3
K_2O	3,1	2,3		
Na_2O				1,3
CaO	10,9	5,4	8,3	15,5
MgO	2,4	2,3	2,3	
Summe	95,0	101,4	99,0	105,3

verbindungen sind in den Aschen immer zugegen. Portlandit $Ca(OH)_2$ ist die dominierende Mineralphase in den Filterstäuben der Müllverbrennungsanlage von Frankfurt. Die Anteile an leichtlöslichen kristallinen Phasen schwanken in den untersuchten Filteraschen von 25–36%. Die röntgen-amorphen Glasanteile liegen zwischen 25–45%. In der Anlage von Darmstadt konnte mit $ZnCl_2 \cdot 4Zn(OH)_2$ eine eigene Schwermetallphase des Zinks nachgewiesen werden. Darüber hinaus ließen sich weitere umweltrelevante Schwermetallphasen von Cr, Cu, Pb und Zn in Spuren nachweisen (Hundesrügge 1991a).

Aufgrund der guten Löslichkeit vieler Mineralphasen und erhöhter Konzentrationen an polychlorierten Dibenzo-p-dioxinen (PCDD) und -furanen (PCDF) unterliegen die Filteraschen einer speziellen Entsorgungspflicht. In Hessen werden Rauchgasreinigungsrückstände und Filteraschen überwiegend in der Untertagedeponie Herfa Neurode eingelagert. Zu den besonders toxisch wirkenden organischen Schadstoffen zählen polyzyklische aromatische Kohlenwasserstoffe (PAK), polychlorierte Biphenyle (PCB) und Chlorkohlenwasserstoffe (CKW). Einige dieser Verbindungen (z.B. PCB oder Chlorphenole) sind direkte Vorstufen bei der thermischen Bildung von PCDD und PCDF. Andere, aber auch einfache Kohlenwasserstoffe, können in Verbindung mit einem Chlordonator unter Einwirkung von Temperatur PCDF und PCDD „de-novo" bilden. Diese de-novo-Synthese wird vor allem durch $CuCl_2$ in starkem Maße katalysiert. Andererseits wirkt $CuCl_2$ bei erhöhten Temperaturen auch katalytisch bei der Dechlorierung von PCDD und PCDF. Die optimalen Bildungstemperaturen dieser Verbindungen liegen bei ca. 300°C. Diese Temperaturen werden in Abkühlungszonen von MVA häufig angetroffen (Stieglitz u. Vogg 1988). Um die Dioxin- und Furanemissionen zu reduzieren sind die Brennbedingungen optimiert, Nachverbrennungen eingerichtet und die PVC-Anteile im Müll reduziert worden. PCDD und PCDF werden in starkem Ausmaß von Ruß- und Kohlepartikeln adsorbiert. Über 95 % des Gesamtaustrags an PCDD und PCDF erfolgt über den Abzug von Filterstäuben.

Die Deponie von Verbrennungsrückständen erfordert abfallspezifische Entsorgungskonzepte (Fichtel u. Beck 1984a, b; Bundesamt für Umweltschutz Bern 1987). Ein besonderes Problem stellen die Schwermetalle dar. Eine Immobilisierung von Schwermetallen kann durch geeignete Verfestigungsverfahren, wie z.B. den Zusatz von Portlandzement und hydraulisch wirkenden Bindemitteln, erreicht werden (Kollmann et al. 1977; Bambauer et al. 1988; Hundesrügge et al. 1989; Hundesrügge 1991a, b; Pöllmann et al. 1989). Als Anreger für die Hydratisierungsreaktion eignen sich neben hydraulisch abbindenden Zementen Calciumoxid- und -hydroxidverbindungen, die auch in den Filteraschen vorkommen. Schmelzphasen mit hohen Anteilen an Ca, Al und Si reagieren mit Anregerverbindungen zu neuen kristallinen Phasen wie Ettringit, Calciumsilikathydrate und Calciumaluminathydrate, die in der Lage sind, toxische Schwermetalle kristallchemisch zu fixieren. Um Filterstäube und auch Schlacken gefahrlos deponieren zu können, sind auch naßchemische Behandlungsmethoden in Betracht gezogen worden (Vogg 1984).

Die Abbildungen 12.3 und 12.4 zeigen die Konzentrationen ausgewählter umweltrelevanter Elemente in den Filterstäuben und Schlacken und die Anreicherungsfaktoren im Vergleich zur kontinentalen Oberkrustenzusammensetzung (natürlicher Hintergrund). Viele Metalle, wie Ag, As, Bi, Cd, Hg, Pb, Sb, Se, Sn und Zn oder deren Verbindungen, werden

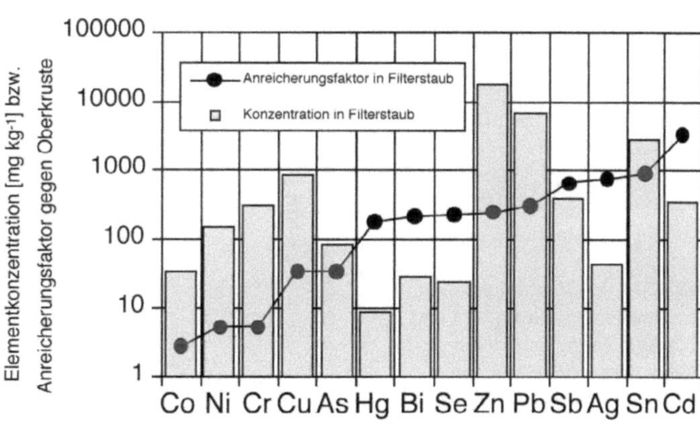

Abb. 12.3. Konzentrationen von Spurenmetallen in Filterstäuben und deren Anreicherungsfaktoren gegenüber dem natürlichen Hintergrund (Heinrichs et al. 1991a; Hundesrügge 1991a)

bei der Verbrennung verdampft und freigesetzt. Aufgrund von Kondensationsvorgängen kommt es zu einer Anreicherung verflüchtigter Elemente auf der Oberfläche von Flugstäuben. Mit Ausnahme von Hg und evtl. Se sind diese Metalle quantitativ an die Flugstäube und Schlacken gebunden.

Die Schrottmenge nimmt bei der Verbrennung im Mittel deutlich von ca. 60 kg pro Tonne Müll (feucht) auf ca. 50 kg nach der Verbrennung ab. Mittels Magnetabscheidung kann nur ein Teil als Eisenschrott zurückgewonnen werden. Ein Vergleich der Zusammensetzung von Schrott vor und nach der Verbrennung zeigt u.a. eine starke Abreicherung von Al, Pb, Sn, Zn etc. und eine relative Anreicherung von Cr, Cu, Fe, Ni, V (Heinrichs et al. 1991a). Durch das Mitverbrennen von Schrott erhöhen sich die Gehalte in den Ascherückständen bei folgenden Elementen deutlich (der Wert der prozentualen Konzentrationszunahme in Klammern): Sn (90), Hg (70), Pb (60), Zn (50) und Cd (40).

In den Müllverbrennungsanlagen fallen pro Jahr ca. 2,5 Mio t Schlacken an, die zu ca. 80% verwertet werden (Schoppmeier 1988). Durch Magnetabscheidung können 15% Eisenschrott gewonnen werden. Die aufbereitete Schlacke kommt größtenteils als Schüttgutmasse im Damm-, Straßen- und Wegebau zum Einsatz. Hierbei gilt es zu bedenken, daß in diesem Material z.B. die Elemente Pb und Cd Anreicherungsfaktoren gegenüber dem natürlichen Hintergrund von ca. 100 aufweisen (Abb. 12.4). Für die Umweltverträglichkeitsprüfung sind Richtlinien und Grenzwerte erarbeitet worden (LAGA-Merkblatt 1984; Hessisches Landesamt für Umwelt 1988). 5% der Schlacken lassen sich nicht wiederverwerten und müssen deponiert werden.

Die Frage, ob metallreiche Verbrennungsrückstände künftig auch als Ressourcen genutzt werden können, läßt sich nur schwer beantworten. Trotz der ungünstigen Versorgungsprognosen des „Club of Rome" zeigen neueste Berechnungen, daß die Versorgung mit metallischen Rohstoffen auch in nächster Zeit gesichert bleibt (Saager 1984). Zum Beispiel zeichnet sich im Bergbau eine Verschiebung von metallreicheren zu metallärmeren Lagerstätten ab. Angesichts dieser Entwicklung wäre es denkbar, daß metallreiche Verbrennungsrückstände in absehbarer Zeit die Bauwürdigkeit von Lagerstätten erreichen werden. In den hochangereicherten Filterstäuben haben Ga (90 mg kg^{-1}), Au (0,6 mg kg^{-1}) und Sn (2800 mg kg^{-1}) die untere Bauwürdigkeitsgrenze von Lagerstätten überschritten.

12.5 DEPONIE-SICKERWÄSSER

Die Anzahl der Hausmülldeponien hat sich in den vergangenen Jahren deutlich verringert. Während 1975 in den Altbundesländern noch 4415 Hausmülldeponien in Betrieb waren, gab es 1990 nur noch 295 Anlagen. Rund 30% der Anlagen sind teilweise abgedichtet (Umweltbundesamt 1986, 1992). In den neuen Bundesländern gab es noch vor wenigen Jahren rund 10 000 wilde Müllkippen. 1990 waren davon noch 6000 in Betrieb. Die wenigsten dieser Müllkippen verfügen über eine Basisabdichtung. Auf vielen älteren Deponien sind auch Industrie- und Sondermüll abgelagert worden. Ein großes Problem bereiten die austretenden Sickerwässer, die eine Vielzahl organischer Schadstoffe (z.B. polychlorierte Bi-

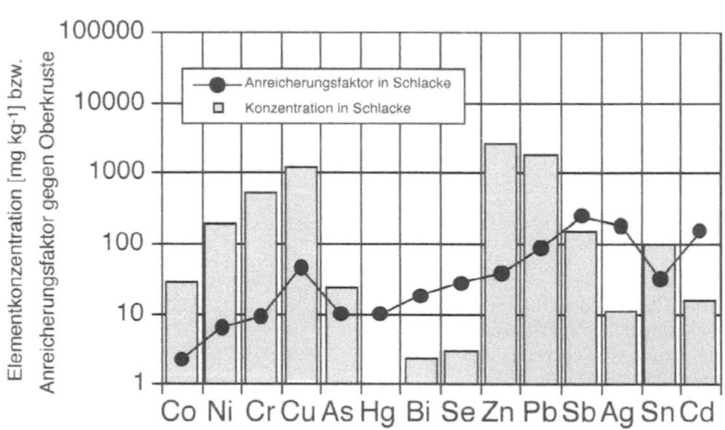

Abb. 12.4. Konzentrationen von Spurenmetallen in Schlacken und deren Anreicherungsfaktoren gegenüber dem natürlichen Hintergrund (Heinrichs et al. 1991a)

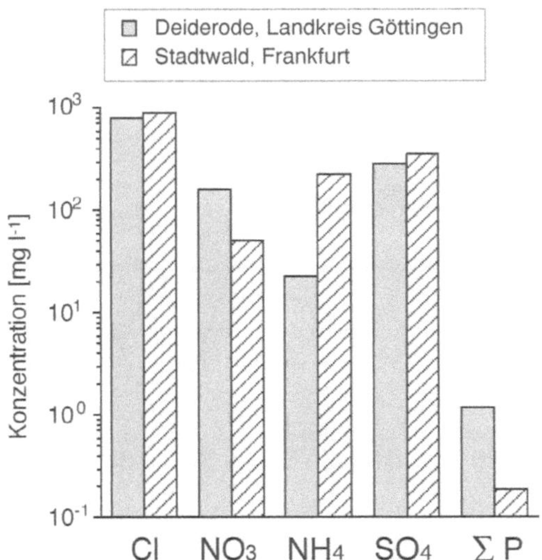

Abb. 12.5. Hauptanionen sowie Ammonium in Sickerwässern aus Mülldeponien (diese Arbeit; Golwer et al. 1976)

phenyle, polyzyklische aromatische Kohlenwasserstoffe, Chlorkohlenwasserstoffe) sowie toxische Spurenmetalle enthalten. Diese Komponenten bestehen zum Teil aus organischen Abbauprodukten, die durch biochemische bzw. thermische Prozesse im Inneren der Deponie entstehen. Wichtig sind auch Reaktionen mit infiltrierten Wässern, z.B. mit Niederschlägen, die auf den Deponiekörper fallen, die zur Auswaschung und Freisetzung von Schadstoffen führen. Umfangreiche Untersuchungen über den Sickerwasseraustrag von Hausmüll-, Gewerbe- und Sonderabfalldeponien sind z.B. von Golwer et al. (1976), Götz (1984), ATV Arbeitsgruppe (1988), Arneth et al. (1989), Rietzler (1990) und Krejci (1992) durchgeführt worden.

Die Sickerwässer werden bei vielen Deponien in Tanks gesammelt und bei Bedarf zu kommunalen Kläranlagen gefahren. In der Bundesrepublik Deutschland ist eine Reinigung der Deponiesickerwässer vor Ort gesetzlich vorgeschrieben. Das Einleiten von Sickerwässern in kommunale Kläranlagen wird nur noch für eine Übergangszeit genehmigt. Im Vergleich zu kommunalen Abwässern sind die Mengen der auf Deponien anfallenden Sickerwassermengen gering. Die anorganische Belastung der Sickerwässer von Mülldeponien ist vergleichbar mit der von kommunalen Abwässern. In den Abbildungen 12.5 und 12.6 werden die Konzentrationen von Hauptanionen, Ammonium und wichtigen Spurenmetallen der Sickerwässer der Mülldeponie Deiderode bei Göttingen denen vergleichbarer Mülldeponien aus Frankfurt (Golwer et al. 1976) und Hamburg (Götz 1984) gegenübergestellt. Die anorganischen Inhaltsstoffe liegen in ähnlichen Größenordnungen vor, obwohl die Deponiesickerwässer in Menge und Fracht beträchtlichen standortbedingten Schwankungen unterliegen. Die Jahresabwassermenge kann in etwa aus der Deponiefläche und der Niederschlagsmenge errechnet werden. Sie liegt bei rund 20–40% der jährlichen Niederschlagshöhe, wenn keine weitere Wasserzutrittsmöglichkeit besteht. Die deponierten Abfälle müssen nicht unbedingt die Hauptquelle der Spurenmetalle im Sickerwasseraustrag sein. Durch die Niederschlagsdepositionen könnten die Gehalte von Pb und Be vollständig und von As, Se und Tl überwiegend erklärt werden (Abbildung 12.7).

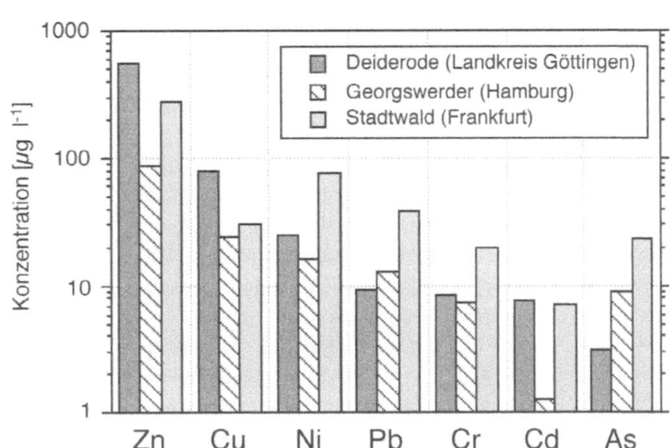

Abb. 12.6. Wichtige Spurenmetalle in Sickerwässern aus Mülldeponien (Golwer et al. 1976; Götz 1984; diese Arbeit)

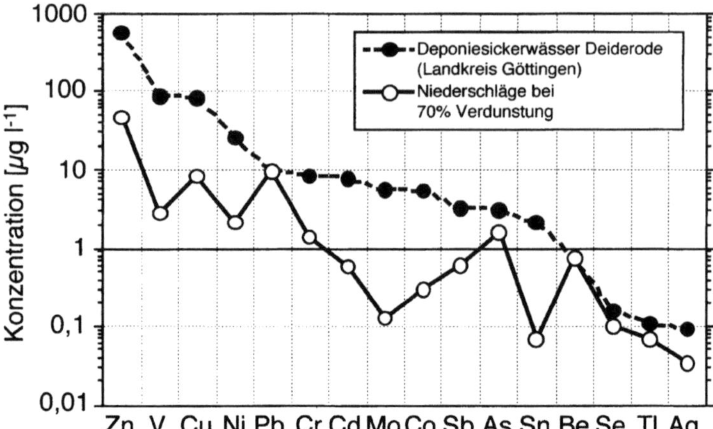

Abb. 12.7. Konzentrationen von Spurenmetallen in Deponie-Sickerwässern im Vergleich zu denen der Niederschlagsdepositionen bei einer Verdunstung von 70% (diese Arbeit)

In Deponien von Siedlungsabfällen werden verschiedene zeitlich aufeinanderfolgende Abbau-Phasen unterschieden (Farquhar u. Rovers 1973; Christensen u. Kjeldsen 1989; Förstner 1990). In einer ersten kurzen aeroben Phase wird vor allem Biomasse durch Luftsauerstoff zu Kohlendioxid und Wasser abgebaut. Mit der Verdichtung der Abfallstoffe wird die Sauerstoffzufuhr zunehmend unterbunden. Der Verbrauch von Sauerstoff durch mikrobielle Prozesse führt zu anaeroben Verhältnissen und dem vermehrtem Auftreten reduzierter Stickstoffspezies (NH_4^+, NH_3, NO_2^-, N_2, N_2O). Der starke mikrobielle Abbau organischer Substanzen in Gegenwart nur geringer freier Sauerstoffmengen zeigt, daß die Mikroorganismen den chemisch gebundenen Sauerstoff vor allem von Nitrat und Sulfat verbrauchen. Die Aktivität fermentativer und azetogener Bakterien nimmt zu, und es entstehen u.a. kurzkettige Carbonsäuren. Durch den fallenden pH-Wert kann die Konzentration umweltrelevanter Spurenmetalle in den Sickerwässern deutlich ansteigen. Für die Löslichkeit sind neben dem pH-Wert auch andere Faktoren wie Bindungsformen, Temperatur, Redoxpotential und Salzkonzentrationen von großer Bedeutung.

Im weiteren Verlauf des Abbaus organischer Komponenten werden die Gärungsprodukte zu Kohlendioxid und Wasser abgebaut. Die Aktivität methanogener Bakterien steigt. Durch die Bildung von Schwefelwasserstoff und den gleichzeitigen Anstieg des pH-Wertes werden viele Spurenmetalle immobilisiert. Die Methanbildung stabilisiert sich auf hohem Niveau mit mehr als 50% der gesamten Gasproduktion. Als Rückstand verbleiben nur noch schwer abbaubare organische Stoffe.

Die meisten aus der Abwasserreinigung bekannten biologischen, chemischen und physikalischen Verfahren hinterlassen erhebliche Restkonzentrationen an sauerstoffzehrenden Substanzen (CSB-Wert = chemischer Sauerstoffbedarf) und adsorbierbaren organischen Halogenverbindungen (AOX-Wert). Die Einleitung vieler Deponiesickerwässer in die Vorfluter bleibt beim jetzigen Stand der Technik problematisch. Zusätzliche Reinigungsstufen, wie z.B. stark oxidative Reinigungsverfahren, sind denkbar.

12.6 SCHLUßFOLGERUNGEN

Viele Abfälle besitzen einen ihren Stoffeigenschaften entsprechenden Rest-Gebrauchswert. Sie können durch geeignete organisatorische und technische Maßnahmen wieder in den Stoffkreislauf zurückgeführt werden. Eine wichtige Aufgabe der Entsorgungswirtschaft besteht in der Analyse der nicht verwertbaren Reststoffe. Die technischen Anforderungen an Deponien müssen vom Standpunkt eines vorbeugenden Umwelt- und Gesundheitsschutzes den Lagerungsbedingungen boden-, wasser- und auch luftgefährdender Stoffe entsprechen. Nur so können unübersehbare Folgeschäden vermieden und mit Nachdruck die Vermeidung, Verwertung und sachgerechte Nachbehandlung der nicht verwertbaren Reststoffe erreicht werden. Die Nachbehandlungsmaßnahmen dienen der weitgehenden Unterbindung nicht kontrollierbarer chemischer, biologischer und physikalischer Reaktionen.

Danksagung

Frau Dr. Scholz-Böttcher (ICBM, Uni Oldenburg) und den Gutachtern möchten wir herzlich für die Durchsicht des Manuskriptes und für viele wichtige Hinweise danken.

LITERATUR

ATV-Arbeitsgruppe 7.2.26 (1988) Die Zusammensetzung von Deponiesickerwässern. Müll und Abfall 2: 67–71

Arneth J-D, Milde G, Kerndorf H, Schleyer R (1889) Waste deposit influence on ground water quality as a tool for waste type and site selection for final storage quality. Lecture Notes in Earth Sciences, 20: 399–416

Bambauer HU, Gebhard G, Holzapfel Th, Krause Ch, Willner G (1988) Schadstoff-Immobilisierung in Stabilisaten aus Braunkohlenaschen und REA-Produkten. I. Mineralreaktionen und Gefügeentwicklung; Chlorid-Fixierung. II. Schwermetallfixierung, Bilanzen. Fortschr Mineralogie 66: 253–279 u. 281–290

Barghoorn M, Dobberstein J, Eder G, Fuchs J, Gössele P (1981) Bundesweite Hausmüllanalyse 1979/80. Forschungsbericht 10303503, Umweltforschungsplan des Bundesministers des Inneren. Im Auftrag des Umweltbundesamtes, Berlin, 97 S.

Barniske L, Johnke B, Ahlbrecht L (1988) Müllkraftwerke machen warm. Umweltmagazin 5: 28–34

Boecker R (1992) Betrachtungen zum Stand des Metall- und Kunststoffrecyclings. Erzmetall 45: 531–539

Bothe K, Laub B (1989) Gewinnung von Sekundärrohstoffen aus Hausmüll mit Hilfe bergmännischer Aufbereitungsverfahren. Erzmetall 42: 323–326

Brunner H, Zobrist J (1983) Die Müllverbrennung als Quelle von Metallen in der Umwelt. Müll und Abfall 9: 221–227

Bundesamt für Umweltschutz Bern (Hrsg; 1987) Behandlung und Verfestigung von Rückständen aus Kehrichtverbrennungsanlagen. Schriftenreihe Umweltschutz 62: 1–141

Bundesverband Glasindustrie und Mineralfaserindustrie e. V. (1990) Bericht 1990, Düsseldorf

Christensen TH, Kjeldsen P (1989) Basic biogeochemical processes in landfills. In: Christensen TH, Cossu R, Stegmann R (eds) Sanitary Landfilling: Process, Technology and Environmental Impact. Academic Press, London, S. 29–49

Collin G, Grigoleit G, Bracker G-P (1978) Pyrolytische Rohstoff-Rückgewinnung aus Sonderabfällen. Chem Ing Techn 50: 836–841

Dobberstein J (1983) Energie und Schadstoffe im Hausmüll. Müll und Abfall 12: 305–308

Faber M, Stephan G, Michaelis P (1988) Umdenken in der Abfallwirtschaft. Springer, Berlin Heidelberg New York, 208 S.

Farquhar CJ, Rovers FA (1973) Gas production during refuse decomposition. Water Air Soil Pollut 2: 483–495

Fichtel K, Beck W (1984a) Auslaugverhalten von Rückständen aus Abfallverbrennungsanlagen (1). Müll und Abfall 8: 220–224

Fichtel K, Beck W (1984b) Auslaugverhalten von Rückständen aus Abfallverbrennungsanlagen (2). Müll und Abfall 11: 331–339

Förstner U (1990) Umweltschutztechnik. Springer, Heidelberg Berlin New York, 594 S.

Forschungsprogramm Wiederverwertung von Kunststoffabfällen (1977) Teilprojekt 1. Erfassung von Kunststoffabfällen. In: Drink HM, Rühmann H (Hrsg) Inst Kunststoffverarbeitung in Industrie und Handwerk, TH Aachen, 84 S.

Forschungsprogramm Wiederverwertung von Kunststoffabfällen (1978) Teilprojekt 2. Sammlung von Kunststoffabfällen. In: Goepfert P, Reimer H (Hrsg) VBI Beratende Ingenieure, Hamburg, 86 S.

Götz R (1984) Untersuchungen an Sickerwässern der Mülldeponie Georgswerder in Hamburg (Auswertung der Analysenergebnisse bis einschließlich 1982). Müll und Abfall 12: 349–356

Golwer A, Knoll K-H, Matthess G, Schneider W, Wallhäuser KH (1976) Belastung und Verunreinigung des Grundwassers durch feste Abfallstoffe. Abh hess LA Bodenforsch 73: 1–131

Gottschall R, Thom M, Vogtmann H (1991) Pflanzenbauliche Verwertung von Bioabfall- und Grünabfallkomposten. Umwelt-Technologie 1: 5–12

Gottschall R, Stöppler-Zimmer H (1994) Bricht der Kompostmarkt zusammen? In: Häberle H, Bidlingmaier W (Hrsg) TA-Siedlungsabfall. Springer, Berlin, S. 41–64

Greiner B, Barghoorn M, Dobberstein J, Eder G, Fuchs J, Gössele P (1983) Chemisch-physikalische Analyse von Hausmüll. Forschungsbericht 10303502, Umweltbundesamt, Fachbereich 20, Informatik, TU Berlin, 161 S.

Häberle H, Bidlingmaier W (Hrsg; 1994) TA-Siedlungsabfall. Springer, Berlin, 121 S.

Hämmerli H (1983) Grundlagen zur Berechnung von Müllfeuerungen. In: Thomé-Kozmiensky KJ (Hrsg) Müllverbrennung und Rauchgasreinigung. E Freitag Verlag, Berlin, S. 477–525

Harnisch H, Steiner R, Winnacker K (Hrsg; 1986) Chemische Technologie. Bd. 4: 724 S., Metalle. Carl Hanser Verlag, München

Hartmann JK (1989) Nichteisen-Metalle – die klassischen Recyclingstoffe. Stand und Perspektiven. Erzmetall 42: 297–300

Heinrichs H, Schulz-Dobrick B, Wedepohl KH (1980) Terrestrial geochemistry of Cd, Bi, Tl, Pb, Zn and Rb. Geochim Cosmochim Acta 44: 1519–1533

Heinrichs H, Brumsack H-J, Schultz W (1991a) Analyse von Müll. LaborPraxis 9: 709–716

Heinrichs H, Brumsack H-J, Schultz W (1991b) Die Anorganische Analyse von Kunststoffabfällen mit Atomspektrometrischen Methoden. In: Welz B (Hrsg) 6. Colloquium Atomspektrometrische Spurenanalytik. S. 769–774

Hessisches Landesamt für Umwelt und Reaktorsicherheit (1988) Merkblatt über die Verwertung von Schlacken aus Müllverbrennungsanlagen. In: Kumpf W, Maas K, Straub H (Hrsg) Müll und Abfallbeseitigung. E Schmidt Verlag, Berlin, Kennziffer 7056

Hillebrand P (1981) Rauchgaswäsche. In: Kumpf W, Maas K, Straub H (Hrsg). Müll und Abfallbeseitigung. E Schmidt Verlag, Berlin, Kennziffer 7260

Hundesrügge T (1990) Phasenanalytische Untersuchungen an Filteraschen aus Müllverbrennungsanlagen. Aufschluß 41: 281–285

Hundesrügge T (1991a) Ein Behandlungskonzept zur Deponierung von Filteraschen und Rauchgasreinigungsrückständen aus Müllverbrennungsanlagen. Unveröff Dissertation Fachbereich Geowiss, Univ Göttingen, 121 S.

Hundesrügge T (1991b) Abfall - Verbrennung – und dann? Müll und Abfall 8: 500–510

Hundesrügge T, Nitsch KH, Rammensee W, Schöner P (1989) Mineralogische Untersuchungen zur Bewertung der Deponierbarkeit verfestigter Filteraschen aus Müllverbrennungsanlagen. Müll und Abfall 6: 318–324

Kollmann H, Strübel G, Trost F (1977) Reaktionsmechanismen zur Bildung von Treibkernen in Kalk-Gips-Putzen durch Ettringit und Thaumasit. Zement-Kalk-Gips 5: 224–228

Krejci D (1992) Grundwasserchemismus im Umfeld der Sonderabfalldeponie Billigheim und Strategie zur Erkennung eines Deponiesickerwassereinflusses. Tübinger Geowiss Arbeiten, C17: 121 S.

Kuchta K (1994) Thermische Behandlung von Restabfall. In: Häberle H, Bidlingmaier W (Hrsg) TA-Siedlungsabfall. Springer, Berlin, S. 65–89

LAGA-Merkblatt (1984) Verwertung von festen Verbrennungsrückständen aus Hausmüllverbrennungsanlagen. In: Kumpf W, Maas K, Straub H (Hrsg) Müll und Abfallbeseitigung. E Schmidt Verlag, Berlin, Kennziffer 7055

Lee H, Haase W (1982) Statistik der Abfallbeseitigung. Texte 42/82, Umweltbundesamt, 55 S.

Lorber KE (1983) Die Zusammensetzung des Mülls und die durch Müllverbrennungsanlagen emittierten Schadstoffe. In: Thomé-Kozmiensky KJ (Hrsg) Müllverbrennung und Rauchgasreinigung. E Freitag Verlag, Berlin, S. 559–594

Oelsen O (1986) Logistik des Weißblech-Recyclings – Müllschrott als Rohstoff zur Stahlerzeugung. IZW-Pressedienst vom 10.11.1986

Pöllmann H, Kuzel HJ, Wenda R (1989) Compounds with Ettringite structure. N Jb Mineral Abh 160: 133–158

Rietzler JR (1990) Transport von stark belasteten Sickerwässern durch tonige Sohldichtung. Z Deutsch Geol Ges 141: 263–269

Saager R (1984) Metallische Rohstoffe von Antimon bis Zirkonium. Bank Vontobel, Zürich S. 21–33

Schönborn HH (1986) Verwertbarkeit von Kunststoffen. Berichte aus Wassergütewirtschaft und Gesundheitsingenieurwesen 66: 12 S., TU München

Schoppmeier W (1988) Erfahrungen mit der Entsorgung, Aufbereitung und Verwertung fester Verbrennungsrückstände aus der Hausmüllverbrennung. Müll und Abfall 3: 104–112

Statistisches Bundesamt Wiesbaden (1984) Öffentliche Abfallbeseitigung. Umweltschutz, Fachserie 19, Reihe 1.1. Kohlhammer, Stuttgart Mainz

Statistisches Bundesamt Wiesbaden (1987) Öffentliche Abfallbeseitigung. Umweltschutz, Fachserie 19, Reihe 1.1. Kohlhammer, Stuttgart

Stieglitz L, Vogg H (1988) Formation and decomposition of polychlorodibenzodioxins and -furans in municipal waste incineration. KfK Karlsruhe, Bericht KfK 4379: 16 S.

Thomé-Kozmiensky KJ (Hrsg; 1983) Müllverbrennung und Rauchgasreinigung. E Freitag Verlag, Berlin 1101 S.

Truß HW (1964) Stoff- und Wärmebilanz der Verbrennung. In: Kumpf W, Maas K, Straub H (Hrsg) Müll und Abfallbeseitigung. E Schmidt Verlag, Berlin, Kennziffer 7040

Umweltbundesamt (1986) Daten zur Umwelt 1986/87. E Schmidt Verlag, Berlin, 550 S.

Umweltbundesamt (1989) Rückstände und Reststoffe aus der Hausmüllverbrennung. Informationsschrift, Fachgebiet III, Serie 1.3.

Umweltbundesamt (1992) Daten zur Umwelt 1990/91. E Schmidt Verlag, Berlin, 675 S.

Verband Deutscher Papierfabriken e.V. (1990) Papier 1990 – Ein Leistungsbericht der deutschen Zellstoff- und Papierindustrie. Bonn

Vogg H (1984) Verhalten von Schwermetallen bei der Verbrennung kommunaler Abfälle. Laboratorium für Isotopentechnik, Kernforschungszentrum Karlsruhe, 8 S.

Wedepohl KH (1975) The contributions of chemical data to assumptions about the origin of magmas from the mantle. Fortschr Miner 52: 141–172

Wedepohl KH (1984) Die Zusammensetzung der oberen Erdkruste und der natürliche Kreislauf ausgewählter Metalle. Ressourcen. In: Merian E (Hrsg) Metalle in der Umwelt. Verlag Chemie, Weinheim, S. 1–10

13 Radiogene Isotope in der Umweltforschung

MUHARREM SATIR • GUIDO BRACKE

13.1 RADIOGENE ISOTOPE

Umweltbelastungen und Altlasten können meistens nicht sofort und vollständig beseitigt werden. Dazu fehlen unter anderem die finanziellen Mittel. Deshalb muß beurteilt werden, wann von einer Umweltbelastung eine Gefahr ausgeht und wann nicht. Es setzt sich langsam die Erkenntnis durch, daß über den Grenzwerten liegende Meßwerte nicht zwangsläufig zu einer Gefährdung von Mensch und Natur führen müssen (→ Kap. 16). Es ist vielmehr entscheidend, wie mobil diese Schadstoffe sind, d.h. wie leicht die Schadstoffe vom Boden ins Wasser oder in Pflanze und Mensch gelangen können. Die Mobilität z.B. von Schwermetallen ist in hohem Maße von den chemisch-physikalischen Parametern wie pH-Wert, Redoxpotential, Korngröße und Bindungsform abhängig und entscheidend für die Beurteilung von Kontaminationen (→ Kap. 4). Darüber hinaus sind Informationen über die Quellen der Belastungen und mögliche Ausbreitungspfade von großer Bedeutung. Es ist notwendig, Kenntnisse über Verursacher der Kontaminationen zu haben, um damit Auskunft über Sanierungsmöglichkeiten von Altlasten zu geben. Die Ausbreitungswege sollten bekannt sein, um gegebenenfalls diese unterbinden zu können (→ Kap. 17–24). Diese Fragen sind jedoch mit herkömmlichen Untersuchungen nicht zu lösen, da weder die Konzentration noch die Mobilität Auskunft darüber geben, wo das Schwermetall herkommt und wie es dorthin gekommen ist. Hier können Isotopenuntersuchungen quasi als „Fingerabdruck" wertvolle Hinweise geben.

Radioaktive Isotope und deren radiogene Tochterisotope werden in den Geowissenschaften seit langem als Geochronometer eingesetzt, das den Zeitraum von der Entstehung der Erde bis heute überstreicht. Der gesetzmäßige Zerfall von radioaktiven Isotopen des Urans, Thoriums, Rubidiums und anderer Elemente ermöglicht Altersbestimmungen. Ermittelt man die Konzentrationen von Mutter- und Tochterisotop (d.h radioaktives und radiogenes Isotop) und setzt voraus, daß die Zerfallsgeschwindigkeit des radioaktiven Mutterisotops bekannt ist sowie das betrachtete System isotopisch „geschlossen" blieb, so gelingt eine Altersbestimmung. Die Variation der Isotopenhäufigkeiten radiogener Sr-, Nd- und Pb-Isotope werden als Tracer, sogenannter „isotopischer Fingerabdruck", eingesetzt, um die erdgeschichtliche Herkunft und Genese von Mineralen, Gesteinen und anderer Materialien zu bestimmen (Faure 1986). Damit können dann Aussagen über die Herkunft des Elementes getroffen werden, die allein aus Konzentrationsangaben nicht abgeleitet werden können.

Eine Anwendung radiogener Isotope als Fingerabdruck in der Umweltforschung erscheint damit als logischer Ansatz, um die Quellen und Pfade von Kontaminationen zu bestimmen. Die Verursacher der Kontaminationen können so identifiziert werden. Bereits in den 60er Jahren zeigten erste Studien am Beispiel des Elementes Pb die Möglichkeit der Verwendung von radiogenen Isotopen in der Umweltforschung (Chow u. Johnstone 1965). Es konnte die Herkunft des Großteils der Pb-Belastung in den USA auf die Verwendung von verbleitem Benzin zurückgeführt werden. In dieser und in folgenden Studien konnte gezeigt werden, wie gravierend die Verwendung von verbleiten Benzin die Umwelt belastet (Dörr u. Münnich 1990; → Kap. 10). Die Anwendung von radiogenen Isotopen aus dem Zerfall radioaktiver Isotope in der Umweltforschung wurde bisher wenig eingesetzt. Die stabilen Isotope der leichten Elemente wie H, C, N, O und S haben in der Umweltforschung bereits eine verbreitete und eine standardisierte Anwendung gefunden (→ Kap. 14). In diesem Beitrag zeigen wir daher anhand ausgewählter Beispiele die Anwendungsmöglichkeiten radiogener Isotope in der Umweltforschung. Im Anschluß daran geben wir einen Ausblick auf zukünftige Anwendungsbereiche und deren Entwicklung.

Die Isotope eines Elementes haben dieselben chemischen Eigenschaften aber unterschiedliche Massen, da sie bei gleicher Protonenzahl eine unterschiedliche Anzahl von Neutronen im Atomkern aufweisen (→ Kap. 14). Die Massenzahl wird in der Regel links oben am Elementsymbol angegeben und zur

Unterscheidung der Isotope verwendet. Die Isotope, die durch den Zerfall radioaktiver Mutterisotope entstehen, werden „radiogen" genannt. Diese können ihrerseits wieder radioaktiv sein und mehrere Zerfälle von radioaktiven Isotopen mit unterschiedlichen Halbwertzeiten aufweisen, wie z.B. Uran und Thorium. Die radiogenen Endglieder dieser Zerfallsreihe von U und Th sind die Pb-Isotope ^{206}Pb, ^{207}Pb und ^{208}Pb, die über viele radioaktive Zwischenglieder entstehen. Die Tabelle 13.1 zeigt radiogene Isotope und deren natürlich vorkommende, radioaktive Mutterisotope auf, welche Anwendung in der Umweltforschung gefunden haben. Hier werden vor allem die radioaktiven Isotope betrachtet, die in der Natur heute noch vorkommen, da sie aufgrund ihrer langen Halbwertszeit noch nicht vollständig zerfallen sind. Kurzlebige radioaktive Isotope, die durch die kosmische Strahlung immer wieder neu gebildet werden und zu stabilen „radiogenen" Isotopen zerfallen wie z.B. ^{3}H, ^{14}C, ^{35}Cl werden in diesem Beitrag nicht besprochen.

Die Häufigkeit und der Zuwachs radiogener Isotopen wird durch verschiedene Faktoren beeinflußt:

- Zerfallsgeschwindigkeit des radioaktiven Mutterisotops,
- die Zeit, die seit der Bildung des Materials (Mineral, Gestein, usw), in dem die Akkumulation des radiogenen Isotops stattfindet, verstrichen ist und
- Konzentration des radioaktiven Isotops.

Tabelle 13.1. Radioaktive Isotope, deren Halbwertszeiten und ihre radiogenen Endprodukte

radioaktives Isotop	Halbwertszeit	radiogenes Isotop
^{87}Rb	$4{,}8\ 10^{10}$	^{87}Sr
^{147}Sm	$1{,}06\ 10^{11}$	^{143}Nd
^{232}Th	$1{,}4\ 10^{10}$	^{208}Pb
^{235}U	$7{,}1\ 10^{8}$	^{207}Pb
^{238}U	$4{,}5\ 10^{9}$	^{206}Pb
kein Mutterisotop	–	^{204}Pb

Box 13.1 Meßmethodik

Die sehr hohen Halbwertszeiten (= langsamer Zerfall) der radioaktiven Mutterisotope, z.B. ^{238}U, ^{235}U, ^{232}Th, ^{87}Rb und ^{147}Sm bedingen nur sehr geringe Änderungen im Anteil der radiogenen Isotope ^{206}Pb, ^{207}Pb, 208Pb, ^{87}Sr und ^{143}Nd. Daher sind präzise Meßinstrumente notwendig, um Isotopenhäufigkeiten im 10^{-5} Bereich genau bestimmen zu können. Die Isotopenhäufigkeiten werden massenspektrometrisch gemessen und als Verhältnisse der Häufigkeiten zueinander ausgedrückt. Zur Messung werden die Induktiv gekoppelte Plasma-Massenspektrometrie (ICP-MS), Spark-Source-Massenspektrometrie (SS-MS), und die Thermionen-Massenspektrometrie (TIMS) verwendet. Die genaueste Untersuchungsmethode für Isotopenverhältnisse ist die TIMS. Es sind ein naßchemischer Aufschluß der Probe und eine chromatographische Abtrennung des zu messenden Elementes erforderlich, Vorbereitungen, die z.T. unter Reinraumbedingungen durchgeführt werden müssen. Dafür werden im Vergleich zu anderen Meßmethoden deutlich höhere Genauigkeiten von 0,001–0,01% für die radiogenen Isotopenverhältnisse erzielt. Pro Aufarbeitung kann nur ein Element gemessen werden; ein personal- und zeitintensiver analytischer Aufwand (→ Kap. 14).

13.2 ANWENDUNGSBEISPIELE – DIE ISOTOPE VON SR, PB UND ND

Sr-Isotope

Strontium hat vier natürlich vorkommende Isotope: ^{88}Sr, ^{87}Sr, ^{86}Sr und ^{84}Sr. Deren relative Häufigkeit betragen 82,56%, 7,02%, 9,86% und 0,56% (Abb. 13.1). Das Isotop ^{87}Rb ist radioaktiv und zerfällt unter Aussendung eines ß-Teilchen von 272 KeV Maximalenergie zu ^{87}Sr. Die Häufigkeit des Isotops ^{87}Sr ist daher unterschiedlich. Diese Variation des Isotops ^{87}Sr wird üblicherweise mit der Angabe des $^{87}Sr/^{86}Sr$-Verhältnisses beschrieben. Die Sr-Isotopenverhältnisse werden mit TIMS auf ± 0,005% genau bestimmt.

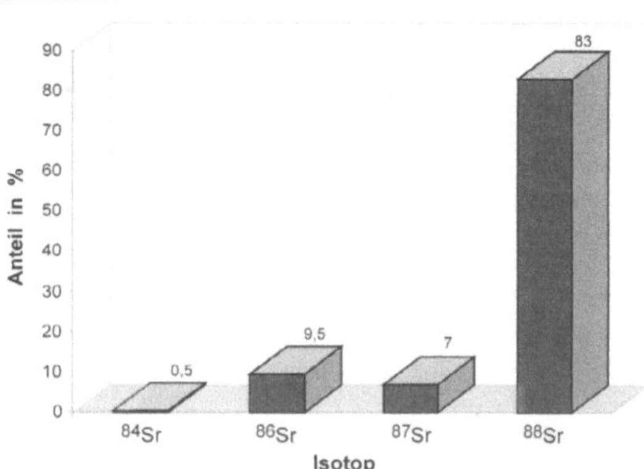

Abb. 13.1. Durchschnittliche Häufigkeit der Sr-Isotope

Grundwasser in Dänemark. Das Vorkommen und die Verbreitung von salzhaltigem Grundwasser stellt in Dänemark ein Problem für die Wasserwirtschaft dar (Jorgensen u. Holm 1994). Um Vorsorgemaßnahmen zu treffen und eine Wasserbilanz des Landes erstellen zu können, die eine ausreichende und qualitativ hochwertige Trinkwasserversorgung sicherstellen, ist es unabdingbar, die Herkunft und Genese des salzhaltigen Grundwassers zu kennen. Drei mögliche Herkunftsbereiche, die dafür in Dänemark in Frage kommen, weisen unterschiedliche Sr-Isotopenverhältnisse auf:

- Zufluß von Meerwasser in die Aquifere. Das moderne Meerwasser weist im Küstenbereich von Dänemark ein $^{87}Sr/^{86}Sr$-Isotopenverhältnis von 0,7092 auf,
- Zufluß von salzhaltigem Wasser mit einem $^{87}Sr/^{86}Sr$-Isotopenverhältnis von etwa 0,7078, das aus Evaporiten durch meteorisches Wasser gelöst wurde,
- Bildung von Grundwasser aus den marinen Sedimenten mit einem $^{87}Sr/^{86}Sr$-Isotopenverhältnis von 0,710–0,711.

Das meteorische Regenwasser weist eine sehr geringe Sr-Konzentration auf. Dieser Eintrag wurde daher nicht berücksichtigt. Das $^{87}Sr/^{86}Sr$-Isotopenverhältnis des Regenwassers liegt im gleichen Bereich wie das $^{87}Sr/^{86}Sr$-Verhältnis des Meerwassers in Dänemark. Die anderen Herkunftsbereiche lassen sich bei der Darstellung von $^{87}Sr/^{86}Sr$ gegen Cl und gegen 1/Sr, in der die Mischungsprozesse nachvollzogen werden können, differenzieren. Dies ist in den Abbildungen 13.2a–c dargestellt.

Für die Fragestellung wurden von Jorgensen u. Holm (1994) drei verschiedene Aquifere aus dem nördlichen Bereich von Dänemark (Hanstholm, Erslev und Skagen) untersucht. In der Abbildung 13.2a ist das $^{87}Sr/^{86}Sr$-Isotopenverhältnis gegen 1/Sr-Konzentration der Grundwasserproben aus dem Hanstholm-Aquifer dargestellt (Entnahmetiefe 40 m). Darin können zwei Mischungslinien erkannt werden. Ein Mischungstrend liegt zwischen dem Meerwasser (MW) und dem Grundwasser (GW) vor. Das Meerwasser zeigt mit ca. 7 ppm eine hohe Sr-Konzentration und ein hohes Sr-Isotopenverhältnis. Im Gegensatz dazu weist das Grundwasser wesentlich niedrigere Sr-Isotopenverhältnisse und -Konzentrationen auf. Der zweite Mischungstrend liegt zwischen Regenwasser (RW) mit einer sehr niedrigen Sr-Konzentration und Grundwasser (GW), das von Meerwasser beeinflußt ist.

Die Abbildung 13.2b zeigt die $^{87}Sr/^{86}Sr$-Verhältnisse im Grundwasser des Erslev-Aquifers in Abhängigkeit von den Cl-Konzentrationen (Entnahmetiefe

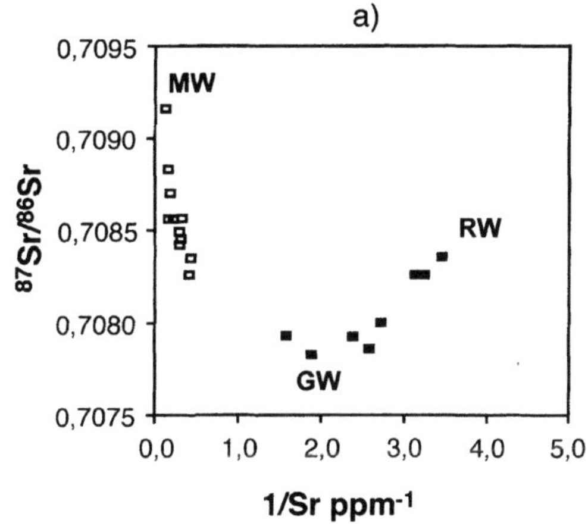

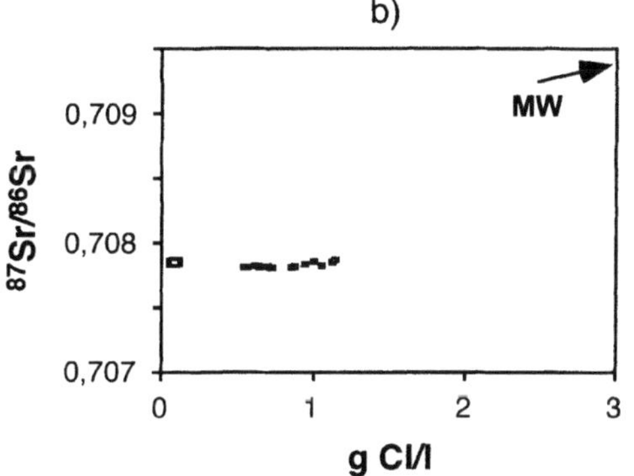

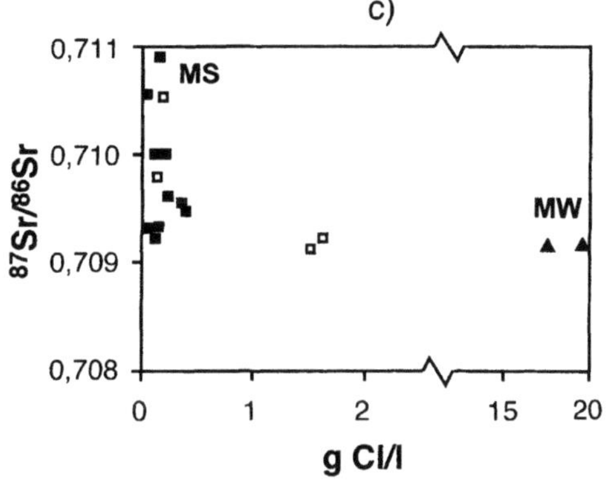

Legende:
MW = Meerwasser
RW = Regenwasser
GW = Grundwasser
MS = Marine Sedimente
▪ Chlorid-arme Wässer
▫ Chlorid-reiche Wässer

Abb. 13.2. Sr-Isotopenverhältnisse gegenüber Sr- bzw. Cl-Konzentrationen verschiedener Wässer in Dänemark

80 m). Das $^{87}Sr/^{86}Sr$-Isotopenverhältnis der Wasserproben liegt konstant unterhalb des Wertes von 0,708 und zeigt außerdem keine Abhängigkeit mit der Zunahme der Cl-Konzentration. Dieses Isotopenverhältnis unterscheidet sich deutlich vom $^{87}Sr/^{86}Sr$-Isotopenverhältnis des Meerwassers (MW). Diese Ergebnisse deuten darauf hin, daß der Erslev-Aquifer mit dem Meerwasser genetisch nicht zusammenhängt. Jorgensen u. Holm (1994) vermuten daher, daß tiefliegendes Grundwasser die Evaporite des Zechsteins auflöst. Damit könnten der Salzgehalt und das konstante $^{87}Sr/^{86}Sr$-Isotopenverhältnis erklärt werden.

In der Abbildung 13.2c sind die $^{87}Sr/^{86}Sr$-Isotopenverhältnisse im Grundwasser des Skagen-Aquifers (postglaziale marine Sandablagerungen) in Abhängigkeit von den Cl-Konzentrationen eingetragen. Mit zunehmender Cl-Konzentration nähern sich die $^{87}Sr/^{86}Sr$-Isotopenverhältnisse dem Isotopenwert des Meerwassers (MW) an. Dies beweist, daß im Skagen-Aquifer eine Mischung von Süß- (Grundwasser) mit Meerwasser stattfindet. Die hohen $^{87}Sr/^{86}Sr$-Isotopenverhältnisse des Skagen-Grundwassers werden von Jorgenson u. Holm damit erklärt, daß der Aquifer aus marinen Sedimenten (MS) besteht und die relativ hohen $^{87}Sr/^{86}Sr$-Isoptopenverhältnisse intensive Austauschprozesse der Tonminerale widerspiegeln.

Flugasche von Kraftwerken. Hurst et al. (1991, 1993) haben die Isotopenzusammensetzung von Sr und Pb mit dem Ziel verwandt, die Verteilungspfade von Flugasche des Kohlekraftwerks Molhave am Colorado River zu untersuchen. Dabei wurden Sr- und Pb-Isotopenzusammensetzungen an Bodenproben, Grundwasser, Pflanzen und an unterschiedlichen Kohleproben untersucht. Sie kommen zum Ergebnis, daß Sr- und Pb-Isotopie als Tracer eingesetzt werden können, um die Verteilungspfade von Flugaschen genau zu identifizieren. Im folgenden wird ein Teil der Ergebnisse vorgestellt, die sich aus den Sr-Isotopenzusammensetzungen ableiten lassen.

Hurst et al. fanden einen Variationsbereich von 0,7088 bis 0,7097 für das $^{87}Sr/^{86}Sr$-Isotopenverhältnis in der Kohle und der Flugasche des untersuchten Kraftwerks. Die Fließgewässer in der Umgebung des Werkes sind durch $^{87}Sr/^{86}Sr$-Isotopenverhältnisse von 0,709 bis 0,710 gekennzeichnet, wobei eine Zunahme mit der Entfernung vom Kraftwerk festgestellt wurde. Die Sr-Isotopenverhältnisse der geologisch sehr alten Gesteine aus der näheren Umgebung variieren zwischen 0,712 und 0,795. Daraus ergibt sich, daß sich der geologische Untergrund in der Sr-Isotopenzusammensetzung von jener der Flugasche signifikant unterscheidet. Das Sr der Gewässer weist ein niedrigeres Sr-Isotopenverhältnis als der geologische Untergrund auf und scheint daher von der Flugasche beeinflußt zu sein. Extraktionsversuche an Bodenproben in der Umgebung des Kohlekraftwerks ergaben $^{87}Sr/^{86}Sr$-Isotopenverhältnisse von 0,7085 bis 0,7100 in den Eluaten. Diese Werte entsprechen dem $^{87}Sr/^{86}Sr$-Isotopenverhältnis der Flugasche. Hurst et al. folgerten daraus, daß eine Kontamination der Böden mit Flugasche vorliegt. Bis in eine Tiefe von 15 m steigen die $^{87}Sr/^{86}Sr$-Isotopenverhältnisses an. Dies wird als Beweis für den Transport des Strontiums der Flugasche in tiefere Bodenschichten interpretiert. In der näheren Umgebung des Kohlekraftwerkes werden auch Bodenbereiche festgestellt, die von der Flugasche kaum oder nicht belastet sind.

Bleiisotope

Blei hat vier natürliche Isotope: ^{208}Pb, ^{207}Pb, ^{206}Pb und ^{204}Pb. Da diese Pb-Isotope, bis auf ^{204}Pb durch radioaktiven Zerfall aus ^{232}Th, ^{235}U und ^{238}U entstanden sind, weist Pb unterschiedlicher Herkunft verschiedene Pb-Isotopenverhältnisse auf. Innerhalb menschlicher Zeiträume sind die Pb-Isotopenverhältnisse der verschiedenen Pb-Quellen als unveränderlich anzusehen. Daher kann Pb aus der Quelle „A“ ein anderes Isotopenverhältnis als Pb aus der Quelle „B“ aufweisen. Dieses eingestellte Isotopenverhältnis ändert sich nicht durch physiko-chemische Prozesse und auch nicht durch Transportvorgänge (Doe 1970; Faure 1986; Gulson 1986; Horn et al. 1993). In gewöhnlichem Blei kommt das Isotop ^{204}Pb mit einer Häufigkeit von 1,4%, ^{206}Pb mit 24,1%, ^{207}Pb mit 22,1% und ^{208}Pb mit 52,4% vor (Abb. 13.3; Geyh u. Schleicher 1990). Die Häufigkeit der drei radiogenen Pb-Isotope kann in Abhängigkeit der seit der Bildung des Materials verstrichenen Zeit und der Konzentrationen von Th- und U-Isotopen unterschiedlich sein. Jedem radioaktiven U- bzw. Th-Isotop kann genau ein Pb-Tochterisotop zugeordnet werden.

Die Pb-Isotopenzusammensetzung wurde als Tracer in zahlreichen Studien angewendet. Die Pb-Belastung in der Umwelt wurde anhand der Pb-Isotopenzusammensetzung in Sedimenten (Chow u. Johnstone 1965; Chow et al. 1973; Shirahata et al. 1980; Petit et al. 1984; Evans u. Rigler 1985; Flegal at al. 1989; Ritson et al 1994), in Wässern (Stukas u. Wong 1981; Flegal et al. 1986, Flegal 1987; Shen u. Boyle 1987; Shen 1988; Veron et al. 1994) und in der Luft (Sturges u. Barrie 1987, 1989; Hopper et al. 1991; Mukai et al. 1993, 1994; Grousset et al. 1994) detailliert untersucht. Außerdem wurde die Pb-

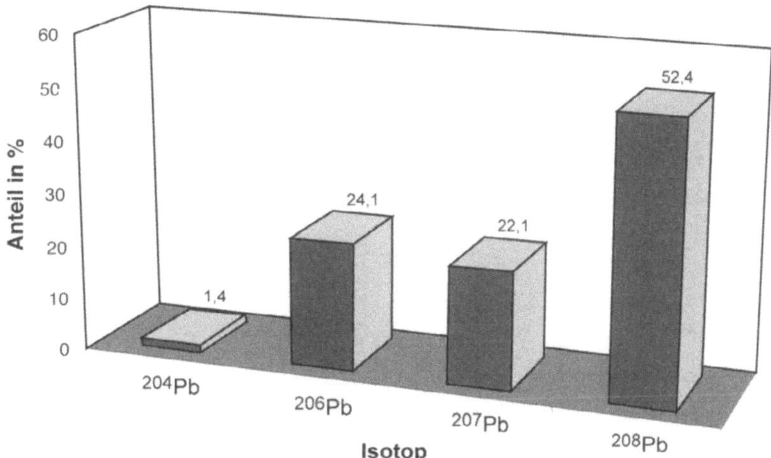

Abb. 13.3. Durchschnittliche Häufigkeit der Pb-Isotope

Belastung mittels Pb-Isotopenverhältnissen an Korallen (Shen u. Boyle 1987), an Grönlandschnee (Rosman et al. 1994), an Zähnen von Seeottern (Smith et al. 1990, 1992) und in Blut, Körpergewebe und Zähnen von Menschen studiert (Rabinowitz et al. 1973; Manton 1977; Rabinowitz 1987; Delves u. Campbell 1993; Gulson et al. 1994a, b; Gulson u. Wilson 1994). Blei-Isotopenuntersuchungen wurden auch für die Exploration von Uranlagerstätten (Gulson 1986; Stuckless, 1987; Toulhout et al. 1988; Toulhout u. Beaucaire 1987, 1991) und für die Sanierung der Kontamination und Belastung in der Umwelt durch den Uranbergbau bzw. für die Bergbaufolgelandschaften eingesetzt (Gulson et al. 1989; Bracke u. Satir 1994a, b). Im folgenden wird die Anwendung der Pb-Isotopie als Tracer für die Umweltbelastung an ausgewählten Beispielen (Sedimente, Benzinblei und Uranerzbergbau) dargestellt.

Sedimente in der St. Lorenz Bucht, Kanada. Die St. Lorenz Bucht ist das hydrologische Sammelbecken von Ostkanada vor dem Atlantik. Gobeil et al. (1995) beprobten einen Sedimentkern aus dieser Bucht und untersuchten den Kern in Abhängigkeit von der Tiefe auf Pb-Konzentrationen und -Isotopie, mit dem Ziel, die Ursachen der Pb-Kontamination dieser Sedimente in Abhängigkeit von der Zeit zu studieren. (Abb. 13.4; nächste Seite). Die Sedimentationsrate in der St. Lorenz Bucht wird mit wenigen mm pro Jahr angenommen, so daß der Bohrkern bis zur einer Tiefe von 100 cm etwa 100 bis 250 Jahre in die Vergangenheit zurückreicht.

In der Abbildung 13.4 sind die Pb-Konzentrationen ($\mu g\ g^{-1}$) und $^{206}Pb/^{207}Pb$-Isotopenverhältnisse der Sedimentproben in Abhängigkeit von der Tiefe dargestellt. Die Proben lassen eine Abnahme der Pb-Konzentration von 45 $\mu g\ g^{-1}$ in den obersten Schichten auf 15 $\mu g\ g^{-1}$ in 100 cm Tiefe erkennen. Parallel dazu verändert sich das $^{206}Pb/^{207}Pb$-Isotopenverhältnis des Bleis von 1,17 auf 1,20. Die Pb-Isotopenverhältnisse weisen auf mindestens zwei unterschiedliche Pb-Quellen mit unterschiedlichen isotopischen „Signaturen“ hin. Da nur noch eine relativ geringe Pb-Gesamtbelastung von etwa 20 $\mu g\ g^{-1}$ in den Tiefen unterhalb 50 cm vorliegt, wird das $^{206}Pb/^{207}Pb$-Isotopenverhältnis dieser Proben den natürlichen Quellen zugeordnet. Die Erhöhung der Pb-Konzentration von 15 auf bis zu 45 $\mu g\ g^{-1}$ und die Änderung des $^{206}Pb/^{207}Pb$-Isotopenverhältnisses der Sedimente von 1,20 auf 1,17 wird von Gobeil et al. (1995) als Hinweis auf eine anthropogene Herkunft interpretiert. Das $^{206}Pb/^{207}Pb$-Isotopenverhältnis dieser anthropogenen Quelle muß daher niedriger als 1,20 sein, um das Pb-Isotopenverhältnis von 1,17 im Sediment zu erzeugen. Auffällig ist die leichte Abnahme der Pb-Konzentration von 50 auf 40 $\mu g\ g^{-1}$ in den Schichten von 10 bis 0 cm, die ebenfalls mit einer Erhöhung des $^{206}Pb/^{207}Pb$-Verhältnisses einhergeht. Da die obere Sedimentschicht (0–10 cm) etwa 10 bis 20 Jahre zurückreicht, stimmt dies in etwa zeitlich mit der Reduzierung des Benzinbleis in Nordamerika überein (→ Kap. 10).

Die Zuweisung von Pb-Isotopenverhältnissen zu unterschiedlichen Quellen erlaubt es in einer Rechnung, den Anteil des anthropogenen (industriellen) Bleis abzuschätzen. Gobeil et al. (1995) fanden drei Pb-Quellen mit unterschiedlichen Pb-Isotopenverhältnissen (Tabelle 13.2). Die der Rechnung zugrun-

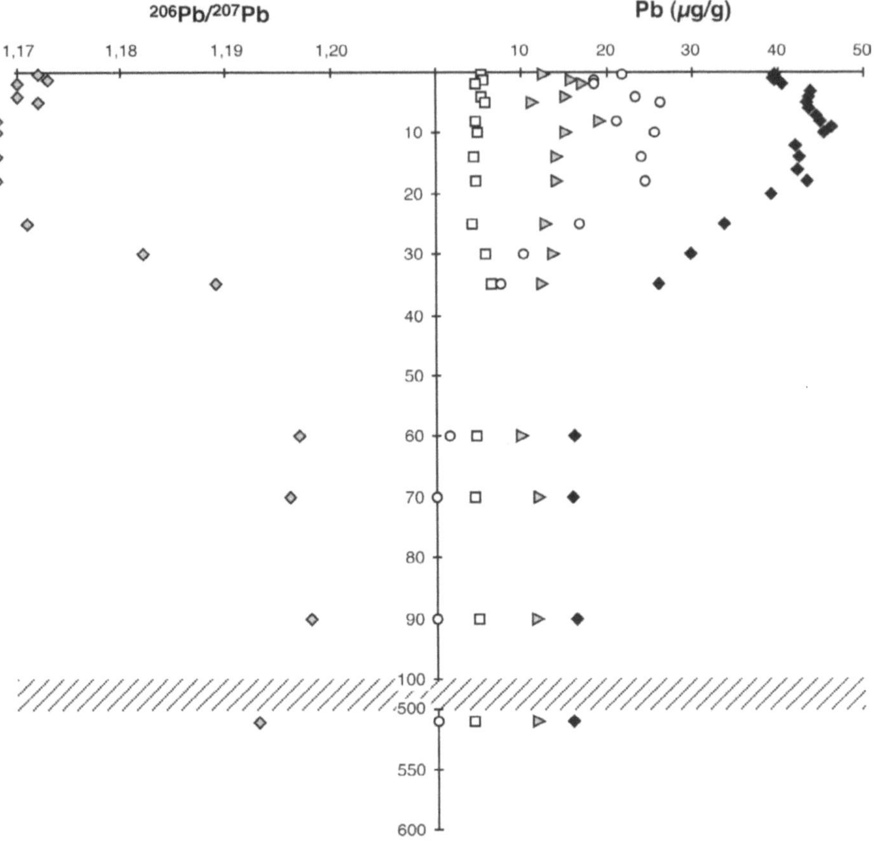

Abb. 13.4. Pb-Isotopenverhältnisse und -Konzentrationen eines Sedimentes in Abhängigkeit von der Tiefe

degelegten Formeln leiten sich aus den Überlegungen zur Massenbilanz ab und lauten:

$$F_1 + F_2 + F_3 = 1 \tag{13.1}$$

$$(^{206}Pb/^{207}Pb) \bullet F_1 + (^{206}Pb/^{207}Pb) \bullet F_2 + (^{206}Pb/^{207}Pb) \bullet F_3 = (^{206}Pb/^{207}Pb)_{gemessen} \tag{13.2}$$

$$(^{206}Pb/^{208}Pb) \bullet F_1 + (^{206}Pb/^{208}Pb) \bullet F_2 + (^{206}Pb/^{208}Pb) \bullet F_3 = (^{206}Pb/^{208}Pb)_{gemessen} \tag{13.3}$$

F_1, F_2 und F_3 sind die Anteile des jeweiligen Pb-Typs. Insgesamt stellt dies ein lineares Gleichungssystem dar, das es erlaubt, den Anteil an anthropogenem (industriellem) Pb an der Sedimentbelastung aus den Isotopenverhältnissen zu berechnen. Die daraus abgeleiteten Ergebnisse sind ebenfalls in der Abb. 13.4 dargestellt. Es zeigt sich deutlich, daß das industrielle Pb (Typ 3) erst seit relativ kurzer Zeit im Sediment zu finden ist. Dieses Pb stellt aber den Hauptanteil der Belastung dar. In jüngster Zeit kann eine leichte Abnahme der Pb-Konzentration und des Pb-Isotopenverhältnisses festgestellt werden. Die Gehalte der anderen beiden Pb-Typen (Typ 1 und 2) bleiben weitgehend konstant über den Zeitraum der Sedimentation. Gobeil et al. stellen allerdings fest, daß Pb in atmosphärischen Aerosolen und Benzinblei in Amerika in den 80er Jahren ein $^{206}Pb/^{207}Pb$-Isotopenverhältnis höher als 1,187 hatte und somit nicht die Ursache der Pb-Belastung darstellen kann. Die Belastung in den Sedimenten aus der St. Lorenz Bucht muß daher durch kanadische Pb-Quellen mit einem niedrigeren $^{206}Pb/^{207}Pb$-Verhältnis verursacht sein.

Benzin-Blei. Eine interessante Untersuchung, in der die Pb-Isotopenverhältnisse aus der Lagerstätte in Broken Hill (Australien) benutzt werden, wurde in

Tabelle 13.2. Isotopenverhältnisse dreier Pb-Quellen in Sedimenten der St. Lorenz Bucht, Kanada (nach Gobeil et al. 1995)

Verhältnis	Typ 1 (geogen)	Typ 2 (geogen)	Typ 3 (industriell)
$^{206}Pb/^{207}Pb$	1,30	1,155	1,151
$^{206}Pb/^{208}Pb$	0,4985	0,4680	0,04776
$^{206}Pb/^{204}Pb$	21,0	17,7	17,95

Turin, Italien, durchgeführt (Facchetti 1989). Mit der Studie sollte die Pb-Belastung des Menschen und der Umwelt durch Benzinblei studiert werden. Bleialkyle wurden als Benzinzusatz (Antiklopfmittel) dem Benzin in einer Konzentration von etwa 0,6–0,8 g l^{-1} $Pb(C_2H_5)_4$ bzw. $Pb(CH_3)_4$ zugemischt. Vor der Durchführung dieses Forschungsvorhabens hatte das Benzinblei in Turin ein $^{206}Pb/^{207}Pb$-Isotopenverhältnis von 1,19. Im Gegensatz dazu hatte das Pb-Alkyl, das aus Pb der Lagerstätte in Broken Hill abgebaut wurde, ein $^{206}Pb/^{207}Pb$-Isotopenverhältnis von 1,04. Dieses Pb-Tetraethyl wurde dem Kraftstoff im Raum Turin im Rahmen des Forschungsvorhabens über mehrere Jahre zugesetzt. Dieses Pb wird z.T. auch heute noch eingesetzt, um Pb-Tetraethyl in der Bundesrepublik Deutschland herzustellen (Bracke u. Satir 1995).

Die Abbildung 13.5 zeigt die Entwicklung der Pb-Isotopenverhältnisse im Zeitraum der Studie von 1975 bis 1986 in verschiedenen Medien. Dabei wurden der verwendete Kraftstoff, die Luftpartikel inner- und außerhalb von Turin sowie das Blut von Erwachsenen in diesem Raum auf ihre Pb-Isotopie untersucht. Die Phase 0 auf der Abzisse der Abbildung definiert die Ausgangsbedingungen vor der Verwendung des isotopisch mit einem Wert von 1,04 markierten Pb-Tetraethyls aus Broken Hill. Phase 1 kennzeichnet die Einführung, Phase 2 den Zeitraum der Verwendung und Phase 3 den Abschluß der Verwendung des isotopisch markierten Benzinbleis.

Aus der Abbildung 13.5 kann abgeleitet werden, daß sich das $^{206}Pb/^{207}Pb$-Isotopenverhältnis des Pb in den Luftpartikeln parallel zum $^{206}Pb/^{207}Pb$-Isotopenverhältnis des Kraftstoffs von 1,19 in Richtung auf 1,04 entwickelt. Mit Verzögerung und weniger star-

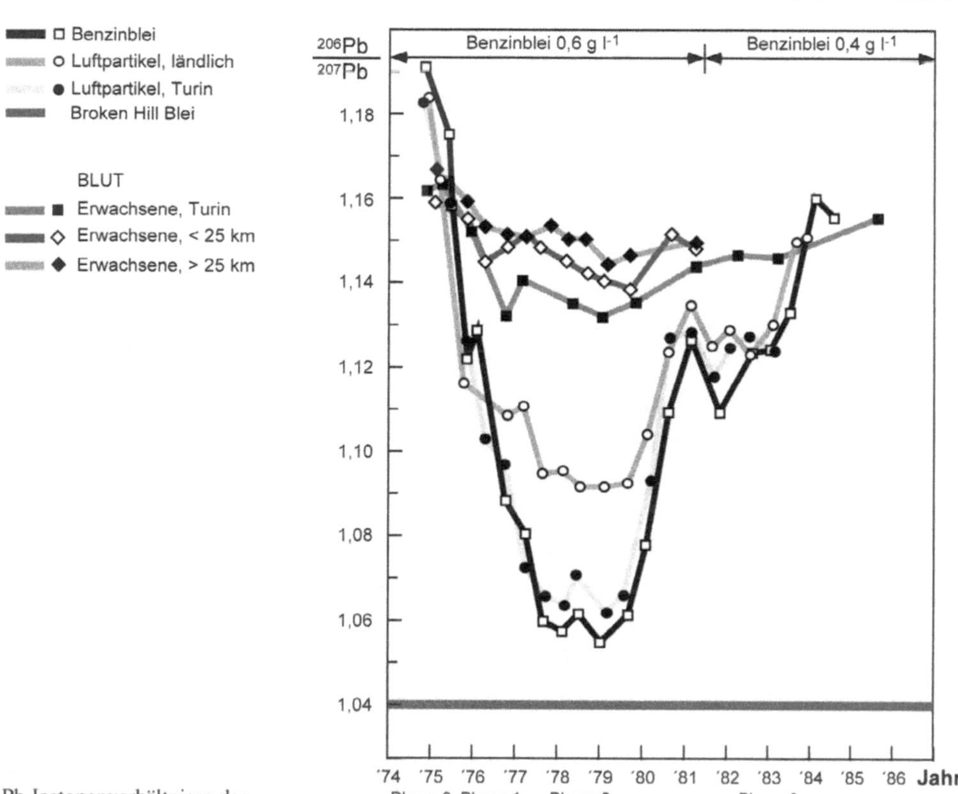

Abb. 13.5. Pb-Isotopenverhältnisse des Turiner Experimentes

ker Ausprägung ändert sich das $^{206}Pb/^{207}Pb$-Isotopenverhältnis im Blut der Menschen in Turin und Umgebung. Die signifikanteste Veränderung findet bei den Einwohnern innerhalb von Turin statt. Aus den Daten wurde berechnet, daß während der Phase 2 rund 87% der Pb-Belastung in den Luftpartikeln und rund 24% der Pb-Belastung im Blut der Turiner Einwohner durch den Pb-Alkyl-Zusatz des Kraftstoffs verursacht sind (→ Kap. 10).

Uranerzbergbau in Australien. Gulson et al. (1989) befaßten sich mit der Anwendung von Pb-Isotopenverhältnissen im Uranerzbergbau in Australien. Sie untersuchten insgesamt 26 Grundwasserproben aus der Bohrung einer industriellen Absetzanlage und von Grundwasser aus dem Bereich der Uranvererzungen. Die Wasserproben wurden schon während der Probennahme filtriert. Filtrat und Filterrückstand wurden auf die Pb-Isotopie mit dem Ziel untersucht, die Verbreitungswege der Pb-Belastung zu identifizieren. In der Abbildung 13.6, in der das $^{208}Pb/^{204}Pb$-Isotopenverhältnis gegen das $^{206}Pb/^{204}Pb$-Isotopenverhältnis (logarithmisch) dargestellt ist, sind einige Analysenergebnisse von Filtrat und Filterrückstand dargestellt. Die $^{206}Pb/^{204}Pb$-Isotopenverhältnisse sind im Filterrückstand deutlich höher als im Filtrat. Auch das Grundwasser aus dem Bereich der Uranvererzungen zeigt höhere $^{206}Pb/^{204}Pb$-Isotopenverhältnisse im Filterrückstand als im Filtrat. Daraus kann abgeleitet werden, daß das radiogene Blei überwiegend partikulär gebunden ist. Da das Filtrat der Absetzanlage durch ein höheres $^{206}Pb/^{204}Pb$-Isotopenverhältnis als das Filtrat aus dem Bereich der Uranverzungen gekennzeichnet ist, kann angenommen werden, das dies die erhöhte Löslichkeit des radiogenen Pb aus den Rückständen der Absetzanlage anzeigt. Durch weitere Untersuchungen an Grundwasserproben aus der näheren Umgebung der Absetzanlage konnte von Gulson et al. (1989) anhand der niedrigen $^{206}Pb/^{204}Pb$-Isotopenverhältnisse belegt werden, daß kein Pb aus der Absetzanlage das Grundwasser in der Umgebung belastet.

Uranerzbergbau in Schlema-Alberoda/Sachsen

Die Studien von Gulson (1986) und Toulhout u. Beaucaire (1987) führten Bracke u. Satir (1994a, b, 1995, 1996) zu der Anwendung der Pb-Isotopenverhältnisse als Tracer im Uranbergbaugebiet Schlema-Alberoda in Sachsen. Damit sollte die Herkunft der Pb-Belastung in Schlema-Alberoda und deren Anteil durch den Uranerzbergbau während der letzten 40 Jahre bestimmt werden. Der Uranerzbergbau der SDAG Wismut bis 1990 hat zu zahlreichen Altlasten in Form von Abraumhalden und Absetzanlagen

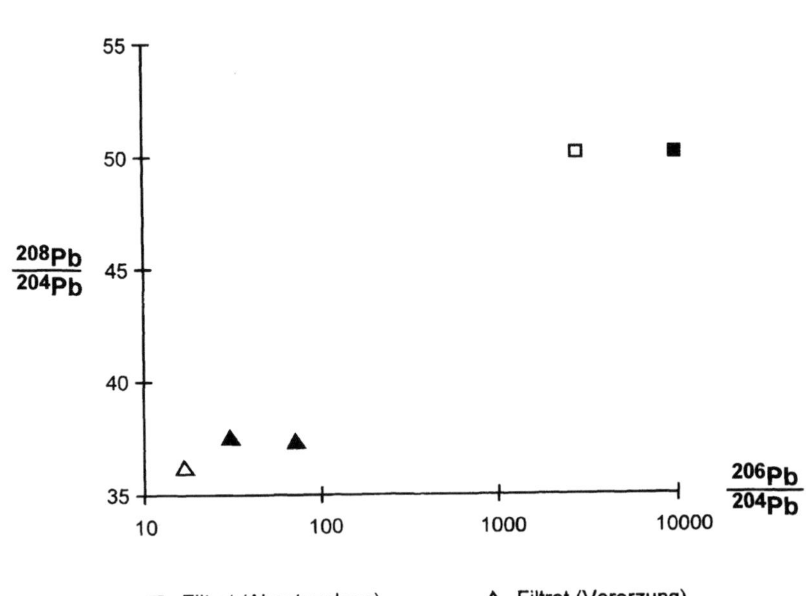

Abb. 13.6. Pb-Isotopenverhältnisse von Wasser im Bereich einer Absetzanlage für Aufbereitungsrückstände sowie im Bereich der Uranvererzungen

geführt. Dadurch wurde auch das Element Pb in die Umwelt gebracht. In dieser Region, in der etwa 400 Jahre lang Bergbau betrieben wurde, kommen neben dem Uranerzbergbau weitere Pb-Belastungsquellen, wie Industrie, Kfz-Verkehr, Hausbrand (Kohle), Pb-verarbeitende Industrie, wie z.B. Farbenwerke, und der geologische Untergrund in Frage. In einem Projekt in Zusammenarbeit mit der Fa. Wismut GmbH wurde versucht, diese unterschiedlichen Quellen isotopisch zu charakterisieren und damit Aussagen über die jeweilige Herkunft der Belastung zu erarbeiten.

Blei, das in Zusammenhang mit dem Uranbergbau und Uranvererzungen steht, ist durch den Uranzerfall radiogen markiert. Industriell verwendetes Pb dagegen stammt aus Pb-Lagerstätten wie z.B. Broken Hill in Australien, deren isotopische Entwicklung aufgrund des fehlenden U- und Th-Gehaltes nach der Pb-Ausscheidung eingefroren ist (Taubald et al. 1995). Dieses Pb weist somit ein bestimmtes, signifikantes Pb-Isotopenverhältnis auf. Die Pb-Isotopenverhältnisse im geologischen Untergrund entwickeln sich aufgrund der U/Th-Konzentrationsverhältnisse im Gestein wiederum anders als Pb in Uran- und Pb-Lagerstätten. Die Abbildung 13.7 zeigt dies anschaulich anhand eines Dreiisotopendiagramms $^{206}Pb/^{207}Pb$ gegen $^{208}Pb/^{207}Pb$. Das *Feld III* des Bleis aus den Uranvererzungen, Halden und Absetzanlagen des Uranerzbergbaus ist deutlich von den Feldern des geologischen Untergrunds (*Feld II*) und des Kfz-Verkehrs (*Feld I*) zu unterscheiden. Aus diesem Diagramm sind keine Pb-Konzentrationen abzuleiten, aber es kann der Einfluß der jeweiligen Quellen auf eine Pb-Belastung ermittelt werden.

Geologischer Untergrund (Feld II): Der geologische Untergrund in Schlema-Alberoda ist stark durch die Granitmassive von Eibenstock, Aue und Gleesberge sowie deren Kontakthöfe geprägt. Die Intrusion der Granite und die damit einhergehenden hydrothermalen Mineralisationen führten zur Bildung der Uranvererzung. Das Untersuchungsgebiet Schlema-Alberoda läßt sich daher in drei geologische Einheiten einteilen. Es handelt sich dabei um die Granitintrusion, den Kontakthof und den Bereich außerhalb des Kontakthofs. Auf die Fläche bezogen dominieren in Schlema-Alberoda Phyllite der Phycodenserie (ca. 52%), oberordovizische, silurische und devonische Schiefer, einschließlich Alaun- und Kieselschiefern, Kalksteinen und Quarziten (ca. 30%) sowie oberdevonische Metadiabase (ca. 15%). Die isotopische Abgrenzung des geologischen Untergrundes von der Uranvererzung ist durchaus mit Schwierigkeiten behaftet. Die Uranvererzung findet sich hauptsächlich in Gesteinen der sogenannten Produktiven Serie in Form von Gangmineralisationen. Man geht zudem davon aus, daß sie von einer Dispersionsaureole umgeben ist, die eine Imprägnation des Nebengesteins mit Uran, seinen Tochterisotopen und Begleitelementen darstellt.

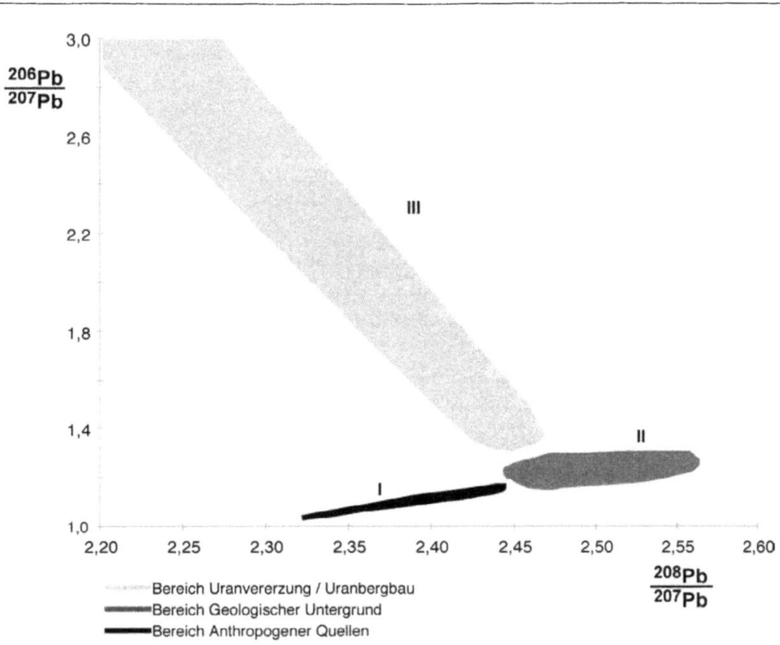

Abb. 13.7. Die Isotopenverhältnisse der drei Pb-Quellen im Uranbergbaugebiet von Schlema-Alberoda, Sachsen

Uranerzbergbau (Feld III): Der Uranerzbergbau kommt als mögliche Pb-Belastungsquelle in Frage. Pechblende, taubes Gestein, Haldenmaterial und Sedimente aus der Industriellen Absetzanlage (IAA) wurden deshalb auf ihre Pb-Isotopie untersucht. Die Isotopenverhältnisse der Pechblenden können als Endglied bei der Betrachtung möglicher Mischungen interpretiert werden. Die Pechblende zeigt deutliche Anreicherungen in den $^{206}Pb/^{204}Pb$-Verhältnissen von 51,3 und 58,4 und in den $^{207}Pb/^{204}Pb$-Verhältnissen von 17,2 und 17,7. Diese Verhältnisse entsprechen Werten, die auch in Alaunschiefern („Produktive Serie") gefunden wurden. Das geförderte Uranerz der Lagerstätten Schneeberg und Oberschlema-Alberoda wurde z.T. in Schlema aufbereitet. Danach wurde das Uranerz zu anderen Aufbereitungsanlagen transportiert. Die schlammigen Rückstände wurden zunächst in die Absetzanlage Oberschlema und ab 1950 in die Absetzanlage Borbach verbracht. Ab 1971 diente das Absetzbecken Borbach nach Umbaumaßnahmen als Sedimentationsbecken für die geförderten Grubenwässer aus der Lagerstätte Schlema-Alberoda. Der Damm besteht aus Haldenmaterial. Das Schlammvolumen beträgt ca. 250 000 m^3. Die IAA Oberschlema und die IAA Borbach stellten damit eine mögliche Belastungsquelle dar und es wurden Sedimentproben in Abhängigkeit von der Teufe (2–27 m) auf die Pb-Konzentration und -Isotopie untersucht. Die Pb-Konzentrationen und die $^{206}Pb/^{204}Pb$-Isotopenverhältnisse liegen im Bereich des Feldes III und unterscheiden sich damit deutlich von den Gesteinen des geologischen Untergrundes (*Feld II*). Das radiogene Pb aus der Uranzerfallsreihe führt so zu einer isotopischen Markierung des Pb der Absetzanlagen.

Anthropogene Quelle bzw. Kraftfahrzeugbereich (Feld I): Als wichtige Referenzprobe für den Pb-Eintrag aus dem Kfz-Bereich konnte Rohblei, das seit 1990 in Deutschland zur Herstellung von Pb-Tetraethyl dient, vom einzigen derzeitigen Hersteller, der Fa. Novoctan GmbH, erhalten werden. Nach Auskunft dieser Firma setzt sich das derzeitige Rohblei zu etwa 50% aus australischem Pb (Fa. Britannia Refined Metals, BRM) und zu 50% aus Regeneratblei aus dem Freiberger Raum zusammen. Aus verfahrenstechnischen Gründen werden 75% des zu Beginn eingesetzten Rohbleis wieder zurückgewonnen und neu in den Verfahrensprozeß eingesetzt. Eine gute Durchmischung der Pb-Sorten kann deshalb angenommen werden. Um die maximale Variation in der Pb-Isotopie zu erhalten, wurden beide Pb-Sorten und eine Probe des Prozeßbleis (Mischung) mituntersucht. Zudem konnte ein Pb-Barren erhalten werden, der von einer 20–30 Jahre zurückliegenden Ausstellung der Firma über die Synthese von Benzinblei stammt. Dieser Pb-Barren soll nach Angaben der Fa. Novoctan mit großer Wahrscheinlichkeit aus dem Bereich der ehemaligen UdSSR stammen. Blei aus diesen Lieferungen wurde überwiegend für die Herstellung des Benzinzusatzes als Pb-Tetraethyl in der ehemaligen DDR vor 1990 eingesetzt. Zusätzlich wurde Regeneratblei aus Freiberg verwendet und nur in Ausnahmefällen Pb aus den NSW-Ländern (Nicht Sozialistisches Wirtschaftssystem) dazugekauft. Die Isotopie dieses Bleis sollte daher die isotopische Zusammensetzung des Benzinbleis der DDR vor 1990 dominieren.

Die Umweltbelastung mit Pb aus der Verbrennung von Benzinbleiadditiven sollte auf verschiedene Weise dokumentiert werden. Die Ergebnisse der Pb-Isotopenuntersuchungen an Pb zur Produktion von Pb-Alkylen, an Auspuffrückständen, Ruß- und Luftfilterproben sind in der Abbildung 13.8 dargestellt, die eine Vergrößerung des *Feldes I* aus der Abbildung 13.7 darstellt.

Die Fa. Novoctan verwendet seit 1990 Rohblei der Fa. BRM aus Australien, also Pb aus der Lagerstätte Broken Hill (π-3) und Regeneratblei aus Freiberg (π-2) zur Herstellung von Pb-Alkylen. Die untersuchten Proben des Bleis definieren mit ihren Isotopenverhältnissen eine Mischungslinie. Die Übereinstimmung des Isotopenverhältnisses von π-3 mit Literaturdaten (Doe 1977) der Lagerstätte Broken Hill in Australien bestätigt die Lieferangaben. Die Probe π-1 ist Blei, das dem Herstellungsprozeß entnommen wurde. Beide oben genannten Pb-Sorten (π-2 und π-3) werden laut Angaben der Fa. Novoctan in einem Verhältnis von etwa 50% gemischt. Das Isotopenverhältnis dieser Mischung liegt in der Mitte der beiden eingesetzten Sorten und bestätigt damit die Angaben der Fa. Novoctan über die 50% Mischung seit der Wende 1990 durch den Analysenpunkt π-1. Da die Fa. Novoctan der einzige Hersteller und Hauptlieferant in Deutschland ist, entspricht dieses Isotopenverhältnis daher dem Isotopenverhältnis des Benzinbleizusatzes. Die maximale Variation in der Isotopie wird dann durch die beiden Endglieder unter Berücksichtigung einer Streuung definiert. Als Gegenprobe wurden die Rückstände in Auspufftöpfen untersucht, die in einem Zeitraum vor 1990 und danach gebraucht wurden. Diese Rückstände setzen sich naturgemäß aus sehr unterschiedlichen Materialien zusammen, wie Ölruß, Rost, Verbrennungsprodukten usw. Der Pb-Gehalt in diesen Rückständen stammt zum größten Teil aus der Verbrennung von Pb-haltigen Benzinadditiven. Die Isotopie sollte daher dem damals verwendeten Pb entsprechen. Auf

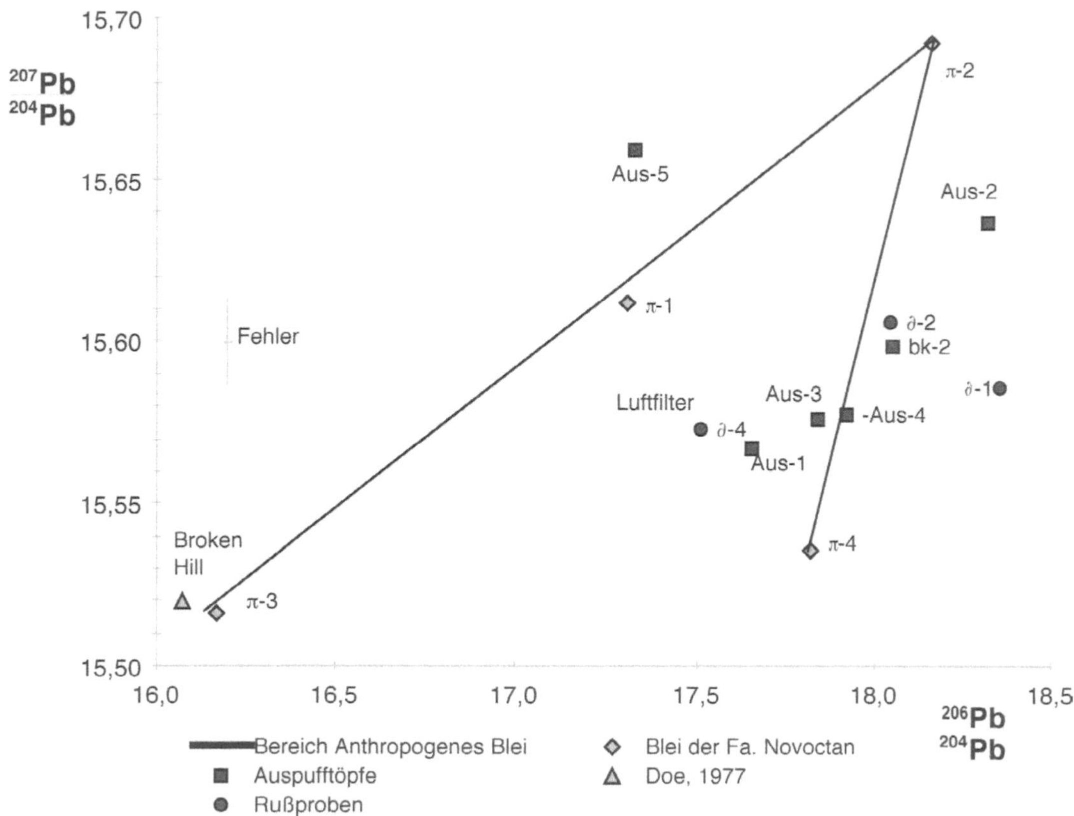

Abb. 13.8. $^{207}Pb/^{204}Pb$ gegen $^{206}Pb/^{204}Pb$ von Blei zur Herstellung von Pb-Tetraethyl

eine Auswahl von Auspufftöpfen aus der Zeit der ehemaligen DDR wurde besonderes Augenmerk gerichtet, um eine Vermischung mit dem heutigen in Westeuropa verwendeten Benzinbleiadditiv ausschließen zu können. Die Rückstände eines von 1992–94 verwendeten Auspufftopfs wurde zu Vergleichszwecken untersucht (Aus-5).

In der Abbildung 13.8 läßt sich eine generelle Tendenz der Isotopenverhältnisse in Auspufftöpfen zu etwas niedrigeren $^{207}Pb/^{204}Pb$-Verhältnissen erkennen als es der Mischungslinie des Bleis der Fa. Novoctan entspricht. Die Probe π-4 entspricht Pb aus einer russischen Lagerstätte. Zur Herstellung von Pb-Alkylen wurden in der ehemaligen DDR ca. 50% Freiberger Regeneratblei (π-2), 30% Pb aus der UdSSR (π-4) und nur in Ausnahmefällen Pb aus den NSW-Ländern verwandt. Die Pb-Isotopenverhältnisse des Freiberger Regeneratbleis (π-2) und des Pb-Barrens (π-4) liegen auf einer weiteren Mischungslinie. Eine Beimischung dieses Bleis vor der Wende kann die Tendenz zu niedrigeren $^{207}Pb/^{204}Pb$-Verhältnissen für Auspufftöpfe der ehemaligen DDR erklären. Diese Tendenz zeigt sich angedeutet in einer Mischungslinie zwischen π-2 und π-4. Bei Berücksichtigung eines Variationsbereichs zeigt sich, daß alle Pb-Isotopenverhältnisse der untersuchten Auspufftöpfe (Aus 1-4 und bk-2) aus der ehemaligen DDR an dieser Mischungslinie liegen. Die etwas stärker davon abweichenden Pb-Isotopenverhältnisse (Aus-1 und Aus-2) lassen sich mit einer größeren Probenstreuung aufgrund der kürzeren Gebrauchsdauer dieser Auspufftöpfe (ca. 4 Jahre) im Vergleich zum längeren Einsatz der übrigen Auspufftöpfe erklären. Zudem liegen unterschiedliche Verwendungszeiträume vor (Aus-1: 1980–84, Aus-2: 1987–89). So könnte im Fall der Pb-Isotopenverhältnisse der Probe Aus-1 ein größerer Pb-Anteil aus den damaligen NSW-Ländern stammen, während im Gebrauchszeitraum der Probe Aus-5 ein größerer Anteil aus Regeneratblei verwendet wurde. In der Abbildung 13.8 sind auch die Ergebnisse der Untersuchung an Dieselruß (∂-2) und einer Aerosolprobe (∂-4) aus Dortmund dargestellt. Die Pb-Isotopie der Aerosolprobe fällt in den Bereich der Pb-Isotopie der Auspuffrückstände und zeigt damit einen Zusammenhang zwischen der Pb-Belastung der Luft und des Straßenstaubs an. Die Pb-Isotopie des Dieselrußes (∂-2) liegt dagegen etwas abgesetzt von den obengenannten Bereichen und zeigt damit den Einfluß weiterer Komponenten an. Da die Pb-Isotopie der Luftprobe (∂-4) näher bei der Pb-Isotopie von Pb-Alkylen (π-1) als beim Dieselruß liegt, schließen wir, daß der Belastung der Luft durch Ottomotoren eine größere Bedeutung zugemessen werden muß als der durch Dieselmotoren.

Bleiisotopie in Wässern: Es wurden Grund-, Gruben- und Oberflächenwässer untersucht. Die allgemein schwach sauren bis schwach basischen pH-Werte des Wassers in Schlema-Alberoda reichen grundsätzlich nicht aus, um Pb in nennenswerten Konzentrationen aus den Sedimenten und Böden zu mobilisieren. Daher ist generell eine Anreicherung von gelöstem Pb in den Sedimenten und Faulschlämmen zu erwarten. Blei wird bevorzugt partikulär bei der Aufwirbelung von Festmaterial im Wasser transportiert. Aus diesem Grund wurde auf eine Filtration der untersuchten Wässer verzichtet, so daß die in den Abbildungen 13.9 und 13.10 angegebenen Pb-Isotopenverhältnisse dem Pb des Wassers entsprechen, das in gelöster und partikulärer Form vorliegt.

Die Pb-Isotopenverhältnisse der Oberflächengewässer liegen mit drei Ausnahmen in einem relativ engen Bereich von 18,10 bis 18,45 für das $^{206}Pb/^{204}Pb$-Isotopenverhältnis bzw. von 15,6 bis 15,7 für das $^{207}Pb/^{204}Pb$-Isotopenverhältnis (Abb. 13.9). Die Ausnahmen im *Feld III* stellen Wasserproben des Kohlungbaches und der IAA Borbach dar, die mit Sicherheit durch den Uranbergbau beeinflußt sind. Das höhere $^{206}Pb/^{204}Pb$-Isotopenverhältnis von 21,72 bzw. von ca. 25,2 wird auf den Einfluß der Uranvererzung zurückgeführt. Die niedrigen Pb-Isotopenverhältnisse der übrigen Oberflächenwässer zeigen vorherrschend eine anthropogene Pb-Belastung an. Im Gegensatz dazu zeigen die Grundwasserproben keine Beeinflussung durch den Uranerzbergbau und die Industrielle Absetzanlage (Abb. 13.9 und 13.10). Die Analysenpunkte der Grundwässer weisen in der Abbildung 13.10 (Ausschnitt aus der Abb. 13.7) eher auf eine Mischung zwischen anthropogenen und geologischen Quellen hin. Die Grubenwässer wurden aus der 540-m-Sohle des Bergwerks Schlema-Alberoda beprobt und entsprechen dem Flutungswasser, zulaufendem Grundwasser und dem Schachtwasser. Es zeigt sich (Abb. 13.9 und 13.10), daß die Grubenwässer eine Kontamination mit der Pb-Isotopie der Uranvererzung erfahren haben. Generell ist die Pb-Isotopie des Grundwassers von der des geologischen Untergrundes gekennzeichnet. Die Oberflächenwässer zeigen eher eine Beeinflussung durch den Kfz-Verkehr als durch den Uranbergbau. Nur einige beprobte Gruben- und Oberflächenwässer liegen im Bereich des *Feldes III* und verweisen eindeutig auf die Beimischung von radiogenem Pb aus den Uranvererzungen und der Industriellen Absetzanlage. Insgesamt lassen die Daten den Schluß zu, daß keine Pb-Belastung der Oberflächengewässer in Schlema-Alberoda durch den Uranbergbau erfolgt ist.

Nd-Isotope

Neodym ist ein Element der Seltenen Erden (SEE). Aufgrund der chemischen Inertheit der Seltenen Erden ist Neodym geeignet, die Transportwege von Feststoffen aufzuzeigen. Neodym besitzt sieben stabile Isotope: ^{142}Nd, ^{143}Nd, ^{144}Nd, ^{145}Nd, ^{146}Nd, ^{148}Nd und ^{150}Nd, von denen sich nur die Häufigkeit des ^{143}Nd-Isotops in der Natur durch radioaktiven Zerfall ändert. Die anderen stabilen Isotope können auch als Tracer eingesetzt werden, wenn sie künstlich angereichert werden. Die durchschnittlichen Häufigkeiten sind in der Abb. 13.11 (S. 216) dargestellt. ^{143}Nd entsteht zusätzlich aus dem Zerfall des ^{147}Sm-Isotops. Die Häufigkeitsvariationen des ^{143}Nd-Isotops werden als $^{143}Nd/^{144}Nd$-Isotopenverhältnis angegeben und auf den chondritischen Wert von 0,512638 normiert. Damit erhält man den sogenannten ε_{Nd}-Wert, der je nach Herkunft des Materials zwischen -50 und +50 variieren kann (siehe Faure 1986). Anwendungen der Isotopenzusammensetzung Seltener Erden als Tracer für umweltrelevante Fragestellungen sind nicht sehr verbreitet und befinden sich noch in der Entwicklungsphase (Steinmann u. Stille 1995, 1996). Daher werden nur zwei Beispiele vorgestellt.

Sedimente im Nordatlantik. Das $^{143}Nd/^{144}Nd$-Isotopenverhältnis bzw. der ε_{Nd}-Wert wurden von Grousset et al. (1988) angewandt, um Aussagen über großräumige Sedimenttransporte und Liefergebiete im Nordatlantik zu treffen. Die Abbildung 13.12 zeigt deren Kartierung des $\varepsilon_{Nd}(0)$-Wertes von Sedimenten und Aerosolen im Bereich des Atlantiks. Die Nd-Isotopendaten variieren von -14,5 bis +4,9 für ε_{Nd}. Grousset et al. interpretieren die niedrigen ε_{Nd}-Werte mancher Sedimente mit Liefergebieten aus Kanada bzw. Afrika. Das Material ist vermutlich durch äolischen Transport vom jeweiligen Kontinent verfrachtet worden. Das heißt, daß westliche Winde Böden und Luftpartikel aus der Sahara in den südlichen Atlantik bzw. östliche Winde Bodenpartikel aus Nordamerika in den nördlichen Atlantik transportiert haben. Die beobachteten, höheren ε_{Nd}-Werte von etwa +5 zwischen den beiden Zonen werden einem jüngeren Vulkanismus zugeschrieben.

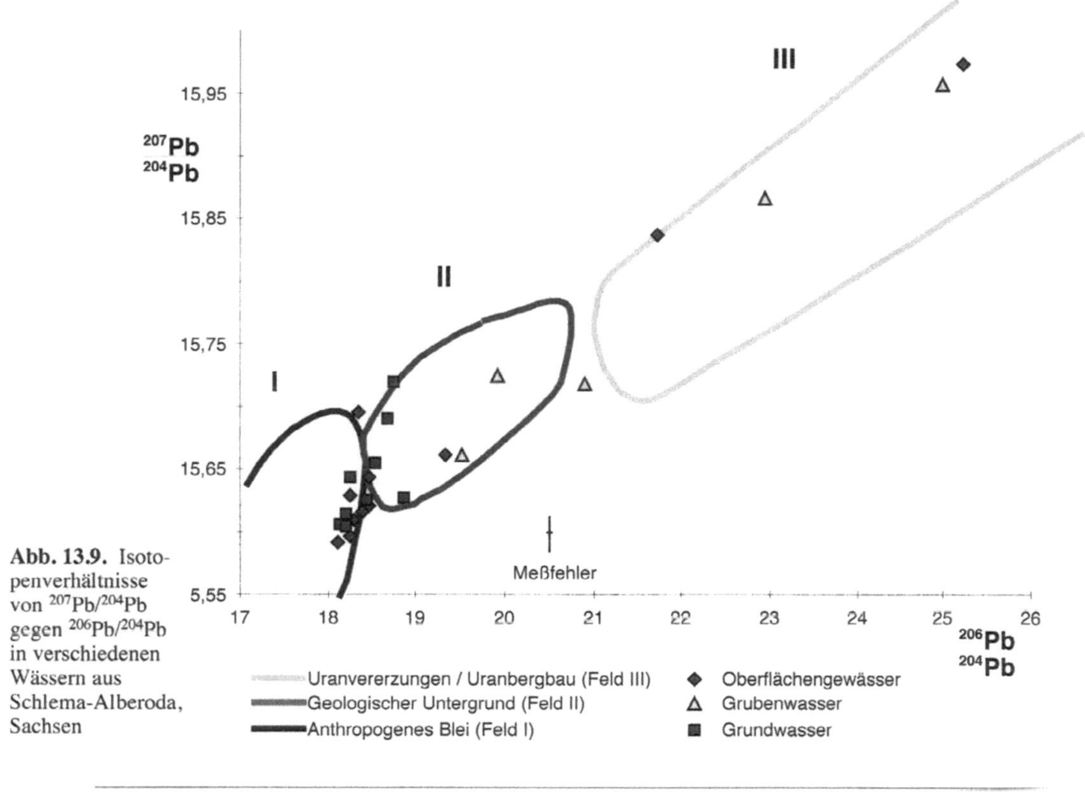

Abb. 13.9. Isotopenverhältnisse von $^{207}Pb/^{204}Pb$ gegen $^{206}Pb/^{204}Pb$ in verschiedenen Wässern aus Schlema-Alberoda, Sachsen

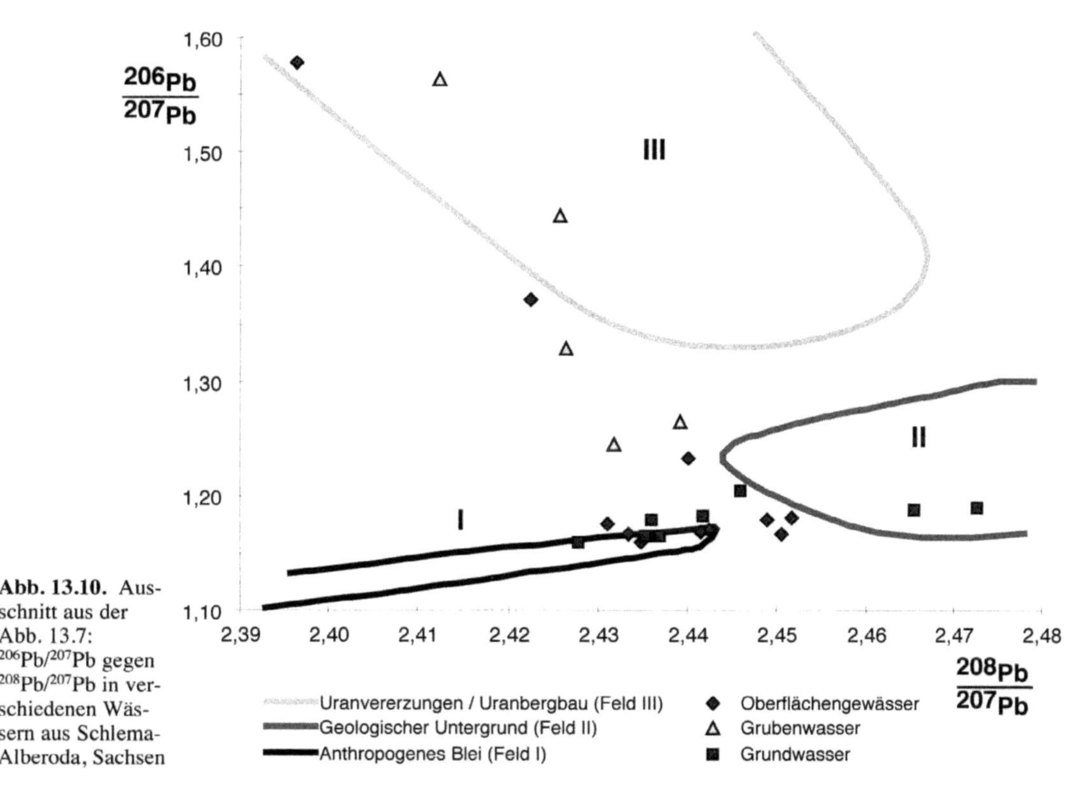

Abb. 13.10. Ausschnitt aus der Abb. 13.7: $^{206}Pb/^{207}Pb$ gegen $^{208}Pb/^{207}Pb$ in verschiedenen Wässern aus Schlema-Alberoda, Sachsen

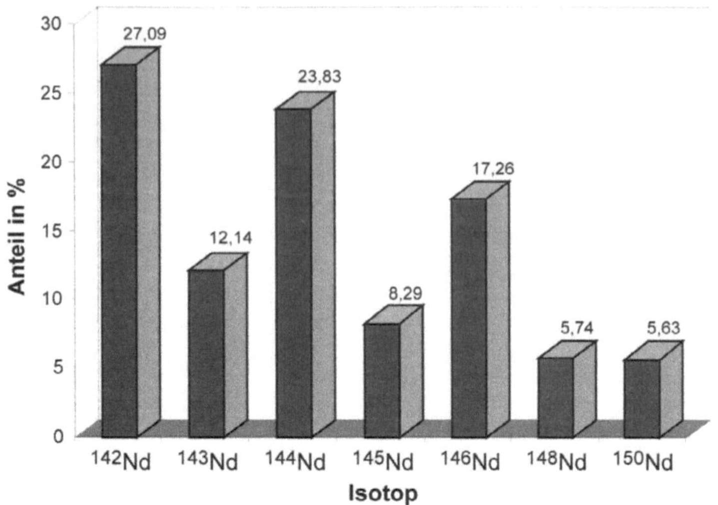

Abb. 13.11. Durchschnittliche Häufigkeit der Nd-Isotope

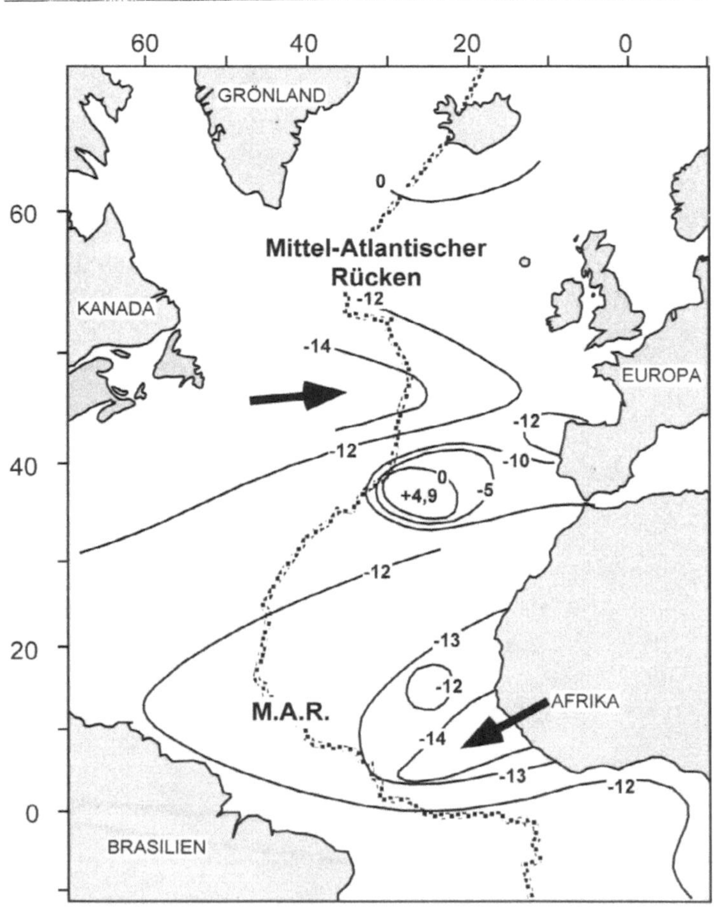

Abb. 13.12. Kartierung des $\varepsilon_{Nd}(0)$-Wertes von Sedimenten und Aerosolen im Bereich des Atlantik (modifiziert nach Grousset et al. 1988)

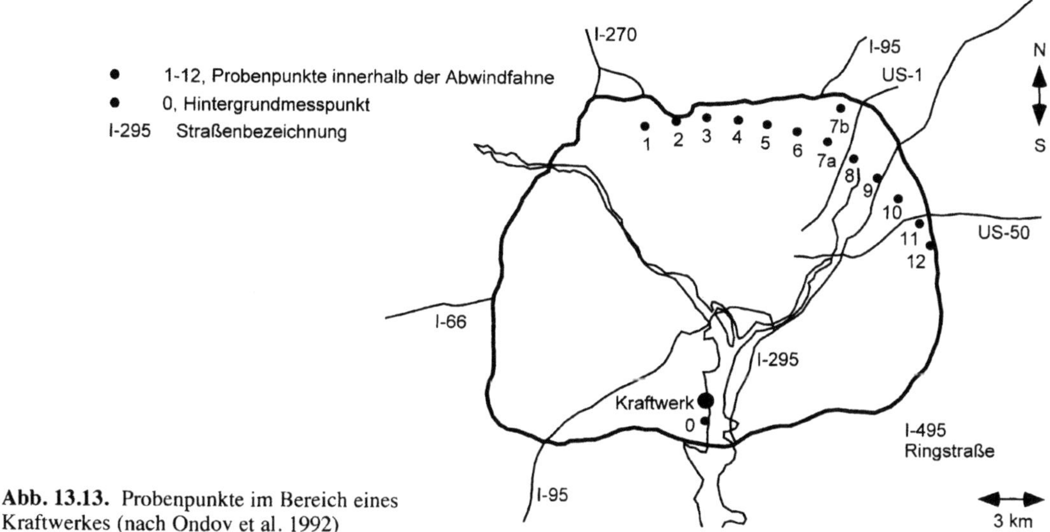

Abb. 13.13. Probenpunkte im Bereich eines Kraftwerkes (nach Ondov et al. 1992)

Nd-Isotope als künstliche Tracer. Ondov et al. (1992) haben ^{148}Nd und ^{145}Nd als Tracer für Flugasche verwendet. Der isotopisch angereicherte Tracer wurde mittels thermischer Zersetzung eines Chelatkomplexes auf Flugaschepartikel adsorbiert. Diese isotopisch markierte Flugasche wurde im Kraftwerk bei geeigneten Wetterlagen dem Prozeß zugeführt. Die Zugabe erfolgte nach dem Verbrennungsprozeß und bei abgeschaltetem Elektrofilter. Die Wetterdaten und Luftproben (Abb. 13.13: Punkte 1–12) wurden innerhalb der Abwindfahne (etwa Süd-Nord) des Kraftwerks gesammelt. Probenpunkt 0 stellt den Hintergrundwert dar. Die Ergebnisse zur Isotopenverteilung im Vergleich zum Hintergrundwert wurden mit theoretischen Berechnungen einer Gaussverteilung der Abwindfahne verglichen (Abb. 13.14). Die Ergebnisse der Messungen und der theoretischen Berechnungen stimmen gut miteinander überein. Die angereicherten Isotope des Neodyms finden sich im Bereich der Abwindfahne wieder. Die große Abweichung der Proben 1 und 2 werden von Ondov et al. auf eine Kontamination bei der Probenvorbereitung zurückgeführt. Die Probe 6 konnte nicht gemessen werden. Insgesamt zeigt der Vergleich der Daten, daß eine Verwendung von künstlich angereicherten Nd-Isotopen für Tracerzwecke praktikabel ist, um Ausbreitungsstudien von Schadstoffen durchzuführen.

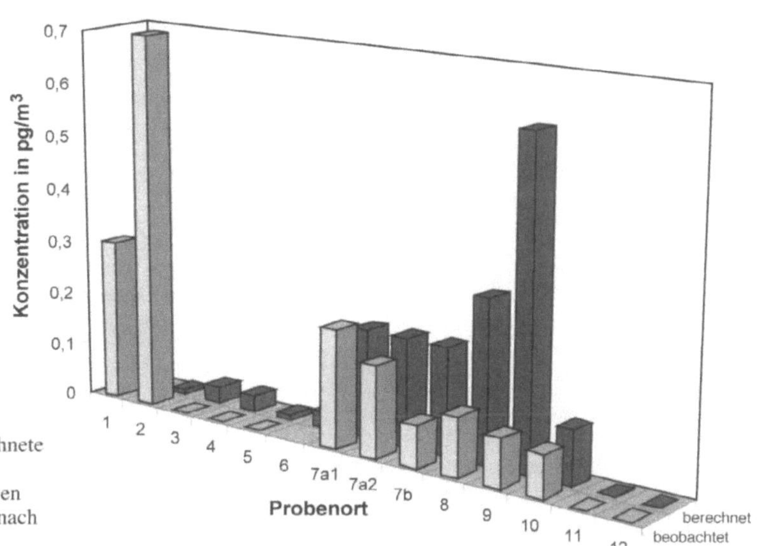

Abb. 13.14. Theoretisch berechnete gegen gemessene Nd-Isotopenkonzentrationen der Probenstellen im Bereich eines Kraftwerkes (nach Ondov et al. 1992)

13.3 ZUSAMMENFASSUNG UND AUSBLICK

Die angeführten Beispiele zeigen, daß radiogene Isotope erfolgreich als Tracer in den Umweltgeowissenschaften angewandt werden können. Sie zeigen jedoch auch, welch hoher analytischer Aufwand notwendig ist, um z.B. Aussagen über Sanierungsmöglichkeiten erarbeiten zu können.
Das radiogene Sr-Isotop ^{87}Sr wird aufgrund der Wasserlöslichkeit des Sr bevorzugt eingesetzt, um hydrologische Fragestellungen im Umweltbereich zu lösen. In Verbindung mit zusätzlichen Informationen z.B. aus Wasserstoff- und Sauerstoff-Isotopendaten sind weiterreichende Aussagen möglich.

Da Pb ein umwelttoxisches Element darstellt und gleichzeitig drei radiogene Isotope besitzt, wurden zahlreiche Untersuchungen unter Verwendung der radiogenen Isotopenverhältnisse durchgeführt. Diese Untersuchungen führten zur Aussage, daß die globale Pb-Belastung durch Verwendung von verbleitem Benzin enorm erhöht worden ist (→ Kap. 1, 2, 4, 10). In bestimmten Bereichen konnten anhand der Pb-Isotopenverhältnisse Kontaminationsquellen wie z.B. der Uranerzbergbau quantifiziert und räumlich eingegrenzt werden. Die Anwendung der radiogenen Pb-Isotope in der Umweltforschung zur Klärung von Ursachen globaler und lokaler Pb-Kontaminationen, kann schon fast als klassisch bezeichnet werden. Die zukünftige Veränderung der globalen Pb-Belastung wird anhand des Isotopenmusters genau verfolgt werden können.

Neodym besitzt nur ein radiogenes Isotop, ^{143}Nd, das eine geringe natürliche Variation seiner Häufigkeit zeigt. Es ist kein umwelttoxisches Element und ist daher wie Sr kaum in der Umweltforschung eingesetzt worden. Im globalen Rahmen konnten Häufigkeitsveränderungen gefunden werden, die Aussagen über Transportprozesse ermöglichen. Die Verwendung von künstlich angereicherten Nd-Isotopen führt zu vielversprechenden Anwendungen als inerter Tracer in der Umweltforschung, da keine Umweltbelastung durch seine Anwendung erfolgt.

LITERATUR

Bracke G, Satir M (1994a) Über die Herkunft des Bleis in Böden im Uranerzbergbaugebiet Schlema/Sachsen anhand von Isotopenverhältnissen. In: Müller G, Matschulat J (Hrsg) Umweltgeowissenschaften – eine Kursbestimmung. Heidelberger Geowissenschaftliche Abhandlungen 78: S. 114

Bracke G, Satir M (1994b) Anthropogenes Blei in der Umwelt von Schlema/Sachsen. In: Matschullat J, Müller G (1994) Geowissenschaften und Umwelt. Springer, Heidelberg Berlin New York S. 275–277

Bracke G, Satir M (1995) Lead isotope ratios as fingerprints of contaminants at the uranium mining site of Schlema-Alberoda/Saxony. In: Merkel B, Hurst S, Löhnert EP, Struckmeier W (eds) Uranium-mining and hydrogeology. Proc Internat Conf Workshop. Freiberg, Germany, 8 S., Verlag Sven von Loga, Köln

Bracke G, Satir M (1996) Anthropogenes Blei in der Umwelt – Schlema/Sachsen. Unveröff Bericht an die Wismut GmbH, Chemnitz, 199 S.

Chow TJ, Johnstone MS (1965) Lead isotopes in gasoline and aerosols of Los Angeles basin, California. Science 147: 502–503

Chow TJ, Bruland KW, Bertine K, Soutar A, Koid M, Goldberg ED (1973) Lead pollution: records in southern California coastal sediments. Science 181: 551–552

Delves HT, Campbell MJ (1993) Identification and apportionment of sources of lead in human tissue. Environ Geochem Health 15, 2/3: 75–84

Doe BR (1970) Lead isotopes. Springer, Berlin Heidelberg New York, 137 S.

Doe BR (1977) The application of lead isotopes to mineral prospect evaluation of Cretaceous-Tertiary magmothermal ore deposits in the western United States. In: Watterson JR, Theobald PK (eds), Proc 7th Internat Geochem Explor Symp, Golden Colorado, S. 227–232

Dörr H, Münnich KO (1990) Gasoline lead in west German soils. Naturwissenschaften 77: 428–430

Evans RD, Rigler FH (1985) Long distance transport of anthropogenic lead as measured by lake sediments. Water Air Soil Pollut 24: 141–151

Facchetti S (1989) Lead in petrol. The isotopic lead experiment. Accounts of Chemical Research 22: 370–374

Faure G (1986) Principles of isotope geology. 589 S., Wiley & Sons, New York

Flegal AR, Itoh K, Patterson CC, Wong CS (1986) Vertical profile of lead isotopic compositions in the north-east Pacific. Nature 321: 689–690

Flegal AR, Nriagu JO, Niemeyer S, Coale KH (1989) Isotopic tracers of lead contamination in the Great Lakes. Letters to Nature 339: 455–460

Flegal AR (1987) Accuracy and precision of lead isotopic composition measurements in seawater. Marine Chem 22: 163–177

Geyh MA, Schleicher H (1990) Absolute age determination. Physical and chemical dating methods and their application. 503 S., Springer, Berlin Heidelberg New York

Gobeil C, Johnson WK, Macdonald RW, Wong CS (1995) Sources and burden of lead in St. Lawrence estuary sediments: isotopic evidence. Environ Sci Technol 29: 193–201

Grousset EF, Biscaye PE, Zindler A, Prospero J, Chester R (1988) Neodymium isotopes as tracers in marine sediments and aerosols: North Atlantic. Earth Planet Sci Letters 87: 367–378

Grousset FE, Quètel CR, Thomas B, Buat-Mènard P, Donard OFX, Bucher A (1994) Transient Pb isotopic signatures in the western European atmosphere. Environ Sci Technol 28, 9: 1605–1608

Gulson BL, Mizon KJ, Korsch MJ, Noller BN (1989) Lead isotopes as seepage indicators around a uranium tailings dam. Environ Sci Technol 23: 290–294

Gulson BL, Davis JJ, Mizon KJ, Law AJ, Howarth D (1994a) Lead bioavailability in the environment of children: blood levels in children can be elevated in a mining community. Arch Environ Health 49, 5: 326–331

Gulson BL, Mizon KJ, Law AJ, Dorsch MJ, Davis JJ, Howarth D (1994b) Source and pathways of lead in humans from the Broken Hill mining community – an alternative use of exploration methods. Econ Geol 89: 889–908

Gulson BL, Wilson D (1994) History of lead exposure in children revealed from isotopic analyses of teeth. Arch Environ Health 49, 4: 279–283

Gulson BL (1986) Lead isotopes in mineral exploration. Developments in Economic Geology 23: 245 S., Elsevier

Hopper JF, Ross HB, Sturges WT, Barrie LA (1991) Regional source discrimination of atmospheric aerosols in Europe using the isotopic composition of lead. Tellus 43B: 45–60

Horn P, Hölzl S, Schaaf P (1993) Pb- und Sr-Isotopensignaturen als Herkunftsindikatoren für anthropogene und geogene Kontamination. Isotopenpraxis 28: 263–272

Hurst RW, Davis TE, Elseewi AA (1991) Strontium isotopes as tracers of coal combustion residue in the environment. Engineering Geol 30: 59–77

Hurst RW, Davis TE, Elseewi AA, Page AL (1993) Strontium and lead isotopes as monitors of fossil fuel dispersion. In: Keefer RF, Sajuan KS (eds) Trace elements in coal and coal combustion residues. Conf Proc S. 99–118, Lewis Publ

Jorgensen NO, Holm PM (1994) Isotope studies ($^{18}O/^{16}O$, D/H and $^{87}Sr/^{86}Sr$) of saline groundwater in Denmark. Future groundwater resources at risk. Proc Helsinki Conf, June 1994, IAHS Publ 222: 231–239

Manton WI (1977) Sources of lead in blood. Arch Environ Health: 149–159

Mukai H, Furuta N, Fujii T, Ambe Y, Sakamoto K, Hashimoto Y (1993) Characterization of sources of lead in the urban air of Asia using ratios of stable isotopes. Environ Sci Technol 27: 1347–1356

Mukai H, Tanaka A, Fujii T, Nakao M (1994) Lead isotope ratios of airborne particulate matter as tracers of long-range transport of air pollutants around Japan. J Geophys Res 99, D2: 3717–3726

Ondov JM, Kelly WR, Holland JZ, Lin ZC, Wight SA (1992) Tracing fly ash emitted from a coal-fired power plant with enriched rare-earth isotopes: an urban scale test. Atmos Environ 26, B/4: 453–462

Petit D, Mennessier JP, Lamberts L (1984) Stable lead isotopes in pond sediments as tracer of past and present atmospheric lead pollution in Belgium. Atmos Environ 18, 6: 1189–1193

Rabinowitz MB (1987) Stable isotope mass spectrometry in childhood lead poisoning. Biological Trace Element Research 12: S. 223

Rabinowitz MB, Wetherill GW, Kopple JD (1973) Lead metabolism in the normal human: stable isotope studies. Science 182: 725–727

Ritson PI, Esser BK, Niemeyer S, Flegal AR (1994) Lead isotopic determination of historical sources of lead to Lake Erie, North America. Geochim Cosmochim Acta 58, 15: 3297–3305

Rosman KJR, Chisholm W, Boutron CF, Candelone JP, Hong S (1994) Isotopic evidence to account for changes in the concentration of lead in Greenland snow between 1960 and 1988. Geochim Cosmochim Acta 58, 15: 3265–3269

Shen GT, Boyle EA (1987) Lead in corals: reconstruction of historical industrial fluxes to the surface ocean. Earth Planet Sci Letters 82: 289–304

Shen GT (1988) Thermocline ventilation of anthropogenic lead in the western North Atlantic. J Geophys Res 93, C12: 15715–15732

Shirahata HW, Elias R, Patterson CC (1980) Chronological variations in concentrations and isotopic compositions of anthropogenic atmospheric lead in sediments of a remote subalpine pond. Geochim Cosmochim Acta 44: 149–162

Smith DR, Niemeyer S, Flegal AR (1992) Lead sources to California sea otters: industrial inputs circumvent natural lead biodepletion mechanisms. Environ Res 57: 163–174

Smith DR, Niemeyer S, Estes JA, Flegal AR (1990) Stable lead isotopes evidence anthropogenic contamination in Alaskan sea otters. Environ Sci Technol 24, 10: 1517–1521

Steinmann M, Stille P (1995) Isotopic evidence for origin, mobility and exchange behavior of heavy metals in contaminated soils. Terra Nova 7, 1: S. 249

Steinmann M, Stille P (1996) Speciation of rare earth elements in a heavy metal contaminated soil using geochemical and isotopic methods. J Conf Abstr 1, 1: S. 597

Stuckless JS (1987) A review of applications of U-Th-Pb isotope systematics to investigations of uranium source rocks. Uranium 3: 235–244

Stukas VJ, Wong CS (1981) Stable lead isotopes as a tracer in coastal waters. Science 211: 1424–1427

Sturges WT, Barrie LA (1989) Stable lead isotope ratios in arctic aerosols: evidence for the origin of arctic air pollution. Atmos Environ 23, 11: 2513–2519

Sturges WT, Barrie LA (1987) Lead $^{206/207}$ isotope ratios in the atmospere of North America as tracers of US and Canadian emissions. Letters to Nature 329: 144–146

Taubald H, Bracke G, Satır M (1995) Bleialtlasten und ihre Bewertung für die Umwelt aus geochemischer Sicht. In: Jessberger HL (Hrsg) Sicherung von Altlasten. Balkema Rotterdam: 241–249

Toulhout P, Beaucaire C (1987) Analyses of lead and uranium isotopes in groundwaters – application to the prospection of concealed uranium deposits in the Lodéve Area (Southern Massif Central, France). Uranium 3: 101–116

Toulhout P, Beaucaire C (1991) Comparison between lead isotopes $^{234}U/^{238}U$ activity ratio and saturation index in hydrogeochemical exploration for concealed uranium deposits. J Geochem Explor 41: 181–196

Toulhout P, Holliger P, Ménès J (1988) Analyses of lead isotopes and U-Series disequilibrium in groundwaters and possible source rocks in the West Morvan area (France). Uranium 4: 307–325

Veron AJ, Church TM, Patterson CC, Flegal AR (1994) Use of stable lead isotopes to characterize the sources of anthropogenic lead in North Atlantic surface waters. Geochim Cosmochim Acta 58, 15: 3199–3206

14 Kontaminationen von Deponiestandorten – die Kohlenstoff- und Schwefel-Isotopenzusammensetzung von Sickerwässern

JOCHEN HOEFS

14.1 ISOTOPEN ALS INDIKATOREN FÜR DEPONIEINTERNE PROZESSE

Sickerwässer, die aus Mülldeponien austreten, enthalten, je nach Zusammensetzung der Deponie, eine Vielzahl von organischen und anorganischen Stoffen, die potentiell eine Gefährdung für die Umwelt darstellen. Üblicherweise werden die Gehalte verschiedener Schwermetalle (→ Kap. 12, 13), organischer Stoffe (meist als Summenparameter wie AOX, DOC, PAK; → Kap. 8, 9), aber auch Anionen, als Indikatoren für eine mögliche Kontamination gewählt. Es soll in diesem Beitrag gezeigt werden, daß zusätzlich zu diesen Parametern die Isotopenzusammensetzung des in Sickerwässern gelösten Karbonats und Sulfats wertvolle Hinweise über die in einer Deponie ablaufenden Prozesse geben kann und daher als ein zusätzlicher „Kontaminationsparameter" herangezogen werden kann.

Die Isotopenzusammensetzung der leichten Elemente H, C, N, O und S kann bekanntlich als eine Art „Fingerabdruck" betrachtet werden, der es erlaubt, etwas über die Herkunft und Entstehungsweise einer Substanz auszusagen. Dieser Ansatz soll im folgenden auf die in Sickerwässern gelösten Komponenten Karbonat und Sulfat angewandt werden (→ Kap. 22). Dazu ist es notwendig, zunächst die Grundlagen der Isotopengeochemie des Kohlenstoffs und des Schwefels kurz darzustellen sowie die in diesem Zusammenhang relevanten Fraktionierungsprozesse zu diskutieren. Danach wird an einigen Fallbeispielen die Anwendung von C- und S-Isotopenbestimmungen an Deponie-Sickerwässern demonstriert. Begonnen werden soll mit einer kurzen Darstellung der methodischen Voraussetzungen zur Analytik und Meßtechnik.

14.2 ZUR ISOTOPENGEOCHEMIE VON KOHLENSTOFF UND SCHWEFEL

Isotopenhäufigkeitsbestimmungen der Elemente H, C, N, O und S werden jeweils an Gasen vorgenommen. Daher ist es notwendig, die zu untersuchende Probe in CO_2 bzw SO_2 zu überführen. Das gelöste Karbonat bzw Sulfat wird zunächst als Bariumkarbonat bzw. -sulfat gefällt. Karbonat wird mit 100%iger Phosphorsäure zu CO_2 umgesetzt (McCrea 1950; Rosenbaum u. Sheppard 1986; Swart et al. 1991). Sulfat wird in der Regel mit reduzierenden Säuren (z.B. Kiba-Reagens – eine Mischung aus 100%iger Phosphorsäure plus Zinn(II)-Chlorid) zu H_2S reduziert, als Sulfid gefällt und danach mit einem Oxidationsmittel bei hohen Temperaturen zu SO_2 oxidiert (z.B. Ricke 1964).

Die eigentliche massenspektrometrische Messung wird mit einem Gasmassenspektrometer, das mit einem Doppelgaseinlaßsystem versehen ist, durchgeführt. Meßwerte werden als sog. δ-Werte angegeben, die die relativen Abweichungen von einem Standardgas anzeigen. Sie sind folgendermaßen definiert (Gl. 14.1 und 14.2):

$$\delta^{13}C(\Omega) = \left(\frac{{}^{13}C/{}^{12}C_{Probe} - {}^{13}C/{}^{12}C_{Standard}}{{}^{12}C/{}^{12}C_{Standard}}\right) \cdot 1000 \qquad 14.1$$

$$\delta^{34}S(\Omega) = \left(\frac{{}^{34}S/{}^{32}S_{Probe} - {}^{34}S/{}^{32}S_{Standard}}{{}^{34}S/{}^{32}S_{Standard}}\right) \cdot 1000 \qquad 14.2$$

Positive δ-Werte bedeuten, daß die Probe isotopisch „schwerer" als der Standard, negative δ-Werte bedeuten, daß die Probe isotopisch „leichter" als der Standard ist. Als internationaler Standard dient beim

Kohlenstoff der sog. PDB-Standard, beim Schwefel der CD-Standard. Der Gesamtmeßfehler, der nicht so sehr von der massenspektrometrischen Messung, sondern mehr von der chemischen Präparation bestimmt wird, beträgt beim Kohlenstoff etwa ±0,1‰, beim Schwefel etwa ±0,2‰.

Grundlagen der C-Isotopengeochemie

Kohlenstoff besitzt zwei stabile Isotope mit den Häufigkeiten ^{12}C = 98,89% und ^{13}C = 1,11%. Die natürlich auftretenden Variationen betragen etwa 100 ‰, wobei die schwersten Werte von > +20‰ in Karbonaten, die leichtesten Werte von < -80‰ in Methanproben beobachtetwerden. Das heißt, daß die beiden großen exogenen Kohlenstoffreservoire, Karbonate und biogener organischer Kohlenstoff, isotopisch sehr deutlich voneinander getrennt sind, was durch zwei unterschiedliche Fraktionierungsprozesse bedingt wird:

- Isotopenaustauschprozesse unter chemischen Gleichgewichtsbedingungen im System „Luft-CO_2-Bikarbonat$_{(gelöst)}$-Karbonat$_{(fest)}$" führen dazu, daß Karbonate an ^{13}C angereichert sind
- Kinetische Isotopenfraktionierungen bei der Photosynthese bewirken, daß biologisch produzierter Kohlenstoff an ^{13}C abgereichert ist. Die wesentlichen isotopen-diskriminierenden Schritte stellen die Diffusion des CO_2 in die Blattoberfläche sowie die enzymatische biosynthetische Fixierung des Kohlenstoffs dar. Beide Schritte bevorzugen das leichte Isotop ^{12}C, wobei der 2. Schritt – die Biosynthese der organischen Moleküle – einen deutlich größeren Effekt bewirkt. Insgesamt führen die kinetischen Isotopenfraktionierungen während der Assimilation zu einer ^{13}C-Verarmung im organischen Material von ungefähr 20‰.

Nach der Ablagerung des organischen Kohlenstoffs ins Sediment – und Mülldeponien sind damit durchaus vergleichbar – wird das organische Material durch eine Vielzahl von diagenetischen Reaktionen verändert. Im oberflächennahen Bereich sind dies in erster Linie Reaktionen, die durch Mikroorganismen gesteuert werden, deren Abbauprodukt im wesentlichen CO_2 ist. Im aeroben Bereich ist dies isotopisch leichtes CO_2, das mit der Zusammensetzung des organischen Materials mehr oder weniger identisch ist.

Im anaeroben Bereich findet in Abhängigkeit von der Tiefe zunächst eine bakterielle Sulfatreduktion statt, die ebenfalls CO_2 mit leichter Isotopenzusammensetzung freisetzt. Danach setzen die fermentativen Umwandlungen des organischen Materials durch methanogene Bakterien zu CH_4 und CO_2 ein. Dieser Schritt ist mit extrem großen C-Isotopenfraktionierungen verbunden, wobei neben sehr leichtem Methan, sehr schweres CO_2 mit $\delta^{13}C$-Werten bis zu + 20‰ entstehen kann (Irwin et al.1977). Während das Methan in der Regel entweicht, kann das CO_2 in Sickerwässern gelöst werden.

Das Karbonatsystem besteht aus einer Reihe chemischer Spezies ($CO_{2(gelöst)}$, HCO_3^-, CO_3^{2-}), deren Häufigkeit in erster Linie vom pH-Wert bestimmt wird, die wiederum durch unterschiedliche C-Isotopenfraktionierungsfaktoren gekennzeichnet sind (→ Kap. 22). Bei Anwesenheit geeigneter Kationen kommt es daher zur Ausfällung von isotopisch „schweren" Karbonaten.

Bei der Auflösung von karbonathaltigen Gesteinen in oberflächennahen Horizonten ist maßgeblich biogenes CO_2 beteiligt, das in der Bodenluft vielfach höhere Konzentrationen als in der Atmosphäre erreichen kann. Dieses Boden-CO_2, das aus Abbauprozessen der organischen Substanz stammt, löst sich im Grundwasser und führt zur Lösung von Karbonaten gemäß der Gleichgewichtsreaktion 14.3:

$$CaCO_3 + CO_2 + H_2O = Ca^{2+} + 2HCO_3^- \qquad 14.3$$

Das gelöste Bikarbonat stellt demgemäß eine 1:1-Mischung aus Bodenluft-CO_2 und Karbonat dar. Setzt man für die Karbonate einen $\delta^{13}C$-Mittelwert von 0‰ und für das Bodengas von -25‰ in obige Gleichgewichtsreaktion ein, so erhält man für das gelöste Bikarbonat einen $\delta^{13}C$-Wert von ungefähr -13‰. Bei der Auflösung von Karbonaten durch Boden-CO_2 entsteht also Bikarbonat mit ^{13}C-Gehalten um -13‰, das als der geogene "Background" in karbonatführenden Gesteinen aufzufassen wäre. Im karbonatfreien Milieu und Gegenwart von organischer Substanz läge der geogene "Background" deutlich niedriger mit $\delta^{13}C$-Gehalten um -20‰. Werden dagegen schwere $\delta^{13}C$-Werte > +5‰ beobachtet, so sind sie hauptsächlich auf Methangärung zurückzuführen.

Grundlagen der S-Isotopengeochemie

Das Stoffkreislauf des Schwefels ist – wie der des Kohlenstoffs – sehr stark durch die Aktivität von Mikroorganismen bestimmt, und von daher betrachtet sind die Kreisläufe beider Elemente eng miteinander verbunden. Schwefel hat vier stabile Isotope mit den folgenden Häufigkeiten: ^{32}S = 95,02%, ^{33}S = 0,75%, ^{34}S = 4,21%, ^{36}S = 0,02%. Prinzipiell bestünde daher die Möglichkeit mehrere Isotopenverhältnisse des Schwefels zu bestimmen. In der Regel wird jedoch aufgrund der Häufigkeit das $^{34}S/^{32}S$ Verhältnis analysiert.

Wie beim Kohlenstoff gibt es auch beim Schwefel diverse natürliche Mechanismen, die Änderungen in der Isotopenzusammensetzungen hervorrufen. Der wichtigste Fraktionierungsprozeß beim Schwefel ist die bakterielle Sulfatreduktion, bei der in Gegenwart von organischer Materie anaerobe Bakterien (die wichtigsten Vertreter sind *Desulfovibrio*, *Desulfomaculum* und *Desulfomonas*) Sulfat zu H_2S reduzieren. Diese als dissimilatorisch bezeichnete Sulfatreduktion geht in der Regel mit einer beträchtlichen Isotopenfraktionierung einher, was dazu führt, daß das gebildete H_2S gegenüber dem Ausgangsprodukt Sulfat am schweren Isotop ^{34}S deutlich verarmt ist. Die dabei auftretenden Fraktionierungsprozesse wurden erstmalig von Harrison u. Thode (1957) diskutiert, eine zusammenfassende Darstellung geben beispielsweise Chambers u. Trudinger (1979) sowie Hoefs (1987).

Bakterielle Sulfatreduktion kann modellhaft unter zwei verschiedenen natürlichen Bedingungen ablaufen, die mit den Begriffen „offenes" und „geschlossenes System" umschrieben werden. Unter den Bedingungen des offenen Systems liegt ein unbegrenzter Sulfatvorrat vor, so daß Bakterien aus einem unbegrenzt großen Reservoir konstant leichtes H_2S produzieren, ohne daß sich dabei die Isotopenzusammensetzung des Sulfats ändert. Solch ein offenes System ist beispielsweise im Wasserkörper des Schwarzen Meeres zu beobachten (Vinogradov et al. 1962). Wesentlich häufiger kommen allerdings in der Natur die Bedingungen des geschlossenen System vor, in dem die Sulfatmenge limitiert ist. Unter diesen Bedingungen wird der freigesetzte isotopisch leichte H_2S kontinuierlich dem System entzogen (z.B. durch Entgasung oder durch Ausfällung als Eisen- oder Schwermetallsulfid), und die Bakterien sind solange in der Lage, dissimilatorische Sulfatreduktion zu betreiben, wie Sulfat und geeignete organische Verbindungen in ausreichender Menge zur Verfügung stehen. In dem Maße, in dem isotopisch leichtes H_2S produziert wird, reichert sich das verbleibende Sulfat im Reservoir mit fortdauernder Reduktion immer mehr am schweren Isotop ^{34}S an. Ein solches Modell kann mit einer Rayleigh-Destillation verglichen werden und ist auf die Situation einer Mülldeponie anwendbar.

Unter natürlichen, geogenen Bedingungen stammt Sulfat in Wässern im wesentlichen aus zwei Quellen: • aus der Auflösung von evaporitischen Sulfaten, die in ihrer Isotopenzusammensetzung zwischen 10 und 25‰ liegen (lediglich Sulfate frühpaläozoischen Ursprungs können auch $\delta^{34}S$-Werte von bis zu +30‰ erreichen (Nielsen u. Ricke 1964; Claypool et al. 1980) und • aus der Oxidation von sedimentären Sulfiden, die zu sehr variablen, aber bevorzugt leichten, an ^{34}S verarmten, δ-Werten führen. Je nachdem, welche der beiden Quellen, aufgelöstes Sulfat oder aufoxidiertes Sulfid, überwiegt, können in oberflächennahen Wässern sehr unterschiedliche $\delta^{34}S$-Werte beobachtet werden. Sehr häufig haben jedoch solche Wässer einen $\delta^{34}S$-Wert, der nahe bei Null liegt. Dies gilt auch für Sickerwässer, die aus einer Mülldeponie austreten. Werden deutlich schwerere Werte beobachtet, so ist dies ein Indiz auf die Anwesenheit und Tätigkeit sulfatreduzierender Bakterien im Müllkörper

14.3 KURZBESCHREIBUNG DER UNTERSUCHTEN MÜLLDEPONIEN

Hausmülldeponie in Niedersachsen. Außer Haus- und Sperrmüll werden gewerbliche Abfälle (z.B. Klärschlämme, kontaminierter Erdaushub etc.) deponiert. Der Untergrund besteht hauptsächlich aus Gesteinen des oberen und mittleren Muschelkalks sowie Gesteinen des mittleren Keupers, die von quartären Ablagerungen überdeckt werden. Als Kluftgrundwasserleiter gilt der mittlere und obere Muschelkalk, das heißt im Grundwasser sind hohe geogene Anteile von aufgelösten Kalken zu erwarten. Im Deponiebereich liegen zwölf Grundwasserbrunnen, von denen sieben beprobt werden konnten (Nachtweyh et al. 1991).

Haus- und Sondermülldeponie im Raum Berlin. Es wurden zwei Altablagerungen, benachbart in ehemaligen Sandgruben, untersucht (Arneth u. Hoefs 1988, 1989). Hauptsächlich wurde dort Hausmüll abgelagert, mit ca 30% Sondermüll. Der Untergrund besteht aus pleistozänen Lockersedimenten, gefolgt von einem unterschiedlich mächtigen Geschiebemergel sowie mächtigen Fein- und Grobsanden. Oberhalb und innerhalb des Geschiebemergels tritt Schichtwasser, unterhalb des Geschiebemergels Grundwasser auf. Im Bereich dieser Altablagerungen wurden 18 Grundwasserbeobachtungsrohre beprobt, 15 davon sind im Grundwasserbereich, zwei im und eine oberhalb des Geschiebemergels verfiltert. Zwei Beobachtungsrohre liegen im Grundwasseranstrom der beiden Deponien und repräsentieren den geogenen "Background". Bei drei Proben aus dem Schichtwasserbereich handelt es sich mehr oder weniger um unverdünntes Deponiewasser. Alle übrigen Proben stellen Mischwässer zwischen unverändertem Grundwasser und Deponiewasser dar.

Sondermülldeponie Limburg/Offheim. Die Nutzung als Sondermülldeponie erfolgte seit 1967, zuvor wurde der Hausmüll der Gemeinde Offheim deponiert. Seit 1985 ist die Deponie geschlossen. Bei den abgelagerten Abfallstoffen handelt es sich um Industrieabfälle, chemisch verunreinigtes Erdreich, Schwermetall- und biologische Schlämme. Die Deponie liegt auf der Nordflanke eines Schalsteinzuges, dem sich nach NW ein Massenkalkzug anschließt. Durch eine Verwerfung wird die Deponie in eine östliche Scholle aus devonischem Schalstein und Tonschiefer (ca. 50% der Deponiefläche) und eine westliche Scholle, die einerseits aus tertiären Tonen und Mergeln (ca. 35% der Deponiefläche) und andererseits aus quartären Schluffen und Sanden (ca. 15% der Deponiefläche) besteht. Die Überwachung der Deponie erfolgt über 42 Brunnen und Meßstellen. Das Sickerwasser der Deponie wird über ein Drainagesystem gesammelt und in ein zentrales Sammelbecken abgepumpt (siehe Nachtweyh et al. 1991).

Beprobung und Probenvorbereitung. Beprobt wurden im Umfeld der drei Deponien Grundwasserbrunnen. Ungefähr 1000 ml Probe wurden mit rund 100 ml Ammoniumchloridpuffer, pH 10, versetzt, in dem ca 30 g $BaCl_2 \cdot 2H_2O$ vorher schnell gelöst wurden (der Puffer „zieht" stark CO_2, daher muß zügig gearbeitet werden). Die Fällung von Karbonat und Sulfat wird durch Schütteln beschleunigt und der Niederschlag wird nach 5 min abfiltriert. Das Filtrat wird bei 100°C getrocknet und kann danach wie eingangs beschrieben weiter verarbeitet werden.

14.4 DISKUSSION DER ERGEBNISSE

Kohlenstoff-Isotope

Die in Abbildung 14.1 zusammengefassten C-Isotopenmeßwerte der drei untersuchten Deponien zeigen einen großen Schwankungsbereich von ungefähr -20 bis > +15‰ mit einem Häufigkeitsmaximum bei -14‰. Wie bereits erläutert wurde, sollten solche $\delta^{13}C$-Werte um -13 bis -15‰ dem geogenen "Background" entsprechen.

Aus der Abbildung 14.1 geht ebenfalls hervor, daß die drei untersuchten Deponien charakteristische Unterschiede in ihren ^{13}C-Gehalten aufweisen. Während die Hausmülldeponie in der Mehrheit der untersuchten Proben typische geogene Werte zeigt (zwei Proben sind deutlich schwerer), werden in der Sondermülldeponie Limburg/ Offheim signifikant leichtere ^{13}C-Gehalte beobachtet, was offensichtlich mit dem erhöhten Anteil an organischen Inhaltsstoffen zusammenhängt (Nachtweyh et al. 1991). Den größten Variationsbereich zeigen die beiden benachbarten

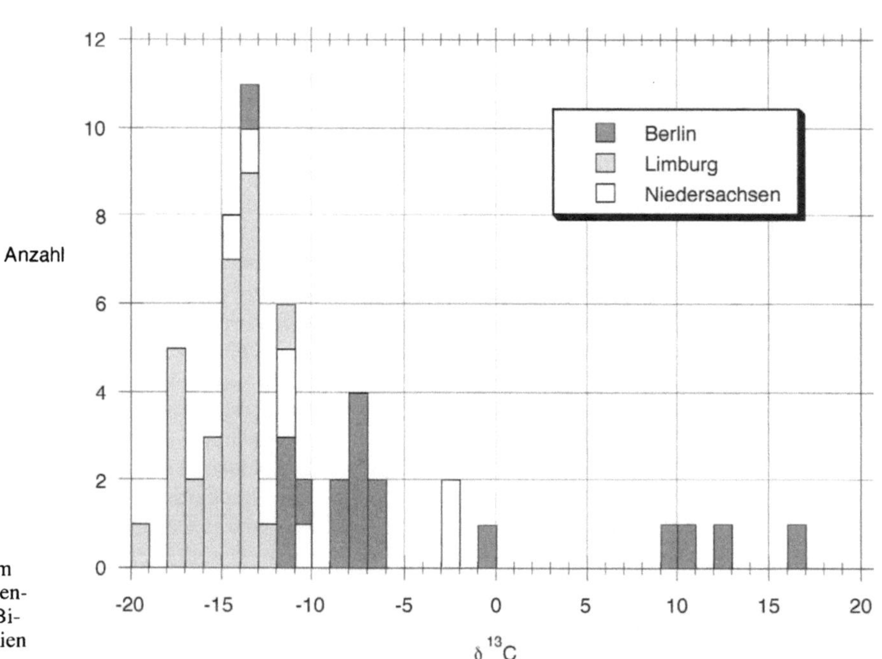

Abb. 14.1. Histogramm der C-Isotopenzusammensetzung von gelöstem Bikarbonat in drei Deponien

Deponien im Berliner Raum, von „normalen" Werten um -10 bis zu besonders schweren $\delta^{13}C$-Werten > 10‰, letztere werden vor allem in den drei Proben mit unverdünntem Deponiewasser beobachtet, was eindeutig ein Hinweis auf bakterielle Methanogenese ist, da sonst unter keinen anderen Bedingungen solch schwere δ-Werte entstehen können. Der entscheidende Prozeß ist dabei die Fermentation von Essigsäure, die in leichtes CH_4 und schweres CO_2 aufgespalten wird. Die Reaktionen der Methangärung bilden die Spätphase einer Deponie, die hier mit dem Nachweis der sehr schweren $\delta^{13}C$-Werte dokumentiert wird (Arneth u. Hoefs 1988).

Schwefel-Isotope

Schwefelhaltige Komponenten in Mülldeponien sollten im wesentlichen aus der Ablagerung von Bauschutt (Gipse) und aus Farb- und Werkstoffen (Baryt) stammen. Prinzipiell ist auch an die Ablagerung sulfidischer Komponenten zu denken, jedoch sollte dies eine untergeordnete S-Quelle darstellen. Anthropogener, aus Verbrennungsprozessen herrührender Schwefel spielt natürlich auch eine Rolle, dieser ist aber inzwischen über alle natürlichen Reservoire mehr oder weniger gleichmäßig verteilt und sollte in der Schwefelbilanz von Mülldeponien keine wesentliche Rolle spielen.

Untersucht wurde die Schwefelisotopenzusammensetzung an sieben Proben der Hausmülldeponie in Niedersachsen, an sechs Proben der Deponie Limburg (Nachtweyh et al. 1991), sowie an 23 Proben der Berliner Deponien (Arneth u. Hoefs 1989). Die Verteilung der $\delta^{34}S$-Werte ist in der Abbildung 14.2 dargestellt. Das Häufigkeitsmaximum liegt im Bereich 0–6‰, was dem geogenen Background entsprechen sollte. Werte > 10‰, insbesonders > 20‰ sind auf die Aktivität sulfatreduzierender Bakterien zurückzuführen, die wiederum in der Berliner Deponie besonders ausgeprägt sind.

Ein besonderes Problem bei der Interpretation der Isotopenwerte ergibt sich daraus, daß die Proben mit extrem hohen S-Isotopenwerten auch besonders hohe C-Isotopenwerte aufweisen. Da im allgemeinen davon ausgegangen wird, daß methanogene und sulfatreduzierende Bakterien nicht nebeneinander vorkommen, muß hier angenommen werden, daß die beobachteten Isotopenanreicherungen an räumlich getrennten Orten entstehen. Denkbar wäre etwa, daß die methanogenen Bakterien im Müllkörper selbst aktiv sind, während es sich bei den sulfatreduzierenden Bakterien um eine in-situ Aktivität in den Wässern selbst handeln könnte. Dafür spricht der zu beobachtende starke H_2S-Geruch in den an ^{34}S-angereicherten Wässern (Arneth u. Hoefs 1989). Allerdings ist dieser Schluß nicht sicher zu belegen und müßte durch weitere Untersuchungen abgesichert werden.

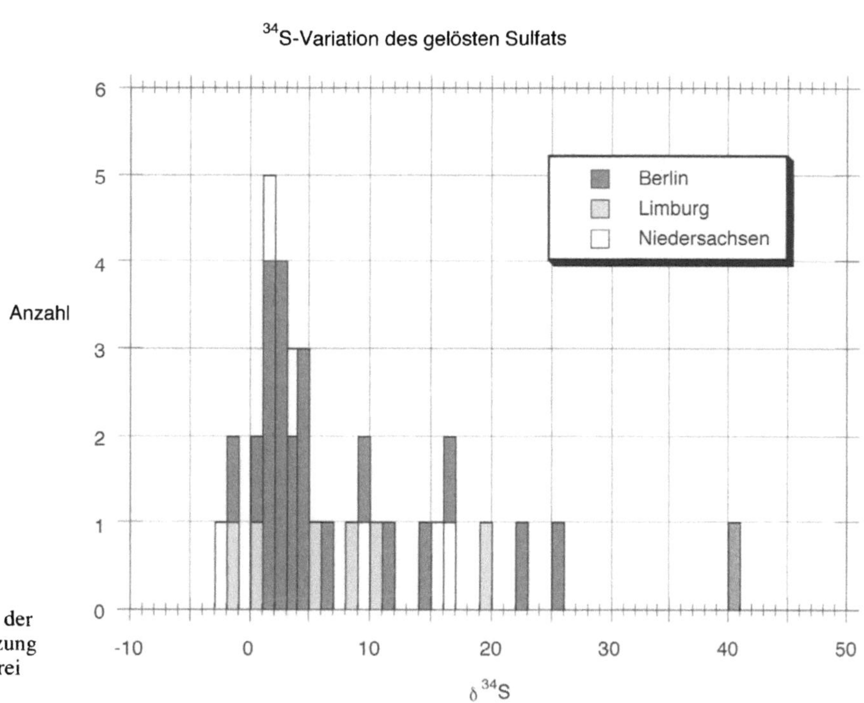

Abb. 14.2. Histogramm der S-Isotopenzusammensetzung von gelöstem Sulfat in drei Deponien

LITERATUR

Arneth JD, Hoefs J (1988) Anomal hohe ^{13}C-Gehalte in gelöstem Bikarbonat von Grundwässern im Umfeld einer Altmülldeponie. Naturwissenschaften 75: 515–517

Arneth JD, Hoefs J (1989) Extreme ^{34}S-Anreicherungen in gelöstem Sulfat von Grundwässern im Umfeld einer Altmülldeponie. Naturwissenschaften 76: 218–220

Chambers LA, Trudinger PA (1979) Microbiological fractionation of stable isotopes. Geomicrobiology J 1: 249–293

Claypool GE, Holser WT, Kaplan IR, Sakai H, Zak I (1980) The age curves of sulfur and oxygen isotopes in marine sulfate and their mutual interpretation. Chem Geol 28: 199–260

Harrison AG, Thode HG (1957) Mechanism of the bacterial reduction of sulphate from isotope fractionation studies. Faraday Soc Trans 54: 84–92

Hoefs J (1987) Stable isotope geochemistry. 3rd ed. 241 S.; Springer, Heidelberg Berlin New York Tokyo

McCrea JM (1950) The isotopic chemistry of carbonates and a paleotemperature scale. J Chem Phys 18: 849–857

Irwin H, Coleman M, Curtis C (1977) Isotopic evidence for the source of diagenetic carbonate during burial of organic-rich sediments. Nature 269: 209–213

Nachtweyh K, Rammensee W, Hoefs J (1991) Isotopengeochemische und geochemische Untersuchung der Kontamination von Deponiestandorten. Müll und Abfall 23: 421–435

Nielsen H, Ricke W (1964) S-Isotopenverhältnisse von Evaporiten aus Deutschland. Ein Beitrag zur Kenntnis von $d^{34}S$ im Meerwasser. Geochim Cosmochim Acta 28: 577–591

Ricke W (1964) Präparation von Schwefeldioxid zur massenspektrometrischen Bestimmung des S-Isotopenverhältnisses in natürlichen S-Verbindungen. Z Anal Chemie 199: 401–413

Rosenbaum J, Sheppard SMF (1986) An isotopic study of siderites, dolomites and ankerites at high temperatures. Geochim Cosmochim Acta 50: 1147–1150

Swart PK, Burns SJ, Leder JJ (1991) Fractionation of the stable isotopes of oxygen and carbon in carbon dioxide during the reaction of calcite with phosphoric acid as a function of temperature and technique. Chem Geol 86: 89–96

Vinogradov AP, Grinenko VA, Ustinov VI (1962) Isotopic composition of sulfur compounds in the Black Sea. Geochemistry Intern 1992: 973–997

15 Geochemische Barrieren bei Versatzbergwerken im Fels

Jean Thein • Michael Veerhoff • Christoph Klinger

15.1 Zur Bedeutung der Untertage-Deponie

In den letzten Jahren werden in zunehmender Menge Massenreststoffe, wie Filterstäube aus der Verbrennung von Kohlen oder Rauchgasreinigungsprodukte aus Hausmüllverbrennungsanlagen (MVA; → Kap. 12) als Versatz zur Sicherung der Erdoberfläche in stillzulegende aber auch in betriebene Bergwerke verbracht. Die überwiegende Mehrzahl dieser Bergwerke liegt im Erz-, im Kohle- oder im Steine-und-Erden-Abbau, in Aquiferen oder potentiell grundwasserführenden Gesteinsformationen und wird nach der Betriebsphase absaufen. Daher spielt die Betrachtung der Mobilisation von umweltrelevanten Inhaltsstoffen des Versatzes und deren Verhalten während des Transportes durch das umgebende Gestein bis zu nutzbaren Grundwasserhorizonten und der Biosphäre, für die Beurteilung der Machbarkeit von Versatzmaßnahmen und deren Langzeitsicherheit eine wesentliche Rolle.

Bei der übertägigen Deponierung stellt der hydraulische Abschluß des Deponiegutes durch natürlich dichte Gesteine im Untergrund oder technische Abdichtungsmaßnahmen die wesentliche Barriere gegen eine Schadstoffausbreitung in die Umwelt dar. Unter Tage dagegen muß im Falle eines klüftigen Wirtsgesteins dem geochemischen Schadstoffrückhaltevermögen eines sehr großen, den Versatzstoff umgebenden Gesteinsvolumens die Hauptrolle bei der Verhinderung der Schadstoffausbreitung in die Biosphäre zugestanden werden. Bei der übertägigen Deponierung von Abfällen wird dieser „geochemischen Barriere" inzwischen auch in der TA Abfall (1991) durch Berücksichtigung bestimmter lithologischer, mineralogischer und geochemischer Gesteinseigenschaften des natürlichen Untergrundes und der mineralischen Abdichtung bei der Standortbeurteilung Rechnung getragen. Für den untertägigen Bereich fehlen dagegen bisher fundierte Grundlagen. Zwar wird aufgrund der inzwischen vorliegenden Erkenntnisse die Bedeutung der geochemischen Barriere als qualitativer Faktor bei der Standortbeurteilung von Versatzbergwerken hervorgehoben (Länderausschuß Bergbau 1995); sie findet allerdings bei der quantitativen Bewertung, anders als hydraulische und gesteinsphysikalische Parameter, noch keine Berücksichtigung.

Grund hierfür ist unter anderem die Komplexität der Wirkungsmechanismen, die sich in einer Vielzahl unterschiedlicher Milieuparameter wie Reststoffzusammensetzung, Eh-pH-Verhältnisse der Sicker- und Grundwässer, Temperatur, Druck, Salinität und Lithologie des Wirtsgesteines, sowie der geologisch-tektonischen und hydrogeologischen Randbedingungen des Bergwerkes aufsummieren. Für den Versatz von temporär offenen Strebhohlräumen im Steinkohlenbergbau der Ruhr nach dem Verfahren der Bruchhohlraumverfüllung wurden erstmals in der Bundesrepublik umfängliche Untersuchungen in einer „Machbarkeitsstudie" zusammengefaßt (Jäger et al. 1990, 1991), welche die Randbedingungen für den umweltverträglichen Reststoffversatz in das potentiell grundwasserführende Gebirge des Karbons aufzeigten.

Mittlerweile liegen aus mehreren Studien Ergebnisse über das Verhalten unterschiedlicher Reststoffe unter Untertage-Bedingungen sowie die Sorptionseigenschaften lithologisch unterschiedlicher Gesteine gegenüber mobilisierten Schadstoffen vor, die eine bessere Einschätzung der Prozesse erlauben, die unter Tage zur Mobilisation, zum Transport und zur Fixierung umweltrelevanter Stoffe führen (Klinger 1994; Kim u. Hadermann 1996; Paas in Vorb.). Verfahren zur Untersuchung und Modellierung der Langzeitsicherheit bei der Verbringung von Reststoffen und Abfällen in dauerhaft offene Hohlräume im Festgestein werden derzeit in einem Verbundprojekt des Bundesministeriums für Bildung, Wissenschaft, Forschung und Technologie (BMBF), unter Federführung der Gesellschaft für Reaktor- und Anlagensicherheit/Köln und mit Beteiligung der Universitäten Bochum und Bonn sowie der DMT-Gesellschaft f. Forschung u. Prüfung/Essen, erarbeitet.

Die bisher bei all diesen Untersuchungen erkannten Zusammenhänge zwischen Milieu, Stofflösung, Transport und Fluid-Gesteins-Wechselwirkungen sind nicht nur auf Untertagedeponien und Versatzbergwerke beschränkt. Vielmehr lassen sich wichtige Parallen zu Prozessen aufzeigen, wie sie auch in natürlichen geologischen Kreisläufen beobachtet werden können, wie z.B. bei der Diagenese, beim Stofftransport in porösen und klüftigen Gesteinen, bei der Elementanreicherung in spezifischen Faziesmilieus bis hin zur Bildung sedimentärer Lagerstätten. Im folgenden werden beispielhaft insbesondere die Ergebnisse der Untersuchungen im Zusammenhang mit den Versatzmaßnahmen im Steinkohlenbergbau der Ruhr diskutiert.

15.2 STOFFMOBILISATION

Die Betrachtung geochemischer Barrieren setzt eine Stoffmobilisation als Quellterm aus dem Deponiegut bzw. Versatzmaterial voraus. Diese findet bei chemisch nicht inerten Stoffen in unterschiedlich starkem Maße statt. Art und Menge der freigesetzten Inhalte, die ganz wesentlich von den Milieuverhältnissen im Bergwerk und den in ihm zirkulierenden Gruben- bzw. Grundwässern abhängt, entscheiden über die Machbarkeit einer Versatzmaßnahme und über die Betrachtungsweise bei deren Beurteilung (Jäger et al. 1990, 1991; Obermann u. Rüterkamp 1991; TA-Abfall, Teil 1 1991). Überschreitet die Menge der mobilisierten Inhaltsstoffe nicht deren geogene Backgroundkonzentration im Grundwasser, so verhält sich der Stoff in bezug auf seine Umgebung *„immissionsneutral"*, und kann ohne weitere Sicherungsmaßnahmen nach unter Tage verbracht werden. Übersteigt die freigesetzte Menge umweltrelevanter Inhaltsstoffe die lokale Hintergrundkonzentration, wird die Verbringung nach dem *„Prinzip des vollständigen Einschlusses"* gefordert. Ein hydraulisch dichtes Wirtsgestein in der unmittelbaren Umgebung des Versatzortes *(hydraulische Barriere)* muß in diesem Falle eine Schadstoffausbreitung in die Hydrosphäre und die Biosphäre verhindern. Sie wird unterstützt und ergänzt, wie unten ausgeführt wird, durch die Immobilisierung und Fixierung von gelösten Schadstoffen aufgrund chemischer Prozesse *(geochemische Barriere)*.

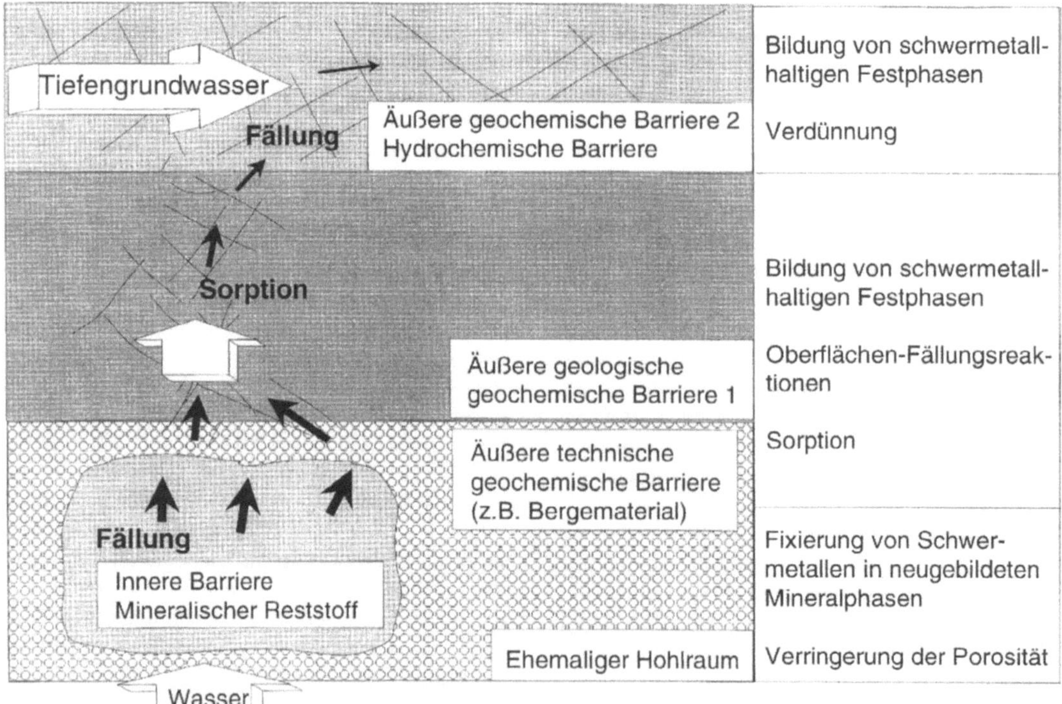

Abb. 15.1. Schematische Darstellung eines Multibarrierenkonzeptes, wie es in bergbaulichen Hohlräumen im Salzgestein wie auch im Nichtsalzgestein verwirklicht sein kann. Die Verwendung einer technischen Barriere stellt eine Option für den Fall dar, daß das Rückhaltevermögen der natürlichen Barrieren für die Schadstoffe des Deponates nicht ausreicht

Sind erst einmal Schadstoffe in Lösung gegangen, spielt die geochemische Barriere des Wirtsgesteins bei der Verhinderung bzw. der Verzögerung des Transportes in die aktive Hydrosphäre und in die Umwelt eine wesentliche Rolle. Erst in den letzten Jahren ist die Kapazität des geochemischen Schadstoffrückhaltevermögens des Reststoffes selbst, des umgebenden Grundwassers und des Wirtsgesteines in der Umgebung von Versatzbergwerken erkannt worden (Jäger et al. 1990, 1991; Brasser et al. 1991; Thein 1993; Klinger 1994). Ähnlich wie bei übertägigen Deponien gewinnt, angesichts der in geologischen Zeiträumen nahezu unausweichlichen Rolle von Grundwasser (auch beim Salz!), die Betrachtung des „Multibarrieren-Prinzips" (Abb. 15.1) zunehmend an Bedeutung (TA-Abfall 1991; Czech 1992; Thein 1993; Klinger u. Thein 1994). Die nacheinander und nebeneinander untertage wirkenden komplexen Barrieren setzen sich, vom Verbringungsraum nach außen zur Biosphäre, aus den in Abbildung 15.1 skizzierten Elementen zusammen.

Mobilisation von Schadstoffen

Klinger (1994) und Paas (in Vorb.) beschreiben als steuernde Faktoren für die Quantität und Qualität der Lösungsvorgänge:

- Temperatur, Druck
- Reaktionszeit (in Abhängigkeit von den hydraulischen Verhältnissen)
- Zusammensetzung der Grundwässer (Salinität, Lösungsgenossen)
- Redoxmilieu (reduzierend, oxidierend)
- pH-Wert (wird sowohl durch das Grundwasser als auch durch den Versatzstoff kontrolliert)

Ihre Untersuchungen zeigen ferner, daß die Auswirkungen dieser Milieubedingungen für die Schadstofffreisetzung aus Reststoffen sehr unterschiedlich sein können.

Im Ruhrkarbon werden Reststoffe in Teufen > 1000 m verbracht. Die Grubenwassertemperatur beträgt in diesem Versatzbereich etwa 40°C (Wedewardt 1995). Durch exotherme Reaktion des Reststoffes mit dem Grubenwasser kann es zu zusätzlichen Temperaturanstiegen von 10° bis 20°C kommen. Insbesondere im alkalischen Milieu führen diese hohen Temperaturen zu einer verstärkten Lösung von Glasphasen, wie sie vor allem in Filterstäuben aus MVA enthalten sind. Die darin gebundenen Schwermetalle können somit freigesetzt werden (Peterson u. Rochelle 1988). Das Beispiel eines fast glasfreien hydroxidhaltigen Rauchgasreinigungssalzes zeigt jedoch, daß der Temperatureffekt auch gegenläufig sein kann (Abb. 15.2). Ebenso wie die Reaktionen mit dem salinaren Grubenwasser führt auch die höhere Versuchstemperatur zu einer verringerten Pb-Lösung. Eine wesentliche Voraussetzung für die Erfassung und Beurteilung des mittel- bis langfristigen Mobilisationsverhaltens von Schwermetallen aus Reststoffen ist somit sowohl die Simulation möglichst realitätsnaher Umweltbedingungen unter Berücksichtigung der o.g. Faktoren, als auch die Anwendung geeigneter Untersuchungsverfahren.

Es hat sich gezeigt, daß die in der Deponietechnik gängige Untersuchung durch Schütteln des Feststoffes in der zehnfachen Menge destillierten Wassers (DEV-S4) hierfür keineswegs geeignet ist. Einen Fortschritt stellt beim Untertage-Versatz der inzwischen übliche Gebrauch von „Grubenwässern" für derartige Elutionsversuche dar. So können z.B. die

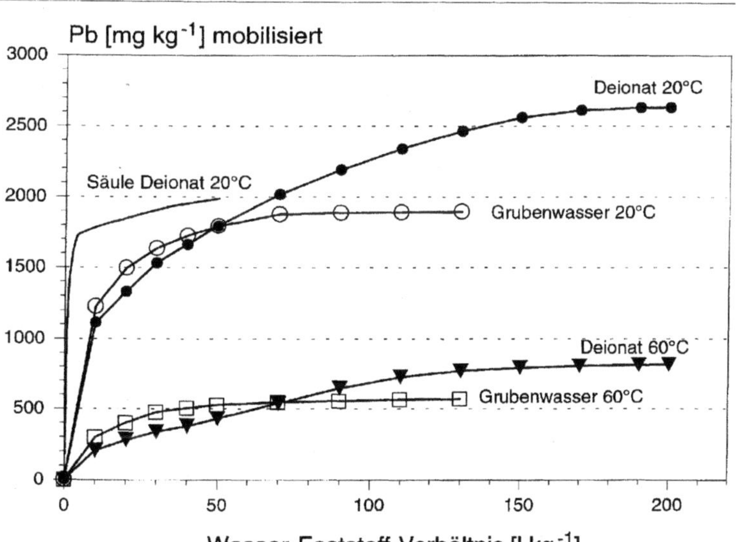

Abb. 15.2. Löslichkeit von Pb (Gesamtgehalt 3900 mg kg^{-1}) aus dem Rauchgasreinigungssalz einer Müllverbrennungsanlage im Säulenversuch mit Deionat und mit salinarem Grubenwasser bei 20° und bei 60°C (nach Klinger 1994)

Box 15.1 Versatzstoffe

Der Einsatz bergbaufremder Reststoffe beim Versatz in betriebenen oder stillgelegten Bergwerken ist seit kurzem in „Technischen Regeln" (Länderausschuß Bergbau 1995) nach einheitlichen Kriterien festgeschrieben. Vergleichbar den Regeln für den Einsatz von Reststoffen im übertägigen Bereich (Technische Regeln 1994) wird die Machbarkeit einer Versatzmaßnahme stoff- und bergwerksbezogen für den Einzelfall entsprechend den Hintergrundwerten des Wirtsgesteins und des Grundwassers nach einem abgestuften System von Grenzwerten beurteilt.

Die sicherheitstechnischen Bestimmungen im Bergbau schließen a priori eine Gruppe von Reststoffen vom Versatz aus, die radioaktiv, explosibel, hygienisch bedenklich, geruchsentwickelnd oder ausgasend sind. Der Katalog der für einen Versatz in Bergwerke in Frage kommenden bergbaufremden Materialien beschränkt sich, im Sinne der in der TA-Abfall geforderten Endlagerung, im wesentlichen auf mineralische Massenreststoffe, die mit geringem bis mäßigem mobilisierbarem Schadstoffinhalt in einer kalkulierbaren Menge und mit einer mehr oder weniger konstanten Qualität zur Verfügung stehen. Neben dem aus Umweltgründen relevanten Schadstoffinhalt spielen bei der Auswahl der Stoffe vor allem deren technischen Eigenschaften eine Rolle. Im Ruhrkohlenbergbau z.B. werden Reststoffe nach dem Verfahren der Bruchhohlraumverfüllung (BHV) als Dickstoffsuspension über Fall-Leitungen von über Tage aus in den Resthohlraum des nachbrechenden Gebirges im Strebraum verpumpt. Dort bildet es unter dem Druck des überlagernden Gebirges mit dem nachgebrochenen Gestein eine dichte „Brekzie".

In der Machbarkeitsstudie wurde für den Versatz im Steinkohlenbergbau eine Liste mit Stoffen aufgeführt, die ohne weiteres geeignet sind, da sie im Vergleich zu den tiefen, hochsalinaren Grundwässern im Karbon (Wedewardt 1995) als immissionsneutral zu beurteilen sind. Typische Vertreter sind die Reststoffe (Elektrofilterstäube, Gipse der Rauchgasentschwefiung) aus steinkohlenbefeuerten Kraftwerken, deren Einsatz bereits mit einer Rundverfügung des Landesoberbergamtes Dortmund von 1989 geregelt wurde. Die Mengen der aus ihnen freigesetzten Inhaltsstoffe sind in bezug auf die Vorbelastung der Grundwässer im Karbon nur gering und beschränken sich vor allem auf Sulfat, Alkalien und Erdalkalien sowie Spuren einiger Metalle, wie Cr und V.

Bedingt geeignet für den Versatz im Steinkohlenbergbau sind Stoffe, deren mobilisierbarer Anteil größer ist, und für die nach entsprechender Einzelfallbetrachtung ein vollständiger Einschluß gefordert wird. Hier sind insbesondere die heute in einer Menge von etwa 600 000 t jährlich in der Bundesrepublik anfallenden Reststoffe (Filterstäube und Rauchgasreinigungsalze) von Hausmüllverbrennungsanlagen zu nennen. Sie enthalten charakteristisch neben Salzen hohe Mengen von Schwermetallen wie Pb, Zn, Cu, Cd, Sn etc., die teilweise durch Wasser mobilisierbar sind (Tabelle 15.1). Sie sind aufgrund ihres hohen, mobilisierbaren Schadstoffinhaltes ideal für die Untersuchung der milieuabhängigen Stoffmobilisierungs- und Sorptionsprozesse. Die in ihnen beim Kontakt mit Anmach- und Grubenwässern ablaufenden Langzeitreaktionen, die z.T. mit puzzolanischen Prozessen beim Abbinden von Zement vergleichbar sind (Bohnenberger 1994; Klinger 1994; Müller et al. 1994) führen bereits im Stoff zur Immobilisierung vieler Metalle (innere geochemische Barriere, s.u.).

Die Freisetzung der Schwermetalle wird durch deren Bindungsformen beinflußt. Die experimentelle Bestimmung der Bindungsformen und -stabilitäten von Schwermetallen kann in Anlehnung an ein in der Sedimentgeochemie entwickeltes Verfahren durch einen sequentiellen Aufschluß erfolgen, der Schwermetallbindungen und mineralische Komponenten des Feststoffes unter zunehmend sauren pH-Bedingungen zerstört (Calmano u. Förstner 1985). Zudem werden durch die Lösungen spezifische Mobilisationsmilieus simuliert und so z.B. oxidische und sulfidische Verbindungen selektiv angegriffen. Der Vergleich verschiedener Reststoffe aus der Abgasreinigung von Müllverbrennungsanlagen zeigt, daß Pb in nahezu allen Bindungsformen akkumuliert werden kann (Abb. 15.3). Die Interpretation solcher Daten hinsichtlich der Mobilisierbarkeit der Metalle und somit der Langzeitsicherheit der Versatzmaßnahme muß unter Berücksichtigung der Standortdaten und vor allem der künftigen geochemischen Milieubedingungen erfolgen. Nur dann sind verläßliche Prognosen dazu möglich, welche Bindungsformen mobilisierbar und welche Anteile stabil fixiert vorliegen.

Tabelle 15.1. Haupt- und Spurenelemente ausgewählter Reststoffe

	FS 1	FS 2	FS 3	FS 4	REA-S	EFA
SiO_2 (Gew.-%)	21,3	30,7	20,4	12,1	5,9	18,2
Al_2O_3 (Gew.-%)	9,9	12,0	10,4	5,6	3,5	16,1
Fe_2O_3 (Gew.-%)	4,9	3,23	1,9	0,9	1,2	7,5
MnO (Gew.-%)	0,2	0,09	0,08	0,05	0,06	0,04
MgO (Gew.-%)	2,0	2,1	1,8	1,5	1,1	0,4
Na_2O (Gew.-%)	3,6	0,8	7,0	12,2	4,2	3,8
CaO (Gew.-%)	16,8	21,2	12,7	6,8	54,8	1,8
K_2O (Gew.-%)	2,3	1,1	3,7	4,7	2,1	1,3
TiO_2 (Gew.-%)	0,8	0,7	1,0	0,6	0,3	0,5
P_2O_5 (Gew.-%)	5,0	5,6	0,6	0,5	n.b.	1,1
As (mg kg^{-1})	397	73	708	929	90	569
Ba (mg kg^{-1})	1207	923	1345	986	n.b.	1486
Cr (mg kg^{-1})	567	378	316	295	76	173
Cu (mg kg^{-1})	539	549	489	626	500	669
Ni (mg kg^{-1})	120	57	64	36	37	430
Pb (mg kg^{-1})	1844	342	3058	3953	3900	1445
Sr (mg kg^{-1})	286	328	189	77	230	665
V (mg kg^{-1})	376	98	70	23	59	320
Zn (mg kg^{-1})	7022	3404	11538	21243	8600	1495
Zr (mg kg^{-1})	430	164	86	34	n.b.	301

FS: Filterstaub; REA-S: Rauchgasreinigungs-Salz; EFA: Elektrofilterasche

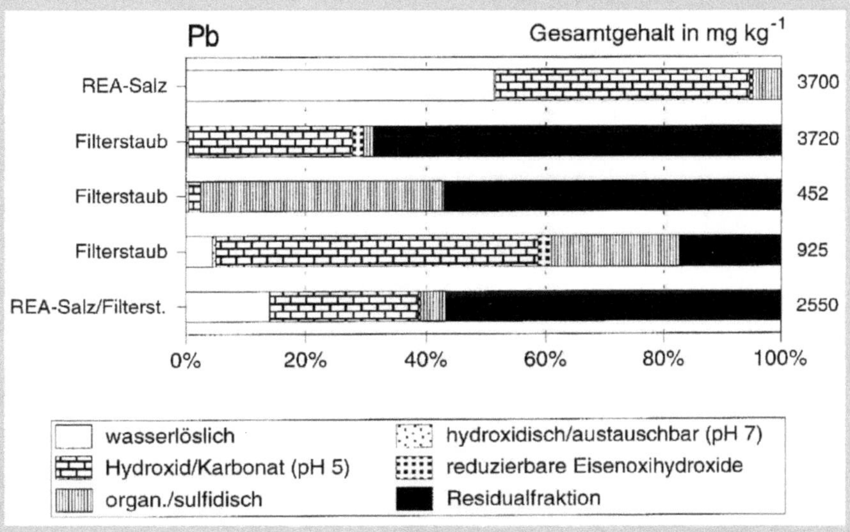

Abb. 15.3. Bindungsformen von Pb in verschiedenen Reststoffen aus Müllverbrennungsanlagen

pH-Werte saurer Oxidationswässer von Sulfidbergwerken, oder die lösungsverstärkenden bzw. -einschränkenden Auswirkungen hoher Salzgehalte berücksichtigt werden (Abb. 15.2). Im realen Versatz ist die im Porenraum vorhandene Wassermenge deutlich geringer als im Laborversuch, die Verweil- und Reaktionszeiten sind viel länger. Lösungs- und Fällungsreaktionen erfolgen an der Kontaktfläche Porenraum-Feststoff. Reaktionsprodukte auf den Kornoberflächen werden nicht wie im Schüttelversuch durch mechanischen Abrieb zerstört. Langzeitversuche in Großbehältern und Untersuchungen an in Bergwerken verbrachten Versatzstoffen haben gezeigt, daß die Schadstoffausträge deutlich geringer sind, als zuvor im Labor ermittelt wurde. Ein Vergleich der verschiedenen Elutionsverfahren (Abb. 15.4) zeigt eindeutig, daß die heute zur Ermittlung des Mobilisationspotentials eingesetzten, genormten Verfahren, durch Nichtberücksichtigung der Langzeiteffekte, meist ein völlig falsches Bild von der tatsächlich bei der späteren Durchströmung stattfindenden Mobilisation geben.

15.3 INNERE BARRIEREN

Die verbrachten Reststoffe können chemisch mit den Inhaltsstoffen der Sickerwässer reagieren und damit einen Schadstoffaustrag verhindern (*innere geochemische Barriere*). Gleichzeitig tragen Kompaktionen durch Gebirgsdruck und Mineralneubildungen im Porenraum durch Zementation zur Verminderung der Wasserdurchlässigkeit und damit zur Verbesserung der *inneren hydraulischen Barriere* bei.

Innere hydraulische Barriere

Die für die untertägige Lagerung eines Stoffes wesentliche hydraulische Barriere beschreibt die Durchlässigkeit gegenüber Sicker- und Grundwässern. Ihre Größe ist damit Angelpunkt für die weitere Betrachtung der Stoffmobilisation und des Transportes im Versatzkörper bzw. im Abfall. Im Idealfall ist die innere Wasserdurchlässigkeit minimal, so daß der Reststoff potentiellen Sickerwässern einen maximalen Strömungswiderstand entgegensetzt und eine Stofflösung allenfalls in der Randzone eines wasserundurchlässigen Reststoffmonolithen stattfinden kann.

Die üblicherweise im Bergbau als hydraulischer Versatz oder als Dickstoffsuspension eingebrachten Reststoffe aus Kraftwerken und MVA weisen primäre Wasserdurchlässigkeiten (k_f-Werte) um 10^{-7} m s^{-1} auf. Damit sind sie im Sinne der hydrogeologischen Klassifizierung bereits als gering bis sehr gering durchlässig einzustufen (Skrzyppek et al. 1993). Eine weitere Verringerung der Wasserdurchlässigkeit wird häufig durch die Konditionierung der Versatzstoffe mit einem hydraulischen Bindemittel (z.B. Zement) erreicht (Sprung u. Rechenberg 1988; Pöllmann 1993). Weitere Vorteile in der Anwendung von Zementmineralen für die Schadstoffbindung liegen in der Fällung von Schwermetallhydroxiden als Folge einer pH-Wert-Erhöhung, in einer Fixierung durch Einbau

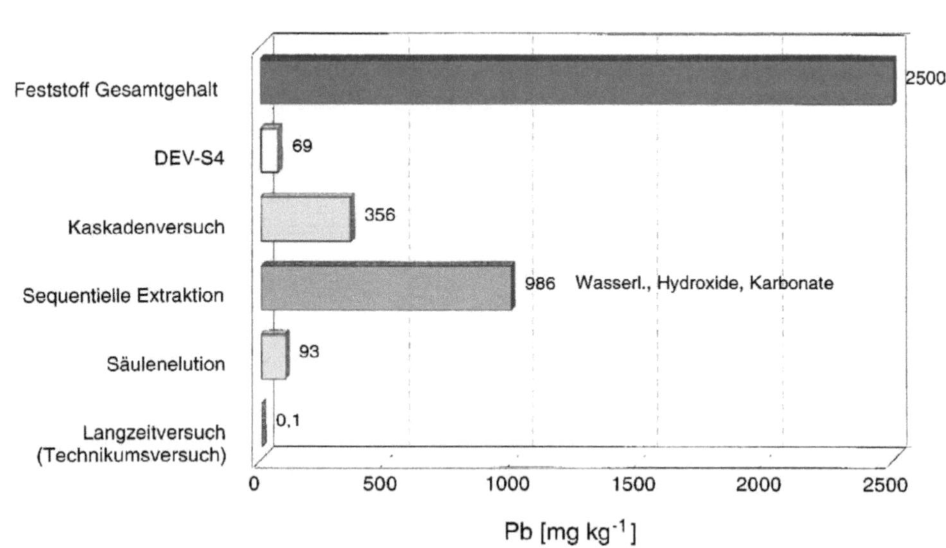

Abb. 15.4. Aus einem MVA-Reststoff mit verschiedenen Verfahren und Wasser-Feststoffverhältnissen eluierte Pb-Mengen

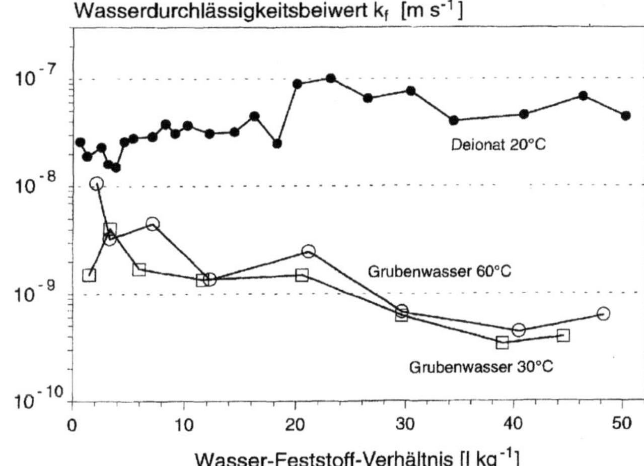

Abb. 15.5. Wasserdurchlässigkeiten eines $Ca(OH)_2$-haltigen MVA-Reststoffes bei der Durchströmung mit Deionat und einem hochmineralisierten Grubenwasser

in das Kristallgitter von Hydratphasen und in der Verminderung der reaktiven Oberfläche durch die Verdichtung des Gefüges im abgebundenen Reststoff (Pöllmann 1994; Saxer et al. 1993).

Klinger (1994) führte Durchströmungsversuche an unkonditionierten Reststoffen aus Müllverbrennungsanlagen mit destilliertem Wasser und hochsalinaren Grubenwässern des Karbons bei realitätsnahen Temperaturen durch. Sie zeigen beim Einsatz von Grubenwasser, gegenüber dem Versuch mit reinem Wasser, mit zunehmender Menge des den Versatzstoff durchströmenden Wassers eine Verringerung der Wasserdurchlässigkeit um mehrere Zehnerpotenzen (Abb. 15.5). Dieser Effekt ist auf Ausfällungen von Mineralen im Porenraum durch Übersättigung der einzelnen gelösten Bestandteile und durch die Bildung von Reaktionssäumen an den äußeren Reaktionsflächen des Reststoffs zurückzuführen.

Die durch Konvergenzbewegungen des Gebirges, insbesondere im Strebbruchbau des tiefen Steinkohlenbergbaus, dem als Bruchhohlraumverfüllung (Thein u. Wilke 1993; Klinger u. Thein 1994) durchgeführten Versatz folgende Gebirgsauflast führt zu einer weiteren physikalischen Verdichtung des Reststoffes. Dieser stellt mit dem nachbrechenden tonigen Gebirge eine dichte Brekzie dar. In Situ-Messungen in aufgefahrenem Versatz (Jäger et al. 1990) und Laboruntersuchungen von Wilke u. Dartsch (1995) und Klinger (1994) ergaben eine Abnahme der Durchlässigkeit unter Gebirgsauflast von mehreren Zehnerpotenzen (Abb. 15.6). Der verbrachte Reststoff stellt mit dem nachbrechenden tonigen Gebirge einen weitgehend undurchlässigen Monolithen und damit eine effektive hydraulische Barriere dar. Dieser rein physikalische Effekt, der auf eine Verdichtung des eingebrachten Materials und einer damit verbundenen Verringerung des Poren-

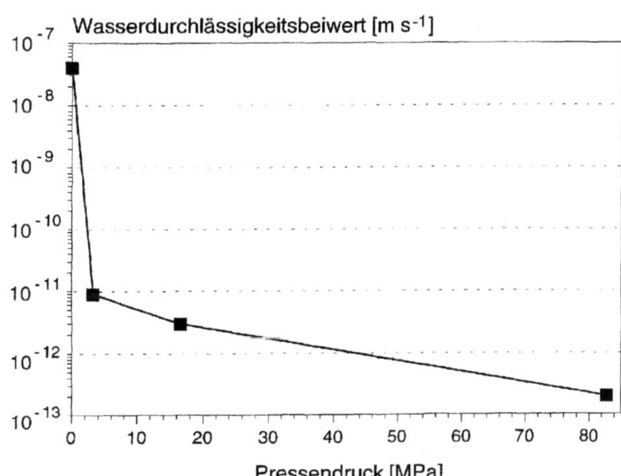

Abb. 15.6. Druckabhängige Abnahme der Wasserdurchlässigkeit für ein REA-Salz aus einer Müllverbrennungsanlage. Die Versuchsdauer betrug jeweils eine Woche

raumes zurückzuführen ist, wird nachhaltig durch die im folgenden beschriebene innere geochemische Barriere unterstützt.

Innere geochemische Barriere

Die Mobilisation von Bestandteilen der Reststoffe ist, wie bereits erläutert, sowohl durch die physikochemischen Reaktionen in den Reststoffen selber, als auch von der hydrochemischen Zusammensetzung der den Versatzbereich später durchströmenden Grundwässer abhängig. Langzeitversuche mit NaCl-Solen des Steinkohlengebirges an der Ruhr zeigten bei Rauchgasreinigungssalzen von MVA die Neubildung von Mineralen, wie Calcit, Calcium-Aluminat-Hydrate, Halit u.a., zusätzlich von Portlandit und Ettringit nach der Durchströmung mit normalmineralisiertem Wasser (Klinger 1994; Abb. 15.7 und 15.8). Wie großtechnische Versuche in einem Salzbergwerk unter in situ-Verhältnissen gezeigt haben, sind solche Mineralneubildungen sehr wohl in der Lage, große Teile der bei der Lösung des Ausgangsstoffes primär mobilisierten Schwermetalle aufzunehmen und zu fixieren (Bambauer et al. 1988; Bohnenberger 1994; Müller et al. 1994). REM- und Mikrosondenanalysen konnten eindeutig die Einbindung von Zn und Pb in die neugebildeten, zumeist hydroxidischen und chloridischen Mineralphasen nachweisen (Veerhoff et al. 1995). Die Mehrzahl der in der Anfangsphase der Durchströmung mobilisierten Schwermetalle wird damit unmittelbar nach der Lösung wieder fixiert. Als wichtigste Reaktionsmechanismen sind hierbei die Fällung durch Bildung eigener Schwermetallverbindungen sowie die Mitfällung durch isomorphe Substitution im Kristallgitter eines bereits bestehenden Minerals oder während der Kristallneubildung zu nennen. Daneben spielen auch Adsorptionsvorgänge (Ionenaustausch, Oberflächenkomplexierung, Oberflächenfällung) an der Oberfläche fester Stoffe eine bedeutende Rolle bei der Schwermetallfestlegung (Sposito 1984; Farley et al. 1985; Dzombak u. Morel 1986).

Einen weiteren wesentlichen Einfluß auf die Immobilisierung bzw. Mobilisierung von gelösten Schadstoffen und somit auf die Wirksamkeit der geochemischen Barriere haben die Redoxverhältnisse im Versatzbereich. Während der Betriebsphase von Bergwerken wird Sauerstoff sowohl durch die Bewetterung, als auch in der Reststoffsuspension gelöst, dem Versatzbereich zugeführt. Es muß folglich davon ausgegangen werden, daß die oben beschriebenen Lösungs- und Fällungsprozesse zunächst unter oxidierenden Milieuverhältnissen ablaufen. Durch Oxidationsprozesse und mikrobielle Aktivität wird nachfolgend der im Grubenraum befindliche Sauerstoff aufgebraucht. Nach der Flutung des Bergwerkes und einer damit verbundenen Durchströmung des Versatzbereiches werden sich die ursprünglichen, vermutlich reduzierenden Milieubedingungen wieder einstellen (Wedewardt 1995). Mit steigender Sulfidkonzentration im Porenraum des

Abb. 15.7. REM-Aufnahme eines Kalzitrasens im Kontaktbereich Reststoff/Nebengestein

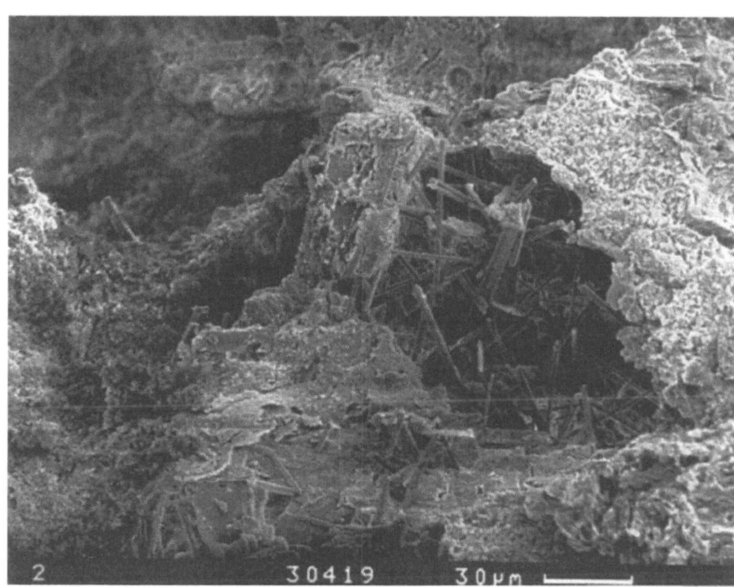

Abb. 15.8. REM-Aufnahme einer REA-Salz-Probe mit nadeligen Ettringit-Kristallen in den Porenräumen

Versatzbereiches werden beim Unterschreiten der Sulfat/-Sulfidgrenze die gelösten Spurenmetalle als schwerlösliche Sulfide gefällt und sind somit unter reduzierenden Bedingungen weitgehend immobil.

Die Mineralumwandlungs- und -neubildungsreaktionen zeigen sich, wie sequentielle Extraktionen belegen, auch in der Verteilung der Schwermetallbindungsformen. Versuche an Müllverbrennungsreststoffen ergaben stabilere Bindungsverteilungen von Cd in den Proben, die mit dem Grubenwasser in Kontakt standen. Bei Pb hingegen bewirken höhere Temperaturen eine deutlich stärkere Fixierung. Die Mobilität von Pb in den basischen, salzreichen Lösungen ist um ein Vielfaches höher als die von Cd, Zn, Cu und Ni (Abb. 15.9).

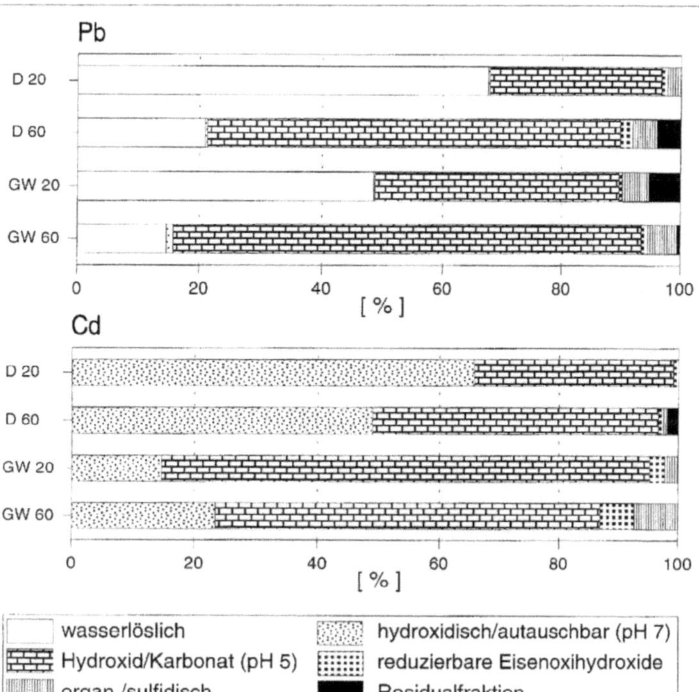

Abb. 15.9. Mobilität von Pb und Cd im sequentiellen Aufschluß. Von links (wasserlöslich) nach rechts (Residualfraktion) nimmt die relative Bindungsstärke zu. Die Bestimmung des wasserlöslichen Anteils erfolgte mit Deionat (D) und salinarem Grubenwasser (GW) bei 20° und 60°C (nach Klinger 1994)

Diese Prozesse der inneren geochemischen Barriere können gleichermaßen auf schwermetallbelastete Grubenwässer, z.B. Sauerwässer aus Sulfidgruben, einen sehr positiven Pufferungs- und „Filter"-effekt haben. So wurden stark saure und schwermetallkontaminierte Wässer einer Schwefelkiesgrube bei der Passage durch MVA-Reststoff-führendes Versatzmaterial neutralisiert, die Schwermetalle, im wesentlichen Pb, Zn, Cu, Ni, Cd, As, Tl, nahezu quantitativ aus der Lösungsphase eliminiert. Die Bilanz zwischen dem Säurepotential des Grubenwassers und dem Pufferpotential des Versatzstoffes bildet hier das wesentliche Maß für die Langzeitsicherheit der inneren chemischen Barriere.

Eine langfristige Immobilisierung von Schadstoffen kann auch durch geeignete Mischung verschiedener Reststoffe, z.T. in Verbindung mit einer thermischen Behandlung des Reststoffgemisches, erreicht werden (Bambauer et al. 1988; Pöllmann et al. 1991; Auer 1992; Neubauer 1992; Stemmermann 1992; Pöllmann 1993). Das Konzept der „Inneren Barriere" nach Pöllmann et al. (1991) beruht auf der kristallchemischen Fixierung von Schadstoffkationen und -anionen in Speicherminerale. Diese entstehen entweder durch thermische Behandlung des Reststoffs (primäre Speicherminerale) oder durch hydraulische Reaktionen im Deponiekörper selbst (sekundäre Speicherminerale). Die Nachteile dieser Barriere liegen in der starken Abhängigkeit der geeigneten Speichermineralbildung von der jeweiligen chemischen Zusammensetzung der eingesetzten Reststoffe.

Speziesverteilung

Die Speziesverteilung der freigesetzten Schwermetalle weist eine enge Abhängigkeit zu den Milieufaktoren im Versatzbereich bzw. im Versatzstoff auf. Die meisten mineralischen Reststoffe enthalten leichtlösliche Salze (z.B. Hydroxide und Chloride). Somit bestimmt der Reststoff im wesentlichen den pH-Wert der Porenlösung. Einen zusätzlichen Einfluß bildet die Mineralisation des eluierenden Grubenwassers, die gerade in den für den Versatz geeigneten, großen Teufen überwiegend durch NaCl verursacht wird.

Schwermetalle bilden mit den anionischen Inhaltsstoffen des Wassers zahlreiche Komplexe (Hydroxo-, Chloro-, Karbonatkomplexe). Abbildung 15.10 zeigt am Bespiel des Zn die Dominanz der Hydroxokomplexe im basischen Milieu nach einer Berechnung mit dem thermodynamischen Rechenprogramm (PHREEQE, Parkhurst et al. 1980). Während diese Spezies auch bei hohen NaCl-Gehalten erhalten bleiben, wird Zn^{2+} im hochsalinaren Milieu nahezu vollständig durch Chlorokomplexe verdrängt. Dieser Effekt ist bei Cd noch deutlicher ausgeprägt. Die Cd-Chlorokomplexe sind auch noch bei höheren pH-Werten stabil. Dieses Verhalten erklärt auch die hohe Mobilität von Cd im salinaren Milieu bereits bei neutralen pH-Werten (s. Abschnitt 15.5). Hochsalinare Wässer führen somit z.T zu einer Lösungsverstärkung, z.B. durch Bildung stabiler Schwermetall-Chlorokomplexe. Neben Cd wird auch Pb erfahrungsgemäß in NaCl-reichen Wässern um ein Vielfaches stärker gelöst als in destilliertem Wasser. Die Speziesverteilungen wirken sich auch auf das Transport- und Sorptionsverhalten deutlich aus. Vor allem bei Diffusionsprozessen spielt neben der Ladung der Metallkomplexe auch die Größe der Komplexe, die sich zu Kolloiden zusammenlagern können, eine wichtige Rolle.

Stofftransportmechanismen

Der Transport von Schadstoffen aus Abfällen, die in bergbaulich erschlossenem Gebirge gelagert werden, erfolgt nach Beendigung der Betriebsphase ausschließlich über den Wasserpfad. Während die Bergwerke bei der Einlagerung weitgehend trocken sind und das Gebirge in seinen Klüften und Grobporen zumindest teilweise entwässert ist, muß in den meisten Fällen sowohl bei einer Lagerung im Fels wie teilweise auch im Salz damit gerechnet werden, daß Wasser mit den eingelagerten Reststoffen in Kontakt kommt und mobile Komponenten löst (s.o.). Da die zu betrachtenden Schadstoffe in mineralischen Reststoffen fast ausschließlich Schwermetalle sind, erfolgt bei der Lagerung und auch bei einem späteren Transport weder ein Abbau noch ein Zerfall.

Der Zutritt von Wasser ist im wesentlichen auf den Wiederanstieg des durch Wasserhaltungsmaßnahmen abgesenkten Grundwasserspiegels zurückzuführen. In selteneren Fällen können auch Sickerwasserzutritte von Übertage eine Rolle spielen. Die hydraulischen Bedingungen beim Anstieg des Grundwassers durch den Versatzraum (instationärer Zustand) unterscheiden sich von einer späteren Gleichgewichtseinstellung deutlich, da der hydraulische Gradient vergleichsweise hoch ist und eine Sättigung des Porenraumes noch nicht erfolgt ist (Jäger et al. 1990, 1991). Allerdings spielt hier die Verteilung und Durchströmbarkeit der bergbaulichen Hohlräume am Standort eine wichtige Rolle. Bei Einstellung stationärer Bedingungen ist mit deutlich geringeren hydraulischen Gradienten und infolgedessen mit einem

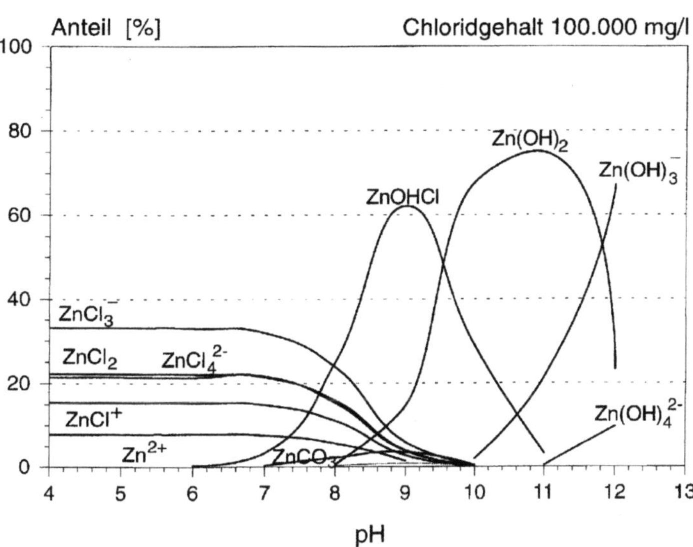

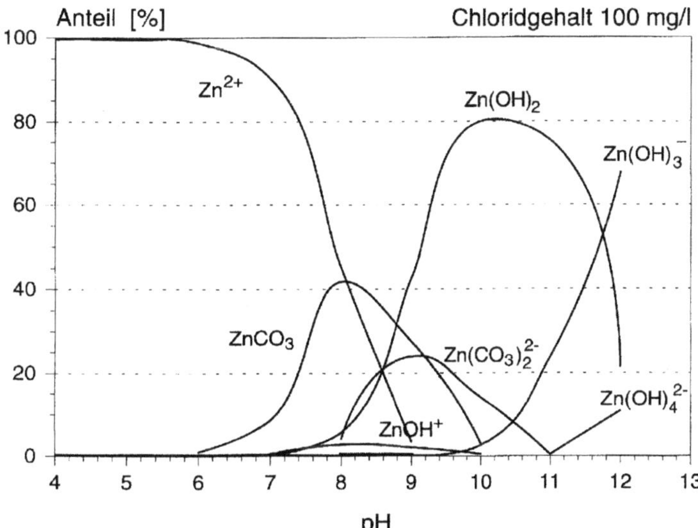

Abb. 15.10. Zn-Speziesverteilung bei Chloridgehalten von 100 000 mg l^{-1} und 100 mg l^{-1}. Die pH-abhängige Speziesverteilung wurde mit dem thermodynamischen Rechenprogramm „PHREEQE" berechnet. Die Berechnung erfolgte für einen Hydrogenkarbonatgehalt von 100 mg l^{-1} und einen Zn-Gehalt von 5 mg l^{-1}

viel langsameren Austausch des Porenwassers im Versatzraum zu rechnen. Die kritische Phase für den Schadstoffaustrag liegt somit zunächst in der Flutungsphase, zumal auch die vorbergbaulichen geochemischen Gleichgewichtsbedingungen noch nicht wieder hergestellt sind.

Die Transportbedingungen im Einlagerungsraum, die von den Reaktionsprozessen, die zur inneren geochemischen Barriere beitragen, überlagert werden, sind von den Eigenschaften des Reststoffes und von der Einlagerungstechnik bestimmt. Sie unterscheiden sich damit deutlich von den Strömungs- und Transportprozessen im umgebenden Gebirge, welche wiederum nicht isoliert von den geochemischen Barrierefunktionen betrachtet werden können.

Transportprozesse. In Abhängigkeit von der Ausbildung des Grundwasserleiters können verschiedene Prozesse in wechselnden Anteilen zum Transport von Schadstoffen beitragen (→ Kap. 20–24). Unterschieden wird im wesentlichen zwischen einem Transport durch die allgemeine Bewegung des Grundwassers (Advektion) und dem Stofftransport infolge eines Konzentrationsgefälles (Diffusion). Diffusive Prozesse spielen insbesondere in sehr gering wasserdurchlässigen Gesteinen und Reststoffen bzw. bei stagnierenden Verhältnissen eine Rolle. Sie können hier die strömungsbedingten Transportraten übersteigen.

Verbringungsraum. Die mineralischen, teilweise konditionierten Reststoffe, bestehen im allgemeinen aus relativ feinkörnigen Materialien (s.o.). In Abhängigkeit von deren Wasserdurchlässigkeit bzw. vom Verhältnis zur Wasserdurchlässigkeit des umgebenden Gebirges, wird der Reststoff entweder durch- oder umströmt. Im Falle der Durchströmung ist die Wechselwirkung mit dem Grundwasser intensiv (Abb. 15.5). Wird der Reststoff umströmt, sind Reaktionen und Lösungsprozesse auf die Oberfläche des Reststoffkörpers beschränkt bzw. erfolgen über diffusive Prozesse, deren Intensität und Eindringtiefe auch von der Porosität und der Porengrößenverteilung abhängen.

Gebirge. Die versatz- bzw. deponiefähigen bergbaulichen Hohlräume befinden sich ausschließlich in Festgesteinsformationen. In derartigen geklüfteten Gesteinen fließt das Grundwasser hauptsächlich durch ein Netz von miteinander verbundenen Rissen, Klüften oder Störungen. Die meist nur geringe Porosität spielt für den advektiven Transport nur eine untergeordnete Rolle. Der Porenraum zeichnet sich somit nicht durch hohe Fließgeschwindigkeiten aus, wie sie in einer Kluft auftreten, sondern durch eine hohe Speicherkapazität, die insbesondere für den instationären Strömungsprozeß und die Schadstoffausbreitung beim Grundwasserwiederanstieg eine große Bedeutung hat (Obermann et al. 1995).

Der Stofftransport auf den Klüften wird von deren Richtung, Länge, Abständen und Öffnungsweiten bestimmt. Die hohen Transportgeschwindigkeiten, die großen strömenden Wasservolumina und damit die Stofffrachten können auf Großklüften oder in Störungszonen den wesentlichen Faktor für die Schadstoffausbreitung im Gebirge darstellen (→ Kap. 21). Die Durchlässigkeit der Klüfte ist somit im Vergleich zur angrenzenden Gesteinsmatrix so hoch, daß der diffusive Anteil des Stofftransportes in der Matrix vernachlässigt werden kann. Bei der Strömung von schadstoffbelasteten Wässern in einer Kluft existiert eine Koppelung der Kluft und der Gesteinsmatrix somit nur über Diffusionsprozesse. Dieser Austausch zwischen Kluft und Gestein ist abhängig von der Stoffkonzentration und der Fließgeschwindigkeit in der Kluft, der Adsorption an die Kluftwandung und dem durch die nutzbare Porosität bedingten diffusiven Massenfluß zwischen Kluft und Gestein.

Letzterer bewirkt durch das Eindringen von Schadstoffen in den Porenraum eine sogenannte Matrixspeicherung. Die Schadstoffausbreitung wird verlangsamt. Allerdings nimmt der Konzentrationsgradient mit der Zeit ab, und dieser Effekt verringert sich. Sorptionsprozesse in der Matrix bewirken duch eine Fixierung von Schadstoffen aus dem Porenwasser an die Mineraloberflächen allerdings wieder eine Erhöhung des Konzentrationsgradienten. Diese Prozesse bestimmen die geochemische Barrierefunktion des Gebirges. In Abhängigkeit von den Strömungsgeschwindigkeiten, den Gesteinsporositäten und den Eindringtiefen des diffusiven Transportes können die beschriebenen Wechselwirkungen zur Folge haben, daß Sandsteine, mit geringen Sorptionskapazitäten der Mineralphasen aber hoher Porosität, eine bessere Barriere bilden als Tonsteine mit hohen Sorptionskapazitäten aber sehr geringen nutzbaren Porositäten. Ein Effekt somit, der weniger auf die geochemischen als auf die Stofftransporteigenschaften zurückzuführen ist.

15.4 Äußere Barrieren

Befindet sich der Versatzraum in großer Teufe in mächtigen tonigen Gesteinsserien, wie z.B. in einigen Bereichen des Ruhrkarbons, und sind damit die Bedingungen des vollständigen Einschlusses realisiert, dann ist die äußere hydraulische Barriere wirksam und ein Schadstoffaustrag wird verhindert. Bei den meisten Bergwerken allerdings ist der vollständige Einschluß aufgrund der Lithologie, der tektonischen Verhältnisse und des bergbaulichen Einflusses nur unvollständig ausgebildet oder nicht realisiert. Versagen die innere hydraulische und geochemische Barriere, bzw. ist die Kapazität der letzteren überschritten, so können bei einem rasch strömenden Grundwasser über Advektion, bei langsamem Grundwasserfließen oder bei stagnierenden Verhältnissen im wesentlichen über Diffusion, gelöste Schadstoffe aus dem Verbringungsbereich heraus in das umgebende Gebirge transportiert werden. Die hydraulische, ebenso wie die geochemische Barrierewirksamkeit des den versetzten Grubenraum umgebenden

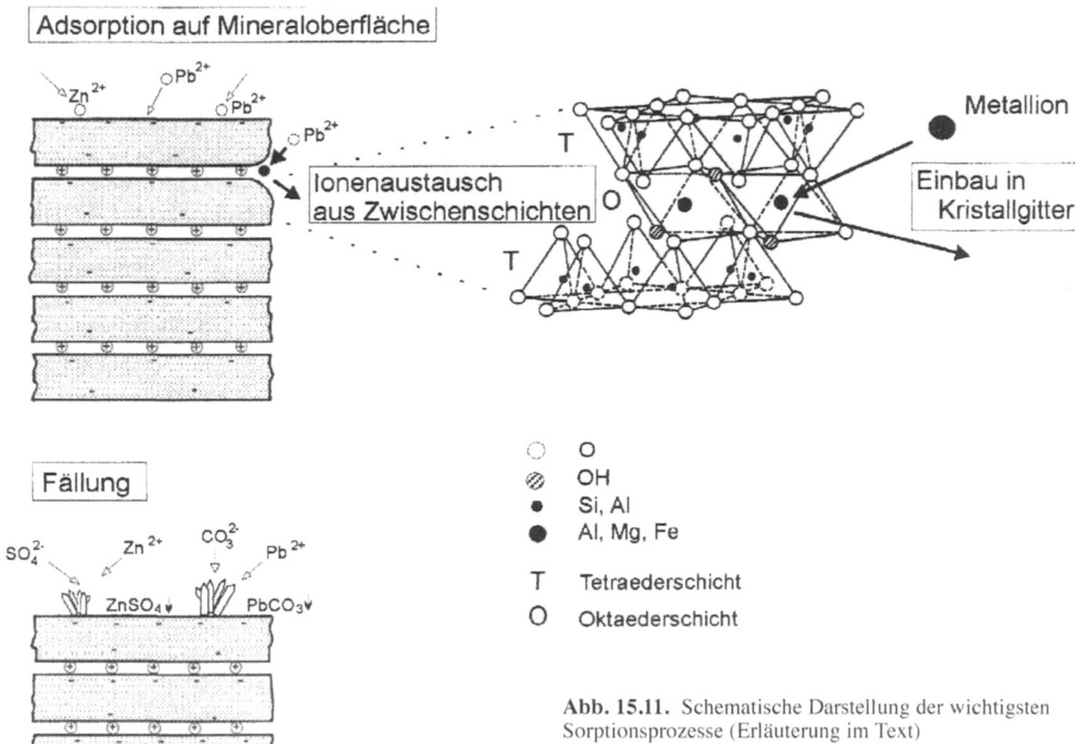

Abb. 15.11. Schematische Darstellung der wichtigsten Sorptionsprozesse (Erläuterung im Text)

Wirtsgesteins hängen in hohem Maße von dessen Porosität und Klüftigkeit ab. Im wesentlichen spielen

- reaktionswirksame Gesteinsoberfläche
- Sorptionskapazität
- Transportgeschwindigkeit
- Porosität und mit ihr verknüpfter diffusiver Transport in Kluftgrundwasserleitern
- geochemisches Milieu
- Puffer- und Redoxreaktionen

eine Rolle bei der Retardation bzw. der dauerhaften Eliminierung von Schadstoffen aus der Lösungsphase.

Neben der hydraulisch bedingten Barrierewirksamkeit findet besonders für Schwermetalle, aber auch für einen großen Teil organischer Inhaltsstoffe eine elementspezifische, milieu- und gesteinsabhängige Fixierung („Sorption") durch eine Vielzahl physikalischer und chemischer Reaktionen statt, die z.T. reversibel ist (vgl. auch in Abschnitt 15.3 Innere geochemische Barriere; → Kap. 24). Teilweise werden die gelösten Metalle aber auch dauerhaft an der Festphase fixiert und sind damit endgültig vom Transport ausgeschlossen. Abbildung 15.11 subsummiert schematisch die wichtigsten Sorptionsprozesse, wie eine lockere Bindung an Mineraloberflächen durch van der Waalssche Kräfte oder Ladungsausgleich, Kationenaustausch in Zwischenschichten von Tonmineralen, Einbau duch Diffusion in Kristallgitter von Tonmineralen und Oxiden, Oberflächenfällung und -komplexierung, Einbau in neugebildete Minerale (Mitfällung), etc.

Ergebnisse von Klinger (1994) sowie laufende Laboruntersuchungen (Veerhoff et al. im Druck; Paas in Vorb.) zeigen, daß in der Gesteinsfolge des Ruhrkarbons die Sorption von gelösten Metallen unter oxidierenden Bedingungen im wesentlichen von der Temperatur und vom pH-Wert der transportierenden Lösungen abhängt und von den hohen Chloridgehalten beeinflußt wird (Abb. 15.12; S. 240).

Für die einzelnen umweltrelevanten Metalle sind dabei spezifische, von ihren physikalischen Eigenschaften abhängige Verhaltensweisen zu beobachten. Blei z.B. wird rasch festgelegt und bleibt auch bei sich verändernden pH-Verhältnissen dauerhaft fixiert. Cadmium dagegen wird nach einer anfänglichen Fixierung bei sinkenden pH-Werten wieder partiell remobilisiert. Veränderungen der Redox-Verhältnisse, wie sie nach der Flutung von Bergwerken zu erwarten sind, wirken sich auf derartige Systeme, besonders auf polyvalente Metalle komplizierend aus (vgl. S. 234). Die dabei ablaufenden Prozesse, insbesondere die Fällung von schwerlöslichen Sulfiden unter reduzierenden Bedingungen in Anwesenheit hoher Salzkonzentrationen im Grubenwasser, sind bislang noch weitgehend ungeklärt und werden derzeit im Rahmen verschiedener Forschungsprojekte untersucht.

Die wichtigste Rolle für die Sorptionseigenschaften des den Versatzraum umgebenden Gebirges muß den lithologischen und damit mineralogischen und

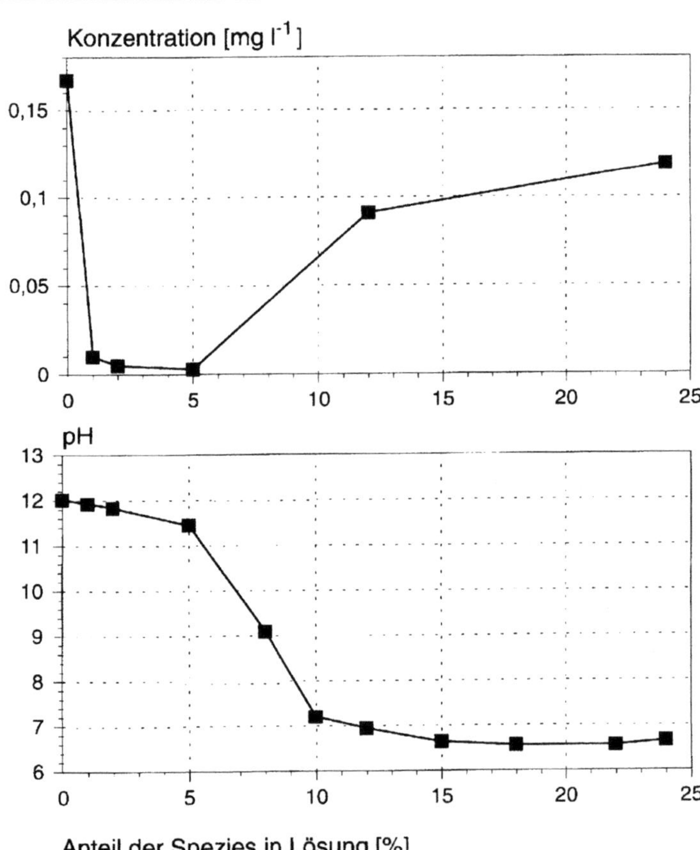

Abb. 15.12. Beim Langzeit-Sorptionsversuch mit einem anfangs basischen hochsalinaren Grubenwasser tritt nach fünf Tagen Oxidation von Siderit auf, so daß der pH-Wert auf 6,6 absinkt. Das anfänglich von einem Ton-Siltstein sorbierte Cd wird daraufhin nahezu vollständig wieder freigesetzt. Dieses Verhalten ist auf die hohen Chloridgehalte in der Lösung zurückzuführen, die im neutralen pH-Bereich starke Chlorokomplexe bilden, welche sehr schlechte Sorptionseigenschaften aufweisen. Die pH-abhängige Speziesverteilung wurde mit dem thermodynamischen Rechenprogramm PHREEQE berechnet

geochemischen Eigenschaften des Gesteins zugeschrieben werden. Die in Abbildung 15.13 dargestellten Sorptionskonstanten (K-Werte der Freundlich Isotherme) lassen die unterschiedliche Sorptionsfähigkeit der verschiedenen Gesteine gegenüber Pb, Zn, Cd und Hg erkennen (Paas in Vorb.). Sie zeigen, daß die Wirksamkeit der geochemischen Barriere in bedeutendem Maße durch gesteins- bzw. mineralspezifische, selektive Sorptionsprozesse gesteuert wird. Im Ruhrkarbon weisen tonige Gesteine die besten geochemischen Sorptionseigenschaften auf. Neben dem Mineralbestand wird die Sorptionskapazität wesentlich von der reaktiven Gesteinsoberfläche, dem pH-Wert, der Temperatur und der Salinität der Schadstofflösung beeinflußt. Für die Angaben realistischer, in situ-naher Sorptionskapazitäten bedarf es daher einer genauen Abschätzung der jeweiligen Milieuverhältnisse im Nah- und Fernfeld eines Versatzbergwerkes.

Ist aus der Art der zu verbringenden Reststoffe und der Beschaffenheit des Wirtsgesteins ersichtlich, daß ein Schadstoffaustrag ohne weitere Maßnahmen nicht auszuschließen ist, kann der Versatz, in Anlehnung an die Vorgehensweise bei übertägigen Deponien, von einer Abdichtung umgeben werden (Abb. 15.1). Für derartige Verfahren eignen sich aufgrund der hohen Sorptionsfähigkeit vor allem tonhaltige Materialien. Ähnlich gute geochemische Barriereeigenschaften besitzen jedoch auch Hydroxidschlämme, wie sie bei der Wasserreinigung anfallen. Es sind jedoch z.B. auch feinkörnige Materialien geeignet, die bei der Aufbereitung des in der Grube gewonnenen Erzes, Salzes oder der Kohle anfallen. Derartige „Flotationsberge“ sensu libero enthalten oft hohe Tonanteile. Ohne eine entsprechende Verwertungsmöglichkeit müssen diese häufig auf Halden gelagert werden. In Abhängigkeit von der Beschaffenheit der zu verfüllenden Hohlräume kann mit solchen Stoffen unter Umständen sogar ein vollständiger Einschluß der Rest- oder Abfallstoffe realisiert werden. Das Spektrum der als Barriere einzusetzenden Materialien ist größer als für eine übertägige Deponie, da die Anforderungen an die Leistungsfähigkeit dieser zusätzlichen technischen Barriere, die standortbezogen unter Berücksichtigung der geologischen Barriere zu bestimmen ist, niedrig sein können.

15.5 ZUR ZUKUNFT DER UT-DEPONIE

Die geochemische Barrriere bildet ein wesentliches Element bei der Planung und Bewertung der untertägigen Lagerung von schadstoffbelasteten Stoffen. Die Möglichkeiten der untertägigen Schadstoffentsorgung sind unseres Erachtens noch bei weitem nicht ausgeschöpft. Dies liegt auch an unseren derzeit noch lückenhaften Kenntnissen über die tatsächlich ablaufenden Prozesse. Die schematische Darstellung in Abbildung 15.14 zeigt, wie komplex die ineinandergreifenden Wechselwirkungen zwischen Wasser, Reststoffen als potentiellen Schadstoffquellen und den belasteten Fluiden mit den Barrieregesteinen sind. Insbesondere in Kluftgrundwasserleitern bilden die Gefügemerkmale und die inneren Oberflächen des Gebirges und der Gesteine und die davon bestimmten inhomogenen Stofftransportbedingungen

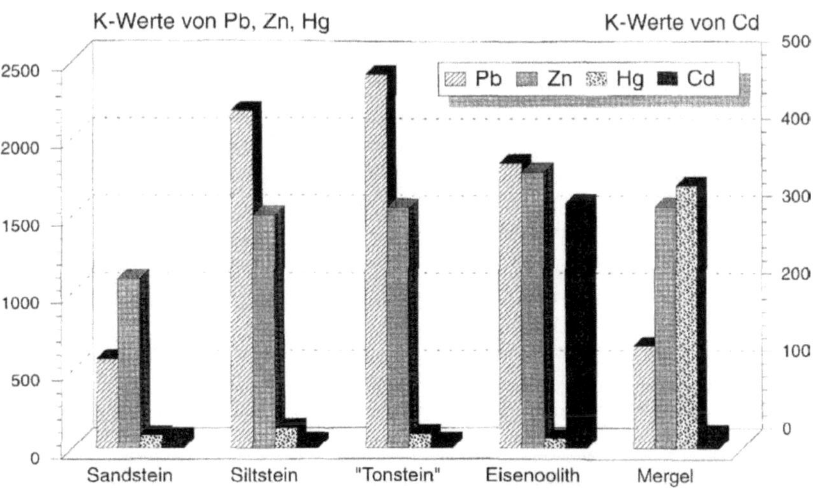

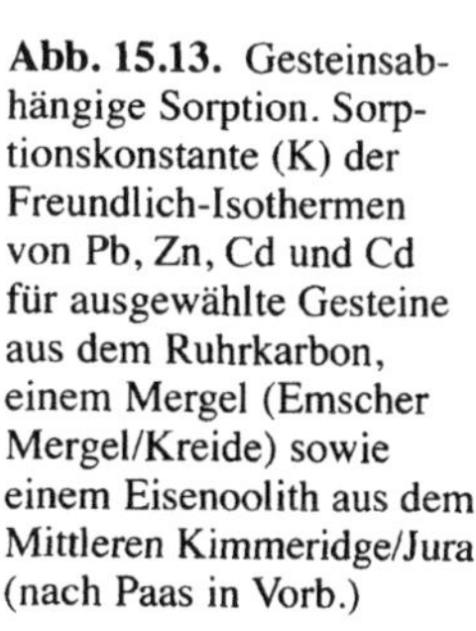
Abb. 15.13. Gesteinsabhängige Sorption. Sorptionskonstante (K) der Freundlich-Isothermen von Pb, Zn, Cd und Cd für ausgewählte Gesteine aus dem Ruhrkarbon, einem Mergel (Emscher Mergel/Kreide) sowie einem Eisenoolith aus dem Mittleren Kimmeridge/Jura (nach Paas in Vorb.)

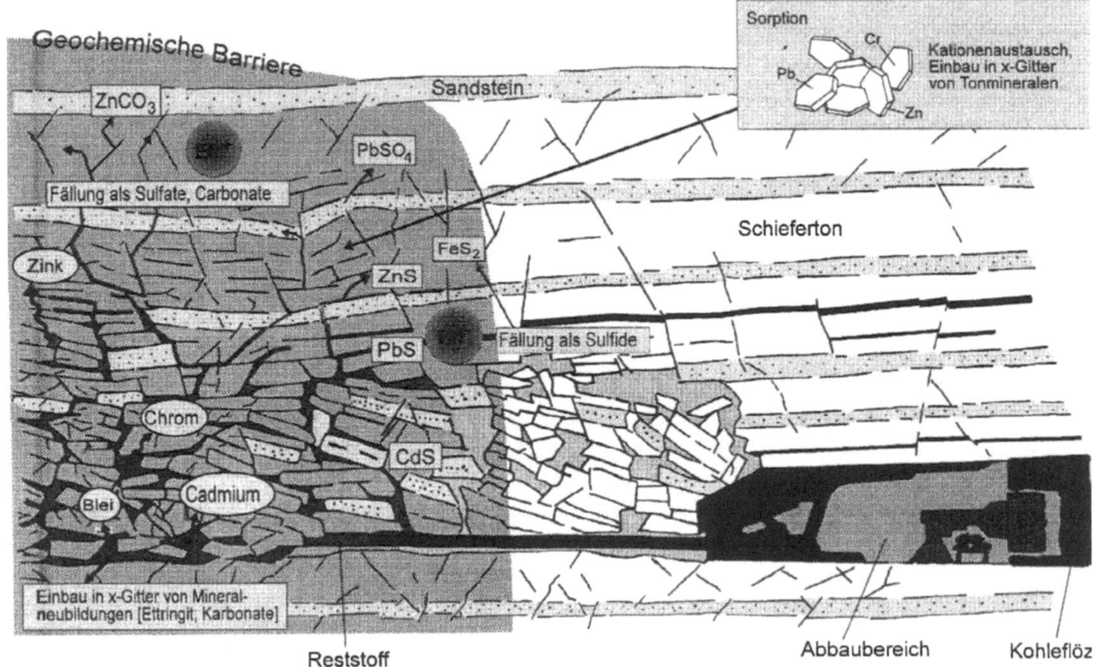

Abb. 15.14. Schematische Darstellung der wesentlichen im Versatz und im umgebenden Gebirge ablaufenden physikalischen und geochemischen Prozesse, die zum Aufbau der „geochemischen Barriere" führen (Veerhoff et al. im Druck)

einen Unsicherheitsfaktor. Laborergebnisse können hier nur mit sehr großen Einschränkungen auf die tatsächlichen Bedingungen übertragen werden. So ist z.B. davon auszugehen, daß die im Labor im Vergleich zu Tonsteinen schlecht sorbierenden Sandsteine – bedingt durch ihre höheren nutzbaren Porositäten – nicht die ungünstigen geochemischen Barrieren bilden, für die sie allgemein gehalten werden.

Die untertägige Lagerung von Schadstoffen auch in wassergefüllten Grubenräumen besitzt eine Sicherheitspotential, das vor allem in ihrer gegenüber übertägigen Deponien höheren Langzeitsicherheit liegt. Gelingt es, diese Zusammenhänge zu erkennen und unter realistischen Bedingungen zu quantifizieren, ermöglicht dieses Konzept eine umweltverträgliche Lagerung von kontaminierten Feststoffen.

LITERATUR

Auer S (1992) Bindung umweltrelevanter Ionen in Ettringit und in Schichtstrukturen vom Typus TCAH. Unveröff Dissertation Univ Erlangen-Nürnberg, 240 S.

Bambauer HU, Gebhard G, Holzapfel Th, Krause T (1988) Schadstoffmobilisierung in Stabilisaten aus Braunkohleaschen und REA-Produkten. 2. Schwermetallfixierung, Bilanzen. Fortschr Min 66: 281–290

Bohnenberger G (1994) Erfahrung mit der Deponie und dem Versatz von Reststoffen in den Salzbergwerken Heilbronn und Kochendorf. In: Hengerer D, Wöber GLF (Hrsg) Deponietechnik, Entsorgungsbergbau und Altlastensanierung S.181–190; Balkema, Rotterdam

Brasser T, Brewitz W, Gläß F, Jakob G, Kallmerten W, Meyer T, Mühlenweg U, Pitterich H, Starke C (1991) Aspekte der untertägigen Ablagerung von Abfällen. Abfallwirtschaft in Forschung und Praxis 45: 170 S., Erich Schmidt Verlag, Berlin

Calmano W, Förstner U (1985) Schwermetallbindungsformen in Küstensedimenten – Standardisierung von Extraktionsverfahren. Bundesministerium für Forschung und Technologie (BMFT), Forschungsbericht M85-004 Meeresforschung, Arbeitsbereich Umweltschutztechnik, TU Hamburg-Harburg, 186 S.

Czech H (1992) Verwertung von Reststoffen im Steinkohle- und Erzbergbau Nordrhein-Westfalens im Betriebsverfahren nach Bundesbergrecht. Neue Bergbautechnik 22, 12: 435–443

Dzombak DA, Morel FM (1986) Sorption of cadmium on hydrous ferric oxide at high sorbate/sorbent ratios: Equilibrium, kinetics, and modeling. J Colloid Interface Sci 112, 2: 558–598

Farley KJ, Dzombak DA, Morel FM (1985) A surface precipitation model for the sorption of cations on metal oxides. J Colloid Interface Sci 106, 1: 226–242

Jäger B, Obermann P, Wilke FL (1990) Studie zur Eignung von Steinkohlebergwerken im rechtsrheinischen Ruhrkohlenbezirk zur Untertageverbringung von Abfall- und Reststoffen. 4 Text-, 1 Anlagenband, unveröffentl. „Machbarkeitsstudie" im Auftrag des Landesamt für Wasser und Abfall NRW, Düsseldorf

Jäger B, Obermann P, Wilke FL (1991) Studie zur Eignung von Steinkohlebergwerken im rechtsrheinischen Ruhrkohlenbezirk zur Untertageverbringung von Abfall- und Reststoffen. LWA Materialien, 7/91: 72 S., Düsseldorf

Kim JI, Hadermann J (Hrsg; 1996) Migration. J Cont Hydrol Spec.Issue 21: 315 S.

Klinger C (1994) Mobilisationsverhalten von anorganischen Schadstoffen in der Umgebung von untertägigen Versatzbereichen am Beispiel von Reststoffen aus Müllverbrennungsanlagen im Steinkohlengebirge des Ruhrkarbons. DMT-Berichte aus Forschung und Entwicklung 23: 170 S., Essen

Klinger C, Thein J (1994) Stoffmobilisation und geochemische Barrieren bei der untertägigen Reststoffverbringung im Fels. In: Hengerer D, Wöber GLF (Hrsg) Deponietechnik, Entsorgungsbergbau und Altlastensanierung: 53–68; Balkema, Rotterdam

Länderausschuß Bergbau (1995) Anforderung an die stoffliche Verwertung von mineralischen Reststoffen/Abfällen als Versatz unter Tage. Technische Regeln für den Einsatz von bergfremden Reststoffen/Abfällen als Versatz, 11./ 12. Oktober 1994, Potsdam

Müller W, Klinger C, Thein J (1994): Gutachten zur Beurteilung der Umwelteinwirkungen der zur Sicherung der Grube Kochendorf eingesetzten Versatzstoffe unter Berücksichtigung der hydrogeologischen Situation. Unveröff Gutachten der DMT-Gesellschaft für Forschung und Prüfung mbH

Neubauer J (1992) Realisierung des Deponiekonzeptes der „Inneren Barriere“ für Rauchgasreinigungsrückstände aus Müllverbrennungsanlagen. Unveröff Dissertation Univ Erlangen-Nürnberg, 152 S.

Obermann P, Rüterkamp P (1991) Möglichkeiten der Untertagedeponie im Ruhrgebiet. Rubin: Wissenschaftsmagazin der Ruhruniv Bochum 1/1991: 10–16

Obermann P, Himmelsbach T, Harnischmacher S, Witthüser K (1995) Hydrogeologie. In: Baltes B, Wiesemes J (Hrsg) Jahresbericht 1995 des FuE-Vorhabens (BMBF) „Entwicklung und Anwendung analytischer Methoden zur Eignungsuntersuchung der Verbringung bergbaufremder Rückstände in dauerhaft offene Grubenräume im Festgestein“, Gesellschaft für Anlagen- und Reaktorsicherheit (GRS), Köln

Paas N (in Vorb) Untersuchungen zur Ermittlung der geochemischen Barriere von Gesteinen aus dem Umfeld untertägiger Versatzräume im Steinkohlenbergbau des Ruhrkarbons. Dissertation, Univ Bonn

Parkhurst DL, Thorstenson DC, Plummer LN (1980) PHREEQE – a computer program for geochemical calculations. US Geol Survey Water Resources Investigation Rep 80–96: 210 S., Washington DC

Peterson JR, Rochelle GT (1988) Aqueous reaction of fly ash and $Ca(OH)_2$ to produce calcium silicate absorbent for flue gas desulfurisation. Environ Sci Technol 22: 1299–1304

Pöllmann H (1993) Immobilisation von Schadstoffen durch Speichermineralbildung – Das Konzept der Inneren Barriere. In: Lukas W, Saxer A (Hrsg) Immobilisation schadstoffhältiger Materialien. Internat Fachtagung Innsbruck-Igls Dez. 1993, 51–60, Inst Baustofflehre Materialprüfung (BMI), Univ Innsbruck

Pöllmann H (1994) Immobile Fixierung von Schadstoffen in Speichermineralen. In: Matschullat J, Müller G (Hrsg) Geowissenschaften und Umwelt. S. 331–340; Springer Berlin Heidelberg New York

Pöllmann H, Auer S, Neubauer J, Stemmermann P (1991) Bildung eines Innere-Barriere Systems in Abfalldeponien. Immobile Bindung von Chlorid und Schwermetallen in Speichermineralen. Buch der Umweltanalytik, 3: 82–83; GIT-Verlag

Saxer A Lottner S, Lukas W (1993): Die Beurteilung der Qualität von immobilisierten Produkten. In: Lukas W, Saxer A (Hrsg) Immobilisation schadstoffhältiger Materialien. Internat Fachtagung Innsbruck-Igls Dez. 1993, S. 61–66, Inst Baustofflehre Materialprüfung (BMI), Univ Innsbruck

Skrzyppek J, Wilke FL, Plate M (1993) Schadlose Verbringung anorganischer Reststoffe im Steinkohlebergbau. Glückauf 129, 10: 790–794

Sposito G (1984) The surface chemistry of soils. Oxford University Press, 234 S., New York

Sprung S, Rechenberg W (1988) Einbindung von Schwermetallen in Sekundärstoffe durch Verfestigung mit Zement. Betontech Berichte, S. 193–198

Stemmermann P (1992) Silikatapatite: Struktur, Chemismus und Anwendung als Speichermineral zur Konditionierung von Rauchgasreinigungsrückständen. Unveröff Dissertation Univ Erlangen-Nürnberg, 175 S.

TA-Abfall Teil 1 (1991) Technische Anleitung zur Lagerung, chemisch/physikalischen und biologischen Behandlung und Verbrennung von besonders überwachungsbedürftigen Abfällen. Zweite allgemeine Verwaltungsvorschrift zum Abfallgesetz vom 04.02.1991 GMBl, S. 136

Technische Regeln (1994) Anforderung an die Verwertung von mineralischen Reststoffen/Abfällen. Technische Regeln, LAGA (Länderarbeitsgemeinschaft Abfall) Stand 1. März 1994

Thein J (1993) Untertagedeponie im Nichtsalzgestein. In: Dörhöfer G, Thein J, Wiggering H (Hrsg) Umweltgeologie heute, 1: 59–65; Ernst & Sohn, Berlin

Thein J, Wilke G (1993) Nutzung der untertägigen Hohlräume nach dem Kohleabbau als Untertagedeponie. In: Wiggering H (Hrsg) Steinkohlebergbau. S. 216–239, Ernst & Sohn, Berlin

Veerhoff M, Paas N, Thein J (1996) Methoden zur Eignungsuntersuchung der Verbringung bergbaufremder Rückstände in dauerhaft offene Grubenräume im Festgestein. Wissenschaftliche Berichte FZKA-PTE 1: 505–514; Forschungszentrum Karlsruhe, Technik und Umwelt

Wedewardt M (1995) Hydrochemie und Genese der Tiefenwässer im Ruhr-Revier. DMT-Berichte aus Forschung und Entwicklung 39: 250 S., Essen

Wilke G, Dartsch B (1995) Endbericht über die Koordinierung und wissenschaftliche Begleitung des „Qualitätssicherungsprogrammes zur Verifizierung des in der Machbarkeitsstudie formulierten vollständigen Einschlusses der in den Bruchhohlraum eingebrachten Reststoffe“. Unveröff Endbericht im Auftrag der Ruhrkohle Montalith GmbH, TU Berlin, Inst Bergbauwiss, 51 S.

16 Grundlagen und Verfahren der Ableitung von Richtwerten

LOTHAR VIERECK-GÖTTE • ULRICH EWERS

16.1 WARUM RICHTWERTE?

Böden archivieren im Gegensatz zu Luft und Wasser die langzeitigen anthropogenen Umweltbelastungen. Langjährige Schadstoff-Immissionen resultierten daher in einer großflächigen Erhöhung der Gehalte an ausgewählten Metallen und persistenten organischen Verbindungen in Böden der Ballungsgebiete. Exemplarisch hierfür stehen die Stoffgehalte der Böden des Ruhrgebiets sowie der Städte Hamburg und Frankfurt (Hamburg 1990; UVF 1991; Viereck-Götte 1995; → Kap. 7). Die vorhandenen Muster der räumlichen Schadstoff-Verteilung gleichen meist denjenigen der Immissionsbelastungen, z.T. bis hinein in die zweite Hälfte der 80er Jahre (→ Kap. 2).

In Ballungsgebieten sind aber nicht nur Immissionen Ursache großflächiger Bodenbelastungen. Dort werden heute i.allg. keine Bodenprofile geogenen Ursprungs (mit Ah-, B- und C-Horizonten) mehr angetroffen sondern meist ca. 60–80 cm mächtige Gemenge aus ursprünglichem Bodenmaterial vermischt mit industriellen und zivilisatorischen Reststoffen mit erheblichen Schadstoffbelastungen. Dies betrifft jedoch nicht nur sog. Altlastflächen bzw. Altlastverdachtsflächen, sondern auch Böden außerhalb von solchen Altindustrie-Standorten und Altablagerungen. Dies drückt sich darin aus, daß die Mediane der Schadstoffgehalte in urbanen Böden innerhalb und außerhalb von Altlastverdachtsflächen nicht signifikant verschieden sind (Viereck et al. 1994; → Kap. 7). Daß die letzteren jedoch punktuell durch hohe Belastungen gekennzeichnet sind, zeigt dagegen der Vergleich der 95%-Perzentile der gleichen Datensätze. Die mittleren Belastungen an anorganischen Schadstoffen in urbanen Böden (z.B. Siedlungsböden und Kleingärten) überschreiten diejenigen der ländlichen Räume etwa um den Faktor 2 und werden nur übertroffen durch diejenigen der Böden in Überschwemmungs- (Ursache: Adsorption der Metalle an feinkörnige Schwebstoffe) und Erzabbaugebieten (König u. Krämer 1985; Späte u. Werner 1991). Mit Ausnahme der Erzabbaugebiete gilt gleiches Muster ebenfalls für persistente organische Schadstoffe wie Polyzyklische Aromatische Kohlenwasserstoffe (PAH) sowie Polychlorierte Biphenyle (PCB), Polychlorierte Benzole (PCBz) und Polychlorierte Dibenzo(p)dioxine und Dibenzofurane (PCDD/F). Diese weisen jedoch in Ballungsräumen deutlich höhere Anreicherungsfaktoren gegenüber ländlichen Räumen auf als Metalle (König et al. 1991).

Die Bodenbelastungen teilen sich dem Menschen direkt über die orale und inhalative (nur in untergeordnetem Maße auch dermale) Aufnahme oder indirekt über die Aufnahme von Nahrungsmitteln mit. Es ist daher im Hinblick auf eine weitere Nutzung der Ballungsräume als Lebensräume erforderlich, sowohl in behördlicherseits festgelegten Regelwerken und Handlungsempfehlungen Richtwerte zur Beurteilung der Bodenverunreinigungen für administrative Zwecke vorzugeben als auch mittels Expositionsmodellen die von belasteten Einzelflächen ausgehenden Gefährdungen (durch toxische Stoffe) bzw. Risiken (durch kanzerogene Stoffe) abzuschätzen. Im allgemeinen werden dabei etwa seit Beginn der 90er Jahre nutzungs- und schutzgutbezogene Richtwerte abgeleitet, d.h. die Bewertung von Bodenverunreinigungen orientiert sich einerseits an der Art der vorhandenen oder geplanten Flächennutzung und den daraus resultierenden zu beachtenden Stoff-Wirkungspfaden (LAGA 1991). Andererseits wird die Höhe der berechneten Richtwerte beeinflußt von der Art des zu schützenden Gutes, wobei u. a. die Schutzgüter *Menschliche Gesundheit, Grundwasser* und *Pflanzenaufwuchs* unterschieden werden.

Eine fachgerechte Ableitung solcher Richt- oder Prüfwerte im Hinblick auf das Schutzgut *Menschliche Gesundheit* erfolgt nach den gleichen Berechnungsschritten wie die quantitative Expositionsabschätzung für Belastungen auf Einzelflächen. Sie beruhen beide auf den überwiegend in den USA entwickelten Methoden des *Risk Assessment*. Hierunter versteht man einfache Regeln, die es gestatten, Wahrscheinlichkeitsaussagen für toxische Wirkungen oder das Auftreten von Krebs beim Menschen durch in Umweltmedien vorhandene Schadstoffbelastungen zu machen (Wichmann et al. 1993). Die Ableitung von Richtwerten für Bodenverunreinigungen zum Schutz des Grundwassers bezieht Mobilitätsabschätzungen von Stoffen in der ungesättigten und gesättigten Bodenzone unter Verwendung von Adsorptionskoeffizienten und Retardationsfaktoren ein (Simmleit et al. 1993). Richtwerte zum Schutz des Pflanzenaufwuchses berücksichtigen dagegen die Kenntnis der pflanzenabhängigen Transferfaktoren eines Stoffes (Sauerbeck u. Styperek 1987).

Ziel dieses Beitrages ist es, einen Überblick zu geben über die Vorgehensweise bei Prüfwertableitungsverfahren und die in diesem Rahmen zu untersuchenden, umweltrelevanten Parameter, deren löslichen Anteile sowie die nutzungs- und schutzgutspezifisch unterschiedlichen Bodenbeprobungstiefen, Expositionsannahmen und daraus berechneten Schadstoffaufnahmedosen.

Tabelle 16.1. Umwelt- und humantoxikologisch relevante Schadstoffe in verschiedenen Umweltmedien in der Bundesrepublik Deutschland (nach Eikmann 1993)

Substanz	Außenluft	Innenraumluft	Nahrungsmittel	Boden
Anorganische Gase und Stäube				
Schwefeldioxid	X			
Stickstoffdioxid	X			
Ozon	X			
Kohlenmonoxid	X			
Stäube (Schwebstaub)	X			
Asbest	X	X		
Metall(oid)e				
Arsen	X		X	X
Blei	X		X	X
Cadmium	X		X	X
Chrom^{VI}				
Nickel	X		X	X
Quecksilber	X		X	X
Zink	X		X	X
Organische Verbindungen				
Formaldehyd		X		
Benzol	X	X(Kfz.)		
Polyzyklische aromatische Kohlenwasserstoffe (PAH)	X		X	X
Dieselmotor-Emissionen (Ruß)	X			
Leichtflüchtige Chlorkohlenwasserstoffe (LCKW)	X	X	X	X
Hexachlorbenzol (HCB)				X
Pentachlorphenol (PCP)		X		
Pestizide	X		X	X
Polychlorierte Biphenyle (PCB)		X	X	X
Polychlorierte Dibenzo(p)dioxine und Dibenzofurane (PCDD/F)	X	X	X	X

16.2 HUMAN- UND ÖKOTOXIKOLOGISCH RELEVANTE CHEMISCHE PARAMETER

Art der Bodeninhaltsstoffe

Anorganische Bodeninhaltsstoffe. Die anthropogen bedingten Anreicherungen anorganischer Bodeninhaltsstoffe betreffen unter den Metallen insbesondere die atmophilen wie Cd, Zn, Hg, Pb und As (Tabelle 16.1). Sie finden verbreitete industrielle Anwendung; als Hauptemittenten sind Anlagen zur Eisen-/Stahlerzeugung, zur NE-Metallverhüttung und zur Kohleverbrennung sowie der Kraftfahrzeugverkehr zu nennen. Zusätzlich werden routinemäßig Cr (gesamt) und Ni untersucht, obwohl sie keine anthropogen bedingte ubiquitäre Verbreitung erfahren haben und daher in Böden nur auf Einzelflächen human- oder ökotoxikologisch bedeutsam angereichert sind. Die Umweltrelevanz der routinemäßig untersuchten Metalle und des Metalloids As begründet sich in ihrer Persistenz in Böden, ihrer Bioakkumulation und/oder ihrer akuten und chronischen Toxizität, Kanzerogenität (As, Cd, Cr^{VI}, Co, Ni). Für einzelne sind teratogene (Pb, Ni) oder genotoxische Wirkungen (Cr) nachgewiesen (Ohnesorge u. Wilhelm 1991; Tabelle 16.2).

Gehalte an Zn und Cu in Böden werden überwiegend aufgrund deren phytotoxischer Eigenschaften bestimmt und sind daher neben den v.g. Metallen in der Liste der zu untersuchenden Parameter in der Klärschlammverordnung enthalten (AbfKlärV 1982, 1992). Darüber hinaus werden in verschiedenen Listen umweltrelevanter Stoffe weitere anorganische Parameter genannt (Tabelle 16.3).

In der Praxis besitzen diese Stoffe jedoch keine verbreitete Relevanz und werden jeweils nur im Zusammenhang mit Einzeluntersuchungen bestimmt. So sieht auch der Entwurf des Bundesbodenschutzgesetzes (E-BBodSchG) für anorganische Stoffe nur Prüfwerte für As und die Metalle Pb, Cd, Cr und Hg, ggf. auch Cu und Ni vor (Bachmann et al. 1994).

Organische Bodeninhaltsstoffe. Humantoxikologisch relevante organische Bodeninhaltsstoffe lassen sich grob in die Gruppen der leicht flüchtigen und schwer flüchtigen Kohlenwasserstoffe unterscheiden; die Siedepunktsgrenze liegt bei ca. 250 °C. Zu den leicht flüchtigen zählen im wesentlichen die Gruppen der

- monocyclischen aromatischen Kohlenwasserstoffe (sog. BTEX: Benzol, Toluol, Ethyl- und Methylbenzole, Xylole) und untergeordnet auch bicyclischen (Naphthalin) sowie der
- chlorierten aliphatischen Kohlenwasserstoffe (sog. LCKW: Di- bis Tetrachlorierte Methane, Ethane und Ethene).

Tabelle 16.2. Humantoxische Eigenschaften und Wirkungen ausgewählter Schwermetalle und Arsen

Stoffname	Essentiell (toxisch in höheren Dosen)	Bio-akkumulation	Toxizität akut oral	Toxizität chronisch	Krebsverdacht	Teratogenität, Genotoxizität
Arsen	-	+/-	+	neurotoxisch	kanzerogen (oral + inhalativ)	-
Blei	-	+	+	neurotoxisch	-	teratogen
Cadmium	-	+	+	Nierenschäden	kanzerogen (inhalativ)*	-
Chrom III	E	-	-	-	-	-
Chrom VI	-	-	+	Nierenschäden	kanzerogen (inhalativ)*	genotoxisch
Cobalt	E	-	-	-	kanzerogen	-
Kupfer	E	+**	+/-	-	?	-
Nickel	E	-	-	Leber-, Nierenschäden	kanzerogen (inhalativ)*	teratogen
Quecksilber	-	+***	+	neurotoxisch	-	-
Zink	E	-	-	-	-	-

* am exponierten Arbeitsplatz

** in der Praxis nur von Bedeutung bei oraler Aufnahme von belastetem Trinkwasser durch Säuglinge

*** insbesondere organische Hg-Verbindungen

Tabelle 16.3. Anorganische Bodeninhaltsstoffe, die vom Umweltbundesamt oder durch Aufnahme in Prüfwertelisten als human- oder phytotoxisch relevant eingestuft werden

Stoff	UBA 1994[1]	LAGA 1991[2]	UVPVwV 1995	LAGA 1994[3]	UM & SM B-W 1993	Berlin 1995
Ammonium		X				
Arsen u.V.	X	X	X	X	X	X
Blei u.V.	X	X	X	X	X	X
Cadmium u.V.	X	X	X	X	X	X
Chrom u.V.	X	X	X	X	X	X
Kupfer u.V.	X[5]	X	X	X[5]	X[5]	X[5]
Nickel u.V.	X[4]	X	X	X	X	X[5]
Quecksilber u.V.	X	X	X	X	X	X
Selen u.V.		X		X[4]		
Thallium u.V.	X[5]	X	X	X	X	
Vanadium u.V.	X[4]	X				
Zinn u.V.					X[5]	
Zink u.V.	X	X	X	X	X[5]	X[5]
Fluoride				X[4]	X	X[4]
Cyanide	X			X[4]	X[4]	X[4]

1) nach Gregor (1994)
2) die aufgeführten Stoffe waren bereits bei Gefahrenbeurteilungen von maßgeblichem Einfluß oder sind in erheblichen Mengen in Altlasten festgestellt worden
3) nach Ewers u. Viereck-Götte (1994)
4) Wirkungspfad Boden - Mensch
5) Wirkungspfad Boden - Pflanze
u.V. = und Verbindungen

Aufgrund ihrer geringen Persistenz stellen sie keine Stoffe mit ubiquitärer Verbreitung in Böden dar und sind daher nicht routinemäßig untersuchte Inhaltsstoffe sondern die Untersuchung ist auf einzelne Verdachtsflächen beschränkt (Tabelle 16.4). Im Gegensatz dazu sind die schwer flüchtigen Kohlenwasserstoffe, trotz ihrer zum Teil nachgewiesenen Abbaubarkeit, in der Praxis in ihrer Adsorptionsneigung und Persistenz den Schwermetallen vergleichbar und werden in Böden angereichert. Als Folge der jahrzehntelangen Immissionseinträge weisen sie daher in Ballungsräumen im Mittel um mehr als zweifach höhere Konzentrationen auf als in Böden ländlicher Räume (CLAM 1991; König et al. 1991; Fliegner u. Reinirkens 1993; → Kap. 7). Zu dieser Stoffgruppe sind zu zählen die

- Polyzyklischen Aromatischen Kohlenwasserstoffe (PAH),
- Polychlorierten Biphenyle (PCB) und
- Polychlorierten Dibenzo(p)dioxine und Dibenzofurane (PCDD/F).

Darüber hinaus werden in Regelwerken oder Prüfwertelisten weitere Stoffe als umweltrelevant eingestuft (Tabelle 16.4).

Die nicht routinemäßig untersuchten organischen Verbindungen besitzen Untersuchungsrelevanz in Abhängigkeit von der Flächennutzung, d.h. die genannten Chlorpestizide sollten z.B. in Gartenböden, Nitroaromaten auf militärischen Altlasten und die sehr gut biologisch abbaubaren Mineralöl-Kohlenwasserstoffe auf Flächen jeglicher Nutzung mit Treibstofflagern untersucht werden.

Umweltrelevante Stoffanteile

Gesamtgehalte. Die meisten Richtwerte beziehen sich auf die umweltpolitischen „Gesamtgehalte“ der Schadstoffe im Boden. Bei Schwermetallen und As bedeutet dies i.d.R. die Bestimmung mittels Atomabsorptionsspektrometrie (AAS) oder Induktiv Gekoppelter Plasmaanalyse (ICP) nach Königswasseraufschluß, bei organischen Stoffen die Detektion (mittels UV-, FID- oder ECD-Detektor) nach Hochdruck-

Tabelle 16.4. Organische Bodeninhaltsstoffe, die vom Umweltbundesamt oder durch Aufnahme in Prüfwertelisten als human- oder phytotoxisch relevant eingestuft werden (Erläuterungen zu Abkürzungen siehe im Text)

Stoff	UBA 1994[1)]	LAGA 1991[2)]	UVPVwV 1995	LAGA 1994[3)]	UM & SM B-W 1993	Berlin 1995
Mineralöl-KW		X			X[5)]	
BTEX	X	X			X[4)]	
Phenol		X		X[4)]		X
Kresole		X		X[4)]		
LCKW	X[4)]	X		X[4)]	X[4)]	
Benzo(a)pyren	X	X	X	X	X	X
PAH		X	X		X	X
PCB	X	X		X	X	X
PCDD/F	X	X		X	X	X
Chlorbenzole	X[5,6)]	X		X[4)]		
Chlorphenole	X[5)]	X		X[4)]	X[7)]	
HCH-Gemische	X[4)]	X		X[4)]	X	
Chlorpestizide					X[5)]	
Aldrin	X[5)]	X				
Dieldrin	X					
DDT	X	X		X[4)]		
Endrin	X[5)]					
Nitroaromaten		X		X[4)]		
Phthalate	X[4)]	X				
Acrylnitril				X[4)]		
Vinylchlorid	X[4)]	X				

1) nach Gregor (1994)
2) die aufgeführten Stoffe waren bereits bei Gefahrenbeurteilungen von maßgeblichem Einfluß oder sind in erheblichen Mengen in Altlasten festgestellt worden
3) nach Ewers u. Viereck-Götte (1994)
4) Wirkungspfad Boden - Mensch
5) Wirkungspfad Boden - Pflanze
6) Hexachlorbenzol
7) Pentachlorphenol

flüssigkeitschromatographischer (HPLC) bzw. säulenchromatographischer Auftrennung (GC) nach meist heißer Extraktion mit organischen Lösungsmitteln wie Toluol (AbfKlärV 1992; Dominik u. Paetz 1995). Es wird somit derzeit davon ausgegangen, daß überwiegend nur die nicht-silikatisch und nicht-oxidisch gebundenen Anteile anorganischer Verbindungen umweltverfügbar und damit bewertungsrelevant sind. Für die Verfügbarkeit der im Boden enthaltenen organischen Inhaltsstoffe wird dagegen angenommen, daß der verfügbare Anteil dem analytisch erfaßbaren Gesamtgehalt entspricht.

Unter der Vielzahl der PAH werden zwar derzeit 16 Einzelsubstanzen nach einer von der EPA veröffentlichten Liste relevanter PAH nach chromatographischer Auftrennung quantifiziert; zur Bewertung wird jedoch i.d.R. stellvertretend allein Benzo(a)pyren herangezogen (Tabelle 16.4), die Verbindung mit dem höchsten kanzerogenen Potential unter den PAH (IARC 1983). Das einzige etwa gleich kanzerogen einzustufende Dibenz(ah)anthracen hat in Umweltmedien nur eine etwa zehnfach geringere Konzentration und ist daher weniger bewertungsrelevant. Von den 209 möglichen PCB werden nur sechs häufige und mit den verbreiteten Chromatographie-Säulen analytisch nahezu überlagerungsfrei zu detektierende PCB mit Indikatorfunktion bestimmt (PCB 28, 52, 101, 138, 153 und 180) und zur näherungsweisen

Abschätzung des PCB-Gesamtgehaltes in Anlehnung an häufig verwendete hoch-chlorierte technische PCB-Gemische (z.B. Clophen A50) mit dem Faktor 5 multipliziert (DFG 1988; AbfKlärV 1992). Unter den zahlreichen PCDD/F werden allein die an der 2-,3-,7- und 8-Position der Moleküle chlorsubstituierten 17 tetra- bis octachlorierten Einzelverbindungen und alle übrigen Verbindungen als Summen identisch chlorierter PCDD oder PCDF quantifiziert und mittels Toxizitäts-Äquivalentfaktoren in 2,3,7,8-TCDD-äquivalente Wirk-Konzentrationen umgerechnet (UBA 1985; BGA/UBA 1990).

Mobilisierbare Teilfraktionen. In neuerer Zeit richten sich die Bemühungen zunehmend auf die Bestimmung der im Magen-Darm-Trakt resorbierbaren Schadstoffanteile (z.B. von PCDD/F im Wege-Baustoff Kieselrot). Derzeit werden dazu in verschiedenen Instituten standardisierte (ggf. sequentielle Extraktions-)Verfahren zur Ermittlung dieser Anteile entwickelt. Sie werden die gelegentlich eingesetzte, orientierende Bestimmung des humanverfügbaren Schwermetallanteils in Böden mittels einer 0,1 N Salzsäurelösung (simulierte Magensäurelösung) ablösen. Es muß jedoch pessimistischerweise festgestellt werden, daß sich schon der Einsatz der in den 80er Jahren hoffnungsvoll optimierten sequentiellen Extraktionsverfahren zur Bestimmung von umweltrelevanten Schwermetall-Fraktionen nicht routinemäßig durchgesetzt und auch nicht Eingang in Regelwerke gefunden hat.

Die Abschätzung des Grundwassergefährdungspotentials wird dagegen bereits seit Beginn der 80er Jahre routinemäßig auf den mit destilliertem Wasser (Feststoff-Lösungsmittelverhältnis 1:10) innerhalb von 24 Stunden eluierbaren Schadstoffanteil im Boden gegründet (DIN 38414 S4 1984). Es ist jedoch mittlerweile Allgemeinwissen, daß dies Verfahren insbesondere zur Ermittlung des Grundwassergefährdungspotentials durch Stoffe mit hoher Adsorptionsneigung (z.B. PAH) ungeeignet ist. Alternative Verfahren wie die Extraktion mittels destilliertem Wasser bei konstantem pH-Wert von 4 (Titration mit HNO_3 bzw. NaOH) oder mittels Ammonnitrat werden dagegen noch nicht bundesweit eingesetzt (DIN 19730 1993). Zur Durchführung einer Grundwassergefährdungsabschätzung sind über die Kenntnis der Stoffkonzentrationen im Boden hinaus Kenntnisse weiterer Bodenkenngrößen erforderlich, um die Mobilität eines Stoffes in der ungesättigten Bodenzone beschreiben zu können. Zu diesen gehören u.a. die Korngrößenverteilung, der pH-Wert und der Gehalt an organischer Substanz einzelner Schichten sowie die jährliche Sickerwassermenge. Ergänzend ist die Kenntnis der Grundwasserbelastung im Oberstrom der zu untersuchenden Fläche und die Wasserdurchlässigkeit des Grundwasserleiters unabdingbar (LAGA 1991; → Kap. 20–24).

Zur Bestimmung der pflanzenverfügbaren Stoffanteile wird seit nahezu 15 Jahren der Calciumchlorid-Extrakt (nach Köster u. Merkel 1982) bzw. seit Beginn der 90er Jahre zunehmend der v.g. Ammonnitratextrakt eingesetzt, der mittlerweile allgemeine, auch internationale Akzeptanz findet. Die Pflanzenverfügbarkeit einer Substanz wird jedoch weiterhin durch den Quotienten der „Gesamtgehalte" in der Pflanze (ermittelt als HNO_3-löslicher Gehalt) und im Boden (den sog. Transferfaktor) beschrieben (Sauerbeck u. Styperek 1987). Unabdingbar zur Bewertung eines Bodens als Nutzpflanzenstandort ist jedoch neben dem Wissen um Schadstoffkonzentrationen die Kenntnis seines pH-Wertes, ggf. auch seines Gehaltes an Humus und Ton sowie seines Düngezustandes (z.B. des Phosphatgehaltes; LÖLF NRW 1988; → Kap. 6).

Box 16.1 Bewertungsansätze zur Begrenzung von Einträgen

Zur Begrenzung von Stoffeinträgen in Böden und Grundwasser wird im allg. das Minimierungsgebot akzeptiert (z.B. WHG 1986; UM B-W 1993; LAWA 1993; LAGA 1994; Berlin 1995). Als Zielgröße werden daher die allgemein vorhandenen, geogen und großflächig anthropogen verursachten Hintergrundwerte außerhalb von Altlasten oder Altlastverdachtsflächen in den Umweltmedien zugrunde gelegt. Für Böden und andere Materialien (z.B. Spielsand, Wegebaumaterial, Reststoffe), die zum Einbau oder Wiedereinbau in Bereichen unterschiedlicher Nutzung verwendet werden sollen, werden als Qualitätskriterium an die Hintergrundwerte angelehnte, sog. Einbauwerte vorgeschrieben, die Konzentrationshöchstwerte für ausgewählte Schadstoffe in diesen Materialien darstellen. Dieser Ansatz manifestierte sich zuerst in der Festlegung und späteren Verminderung von Grenzwerten für ausgewählte Schwermetalle in Böden landwirtschaftlicher Nutzung in der Klärschlamm-Verordnung (AbfKlärV 1982, 1992). Auch im Bereich des Grundwasserschutzes gilt das Minimierungsgebot, das keine negative Veränderung des Grundwassers durch Einleitungen zuläßt (WHG 1986). Die Begrenzung von Stoffeinträgen in Oberflächengewässer und Luft orientiert sich dagegen überwiegend am Stand der Technik der Abwasser- bzw. Abluftreinigung.

16.3 GEFÄHRDUNGSABSCHÄTZUNGS-MODELLE FÜR BESTEHENDE VERUNREINIGUNGEN

Zur Ableitung von Richtwerten zur Bewertung bestehender Verunreinigungen und zur Quantifizierung des Gefährdungspotentials bestehender Verunreinigungen in Böden werden Gefährdungsabschätzungsmodelle (*risk assessment*-Modelle) bzw. Expositionsmodelle herangezogen. Bei beiden Rechenvorgängen werden berücksichtigt:

- die vorhandene oder geplante Nutzung
- unterschiedliche Schutzgüter
- toxikologische Grundlagen und
- variable Expositionskenngrößen

Während bei einer Gefährdungsabschätzung durch Variation dieser Rechengrößen verschiedene Gefährdungsgrade berechnet werden können, muß im Falle einer administrativen Werte-Ableitung zunächst definiert werden, welche Bedeutung dem ermittelten Wert zukommen soll.

Umweltpolitische Vorgaben

Wertecharakter. Zur Kennzeichnung von Stoffgehalten in Böden, die als Maß einer zulässigen, maximalen oder angestrebten Belastung zur administrativen Verwendung empfohlen werden, wird in der Literatur, in Regelwerken und Empfehlungen eine Vielzahl von Begriffen verwendet (z.B. Standardwert, Orientierungswert, Prüfwert, Richtwert, Schwellenwert, Handlungswert, Maßnahmenwert, Eingreifwert, Sanierungswert, Grenzwert etc.). Diese lassen sich gemäß der internationalen Norm ISO/WD 11 074 (1993) zunächst drei Oberbegriffen zuordnen:

Grundgehalt: Geogen oder pedogen bedingter mittlerer Gehalt eines Stoffes im betrachteten Boden

Richtwert: Durch eine kompetente Institution empfohlener Wert ohne Rechtsverbindlichkeit

Grenzwert: Durch Rechtsverordnung verbindlicher Wert.

Gleicht man die veröffentlichten Werte mit diesen Definitionen ab, so erkennt man, daß allein die in der Klärschlamm-Verordnung genannten Stoffgehalte in Böden *Grenzwerte* sind. Alle an natürlichen, nicht anthropogen überprägten Böden ermittelten Stoffgehalte sowie an anthropogen überprägten Böden ermittelten geogenen Stoffanteile wären danach als *Grundgehalte* anzusprechen. Die überwiegende Zahl der veröffentlichten Werte sind *Richtwerte*, die sich weiterhin in folgende Wertekategorien untergliedern lassen:

Hintergrundwert: Obere Grenze (z.B. 90-Perzentil) des Konzentrationsbereiches eines Stoffes in natürlichen und anthropogen überprägten Böden außerhalb von Altlasten oder Altlastverdachtsflächen. Hintergrundwerte können zum Erkennen einer Belastungssituation herangezogen werden und bieten einen Maßstab zur Beurteilung der Höhe einer Belastung. *Synonym: Referenzwert.*

Prüfwert: Wirkungspfad-, schutzgut- und nutzungsbezogener Konzentrationswert für Schadstoffe in Böden und anderen Umweltmedien, die im Rahmen der Gefahrenbeurteilung zur Entscheidung über weitere Sachverhaltsermittlungen oder Untersuchungen dienen sollen. Bei Überschreitung sind weitere Sachverhaltsermittlungen geboten, um zu prüfen, ob unter den konkreten Bedingungen vor Ort eine Gefährdung von Schutzgütern gegeben ist bzw. ein auch rechtlich relevantes Risiko besteht, gegen das einzuschreiten ist. Dazu sind ggf. Messungen und Zusatzdatenerhebungen sowie eine auf realistischen Expositionsannahmen beruhende Gefährdungsabschätzung erforderlich, mit deren Hilfe die im Einzelfall bestehenden oder zu erwartenden Wirkungen zutreffend beschrieben werden können. Bei Unterschreitung kann der Gefahrenverdacht i.d.R. als ausgeräumt gelten. *Synonym: Schwellenwert.*

Maßnahmenwert: Konzentrationshöchstwert, der nicht überschritten werden soll, da unter ungünstigen Umständen im Einzelfall ein nicht mehr tolerierbares Risiko bzw. Gefährdung bestehen kann. Bei Überschreitung soll unverzüglich über Art und Umfang von Sicherungs- und Sanierungsmaßnahmen entschieden werden. *Synonym: Eingreifwert.*

Der Abgleich der veröffentlichten Konzentrationswerte mit diesen Definitionen unterschiedlicher Richtwerte macht deutlich, daß die meisten der Kategorie *Prüfwerte* zugeordnet werden können, wie sie nach einem gemeinsamen Arbeitspapier der Länderarbeitsgemeinschaften Bodenschutz (LABO), Abfall (LAGA) und Wasser (LAWA) definiert wird (LABO/-LAWA/LAGA 1993). Im allgemeinen wird derzeit davon Abstand genommen, Maßnahmenwerte zu empfehlen, um den öffentlichen Verwaltungen vor Ort einen größeren Handlungsspielraum im Umgang mit belasteten Flächen zu ermöglichen. Da es sich dabei um schutzgut-, nutzungs- und wirkungspfadbezogene Werte handelt, sollen die Schutzgüter, Nutzungsszenarien und Wirkungspfade nachfolgend kurz erläutert werden.

Schutzgüter – Flächennutzungen – Wirkungspfade. Als relevante Schutzgüter werden angesehen:

- die menschliche Gesundheit,
- die Nutzpflanzen (Nahrungspflanze/Futterpflanze),
- das Grundwasser,
- die Bodenfunktionen/Bodenorganismen.

Unter diesen stellen die Schutzgüter Nutzpflanzen und Grundwasser letztlich keine eigenständigen Schutzgüter dar, sondern erhalten diesen Status allein im Hinblick auf ihre Verwendung als Nahrungs- oder Futtermittel. Ähnliches gilt für die Schutzgüter Bodenfunktionen und Bodenorganismen, deren Erhaltungswürdigkeit aus der Kenntnis resultiert, daß allein ein belebter Boden die Versorgung des Menschen mit Nahrungsmitteln gewährleistet und nur ein Boden, der seine Puffer- und Filterfunktionen wahrnehmen kann, auch ausreichend Schutz für das ggf. als Trinkwasser genutzte Grundwasser bieten kann (→ Kap. 3, 4, 6). Letztendliches Schutzgut stellt aufgrund des egozentrischen Weltbildes des Menschen allein die menschliche Gesundheit unter den Aspekten Gesundheitsschutz und Gesundheitsvorsorge dar. Welche Schutzgüter bei einer Beurteilung und Bewertung von Bodenverunreinigungen von Relevanz sind, wird durch die *vorhandene oder geplante Flächennutzung* entschieden. Dabei können folgende Arten der Flächennutzung unterschieden werden (Ewers et al. 1994):

- Kinderspielplätze,
- Wohngebiete, Hausgärten,
- Nutzgärten/ Kleingartenanlagen,
- Gärtnerisch und landwirtschaftlich genutzte Flächen (gewerbl. Nutzpflanzenanbau),
- Sport- und Bolzplätze,
- Park- und Freizeitanlagen, öffentliche Grünflächen,
- Gewerbe- und Industriegebiete,
- Grundwasserschutzgebiete,
- Naturschutzgebiete.

Der Ansatz zu dieser differenzierten Vorgehensweise resultiert daraus, daß man erkannte, daß es wirtschaftlich unmöglich war – und heute mehr als früher ist – belastete Flächen auf das Niveau der geogenen Belastungen zu sanieren und somit eine multifunktionale Folgenutzung ehemals belasteter Flächen zu ermöglichen (LAGA 1991). Kinderspielplätze, Wohngebiete, Haus- und Kleingärten sowie Grundwasserschutzgebiete gelten als sensible Bodennutzungen. Gewerbegebiete, Verkehrsflächen sowie Park- und Grünflächen stellen demgegenüber wenig

Tabelle 16.5. Differenzierung der Stoff-Wirkungspfade in Abhängigkeit unterschiedlicher Flächennutzungen bei der Beurteilung vorhandener Bodenverunreinigungen (modifiziert nach LABO/LAWA/LAGA 1993)

Wirkungspfad / Bodennutzung	Boden-Mensch (Direktübergang oral)	Boden-Mensch (Direktübergang inhalativ)	Boden-Nutzpflanze-Mensch	Boden-Futterpflanze-Nutztier-Mensch	Boden - Grundwasser	Wirkungen auf Boden-organismen
Kinderspielplatz	++	+	-	-		keine Nutzungs-differenzierung
Wohngebiet (mit Hausgärten)	++	+	+	-		
Kleingartenanlage/ Nutzgarten	++	+	++	-		
Sport- und Bolzplatz	+	++	-	-		
Park- und Freizeit-anlage/Unbefestigte innerstädt. Fläche	+	+	-	-		
Unbefestigte Fläche in Gewerbe- oder Industriegebiet	-	+	-	-		
Land- (bzw. forst-) wirtschaftl.- bzw. erwerbsgartenbaulich genutzte Fläche	+	+	++	++		
Nicht genutzte Fläche	-	-	-	-		

++ Vorrangig bedeutsamer Wirkungspfad
+ Eingeschränkt bedeutsamer Wirkungspfad
- Wirkungspfad ohne Bedeutung

sensible Nutzungen dar. Diese Einstufung ergibt sich aus den nutzungsbezogen unterschiedlichen Möglichkeiten und der jeweiligen Intensität des Kontaktes mit Boden. Die in Tabelle 16.5 dargestellten Zusammenhänge zwischen Flächennutzung und vorrangigen Wirkungspfaden machen deutlich, daß unter den aufgeführten Wirkungspfaden der Direktübergang Boden–Mensch auf Kinderspielplätzen, in Wohngebieten mit Hausgärten und in Klein- und Nutzgärten von vorrangiger Bedeutung ist, wobei ergänzend noch zwischen den Nutzerkollektiven *Kleinkinder* und *Erwachsene* unterschieden wird.

Der inhalative Wirkungspfad wird i.d.R. nur auf Sport- und Bolzplätzen als vorrangig angesehen. Schadstoffaufnahmemöglichkeiten vom Boden über die Pflanze stellen auf Flächen mit gartenbaulicher oder landwirtschaftlicher Nutzung einen bzw. den vorrangigen Wirkungspfad dar. Die Berücksichtigung der Schadstoffaufnahme über Nutztiere ist entsprechend nur auf landwirtschaftlichen Flächen gegeben (→ Kap. 6). Im Hinblick auf die Schutzgüter *Grundwasser* und *Bodenorganismen* erfolgt keine Nutzungsdifferenzierung, da die Möglichkeiten der Grundwassergefährdung und der Beeinträchtigung der biologischen Aktivität durch Bodenverunreinigungen auf Flächen jeglicher Nutzung, d.h. nutzungsunabhängig gegeben sind (→ Kap. 20–24).

Grundlagen der Quantifizierung

Toxikologische Grunddaten und Konventionen. Zur Ableitung von Prüfwerten sind einheitliche toxikologische Grunddaten in Form von Angaben über (für den Menschen) tolerierbare Aufnahmemengen eines Stoffes erforderlich. Für toxische, nicht-krebserzeugende Stoffe, d.h. Stoffe mit Wirkungsschwellen, werden von internationalen und nationalen Gesundheitsorganisationen oder -behörden empfohlene Werte zugrunde gelegt. Diese werden aus epidemiologisch oder tierexperimentell ermittelten NOAEL-Daten (*No Observed Adverse Effect Level*) oder LOAEL (*Lowest Observed Adverse Effect Level*) unter Einrechnung von Sicherheitsfaktoren abgeleitet. Der Gesamt-Sicherheitsfaktor setzt sich aus vier Teil-Sicherheitsfaktoren zusammen und kann zwischen 1 und 10 000 in Abhängigkeit von dem Testkollektiv (Tier oder Mensch) variieren, an dem der NOAEL oder LOAEL ermittelt wurde:

• Teil-Sicherheitsfaktor S1:	10x	Umrechnung von LOAEL in NOAEL
• Teil-Sicherheitsfaktor S2:	10x	Übertragung von subchronischer auf chronische Aufnahme
• Teil-Sicherheitsfaktor S3:	10x	Übertragung von Tierversuchen auf die Spezies Mensch (Interspeziesfaktor)
• Teil-Sicherheitsfaktor S4:	10x	Berücksichtigung empfindlicher Bevölkerungsgruppen (Intraspeziesfaktor)

Der Gesamt-Sicherheitsfaktor ist 1, wenn ein NOAEL aus epidemiologischen Studien empfindlicher Personengruppen vorliegt. Der Sicherheitsfaktor beträgt 10 000, wenn nur ein LOAEL eines subchronischen Tierversuches vorliegt. *Die Sicherheitsfaktoren sind keine unabänderlichen Kenngrößen, sondern unter Fachleuten akzeptierte Konventionen.* Durch die Anwendung dieser Sicherheitsfaktoren soll gewährleistet werden, daß unterschiedliche toxikologische Ausgangsdaten unabhängig von ihrer Ermittlung so normiert werden, als wenn sie an einer empfindlichen Personengruppe ermittelt worden wären. Die empfohlenen Werte geben also entsprechend einem NOAEL eine zugeführte Stoffmenge je kg Körpergewicht an, bei der – unter Nichtbeachtung möglicher Kombinationswirkungen – nach dem derzeitigen Stand der Kenntnis bei lebenslanger täglicher bzw. wöchentlicher Aufnahme keine nachteiligen Effekte auf die Gesundheit betroffener Personen erwartet werden. Zur Kennzeichnung der tolerierbaren Zufuhrmengen werden im allgemeinen folgende Begriffe verwendet:

- *ADI*-Werte (acceptable daily intake), Angaben in μg oder mg pro kg Körpergewicht (KG) und Tag,
- *TDI*-Werte (tolerable daily intake), deutsch *DTA*-Werte (duldbare tägliche Aufnahme); Angaben in μg oder mg pro kg Körpergewicht und Tag,
- *PTWI*-Werte (provisional tolerable weekly intake); Angaben in μg oder mg pro kg Körpergewicht und Woche,
- *TRD*-Wert (tolerierbare resorbierte Dosisrate); Angaben in pg, ng, μg oder mg pro kg Körpergewicht und Tag.

Der Begriff ADI-Wert wird zumeist in bezug auf absichtlich zu Lebensmitteln hinzugegebene Lebensmittelzusatzstoffe verwendet und sollte bei der Bewertung von Verunreinigungen daher keine Anwendung finden. PTWI- und TDI- bzw. DTA-Werte werden dagegen für unbeabsichtigte Rückstände von Pflanzenschutz- und -behandlungsmitteln in Lebensmitteln sowie für Umweltkontaminanten festgelegt, die hauptsächlich mit der Nahrung aufgenommen werden. Auf der Grundlage dieser Werte und unter Berücksichtigung der üblichen Verzehrsmengen der einzelnen Lebensmittel – oder angenommener Aufnahmemengen an z.B. Boden – können für diese

Box 16.2 Nutzungs- und schutzgutbezogene Probennahme

Die Beurteilung von Bodenverunreinigungen erfordert eine nutzungs- und schutzgutbezogene Entnahme von Proben. Dies mag auf den ersten Blick nicht logisch erscheinen. Wir betrachten daher einmal beispielhaft die konträren Wirkungspfade der inhalativen Aufnahme von Aufwirbelungen auf Bolzplätzen einerseits und der Grundwassergefährdung durch Bodenverunreinigungen andererseits. Es wird deutlich, daß im ersten Fall die Probennahme auf die oberflächennahen Schichten vegetationsfreier Flächen (bis max. 10 cm) beschränkt sein muß. Im zweiten Fall ist die Kenntnis der Stoffgehalte und des Profilaufbaus unabhängig von der Vegetation und mindestens in der gesamten ungesättigten Bodenzone, selbst unterhalb der Maximaltiefe verunreinigten Bodens erforderlich.

Im Bereich von Kinderspielplätzen, Wohngebieten und Haus- bzw. Ziergärten wird die orale Bodenaufnahme durch im Freien spielende Kleinkinder als dominierender Pfad der Schadstoffaufnahme angesehen (Verschlucken von Bodenpartikeln durch Hand-Mund-Kontakt und Belecken von Gegenständen, an denen Bodenpartikel haften; → Kap. 10). In diesen Bereichen müssen daher vorrangig solche Flächen beprobt werden, auf denen der Boden offen zutage liegt, so daß ein direkter Bodenkontakt möglich ist (Viereck et al. 1991). Bereiche, in denen der Boden durch Vegetation (Rasen) oder Wegebaumaterialien, Steinplatten etc. bedeckt ist, werden als weniger kritisch angesehen. Als beurteilungsrelevante Beprobungstiefe ist die obere Bodenschicht zu betrachten, d. h. 0–35 cm auf vegetationsfreien Flächen. Dies entspricht demjenigen Bereich des Oberbodens, der für Kinder – auch unter Berücksichtigung von Spielaktivitäten wie „Buddeln" – zugänglich ist. Zur Bewertung sollte nur feinkörniges Bodenmaterial (die Fraktion < 2 mm), das ebenso leicht verschluckt werden kann wie Spielsand, herangezogen werden. Bei gärtnerisch und landwirtschaftlich genutzten Flächen entspricht die beurteilungsrelevante Beprobungstiefe der üblichen Bearbeitungstiefe von ca. 30 cm auf Acker- und Grabeflächen (sog. Pflug- bzw. Grabetiefe) sowie 0–10 cm auf Grünland; eine zusätzliche Beprobung bis ca. 1 m Tiefe ist zur Erkennung von Belastungsursachen oder Verlagerungen oder zur Bewertung der Stoffaufnahme durch tiefwurzelnde Pflanzen sinnvoll (LÖLF NRW 1988).

Zur Beurteilung des Grundwassergefährdungspotentials sind dagegen nicht nur die Schadstoffgehalte der oberflächennahen, sondern auch die der tieferen Schichten der ungesättigten Bodenzone bis unterhalb der verunreinigten Schichten von Bedeutung (LAGA 1991). Neben der Untersuchung der Gesamtgehalte sind bei dieser Fragestellung auch Untersuchungen zur Feststellung der eluierbaren Anteile sowie Grundwasseruntersuchungen im Ober- und Unterstrombereich erforderlich. Zur Ermittlung von Belastungsursachen ist bei allen Nutzungsszenarien die getrennte Beprobung der oberen 0–10 cm von Dauergrünland-Teilflächen oder benachbarten Dauergrünlandflächen sinnvoll. Im Hinblick auf die Umgestaltung einer Fläche oder die Planung einer ggf. erforderlichen Sicherungs- oder Sanierungsmaßnahme ist eine über die v.g. nutzungsbezogenen Probennahmetiefen hinausgehende, ergänzende Beprobung tieferer Profilintervalle (mindestens bis 1 m Tiefe) erforderlich; die nutzungs- und schutzgutbezogene Gefährdungsabschätzung (z.B. auf Kinderspielplätzen) muß diese Ergebnisse jedoch unberücksichtigt lassen. In Einzelfällen kann in Ballungsgebieten die zusätzliche Ermittlung der aktuellen Staubniederschlagsbelastung über die Sinnhaftigkeit von Sicherungs- oder Sanierungsmaßnahmen entscheiden.

Bei allen Flächennutzungsszenarien erfolgt die Gefährdungsabschätzung und Beurteilung i.d.R. auf der Grundlage der Konzentrationsangaben für flächenrepräsentative Mischproben, die aus mehreren Einzeleinstichen (je nach Flächengröße 5–20) erstellt wurden. Allein für die Gewinnung der notwendigen Informationen für eine Grundwassergefährdungsabschätzung können Proben aus Baggerschürfen und einzelnen Kernbohrungen erforderlich sein.

Tabelle 16.6. Flächennutzungsrelevante Beprobungstiefen

Flächennutzung	Beprobungstiefe (cm)
Kinderspielplätze	0–35
Wohngebiete, Hausgärten	0–35
Gärtnerisch und landwirtschaftlich genutzte Flächen (Nutzpflanzenanbau inkl. Kleingärten)	Grabe- bzw. Pflugtiefe auf Grabe- bzw. Ackerflächen (ggf. zusätzlich in zwei Intervallen bis 100 cm) 0–10 auf Grünland
Sport- und Bolzplätze	0–10
Parkanlagen, öffentliche Grünflächen	0–10
Gewerbegebiete	0–10
Grundwasserschutzgebiete	ungesättigte Bodenzone (bis unterhalb gestörter Horizonte)
Naturschutzgebiete	keine Vorgaben

Bemerkung: unabhängig von der zu bewertenden Nutzung ist zur Erkennung der Belastungsursachen eine zusätzliche Beprobung bis in mindestens 1 m Tiefe sinnvoll

Stoffe zulässige Höchstwerte in Lebensmitteln oder Böden rechnerisch abgeleitet werden. Die für einzelne umweltrelevante Substanzen abgeleiteten PTWI- und TDI-Werte sind in Tabelle 16.7 aufgeführt.

Für diese und alle sonstigen Substanzen können jedoch auch die sog. Orientierungs- oder TRD-Werte (tolerierbare resorbierte Dosisraten) für langfristige, d.h. chronische Stoffaufnahme eines Forschungsvorhabens des Umweltbundesamtes „Basisdaten Toxikologie für umweltrelevante Stoffe zur Gefahrenbeurteilung bei Altlasten“ (Hassauer et al. 1993, modifiziert in Anonym 1995) zugrunde gelegt werden. Im

Tabelle 16.7. PTWI- und TDI- bzw. DTA-Werte für Arsen, Metalle, PCB und PCDD/F

Substanz	Einheit	PTWI-, TDI bzw. DTA-Wert	Quelle
Arsen	μg kg^{-1} KG x Woche	15	WHO 1983, 1989
Blei	μg kg^{-1} KG x Woche	50[1)]	WHO 1972, 1989
	μg kg^{-1} KG x Woche	25[2)]	WHO 1987, 1993
Cadmium	μg kg^{-1} KG x Woche	7	WHO 1972, 1989
Quecksilber	μg kg^{-1} KG x Woche	5[3)]	WHO 1972, 1989
PCB gesamt	μg kg^{-1} KG x Tag	1–3	BGA/UBA 1983[4)]
	μg kg^{-1} KG x Woche	1	DFG 1988
PCDD/F	pgTE kg^{-1} KG x Tag	1–10	UBA 1985
	pgTE kg^{-1} KG x Tag	1[5)]	BGA/UBA 1990
	pgTE kg^{-1} KG x Tag	10[6)]	WHO-Euro 1991

1) gilt nur für Erwachsene
2) gilt für Kinder und Frauen
3) davon maximal 3,3 μg kg^{-1} Körpergewicht (KG) und Woche als Methylquecksilber
4) siehe Lorenz u. Neumeier (1983)
5) angestrebte Zielgröße, da die durchschnittliche Belastung der Allgemeinbevölkerung in der BRD auf 1–2 pgTE kg^{-1} KG und Tag geschätzt wird
6) bezieht sich primär auf 2,3,7,8-TCDD

Tabelle 16.8. Ableitungskriterien der TRD-Werte für langfristige Expositionen gegenüber ausgewählten umweltrelevanten Substanzen (chronische Aufnahme; nach Hassauer et al. 1993, modifiziert nach Anonym 1995)

Substanz	NOAEL/LOAEL	Getestete Spezies	Resorptions-rate %	Sicherheits-faktor	TRD-Wert
Arsen u.V.[1]	N 0,8 μg kg^{-1} d^{-1}	Mensch	100	3	0,3 μg kg^{-1} d^{-1} [2]
Blei u.anorg.V.	L 10 μg dl^{-1} Blutbleigehalt	Mensch	50	2	5 μg dl^{-1} Blut bzw. 1 μg kg^{-1} d^{-1} [3]
Cadmium u.V.	L 50 ng kg^{-1} d^{-1}	Mensch	5	2	25 ng kg^{-1} d^{-1}
Chrom^{III}-V.	–	–	–	–	[6]
Chrom^{IV}-V.	N 2,4 mg kg^{-1} d^{-1}	Ratte	–	500	5 μg kg^{-1} d^{-1} [4]
Kupfer u.V.	–	–	50	–	25 μg kg^{-1} d^{-1} [5]
Nickel u.V.	L 0,08 mg kg^{-1} d^{-1}	Maus	6	1000	0,08 μg kg^{-1} d^{-1}
Quecksilber anorg.V.	N 3 μg kg^{-1} d^{-1}	Maus	7	200	15 ng kg^{-1} d^{-1}
Quecksilber org.V.	L 0,7 μg kg^{-1} d^{-1}	Mensch	100	15	0,05 μg kg^{-1} d^{-1}
Zink u.V.	–	–	–	–	[6]
Benzo(a)pyren	–	–	–	–	[2]
PCB(gesamt)	N < 5 μg kg^{-1} d^{-1}	Rhesusaffe	100	300	15 μg kg^{-1} d^{-1} [2]
PCDD/F [7]	200 ppt Fettkonz.	Rhesusaffe	100	10	1 pg kg^{-1} d^{-1} [2]

1) u.V. = und Verbindungen;
2) das unit risk für die orale Exposition wurde in einer Qualitätsbeurteilung als unzuverlässig eingestuft, so daß die Ableitung eines TRD-Werts unter Betrachtung der kanzerogenen Eigenschaften dieses Stoffes nicht erfolgte
3) vorläufiger Wert, da die Blutbleibelastung der deutschen Allgemeinbevölkerung derzeit bei etwa 4–5 μg dl^{-1} Blut liegt
4) zugeführte Menge (Angaben der Autoren)
5) Basis: Essentialität
6) Wert wird aufgrund geringer Humantoxizität nicht abgeleitet
7) abgeleitet für 2,3,7,8 TCDD

Gegensatz zur üblichen Vorgehensweise werden die dabei zugrunde gelegten Werte für NOAEL bzw. LOAEL als aufgenommene Stoffmengen berechnet (Tabelle 16.8); d.h. eine angegebene Resorptionsrate wurde gegenüber den Literaturwerten für NOAEL/LOAEL-Mengen in den hier angegebenen Wert eingerechnet.

Für *Stoffe ohne Wirkungsschwelle*, wie kanzerogene, mutagene und teratogene Stoffe, werden im allgemeinen keine PTWI-, TDI- oder TRD-Werte festgelegt. Eine Ausnahme bilden jedoch As, die PCB und die PCDD/F. Die Ableitung von Prüfwerten oder eine Gefährdungsabschätzung für krebserzeugende Stoffe beruht auf der Annahme einer risikobezogenen Körperdosis (*unit risk*), die unter Fachleuten jedoch als unzuverlässig eingestuft wird (Anonym 1995). Bezogen auf den Einzelstoff wird ein (z.B. durch orale oder inhalative Aufnahme kontaminierten Bodens) verursachtes Risiko von 1:10^5 bzw. 10^{-5}, d.h. eine (1) zusätzliche Erkrankung je 100 000 exponierter, d.h. betroffener Personen als tolerierbar angenommen (Ewers u. Viereck-Götte 1994; vgl. auch Tabelle 16.8). Diese Festlegung ist jedoch keine unveränderliche Kenngröße, sondern eine gesellschaftspolitische Übereinkunft (Bachmann et al. 1994). International wird für einzelne krebserregende Stoffe eine Risikozielgröße von 10^{-5} bis 10^{-6} gefordert; dies entspricht einem Votum des Sachverständigenrates für Umweltfragen der Bundesrepublik Deutschland (Hassauer et al. 1993; Wichmann et al. 1993; Schneider et al. 1995). Die WHO geht bei der Ableitung von Richtwerten für die Trinkwasserqualität ebenfalls von einem zumutbaren Zusatzrisiko von 10^{-5} aus. Sollte ein Stoff sowohl toxische als auch krebserzeugende Eigenschaften besitzen, so gilt aus Gründen der Gesundheitsvorsorge der nach dem jeweiligen Ableitungsverfahren ermittelte niedrigere Konzentrationswert als bewertungsrelevanter Prüfwert.

Variable toxikologische Rahmenparameter: Resorbierbare Stoffanteile. Bezüglich des resorptionsverfügbaren Anteils von toxischen oder kanzerogen Stoffen in Böden wird allgemein davon ausgegangen, daß die Bioverfügbarkeit vergleichbar ist mit derjenigen in Nahrungsmitteln. Aus Vorsorgegründen wird sie in administrativen Empfehlungen mit 100% des analytisch bestimmbaren umweltrelevanten Gesamtgehaltes angenommen (Ewers et al. 1994). Zuverlässige Daten liegen derzeit nur in unzureichendem Maße vor. In Forschungsvorhaben sind vereinzelt Angaben zur Resorptionsverfügbarkeit zu finden, die verbindungsspezifisch zwischen 5% und 100% schwanken (Tabelle 16.8; Hassauer et al. 1993). Dabei weisen die anorganischen Parameter Cr^{VI}-, Cd- und anorganische Hg-Verbindungen die niedrigsten und organische Hg-Verbindungen sowie die lipophilen chlorierten Verbindungen (PCB, PCDD/F) die höchsten Resorptionsraten auf. Die Resorptionsverfügbarkeit bei inhalativer Aufnahme ist für nahezu alle anorganischen und organischen Verbindungen niedriger als oder gleich hoch wie diejenige bei oraler Aufnahme. Allein für Cadmium und insbesondere für anorganische Hg-Verbindungen sind sie nach Hassauer et al. (1993) um mindestens den Faktor 5 höher.

Variable toxikologische Rahmenparameter: Gefahrenverknüpfung. Erstmals im Rahmen der Ableitung administrativer Prüfwerte wird im Entwurf des Bundesbodenschutzgesetzes der Ansatz einer Gefahrenverknüpfung eines Prüfwertes gewählt (Bachmann et al. 1994). Dies erfolgt nach Konietzka und Dieter (1994) durch Multiplikation rechnerisch ermittelter tolerierbarer Stoffkonzentrationen (NOAEL) in Böden mit der Wurzel aus dem oben erläuterten Gesamt-Sicherheitsfaktor, der im Rahmen der Herleitung der tolerierbaren täglichen Aufnahmemengen eines Stoffes aus toxikologischen Untersuchungen angewendet wurde. Der Faktor kann somit zwischen 1 und 100 variieren. Ein Gefahrenbezug wird hergestellt, um der Vorgabe der polizei- und ordnungsrechtlichen Gefahrenabwehr nach einer hinreichenden Wahrscheinlichkeit einer bestehenden Gefährdung zur Durchsetzung ordnungsrechtlicher Maßnahmen bei Überschreitung des Prüfwertes gerecht zu werden. Für kanzerogene Stoffe wird diese hinreichende Wahrscheinlichkeit einer bestehenden Gefährdung bei einer fünf(5)fachen Überschreitung des tolerierbaren Risikos durch Schadstoffaufnahme, d.h. bei einem Risiko von $5 \cdot 10^{-5}$ gesehen.

Variable Expositionsfaktoren. Da Prüfwertableitungen und quantitative Gefährdungsabschätzungen immer nutzungsbezogen durchgeführt werden, ist die Unterscheidung von Nutzergruppen und die Zuordnung deren charakteristischer physiologischer Eigenschaften sowie Verhaltens- und Eßgewohnheiten notwendig. Allgemein wird zwischen den drei Nutzergruppen Kindern, Jugendlichen und Erwachsenen unterschieden (Tabelle 16.9); gelegentlich wird die i.d.R. empfindlichste Nutzergruppe der Kinder auch in zwei, seltener auch drei Teilgruppen (Säuglinge, Kleinkinder, Kinder) unterschieden (Simmleit et al. 1993).

Für die Ableitung von Prüfwerten für Bodenkontaminationen auf Flächen im Hinblick auf das Schutzgut menschliche Gesundheit sind aufgrund des dominanten Wirkungspfades der oralen Bodenaufnahme durch Kleinkinder Annahmen zu den folgenden Kenngrößen von Bedeutung:

- Körpergewicht
- Bodenaufnahmerate
- Expositionshäufigkeit

Zur Ableitung von Prüfwerten sind zusätzlich Annahmen zur *Auslastung über sonstige Expositionspfade* (wie Nahrungsmittel-, inhalative oder dermale Aufnahme) notwendig. Bei Gefährdungsabschätzungen werden diese überwiegend rechnerisch ermittelt, bzw. abgeschätzt, wobei physiologische Daten zur

Tabelle 16.9. Standortunabhängige Expositionsfaktoren

Expositionsparameter	Nutzergruppen		
	Kinder	Jugendliche	Erwachsene
Alter (Jahre)	1–8	9–16	> 16
Expositionszeitraum (Jahre)	8	8	53[1)]
Körpergewicht (kg)	15	40	70[2)]
Orale Bodenaufnahme (g FG Tag^{-1})	0,5[3)]	< 0,1	< 0,1

1) Gesamtzeitraum für die Berechnung eines kanzerogenen Lebenszeitrisikos ist 70 Jahre, d.h. Säuglinge 1 J., Kinder 8 J., Jugendliche 8 J., Erwachsene 53 J.
2) bei getrennter Betrachtung der Exposition von Frauen (z.B. für Pb): 60 kg
3) 95-Perzentil: 0,5 g Tag^{-1}, Median: 0,2 g Tag^{-1}

Hautoberfläche der einzelnen Nutzergruppen und zur Atemrate bei unterschiedlichen Tätigkeiten sowie empirische Daten oder Vor-Ort-Erhebungen zur Aufnahme von Nahrungsmittelmengen (inkl. Trinkwasser) zugrunde gelegt werden (Simmleit et al. 1993; Wichmann et al. 1993; Schneider et al. 1995).

Körpergewicht. Angaben zum Körpergewicht exponierter Personen werden als mittlere Gewichte von Nutzergruppen gemacht. Die aufgenommenen Schadstoffmengen werden bei Kindern auf ein mittleres Körpergewicht von 15 kg, bei Jugendlichen von 40 kg und bei Erwachsenen von 70 kg bezogen (Tabelle 16.9). Da die nutzungsbezogene Prüfwertableitung immer für die empfindlichste Nutzergruppe erfolgt, ist im Falle der Nutzungsszenarien Kinderspielplätze, Wohngebiete, Hausgärten sowie Park- und Freizeitanlagen im wesentlichen die Annahme des Körpergewichts der Kinder für die Höhe des Prüfwertes von Bedeutung. Allerdings ist die Variation mit 10 kg oder 15 kg und einem resultierenden Faktor von 1,5 nicht sehr groß (vgl. auch Abschnitt 16.5.2).

Bodenaufnahme und Expositionshäufigkeit. Um Aussagen darüber machen zu können, ob eine tolerierbare zulässige Schadstoff-Aufnahmemenge durch direkte orale Bodenaufnahme überschritten wird, ist neben der Kenntnis des Körpergewichts der zu schützenden Person auch die seiner durchschnittlichen täglichen Bodenaufnahmerate erforderlich. Die Annahmen für die tägliche direkte orale Aufnahme von Boden ist seit etwa 10 Jahren Untersuchungs- und Streitobjekt der Hygieniker und Toxikologen. Mitte der 80er Jahre wurde bei der Bewertung von Bodenkontaminationen auf Altlasten in Nordrhein-Westfalen im Sinne der Gesundheitsvorsorge für Kinder eine langfristige Aufnahmemenge von 10 g Boden pro Tag angenommen und ein Prüfwert für Benzo(a)pyren im Boden von 1 mg kg^{-1} abgeleitet (Schlipköter 1985). Noch 1990 mußte ein ministerieller Arbeitskreis zunächst die Toxikologen der Altlastenkommission NRW befragen, ob eine Absenkung der angenommenen Aufnahmerate auf 1 g pro Tag zulässig wäre bzw. geduldet würde, obwohl damals schon die aus Expositionsversuchen vorliegenden Daten für Kinder auf eine mittlere Aufnahmemenge von 0,2 g pro Tag und ein 95%-Perzentil (syn. Obergrenze des normalen Variationsbereichs) von 0,5 g pro Tag belegten (Viereck et al. 1991). Beide Werte werden seit 1991 bei Prüfwertableitungen und Gefährdungsabschätzungen in der Bundesrepublik Deutschland zugrunde gelegt, während eine Aufnahmemenge von 10 g Tag^{-1} bei einmaliger (sog. akuter) Exposition angenommen wird (LAGA 1991; Ruck 1990; AGLMB 1994; Ewers et al. 1994). Der Wert von 0,5 g Tag^{-1} wird aus Gründen der Gesundheitsvorsorge i.d.R. vorgezogen (AGLMB 1994; Ewers u. Viereck-Götte 1994; Jaroni u. Trenck 1995), während der Wert von 0,2 g Tag^{-1} ein normales Expositionsszenario beschreibt. Der Wert von 1g Tag^{-1} ist aus entsprechenden Texten nahezu verschwunden. Allgemein geht der Trend dahin, den geringeren Wert von 0,2 g Tag^{-1} oder sogar nur 0,1g Tag^{-1} (derzeit für Erwachsene angenommen) anzunehmen, da zunehmend (u.a. durch epidemiologische Studien) festgestellt wird, daß die direkte orale Bodenaufnahme in ihrer Bedeutung für die intrakorporalen Belastungen der Menschen meist weit überschätzt wird (Ewers et al. 1990, 1993).

Die v.g. Bodenaufnahme von 0,5 g Tag^{-1} wurde bei Betrachtungen des Nutzungsszenarios Spielplatz aus Gründen der Gesundheitsvorsorge für eine unrealistische Häufigkeit von 365 Tage im Jahr zugrunde gelegt. Zur Berechnung von Prüfwerten für sonstige Nutzungsszenarien (wie Wohngebiete oder Freizeitanlagen), innerhalb derer eine geringere Häufigkeit des Kontaktes mit Boden gegeben ist, wird entweder die Aufnahmerate um angenommene Faktoren vermindert oder die Aufnahmerate von 0,5 g Tag^{-1} beibehalten, aber die Expositionshäufigkeit pro Jahr variiert; daraus resultieren niedrigere mittlere Jahresbodenaufnahmeraten von z.B. 0,25 g Tag^{-1} für Wohngebiete bei einer angenommenen Expositionshäufigkeit von ca. 180 Tagen und von 0,1 g Tag^{-1} für Park- und Freizeitanlagen bei einer angenommenen Expositionshäufigkeit von ca. 70 Tagen pro Jahr (Bachmann et al. 1994; Ewers u. Viereck-Götte 1994). Es ist davon auszugehen, daß auch diese reduzierten Aufnahmeraten im Vergleich zu den realen Expositionsmöglichkeiten und -häufigkeiten noch deutlich überhöht sind.

Auslastung einer tolerierbaren Aufnahmemenge durch sonstige Expositionspfade. Eine Auslastung der erläuterten tolerierbaren Schadstoffaufnahmemengen durch einen einzigen Wirkungspfad, z.B. orale Bodenaufnahme, wird im Rahmen einer Prüfwertableitung nicht zugelassen und ist auch nicht realistisch. Eine Teilauslastung tolerierbarer Werte erfolgt generell über die Nahrungsaufnahme. Da jedoch nur für wenige Stoffe empirische Daten über die nahrungsmittelbedingte Aufnahme vorliegen, werden i.d.R. Annahmen getroffen. Diese schwanken zwischen 30 und 50%, seltener bis 65% des TDI- oder PTWI-Wertes für As und die Schwermetalle sowie ca. 10% für PCB (Ewers u. Viereck-Götte 1994). Eine weitere Auslastung erfolgt durch die inhalative Aufnahme von Schadstoffen. Insgesamt wird jedoch bei der Bewertung von Bodenkontaminationen der Wirkungspfad der inhalativen Aufnahme gegenüber derjenigen der oralen Bodenaufnahme um mehr als eine 10er Potenz geringbedeutender eingestuft. Allein für flüchtige organische Verbindungen wie Benzol und homologe Verbindungen (sog. BTEX) oder die chlorierten Methane, Ethane und Ethene (sog. LCKW) wird dem inhalativen Pfad eine größere Bedeutung beigemessen (vgl. Simmleit et al. 1993; Wichmann et al. 1993; Schneider et al. 1995). Die dermale Stoffaufnahme ist gegenüber der oralen und inhalativen Aufnahme i.d.R. von vernachlässigbarer Bedeutung. Allein für lipophile (fettliebende) Stoffe erreicht dieser Wirkungspfad eine beachtenswerte, jedoch selbst im gartenbaulichen Nutzungsszenario nicht annähernd gleichwertige Größenordnung (Simmleit et al. 1993; Schneider et al. 1995). Im Rahmen der Prüfwertableitung für Nutzungsszenarien, in denen die direkte orale Bodenaufnahme als wichtigster Wirkungspfad und spielende Kleinkinder als empfindlichste Nutzergruppe betrachtet werden, wird daher eine maximale Auslastung der TDI-, PTWI- oder TRD-Werte von nur 20% zugelassen (Bachmann et al. 1994; Ewers u. Viereck-Götte 1994). Im Rahmen von Gefährdungsabschätzungen wird dagegen versucht über z.T. empirisch ermittelte Kenngrößen wie

- orale Aufnahme von Pflanzen (getrennt nach gekauften und selbst angebauten)
- orale Aufnahme von Fleisch
- orale Aufnahme von Fisch
- orale Aufnahme von Trinkwasser
- orale Aufnahme von Badewasser
- sowie mittlere Stoffgehalte in denselben Medien

die nahrungsmittelbedingte Stoffaufnahmemenge zu quantifizieren. Mittels der Kenngrößen für

- Atemrate (unter normaler, körperlicher und sportlicher Belastung)
- Aufenthaltsdauer in geschlossenen Räumen
- Aufenthaltsdauer im Freien, davon
- Aufenthaltsdauer auf Altlastverdachtsfläche
- Stoffkonzentration in der Innenraumluft
- Stoffkonzentration in der Außenluft
- Stoffkonzentration in der Außenluft auf der Altlastverdachtsfläche
- Resorptionsrate bei inhalativer Aufnahme

wird die inhalative Aufnahmemenge eines Stoffes abgeschätzt und mittels der Kenngrößen für

- Hautoberfläche
- Dauer des täglichen Kontaktes mit Boden
- Dauer des täglichen Kontaktes mit Wasser und
- Fettlöslichkeit von Schadstoffen

die dermale Aufnahmemenge (Simmleit et al. 1993). Meist sind im Rahmen von Gefährdungsabschätzungen daher Zusatzerhebungen zu den Verzehrs- und Lebensgewohnheiten der im jeweiligen Einzelfall betroffenen Nutzergruppen und Messungen standortspezifischer Faktoren wie Stoffbelastungen aller Umweltmedien und der Nahrung, Vegetation, Bodenart oder hydrogeologische Verhältnisse notwendig (Wichmann et al. 1993).

16.4 BEISPIELE VON PRÜFWERT-ABLEITUNGEN

Toxischer Stoff mit Wirkungsschwelle

Als Beispiel einer Prüfwertableitung für einen Stoff ohne Wirkungsschwelle wird hier die Ableitung für Cd in Böden auf Kinderspielplätzen gewählt. Dabei werden folgende toxikologische Grundlagen für die langfristige orale Aufnahme (aus Tabelle 16.8) und die zuvor erläuterten gesellschaftspolitischen Konventionen zugrunde gelegt:

Tolerierbare resorbierte Aufnahmemenge (TRD-Wert) (nach Anonym 1995):	25 ng kg^{-1} Körpergewicht und Tag
Zulässige Auslastungsrate durch Bodenaufnahme (in Anteilen von 1):	0,2 (ident. 20%)
Körpergewicht eines Kindes:	15 kg
Tägliche Bodenaufnahmemenge:	0,5 g bzw. 500 mg
Expositionshäufigkeit (Kinderspielplatzszenario):	365 Tage pro Jahr
Resorptionsfaktor (Anteil von 1):	1 (ident. 100%)
Sicherheitsfaktor (SF) zur Ableitung des TRD-Wertes: (nach Anonym 1995)	2
Gefahrenverknüpfungsfaktor (Wurzel aus SF):	17,32

Unter Verwendung der Gleichung: $$\text{Prüfwert} = \frac{(\text{TRD-Wert} \cdot \text{zulässige Auslastung} \cdot \text{Körpergewicht}}{(\text{Bodenaufnahmemenge} \cdot \text{Resorptionsfaktor})}$$

ergibt sich eine zulässige Cd-Konzentration im Boden von 0,15 ng mg^{-1} bzw. mg kg^{-1}. Ist eine Gefahrenverknüpfung des Prüfwertes zur Beschreibung einer hinreichenden Wahrscheinlichkeit einer bestehenden Gefährdung zur Durchsetzung ordnungsrechtlicher Maßnahmen beabsichtigt, so muß dieser Wert mit 17,32 multipliziert werden. Als Resultat ergibt sich *ein gefahrenverknüpfter Prüfwert für Cd auf Kinderspielplätzen von 2,5 mg kg^{-1}.*

Legt man aber statt des TRD-Wertes den PTWI-Wert der WHO von 7 μg kg^{-1} KG und Woche, d.h. eine zulässige Gesamtaufnahme von 1 μg kg^{-1} KG und Tag zugrunde, so ergibt sich bei einer angenommenen totalen Resorption von 100% (d.h. Resorptionsfaktor von 1 wie im vorherigen Rechenmodell) nach der v.g. Gleichung

$$\text{Prüfwert} = \frac{(1000 \ \Sigma\, 0{,}2 \ \Sigma\, 15)\ (\text{ng}\ \Sigma\, \text{kg})}{(500 \ \Sigma\, 1)\ (\text{mg}\ \Sigma \text{kg})}$$

ein nicht-gefahrenverknüpfter Prüfwert für Cd in Böden auf Kinderspielplätzen von 6 ng mg^{-1} bzw. mg kg^{-1}.

Die beiden nicht-gefahrenverknüpften Prüfwerte liegen entsprechend den Unterschieden der TRD- und PTWI-Werte um den Faktor 40 auseinander. Der Prüfwert von 0,15 mg kg^{-1} ist in der Praxis als Hinweis einer Belastung, die eine zusätzliche Gefährdungsabschätzung notwendig macht, nicht sinnvoll, da die mittlere geogen und großregional anthropogen bedingte Hintergrundbelastung von Oberböden mit Cd i.a. bei ca. 0,4 mg kg^{-1} und die Obergrenze bei ca. 1,0 mg kg^{-1} liegt (LABO 1995).

Kanzerogener Stoff ohne Wirkungsschwelle

Für Stoffe mit kanzerogenen Eigenschaften, als Beispiel seien hier die Polychlorierten Biphenyle (PCB) gewählt, wird bei einer Prüfwertableitung rechnerisch vergleichbar vorgegangen. Zwei Abweichungen werden jedoch vorgenommen:

- Es wird eine, dem zusätzlichen zumutbaren Krebsrisiko von 10^{-5} durch lebenslange (70 a) Bodenaufnahme entsprechende, tägliche Aufnahmemenge eines Stoffes in die Rechnung einbezogen.
- Es wird zur Gefahrenverknüpfung nicht die Multiplikation mit der Wurzel eines Sicherheitsfaktors sondern hier die fünf(5)fache Überschreitung des berechneten Prüfwertes ohne Gefahrenverknüpfung, d.h. ein Krebsrisiko von $5 \cdot 10^{-5}$ gewählt.

Die Berechnung nach obiger Gleichung resultiert in einem nicht-gefahrenverknüpften tolerierbaren Bodengehalt auf Kinderspielplätzen von 39 μg kg^{-1}. Berechnet man die Gefahrenverknüpfung mit ein, so ergibt sich ein gefahrenverknüpfter Prüfwert für die Gesamt-PCB von ca. 200 μg kg^{-1}. Zum Vergleich sei erwähnt, daß die Obergrenze der Hintergrundbelastung der Ballungsgebiete in Nordrhein-Westfalen mit Gesamt-PCB ca. 250 μg kg^{-1} beträgt; d.h. die Summe der sechs Indikator-Kongeneren beträgt ca. 50 μg kg^{-1} (Viereck-Götte et al. 1994). Bei der Ableitung des Prüfwertes für PCB wurde angenommen, daß eine lebenslange Aufnahme derselben Bodenmenge über 70 Jahre durch das gleiche Kind erfolgt, das über die Gesamtdauer ein Gewicht von 15 kg hat. Diese Annahmen sind offensichtlich widersinnig. Es wird aus diesem Grund die über 70 Jahre zumutbare Aufnahmemenge auf die Dauer einer Kindheit von acht Jahren umgerechnet. Der Übersichtlichkeit der Rechnung halber wird hier nur eine Expositionsdauer von sieben Jahren angenommen. Es resultiert daraus (70 a : 7 a = 10) eine 10fach höhere zumutbare Aufnahmemenge in der Kindheit. Dieser Umrechnung liegt gleichzeitig die Annahme zugrunde, daß die orale Bodenaufnahme von Jugendlichen und Erwachsenen vernachlässigbar gering ist (Tabelle 16.9). Unter Einrechnung dieses Faktors erhöhen sich die in Böden auf Kinderspielplätzen zumutbaren Gehalte an Gesamt-PCB auf 390 μg kg^{-1} ohne Gefahrenverknüpfung und es ergibt sich *ein gefahrenverknüpfter Prüfwert für die Gesamt-PCB von ca. 2000 μg kg^{-1} bzw. 2 mg kg^{-1}.*

Zum Vergleich sei erwähnt, daß der Prüfwert für PCB in Baden-Württemberg und Berlin 3 mg kg^{-1} und in Bremen 2 mg kg^{-1} beträgt (Bremen 1991; UM & SM B-W 1993; Berlin 1995). Diese Werte wurden jedoch für die PCB als toxische, nicht-kanzerogene Stoffe unter Zugrundelegung einer tolerablen täglichen Aufnahmemenge (TDI-Wert) von 1 μg kg^{-1} KG

$$\text{Prüfwert} = \frac{(\text{Aufnahmemenge}\ \Sigma\ \text{Körpergewicht})}{(\text{Bodenaufnahmemenge}\ \Sigma \text{Resorptionsfaktor})}$$

Tägliche Aufnahmemenge dem Risiko von 10^{-5} entsprechend: (nach Hassauer et al. 1993)	1,3 ng kg^{-1} Körpergewicht und Tag
Körpergewicht eines Kindes:	15 kg
Tägliche Boden-Aufnahmemenge:	0,5 g bzw. 500 mg
Expositionshäufigkeit (Kinderspielplatzszenario):	365 Tage pro Jahr
Resorptionsfaktor (Anteil von 1):	1 (ident. 100%)
Gefahrenverknüpfungsfaktor:	5

und einer zulässigen Auslastung dieses TDI-Wertes von 10%, d.h. in Höhe der Auslastung durch nahrungsbedingte Aufnahme, abgeleitet. Bei gleicher Bodenaufnahmerate von 0,5 g Tag^{-1} und Resorptionsrate von 100% wurde in Baden-Württemberg und in Berlin ein Körpergewicht von 15 kg, in Bremen dagegen von nur 10 kg angenommen. Beabsichtigt man nun nach den gleichen, hier exemplarisch vorgeführten Verfahren entsprechende Prüfwerte für Wohngebiete oder Park- und Freizeitanlagen abzuleiten, in denen ebenfalls Kleinkinder die sensibelste Nutzergruppe und die orale Bodenaufnahme der vorrangige Wirkungspfad sind, so werden die Werte für Kinderspielplätze mit genau dem Faktor multipliziert, um den die für diese Flächennutzungen angenommene Expositionshäufigkeit pro Jahr (ausgedrückt in Tagen pro Jahr) bzw. die mittlere jährliche Bodenaufnahmerate kleiner als 0,5 g Tag^{-1} ist. Dieser Faktor beträgt gegenüber den Wohngebieten 2 und gegenüber den Park- und Freizeitanlagen 5 (vgl. Bodenaufnahme).

16.5 ZUSAMMENFASSUNG

Die Ableitung von Prüfwerten erfolgt nutzungs-, schutzgut- und wirkungspfadbezogen. An Flächennutzungen werden Kinderspielflächen, Wohngebiete/Hausgärten, Park- und Freizeitanlagen, Sport- und Bolzplätze, gartenbauliche und landwirtschaftliche Nutzung, Grundwasserschutzgebiete und Naturschutzgebiete unterschieden. Als Schutzgüter werden neben der menschlichen Gesundheit, Nahrungs- und Futterpflanzen, das Grundwasser und die Bodenfunktionen/Bodenorganismen betrachtet. Die Notwendigkeit für Prüfwerte besteht überwiegend für anorganische und organische Stoffe, die aufgrund ihrer ubiquitären Verbreitung, Persistenz und Adsorptionsneigung sowie ihrer human- bzw. phytotoxischen und/oder kanzerogenen Eigenschaften als prioritär eingestuft werden: As, Pb, Cd, Cr, Cu, Ni, Hg, Zn, PAH (mit Benzo(a)pyren als Leitparameter), PCB(gesamt) und PCDD/F.

Die Ableitung von Prüfwerten erfolgt auf der Grundlage von toxikologischen Daten, empirisch ermittelten Untersuchungsergebnissen und gesellschaftspolitischen Konventionen. Toxikologische Daten sind von anerkannten internationalen und nationalen Fachbehörden empfohlene, als tolerierbar oder zumutbar akzeptierte Aufnahmemengen (PTW-, TDI-, TRD-Werte). Schon die mit Sicherheitsfaktoren von 1 bis 10 000 aus tierexperimentellen oder epidemiologischen Daten erfolgende Ableitung dieser Werte beinhaltet unter Fachleuten akzeptierte Konventionen. Eine weitere Konvention ist es, eine Auslastung dieser tolerierbaren Mengen durch Aufnahme belasteter Umweltmedien nur zu einem bestimmten Prozentsatz, wie z.B. 10%, 20% oder 50% zuzulassen. Um die Prüfwerte mit einer in ordnungsrechtlichem Sinne hinreichenden Wahrscheinlichkeit einer bestehenden Gefährdung zu verknüpfen, besteht seit 1993 die Tendenz, abgeleitete Prüfwerte um die Wurzel desjenigen Sicherheitsfaktors zu erhöhen, der bei der Ableitung des Wertes für die tolerierbare tägliche Aufnahmemenge zugrunde gelegt wurde. Ebenfalls um eine gesellschaftspolitische Übereinkunft handelt es sich bei der Akzeptanz eines zumutbaren zusätzlichen Krebsrisikos von 10^{-5} durch Aufnahme belasteter Umweltmedien. Eine Ausschöpfung des gesamten, über 70 Jahre zumutbaren Lebenszeitrisikos durch orale Bodenaufnahme durch die Aufnahme während der Kindheit von acht Jahren (der einzigen Lebensphase mit relevanter direkter oraler Bodenaufnahme) und eine daraus resultierende 8,75fach höhere duldbare Aufnahme eines kanzerogenen Stoffes während dieser Expositionsdauer, d.h. 8,75fach höhere Prüfwerte, hat noch nicht weite Verbreitung gefunden.

Um weitere gesellschaftspolitische Übereinkunfte oder physiologische oder empirisch ermittelte Kenngrößen handelt es sich bei allen Rahmenbedingungen zur Beschreibung der Expositionsbedingungen, die in rechnerische Ableitungen von Prüfwerten oder in quantitative Gefährdungsabschätzungen zu Belastungen in Umweltmedien eingehen. Hier sind im wesentlichen zu nennen die physiologischen Eigenschaften definierter gesellschaftlicher Nutzergruppen (z.B. Körpergewicht, Atemrate), deren angenommene tägliche Bodenaufnahmeraten sowie deren Verzehrs- und Lebensgewohnheiten (z.B. Gemüseverzehr, Rauchen, Aufenthaltsdauer im Freien). Die von verschiedenen Arbeitsgruppen bei Prüfwertableitungen als Rechengrößen verwendeten Werte für toxikologische Daten, Konventionen, physiologische und empirisch ermittelte Kenngrößen und Expositionsannahmen differieren, so daß veröffentlichte Prüfwerte für den gleichen Stoff unter Berücksichtigung des gleichen Nutzungsszenarios für anorganische Stoffe i.d.R. um den Faktor 2–5, für organische Stoffe bis zum Faktor 10–30 voneinander abweichen (Viereck-Götte u. Ewers 1994).

LITERATUR

AbfKlärV (1982) Klärschlammverordnung (AbfKlärV) vom 25. Juni 1982. Bundesgesetzblatt 1982, Teil I, 734, Bonn

AbfKlärV (1992) Klärschlammverordnung (AbfKlärV) vom 15. April 1992. Bundesgesetzblatt 1992, Teil I, 912–934, Bonn

AGLMB (1994) Standards zur Expositionsabschätzung für ausgewählte Aufnahmepfade. Bericht der Arbeitsgruppe „Risikoabschätzung und -bewertung in der Umwelthygiene" des Ausschusses für Umwelthygiene (Stand Januar 1994). Behörde für Arbeit, Gesundheit und Soziales, Hamburg (Hrsg), S. 1–88

Anonym (1995) Baisdaten Toxikologie für umweltrelevante Stoffe zur Gefahrenbeurteilung bei Altlasten. Ergebnisse der fachlichen Abstimmung in den Arbeitsgruppen 1, 2 und 3 des Umweltbundesamtes, Berlin

Bachmann G, Bertges WD, Ewers U, Freier K, Konietzka R, Viereck-Götte L (1994) Prüfwerte im Sinne von §9 und §21 E-BBodSchG (hier: Prüfwerte für den Direktpfad Boden-Mensch): Fachlicher Abgleich von bestehenden Ansätzen und Empfehlungen für die Herleitung von Prüfwerten. Unveröff Bericht im Nachgang zum BMU-Fachgespräch vom 19.4.1994. Umweltbundesamt, Berlin, S. 1–50

Berlin (1995) Bewertungskriterien für die Beurteilung stofflicher Belastungen von Böden und Grundwasser in Berlin (Berliner Liste 1995; Entwurf Stand: 25.07.1995). Senatsverwaltung für Gesundheit, Senatsverwaltung für Stadtentwicklung und Umweltschutz, Berlin

BGA/UBA (1990) Gemeinsamer Sachstandsbericht des Bundesgesundheitsamtes und des Umweltbundesamtes an den Bundesminister für Umwelt, Naturschutz und Reaktorsicherheit zum 1. Symposium "Health effects and safety assessment of dioxins and furans" und der 2. fachöffentlichen Anhörung des Bundesgesundheitsamtes und des Umweltbundesamtes zu Dioxinen und Furanen in Karlsruhe vom 15.–18.01.1990

Bremen (1991) Empfehlungen des Senators für Gesundheit zur Bewertung von Polyzyklischen Aromatischen Kohlenwasserstoffen (PAK) und Polychlorierten Biphenylen (PCB) in Sand und Boden/Baumaterialien auf Kinderspielplätzen. Freie Hansestadt Bremen, Senator für Gesundheit, Bremen

CLAM (1991) NRW-Meßprogramm Chloraromaten – Herkunft und Transfer 1990. Abschlußbericht. Ministerium für Umwelt, Raumordnung und Landwirtschaft des Landes Nordrhein-Westfalen (Hrsg), Düsseldorf

DFG (1988) Polychlorierte Biphenyle. Bestandsaufnahme über Analytik, Vorkommen, Kinetik und Toxikologie. Deutsche Forschungsgemeinschaft, Senatskommission zur Prüfung von Rückständen in Lebensmitteln. Verlag Chemie Weinheim, Basel, Cambridge, New York

DIN 38414 S4 (1984) Bestimmung der Eluierbarkeit mit Wasser. Deutsche Einheitsverfahren zur Wasser-, Abwasser- und Schlammuntersuchung. Beuth-Verlag, Berlin

DIN V 19 730 (1993) Bodenbeschaffenheit - Ammoniumnitratextraktion zur Bestimmung mobiler Spurenelemente in Mineralböden. Beuth Verlag, Berlin

Dominik P, Paetz A (1995) Methodenhandbuch Bodenschutz I. Umweltbundesamt. Texte 10/95. Berlin

Eikmann T (1993) Gesundheit. In: Sukopp H, Wittig R (Hrsg) Stadtökologie. Gustav Fischer Verlag, Stuttgart Jena New York, S. 70–96

Ewers U, Brockhaus A, Dolgner R, Freier I, Turfeld M, Engelke R, Jermann E (1990) Blutblei- und Blutcadmiumkonzentrationen bei 55–66jährigen Frauen aus verschiedenen Gebieten Nordrhein-Westfalens – Entwicklungstrends 1982–1988. Zbl Hyg 189: 405–418

Ewers U, Freier I, Turfeld M, Brockhaus A, Hofstetter I, König W, Leisner-Saaber J, Delschen T (1993) Untersuchungen zur Schwermetallbelastung von Böden und Gartenprodukten aus Stolberger Hausgärten und zur Blei- und Cadmiumbelastung von Kleingärtnern aus Stolberg. Gesundh-Wes 55: 318–325

Ewers U, Viereck-Götte L (1994) Ableitung und Begründung länderübergreifender nutzungs- und schutzgutbezogener Prüfwerte zur Beurteilung von Bodenverunreinigungen. Altlasten-Spektrum 4: 222–230

Ewers U, Viereck-Götte L, Herget J (1994) Bestandsaufnahme der vorliegenden Richtwerte zur Beurteilung von Bodenverunreinigungen und synoptische Darstellung der diesen Werten zugrundeliegenden Ableitungskriterien und -modelle. Bericht erstellt im Auftrag der Senatsverwaltung für Umweltschutz und Stadtentwicklung Berlin in Verbindung mit der Arbeitsgruppe Prüfwerte des Altlastenausschusses der Länderarbeitsgemeinschaft Abfall (LAGA). Umweltbundesamt, Texte 35/94, Berlin

Fliegner M, Reinirkens P (1993) Vorliegende Referenzwerte für PAK in Böden Nordrhein-Westfalens. Bodenschutzzentrum des Landes Nordrhein-Westfalen (Hrsg), Oberhausen

Gregor HD (1994) Umweltqualitätsziele, Umweltqualitätskriterien und -standards - Eine Bestandsaufnahme. Umweltbundesamt, Texte 64/94: 1–52

Hamburg (1990) Bodenbelastung mit Schwermetallen in Hamburg. Mitteilung des Senats an die Bürgerschaft, Drucksache 15/5693 vom 20. März 1990. In: Rosenkranz D, Bachmann G, Einsele G, Harreß HM (Hrsg) Bodenschutz – Ergänzbares Handbuch der Maßnahmen und Empfehlungen für Schutz, Pflege und Sanierung von Böden, Landschaft und Grundwasser. Lfd. Nr. 8620, Lfg. X/91, Erich-Schmidt-Verlag, Berlin Bielefeld München

Hassauer M, Kalberlah F, Ottmanns J, Schneider K (1993) Basisdaten Toxikologie für umweltrelevante Stoffe zur Gefahrenbeurteilung bei Altlasten. Umweltbundesamt Forschungsbericht 102 03 443/01, UBA-FB 92-101. Umweltbundesamt Berichte 4/93. Erich Schmidt Verlag, Berlin

IARC (1983) Polynuclear Aromatic Compounds. Part 1. Chemical, Environmental and Experimental Data. Monographs on the Evaluation of the Carcinogenic Risk of Chemicals to Humans. Volume 32, IARC, Lyon

ISO/WD 11 074-1 (1993) Bodenbeschaffenheit – Begriffe. Teil 1: Begriffe und Definitionen aus dem Bereich Bodenschutz und Bodenkontaminationen. Beuth Verlag, Berlin

Jaroni HW, Trenck T von der (1995) Prüfwerte zum Schutz von Menschen auf kontaminierten Böden - Fachliche Begründung von Ableitung. Forum Städtehygiene 46 9/10: 315–329

König W, Krämer F (1985) Schwermetallbelastung von Böden und Kulturpflanzen in Nordrhein-Westfalen. Schriftenreihe der Landesanstalt für Ökologie, Landschaftsentwicklung und Forstplanung Nordrhein-Westfalen. Bd. 10, Recklinghausen

König W, Hembrock-Heger A, Wilkens M (1991) Persistente organische Chemikalien im Boden. UWSF - Z Umweltchem Ökotox 3, 1: 33–36

Köster W, Merkel D (1982) Extraktion von leichtlöslichen Spurenelementen mit 0,1 m $CaCl_2$-Lösung. Landwirtsch Forsch Sh 39: 245–254

Konietzka R, Dieter HH (1994) Kriterien für die Ermittlung gefahrenverknüpfter chronischer Schadstoffzufuhren per Bodenaufnahme. In: Rosenkranz D, Bachmann G, Einsele G, Harreß HM (Hrsg) Bodenschutz. Ergänzbares Handbuch der Maßnahmen und Empfehlungen für Schutz, Pflege und Sanierung von Böden, Landschaft und Grundwasser. Lfd. Nr. 3530, Lfg. XI/94, Erich-Schmidt-Verlag, Berlin Bielefeld München

LABO (1995) Hintergrund- und Referenzwerte für Böden. Bund-Länder-Arbeitsgemeinschaft Bodenschutz. In: Rosenkranz D, Bachmann G, Einsele G, Harreß HM (Hrsg) Bodenschutz. Ergänzbares Handbuch der Maßnahmen und Empfehlungen für Schutz, Pflege und Sanierung von Böden, Landschaft und Grundwasser. Lfd. Nr. 9006, Lfg. V/95, Erich-Schmidt-Verlag, Berlin Bielefeld München

LABO/LAWA/LAGA (1993) Einheitliche Bewertungsgrundsätze zu vorhandenen Bodenverunreinigungen/Altlasten. Gemeinsames Arbeitspapier (Stand Juli 1993)

LAGA (1991) LAGA-Informationsschrift Altablagerungen und Altlasten. Länderarbeitsgemeinschaft Abfall. In: Rosenkranz D, Bachmann G, Einsele G, Harreß HM (Hrsg) Bodenschutz. Ergänzbares Handbuch der Maßnahmen und Empfehlungen für Schutz, Pflege und Sanierung von Böden, Landschaft und Grundwasser. Lfd. Nr. 8810, Lfg. IV/91, Erich-Schmidt-Verlag, Berlin Bielefeld München

LAGA (1994) Länderarbeitsgemeinschaft Abfall (1994) Anforderungen an die stoffliche Verwertung von mineralischen Reststoffe / Abfällen. Technische Regeln. Stand 01.März 1994

LAWA (1993) Empfehlungen für die Erkundung, Bewertung und Behandlung von Grundwasserschäden. Länderarbeitsgemeinschaft Wasser S. 1–19

LÖLF NRW (1988) Mindestuntersuchungsprogramm Kulturboden zur Gefährdungsabschätzung von Altablagerungen und Altstandorten im Hinblick auf eine landwirtschaftliche oder gärtnerische Nutzung. Landesanstalt für Ökologie, Landschaftsentwicklung und Forstplanung Nordrhein-Westfalen. Recklinghausen

Lorenz H, Neumeier G (1983) Polychlorierte Biphenyle (PCB). Ein gemeinsamer Bericht des Bundesgesundheitsamtes und des Umweltbundesamtes. BGA-Schriften 4/84, MMV Medizin Verlag, München

Ohnesorge FK, Wilhelm M (1991) In: Merian E (ed) Metals and their compounds in the environment. Occurrence, analysis, and biological relevance. Verlag Chemie, Weinheim, S. 1309– 1342

Ruck A (1990) Bodenaufnahme durch Kinder – Abschätzungen und Annahmen. In: Rosenkranz D, Bachmann G, Einsele G, Harreß HM (Hrsg) Bodenschutz. Ergänzbares Handbuch der Maßnahmen und Empfehlungen für Schutz, Pflege und Sanierung von Böden, Landschaft und Grundwasser. Lfd. Nr. 3520, Erich Schmidt-Verlag, Berlin Bielefeld München

Sauerbeck D, Styperek P (1987) Schadstoffe im Boden, insbesondere Schwermetalle und organische Schadstoffe aus langjähriger Anwendung von Siedlungsabfällen. Teilbericht Schwermetalle. UBA-Forschungsbericht 87-107 01 003

Schlipköter HW (1985) Gutachten zur Frage des Gesundheitsrisikos durch Bodenverunreinigungen in Dortmund-Dorstfeld. Medizinisches Inst Umwelthygiene Univ Düsseldorf

Schneider K, Ottmanns J, Hassauer M, Kalberlah F (1995) Toxiologische Bewertung von Rüstungsaltlasten. In: Rippen G (Hrsg) Handbuch Umweltchemikalien. Stoffdaten - Prüfverfahren - Vorschriften. II-2.6, Kap. 8.1: 3–100. Ecomed Verlagsgesellschaft, Landsberg/ Lech

Simmleit N, Doetsch P, Hempfling R, Stubenrauch S, Mathews T, Koschmieder HJ (1993) Weiterentwicklung und Erprobung des Bewertungsmodells zur Gefahrenbeurteilung bei Altlasten. UBA-Forschungsbericht 103 40 107, Stand November 1993

Späte A, Werner W (1991) Erfassung und Auswertung der Hintergrundgehalte ausgewählter Schadstoffe in Böden Nordrhein-Westfalens. Landesamt für Wasser und Abfall des Landes NRW (Hrsg), Materialien zur Ermittlung und Sanierung von Altlasten, Band 4, Düsseldorf

UBA (1985) Sachstand Dioxine - November 1984. Umweltbundesamt Berichte 5/85, Erich Schmidt Verlag, Berlin

UM B-W (1993) Leitfaden zum Schutz der Böden beim Auftrag von Bodenaushub (Entwurf Stand 05.11.1993). Umweltministerium Baden-Württemberg AZ.: 44-8810.30/161

UM & SM B-W (1993) Orientierungswerte für die Bearbeitung von Altlasten und Schadensfällen. Gemeinsame Verwaltungsvorschrift des Umweltministeriums und des Ministeriums für Arbeit, Gesundheit und Sozialordnung. Gemeinsames Amtsblatt des Landes Baden-Württemberg vom 30.11.1993; 33: 1115–1123

UVF (1991) Bodenschutzkonzept des Umlandverbandes Frankfurt und Bericht über die verkehrsbedingte Bodenschwermetallbelastung im Verbandsgebiet. Umweltschutzbericht Teil V Bodenschutz Band 1. Umlandverband Frankfurt

UVPVwV (1995) Allgemeine Verwaltungsvorschrift zur Ausführung des Gesetzes über die Umweltverträglichkeitsprüfung (UVPVwV) vom 18.9.1995. Anhang 1.GMBl 46 Jg. Nr. 32, 669. In: Rosenkranz D, Bachmann G, Einsele G, Harreß HM (Hrsg) Bodenschutz. Ergänzbares Handbuch der Maßnahmen und Empfehlungen für Schutz, Pflege und Sanierung von Böden, Landschaft und Grundwasser. Lfd. Nr. 8050, Lfg. XII/95, Erich Schmidt Verlag, Berlin Bielefeld München

Viereck-Götte L (1995) German experiences with soil contaminations in industrial centers of North-Rhine-Westphalia. Anlage 1 zum Projekt "German-Polish exchange of experiences on standards for the assessment of soil contaminations and deposition of contaminants in garden allotments". Umweltbundesamt (unveröff)

Viereck L, Kramer M, Eikmann T, König W, Bertges WD, Gableske R, Krieger T, Michels S, Exner M, Weber H (1991) Ableitung von Richtwerten für Metalle auf Kinderspielplätzen in Nordrhein-Westfalen. Öff Gesundh-Wes 53: 7–15

Viereck-Götte L, Ewers U (1994) Bestandsaufnahme der in Regelwerken und Handlungsempfehlungen der Länder- und Bundesbehörden vorliegenden Richtwerte zur Beurteilung von Bodenverunreinigungen. Altlasten-Spektrum 4: 217–222.

Viereck-Götte L, Hoffmann A, Neumann R (1994) Bodenbelastungskataster Gelsenkirchen. Abschlußbericht. Im Auftrag der Stadtverwaltung Gelsenkirchen, Amt für Umweltschutz (unveröff)

WHG (1986) Gesetz zur Ordnung des Wasserhaushalts (Wasserhaushaltsgesetz - WHG). In der Fassung der Bekanntmachung vom 23. September 1986. BGBL. I, 1529

WHO (1972) Evaluation of Certain Food Additives and the Contaminants Mercury, Lead and Cadmium. 16th Report of the Joint FAO/WHO Expert Committee on Food Additives. World Health Organisation Technical Report Series 51, Genf

WHO (1983) Evaluation of Certain Food Additives and Contaminants. 27th Report of the Joint FAO/WHO Expert Committee on Food Additives. World Health Organisation Technical Report Series 696, Genf

WHO (1987) Evaluation of Certain Food Additives and Contaminants. 30th Report of the Joint FAO/WHO Expert Committee on Food Additives. World Health Organisation Technical Report Series 751, Genf

WHO (1989) Evaluation of Certain Food Additives and Contaminants. 33rd Report of the Joint FAO/WHO Expert Committee on Food Additives. World Health Organisation Technical Report Series 776, Genf

WHO (1993) Evaluation of Certain Food Additives and Contaminants. 42nd Report of the Joint FAO/WHO Expert Committee on Food Additives, WHO Technical Reports Series 837, Genf

WHO-Euro (1991) Tolerierbare täglich aus Lebensmitteln aufgenommene PCDD- und PCDF-Mengen. Weltgesundheitsorganisation, Regionalbüro für Europa. Beratungstagung. Bilthoven, Niederlande, 4.-7.12.1990, EUR/ICP/PCS 030(S), 4602B

Wichmann HE, Ihme W, Mekel O (1993) Quantitative Expositionsabschätzung für drei kanzerogene Stoffe in Altlasten. GSF-Berichte 3/93, Institut für Epidemiologie, GSF - Forschungszentrum für Umwelt und Gesundheit, Neuherberg

Hydrosphäre Hydro sphäre Hydrosphäre

Hydrosphäre Hydrosphäre

17 Zur Biogeochemie und Bilanzierung von Schwermetallen in der Ostsee

Lutz Brügmann · Jörg Matschullat

17.1 Die Ostsee

Das einzigartige Eiszeitprodukt „Ostsee" ist ein erdgeschichtlich junges (ca. 10 000 a) intraeuropäisches, epikontinentales Brackwassermeer mit einem Wasservolumen von 21 721 km^3 und einer Fläche von 415 266 km^2 (Håkanson 1993). Als flaches (mittlere Tiefe: 52,3 m) und praktisch gezeitenloses (der Tidenhub in der Beltsee liegt bei < 0,1–0,2 m) Nebenmeer des Nordostatlantik steht sie mit diesem über Skagerrak/Nordsee im Wasseraustausch, der jedoch durch Meerengen (Großer Belt, Kleiner Belt und Öresund) und Schwellen (Wassertiefe zum Sattelscheitel: Darß-Møn-Schwelle 18 m, Drodgen-Schwelle – Südausgang Öresund – 6 m) behindert wird (Abb. 17.1). Die sich daraus ergebende relativ lange Verweilzeit des Wassers führt zur Akkumulation von Verunreinigungen, die vor allem aus den neun hochindustrialisierten Küstenstaaten und der Atmosphäre eingetragen werden. Das rund 1,73 • 10^6 km^2 große und von etwa 80 Millionen Menschen besiedelte Wassereinzugsgebiet (100%) umfaßt jedoch nicht nur die gesamten Territorien Estlands (2,6%), Lettlands (3,7%) und Litauens (3,8%), praktisch ganz Polen (17,8%), Schweden (25,3%) und Finnland (17,5%) sowie Teile Deutschlands (1,5%), Dänemarks (1,7%) und Rußlands (18,7%), sondern auch Gebiete von nicht an die Ostsee grenzenden Staaten (Norwegen: 0,8%, Slowakien/Tschechien: 0,8%, Ukraine: 0,9% und Weißrußland: 4,9%). Die Quellen atmosphärischer Verunreinigungen lassen sich sogar bis in außereuropäische Regionen zurückverfolgen (HELCOM 1991; Petersen u. Krüger 1993).

Obgleich die Ostsee zu einem der am längsten und intensivsten untersuchten Meere der Welt zählt, gibt es noch große Kenntnislücken. Diese schließen eine schlüssige Interpretation der Geschichte dieses Meeres und sichere Vorhersagen zu seiner künftigen Entwicklung gegenwärtig aus. Das betrifft u.a. klimatologische und hydrographische Tendenzen, besonders aber raumzeitliche Trends und Massenbilanzen von Verunreinigungen (Nährstoffe, Schwermetalle, Erdöl- und halogenierte Kohlenwasserstoffe, Radionuklide, Tenside,...) und deren Wirkungen (Eutrophierung, Toxizität, Produktionslimitierung,...).

Während meereswissenschaftliche Untersuchungen der 70er und frühen 80er Jahre in der Ostsee zu Schwermetall-Verunreinigungen vor allem dem Ziel dienten, eine Basis zuverlässiger, d.h. richtiger und genauer Daten zum Vorkommen in den einzelnen Kompartimenten (Wasser, Schwebstoffe, Sedimente, Porenwässer, Organismen, Niederschläge, Aerosole) zu begründen, wurde danach schrittweise mit der Verknüpfung solcher Daten und erforderlicher Randinformationen zu Massenflüssen und -bilanzen begonnen. Im folgenden Abschnitt dieses Buches werden die dazu bisher verfügbaren Literaturangaben und die zugrundeliegende Datenbasis kritisch analysiert. Es wurde jedoch als erforderlich angesehen, zuvor den Einfluß natürlicher hydrographischer und biogeochemischer Faktoren auf den Eintrag und das Vorkommen sowie Verhalten von Schwermetallen in der Ostsee zu untersuchen. Abschließend wird der Versuch unternommen, bisherige Abschätzungen zum Eintrag und zur Bilanzierung ausgewählter Schwermetalle (Somer 1977; Pawlak 1980; Brügmann 1986a; Davidan u. Savchuk 1989; Lithner et al. 1990) für Cd, Cu, Hg, Pb und Zn zu aktualisieren.

17.2 Hydrographisch-biogeochemische Randbedingungen für das Verhalten von Schwermetallen in der Ostsee

Mehrere natürliche und für die Ostseeregion charakteristische Faktoren sind Komponenten des hydrographischen und biogeochemischen „Klimas", das den Eintrag, die Flüsse und Kreisläufe von Schwermetallen in diesem System maßgeblich prägt. Beeinflußt werden dadurch auch mögliche essentielle

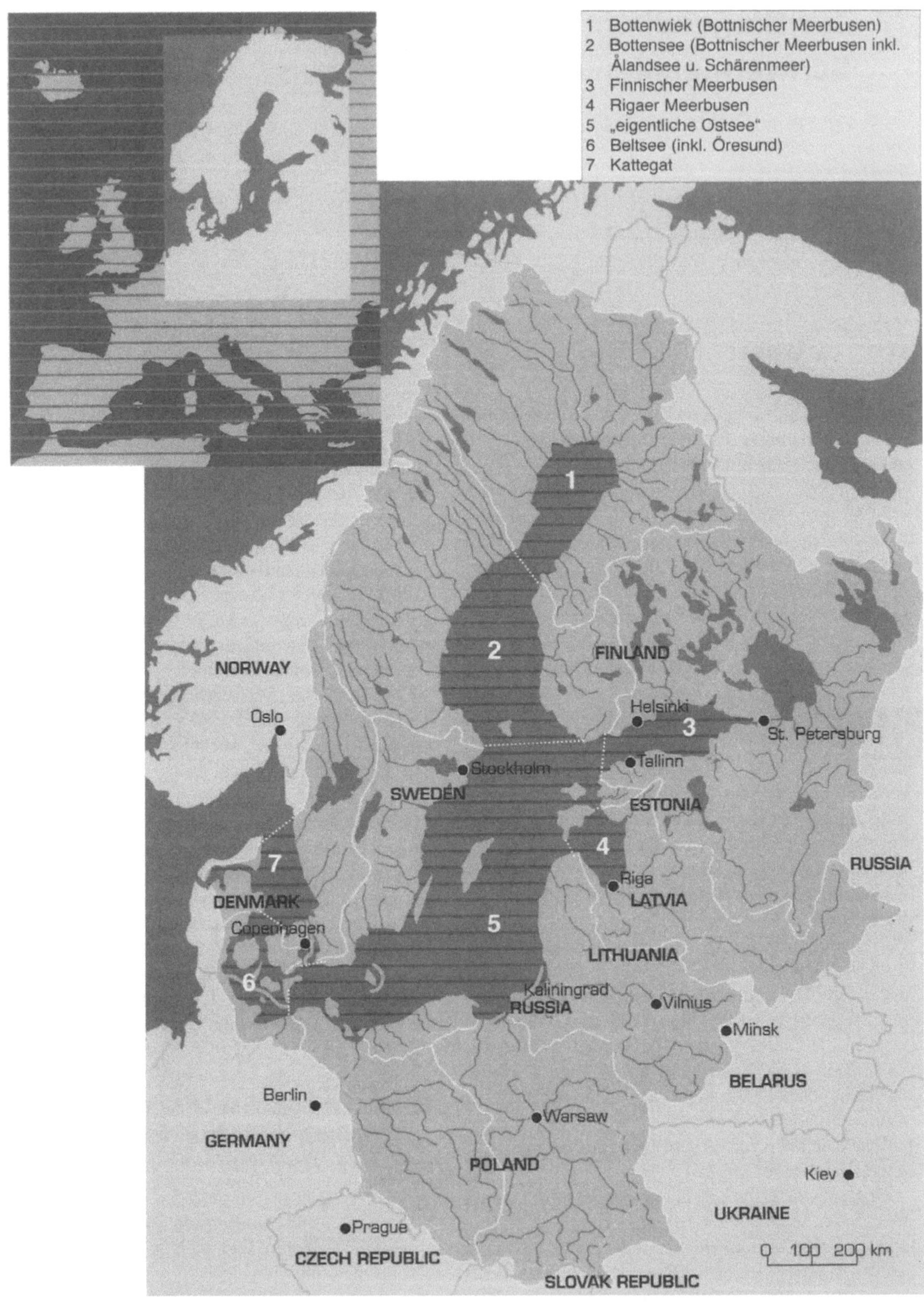

Abb. 17.1. Das hydrologische Einzugsgebiet der Ostsee mit den jeweiligen Teileinzugsgebieten sowie der Gliederung der Ostsee in verschiedene Teilbecken (modifiziert nach HELCOM 1996: The state of the Baltic Sea marine environment)

oder toxische Effekte der Metalle auf Organismen und deren Wechselwirkung mit anderen Verunreinigungen (Jonsson 1992), insbesondere mit der für die Ostsee kritischen Nährstoffzufuhr („Nutrifizierung"), die eine deutliche Steigerung der pflanzlichen Produktion (Eutrophierung; → Kap. 18, 19), vor allem in der euphotischen Schicht, bei gleichzeitig vermehrter Sauerstoffzehrung im Tiefenwasser bewirkte. Die hier diskutierten Einflußgrößen sind in der Regel eng miteinander verknüpft und ihre Bedeutung für den Haushalt und die Effekte von Schwermetallen kann prinzipiell rein additiv, synergistisch, antagonistisch oder sogar exponentiell verstärkend sein. Leider ist über die Auswirkungen dieser Verknüpfungen noch zu wenig bekannt, um das Problem komplex abzuhandeln. Deshalb werden nachfolgend diese Einflußgrößen ohne besondere Wichtung separat abgehandelt:

Süßwassereintrag. Die Niederschlagsverteilung im Einzugsgebiet der Ostsee ist heterogen und reicht von ca. 400 mm a^{-1} im Norden bis über 1000 mm a^{-1} im Süden (Sudeten und Karpaten). Einem relativ steilen Niederschlagsgradienten im Süden steht eine homogenere Verteilung im unmittelbaren Ostseeraum gegenüber (Brogmus 1952). Die Niederschlagsmengen über der Ostsee wurden auf 400 bis 700 mm a^{-1} geschätzt (Ehlin 1981; HELCOM 1991). Ehlin (1981) nutzte dabei Daten von Dahlström (1977), der sich auf korrigierte, über dem Meer gemessene Daten (619 mm a^{-1}) bezog, während andere Berechnungen auf Ergebnissen von Küstenstationen basieren. Die Angabe von Pacyna (1992, 1993) mit 678 mm a^{-1} erscheint realistisch für das Einzugsgebiet, da die Landmassen mit 400–900 mm a^{-1} (Defant 1974) deutlich höhere Niederschlagsmengen erhalten. Als durchschnittliche Niederschlagsmenge für die Ostsee werden im folgenden 500 mm a^{-1} (189 km^3 a^{-1}) angesetzt (Dyrssen 1993). Für das Einzugsgebiet wird im weiteren mit 678 mm a^{-1} (1131 km^3 a^{-1}) gerechnet.

Wesentlich für den Metallhaushalt der Ostsee ist die jährliche Variation des Niederschlags. Geringeren Mengen in Winter und Frühling stehen höhere Mengen in Sommer und Herbst gegenüber (Dahlström 1977). Änderungen der Niederschlagsmengen und -häufigkeit über dem Seegebiet beeinflussen direkt das Ausregnen und Auswaschen von Metallen aus der Atmosphäre. Im mehr als vierfach größeren Wassereinzugsgebiet ist der Einfluß von Niederschlagsschwankungen auf den Metalleintrag entsprechend stärker ausgeprägt. Da die atmosphärischen Konzentrationen der zum Ausregnen/Auswaschen verfügbaren Metalle in der Nähe der Emittenten deutlich höher liegen, ist der Einfluß des Niederschlagsgeschehens über dem Einzugsgebiet noch bedeutender. Entsprechende Konzentrationsgradienten von Industrieballungsgebieten Mitteleuropas zur Ostsee wiesen z.B. Unterschiede um mehr als eine Größenordnung aus (Petersen u. Krüger 1993; → Kap. 1, 2, 4). Das Auswaschen natürlicher Verwitterungsprodukte und anthropogener Beimischungen aus dem Boden wird mit der Niederschlagshäufigkeit ebenfalls entweder verstärkt oder vermindert.

Etwa 51 größere Flüsse aus neun Anrainer-Staaten münden in die Ostsee. Mehr als 60% ihrer Wasserfracht von gegenwärtig etwa 446 km^3 a^{-1} (Bergström u. Carlsson 1994) stammen aus Oder (18,1 km^3 a^{-1}) und Weichsel (33,6 km^3 a^{-1}) in Polen, Neman (19,9 km^3 a^{-1}) in Litauen, Dvina (20,8 km^3 a^{-1}) in Lettland, Luga und Newa (77,6 km^3 a^{-1}) in Rußland, Kemijoki (17,7 km^3 a^{-1}) in Finnland, Torne (11,3 km^3 a^{-1}), Lule (15,3 km^3 a^{-1}), Ume (14,2 km^3 a^{-1}), Angerman (15,4 km^3 a^{-1}), Indals (14 km^3 a^{-1}) und Dal älv (11,4 km^3 a^{-1}) in Schweden (Abb. 17.1). Der Anteil deutscher Flüsse liegt mit 2 km^3 a^{-1} unter 0,5% (UBA 1994; HELCOM 1993a). Als Summe aus Niederschlägen und Zuflüssen würde die Ostsee nach unserer Schätzung somit durchschnittlich eine jährliche Wassermenge von ca. 635 km^3 a^{-1} erhalten. Dieser Wert liegt um rund 4% unter den häufig zitierten Angaben der HELCOM (1986).

Der Süßwasserzufluß ist relativ variabel. Im Zeitraum von 1950 bis 1990 wurden beispielsweise zwischenjährliche Schwankungen um den Mittelwert im Bereich von -27% bis +22% festgestellt (Bergström u. Carlsson 1993). Entsprechende Auswirkungen auf den Metalleintrag sind anzunehmen (Löfvendahl 1990). Aber auch Lücken in Meßreihen können zu Verfälschungen führen. Zum Beispiel wurden an der Weichsel oberhalb von Danzig (Station Kiezmark) von August 1992 bis April 1993 Abflußraten von umgerechnet 27 km^3 a^{-1} gemessen. Die Differenz gegenüber dem langjährigen Mittel (33,6 km^3 a^{-1}, Bergström u. Carlsson 1994; 30,1 km^3 a^{-1}, Ehlin 1981; 31,9–34,7 km^3 a^{-1}, Kempe et al. 1991) resultiert aus den fehlenden Abflußwerten für den Frühsommer (Mai–Juli), die wegen der Schneeschmelze besonders hoch gewesen sein dürften (Mikulski 1970). Dieses Defizit weist darauf hin, daß es bei fehlender ereignisbezogener Probennahme während der Hochwasserperioden zu deutlicher Unterschätzung sowohl der Wasser- als auch der Schwermetallfrachten kommen kann.

Der fluviale Metalleintrag in die Ostsee erfolgt großenteils in organischer Kolloidform, d.h. in Verbindung mit Makromolekülen des Humintyps. Aufgrund der starken horizontalen Salzgehaltsgradienten in der Ostsee, die im Oberflächenwasser den Bereich > 20‰ für das Kattegat bis < 4‰ in der Bottenwiek umfassen, reicht für etwa 70% der Ostsee und ihres Einzugsgebietes an der Kontaktfläche Fluß-Meer der Salzgehalt des Brackwassers nicht aus, um wie in marinen Ästuarien diese Kolloide wirksam auszuflocken und die assoziierten Metalle abzulagern. Das verlängert die Aufenthaltsdauer und die möglichen Transportwege vorwiegend kolloid- und humusfixierter Metalle wie Fe, Hg, Pb oder Cu. Diese nur unscharf modellierbaren Flockungsprozesse sind jedoch nur Teil des generellen Problems, aus dem fluvialen Bruttoeintrag, wie er im Flußmündungsbereich gemessen wird, den für die Ostsee wirksamen Nettoeintrag abzuschätzen. Solche Transferraten über die Grenzfläche Land-Meer hängen stark von der Fließcharakteristik, besonders vom Wetter während des jahreszeitlichen Hauptabflusses, und von der organischen sowie der Suspensionsfracht des Zuflusses ab. Neben dem Salzgehalt spielt die Bodentopographie und die Geographie des Seegebietes um die Flußmündungen eine wichtige Rolle. Bevor sie die eigentliche Ostsee (entspricht etwa der zentralen Ostsee *ohne* Kattegat, Beltsee, Ålandsee, Rigaer, Finnischen und Bottnischen Meerbusen erreichen, müssen viele Flüsse zuerst Küstengewässer vom Bodden-, Haff-, Fjord- (Förden-) oder Lagunentyp passieren (HELCOM 1993b), die als effiziente „Fallen" für mitgeführte Metalle wirken können (Abb. 17.1). Fallencharakter haben auch Süßwasserseen in Mündungsnähe. Beispielsweise durchlaufen die Zuflüsse aus dem > 276 100 km^2 großen russischen Eintragsgebiet zum Finnischen Meerbusen zuerst den Ladoga-, Ilmen- und/oder Chudskoe-See mit Retentionszeiten von mehreren Wochen. Es ist allerdings zu beachten, daß in stark belasteten Gebieten die Kapazität solcher „Metallfallen" bereits ausgeschöpft sein könnte. Diese Vermutung scheint sich beispielsweise für das Oderhaff zu bestätigen (Leipe et al. 1995).

Zum Umfang des am Meeresboden in die Ostsee einsickernden Grundwassers und den daran geknüpften Metalleintrag gibt es bisher keine seriösen Abschätzungen. Daß solch ein Phänomen besonders für die Küsten der östlichen und südlichen Teilgebiete Ostsee durchaus Bedeutung hat, ist bekannt (HELCOM 1986). Moore (1996) zum Beispiel schätzt, daß der untermeerische Grundwassereintrag in den Ozean bis zu 40% der Flußwasserfracht erreichen kann. Das macht es möglicherweise erforderlich, Verweilzeiten von Elementen im Weltmeer und ihre globale Massenbilanzen neu zu berechnen (Church 1996). Gleiches könnte für die Ostsee zutreffen.

Vertikale Schichtung. Die Ostsee weist vertikal eine temperatur- und salzgehaltsabhängige Schichtung ihrer Wassermassen auf (Magaard u. Rheinheimer 1974). Vom Frühjahr bis zum Herbst trennt ein Temperatursprung bei etwa 20 m die wärmere euphotische Oberflächenschicht von kälterem Wasser. Starkwinde und die winterliche Konvektion lösen diese Sprungschicht auf. Eine ganzjährig stabile Salzgehalts-Sprungschicht in den Tiefenbecken der „eigentlichen Ostsee" bei 70–90 m trennt Wasser mit geringeren (7–8‰) von solchem mit höheren Salzgehalten (10–12‰).

Die stabile vertikale Salzgehaltsschichtung führt in den Tiefenbecken zu stagnierendem und zeitweise anoxischem Wasser. Damit werden potentiell toxische Metalle wie Cd, Hg oder Cu als Sulfidniederschläge immobilisiert und Fe, Mn und Co reduktiv aus den Sedimenten und von suspendiertem Material gelöst (Kremling 1983). In strahlungsreichen und durchmischungsarmen Hochvegetationsperioden kommt es auch in den flachen Mulden der Beltsee (Kieler Bucht, Mecklenburger Bucht, Teile des Kleinen Belts) und südlichen Kattegats (Laholmbucht) zu *Anoxia* im Bodenwasser mit qualitativ ähnlichen Wirkungen für den Metallhaushalt. Diese Perioden mit H_2S im Bodenwasser sind jedoch viel kürzer (Tage bis Wochen) als in den Tiefenbecken unterhalb der *Halokline* (Monate bis Jahre). Es ist deshalb auch anzunehmen, daß die in den flachen Becken frisch ausgefällten Metallsulfide bei erneuter Durchlüftung der Wassersäule leicht oxidativ remobilisiert werden.

Wasseraustausch. Die Wasserbilanz der Ostsee weist aus Niederschlag plus Flußwasserzufuhr minus Verdunstung einen mittleren Süßwasserüberschuß von etwa 475 km^3 a^{-1} aus (SNV 1988). Der Nettoausstrom salzärmeren Oberflächenwassers mit dem *Baltischen Strom* in das Skagerrak (ca. 950 km^3 a^{-1}) kompensiert darüber hinaus den mehr oder weniger kontinuierlichen Einstrom von jährlich etwa 475 km^3 salzreicherem Wasser (Håkanson 1993). Die sich aus dem gesamten Wasservolumen und dem jährlichen Nettoausstrom ableitbare Verweilzeit des Wassers in der Ostsee von 23 Jahren ist nur eine Rechengröße. Sie beschreibt sicherlich nicht das Schicksal jedes Wassermoleküls, ist für Bilanzabschätzungen jedoch brauchbar. Bisherige Massenbilanzen weisen für Metalle Verweilzeiten aus, die von wenigen Monaten (Fe, Pb) bis zu etwa sechs Jahren (z.B. Ni, Cu) reichen (Brügmann 1986a). Das impliziert bei gleichbleibendem Eintrag eine Anhäufung von Metallen in der Ostsee und erhöht die Wahrscheinlichkeit, daß es in den leichter verwundbaren Kompartimenten der

Ökosysteme zu biologischen Schadwirkungen kommt.

Die komplexen und sehr variablen hydrographischen Prozesse im Übergangsgebiet zwischen Ostsee und Nordsee, d.h. im Skagerrak, Kattegat und in der Beltsee, komplizieren Abschätzungen zum Metallaustausch zwischen beiden Meeren. Nur ein geringer Teil des fast kontinuierlich einsickernden Salzwassers erreicht die zentralen Teile der Ostsee. Ein größerer Teil verweilt nur kurz im Übergangsgebiet bzw. wird darin oszillierend bewegt und dem ausfließenden *Baltischen Strom* zugemischt. Fallweise sicherere Abschätzungen zum Metallimport sind bei größeren Einstromereignissen möglich. Solche Ereignisse wurden bisher relativ sorgfältig registriert (Franck et al. 1987; Matthäus u. Lass 1995), jedoch sind die Fähigkeiten zu ihrer Vorhersage noch sehr begrenzt. Empirisch kennt man eine Reihe notwendiger Vorbedingungen (u.a. Starkwindperioden aus Vorzugsrichtungen im Winterhalbjahr, hohe Salzgehalte im Skagerrak/Kattegat, niedrige Salzgehalte im Tiefenwasser der Ostsee, Pegelstand- und Luftdruckgegensätze Nordsee/Skagerrak gegenüber der Ostsee,...) die zum Auslösen solcher Prozesse erforderlich sind. Die Praxis der vergangenen Jahrzehnte hat jedoch gelehrt, daß entscheidende Informationen offenbar noch fehlen oder unberücksichtigt blieben. Über die Ausbreitung des eingeströmten salzreicheren Wassers von Süden nach Norden und die damit verbundenen Veränderungen der hydrochemischen Bedingungen liegen seit längerer Zeit sichere Untersuchungsergebnisse vor (Fonselius et al. 1984; Fonselius 1985, 1995). Neben der Zunahme des Salzgehalts im Tiefenwasser und dem Austausch des schwefelwasserstoff- gegen sauerstoffhaltiges Wasser kommt es zur Anhebung und Manifestation der *Halokline* (Positive Effekte betreffen in erster Linie die Fischerei auf Dorsch, dessen Laich bei Salzgehalten ≥ 10–11‰ und Sauerstoffwerten ≥ 1 ml l^{-1} (bzw. Anonym 1995: Salzgehalt 13–15‰ und Sauerstoff > 2 ml l^{-1}) größere Entwicklungschancen erhält (Rechlin 1991). Andererseits kann es durch die Verstärkung der *Halokline* zu einer Abnahme der benthischen Makrofauna im Tiefenbereich von etwa 70–100 m kommen (Gerlach 1994; Schulz 1994).

Verdünnungskapazität. Für die hydrologische Kapazität der Ostsee, eingetragene Verunreinigungen zu verdünnen, läßt sich ein Faktor *VK* definieren, der sich an dem Volumen des Wasserkörpers, dessen Verweilzeit vor einem Austausch mit dem Ozean und an der Anzahl der im Einzugsgebiet lebenden Personen orientiert (Tabelle 17.1). Formal schneidet nach solch einem *VK*-Wert die Ostsee im Vergleich zur Nordsee, die bei ähnlicher Fläche einem weit größeren anthropogenen Einfluß unterliegt (Beyer 1994), schlecht ab. Gegenüber dem Schwarzen Meer, das ähnlich wie die Ostsee belastet wird (Mee 1992), ist sie dagegen anscheinend bevorteilt. Quantitative Abschätzungen erlauben jedoch solche Faktoren nur bei Verunreinigungen konservativen Charakters. Da die Verteilung und das Verhalten von Schwermetallen im Meer jedoch raumzeitlich sehr variablen biogeochemischen Einflüssen unterliegt, kann ein formaler hydrologischer Vergleich irreführend sein.

Biologische Produktivität. Vor ca. 100 Jahren lagen die Einträge von Stickstoff- und Phosphorverbindungen bei etwa einem Viertel bzw. einem Achtel der heutigen Werte (Larsson et al. 1985). Etwa in den 50er Jahren eskalierten die Nährstoffzufuhren und stagnieren seit den 80er Jahren auf einem hohen Niveau (Forsberg 1993; Sandén u. Rahm 1993; Sandén u. Danielsson 1995). Als Folge davon haben sich im winterlichen Oberflächenwasser der zentralen Ostsee in den letzten drei Jahrzehnten die

Tabelle 17.1. Verdünnungskapazität (*VK*) der Ostsee im Vergleich zur Nordsee und zum Schwarzen Meer

	Ostsee	Nordsee	Schwarzes Meer
Fläche (10^3 km^2)	415	575	414
Volumen (*V*) (10^3 km^3)	22	47	530
Mittlere Tiefe (m)	52	80	1282
Wassereinzugsgebiet -WEG (10^3 km^2)	1730	840$^{**)}$	2400
Bevölkerung im WEG (*P*) (10^6)	80	164$^{**)}$	160
Verweilzeit des Wassers (τ) (a)	23	0,5–3	300–2000
Süßwasserzufuhr (km^3 a^{-1})	446	630	360
VK$^{*)}$ (km^3 10^{-6}a)	12	570–96	11–1,7

$^{*)}$ $VK = V/(t \times P)$ $^{**)}$ darunter Elbe: $150 \cdot 10^3$ km^2 mit $27 \cdot 10^6$ Personen (Ruchay 1991)

Konzentrationen produktionsfördernder Nitrate und Phosphate verdreifacht. Gleichzeitig verdoppelte sich die Primärproduktion für mehrere Teilgebiete der Ostsee auf Werte um 100–200 g C m^{-2} a^{-1}. Damit wurde aus einem oligotrophen ein teilweise meso- und eutrophes Gewässer (→ Kap. 19). Dieser Eutrophierungsprozeß führt zur Verdünnung von Verunreinigungen in einer größeren Biomasse der Nahrungskette. Gleichzeitig resultiert aus der vermehrten Planktonentwicklung ein größerer Vorrat gelösten, kolloidalen und partikulären organischen Materials, das teilweise Metalle durch Adsorption und Komplexbildung sehr effektiv zu binden vermag. Organische Überzüge („Biofilme") auf suspendierten Mineralpartikeln wirken in gleichem Sinne. Durch organische Bindung werden essentielle Metalle wie Eisen in Lösung gehalten und somit verfügbar gemacht für eine Aufnahme durch das Phytoplankton.

Im salzreichen Ozeanwasser werden Metalle wie Cd und Hg vorwiegend als Halogenidkomplexe (HgX_4^{2-}, $CdCl_n^{2-n}$) angetroffen. Im unteren Ästuarbereich bewirkt diese Komplexbildungsneigung für Cd offenbar sogar seine Desorption von partikulärem Material und entsprechende Konzentrationsspitzen der gelösten Formen in seewärtiger Richtung (Comber et al. 1995). Im Brackwasser der Ostsee ist dagegen die Neigung zur Komplexbildung mit anionischen Hauptkomponenten des Meersalzes (Meerwasser mit einem Salzgehalt von 35‰ enthält vor allem Cl^- (19,345), SO_4^{2-} (2,701), HCO_3^- (0,145), Br^- (0,066), H_3BO_3 (0,027) und F^- (0,0013 g/kg) weit geringer. Demzufolge könnten Metallspezies dominieren, die weniger leicht verfügbar für eine biologische Aufnahme sind und leichter am Meeresboden abgelagert werden.

Freie Cu-Ionen sind extrem toxisch für Meeresorganismen. Kulturexperimente zeigten, daß viele Bakterien- und Phytoplanktonarten sowohl in der Ostsee als auch im Ozean keine Überlebenschance hätten, wenn die dort gemessenen „gelösten Cu-Konzentrationen" als Aquokomplexe vorlägen. Cyanobakterien, auch bekannt als „blau-grüne Algen", zeichneten sich im Vergleich zu anderen Phytoplanktonarten durch ihre Fähigkeit aus, organische Substanzen zu exsudieren, die sehr stabile Kupferkomplexe bilden (Moffett et al. 1990). Diese Algenart trägt in der Ostsee entscheidend zur Planktonblüte im Sommer bei. Ihre Reproduktionsraten werden bereits bei Cu-Aktivitäten von > 10^{-12} M herabgesetzt. Die Cu-chelatierenden Exsudate könnten deshalb Teil einer Abwehrstrategie der Organismen sein (Brand et al. 1986). Das wiederum hätte Bedeutung für die organische Cu-Speziierung. Untersuchungen zum Vorkommen solcher organischen Cu-Spezies im Ostseewasser zeigten in der Tat zwei Gruppen von Verbindungen; einen Hintergrundwert von Cu, der offenbar mit humusähnlichem Material assoziiert ist und eine jahreszeitlich variable Fraktion, gebunden möglicherweise von Exsudaten des Planktons und/oder der Mikroorganismen (Osterroht et al. 1988). Für einen eutrophen See scheinen die saisonalen Muster Cu-komplexierender Liganden ebenfalls deren Produktion durch Algen zu bestätigen (Xue u. Sigg 1993; Xue et al. 1995).

Ähnlich wie es Tiere mit *Metallothioneinen* tun, kontrollieren Pflanzen offenbar die Metallaktivität in ihren Zellen durch die Synthese spezieller Peptide, der *Phytochelatine* (Gekeler et al. 1988; Grill et al. 1987, 1989). Auch marines Plankton produziert diese Substanzen als intrazelluläre Puffer zur Kontrolle von exzessiven Belastungen oder Metalldefiziten (Ahner et al. 1994; González-Dávila 1995; Price u. Morel 1990). Die Spekulation drängt sich auf, daß diese Verbindungen nach Exsudation oder Zerfall der Zellen die Vorstufe maßgeschneiderter Cu-chelatierender Verbindungen im Wasser sein könnten.

Die biologische Produktivität beeinflußt jedoch nicht nur signifikant die Speziierung von Metallen, sondern möglicherweise auch deren Konzentration im Ostseewasser. Ist die externe Metallzuführung gering, kommt es während der Phytoplanktonblüten zur Abnahme der Konzentration essentieller Spurenmetalle in der euphotischen Schicht (de Baar et al. 1994). Daß Defizite von „Nano-Nährstoffen" (bereits im ng l^{-1}-Bereich (primär)produktionswirksame anorganische und organische Spurenstoffe sollen mit dieser Bezeichnung von den klassischen „Mikro-Nährstoffen", d.h. den N-, P- und Si-Verbindungen, abgegrenzt werden wie Fe(II) die Primärproduktion limitieren können, ist durch zwei umfangreiche Düngungsexperimente im Pazifik bestätigt worden. Die Ergebnisse des ersten Experiments erfüllten jedoch nicht alle Erwartungen (Martin et al. 1994). Trotz der Anwesenheit ausreichender Mengen an Fe und Mikro-Nährstoffen wurden nach kurzer Laufzeit weitere produktionshemmende Defizite deutlich (Cullen 1995). Bei deren Deutung wurde u.a. spekuliert, daß der Verbrauch weiterer Spurenelemente (Bruland et al. 1991) nun limitierend wirkte (Kolber et al. 1994). Als Kandidat für limitierende Spurenelemente in Gewässern wäre Zn denkbar (Morel et al. 1994). Marines Phytoplankton wird bereits bei Zn-Aktivitäten um $10^{-11.5}$ wachstumslimitiert (Anderson et al. 1978). Dieser Wert liegt im Bereich des im Ozean gemessenen Niveaus. Mit abnehmender Aktivität des Zinks wird seine Substitution durch das toxisch relevante Cd (Lee et al.

1995) oder durch Co (Price u. Morel 1990) wahrscheinlich (→ Kap. 18). Zn-defizitäre Zellen der Kieselalge *Thalassiosira weissflogii* zeigten unter Cd-Zugaben etwa 90% ihrer optimalen Reproduktionsrate. Kobalt als Substitut war mit 60% deutlich weniger effizient (Price u. Morel 1990). Für die Ostsee stehen vergleichbare Untersuchungen zur Aktivität von Spurenmetallen, die als Toxikanten oder produktionslimitierende Nano-Nährstoffe wirken könnten, noch aus.

17.3 SCHWERMETALLEINTRÄGE

Gelöste und partikelgebundene Schwermetalle werden in den Wasserkörper der Ostsee vor allem eingetragen:

1. aus dem Wassereinzugsgebiet über diffuse und Punktquellen,
2. aus der Atmosphäre,
3. durch den Einstrom salzreicheren Nordseewassers,
4. aus den Sedimenten nach diagenetischer Mobilisierung,
5. mit suspendiertem Material, das aus Bodenerosion und Küstenabrasion nach Trans- bzw. Regressionsprozessen unter der Einwirkung von Strömungen und Wellen entsteht,
6. und durch legale und illegale Aktivitäten des Menschen wie Baggerei, Verklappung, Rohstoffgewinnung, Hafen- und Küstenschutzbauten, Schiffahrt einschließlich Marine, Fischerei etc.

Fluvialer Eintrag

In der zurückliegenden Dekade hat sich die Qualität von Daten zum landseitigen Eintrag von Metallen in die Ostsee schrittweise verbessert. Auf der Grundlage internationaler Kooperation wurde erstmalig in 1987 eine Abschätzung dazu veröffentlicht, die *First Pollution Load Compilation - PLC1* (HELCOM 1987). Die dieser Abschätzung zugrundeliegenden Daten unterschieden sich sehr in bezug auf Alter, Herkunft und Qualität. Zum Metalleintrag lieferte *PLC1* nur eine sehr grobe und teilweise sogar irreführende Abschätzung, die bestenfalls die jeweilige Größenordnung widerspiegelte. Eine Folgeabschätzung aus ganzjährig quasi-synchronen Messungen aller Anrainerstaaten in 1990 (*PLC2*; HELCOM 1993a) ergab zwar ein verbessertes aber weiterhin noch fragmentarisches Bild. Für den industriellen, kommunalen und Flußwasser-gebundenen Eintrag ausgewählter Metalle (Cd, Cu, Hg, Pb, Zn) wurden < 60% der erforderlichen 345 Datensätze für die einzelnen Regionen übermittelt. Lücken verblieben insbesondere für den Rigaer Meerbusen, den Öresund, aber auch für die zentrale Ostsee. Die von *PLC2* angegebenen Werte (57 t Cd, 1300 t Cu, 50 t Hg, 1300 t Pb, 5000 t Zn) könnten den wahren Bruttoeintrag deshalb deutlich unterschätzen. Mit Anteilen zwischen 72% (Hg) und 90% (Pb) hatte der Eintrag aus den Flüssen am gesamten landseitigen *PLC2*-Eintrag für alle untersuchten Metalle die größte Bedeutung. Die industriellen Anteile lagen im Bereich von 4% (Cd) und 24% (Hg), während die Kommunen direkt nur etwa 2% (Pb) bis 10% (Cd) beisteuerten. Dabei ist jedoch zu beachten, daß dieser „kommunale Anteil“ nur die direkt aus Abwasserkläranlagen in die Vorfluter abgegebenen Metalle umfaßt und den als Flußeintrag erfaßten diffusen Eintrag unberücksichtigt läßt. Auch der „industrielle Eintrag“ ist sicherlich auf Kosten des „Flußeintrags“ weit unterbewertet, da nur die Metalle aus direkt oder über Reinigungsanlagen abgelassenen Produktionsabwässern summiert wurden. Die ab 1993 in Vorbereitung befindliche *PLC3* soll eine bessere Erfassung der landseitigen Metalleinträge in die Ostsee sichern (HELCOM 1994a). Aber bereits vor Beginn der Untersuchungen war darüber Skepsis spürbar (HELCOM 1994b).

Sind Einflüsse durch Industrien und kommunale Ballungszentren gering, wird die Metallfracht der Flüsse vor allem durch die Landnutzung und die geologischen Randbedingungen in ihrem Einzugsgebiet bestimmt. Das machten umfangreiche Untersuchungen in den Einzugsgebieten (500–7000 km^2) von 49 Flüssen Finnlands und Schwedens deutlich (Edén u. Björklund 1993). Abgesehen von “*hot spot*”-Gebieten und mit Ausnahme von Arsen lagen die Konzentrationen der untersuchten Metalle (Fe, Mn, Cu, Cr, V, Zn, Pb) in fünf finnischen Flüssen zum Bottnischen Meerbusen deutlich höher als auf der schwedischen Seite (sechs Flüsse). Drei schwedische Flüsse zum Kattegat bzw. zur Beltsee waren in der Regel höher belastet als die neun in die zentrale Ostsee und den Bottnischen Meerbusen mündenden. In Übereinstimmung mit den Ergebnissen unserer mehrjährigen Untersuchungen an Flüssen Mecklenburg-Vorpommerns (Brügmann unveröff. Werte) überwog die „gelöste“ (< 0,4 μm) deutlich die partikuläre Fracht. Bor, Ca, Cu, K, Mg, Na, Ni, Sr und Zn wurden von Edén und Björklund (1993) zu über 90% „gelöst“ angetroffen. Noch 60–80% des As, Ba, Co, Mn und U erschienen „gelöst“, aber nur 43% Cr, 36% Pb, 28% V, 21% Fe und 16% Al. Unzweifelhaft haben die beobachteten Unterschiede zwischen den Metallen in der Speziierung einen signifikanten Einfluß auf ihr Verhalten nach einem Eintrag in die Ostsee.

Hinsichtlich ihrer anthropogenen Schwermetallfrachten ist davon auszugehen, daß derzeit die südlichen bis östlichen Zuflüsse den jeweiligen Schwermetalleintrag dominieren. Die entsprechenden Teileinzugsgebiete zeichnen sich durch eine dichtere Besiedlung als die nördlichen Regionen und durch Standorte von Bergbau, Schwerindustrie und Chemiewerken mit großenteils veralteter Technologie aus. Allerdings liegen potentielle Schwermetallemittenten häufig im Hinterland, während die nördlichen Anrainer ihre Industrieanlagen in der Regel im Küstenbereich angesiedelt haben (Bruneau 1980; HELCOM 1993a). Küstennahe Industrien in Finnland und Schweden belasten mit ihren Metallemissionen z.B. direkt den Bottnischen Meerbusen (Bruneau 1980; Pawlak 1980; HELCOM 1993a; UBA 1994; Borg u. Jonsson 1996). Ältere Daten zum fluvialen Eintrag (Ahl 1977) sind großenteils überholt. Technische Verbesserungen sowie Betriebsstillegungen, besonders in den Ländern des ehemaligen Ostblocks, haben zu einer Verminderung der Emissionen geführt (HELCOM 1993a; Sabela 1994; UBA 1994). Newa und Weichsel sind in bezug auf ihre Wasser- und Verunreinigungsfracht die bedeutendsten Zuflüsse der Ostsee. Während es zur Newa derzeit kaum zuverlässige Schwermetalldaten gibt (HELCOM 1993a), liegen für die Weichsel neben relativ zuverlässigen älteren (3100 t Zn und 65 t Cd – Szefer 1990; 11 t Hg – Wrembel 1983) auch neuere Daten vor (Danisiewizc et al. 1994; frdl. pers. Mitt. K. Håkansson, Linköping). Die Weichsel liefert etwa 7,5% der Flußwasserfracht für die Ostsee (Bergström u. Carlsson 1994) und könnte für ca. 10% des fluvialen Schwermetalleintrags (Cd, Cr, Cu, Pb, Zn) verantwortlich sein.

Atmosphärischer Eintrag

Verunreinigungen werden in die Ostsee mittels nasser und trockener Deposition eingetragen. Anthropogen emittierte Schwermetalle sind überwiegend an kleine Partikel gebunden (→ Kap. 1, 2). Deshalb ist für sie die nasse Deposition nach Anlagerung an Wassertropfen dominant und kann mit ca. 90% der Gesamteinträge angesetzt werden (z.B. Borbély-Kiss et al. 1991; Matschullat et al. 1995). Wie klimatische Modelle zeigen (Defant 1974), sind über der Ostsee die Niederschlagsmengen im Jahresverlauf sehr inhomogen (HELCOM 1991). Die atmosphärische Deposition von Schwermetallen kann folglich je nach meteorologischen Bedingungen sowohl zeitlich als auch räumlich um ein bis zwei Größenordnungen variieren. Für Stoffbilanzen sind daher Einzelmessungen in der Regel unbrauchbar; es sind sinnvollerweise Median- bzw. gewichtete Mittelwerte eines stabilen, größeren Datenkollektivs vorzuziehen.

Ältere Angaben zum atmosphärischen Stoffeintrag bedürfen der Aktualisierung, aber auch rezente Daten sollten erst nach kritischer Überprüfung Eingang in Massenbilanzen finden. Noch 1977 wurde z.B. der atmosphärische Stoffeintrag in die Ostsee als zu vernachlässigende Größe postuliert (Pustelnikov 1977). Hallberg (1991) leitete die atmosphärischen Einträge aus den Elementgehalten in Sedimenten ab. Pacyna (1984, 1992) und Olendrzynski et al. (1995) quantifizierten die Emissionen von Anrainer- und Nichtanrainer-Staaten. Für den Zeitraum 1987–89 wurde der Anteil atmosphärisch eingetragener Schwermetalle mit 30 bis 50% der Gesamtfrachten angegeben und die nasse Deposition auf 140 t Cd a^{-1}, 450 t Cu a^{-1}, 600 t Pb a^{-1} und 2500 t Zn a^{-1} geschätzt (Pacyna 1993). Diese Schätzungen basierten auf Daten der frühen 80er Jahre und weichen z.T. erheblich von den Ergebnissen neuerer Untersuchungen ab (Aunela u. Larjava 1990 in Kenttämies 1991; HELCOM 1991; Bartnicki et al. 1995; Olendrzynski et al. 1995), die zu vier- bis 13fach geringeren Frachten kommen. Ein aus Modellen berechneter Rückgang der Pb-Immissionen von 3000 t a^{-1} (1984) auf 1300 t a^{-1} (1991) wird als Folge der Umsetzung von HELCOM-Empfehlungen gesehen (UBA 1995). Jedoch selbst unter Berücksichtigung von Transportrichtungen und -entfernungen bleibt eine Umrechnung von Emissionen auf Immissionen problematisch. Die Ergebnisse bisheriger Modellierungen der Immissionen (HELCOM 1991; Pacyna 1992; Bartnicki et al. 1995; Olendrzynski et al. 1995) differieren noch stark voneinander und bedürfen der Verifizierung durch Feldmessungen zum Schwermetallniederschlag.

Im Ostseeraum wurde während der letzten Jahrzehnte das Netz von Meßstationen zur Überwachung der atmosphärischen Konzentrationen und des Eintrags von Verunreinigungen weiter ausgebaut. Mehrere dieser Stationen befinden sich auf der Küste vorgelagerten Inseln, wodurch die dort gemessenen Werte repräsentativer für das Seegebiet werden. Leider sind bisher nur wenige Stationen des Ostsee-Monitoringnetzes auch zur Erfassung des Eintrags von Schwermetallen adäquat ausgestattet. Im Vergleich mit der Nordsee (Injuk u. Van Grieken 1995) erscheint die Ostsee weniger belastet. Das zeigen sowohl die atmosphärischen Konzentrationen, wie sie beispielsweise im Zeitraum 1986–90 über Helgoland (Kriews et al. 1992) und Rügen/Arkona 1986–87

(Brügmann u. Hennings 1996) gemessen wurden, als auch die Einträge mehrerer Metalle in die Ostsee. Abschätzungen zum Pb-Eintrag in die Ostsee, der zu etwa 30% aus Nichtanrainer-Staaten stammt (HELCOM 1991; Petersen u. Krüger 1993), liegen 50–70% niedriger als entsprechende Nordsee-Werte (Cambray et al. 1975, 1979; Rodhe et al. 1980; van Aalst et al. 1983; Brügmann 1986a; Schneider 1987; Söderlund 1987; Stössel 1987; HELCOM 1989, 1991; Petersen et al. 1989; Petersen u. Krüger 1993).

Regionale Unterschiede erschweren eine flächendeckende Abschätzung des atmosphärischen Metalleintrags in die Ostsee. Das spiegelt sich in höheren Medianwerten für aerosolgebundene Metallkonzentrationen über der Kieler Bucht (Schneider 1987) im Vergleich zu Rügen/Arkona (Brügmann u. Hennings 1996) wider. Nord-Süd-Gradienten mit etwa doppelt so hohen Metalleinträgen (Cd, Cu, Fe, Mn, Pb, Zn) im Süden lassen sich den Ergebnissen eines Monitoringprogrammes über Schweden entnehmen (Ross 1987). Ähnliche Gradienten sind für die Ostsee auf einem Schnitt von der Beltsee im Süden bis zur Bottenwiek im Norden zu erwarten.

Auch andere Messungen im terrestrischen Bereich können Hinweise auf Gradienten des atmosphärischen Metalleintrags in die Ostsee geben. In einem ECE-Monitoringprojekt (Rühling et al. 1987; Rühling 1994) werden Moose als natürliche Luftstaubsammler in fünfjährigem Zyklus rund um die Ostsee beprobt. Nahezu lineare Beziehungen zwischen den Elementkonzentrationen im Moos und den realen atmosphärischen Einträgen erlauben Rückschlüsse auf die tatsächliche Belastung. Besonders hohen Frachten im südlichen Einzugsgebiet (Schwarzes Dreieck) stehen moderate Mengen entlang dem Ostseeufer gegenüber. Abgesehen von Punktquellen nimmt der Eintrag offenbar von Süden nach Norden ab (Rühling 1994). Anomalien erstrecken sich entlang der schwedischen Küste zum Bottnischen Meerbusen (Wik u. Renberg 1991; Berg u. Jonsson 1996) und im Einflußbereich der Kola-Halbinsel (Rühling 1994; Reimann et al. 1995).

Metallimport mit dem Zustrom von Salzwasser

Mit einem Salzwassereinstrom von etwa 100 km^3 in die Ostsee im Januar/Februar 1993 kam es gleichzeitig zum Import von etwa 280 t Fe, 80 t Mn, 25 t Ni, 20 t Cu, 3 t Pb, 2 t Cd und 0,3 t Hg in gelöster Form. Diese Abschätzung legt typische Konzentrationen dieser Metalle im Nordseewasser (Norwegische Rinne) zugrunde (Haarich u. Schmidt 1993a, b). Im Winterhalbjahr 1993/94 und im Frühjahr 1994 kam es zu weiteren Einstromereignissen, so daß diese Mengen mehr als verdoppelt werden müssen. Im Vergleich zum gesamten Metallhaushalt der Ostsee bleiben diese gelösten Metalle weitgehend vernachlässigbar, d.h. sie gehen in der Regel im „Rauschen“ anderer Eintragsquellen unter. Ein abweichendes Bild ergibt sich möglicherweise für partikuläre Schwermetalle und hier besonders für Fe und Pb. Im Gegensatz zu anderen Elementen treten ihre partikulären Formen in etwa gleichen Konzentrationen wie die „gelösten“ ($< 0{,}4\,\mu m$) Fraktionen auf (Brügmann et al. 1992). Darüber hinaus löst am Boden einströmendes Wasser eine Suspensionswolke aus und führt diese mit sich, wodurch es zur Verfrachtung partikelgebundener Metalle in die zentrale Ostsee aus Kattegat und Beltsee kommt.

Metalleintrag aus dem Sediment

Der kontinuierlich aus den Sedimenten in den Wasserkörper der Ostsee erfolgende Metalleintrag ist noch weitgehend unbekannt. Er erfolgt im wesentlichen durch drei Prozesse. Während der Diagenese werden aus abgelagertem Material Metalle in gelöster Form freigesetzt. Bei Abwesenheit physikalischer Durchmischung werden die Konzentrationsunterschiede zwischen Metallen im Porenwasser der Oberflächensedimente und im Bodenwasser durch Diffusion ausgeglichen. In Weichbodengebieten mit hohen Sedimentationsraten wird dieser Diffusionsfluß durch einen „Kompaktionsstrom“ ergänzt, der aus der Konsolidierung wasserreich abgelagerter Sedimente folgt. In Sedimentationsgebieten mit einer dichten Bodenflora und -fauna können neben der dadurch ausgelösten Bioturbation auch Stoffwechselprozesse zum Eintrag gelöster Metalle in das Bodenwasser beitragen.

Die Ergebnisse von Labor- und *in situ*-Boxexperimenten zu Metallflüssen über die Grenzfläche Sediment-Wasser, durchgeführt z.B. in der Kieler Bucht (Balzer 1982; Lapp u. Balzer 1993) oder in schwedischen Küstengewässern (Hallberg 1982, 1992), sowie die Profile gelöster Metallkonzentrationen im Porenwasser (Brügmann 1986a) ermöglichen nach Extrapolation über den gesamten Ostseeboden Abschätzungen zum Metalleintrag. Solche Abschätzungen sind jedoch gegenwärtig bestenfalls semi-quantitativ, da noch zuwenig über die hydrodynamischen und biogeochemischen Prozesse an der Grenzfläche Sediment-Wasser bekannt ist, die einen Nettoeintrag entweder fördern oder unterdrücken können. Außerdem ist das biogeochemische Milieu an dieser Grenzfläche in

Box 17.1 Einstromereignisse aus der Nordsee – zwei Szenarien

Außer der Resuspension von Oberflächensedimenten und darauf beruhender Metallremobilisierung aufgrund von Milieuänderungen haben Einstromereignisse weitere Sekundärwirkungen. Das soll erneut am Beispiel des Einstroms 1993/94 diskutiert werden:

Für dieses Jahrhundert wurde die Zeitspanne zwischen dem Ende der 70er Jahre und Januar 1993 als eine der längsten und für die Ostsee folgenreichsten Stagnationsperioden registriert (Fonselius 1995). Seit der Aufnahme ozeanographischer Ostseeuntersuchungen wurden niemals zuvor solch gravierende Veränderungen im Tiefenwasser beobachtet. Das bis zum Herbst 1993 im östlichen Gotlandbecken/Gotlandtief eingetroffene salz- und sauerstoffreichere Wasser hatte gerade zur Oxidation des zuvor angereicherten Schwefelwasserstoffs ausgereicht (Håkansson et al. 1993; Brügmann et al. 1997). Die folgenden Einstromereignisse änderten das biogeochemische Klima im Gotlandtief drastischer. Im Mai 1994 wurden dort schließlich am Boden Salzgehalte > 12‰ und erstmals seit den 30er Jahren wieder Sauerstoffkonzentrationen > 3 ml l^{-1} gemessen (HELCOM 1994b). Diese Milieuänderungen haben mit großer Wahrscheinlichkeit durch Mobilisierungs- und Ausfällungsprozesse (Balistrieri et al. 1994) signifikant in den Schwermetallhaushalt der Ostsee eingegriffen. Zwei Szenarien sollen das illustrieren:

Szenarium A. Ein Wechsel von anoxischen zu oxischen Bedingungen wird für 50% der tieferen Bereiche (> 150 m) des östlichen Gotlandbeckens angenommen. Das würde etwa 3300 km^2 (Fonselius 1969) betreffen. Eine Reoxydation sulphidischer Cd-Formen könnte z.B. in einer 1 cm dicken Schicht der Oberflächensedimente mit 0,1 g Trockenmasse (TM) cm^{-3} (Boström et al. 1983) und 2–10 μg Cd g^{-1} TM (Brügmann u. Lange 1990) ausgelöst werden. Damit würden zwischen 6,6 und 33 t Cd innerhalb weniger Tage bis Wochen in das Bodenwasser freigesetzt. Die gleichmäßige Verteilung dieses Cd im Gotlandbecken unterhalb 150 m Wassertiefe (110 km^3; Ehlin u. Mattisson 1976) würde die Konzentration darin um etwa 60–300 ng l^{-1} erhöhen. Eine Verteilung ausschließlich in einer Bodenwasserschicht von 1 m Stärke führte zu akut-toxischen Konzentrationen zwischen 2 und 10 μg l^{-1}. Solch ein worst-case Szenarium resultiert demnach in etwa 200fach höheren Konzentrationen an gelöstem Cadmium als sie gegenwärtig für die Ostsee typisch sind.

Szenarium B. Der Salzwassereinstrom 1993/94 beeinflußte durch die damit verbundenen Redoxänderungen direkt und indirekt praktisch alle Schwermetalle. Die Konzentrationen an gelöstem Fe, Mn und Co nahmen beispielsweise um Größenordnungen ab. Vor dem Einstrom gab es eine anoxische Wassermasse von etwa 304 km^3, die sich von etwa 125 m Wassertiefe bis zum Meeresboden erstreckte. Eine Veränderung der gelösten Fe-Konzentration darin von etwa 90 auf 0,5 μg l^{-1} entspricht einem Rückgang des Fe-Vorrats um > 27 000 t innerhalb weniger Wochen. Eine Abnahme der gelösten Mn-Konzentrationen von 400 auf 2 μg l^{-1} ist sogar 127 000 t partikulären Mangans äquivalent. Beim Spurenelement Co kann die Ausfällung von 14 t, die einem Wechsel der Konzentrationen von etwa 50 auf 5 ng l^{-1} entspricht, angenommen werden. Felduntersuchungen zu den Konzentrationen und zur Speziierung von Metallen im Gotlandtief bestätigten diese Annahmen (Brügmann et al. 1996). Besonders frisch ausgefälltes Mn, aber auch Oxi-hydroxide des Fe reichern gelöste Spurenmetalle wirksam an. Dies kompensierte offenbar die oxidative Freisetzung von Metallen wie Cd oder Cu von suspendiertem partikulärem Material und von Oberflächensedimenten bei der Redoxänderung (Szenarium A).

Das Szenarium B impliziert weiterhin, daß die Geschichte plötzlicher Änderungen des Redoxmilieus der Tiefenbecken der Ostsee in vertikalen Verteilungsmustern der Metalle in den Sedimenten dokumentiert sein könnte: Aus über längere Zeit stagnierendem anoxischem Wasser ist die kontinuierliche Ausfällung von Eisensulfiden (FeS_x) anzunehmen. Solche Ablagerungen wurden nach Salzwasser- und O_2-Zustrom durch ausgeprägte Schichten von Mn(IV)oxiden überlagert. Nach weiterer Einlagerung im Sediment und diagenetischer Transformation kann die Sequenz Mn- und Fe-reicher Schichten als Markierung von solchen Einstromereignissen dienen, die längeren Stagnationsperioden folgten. Tatsächlich scheinen die vertikalen Muster der Mn/Fe-Verhältnisse in Sedimentkernen des Gotlandtiefs als Einstrommarker für das letzte Jahrhundert brauchbar zu sein (Neumann et al. 1997). Das sequentielle Auftreten 0,02–0,5 mm dicker Ca-Rhodochrosit (Ca/Mn-Karbonat)-Lamellen über Pyrit (FeS_2)-reichen Schichten in > 7000 Jahre alten Litorina-Sedimenten des gleichen Seegebietes (Sternbeck u. Sohlenius 1996) zeigt, daß solche abrupten Redoxänderungen die Ostsee in dem überwiegenden Teil ihrer Entwicklungsgeschichte begleiteten.

den einzelnen der mehr als 20 Nettosedimentationsgebiete zum Teil sehr unterschiedlich, so daß eine Extrapolation von Punktmessungen nur beckenweise vorgenommen werden könnte.

Metalleintrag mit Suspensionen

Die Abrasion der Küsten, die Erosion marginaler Teile des Meeresbodens und die Resuspension der Sedimente in den zentralen Sedimentationsbecken durch Bodenströmungen (Winterhalter et al. 1981) tragen entscheidend zum Vorrat partikulärer Metalle im Wasserkörper der Ostsee bei. Bei Änderungen des biogeochemischen Milieus werden davon Metallanteile in gelösten Formen mobilisiert. Von den gewaltigen Mengen in der Ostsee zirkulierender Partikel werden in Akkumulationsgebieten jährlich etwa 30 10^6 t abgelagert (Jonsson et al. 1990). Das ist mehr als die Gesamtmenge an partikulärem Material (≤ 10–20 10^6 t), die sich aus dessen mittlerer Konzentration im Ostseewasser (0,5–1 mg l^{-1}; Boström et al. 1983; Brügmann 1986b; Brügmann et al. 1992) errechnen läßt. Diese Diskrepanz entspricht sicherlich der Unterschätzung des in der bodennahen Trübezone enthaltenen suspendierten Materials (Graf 1992).

Anthropogene Einflüsse

Auch Aktivitäten des Menschen tragen signifikant zum Vorrat an suspendiertem partikulärem Material (SPM) in der Ostsee bei. Das schließt Baggermaßnahmen in Häfen und Schiffahrtswegen, die Baustoffgewinnung sowie Ölerkundung und -förderung ein. Boden-Schleppnetzfischerei ist im südlichen Gotland-, im Bornholm- und im Arkonabecken eine gängige Praxis. *Side-scan-sonar*-Aufnahmen zeigen solche Trawlspuren am Meeresboden und lassen vermuten, daß z.B. große Teile des Arkonabeckens in den zurückliegenden Dekaden wenigstens einmal pro Jahr „umgepflügt" wurden (Lange 1992, frdl. pers. Mitt.). Dämme und Brücken über den Großen Belt, den Öresund und den Fehmarnbelt, die sich im Bau, in Planung bzw. in der politischen Diskussion befinden, und auch energieübertragende Seekabel, die Deutschland via Beltsee und Arkonasee mit Dänemark und Schweden verbinden, lösen gewaltige Suspensionswolken aus, die nicht nur die Rekrutierung der Fischbestände behindern, sondern auch die Mobilisierung von Schwermetallen bewirken. Die zunehmende Anzahl, Größe (Tiefgang) und Geschwindigkeit von Fahrzeugen auf der Ostsee ist eine weitere Quelle für Resuspensionsvorgänge. Das betrifft besonders flache Seegebiete, in denen wie in der Belt- und Arkonasee nur Wassertiefen unter 50 m angetroffen werden, und die Schiffahrt entlang relativ enger Tiefwasserfahrrinnen konzentriert ist. Cato (1986) konnte nachweisen, daß im Bereich solcher Fahrrinnen die Textur von Sedimenten direkt mit der Größe der in diesen Gebieten verkehrenden Fähren korreliert war.

Zur jährlich anthropogen resuspendierten Partikelmenge und zu den daraus remobilisierten Schwermetallen gibt es gegenwärtig noch keine Abschätzungen für die Ostsee. Gleiches betrifft Zahlen über legal und illegal verklappte Verunreinigungen. Die Ostseekonvention (Diese Konvention wurde 1974 vereinbart, 1980 von allen Anrainerstaaten ratifiziert und 1992 in einer überarbeiteten Fassung unterzeichnet) untersagt strikt das Verklappen irgendwelcher Abfälle in der Ostsee. Eingeschlossen ist auch solches Baggergut, aus dem Verunreinigungen mobilisiert werden könnten (Ehlers 1993). Es gibt jedoch viele Stellen in der Ostsee, an denen in den Jahren vor Ratifizierung der Konvention schwermetallhaltige Abfälle verklappt wurden. Einige dieser Stellen wurden bereits offengelegt und intensiv untersucht wie z.B. ein Gebiet um eine große Metallhütte am Bottnischen Meerbusen (Hallberg 1979; SNV 1988; Borg u. Jonsson 1996). In der Lübecker Bucht wurde ein früheres Verklappungsgebiet von Industrieabfällen durch außergewöhnlich hohe Metallgehalte in Sedimenten auffällig (in 6–10 cm Tiefe von Sedimentkernen wurden bis zu etwa 5% Zn, 4% Pb, 0,15% Cu und 95 $\mu g\ g^{-1}$ Cd angetroffen; Müller et al. 1980; DHI 1986, 1987). Frühere Verklappungsaktivitäten wurden auch als Ursache irregulärer ^{210}Pb-Datierungsprofile und ungewöhnlich hoher Metallgehalte in Sedimenten des östlichen Bornholmbeckens vermutet (Walkusz et al. 1992). Extrem hohe Hg-Gehalte bis zu 80 $\mu g\ g^{-1}$ in der oberen 10 cm-Schicht von Schlicksedimenten des nordwestlichen Teils des Arkonabeckens wurden als Indikation für Relikte aus dem Zweitem Weltkrieg, wie z.B. U-Boot-Akkumulatoren, diskutiert (Hallberg 1991). Es ist nicht auszuschließen, daß es noch eine Reihe anderer *hot spots* in der Ostsee gibt, die nur den jeweiligen Verursachern bekannt sind. Aus solchen Ablagerungen könnten auch Schwermetalle kontinuierlich oder fallweise mobilisiert werden.

17.4 AKTUALISIERTE EINTRAGS- UND BILANZABSCHÄTZUNGEN

In den Tabellen 17.2 bis 17.10 sowie in den Abbildungen 17.2 a–e (s. S. 284f.) werden die Ergebnisse der Eintrags- und Bilanzabschätzungen wiedergegeben. Diesen Schätzungen liegen folgende Daten bzw. Annahmen zugrunde:

Das Schwermetallbudget des Wasserkörpers (Tabelle 17.2) basiert auf Daten, die zu Beginn der 90er Jahre zu gelösten (< 0,4 μm) und partikulären (> 0,4 μm) Metallen in der Ostsee, zum Teil im Rahmen mehrjähriger Untersuchungen, gemessen wurden (Brügmann 1992; Brügmann et al. 1997; Kremling et al. 1996). Zur Budgetierung wurde die Ostsee in sieben Seegebiete unterteilt (Abb. 17.1). Den Schichten ober- und unterhalb der Salzgehaltssprungschicht wurden entsprechende „typische Konzentrationen", zumeist Medianwerte, zugeordnet. Gewichtet nach den jeweils in den Becken enthaltenen Wassermassen wurden dann aus diesen Konzentrationen Metallmengen berechnet und für die gesamte Ostsee summiert. Bei fehlenden Meßdaten für ein Teilgebiet oder für einen Wasserkörper wurden, basierend auf der Erfahrung mehr als 15jähriger Spurenmetalluntersuchungen in der Ostsee, solche Werte geschätzt. Für Hg gibt es kaum Angaben zu den partikulären Fraktionen, da in der Regel zum Vermeiden von Probenkontamination und -verlusten Gesamtkonzentrationen an unfiltrierten Proben bestimmt werden. Wenige Daten zur Hg-Speziierung deuten auf einen etwa 10%igen Anteil partikulärer Formen hin. Entsprechend wurden die gemessenen Konzentrationen in gelöste und partikuläre Anteile geteilt.

Seit längerer Zeit ist bekannt, daß zur Beschreibung des biogeochemischen Verhaltens vieler Schwermetalle im Meer, einschließlich ihrer toxischen und essentiellen Wirkungen, eine Unterteilung in „gelöste" (< 0,4 bzw. 0,45 μm) und „partikuläre" Formen (> 0,4 bzw. 0,45 μm) nicht ausreicht (→ Kap. 18). Die kolloiddisperse Fraktion, die sich nicht nur im Größenspektrum sondern auch in ihren Eigenschaften zwischen den „wahrhaft gelösten" und „partikulären" Formen einreiht, kann in der Speziierung von Metallen eine maßgebliche Rolle spielen. Im Brackwasser von Ästuarien des Golfs von Mexiko wurden beispielsweise im Mittel 57% (12–93%) des „gelösten Hg" in Kolloidform angetroffen (Stordal et al. 1996). Untersuchungen zur Metallspeziierung im Ostseewasser wiesen insbesondere für Fe, aber auch für Pb und Cu, einen zum Teil dominierenden Anteil kolloiddisperser Formen an der „gelösten" Fraktion aus (Brügmann et al. 1997).

Zur Abschätzung der im Bestand von Organismen in der Ostsee enthaltenen Metalle (Tabelle 17.3) war eine Beschränkung auf wenige Repräsentanten der Nahrungskette erforderlich, d.h. auf Phytoplankton, Zooplankton, benthische Algen („Seegras"), Makrozoobenthos und Fische. Die Datenbasis zu diesen Organismen ist sehr unterschiedlich, sowohl nach der Zuverlässigkeit der Daten, ihrer Aktualität und ihrer regionalen Verteilung. Relativ sichere Randdaten zur Bestandsabschätzung gibt es nur zu den Fischen, bei denen sich allerdings durch den in bezug auf den Bestand sehr gravierenden Eingriff des Menschen durch die Fischerei und durch natürliche Rekrutierungsvariationen starke zwischenjährliche Schwankungen, z.B. beim Dorschbestand im Verhältnis zu Hering und Sprott, ergeben können. Am unsichersten sind sicherlich die Schätzungen zum (jahres)mittleren „Bestand" und Metallgehalt des Phytoplanktons.

Für die Metalle im Zooplankton wurde als Jahresmittel eine mittlere Trocken-Biomasse von 2 10^6 t mit 0,05 (Hg), 2 (Cd), 15 (Cu), 100 (Zn) bzw. 4 $\mu g\ g^{-1}$ TM (Pb) (Brügmann u. Hennings 1994) zugrunde gelegt. Aus der Annahme einer mittleren Frisch-Biomasse von 1 mg l^{-1} für die obere 10 m - Schicht der Ostsee ergeben sich mit einem Umrechnungsfaktor naß-trocken von 12,5 (Cushing et al. 1958) insgesamt etwa 0,33 10^6 t Trockenmasse. Für diese Phytoplankton-Trockenmasse wurden doppelt so hohe Metallgehalte wie im Zooplankton postuliert. Für die benthischen Makroalgen wurde eine mittlere Trocken-Biomasse von 3 10^6 t angenommen. Die Metallgehalte für die Makroalgen orientierten sich an Angaben für den Blasentang (*Fucus vesiculosis*), der am häufigsten untersuchten Art (Grimås u. Suárez 1989). Für die Metallgehalte des Makrozoobenthos dienten Miesmuschelwerte (*Mytilus edulis*) als Orientierung (Grimås u. Suárez 1989). Die Trocken-Biomasse der Weichteile des Makrozoobenthos wurde auf 10^6 t geschätzt.

Als mittlerer Bestand für Ostseefische wurde eine Frischmasse von 3 10^6 t angenommen. Die relativen Anteile der hauptsächlichen Vertreter (Hering, Sprott, Dorsch, Flunder) orientierten sich an Angaben von Ranke (1994). Metalle in Fischen werden im Rahmen des Ostseemonitorings der HELCOM bestimmt (HELCOM 1990; Bignert 1996), allerdings regulär nur für Hg im Muskelfleisch. Andere Metalle werden dagegen in Organen vermessen, in denen sie angereichert vorkommen. Für die Schwermetallbudgetie-

Tabelle 17.2. Anteile „gelöster" und „partikulärer" Metalle (t) im Wasserkörper der Ostsee

	Profundal-Sedimente	Litoral-Sedimente
H_2O-Fraktion	1%	1%
BD-Fraktion	16%	34%
$NaOH_{kalt}$-Fraktion	9%	23%
HCl-Fraktion	70%	22%
$NaOH_{heiß}$-Fraktion	4%	20%

Tabelle 17.3. Anteile von Metallen (t) in Organismen der Ostsee

	Phytoplankton	Zooplankton	Makroalgen	Makrozoobenthos	Fisch
Hg	0,033	0,1	0,02	0,3	0,081
Cd	1,3	4	4	12	0,024
Cu	10	30	2	30	1,6
Zn	67	200	100	360	34
Pb	2,7	8	0,4	6	0,12

rung wurde von 0,027 (Hg), 0,020 (Pb), 0,004 (Cd), 0,27 (Cu) und 5,6 $\mu g\ g^{-1}$ Frischmasse (Zn) für das Muskelfleisch der artenspezifisch gewichteten Tiere ausgegangen. Außer für Hg wurden diese Werte jedoch noch einmal empirisch verdoppelt, um dem höheren Metallgehalt in bestimmten Organen (Haut, Nieren, Leber, Knochen,...) Rechnung zu tragen.

In bezug auf den fluvialen Eintrag von Metallen in die Ostsee vom Festland (Tabelle 17.6) wurden zuvor unterschiedliche Abschätzungen vorgenommen:

Einmal wurde die unvollständig gebliebene HELCOM-Eintragsabschätzung *PLC2* (HELCOM 1993a) durch Extrapolation von Daten aus vergleichbaren Regionen der Ostsee ergänzt. Dabei wurde z.B. nach der Gesamtabwasserlast aus Industrieanlagen und von Kommunen, nach der Anzahl und Art der Industrien und/oder nach der Süßwasserfracht von Flüssen, die ähnliche Einzugsgebiete drainieren, gewichtet.

Eine zweite Abschätzung orientierte sich beim Flußeintrag gelöster und partikulärer Metalle sowohl an Literaturangaben (Edén u. Björklund 1993) als auch an Meßwerten aus dem Zeitraum 1983–91 (Brügmann unveröff. Werte). Nach dem Belastungsgrad wurden dabei drei Klassen unterschieden, d.h. mit Metallen hoch- (Klasse A), mittel- (B) und wenig belastete Flüsse (C). Jeder dieser Klassen wurden 150 $km^3\ a^{-1}$, also ca. ein Drittel der Süßwasserfracht für die Ostsee zugeordnet. Die Konzentration von partikulärem Material wurde im Mittel mit 15 $mg\ l^{-1}$ (Klasse A), 10 $mg\ l^{-1}$ (B) und 5 $mg\ l^{-1}$ (C) angenommen. Daraus resultiert ein jährlicher Eintrag von 4,5 10^6 t SPM-Trockenmasse, der sich auf die Klassen A (2,25 10^6 t), B (1,5 10^6 t) und C (0,75 10^6 t) verteilt. Die gemessenen Metallkonzentrationen und die Elementzusammensetzung des SPM (Tabelle 17.4) wurden so modifiziert, daß sich die gelösten und partikulären Schwermetallkonzentrationen der einzelnen Flußwasserklassen A:B:C mit Ausnahme des Bleis wie 10:2:1 verhielten. Für Pb ergab sich eine Relation von 20:2:1. Die Gehalte aller Metalle im SPM verhielten sich wie 3:2:1 (Tabelle 17.4).

Bei einem Vergleich von Abschätzungen zur partikulären Schwermetallfracht nach *(a)* der Zusammensetzung des SPM bei einer Extrapolation unter Berücksichtigung der jeweiligen SPM-Fracht (2,25, 1,5 bzw. 0,75 $10^6\ t\ a^{-1}$) und *(b)* der partikulären Konzentrationen, extrapoliert auf je 150 $km^3\ a^{-1}$, wichen bei Hg, Cd, Cu und Zn die jeweiligen Werte nur um etwa 5% voneinander ab. Beim Pb wurden allerdings nach *(a)* um etwa 40% niedrigere Massen errechnet.

Tabelle 17.4. Konzentrationen „gelöster" und partikulärer Schwermetalle und die Schwermetallgehalte des SPM in unterschiedlich anthropogen belastetem Flußwasser

	A			B			C		
	<0,4 μm ng l⁻¹	>0,4 μm ng l⁻¹	SPM μg g⁻¹	<0,4 μm ng l⁻¹	>0,4 μm ng l⁻¹	SPM μg g⁻¹	<0,4 μm ng l⁻¹	>0,4 μm ng l⁻¹	SPM μg g⁻¹
Hg	50	10	0,6	10	2	0,4	5	1	0,2
Cd	100	20	1,2	20	4	0,8	10	2	0,4
Cu	5000	1000	60	1000	200	40	500	100	20
Zn	20000	4000	225	4000	800	150	2000	400	75
Pb	1500	1000	75	150	100	50	75	50	25

Wahrscheinlich ist in den Klasse A - Flüssen, die zumeist die Ostsee-Einzugsgebiete der drei Baltischen Staaten, Polens und Rußlands entwässern, aufgrund der dort immer noch dominierenden Verwendung verbleiter Vergaserkraftstoffe mit weit höheren Pb-Gehalten im ausgeschwemmten suspendierten Material zu rechnen. Das führte bei Verwendung der in Tabelle 17.4 aufgelisteten Normwerte offenbar zu einer Unterschätzung.

Basierend auf Hintergrundwerten (Tabelle 17.5) wird für die Ostsee auch eine geogene Grundbelastung abgeschätzt. Diese sollte deutlich kleiner sein als die fluviale Gesamtfracht. Werden jedoch oft verwendete „Hintergrunddaten" der Berechnung zugrunde gelegt, z.B. Zn-Werte von Förstner u. Wittmann (1979), so überwiegen z.T. die geogenen Frachten. In Ermangelung zuverlässiger regionaler Daten zum gelösten und partikulären Hintergrundeintrag in die Ostsee wurden solche Werte auf der Basis von Meßergebnissen aus anderen Regionen Europas geschätzt (Tabelle 17.5). Dabei wurden vor allem solche Arbeiten berücksichtigt, die eine dem Ostsee-Einzugsgebiet ähnliche (litho)-geochemische Situation untersuchten.

Es ist anzunehmen, daß viele ältere, aber auch ein Teil der neueren Flußwasserdaten ähnlich dramatische Fehler aufweisen wie sie für Spurenmetallkonzentrationen im Meerwasser bis in die siebziger Jahre häufig festgestellt wurden (Bruland 1983; Brügmann 1986a; Chester 1990). Mit entsprechender Umsicht gewonnene neue Daten (Zhang et al. 1995) liegen z.T. erheblich unter den bisherigen Analysenwerten. Ein Teil der Abnahme ist möglicherweise mit einer verringerten Belastung durch Industrien und Kommunen zu erklären. Welcher Teil früheren Meßfehlern zugeordnet werden muß, läßt sich aufgrund fehlender Rückstellproben für Flußwasser, z.B. in Probenbanken, retrospektiv nicht mehr klären. Allerdings hat der aus Publikationen ersichtliche Trend abnehmender Metallkonzentrationen im Flußwasser nahezu globalen Charakter. So ist es vermutlich auch kein Zufall, wenn die hier geschätzten Hintergrunddaten für Ostsee-Zuflüsse den von Chester (1990: S. 24) kompilierten Angaben ähneln.

Auch die nicht anthropogen beeinflußten partikulären Metallfrachten lassen sich extrapolieren (Matschullat 1997). Die partikuläre Stofffracht besteht in erster Linie aus Partikeln mit Korngrößen < 20 μm. Deren chemische Zusammensetzung kann für eine Abschätzung mit entsprechend feinkörnigem Sediment (Tonsteine etc.) verglichen werden, das eine der Oberkruste sehr ähnliche geochemische Signatur aufweist. Die Krustendaten wurden von Wedepohl (1995) übernommen, mit der Abschätzung zum partikulären Masseneintrag von 6,3 Mio t a^{-1} (Pustelnikov 1976, 1977) berechnet und als partikuläre Hintergrundfracht in Tabelle 17.6 aufgelistet.

Ein Vergleich der Abschätzungen aus der HELCOM-*PLC-2* (I) mit den Ergebnissen der hier vorgenommen Extrapolation „normierter" Meßwerte (II) zeigt eine sehr gute Übereinstimmung bei Cu und Zn (Tabelle 17.6). Bei Hg, Cd und Pb liegen unsere Werte jedoch bei ≤ 50% der *PLC2*-Abschätzung. Analysiert man die Herkunft der zur *PLC2*-Abschätzung substantiell beitragenden Werte, ergibt sich, daß diese aus Labors stammen, bei denen zum Zeitpunkt der Messungen (1990) noch ernste Probleme hinsichtlich richtiger und genauer Spurenmetallmessungen im

Tabelle 17.5. Konzentrationen gelöster Metalle (μg l^{-1}) in nicht verunreinigten Flußwässern und daraus abgeleitete Hintergrundwerte für die Zuflüsse der Ostsee

	Förstner u. Wittmann (1979)	Heinrichs (1975)	Naumann (1997)	Schleyer u. Kerndorff (1989)	Siewers u. Roostai (1990)	Ostsee-Zuflüsse
As	2	k.A.	0,7	<0,1	<0,1	0,1
Cd	0,07	0,4	<0,01	<0,1	<0,1	0,01
Co	0,05	k.A.	0,1	<0,1	<0,1	0,1
Cr	0,5	1,1	0,06	<0,5	<0,1	0,1
Cu	1,8	2,0	0,5	<5	<0,1	0,5
Hg	0,01	0,06	0,02	0,01	k.A.	0,01
Ni	0,3	k.A.	2,3	<1	<0,1	0,1
Pb	0,2	0,3	<0,1	<0,5	<0,1	0,05
Zn	10	6,7	3,0	<10	3,0	3,0

Tabelle 17.6. Fluvialer Metalleintrag (t a^{-1}) in die Ostsee – ein Vergleich der Ergebnisse aus drei Abschätzungen

	Hg	Cd	Cu	Zn	Pb
I)					
• Fluß	50,5	73,8	1202	4586	1405
• Kommune	14,0	3,3	182	418	115
• Industrie	18,2	6,7	45	440	56
Summe	82,7	83,8	1429	5444	1576
II)					
• Fluß („gelöst“)	9,8	19,5	975	3900	259
• Fluß (partikulär)	2,0	3,9	195	780	173
Summe IIa	11,8	23,4	1170	4680	432
Summe IIb*	44	33,4	1397	5538	603
III)					
• Hintergr. gelöst	4,5	4,5	220	1300	45
• Hintergr. partikulär	0,4	0,6	90	410	93
Summe Hintergr.	4,9	5,1	310	1710	138

I) *PLC2*, ergänzt
II) Extrapolation modifizierter Meßwerte (Flußwasser; Tabelle 17.4), ergänzt um *PLC2* - Daten (Kommune + Industrie)
III) Hintergrundwerte, extrapoliert aus Literaturwerten und eigenen Daten, siehe Text
* Summe IIa + I (Kommune + Industrie)

Bereich ≤ 20 ng l^{-1} für eine analytisch anspruchsvolle Matrix (organisch partikulär/kolloid hoch belastetes Flußwasser) bestanden. Quecksilber, Cd und Pb zählten außerdem bei vielen Vergleichsmessungen an Umweltproben immer wieder zu den Analyten mit den größten Abweichungen der Ergebnisse von Teilnehmern. Sollten jedoch andererseits die *PLC2*-Werte korrekt sein, ist davon auszugehen, daß die Metallkonzentrationen für diese drei Metalle in stark belasteten Flüssen (Klasse „A“) etwa doppelt so hoch sind wie in Tabelle 17.4 anμgenommen wurde. Der geogene Hintergrundeintrag von Metallen in die Ostsee (Tabelle 17.6; III) weist gegenüber den Schätzungen zum fluvialen Gesamteintrag (Tabelle 17.6; I, II) mit 6 bzw. 11% (Hg), 6 bzw. 15% (Cd), 22% (Cu), 31% (Zn) und 9 bzw. 23% (Pb) deutlich niedrigere Werte aus.

Zur Abschätzung der nassen Deposition von Metallen in die Ostsee wurden Ergebnisse von Monitoringmessungen an fünf repräsentativen Küstenstationen (Hailuoto und Haapasaari – Finnland; Aspvreten und Svarte dalen – Schweden; Dänisch-Niehof – Deutschland; Ross 1987; HELCOM 1991) zuerst für die Fläche des betroffenen Seegebietes gewichtet und dann unter Annahme eines jährlichen Süßwassereintrags aus der Atmosphäre von 189 km^3 extrapoliert (Tabelle 17.7). Als gewichtete Mittel für gelöste Metalle in Niederschlägen auf die Ostsee wurden 150 (Cd), 1200 (Cu), 30000 (Zn) und 5000 ng l^{-1} (Pb) angenommen. Die nasse Deposition des Quecksilbers wurde aus Daten des schwedischen Monitoringprogramms (Iverfeldt 1991), wiederum gewichtet nach der Fläche der den Landstationen zugeordneten Seegebiete, abgeschätzt. Die regionalen Unterschiede lagen im Bereich von 7,3–27 g Hg km^{-2} a^{-1}.

Die trockene Deposition wurde in Anlehnung an Injuk u. van Grieken (1995) aus den Aerosol-gebundenen Metallkonzentrationen (Medianwerte) abgeleitet, wie sie bei Expeditionen in die Ostsee und an der Station „Arkona“ auf der Insel Rügen 1986/87 angetroffen wurden (Brügmann u. Hennings 1996). Die verwendeten Werte lagen bei 0,4 ng m^{-3} bzw. 13 g km^{-2} a^{-1} (Cd), 1,5 ng m^{-3} bzw. 48 g km^{-2} a^{-1} (Cu), 19 ng m^{-3} bzw. 610 g km^{-2} a^{-1} (Zn) und 16 ng m^{-3} bzw. 510 g km^{-2} a^{-1} (Pb). Als Trockendeposition für Hg wurden 25% der nassen Deposition angesetzt.

Tabelle 17.7. Umfang und Spezifizierung atmosphärischer Metalleinträge in die Ostsee und deren teilweise Ausgasung (t a^{-1})

	Eintrag			Spezifizierung nach Eintrag		Remission
	feucht	trocken	Summe	gelöst	partikulär	(Aerosol)
Hg	4,7	1,2	5,9	1,8	4,1	0,6
Cd	28	5,2	33,2	26,7	6,5	2,6
Cu	220	20	240	72	168	20
Zn	5600	250	5850	4095	1755	125
Pb	940	210	1150	575	575	53

Um einen Hinweis darauf zu erhalten, in welchem Maße die eingetragenen Metalle entweder dem gelösten oder partikulären Metallvorrat des Wasserkörpers zuzuordnen sind, wurde die Laugung Aerosol-gebundener Metalle durch Meerwasser berücksichtigt. Orientierend an Daten von Chester et al. (1993) wurde davon ausgegangen, daß der Gesamteintrag von Metallen später zu etwa 80% (Cd), 30% (Cu), 70% (Zn) und 50% (Pb) im Wasser in gelöster Form anzutreffen ist. Für Hg wurden 30% gelöste Anteile postuliert.

Für die Dauer von Niederschlägen ist von einer praktisch ausschließlichen Transportrichtung Atmosphäre → Meer auszugehen. In Trockenperioden nimmt neben dem Eintrag Aerosol-gebundener Metalle die Bedeutung ihrer Remission durch Gasaustausch, Verdampfung, Blasenflotation und „zyklische Meersalzaerosole“ zu. Eine Abschätzung dazu ist extrem unsicher, da praktisch nur Labor- aber keine Felddaten vorliegen und globale Massenbilanzen nicht auf die Ostsee anwendbar sind (GESAMP 1980, 1985, 1989, 1991). Übereinstimmung besteht jedoch darin, daß dieser remittierte Metallfluß in direkter Beziehung zum trockenen Eintrag steht und diesen unter Extrembedingungen mehrfach (Pb 2-, Cd 7- und Cu 21fach) übersteigen kann (Wallace u. Duce 1978; Bolalek 1982). In Tabelle 17.7 wird der remittierte Betrag relativ willkürlich als 25- (Pb), 50- (Hg, Cd, Zn) bzw. 100%iger (Cu) Anteil der trockenen Deposition festgelegt.

Zur Abschätzung des Austausches von Metallen zwischen Ost- und Nordsee wurden die Konzentrationen im ausfließenden Oberflächen- und einfließenden Salzwasser (Brügmann 1992; Kremling et al. 1996) auf die entsprechenden Wasserfrachten (Ausstrom: ca. 950 km^3 a^{-1}; Einstrom: ca. 475 km^3 a^{-1}) umgerechnet (Tabelle 17.8). Für Hg wurde der partikuläre Anteil im Oberflächenwasser auf 10% und im einströmenden Wasser auf 50% der Gesamtkonzentrationen geschätzt. Für die anderen Metalle basiert die Extrapolation auf Meßreihen vom Beginn der 90er Jahre. Eine positive Bilanz für eine Metallfraktion ist gleichbedeutend mit einem Importüberschuß.

Tabelle 17.8. Metallimporte und -exporte (t a^{-1}) mit dem Wasseraustausch zwischen Ost- und Nordsee

	Export		Import		Bilanz	
	gelöst	partikulär	gelöst	partikulär	gelöst	partikulär
Hg	4,0	0,44	1,9	1,9	-2,1	1,5
Cd	16	0,64	16	1,6	0	0,96
Cu	483	9,1	75	3	-408	-6,1
Zn	435	93	435	47	0	-46
Pb	20	12	20	20	0	8

Tabelle 17.9. Sedimentation und Remobilisierung von Metallen in der Ostsee

	Sedimentation	Remobilisierung	
	t a⁻¹	t a⁻¹	% Sedim.
Hg	60	15	25
Cd	50	10	20
Cu	1440	490	34
Zn	8640	4020	47
Pb	1290	360	28

Die Sedimentation von Metallen wurde aus der Zusammensetzung des partikulären Materials im Bodenwasser abgeschätzt. Daten aus den frühen 90er Jahren wurden dazu unter Berücksichtigung der jeweiligen Fläche der Netto-Sedimentationsgebiete gewichtet. Für Hg wurden 30% der Gesamtkonzentrationen im Bodenwasser als partikulärer Anteil postuliert. Der entsprechend für die Ostsee gemittelte Gesamtmetallgehalt im partikulären Material berechnet sich auf 2,0 (Hg), 1,66 (Cd), 48 (Cu), 290 (Zn) und 43 $\mu g\ g^{-1}$ TM (Pb). Die Trockenmasse des sedimentierenden Materials wurde mit 30 10^6 t a^{-1} (Jonsson et al. 1990) angesetzt.

Die Remobilisierung wurde aus flächengewichteten Differenzen von Metallgehalten zwischen Oberflächensedimenten und partikulärem Material des Bodenwassers abgeschätzt. Sowohl bei den Sedimenten als auch beim SPM fanden die nach 0,5 N HCl-Laugung ermittelten Gehalte Verwendung (Brügmann u. Lange 1990; Brügmann 1996). Das entsprechende mittlere Verhältnis SPM/Sed.$_{0,5\ N\ HCl}$ wurde für die Ostsee zu 1,3 (Cd), 1,5 (Cu), 1,9 (Zn) und 1,4 (Pb) berechnet. Die Absolutmassen remobilisierter Metalle werden als prozentuale Anteile der Sedimentation wiedergegeben (Tabelle 17.9). Beim Pb ergab sich anfangs für die Oberflächensedimente ein höherer Gehalt als im SPM. Das wurde als Hinweis auf eine abnehmende Belastung der Ostsee gedeutet, die aufgrund der sehr kurzen Verweilzeit des Bleis in der Wassersäule dort relativ schnell sichtbar wurde. Zur Abschätzung des SPM/Sed.-Verhältnisses wurden deshalb Pb-Gehalte des SPM aus den frühen 80er Jahren (Brügmann 1986b; Brügmann et al. 1991/92) verwendet.

Sedimentation, Remission in die Atmosphäre und Export in die Nordsee senken den Metallvorrat des Wasserkörpers der Ostsee (Abb. 17.2a–e). Aber auch der Fischfang entnimmt der Ostsee mobilisierbare Schwermetalle. Nach den für 1996 vorgegebenen Fangquoten von 670 000 t Hering, 500 000 t Sprott und 165 000 t Dorsch (Anonym 1995) und unter Berücksichtigung von Abschätzungen zur Relation der einzelnen Bestände (Ranke 1994) kommt man zu den in Tabelle 17.10 aufgelisteten Werten. Mit dem Fischfang entnommene Metalle sind jedoch im Vergleich zu anderen Quellen und Senken praktisch vernachlässigbar.

Anders stellt sich die Situation bei den durch Baggerung entnommenen Schwermetallen dar. Wenig mit mobilisierbaren Schwermetallen belastetes Baggergut (Sand, Kies, Mergel,...), das entweder bei wasserbaulichen Maßnahmen bzw. als Baustoff an Land Verwendung findet oder an anderer Stelle im Meer verschüttet wird, ist aus der Sicht einer Massenbilanzierung und der Ökologie relativ uninteressant. Stark kontaminiertes Baggergut dagegen, z.B. Schlicke und Schlämme aus Hafengebieten und Schiffahrtswegen, darf nach geltendem Recht nicht wieder im Meer verklappt werden. Es wird in der Regel auf Spülfeldern im Küstenbereich deponiert. Dadurch wird ein großer Teil der vom Festland eingeschwemmten partikulären Metalle dahin zurückgeführt, dabei allerdings in Küstennähe angereichert. Im Rahmen der HELCOM laufen seit längerer Zeit Bemühungen um eine realistische Zusammenstellung der jeweiligen Massen jährlichen Baggerguts auf der Grundlage nationaler Berichte. Für die vorliegende Abschätzung waren solche Werte noch nicht verfügbar. Für eine erste grobe Schätzung wurden deshalb pro Jahr $5 \cdot 10^6$ t Schlick-Frischmasse mit einem Trokkenmasseanteil von 20% und Metallgehalten von 0,85 (Hg), 1,3 (Cd), 53 (Cu), 330 (Zn) und 57 $\mu g\ g^{-1}$ TM (Pb) zugrundegelegt (Tabelle 17.10). Die Metallgehalte orientierten sich dabei an Werten, wie sie bei Untersuchungen von Baggergut aus dem Rostocker Hafen (Brügmann unveröff. Werte 1986) angetroffen wurden.

Tabelle 17.10. Ausgewählte Metallsenken (t a^{-1}) für die Ostsee

	Fischerei	Baggerung
Hg	0,037	0,85
Cd	0,011	1,3
Cu	0,75	53
Zn	15,7	330
Pb	0,056	57

Atmosphäre

<0,4 µm >0,4 µm
27 Eintrag 6,5
Remission
2,6
3,3 Kommune
Ausstrom 16 <0,4 µm
0,64 >0,4 µm
33
20 <0,4 µm Fluß
3,9 >0,4 µm
Industrie
6,7
Vorrat
<0,4 µm: 490
>0,4 µm: 31
Organismen: 21
Nordsee
Festland
0,011 Fisch
Einstrom 16 <0,4 µm
1,6 >0,4 µm
1,3 Schlick
50 Deposition
10 Mobilisierung
Sediment
Cd

Abb. 17.2a. Cd-Haushaltsbilanz für die gesamte Ostsee

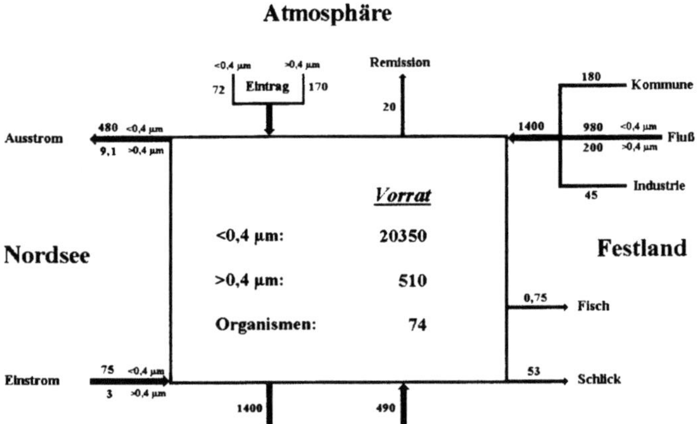

Abb. 17.2b. Cu-Haushaltsbilanz für die gesamte Ostsee

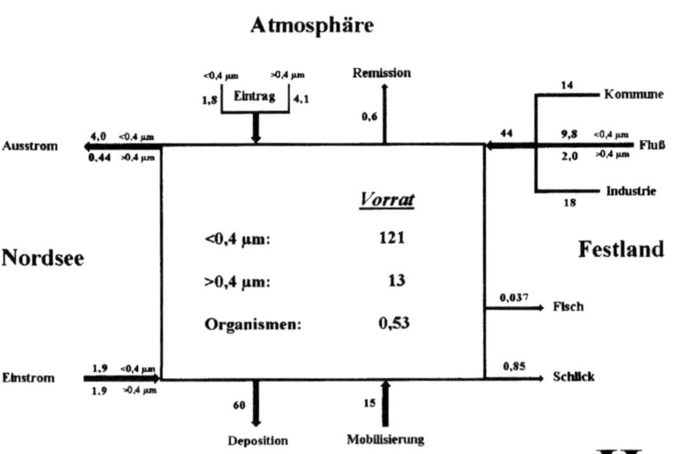

Abb. 17.2c. Hg-Haushaltsbilanz für die gesamte Ostsee

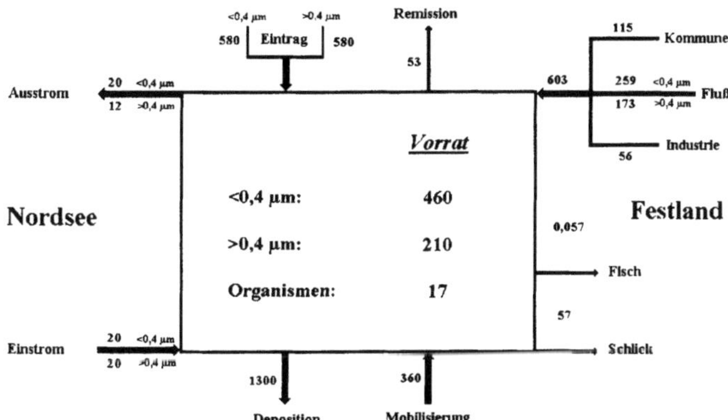

Abb. 17.2d. Pb-Haushaltsbilanz für die gesamte Ostsee

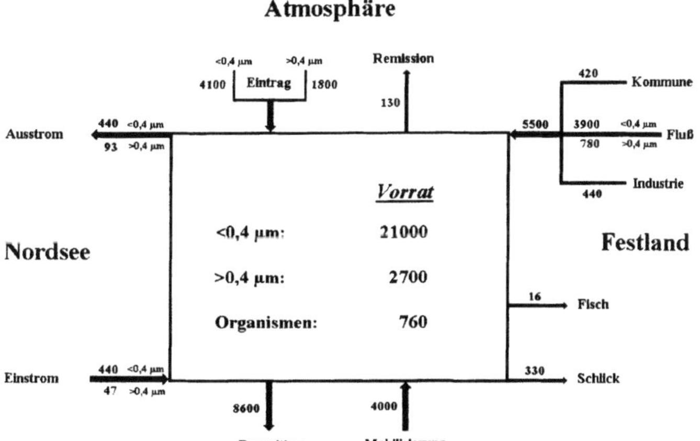

Abb. 17.2e. Zn-Haushaltsbilanz für die gesamte Ostsee

17.5 RESUMÉ UND AUSBLICK

Mit dem vorliegenden Beitrag wurde versucht, den gegenwärtigen Kenntnisstand zur Biogeochemie, zu Budgets und zu Flüssen von Schwermetallen in der Ostsee zu umreißen. Die Zusammenfassung der auf der Basis möglichst aktueller Angaben geschätzten Werte zu Massenbilanzen (Abb. 17.2a–e) weist deutlich die noch bestehenden Kenntnislücken aus. Obgleich Schätzungen zu wichtigen Größen innerhalb dieser Bilanzen, z.B. zum fluvialen Eintrag, für mehrere Elemente trotz unterschiedlicher Ansätze bereits relativ stabile Resultate liefern, bleiben die Bilanzen in der Regel deutlich unausgeglichen. Das deutet auf Unter- oder Überschätzungen oder in den Bilanzen noch völlig fehlende Größen hin. Es wird erheblicher Anstrengungen bedürfen, um diese Unstimmigkeiten auszuräumen. Das erfordert einmal die Verbesserung der gegenwärtigen Datenbasis durch eine Vielzahl sowohl richtiger und genauer als auch raumzeitlich repräsentativer und die Metallspeziierung besser berücksichtigender Meßwerte aus allen Teilgebieten der Ostsee. Zum anderen ist der verstärkte Einsatz neuer und/oder modifizierter Meßansätze erforderlich, um bisher vernachlässigte Bilanzgrößen sicherer zu erfassen. Das betrifft in erster Linie den Metalleintrag aus den Sedimenten aber auch Prozesse, die wie die Meersalz-Aerosolbildung oder die Bioproduktion Metalle aus dem Wasserkörper in anderen Kompartimente der Umwelt übertragen können.

Die Ostsee ist ein regional relativ klar vom Ozean abgegrenztes und bereits sehr lange und intensiv untersuchtes Meer. Die Vielzahl der verbleibenden offenen Fragen verdeutlicht, daß entsprechende Bilanzabschätzungen für andere, weniger gut abzugrenzende und untersuchte Meere, noch weit unsicherere Ergebnisse liefern.

LITERATUR

van Aalst RM, van Ardenne RAM, de Kruk FJ, Lems T (1983) Pollution of the North Sea from the atmosphere. TNO Report C182: 152 S.

Ahl T (1977) River discharges of Fe, Mn, Cu, Zn, and Pb into the Baltic Sea from Sweden. Ambio Special Report 5: 219–228

Ahner BA, Price NM, Morel FMM (1994) Phytochelatin production by marine phytoplankton at low free metal ion concentrations: Laboratory studies and field data from Massachusetts Bay. Proc Natl Acad Sci 91: 8433–8436

Anderson, MA, Morel FMM, Guillard RRL (1978) Growth limitation of a coastal diatom by low zinc ion activity. Nature 276: 70–71

Anonym (1995) Fatal outcome of negotiations for Baltic salmon and cod. WWF Baltic Bull 4-5/95: 5–9

Aunela, Larjava (1990) zitiert in: Kenttämies K (ed; 1991) Acidification research in Finland. Review of the results of the finnish acidification research programme (HAPRO) 1985–1990. Brochure 39: 48 S., Ministry of the Environment, Helsinki

de Baar HJW, Saager PM, Nolting RF, van der Meer J (1994) Cadmium versus phosphate in the world ocean. Mar Chem 46: 261–281

Balistrieri LS, Murray JW, Paul B (1994) The geochemical cycling of trace elements in a biogenic meromictic lake. Geochim Cosmochim Acta 58: 3993–4008

Balzer W (1982) On the distribution of iron and manganese at the sediment/water interface: Thermodynamic versus kinetic control. Geochim Cosmochim Acta 46: 1153–1161

Bartnicki J, Modzelewski H, Pacyna JM, Olendrzynski K (1995) Atmospheric transport and deposition of heavy metals within Europe. Comparison of model results and observations. In: Wilken RD, Förstner U, Knöchel A (eds) Int Conf Heavy metals in the environment 1: 208–211, Hamburg

Bergström S, Carlsson B (1993) Hydrology of the Baltic Basin. Inflow of freshwater from rivers and land for the period 1950–1990. SMHI Reports Hydrology 7: 21 S., Norrköping, April 1993

Bergström S, Carlsson B (1994) River runoff to the Baltic Sea: 1950-1990. Ambio 23, 4-5: 280–287

Beyer K (1994) The North Sea and the Baltic Sea: An environmental comparison. In: Platzöder R, Verlaan P (eds) The Baltic Sea: New developments in national policies and international cooperation 2: 360–362. Stiftung Wissenschaft und Politik, Ebenhausen

Bignert A (1996) Comments concerning the Swedish monitoring programme in marine biota. Sakrapport (Avtal nr 223 402), Stockholm, 26.01.1996

Bolalek J (1982) The model for air-sea exchange of particulate heavy metals and its verification for the southern Baltic. Proc. 13th Conf Baltic Oceanogr, Helsinki, S. 169–181

Borbély-Kiss I, Koltay E, Szabo G, Bozo L, Meszaros E, Molnar A (1991) Elemental composition of aerosol particles under background conditions in Hungary. Atmos Environ 25A: 661–668

Borg H, Jonsson P (1996) Large-scale metal distribution in Baltic Sea sediments. Mar Pollut Bull 32, 1: 8–21

Boström K, Burman J-O, Ingri J (1983) A geochemical mass balance for the Baltic. In: Hallberg R (ed) Environmental Biogeochemistry. Ecol Bull 35: 39–58 Stockholm

Brand LE, Sunda WG, Guillard RRL (1986) Reduction of marine phytoplankton reproduction rates by copper and cadmium. J Exp Mar Biol Ecol 96: 225–250

Brogmus W (1952) Eine Revision des Wasserhaushaltes der Ostsee. Kieler Meeresforsch 9: 15–42

Brügmann L (1986a) The influence of coastal zone processes on mass balances for trace metals in the Baltic Sea. Rapp. P-v Réun Cons Int Explor Mer 186: 329–342

Brügmann L (1986b) Particulate trace metals in waters of the Baltic Sea and parts of the adjacent NE Atlantic. Beitr Meeresk. 55: 3–18

Brügmann L, Gaul H, Rohde K-H, Ziebarth U (1991/92) Regional distribution and temporal trends of some contaminants in the water of the Baltic Sea. Dt Hydrogr Z 44: 161–184

Brügmann L (1992) Research and monitoring of contaminants in the Baltic Sea – two sides of one coin?! ICES C.M. E44: 18 S.

Brügmann L, Bernard PC, van Grieken R (1992) Geochemistry of suspended matter from the Baltic Sea. 2. Results of bulk trace metal analysis by AAS. Mar Chem 38: 303–3232

Brügmann L, Lange D (1990) Metal distribution in sediments of the Baltic Sea. Limnologica 20: 15–28; Berlin

Brügmann L, Hennings U (1994) Metals in zooplankton from the Baltic Sea, 1980–84. Chem Ecol 9: 87–103

Brügmann L, Hennings U (eingereicht, 1996) Trace metals in the Baltic Sea atmosphere, 1980–91. Atmos Environ

Brügmann L, Hallberg R, Larsson C, Löffler A (1997) Changing redox conditions in the Baltic Sea deep basins: Impacts on the concentration and speciation of trace metals. Ambio, akzeptiert

Bruland KW (1983) Trace elements in sea-water. In: Chemical oceanography 8: 157–220; Academic Press, London

Bruland KW, Donat JR, Hutchins DA (1991) Interactive influences of bioactive trace metals on biological production in oceanic waters. Limnol Oceanogr 36: 1555–1577

Bruneau L (1980) Pollution from industries in the drainage area of the Baltic. Ambio 9, 3-4: 145–152

Cambray RS, Jefferies DF, Topping G (1975) An estimate of the input of atmospheric trace elements into the North Sea and the Clyde Sea. AERE-Report RM 7733

Cambray RS, Jefferies DF, Topping G (1979) The atmospheric input of trace elements to the North Sea. Mar Sci Communic 5: 175–194

Cato I (1986) Sedimentens belastning av tungmetaller och närsalter i Göteborgs skärgård 1982 samt förändringar efter 1966. Göteborgs Maringeol Inst, Report 2: 95 S.

Chester R (1990) Marine geochemistry. Unwin Hyman, 698 S.

Chester R, Murphy KJT, Lin FJ, Berry AS, Bradshaw GA, Corcoran PA (1993) Factors controlling the solubilities of trace metals from non-remote aerosols deposited to the sea surface by the „dry“ deposition mode. Mar Chem 42: 107–126

Church TM (1996) An underground route for the water cycle. Nature 380: 579–580

Comber SDW, Gunn AM, Whalley C (1995) Comparison of the partitioning of trace metals in the Humber and Mersey Estuaries. Mar Poll Bull 30: 851–860

Cullen JJ (1995) Status of the iron hypothesis after the open-ocean enrichment experiment. Limnol Oceanogr 40: 1336–1343

Cushing DH, Humphrey GF, Banse K, Laevastu T (1958) Report of the Committee on Terms and Equivalents. Rapp P-v Réun Cons Int Explor Mer 183: 15–16

Dahlström B (1977) Estimation of precipitation for the Baltic Sea – preliminary results. Ad hoc meeting of the Pilot Study Group of Experts. Norrköping

Danisiewicz D, Håkansson K, Tonderski A, Allard B (1994) Seasonal variations of metal transport in the Vistula river. Abstract Poster presentation. In: Helios Rybicka E, Sikora WS (eds) 3rd Int Symp Environ Geochem, Krakow, Poland, 12.–15. September 1994, S. 92

Davidan IN, Savchuk OP (Hrsg; 1989) Basic tendencies of the evolution of an ecosystem. Ser. No. 4: Problems to investigate and model the Baltic Sea ecosystem. International Project „Baltika". Gidrometeoisdat, Leningrad, S. 150–190 (auf russisch)

Defant F (1974) Klima und Wetter. In: Magaard L, Rheinheimer G (Hrsg) Meereskunde der Ostsee. Springer, Berlin Heidelberg, S. 19–32

DHI (1986) Überwachung des Meeres. Bericht für das Jahr 1984, Teil II: Daten. Deutsches Hydrographisches Institut, Hamburg

DHI (1987) Überwachung des Meeres. Bericht für das Jahr 1985, Teil II: Daten. Deutsches Hydrographisches Institut, Hamburg

Dyrssen D (1993) The Baltic-Kattegat-Skagerak estuarine system. Estuaries 16: 446–452

Edén P, Björklund A (1993) Hydrogeochemistry of river waters in Fennoscandia. Aqua Fennica 23: 125–142

Ehlers P (1993) Protection of the Baltic Sea. HANSA, Schiffahrt, Schiffbau & Hafen 130: 6–10

Ehlin U (1981) Hydrology of the Baltic sea. In: Voipio A (ed) The Baltic sea. Elsevier Oceanography Series 30: 123–134

Ehlin U, Mattisson I (1976) Volymer och areor i Östersjöomradet. Vattnet i Norden 9: 6–20

Fonselius S (1969) Hydrography of the Baltic Deep Basins III. Fish Board Swed Ser Hydrogr Rep 23: 97 S.

Fonselius SH, Szaron J, Öström B (1984) Long-term salinity variations in the Baltic Sea deep water. Rapp P-v Cons Int Explor Mer 185: 140–149

Fonselius SH (1985) Water renewal in a semi-stagnant sea studied by means of chemical parameters. Rit Fiskideildar 9: 152–162

Fonselius SH (1995) Long time trends of salinity and oxygen in the Baltic Sea. World of the Baltic Sea 2: 71–72

Förstner U, Wittmann GTW (1979) Metal pollution in the aquatic environment. Springer, Berlin Heidelberg New York, 486 S.

Forsberg C (1993) The Baltic Sea Environment. Session 3 Eutrophication of the Baltic Sea. The Baltic University Secretariat, Uppsala, 32 S.

Franck H, Matthäus W, Sammler R (1987) Major inflows of saline water into the Baltic Sea during the present century. Gerlands Beitr Geophysik 96: 517–531, Leipzig

Gekeler W, Grill E, Winnacker E-L, Zenk ML (1988) Algae sequester heavy metals via synthesis of phytochelatin complexes. Arch Microbiol 150: 197–202

Gerlach SA (1994) Oxygen conditions improve when the salinity in the Baltic Sea decreases. Mar Poll Bull 28: 413–416

GESAMP (1980) Interchange of pollutants between the atmosphere and the oceans. GESAMP Reports and Studies 13: 55 S.

GESAMP (1985) Interchange of pollutants between the atmosphere and the oceans (Part II). GESAMP Reports and Studies 23: 55 S.

GESAMP (1989) The atmospheric input of trace species to the world ocean. GESAMP Reports and Studies 38: 39 S.

GESAMP (1991) Global changes and the air-sea exchange of chemicals. GESAMP Reports and Studies 48: 69 S.

González-Dávila M (1995) The role of phytoplankton cells on the control of heavy metal concentration in seawater. Mar Chem 48: 215–236

Graf G (1992) Benthic-pelagic coupling: a benthic view. Oceanogr. Mar Biol Annul Rev 30: 149–190

Grill E, Winnacker E-L, Zenk ML (1987) Phytochelatins, a class of heavy-metal-binding peptides from plants, are functionally analogous to metallothioneins. Proc Natl Acad Sci USA 84: 439–443

Grill E, Löffler S, Winnacker E-L, Zenk ML (1989) Phytochelatins, the heavy-metal-binding peptides of plants, are synthesized from glutathione by a specific γ-glutamylcysteine dipeptidyl transpeptidase (phytochelatin synthase). Proc Natl Acad Sci USA 86: 6838–6842

Grimås U, Suárez JM (1989) Metaller efter Östersjökusten – Vatten, organismer, sediment. Naturvårdsverket Rapport 3580: 79 S.

Haarich M, Schmidt D (1993a) Schwermetalle in der Nordsee: Ergebnisse der ZISCH-Großaufnahme vom 2.5. bis 13.6.1986. Dt Hydrogr Z 45: 137–201

Haarich M, Schmidt D (1993b) Schwermetalle in der Nordsee (2) Ergebnisse der ZISCH-Großaufnahme vom 28.1.-6.3.1987. Dt Hydrogr Z 45: 371–431

Hallberg RO (1979) Heavy metals in the sediments of the Gulf of Bothnia. Ambio 8: 265–269

Hallberg RO (1982) Diagenetic and environmental effects upon heavy metal distribution in sediments – A hypothesis, with an illustration from the Baltic Sea. In: Manheim FT, Fanning KA (eds) The dynamic environment of the ocean floor. DC Heath and Co, S. 305–316

Hallberg RO (1991) Environmental implications of metal distribution in Baltic Sea sediments. Ambio 20: 309–316

Hallberg RO (1992) Sediments – their interaction with biogeochemical cycles through formation and diagenesis. In: Butcher S, Charlson R (eds) Global biogeochemical cycles. Academic Press, S. 155–174

Heinrichs H (1975) Die Untersuchung von Gesteinen und Gewässern auf Cd, Sb, Hg, Tl, Pb und Bi mit der flammenlosen Atom-Absorbtions-Spektralphotometrie. Unveröff. Dissertation, Geowiss Univ Göttingen, 97 S.

HELCOM (1986) Water balance of the Baltic Sea. Baltic Sea Environ Proc 16: 174 S.

HELCOM (1987) First Baltic Sea Pollution Load Compilation. Baltic Sea Environ Proc 20: 56 S., Hamburg Helsinki

HELCOM (1989) Deposition of airborne pollutants to the Baltic Sea area 1983-1985 and 1986. Baltic Sea Environ Proc 32: 62 S., Helsinki

HELCOM (1990) Second Periodic Assessment of the State of the Marine Environment of the Baltic Sea, 1984-1988; Background document. Baltic Sea Environ Proc 35B: 428 S., Hamburg

HELCOM (1991) Airborne pollution load to the Baltic Sea 1986-1990. Baltic Sea Environ Proc 39: 162 S., Helsinki

HELCOM (1993a) Second Baltic Sea Pollution Load Compilation. Baltic Sea Environ Proc 45: 161 S., Hamburg Helsinki

HELCOM (1993b) First assessment of the state of the coastal waters of the Baltic Sea. Baltic Sea Environ Proc 54: 160 S., Helsinki

HELCOM (1994a) Guidelines for the Third Pollution Load Compilation (PLC-3). Baltic Sea Environ Proc 57: 44 S., Tallinn

HELCOM (1994b) The environmental condition of the Baltic Sea. HELCOM News 5:15 S., November 1994

Håkanson L (1993) The Baltic Sea Environment. Session 1 Physical Geography of the Baltic Sea. The Baltic University Secretariat, Uppsala, 35 S.

Håkansson BG, Broman B, Dahlin H (1993) The flow of water and salt in the Sound during the Baltic major inflow event in January 1993. ICES C M 1993, C57: 9 S.

Injuk J, Van Grieken R (1995) Atmospheric concentrations and deposition of heavy metals over the North Sea: a literature review. J Atmos Chem 20: 179–212

Iverfeldt Å (1991) Atmospheric mercury over the Nordic countries. Water Air Soil Pollut 55: 33–47

Jonsson P (1992) Large-scale changes of contaminants in Baltic Sea sediments during the twentieth century. Unveröff Dissertation, Uppsala University, 227 S.

Jonsson P, Carman R, Wulff F (1990) Laminated sediments in the Baltic – a tool for evaluating nutrient mass balances. Ambio 19: 152–158

Kempe S, Pettine M, Cauwet G (1991) Biogeochemistry of european rivers. In: Degens ET, Kempe S, Richey JE (eds) Biogeochemistry of major world rivers. SCOPE 42: 169–211, Wiley & Sons

Kolber ZS, Barber RT, Coale KH, Fitzwater SE, Greene RM, Johnson KS, Lindley S, Falkowski PG (1994) Iron limitation of phytoplankton photosynthesis in the equatorial Pacific Ocean. Nature 371: 145–149

Kremling K (1983) The behavior of Zn, Cd, Cu, Ni, Co, Fe, and Mn in anoxic Baltic waters. Mar Chem 13: 87–108

Kremling K, Tokos JJS, Brügmann L, Hansen H-P (eingereicht, 1996) Variability of dissolved and particulate trace metals in the Kiel and Mecklenburg Bights of the Baltic Sea, 1990-1992. Mar Poll Bull

Kriews M, Bergmann J, Naumann K, Dannecker W (1992) A long term study and source characterisation of atmospheric contaminants in the German Bight. ICES C M E24: 9 S.

Lapp B, Balzer W (1993) Early diagenesis of trace metals used as an indicator of past productivity changes in coastal sediments. Geochim Cosmochim Acta 57: 4639–4652

Larsson U, Elmgren R, Wulff F (1985) Eutrophication and the Baltic Sea: causes and consequences. Ambio 14: 9–14

Lee JG, Roberts SB, Morel FMM (1995) Cadmium: A nutrient for the marine diatom *Thalassiosira weissflogii*. Limnol Oceanogr 40: 1056–1063

Leipe T, Neumann T, Emeis K-C (1995) Schwermetallverteilung in holozänen Ostseesedimenten - Untersuchungen im Einflußbereich der Oder. Geowissenschaften 13: 470–478

Lithner G, Borg H, Grimås U, Göthberg A, Neumann G, Wrådhe H (1990) Estimating the load of metals to the Baltic Sea. Ambio Spec Rep 7: 7–9

Löfvendahl R (1990) Changes in the flux of some major dissolved components in Swedish rivers during the present century. Ambio 19, 4: 210–219

Magaard L, Rheinheimer G (Hrsg 1974) Meereskunde der Ostsee, Springer Verlag Berlin Heidelberg, 269 S.

Martin JH, Coale KH, Johnson KS, Fitzwater SE, Gordon RM, Tanner SJ, Hunter C, et al. (1994) Testing the iron hypothesis in ecosystems of the equatorial Pacific Ocean. Nature 371: 123–129

Matschullat J (1997) Trace element fluxes to the Baltic Sea: problems of atmospheric and fluvial input budgets (Ambio, akzeptiert)

Matschullat J, Bozau E (1996) Atmospheric element input in the eastern Ore Mountains. Applied Geochem 11, 1–2: 149–154

Matschullat J, Kritzer P, Maenhaut W (1995) Geochemical fluxes in forested acidified catchments. Water Air Soil Pollut 85, 2: 859–864

Matschullat J, Müller G, Naumann U, Schilling H (1997) Zur Sedimentbelastung und Elementfracht der Schwarzen Elster, einem Nebenfluß der Elbe. Z Angew Geol (im Druck)

Matthäus W, Lass H-U (1995) The recent salt inflow into the Baltic Sea. J Phys Oceanogr 25: 280–286

Mee L (1992) The Black Sea in crisis: A need for concerted international action. Ambio 21: 278–286

Mikulski Z (1970) Inflow of river water to the Baltic Sea in the period 1951–1960. Nordic Hydrol 4: 216–227

Moffett JW, Zika RG, Brand LE (1990) Distribution and potential sources and sinks of copper chelators in the Sargasso Sea. Deep-Sea Res 37: 27–36

Moore WS (1996) Large groundwater inputs to coastal waters revealed by ^{226}Ra enrichments. Nature 380: 612-614

Morel FMM, Reinfelder JR, Roberts SB, Chamberlain CP, Lee JG, Yee D (1994) Zinc and carbon co-limitation of marine phytoplankton. Nature 369: 740–742

Müller G, Dominik J, Reuther R, Malisch R, Schulte E, Acker L, Irion G (1980) Sedimentary record of environmental pollution in the Western Baltic Sea. Naturwissenschaften 67: 595–600

Naumann U (1997) Unveröff. Dissertation, TU Dresden

Neumann T, Christiansen C, Clasen S, Emeis K-C, Kunzendorf H (1997) Geochemical records of salt-water inflow into the deep basins of the Baltic Sea. Cont Shelf Res (Appl Geochem, im Druck)

Olendrzynski K, Anderberg S, Bartnicki J, Pacyna JM, Stigliani W (1995) Atmospheric emissions and depositions of cadmium, lead and zinc in Europe during the period 1955–1987. IIASA Working paper 95, 35: 31 S., Laxenburg, Austria

Osterroht C, Kremling K, Wenck A (1988) Small-scale variations of dissolved organic copper in Baltic waters. Mar Chem 23: 153–165

Pacyna JM (1984) Estimation of the atmospheric emissions of trace elements from anthropogenic sources in Europe. Atmospheric Environ 18, 1: 41–50

Pacyna JM (1992) The Baltic sea environmental programme. The topical area study for atmospheric deposition of pollutants. Final technical report and final synthesis report. NILU reports 46: 141 S. und 47:41 S.

Pacyna JM (1993) Atmospheric deposition of heavy metals to the Baltic sea. In: Allen RJ, Nriagu, JO (eds) Int Conf Heavy Metals in the Environment, Toronto 1: 93–96

Pawlak J (1980) Land-based inputs of some major pollutants to the Baltic sea. Ambio 9, 3-4: 163–167

Petersen G, Krüger O (1993) Untersuchung und Bewertung des Schadstoffeintrags über die Atmosphäre im Rahmen von PARCOM (Nordsee) und HELCOM (Ostsee) – Teilvorhaben: Modellierung des großräumigen Transports von Spurenmetallen. GKSS Report 93/E/28: 111 S., Geesthacht

Petersen G, Weber H, Grassl H (1989) Modelling the atmospheric transport of trace metals from Europe to the North Sea and the Baltic Sea. In: Pacyna JM, Ottar B (eds) Control and fate of atmospheric trace metals. NATO ASI Series. Series C: Mathematical and physical Sciences 268: 57–83, Kluwer Academic Publishers

Pheiffer Madsen P, Larsen B (1986) Accumulation of mud sediments and trace metals in the Kattegat and the Belt Sea. Report of the Marine Pollution Laboratory, 10 S.

Price NM, Morel FMM (1990) Cadmium and cobalt substitution for zinc in a marine diatom. Nature 344: 658–660

Pustelnikov OS (1976) Absolutwerte der Masse an Sedimentmaterial und das Tempo rezenter Sedimentation in die Ostsee. Beitr Meereskunde 38: 81–93

Pustelnikov OS (1977) Geochemical features of suspended matter in connection with recent sedimentation processes in the Baltic sea. Ambio Special Report 5: 157–162

Ranke W (1994) Recent developments with respect to the International Baltic Sea Fishery Commission. In: Platzöder R, Verlaan P (eds) The Baltic Sea: New developments in national policies and international cooperation 2:250–255; Stiftung Wissenschaft und Politik, Ebenhausen

Rechlin O (1991) Zustand der Fischbestände in der Ostsee. Arbeiten des Deutschen Fischerei-Verbandes e.V. 54: 63-77, Hamburg

Reimann C, de Caritat P, Äyräs M, Chekushin VA, Halleraker JH, Jæger Ø, Niskavaara H, Pavlov V, Volden T (1995) Heavy metal and sulphur content in snowpack and rainwater samples from eight catchments north of the Arctic circle in Finland, Norway and Russia. In: Wilken Rd, Förstner U, Knöchel A (eds) Int Conf Heavy metals in the environment 1: 160–163, Hamburg

Rodhe H, Söderlund R, Ekstedt J (1980) Deposition of airborne pollutants on the Baltic. Ambio 9, 3-4: 168–173

Ross HB (1987) Trace metals in precipitation in Sweden. Water Air Soil Pollut 36: 349–363

Ruchay D (1991) Elbe – Anforderungen, Konzepte und Maßnahmen. Wasser Boden 43: 674–675

Rühling Å, Rasmussen L, Pilegaard K, Mäkinen A, Steinnes E (1987) Survey of atmospheric heavy metal deposition in the Nordic countries in 1985. Nord 1987, 21: 44 S.

Rühling Å (ed; 1994) Atmospheric heavy metal deposition in Europe – estimation based on moss analysis. Nord 1994, 9: 53 S., Nordic Council of Ministers, Copenhagen

Sabela R (1994) Der Bergbau auf mineralische Rohstoffe in Polen. Glückauf 130, 12: 797–802

Sandén P, Rahm L (1993) Nutrient trends in the Baltic Sea. Environmetrics 4, 1: 75–103

Sandén P, Danielsson Å (1995) Spatial properties of nutrient concentrations in the Baltic Sea. Environ Monitor Assessment 34: 289–307

Schleyer R, Kerndorff H (1992) Die Grundwasserqualität westdeutscher Trinkwasserresourcen. VCH Verlagsgesellschaft Weinheim, 249 S.

Schneider B (1987) Source characterization for atmospheric trace metals over Kiel Bight. Atmos Environ 21: 1275–1283

Schulz S (1994) Is the possible absence of major saltwater inflows becoming a disaster for the Baltic ecosystem? 19th Conf of the Baltic Oceanographers, Sopot

Siewers U, Roostai AH (1990) Verbundforschung Fallstudie Harz: Schadstoffbelastung, Reaktion der Ökosphäre und Wasserqualität. Teilvorhaben 2: Schwermetallbilanz aus Immission und geogenem Anteil im Einzugsgebiet der Sösetalsperre/Harz. In: Ber Forschungszentr Waldökosysteme B19: 57 S.

SNV (1988) Monitor 1988; Sweden's marine environment – ecosystems under pressure. National Swedish Environmental Protection Board. Helsingborg, 207 S.

Söderlund R (1987) Deposition estimates to the Baltic Sea area based on reported data for 1984/85. 4th Meeting of the HELCOM-EGAP Group, Helsinki, 27–30 April 1987

Somer E (1977) Heavy metals in the Baltic. ICES C M E9: 3 S.

Sternbeck J, Sohlenius G (1996) Authigenic sulfide and carbonate mineral formation in Holocene sediments of the Baltic Sea. Chem Geol (submitted)

Stordal MC, Gill GA, Wen LS, Santschi PH (1996) Mercury phase speciation in the surface waters of three Texas estuaries: Importance of colloidal forms. Limnol Oceanogr 41: 52–61

Stössel R-P (1987) Untersuchungen zur nassen und trockenen Deposition von Schwermetallen auf der Insel Pellworm. GKSS Report 87/E/34, Geesthacht

Szefer P (1990) Mass-balance of metals and identification of their sources in both river and fallout fluxes near Gdansk Bay, Baltic Sea. Sci Tot Environ 95: 131–139

UBA (Umweltbundesamt) (Hrsg; 1994) Daten zur Umwelt 1992/93. Erich Schmidt Verlag, 688 S.

UBA (Umweltbundesamt) (Hrsg; 1995) Jahresbericht 1994, Berlin 420 S.

Walkusz J, Roman S, Pempkowiak J (1992) Contamination of the southern Baltic surface sediments with heavy metals. Bull Sea Fish Inst 125: 33–37

Wallace G, Duce R (1978) Open-ocean transport of particulate trace metals by bubbles. Deep-Sea Res 25: 827–835

Wedepohl KH (1995) The composition of the continental crust. Geochim Cosmochim Acta 59, 7: 1217–1232

Wik M, Renberg I (1991) Recent atmospheric deposition in Sweden of carbonaceous particles from fossil-fuel combustion surveyed using lake sediments. Ambio 20, 7: 289–292

Winterhalter B, Flodén T, Ignatius H, Axberg S, Niemistö L (1981) Geology of the Baltic Sea. In Voipio A (Hrsg) The Baltic Sea, Elsevier Oceanography Series 30: 1–121

Wrembel HZ (1983) An estimation of the mercury content in the waters of the Pomeranian Baltic-shore-area. Acta hydrochim hydrobiol 11: 523–538

Xue XanBin, Sigg L (1993) Free cupric ion concentration and Cu(II) speciation in a eutrophic lake. Limnol Oceanogr 38: 1200–1213

Xue XanBin, Kistler D, Sigg L (1995) Competition of copper and zinc for strong ligands in a eutrophic lake. Limnol Oceanogr 40: 1142–1152

Zhang J, Yan J, Zhang ZF (1995) Nationwide river chemistry trends in China: Huanghe and Changjiang. Ambio 24, 5: 275–279

18 Geochemische Stoffkreisläufe in Binnenseen: Akkumulation versus Remobilisierung von Spurenelementen

Carl-Dieter Garbe-Schönberg · Manfred Zeiler · Peter Stoffers

18.1 Zur Bedeutung limnischer Prozesse und Stoffkreisläufe

Die zunehmende Industrialisierung unserer Gesellschaft hat den globalen Kreislauf nahezu aller Elemente dramatisch beschleunigt (Nriagu 1979; Li 1981; Nriagu u. Pacyna 1988) und weitreichende Konsequenzen für ökosystemare Gleichgewichte nach sich gezogen. Aquatische Ökosysteme reagieren sehr empfindlich auf anthropogene Veränderungen und sind sensible Indikatoren für die Belastung unserer Umwelt (Sigg u. Stumm 1991). Gleichzeitig stellen Binnenseen neben Grundwasser die wichtigste Süßwasserressource dar und verdienen deshalb unsere besondere Aufmerksamkeit (Wetzel 1983). Der steigende Wasserverbrauch von Industrie und Haushalten nach dem zweiten Weltkrieg führte zu einer Verknappung der unterirdischen Wasservorräte, so daß z.T. wieder auf Oberflächenwasser zurückgegriffen werden muß. So beziehen z.B. Stuttgart und Zürich ihr Trinkwasser aus dem Bodensee (→ Kap. 19) bzw. Zürichsee. Metropolen wie Los Angeles oder Hongkong müssen ihren Trinkwasserbedarf aus künstlich angelegten Stauseen decken. Daneben sind Seen wichtige Erholungsräume und bedeutende Wirtschaftsfaktoren (z.B. Tourismus, Fischerei), so daß für den Schutz von limnischen Ökosystemen eine detaillierte Kenntnis aquatischer Prozesse und Kreisläufe bis heute nicht an Aktualität verloren hat. Seen sind sehr dynamische Ökosysteme. Sie unterliegen komplexen Wechselwirkungen biotischer und abiotischer Faktoren, die sich nachhaltig auf die Wasserqualität und Gewässerbiologie auswirken (Lampert u. Sommer 1993). Trotz umfangreicher Sanierungsmaßnahmen und spürbarer Verbesserung der Gewässersituation in den letzten zwanzig Jahren befinden sich manche Seen immer noch in einem kritischen Zustand. In vielen Fällen stellen Seesedimente die Hauptquelle für Nähr- und Schadstoffe dar (*internal loading*; → Kap. 19).

Auf der Basis der quantitativen Bestimmung von diffusiven Flüssen im Sediment und an der Sediment/-Wasser-Grenze und mit Hilfe von Jahresbilanzen partikulärer und gelöster Stoffflüsse kann die Bedeutung des Sedimentes als Senke bzw. Quelle für verschiedene Stoffe quantitativ beschrieben werden (→ Kap. 17, 19). Damit besteht eine Datengrundlage, das Verhalten des Sedimentes als wesentlichem Faktor interner Eutrophierung unter variierenden physikochemischen Rahmenbedingungen in gewissen Grenzen vorherzusagen. Dies ist besonders im Kontext der Global-Change-Diskussion oder bei See-Sanierungsmaßnahmen bzw. Seen-Management von Bedeutung.

Spurenelemente und Mikronährstoffe werden häufig nur in extrem geringen Mengen und als Bestandteile von wichtigen Enzymen benötigt und sind damit wichtige Funktionsglieder in Stoffkreisläufen von Ökosystemen. Da der geringe Bedarf einem ebenso geringen Vorkommen in der Natur entspricht, sind diese Spurenelemente wichtige limitierende Faktoren (Odum 1983). Unter *steady state*-Bedingungen sind die Stoffe, die ein Organismus braucht, um leben zu können, meistens nur in so geringen Mengen vorhanden, daß sie sich einem kritischen Minimum nähern und gelegentlich wachstumsbegrenzend (limitierend) sind (Liebig's „Gesetz des Minimums"). Andererseits kann ein Zuviel eines Stoffes ebenso limitierend wirken (Shelford's „Gesetz der Toleranz"). Die Kenntnisse zur Bedeutung von Spurenelementen für die Struktur und Dynamik von Ökosystemen haben erst in jüngster Zeit wegen der Entwicklung geeigneter Untersuchungsverfahren an Umfang zugenommen, sind aber nach wie vor sehr lückenhaft. Zu Beginn dieses Beitrages werden einige grundlegende Ausführungen zu Prozessen in Seen gemacht, welche die Verteilung von Spurenelementen beeinflussen bzw. kontrollieren. Am Beispiel ausgewählter Spurenelemente sollen Beziehungen zwischen biologischen, chemischen und physikalischen Prozessen in einem eutrophen Hartwassersee mit saisonal anoxischem Hypolimnion (Belauer See, Schleswig-Holstein) aufgezeigt werden. Für die Untersuchungen wurden die folgenden Arbeitsthesen formuliert:

- Spurenelemente stehen in Wechselwirkungsbeziehung zu biotischen Kreisläufen im See. Phytoplanktonblüten bzw. deren Stoffwechselprodukte sowie mikrobiologische Abbauprozesse wirken wesentlich auf Verfügbarkeit, Transport und Mobilisierung von Mikronährstoffen und Spurenelementen ein. Die Verfügbarkeit bzw. Nicht-Verfügbarkeit von Mikronährstoffen wirkt auf die Abundanz von Organismen ein,
- Der Mikronährstoff- und Spurenelementkreislauf wird von der ausgeprägten Redoxdynamik des Belauer Sees gesteuert, die wiederum von biotischen Prozessen in Abhängigkeit vom Trophiezustand und von abiotischen Faktoren (z.B. Stabilität der Thermokline) kontrolliert wird,
- Sedimente haben für Mikronährstoffe im wesentlichen eine Pufferwirkung, d.h. sie stellen teilweise und zeitweilig jeweils sowohl Senke als auch Quelle dar.

Der Belauer See gehört zur Bornhöveder Seenkette, die etwa 30 km südlich von Kiel liegt. Im Rahmen des Forschungsvorhabens „Ökosystemforschung in der Bornhöveder Seenkette" (gefördert mit Mitteln des BMBF und des Landes Schleswig-Holstein) werden in diesem landwirtschaftlich geprägten und für die norddeutsche Seenplatte repräsentativen Landschaftsraum See-Umland-Beziehungen und seeinterne Wechselwirkungen eingehend untersucht (Blume et al. 1992). Limnologische Daten hat Schernewski (1991) zusammengefaßt.

18.2 STRUKTUR UND DYNAMIK VON SEEN

Wasser stellt hinsichtlich seiner physikochemischen Eigenschaften eine einzigartige Substanz dar und bestimmt entscheidend die Struktur und Dynamik von aquatischen Lebensräumen (Hutchinson 1957; Wetzel 1983). Seine Dichteanomalie hat weitreichende Konsequenzen für die physikalischen, chemischen und biologischen Prozesse in Seen. Seine geringe Wärmeleitfähigkeit schließt einen diffusiven Wärmetransport in Gewässern nahezu aus, so daß ein Wärmeaustausch ausschließlich über turbulente Diffusion (*eddy diffusion*), die durch Wind- und Wellenbewegungen angetrieben wird, erfolgt. Wasser stellt Reaktions-, Lösungs- und Transportmittel in einem dar, das in ständigem Austausch mit der Atmosphäre und der Lithosphäre steht. Es ist eine komplexe Lösung aus Gasen, gelösten Stoffen, Kolloiden und Partikeln, die ihrerseits wechselwirkenden Prozessen unterliegen (Stumm u. Morgan 1981). Vor allem Sauerstoff (O_2) und Kohlendioxid (CO_2) haben eine kontrollierende Bedeutung für mikrobiologische und chemische Prozesse. Gelöster Sauerstoff, der aus der Atmosphäre bzw. Photosynthese stammt, wird in erster Linie bei der aeroben Mineralisation organischer Substanz verbraucht.

Mit den Lösungsgleichgewichten von CO_2, H_2CO_3, HCO_3^- und CO_3^{2-} (vgl. z.B. Wetzel 1983; → Kap. 22, 23) steht ein natürliches Puffersystem zur Verfügung, das die Wasserstoffionenkonzentration (pH-Wert) in Seen weitgehend konstant hält. Diese Pufferkapazität gegenüber Säuren wird als Alkalinität bezeichnet. Kalkarme Seen sind schwach gepuffert und reagieren meist sauer. In kalkreichen Gewässern – wie dem Belauer See – finden Reaktionen in neutralem bis alkalischem Milieu statt. Der photosynthetische CO_2-Verbrauch kann durch die Lösung von Calciumhydrogenkarbonat ausgeglichen werden, so daß der pH-Wert zwischen 7 und 8 nahezu konstant bleibt und nur in seltenen Fällen (z.B. hohe Photosyntheseraten) größeren Schwankungen unterliegt (Lampert u. Sommer 1993). Gleichzeitig kommt es zur endogenen Calcitfällung.

Im Frühjahr sorgen isothermische Verhältnisse für eine komplette Umwälzung des Wasserkörpers (Frühjahrszirkulation) und eine homogene Verteilung gelöster Stoffe und Gase. Während der Sommerstagnation führt die erhöhte Globalstrahlung zur Ausbildung eines Temperaturgradienten (Thermokline), der eine wärmere und damit leichtere Oberflächenwasserschicht (Epilimnion) von einer kühleren Tiefenwasserschicht (Hypolimnion) trennt. Dabei können sich infolge hoher Sauerstoffzehrung anaerobe Bedingungen bzw. reduzierende Redoxverhältnisse im Hypolimnion ausbilden, die den Kreislauf vieler Elemente nachhaltig beeinflussen (s.u.). Im Bereich der Thermokline nimmt die Temperatur sprunghaft innerhalb weniger Meter ab. Diese Zone wird auch als Sprungschicht oder Metalimnion bezeichnet. Während im

Epilimnion ausgeglichene Temperatur- und Sauerstoffverhältnisse herrschen, werden mit dem Hypolimnion infolge der isolierenden Wirkung der Thermokline kaum gelöste Stoffe, Gase oder Energie ausgetauscht. Erst im Herbst kommt es aufgrund der Abkühlung des Epilimnions wieder zu einer vollständigen Durchmischung des Wasserkörpers (Herbstzirkulation). Die Geschwindigkeit und die Durchdringungstiefe der erfaßten Wasserschichten hängen von der Windgeschwindigkeit und der Wassertemperatur ab. Seen dieses Typs werden als dimiktisch bezeichnet und sind vor allem in Eurasien und Nordamerika verbreitet (Hutchinson 1957; Wetzel 1983).

In der Abbildung 18.1 (nächste Seite) ist die saisonale Dynamik des Belauer Sees anhand von Konzentrations-/Tiefenprofilen einiger wichtiger Parameter für die Phase der Vollzirkulation und Sommerstagnation exemplarisch dargestellt. Im Winter ist der isothermische Wasserkörper vollständig durchmischt, so daß gelöster Sauerstoff, pH-Wert, Alkalinität und gelöstes Ca eine homogene Verteilung in allen Wasserschichten aufweisen (Schernewski 1995, unveröff. Daten). Im Laufe des Sommers erfährt der See eine thermische Schichtung und extreme Sauerstoffzehrung durch mikrobielle Abbauprozesse unterhalb der Thermokline (hier 9 m Wassertiefe). Die Lösung von $CaCO_3$ im CO_2-reichen Hypolimnion sowie der anaerobe Abbau organischer Substanz führen zu einem Anstieg der Alkalinität sowie zu einer Zunahme der Ca- bzw. H^+-Konzentration. Die hohe Alkalinität des Sees verhindert ein Absinken des pH-Werts unter 7.

Im Laufe eines Jahres sind in der photischen Zone von Seen mehrere Phytoplanktonblüten (Primärproduzenten) zu beobachten, deren Entwicklung von verfügbaren anorganischen Nährelementen und dem Fraßdruck heterotropher Zooplankter (Konsumenten) limitiert wird. Neben dem allochthonen Eintrag dominiert vor allem in eutrophen Seen die Sedimentation dieser Algenblüten oder deren Biodetritus den Partikelfluß in der Wassersäule (Sigg 1994). Mikroorganismen (Destruenten) nutzen die in der organischen Substanz gespeicherte Energie für ihren Metabolismus und regenerieren organisch gebundenen Kohlenstoff und anorganische Nährelemente besonders im Bereich der Sediment/Wasser-Grenze (Santschi et al. 1990). Mit dem Begriff „Biogeochemie" (Libes 1992) werden die komplexen Wechselwirkungen zwischen biologischen, (geo)chemischen und physikalischen Prozessen in aquatischen und terrestrischen Systemen zusammengefaßt.

18.3 EINFLUß VON BIOGEOCHEMISCHEN PROZESSEN UND REDOXDYNAMIK AUF DEN SPURENELEMENTKREISLAUF IM WASSERKÖRPER

In Seen ist die Regulierung von Spurenelementen sowohl an biotische als auch an abiotische Kreisläufe gekoppelt. Sie werden in partikulärer und gelöster Form über Atmosphäre (Regen, Aerosole, Staub) und Hydrosphäre (Zufluß von Oberflächen- und Grundwasser) in das aquatische Ökosystem eingetragen. Dort unterliegen sie vielfältigen Wechselwirkungen mit Partikeln und gelösten Liganden. Gelöste Spurenelemente können entweder adsorptiv an die überwiegend negativ geladenen Oberflächen biologischer und anorganischer Partikel (*scavenging*; Westall 1987; Lasaga u. Gibbs 1990; Stumm 1992) gebunden, in neugebildeten Mischkristallen eingebaut oder von Organismen aktiv aufgenommen werden. Mit absinkenden Partikeln werden sie dann (zeitweilig) aus dem Wasserkörper entfernt und dem Sediment zugeführt. Aus diesem Mechanismus und den in Seen vorherrschenden hohen Partikeldichten resultiert die hohe Selbstreinigungskraft von stehenden Gewässern, so daß trotz höherer Belastung die Größenordnungen der Spurenelementkonzentrationen in Seen teilweise denen der Ozeane nahekommen (Sigg et al. 1982).

Spurenelemente in Lösung. In der gelösten Phase unterliegen Spurenelemente Wechselwirkungen mit organischen und anorganischen Liganden, die ihre Speziierung, d.h. die chemische Bindungsform, bestimmen. In Hartwasserseen stellen Karbonat, Sulfat, Chlorid und Phosphat die dominierenden anorganischen Liganden dar. Effizienter sind jedoch organische Liganden wie Huminstoffe (Fulvin- und Huminsäuren) oder anthropogene Substanzen wie NTA oder EDTA, die hervorragende Eigenschaften als Komplexbildner besitzen und Spurenelemente in der gelösten Phase stabilisieren können (Sigg 1992; → Kap. 5). Gelöste Liganden regeln die Konzentration freier Spurenelementionen und haben damit entscheidenden Einfluß sowohl auf das Sorptionsverhalten als auch auf die physiologische Verfügbarkeit der Spurenelemente, die in entsprechender Konzentration und Speziierung wachstumslimitierend bzw. -stimulierend auf Phytoplankton wirken können (Huntsman u. Sunda 1980; Wetzel 1983).

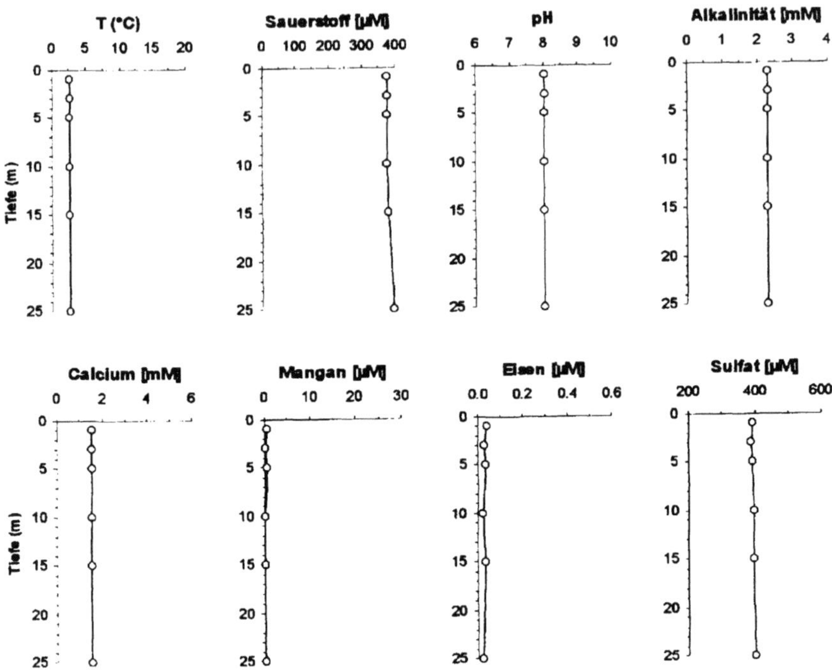

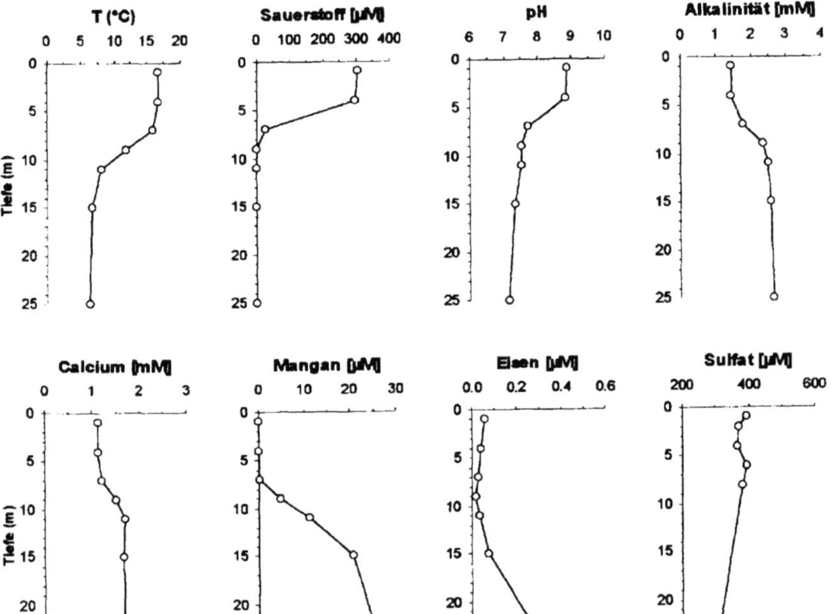

Abb. 18.1. Konzentrations-/Tiefenprofile von Temperatur T, gelöstem Sauerstoff, pH-Wert, Alkalinität und gelöstem Ca im zentralen Hauptbecken des Belauer Sees während der Vollzirkulation (Winter) und Sommerstagnation

Die räumliche Verteilung gelöster Spurenelemente in der (oxischen) Wassersäule erlaubt bereits erste Rückschlüsse auf die Prozesse, die ihre Verteilung kontrollieren. Anhand von Konzentrations-/Tiefenprofilen können drei Hauptgruppen – *konservativ*, *scavenging* und *recycling* – unterschieden werden, die an einigen Beispielen aus dem Belauer See illustriert werden sollen (Abb. 18.2). Molybdän repräsentiert den „konservativen“ Elementtyp, dessen Verteilung keine signifikante Konzentrationsänderung mit der Wassertiefe aufweist. Aufgrund seiner anionischen Speziierung ($[MoO_4]^{2-}$-Komplex) ist dieses Spurenelement neben U und Sb kaum partikelreaktiv. Weitere „konservative“ Elemente sind die Alkalimetalle Li, Na und K sowie Chlorid, Fluorid, Borat und andere. Spurenelemente wie Zn oder auch Cd und Pb gehören zum *scavenging*-Typ. Diese Elemente werden in unbelasteten Ökosystemen überwiegend atmosphärisch eingetragen und reichern sich in den oberen Wasserschichten an. Infolge ihrer ausgeprägten Partikelreaktivität werden sie an biologische und anorganische Partikel adsorbiert und zum Sediment transportiert; mit zunehmender Wassertiefe nehmen die Konzentrationen ab. Frühdiagenetische Prozesse können an der Sedimentoberfläche diese Elemente remobilisieren und im Bodenwasser anreichern. Makronährstoffe (N, P, Si) und Mikronährstoffe (z.B. Cu) werden zum Aufbau organischer Substanz benötigt und daher aktiv von Organismen aus dem Wasser aufgenommen (*nutrient*-Typ). Beim Abbau von organischer Substanz werden diese Elemente wieder freigesetzt, und dies geschieht entweder bereits in der Wassersäule (*microbial loop*), z.B. an der Grenzfläche des Metalimnions (Cu; Abb. 18.2) oder an der Sediment/Wasser-Grenze, wodurch sich die freigesetzten Nährstoffe im Tiefenwasser anreichern. Barium stellt einen Vertreter des *recycling*-Typs dar, dessen Konzentration in tieferen Wasserschichten (hier im anoxischen Hypolimnion) infolge reduktiver Lösung seiner Trägerphase (Mn-[Hydr]Oxide) in die gelöste Phase freigesetzt wird.

Die chemische Bindungsform (Speziierung) von Spurenelementen kann über verschiedene analytische Ansätze (s.u.) experimentell bestimmt (Buffle 1988) bzw. mit thermodynamischen Rechenprogramme modelliert werden (Morel u. Hering 1993). Für die Berechnung thermodynamischer Gleichgewichtsreaktionen stehen verschiedene geochemische Rechenprogramme, wie z.B. PHREEQE (Pankhurst et al. 1980), SOILCHEM (Cove u. Sposito 1992), WATEQF (Plummer et al. 1976) u.a. zur Verfügung. Mit CoTAM (Hamer u. Sieger 1994) können zudem Transportprozesse simuliert werden. Diese Programme beruhen auf der Annahme eines thermodynamischen Gleichgewichts der modellierten Lösungen und berücksichtigen in unterschiedlicher Weise Redoxreaktionen, Adsorption, Komplexierung, Fällungsreaktionen oder Mischphasenbildung. Eine quantitative Beschreibung der chemischen Prozesse muß neben thermodynamischen Betrachtungen auch kinetische Aspekte (Stumm u. Morgan 1981) umfassen. Da viele energetisch favorisierte Reaktionen nur sehr langsam ablaufen und Gewässer offene Systeme darstellen, die eine ständige Zufuhr von Materie und Energie erfahren, wird in aquatischen Ökosystemen nie ein vollständiger Gleichgewichtszustand erreicht; das System befindet sich stattdessen in einem Fließgleichgewicht (*steady state*). Beispielsweise konnten Wersin et al. (1991) in anoxischen Sedimenten des Greifensees (Schweiz) zeigen, daß entgegen den thermodynamischen Gesetz-

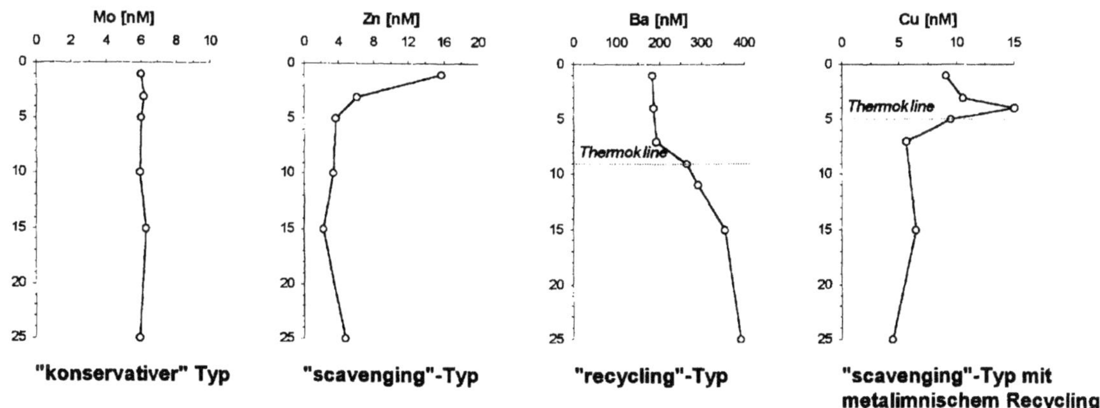

Abb. 18.2. Charakteristische Konzentrations-/Tiefenprofile gelöster Spurenelemente am Beispiel des Belauer Sees

Box 18.1 Biogeochemische Prozesse und ihr Einfluß auf die Redoxdynamik in Seen

Die Mineralisierung organischer Substanz in wassergesättigten Sedimenten wird von Berner (1980) unter dem Begriff „Frühdiagenese" zusammengefaßt. Aerobe und anaerobe Mikroorganismen katalysieren durch ihre Enzymaktivität die kinetisch gehemmten Reaktionsketten. Beim Abbau organischer Materie dienen O_2, Nitrat, Mn- und Fe-(Hydr)Oxide, Sulfat und organische Substanz als Elektronenakzeptoren, die aufgrund der Energieausbeute in dieser Reihenfolge mikrobiell veratmet werden (Stumm u. Morgan 1981; Santschi et al. 1990). Die Tabelle 18.1 beinhaltet in stark vereinfachter Form die jeweils dominierenden mikrobiellen Reaktionen, die in Tiefenprofilen ungestörter pelagischer Sedimente auftreten (Froelich et al. 1979). Die organische Substanz wird in den Reaktionsgleichungen durch die von Redfield (1958) berechnete Summenformel $(CH_2O)_{106}(NH_3)_{16}(H_3PO_4)$ ausgedrückt. Die Änderung der Freien Gibbs'schen Enthalpie (ΔG) ist in kJ mol^{-1} Glucose für eine Temperatur von 25°C und einen pH-Wert von 7 angegeben. Froelich et al. (1979) unterscheiden anhand der dominierenden Elektronenakzeptoren im Porenwasser (Interstitialwasser) ein oxisches, suboxisches und anoxisches Redoxmilieu. Berner (1981) definiert dagegen mit interstitiellen Sauerstoff- und Sulfidkonzentrationen eine oxische, postoxische, sulfidische und methanogene Sedimentzone (Tabelle 18.2). In Sedimenten mit hohen Gehalten an organischem Kohlenstoff (C_{org}) können diese Redoxmilieus eng zoniert sein bzw. gleichzeitig in einem Horizont auftreten (Jørgensen 1977; Sørensen 1982; Jørgensen u. Revsbech 1985). In thermisch geschichteten Seen kann die Ausbildung anaerober Verhältnisse eine Migration der Redoxfront aus den Sedimenten in den darüberliegenden Wasserkörper zur Folge haben.

Tabelle 18.1. Mikrobielle Abbauprozesse in Sedimenten (Froelich et al. 1979)

Prozeß – Milieu			ΔG (kJ mol^{-1})
Aerober Abbau – oxisch			
$(CH_2O)_{106}(NH_3)_{16}(H_3PO_4) + 138\ O_2$	⇔	$106\ CO_2 + 16\ HNO_3 + H_3PO_4 + 122\ H_2O$	-3190
Denitrifikation – suboxisch			
$(CH_2O)_{106}(NH_3)_{16}(H_3PO_4) + 94{,}4\ HNO_3$	⇔	$106\ CO_2 + 55{,}2\ N_2 + H_3PO_4 + 177\ H_2O$	-3030
Manganreduktion – suboxisch			
$(CH_2O)_{106}(NH_3)_{16}(H_3PO_4) + 236\ MnO_2 + 472\ H^+$	⇔	$236\ Mn^{2+} + 106\ CO_2 + 8\ N_2 + H_3PO_4 + 366\ H_2O$	-2920
Eisenreduktion – suboxisch			
$(CH_2O)_{106}(NH_3)_{16}(H_3PO_4) + 424\ FeOOH + 848\ H^+$	⇔	$424\ Fe^{2+} + 106\ CO_2 + 16\ NH_3 + H_3PO_4 + 742\ H_2O$	-1330
Sulfatreduktion – anoxisch			
$(CH_2O)_{106}(NH_3)_{16}(H_3PO_4) + 54\ SO_4^{2-}$	⇔	$106\ CO_2 + 16\ NH_3 + 54\ S^{2-} + H_3PO_4 + 106\ H_2O$	-380
Fermentation (Methanbildung) – anoxisch			
$(CH_2O)_{106}(NH_3)_{16}(H_3PO_4)$	⇔	$53\ CO_2 + 53\ CH_4 + 16\ NH_3 + H_3PO_4$	-350

Tabelle 18.2. Klassifizierung der Redoxzonen in Sedimenten nach Berner (1981). Die suboxische Redoxzone von Froelich et al. (1979) entspricht dem postoxischen Redoxmilieu von Berner (1981). Das anoxische Milieu umfaßt die sulfidischen und methanogenen Sedimentzonen

Redoxmilieu	Sauerstoff (μM)	Sulfid (μM)
oxische Sedimentzone	> 1	< 1
postoxische Sedimentzone	< 1	< 1
sulfidische Sedimentzone	< 1	> 1
methanogene Sedimentzone	< 1	< 1

Box 18.1 Biogeochemische Prozesse und ihr Einfluß auf die Redoxdynamik in Seen

In der Abbildung 18.3 ist diese saisonale Redoxdynamik in der Wassersäule und den Oberflächensedimenten schematisch dargestellt. Während der Vollzirkulation (Mitte November bis Anfang Mai) herrschen in der Wassersäule und den obersten Sedimentmillimetern oxische Redoxverhältnisse vor, so daß organische Substanz über O_2-Reduktion und Nitrifizierung abgebaut wird. Mit einsetzender Schichtung (Anfang Mai) wird aufgrund der hohen O_2-Zehrung im tieferen Hypolimnion die oxisch-suboxische Redoxgrenze nach oben ins Tiefenwasser bzw. im weiteren Verlauf der Stagnationsphase an die Thermokline verlagert. In dieser Zone kommt es aufgrund von Nitratammonifikation und Ammonifikation zu einem Anstieg der Ammoniumkonzentrationen; zusätzlich wird Ammonium aus den Sedimenten freigesetzt und kann sich aufgrund der reduzierenden Bedingungen im sub- und anoxischen Hypolimnion anreichern. Gleichzeitig setzt die Mn- und Fe-Reduktion ein, die partikuläre $Mn^{III/IV}$-(Hydr)Oxide in die gelöste Phase überführt und Mn^{II} unter suboxischen Verhältnissen mobilisiert (Davison 1993). Im suboxischen Porenwasser setzt die Fe-Reduktion ein. Die suboxisch-anoxische Redoxgrenze migriert erst in der zweiten Hälfte der Stagnation (August bis Mitte November) ins Hypolimnion, wo unter den extrem reduzierenden Verhältnissen nun Sulfat reduziert wird. In größeren Sedimenttiefen wird organische Materie über Fermentationsprozesse (Methanbildung) abgebaut. Nach dem Zusammenbruch der Schichtung (Mitte November) verlagern sich die Redoxgrenzen wieder in das Oberflächensediment. Während in der Wassersäule die Redoxmilieus im Meter-Bereich gespreizt sind, sind sie im Oberflächensediment aufgrund diffusiver Transportprozesse von Elektronenakzeptoren eng zoniert und liegen im Millimeterbereich.

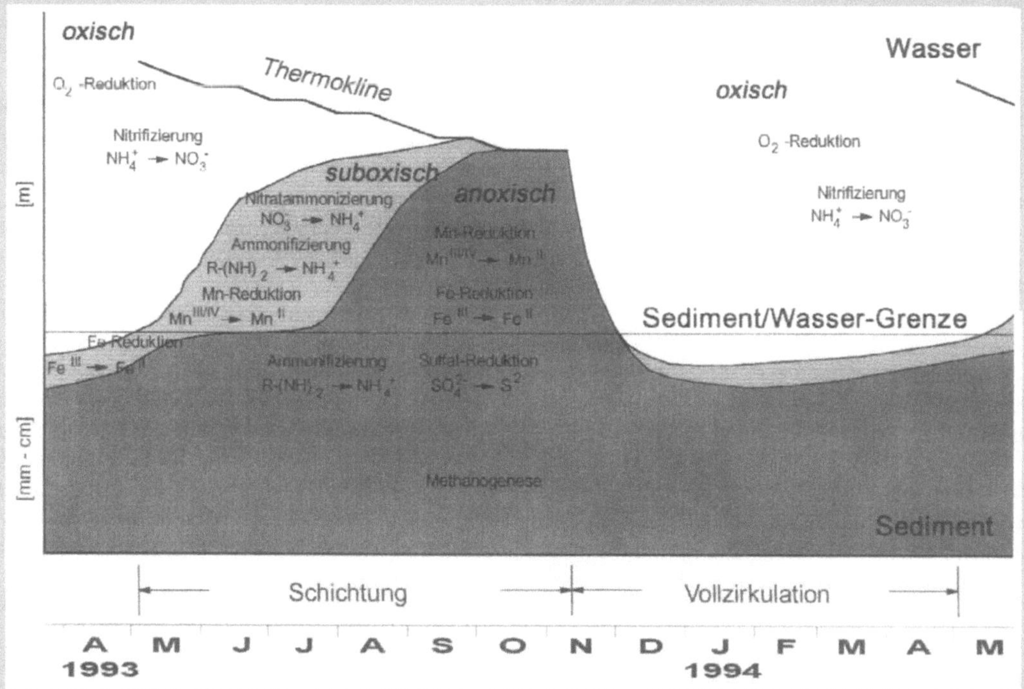

Abb. 18.3. Schematische Darstellung der zeitlichen und räumlichen Redoxdynamik in Wasserkörper und Sediment des Belauer Sees. Ebenfalls dargestellt sind die dominierenden Redoxprozesse der jeweiligen Redoxzonen

mäßigkeiten Fe^{III}-(Hydr)Oxide dominieren und die komplette Reduktion dieser Phasen zu Fe^{II} einen Zeitraum von ca. 1000 Jahren beanspruchen würde.

Partikulär gebundene Spurenelemente. Die dominierenden Trägerphasen für Spurenelemente in limnischen Ökosystemen sind organische Partikel, $CaCO_3$, Mn- und Fe-(Hydr)Oxide sowie Silikate (z.B. Tonminerale; Sigg 1985). Während $CaCO_3$ saisonal zwar einen bedeutenden Anteil an der Gesamtfraktion des absinkenden Materials einnimmt, aber nur eine geringe spezifische Oberfläche hat, weisen organische Partikel und endogene – in der Wassersäule gebildete – Mn- und Fe-(Hydr)Oxide relativ große reaktive Mineraloberflächen auf und sind für den partikulären Spurenelementtransport von wesentlich größerer Bedeutung (Sigg et al. 1987). Die Wechselwirkung zwischen gelösten Spurenelementen und den überwiegend negativen Partikeloberflächen wird neben elektrostatischen Interaktionen (Theorie der elektrischen Doppelschicht) auf oberflächenkontrollierte Prozesse zwischen gelöster Phase und funktionellen (Hydroxyl-)Gruppen der Partikel zurückgeführt (Schindler u. Stumm 1987; Westall 1987; Stumm 1992).

Die hohen partikulären Spurenelementfrachten führen zu einer Akkumulierung in den Sedimenten, die den erhöhten anthropogenen Eintrag in den letzten Jahrzehnten konserviert haben (Thomas et al. 1972; Edgington u. Robbins 1976; Nriagu 1979; Imboden et al. 1980). Chemische und mikrobielle Prozesse sind während der Frühdiagenese für einen Spurenelementkreislauf an der Sediment/Wasser-Grenze verantwortlich. Aufgrund der engen Redoxzonierung im Bereich der Sediment/Wasser-Grenze führen steile Konzentrationsgradienten im Submillimeterbereich (Davison et al. 1991; Krom et al. 1994) zu einer Rücklösung und Anreicherung von Spurenelementen im Bodenwasser. Spurenelementmobilisierung tritt außer beim Abbau organischer Substanz auch bei der reduktiven Lösung von Mn- und Fe-(Hydr)Oxiden im sub- bzw. postoxischen Milieu auf (Tessier et al. 1994). Die hohen Sulfidkonzentrationen in anoxischen Sedimenten führen allerdings für viele Spurenelementsulfide zur Wiederausfällung und Fixierung im Sediment (Stumm u. Morgan 1981).

18.4 SAISONALE UND RÄUMLICHE VARIABILITÄT VON STOFFFLÜSSEN IN DER WASSERSÄULE

In den folgenden Abschnitten sollen für die Spurenelemente Mn, Cu und Pb sowie Mo prinzipiell unterschiedliche geochemische Kreisläufe im aquatischen System Belauer See als Fallbeispiele vorgestellt und auf Basis der Redox-, Komplexierungs- und Sorptionseigenschaften dieser Elemente diskutiert werden.

Methoden. Um die räumliche Verteilung und zeitliche Konzentrationsdynamik gelöster Stoffe im Belauer See zu erfassen, wurden an drei Dauerstationen (L01 = Seemitte, L11 = Sublitoral Nord, und L12 = Sublitoral Süd) in ein- bis vierwöchentlichen Abständen Wasserproben aus jeweils sechs verschiedenen Wassertiefen (oberes, mittleres und unteres Epilimnion, Metalimnion, oberes und unteres Hypolimnion) genommen, unter Schutzgas durch 0,4 μm-Membranen druckfiltriert und mit F-AAS bzw. ICP-MS analysiert (Garbe-Schönberg 1993; Hagelberg 1994). Partikuläre Sinkstoffe (Seston) wurden im selben Rhythmus an denselben drei Stationen mit zylindrischen Sinkstoffallen in drei Wassertiefen (L01: 6, 18 und 25 m) bzw. in jeweils einer Wassertiefe (L11, L12: 8 m) gewonnen, aufgeschlossen und analysiert (Arpe 1995). Die Berechnung der diffusiven Stoffflüsse erfolgte nach der Gradientenmethode über das 1. Fick'sche Gesetz (Berner 1980). Partikuläre Stoffflüsse in das Sediment lassen sich aus Konzentration, Dichte, Porosität und Sedimentationsrate berechnen (Hamilton-Taylor 1979).

Mangan

Mangan spielt neben Fe in aquatischen Systemen eine bedeutende Rolle innerhalb der biogeochemischen Kreisläufe anderer, z.T. essentieller Elemente wie C, S, P oder Spurenelemente (Burdige 1993). So sind die enge Kopplung von Fe- und P-Kreislauf und seine weitreichenden Auswirkungen auf den Trophiezustand seit den klassischen Arbeiten von Einsele (1936, 1941) und späteren Bearbeitern (z.B. Hutchinson 1957; Tessenow 1972–75; Emerson 1976; Wetzel 1983; Buffle et al. 1989) bekannt. Autochthone Mn- und Fe-(Hydr)Oxide verfügen mit ihren großen Partikeloberflächen über ausgezeichnete Adsorptionseigenschaften, die maßgeblich die Konzentrationsverteilung gelöster Spurenelemente (z.B. Schwermetalle) bestimmen (Sigg 1985, 1994) und dadurch indirekten Einfluß auf den trophischen und ökotoxikologischen Zustand limnischer Systeme haben (Stumm u. Baccini 1978; Förstner u. Wittmann 1979; Salomons u. Förstner 1984). Neben den Wechselwirkungen mit biogeochemischen Kreisläufen unterliegen Mn und Fe einem ausgeprägten Redoxkreislauf in Seen, der in oberflächennahen Wasserschichten durch Photoreduktion bzw. in größeren Wassertiefen und Oberflächensedimenten von produktiven Seen durch ein saisonales Sauerstoffdefizit im Hypolimnion induziert wird (Davison 1993; De Vitre et al. 1994). In Abhängigkeit von ihrer Speziierung haben Mn und

Fe physiologische Funktionen als essentielle Mikronährstoffe z.B. für Phytoplankton (Schwoerbel 1987). Beide Elemente liegen unter reduzierenden Bedingungen als gelöste Mn^{II}- bzw. Fe^{II}-Ionen vor und gehen unter oxidierenden Verhältnissen in partikuläre Mn^{III}/Mn^{IV}- und Fe^{III}-Phasen über. Neben den herrschenden Redoxbedingungen haben anorganische Liganden und organische Komplexbildner (besonders Humin- und Fulvinsäuren) großen Einfluß auf die Speziierung (Bindungsform) von Mn und vor allem Fe, die auch in oxischen Wässern beide Elemente in Lösung halten können (Salomons u. Förstner 1984; Davison 1993).

Die Kenntnis des redoxinduzierten Mn- und Fe-Kreislaufs ist Grundvoraussetzung für ein Verständnis der aquatischen Spurenelement-Geochemie eines Sees. Nur so sind Aussagen über den Verbleib und die Freisetzung von Spurenelementen sowie über ihr frühdiagenetisches Verhalten möglich. Hohe Produktivität, saisonale Anoxie und geringer Allogeneintrag machen den Belauer See zu einem idealen natürlichen Labor, um den Einfluß von Redoxprozessen und biologischen Interaktionen auf den Mn/Fe- und Spurenelementkreislauf in einem eutrophen Hartwassersee aufzuzeigen (Zeiler et al. 1996a).

Wechselwirkung mit biologischen Prozessen in der Wassersäule. Während der Frühjahrs- und Sommeralgenblüten entsteht ein hoher Partikelfluß durch absinkendes organisches Material; der POC-Fluß (POC = partikulärer organischer Kohlenstoff) hat zu dieser Zeit ein Maximum. Zeitgleich werden hohe *partikuläre* Mn-Flußraten beobachtet (April bzw. Juni, Abb. 18.4b, c). Innerhalb der photischen Zone wird Mn adsorptiv an Algenzellen gebunden oder aktiv von Phytoplankton aufgenommen und mit dem partikulären Biodetritusfluß zur Sedimentoberfläche transportiert. Weitere Algenblüten im Laufe des Jahres induzieren in der Regel einen geringeren partikulären Mn-Fluß, was auch mit der Artenzusammensetzung des Phytoplanktons in Zusammenhang gebracht wird. An der Sediment/Wasser-Grenze werden die labilen Anteile der frisch sedimentierten organischen Substanz schnell über mikrobiell katalysierte Reaktionsketten abgebaut. Der hierbei entstehende hohe Verbrauch von Elektronenakzeptoren führt zu einer extremen Sauerstoffzehrung, reaktive $Mn^{III/IV}$-(Hydr)Oxide werden unter den nun herrschenden suboxischen Redoxbedingungen mikrobiell veratmet. Die Folge ist eine Freisetzung von *gelöstem* Mn^{II} ins Bodenwasser bzw. Sedimentporenwasser.

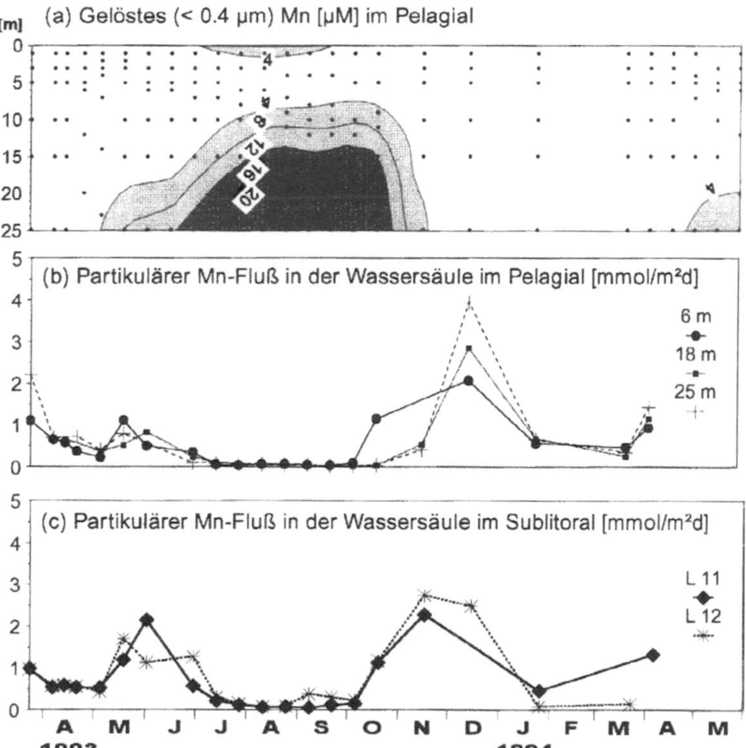

Abb. 18.4. Gelöstes Mn und partikuläre Stoffflüsse im Belauer See. **a)** Raumzeitliche Isoplethendarstellung (Kriging-Verfahren) für gelöstes Mn (< 0,4 μm) im Pelagial. Die Punkte symbolisieren Beprobungstermine (Expositionsende) und Entnahmetiefen. **b)** Partikulärer Mn-Fluß in drei Wassertiefen (6, 18, 25 m) an der Pelagialstation und **c)** in jeweils einer Wassertiefe (bodennah) an der nördlichen (L11) und der südlichen (L12) Sublitoralstation

Mn-Recycling zu Beginn der Stagnation. Zu Beginn der Schichtungsphase wird aus dem Sediment rückgelöstes Mn (vgl. Abschnitt 18.5) im suboxischen Hypolimnion angereichert, in dem jetzt reduzierende Bedingungen herrschen (Abb. 18.4a, vgl. Abb. 18.2). Dieses gelöste Mn^{II} wird in höheren Wasserschichten (ca. 19–25 m bei der Pelagialstation L01) bzw. an der Redoxkline (Sublitoralstationen L11 und L12) reoxidiert und somit wieder in eine partikuläre Phase transformiert, so daß es Mitte Mai zu erhöhten Partikelflüssen in der pelagialen 25-m-Falle und in den litoralnahen Sinkstoffallen kommt (Abb. 18.4b, c). Die neugebildeten partikulären $Mn^{III/IV}$-(Hydr)oxide sinken ab, gehen jedoch unter den suboxischen Redoxbedingungen des tieferen Hypolimnions wieder in Lösung. Durch diesen Kreislauf wird Mn^{II} weiter im Bodenwasser angereichert. An den Sublitoral-Stationen im Nord- und Südbecken findet ein höherer partikulärer Mn-Fluß statt (Abb. 18.4b), da die Redoxkline (oxisch-suboxisch) nur wenige Meter (4–6 m) über der Sedimentoberfläche liegt und ein rasches Recycling gelöster Mn^{II}-Spezies zu partikulären $Mn^{III/IV}$-(Hydr)Oxiden stattfinden kann. Aus diesen Bereichen werden durch horizontalen Transport in relativ kurzer Zeit partikuläre Mn-Phasen ins Epilimnion des Pelagials verfrachtet. Im Pelagial sinken die $Mn^{III/IV}$-Phasen langsam ab und finden sich nach 14 Tagen (Anfang Juni) in der 18 m-Sinkstoffalle wieder (Zeiler 1995). Davison et al. (1982) und Imboden et al. (1983) bestätigen die dominierende Bedeutung horizontaler Transportprozesse gegenüber vertikalen Austauschprozessen in geschichteten Seen. Der Recyclingprozeß verdeutlicht, daß der partikuläre Mn-Transport vor allem über die Redoxchemie und weniger über Sorption und biologische Aufnahme kontrolliert wird.

Kreislauf im geschichteten See. Die Anreicherung gelöster Mn-Spezies beschränkt sich zunächst auf das untere Hypolimnion (Abb. 18.4a). Im oberen Bereich des Hypolimnions dominiert die Nitrifizierung, und die vorhandenen O_2-Konzentrationen reichen aus, damit die aus dem Epilimnion absinkenden $Mn^{III/IV}$-Phasen nicht reduziert werden. Der diffusive Mn-Fluß aus dem Sediment ist bereits rückläufig, trägt aber zur Anreicherung von gelöstem Mn im unteren suboxischen Hypolimnion noch wesentlich bei. Im Juli geht der partikuläre Mn-Fluß aus dem Epilimnion zurück, wobei zunächst der Fluß im Hypolimnion größer ist als im Epilimnion, da partikuläres Mn aus der Juni-Algenblüte zeitverzögert die 18 m- bzw. 25 m-Sinkstoffalle erreicht. In der Folge ist der epilimnische Mn-Partikelfluß höher als der hypolimnische, d.h. spätestens jetzt wird deutlich, daß die Reduktion bzw. Auflösung absinkender $Mn^{III/IV}$-Phasen erheblich zur Anreicherung im anoxischen Hypolimnion beiträgt (Abb. 18.4b und 18.5).

Im September steigen zwischenzeitlich die partikulären Mn-Flüsse im südlichen Hauptbecken im Zusammenhang mit einer herbstlichen Algenblüte etwas an (Abb. 18.4c). Dieses Ereignis hat Auswirkungen auf den Mn-Fluß im Pelagial (Abb. 18.4b), da hori-

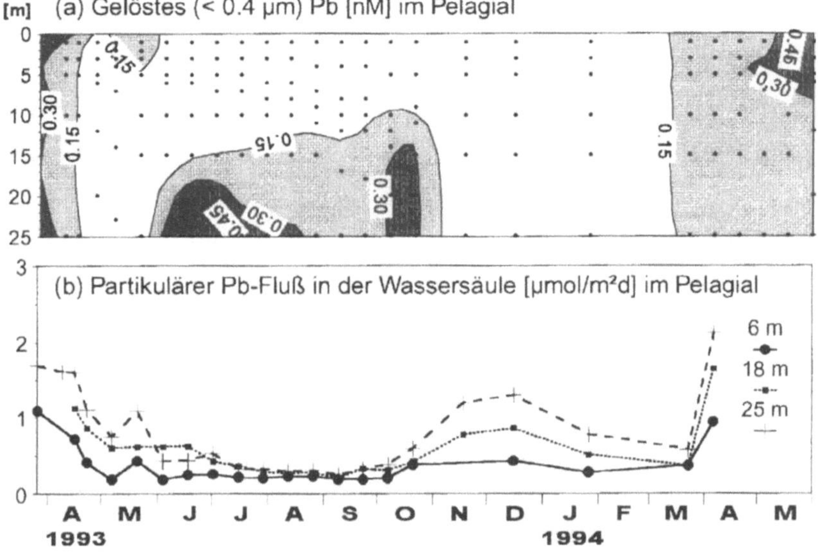

Abb. 18.5. Gelöstes Pb und partikuläre Stoffflüsse im Belauer See. **a)** Raum-zeitliche Isoplethendarstellung (Kriging-Verfahren) für gelöstes Pb (< 0,4 μm) im Pelagial. Die Punkte symbolisieren Beprobungstermine (Expositionsende) und Entnahmetiefen.
b) Partikulärer Pb-Fluß in drei Wassertiefen (6, 18, 25 m) an der Pelagialstation

zontale Strömungen im Epilimnion partikuläres Mn aus dem südlichen Hauptbecken in die Seemitte transportieren. Im Oktober gelangen die litoralnahen Stationen aufgrund der Tiefenverlagerung der Thermokline unter oxidierende Verhältnisse. In der Folge kommt es zu einer Reoxidation der gelösten Mn-Spezies und einem sprunghaften Anstieg des partikulären Mn-Flusses in den litoralnahen Zonen des Sees. Die etwa gleich hohen partikulären Mn-Flüsse in allen epilimnischen Sinkstoffallen zeigen, daß die Volumenausdehnung des Epilimnions auch im Pelagial Konsequenzen für den Mn-Kreislauf an der Redoxgrenze hat: vertikale Prozesse (Diffusion, Turbulenzen, etc.) verfrachten gelöstes Mn aus dem anoxischen Hypolimnion über die Thermokline, das unter den dortigen Redoxverhältnissen recycelt wird. Über horizontale Austauschprozesse werden partikuläre Mn-Phasen aus dem sublitoralen ins pelagische Epilimnion verfrachtet und dort sedimentiert.

Fällungsprozesse nach dem Zusammenbruch der Schichtung. Mit dem Beginn der Vollzirkulation (Anfang November) werden auch die tieferen Wasserschichten von oxidativen Prozessen erfaßt, und $Mn^{III/IV}$-Phasen werden verstärkt dem Sediment zugeführt. Die herbstlichen Mischungsprozesse bewirken in den Bereichen mit geringer Wassertiefe Resuspensionsvorgänge, die zu den hohen partikulären Mn-Flüssen beitragen (Abb. 18.4b, c). Im Dezember führt die Sedimentation resuspendierter Mn-Phasen an allen Stationen zu den höchsten Akkumulationsraten von Mn während des Bearbeitungszeitraums. Da die partikulären $Mn^{III/IV}$-(Hydr)Oxide überwiegend sedimentären Ursprungs sind, spielt der allochthone Eintrag von Mn in dieser Phase eine untergeordnete Rolle. Die Verlagerung der Redoxkline unter die Sediment/Wasser-Grenze führt dort zu steilen Konzentrationsgradienten, die einen Anstieg des diffusiven Mn-Flusses ins Bodenwasser induzieren (vgl. Abb. 18.7).

Kupfer, Blei

In aquatischen Systemen ist Cu überwiegend in gelösten (organischen) Komplexen gebunden und in eine Reihe von Stoffwechselprozessen involviert, von denen einige das Cu^{I}/Cu^{II}-Redoxpotential nutzen. Kupfer spielt eine wichtige Rolle als Zentralkation beim Aufbau von Proteinen und Enzymen. Blei wird dagegen als nicht-essentielles, in höheren Dosen toxisch wirkendes Spurenelement angesehen, das in unbelasteten Ökosystemen in geringen Konzentrationen auftritt. Das Element wird (wie Zn und Cd) hauptsächlich über die Atmosphäre in die Umwelt eingetragen und kann daher über große Entfernungen hinweg verbreitet werden (→ Kap. 1, 2, 4). Blei wurde durch die Einführung als Antiklopfmittel in Kraftstoffen und den stetig zunehmenden Kraftverkehr in der Umwelt angereichert (Nriagu 1979; Kersten et al. 1992; → Kap. 10, 13). Süßwasser reagiert neben der Atmosphäre besonders empfindlich auf anthropogene Einflüsse und Störungen. Aus diesem Grund spielen die aquatischen Kreisläufe von bioaktiven Spurenelementen wie Cu, Pb u.a. eine wichtige Rolle in der trophischen und ökotoxikologischen Entwicklung stehender Gewässer.

Baccini (1976) erstellt auf der Basis gelöster und partikulärer Schwermetallfrachten im eutrophen Alpnacher See (CH) Metallbilanzen, nach denen der Input von Cu, Pb (und Zn, Cd) durch die Zuflüsse bestimmt wird bzw. ihre Exportraten aus dem See in der Größenordnung von 50% liegen. Außerdem wird der gelöste Anteil von Cu nur zu einem geringen Prozentsatz (0–25%) zurückgehalten. Sigg et al. (1982) und Stabel et al. (1991) können mit Hilfe einer verbesserten Spurenelementanalytik die saisonale Konzentrationsverteilung von gelöstem (und partikulärem) Cu und Pb im Bodensee nachweisen. Phytoplankton und allochthone Partikel entziehen den oberflächennahen Wasserschichten Nährstoffe und Spurenelemente, die unterhalb der photischen Zone infolge des mikrobiellen Abbaus organischen Debris' wieder freigesetzt werden. Über der Sedimentoberfläche stellen remobilisierte Mn- und Fe-(Hydr)Oxide wichtige Trägerphasen für Cu und Pb dar. $CaCO_3$ spielt eine unbedeutende Rolle für die Sedimentation von Cu und Pb (Sigg et al. 1987). Hamilton-Taylor et al. (1984) ermittelten im Lake Windermere (UK) Freisetzungsraten von 0–30% für Pb (und Zn), die mit allochthonen Partikeln in den See eingetragen werden. Kupfer, das überwiegend biogen gebunden ist, wird bis zu 90% recycelt. Die Bedeutung des Sediments für den Spurenelementhaushalt in Seen stellen Carignan u. Nriagu (1985) und Morfett et al. (1988) heraus, die eine frühdiagenetische Freisetzung von Cu, Cd, Zn und Pb unterhalb der Sedimentoberfläche beobachten. Im Esthwaite Water (UK) wird aufgrund von Diffusion aus dem Sediment eine Anreicherung von Cu (und Zn) in der Bodenwasserzone beobachtet, die auf den Abbau organischer Substanz an der Sedimentoberfläche zurückgeführt wird. Obwohl Mn und Fe im Esthwaite Water eine ausgeprägte saisonale Redoxdynamik aufweisen, zeigen sich für gelöste Spurenelemente keine vergleichbaren Änderungen (Morfett et al. 1988). Balistrieri et al. (1992, 1994) weisen dagegen eine redoxinduzierte Dynamik von Cu in der Wassersäule von Seen mit anoxischem Hypolimnion nach, wobei insbesondere an der Grenze oxisch-suboxisch Zn und Pb mobilisiert werden. Erste Ergebnisse zur aquatischen Spurenelementdynamik in Wasserkörper, Sediment und Plankton ostholsteinischer Seen wurden von Groth (1971) für Cu (und Zn) vorgestellt, der den kontrollierenden Einfluß der Primärproduktion auf den Kreislauf von Cu hervorhebt.

Viele Arbeiten beschränken sich auf die Dynamik ausgewählter Spurenelemente entweder in der Wassersäule oder in den rezenten Oberflächensedimenten und in manchen Fällen nur auf die gelöste oder partikuläre Phase. Hier werden jedoch die kompartimentübergreifende, saisonale und räumliche Dynamik der Konzentrationsverteilung sowie die Stoffflüsse der gelösten und partikulären Spurenelemente Cu und Pb vorgestellt (Zeiler et al. 1996b; → Kap. 17).

Einfluß der Planktonblüten auf den Spurenelementtransport in der Wassersäule. Die Sedimentation von Algenblüten induziert im Belauer See partikuläre Flußraten von Cu und Pb (Abb. 18.5b), die vergleichbar sind zum Lake Windermere des englischen Seendistrikts (Hamilton-Taylor et al. 1984) oder Zürichsee (Sigg et al. 1987). Partikuläres Cu und Pb werden verstärkt mit Diatomeendetritus im Frühjahr zur Sedimentoberfläche transportiert (Hamilton-Taylor et al. 1984). Die biologische Aufnahme von Cu (Bruland et al. 1991) sowie Adsorption an die großen spezifischen Oberflächen der biologischen Partikel sind für diesen effizienten Transportmechanismus verantwortlich (Fisher et al. 1984; Sigg et al. 1987; Xue et al. 1988). In Phytoplanktonproben des Belauer Sees nimmt die Konzentration der Spurenelemente in der Reihenfolge: Zn (1,70 μmol kg^{-1}) > Cu (0,29 μmol kg^{-1}) > Pb (11,1 nmol kg^{-1}) > Cd (1,96 nmol kg^{-1}) ab (Scharenberg 1995, unveröff. Daten). Diese Konzentrationsabfolge steht im Einklang mit Ergebnissen aus dem Bodensee und Zürichsee (Sigg 1985; Sigg et al. 1987).

Während der Diatomeenblüte treten hohe Konzentrationen von *gelöstem* Cu und Pb in den obersten Wasserschichten auf (Abb. 18.5a), die nicht ausschließlich auf erhöhte atmosphärische Deposition zurückzuführen sind. In der jüngsten Literatur wird zunehmend die Bildung stabiler gelöster Organometallkomplexe mit Exsudaten des Phytoplanktons diskutiert und für erhöhte gelöste Spurenelementkonzentrationen verantwortlich gemacht (Xue u. Sigg 1993; Santana-Casiano et al. 1995; González-Dávila 1995; Sunda u. Huntsman 1995). Die Komplexierung von Zn, Pb und vor allem von Cu mit Huminstoffen als organischen Liganden ist in limnischen und marinen Systemen seit längerem bekannt (Baccini u. Suter 1979; Zhou et al. 1989; Morel u. Hering 1993; Balistrieri et al. 1994). Die Bildung dieser Organometallkomplexe verringert deutlich den Anteil freier Aquoionen. Da Phytoplankton in der Lage ist, Konzentration und Speziierung von Metallen in seiner unmittelbaren Umgebung zu ändern (Huntsman u. Sunda 1980; Wetzel 1983), stellt sich die interessante Frage, inwieweit sich die Diatomeen des Belauer Sees damit einen sicheren Mikronährstoffpool (und Schutzmechanismus vor toxischen freien Schwermetallionen) geschaffen haben.

Spurenelementverhalten während des Mn/Fe-Recyclings. Beim Abbau des frisch sedimentierten Diatomeendetritus kommt es zur Freisetzung adsorbierter oder inkorporierter Spurenelemente, die in die Bodenwasserzone freigesetzt werden. Kupfer und Pb sind an das Mn/Fe-Recycling zu Beginn der Stagnation gekoppelt (Abb. 18.4). Neu gebildetete $Mn^{III/IV}$- und Fe^{III}-(Hydr)Oxide adsorbieren im oxischen Epi- und Hypolimnion die remobilisierten Spurenelementspezies und überführen sie in die partikuläre Phase (Morfett et al. 1988; Davison 1993; Balistrieri et al. 1994). Sie unterliegen denselben hydrodynamischen Prozessen wie ihre Trägerphasen und werden im unteren Hypolimnion resedimentiert oder über horizontale Mischungsprozesse aus den litoralnahen Bereichen ins Pelagial verfrachtet (s.o.). Teilweise werden im Zuge der reduktiven Lösung absinkender Mn- und Fe-(Hydr) Oxide im suboxischen Bodenwasser Cu und Pb erneut freigesetzt und unterliegen einem schnellen Recyclingprozeß. Im Detail zeigen diese Spurenelemente jedoch signifikante Unterschiede.

Für Pb sind zwei Mechanismen zu diskutieren: (1) die hohe Partikelreaktivität von Pb und seine geringere Affinität zu organischen Liganden unterbinden während des Mn/Fe-Recyclings eine Anreicherung in der gelösten Phase des Hypolimnions. Erst nach dem Recyclingprozeß baut der diffusive Fluß an der Grenzfläche eine entsprechende Pb-Konzentration im suboxischen Bodenwasser auf (Abb. 18.5a), wenn die niedrigen Mn- und Fe-(Hydr)Oxidflüsse nicht mehr in der Lage sind, adsorptiv gebundenes Pb in der partikulären Phase zu halten. (2) Pb kann aufgrund einer festen Bindung an Algen(stütz)gewebe (Fisher et al. 1983; Lee u. Fisher 1993) erst verzögert, d.h. nach dem Mn/Fe-Recycling, freigesetzt und im Bodenwasser angereichert werden.

Redoxinduzierter Spurenelementkreislauf im geschichteten See. Trotz erheblicher Freisetzung aus dem Sediment (vgl. Abb. 18.8) nimmt die gelöste Cu-Konzentration der Wassersäule im weiteren Verlauf der Schichtung kontinuierlich ab, da sich mit zunehmender Anoxie im Hypolimnion der S-Kreislauf zuschaltet und die Cu-Konzentration kontrolliert. Die zunehmenden partikulären Cu-Konzentrationen und -Flüsse im anoxischen Hypolimnion (hier nicht dargestellt) sowie thermodynamische Modellrechnungen bestätigen, daß aufgrund von Fällungsreaktionen partikuläres CuS(s) gebildet wird. Als Folge nimmt der partikuläre, sedimentäre Cu-Fluß an der Grenzfläche zu, so daß die in der anoxischen Wassersäule neu gebildeten CuS-Phasen im Oberflächensediment akkumuliert werden.

Im sub- und anoxischen Hypolimnion unterhalb der Thermokline tritt Pb trotz Gegenwart von Sulfid in der „gelösten" Phase in erhöhten Konzentrationen auf (Abb. 18.5a). Thermodynamische Modellrechnungen zeigen, daß Pb im anoxischen Milieu als partikuläres PbS(s) vorliegen muß. Möglicherweise wird durch Komplexierung der Oberfläche von Pb-Sulfiden (oder Fe-Sulfiden, in denen Pb miteingebaut wird) durch organische Liganden ein weiteres Kristallwachstum der Sulfide unterbunden (Helz u. Uhler 1982; Uhler u. Helz 1984), so daß diese in der mit < 0,4 μm definierten „gelösten" Phase verbleiben. Denkbar ist auch die direkte Bildung von löslichen Organo-Pb-Verbindungen. Hier müssen speziesanalytische Untersuchungen ansetzen. Gegen Ende der Schichtung kommt es zur Ausbildung eines zweiten Konzentrationsmaximums von gelöstem Pb im Hypolimnion, das auf die Desorption von absinkenden Mn-(Hydr)Oxiden zurückgeführt wird (Abb. 18.5a, vgl 18.4a). Diese autochthonen *scavenger*-Phasen verdanken ihre Neubildung der Tiefenverlagerung der Thermokline und der Reoxidation mobilisierter Mn-Spezies in den litoralnahen Zonen. Über horizontale Mischungsprozesse werden sie ins pelagische Epilimnion eingetragen und können dort sedimentieren. Beim Übergang in die anoxische Redoxzone wird durch reduktive Lösung der Mn-Phasen adsorbiertes Pb freigesetzt.

Fällungs- und Sorptionsprozesse von Spurenelementen nach dem Zusammenbruch der Schichtung. Die im anoxischen Hypolimnion angereicherten gelösten Spurenelemente werden an autochthon neugebildete Mn- und Fe-(Hydr)Oxide (vgl. Abschnitt 18.5) adsorbiert und im Sediment akkumuliert, so daß erhöhte partikuläre bzw. sedimentäre Flußraten resultieren (Abb. 18.5b).

Molybdän

In aquatischen Systemen liegt Mo – wie Sb und U – unter oxischen Bedingungen als anionischer Spurenelementkomplex vor, der im Gegensatz zu vielen anderen Metallionen in Lösung kaum partikelreaktiv ist und sich konservativ verhält (Manheim 1974; Bruland 1983). Ihre hohe Mobilität können diese redoxsensitiven Elemente verlieren, wenn sie unter reduzierende Bedingungen gelangen und aufgrund von Fällungsreaktionen bzw. Sorptionsprozessen in die partikuläre Phase überführt und dem Kreislauf im Wasser entzogen werden (van der Weijden et al. 1990; Emerson u. Huested 1991). Molybdän ist ein essentielles Spurenelement, das für die Enzymaktivität vieler Organismen unerläßlich ist (Davis 1991). In natürlichen Gewässern dominiert Mo^{VI}, das stark hydrolysiert und überwiegend als $[MoO_4]^{2-}$-Komplex vorliegt. Unter reduzierenden Bedingungen ist Mo^{IV} die thermodynamisch stabilere Spezies, die in Anwesenheit von H_2S als $Mo^{IV}S_2$ ausgefällt werden kann (Emerson u. Huested 1991). $[Mo^{VI}O_4]^{2-}$ kann von organischer Substanz zu $[Mo^{V}O]^{2+}$ reduziert und gebunden werden (Bertine 1972; Brumsack u. Gieskes 1983).

Spurenelementverteilung und -flüsse zu Beginn der Stagnation. Die saisonale Änderung der Konzentrationsverteilung gelöster Mo-Spezies zeigt eine enge Kopplung an die Redoxdynamik im Hypolimnion, die Phasenübergänge (gelöst-partikulär) induziert und sich signifikant auf das Transportverhalten dieses Elementes im See auswirkt (Zeiler et al. 1996c). Im durchmischten oxischen Wasserkörper liegt eine relativ homogene Konzentrationsverteilung von Mo (6,14 ± 0,34 nM) vor (Abb. 18.6a; nächste Seite). Erhöhte Konzentrationen von Mo werden im Epilimnion zu Beginn der Stagnation beobachtet, die indirekt auf den Eintrag über die Alte Schwentine zurückzuführen sind: aufgrund der thermischen Schichtung wird dieses Spurenelement in dem volumenreduzierten Wasserkörper des Epilimnions aufkonzentriert. Möglicherweise spielt auch für Mo eine Stabilisierung durch Algenexsudate eine Rolle. Während die Sedimentation der Diatomeenblüte zwar zu ersten erhöhten partikulären Mo-Flüssen führt (Abb. 18.6b), sind keine nennenswerten Konzentrationsänderungen in der gelösten Phase des durchmischten Wasserkörpers zu beobachten (Abb. 18.6a). Das einsetzende Mn/Fe-Recycling durch Abbau frisch sedimentierten Algendetritus' wirkt sich jedoch nachhaltig auf die partikulären Mo-Transportraten aus, da dieses Spurenelement an die reaktiven Oberflächen von Mn-(Hydr)Oxide adsorbiert (Berrang u. Grill 1974; Magyar et al. 1993) und verstärkt sedimentiert wird. Mo erfährt aufgrund dieses *scavenging* durch Mn-(Hydr)Oxide eine erste Konzentrationsabnahme im unteren Hypolimnion.

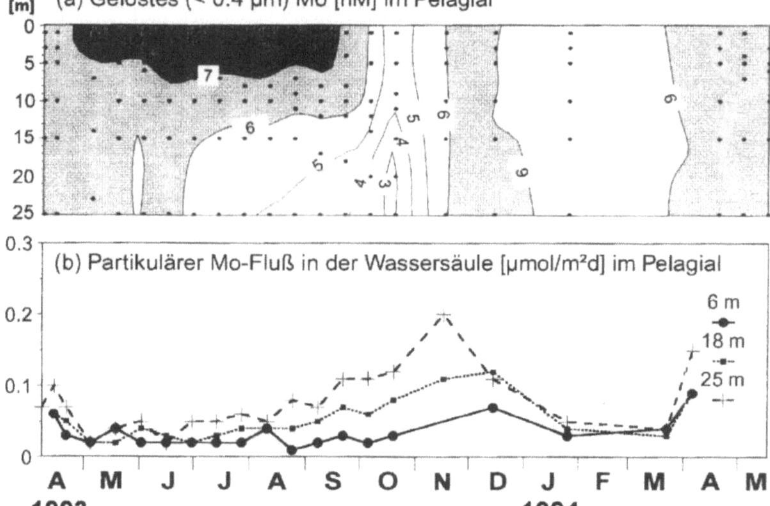

Abb. 18.6. Gelöstes Mo und partikuläre Stoffflüsse im Belauer See. **a)** Raumzeitliche Isoplethendarstellung (Kriging-Verfahren) für gelöstes Mo (< 0,4 μm) im Pelagial. Die Punkte symbolisieren Beprobungstermine (Expositionsende) und Entnahmetiefen. **b)** Partikulärer Mo-Fluß in drei Wassertiefen (6, 18, 25 m) an der Pelagialstation

Fällung im geschichteten See. Im weiteren Verlauf der Stagnation sinken die Konzentrationen von gelöstem Mo schnell ab. Molybdän wird im sub- bis anoxischen Hypolimnion aus der gelösten Phase abgereichert (bis 2,39 bzw. 1,51 nM; Abb. 18.6a), während partikuläre Konzentrationen und Flüsse im selben Zeitraum zunehmen (Abb. 18.6b). Da $[MoO_4]^{2-}$ selbst unter anoxischen Redoxverhältnissen thermodynamisch stabil ist (Balistrieri et al. 1994), müssen unter den reduzierenden Bedingungen natürlicher Systeme Mikroorganismen in den Spurenelementkreislauf eingreifen und Mo in die partikuläre Phase überführen. Molybdän wird von denitrifizierenden Bakterien zur Synthese von Nitratreduktase aufgenommen (Magyar et al. 1993). Unter den suboxischen Verhältnissen zu Beginn der Stagnation kommt es aufgrund von Sauerstoffmangel zu einer Nitratreduktion, die diesen Prozeß vermutlich in Gang setzt. Ein weiterer Mechanismus wäre die Reduktion zu $[Mo^{V}O]^{3+}$, das durch Adsorption an negative Oberflächen von organischen Sinkstoffen oder Mn- und Fe-(Hydr)Oxiden in die partikuläre Phase überführt und sedimentiert wird (Bertine 1972). Mit einsetzender Anoxie im Hypolimnion kommt es zu einem erneuten Anstieg des partikulären Mo-Flusses, der sich gegen Ende der Stagnation in erhöhten sedimentären Mo-Flüssen äußert (Abb. 18.6b). Nach Magyar et al. (1993) sind im sulfidischen Milieu des Greifensees Kopräzipitate aus FeS · MoS_3 für die Konzentrationsabnahme verantwortlich. Die Autoren können aufgrund zweier verschiedener analytischer Ansätze (Polarographie und ICP-MS) eine Reduktion von Mo^{VI} unter den gegebenen Redoxverhältnissen und damit die Bildung von $Mo^{IV}S_2$ ausschließen. Der hohe Partikelfluß von Mo im November (19.10.–16.11.1993) ist auf massive (Mit-)Fällungs- und Adsorptionsreaktionen unter den extrem anoxischen Bedingungen im Hypolimnion zurückzuführen.

18.5 FRÜHDIAGENESE-INDUZIERTE PROZESSE UND STOFFFLÜSSE AN DER SEDIMENT/WASSER-GRENZE

In Sedimenten, die reich sind an organischer Substanz, ist die O_2-Eindringtiefe sehr gering. Frühdiagenetische Redoxreaktionen und induzierte Transportprozesse laufen in den obersten Sedimentschichten auf engstem Raum im Millimeter- bis Mikrometermaßstab ab (vgl. Abschnitt 18.3; → Kap. 19). Dies erfordert methodisch eine besondere Herangehensweise, bei der insbesondere eine räumlich hochauflösende Probennahme von Bedeutung ist, um realistische Diffusionsgradienten bestimmen zu können. Für einige Parameter stehen mittlerweile Mikroelektroden mit einer Auflösung im Mikrometerbereich zur Verfügung: z.B. Sauerstoff, Sulfid, pH-Wert. Zur Bestimmung aller anderen Stoffe wurden im Rahmen dieser Studie entweder Sedimentkerne genommen, unter Schutzgas in 5 mm-Sektionen

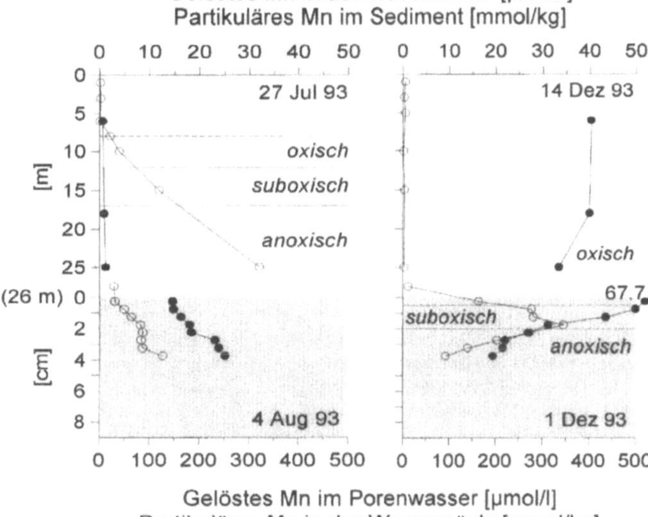

Abb. 18.7. Konzentrations-/Tiefenprofile für gelöstes (< 0,4 μm; o) und partikuläres (•) Mn in Wassersäule und Porenwasser bzw. Sediment während der Sommerstagnation (27. Juli–4. August 1993) und der Vollzirkulation (1.–14. Dezember 1993) des Belauer Sees (Pelagialstation). Man beachte die unterschiedlichen Maßstäbe für Tiefe (m bzw. cm) und Konzentration (μM bzw. mM)

beprobt und zentrifugiert, oder es wurde Porenwasser direkt mittels Dialysetechnik (*peeper*, 0,2 μm Membran, Auflösung 1 cm) gewonnen (Zeiler 1995). Im folgenden werden wiederum am Beispiel der Elemente Mn, Cu, Pb und Mo prinzipielle Prozesse der Frühdiagenese und ihre Bedeutung für die Fixierung oder Remobilisierung von Spurenelementen in bzw. aus Sedimenten erläutert (Zeiler et al. 1996a, b, c).

Mangan

Während der Schichtungsphase zeigt der Verlauf der Konzentrations-/Tiefenprofile der gelösten und festen Phase im Sediment an, daß Mn aus tieferen Sedimentschichten (> 4 cm) remobilisiert wird und in Richtung des Konzentrationsgefälles aus dem Sediment diffundiert (Abb. 18.7, man beachte die unterschiedlichen Maßstäbe). Die Zunahme von interstitiell gelöstem Mn ist vermutlich auf die Anwesenheit von partikulären $MnCO_3$ in tieferen (< 4 cm) Horizonten zurückzuführen, da oxidische Mn-Festphasen unter den reduzierenden Bedingungen des Belauer Seesediments unwahrscheinlich sind. Auch in vergleichbaren Seen der Schweiz werden nach thermodynamischen Berechnungen im anoxischen Sediment Mn-Karbonatphasen vermutet (Sigg et al. 1991; Wersin et al. 1991). Eine Mitfällung von Mn an $CaCO_3$ wäre eine weitere Erklärungsmöglichkeit für karbonatisch fixiertes Mn. Nach thermodynamischen Kalkulationen bleibt in den boden- (26 m) und oberflächennahen Porenwasserlösungen das Löslichkeitsprodukt für $MnCO_3$ im Gegensatz zum Genfer See (Jacquet et al. 1982), Lake Sammamish (Balistrieri et al. 1992) oder Esthwaite Water (Davison et al. 1982) unterschritten.

Während der Vollzirkulation verlagert sich die suboxische Redoxzone unter die Sediment/Wasser-Grenze. Neben der Sedimentation partikulärer Mn-Phasen aus der Wassersäule akkumuliert ein interner Redoxzyklus partikuläre $Mn^{III/IV}$-(Hydr)Oxide in der oxischen Sedimentzone. Die enge Zonierung an der Grenzfläche schließt eine Nitrifizierung im Oberflächensediment nicht aus, die jedoch mit einer 5 mm-Auflösung nicht zu erfassen ist. Ein Vergleich des suboxischen Mn-Verhaltens im Wasserkörper und Sediment zeigt, daß der Redoxkreislauf nicht nur von der Reduktionsrate, sondern auch vom diffusiven Transport abhängig ist. Während in der Wassersäule turbulente Verwirbelung (*eddy diffusion transport*) zu einem kurzgeschalteten Mn-Recycling führt, kann sich im Sediment aufgrund der um Faktor 1000 deutlich langsameren molekularen Diffusion (Berner 1980) ein Konzentrationsmaximum reduzierter Mn-Spezies im Porenwasser etablieren, das in der Folge zu einem konstant hohen Fluß von gelöstem Mn ins oxische Bodenwasser führt (1.12.1993). Die enge Kopplung des Mn-Kreislaufs an die Redoxdynamik in den Sedimenten spiegelt sich ebenfalls in den sedimentären Mn-Konzentrationen wieder, die in der oxischen Sedimentzone signifikant höher liegen als in der sub- bis anoxischen Zone (Abb. 18.7).

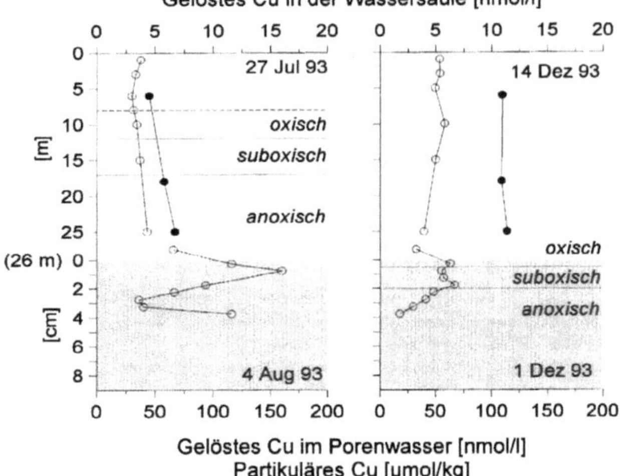

Abb. 18.8. Konzentrations-/Tiefenprofile für gelöstes (< 0,4 μm; o) und partikuläres (•) Cu in Wassersäule und Porenwasser bzw. Sediment während der Sommerstagnation (27. Juli–4. August 1993) und der Vollzirkulation (1.–14. Dezember 1993) des Belauer Sees (Pelagialstation). Man beachte die unterschiedlichen Maßstäbe für Tiefe (m bzw. cm) und Konzentration (nM bzw. μM)

Kupfer, Blei

Oxische Sedimentzone. Während der Vollzirkulation (z.B. Dezember, Abb. 18.8 und 18.9) treten an der oxisch/suboxischen Grenzfläche dicht unterhalb der Sediment/Wasser-Grenze Konzentrationsmaxima von gelöstem Cu und Pb auf, die auch in einer Reihe von ähnlichen Studien im ozeanischen und lakustrinen Bereich beobachtet wurden (Klinkhammer 1980; Klinkhammer et al. 1982; Sawlan u. Murray 1983; Carignan u. Nriagu 1985; Heggie et al. 1986; Morfett et al. 1988; Shaw et al. 1990). Die grenzflächennahe Anreicherung im Porenwasser (vor allem Cu) wird dem effizienten aeroben Abbau labiler organischer Substanz zugeschrieben, der die vorwiegend in oder an Phytoplankton gebundenen Spurenelemente in die gelöste Phase freisetzt. Die Konzentrationsgradienten an der Grenzfläche induzieren einen diffusiven Fluß ins Bodenwasser, von wo aus Cu und Pb in die Wassersäule eingemischt werden. Außerdem kommt es insbesondere nach Tiefenverlagerung der Redoxkline (oxisch-suboxisch) in das vorher anoxische Oberflächensediment zu einer massiven Reoxidation von Sulfiden, die ihrerseits zu einer Freisetzung von Spurenelementen signifikant beitragen kann. Morse (1994) beobachtete, daß bei der Pyritoxidation innerhalb eines Tages 20 bis > 90% der Metalle freigesetzt werden können. Die Veränderung des Redoxpotentials führt zu einer Veränderung der partikulären Metallbindungsformen, die zu einer Freisetzung von Cu und Pb führt. Selbst in gut gepufferten Sedimenten (wie im Belauer See) kann die Redoxdynamik nachhaltig auf die Mobilisierung von Spurenelementen einwirken (Calmano et al. 1992).

Suboxische Sedimentzone. Im suboxischen Porenwasser reichern sich Cu und Pb an, die beim Abbau organischer Substanz durch Mn/Fe-Reduktion freigesetzt werden. In marinen Systemen, wo die Mn- und Fe-Reduktionszonen im Sedimentprofil räumlich wesentlich gespreizter ausgebildet sind, tritt die Cu-Mobilisierung zusammen mit einem Konzentrationsmaximum von gelöstem Mn auf (Klinkhammer 1980; Sawlan u. Murray 1983; Shaw et al. 1990). Die suboxische Cu-Freisetzung ist in diesen Fällen an den frühdiagenetischen Abbau über die Mn-Reduktion gekoppelt. Carignan u. Nriagu (1985) konnten in ihren Porenwasserdaten des McFarlane Lake (Ontario, pH 7,5) diese Korrelation nicht bestätigen. Im Belauer See kontrolliert in erster Linie die Mn-Reduktion den Freisetzungsprozeß, wie sich an den kongruenten Konzentrations-/Tiefenprofilen ablesen läßt (vgl. Abb. 18.7). Dabei schaltet sich nach dem Zusammenbruch der Schichtung die Fe-Reduktion in die frühdiagenetischen Prozesse zu. Die extreme Anreicherung von Pb in dieser Phase könnte durch einen synergetischen Effekt beider Reduktionsprozesse hervorgerufen werden. In jedem Fall müssen entweder niedrige Sulfidkonzentrationen und/oder ein hohes Angebot von komplexierenden organischen Liganden in dieser Zone vorherrschen, die eine Ausbildung dieses signifikanten Pb-Konzentrationsmaximums erlauben.

Anoxische Sedimentzone. Während stagnierender Verhältnisse korrelieren im anoxischen Porenwasser die Konzentrationsmaxima von Cu und Pb mit den Konzentrationsmaxima von gelöstem Fe, so daß beim

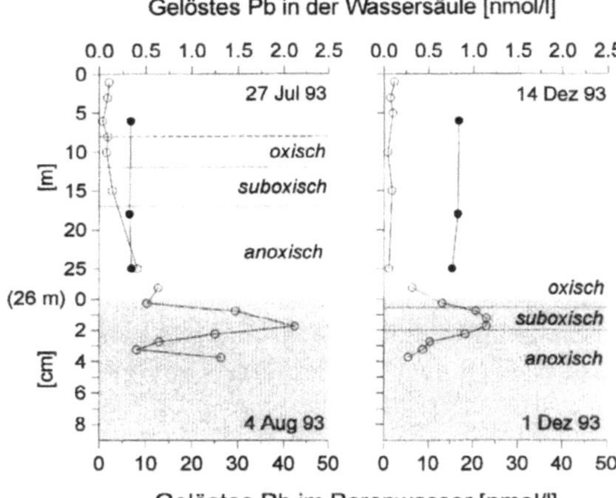

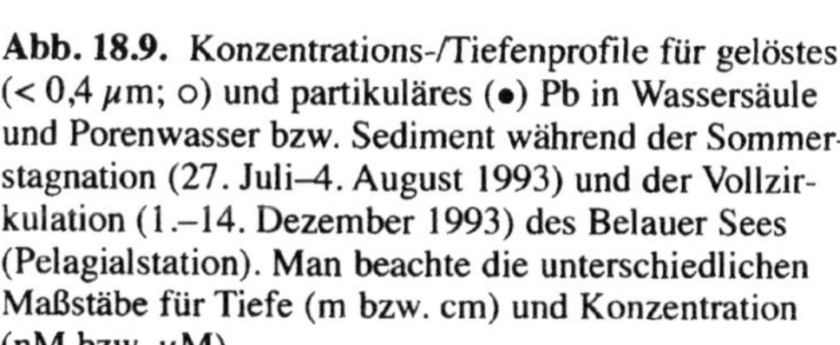
Abb. 18.9. Konzentrations-/Tiefenprofile für gelöstes (< 0,4 μm; o) und partikuläres (•) Pb in Wassersäule und Porenwasser bzw. Sediment während der Sommerstagnation (27. Juli–4. August 1993) und der Vollzirkulation (1.–14. Dezember 1993) des Belauer Sees (Pelagialstation). Man beachte die unterschiedlichen Maßstäbe für Tiefe (m bzw. cm) und Konzentration (nM bzw. μM)

mikrobiellen Abbau über die Veratmung weniger reaktiver Fe-(Hydr)Oxide diese Spurenelemente aus dem organischen Detritus freigesetzt werden und zur Sediment/Wasser-Grenze bzw. in tiefere Sedimenthorizonte diffundieren. Dieser Abbauprozeß bestimmt den diffusiven Spurenelementfluß von Cu ins anoxische Hypolimnion während der zweiten Hälfte der Stagnationsphase. Im anoxischen Porenwasser liegt Pb nach thermodynamischen Berechnungen als partikuläres PbS vor. Dies zeigt, daß sulfidische Liganden bei den Fällungsreaktionen im anoxischen Porenwasser die Speziierung des Spurenelementes Pb kontrollieren. Organische Liganden treten als konkurrierende Phasen in dieser Redoxzone zumindest im marinen Bereich in den Hintergrund (Elderfield 1981). Jedoch kann Pb auch adsorptiv an Sulfidoberflächen gebunden werden (Jean u. Bancroft 1986; Kornicker u. Morse 1991) und der gelösten Phase entzogen werden. Es wird vermutet, daß dieser Mechanismus neben Mitfällungsreaktionen in tieferen Sedimenthorizonten (Fe-Sulfide) zu einer Fixierung von Pb in der Festphase des Sediments beiträgt.

Molybdän

In Abbildung 18.10 ist die saisonale Änderung in der Vertikalverteilung von Mo im Sedimentporenwasser dargestellt. Nach der Akkumulation im Oberflächensediment wird Mo aufgrund frühdiagenetischer Reaktionen in allen Redoxzonen mobilisiert und ins Porenwasser freigesetzt. Dies zeigt, daß mehrere biogeochemische Prozesse für die Frühdiagenese dieses Spurenelementes verantwortlich gemacht werden müssen.

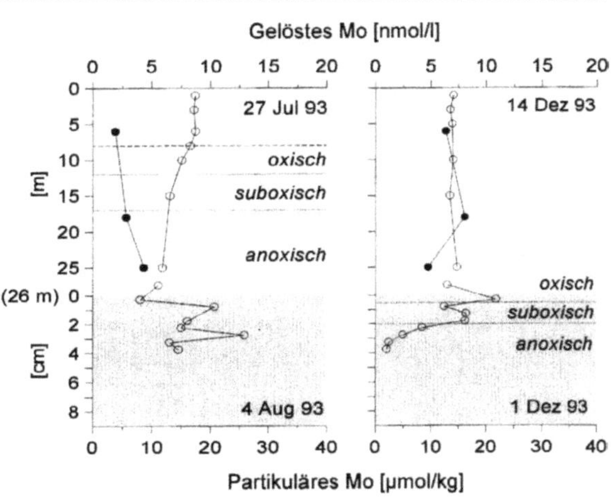

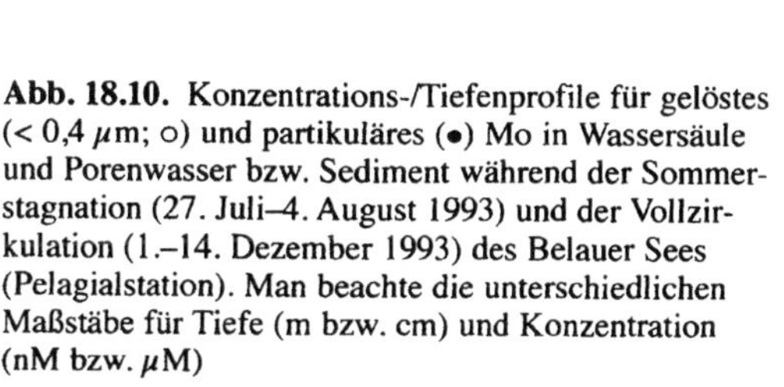
Abb. 18.10. Konzentrations-/Tiefenprofile für gelöstes (< 0,4 μm; o) und partikuläres (•) Mo in Wassersäule und Porenwasser bzw. Sediment während der Sommerstagnation (27. Juli–4. August 1993) und der Vollzirkulation (1.–14. Dezember 1993) des Belauer Sees (Pelagialstation). Man beachte die unterschiedlichen Maßstäbe für Tiefe (m bzw. cm) und Konzentration (nM bzw. μM)

Oxische und suboxische Sedimentzone. Der aerobe Abbau labiler biologischer Partikel führt zu einer signifikanten Freisetzung von Mo ins oxische Porenwasser (Abb. 18.10). Dabei wird die Freisetzung maßgeblich von der Reaktivität frisch sedimentierter organischer Substanz, in der Mo als essentielles Element enthalten ist, sowie autochthoner Mn- und Fe-(Hydr)Oxide kontrolliert. In der Folge baut sich an der Sediment/Wasser-Grenze während der Vollzirkulation ein steiler Konzentrationsgradient auf, der eine Diffusion dieser Spurenelemente aus dem oxischen Sediment induziert (Abb. 18.6a). Die Mo-Freisetzung in der oxischen Zone induziert neben einem diffusiven Fluß gelöster Spezies ins Bodenwasser einen signifikanten Transport ins tiefere Sedimentporenwasser. Freisetzungsreaktionen von Mo in der suboxischen Redoxzone sind vermutlich auf Desorptionsprozesse im Zuge der suboxischen Mn- und Fe-(Hydr)Oxidreduktion zurückzuführen. Dabei wird Mo im Grenzbereich suboxisch/anoxisch mobilisiert. Ruft man sich die Porenwasserprofile von Mn in Erinnerung (Abb. 18.7), wird die enge Kopplung der suboxischen Mo-Mobilisierung mit dem Mn-Kreislauf deutlich: Mo weist ein identisches Konzentrations-/Tiefenprofil wie Mn auf. Ein weiterer Mechanismus zur Mobilisierung von Mo stellt die Lösung von Fe-Sulfiden durch organische Säuren wie z.B. Huminsäuren dar (Förstner u. Wittmann 1979), die jedoch nicht auf diese Redoxzone beschränkt bleiben muß.

Anoxische Sedimentzone. Generell dominiert in der anoxischen Redoxzone die Fixierung von Mo, wie aus entsprechenden Konzentrations-/Tiefenprofile gelöster (Abb. 18.10) und partikulärer Fraktionen (hier nicht dargestellt, vgl. Zeiler 1995; Zeiler et al. 1996b) abgeleitet werden kann. Molybdän wird in der Regel sulfidisch gebunden, wobei eine Mitfällung durch Fe-Sulfide naheliegt (s.o.). Die Frühdiagenese von Mo ist mit den biogeochemischen Kreisläufen von C, O, Mn, Fe und S verknüpft, die in Abhängigkeit der Redoxbedingungen ineinandergreifen oder – z.B. im Fall der „anoxischen Fe-Reduktion“ – gleichzeitig die Remobilisierung dieses Spurenelementes kontrollieren können (vgl. Abb 18.10). Im Gegensatz zum bisherigen Kenntnisstand der aquatischen Geochemie von Mo müssen anoxische Sedimente nicht zwingend als dauerhafte Senken fungieren, insbesondere wenn die Freisetzungsprozesse im unmittelbaren Bereich der Sediment/Wasser-Grenze stattfinden und die Transportwege für eine diffusive Umlagerung entsprechend gering sind.

18.6 Spurenelementkreislauf in einem eutrophen Hartwassersee mit saisonal anoxischem Hypolimnion

In den Abbildungen 18.11a–d (s. S. 310f.) wird ein geochemisches Modell vorgestellt, das in vier Phasen die zeitliche (und räumliche) Dynamik des aquatischen Spurenelementkreislaufs im Belauer See beschreibt. Das Modell beruht auf Untersuchungen zu gelösten und partikulären Konzentrationen und Stoffflüssen der bisher besprochenen sowie weiterer Spurenelemente: Mn, Fe, Cu, Zn, Mo, Cd, Sb, Ba, SEE, Pb und U (Zeiler 1995). In erster Linie kontrollieren Primärproduktion (biotischer Faktor) und Redoxdynamik (abiotischer Faktor) den Kreislauf dieser Elemente im See.

Phase I: Frühjahrsalgenblüte (März–April). Mit dem Auftreten der ersten Phytoplanktonblüte, die in vielen Seen fast ausschließlich aus Diatomeen besteht, wird die saisonale Dynamik des Spurenelementkreislauf in Gang gesetzt. Innerhalb der photischen Schicht stabilisieren vermutlich Exsudate des Phytoplanktons Fe, Cu, Zn und Pb als gelöste Organometallkomplexe; damit könnte (1) eine artspezifische Bioverfügbarkeit von Fe, Cu oder Zn gewährleistet bzw. erhöht, und (2) möglichen toxischen Wirkungen von Cu, Zn oder Pb vorgebeugt werden. Mit der Sedimentation der Diatomeenblüte kommt es zu einem ersten Akkumulationsereignis partikulär gebundener Spurenelemente an der Sedimentoberfläche, da sich insbesondere Biodetritus von Kieselalgen durch hohe Sorptionskapazitäten (*scavenging*) auszeichnet. Molybdän, Sb und U verhalten sich aufgrund ihrer anionischen Speziierung (MoO_4^{2-}, H_2SbO^{4-}, $UO_2(CO_3)_3^{4-}$) innerhalb der Wassersäule weitgehend konservativ, erfahren jedoch wegen ihrer essentiellen (Mo) bzw. bioaktiven (Sb, U) Funktion eine Anreicherung in Phytoplankton(zellen) und unterliegen in der Folge ebenfalls einem raschen Transport zur Sedimentoberfläche (Abb. 18.11a).

Unterhalb der Sedimentoberfläche bzw. der Redoxkline ist der Redoxkreislauf von Mn und Fe wirksam. In der suboxischen Sedimentzone werden partikuläre $Mn^{III/IV}$-(Hydr)Oxide (in der Graphik vereinfacht als MnO_2 dargestellt) zu gelöstem Mn^{II} reduziert, so daß aufgrund des interstitiellen Konzentrationsgradienten Mn^{II} in die darüberliegende oxische Redoxzone diffundiert und als partikuläres $Mn^{III/IV}$-(Hydr)Oxid resedimentiert bzw. in der tiefer gelegenen anoxischen Zone das Löslichkeitsprodukt von

$MnCO_3$ überschritten wird. Antimon und Ba sind eng an diesen Kreislauf assoziiert, da sie bei der Bildung oxidischer oder karbonatischer Mn-Phasen als Kopräzipitate fixiert werden. Partikuläre Fe^{III}-(Hydr)-Oxide (in der Graphik vereinfacht als FeOOH dargestellt) dominieren in der oxischen Sedimentzone und werden unter suboxischen Bedingungen zu gelöstem Fe^{II} reduziert. Dabei desorbieren Seltenerdelemente (SEE) von ihren Trägerphasen und werden vermutlich bei der Bildung von Hydroxylapatit mitgefällt (Garbe-Schönberg et al. 1996). In der anoxischen Sedimentzone wird Fe^{II} in partikuläre Fe-Sulfide überführt, die zusätzlich Mischphasen bzw. Mischkristallbildungen von Cu, Zn, Cd, Mo, Sb und Pb enthalten. Das Vorkommen von eigenen Spurenelementsulfidphasen oder von SEE-Phosphaten erscheint eher unwahrscheinlich.

An der Sediment/Wasser-Grenzfläche gibt es in dieser Phase einen kurzgeschalteten Stoffkreislauf: In der suboxischen Redoxzone werden zusammen mit Mn und Fe auch die assoziierten Spurenelemente remobilisiert, die als gelöste Spezies entlang steiler Konzentrationsgradienten (Mn, Fe, Mo, Sb und Pb) in Richtung Freiwasserzone des Sees diffundieren. Es resultieren hohe Stoffflüsse. Unter oxidierenden Bedingungen an oder dicht unterhalb der Sediment/-Wasser-Grenzfläche kommt es jedoch zur endogenen Neubildung von partikulären Mn- und Fe-(Hydr)-Oxiden, die mit ihren reaktiven Mineraloberflächen gelöste Spurenelementspezies sehr effektiv adsorbieren. In der noch oxischen Wassersäule finden vertikale Durchmischungsprozesse statt, die aus Gründen der Übersicht in dieser Teilgraphik nicht dargestellt sind. Sie werden im Zusammenhang mit den Prozessen nach dem Zusammenbruch der Thermokline (Phase IV) beschrieben.

Phase II: Mn- und Fe-Recycling zu Beginn der Schichtung (Mai). Im Frühjahr bildet sich die thermische Schichtung aus, und in dem sich bildenden Epilimnion werden erhöhte Konzentrationen von Zn, Mo, Sb und U beobachtet. Zink kann im Gegensatz zu Fe, Cu und Pb von gealterten Exsudaten in Lösung gehalten werden, während Mo, Sb und U durch externen Eintrag über den Zulauf (Alte Schwentine) und reduzierte Mischungsprozesse im Epilimnion indirekt aufkonzentriert werden.

Die thermische Schichtung des Sees und die Akkumulation von labilem Biodetritus an der Sedimentoberfläche führen zu einer raschen Sauerstoffzehrung, die in der Folge anaerobe Verhältnisse im unteren Hypolimnion entstehen läßt. Unterhalb der Thermokline wird Ammonium aus dem C_{org}-Abbau durch Restsauerstoff zu Nitrit und Nitrat oxidiert (Ausbildung eines Konzentrationsmaximums von Nitrit und Nitrat). Im tieferen Hypolimnion kommt es infolge von Ammonifikation und Nitrat-Assimilation zu einer ersten Anreicherung von Ammonium. Wegen der Verlagerung der Redoxkline aus dem Sediment in das überstehende Bodenwasser erweitert sich der Mn-Redoxkreislauf auf das Bodenwasser des suboxischen Hypolimnions, wo sich gelöstes Mn^{II} anreichert. An der Redoxgrenze oxisch/suboxisch wird Mn^{II} reoxidiert und als partikuläre Phase resedimentiert. Dieser Prozeß findet intensiv auch in litoralnahen Zonen statt, und horizontale Strömungen im Epilimnion verfrachten die endogen neugebildeten $Mn^{III/IV}$-(Hydr)-Oxide zusammen mit partikulären Fe-Phasen ins Pelagial. Insgesamt reagiert Fe jedoch deutlich verzögert auf die suboxischen Redoxverhältnisse, da aufgrund der langsameren Reduktionskinetik und Eh/pH-Verhältnisse partikuläre Fe-Phasen dominieren.

In dieser Phase werden beim Abbau frisch sedimentierter Algenblüte organisch und oxidisch gebundene Spurenelemente mobilisiert. Unter den suboxischen Verhältnissen im Hypolimnion können sich Zn, Sb und Ba in der gelösten Phase anreichern. Zink wird ähnlich wie in der photischen Zone wahrscheinlich von organischen Komplexen, die aus den mikrobiellen Abbauprozessen stammen, in Lösung gehalten. Antimon und Ba werden zusammen mit ihrer Trägerphase (Mn-(Hydr)Oxide) freigesetzt und diffundieren ins Bodenwasser. Die Sedimentation rezyklierter Mn- und Fe-Phasen führt zu einem signifikanten *scavenging* von gelösten Spurenelementen. Antimon, Ba und Pb werden zusammen mit partikulären $Mn^{III/IV}$-(Hydr)oxiden der Sedimentoberfläche zugeführt, wobei ein Teil durch Desorption im suboxischen Hypolimnion freigesetzt wird. Im Fall von Pb wird zunächst eine Anreicherung gelöster Spezies im suboxischen Hypolimnion unterbunden. Erst nach Abklingen des Mn/Fe-Recyclings reichert sich remobilisiertes Pb kurzzeitig im Bodenwasser an.

Phase III: Ausbildung reduzierender Verhältnisse im Hypolimnion (Juni–September). Im weiteren Verlauf der Stagnation führt der mikrobielle Verbrauch der Elektronenakzeptoren Sauerstoff, Nitrat, Mn- und Fe-(Hydr)Oxide zur Ausbildung sub- bis anoxischer Verhältnisse unterhalb der Thermokline. In der photischen Zone setzt die Entwicklung des Sommerplanktons ein, das für eine weitere Sedimentation von Mn, Fe und Spurenelementen sorgt. Die gelösten Mo-, Sb- und U-Konzentrationen des Epi-

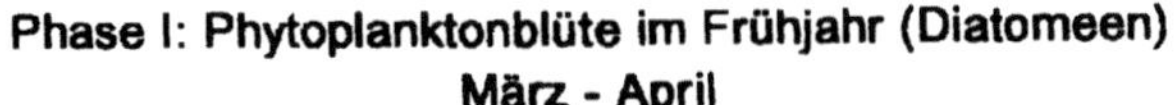

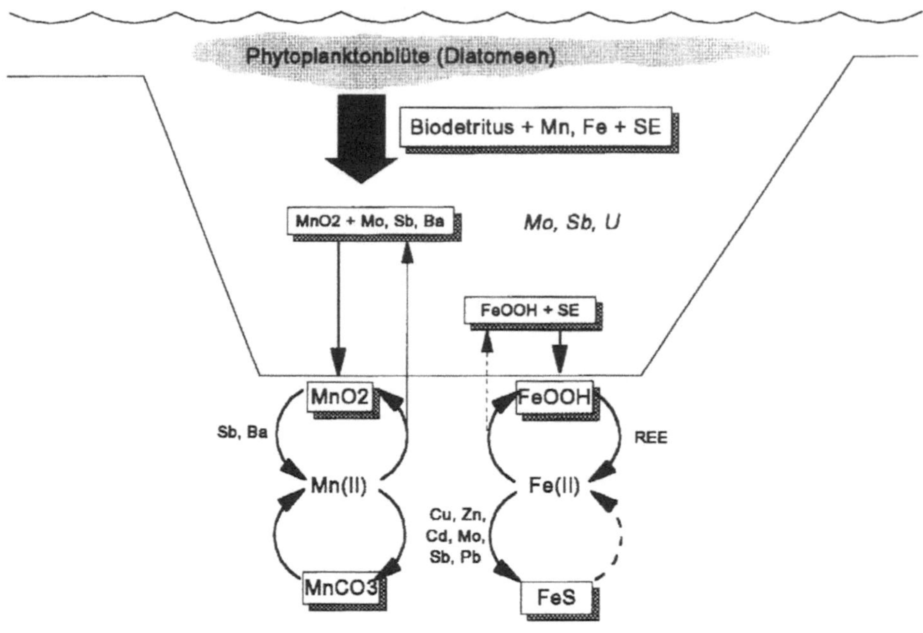

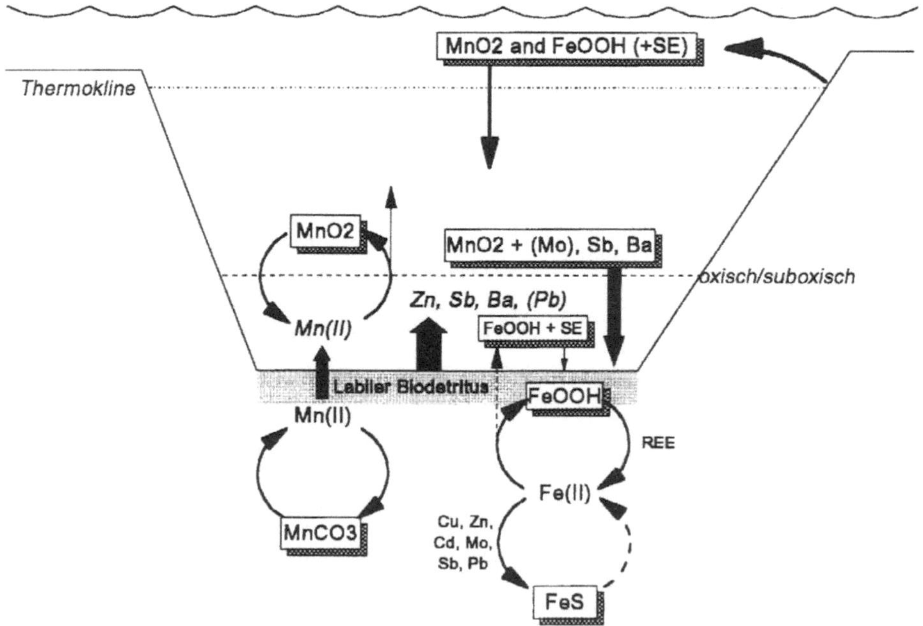

Abb. 18.11a–b. Stofffluß-Modell zum Spurenelementkreislauf im Belauer See. Legende siehe Phase IV

Phase III: Ausbildung eines anoxischen Hypolimnions
August - Oktober

MnO2 (+ Mo, Sb, Ba, Pb)
MnO2
Thermokline
oxisch/anoxisch
Mn(II)
Mn(II), Ba, Pb
U
FeS + Cu, Zn, Cd, Mo, Sb, Pb
Fe(II), REE
Hydroxylapatit + REE
FeOOH
REE
Mn(II)
Sb, Ba
MnCO3
Fe(II)
Cu, Zn, Cd, Mo, Sb, Pb
FeS

Phase IV: Zusammenbruch der Schichtung und Winterzirkulation
November - März

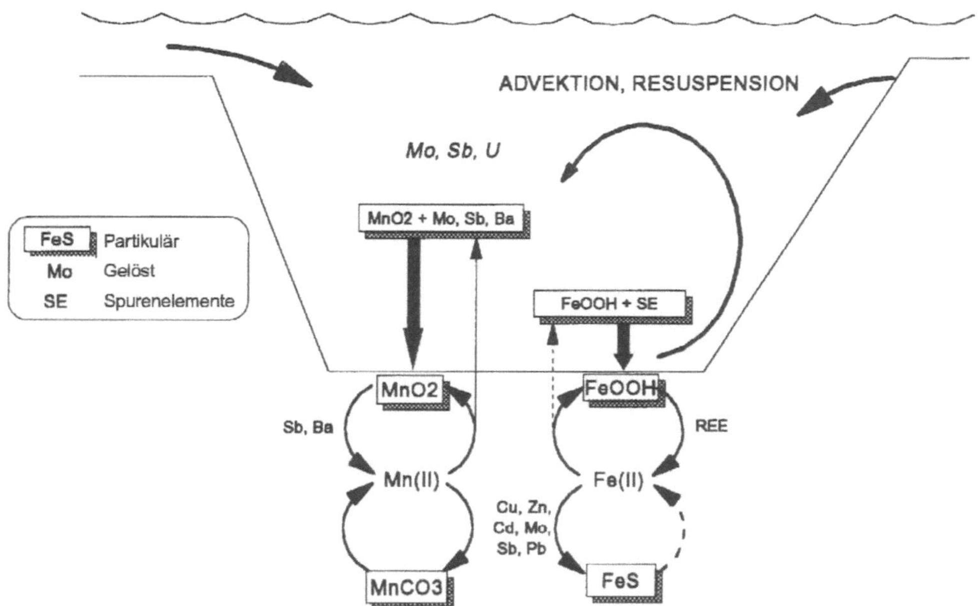

Abb. 18.11c–d. Stofffluß-Modell zum Spurenelementkreislauf im Belauer See. Legende siehe Phase IV

limnion sind wie in der vorangegangenen Phase deutlich erhöht. Während gelöstes Mn^{II} und Ba im sub- bis anoxischen Hypolimnion angereichert sind, werden remobilisierte Fe^{II}-Spezies an der Grenze suboxisch/anoxisch reoxidiert. Im Bereich der anoxischen Sediment/Wasser-Grenze wird eine sedimentwärts gerichtete diffusive Verlagerung gelöster Zn-, Mo-, Cd- und U-Spezies beobachtet, die zur Akkumulierung dieser Elemente in der Festphase führt. Während Zn, Mo und Cd durch Mitfällung an Fe-Sulfide fixiert werden, wird der mobile $U^{VI}O_2(CO_3)_3^{4-}$ -Komplex im Sediment unter Einfluß mikrobieller Aktivität reduziert und als partikuläres $U^{IV}O_2$ gebunden.

In der zweiten Hälfte der Stagnation gelangen im Sublitoral anoxische Sedimentflächen infolge der Volumenausbreitung des Epilimnions unter oxische Verhältnisse, so daß remobilisiertes Mn^{II} in die partikuläre Phase überführt und wie zu Beginn der Schichtung durch horizontale Transportprozesse ins Pelagial eingetragen wird. Zusammen mit Mn erhöhen sich die partikulären Konzentrationen und Flüsse von Mo, Sb, Ba und Pb, die adsorptiv an diese endogenen Mineralphasen gebunden sind. Die anionischen Spurenelementkomplexe von Mo, Sb und U sind im Epilimnion deutlich rückläufig. Es wird aufgrund ihrer Bioaktivität – insbesondere für Mo als essentielles Spurenelement – ein Zusammenhang mit der Entwicklung des Sommer- und Herbstplanktons gesehen.

Im anoxischen Hypolimnion werden durch reduktive Lösung absinkender $Mn^{III/IV}$-(Hydr)Oxide Mn und Ba zusätzlich in der gelösten Phase angereichert. Die Desorption von Pb führt zu einem Konzentrationsmaximum von gelöstem Pb im oberen Hypolimnion. Mit Ausnahme von U werden die Spurenelemente (Cu, Zn, Cd, Mo, Sb, Pb) bei der Bildung von Fe-Sulfiden mitgefällt, so daß erhöhte Porenwasserkonzentrationen in anoxischen Sedimenten nicht zu einer Erhöhung der hypolimnischen Konzentrationen führen. Cd wird zusätzlich über diffusive Verlagerung im anoxischen Sediment akkumuliert. Unter den extrem reduzierenden Bedingungen in der unteren Wassersäule wird U^{VI} bereits über der Sediment/-Wasser-Grenze in seine partikuläre Phase ($U^{IV}O_2$) überführt. In dieser Phase erreichen die hypolimnischen Konzentrationen von gelöstem Mo, Sb und U ihre niedrigsten Werte.

Phase IV: Zusammenbruch der thermischen Schichtung (November–Dezember). Die einsetzende Vollzirkulation nach dem Zusammenbruch der Thermokline mischt gelösten Sauerstoff aus den oberen Wasserschichten ins ehemalige Hypolimnion ein, so daß sich dort wieder aerobe Verhältnisse einstellen und sich die Redoxkline ins Sediment zurückverlagert. In der Folge findet eine Reoxidation der in der Wassersäule angereicherten Mn^{II}- und Fe^{II}-Spezies statt, die zur Sedimentation partikulärer Mn- und Fe-(Hydr)Oxide in den unteren Wasserschichten führt. Diese endogene Mineralneubildung wirkt sich nachhaltig auf die Spurenelementverteilung in der Wassersäule aus, da aufgrund von Fällungs- und Adsorptionsprozessen Spurenelemente effizient an die reaktiven Oberflächen gebunden werden. An der Sediment/Wasser-Grenze werden infolge eines kurzgeschlossenen Redoxkreislaufes (s. Phase I) Spurenelemente akkumuliert. Phosphat (SRP: *soluble reactive phosphate*) wird überwiegend als Ca-Phosphat (Hydroxylapatit) fixiert; die Adsorption an partikuläre Fe-(Hydr)Oxide spielt eine untergeordnete Rolle. Die diffusiven Stoffflüsse von gelöstem Mo, Sb und U aus den Sedimenten in die Wassersäule tragen dazu bei, die anfänglichen Konzentrationen (Frühjahr) wiederaufzubauen. Die vertikalen Durchmischungsprozesse während der Vollzirkulation beeinflussen nachhaltig die Akkumulationsraten im See, da sie bereits sedimentiertes Material resuspendieren oder aus litoralnäheren Bereichen heranführen (Advektion) und den Nettopartikelfluß überlagern.

LITERATUR

Arpe T (1995) Quantifizierung von partikulären Spurenelementen im Belauer See unter besonderer Berücksichtigung der Transportmechanismen ausgewählter Metalle. Unveröff Diplomarbeit Inst Phys Chem Univ Kiel, 123 S.

Baccini P (1976) Untersuchungen über den Schwermetallhaushalt in Seen. Hydrologie 38: 121–158

Baccini P, Suter U (1979) MELIMEX, an experimental heavy metal pollution study: Chemical speciation and biological availability of copper in lake water. Schweiz Z Hydrol 41: 291–314

Balistrieri LS, Murray JW, Paul B (1992) The biogeochemical cycling of trace metals in the water column of Lake Sammamish, Washington: Response to seasonally anoxic conditions. Limnol Oceanogr 37: 529–548

Balistrieri L, Murray JW, Paul B (1994) The geochemical cycling of trace elements in a biogenic meromictic lake. Geochim Cosmochim Acta 58: 3993–4008

Berner RA (1980) Early diagenesis. A theoretical approach, Princeton University Press, 241 S.

Berner RA (1981) A new geochemical classification of sedimentary environments. J Sed Petrol 51: 359–365

Berrang PG, Grill EV (1974) The effect of manganese oxide scavenging on molybdenum in Saanich Inlet, British Columbia. Mar Chem 2: 125–148

Bertine KK (1972) The deposition of molybdenum in anoxic waters. Mar Chem 1: 43–53

Blume HP, Fränzle O, Kappen L, Nellen W, Widmoser P, Heydemann B (1992) Ökosystemforschung im Bereich der Bornhöveder Seenkette: Arbeitsbericht 1988-1991. EcoSys 1: 1–338

Bruland KW (1983) Trace elements in seawater. Chemical Oceanography 8: 157–220; Academic Press, London

Bruland KW, Donat JR, Hutchins DA (1991) Interactive influences of bioactive trace metals on biological production in oceanic waters. Limnol Oceanogr 36: 1555–1577

Brumsack HJ, Gieskes JM (1983) Interstitial water trace-metal chemistry of laminated sediments from the Gulf of California, Mexico. Mar Chem 14: 89–106

Buffle J (1988) Complexation reactions in aquatic systems: an analytical approach. Ellis Horwood, New York

Buffle J, de Vitre RR, Perret D, Leppard GG (1989) Physico-chemical characteristics of a colloidal iron phosphate species formed at the oxic-anoxic interface of a eutrophic lake. Geochim Cosmochim Acta 53: 399–408

Burdige DJ (1993) The biogeochemistry of manganese and iron reduction in marine sediments. Earth-Sci Rev 35: 249–284

Calmano W, Hong J, Förstner U (1992) Einfluß von pH-Wert und Redoxpotential auf die Bindung und Mobilisierung von Schwermetallen in kontaminierten Sedimenten. Vom Wasser 78: 245–257

Carignan R, Nriagu JO (1985) Trace metal deposition and mobility in the sediments of two lakes near Sudbury, Ontario. Geochim Cosmochim Acta 49: 1753–1764

Cove J, Sposito G (1992) SOILCHEM. A computer program for the calculation of chemical speciation in soils. The Kearney Foundation of Soil Science, Univ California, Berkeley. CA, Riveride, 51 S.

Davis GK (1991) Molybdenum. In: Merian E (Hrsg) Metals and their compounds in the environment. VCH Verlagsgesellschaft, Weinheim, S. 1089–1100

Davison W (1993) Iron and manganese in lakes. Earth-Sci Rev 34: 119–163

Davison W, Woof C, Rigg E (1982) The dynamics of iron and manganese in a seasonally anoxic lake; direct measurement of fluxes using sediment traps. Limnol Oceanogr 27: 987–1003

Davison W, Grime GW, Morgan JAW, Clarke K (1991) Distribution of dissolved iron in sediment pore waters at submillimetre resolution. Nature 352: 232–325

De Vitre RR, Sulzberger B, Buffle J (1994) Transformations of iron at redox boundaries. In: Buffle J, De Vitre RR (eds) Chemical and biological regulation of aquatic systems. Lewis Publishers, S. 89–135

Edgington DN, Robbins JA (1976) Records of lead deposition in Lake Michigan sediments since 1800. Environ Sci Technol 10: 266–274

Einsele W (1936) Über die Beziehungen des Eisenkreislaufs zum Phosphatkreislauf im eutrophen See. Arch Hydrobiol 29: 664–686

Einsele W (1941) Die Umsetzung von zugeführtem, anorganischen Phosphat im eutrophen See und ihre Rückwirkungen auf seinen Gesamthaushalt. Z Fischerei 39: 407–488

Elderfield H (1981) Metal-organic associations in interstitial waters of Narrangansett Bay sediments. Amer J Sci 281: 1184–1196

Emerson S (1976) Early diagenesis in anaerobic lake sediments: chemical equilibria in interstitial waters. Geochim Cosmochim Acta 40: 925–934

Emerson SR, Huested SS (1991) Ocean anoxia and the concentrations of molybdenum and vanadium in seawater. Mar Chem 34: 177–196

Fisher NS, Burns KA, Cherry RD, Heyraud M (1983) Accumulation and cellular distribution of ^{241}Am, ^{210}Po, and ^{210}Pb in two marine algae. Mar Ecol Prog Ser 11: 233–237

Fisher NS, Bohé M, Teyssié JL (1984) Accumulation and toxicity of Cd, Zn, Ag, and Hg in four marine phytoplankters. Mar Ecol Prog Ser 18: 201–213

Förstner U, Wittmann GTW (1979) Metal pollution in the aquatic environment. Springer, Berlin Heidelberg New York, 486 S.

Francois R (1988) A study on the regulation of the concentrations of some trace metals (Rb, Sr, Zn, Pb, Cu, V, Cr, Ni, Mn and Mo) in Saanich Inlet sediments, British Columbia, Canada. Mar Geol 83: 285–308

Froelich PN, Klinkhammer GP, Bender ML, Luedtke NA, Heath GR, Cullen D, Dauphin P, Hammond D, Hartman B, Maynard V (1979) Early oxidation of organic matter in pelagic sediments of the eastern equatorial Atlantic: suboxic diagenesis. Geochim Cosmochim Acta 43: 1075–1090

Garbe-Schönberg CD (1993) Simultaneous determination of thirty-seven trace elements in twenty-eight international rock standards by ICP-MS. Geostand Newsl 17: 81–97

Garbe Schönberg CD, Zeiler M, Arpe T, Hagelberg F, Stoffers P (1996) Rare earth systematics in a seasonally anoxic, circum-neutral hardwater lake. Geochim Cosmochim Acta, in Vorbereitung

González-Dávila M (1995) The role of phytoplankton cells on the control of heavy metal concentration in seawater. Mar Chem 48: 215–236

Groth P (1971) Untersuchung über einige Spurenelemente in Seen. Arch Hydrobiol 68: 305–375

Hagelberg F (1994) Ein neues Verfahren zur Direktmessung von Ultraspurenelementen in natürlichen Hartwasserproben. Unveröff Diplomarbeit Inst Anorg Chem Univ Kiel, 123 S.

Hamer K, Sieger R (1994) Anwendung des Modells CoTAM zur Simulation von Stofftransport und geochemischen Reaktionen. Ernst & Sohn, Berlin, 185 S.

Hamilton-Taylor J (1979) Enrichments of Zn, Pb and Cu in recent sediments of Windermere, England. Environ Sci Technol 13: 693–697

Hamilton-Taylor J, Willis M (1984) Depositional fluxes of metals and phytoplankton in Windermere as measured by sediment traps. Limnol Oceanogr 29: 695–710

Heggie D, Kahn D, Fischer K (1986) Trace metals in metalliferous sediments, MANOP Site M: interfacial pore water profiles. Earth Planet Sci Lett 80: 106–116

Helz GR, Uhler AD (1982) Organic inhibition kinetics of sulfide precipitation. Estudios Geol 38: 273–277

Huntsman SA, Sunda WG (1980) The role of trace metals in regulating phytoplankton growth with emphasis on Fe, Mn and Cu. In: Morris I (Hrsg) The physiological ecology of phytoplankton. Blackwell Scientific Publ, S. 285–328

Hutchinson GE (1957) A treatise on limnology. Wiley, 1015 S.

Imboden DM, Tschopp J, Stumm W (1980) Die Rekonstruktion früherer Stofffrachten in einem See mittels Sedimentuntersuchungen. Schweiz Z Hydrol 42: 1–14

Imboden DM, Lemmin U, Joller T, Schurter M (1983) Mixing processes in lakes: mechanisms and ecological relevance. Schweiz Z Hydrol 45: 11–44

Jacquet JM, Nembrini G, Garcia J, Vernet JP (1982) The manganese cycle in Lac Léman, Switzerland: the role of Metallogenium. Hydrobiol 91: 323–340

Jean GE, Bancroft GM (1986) Heavy metal adsorption by sulphide mineral surfaces. Geochim Cosmochim Acta 50: 1455–1463

Jørgensen BB (1977) Bacterial sulfate reduction within reduced microniches of oxidized marine sediments. Mar Biol 14: 7–17

Jørgensen BB, Revsbech NP (1985) Diffusive boundary layers and the oxygen uptake of sediments and detritus. Limnol Oceanogr 30: 111–122

Kersten M, Förstner U, Krause P, Kriews M, Dannecker W, Garbe-Schönberg CD, Höck M, Terzenbach U, Graßl H (1992) Pollution source reconnaissance using stable lead isotope ratios ($^{206}Pb/^{207}Pb$). In: Vernet JP (ed) Impact of heavy metals in the environment, Elsevier, Amsterdam, S. 311–325

Klinkhammer GP (1980) Early diagenesis in sediments from Eastern Equatorial Pacific. II. Pore water metal results. Earth Planet Sci Lett 49: 81–101

Klinkhammer GP, Heggie DT, Graham DW (1982) Metal diagenesis in oxic marine sediments. Earth Planet Sci Lett 61: 211–219

Kornicker WA, Morse JW (1991) The interactions of divalent cations with the surface of pyrite. Geochim Cosmochim Acta 55: 2159–2172

Krom MD, Davison P, Zhang H, Davison W (1994) High-resolution pore-water sampling with a gel sampler. Limnol Oceanogr 39: 1967–1972

Lampert W, Sommer U (1993) Limnoökologie. Thieme, Stuttgart, 440 S.

Lasaga AC, Gibbs GV (1990) Ab initio quantum-mechanical calculations of surface reactions - A new era? In: Stumm W (ed) Aquatic chemical kinetics. Wiley & Sons, New York, S. 259–290

Lee BG, Fisher NS (1993) Release rates of trace elements and protein from decomposing planktonic debris. 1. Phytoplankton debris. J Mar Res 51: 391–412

Li YH (1981) Geochemical cycles of elements and human perturbation. Geochim Cosmochim Acta 45: 2073–2084

Libes SM (1992) Introduction to marine biogeochemistry. Wiley, New York, 734 S.

Magyar B, Moor HC, Sigg L (1993) Vertical distribution and transport of molybdenum in a lake with a seasonal anoxic hypolimnion. Limnol Oceanogr 38: 521–531

Manheim FT (1974) Molybdenum. In: Wedepohl K (ed) Handbook of geochemistry. Springer, Berlin Heidelberg New York, 42 B–O

Morel FMM, Hering JG (1993) Principles and applications of aquatic chemistry. Wiley, 588 S.

Morfett K, Davison W, Hamilton-Taylor J (1988) Trace metal dynamics in a seasonally anoxic lake. Environ Geol Water Sci 11: 107–114

Morse JW (1994) Interactions of trace metals with authigenic sulfide minerals: implications for their bioavailability. Mar Chem 46: 1–6

Nriagu JO (1979) Global inventory of natural and anthropogenic emissions of trace elements to the atmosphere. Nature 279: 409–411

Nriagu JO, Pacyna JM (1988) Quantitative assessment of worldwide contamination of air, water and soils by trace metals. Nature 333: 134–139

Odum EP (1983) Grundlagen der Ökologie. Thieme, Stuttgart, 863 S.

Pankhurst DL, Thorstensen DC, Plummer PL (1980) PHREEQE – a computer program for geochemical calculations. United States Geological Survey Water Resources Inv. 80-96, Washington, D.C., 210 S.

Plummer LN, Jones BF, Truesdale AH (1976) WATEQF – a fortran IV version of WATEQ, a computer program for calculating chemical equilibrium of natural waters. United States Geological Survey Water Resources, 76-13, Washington, D.C., 61 S.

Redfield AC (1958) The biological control of chemical factor in the environment. Am J Sci 46: 206–226

Salomons W, Förstner U (1984) Metals in the hydrocycle. Springer, Berlin Heidelberg New York, 349 S.

Santana-Casiano JM, González-Dávila M, Pèrez-Pena J, Millero FJ (1995) Pb^{2+} interactions with marine phytoplankton Dunaliella tertiolecta. Mar Chem 48: 115–129

Santschi P, Höhener P, Benoit G, Buchholtz-ten Brink M (1990) Chemical processes at the sediment-water interface. Mar Chem 30: 269–315

Sawlan JJ, Murray JW (1983) Trace metal remobilization in the interstitial waters of red clay and hemipelagic marine sediments. Earth Planet Sci Lett 64: 213–230

Schernewski G (1991) Raumzeitliche Prozesse und Strukturen im Wasserkörper des Belauer Sees. Unveröff Dissertation Univ Kiel, 165 S.

Schindler DW, Stumm W (1987) Surface chemistry of oxides, hydroxides, and oxide minerals. In: Stumm W (ed) Aquatic surface chemistry. Wiley, New York, S. 83–110

Schwoerbel J (1987) Einführung in die Limnologie. Fischer UTB, 6. Auflage, 269 S.

Shaw TJ, Gieskes J, Jahnke RA (1990) Early diagenesis in differing depositional environments: The response of transition metals in pore waters. Geochim Cosmochim Acta 54: 1233–1246

Sigg L (1985) Metal transfer mechanisms in lakes; the role of settling particles. In: Stumm W (ed) Chemical processes in lakes. Wiley, New York, S. 283–310

Sigg L (1992) Regulation of trace elements by solid-water interface in surface waters. In: Stumm W (ed) Chemistry of the solid-water interface. Wiley & Sons, New York, S. 369–396

Sigg L (1994) Regulation of trace elements in lakes: the role of sedimentation. In: Buffle J, De Vitre RR (eds) Chemical and biological regulation of aquatic systems. Lewis Publishers, S. 175–195

Sigg L, Sturm M, Stumm W, Mart L, Nürnberg HW (1982) Schwermetalle im Bodensee – Mechanismen der Konzentrationsregulierung. Naturwiss 69: 546–548

Sigg L, Sturm M, Kistler D (1987) Vertical transport of heavy metals by settling particles in Lake Zurich. Limnol Oceanogr 32: 112–130

Sigg L, Johnson CA, Kuhn A (1991) Redox conditions and alkalinity generation in a seasonally anoxic lake (Lake Greifen). Mar Chem 36: 9–26

Sigg L, Stumm W (1991) Aquatische Chemie. Eine Einführung in die Chemie wässriger Lösungen und in die Chemie natürlicher Gewässer. Teubner, Stuttgart, 2. Aufl, 388 S.

Sørensen J (1982) Reduction of ferric ion in anaerobic, marine sediment and interaction with reduction of nitrate and sulphate. Appl Environ Microbiol 43: 319–324

Stabel HH, Kleiner J, Merkel P, Sinemus HW (1991) Stoffkreisläufe ausgewählter Spurenelemente im Bodensee. Vom Wasser 76: 73–91

Stumm W (1992) Chemistry of the solid-water interface. Wiley, New York, 428 S.

Stumm W, Baccini P (1978) Man-made perturbation of lakes. In: Lerman A (ed) Lakes – chemistry, geology, physics. Springer, Berlin Heidelberg New York, S. 91–126

Stumm W, Morgan JJ (1981) Aquatic Chemistry. Wiley, New York, 2. Aufl, 780 S.

Sugawara K, Okabe S, Tanaka M (1961) Geochemistry of molybdenum in natural waters (II). J Earth Sci Ngoya Univ 9: 114–128

Sunda WG, Huntsman SA (1995) Regulation of copper concentration in the oceanic nutricline by phytoplankton uptake and regeneration cycles. Limnol Oceanogr 40: 132–137

Tessenow U (1972) Lösungs-, Diffusions- und Sorptionsprozesse in der Oberschicht von Seesedimenten. I. Ein Langzeitexperiment unter aeroben und anaeroben Bedingungen im Fließgleichgewicht. Arch Hydrobiol/Suppl 38: 535–398

Tessenow U (1973a) Lösungs-, Diffusions- und Sorptionsprozesse in der Oberschicht von Seesedimenten. II. Rezente Akkumulation von Eisen(II)phosphat (Vivianit) im Sediment eines meromiktischen Moorsees (Ursee, Hochschwarzwald) durch postsedimentäre Verlagerung. Arch Hydrobiol/Suppl 42: 143–189

Tessenow U (1973b) Lösungs-, Diffusions- und Sorptionsprozesse in der Oberschicht von Seesedimenten. III. Die chemischen und physikalischen Bedingungen im Sediment-Wasser-Übergangsbereich eines meromiktischen Moorsees (Ursee) als Voraussetzung zur Vivianitakkumulation. Arch Hydrobiol/Suppl 42: 273–339

Tessenow U (1974) Lösungs-, Diffusions- und Sorptionsprozesse in der Oberschicht von Seesedimenten. IV. Reaktionsmechanismen und Gleichgewichte im System Eisen-Mangan-Phosphat im Hinblick auf die Vivianitakkumulation im Ursee. Arch Hydrobiol/Suppl 47: 1–79

Tessenow U (1975) Lösungs-, Diffusions- und Sorptionsprozesse in der Oberschicht von Seesedimenten. V. Die Differenzierung der Profundalsedimente eines oligotrophen Bergsees (Feldsee, Hochschwarzwald) durch die Sediment-Wasser-Wechselwirkungen. Arch Hydrobiol/Suppl 47: 325–412

Tessier A, Carignan R, Belzile N (1994) Processes occurring at the sediment-water interface: emphasis on trace elements. In: Buffle J, De Vitre RR (eds) Chemical and biological regulation of aquatic systems. Lewis Publishers, S. 137–173

Thomas RL, Kemp ALW, Lewis CFM (1972) Distribution, composition and characteristics of the surficial sediments of Lake Ontario. J Sediment Petrol 42: 66–84

Uhler AD, Helz GR (1984) Precipitation of PbS from solutions containing EDTA. J Cryst Growth 66: 401–411

Van der Weijden CH, Middelburg JJ, De Lange GJ, Van der Sloot HA, Hoede D, Woittiez RW (1990) Profiles of the redox-sensitive trace elements As, Sb, V, Mo and U in the Tyro and Bannock Basins (eastern Mediterranean). Mar Chem 31: 171–186

Wersin P, Höhener P, Giovanoli R, Stumm W (1991) Early diagenetic influences on iron transformations in a freshwater lake sediment. Chem Geol 90: 233–252

Westall JC (1987) Adsorption mechanisms in aquatic surface chemistry. In: Stumm W (ed) Aquatic surface chemistry. Wiley, New York, S. 3–32

Wetzel RG (1983) Limnology. Saunders Company, 2. Aufl, 767 S.

Xue HB, Stumm W, Sigg L (1988) The binding of heavy metals to algal surfaces. Water Res 22: 917–926

Xue HB, Sigg L (1993) Free cupric ion concentration and Cu(II) speciation in a eutrophic lake. Limnol Oceanogr 38: 1200–1213

Zeiler M (1995) Nähr- und Spurenelementkreislauf in einem eutrophen Hartwassersee mit saisonal anoxischem Hypolimnion (Belauer See, Schleswig Holstein). EcoSys, Suppl Band 11: 176 S., Kiel

Zeiler M, Garbe-Schönberg CD, Hagelberg F, Arpe T, Stoffers P (1996a) Trace element cycles in an eutrophic hardwater lake with a seasonally anoxic hypolimnion (Lake Belau, Germany). Part I: Redox dynamics and fluxes of manganese and iron. Geochim Cosmochim Acta, eingereicht

Zeiler M, Garbe-Schönberg CD, Hagelberg F, Arpe T, Stoffers P (1996b) Trace element cycles in an eutrophic hardwater lake with a seasonally anoxic hypolimnion (Lake Belau, Germany). Part II: Biogeochemical cycling of copper, zinc, cadmium, barium, and lead. Geochim Cosmochim Acta, eingereicht

Zeiler M, Garbe-Schönberg CD, Hagelberg F, Arpe T, Stoffers P (1996c) Trace element cycles in an eutrophic hardwater lake with a seasonally anoxic hypolimnion (Lake Belau, Germany). Part III: Redox cycling of molybdenum, antimony, and uranium. Geochim Cosmochim Acta, in Vorb

Zhou X, Slauenwhite DE, Pett RJ, Wangersky PJ (1989) Production of copper-complexing organic ligands during a diatom bloom: tower tank and batch-culture experiments. Mar Chem 27: 19–30

19 Chronologie des anthropogenen Phosphor-Eintrags in den Bodensee und seine Auswirkung auf das Sedimentationsgeschehen

GERMAN MÜLLER

Hans Züllig zum 70. Geburtstag gewidmet

"As a result of the enrichment of water with nutrients derived from human activities, numerous waters have started to bloom with planktonic algae or growth of aquatic weeds and filamentous attached algae, creating conditions in years or decades that would require thousands of years to come about in the absence of man, or perhaps never take place" (Vallentyne "The Algal Bowl" 1974: S. 15)

19.1 SEDIMENTE ALS AUSDRUCK DES ZUSTANDES EINES GEWÄSSERS

Mit seiner zwischen 1952 und 1955 unter dem Leitgedanken „Seen schreiben ihre Geschichte in die Sedimente" durchgeführten und 1956 veröffentlichten Dissertation „Sedimente als Ausdruck des Zustandes eines Gewässers" hat der schweizer Limnologe Hans Züllig den Weg für eine gesamtheitliche Betrachtung eines Gewässersystems mit den engen Beziehungen zwischen Wasserkörper und seiner sedimentären „Unterlage" nicht nur für die aktuelle Situation, sondern auch für die Vergangenheit aufgezeigt. Damit entstand ein wichtiges Werkzeug für die Rekonstruktion der limnologischen Entwicklung eines Gewässers, insbesondere seines Trophiegrades, mit Hilfe der Untersuchung datierter Sedimente. Neben chemischen Parametern – Konzentrationen an P, N, S und C_{org} – waren es vor allem die in den Sedimenten enthaltenen subfossilen Kieselalgen sowie Carotinoide, Pigmente, die von Phytoplanktern aus früheren Planktonpopulationen stammten und einen Zusammenhang mit dem Eutrophierungsgrad eines Sees herstellen ließen (Züllig 1982). Die hierfür von Züllig entwickelten dünnschicht-chromatographischen Methoden wurden später auch erfolgreich auf Pigmente phototropher Bakterien eingesetzt (Züllig 1985).

Durch die Kombination mineralogischer Parameter mit Ergebnissen der Untersuchung der Pigmente aus Algen- und Bakterienassoziationen konnte Neukirch (1991, 1993) die trophische Entwicklung des Bodensee-Untersees seit dem Spätglazial in Sedimentkernen aufzeigen und nachweisen, daß die Seenentwicklung auch ohne menschliche Eingriffe keineswegs gleichförmig verlief. So findet sich z.B. ein markantes „Signal" im Pleistozän an der Grenze Jüngere Dryas/Präboreal: Eine Bioproduktionsphase begleitet einen ausgeprägten Anstieg des autochthonen Calcitanteils in der bis dahin eher tonigen mineralischen Matrix – Hinweise auf eine deutliche Klimaverbesserung. Die grundsätzlichen Überlegungen Züllig's wurden vom Verfasser auf durch menschliche Aktivitäten in die Biogeosphäre eingetragene wasserunlösliche und persistente anthropogene anorganische und organische Schadstoffe erweitert, von denen ein Großteil letztlich in die Gewässer und von dort in die Sedimente gelangt (Müller 1977, 1983, 1986).

19.2 DER EUTROPHIERUNGS-BEGRIFF

Die Begriffe „eutroph", „mesotroph" und „oligotroph" wurden erstmalig 1907 von Weber verwendet, um die allgemeinen Nährstoffbedingungen (nährstoffreich, dann mittelreich und zuletzt nährstoffarm) in Bodenlösungen norddeutscher Torfmoore zu beschreiben. Die Einführung dieser Begriffe in die Limnologie erfolgte 12 Jahre später durch Nauman (1919). Seine Terminologie basierte auf Gewässertypen und bezog sich – in der Theorie – auf ihren Nährstoffgehalt und – in der Praxis – auf ihre Kapazität, arme oder reiche Phytoplanktonvergesellschaftungen hervorzubringen. Nach der nicht immer geradlinigen Entwicklung der Definition des Eutrophierungsbegriffs in den Jahrzehnten nach Weber und Naumann trat Hutchinson (1969) für eine systemare Betrachtungsweise (in die auch die Sedimente einbezogen werden!) ein: *"It is quite apparent that we should think not of oligotrophic or eutrophic water types, but of lakes and their drainage basins and sediments as forming oligotrophic or eutrophic systems. This concept is somewhat different from that of the synthetic lake types in which the biological character of the lake appears partly, but only partly, as the results of the nutrients supply. By a eutrophic system, I mean one in which the total potential concentration of nutrients is high, there may happen to be an extremely low concentration in the water because the whole supply is locked up somewhere in the system – in sediments or in the body of organisms.*" Da die Trophiestufe nur schwer aus dem komplexen Nährstoffgehalt her definiert werden kann, wird als Maß der Trophie die Intensität der Primärproduktion, d.i. die Menge der organischen Substanz (die Algenbiomasse), die durch das Phytoplankton aus den Nährstoffen gebildet werden kann, herangezogen.

Aus den Ergebnissen weltweiter limnologischer Forschungen geht hervor, daß die für Pflanzen verfügbare Menge an P-Verbindungen deren Produktion nicht nur beeinflußt, sondern weitestgehend begrenzt, d.h. P in unseren Seen und Talsperren die Rolle des Minimumfaktors spielt. Die für den Pflanzenwuchs essentiellen Nährstoffe N und C, untergeordnet auch Fe und Kieselsäure, sind nahezu ausnahmslos in allen Trophiestufen im Überschuß vorhanden, so daß sie in der Regel nicht limitierend wirken (→ Kap. 18). Vom Angebot an P-Verbindungen wird somit der Umfang der Algenentwicklung bestimmt. Die Abbildung 19.1 enthält die statistische Auswertung der Ergebnisse eines umfangreichen OECD-Projektes von an über 100 stehenden Gewässern und Talsperren durchgeführten Untersuchungen und die subjektive Einordnung durch die einzelnen Bearbeiter in die drei Trophiebereiche (Vollenweider

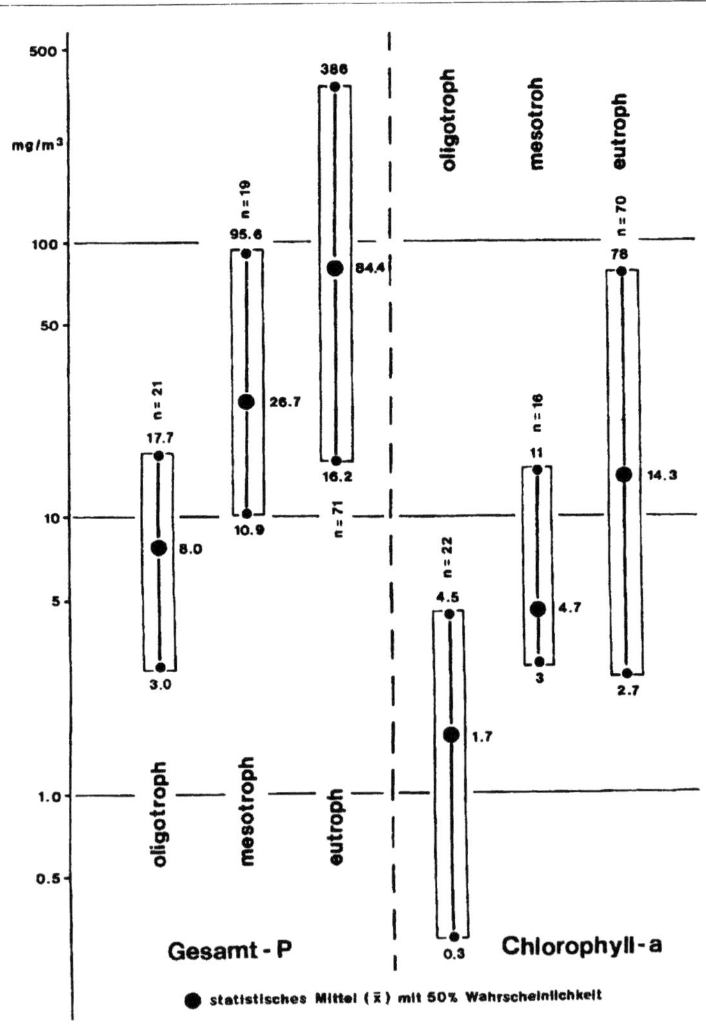

Abb. 19.1. Subjektive Einordnung der Trophiebereiche nach P_{tot}- (Nährstoff) und Chlorophyll-a-(Produktivität) Konzentrationen (Vollenweider 1979)

1979). Dieser Auswertung liegen die von Vollenweider (1975, 1976) entwickelten Massenbilanzmodelle zugrunde, durch die der Eintrag an P-Verbindungen in ein stehendes Gewässer und die hieraus resultierenden P-Konzentrationen mit dem Umfang der produzierten Algenbiomasse, ausgedrückt durch den Gehalt an Chlorophyll-a, miteinander verknüpft werden. *P-Konzentration* bezeichnet den „Gesamtphosphor im Rohwasser", abgekürzt P_{ges} oder P_{tot}, und setzt sich aus dem wasserlöslichen Orthophosphat-Phosphor (PO_4-P) und dem überwiegend an Phytoplankton gebundenen partikulären P im unfiltrierten Wasser zusammen. Dieser (Summen-)Parameter wird allgemein für die Beschreibung von trophischen Zuständen von Seen, so auch in Publikationen der „Internationalen Gewässerschutzkommission für den Bodensee" (IGKB), verwendet. Daneben findet man aber auch Konzentrationsangaben, die sich ausschließlich auf den Orthophosphat-Phosphor (im filtrierten Wasser) beziehen. Die Darstellung zeigt, daß es keine Trophie*grenzen* gibt, sondern Trophie*bereiche*, die sich überschneiden. Der große Streubereich wird verständlich, wenn man bedenkt, daß die Belastbarkeit eines Sees mit P von seiner Topographie und Morphologie, den klimatischen Bedingungen, dem Durchfluß und der Durchmischung sowie vielen anderen physikalisch-chemischen Randbedingungen abhängt. Die Abbildung 19.2 wurde später aus den Daten der OECD-Studie entwickelt (Vollenweider u. Kerekes 1982), in welcher der Zusammenhang zwischen der über das Jahr gemittelten P- und Chlorophyll-a-Konzentration im Gewässer und der Wahrscheinlichkeit des Auftretens verschiedener Trophiegrade in Form von Wahrscheinlichkeitskurven dargestellt ist. Trotz aller Fortschritte der Gewässerforschung in den letzten Jahrzehnten kommen Kummert u. Stumm (1989) zu der wenig optimistischen Aussage: *„Für eine Prognose über Gewässerzustände qualitativer Art sind alle bis heute entwickelten Seemodelle kaum brauchbar, weil sie nicht alle ökologischen Wechselwirkungen berücksichtigen können. Kein Modell kann voraussagen, welche Algenart zu welchem Zeitpunkt eine Algenblüte verursachen wird".* Für die Sanierung des Baldeggersees (Kanton Luzern, Schweiz) wurde von Imboden u. Gächter (1978) das in Abbildung 19.3 dargestellte Modell entwickelt. Dieses eindimensionale Mischungsmodell wurde mit einem einfachen, auf stöchiometrischem Verhalten beruhenden Algenmodell kombiniert. Der See wird als Abfolge aufeinander geschichteter Kompartimente betrachtet, zwischen denen Austauschvorgänge stattfinden. Als Parameter werden Primärproduktion, P- und O_2-Gehalt simuliert. Sein Nachteil liegt in der Nichtberücksichtigung des durch Mitfällung an autochthonen Calcit gebundenen Phosphors, die im Bodensee (→ s. Abschnitt 19.4) und anderen Hartwasserseen – so auch im Baldeggersee (Niessen u. Sturm 1987) – eine bedeutende Rolle spielt. Von Bührer (1993) wurde ein dynamisches Simulationsmodell für den Bodensee-Obersee entwickelt, das auf dem Seemodell („SEEMOD") von Imboden u. Gächter (1978) beruht. Auch hier wird die Mitfällung von P bei der biogenen Entkalkung nicht berücksichtigt. Zur Vermeidung einer Unterschreitung der O_2-Konzentration von 4 mg l^{-1} im Wasser ein Meter über Grund – das Ziel der Re-Oligotrophierung – ist ein Rückgang der P-Konzentration im Bodenseewasser auf einen Grenzwert von 20 $\mu g\ l^{-1}$ erforderlich. Diese Konzentration wurde bereits 1996 mit 22 $\mu g\ l^{-1}$ P_{tot} nahezu erreicht.

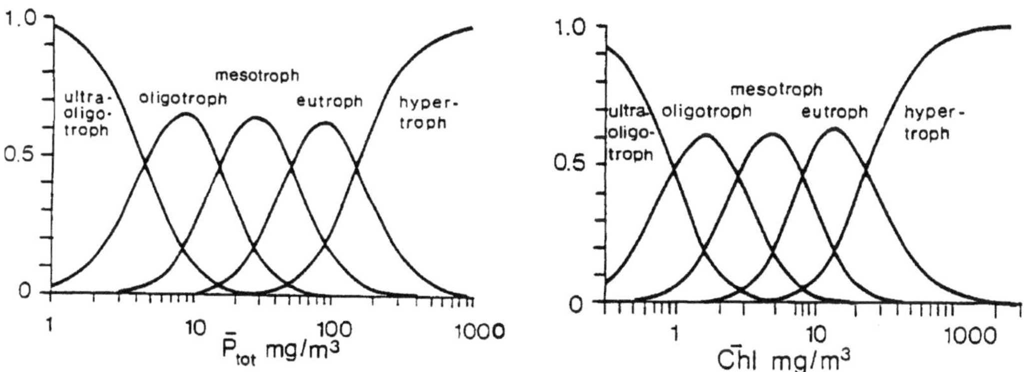

Abb. 19.2. Zuordnung von P_{tot}- und Chlorophyll-a-Konzentrationen zur Wahrscheinlichkeit des Auftretens verschiedener Trophiestufen (aus Vollenweider u. Kerekes 1982)

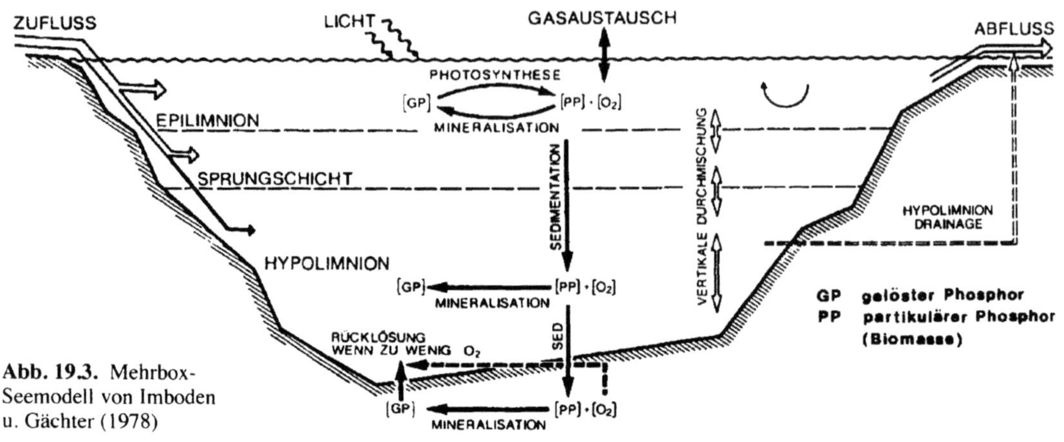

Abb. 19.3. Mehrbox-Seemodell von Imboden u. Gächter (1978)

19.3 DIE EUTROPHIERUNG DES BODENSEES

Die Entwicklung der P_{tot}-Konzentration im Wasser des Bodensees

Die Abbildung 19.4 zeigt die Durchschnittskonzentrationen des gelösten P_{tot} im Rohwasser des Bodensees während der Vollzirkulation im Frühjahr für den Zeitraum 1951–1996 (Jahresberichte der IGKB) sowie die Primärproduktion im See zwischen 1980 und 1995 nach Daten von Tilzer u. Häse (in Wessels et al. 1996). Damit wird der Zeitabschnitt umfaßt, in dem die ersten Eutrophierungserscheinungen im Obersee Ende der 50er Jahre festgestellt wurden. Zu Anfang der 60er und in den 70er Jahren erfolgte dann in zwei Schüben ein sehr starker Anstieg der P-Konzentrationen, die im Jahr 1979 mit 89 $\mu g\ l^{-1}$ ihren Höhepunkt erreichten. Seitdem ist die Konzentration bis 1996 auf 22 $\mu g\ l^{-1}$ zurückgegangen und hat damit ein Niveau erreicht, wie es Anfang der 60er Jahre herrschte.

Während der Re-Oligotrophierungsphase ab Anfang der 80er Jahre ging die Intensität der Primärproduktion lediglich um ca. ein Drittel zurück. Ein theoretisch zu erwartender, weit stärkerer Rückgang entsprechend der deutlichen P-Reduktion im Seewasser trat nicht ein. Von Stabel u. Kleiner (1995) wird vermutet, daß der in der stark eutrophierten Phase zur Verfügung stehende hohe P-Gehalt nicht vollständig für das Phytoplankton bioverfügbar war (z.B. während der Calcit-Fällung mit gekoppelter Phosphatfällung im Epilimnion durch starkes Algenwachstum) oder stärker in andere Biomassenkomponenten (z.B. in das Bakterioplankton, Zooplankton, Fische) einge-

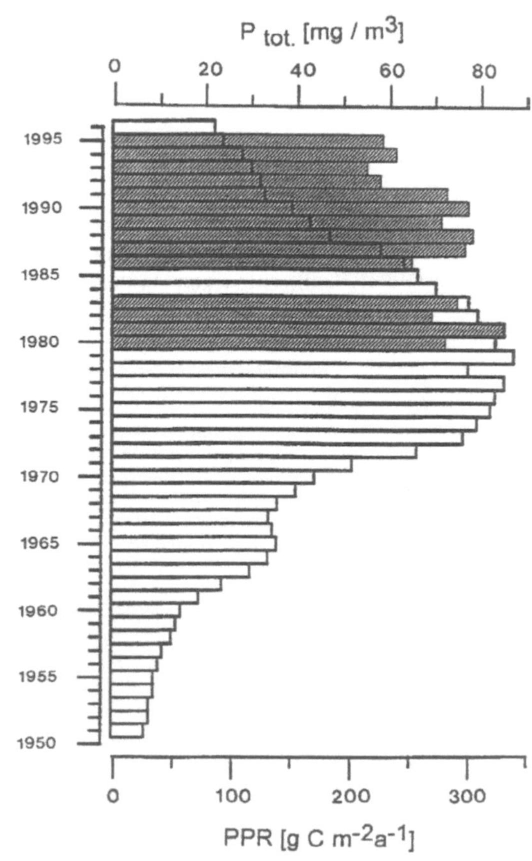

Abb. 19.4. Entwicklung der P_{tot}-Konzentration im Rohwasser des Bodensee-Obersees während der Vollzirkulation im Zeitraum 1951–1996 sowie die Primärproduktion im See zwischen 1980 und 1995

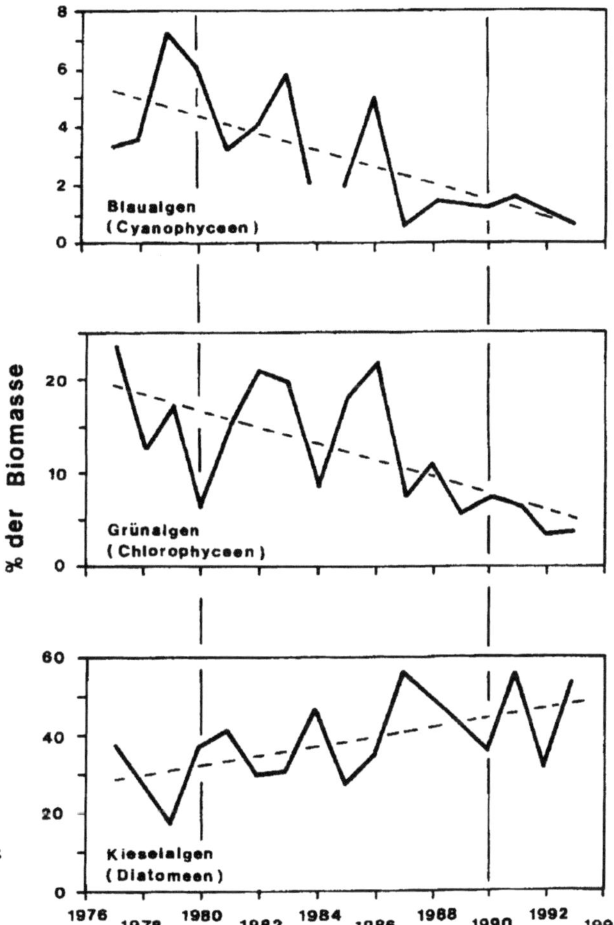

Abb. 19.5. Prozentualer Anteil von Blaugrün- und Grünalgen sowie Diatomeen an der Gesamtbiomasse des Phytoplanktons in der Wassersäule 0–20 m im Überlinger See des Bodensee-Obersees zwischen 1977 und 1993. Die gestrichelte Linie ist die aus den Daten berechnete Ausgleichsgerade. Aus Stabel u. Kleiner (1995)

baut wurde. Deutlich feststellbar ist jedoch die Änderung der Artenzusammensetzung des Phytoplanktons während der Phase des Phosphatrückgangs: Von 1977 bis 1993 haben Grünalgen und Blaualgen zu Gunsten der Kieselalgen stark abgenommen (Abb. 19.5).

Die mathematische Modellierung der Abnahme des Orthophosphat-Phosphors im Überlinger See (Abb. 19.6) durch Stabel u. Kleiner (1995) zeigt, daß bei Anwendung eines linearen Modells bereits 1998 die Konzentration Null erreicht sein würde – eine wenig realistische Annahme. Bei Verwendung eines Exponentialmodells, das eine *geogene* Grundbelastung von 3 $\mu g\ l^{-1}$ im Seewasser auch für den Fall annimmt, daß die *anthropogene* Belastung gegen Null geht, wird für das Jahr 2000 ein Gehalt von 16 $\mu g\ l^{-1}$ durch Extrapolation ermittelt – eine Konzentration, die bereits in 1996 im Überlinger See erreicht wurde (frdl. mdl. Mitt. Dr. Stabel, 1996).

Auswirkung der Eutrophierung auf die Sedimentbildung

In oligotrophen Gewässern gelangt infolge der geringen organischen Produktion (insbesondere von Phytoplankton) nur eine geringe Menge abgestorbener Organismen auf den Seeboden. Sie können dort durch den im Wasser reichlich vorhandenen Sauerstoff rasch oxidativ abgebaut werden. In eutrophen Gewässern hingegen fällt infolge hoher Primärproduktion so viel Biomasse auf dem Seeboden an, daß die im Wasser über dem Sediment (bei stagnierenden Verhältnissen) oder im Porenwasser vorhandene Sauerstoffmenge nicht ausreicht, um das gesamte organische Material aerob abzubauen: Es tritt unmittelbar unter der Wasser/Sediment-Grenzschicht eine langsamere anaerobe Zersetzung ein, bei der durch sulfatreduzierende Bakterien der Sulfat-Anteil des im Sediment eingeschlossenen Porenwassers zu Schwe-

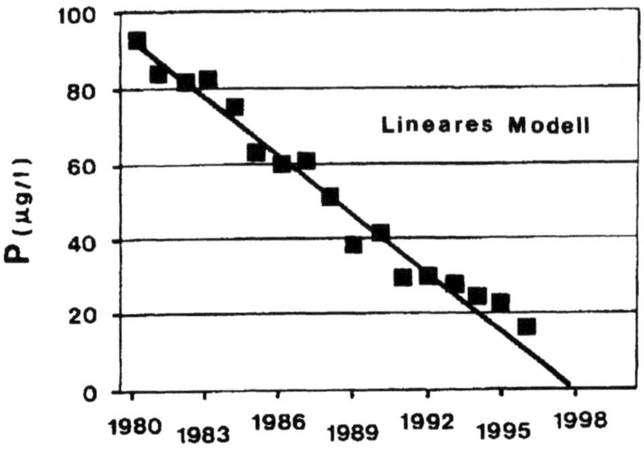

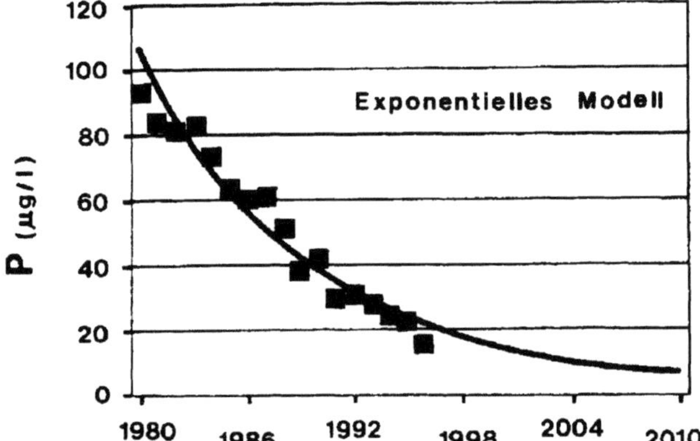

Abb. 19.6. Mathematische Modellierung des Phosphat-Phosphors im Überlinger See des Bodensee-Obersees zwischen 1980 und 1994 nach Stabel u. Kleiner (1995). Daten für 1995 und 1996 Stabel, schriftl. Mitt.

felwasserstoff (H_2S) reduziert wird (→ Kap. 18). Im Sediment enthaltene Eisenoxide bzw. Eisenoxyhydrate reagieren mit dem Schwefelwasserstoff unter Bildung von Eisenmonosulfid (FeS . n H_2O), das bereits in geringen Konzentrationen eine Schwarzfärbung des Sediments hervorruft (Faulschlamm, Sapropel). Sind alle verfügbaren Schwermetalle als Sulfide gebunden, vermag der Schwefelwasserstoff in das überstehende Wasser auszutreten und dort zu einem Sauerstoffdefizit bis zu einem völligem Sauerstoffschwund führen, wie er z.B. im Schwarzen Meer seit Jahrtausenden im Tiefseebereich existiert. Im Vergleich zu hellen, grauen bis bräunlich-grauen Sedimenten oligotropher Seen ist das Sediment eutropher Seen grauschwarz und in der Regel gut geschichtet, da in dem anaeroben Milieu mangels Benthos keine Bioturbation stattfindet.

Den Wandel von Oligotrophie zu Eutrophie im Zürichsee erkannte bereits Nipkow (1920) in Sedimentkernen anhand der ausgeprägten Jahresschichtung, deren Beginn er bis 1896 zurückverfolgen konnte. Sie zeigte sich 1896 in einer Massenentwicklung der Diatomee *Tabellaria fenestrata* und ein Jahr später in einer erstmaligen Wasserblüte der Blaugrünalge *Oscillatoria rubescens*, deren spezifisches rotes Pigment („Burgunderblut"), das Oscillaxanthin, von Züllig (1982) in dieser Sedimentschicht nachgewiesen werden konnte. Man kann annehmen, daß 1896 erstmalig am Seeboden ein völliger Sauerstoffschwund eingetreten war. Die ab diesem Zeitpunkt gut geschichteten, Eisenmonosulfid führenden, Faulschlammlagen überlagern helle Sedimente der oligotrophen-mesotrophen Phase. Der See war „umgekippt". Die „visuellen Auswirkungen der Eutrophierung" – gute (Jahres)-Schichtung infolge fehlender Bioturbation durch benthische Organismen sowie Dunkelfärbung der Sedimente durch Eisenmonosulfid – werden in Abb. 19.7 (aus Züllig 1982) verdeutlicht.

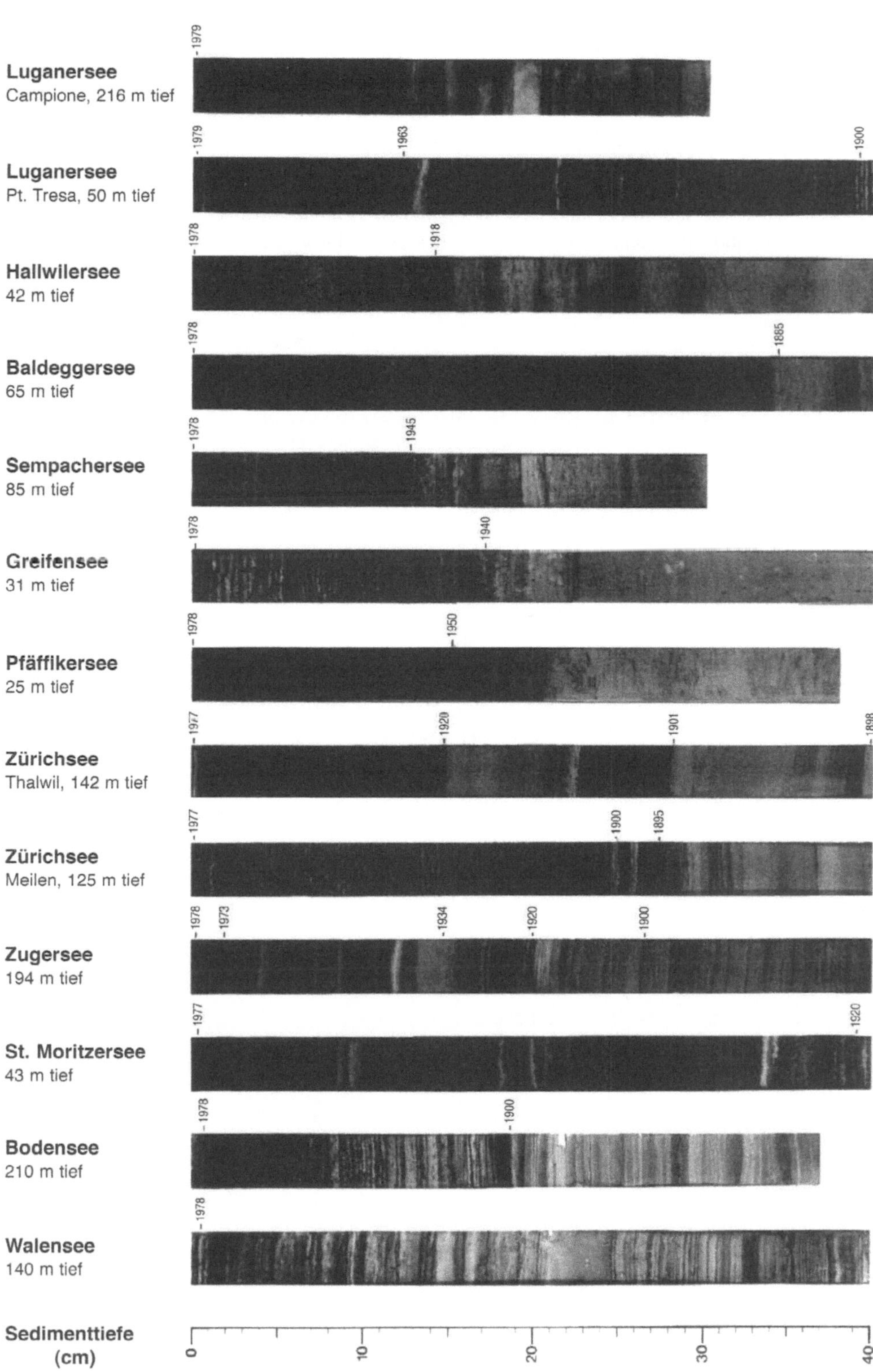

Abb. 19.7. Visuelle Auswirkungen der Eutrophierung auf die Sedimentation in Schweizer-Seen (aus Züllig 1982, modifiziert)

19.4 DIE TROPHISCHE ENTWICKLUNG DER BODENSEE-SEDIMENTE IM „INDUSTRIEZEITALTER“

Die im vorigen Jahrhundert in Mittel- und Westeuropa einsetzende und sich rasch entwickelnde Industrialisierung (Beginn des „Industriezeitalters“, auch als „industrielle Revolution“ bezeichnet), die bis vor einigen Jahrzehnten eng mit der Nutzung von Kohle als Energieträger verbunden war, führte zu schwerwiegenden und z.T. folgeschweren Eingriffen in das Naturgeschehen, deren „Reparatur“ noch weitere Generationen beschäftigen und belasten wird. Das im vorigen Abschnitt angeführte Beispiel des Zürichsees zeigt, daß auch indirekte Einflüße der Industrialisierung, nämlich das allgemeine Bevölkerungswachstum und die einsetzende Wanderbewegung der ländlichen Bevölkerung in die sich entwickelnden industriellen Zentren, zu einem vermehrten Anfall von Fäkalien führte, deren Eintrag in die Gewässer schwere Schädigungen aquatischer Ökosysteme zur Folge hatte.

Box 19.1 Allgemeine Daten zum Bodensee

Der Bodensee ist mit einer Oberfläche von 539 km^2 nach dem Genfer See der zweitgrößte der Alpenseen. Mit seiner größten Tiefe von 254 m liegt er hinter dem Comer See (440 m), Gardasee (346 m), Lago Maggiore (372 m) und Genfer See (310 m) an fünfter Stelle. Sein Rauminhalt beträgt 49 km^3. Der Bodensee besteht aus zwei voneinander getrennten Seebecken: dem tiefen Obersee (oder Bodensee im engeren Sinne) mit einer mittleren Tiefe von 100 m und dem flachen Untersee mit einer mittleren Tiefe von 13 m (Abb. 19.8). Die beiden Becken sind durch den ca. 4 km langen Seerhein miteinander verbunden. Der Obersee gliedert sich in den Obersee im engeren Sinne, den Überlinger See und die Konstanzer Bucht (auch als Konstanzer Trichter bezeichnet). Der Untersee wird in Rheinsee (Untersee in engerem Sinne), Zeller See und Gnadensee gegliedert. Das Einzugsgebiet des Bodensees liegt zu 71% in den schweizer und österreichischen Alpen. Mit Abstand wichtigster Zufluß ist der Alpenrhein mit einer mittleren Wasserführung von 227 $m^3 s^{-1}$, entsprechend 73% des Gesamtzuflusses. Zweitwichtigster Zufluß ist die Bregenzer Ach mit 48,8 $m^3 s^{-1}$. Das Einzugsgebiet des Rheins beträgt 6560 km^2, das der übrigen Flüsse 4340 km^2.

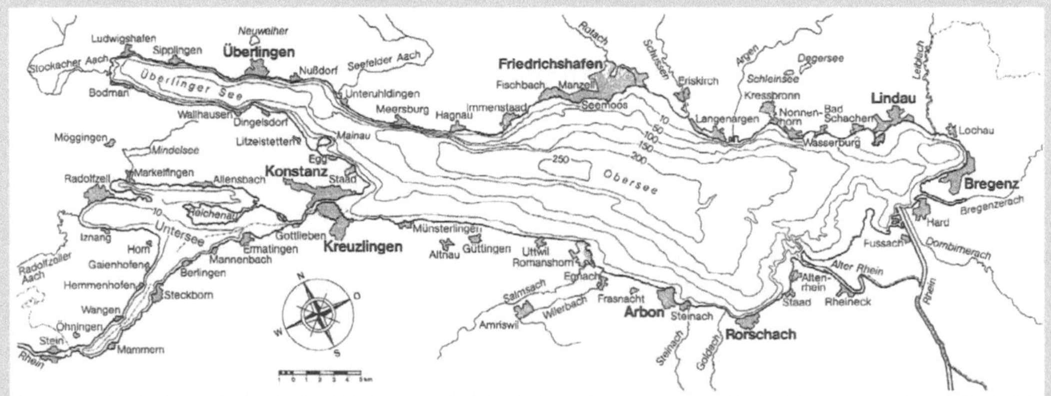

Abb. 19.8. Der Bodensee. Aus den Jahresberichten der IGKS. Der Untersee gliedert sich (von N nach S) in Gnadensee, Zellersee und Rheinsee

Um 1900 wurde die Mündung des Alpenrheins wegen häufiger Überschwemmungen in die Fussacher Bucht verlegt, in der sich seitdem ein mächtiges Delta in den See vorgebaut hat. In der ersten Hälfte dieses Jahrhunderts wurde das Sedimentationsgeschehen im Obersee überwiegend durch die Suspensionsfracht des Alpenrheins bestimmt. Jährlich werden zwischen 1,5 und 3,5 Mio m^3 Feststoffe (entsprechend ca. 2–4,5 Mio t) im See abgelagert. Die auch im zehnjährigen Mittel noch auftretenden beträchtlichen Schwankungen sind auf die von Jahr zu Jahr stark variierende Wasserführung zurückzuführen. So wurden allein während eines einzigen Hochwassers am 22. und 23. August 1957 insgesamt 2,6 Mio m^3 allochthones Sedimentmaterial in den Obersee verfrachtet, was einer normalen Jahresfracht entspricht.

Warum Bodensee-Untersuchungen? Die vom Verfasser und zahlreichen Diplomanden und Doktoranden an Bodensee-Sedimenten durchgeführten Untersuchungen hatten ihre Veranlassung in dem 1960 von der Deutschen Forschungsgemeinschaft ins Leben gerufenen „Bodensee-Projekt", an dem ca. 50 Wissenschaftler aus Hochschulen, Forschungsanstalten und aus der Praxis teilnahmen, um „an einem gegenwartsnahen Beispiel die Möglichkeit, ja die Notwendigkeit und den Nutzen einer Gemeinschaftsforschung über das Wasser zu prüfen und zu beweisen". (Prof. Dr. W. Hensen im Geleitwort „Bodensee-Projekt", Erster Bericht, Juli 1963). Die Erhaltung der Qualität des aus dem Bodensee für Millionen Menschen bestimmten Trinkwassers war das eigentliche Ziel, wozu eine wissenschaftliche Bestandsaufnahme des Bodensees eine Grundlage schaffen sollte. Der Anstieg des P_{tot} im Wasser des Bodensee-Obersees bei Vollzirkulation von 10 $\mu g\ l^{-1}$ Anfang der fünfziger Jahre auf über 20 $\mu g\ l^{-1}$ und die bereits eingetretene Veränderung des Phytoplanktons zum Projektbeginn war als ein nicht zu übersehendes Warnsignal für eine zu erwartende weitere Eutrophierung verstanden worden (Grim 1955, 1967). Als Ursache für den starken Anstieg des P-Eintrags innerhalb von wenigen Jahren wurde vor allem die rasch zunehmende Verwendung von Phosphaten in Wasch- und Reinigungsmitteln erkannt, darüber hinaus hatte jedoch auch der P-Anteil aus menschlichen und tierischen Exkrementen, Gewerbe und Industrie sowie aus der Landwirtschaft (Ertragssteigerung durch verstärkten Düngereinsatz) an Bedeutung gewonnen. Bereits 1961 ratifizierten die Anliegerstaaten ein Übereinkommen zur Reinhaltung des Bodensees. Auf Empfehlung der hierfür geschaffenen „Internationalen Gewässerschutz-Kommission für den Bodensee (IGKB)" wurde der Kläranlagenneu- und Ausbau in der Folgezeit mit einem Kostenaufwand von ca. 6 Mrd. Sfr. vorangetrieben mit dem Ziel, den P aus den kommunalen Abwässern zu entfernen, denn 59% der damaligen P-Zufuhr stammten aus häuslichen Abwässern (Wagner 1976).

Die Bodensee-Sedimente

1962 und 1963 wurden aus dem Bodensee insgesamt 222 Sedimentproben entnommen und jeweils die obersten 2 cm sedimentologisch, mineralogisch und geochemisch untersucht (Müller 1966a, b, 1967; Müller u. Tietz 1966). 1985 fand eine zweite, noch umfassendere, flächendeckende Beprobung und Untersuchung von insgesamt 273 Oberflächenproben statt (Friederich 1986; Mahlberg 1986, Schulte 1986), so daß ein Vergleich der 22 bis 23 Jahre auseinander liegenden Sedimente, deren Bildung in die Haupt-Eutrophierungsphase des Bodensees fällt, möglich wurde. Untersuchungen an datierten Sedimentkernen, die im Zeitraum zwischen den beiden Hauptbeprobungsphasen und während der 2. Oberflächenbeprobung selbst entnommen worden waren, vertiefen (im wörtlichen Sinne) die Erkenntnisse und erlaubten die Rekonstruktion der Sedimentationsverhältnisse und der Entwicklung von Schad- und Nährstoffen ab Beginn der „industriellen Revolution", die in den Bodensee-Sedimenten ab ca. 1870–1880 erkennbar wird (Müller 1977, 1978, 1983, 1986, 1988, 1989; Müller et al. 1977, 1979).

Der P-Gehalt der Sedimente und seine Herkunft. Im Gegensatz zu N, der in Sedimenten nahezu ausschließlich an die partikuläre organische Substanz gebunden ist, tritt P in klastischen Sedimenten in anorganischer *und* organischer Bindung auf. So enthalten klastische Sedimente geringe Mengen an detritischem Ca-Orthophosphat, das als Mineral Apatit $[Ca_5\ (OH,\ F)\ (PO_4)_3]$ eine natürliche Herkunft aus dem durch die Flüsse aus dem Hinterland gelieferten Abtragungsmaterial der dort anstehenden Gesteine und Böden hat. Stumm u. Leckie (1971) weisen darauf hin, daß Apatit auch im Sediment selbst durch Reaktion von Phosphat-Ionen mit Calcit neugebildet werden kann, ein Prozeß, der in Bodensee-Sedimenten jedoch bisher nicht beobachtet wurde. In oligotrophen Seesedimenten aus vorindustrieller Zeit ist Apatit in der Regel zu über 90% der nahezu ausschließliche P-Träger. Adsorptiv an vorwiegend silikatische Tonminerale gebundener P spielt eine untergeordnete Rolle, kann jedoch von Bedeutung werden, wenn Schwebstoff aus stark mit Phosphat belastetem Flußwasser in einem See sedimentiert wird, dessen Wasser einen weit geringeren Phosphatgehalt aufweist:

zur Einstellung eines neuen Gleichgewichts erfolgt eine allmähliche Abgabe von Phosphat, die jedoch durch eine sehr rasche Abgabe abgelöst werden kann, wenn es zu einer Resuspension des Sedimentes kommt.

Eine zunehmende Bedeutung haben in jungen Sedimenten zahlreicher Seen auftretende Ca-Phosphate (sekundäres Ca-Phosphat $CaHPO_4$ bzw. $CaHPO_4 \cdot 2\,H_2O$ und Oktocalciumphospat $Ca_4H(PO_4)_3$) die aus den Abschwemmungen intensiv gedüngter landwirtschaftlicher Böden stammen. Ein direkter Nachweis in Bodensee-Sedimenten konnte bisher jedoch nicht geführt werden. Dasselbe gilt für Fe- und Al-Phosphate, die bei der Phosphatfällung aus der Reaktion des Abwasserphosphats mit den Fällungsmitteln Fe-Chlorid oder Al-Sulfat gebildet werden oder aus Bodenabschwemmungen stammen. Wurde zur Phosphatentfernung Ca-Oxid oder Ca-Hydroxid verwendet, könnte ein Teil des an Ca gebundenen Phosphats in abwasserbelasten Fluß- und Seesedimenten aus Ca-Phosphat bestehen.

Eine von Williams et al. (1971) veröffentlichte, und in der Sedimentforschung bis heute (wenn auch immer seltener) angewandte Methode zur Unterscheidung verschiedener P-Bindungsformen in Seesedimenten, mit der lediglich eine Differenzierung des *an Apatit gebundenen Phosphors*, von *nicht an Apatit gebundenem anorganischen Phosphor* (in erster Linie Fe- und Al-Phosphate) und von *organisch gebundenem Phosphor* möglich war, wurde 1984 durch ein von Psenner et al. (1984, 1988) eingeführtes sequentielles Leachingverfahren abgelöst, das inzwischen allgemeine Anwendung in der limnologischen Forschung gefunden hat. Im Rahmen dieser Arbeit kann nicht auf Einzelheiten eingegangen werden, hier sei auf die Originalarbeit von Psenner et al. (1984), besser aber auf die zusammenfassende kritische Darstellung von Hupfer (1995) hingewiesen, in der Möglichkeiten und Grenzen des Verfahrens aufgezeigt werden. Die Tabelle 19.1 ist dieser Darstellung entnommen.

In der Arbeit von Güde et al. (in Bearb.) werden erstmalig Ergebnisse von den obersten 4 cm Sediment von 15 Sedimentkernen aus dem Profundal und von 45 Kernen aus dem Litoralbereich des Obersees mitgeteilt. Die Ergebnisse sind in Tabelle 19.2 dargestellt. Die Mittelwertbildung aus den obersten 4 cm Sediment ist leider nur wenig aussagekräftig, da hier Sedimente aus dem aeroben *und* anaeroben Bereich gemeinsam analytisch erfaßt wurden. In ihrer Zusammenfassung kommen die Autoren für die profun-

Tabelle 19.1. Sequenz des Extraktionsverfahrens nach Psenner et al. (1984) und die ungefähre Spezifizierung der einzelnen P-Fraktionen (aus Hupfer 1995). Es bedeuten: BD Bicarbonat-Dithionit, SRP molybdatreaktiver Phosphor, NRP nichtreaktiver Phosphor, TP Gesamtphosphor

Extraktionsmittel		Bindungsformen
NH_4Cl (1 m)	SRP/NRP	im Interstitialwasser befindlicher P; labil an Oberflächen adsorbierte Phosphate; algenverfügbare Phosphate
BD (0,11 m)	SRP	unter reduzierenden Bedingungen lösliche Phosphate; an Fe-Hydroxide und Mn-Verbindungen gebundene Phosphate
	NRP	organischer Anteil
NaOH (1 m)	SRP	an Oberflächen von Metalloxiden (Al, Fe...) gebundene Phosphate, die gegen OH^--Ionen austauschbar sind; in Basen lösliche Phosphate
	NRP	P in Mikroorganismen und Detritus-P, huminstoffgebundene Phosphate
HCl (0,5 m)	SRP	carbonatische Anteile und Apatit-P
	NRP	säurelabiler organischer P
Rest-P	TP	refraktärer organischer P

An Stelle der Rest-P-Bestimmung des Rückstandes über die TP-Bestimmung des Rückstandes wird häufig auch eine Extraktion mit *heißer* (85 °C) NaOH (im Gegensatz zur „*kalten*" NaOH beim dritten Extraktionsschritt) eingesetzt. Der erste Sequenzschritt (NH_4Cl) wird häufig (so auch in den Laboratorien der Institute am Bodensee) ausschließlich mit aqua dest. durchgeführt und der hierbei in Lösung gegangene P-Anteil als H_2O-Fraktion bezeichnet.

Tabelle 19.2. Durchschnittlicher Anteil der verschiedenen Phosphorfraktionen in den obersten 4 cm des Sedimentes am Gesamtphosphorgehalt. Aus Güde et al. (in Bearb.)

	Profundal-Sedimente	Litoral-Sedimente
H_2O-Fraktion	1%	1%
BD-Fraktion	16%	34%
$NaOH_{kalt}$-Fraktion	9%	23%
HCl-Fraktion	70%	22%
$NaOH_{heiß}$-Fraktion	4%	20%

dalen Sedimente zu der Aussage "*In the upper cm more than 50% of total P was found in the dithionite-soluble (iron-bound) fraction. This fraction also showed a sharp vertical gradient with strongly decreasing concentrations in the deeper sediment layers*".

Eine wesentliche Rolle für die Phosphateliminierung in Hartwasserseen spielt die als Folge der Eutrophierung auftretende authigene Calcitausscheidung, bei der eine Mitfällung von PO_4-P stattfindet. Bereits 1972 war von Otsuki u. Wetzel dieser Zusammenhang in einem „Mergel-See" erkannt worden. Murphy et al. (1983) beobachteten diesen Prozeß in einem natürlich-eutrophen See. Im Bodensee-Obersee beschrieb Rossknecht 1977 die autochthone Calcitfällung und 1980 die damit in Verbindung stehende PO_4-Elimination, für die er in Laborversuchen eine Eliminationsrate zwischen 15 und 25% des in der Lösung enthaltenen Phosphors fand. Mit dem chemischen Gleichgewicht und der Keimbildung bei der Calcitfällung im Bodensee befaßte sich Stabel (1986). Koschel et al. (1983) bezeichneten die Calcitfällung als natürlichen Kontrollmechanismus der Eutrophierung. In Hartwasserseen Mecklenburgs ist sie weit verbreitet (Koschel et al. 1987). Eine experimentelle Untersuchung der Mitfällung von PO_4 bei der Calcit-Kristallisation im Bodensee durch Kleiner (1988) ergab, daß ca. 35% der gesamten P-Elimination aus dem Epilimnion durch diesen Prozeß gedeutet werden können. Bei Einbeziehung der Ca^{2+}-Fluxe errechneten Kleiner u. Stabel (1989) für die Jahre 1985 bis 1987 einen Jahresdurchschnitt von 53% als durch Mitfällung im Calcit dem Bodenseewasser entzogen, für 1982 lag die rechnerische Eliminationsrate bei 45%. Damit wird von Kleiner u. Stabel etwa die Hälfte des P-Fluxes in das Sediment des Bodensees der Bildung von authigenem Calcit zugeschrieben, die andere Hälfte an das Absterben auf bzw. in das Sediment gelangenden Phytoplanktons. Hierbei ist zu berücksichtigen, daß bereits während der Sedimentation große Verluste im Hypolimnion durch Mineralisierung des absinkenden Phytoplankton entstehen. Während Diatomeen in einem geschlossenen limnischen System zu 28 bis zu 100% das Sediment erreichten, waren es bei anderen Algen (z.B. Grünalgen) nur 4% der ursprünglichen Population (Reynolds u. Wiseman 1982). Lediglich 2% des dem Sediment zugeführten Phosphors werden von Stabel u. Geiger (1985) dem an fluviatiles Schwebgut adsorptiv gebundenen P zugeschrieben. Eine ebenfalls geringe Rolle für die P-Anlieferung spielen Überreste von Zooplankton oder Kotpillen.

In der Grenzschicht Sediment-Wasser, die sowohl eine Senke als auch eine Quelle für P sein kann, spielen sich Prozesse ab, die nur zum Teil auf der Basis der Redoxbedingungnen und der Fe-P-Chemie erklärt werden können. Von Boström et al. (1982) wurden die Faktoren bestimmt, die zu einer P-Abgabe in gut belüfteten Seen führen. Zwei Gruppen von P-Transfermechanismen werden unterschieden:

a) auf molekularer Ebene kann die P-Mobilisierung durch physikochemische Prozesse beschrieben werden, nämlich Desorption, Auflösung und Ligandenaustausch sowie als biochemische Prozesse beim enzymatischen Abbau der organischen Substanz;

b) auf der Kompartiment-Ebene, bei welcher der P-Transfer vom Kompartiment Sediment in das Kompartiment Hypolimnion durch hydrodynamische Mechanismen wie Diffusion, Gasentwicklung, Bioturbation und durch Wind verursachte Turbulenz charakterisiert wird.

Später lieferte Baccini (1985) ein Modell für das Verhalten des Phosphors in der Sediment-Wasser-Grenzschicht, in der die Prozesse in der aeroben Zone (OXY-box), in der ein mikrobieller Abbau der partikulären organischen Substanz erfolgt, sowie in der anaeroben Zone (RED-box), beschrieben werden. Im Rahmen dieser Arbeit kann lediglich auf diese wichtige Publikation hingewiesen werden. Untersuchungen, die sich mit der Mobilität von P in limnischen Sedimenten befassen gehen auf Mortimer (1941), Carignan u. Flett (1981), Nürnberg (1988), Sinke et al. (1990) sowie in jüngerer Zeit auf Hupfer (1995) sowie Hupfer et al. (1995a) zurück.

Nachdem Röske et al. (1989) und Röske u. Uhlmann (1992) den Nachweis von Polyphosphat in phosphorspeichernden Bakterien im Belebtschlamm aus Kläranlagen mit weitgehender Abwasserbehandlung führen konnten, wurden von Waara et al. (1993) die P-Bindung und die Abgabe von P auch aus sedimentären Bakterien der Gattung *Pseudomonas* unter aeroben und anaeroben Bedingungen beschrieben. In der Arbeit von Hupfer et al. (1995b) wird erstmalig mit zwei voneinander unabhängigen Methoden das Auftreten von Polyphosphat-P („Poly-P") in Oberflächensedimenten des Baldegger- und Luzernersees nachgewiesen. Poly-P ist in Form kugeliger Aggregate in Bakterien inkorporiert, die lediglich im aeroben Sedimentbereich auftreten. Dieser P-Bindungsart dürfte eine besondere Rolle als Zwischenspeicher in Sedimenten zukommen. Mit der Fragen der thermodynamischen und kinetischen Faktoren, welche die Bildung von Eisenphosphat in anaeroben Sedimenten kontrollieren, befassen sich Emerson u. Widmer (1978). Eine kolloidale Eisenphosphat-Spezies, die sich im Grenzbereich aerob-anaerob eines eutrophen Sees bildete, beschreiben Buffle et al. (1989).

Die Frage einer möglichen P-Remobilisierung bei einer Resuspension der Sedimente im Flachwasserbereich wurde bereits zu Beginn unserer Arbeiten am Bodensee experimentell geprüft (Müller u. Tietz 1966). Bodensee-Sedimente wurden in Standzylindern mit dest. Wasser, Schwebstoffproben aus Zuflüssen mit Bodensee-Wasser überschichtet und 108 Tage stehen gelassen, um eine Stagnationsperiode zu simulieren. Die in Sedimentproben unmittelbar über dem Sediment gemessene höchste PO_4-P-Konzentration betrug max. 8 $\mu g\ l^{-1}$. Nach anschließend einstündigem Schütteln fanden sich in den vier Seesediment-Eluaten Konzentrationen von 12, 56, 56 und 88 $\mu g\ l^{-1}$. Besonders hoch war die Abgabe von P aus den Schwebgut-Proben der Zuflüsse Argen und Stockacher Aach: 240 bzw. 855 $\mu g\ l^{-1}$. Ein Zusammenhang ergibt sich mit umfangreichen Porenwasser-Untersuchungen an Sedimenten von insgesamt sechs Lokationen im Obersee und Untersee durch Vuynovich (1989), bei denen die Porenwässer mit Hilfe eines in situ Probennahmegeräts (sog. *peeper*) mittels Dialyse im Juni bis September 1987 gewonnen wurden (→ Kap. 18). Sie zeigten, daß insgesamt sehr hohe PO_4-P-Konzentrationen in den Porenwässern auftraten, die um ein bis zwei Größenordnungen höher als im Bodenseewasser lagen. Im Sediment des Zeller Sees (Untersee) wurden die höchsten Konzentrationen (bis 7300 $\mu g\ l^{-1}$) gemessen, die im Gegensatz zu den anderen Lokationen auch noch in die obersten cm des überstehenden Seewasser hineinreichten, in denen auch die Fe^{2+}-Konzentration noch hoch blieb und damit einen Hinweis für fehlenden Sauerstoff auf dem Seegrund lieferte.

Von Sroczynki (1996) wurden 1995 zwischen April und Oktober im 14-tägigen Zeitabstand an einer stets gleich bleibenden Probennahmestelle im Obersee vor dem Südufer bei Güttingen in 100 m Wassertiefe das Vertikalprofil der P- und Si-Konzentrationen im Porenwasser der Sedimente aufgenommen. Die Vertikalprofile zeigen bei allen Untersuchungen einen ähnlichen Tiefenverlauf: Zwischen 0 und ca. 2 cm, im aeroben Bereich der Sedimente, steigt die P-Konzentration zunächst linear an; zwischen 2 und 3 cm (Beginn des anaeroben Bereichs) erfolgt eine sprunghafte Zunahme von 0,5 mg P auf 3,5 mg l^{-1} in 3 cm Sedimenttiefe. Aus den gemessenen P-Gradienten im Porenwasser des Sediments wurde mit Hilfe des ersten Fick'schen Gesetzes analog zu früheren Messungen von Sinke et al. (1990) an holländischen Seesedimenten der diffuse P-Flux über die Sediment-Wasser-Grenzschicht bestimmt und für den Untersuchungszeitraum Mai bis Oktober 1995 ein Durchschnitt von 1,5 mg P $m^{-2}\ d^{-1}$ gemittelt. Unabhängig hiervon wurde die P-Zunahme im Überstandswasser von Sedimentkernen aus 100 m Wassertiefe über einen Zeitraum von zwei Tagen gemessen und aus Langzeit-Meßreihen der Internationalen Gewässerkommission Bodensee die Zunahme im Hypolimnion des Bodensees während der Stratifikation für die Jahre 1972–1992 berechnet (Gries et al. 1996; Güde et al. in Bearb.) Für diese verschiedenen Ansätze ergab sich innerhalb der Fehlerbreite eine gute Übereinstimmung mit mittleren P-Freisetzungsraten von 1,4–2,7 mg P $m^{-2}\ d^{-1}$ für Profundalsedimente. Bei einer durchschnittlichen Sedimentationsrate von 3,6 mg P $m^{-2}\ d^{-1}$ bedeutet dies, daß ca. 50% des sedimentierten Phosphors wieder freigesetzt werden.

Die Freisetzung von Phosphor aus *aeroben* Sedimenten galt lange Zeit für den tiefen Obersee mit seiner *aeroben* Sedimentoberfläche als vernachlässigbar (im Gegensatz z.B. zu den Sedimenten mit jahreszeitlich *anaerober* Oberfläche im Untersee, siehe den folgenden Abschnitt). Dies galt auch für andere Seen, aber *„In den letzten Jahren hat sich die Erkenntnis verdichtet, daß es auch unter aeroben Bedingungen im überstehenden Wasser zur P-Freisetzung kommen kann und daß die Sedimentbakterien Einfluß auf die Dynamik des P-Austausches haben"* (Hupfer 1995). Abbildung 19.9 ist dem jüngsten Jahresbericht der Internationalen Gewässerschutzkommission für den Bodensee (Bearbeiter H. Müller 1996) entnommen und zeigt die Entwicklung der O_2-, Nährstoff- und Fe-Konzentrationen in 27 m Wassertiefe, also unmittelbar über Grund des Zellersees im Untersee, für den Zeitraum 1989 bis Anfang 1995. Die Konzentrationen von PO_4-P, NH_4-N und Fe zeigen einen gleichsinnigen jahreszeitlichen Verlauf, bei denen die Maxima in den Sommermonaten mit den Sauerstoff- und Nitrat-N-Minima zusammenfallen. Diese Dokumentation ist der sichere Beweis für die Rücklösung von

P (und Fe) aus dem Sediment unter anaeroben Bedingungen, liegt doch der PO_4-P-Gehalt im bodennahen Wasser um das 20 bis 10-fache höher als im Oberflächenwasser. Deutlich ist ein Rückgang des maximalen P-Gehaltes zwischen 1988 und 1993 zu erkennen, ebenso beim NH_4-N. Parallel hierzu hat sich die Sauerstoff-Null-Periode verkürzt und in 1993 wurde erstmalig ein noch sehr geringer O_2-Gehalt über Grund auch während der sommerlichen Stagnation gemessen. Die im Sommer 1987 im Zeller See aus Porenwasser-Untersuchungen gewonnenen Erkenntnisse werden somit voll bestätigt.

Die Entwicklung der Sedimente in der Eutrophierungsphase des Bodensee-Obersees

Die beiden wichtigen Beprobungstermine 1962/63 und 1985, in denen eine flächendeckende Probennahme stattfand, fielen in den Zeitraum der Haupteutrophierungs-Phase, in welcher der P_{tot}-Gehalt im Wasser des Überlinger Sees von 25 $\mu g\ l^{-1}$ (1962) auf 86 $\mu g\ l^{-1}$ (1980) anstieg (vgl. Abb. 19.4). Zwischen 1976 und 1983 verblieben die Konzentrationen auf einem sehr hohen Niveau (> 80 $\mu g\ l^{-1}$); danach setzte dann die Phase der Re-Oligotrophierung ein, die zu der sehr raschen Abnahme auf den aktuellen (1996) Wert von 22 $\mu g\ l^{-1}$ führte.

Die Entwicklung der P-, N- und C_{org}-Gehalte. Bereits 1956 hatte Züllig die Zunahme des P-Gehaltes um den Faktor 5 in den obersten 4 cm eines Sedimentkernes im Bodensee vor Arbon aus einer Wassertiefe von 170 m beschrieben. Ein Vergleich unserer Beprobungen 1962/63 und 1985 zeigte (Müller 1988, 1989), daß sich die mittlere P_2O_5-Konzentration von 0,12 auf 0,20% stark erhöht hatte, einer Zunahme von 60% entsprechend (im Untersee 48%, im Obersee 65%). Der C_{org}-Gehalt blieb im Untersee ± unverändert, im Obersee hingegen war eine Zunahme von 57% zu verzeichnen. Weit über dem Durchschnitt liegende Konzentrationen konnten in beiden Serien vor der Mündung abwasserbelasteter Flüsse,

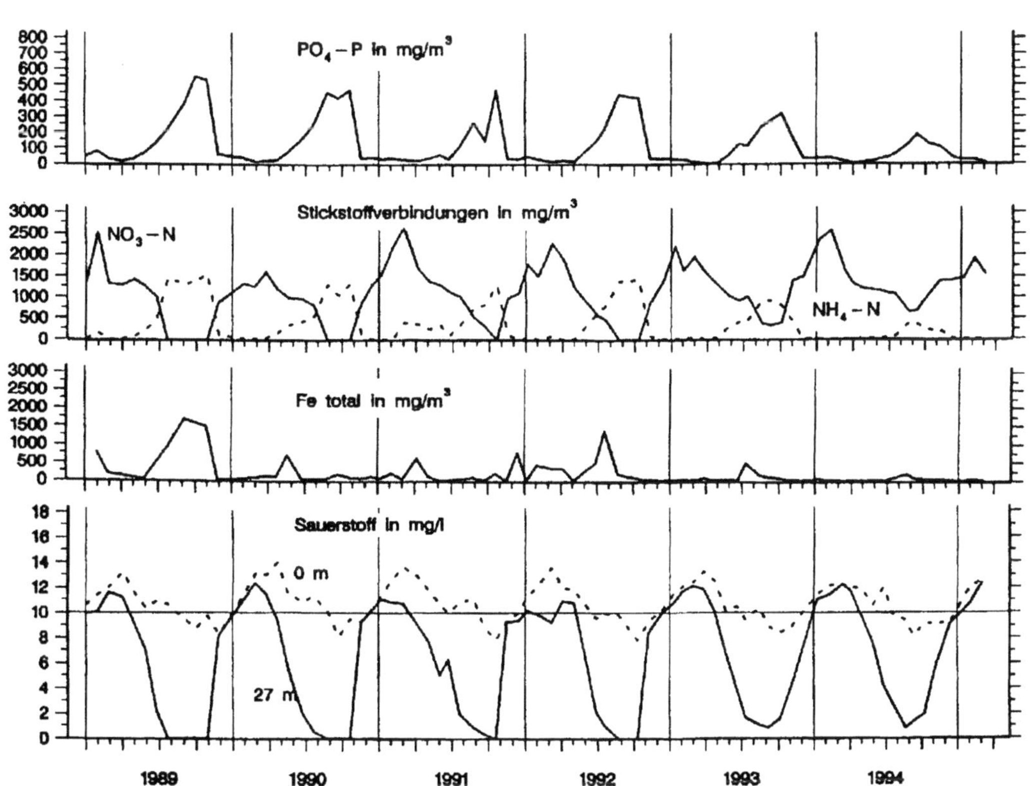

Abb. 19.9. Entwicklung der O_2-, Nährstoff- und Fe-Konzentrationen über Grund (27 m Wassertiefe) des Zellersees im Zeitraum 1989 bis Anfang 1995

so vor der Schussen und der Stockacher Aach, festgestellt werden. Im Schwebgut von Schussen und Stockacher Aach wurden 1962/63 0,85 bzw. 0,40% P_2O_5 gemessen, während die Konzentration des Alpenrhein-Schwebguts 0,14% betrug (Müller u. Tietz 1966). In einem 23 km^2 großen Seegebiet von Langenargen stellte Wagner (1968) eine großflächige Verschmutzung durch Sinkstoffe aus Schussen und Argen fest, die P_2O_5-Konzentrationen überschritten dabei deutlich 0,2%.

Ein von Wagner (1972) 1971 in Seemitte zwischen Langenargen und Arbon entnommener Sedimentkern zeigte ab 7 cm Kerntiefe nach oben hin stetig zunehmende Gehalte an P und N. Im Jahr 1975 an vier Lokationen im Obersee entnommene Sedimentkerne zeigten ebenfalls den generellen, zunächst schwachen Anstieg zu den jüngeren Schichten hin, der sich ab 1950 verstärkte (Müller 1977). Die Abbildung 19.10 zeigt die zeitliche Entwicklung von P und N in dem aus der Seemitte stammenden Kern. Eine parallele Entwicklung war bei der Berechnung des P-Eintrags in den Bodensee und der sich hieraus entwickelnden Phytoplanktondichte festgestellt worden (Wagner 1976).

Ein 1977 im „Konstanzer Trichter" des Obersees entnommener Sedimentkern zeigte eine ausgeprägte Zweiteilung in einen unteren und oberen Bereich mit der Grenze bei einer Sedimenttiefe von 4 cm, die mit radiometrischen Methoden auf ca. 1955 datiert werden konnte (Müller et al. 1979). Der obere Bereich ist durch Partikel mit einem wesentlich größeren Korndurchmesser, einem erhöhten Karbonatgehalt (bis 70%), einem sehr hohen Calcit/Dolomit-Verhältnis und einem deutlich erhöhten C-, N- und P-Gehalt vom tieferen Sedimentbereich deutlich unterscheidbar. Die Al-Konzentration, die stellvertretend für die Summe der silikatischen Mineralien und von Quarz steht, ist dagegen im oberen Bereich auf weniger als die Hälfte des unteren Bereichs zurückgegangen. Die mikroskopische Untersuchung bewies, daß es sich bei den gröberen Partikeln im oberen Teil um Calcit-Aggregate handelte, die von Karbonatkrusten auf submersen Wasserpflanzen stammten, die nach dem Absterben der Pflanzen ins Sediment gelangt waren. Hier hatte also ein Fazieswechsel stattgefunden, der durch die Einschwemmung von biogenem Calcit aus einem von submersen Wasserpflanzen (Characeen, Glanzlaichkrautgewächse) als Folge der Eutrophierung neu besiedelten Flachwasserbereich (Lang 1968) verursacht worden war.

Die Entwicklung der Schwefel-Konzentrationen. Bei der 1962/63 vorgenommenen flächendeckenden Beprobung der Bodenseesedimente lagen die Eisenmonosulfid-Gehalte (berechnet als FeS) zwischen nicht nachweisbar in Ufersanden (0,0%) und 1,3% in Sedimenten des Untersees (Müller 1966b). Eine Bestimmung des S_{tot}-Gehaltes war seinerzeit nicht erfolgt, ebensowenig in den damals entnommenen Sedimentkernen, so daß die Entwicklung aus den jüngsten, 1995 gewonnenen Sedimentkernen (Abb.

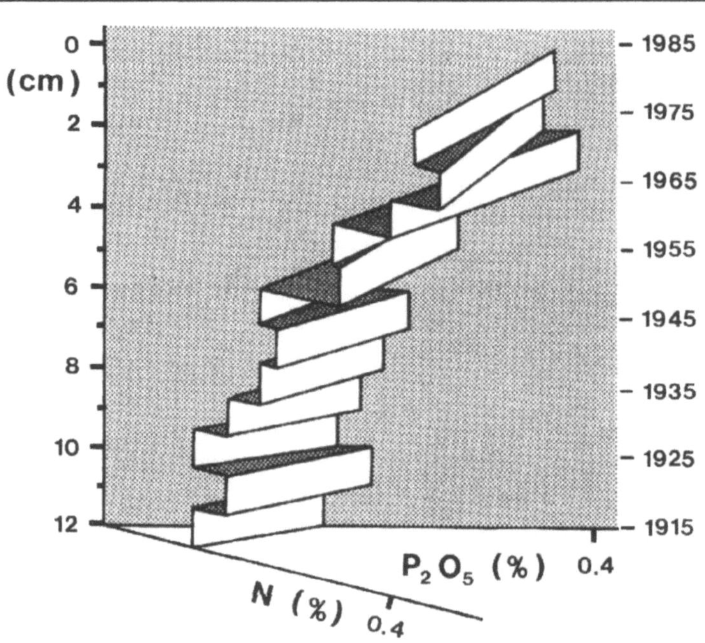

Abb. 19.10. Zeitliche Entwicklung der P_2O_5- und N-Konzentrationen in einem 1985 aus der Mitte des Obersees entnommenen Sedimentkern

19.14) abgeleitet werden muß. Es zeigt sich, daß ein genereller Anstieg des S_{tot} bei ca. 15 cm Sedimenttiefe in der 50er Jahren einsetzt und in 6–7 cm und 4–5 cm Tiefe die höchsten (bzw. zweithöchsten) Konzentrationen um 1980 erreicht. Hiernach erfolgt eine sehr rasche Abnahme bis in die jüngste Sedimentschicht hinein.

Untersuchungen an Sedimenten schweizer Seen durch Losher (1989) und Losher u. Kelts (1989) ergaben, daß mehr als zwei Drittel des Schwefels organisch gebunden vorliegen. Sulfat-Ester (Bestimmung nach Landers et al. (1983) stellen die Hauptkomponenten dar, Eisensulfid ist nur mit wenigen Prozent am Gesamtschwefel beteiligt. Der Konzentrationsverlauf von S_{tot}, C_{org} und des C_{org}/S_{tot}-Verhältnisses in Bodenseesedimenten zeigt eine erstaunlich gute Übereinstimmung mit den Resultaten des von Losher u. Kelts untersuchten Sedimentkerns aus dem Genfer See. Derzeit laufende Untersuchungen an unserem Institut (A. Ludwig, in Bearb.) sollen aufzeigen, welche organische Bindungsarten in den Sedimenten des Bodensees eine Rolle spielen.

Die Entwicklung des Karbonatgehaltes in den Sedimenten. Die dichte Beprobung der Sedimente des Bodensees in 22 bzw. 23 Jahren Abstand (1962/63 und 1985) bot die Möglichkeit, während dieses Zeitintervalls, in das der eigentliche Beginn und der Höhepunkt der Eutrophierung des Bodensees fällt, eingetretene Veränderungen flächenhaft zu erkennen und darzustellen. Die Abbildung 19.11 zeigt die Verteilung der Karbonate (Summe von Calcit, Dolomit, Spuren Aragonit) in den Sedimenten. Rein rechnerisch ergibt sich für den Obersee eine Zunahme des Karbonatanteils von im Mittel 38%, im Untersee blieb die Konzentration hingegen ± unverändert. 1962/63 wurde die Karbonatverteilung im Obersee durch Sedimente mit einem Karbonatgehalt zwischen 25–37,5% geprägt. Gehalte unter 25% (bis 18%) traten in zwei größeren Gebieten im See sowie in zahl-

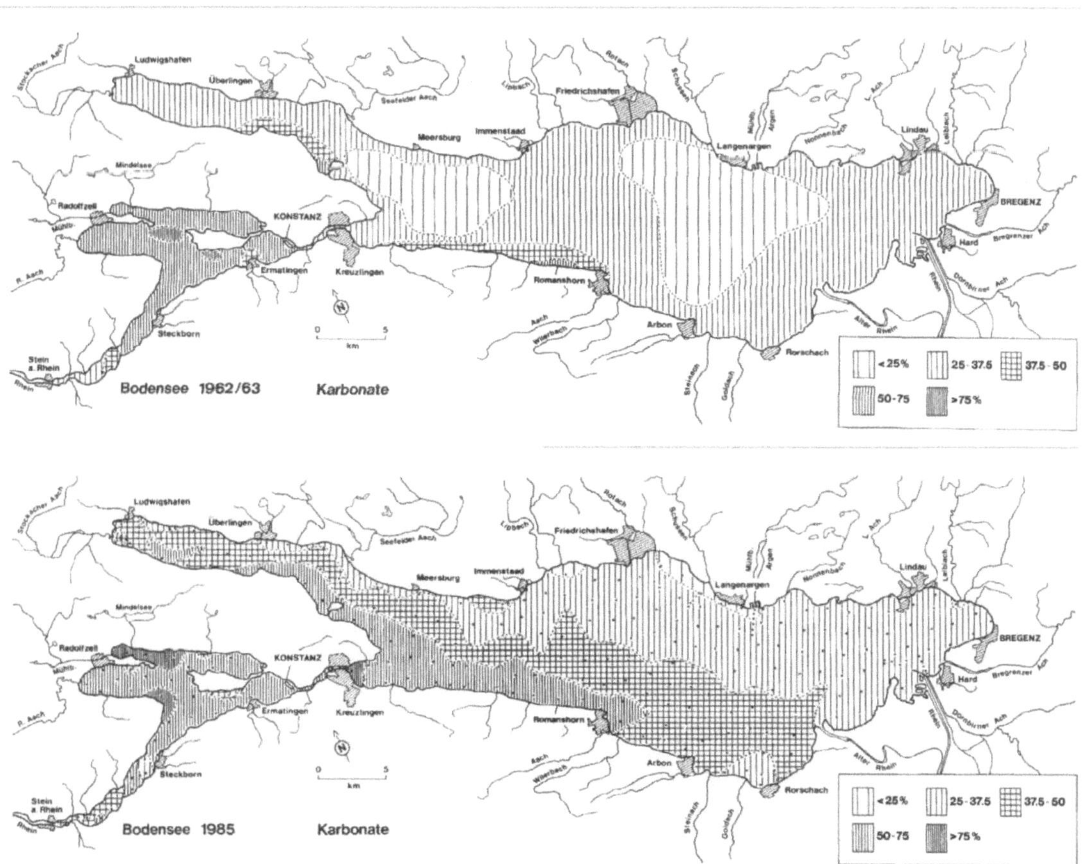

Abb. 19.11. Regionale Verteilung des Karbonatgehaltes in den Oberflächen-Sedimenten des (gesamten) Bodensees in den Jahren 1962/63 und 1985

reichen Ufersanden (bis minimal 9%; Müller u. Schöttle 1965; in der Abb. 19.11 nicht dargestellt) auf, höhere Gehalte als 37,5% waren auf ufernahe Bereiche entlang des südlichen Ufers begrenzt. Zur Klärung der Frage, wie weit der in den Sedimenten enthaltene Calcit allochthoner Herkunft, also detritisch ist, oder im See selbst durch biochemische Prozesse gebildet wird und damit autochthon ist, wurden aus dem Alpenrhein, dem mit Abstand bedeutensten Sedimentlieferanten des Bodensees, der ein Teil seines Einzugsgebietes in den Nördlichen Kalkalpen hat, 150 bei verschiedenen Wasserständen entnommenen Schwebstoffproben auf ihren Karbonatgehalt und das Calcit/Dolomit-Verhältnis untersucht.

Die große Mehrzahl der Alpenrhein-Proben wiesen Calcitgehalte zwischen 20 und 30% sowie Dolomitanteile zwischen 5 und 10% auf, woraus ein mittleres Calcit/Dolomit-Verhältnis von 3–4 resultiert. Das Karbonatgehalts-Intervall 25–37,5% der Sedimente bei einem Calcit/Dolomit-Verhältnis unter 5 entspricht damit recht genau dem Karbonatanteil des Alpenrheinmaterials (Müller u. Hahn 1964). Bei Sedimentproben mit höherem Karbonatgehalt nimmt mit steigendem Karbonatgehalt das Calcit/Dolomit-Verhältnis zu und steigt auf über 10 an. Im Untersee mit seinen insgesamt hohen Karbonatgehalten bis über 90% werden Verhältnisse von über 50 erreicht! Diese Zunahme wird durch Zufuhr von biogenem Calcit verständlich, der im bereits seit den 30iger Jahren voll eutrophen Untersee durch submerse Wasserpflanzen (vor allem durch Glanzlaichkrautgewächse der Gattung *Potamogeton*) und fadenförmige, koloniebildende inkrustierende Blaugrünalgen (Cyanophyceen), welche die für den Gnadensee charakteristische Onkoid-Fazies („Schnegglisande") darstellen, gebildet wird (Müller 1966a; Schöttle u. Müller 1968).

Die beiden Flächen im Obersee mit einem Karbonatanteil von weniger als 25% stellen Bereiche dar, in denen eine teilweise Auflösung von Calcit bereits während der Sedimentation stattgefunden hat. Rasterelektronenmikroskopische Aufnahmen zeigen typische Anlösungserscheinungen an den Oberflächen der Kalksteinbruchstücke bzw. den Spaltrhomboedern, die aus grobkristallinen Kalken stammen. Ähnliche Erscheinungen treten auch in den karbonatreicheren Sedimenten des Obersees auf, sie sind jedoch dort weniger intensiv. Die Karbonatverteilung 1985 (Originaldaten bei Mahlberg 1986) ergibt ein völlig anderes Bild: Das für den Alpenrhein charakteristische Konzentrationsintervall tritt nur noch im nördlichen Bodensee im durch den Alpenrhein induzierten Strömungsbereich auf und stellt weitgehend ein Abbild der Karbonatkonzentration und -zusammensetzung im Alpenrheinmaterial dar. Nach S bzw. SW schließt sich eine breite Zone mit dem Konzentrationsintervall 37,5–50% an, die in den Bereich mit einem bereits überwiegenden Karbonatanteil (50–75%) übergeht, der 1962/63 (und immer noch 1985) den Gnadensee beherrschte. Im Konstanzer Trichter werden sogar Sedimente mit über 75% Karbonat angetroffen. Dies bedeutet, daß die in 1962/63 herrschende Sedimentation von allochthonem Karbonat, das überwiegend aus dem Alpenraum stammt, durch eine autochthone Calcitzufuhr aus dem See selbst überlagert wird, die in einem großen Teil des Obersees bereits den detritischen Karbonatanteil übersteigt und damit einen Fazieswechsel eingeleitet hat.

Im Gegensatz zur Karbonatsedimentation im Untersee, die überwiegend durch Makrophyten und Cyanophyceen im flachen Wasser und speziell im ufernahen Bereich stattfindet, handelt es sich bei den authigenen Karbonaten um Calcit, der als indirekte Folge der Eutrophierung in Hartwasserseen zu Zeiten hoher Bioproduktion im Epilimnion ausgefällt wird. Bei Algenblüten findet eine massive Störung des Kalk-Kohlensäure-Gleichgewichts im Wasser durch Entzug von CO_2 und dadurch bedingter Erhöhung des pH-Wertes statt, die zu einer sehr starken $CaCO_3$-Übersättigung führt und die Fällung von Calcit auslöst, wenn genügend Kristallisationskeime vorhanden sind. Es bilden sich hierbei Einkristalle und Calcit-Aggregate, die z.T. Fremdmaterialien (z.B. Diatomeen) einschließen. In Intervall-Sedimentationsfallen an der tiefsten Stelle des Bodensees im Sommer 1981 gesammeltes Schweb- bzw. Sinkgut (Sturm et al. 1982) enthielt durchschnittlich 20 μm große Calcitkristalle, die mit ihren treppenartigen Anwachsstrukturen und eingewachsenen Gehäusen von Diatomeen auf sehr rasch ablaufende Kristallisationsvorgänge hinwiesen, wobei die nichtkalkabscheidenden planktischen Algenreste als Kristallisationskeime für die Calcitfällung fungierten. Hinzu tritt die in vielen Hartwasserseen, so auch im Bodensee, auftretende kalkabscheidende Grünalge *Phacotus sp.*, deren Schalen aus Calcit bestehen (H. Müller in Müller u. Oti 1981; Neukirch 1991, 1993; Stabel u. Kleiner 1995). Die zunehmende Eutrophierung bewirkt eine auch in anderen Hartwasserseen festgestellte Verdünnung der allochthonen Sedimentkomponenten durch autochthonen Calcit, was wiederum eine Erhöhung der Sedimentationsrate bei gleichbleibender allochthoner Materialzufuhr zur Folge hat. Die Abbildung 19.12 zeigt die Entwicklung der Karbonatkonzentration eines 1987 aus dem Profundal des Überlinger Sees entnommenen Sedimentkerns, der in der Dissertation von Chondrogianni (1992) untersucht und mit Messungen der stabilen Isotope ^{13}C und ^{18}O belegt wurde. Der Konzentrationsverlauf

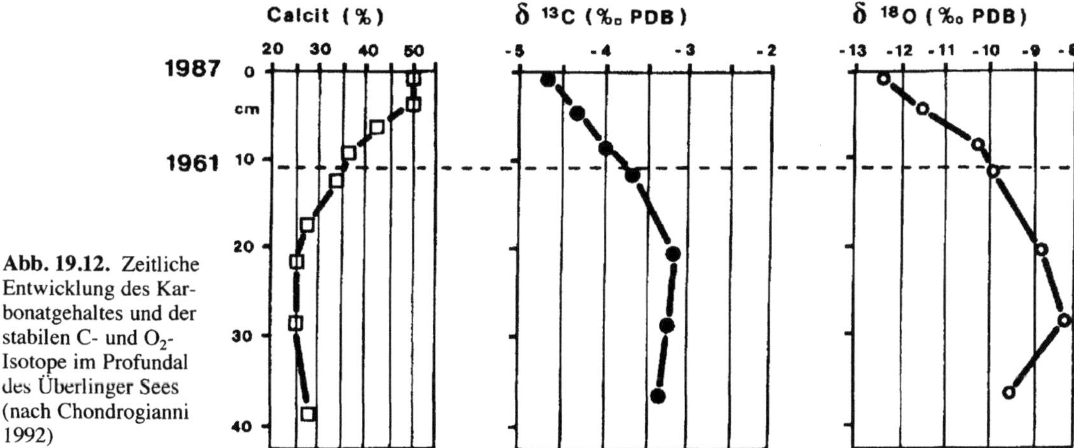

Abb. 19.12. Zeitliche Entwicklung des Karbonatgehaltes und der stabilen C- und O_2-Isotope im Profundal des Überlinger Sees (nach Chondrogianni 1992)

von Calcit mit einem starken Anstieg im oberen Bereich ab ca. 1960 ist gegenläufig zu den Isotopendaten und belegt den zunehmendem Einfluß von autochthonem (authigenem) Calcit, der isotopisch „schwerer" als das allochthone Karbonat ist.

Die Entwicklung des Korngrößenspektrums in den Sedimenten. Aus der Tatsache, daß der aus der biogenen Entkalkung im Freiwasser des Bodensees stammende autochthone Calcit eine Teilchengröße besitzt, die im Mittel- und Grobsilt-Bereich (6,3–63 μm) liegt, kann geschlossen werden, daß der in großen Teilen des Bodensees beobachtete Anstieg des Karbonatgehaltes in den Sedimenten auch zu einer Kornvergröberung in ursprünglich sehr feinkörnigen („tonigen") Sedimenten führte. Dies ist tatsächlich der Fall (Schulte 1986; Müller 1989) und spiegelt sich in der Darstellung der Verteilung der Sedimenttypen im Bodensee während der beiden Beprobungen 1982/83 und 1985 wider. Hier muß allerdings berücksichtigt werden, daß durch im gleichen Zeitintervall durchgeführte umfangreiche Baumaßnahmen im Mündungsbereich des Alpenrheins (Ablenkung in westlicher Richtung) das Strömungsmuster im Bodensee nachhaltig beeinflußt und das Sedimentationsgeschehen dadurch verändert wurde. Eine „klassische" Entwicklung einer kontinuierlichen Kornvergröberung als Folge der zunehmenden Calcitfällung seit der Jahrhundertwende zeigt der Baldeggersee (Niessen u. Sturm 1987), wobei diese Entwicklung nicht nur durch den Anstieg des (autochthonen) Karbonatgehaltes, sondern auch wesentlich durch eine Abhängigkeit der dominierenden Calcit-Korngröße von der P-Konzentration im Seewasser bedingt wird. Die mittlere Calcit-Korngröße nahm während der letzten Hundert Jahre von 5 auf 30 μm zu.

Die Entwicklung der Sedimente in der Re-Oligotrophierungsphase des Bodensee-Obersees (ca. 1984–1995)

1985 fiel erstmalig nach 1975 die P_{tot}-Konzentration im Bodensee-Wasser wieder unter 70 $\mu g\ l^{-1}$ und leitete die Phase der Re-Oligotrophierung ein. Bei der Vollzirkulation im Winter/Frühjahr 1996 lag die Konzentration wie 30 Jahre zuvor wieder knapp über 20 $\mu g\ l^{-1}$. Die Entwicklung der Sedimente während dieser Re-Oligotrophierungsphase zeigen im September 1995 im zentralen Obersee an der tiefsten Stelle entnommene Sedimentkerne, die den Zeitraum zwischen 1890 und 1995 umfassen. Auffälligstes visuelles Merkmal im Vergleich zu den von uns im Jahr 1985 entnommenenen Sedimentkernen ist die ca. 1,5 cm mächtige rostig-braunfarbene oberste Sedimentlage, die 1985 fehlte bzw. nur als mm-dünne Schicht im Grenzbereich Wasser/Sediment ausgebildet war und das darunter liegende anoxische Sediment „abdeckte". Dies bedeutet, daß die Redox-Null-Linie sich in der Zwischenzeit vom Wasser/Sediment-Grenzbereich in das Sediment hinein verlagert hat. Ein freundlicherweise von Herrn Dr. Wessels, Konstanz, zur Verfügung gestelltes Farbphoto von den obersten 10 cm eines 1996 entnommenen Sedimentkernes aus dem Überlingersee (Mainau-Schwelle) zeigt dieselbe Entwicklung; die oxische Sedimentschicht hat hier eine Dicke von 2,5 cm.

Während die Schwermetalle Pb, Zn und Cd, für die auf den ersten Blick kein direkter Zusammenhang mit der Eutrophierung besteht, ein ausgeprägtes Maximum zwischen 1960 und 1970 aufweisen und danach wieder ein Rückgang bis 1995 auf nahezu geogene Konzentrationen zu verzeichnen ist (Tabelle 19.3, Abb. 19.13; Müller 1997), zeigen die Konzentrationen der Nährstoffe C_{org}, N und P (dargestellt als P_2O_5) einen völlig anderen, unerwarteten, zeitlichen Verlauf für die Re-Oligotrophierungsphase (Tabelle 19.3, Abb. 19.14). Der etwa kontinuierliche Anstieg der Konzentrationen in der Eutrophierungsphase bis zu einer Sedimenttiefe von 6–5 cm (ca. 1980) geht zwar zunächst in den Sedimentschichten 5–4 und 4–3 cm für alle drei Parameter sehr deutlich zurück, steigt jedoch in den obersten Sedimentlagen 3–0 cm wieder stark an, wobei in der jüngsten Sedimentschicht (1–0 cm) die Maximalwerte für das gesamte, 105 Jahre umfassende, Sedimentprofil erreicht werden. Eine einfache Erklärung dieser der starken Abnahme des P-Gehalts im Bodenseewasser gegenläufigen Zunahme der Nährelemente im Sediment ist nicht möglich. Bei einem im Juli 1996 in Langenargen mit Vertretern dreier Bodensee-Institute (Dres. Müller, Rossknecht, Schröder und Wagner vom Institut für Bodenseeforschung in Langenargen der Landesanstalt für Umweltschutz Baden-Württemberg; Dr. Stabel vom Zentrallabor der Bodensee-Wasserversorgung in Sipplingen; Dr. Wessels vom Limnologischen Institut der Universität Konstanz) geführten Gespräch kam man übereinstimmend zu der Ansicht, daß wahrscheinlich mehrere, sich überlagernde, aber voneinander unabhängige, Prozesse für die hohe positive Korrelation zwischen den Nährstoffelementen verantwortlich sind. So können zwar die ausgeprägten Minima aller drei Nährstoffelemente in der Sedimentschicht 3–4 cm zumindest zum Teil durch ein außergewöhnlich starkes Hochwasser des Rheins im Jahre 1987 erklärt werden, bei der eine „Verdünnung" der Sedimente mit zusätzlichen Alpenrhein-Schwebstoffen stattfand. Die Minima fallen auch mit Minima des Karbonatgehaltes, der Konzentration mit Pigmenten und des Wassergehaltes zusammen (Wagner et al. in Bearb.) und sollten somit eine gemeinsame Ursache haben; für den nachfolgenden Anstieg bis in die jüngste Sedimentschicht hinein müssen jedoch getrennte Pfade angenommen werden:

a) Die erst in jüngerer Zeit gewonnene Erkenntnis, daß Sedimente des aeroben Profundals im Obersee sowohl Senke als auch Quelle von P sind und rechnerisch ca. 50% des sedimentierten Phosphors freigesetzt werden können (vgl. Abschn. „Die Bodensee-Sedimente"), führt zu der Annahme, daß beim Eintritt der PO_4^-- und Fe^{2+}-reichen Porenlösungen vom anaeroben in den aeroben Sedimentbereich eine Ausfällung von Fe und P stattfindet, die den Anstieg der P-Konzentration in den obersten Zentimetern erklärt. 1996 im Auftrag der IGKB durchgeführte Messungen der Redox- und O_2-Profile mit Mikroelektroden in der Sediment-Wasser-Grenzschicht in 250 m Wassertiefe ergaben durchweg oxidative Bedingungen und ein Redoxpotential > +200 mV (Wagner et al. in Bearb.). Ein ausgeprägter Sprung zu negativen Redoxwerten wurde innerhalb des obersten Zentimeters angetroffen; sie deuten auf eine Rücklösung des reduktiv mobilisierbaren Phosphors in den darunter liegenden Sedimenten hin. Die heutigen aeroben Bedingungen im Grenzbereich Sediment/Wasser finden ihren sichtbaren Ausdruck in der ockerbraunen Farbe der obersten 1–2 cm und im Anstieg des Mangangehaltes im obersten Zentimeter auf 4180 mg kg^{-1}. Der Fe-Gehalt hat ebenfalls in dieser Schicht schwach zugenommen. Bei der Frage der Herkunft des P-Gehaltes der Sedimente wurde bereits auf das von Hupfer et al. (1995) beschriebene, in Bakterien gespeicherte Polyphosphat, hingewiesen, das in den jüngsten, oxischen Sedimenten des Baldegger- und Luzerner Sees auftritt und ein wichtiger P-Zwischenspeicher ist, da beim Eintreten von reduzierenden Bedingungen im Sediment wieder eine Freisetzung erfolgt. Da der Anteil des Polyphosphat-Phosphors am Gesamt-P in oxischen Seesedimenten jedoch kaum über 10% hinausgeht (Sempacher See 1,5%, Luzerner See 5,8%, Hallwiler See 10,5%, Zürich-See 11,4%; schriftl. Mitt., Dr. Hupfer) kann diese Bindungsart nur zu einem Teil an der Rücklösung beteiligt sein. Sedimente aus dem tiefen Bodensee werden freundlicherweise z.Zt. von Hupfer auf ihren Polyphosphatanteil untersucht.

b) Wie in Abbildung 19.5 dargestellt, hat sich die relative Zusammensetzung des Phytoplanktons im Wasser des Obersees im Untersuchungszeitraum 1977 bis 1993 zugunsten von Kieselalgen stark verändert. Im Vergleich zu Grün- und Blaualgen, die nach ihrem Absterben bereits beim Absinken in tiefere Wasserschichten zum großen Teil vollständig mineralisiert werden, noch ehe sie die Sedimentoberfläche erreicht haben, werden Diatomeen auf Grund ihres relativ großen Durchmessers und der durch die Opalschale bedingten größeren Dichte zu einem hohen Prozentsatz Bestandteil des Sediments. Mohaupt (1994) konnte nachweisen, daß nach dem Jahr 1920 in Bodensee-Sedimenten auftretende Diatomeen-Assoziationen eine hohe Übereinstimmung mit den Diatomeen-Biozönosen des Freiwassers zeigen, in den älteren Sedimenten ist durch diagenetische Veränderungen (An- und Auflösungserscheinungen an den Schalen) ein Vergleich nicht mehr möglich. Trotz rückläufiger P-Konzentrationen im Bodenseewasser kann so mit mit einer im Vergleich zur Eutrophierungsphase verstärkten Akkumulation von organischem Material aus dem Diatomeen-Planktonbestand während der Re-Oligotrophierung gerechnet werden.

c) Eine deutliche Veränderung der Zusammensetzung der organischen Substanz im Sediment zeigen die in den jüngsten Sedimenten im Vergleich zu den älteren Sedimenten ermittelten C_{org}/N-(Atom-)Verhältnisse, die von 3–2 cm über 2–1 cm auf 1–0 cm von 10,4 über 7,5 auf 5,7 zurückgehen (Tabelle 19.3, Abb 19.14). Dieser starke Wechsel in der Zusammensetzung der organischen Substanz in Richtung auf N-reichere Verbindungen ist derzeit schwer zu deuten. Denkbar wäre, daß die frisch sedimentierten Phytoplankton-Komponenten (und hier natürlich insbesondere die Diatomeen, die den Seeboden sehr rasch nach ihrem Absterben erreichen) noch einen hohen Proteinanteil mit einem hohen N-Gehalt (und damit einem niedrigen C_{org}/N-Verhältnis) besitzen. Bei der Mineralisierung der *instabilen* Proteine im frühen Diagenese-Stadium kommt es dann zu einer Erhöhung des C_{org}/N-Verhältnisses durch eine relative Anreicherung der *stabileren* C-reichen und N-freien Lipide.

Tabelle 19.3. Schwermetall-, Nährstoff-, Gesamtschwefel- und $CaCO_3$-Konzentrationen sowie die C/N-, C/P- und C/S-Verhältnisse in den Sedimenten

Probe	Pb mg kg^{-1}	Zn mg kg^{-1}	Cd mg kg^{-1}	C_{org} %	N %	P_2O_5 %	S %	$CaCO_3$ %	C_{org}/N	C_{org}/P	C_{org}/S
0–1 cm	29	100	0,4	3,2	0,67	0,39	0,11	34,8	5,7	49,6	80,9
1–2 cm	30	104	0,5	3,1	0,49	0,29	0,10	34,4	7,5	64,0	80,9
2–3 cm	37	108	0,7	2,7	0,30	0,20	0,28	33,7	10,4	78,7	26,2
3–4 cm	37	111	0,5	2,2	0,25	0,17	0,42	26,9	10,2	76,6	13,7
4–5 cm	45	127	0,7	2,7	0,31	0,19	0,65	34,9	10,2	84,8	11,1
5–6 cm	50	146	0,9	3,2	0,43	0,24	0,54	36,4	8,5	77,6	15,7
6–7 cm	52	175	0,8	3,0	0,44	0,23	0,72	36,2	8,1	76,5	11,3
7–8 cm	59	208	0,8	2,9	0,44	0,22	0,61	32,1	7,7	77,1	12,7
8–9 cm	71	244	0,9	3,0	0,41	0,20	0,60	33,9	8,7	89,9	13,5
9–10 cm	83	248	1,1	3,0	0,43	0,20	0,60	32,3	8,1	86,4	13,4
10–11 cm	73	269	0,9	2,7	0,35	0,18	0,53	31,4	9,1	88,9	13,7
11–12 cm	72	307	0,8	2,7	0,28	0,25	0,59	31,7	11,5	63,5	12,3
12–13 cm	104	313	0,8	2,3	0,38	0,21	0,49	31,3	7,1	64,1	12,6
13–14 cm	120	268	0,8	2,2	0,36	0,20	0,44	27,6	7,2	64,0	13,2
14–15 cm	90	211	0,6	2,2	0,21	0,17	0,38	24,6	12,4	77,6	15,5
15–16 cm	74	205	0,5	1,9	0,31	0,17	0,28	31,1	7,1	63,7	17,6
16–17 cm	56	177	0,4	1,6	0,18	0,16	0,21	27,3	10,6	60,9	20,5
17–18 cm	47	174	0,5	1,6	0,24	0,16	0,28	29,6	7,7	59,6	15,1
18–19 cm	52	152	0,5	1,7	0,24	0,17	0,27	27,2	8,1	58,7	16,6
19–20 cm	52	141	0,5	1,7	0,17	0,16	0,23	27,7	11,8	61,9	19,5
20–21 cm	51	126	0,4	1,5	0,15	0,14	0,19	24,4	11,1	60,3	21,2
21–22 cm	39	110	0,4	1,4	0,14	0,14	0,15	22,9	11,7	56,5	23,8
22–23 cm	40	120	0,4	1,5	0,14	0,14	0,21	25,9	12,3	64,9	18,9
23–24 cm	44	116	0,6	1,5	0,14	0,15	0,24	27,5	12,2	57,9	16,8
24–25 cm	34	105	0,4	1,3	0,11	0,14	0,22	25,9	13,2	54,4	15,4
25–26 cm	23	91	0,3	1,5	0,11	0,14	0,19	23,5	15,2	62,8	21,2

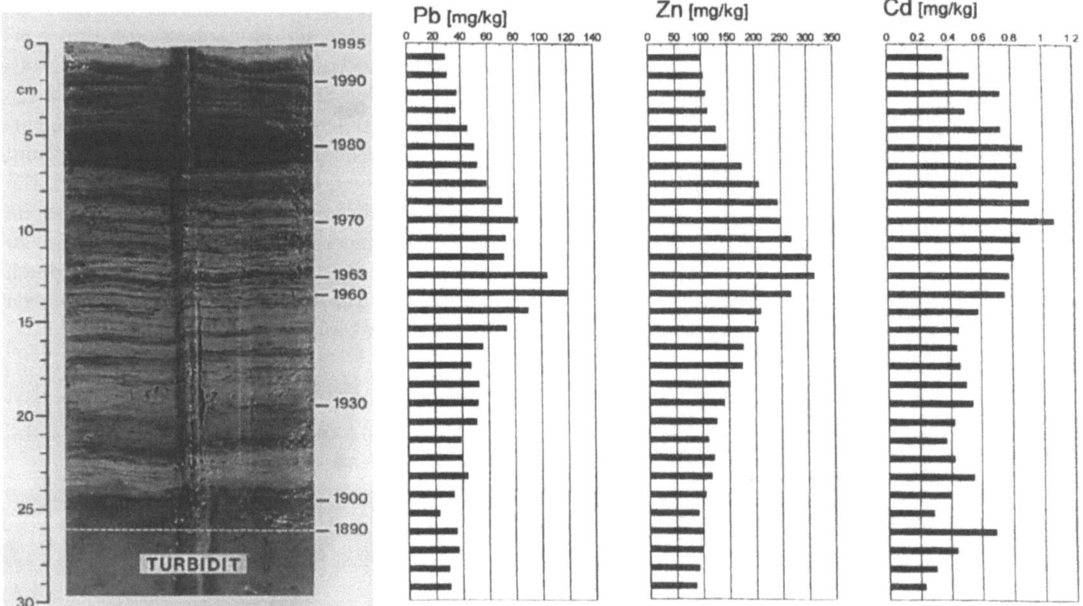

Abb. 19.13. Zeitliche Entwicklung der Pb-, Zn- und Cd-Konzentrationen zwischen 1890 und 1995 im zentralen Bodensee-Obersee (Müller 1997)

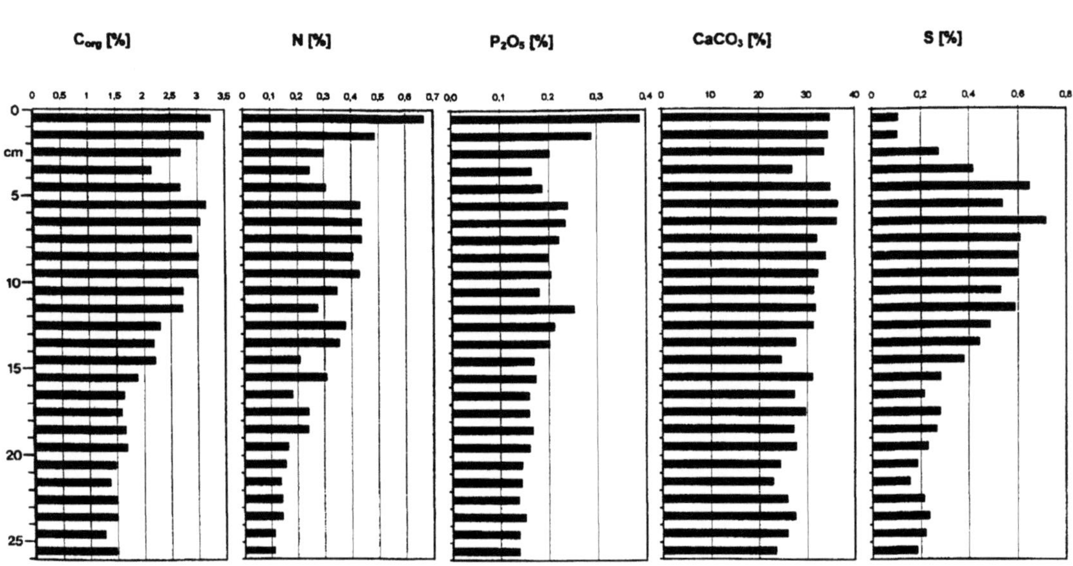

Abb. 19.14. Konzentrationen von C_{org}, N, P_2O_5, $CaCO_3$ und S in den Sedimenten des zentralen Bodensee-Obersees für den Zeitraum 1890–1995. Datierung aus Müller (1997). Die obersten 1–1,5 cm des Sedimentkerns sind rostig-braun gefärbt und zeigen die oxischen Verhältnisse in diesem Sedimentbereich an

19.5 DIATOMEEN IN SEDIMENTEN DES BODENSEE-OBERSEES ALS TROPHIE-INDIKATOREN

In einer am Limnologischen Institut der Universität Konstanz angefertigten Diplomarbeit wurden von Mohaupt (1994) die Diatomeen-Gesellschaften datierter Sedimentkerne aus der Friedrichshafener Bucht (Wassertiefe 155 m) mit dem Ziel untersucht, Rückschlüsse auf ökologische Veränderungen, insbesondere des Trophiegrades zu Lebzeiten der Diatomeen ziehen zu können. Die Kerne wurden in den Jahren 1990 und 1993 entnommen, sie umfassen einen Zeitraum von ca. 1845 bis 1993. Von Wessels et al. (1996) werden diese Ergebnisse durch umfangreiche Diatomeen-Zählungen und Bestimmung des biogenen Silicium-Anteils im Sediment ergänzt und so in einen größeren Rahmen gestellt. Die Resultate der Auszählungen von insgesamt 25 Gattungen zeigen, daß den Gattungen *Cyclotella*, *Tabellaria* und *Stephanodiscus* sowohl in Bezug auf ihre Häufigkeit als auch als Indikatororganismen für den Trophiegrad eine besondere Bedeutung zukommt (Abb. 19.15). Die Gattung *Cyclotella* beherrscht den gesamten Zeitraum *vor* 1940 und verschwindet in zwei Schüben. Um 1940 wird sie z.T. durch *Tabellaria fenestrata* verdrängt, um 1955 durch die Gattung *Stephanodicus* vollständig abgelöst. *Tabellaria fenestrata*, als einzige Art der Gattung *Tabellaria* belegt den Zeitraum 1940–1963 mit kurzen Maxima mit Anteilen bis zu 50%. Der jüngste Zeitraum von 1991 bis 1993 zeigt weiterhin die Dominanz der Gattung *Stephanodiscus*, hinzu kommt jedoch das erneute Auftreten der Gattung *Cyclotella* mit einem Anteil von bereits ca. 15% der Diatomeen-Vergesellschaftungen in 1993. Der Umschwung des Obersees in einen oligotropheren Zustand wird hierdurch deutlich. Die aus den Diatomeen-Vergesellschaftungen von Mohaupt rekonstruierten Trophietrends für den Bodensee-Obersee ba-

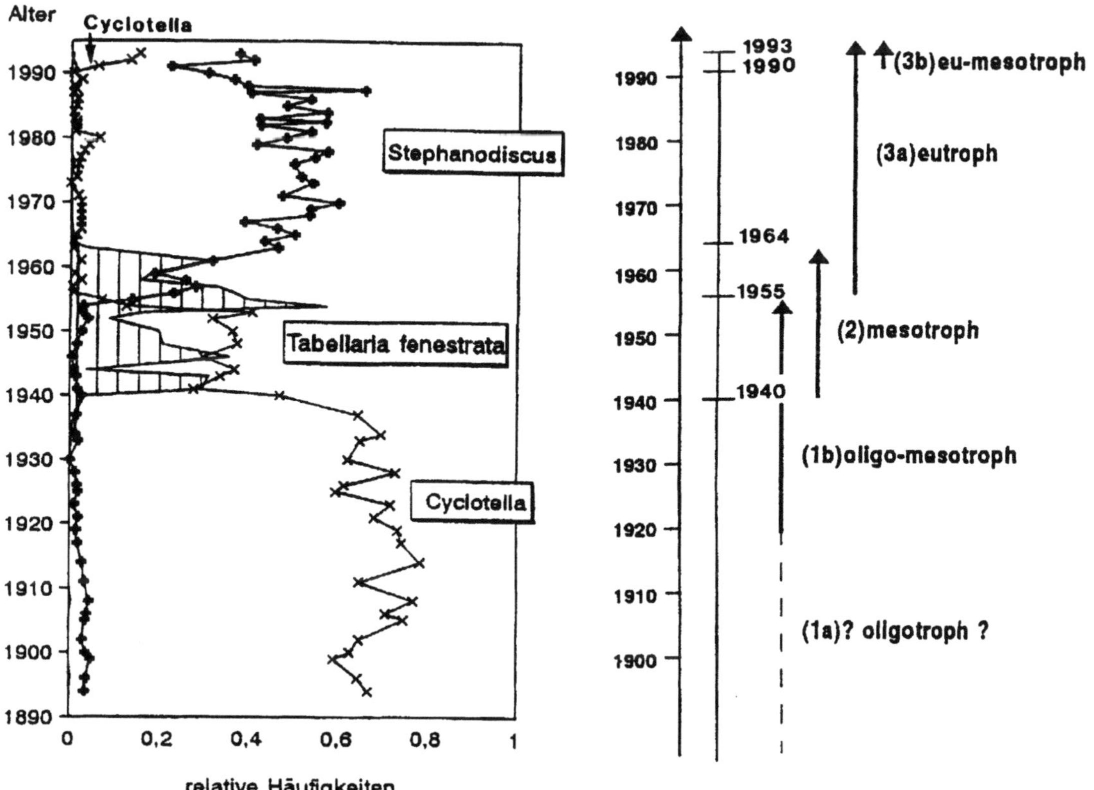

Abb. 19.15. Relative Häufigkeiten dreier Diatomeen-Gattungen, die Indikatorganismen für die Trophiegrade im Bodensee-Obersee darstellen (aus Mohaupt 1994)

sieren im Wesentlichen auf diesen drei Gattungen.

Eine Auszählung der Diatomeen im Sediment in einem Sedimentkern (BO90/21) zeigte, daß es vor 1940 etwa 2,5–5 Mio Diatomeen cm^{-3} Sediment gab. Ab 1940 ist ein deutlicher Anstieg zu beobachten; bis 1990 variieren die Werte zwischen 15 und 25 Mio. Diatomeenvalven je cm^3 Sediment (Wessels et al. 1996). Die höchsten Konzentrationen von lösbarem (biogenem) Si finden sich mit 70 mg g^{-1} (0,7%) im Oberflächensediment des Südufers, das entsprechende Sediment am Rhein-beeinflußten Nordufer hat maximale Konzentratrionen von 0,3%.

19.6 EUTROPHIERUNG UND SEDIMENTBILDUNG – VERSUCH EINER SYNOPSE

Aus der Beschreibung der Sedimentfolgen zahlreichen Seen, die in den vergangenen 100 Jahren einen Eutrophierungsprozeß durchlaufen haben, wurde das in Abbildung 19.16 dargestellte, stark generalisierende Schema entwickelt. Entsprechend den Trophiegraden oligotroph – mesotroph – eutroph – hypertroph, wurden die entsprechenden Sedimentabschnitte in die Zonen I–IV unterteilt.

Zone I: oligotroph. Die Nährstoffkonzentration ist gering, entsprechend gering ist die Bioproduktion. Die Sauerstoffversorgung ist das ganze Jahr über gut. Der Abbau des auf die Sedimentoberfläche und in des Sediment gelangenden Biomaterials geschieht unter oxischen Bedingungen. Das Sediment besteht fast ausschließlich aus allochthonem Mineral- und Gesteinsdetritus, welcher die lithologische Zusammensetzung des Liefergebietes widerspiegelt. Die Schichtung ist nicht ausgeprägt und beruht auf strömungsbedingten Änderungen der Korngrößenzusammensetzung.

Zone II: mesotroph. Ein Übergangsbereich, in dem die Nährstoffzufuhr und entsprechend die Bioproduktion zunimmt. In Hartwasserseen kommt es im

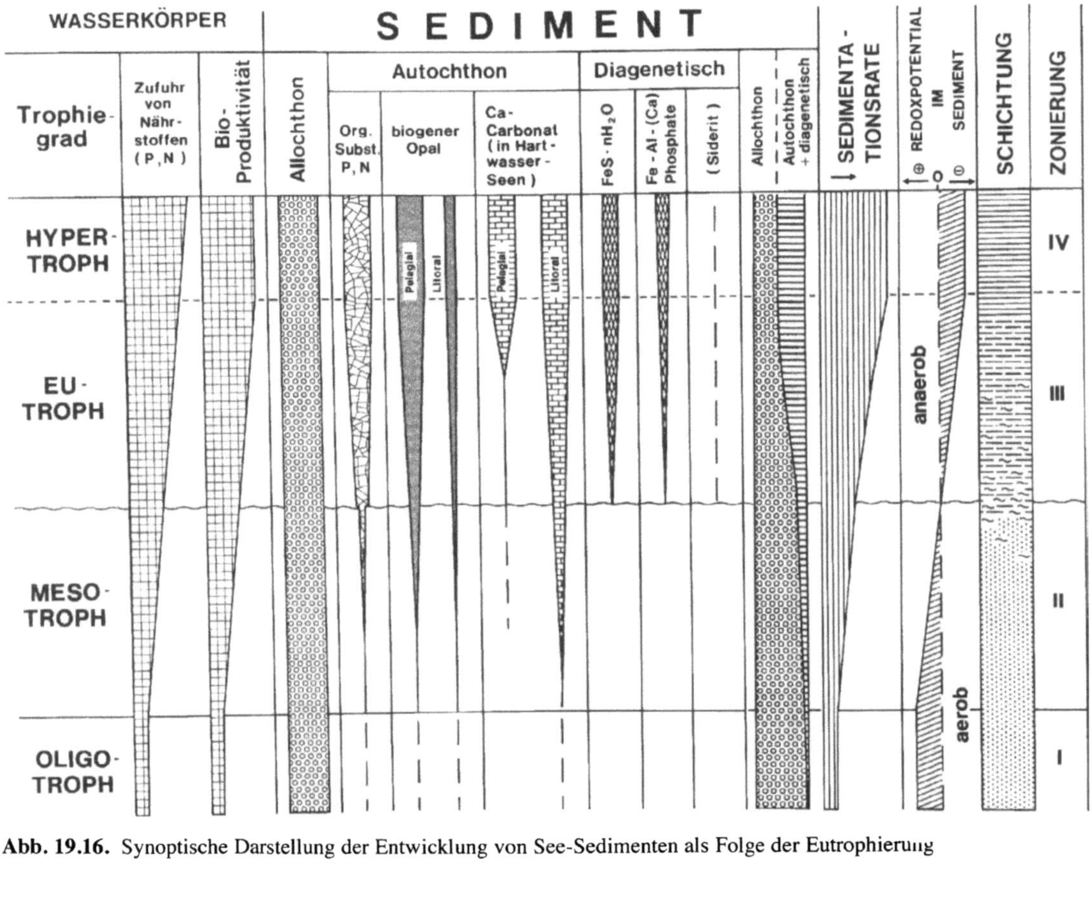

Abb. 19.16. Synoptische Darstellung der Entwicklung von See-Sedimenten als Folge der Eutrophierung

Litoralbereich zur biogenen Entkalkung durch submerse Wasserpflanzen und fadenbildenden Blaugrünalgen, die zunehmende Diatomeen-Entwicklung führt zur merklichen Ablagerung von Opal im Sediment. Die Mineralisierung der organischen Substanz im Sediment geschieht noch vorwiegend unter aeroben Bedingungen, ist aber nicht vollständig, so daß im Sediment eine Anreicherung von organischer Substanz stattfindet. Das Redoxpotential geht insgesamt deutlich zurück. Mit Annäherung an die Zone III tritt häufig Schichtung auf, die aber durch von benthischen Organismen erzeugte Bioturbation wieder gestört wird.

Zone III: eutroph. Die Zufuhr von Nährstoffen und die resultiererende Bioproduktion im Freiwasser nehmen weiter zu. Die Bioproduktivität ist so hoch, daß ein (teilweiser) Abbau der auf und in das Sediment gelangenden Biomasse unter anaeroben, reduzierenden, Bedingungen durch sulfatreduzierende Bakterien erfolgt. Durch den hierbei entstehenden Schwefelwasserstoff können im Sediment vorhanden Fe-Oxide bzw. -Oxidhydrate in Fe-Monosulfid umgewandelt werden, das bereits in geringen Konzentrationen das Sediment grauschwarz färbt. Die bereits im Litoral in Zone II in Hartwasserseen begonnene biogene Entkalkung durch submerse Wasserpflanzen und fädige Blaugrünalgen verstärkt sich, hinzu tritt im Pelagial eine durch Algenblüten induzierte Calcitausfällung (unter Mit-Ausfällung von Phosphat-P). Es gibt Hinweise, daß der zunehmende P-Gehalt im Wasser für submerse Wasserpflanzen, insbesondere für Characeen, wachstumsmindernd wirkt (Forsberg 1964). So nimmt Lang (1968) für den Rückgang der Characeenbestände während der letzten hundert Jahre die zunehmende Eutrophierung an. Im Sediment wird unter den nunmehr ständig anaeroben Bedingungen in der Regel Fe-Monosulfid neugebildet, unter bestimmten chemischen Voraussetzungen können aber auch Fe-Phosphate (Emerson u. Widmer 1978; Buffle et al. 1989) oder Siderit bei der frühen Diagenese entstehen. Biogener Opal und organische Substanz haben zugenommen. Infolge fehlender Bioturbation ist das Sediment gut (fein)-geschichtet. In Alpenseen bilden eine hellere (Sommer-) und eine dunklere (Winter-) Schicht eine Jahresschicht („Varve"). Durch den autochthonen Sedimentanteil hat die Sedimentationsrate deutlich zugenommen.

Zone IV: hypertroph (polytroph). Das Sediment bildet die Endstufe einer eutrophen Entwicklung ab und unterscheidet sich damit nicht von Zone III. Zwar nimmt im Wasserkörper die Zufuhr von Nährstoffen weiter zu, diese beeinflussen jedoch nicht mehr die Bioproduktion, da jetzt andere Faktoren (z.B. die Lichtverhältnisse) für das Algenwachstum limitierend werden.

Resumée. Der Obersee des Bodensees ist ein Beispiel dafür, wie durch starkes Bevölkerungswachstum im Einzugsgebiet und durch die zunehmende Verwendung von Phosphaten in Detergentien nach dem 2. Weltkrieg die Zufuhr eines essentiellen Nährstoffes – Phosphor – über Zuflüsse und Direkteinleitungen in den See, dessen trophischer Zustand, und damit auch seine gesamte Ökologie, innerhalb von wenigen Jahrzehnten drastisch verändert hat. Noch zwei Jahre vor Vallentyne's aufrüttelndem Buch (1974), aus dem eine Passage dieser Arbeit vorangestellt wurde, schrieb Kiefer, Leiter der damaligen Anstalt für Bodenseeforschung der Stadt Konstanz, in der 2. Auflage seiner „Naturkunde des Bodensees" (1972): *„Der Bodensee-Obersee, ein Gewässer, das bei ungestörter, natürlicher Entwicklung noch unbedenklich lange Zeit nährstoffarm, produktionsschwach und in der Tiefe das ganze Jahr über sauerstoffreich geblieben wäre, ist durch den Menschen in wenigen Jahrzehnten um Jahrtausende zu früh in einen hinsichtlich des Stoffhaushaltes eutrophen Zustand mit vielen nachteiligen Folgen versetzt worden."* In der 1955 erschienenen 1. Auflage hieß es noch: *„Der Obersee gehört in die Gruppe der nährstoffarmen (oligotrophen), tiefen und bis in die größten Tiefen stets sauerstoffreichen Seen. Der Untersee aber ist ein Vertreter der nährstoffreichen (eutrophen), mehr flachen Seen, auf deren Grund am Ende der Vegetationsperiode Sauerstoffmangel oder gar Sauerstoffschwund herrscht."* Durch unsere vor über 30 Jahren begonnenen, und auch heute noch immer nicht beendeten, Untersuchungen an Bodensee-Sedimenten erschien es sinnvoll, die im Zusammenhang mit der Eutrophierung im Bodensee gesammelten Beobachtungen durch Vergleich mit anderen Seen, die eine ähnliche Entwicklung durchlaufen haben, in einem größeren Zusammenhang aufzuzeigen und in einer Synopse zusammenzufassen.

Die bisherige Entwicklung im Bodensee-Obersee zeigt, daß ein wichtiger Schritt zur Re-Oligotrophierung bereits erfolgt ist und – mit einiger zeitlicher Verzögerung – Veränderungen in der Menge und Zusammensetzung der Primärproduktion und damit der Biomasse eingetreten sind, die jedoch nicht proportional zur Abnahme des P_{tot} im Bodenseewasser verläuft, da andere Mechanismen, wie z.B. der Einbau von P in das Kristallgitter des bei der biogenen Entkalkung ausfallenden und ins Sediment gelangenden Calcits, eine nicht unbedeutende Rolle spielen. Die seit dem Rückgang der P-Konzentrationen im Wasser des Bodensees eingetretenen Veränderungen im Sediment-Chemismus, insbesondere der erwartete und auch zunächst eingetretene Rückgang der Nährstoffkonzentrationen, auf den ein – nicht erwarteter –

erneuter Anstieg in den jüngsten Sedimentschichten folgte, wirft eine Reihe von Fragen auf, die heute (noch) nicht eindeutig beantwortet werden können, denn: *"Although the history of lakes is recorded in their sediments, it is not easy to read and correctly interpret these records"* (Hupfer et al. 1995a).

Abschließend soll nochmals der drastische Rückgang der Schwermetallkonzentrationen in den Sedimenten des Bodensees nach 1970 auf heutige Werte, die schon nahe beim *geogenen* Background liegen (Abb.19.13), erwähnt werden, da die Maßnahmen zur Bekämpfung der Eutrophierung nicht nur zu einer weitgehenden Vermeidung des P-Eintrags in den See durch den flächendeckenden Bau effizienter Kläranlagen führten, sondern auch die überwiegend an Partikel gebundenen Schwermetalle im Klärschlamm dieser Anlagen zurückgehalten haben. Bei den organischen Schadstoffen (so z.B. bei Dioxinen und Furanen, frdl. mündl. Mitteilung von Prof. Hagenmaier, Tübingen) zeichnet sich in den Sedimenten eine ähnliche positive Entwicklung ab. Der Bodensee-Obersee erfüllt damit in höchstem Masse die Voraussetzungen für die Versorgung von Millionen Menschen mit Trinkwasser von höchster Qualität. Die Nachkommen des *Homo heidelbergensis* in Mauer bei Heidelberg sitzen bereits am (vorläufigen) "*end of the pipe*" der Bodensee-Wasserversorgung, aus der das sehr harte und nitratreiche Wasser aus den eigenen Tiefbrunnen mit Bodenseewasser „verdünnt" wird

Danksagung

Mein herzlicher Dank gilt Frau Marhoffer und Herrn Rheinberger für die sorgfältige Ausführung der analytischen Arbeiten sowie vielen Kollegen rund um den Bodensee, insbesondere den Herren Dres. Güde, Gries, Hupfer, H. Müller, Rossknecht, Schröder, Stabel, Wagner und Wessels, die bei der Probennahme und bei der Diskussion der Ergebnisse Hilfe leisteten. Herrn Priv.-Dozent Dr. Matschullat danke ich für zahlreiche Anregungen und seine Geduld, die schließlich doch noch zur Fertigstellung des Manuskriptes führte.

LITERATUR

Baccini P (1985) Phosphate interactions at the sediment-water interface. In: Stumm W (Hrsg) Chemical processes in lakes, S. 189–205, John Wiley & Sons, New York

Boström B, Jansson M, Forsberg C (1982) Phosphorus release from lake sediments. Arch hydrobiol Beih 18: 5–59

Bührer H (1993) Dynamische Simulation des Bodensee-Obersees und tolerierbare Phosphor-Fracht. Ber Internat Gewässerschutzkomm Bodensee 44: 53 S.

Buffle J, De Vitre RR, Perret D, Leppard GG (1989) Physico-chemical characteristics of a colloidal iron phosphate species formed at the oxic-anoxic interface of a eutrophic lake. Geochim Cosmochim Acta 53: 399–408

Carignan R, Flett RJ (1981) Postdepositional mobility of phosphorus in lake sediments. Limnol Oceanogr 26: 361–366

Chondrogianni C (1992) Stabile Kohlenstoff-Isotope in hochproduktiven Litoralflächen des Bodensees – Indikation für die Kopplung physikalischer, biologischer und chemischer Prozesse im Kohlenstoff-Kreislauf. Heidelberger Geowiss Abh 61: 263 S.

Emerson S, Widmer G (1978) Early diagenesis in anaerobic lake sediments. II. Thermodynamic and kinetic factors controlling the formation of iron phosphate. Geochim Cosmochim Acta 42: 1307–1316

Forsberg C (1964) Phosphorus, a maximum factor in the growth of characeae. Nature 201: 517–518

Friederich U (1986) Die Sedimente des Bodensees 1985 – Die Phosphatkonzentrationen und ihre Beziehungen zu anderen Parametern. Unveröff Dipl. Arb. Geowiss Univ Heidelberg, 53 S.

Grim J (1955) Die chemischen und planktologischen Veränderungen des Bodensee-Obersees in den letzten 30 Jahren. Arch Hydrobiol Suppl 22: 310–322

Grim J (1967) Der Phosphor und die pflanzliche Produktion im Bodensee. gwf-Wasser/Abwasser, 108: 1261–1271

Güde H, Gries T, Sroscynski G, Seidel M, Weyhmüller (1996, in Bearb.) P-release from profundal and littoral sediments in Lake Constance. Vortrag Tagg Sediment-Water-Interactions in Baveno (Italien) 1996

Gries T, Sroczynski G, Güde H (1996) Phosphor-Freisetzung aus Bodensee-Sedimenten. Abstract Deutsche Ges f Limnol Tagung Schwedt

Hupfer M (1995) Bindungsformen und Mobilität des Phosphors in Gewässersedimenten. In: Steinberg C, Klapper B (Hrsg) Handbuch der Angewandten Limnologie, Abschn. IV-3.2: 1–22, Ecomed, Landsberg

Hupfer M, Gächter R, Rüegger H (1995a) Polyphosphate in lake sediments: ^{31}P NMR spectroscopy as a tool for its identification. Limnol Oceanogr 40: 610–617

Hupfer M, Gächter R, Giovanoli R (1995b) Transformation of phosphorus species in settling seston and during early diagenesis. Aquat Sci 57: 305–324

Hutchinson GE (1969) Eutrophication, past and present. In: Natl Acad Sci Washington D.C. (Hrsg) "Eutrophication: causes, consequences, correctives" Proc Symp 17–26

Imboden D, Gächter MV (1978) A dynamic model for trophic state prediction. Ecol modelling 4: 77–98

Kiefer F (1955) Naturkunde des Bodensees. 1. Aufl, 169 S., Jan Thorbecke Verlag, Lindau Konstanz;

Kiefer F (1972) Naturkunde des Bodensees. 2. Aufl, 227 S., Jan Thorbecke Verlag, Sigmaringen

Kleiner J (1988) Coprecipitation of phosphate with calcite in lake water: a laboratory experiment modelling phosphorus removal with calcite in Lake Constance. Water Res 22: 1259–1265

Kleiner J, Stabel HH (1989) Phosphorus transport to the bottom of Lake Constance. Aquatic Sci 51: 181–191

Koschel R, Benndorf J, Proft G, Recknagel F (1983) Calcite precipitation as a natural control mechanism of eutrophication. Arch Hydrobiol 98: 380–408

Koschel R, Proft G, Raidt H (1987) Autochthone Kalkfällung in Hartwasserseen der Mecklenburger Seenplatte. Limnologica (Berlin) 18: 317–338

Kummert R, Stumm W (1989) Gewässer als Ökosysteme: Grundlagen des Gewässerschutzes. 2. Aufl. 331 S., BG Teubner, Stuttgart

Lang G (1968) Vegetationsänderungen am Bodenseeufer in den letzten Hundert Jahren. Schr Ver Geschichte des Bodensees 26: 295–319

Landers DH, David MB, Mitchell MJ (1983) Analysis of organic and inorganic sulfur constituents in sediments, soils and water. Intern J Anal Chem 14: 245–256

Losher AJ (1989) The sulfur cycle in lake sediments. PhD thesis ETH Zürich, 150 S.

Mohaupt K (1994) Rezente und subrezente Diatomeen im Sediment des Bodensee-Obersees als Abbild der Nährstoffbelastung. Unveröff Diplomarbeit Univ Konstanz, Fak. für Biologie, 94 S.

Mortimer C (1941) The exchange of dissolved substance between mud and water in lakes. J Ecol 29: 280–329

Müller G (1966a) Sedimentbildung im Bodensee. Naturwissenschaften 53: 237–247

Müller G (1966b) Die Verteilung von Eisenmonosulfid (FeS . n H_2O) und organischer Substanz in den Sedimenten des Bodensees – Ein Beitrag zur Frage der Eutrophierung des Bodensees. gwf Wasser-Abwasser 107: 364–368

Müller G (1967) Beziehungen zwischen Wasserkörper, Bodensediment und Organismen im Bodensee. Naturwissenschaften 54: 454–466

Müller G (1977) Schadstoff-Untersuchungen an datierten Sedimentkernen im Bodensee. III. Historische Entwicklung von N- und P-Verbindungen – Beziehung zur Entwicklung von Schwermetallen und polycyclischen aromatischen Kohlenwasserstoffen. Z Naturforsch 32c: 920–925

Müller G (1978) Die Belastung des Bodensees mit Schadstoffen und Bio-Elementen: Ergebnisse geochemischer Untersuchungen an Sedimenten. Polizei, Technik, Verkehr, Landesausgabe Baden-Württemberg, 3: 73–82

Müller G (1983) Zur Chronologie des Schadstoffeintrags in Gewässer. Geowissenschaften in unserer Zeit 1: 2–11

Müller G (1986) Schadstoffe in Sedimenten – Sedimente als Schadstoffe. Mitt Österr Geol Ges 79: 107–128

Müller G (1988) Die Schwermetallbelastung größerer Flüsse in der Bundesrepublik Deutschland und des Bodensees: Ausmaß und zeitliche Entwicklung. In: Kohler A, Rahmann H (Hrsg) Gefährdung und Schutz von Gewässern. Tagung über Umweltforschung an der Universität Hohenheim S. 19–34

Müller G (1989) Das Sedimentationsgeschehen im Bodensee – Chronologie der Entwicklung von Nähr- und Schadstoffen in datierten Sedimentkernen. 1. Internat Umweltforum Bodensee Friedrichshafen 1989: 15–20

Müller G (1997) Nur noch geringer Eintrag anthropogener Schwermetalle in den Bodensee – neue Daten zur Entwicklung der Belastung der Sedimente. Naturwissenschaften, im Druck

Müller G, Hahn C (1964) Schwermineral- und Karbonatführung der Fluß-Sande im Einzugsgebiet des Alpenrheins. N Jb Miner Mh 1964: 371–375

Müller G, Oti M (1981) The occurence of calcified planktonic green algae in freshwater carbonates. Sedimentology 28: 897–902

Müller G, Schöttle M (1965) Schwermineral- und Karbonatführung der Fluß-Sande im Gebiet des Bodensees. N Jb Miner Mh 1965: 26–29

Müller G, Tietz G (1966) Der Phosphor-Gehalt der Bodensee-Sedimente, seine Beziehung zur Herkunft des Sediment-Materials sowie zum Wasserkörper des Bodensees. N Jb Mineral Abh 105: 41–62

Müller G, Dominik J, Mangini A (1979) Eutrophication changes rate of sedimentation in part of Lake Constance. Naturwissenschaften 66: 281–282

Müller G, Grimmer G, Böhnke H (1977) Sedimentary record of heavy metals and polycyclic aromatic hydrocarbons in Lake Constance. Naturwissenschaften 64: 427–431

Müller H (1996) Limnologischer Zustand des Bodensees. Jber Internat Gewässerschutzkomm Bodensee: Limol Zustand Bodensee 22: 9 S., 71 Abb, 6 Tab

Murphy TP, Hall KJ, Yesaki I (1983) Coprecipitation of phosphate with calcite in a natural eutrophic lake. Limnol Oceangr 28: 58–69

Naumann E (1919) Nagra synpunkter angaende planktons ökologi. Met särskild hänsyn till fytoplankton. Svensk bot tidsskr 13: 129–158

Neukirch S (1991) Phototrophic pigments and mineral phases recording early environmental signals. Ver Internat Verein Limnol 24: 1247–1249

Neukirch S (1993) Phototrophe Pigmente und Mineralphasen in Seesedimenten – ein Zugang zu „frühen" Umweltsignalen am Bodensee. Heidelberger Geowiss Abh 64: 155 S.

Niessen F, Sturm M (1987) Die Sedimente des Baldeggersees (Schweiz) – Ablagerungsraum und Eutrophierungsentwicklung während der letzten 100 Jahre. Arch Hydrobiol 108: 385–393

Nipkow F (1920) Vorläufige Mitteilungen über Untersuchungen des Schlammabsatzes im Zürichsee. Schweiz Z Hydrol 1: 100–122

Nürnberg G (1988) Prediction of phosphorus release rates from total and reductant-soluble in anoxic lake sediments. Can J Fish Aquat Science 45: 453–462

Otsuki A, Wetzel RG (1972) Coprecipitation of phosphate with carbonates in a marl lake. Limnol Oceanogr 17: 673–767

Psenner R, Pucsko R, Sager M (1984) Die Fraktionierung organischer und anorganischer Phosphorverbindungen von Sedimenten: Versuch einer Definition ökologisch wichtiger Fraktionen. Arch Hydrobiol/Suppl 70: 111–158

Psenner R, Pucsko R (1988) Phosphorus fractionation: advantages and limits of the study of P origins and interactions. Arch. Hydrobiol Beih Ergebn Limnol 30: 43–59

Röske I, Bauer HD, Uhlmann D (1989) Nachweis phosphorspeichernder Bakterien im Belebtschlamm mittels Elektronenmikroskopie und Röntgenspektroskopie. gwf Wasser/Abwsser 130: 87–91

Röske I, Uhlmann D (1992) Eine einfache Methode zur Unterscheidung von Polyphosphat und chemisch gebundenem Phosphat in Belebtschlämmen aus Anlagen mit weitgehender Abwasserbehandlung. gwf Wasser/Abwasser 133: 87–91

Reynolds CC, Wiseman SW (1982) Sinking losses of phytoplankton in closed limnetic systems. J Plankton Res 4: 489–522

Rossknecht H (1977) Zur autochthonen Calcitfällung im Bodensee-Obersee. Arch Hydrobiol 81: 35–64

Rossknecht H (1980) Phosphatelimination durch autochthone Calcitfällung im Bodensee-Obersee. Arch Hydrobiol 88: 328–344

Schöttle M, Müller G (1968) Recent carbonate sedimentation in the Gnadensee (Lake Constance) In: Müller G, Friedman GM (eds) Recent developments in carbonate sedimentology in Central Europe. S. 148–156, Springer Verlag, Berlin Heidelberg New York

Schulte M (1986) Die Sedimente des Bodensees 1985 – Die Korngrößenverteilung und ihre Beziehung zu anderen Parametern. Dipl Arb Geowiss Univ Heidelberg, 52 S.

Sinke A, Cornelese AA, Keizer, van Tongeren OFR, Cappenberg TE (1990) Mineralization, pore water chemistry and phosphorus release from peaty sediments in the eutrophic Loosdrecht lakes, The Netherlands. Freshwater Biol 23: 587–599

Sroczynski G (1996) Phosphorfreisetzung aus Profundalsedimenten im Bodensee. Unveröff Dipl Arb, Biol Fak, Univ Konstanz, 102 S.

Stabel HH (1986) Calcite precipitaion in Lake Constance. Chemical equilibrium, sedimentation and nucleation by algae. Limnol Oceanogr 31: 1081–1093

Stabel HH, Geiger M (1985) Phosphorus adsorption to riverine suspended material: implications for the P-budget of Lake Constance. Water Res 19: 1347–1352

Stabel HH, Kleiner J (1995) Folgen der Phosphatabnahme für die Phytoplanktonentwicklung im Bodensee. gwf Wasser-Abwasser 136: 601–607

Stumm W, Leckie JO (1971) Phosphate exchange with sediments: its role in the productivity of surface waters. Proc 5th Internat Water Pollut Res Conf S. 214–228

Sturm M, Zeh U, Müller J, Sigg L, Stabel HH (1982) Schwebstoffuntersuchungen im Bodensee mit Intervall-Sedimentationsfallen. Eclogae geol Helv 75: 579–588

Vallentyne JR (1974) The algal bowl: lakes and man. Fish Res Board Can Misc Spec Publ 22: 186 S.

Vollenweider RA (1975) Input-output models, with special reference to the phosphorus loading concert in limnology. Schweiz Z Hydrol 37: 53–84

Vollenweider RA (1976) Advances in defining critical loading levels for phosphorus in lake eutrophication. Mem Ist Ital Idrobiol 33: 53–83

Vollenweider RA (1979) Das Nährstoffbelastungs-Konzept als Grundlage für den externen Eingriff in den Eutrophierungsprozess stehender Gewässer und Talsperren. gwf Z Wasser-Abwasserforsch 12: 46–66

Vollenweider RA, Kerekes J (1982) Eutrophication of waters – monitoring assessment and control. OECD Report, Paris, S. 1–164

Vuynovich D (1989) Geochemische Untersuchungen an Porenwässern aus Bodensee-Sedimenten. Unveröff Dissertation, Geowiss Univ Heidelberg, 149 S.

Waara T, Jansson M, Petterson K (1993) Phosphorus composition and release in sediment bacteria of the genus Pseudomonas during aerobic and anaerobic conditions. Hydrobiol 253: 131–140

Wagner G (1968) Petrographische, mineralogische und chemische Untersuchungen an Sedimenten in den Deltabereichen von Schussen und Argen. Schweiz Z Hydrol 30: 76–137

Wagner G (1972) Stratifikation der Sedimente und Sedimentationsrate im Bodensee. Verh Internat Ver Limnol 18: 475–478

Wagner G (1976) Simulationsmodelle der Seeneutrophierung, dargestellt am Beispiel des Bodensee-Obersees, Teil II. Arch Hydrobiol 78: 1–41

Wagner G, Schröder HG, Güde H, Sanzin W, Engler U (1997) Seeboden 1996. Ber Internat Gewässerschutzkomm Bodensee Entwurf vom 24.10.96

Weber CA (1907) Aufbau und Vegetation der Moore Norddeutschlands. Beiblatt Bot Jb 90: 19–34

Wessels M, Mohaupt K, Kümmerlin R (1996) Diatomeen- und Opal-Untersuchungen im Sediment und Freiwasser zur detaillierten Rekonstruktion von Trophieänderungen im Bodensee (Obersee). Manuskript in Vorbereitung, 20 S.

Williams JD, Syers JK, Armstrong DE, Harris F (1971) Fractionation of inorganic phosphate in calcareous lake sediments. Soil Sci Soc Amer Proc 35: 250–255

Züllig H (1956) Sedimente als Ausdruck des Zustandes eines Gewässers. Schweiz Z Hydrol 18: 5–143

Züllig H (1982) Untersuchungen über die Stratigraphie von Carotinoiden im geschichteten Sediment von 10 Schweizer Seen zur Erkundung früherer Phytoplankton-Entfaltungen. Schweiz Z Hydrol 44: 1–98

Züllig H (1985) Pigmente phototropher Bakterien in Seesedimenten und ihre Bedeutung für die Seenforschung. Schweiz Z Hydrol 47: 87–126

20 Natürliche und anthropogen überprägte Grundwasser-Beschaffenheit in Festgesteinsaquiferen

BARBARA GABRIEL • GÜNTER ZIEGLER

20.1 GRUNDLAGEN

Der geogen und anthropogen bedingte Stoffinhalt des Grundwassers (GW) hängt von zahlreichen Faktoren ab. Die vielfältigen Prozesse der GW-Beschaffenheitsgenese für Festgesteinsaquifere wurden ausführlich beschrieben und diskutiert (DVWK 1982, 1993; Hölting 1982, 1991; Voigt 1985; Gabriel et al. 1989; Mattheß 1990; Grimm-Strele et al. 1991; Schleyer u. Kerndorff 1992; Udluft u. Strätz 1992; Baumann u. Wagner 1993; Grewing 1994; Hecht 1995). Übereinstimmend wird von allen Autoren festgestellt, daß sowohl die geochemische Beschaffenheit der Böden und Gesteine der ungesättigten als auch der gesättigten Zone eines GW-Leiters prägende Bedeutung haben. Die mikrobiell gesteuerten, von der Temperatur, dem pH-Wert und dem Redoxpotential abhängigen chemischen Reaktionen modifizieren den geogen bedingten Typ der GW-Beschaffenheit. Des weiteren spielen Transportprozesse im Aquifer, verbunden mit dem Vorgang der Mischung von Grundwässern unterschiedlicher Genese, bei der Spezifizierung der Beschaffenheit eine wesentliche Rolle. Bestimmt wird die Wirksamkeit der Transportprozesse im wesentlichen durch die Art und Ausbildung des Aquifers und seiner Deckschichten sowie durch die Limitierung der Neubildungs-, Speicherungs- und Abflußverhältnisse. Vor allem in eng begrenzten Aquiferen wird diese standort- bzw. einzugsgebietsspezifische Charakteristik durch meteorologische und hydrologische Einflüsse überlagert. Art und Menge der natürlichen oder auch anthropogen bedingten Fracht des in den Untergrund eindringenden Niederschlagswassers wird dabei durch die Landnutzung (Wald, Wiese, landwirtschaftliche Nutzfläche, Siedlung) spezifiziert.

Bei der Passage des Bodens und des darunterliegenden Gesteins verändert sich der mit dem Niederschlag erfolgende, nicht zeitkonstante Stoffeintrag durch Wechselwirkungen und Austauschvorgänge zwischen flüssiger mobiler Phase (Boden-, Sicker- und Grundwasser) und Feststoffmatrix (Boden-, Aerations- und Saturationszone) des Aquifers. Die GW-Beschaffenheit wird von der Einstellung chemischer und biologischer Gleichgewichte bestimmt, die maßgeblich von der Kontaktzeit zwischen der mobilen flüssigen und der festen Phase des Aquifers abhängt. Die Prozesse der Wechselwirkungen sind komplex und können anhand folgender physikochemischer Meßgrößen differenziert werden:

- pH-Wert (Puffersysteme),
- Redoxpotential (Reduktions- und Oxidationsprozesse, aerobes und anaerobes Milieu),
- Ionenaktivität (Lösungs- und Fällungsreaktionen, Sättigungsgleichgewicht),

Das Kalk-Kohlensäure-Gleichgewicht beeinflußt alle drei Prozesse (→ Kap. 22, 23).

Eine Bewertung von Meßdaten der GW-Beschaffenheit ohne Bezug zu den hydrologischen und hydraulischen Gegebenheiten (auch des weiteren geologischen Umfeldes im Einzugsgebiet) kann zu Fehlinterpretationen führen. Es gilt als gesichert, daß nur eine Methodik, die sich an der Lage der GW-Meßstellen zu den hydrodynamischen Randbedingungen des GW-Strömungsfeldes orientiert, der inhomogenen Verteilung der Beschaffenheitsmerkmale sowohl im GW-Speicher selbst als auch in der zeitlichen Relation Rechnung tragen kann. Im einfachsten Fall sollte deshalb jeweils (sofern möglich) bereits bei der Probenentnahme der aktuelle Bezug zum GW-Stand bzw. zur Quellschüttung hergestellt werden.

20.2 KLASSIFIZIERUNG DER GRUNDWÄSSER

Die Klassifizierung der Grundwässer kann generell nach folgenden Gesichtspunkten erfolgen:

- Genese der Grundwässer,
- petrographische Eigenschaften und hydrodynamische Stellung des Aquifers,
- stratigraphische Stellung des Aquifers,
- Verwendbarkeit der Grundwässer,
- physikalische und chemische Eigenschaften der Grundwässer.

Sehr häufig werden für die Gliederung der Grundwässer die physikalischen und chemischen Eigenschaften wie Wassertemperatur, Gesamtmineralisation, vorherrschende Lösungsinhalte und Ionenverhältnisse herangezogen. Unter der Voraussetzung der Betrachtung geologisch einheitlich aufgebauter Aquifer (Lithofazieseinheiten) läßt sich als Vorteil auch ein Bezug zwischen den Klassifikationskriterien herstellen. Gerb (1958) stellt in diesem Zusammenhang fest, daß von einem GW-Typ gesprochen werden kann, wenn sich zwischen den Eigenschaften chemisch gleichartiger Wässer und denen des geologischen Körpers, aus dem die Wässer stammen, eine eindeutige Zuordnung herstellen läßt. Nach Hölting (1991) spielen dabei als milieubestimmende Faktoren die Löslichkeiten der Gesteinsminerale und deren Reaktionsprodukte eine wesentliche Rolle. Grundlagen der Typisierung sind häufig die Gehalte an gelösten Substanzen sowie Kenngrößen ausgewählter Ionen, z.B. Beziehungen der Ionen zueinander oder Dominanz von Ionen in der Lösung.

Am gebräuchlichsten ist die Klassifikation der Grundwässer nach Ionenverhältnissen. Die prozentualen Anteile der gelösten Ionen werden entweder in mg l^{-1} (Clarke 1924) oder in mmol (eq) l^{-1}, früher mval l^{-1} (Palmer 1911) angegeben. Die Klassifikationsschemata auf der Grundlage des Prinzips der vorherrschenden Ionen bzw. der Ionenverhältnisse können folgendermaßen erläutert werden:

- Die einfache Gliederung nach Scukarev (1974) nennt im Namen des Typs lediglich die Bestandteile, deren Anteil an der jeweiligen Ionensumme (Kationen und Anionen getrennt) über 25% beträgt, z.B. Ca-Hydrogencarbonat-Typ.
- Die Gliederung nach Valjasko (1965) berücksichtigt die Verhältnisse der Ionen untereinander als Quotient. Hintergrund ist eine Zuordnung der gelösten Ionen zu hypothetischen Salzen, z.B. Na-Sulfattyp: Die Härtebildner decken dabei den Carbonatgehalt, aber nicht den Sulfatgehalt ab. Ein Teil des Sulfats ist an Na gebunden. Es muß beachtet werden, daß diese Typbezeichnung nicht mit den vorherrschenden Ionen des Typs identisch ist.
- Die Typisierung nach Piper (1944) benutzt ein Kombinationsdiagramm. Dabei wird ein Vier-Stoff-Diagramm mit zwei Drei-Stoff-Diagrammen kombiniert, d.h. ein sog. „dreilineares Diagramm" erzeugt. Die beiden Drei-Stoff-Diagramme beschreiben jeweils das Reaktionsverhältnis für die Kationen und die Anionen. Im Vier-Stoff-Diagramm werden die Beziehungen zwischen den Alkalien (Na + K) und den Erdalkalien (Ca + Mg) sowie Carbonat + Hydrogencarbonat und Sulfat + Chlorid + Nitrat dargestellt. Für diese Darstellung werden aus den Äquivalentprozenten der einzelnen Meßgrößen die jeweiligen Koordinaten berechnet. Mit dieser Methode wird eine Vielzahl von Einzelanalysen unmittelbar miteinander vergleichbar, wobei deren Verwandtschaft, Veränderung und ggf. der genetische Zusammenhang abgelesen werden kann. Aus dem Kationen-Anionen-Trapez dieses Diagramms leiteten Furtak u. Langguth (1967) weitere Typisierungen ab.

Die genannten Klassifikationen genügen jeweils unterschiedlichen Anforderungen bzw. berücksichtigen verschiedene Ansprüche. Das Verfahren nach Piper (1944) bietet neben nutzerfreundlicher Gestaltung eine subjektiv und regional unabhängige Bewertung und ist aus diesem Grund für viele Auswertungen zu favorisieren. Andere Autoren wie Hahn (1980), Fischer (1988), Fischer et al. (1989), Gabriel et al. (1989), Schultze et al. (1990), Hölting (1991), Grimm-Strele et al. (1991), Baumann u. Wagner (1993), Toussaint et al. (1993) und Grewing (1994) nutzen zur Klassifikation „Verteilungsmuster" der geogen bedingten Wasserinhaltsstoffe.

Als Voraussetzung der Erarbeitung solcher Klassifikationsschemata ist es erforderlich, für definierte naturräumliche Bezugssysteme (Einzugsgebiete) auf eine statistisch gesicherte Datengrundlage mit ausreichendem Stammdatenbestand zurückgreifen zu können. Nach sicherer Zuordnung der zur Verfügung stehenden Meßdaten kann über statistische Verfahren (z.B. die Faktorenanalyse) eine Untersuchung von Zusammenhängen zwischen verschiedenen Gruppen von Variablen erfolgen. Als Variable können chemische Meßgrößen, Wasserhaushaltsangaben, Fakten zur Hydrodynamik (z.B. Abflußanteile), Flächennutzungen, Aufschlußart und -tiefe (Quellen, Brunnen oder GW-Beobachtungsrohre) sowie die hydrogeologische Situation eingesetzt werden (Hannappel et al. 1995).

Das wichtigste gemeinsame Ziel dieser Bemühungen zur Klassifikation nach Verteilungs- bzw. Beschaffenheitsmustern ist die Ermittlung von hydrochemischen Hintergrundwerten, sog. Backgroundwerten, für Grundwässer. Die Klassifikationen o.g. Autoren beinhalten trotz der Ähnlichkeiten im Ansatz gewisse Differenzen bzgl. der Regionalisierung nach hydrogeologischen Einheiten bzw. Lithofazieseinheiten (Eyrich et al. 1985), GW-Regionen und GW-Landschaften. Eine methodische Orientierung auf die Regionalisierung nach Lithofazieseinheiten ist insofern günstig, da diese die GW-Landschaften und die GW-Regionen durch vergesellschaftetes Auftreten kompatibel untersetzen. Udluft u. Strätz (1992) schreiben dazu *„Eine GW-Landschaft muß daher in ihrer hydrochemischen Eigenart oft durch mehrere GW-Typen definiert werden“*.

20.3 NATURRÄUMLICHE HYDROGEOLOGISCHE UND WASSERHAUSHALTLICHE RANDBEDINGUNGEN FÜR GW-KLASSIFIKATIONEN

Als naturräumliches Bezugssystem bzw. für die regionalisierende Beschreibung des hydrochemischen Basismilieus (*background*) haben sich im Verbreitungsgebiet der Festgesteine die von Gabriel u. Ziegler (1989) sowie Gabriel et al. (1989) begründeten Lithofazieseinheiten bzw. die damit identischen hydrogeologischen Einheiten (Eyrich et al. 1985) bewährt. Durch langjährige Untersuchungen in speziellen Meßgebieten und anhand von Beprobungsergebnissen aus Wasserwerken konnte in den 70er und 80er Jahren festgestellt werden, daß die hydrogeologischen Eigenschaften der Aquifere und die GW-Beschaffenheit in enger Beziehung zueinander stehen. Auf der Grundlage dieser Erkenntnisse wurde unter Nutzung von umfangreichem Datenmaterial zunächst die hydrogeologische und später die hydrochemische Typisierung nach Lithofazieseinheiten (Tabelle 20.1, nächste Seite) abgeleitet.

Lithofazieseinheiten bzw. hydrogeologische Einheiten beinhalten die Zusammenfassung einer Vielzahl geologisch/stratigraphisch bezeichneter Gesteine nach ihrer faziellen Ausbildung und ihren hydrogeologischen Eigenschaften, jedoch unabhängig von ihrer stratigraphischen Stellung. Hydrochemisch lassen sich die Lithofazieseinheiten durch geogen bedingte Spannweiten der Konzentrationen der Wasserinhaltsstoffe beschreiben (Tabelle 20.4), wobei Minimal- und Maximalwerte jeweils den Abflußkomponenten (extrem schnell = linke Seite und extrem langsam = rechte Seite) zugeordnet werden können. Von besonderer Bedeutung ist dabei die mittels experimenteller Untersuchungen begründete Interpretation des hydrodynamischen Abflußverhaltens in Festgesteins-Aquiferen durch schnelle und langsame Abflußkomponenten. Durch eine Vielzahl großräumiger Markierungsversuche und Flußlängsschnittmessungen wurde das in Abbildung 20.1 dargestellte Neubildungs- und Abflußmodell als Grundlage aller weiteren Arbeiten abgeleitet und getestet.

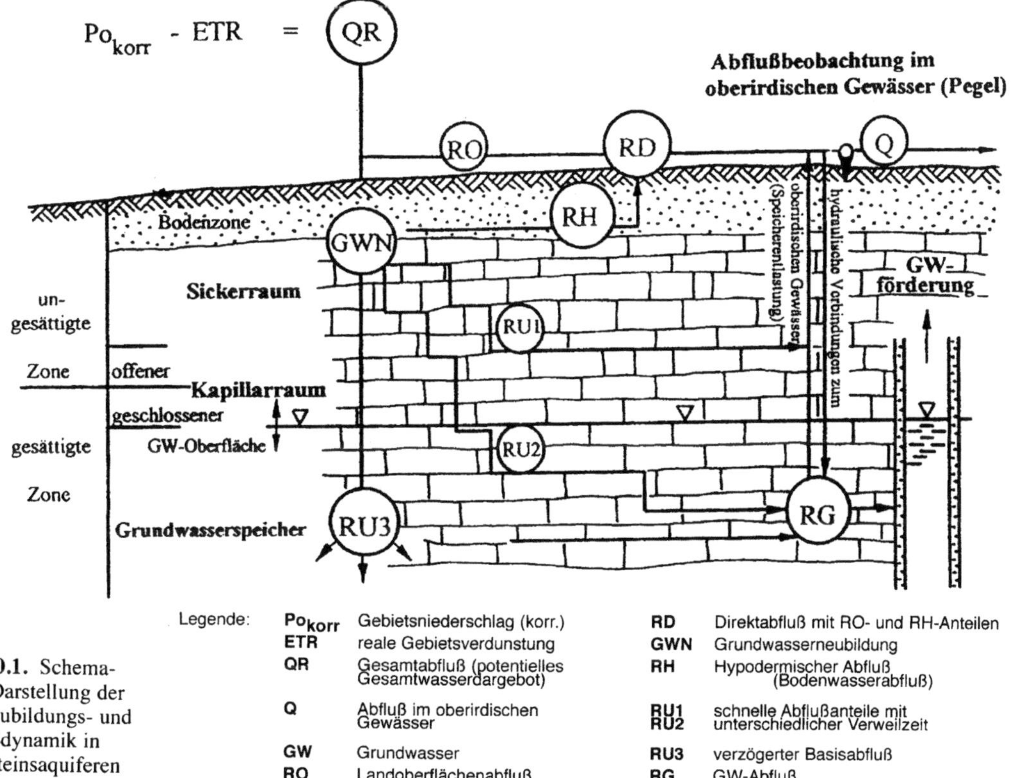

Abb. 20.1. Schematische Darstellung der GW-Neubildungs- und -Abflußdynamik in Festgesteinsaquiferen

Tabelle 20.1. Erläuterungen zu hydrogeologischen Einheiten bzw. Lithofazieseinheiten, Stand 12/1995

	Festgesteine der Mittelgebirge (zumeist paläozoisch, untergeordnet präkambrisch; tertiäre Basalte)
L 1	**Schiefergesteine und Metamorphite**
L 1.1	Schiefer und metamorphe Gesteine (regionalmetamorph)
L 1.2	Schiefer und metamorphe Gesteine mit Diabasen (bisher L2 - Schalstein)
L 1.3	Schiefer und metamorphe Gesteine mit Schalsteinen (bisher L3 - Flysch)
L 4	**Magmatite und Migmatite**
L 4.1	saure Magmatite und Migmatite (Granit, Gneis, Quarzporphyr)
L 4.2	intermediäre Magmatite (Porphyrite)
L 4.3	basische Magmatite (Diabas, Melaphyr, Basalt)
L 5	**Quarzite, Grauwacken**
L 5.1	Quarzite und quarzitische Schiefer
L 5.2	feldspatführende Sandsteine, Arkosen und Grauwacken
L 6	**Molassegesteine**
L 6	Konglomerate, Sandsteine und Schluffsteine des Permosiles
L 7	**Dolomite, Salinar und Letten**
L 7.1	Randzechstein, geringer mineralisiert
L 7.2	Zechsteinkalke, Dolomite, stärker mineralisiert
L 7.3	Zechsteinsalinar
	Festgesteine der Vorländer und Beckenbereiche (mesozoisch)
L 8	**Sandsteine**
L 8.1	Sandsteine, gering mineralisiert
L 8.2	Sandsteine, stark mineralisiert
L 8.3	Sandsteine, versalzen
L 9	**Kalksteine**
L 9.1	Kalksteine, gering mineralisiert
L 9.2	Kalksteine, stark mineralisiert
L 9.3	Kalksteine, versalzen
L 10	**Schluff- und Tonsteine mit Einlagerungen**
L 10.1	Schluff- und Tonsteine mit Einlagerungen, gering mineralisiert
L 10.2	Schluff- und Tonsteine mit Einlagerungen, stark mineralisiert
L 10.3	Schluff- und Tonsteine mit Einlagerungen, versalzen
	Lockergesteinsbedeckungen (känozoisch)
L 11	Lockergesteinsfüllungen von Talstrukturen (Schotter, Kiese, Sande)
L 12	Lockergesteinsdecken
L 13	Löß, Schwarzerde
L 14	Moorbildungen

Box 20.1 Erläuterung zur Modellvorstellung

Von der an der Erdoberfläche als Differenz zwischen Niederschlag (Po_{korr}) und Gebietsverdunstung (ETR) potentiell verfügbaren Gesamtwassermenge (QR) fließt nur ein geringer Teil als Landoberflächenabfluß (RO) ab. Alle über die Transformationszone Boden in den Untergrund eindringenden Wässer können, etwas abweichend von der üblichen Verfahrensweise, zunächst summarisch als Grundwasserneubildung (GWN) bezeichnet werden, da sie vergleichbaren modifizierenden Einflüssen auf ihre Beschaffenheit ausgesetzt sind. Der bodeninnere Abfluß (RH) sowie Abflüsse in der Auflockerungszone (RU1) besitzen die sehr geringen Verweilzeiten weniger Tage. Relativ schnell auf Klüften und Spalten abfließende Komponenten des GW-Abflusses (RU2) gelangen z.T. auf kurzem Fließweg in oberirdische Gewässer (bilden hier mit RO, RH und RU1 den Direktabfluß RD), treten über Speicherentlastungen in Quellen aus oder dringen als RU3 anteilig in tiefere Bereiche des Aquifers ein und mischen sich hier mit den vorwiegend im Porenraum vorhandenen und stark verzögert abfließenden Komponenten.

Bei einer Aufenthaltszeit der Wässer von Tagen bis Monaten im Aquifer findet, wie festgestellt wurde, in der Regel keine tiefgreifende Veränderung der Wasserbeschaffenheit durch Wechselwirkungen mit der Matrix statt. Schnell abfließende Komponenten (auch i.S. einer weiteren Fassung des Interflow) können deshalb in der Bezeichnung zusammengefaßt werden. In bisherigen Beschreibungen der Methodik wurde dafür in Anlehnung an den Bodenabfluß „RB" gewählt.

In Abhängigkeit von GW-Neubildungsrate und Füllungsstand im GW-Speicher fließt eine Mischwassermenge (RG) aus dem GW-Speicher ab bzw. wird durch Wasserfassungen gehoben, die in ihrer Zusammensetzung die verschiedenen genannten Komponenten in stark wechselnden Anteilen enthält. Bei besonderen hydrologischen Verhältnissen können demgemäß in Quellen (durch hydrodynamischen Ausgleich) auch Grundwässer mit hohen Anteilen langsam abfließender und damit häufig „alter" Komponenten austreten, die sich durch höhere Konzentrationen geogen bedingter Meßgrößen ausweisen. In der Regel speisen eher die schnellen Abflußkomponenten den Quellabfluß. Typisch für Festgesteins- Aquifere ist das breite Spektrum von Untergrundverweilzeiten des Grundwassers < 1 Tag bis > 1000 Jahre. Wichtig ist dabei die Unterscheidung mittlerer und realer Verweilzeiten. Die Bezeichnung „Verweilzeit" (Aufenthaltsdauer) wird von den Autoren folgendermaßen definiert:

- Die „mittlere Verweilzeit" des Grundwassers nennt einen durchschnittlichen Wert für alle Fließvorgänge und ist mit physikalischer Altersbestimmung festzustellen. Sie darf nicht mit „Abstandsgeschwindigkeiten" gleichgesetzt werden.
- Reale Verweilzeiten kennzeichnen die jeweiligen Abstandsgeschwindigkeiten der verschiedenen Abflußanteile durch unterschiedliche Fließbewegungen und sind mittels Markierungsversuchen nachweisbar.

Eine GW-Beprobung erfaßt im Regelfall ein Mischwasser verschiedener Abflußanteile. Nur bei extremer Trockenheit besteht die Möglichkeit, Grundwasser mit sehr langer Verweilzeit zu gewinnen. Sein Chemismus ist durch einen hohen Anteil der geogen bedingten Meßgrößen gekennzeichnet. Dagegen kann nach einer längeren Regenperiode im Ergebnis erhöhter Neubildungsraten Grundwasser mit geringer Verweilzeit und relativ niedrigen Konzentrationen geogen bedingter Inhaltsstoffe entnommen werden. Anthropogen bedingte Meßgrößen werden bei dieser Beprobung je nach Flächennutzung bzw. atmogener Stoffeinträge vergleichsweise hohe Konzentrationen ergeben.

Diese Erkenntnisse lassen sich durch Angaben anderer Autoren stützen. Zum Beispiel haben statistische Auswertungen chemischer Analysen von Grundwässern aus dem Buntsandstein (Hölting 1982) deutliche Unterschiede zwischen Wässern aus Quellen (überwiegend Abflußanteile mit kürzerer Verweildauer) und solchen aus Brunnen (Abflußanteile mit längerer Verweildauer) erkennen lassen, die sich in einer Zunahme des Gesamtlösungsinhaltes, weniger in der Ionenverteilung anzeigen. Größe, Art und Ausbildung der Aquifere und die daraus resultierenden Längen der GW-Fließwege bzw. der Verweilzeiten bestimmen die von Hölting (1991) erwähnten Prozesse der Beschaffenheitsveränderung beim GW-Fließvorgang durch Mischung, Verdrängung und Austausch. Für die Bewertung von hydrochemischen Untersuchungsergebnissen ergeben sich daraus wesentliche Konsequenzen. Jedes Ergebnis einer Einzelbeprobung muß zunächst als „Zufallsergebnis" der jeweiligen Abflußbedingung gesehen werden. Zur repräsentativen Bewertung ist eine größere Anzahl vergleichbarer Analysenergebnisse zu unterschiedlichen hydrologischen Verhältnissen notwendig (→ Abschnitt 20.5). Für jede Probennahmestelle und für jeden Probennahmetermin ist deshalb nach Möglichkeit zu klären, inwieweit überwiegend schnelle oder aber überwiegend langsame Abflußkomponenten die Probe bestimmen.

20.4 GW-BESCHAFFENHEITSMUSTER FÜR FESTGESTEINS-AQUIFERE

Geogen bedingte GW-Beschaffenheit

Die GW-Beschaffenheit wird hinsichtlich ihres geogenen Hintergrundes durch die Art und Ausbildung des (der) Aquifer(s)e, in welchem(n) Neubildung, Speicherung und Abfluß des Grundwassers erfolgen, sowie durch die jeweiligen hydrologischen und hydrodynamischen Verhältnisse geprägt (Hannappel et al. 1995).

Bei der Passage des Bodens sowie des darunter liegenden Gesteins (inkl. der Auflockerungszone) verändert sich die Beschaffenheit des versickernden Niederschlagswassers durch unterschiedliche Prozesse und Reaktionen. Dabei kommt es in der Regel zur Lösung verschiedener Stoffe. Entsprechend den jeweiligen Standortbedingungen sind diese in Größenordnungen zunächst im Sickerwasser und nachfolgend im neugebildeten Grundwasser enthalten. Die geogene Prägung der GW-Beschaffenheit wird insbesondere durch die Inhaltsstoffe Ca, Mg und Hydrogencarbonat bestimmt. Eine Typisierung der Grundwässer muß zunächst diejenigen Grundwässer berücksichtigen, die als „frei von anthropogener Beeinflussung" angesehen werden. Ob ein Grundwasser als anthropogen unbeeinflußt und die Konzentrationen seiner Inhaltsstoffe daher als "*background*" angesehen werden können bzw. ob es überhaupt noch unbeeinflußte Grundwässer gibt, ist eine Frage der Definition.

Anthropogene Einflüsse auf die GW-Beschaffenheit

Die anthropogene Befrachtung der Grundwässer ist durch Abweichungen von den natürlichen *background*-Werten für signifikante Gruppen von Meßgrößen gekennzeichnet. Zumeist sind dies erhöhte Meßwerte für N-Verbindungen, Phosphat, Sulfat, Na, B, Al, LCKW, Pestizide u.a. Stoffe. Anthropogene Beeinflussungen beziehen sich häufig, aber nicht nur, auf grundwasserfremde Inhaltsstoffe. Diese Abweichungen können in der Regel erst dann plausibel festgestellt werden, wenn erheblich größere Unterschiede als die durch Analysenfehler bedingten zu registrieren sind. Nach Angaben von Grimm-Strele et al. (1991) können die zulässigen Analysenfehler für Normalbereiche bei Einzelanalysen zwischen 3 und 5% liegen. In derselben Größenordnung sind auch eventuelle Probennahmefehler anzusetzen. Selbst bei Überlagerung kann daher eine Überschreitung definierter Background-Werte um 20 bis 30% als signifikante Beeinflussung der GW-Beschaffenheit bewertet werden.

Von Hannappel et al. (1995) wird die Unterteilung der anthropogen beeinflußten Grundwässer, bezogen auf die Art der Flächennutzung bzw. atmosphärischer Einträge, nach Tabelle 20.2 vorgenommen. Zur Abgrenzung des anthropogen beeinflußten Grundwassers vom geogen bedingten Background gibt es eine Reihe methodischer Ansätze. Allen diesen Verfahren ist gemein, daß die jeweils abgeleiteten Schwellenkonzentrationen streng genommen nur für die jewei-

Tabelle 20.2. Einteilung der Grundwässer nach der Art ihrer Beeinflussung aus Flächennnutzung und Lufteintrag (Hannappel et al. 1995)

Art der Beeinflussung	identifiziert anhand von Konzentrationsanomalien folgender Leitmeßgrößen
geogene Versalzung*	Leitfähigkeit, Na, Cl, SO_4, K
landwirtschaftliche Nutzung	N-Verbindungen, K, SO_4, Cl, rK/Na-Verhältnis
landwirtschaftlicher Pestizid-Eintrag	P + Pestizid
kommunaler Abwasser-Einfluß	SO_4, Na, Phosphat, N-Verbindungen, B, CSV-Mn, Cl, Metalle
atmosphärischer Staub-Eintrag	Ca, SO_4, Spurenelemente
Versauerung	pH, Al
industrieller Einfluß	PAK, LCKW, Pestizide
unspezifische Beeinflussung	nicht eindeutig zu charakterisierende Wässer, die vor allem die Beschaffenheits muster der geogenen Versalzung wie auch der häuslichen Abwässer zeigen

* In Tabelle 20.2 wurde die „geogene Versalzung" aufgenommen (→ Kap. 21). Zusammengefaßt werden hier u. a. quasigeogene GW-Versalzungen bzw. -Verhärtungen durch aufsteigende Grundwässer (z.B. infolge von Entlastungen initiiert), aber auch GW-Versalzungen durch Auswaschungen aus Kalirückstandshalden (Werra- und Südharzrevier).

igen regionalen und hydrogeologischen Verhältnisse gelten, aus denen die untersuchte und bewertete Datengrundlage stammt (Tabelle 20.8). Die Schwellenkonzentrationen bzw. „Schwellenwerte" der Wasserinhaltsstoffe zur Abgrenzung anthropogen belasteter Grundwässer werden in der Regel anhand langjährig beobachteter GW-Meßstellen ermittelt.

In ähnlicher Weise wie für unbelastetes Grundwasser ist es möglich, durch mehrjährige Beobachtung von Meßgebieten bzw. Meßstellen mit bekannter anthropogener Belastung typische nutzungsbedingte „Muster" abzuleiten, wie es das Beispiel der Tabelle 20.3 zeigt. Die deutlichen Unterschiede der statistischen Kenngrößen nutzungsrelevanter Inhaltsstoffe weisen auf spezifische zusätzliche Einflüsse hin. Methodisch besteht damit die Möglichkeit des Vergleichs aktueller Meßergebnisse sowohl mit Background-Werten als auch mit spezifischen Datensätzen vorliegender Belastungsmuster (vgl. Gabriel et al. 1989).

GW-Klassifikation nach Beschaffenheitsmustern

Zur Bewertung der geogen und anthropogen bedingten GW-Beschaffenheit für hydrogeologische Einheiten (Lithofazieseinheiten) des Festgesteinsbereiches der neuen Bundesländer wurden Ende der 80er Jahre auf der Basis langer hydrochemischer Meßreihen die in Tabelle 20.4 a und b dargestellten GW-Beschaffenheitsmuster abgeleitet (Fischer 1988; nächste Seite). Im Ergebnis dieser Forschungsarbeiten (vgl. auch Schultze et al. 1990) und umfangreicher weiterführender Tests (auf zeitlich und regional neuer Datengrundlage – Hannappel et al. 1995) werden den hydrogeologischen Einheiten mit den Mustern typische Wertebereiche für Wasserinhaltsstoffe zugeordnet, die den geogenen Hintergrund beschreiben. Parallele Versuche einer analogen Zuordnung zu stratigraphischen Einheiten erwiesen sich als weniger brauchbar (Fischer 1988).

Die ursprünglich definierten Beschaffenheitsmuster von 1988 (Tabelle 20.4) sind im Verlaufe ihrer routinemäßigen Nutzung für verschiedene Lithofazieseinheiten weiterentwickelt worden. Untergruppen wurden notwendig, weil z.B. hydrogeologisch ähnliche Aquifere regional fazielle Unterschiede besitzen und sich somit geochemisch abweichend verhalten. Die noch 1988 separat ausgehaltenen Lithofazieseinheiten L2 und L3 wurden 1995 als Untergruppen der Lithofazieseinheit L1 eingeordnet (Tabelle 20.1). Andererseits muß aber auch erwähnt werden, daß einige hydrogeologisch/lithofaziell sehr unterschiedliche Gesteine analog zu einem ähnlichen GW-Chemismus führen können, z.B. die Lithofazieseinheiten 1.1 - Schiefer und metamorphe Gesteine, 5.1 - Quarzite und 8.1 - gering mineralisierte Sandsteine. Beispiele sind auch Hölting (1991) zu entnehmen; nach der vorherrschenden Gesteinsart wurden hier acht Gruppen petrographisch gleichartiger grundwasserleitender Gesteine zusammengestellt.

Tabelle 20.3. Untersuchungsergebnisse ausgewählter GW-Meßstellen der Lithofazieseinheit 5.1 Quarzit mit unterschiedlicher Flächennutzung

		geogen			Versauerung (Wald)			Landwirtschaftl. Nutzung			Abwassereinfluß		
		Min	Max	Mittel	Min	Max	Mittel	Min	Max	Mittel	Min	Max	Mittel
pH		5,3	6,7	6,1	**3,7**	**4,4**	**4,1**	6,1	7,8	6,9	5,9	6,8	6,3
Lf	$\mu S\ cm^{-1}$	57	61	58	51	62	57	377	720	545	378	466	429
GH	°dH	1,2	6,6	2,7	0,8	19,8	6,0	9,2	21,5	14,4	6,2	8,4	7,5
Ca	$mg\ l^{-1}$	4,2	5,1	4,7	2,2	12,0	5,6	45	131,8	81,8	33	45,2	40,1
Mg	$mg\ l^{-1}$	2,2	3,8	2,9	1,8	3,7	2,4	9,1	15,6	12,9	7,1	9,2	8,5
K	$mg\ l^{-1}$	0,5	0,8	0,7	0,5	0,7	0,6	0,6	1,8	1,0	5,5	6	5,75
NH_4	$mg\ l^{-1}$	0,004	0,5	0,15	0,035	0,5	0,18	0,005	0,7	0,09	**0,05**	**1,7**	**0,7**
NO_3	$mg\ l^{-1}$	5,4	6,8	6,3	1,8	2,7	2,5	**0,25**	**60,7**	**38,8**	39	66,5	55
o-PO_4	$mg\ l^{-1}$	0,03	0,17	0,07	0,009	0,18	0,06	0,006	0,18	0,06	0,002	0,2	0,005
SO_4	$mg\ l^{-1}$	9,9	19,5	14,5	18	31,1	24,,1	**91**	**146**	**105,5**	74	104	90,9
Cl	$mg\ l^{-1}$	1,2	3,0	2,0	1	11,4	5,1	23	30	27	26	35	30,4
Al	$mg\ l^{-1}$	0,005	0,014	0,009	**0,4**	**1,13**	**0,8**	0,003	0,27	0,03	0,02	0,16	0,08
B	$mg\ l^{-1}$	0,0005	0,003	0,002	0,0005	0,004	0,002	0,002	0,033	0,015	**0,045**	**0,272**	**0,170**
Mn	$mg\ l^{-1}$	0,001	0,02	0,008	**0,059**	**0,09**	**0,07**	0,002	0,05	0,02	**0,06**	**0,92**	**0,54**
Referenzmeßstelle		Dreienbrunnen Steinach			Lauschensteinqu. Steinach			GWBR Wellsdorf			GWBR Schönbrunn		

Tabelle 20.4a. Geogene Beschaffenheitsmuster (aus Gabriel et al. 1989): Festgesteine der Mittelgebirge (Werte in $\mu S\ cm^{-1}$, °dH und $mg^{-1}\ l^{1}$)

Lithofazies-einheit	L1 Tonschiefer	L2 Schalstein, Diabas	L3 Flysch, altpaläoz. Kalke	L4.1 Quarzporphyr, Granit	L4.2 Basalt	L5.1 Quarzit	L6 Molasse	L7 Dolomite, Salinar und Letten
pH-Wert	4,1–8,3	5,8–8,3	6,2–8,4	5,5–8,0	6,6–8,3	5,3–7,8	6,0–8,0	6,4–8,1
LF	25–150	84–330	320–470	90–180	110–230	125–190	70–120	580–200
GH	0–3	0,7–11,5	3,3–21	0,6–12	1,5–7,5	1,4–5,8	0,9–4	13–43
KH	0–1,75	0,5–6	1–12	0,5–8,5	1,5–5,3	0,5–2,5	0–3	4,5–18
NKH	0–1,75	0–5	1–10	0–7	0–4	0,8–4,5	0,5–2	0–31
Ca	0–10	5–60	20–120	4–53	11–30	10–25	6–20	93–240
Mg	0–8	0–13	2–20	0–20	0–10	0–10	0–5	0–70
SO_4	0–30	4–52	20–120	3–80	0–35	4–30	5–46	50–370
Cl	2–16	4–13	7–23	5–24	7–21	10–25	5–16	5–36
Na	1–5,5	1–5,5	1–7	1,5–10	1–5	1,5–23	2–20	4–12
K	0,1–0,5	0,2–1	0,4–1,2	0,7–5,5	0,5–2	0,2–2,7	0,3–6,7	0,7–2,5
NH_4 *2	0,1–0	0,1–0	0,1–0	0,1–0	0,1–0	0,1–0	0,1–0	0,1–0
NO_2 *2	0,1–0	0,1–0	0,1–0	0,1–0	0,1–0	0,1–0	0,1–0	0,1–0
NO_3 *2	11–0	10–0	14–0	14–0	14–0	14–0	18–0	18–0
o-PO_4 *2	0,07–0	0,07–0	0,07–0	0,07–0	0,07–0	0,07–0	0,07–0	0,07–0
N_{min} *1*2	2,6–0	2,4–0	3,5–0	3,3–0	3,3–0	3,3–0	4,2–0	4,2–0

Tabelle 20.4b. Geogene Beschaffenheitsmuster (aus Gabriel et al. 1989): Festgesteine der Vorländer und Lockergesteinsbedeckungen (Werte in $\mu S\ cm^{-1}$, °dH und $mg^{-1}\ l^{1}$)

Lithofazies-einheit	L8.1 Sandstein wenig miner.	L8.2 Sandstein stärker miner.	L9.1 Kalkstein Normalausb.	L9.2 Kalkstein stärker miner.	L10 Schluff- u. Tonstein	L11 und L12 Sande und Kiese	L13 Löß
pH-Wert	5,3–7,7	5,8–7,5	6,2–7,9	5,5–7,4	6,1–7,5	5,5-7,5	6,8–7,9
LF	85–200	270–540	400–620	600–1250	450–1030	60–150	450–800
GH	1,1–6,5	5,5–24	7,1–33	10,3–75	14–58	0,7–5,5	18–32
KH	0,5–4,3	4–11,2	3,5–19,5	6–18,5	8,5–20,6	0,5–3	6–10
NKH	0–4,5	1,5–12,8	3–12,5	4–55	0,8–37	0,5–3	10–21
Ca	8–35	30–130	51–150	65–375	77–237	5–30	119–206
Mg	0–7	6–30	0–54	5–100	13,5–120	0–5	5–15
SO_4	0–55	10–130	3–78	45–655	14, 5–390	0–40	206–281
Cl	1–16	10–25	7,5–25	50–160	20–50	1–15	52–70,5
Na	1–7	5–30	2–8	11–55	1,5–55	1–5	2–8
K	0,5–3,7	3–9	0,5–2,2	0,4–6	0,4–6	0,5–3,5	0,5–2,2
NH_4 *2	0,1–0	0,1–0	0,1–0	0,1–0	0,1–0	0,1–0	0,1–0
NO_2 *2	0,1–0	0,1–0	0,1–0	0,1–0	0,1–0	0,1–0	0,1–0
NO_3 *2	10–0	15–0	18–0	18–0	18–0	18–0	10–0
o-PO_4 *2	0,07–0	0,07–0	0,07–0	0,07–0	0,07–0	0,07–0	0,07–0
N_{min} *1*2	2,4–0	3,5–0	4,2–0	4,2–0	4,2–0	4,2–0	4,2–0

*1 N_{min} ist die berechnete Summe der anorganischen N-Verbindungen

*2 Die Reihenfolge der Angabe von Maximal- und Minimalwerten berücksichtigt hydrodynamische Aspekte

Derartige Anpassungen und laufende Erweiterungen der vorgeschlagenen Klassifikation im Zusammenhang mit der routinemäßigen Nutzung verfolgen vor allem das Ziel, überdimensionierte Bandbreiten der Konzentrationswerte für eine Lithofazieseinheit und erhebliche Überschneidungen der einzelnen Konzentrationsbereiche zwischen den Gruppen zu vermeiden. Die in den Beschaffenheitsmustern mit Minimal- und Maximalwerten angegebenen Bandbreiten der Konzentrationswerte dienen wie auch bei anderen Autoren im Zusammenhang mit weiteren statistischen Kenngrößen (Mittel-, Median-, Modalwert) zum vergleichenden Test.

Unter Nutzung der speziellen Methodik der Lithofazieseinheiten wurde das Programm KONTA93 entwickelt (Gabriel et al. 1992). Es beruht auf der Eichung der sich aus mehreren Einzelanalysen einer GW-Meßstelle ergebenden Bandbreite der Konzentrationswerte mit den im Programm KONTA93 enthaltenen Mustern geogen bedingter Background-Werte sowie derjenigen anthropogener Beeinflussungen. Ein solcher Test erfordert in der Mehrzahl der Fälle mehrere Szenarios. Sowohl die an der Genese des Grundwassers beteiligten Lithofazieseinheiten (bis fünf können durch das Programm KONTA93 für ein Einzugsgebiet berücksichtigt werden) als auch mögliche anthropogene Einflüsse im Einzugsgebiet sind für das zu untersuchende Grundwasser zu optimieren.

Bei der Ermittlung anthropogener Beeinflussungen, z.B. durch Versauerung (→ Kap. 23), landwirtschaftliche Nutzung (→ Kap. 6), Staubeintrag (→ Kap. 1, 2) und Abwasser (→ Kap. 24), wird versucht, auf der Grundlage der Größenordnungen der Abweichungen auch Aussagen zur Intensität der Kontaminationen zu ermöglichen. Beispielsweise verändern sich als Folge landwirtschaftlicher Tätigkeit im Einzugsgebiet nicht nur die Konzentrationen der Stickstoffverbindungen, sondern es erhöhen sich auch die Sulfat-, Chlorid-, Ca- und K-Gehalte sowie der pH-Wert (Tabellen 20.3 und 20.7). Neben anderen Ursachen ist hier auf die Begleitstoffe der (mineralischen) Dünger zu verweisen (→ Kap. 6). Zur Beschreibung der „Grundlast-Werte" (= *background*-Werte plus anthropogen bedingte Hintergrundbelastung) für das Grundwasser im Saarland werden beispielsweise von Grewing (1994) acht Meßgrößen (pH-Wert, Leitfähigkeit, Gesamthärte, Carbonathärte, Nitrat, Chlorid, Sulfat, Ba) vorgeschlagen, die im Saarland signifikante und interpretierbare Konzentrationsunterschiede aufweisen.

Auf der Grundlage und unter Nutzung der Kenntnis des geogenen Bezuges und der im Einzugsgebiet vorhandenen Landnutzung kann eine Zeitreihe von Analysendaten in den meisten Fällen mit der erläuterten Methodik hinreichend genau bewertet werden (Hannappel et al. 1995). Zu ähnlichen Aussagen gelangen Hölting (1982, 1991), Toussaint et al. (1993), Udluft u. Strätz (1992) und Grewing (1994). Einen Sonderfall für die Bewertung bilden gegenwärtig Meßstellen mit geogen stark versalzenen Grundwässern, da für diese bisher noch keine Muster vorliegen.

In Hannappel et al. (1995) werden statistische Angaben für Untergruppen der Lithofazieseinheiten als Muster zur Kennzeichnung des geogenen Hintergrundes (z.T. auch für vergesellschaftete Lithofazieseinheiten) vorgestellt (Tabellen 20.5 und 20.6; s. nächste Seiten), die gegenüber den ursprünglichen Beschaffenheitsmustern (Tabelle 20.4) im Kriterienspektrum wesentlich erweitert sind, allerdings lediglich auf dreijährigen Meßreihen basieren. Vergleiche zeigen aber, daß die Unterschiede der ermittelten Konzentrationsbereiche vergleichsweise gering sind und sich zwanglos durch hydrologisch/meteorologische Einflüsse sowie regionale Besonderheiten erklären lassen. Die regional (Fischer 1988) zunächst für Südthüringen abgeleiteten und später (Gabriel et al. 1989) auf ganz Thüringen übertragenen Beschaffenheitsmuster lassen sich daher in den neuen erweiterten Mustern von 1995 wiederfinden (Tabellen 20.5 und 20.6).

Bei der tabellarischen Darstellung der ursprünglichen Muster (Tabelle 20.4) wurde darauf geachtet, die linken Werte der Konzentrationsspannweiten „von ... bis ..." des Musters den Abflußanteilen mit geringer Verweilzeit, die rechten den Komponenten mit langer Verweilzeit zuzuordnen. Deshalb finden sich bei Fischer (1988) und Gabriel et al. (1989) im Unterschied zu Tabellen 20.5 und 20.6 die erhöhten Konzentrationen für N-Verbindungen und Orthophosphat – gebunden an „schnelle Abflußkomponenten" – auf der linken Seite in einer Reihe mit den Minimalwerten für die übrigen damals zu berücksichtigenden Meßgrößen wieder.

20.5 BEWERTUNG ZEITLICHER UND RÄUMLICHER VARIABILITÄT DER GW-BESCHAFFENHEIT

Zum Problem der zeitlichen und räumlichen Variabilität der GW-Inhaltsstoffe in Abhängigkeit des meteorologisch/hydrologischen Jahresganges bzw. der hydrodynamischen Verhältnisse liegen aus den letzten Jahren umfangreiche Untersuchungen von

Tabelle 20.5. Erweitertes geogenes GW-Beschaffenheitsmuster für die Lithofazieseinheit 8.2-Sandstein, mittelmäßig mineralisiert (aus Hannappel et al. 1995)

Meßgröße	Dim.	Anz.	MIN	MAX	MEAN	MODE
pH		34	6,7	7,8	7,3	7,4
LF	$\mu S\ cm^{-1}$	26	115	870	599	549
GH	°dH	34	13,2	32,1	18,7	21,2
KH	°dH	34	5,5	18,2	14,6	16,2
NKH	°dH	31	0,2	15,6	4,5	5,3
Ca	$mg\ l^{-1}$	34	55,8	149	87,6	63,9
Mg	$mg\ l^{-1}$	34	16,5	50	28,3	28,1
Na	$mg\ l^{-1}$	34	3,0	94	18,8	8,2
K	$mg\ l^{-1}$	34	0,2	5,3	3,8	5,0
NH_4	$mg\ l^{-1}$	34	0,004	0,93	0,12	0,06
NO_3	$mg\ l^{-1}$	34	0,05	3,6	0,38	0,25
NO_2	$mg\ l^{-1}$	28	0,005	0,05	0,036	0,048
o-PO_4	$mg\ l^{-1}$	34	0,005	0,47	0,08	0,03
SO_4	$mg\ l^{-1}$	34	13	366	71,3	34,6
Cl	$mg\ l^{-1}$	34	2,3	52,8	12,9	6,2
HCO_3	$mg\ l^{-1}$	34	120	396	319	353
Al	$mg\ l^{-1}$	20	0,002	0,25	0,05	0,02
B	$mg\ l^{-1}$	15	0,0002	0,059	0,022	0,003
F	$mg\ l^{-1}$	12	0,01	0,33	0,13	0,06
Fe_{ges}	$mg\ l^{-1}$	34	0,005	7,7	1,4	0,46
Fe^{2+}	$mg\ l^{-1}$	10	0,01	3,6	1,0	0,5
Mn	$mg\ l^{-1}$	34	0,001	1,8	0,21	0,15
As	$\mu g\ l^{-1}$	28	0,5	11,2	2,5	1,2
DOC	$mg\ l^{-1}$	24	0,2	4,2	1,6	0,4
O_2	$mg\ l^{-1}$	30	0,2	5,0	1,6	0,5
CSV $KMnO_4$	mg/l O_2	22	0,1	3,2	0,9	0,3
CO_2 ges	$mg\ l^{-1}$	14	154,4	291,4	246,4	281,1
UV-Abs 254 nm	$l\ m^{-1}$	14	0,002	86,1	8,2	4,3
AOX	$\mu g\ l^{-1}$	30	3,0	40,0	8,1	4,8
Pb	$\mu g\ l^{-1}$	30	0,25	13,0	2,2	1,2
Cd	$\mu g\ l^{-1}$	30	0,05	9,4	0,8	0,6
Cr	$\mu g\ l^{-1}$	30	0,3	10,0	2,4	1,0
Ni	$\mu g\ l^{-1}$	30	0,05	20,0	5,2	5,0
Cu	$\mu g\ l^{-1}$	30	0,5	5,0	2,7	4,8
Zn	$\mu g\ l^{-1}$	30	1,0	527	38,9	27,3

Referenzmeßstellen 1995:

Meßstellen-Nr./-Name	Land	Zeitraum	Anzahl	Art Meßstelle
443510785 Hedersleben	AN	1993–94	4	GWBR
483811293 Obernessa	AN	1993–94	4	GWBR
463510489 Schmon	AN	1992–94	6	GWBR
48310893 Taucha	AN	1993–94	4	GWBR
50360029 Bürgel	TH	1992–94	6	GWBR
52370094 Großebersdorf	TH	1992–94	6	GWBR
54290509 Themar	TH	1993–94	4	GWBR

Meßgröße	Dim.	Anz.	Min	Max	Mean	Mode
pH		16	6,0	8,2	7,5	7,9
LF	$\mu S\ cm^{-1}$	10	656	970	748	679
GH	°dH	16	11,3	21,5	18,5	19,6
KH	°dH	16	5,0	21,4	13,1	5,8
NKH	°dH	12	0,0	15,0	7,8	0,8
Ca	$mg\ l^{-1}$	16	20,0	124	80,5	65,5
Mg	$mg\ l^{-1}$	16	11,0	50,0	31,7	46,75
Na	$mg\ l^{-1}$	16	8,0	83,3	40,8	50,0
K	$mg\ l^{-1}$	16	0,1	7,9	3,9	5,9
NH_4	$mg\ l^{-1}$	16	0,02	0,57	0,18	0,10
NO_3	$mg\ l^{-1}$	16	0,05	8,8	4,7	7,56
NO_2	$mg\ l^{-1}$	16	0,013	0,10	0,05	0,05
o-PO_4	$mg\ l^{-1}$	16	0,008	0,06	0,03	0,03
SO_4	$mg\ l^{-1}$	16	1,0	237,0	111,1	225,2
Cl	$mg\ l^{-1}$	16	12,0	39,0	21,1	13,9
HCO_3	$mg\ l^{-1}$	16	109	465	286	127
Al	$mg\ l^{-1}$	6	0,025	0,075	0,05	0,07
B	$mg\ l^{-1}$	3	0,025	0,025	0,025	0,025
Fe_{ges}	$mg\ l^{-1}$	16	0,001	0,71	0,28	0,04
Fe^{2+}	$mg\ l^{-1}$	9	0,01	0,7	0,3	0,04
Mn	$mg\ l^{-1}$	16	0,001	0,19	0,06	0,011
As	$\mu g\ l^{-1}$	13	0,50	2,5	0,8	0,6
DOC	$mg\ l^{-1}$	14	0,4	6,9	1,9	1,9
O_2	$mg\ l^{-1}$	16	0,2	4,7	1,9	0,47
CSV $KMnO_4$	$mg\ l^{-1}\ O_2$	7	0,6	1,6	1,07	1,47
UV Abs 254 nm	$l\ m^{-1}$	4	0,005	0,03	0,01	0,01
AOX	$\mu g\ l^{-1}$	13	5,0	71,0	11,6	8,3
Pb	$\mu g\ l^{-1}$	13	1,0	5,0	2,2	1,2
Cd	$\mu g\ l^{-1}$	13	0,1	8,9	1,05	0,76
Cr	$\mu g\ l^{-1}$	13	1,0	6,0	2,7	1,3
Ni	$\mu g\ l^{-1}$	13	5,0	40,0	10,4	7,2
Cu	$\mu g\ l^{-1}$	13	1,0	12,0	3,1	1,7
Zn	$\mu g\ l^{-1}$	13	1,0	2930	445	184

Referenzmeßstellen 1995: Meßstellen-Nr./-Name	Land	Zeitraum	Anzahl	Art Meßst.
47350776 Nebra	AN	1992-94	6	GWBR
453411388 Othal	AN	1993-94	4	GWBR
45320100 Berga-Kelbra	AN	1992-94	6	GWBR

Hölting (1991), Grimm-Strele (1991), Toussaint (1993), Baumann u. Wagner (1993), Grewing (1994), Hannappel et al. (1995) mit folgenden Ergebnissen vor:

- Eine Trendanalyse zur GW-Beschaffenheitsentwicklung kann an einer Meßstelle erst nach Vorliegen einer ausreichenden Anzahl von zeitlich aufeinanderfolgenden Messungen durchgeführt werden. Die Untersuchungen von Hannappel et al. (1995) haben bestätigt, daß dreijährige Meßreihen für Trendbetrachtungen nicht ausreichend sind.
- Allgemein wird von einem ausgeprägten Jahresgang der anthropogen bedingten GW-Inhaltsstoffe ausgegangen (Grimm-Strele 1991). In der Regel sind die zeitbezogenen Konzentrationsunterschiede für organische Meßgrößen größer als für anorganische.
- Im Ergebnis von Untersuchungen an 110 relativ flachen GW-Meßstellen in Baden-Württemberg kommt Grimm-Strele (1991) zu der Meinung, daß sich die GW-Beschaffenheit in kurzen Zeiträumen nur wenig ändert und die zeitliche bzw. räumliche Variabilität nur mit zusätzlichem Meßaufwand zu klären ist.
- Die starke Variabilität der Konzentrationswerte über die Tiefe wird allgemein als zutreffend angesehen. In der Regel erhöht sich mit der Tiefe der Anteil von Wässern langer Verweilzeiten am zu beprobenden Grundwasser. Gesteinsbürtige Inhaltsstoffe sind folglich in höheren, anthropogen bedingte oder initiierte Inhaltsstoffe in geringen Konzentrationen zu erwarten.
- Für Festgesteins-Aquifere ist eine hohe Variabilität von Konzentrationswerten charakteristisch, die überwiegend durch eng begrenzte, lokale Phänomene geprägt wird (Grimm-Strele 1991).
- In Hessen wurden seit 1989 an 25 GW-Meßstellen monatliche Beprobungen, gekoppelt mit routinemäßigen Beobachtungen des GW-Spiegelgangs sowie der Quellschüttung durchgeführt. Jeder GW-Aufschluß wurde hinsichtlich der innerjährlichen Variabilität der Stoffkonzentrationen bewertet. Deutliche meteorologische Einflüsse auf die GW-Beschaffenheit im Zusammenhang mit Perioden hoher GW-Neubildung wurden vorwiegend bei reinen Kluft- bzw. Karst-Aquiferen mit sehr schnellem Wasserdurchfluß und bei GW-Meßstellen mit sehr geringen Flurabständen festgestellt (Toussaint et al. 1993).

Jüngste Untersuchungen zur zeitlichen und räumlichen Variabilität der GW-Inhaltsstoffe für Festgesteins-Aquifere (Hannappel et al. 1995) belegen, daß eine deutliche zeitliche Abhängigkeit der Meßwertschwankungen von meteorologisch/hydrologischen Einflüssen auch für anorganische Hauptinhaltsstoffe nachweisbar ist. Allerdings wird diese häufig durch spezielle hydrodynamische Verhältnisse überlagert bzw. variiert. Insbesondere für die Grundwässer aus Kluft- und Karst-Aquiferen läßt sich auf der Grundlage des durchgeführten Beprobungsprogramms Frühjahr/-Herbst eine deutliche zeitliche Variabilität der Konzentrationsschwankungen in Abhängigkeit von den hydrologischen Bedingungen sowohl ereignisbezogen als auch im innerjährlichen und überjährlichen Gang nachweisen (Hannappel et al. 1995). Im Ergebnis der hydrochemischen Bewertung von 171 Meßstellen in Festgesteins-Aquiferen der Bundesländer Sachsen (SA), Sachsen-Anhalt (AN) und Thüringen (TH) ist dabei grundsätzlich einerseits zwischen den Auswirkungen der GW-Fließbewegungen und andererseits durch im Aquifer sich aufbauende Druckpotentiale zu unterscheiden. Die von den Autoren erkannten zwei grundsätzlich unterschiedlichen Erscheinungsformen lassen sich wie folgt beschreiben:

- *Fall 1.* Die GW-Meßstellen (Quellen und Beobachtungsrohre) zeigen bei starken Quellschüttungen bzw. hohen GW-Ständen (gewöhnlich im Frühjahr) – geogen bedingt – sehr niedrige Gesamtmineralisationen. Umgekehrt treten bei geringen Quellschüttungen und niedrigen GW-Ständen (zumeist im Herbst) sehr hohe Konzentrationen der gesteinsbürtigen Inhaltsstoffe auf. Die anthropogen bedingten Inhaltsstoffe verhalten sich entgegengesetzt. Das bedeutet, daß im Frühjahr in der Regel die schnellen Abflußanteile mit geringen Untergrundverweilzeiten überwiegen, im Herbst fließt nach langer Verweilzeit sich langsam bewegendes Grundwasser ab. Sehr typisch ist dieses Bild für Karstquellen und flache GW-Meßstellen in Aquiferen mit schnellem Durchfluß und jährlichem Speicherumsatz. Das Erscheinungsbild ist ein Resultat echter Fließbewegungen im Untergrund.
- *Fall 2.* Die GW-Meßstellen (Quellen und Beobachtungsrohre) zeigen bei hohen Quellschüttungen und hohen GW-Ständen geogen bedingt eine höhere GW-Gesamtmineralisation. Die Gehalte an anthropogen bedingten Inhaltsstoffen und deren Konzentrationsschwankungen sind sehr ge-

ring. Als typisch wurde dieses Erscheinungsbild für tiefere GW-Meßstellen in vorwiegend porös ausgebildeten und großräumigen Aquiferen mit abflußbedingt langen Verzögerungszeiten (Überjahresspeicher) erkannt. Die starken Quellschüttungen bzw. hohen GW-Stände werden hierbei häufig nicht durch echte GW-Fließbewegungen, sondern durch neubildungsbedingte Druckpotentiale innerhalb des Aquifers ausgelöst. Ähnlich wie bei Fall 1 können diese Erscheinungen auch ereignisbezogen bzw. vorwiegend im Frühjahr auftreten, jedoch mit dem Unterschied, daß bei den Überjahresspeichern älteres Grundwasser mit langer Verweilzeit beprobt wird.

Unter Umständen können für eine Lithofazieseinheit oder einen Aquifer (z.B. Sandstein) die Fälle 1 und 2 bei ähnlichen hydrologischen Verhältnissen auftreten. Trotz zeitgleicher Beprobung werden an zwei oder mehr Meßstellen GW-Beschaffenheiten festgestellt, die nicht direkt miteinander parallelisierbar sind. Neben Gründen der zeitlichen Varianz, d.h. dem Vorherrschen unterschiedlicher Abflußkomponenten, Mischungs- und Austauschverhältnissen innerhalb des Aquifers, sind zur Erklärung Überlagerungen durch den Fließvorgang heranzuziehen. Der eigentliche Fließvorgang (mit Teilchenbewegung) kann durch einen hydrodynamischen Ausgleich eingeleitet werden, der zur Folge hat, daß zu Beginn des verstärkt einsetzenden GW-Abflusses zunächst Wässer erhöhter geogener Mineralisation zum Abfluß kommen. Nach Toussaint et al. (1993) wird in diesen Fällen die jahreszeitliche Variabilität der Inhaltsstoffe durch „störende Einflüsse" überlagert, die nach seiner Meinung mit den üblichen Streubreiten der Meßwerte in Zusammenhang stehen.

20.6 ANWENDUNG VON BESCHAFFENHEITSMUSTERN

Die Arbeit mit Beschaffenheitsmustern zur Bewertung der GW-Beschaffenheit (bezogen auf einzelne GW-Meßstellen, auf einen Aquifer oder ein spezielles Gebiet) gestattet ein frühzeitiges Erkennen von GW-Gefährdungen bzw. Beschaffenheitsänderungen. Bei der weitergehenden Interpretation von Beschaffenheitsmeßdaten sind enge Bezüge zu den meteorologisch/hydrologischen und den speziellen hydrodynamischen Verhältnissen herzustellen. Für eine umfassende Beschreibung der GW-Beschaffenheit genügt es daher nicht, wie herkömmlich, lediglich gesteinsbezogene bzw. flächennutzungsbezogene Angaben als Faktoren einzubeziehen. Mit Hilfe der Abschätzung der Anteile schneller und langsamer Komponenten am unterirdischen Abfluß können z.B. Aussagen zu Havarie- oder Langzeitgefährdung eines Aquifers getroffen bzw. eingetretene Schäden komplexer beurteilt werden. Vergleichsweise zu anderen Methoden gibt die Nutzung von Beschaffenheitsmustern mit einer relativ großen Palette von chemischen Meßgrößen gesichertere Interpretationsmöglichkeiten als eine Orientierung auf einige wenige Leitmeßgrößen bzw. nur auf statistische Mittelwerte.

Die Bewertungsergebnisse für jede Meßstelle mit Hilfe des Programms KONTA93 gestatten eine Kontrolle der Angaben von Ersteinschätzungen und damit Rückschlüsse auf die relevanten Bedingungen im Einzugsgebiet. Die Bewertung erfordert je nach Bedarf die Untersetzung/Ergänzung der lithofaziesbezogenen Muster durch speziell nutzungsspezifische (auf die Landnutzung im Einzugsgebiet bezogen!). Beispiele zusammengefaßter Untersuchungsergebnisse sind in Tabelle 20.7 angegeben (s. nächste Seite). Ähnliche regionalspezifische Beispiele finden sich auch bei Udluft u. Strätz (1992) bzw. Hölting (1982, 1991).

Die in Tabelle 20.8 enthaltene Gegenüberstellung von Verteilungs- bzw. Beschaffenheitsmustern verschiedener Autoren zeigt am Beispiel der Lithofazieseinheit Kalkstein die bei der Arbeit mit „Mustern" zu beachtenden Randbedingungen (s. nächste Seite). Obwohl eine grundsätzliche Übereinstimmung der Größenordnung von Bandbreiten der Minimal- und Maximalwerte bzw. der statistischen Kenngrößen erkennbar ist, ergeben sich bei fehlender Differenzierung in Untergruppen (z.B. nach unterschiedlicher Minerallösbarkeit und damit unterschiedlich hoher Mineralisierung des Grundwassers) beträchtliche Bandbreiten der Konzentrationen und damit Überschneidungen. Insbesondere ist zu beachten, daß anthropogene Einflüsse die Bandbreiten der jeweils relevanten Meßgrößen stark verändern (Tabelle 20.7).

Schlußfolgernd ist festzustellen: In dem Maße, wie es gelingt, innerhalb der Lithofazieseinheiten noch eine gewisse Zahl von Untergruppen mit speziell regionalem oder anthropogen beeinflußtem Charakter zu definieren, wird sich die Bandbreite der Minimal- und Maximalwerte der Meßgrößen innerhalb einer hydrogeologischen Einheit, GW-Region oder GW-Landschaft verringern, was natürlich im Interesse der Methodik der Nutzung der Muster als

Tabelle 20.7. Konzentrationsbereiche nach Untersuchungsergebnissen an GW-Meßstellen mit verschiedenen Landnutzungen im Einzugsgebiet für Sandstein-Aquifere Thüringens, Meßreihe 1992–94

Meßgröße		Wald	Wiese	Landwirtsch. Nutzfläche
pH		3,3–6,5	5,5–8,6	6,2–7,8
Lf	$\mu S\ cm^{-1}$	76–340	114–739	450–991
GH	°dH	1,1–8,4	3,0–23,0	12,8–25,8
Ca	$mg\ l^{-1}$	2,6–22,9	9,4–85,6	47–123,0
Mg	$mg\ l^{-1}$	0,9–11,6	3,3–47,5	15–99,8
Na	$mg\ l^{-1}$	2,5–8,6	1,0–21,6	3,2–48,8
K	$mg\ l^{-1}$	2,4–5,5	1,6–8,3	1,8–8,1
Cl	$mg\ l^{-1}$	5,9–20	0,5–75	2,3–96
SO_4	$mg\ l^{-1}$	0,5–82	0,5–112	0,5–260
NO_3	$mg\ l^{-1}$	0–32,8	0–79,0	1–149
Datensätze n		30	26	21
Referenz-meßstellen		Heyda, Tonndorf, Reichenbach 1+2, Döhlau	Zillbach, Großebersdorf, Großsaara, Neuendambach, Heiligenstadt	Berlingerode, Hummelshain, Pößneck, Sättelstädt

Tabelle 20.8. Gegenüberstellung verschiedener Verteilungs- bzw. Beschaffenheitsmuster für den Aquifer Kalkstein

Autoren		Hölting 1991	Grewing 1994	Udluft 1993	Gabriel u. Ziegler 1989	Gabriel u. Ziegler 1995
GWL		Carbonat gesteine (Kalk-Mergelsteine)	Oberer Muschelkalk	Unterer u. Oberer Muschelkalk	Kalkstein in Normalausbildung	Kalkstein, gering bis mittelstark mineralisiert
Region/ Land			Saarland	Franken	Thüringen	Thüringen, Sachsen u. Sachsen-Anhalt
Meß-größe		Min.–Max./Mean	Min.–Max./Mean	Min.–Max./Mean	Min.–Max.	Min.–Max./Mean
pH		7,0–8,0/7,3	7,22–7,47/7,37		6,2–7,9	6,9–7,5/7,3
Lf	$\mu S\ cm^{-1}$		630–820/727,8	526–692/609	400–620	790–1090/914
GH	°dH	9,7–31,9/21,4	20,42–24,09/22,36		7,1–33	16,7–32,2/27,3
KH	°dH	6,1–20,9/15,5	12,04–19,6/17,3		3,5–19,5	6,8–17,7/15,3
Ca	$mg\ l^{-1}$	55,3–155/105,3		69–128,9/108	51–150	97–157/130
Mg	$mg\ l^{-1}$	4–91,4/29,0		11,3–24,7/21,6	0–54	7,9–80/39,6
Na	$mg\ l^{-1}$			3–7,4/5,3	2–8	13–34,6/20,2
K	$mg\ l^{-1}$			1,5–2,4/1,9	0,5–2,2	1,8–7,5/3,5
Cl	$mg\ l^{-1}$	7,1–47/21,7	15–22/17,93	9,3–22/12,4	7,5–25	20–74/37,8
SO_4	$mg\ l^{-1}$	13–267,1/82,7	33,7–96/49,62	9,6–55,6/47,6	3–78	83–249/169,6
NO_3	$mg\ l^{-1}$	0–24,2/11,8	7–15	4,9–26,6/21,3	0–18	0,05–12,9/5,7
HCO_3	$mg\ l^{-1}$	131,8–455/328,8		294,5–402,5/348		335,5–383,7/355,6
					Meßr.: 1958/85 272 Datensätze	Meßreihe: 1992/94 21 Datensätze

Referenzgröße ist. Die Auswahl der Meßstellen zur Ableitung von Mustern muß sich jeweils auf eine ausreichende Datengrundlage unter vergleichbaren Situationen beziehen. Nicht geeignet sind Meßstellen, bei denen Trenderscheinungen zu beobachten sind. Typische Flächennutzungen sollten hinreichend repräsentiert sein. Derzeitig kann bereits potentiell zwischen landwirtschaftlichen Nutzflächen, Grünland, Wald und urbanen bzw. industriellen Einflüssen einzeln oder im Komplex unterschieden werden. Abschätzungen der Intensität gestatten Rückschlüsse auf differenzierte Verhältnisse im Einzugsgebiet der GW-Meßstelle.

LITERATUR

Baumann J, Wagner W (1993) Geogene Grundwasserbeschaffenheit als Bemessungsgrundlage für den Grundwasserschutz. Umweltforschungsplan des Bundesministeriums für Umwelt, Naturschutz und Reaktorsicherheit, Forschungsbericht 10202617, Bundesanstalt für Geowissenschaften und Rohstoffe, Hannover, 149 S.

Clarke WF (1924) The data of geochemistry. 5. Ausg., US Geol Surv Bull 770: 841 S., Washington

DVWK (1982) Auswertung hydrochemischer Daten. DVWK-Schriften 54: 193 S., Paul Parey, Hamburg Berlin

DVWK (1993) Stoffeintrag und Grundwasserbewirtschaftung. DVWK-Fachausschuß Grundwassernutzung, DVWK-Schriften 104: 275 S., Paul Parey, Hamburg Berlin

Eyrich A, Bamberg H, Garling F, Gabriel B, Ziegler G (1985) Unveröff Karte der hydrogeologischen Einheiten der DDR. Inst Wasserwirtschaft, Berlin

Fischer H (1988) Beitrag zum Schutz der Ressource Grundwasser vor anthropogener Beeinflussung im Festgestein – Möglichkeiten hydrochemischer Untersuchungen an ausgewählten Gebieten des Bezirkes Suhl. Unveröff Dissertation, Ernst-Moritz-Arndt-Univ Greifswald, 107 S.

Fischer H, Gabriel B, Schultze M (1989) Neue Forschungsergebnisse zum langzeitigen Stoffeintrag in das Grundwasser im Festgesteinsbereich Wasserwirtschaft. Wassertechnik 8: 176–178

Furtak H, Langguth R (1967) Zur hydrochemischen Kennzeichnung von Grundwassertypen mittels Kennzahlen. Mem IAH-Congr 1965, VII: 89–96, Hannover

Gabriel B, Ziegler G, Schultze M, Kunzmann R, Bufe J, Fischer H, Pohl A, Schwarze R, Bühnemann N (1989) Das Grundwasser – Einfluß der landwirtschaftlichen Produktion. In: Wasserwirtschaftsdirektion Saale-Werra, Forschungsbereich Erfurt (Hrsg) Salzlanddruckerei Bernburg, 122 S.

Gabriel B, Ziegler G (1989) Lithofazieseinheiten – ein neues Konzept zur Berechnung der Grundwasserneubildung im Festgesteinsbereich. Wasserwirtschaft-Wassertechnik 7: 163–165

Gabriel B, Frölich K, Jacobs H, Lorenz R, Schultze M, Ziegler G (1992) Das modellgestützte Informations-System KONTA zur Kennzeichnung und Bewertung der Grundwasserqualität mit Beschaffenheitsmustern. Beiheft 3 zum BMFT-Forschungsvorhaben 30F101700, Thüringer Landesanstalt für Umwelt, Jena

Gerb L (1958) Grundwassertypen. Vom Wasser 25: 16–47

Grewing C (1994) Bewertung anthropogener Grundwasserbeeinträchtigungen im Saarland unter Berücksichtigung des jeweiligen regionalen Umfeldes. Unveröff Dissertation, Univ Saarbrücken, 152 S.

Grimm-Strele J, Schulz L, Brauch J, Herzer J, Kaltenbach D, Schullerer S (1991) Modellhafte Einrichtung eines Grundwassergütemeßnetzes in einer ausgewählten Region. Umweltforschungsplan des Bundesministers für Umwelt, Naturschutz und Reaktorsicherheit, Unveröff Forschungsbericht 10204214, Landesanstalt für Umweltschutz Baden-Württemberg, 456 S., Karlsruhe

Hahn J (1980) Veränderungen der Grundwasserbeschaffenheit durch anthropogene Einflüsse in norddeutschen Lockergesteinsgebieten. Geol Jahrb C27: 3–43

Hannappel S, Voigt HJ, Lauterbach D, Ziegler G, Gabriel B (1995) Entwicklung eines einheitlichen Grundwasserbeschaffenheitsmeßnetzes in den neuen Bundesländern als Grundlage zur Erfüllung von Berichtspflichten des Bundes gegenüber der EU Umweltforschungsplan des Bundesministers für Umwelt, Naturschutz und Reaktorsicherheit, Forschungsbericht 10202628/06, Gesellschaft für Umwelt- und Wirtschaftsgeologie mbH in Zusammenarbeit mit den Landesumweltämtern der neuen Länder, 203 S., Berlin

Hecht G (1995) Grundwässer der Festgesteine. In: Seidel G (Hrsg) Geologie von Thüringen. Schweizerbartsche Verlagsbuchhandlung, Stuttgart, S. 455–487

Hölting B (1982) Geogene Konzentrationen von Spurenstoffen, insbesondere Schwermetallen, in Grundwässern ausgewählter Gebiete Hessens und vergleichende Auswertungen mit Grund- (Mineral-) Wässern anderer Gebiete. Geol Jahrb Hessen 110: 137–214

Hölting B (1991) Geogene Grundwasserbeschaffenheiten und ihre regionale Verbreitung in der Bundesrepublik Deutschland. In: Rosenkranz D, Einsele G, Harreß HM (Hrsg) Bodenschutz – ergänzbares Handbuch der Maßnahmen und Empfehlungen für Schutz, Pflege und Sanierung von Böden, Landschaft und Gewässer. Erich Schmidt Verlag, Berlin, 6. Lfg. (1300): 36 S.

Matthеß G (1990) Die Beschaffenheit des Grundwassers – Lehrbuch der Hydrogeologie, Band 2, 2. Aufl.: 498 S., Bornträger, Berlin Stuttgart

Palmer C (1911) The geochemical interpretation of water analysis. US Geol. Surv. Bull., 479: 315, Washington

Piper AM (1944) A graphic procedure in the geochemical interpretation of water analysis. Trans Amer Geophys Union 25, 6: 914–928

Schleyer R, Kerndorff H (1992) Die Grundwasserqualität westdeutscher Trinkwasserressourcen. VCH, Weinheim, 245 S.

Schultze M, Fischer H, Gabriel B (1990) Verknüpfung von Wasserbeschaffenheit und Wassermenge für das Grundwasser des Festgesteinsbereiches. Acta hydrochim hydrobiol 19: 673–678

Scukarev (1974) In: Sydykov Z (Hrsg) Geochemische Klassifikation und Graphiken. Wissenschaftsverlag Alma-Ata

Toussaint B, Berthold G, Greb H, Konarski C, Löns-Hanna C, Meyer U, Pape WP v (1993): Grundwasserbeschaffenheit in Hessen. HLfU Wiesbaden, 83 S.

Udluft P, Strätz H (1992) Beschaffenheit und anthropogene Belastung oberflächennaher Grundwässer in Franken. Umweltforschungsplan des BMU; in Forschungsbericht 10202617, Anhang 3: 2–50

Valjasko MG (1965) Geochimija i genezis rassolov Irkutskogo amfiteatra (Geochemie und Genese der Solen des Irkutsker Amphittheaters. Izd Nauka, Moskwa (Wissenschaftsverlag Moskau)

Voigt HJ (1985) Hydrogeologisches Kartenwerk der Deutschen Demokratischen Republik, Nutzerrichtlinie für die hydrogeologische Grundkarte sowie die Karte der hydrogeologischen Kennwerte. Zentrales Geologisches Institut (Hrsg), 42. S., Berlin

21 Beschaffenheitsmuster des Grundwassers im Lockergestein

STEPHAN HANNAPPEL • HANS-JÜRGEN VOIGT

21.1 GRUNDLAGEN

Die Beschaffenheitsentwicklung des Grundwassers auf allen Etappen seiner Formierung, beginnend in der Atmosphäre bis zu den tiefsten Teilen der unterirdischen Hydrosphäre, wird durch eine Vielzahl von komplizierten, voneinander unabhängigen, zufälligen und in jedem Fall jedoch den konkreten Standortbedingungen entsprechenden Prozessen und Faktoren bestimmt. Dabei muß dem Umstand Rechnung getragen werden, daß das Grundwasser mit seinen gelösten Inhaltsstoffen nur einen Bestandteil des „Mehrphasensystems Untergrund", d.h. des zeitlich und räumlich veränderlichen Systems „Wasser-Gestein-Gas-Biomasse", darstellt. Folglich ist die an einem hydrogeologischen Aufschluß (Brunnen, Grundwassermeßstelle, Quelle etc.), in einem bestimmten Grundwasserleiter, innerhalb einer geologischen Struktur, ermittelte Grundwasserbeschaffenheit sehr unterschiedlich und läßt sich nach verschiedenen Gesichtspunkten typisieren, klassifizieren, gruppieren bzw. regionalisieren. Ausdruck dieser Vielfalt ist die große Anzahl hydrogeochemischer Typisierungs- und Klassifizierungsverfahren (mehr als 150), die in der Literatur beschrieben wurden (→ Kap. 20). Im Rahmen der regionalen Beschaffenheitsbetrachtung der Grundwässer in den Lockergesteinen Brandenburgs wird im folgenden ein Bewertungsverfahren vorgestellt, das naturräumliche Bezugssysteme zur Erklärung der GW-Beschaffenheit berücksichtigt.

Die Beschreibung der Grundwasserbeschaffenheit einer Region muß einerseits die räumliche Verteilung der grundwasserführenden Gesteinseinheiten und ihre Wechselbeziehung berücksichtigen und ist andererseits vom Umfang und der Qualität des vorhandenen Datenmaterials abhängig. Für das Gebiet des fast ausschließlich von Lockergesteinen bedeckten Bundeslandes Brandenburg stehen umfangreiche Datenbestände zur Verfügung (Hannappel 1996), die im Rahmen von hydrogeologischen Erkundungen in einem 30 Jahre umfassenden Zeitraum gesammelt wurden (Ende der fünfziger bis Ende der achtziger Jahre). Die hydrochemischen Daten dieser Erkundungen erfüllen die wichtige Voraussetzung, aus Gebieten und Zeiträumen zu stammen, in denen flächenhafte Beeinträchtigungen noch nicht bzw. nur eingeschränkt wirksam waren.

Hydrogeologische Struktureinheiten im Land Brandenburg

Für den gesamten Lockergesteinsbereich der norddeutschen Tiefebene nimmt der mitteloligozäne Rupelton eine hydrogeologisch bedeutsame Stellung ein. Aufgrund seiner sehr geringen Durchlässigkeit trennt er den süßwasserführenden Komplex der pleistozänen und jungtertiären Grundwasserleiter vom hochmineralisierten Komplex des Mesozoikums. Im Bereich ausgeprägter Rinnensysteme ist der Rupelton teilweise erodiert, so daß hier – ebenso wie außerhalb seines Verbreitungsgebietes in Mecklenburg-Vorpommern – günstige Bedingungen für einen Salzwasseraufstieg gegeben sind (Lotsch 1967). Der pleistozäne Lockergesteinsbereich wurde von mehreren Vereisungsstadien mit unterschiedlich flächenhafter Ausdehnung geprägt (ausführlichere Beschreibung der regionalen Hydrogeologie in Jordan u. Weder 1995). Entsprechend der regionalen Verbreitung der Vereisungsvorstöße sind in Brandenburg die jungen quartären Ablagerungen der Saale- und Weichsel-Kaltzeit weitverbreitet. Als räumliche geologische Bezugseinheit wurden hydrogeologische Struktureinheiten ausgewiesen (Hannappel et al. 1995), die in der Tabelle 21.1 dargestellt sind. Eine hydrogeologische Struktureinheit zeichnet sich durch relativ einheitliche hydrodynamische *und* hydrogeochemische Verhältnisse aus. Das Konzept zur Ausweisung hydrogeologischer Struktureinheiten (Klost 1994) berücksichtigt sowohl die dynamischen Randbedingungen, welche die Grundwasserneubildungs- bzw. Wasseraustausch-

Tabelle 21.1. Charakterisierung und anteilige Verbreitung der hydrogeologischen Struktureinheiten an der Erdoberfläche des Landes Brandenburg

Hydrogeologische Struktureinheiten sowie Untergruppen	Hydrogeologische Charakterisierung	Flächenanteil[1]
Neubildungsgebiete	Unbedeckte Grundwasserleiter mit sandiger Ausprägung der Versickerungszone, Flurabstand > 2 m	35,8%
Indirekte Neubildungsgebiete		19,8%
a. Decksand-Gebiete	Schwebendes Grundwasser in temporär wasserführenden, hangenden Decksanden	11,6%
b. Stauchungs-Gebiete	Unkontrollierte Versickerung des Wassers in Stauchungsgebieten	2,4%
c. Lithologisch wechselhafte Gebiete	Gebiete mit lithologisch wechselhaftem Aufbau der Deckschichten	5,8%
Durchflußgebiete	Bedeckte Grundwasserleiter	12,3%
Entlastungsgebiete		27,5%
a. Sandige Gebiete	Unbedeckte Grundwasserleiter mit sandiger Ausprägung der ungesättigten Zone, Flurabstand < 2 m	24,0%
b. Anmoorige Gebiete	Grundwasser unter anmoorigen holozänen Bildungen der Niederungen	3,5%
Weitere Einheiten		4,6%
Kein nutzbares Grundwasser	Versalzenes Grundwasser oder kein quartärer Grundwasserleiter	1,7%
Tagebaugebiete	Grundwasser im Einflußbereich anthropogener Störungen infolge Absenkungsmaßnahmen	2,9%

[1]Anteil der oberflächig anstehenden hydrogeologischen Struktureinheiten an der Landesfläche Brandenburg

verhältnisse bestimmen, als auch die Besonderheiten des geologischen Baus des Untergrundes (ein vergleichbares Vorgehen wird in jüngster Zeit auch in den Niederlanden angewendet, siehe Vrapporti u. Vriend 1993).

Der Chemismus der Grundwässer wird primär durch die Stellung eines Gebietes innerhalb des Kreislaufes des unterirdischen Wassers bestimmt, der mit der Infiltration des Sickerwassers in den Nährgebieten beginnt und im Aufbrauch des Grundwassers in den Entlastungsgebieten mit geringem Flurabstand des Grundwassers (Quellen, Zehrgebiete in Niederungen, Drainage durch die Vorfluter) seinen Abschluß findet. Dazwischen liegen die Gebiete, welche das Grundwasser lateral (Durchflußgebiete) durchfließt, da hier die vertikale Fließkomponente durch sicker- bzw. grundwasserhemmende Schichten an der Erdoberfläche stark eingeschränkt ist. Grundwasserneubildungs-, Grundwasserdurchfluß- und Grundwasserentlastungsgebiete sind somit die regionalen Bezugseinheiten, welche die hydrodynamischen Randbedingungen des Grundwassersystems darstellen. Daneben existiert eine Gruppe, die den Charakter eines Neubildungsgebietes besitzt, innerhalb dessen der direkte Transfer des Sickerwassers zum Grundwasser durch laterale Abflußbahnen bzw. durch gestörte Lagerungsbedingungen der Deckschichten jedoch verkompliziert wird. Diese Gruppe wird als „indirekte Neubildungsgebiete" bezeichnet. Innerhalb eines Neubildungsgebietes des oberflächennahen Grundwasserleiters können tieferliegende Grundwasserleiter den Charakter eines Durchflußgebietes besitzen. Deshalb ist wesentlich, bis zu welchem Grundwasserleiter innerhalb der Struktureinheit „Neubildungsgebiete" die GW-Neubildung hydrodynamisch wirksam ist bzw. innerhalb der Entlastungsgebiete, aus welchem tiefsten Grundwasserleiter die Entlastung dynamisch erfolgt.

Datenbasis

Der dieser Auswertung zugrundeliegende Datensatz umfaßt 6245 Grundwasseranalysen, die an 4419 Standorten in Brandenburg, meist nur einmalig im Verlauf der letzten dreißig Jahre im Rahmen der hydrogeologischen Erkundung von Wasserwerksstandorten, gewonnen wurden. Sowohl räumlich als auch bezüglich der Belegungsdichte innerhalb der einzelnen Struktureinheiten und Teufenklassen (Abb. 21.1) ist die Verteilung der Meßstellen im Land als repräsentativ zu bezeichnen.

Die Grundwasserproben wurden entsprechend der Zielstellung der damaligen hydrogeologischen Erkundung vorrangig aus Gebieten und Grundwasserleitern entnommen, die nach dem jeweiligen Kenntnisstand als unbeeinträchtigt von menschlicher Beeinflussung galten. Der Analysenumfang beschränkt sich auf die Hauptinhaltsstoffe des Grundwassers sowie auf einzelne herkömmliche, die Aufbereitung des Grundwassers bestimmende Komponenten wie Fe, Mn und den Kaliumpermanganat-Verbrauch. Alle Analysen wurden gründlichen Plausibilitätsprüfungen (DVWK 1992) und Ionenbilanzkontrollen unterzogen, wobei ca. 85% der Analysen den Qualitätsanforderungen der LAWA (1993) entsprachen. Angaben zu Konzentrationen unterhalb der Nachweisgrenzen wurden vereinheitlicht (Grimm-Strele u. Feuerstein 1991).

21.2 BEWERTUNGSSCHEMA FÜR GRUNDWASSERANALYSEN

Ziel der Untersuchungen ist die Unterscheidung unbeeinflußter von beeinflußten Grundwässern. Unter *beeinflußten Grundwässern* werden im folgenden

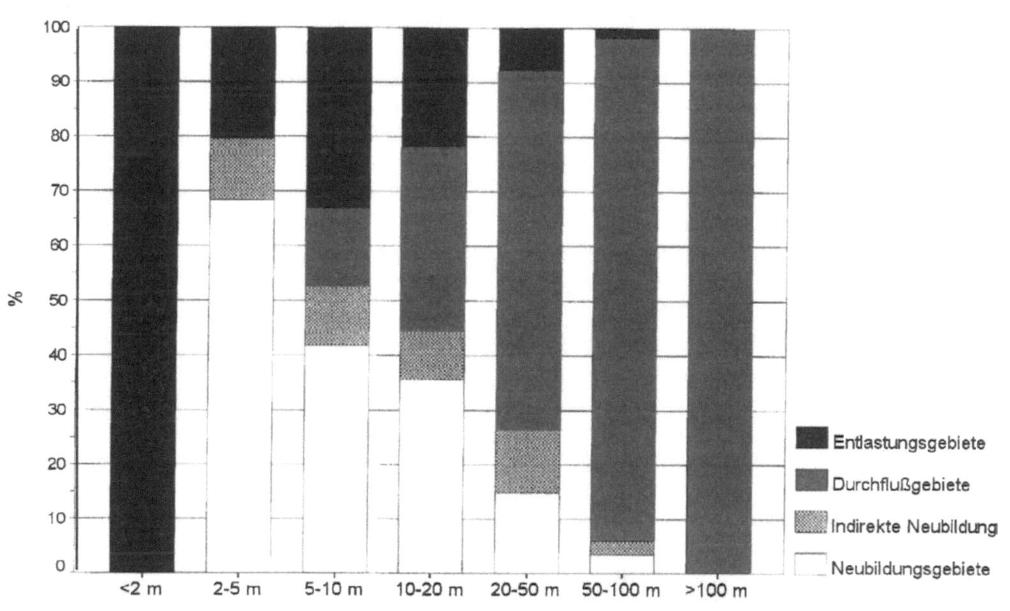

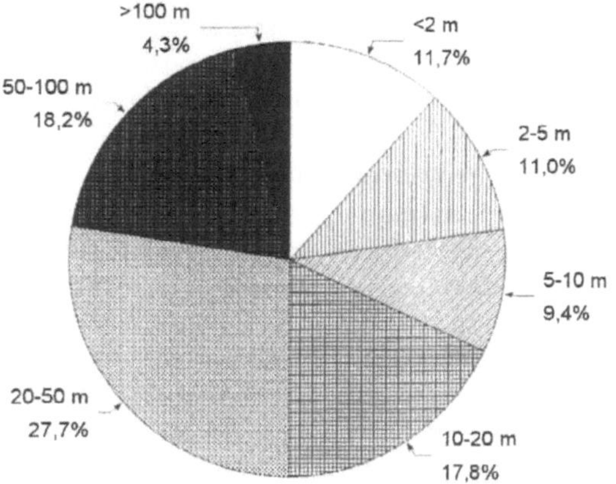

Abb. 21.1. Relative Verteilungen der GW-Analysen (6245 Datensätze) in den Teufenklassen des Filterausbaus der GW-Meßstellen (unten) sowie der Teufe in Abhängigkeit von der hydrogeologischen Struktureinheit (oben)

solche Wässer verstanden, die deutlich erkennbare und statistisch absicherbare, hydrochemische Anomalien zeigen. Diese Anomalien können entweder geogenen (z.B. Versalzung) oder anthropogen (z.B. Düngungseinfluß; → Kap. 6) hervorgerufen sein. Die Untersuchung und Beschreibung geogener GW-Beschaffenheiten darf deshalb nicht unter dem Aspekt menschlicher Nutzungsmöglichkeiten gesehen werden, sondern allein unter objektiven geohydrogeochemischen Kriterien (Furtak u. Langguth 1967; Hölting 1991; DVWK 1993). Ob ein Grundwasser jedoch noch als unbeeinflußt angesehen werden kann und ob es überhaupt noch unbeeinflußte Grundwässer gibt, ist eine Frage der Definition. Vielfach werden Wässer aus der Zeit vor 1930 oder gar vor der Jahrhundertwende als unbeeinflußt eingestuft. Strenggenommen haben sich jedoch seit der Bronzezeit die Randbedingungen, welche die Sickerwasserqualität im Bereich der Böden prägen, schrittweise verändert (Schenk 1993). Maßgeblich waren Rodungen und Ackerbau, mit Umstellung der Biozönose verbundene forstwirtschaftliche Nutzungen der Restwälder sowie Regulierungen der Vorflut und Grundwasserentnahmen. Untersuchungen im Rahmen des Grundwassermonitoringprogrammes in den neuen Bundesländern bestätigen den hauptsächlich von der jahrhundertelangen Flächennutzung anhängigen unterschiedlichen Beschaffenheitsstatus oberflächennaher Grundwässer. So sind z.B. Grundwässer unter großflächigen Waldgebieten durch niedrigere pH-Werte und durch einen erhöhten Anteil an organischen Bestandteilen charakterisiert (→ Kap. 3, 23). Dagegen weisen die Wässer unter landwirtschaftlich genutzten Flächen einen niedrigeren chemischen Sauerstoffverbrauch auf, was mit der regional zu verzeichnenden Humusverarmung von Ackerböden auf Sandstandorten korreliert (Voigt 1990; → Kap. 6). Die Schwierigkeit und die Zielstellung bestehen also darin, Referenzwerte für unbeeinflußtes Grundwasser zu benennen. „Einfacher" ist es deshalb, zunächst beeinflußte Grundwässer auszuweisen und diese Grundwässer bestimmten Beeinflussungstypen zuzuordnen.

Ableitung von Schwellenwerten der Beeinflussungstypen

Unabhängig vom relativ begrenzten Analysenumfang lassen sich für einzelne Grundwasserinhaltsstoffe bzw. für ausgewählte Ionenverhältnisse Gehalte bzw. Werte ausweisen, die auf eine Beeinträchtigung durch unterschiedliche Einflußquellen hinweisen. Diese werden im folgenden als Leitmeßgröße bezeichnet. Als Beeinflussungstypen werden diejenigen Typen bezeichnet, deren Grundwässer charakteristische hydrochemische Anomalien der Leitmeßgrößen aufweisen. Die Tabelle 21.2 (s. S. 364) zeigt die hierfür verwendeten Schwellenwerte und gibt einen Überblick zu den jeweiligen Konzentrationen der Leitmeßgrößen, anhand derer die Ausweisung in die acht Beeinflussungstypen vorgenommen wurde (in der Tabelle 21.2 auf S. 364 sind nur die sieben beeinflußten Typen dargestellt). Als Grundlage dienten die 95%-Perzentile innerhalb einer hydrogeologischen Struktureinheit, d.h. jeweils die obersten 5% der Grundwässer wurden als beeinflußt bewertet und dem entsprechenden Typ zugeordnet. Im Rahmen eines Screenings werden nach dem in Abbildung 21.2 dargestellten Bewertungsschemata bei Überschreitung des(der) jeweilige(n) Schwellenwerte(s) die Grundwasseranalysen einem der ersten sieben in der Abbildung dargestellten Typen zugeordnet. Zeigt die GW-Analyse keine Überschreitung des Schwellenwerts einer charakteristischen Leitmeßgröße, wird das Wasser dem in der Abbildung zuletzt dargestellten, achten Typ zugeordnet und als *unbeeinflußtes Grundwasser* interpretiert. Die im linken Teil der Abbildung markierten Beeinflussungstypen sind im wesentlichen „anthropogen" geprägt, können jedoch allein anhand der Hauptkomponenten nicht konkreten Kontaminationsursachen zugeordnet werden. Eine methodische Erweiterung des Bewertungsalgorithmus sowie die Ausweisung weiterer Typen kann bei Vorhandensein detaillierter Analysenbefunde (LCKW, Bor, organische Einzelmeßgrößen etc.) vorgenommen werden.

Charakteristisch für die Einordnung in eine der aufgeführten Gruppen ist in der Regel eine bestimmte Kombination von Konzentrationsanomalien mehrerer Stoffe, die zu einer jeweils typischen Beschaffenheit eines beeinflußten Grundwassers führen. Im Einzelfall kann jedoch auch die Konzentrationserhöhung lediglich einer Leitmeßgröße zur Einordnung des betreffenden Grundwassers in eine der Gruppen führen (z.B. Versauerungstyp). Vor allem für den Nährstoff- sowie den diffus beeinflußten Typ sind Häufungen von Anomalien der Leitmeßgrößen charakteristisch. Mit Ausnahme folgender drei Typen wurde die Einordnung eines Grundwassers in die jeweilige Gruppe vorgenommen, wenn mindestens eine der aufgeführten Meßgrößen die angegebene Schwellenkonzentration überschritt:

- beim Chlorid-Typ muß sowohl $Cl > 142$ mg l^{-1} sein als auch die Quotienten die Bedingungen erfüllen,
- beim organogenen Typ mußte CSV-Mn erhöht und gleichzeitig NH_4 niedrig sein,
- beim Sulfat-Typ mußten der Sulfatgehalt und der Ionenquotient die Bedingungen erfüllen.

Die Reihenfolge der aufgeführten Beeinflussungsklassen in Tabelle 21.2 (s. S. 364) entspricht der Reihenfolge, anhand derer sie einer der zuvor ausgewiesenen Klassen zugeordnet werden können. Grundwässer des Nährstoff-Typs stehen deswegen am Anfang, um einen als eindeutig bewerteten Einfluß, der sich z.B. im isolierten Auftreten von signifikant erhöhten Nitrat-Gehalten ausdrückt, zu berücksichtigen. Grundwässer, die keine eindeutige Beeinflussung aufweisen, anhand derer sie einer der ersten fünf Klassen zugeordnet werden können, jedoch nicht dem geogenen Normalgehalt der Grundwässer innerhalb der hydrogeologischen Struktureinheiten entsprechen, werden als „diffus beeinflußt" bezeichnet. Grundwässer, die keiner der zuvor ausgewiesenen Klassen zugeordnet werden können und nicht durch Ionenaustausch geprägt sind, werden als „unbeeinflußt" bezeichnet.

Die Einbeziehung der hydrogeologischen Struktureinheiten geschah aus den o.g. hydrodynamischen Gründen und soll dem charakteristischen Eintragspfad sowie möglichen Abbauvorgängen eines Stoffes innerhalb der Grundwasserleiter Rechnung tragen. Am Beispiel der N-Verbindungen soll dies verdeutlicht werden: eine Nitrat-Konzentration von bis zu 10 mg l^{-1} in einem Neubildungsgebiet zeigt einen relativ aktuellen Nitrateintrag an, der noch nicht bzw. nur teilweise denitrifiziert werden konnte. In einem Durchflußgebiet bedeuten 10 mg l^{-1} hingegen, daß der ursprüngliche Eintrag wesentlich höher lag, da die inzwischen älteren Wässer bereits mikrobiell denitrifiziert werden konnten. Der Nitratgehalt des

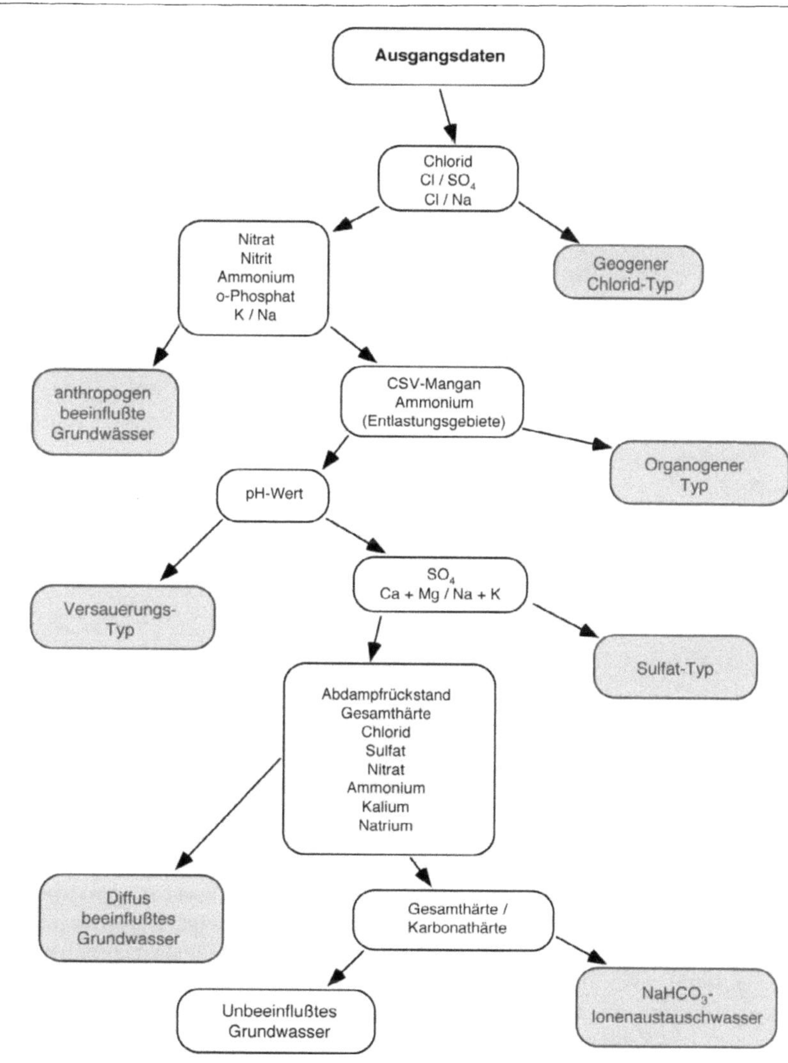

Abb. 21.2. Bewertungsschema zur Ausweisung von Beeinflussungstypen. Die Reihenfolge der Typen in vertikaler Richtung entspricht der Reihenfolge der Ausweisung im Berechnungsalgorithmus (in den weißen Kästchen sind die Leitmeßgrößen aufgeführt, die grauen Kästchen markieren die Beeinflussungstypen); die den Leitmeßgrößen zugehörigen Schwellenwerte sind in der Tabelle 21.2 dargestellt

Tabelle 21.2. Schwellenwerte der Leitmeßgrößen zur Abgrenzung der Beeinflussungstypen

Leitmeßgröße	Maß	Neubildungsgebiet	Indirekte Neubildung	Durchflußgebiet	Entlastungsgebiet
		Chlorid-Typ (geogene Versalzung)			
Chlorid	mg l^{-1}	-	-	> 142	> 142
Cl/Na-Verhältnis		-	-	>1 / <1,3	>1 / <1,3
SO_4/Cl-Verhältnis		-	-	<1	<1
		Nährstoff-Typ			
Nitrat	mg l^{-1}	>10	>12	>1,7	>4,1
Nitrit	mg l^{-1}	>0,20	>0,34	>0,30	>0,22
Ammonium	mg l^{-1}	>1,0	>1,2	>1,5	>2,6
o-Phosphat	mg l^{-1}	>0,30	>0,50	>0,60	>0,54
K/Na-Verhältnis		>0,35	>0,38	>0,24	>0,37
		Organogener Typ			
CSV-Mangan	mg l^{-1} O_2	-	-	> 7,8	> 14,6
Ammonium	mg l^{-1}			< 1,2	< 1,6
		Versauerungs-Typ			
pH-Werte		<6,1	<6,4	<6,6	<6,2
		Sulfat-Typ			
Sulfat	mg l^{-1}	>138	>207	>143	>225
Ca+Mg/Na+K-Verhältnis		>3	>3	>3	>3
		Diffus beeinflußter Typ			
Abdampfrückstand	mg l^{-1}	>518	>596	>642	>633
Gesamthärte	°dH	>18	>23	>21	>21
Chlorid	mg l^{-1}	>58	>77	>99	>85
Sulfat	mg l^{-1}	>120	>167	>117	>176
Nitrat	mg l^{-1}	>2,4	>2,5	>0,5	>1,2
Ammonium	mg l^{-1}	>0,7	>0,7	>1,0	>1,4
Natrium	mg l^{-1}	>34	>48	>96	>61
Kalium	mg l^{-1}	>5,0	>6,6	>6,2	>6,9
		$NaHCO_3$-Typ: Ionenaustauschwässer			
Ca+Mg/HCO_3-Verhältnis		<1	<1	<1	<1

Schwellenwertes von 2 mg l^{-1} zeigt hier bereits an, daß das Grundwasser anthropogen beeinflußt war bzw. noch ist. Die in der Tabelle 21.2 angezeigten Schwellenwerte für Ammonium (NH_4) liegen andererseits deutlich höher als der Grenzwert von 0,5 mg l^{-1} in der Trinkwasser-Verordnung (TVO; Bundesregierung 1990). Dies drückt Besonderheiten der quartären Grundwasserleiter aus, in denen aufgrund relativ niedriger Redox-Verhältnisse (Böttcher u. Strebel 1985; Krajnov u. Voigt 1990) die NH_4-Konzentrationen wesentlich höher sind als z.B. in grundwasserführenden Festgesteinen (→ Kap. 20). Aber auch zwischen den hydrogeologischen Struktureinheiten zeigt NH_4 teilweise erhebliche Unterschiede. In Neubildungsgebieten sind die Grundwässer stärker von oxidierenden Milieubedingungen geprägt, entsprechend liegen hier die NH_4-Schwellenwerte deutlich niedriger als z.B. in Entlastungsgebieten.

Box 21.1 Statistische Auswahl – Trenngrößen

Die Wahl der 95%-Perzentile als Auswahlkriterium zur Aussonderung eines Grundwassers aus dem Datensatz der unbeeinflußten Grundwässer geschah aus folgender Abwägung. Aus statistischen Gründen hätte sich der 97,7%-Perzentilwert angeboten, da er den Bereich markiert, innerhalb dessen alle Werte (im Falle einer Normalverteilung) liegen, welche nicht weiter als zwei Standardabweichungen vom Mittelwert entfernt liegen (→ Kap. 1). Er ist bei vielen Meßgrößen jedoch bereits zu hoch angesetzt (Ammonium, Sulfat), so daß er dem Ziel, wirklich jegliche Form der Beeinflussung der Grundwasserbeschaffenheit zu erfassen, nicht gerecht geworden wäre. Die Wahl fiel daher auf das 95%-Perzentil (Schleyer u. Kerndorff 1992; Joneck u. Prinz 1995). Nach der Ausweisung eines Typs wurde die Rangstatistik zur Bestimmung des 95%-Perzentilwertes für die Ausweisung des nächsten Typs jeweils neu durchgeführt, damit die teils mehrfache Verwendung einer Leitmeßgröße (z. B. Chlorid, Nitrat, Sulfat) bei der Ausweisung verschiedener Typen mit jeweils unterschiedlichen Werten vorgenommen werden konnte. Hierdurch wird dem Umstand Rechnung getragen, daß ein geogen versalzenes Grundwasser vom „Chlorid-Typ" (in der Regel) höhere Chloridkonzentrationen aufweist, als ein (vermutlich düngungsbeeinflußtes) Wasser vom „diffus beeinflußtem Typ".

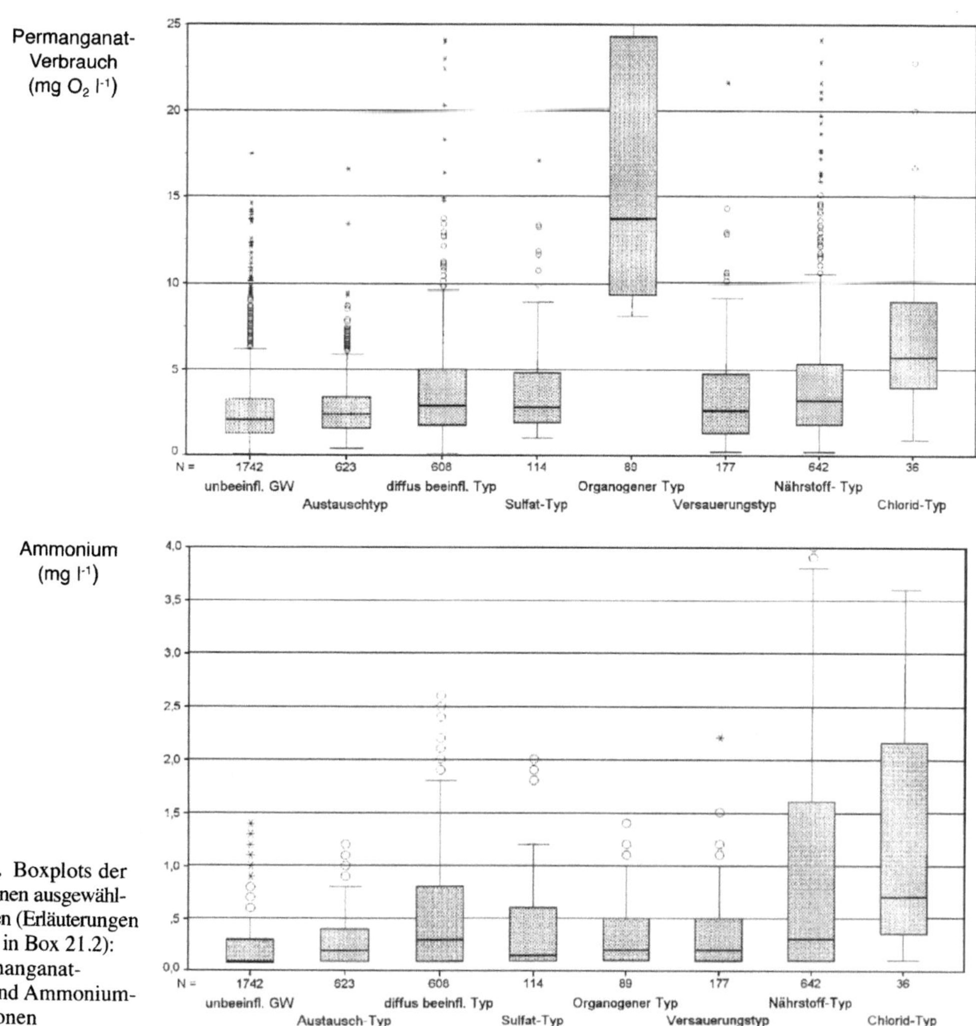

Abb. 21.3a. Boxplots der Konzentrationen ausgewählter Meßgrößen (Erläuterungen zu den Plots in Box 21.2): Kaliumpermanganat-Verbrauch und Ammonium-Konzentrationen

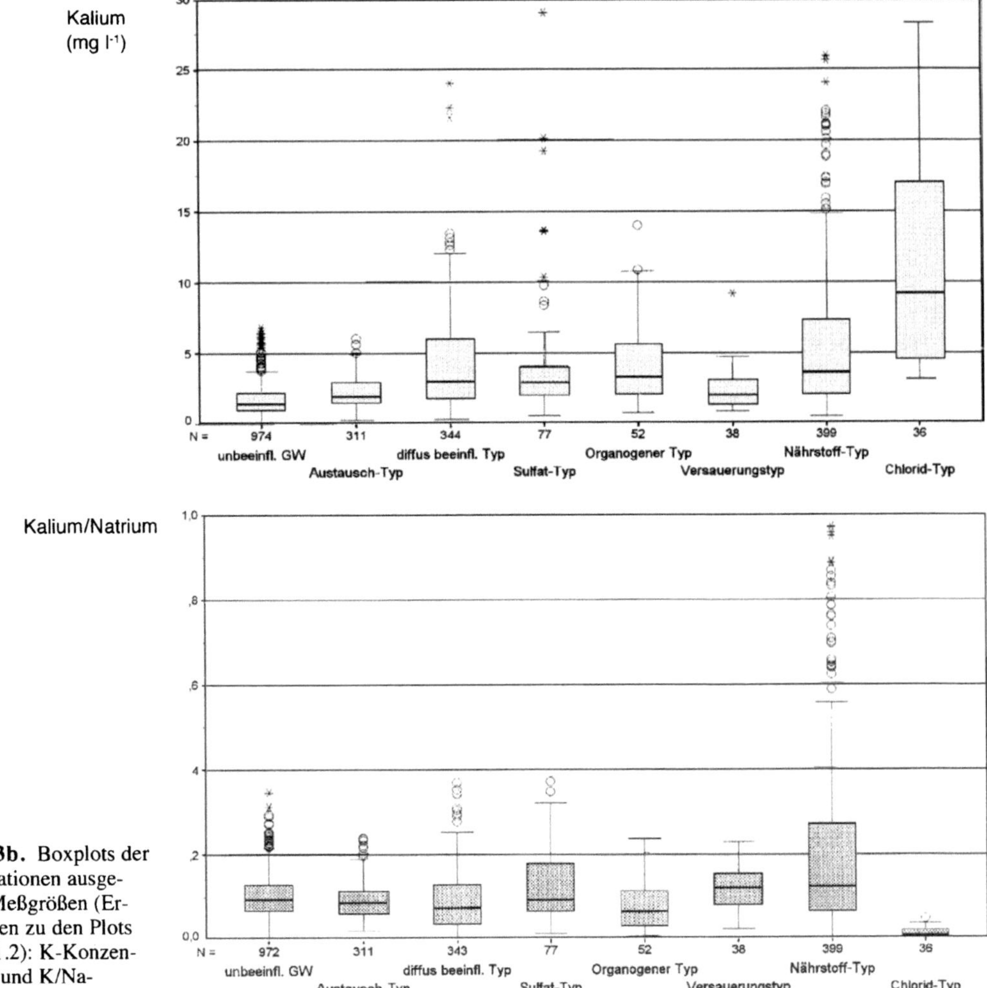

Abb. 21.3b. Boxplots der Konzentrationen ausgewählter Meßgrößen (Erläuterungen zu den Plots in Box 21.2): K-Konzentrationen und K/Na-Verhältnis

Box 21.2 Darstellung von Spannweiten in Boxplots

In den folgenden Abbildungen werden anhand von Spannweitendiagrammen (Boxplots) die Konzentrationen der Meßgrößen, differenziert nach Klassen ausgewählter Stammdaten, dargestellt. Die Länge der Box wird durch den Interquartilsabstand gebildet, welcher sich aus dem 25%- bzw. 75%-Perzentil einer jeden Verteilung ergibt. Die Boxlänge charakterisiert die Variabilität des Merkmals; die Lage des Medians (schwarzer Balken innerhalb der Box) gibt einen Eindruck von der Lage der zentralen Tendenz innerhalb der Box und damit auch von der Symmetrie der Verteilung. Ausreißer (durch offene Kreise dargestellt) liegen im Bereich zwischen der anderthalb- bis dreifachen Boxlänge oberhalb der begrenzenden Perzentilwerte. Extremwerte (durch Sterne dargestellt) liegen mehr als drei Boxlängen außerhalb des 25%- bzw. 75%-Perzentilbereiches. Das obere Ende des Hakens, der an der Box ansetzt, markiert den größten Wert, der noch nicht zu den Ausreißern zählt (Kähler 1992; → Kap. 1). Für die Darstellung wurde aus graphischen Gründen jeweils ein Konzentrationsbereich gewählt, so daß im Einzelfall Extremwerte im oberen Konzentrationsbereich nicht dargestellt sind.

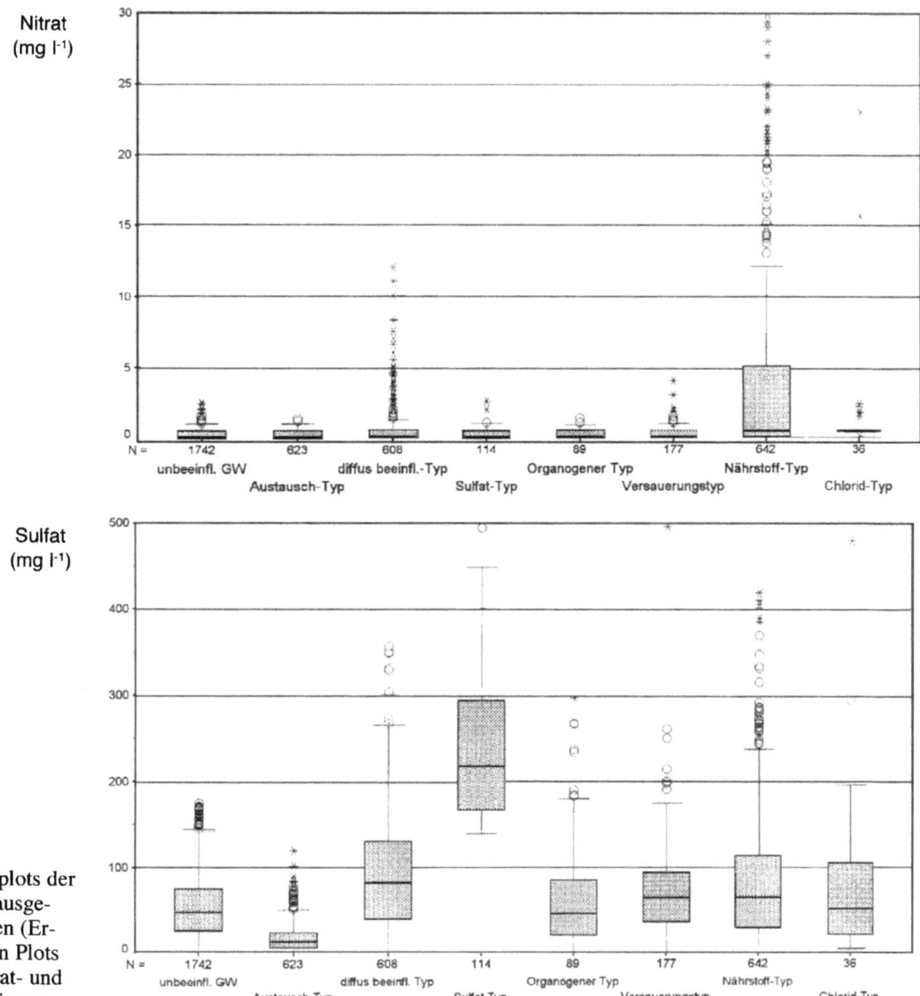

Abb. 21.3c. Boxplots der Konzentrationen ausgewählter Meßgrößen (Erläuterungen zu den Plots in Box 21.2): Nitrat- und Sulfat-Konzentrationen

Beschreibung der Beeinflussungstypen

Grundwässer, deren Konzentrationen oberhalb der in Tabelle 21.2 gezeigten Schwellenwerte der Leitparameter liegen, werden anhand des in Abbildung 21.2 dargestellten Bewertungsschemas einem der acht Beeinflussungstypen zugewiesen. Die Darstellung der Konzentrationsbereiche einiger Leitmeßgrößen (Abb. 21.3a–c) zeigt dort signifikante Unterschiede zwischen den Beeinflussungstypen, wo diese jeweils zur Ausweisung der Typen herangezogen wurden (z.B. hoher Kaliumpermanganat-Verbrauch beim organogenen Typ, hohe Nitratkonzentrationen beim Nährstoff-Typ.

① Chlorid-Typ (geogene Versalzung)

Geogene Versalzungsanomalien können aufgrund der hydrodynamischen Randbedingungen grundsätzlich nicht in Neubildungsgebieten auftreten (sieht man von aktiven Auslaugungsprozessen an oberflächennahen Salzstrukturen ab), da in Neubildungsgebieten das Druckpotential zwischen den Grundwasserleitern stets zum tieferen gerichtet ist. Deshalb wurden die Grundwässer aus diesen Struktureinheiten grundsätzlich nicht der Analyse der ausgewiesenen Leitparameter für den Chloridtyp unterzogen.

Bezüglich der Abgrenzung versalzener Grundwässer existieren verschiedene Vorschläge: Glander et al. (1973) nennen als Trennwert 1000 mg NaCl l^{-1} (entsprechend 606 mg Cl l^{-1}). Schulz (1981) berücksichtigt auch die Sulfatgehalte und zieht im Hamburger Raum die Grenze bei 19 mmol l^{-1} (eq) SO_4 + Cl. Dies entspricht in etwa 500 mg Cl l^{-1} und 240 mg SO_4 l^{-1}. Die ermittelten Schwellenwerte für Durchfluß- und

Entlastungsgebiete von 142 mg l^{-1} liegen weit unterhalb der o.g. Grenzwerte für versalzene Wässer und auch der Trinkwasserverordnung. Sie sind jedoch in Kombination mit den ausgewiesenen Ionenbeziehungen (Cl/Na, SO_4/Cl) als eindeutig salzwasserbeeinflußt anzusehen, wie auch durch andere Klassifizierungsverfahren (z.B. nach Valjasko 1965) bestätigt wird. Sie können somit zur Früherkennung von Salzwasserimmigrationen in Grundwasserförderungsanlagen verwendet werden.

Versalzene Grundwässer mit deutlich erhöhten Chlorid-Gehalten sind in Abbildung 21.4 vor allem in den tieferen Bereichen der Durchfluß- und Entlastungsgebiete an der Häufung von Extremwerten im oberen Konzentrationsbereich zu erkennen (die Chlorid-Gehalte reichen hierbei bis weit über 1 g l^{-1}). Diese Grundwässer weisen gleichzeitig ein relativ enges Cl/Na-Verhältnis auf, wodurch sich dieser Ionenquotient zur Ausweisung der chloridbetonten Salinarwässer eignet. Das SO_4/Cl-Verhältnis zeigt bei versalzenen Grundwässern vom Chlorid-Typ Werte von deutlich < 1.

Erhöhte Chloridkonzentrationen werden, wie Abbildung 21.4 zeigt, auch in Neubildungsgebieten beobachtet. In den meisten Fällen finden sich diese Wässer im Nährstofftyp bzw. im diffus beeinflußten Typ wieder. Die Abbildung 21.3 zeigt gleichzeitig erhöhte Gehalte an K (bei sehr kleinen K/Na-Verhältnissen), aber interessanterweise auch die höchsten mittleren NH_4-Konzentrationen und einen erhöhten Kaliumpermanganatverbrauch im Chloridtyp an, was ein weiteres Indiz für aufsteigende Wässer aus dem tieferen (braunkohlehaltigen) Untergrund darstellt.

② Nährstofftyp

Die Grundwässer des Nährstofftyps werden im 2. Screeningschritt anhand der N- und Phosphatgehalte sowie des K/Na-Verhältnisses ausgewiesen. Die Grundwässer dieses Typs zeigen wie Abbildung 21.3b verdeutlicht, auch für andere Komponenten eine Vielzahl hydrochemischer Anomalien an, worauf die Häufung von Extremwerten in den Boxplots hinweisen. Die Schwellenwerte der Tabelle 21.2 (d.h. die 95%-Perzentilwerte) erklären sich für Nitrat und Ammonium durch die in Abb. 21.5 gezeigten mittleren Gehalte dieser beiden Stoffe in den hydrogeologischen Struktureinheiten bzw. Filterteufen-Klassen. Hierbei zeigen sich einige Besonderheiten der Grundwässer im Lockergestein:

Bei Nitrat treten vor allem in den Neubildungs- sowie

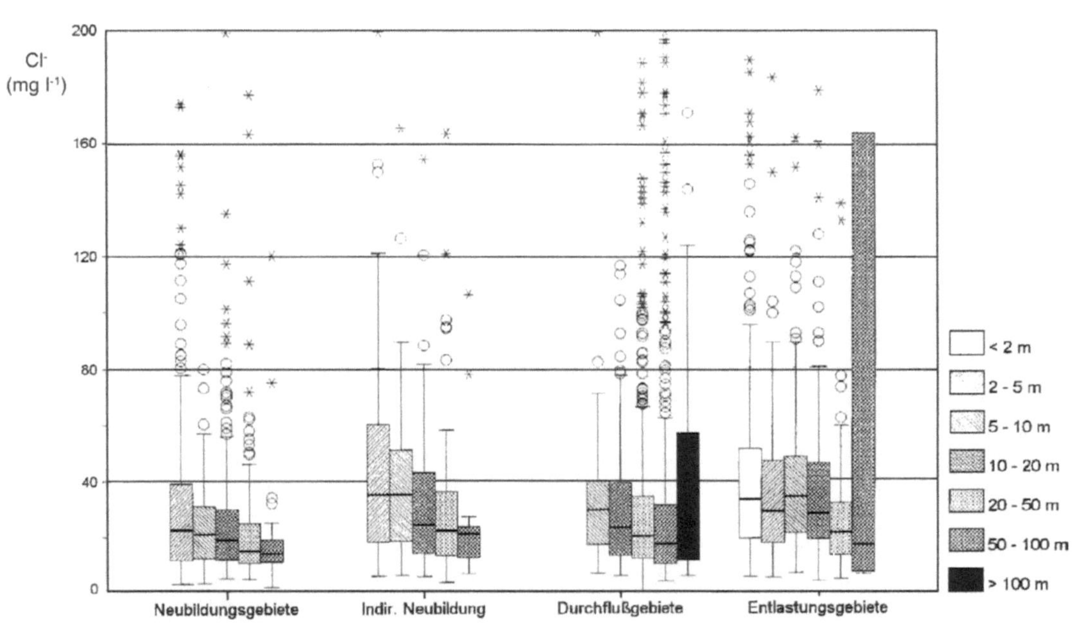

Abb. 21.4. Spannweiten der Chloridkonzentrationen innerhalb der hydrogeologischen Struktureinheiten und Teufenklassen des Filterausbaus → ① Chlorid-Typ

indirekten Neubildungsgebieten gegenüber den tieferen Bereichen in der gleichen Struktur deutlich höhere Gehalte auf, die auf anthropogenen Eintrag diesen Stoffes schließen lassen. Noch vor Sulfat wird Nitrat im Grundwasserleiter von Mikroorganismen als Sauerstofflieferant benutzt, so daß die Nitratkonzentrationen des Grundwassers mit zunehmender Tiefe (Verweildauer) in allen hydrogeologischen Struktureinheiten signifikant abnehmen. Hierdurch erklären sich die niedrigen Nitratgehalte, die in den Durchflußgebieten zu dem Schwellenwert von 1,7 mg l^{-1} führen.

Die in allen Struktureinheiten grenzwertüberschreitenden Schwellenwerte für Ammonium erklären sich ebenfalls aus den im Lockergestein vorherrschenden, reduzierenden Bedingungen im Grundwasserleiter. Die Mittelwerte (Abb. 21.5, unten) zeigen dementsprechend – im Vergleich mit Nitrat – eine gegenläufige Entwicklung: während neubildungsbeeinflußte Wässer abnehmende Ammonium-Konzen-

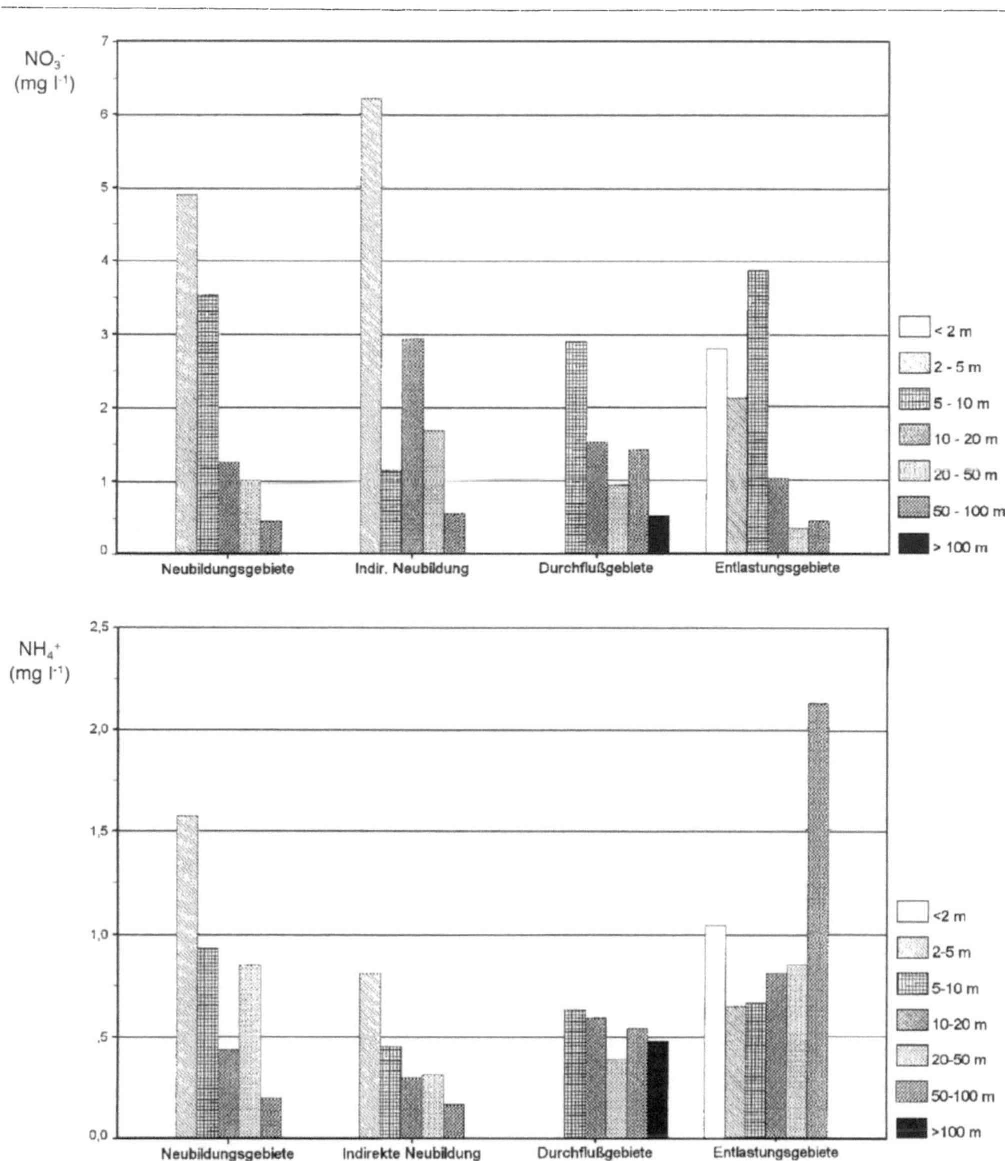

Abb. 21.5. Arithmetische Mittelwerte von Nitrat (oben) bzw. Ammonium (unten) innerhalb der hydrogeologischen Struktureinheiten und Teufenklassen des Filterausbaus → ② Nährstofftyp

trationen mit zunehmender Teufe zeigen und damit die Nitrifizierung repräsentieren, steigen die Werte in den Entlastungsgebieten, mit Ausnahme der möglicherweise anthropogen beeinflußten Grundwässer in der Klasse „< 2 m", mit zunehmender Teufe an. Hierdurch kommen hohe NH_4-Gehalte geogenen Ursprungs in alten Grundwässern zum Ausdruck. In den Durchflußgebieten bestehen relativ konstante Verhältnisse in allen Teufenbereichen.

Aus der Abbildung 21.3 geht desweiteren hervor, daß sich auch andere Lösungskomponenten in den Grundwässern des Nährstofftyps durch erhöhte Gehalte auszeichnen können. So wurden z.B. ein erhöhter Kaliumpermanganatverbrauch sowie erhöhte Sulfat- und K-Gehalte beobachtet. Typisch für diesen Beeinflussungstyp sind neben den Nährstoffkomponenten erhöhte K/Na-Verhältnisse über 0,25. Anhand dieses Koeffizienten unterscheiden sich die Wässer dieses Typs auch bei erhöhten Chloridgehalten deutlich von dem oben beschriebenen Versalzungstyp, wo dieser Quotient niedrige Werte annimmt (siehe Abb. 21.3b, S. 366). Sowohl der K-Gehalt selbst und insbesondere das K/Na-Verhältnis sind ein deutlicher Indikator für landwirtschaftlich bzw. abwasserbeeinflußte Grundwässer (→ Kap. 6). Beispielsweise wurden in einem oberflächennahen Grundwasser in Mecklenburg-Vorpommern an einem Standort K-Werte zwischen 21 und 52 mg l^{-1} gefunden, die K/Na-Verhältnisse lagen zwischen 0,52 und 0,86. Aufgrund der Anwesenheit von Nitrat (6 bis 22 mg l^{-1}) werden diese erhöhten K-Gehalte auf die landwirtschaftliche Düngung zurückgeführt (Deibel 1995).

Besonders deutlich zeigt sich ein anthropogener Einfluß bei Grundwässern im Einflußbereich (ländlicher) Siedlungen (Abb. 21.6), wo die Mediane eine deutliche Teufenabhängigkeit zeigen. In allen übrigen Flächennutzungsklassen hingegen lassen sich keine signifikanten Unterschiede des K/Na-Quotienten belegen.

Beeinflussungen durch kommunale und industrielle Abwässer sind ebenfalls die Ursache für die Vielzahl anomaler Gehalte anderer Beschaffenheitskomponenten im Grundwasser dieses Typs. Da von solchen Komponenten wie Bor, Pestiziden und Schwermetallen im Datensatz keine Angaben vorlagen, war eine Trennung von abwasser- und landwirtschaftlich überprägten Wässern innerhalb des Nährstofftyps nicht möglich. Das Fehlen dieser Analysenbefunde ist auch die Ursache dafür, daß ein Teil der abwasser- und landwirtschaftlich geprägten Grundwässer, vor allem jene, die sich im Initialstadium der Beeinflussung befinden, vom Nährstofftyp nicht erfaßt werden und sich im „diffus beeinflußten" Grundwassertyp wiederfinden.

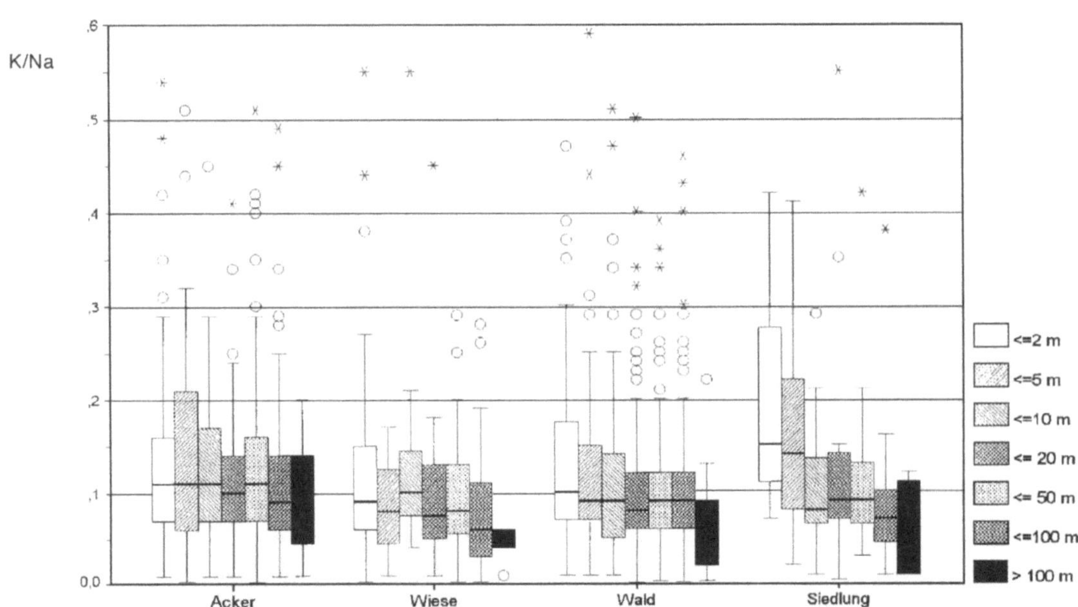

Abb. 21.6. Spannweiten der Kalium/Natrium-Verhältnisse innerhalb der hydrogeologischen Struktureinheiten und Teufenklassen des Filterausbaus → ② Nährstofftyp

③ Organogener Typ

Hierbei handelt es sich um einen Sondertyp, der lediglich in Durchfluß- und Entlastungsgebieten ausgewiesen wird. Er wird anhand erhöhter Angaben zum Kaliumpermanganatverbrauch definiert (Tabelle 21.2). Der NH_4-Gehalt muß zugleich niedrig sein, um eine anthropogene Ursache der hohen Gehalte an reduzierenden Stoffverbindungen im Grundwasser infolge übermäßigen N-Eintrages ausschließen zu können. Das Auftreten dieser Grundwässer kommt in Abbildung 21.7 dadurch klar zum Ausdruck, daß insbesondere in den tieferen Bereichen der Durchfluß- und Entlastungsgebiete der Permanganatverbrauch höhere Gehalte anzeigt, als in den flachen Bereichen. Hierdurch deutet sich an, daß diese Gehalte geogenen Ursprungs sind. In tiefliegenden Grundwasserleitern unter Bedeckung können sie durch den Kontakt mit dispers verteilten organogenen Ablagerungen (Kohle) entstehen, in den Niederungsgebieten durch die Wechselbeziehung mit anmoorigen Bildungen (→ Kap. 5). Der teilweise erhöhte Kaliumpermanganatverbrauch in Neubildungsgebieten ist dagegen anthropogenen Ursprungs, was auch darin zum Ausdruck kommt, daß mit zunehmender Tiefe hier die Gehalte abnehmen.

④ Versauerungs-Typ: Initialstadien der Grundwasserversauerung im Lockergestein

Beim Vorgang der Grundwasserversauerung (→ Kap. 23) handelt es sich um die Auswirkung des potentiellen Gesamtsäureeintrages (Schwefeldioxid, Stickoxide) aus trockener und nasser Deposition (→ Kap. 1, 3, 4). Das Puffervermögen der Böden und Gesteine gegenüber eingetragenen Säurebildnern ist begrenzt. Obwohl grundsätzlich das Puffervermögen der Lockergesteine gegenüber basenarmen Festgesteinen als höher einzustufen ist, zeigt sich, daß die in Brandenburg dominierenden Bodengesellschaften (Braunerden bzw. Podsolböden) z.B. nur einen geringen Austauschpuffer aufweisen. Es verwundert deshalb nicht, daß, wie aus Tabelle 21.2 folgt, auch in Brandenburg die 95%-Perzentile des pH-Wertes in Neubildungsgebieten bereits bei einem pH-Wert von 6,1 liegt. Grundwässer mit pH-Werten unter 6,1 werden vor allem an Bodenstandorten unter Kiefernwäldern beobachtet. Der kontinuierliche Eintrag von Säuren und Säurebildnern in die Böden hat zwar in den meisten Fällen noch nicht zu eindeutigen Veränderungen des pH-Wertes geführt. Erkennbar ist aber bereits die fortschreitende Auswaschung pedogener härtebildender Kationen aus der Versickerungszone (→ Kap. 3).

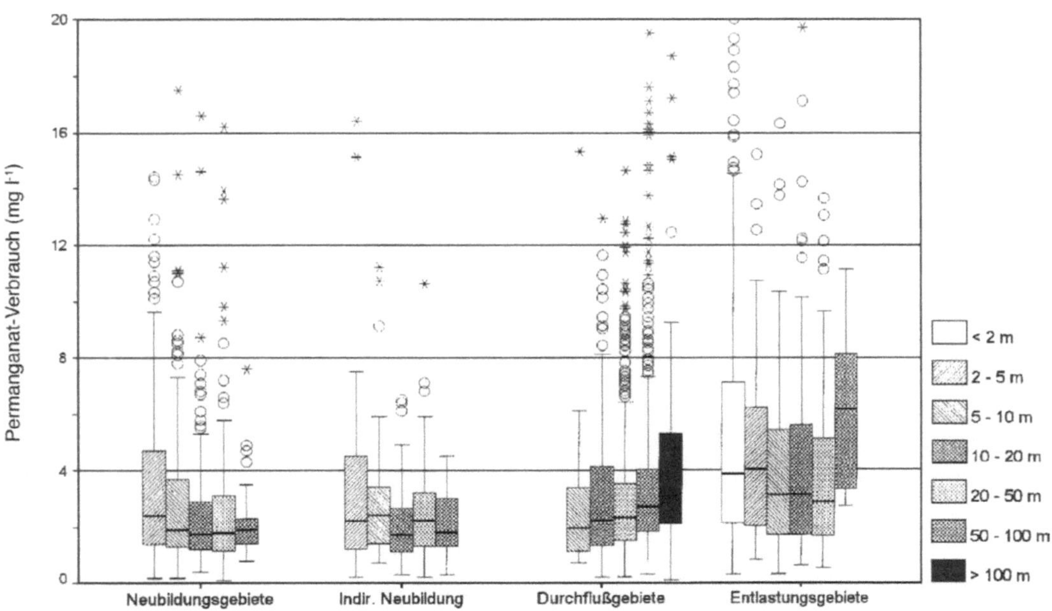

Abb. 21.7. Spannweiten der Meßgröße Kaliumpermanganatverbrauch (in mg l^{-1} Sauerstoffäquivalente) innerhalb der hydrogeologischen Struktureinheiten und Teufenklassen des Filterausbaus → ③ Organogener Typ

Diese Auswaschung wird auch als „Initialstadium der GW-Versauerung" bezeichnet (Jacks et al. 1984; Ziegler et al. 1992) und wirkt sich mit der Zeit in einem zunehmenden Stoffeintrag ins Grundwasser aus, der über den Quotienten (Ca + Mg)/HCO_3 nachweisbar ist (Wir sind der Meinung, daß der pH-Wert als Versauerungsindikator im Grundwasser besser geeignet ist, als z.B. der Quotient, da er unempfindlicher ist und den irreversiblen Verbrauch der Pufferkapazität anzeigt; → Kap. 23). In Abbildung 21.8 sind die Spannweiten dieses Verhältnisses, bezogen auf die Teufe und das Alter der Grundwasserleiter, dargestellt. Deutlich erkennbar ist, daß in den oberflächennahen Bereichen der älteren Grundwasserleiter (Saale 1 und Elster) der Stoffaustrag aus dem Boden in das Grundwasser am weitesten fortgeschritten ist und entsprechend die höchsten Verhältnisse des (Ca + Mg)/ HCO_3-Koeffizienten beobachtet werden.

⑤ Sulfat-Typ

Neben den chloridbetonten Salinarwässern treten im Lockergestein Grundwässer mit sehr hohen Sulfatgehalten sowohl in oberflächennahen als auch in tiefen Grundwässern auf. Die Abbildung 21.9 zeigt eine deutliche Abnahme des Sulfatgehaltes mit der Teufe, d.h. aufgrund des Sulfatabbaus durch Mikroorganismen liegen die SO_4-Gehalte unterhalb von 50 m unter Gelände in der Regel unter 10 mg l^{-1}. Sulfatreiche Grundwässer treten daneben auch in tiefen Grundwässern auf, die Sulfatgehalte betragen hier bis zu mehreren hundert mg l^{-1}. Erkennbar ist dies in Abbildung 21.9 an der Häufung der Extremwerte in den Teufenklassen „50–100 m" sowie „> 100 m" in den Durchflußgebieten. Hier stammt das Sulfat nicht aus atmosphärischem Eintrag, sondern ist auf die Entlastung tieferer Grundwässer aus präquartären Schichten, wie z.B. dem Muschelkalk, zurückzuführen. Diese Wässer zeigen zudem meistens hohe Sulfat-/Chlorid-Verhältnisse > 1, d.h. Sulfat-Dominanz, welche ansonsten für oberflächennahe Grundwässer in Neubildungsgebieten typisch sind.

Zur Unterscheidung von chloridgeprägten Tiefenwassereinflüssen dient weiterhin das Erdalkali-/Alkali-Verhältnis, das in chloridhaltigen Tiefenwässern deutlich niedrigere Werte aufweist. Es handelt sich also bei den Grundwässern vom Sulfat-Typ um bezüglich ihrer Genese sehr heterogene Wässer, die im Gegensatz zu den Wässern des Chloridtyps in allen hydrogeologischen Struktureinheiten auftreten und sich keiner eindeutigen Entstehungsgeschichte zuordnen lassen. Während die hohen Sulfatgehalte in den tiefen Grundwässern geogen verursacht sind, sind in ober-

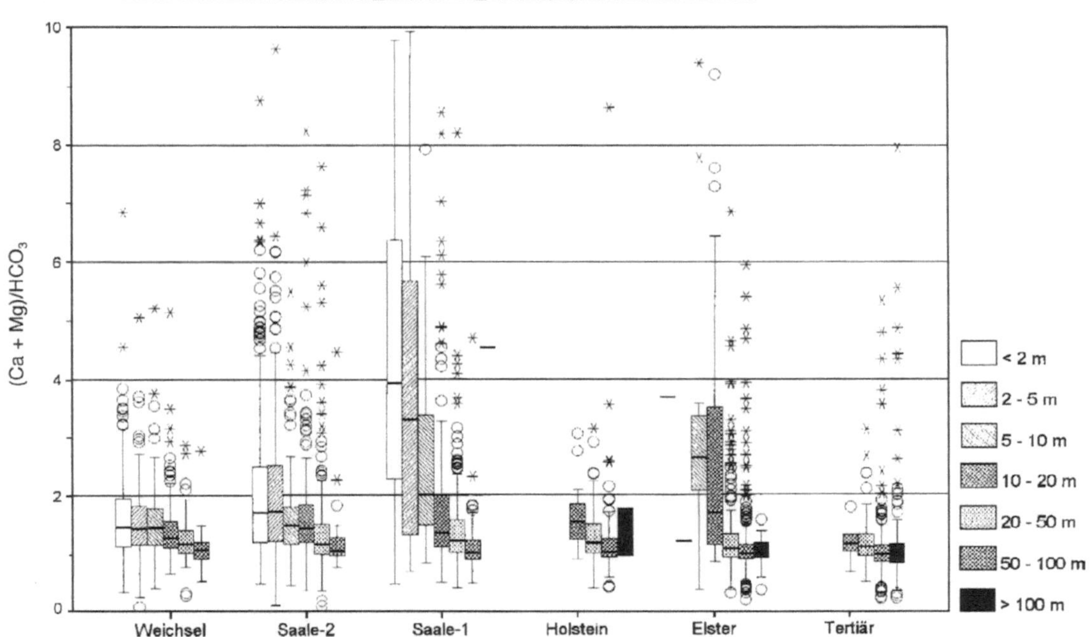

Abb. 21.8. Spannweiten des (Ca + Mg)/HCO_3-Verhältnisses innerhalb der stratigraphischen Einheiten der quartären GW-Leiter in Brandenburg und Teufenklassen des Filterausbaus → ④ Versauerungs-Typ

flächennahen Grundwässern natürliche und anthropogene Ursachen nicht klar zu trennen. Um diese Wässer zu erfassen, werden sie im Bewertungsalgorithmus vor den diffus beeinflußten Wässern ausgeschieden, bei denen erhöhte Sulfatgehalte ebenfalls ein Ausscheidungskriterium sind.

⑥ Diffus beeinflußter Typ

Die bisher ausgewiesenen Typen wurden jeweils einer (bzw. zwei beim Sulfat-Typ) vermuteten Beeinflussungsart zugewiesen. Dies war möglich, weil Anomalien der entsprechenden Leitmeßgrößen jeweils den Ursache-/Wirkungskomplexen zugeordnet werden konnten. Darüber hinaus existieren jedoch Grundwässer mit Konzentrationsanomalien von Stoffen, die solchen Beeinflussungsarten nicht zugeordnet werden können, da möglicherweise ein ganzes Bündel an Beeinflussungen oder eine anhand der Hauptinhaltsstoffe nicht nachvollziehbare Beeinflussung vorliegt. Hierzu gehören z.B. erhöhte K-, Chlorid- oder Sulfatgehalte, welche anthropogen aufgrund von landwirtschaftlichen Produktionsmaßnahmen (Goldberg et al. 1988) oder aber durch Abwassereinfluß verursacht sein können. Ebenso können sie bei schwachen Anomalien geogen bedingt, aber nicht ausgrenzbar sein.

Die Abbildung 21.10 zeigt hierzu als Beispiel die Spannweiten der elektrischen Leitfähigkeit, die sowohl geogen (Versalzung) als auch, auf unterschiedlichste Weise verursacht, anthropogen erhöht vorliegen kann. Der Teufeneinfluß kommt deutlich zum Ausdruck. In den Neubildungsgebieten sowie den Gebieten mit indirekter Grundwasserneubildung nimmt die Gesamtmineralisation deutlich mit fortschreitender Tiefe ab (erkennbar sowohl an den Medianen als auch den unterschiedlichen Boxlängen). In Durchflußgebieten zeigen Grundwässer in der Klasse „< 10 m" einen noch geringen Neubildungseinfluß an, der durch relativ hohe Durchlässigkeiten des Weichsel-Geschiebemergels, der in den nördlichen Gebieten Brandenburgs oft nur geringe Mächtigkeiten erreicht, verursacht sein könnte. Im Bereich von 10–100 m Ausbautiefe zeigen sich keine signifikanten Unterschiede in der Mineralisation der bedeckten Grundwässer. In sehr großen Tiefen wird vor allem am gehäuften Auftreten von Extremwerten der Einfluß von versalzenen Tiefenwässern erkennbar. Allein aufgrund erhöhter Werte der elektrischen Leitfähigkeit bzw. des Abdampfrückstandes oder der übrigen in Abb. 21.2 bzw. Tabelle 21.2 genannten Leitmeßgrößen für diese Erscheinungsbilder lassen sich die Ursachen nicht klar bestimmen. Da diese

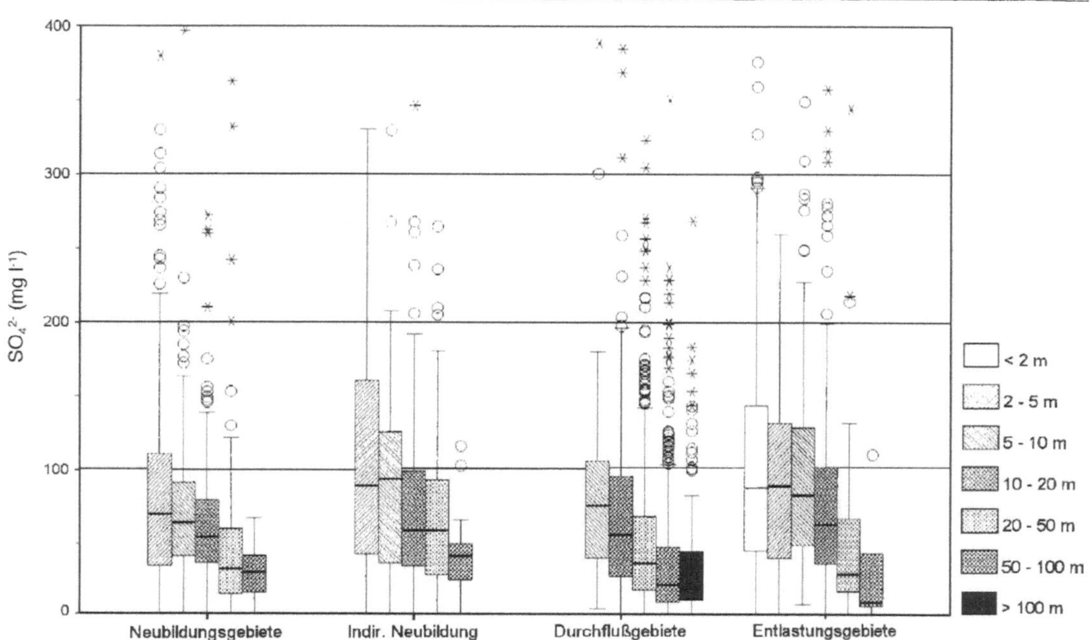

Abb. 21.9. Spannweiten von Sulfatkonzentrationen innerhalb der hydrogeologischen Struktureinheiten und Teufenklassen des Filterausbaus → ⑤ Sulfat-Typ

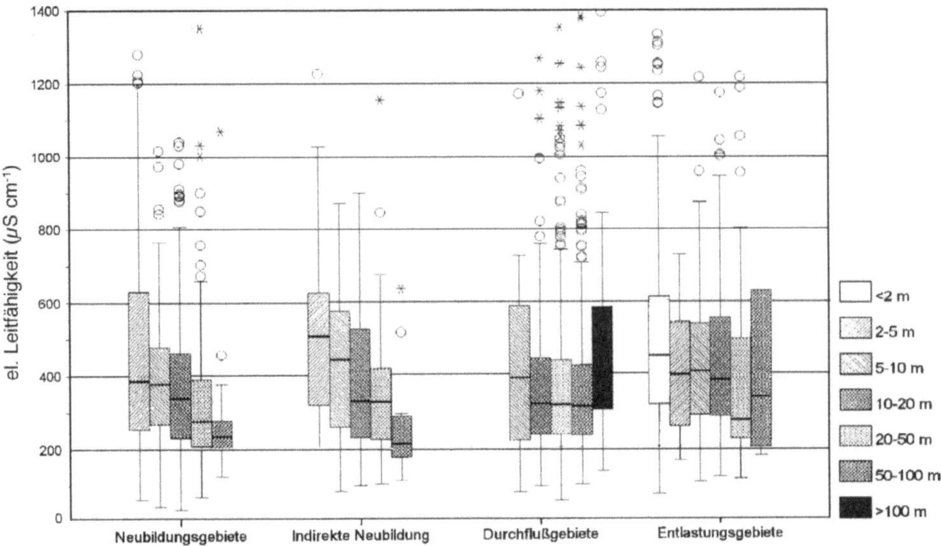

Abb. 21.10. Spannweiten der elektrischen Leitfähigkeit innerhalb der hydrogeologischen Struktureinheiten und Teufenklassen des Filterausbaus → ⑥ Diffus beeinflußter Typ

Wässer jedoch nicht die für sie bekannten geogenen Normalgehalte der Leitmeßgrößen in den hydrogeologischen Strukturen aufweisen, werden sie im vorletzten Screeningschritt ausgewiesen und als „diffus beeinflußt" bezeichnet.

⑦ Natrium-Hydrogenkarbonat ($NaHCO_3$)-Typ: Ionenaustauschwässer

Im letzten Screening-Schritt werden Ionenaustauschwässer vom $NaHCO_3$-Typ ausgewiesen. Diese stellen oftmals ein Übergangsstadium zu versalzenen Grundwässern dar. Ausgewiesen wurden sie anhand des molaren Überschusses von Hydrogencarbonat gegenüber den Erdalkalien Ca und Mg. Diese Grundwässer wurden zusätzlich zu den unbeeinflußten Grundwässern ausgewiesen, auch wenn sie hydrochemisch viele Merkmale dieser letzten Gruppe zeigen. Wässer des $NaHCO_3$-Typs treten vor allem in den tieferen Grundwasserleitern auf und zeugen von hydraulisch abgeschlossenen Verhältnissen, d.h. Bereichen mit erschwerten Grundwasseraustauschbedingungen.

⑧ Unbeeinflußtes Grundwasser

Die Grundwässer dieses Beschaffenheitstyps weisen die für die entsprechende Struktureinheit typischen Spannbreiten der Einzelkomponenten in den geogen und anthropogen unbeeinflußten quartären Süßwässern auf. Anhand dieser Wässer wurden die in Tabelle 21.3 dargestellten geogenen GW-Beschaffenheiten im Sinne von *Beschaffenheitsmustern* ermittelt. Äquivalente Muster sind im Festgesteinsbereich der neuen Ländern von Gabriel et al. (1989), im Berliner Stadtgebiet von Brose u. Brühl (1993) dargestellt worden. Als typische Konzentrationsbereiche wird die zentrale 80%-Masse der Werte in den unbeeinflußten Grundwässern herangezogen, d.h. diejenigen Werte, die oberhalb des 10%-Perzentils und unterhalb des 90%-Perzentils in der jeweiligen Struktureinheit liegen. Zum Vergleich sind in den letzten beiden Spalten Ergebnisse ähnlicher Untersuchungen zur Grundwasserbeschaffenheit im Lockergestein der jüngeren Vergangenheit gezeigt. Die teilweise deutlichen Unterschiede, insbesondere im Vergleich mit den Untersuchungen des Meßnetzes Karlsruhe, lassen sich durch Unterschiede in der lithologischen Ausprägung der Grundwasserleiter erklären (Rheintalgraben). Die Ergebnisse aus dem Modellgebiet „Untere Jeetzel" hingegen, welches sich ebenfalls im Lockergesteinsbereich des Norddeutschen Flachlandes befindet, zeigen gute Übereinstimmung: Nitrat z.B. liegt auch hier im Bereich der Nachweisgrenze (0,9 mg l^{-1}). Im Unterschied zum diffus beeinträchtigten Beschaffenheitstyp spiegelt sich in Tabelle 21.3 für die unbeeinflußten Grundwässer in den Beschaffenheitsmustern die natürliche Zunahme der Inhaltsstoffe im Grundwasser im unterirdischen Wasserkreislauf wider.

Tabelle 21.3. Beschaffenheitsmuster des Grundwassers im Lockergestein pro Meßgröße und hydrogeologischer Struktureinheit. Die erste Zahl in einer Spalte markiert die Untergrenze (10%-Perzentil), die zweite Zahl die Obergrenze (90%-Perzentil); alle Angaben zu den Meßgrößen in mg l^{-1}, Ionenquotienten berechnet in mmol l^{-1}

Meßgröße	Neubildungs-gebiete	Indirekte Neubildung	Durchfluß-gebiete	Entlastungs-gebiete	Meßnetz Karlsruhe[1]	Untere Jeetzel[2]
Abdampfrückstand	49–394	131–482	114–432	131–468	600–900	--
pH-Wert	6,7–8,0	6,9–8,0	7,0–8,0	6,5–7,9	6,9–7,3	--
Calcium	24–92	36–113	35–101	35–103	100–160	61,7
Magnesium	2,2–11	3–115	3–16	3–13	9–27	5,3
Natrium	5–16	5–29	5–18	5,5–23	10–30	19,4
Kalium	0,7–2,5	0,9–3,0	0,8–2,7	0,8–3,8	0,3–6,3	1,4
Ammonium	0,1–0,4	0,1–0,3	0,1–0,5	<0,1–0,8	--	--
Chlorid	8–34	9–45	7,8–35	11–48	15–45	36,7
Sulfat	18–93	15–112	10–82	19–128	40–120	50
HCO_3	47–246	85–286	97–334	61–270	240–480	130
Nitrat	<0,1–0,5	<0,1–0,5	<0,1–0,5	<0,1–0,5	0,1–30	0,9
o-Phosphat	<0,1–0,13	<1–0,11	<0,1–0,18	<0,1–0,20	--	--
CSV-Mn (mg l^{-1} O_2)	0,8–5,0	0,8–3,9	0,9–4,3	1,1–7,3	0,4–2,65	--
Kalium/Natrium	0,05–0,16	0,05–0,17	0,06–0,17	0,04–0,18	--	--
Sulfat/Chlorid	1,0–3,8	0,8–2,9	0,6–2,5	0,8–3,5	--	--
Chlorid/Natrium	0,73–2,1	0,66–2,8	0,6–2,3	0,9–2,1	--	--
Magnesium/Calcium	0,09–0,34	0,11–0,31	0,1–0,35	0,09–0,38	--	--
(Ca+Mg)/(Na+K)	4,2–12,8	2,9–15	4,7–15,8	3,9–12,3	--	--
$(HCO_3)/HCO_3+SO_4+NO_3)$	0,4–0,88	0,48–0,90	0,6–0,94	0,34–0,87	--	--
$(Ca+Mg)/(HCO_3)$	1,1–2,2	1,1–2,2	1,0–1,7	1,1–2,8	--	--

[1]Grimm-Strele et al. (1991) – dargestellt sind typische Wertebereiche (60–70% der Meßwerte)
[2]Baumann u. Wagner (1993) – dargestellt sind geometrische Mittelwerte überwiegend geogen geprägter Komponenten

Verteilung der Beeinflussungstypen im Datensatz

Die Anteile der Beeinflussungstypen im Datensatz zeigt Abbildung 21.11 (S. 376). Nach Aussonderung der beeinflußten Grundwässer verbleiben deutlich über die Hälfte aller Grundwässer in den beiden Gruppen „unbeeinflußtes Grundwasser“ und „$NaHCO_3$-Typ“. Hierdurch wird erneut die Zielstellung der Erkundungsarbeiten deutlich: Die erschlossenen Grundwässer sollten möglichst frei von anthropogenen Beeinflussungen und dafür geeignet sein, die Trinkwasserversorgung der Bevölkerung zu sichern. Eindeutig nährstoffbeeinflußt sind dementsprechend lediglich 16% der Analysen, wobei die festgestellte Beeinflussung eine Eignung des Wassers für die Trinkwasserversorgung nicht in jedem Fall unmöglich macht (die hier vorgenommene Ausweisung wurde im Sinne eines prophylaktischen Grundwasserschutzes vorgenommen). Die Zielstellung der Erkundungsarbeiten kommt auch durch die Tatsache zum Ausdruck, daß nur etwa jede hundertste Analyse ein versalzenes Grundwasser (vom Chlorid-Typ) repräsentiert. Grundwässer vom Sulfat-Typ treten etwa dreimal so viel im Datensatz auf, diese Analysen repräsentieren jedoch häufig Grundwässer, in denen der Sulfatgehalt aus verschiedenen, zumeist atmosphärischen Quellen erhöht ist (saure Depositionen, Tagebaueinfluß, Bauschuttablagerungen etc.).

Die Teufenverteilung zeigt die Abbildung 21.12 (S. 377). Die meisten Grundwässer vom „Nährstoff-Typ“ treten in den Teufenklassen „2–5 m“ sowie „5–10 m“ auf (jeweils etwa 22% der Analysen). In

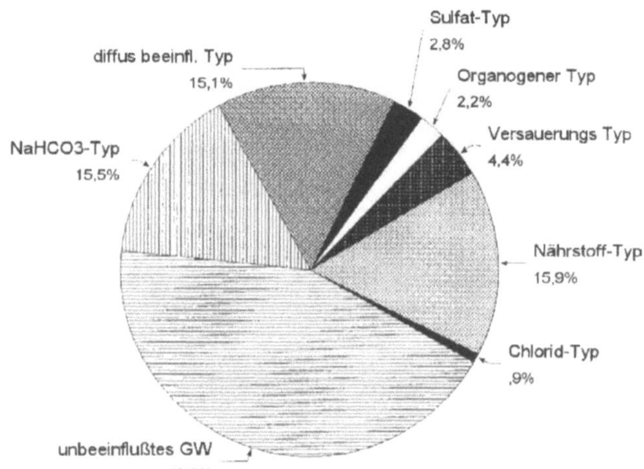

Abb. 21.11. Relative Anteile der acht ausgewiesenen Beeinflussungstypen im Datensatz der hydrogeologischen Erkundungen des Landes Brandenburg

diesen Klassen befinden sich zumeist Grundwässer, die unter dem Einfluß der Neubildung stehen, wohingegen die extrem flachen Grundwässer „< 2 m" in der Regel entlastende Grundwässer repräsentieren. Hier ist der Stoffeintrag von oben aufgrund des aufsteigenden Druckpotentials lokal stark eingeschränkt. Zur Tiefe hin nehmen die Anteile des Nährstofftyps leicht ab, aber auch Grundwasserleiter, die unterhalb von 100 m liegen, sind mit etwa 10% der Fälle vertreten. Bei Vorliegen eines anthropogenen Einflusses dieser hohen Nährstoffgehalte kann dies ein Hinweis auf die Langlebigkeit des Stoffeintrages bzw. auf die teilweise sehr schlechten Abbaumöglichkeiten der quartären Grundwasserleiter sein. Wahrscheinlicher ist jedoch, daß die hohen Anteile dieses Typs in den tiefen Grundwasserleitern primär durch geogen erhöhte NH_4-Gehalte verursacht werden. Anhand der hydrochemischen Charakterisierung der beeinflußten Grundwässer zeigt sich, daß diejenigen Grundwässer, die dem Chlorid-Typ zugeordnet wurden, gleichzeitig klar die höchsten NH_4-Gehalte aufweisen. Hierdurch kommt zum Ausdruck, daß die versalzenen Tiefenwässern geogen bedingte NH_4-Anomalien aufweisen. Die N-Gehalte entstammen hierbei der Ammonifizierung organischer Substanz (kohlige Bestandteile), die in tertiären Grundwasserleitern weitverbreitet sind. Das bestätigt die o.g. These der natürlichen NH_4-Quelle in den tieferen Wässern des Nährstofftyps.

In den großen Teufen treten auch deutlich die meisten versalzenen Grundwässer vom Chlorid-Typ sowie organogenen Wässer auf (die organogenen Grundwässer in den extrem flachen Grundwasserleitern repräsentieren anmoorige Deckschichten in Entlastungsgebieten). Grundwässer vom Sulfat-Typ zeigen sich mit geringem Bezug zur Teufe mit etwa gleichen Anteilen in allen Klassen, wodurch die heterogene Herkunft dieses Typs deutlich wird. In den sehr flachen Grundwasserleitern der Entlastungsgebiete können die hohen Sulfatgehalte ebenso wie in den sehr tiefen der Durchflußgebiete durch Aufstieg von Tiefenwässern hervorgerufen sein, während sie in den mittleren Teufenklassen der Neubildungsgebiete durch noch nicht reduziertes Sulfat atmosphärischen Ursprungs bedingt sein können. Den deutlichsten Bezug zur Teufe zeigen die Ionenaustauschwässer vom $NaHCO_3$-Typ, welche unterhalb von 50 m deutlich zunehmen. Die Anteile von unbeeinflußten und Austauschwässern zusammengenommen verbleiben in den verschiedenen Teufenklassen relativ konstant. Hierdurch wird die Komplexität des Systems „Grundwasserbeschaffenheit" deutlich, das sowohl von Oberflächen- als auch von Tiefenfaktoren gesteuert wird.

Diskriminanzanalytische Überprüfung des Bewertungsschemas

Die Ausweisung der Grundwassertypen anhand des Bewertungsalgorithmus stellt ein empirisches Entscheidungsverfahren dar. Die Zugehörigkeit einer Grundwasserprobe zu einer der postulierten Typen wurde anhand der Konzentrationen der hydrochemischen Meßgrößen im Datensatz vorgenommen. Somit ist eine Gruppenzugehörigkeit von Objekten vorgegeben und kann mit Hilfe des multivariaten Analyseverfahrens der Diskriminanzanalyse statistisch überprüft werden. Da die Gruppenzugehörigkeit der einzelnen Analysen nicht aus einem statistischen

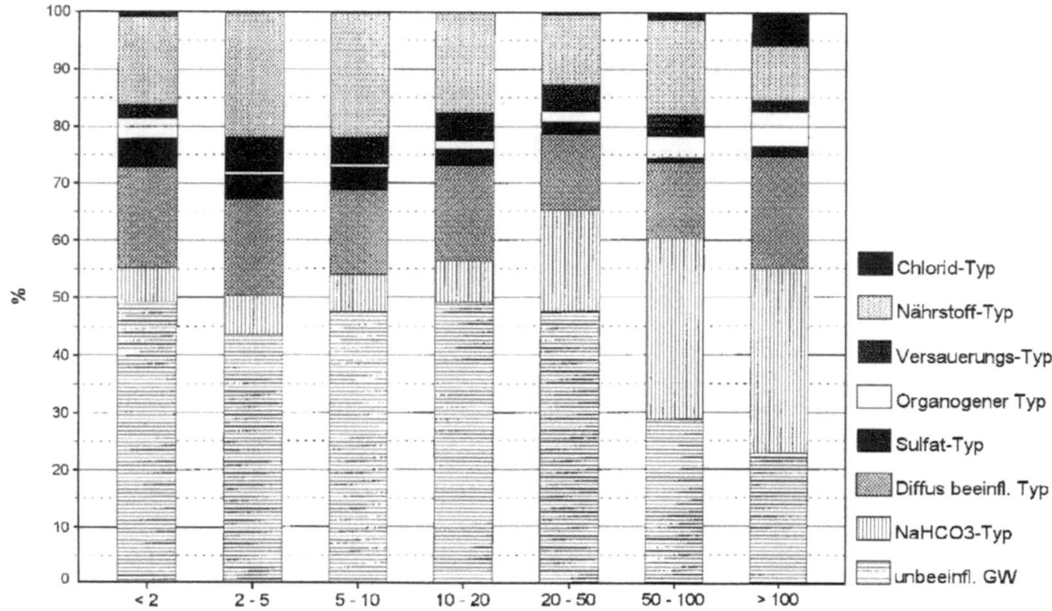

Abb. 21.12. Relative Anteile der acht ausgewiesenen Beeinflussungstypen im Datensatz der hydrogeologischen Erkundungen des Landes Brandenburg; die Anteile sind in Abhängigkeit von der Teufenklasse des Filterausbaus der GW-Meßstelle dargestellt

Box 21.3 Diskriminanzanalyse des Datensatzes

Um das Ergebnis der Typenausweisung mittels der diskriminanzanalytischen Überprüfung zu optimieren, wurden schrittweise aufeinanderfolgende Berechnungsverfahren mit jeweils einer veränderten Anzahl bzw. einer modifizierten Gruppenzugehörigkeit durchgeführt. Anhand dieser Vorgehensweise wird die optimale Anzahl an Gruppen bzw. die statistisch gesichertste Gruppenkombination anhand einer Diskriminanzfunktion erarbeitet (Backhaus et al. 1987). Im ersten Bearbeitungsschritt wurden alle acht empirisch ausgewiesenen Gruppen überprüft und das Ergebnis in einer Klassifikationstabelle dargestellt. In nachfolgenden Berechnungen wurden diese Gruppen modifiziert bzw. zusammengefaßt, um die Veränderungen in der Anzahl der korrekt zugeordneten Gruppen zu analysieren.

In der Klassifikationsergebnistabelle (Tabelle 21.4) werden jeweils die prozentualen Anteile der mathematisch „korrekt" zugeordneten Gruppen im Vergleich mit den vorgegeben Gruppen angegeben. Die prozentualen Anteile, die in der Winkelhalbierenden der Klassifikationsergebnistabelle (fett gedruckte Werte) aufgeführt sind, stellen diese korrekten Zuweisungen dar, die übrigen Werte sind als Fehlzuweisungen zu interpretieren. Bei hohen prozentualen Fehlzuweisungen einer Gruppe zeigen sich also keine hinreichenden Abweichungen der Varianzen innerhalb dieser Gruppe im Verhältnis zu den anderen Gruppen, so daß eine Ausweisung als eigene Gruppe in Frage gestellt werden muß. In die jeweiligen Diskriminanzanalysen wurden jeweils alle Leitmeßgrößen einbezogen (Tabelle 21.2), die im Bewertungsalgorithmus verwendet wurden (12 hydrochemische Meßgrößen, vier Ionenquotienten), um die optimale Erklärungskraft des Modells zu erreichen. Es wurden nur die Fälle berücksichtigt, zu denen bei jeder einzelnen dieser Variablen Werte vorlagen (2057 Fälle).

Tabelle 21.4. Klassifikationstabelle mit allen acht ausgewiesenen Typen (korrekt zugeordnete Fälle: 67,4%)

Typ	Vorgegebene Zugehörigkeit	n	Prognostizierte Gruppenzugehörigkeit %							
			1	2	3	4	5	6	7	8
1	Unbeeinflußte Grundwässer	975	**73,8**	12,8	8,4	1,6	1,4	0,8	1,0	-
2	$NaHCO_3$-Austausch-Typ	317	13,6	**83,9**	2,2	-	-	0,3	-	-
3	Diffus beeinflußter Typ	221	15,8	6,8	**55,7**	10,4	0,9	3,2	2,3	5,0
4	Sulfat-Typ	72	1,4	-	6,9	**86,1**	4,2	1,4	-	-
5	Versauerungs-Typ	38	13,2	2,6	-	2,6	**76,3**	5,3	-	-
6	Organogener Typ	53	3,8	11,3	17	5,7	-	**62,3**	-	-
7	Nährstoff-Typ	358	24,3	9,8	9,2	7,5	3,4	5,3	**39,4**	1,1
8	Geogener Chlorid-Typ	23	4,3	-	34,8	-	-	-	4,3	**56,5**

Verfahren (z.B. Clusteranalyse) hervorgegangen ist, gibt dieser Test Hinweise zur Güte der empirisch vorgenommenen Ausweisung. Das Ergebnis der diskriminanzanalytischen Bewertung der acht Grundwassertypen zeigt Tabelle 21.4.

Aus den jeweiligen „Fehlzuordnungen" der diskriminanzanalytisch prognostizierten Gruppenzugehörigkeit im Vergleich mit der vorgegebenen, empirisch ermittelten Gruppenzugehörigkeit (Summe der prozentualen Fehlzuordnungen einer Zeile) geht hervor, daß vor allem die Typen $NaHCO_3$-Typ, diffus beeinflußter Typ sowie Nährstoff-Typ relativ hohe Anteile aufweisen. In den nächsten Bearbeitungsschritten wurde deshalb jeweils versucht, durch Zusammenlegung einzelner Gruppen den Anteil der insgesamt korrekt zugeordneten Fälle zu erhöhen. Diese Zusammenlegungen wurden nach auffälligen Übereinstimmungen im hydrochemischen Erscheinungsbild der Typen getroffen. Bei Zusammenlegung des Nährstofftyps mit dem diffus beeinflußten Typ (um die Hypothese zu überprüfen, daß die diffuse Beeinflussung vergleichbare Ursachen besitzt) erhöhte sich jedoch dieser Anteil nur unwesentlich im Vergleich zu dem Modell mit acht Typen. Er stieg von den in Tabelle 21.4 ausgewiesenen 67,4% auf 68,5%. Bei Zusammenlegung des unbeeinflußten Typs mit dem $NaHCO_3$-Austauschtyp stieg der Anteil der insgesamt korrekt zugeordneten Fälle hingegen recht deutlich auf 75,0% an. Mit Hilfe der Diskriminanzanalyse konnte somit die Repräsentanz der ausgewiesenen Beschaffenheitstypen bestätigt werden.

LITERATUR

Backhaus K, Erichson B, Linke W, Schuchard-Fischer C (1987) Multivariate Analysemethoden. Springer, Berlin, Heidelberg New York

Baumann J, Wagner W (1993) Geogene Grundwasserbeschaffenheit als Bemessungsgrundlage für den Grundwasserschutz. Umweltforschungsplan des Bundesministers für Umwelt, Naturschutz und Reaktorsicherheit, Forschungsbericht 10202617, Bundesanstalt für Geowissenschaften und Rohstoffe, Hannover

Böttcher J, Strebel O (1985) Redoxpotential und Eh/pH-Diagramme von Stoffumsetzungen in reduzierendem Grundwasser (Beispiel Fuhrberger Feld). Geol Jb C40: 3–34

Brose F, Brühl H (1993) Untersuchungen zur geogenen und anthropogenen Grundlast umweltrelevanter Schadstoffe in oberflächennahen Lockergesteinen und Grundwässern im westlichen Stadtgebiet von Berlin. Z deutsch Geol Ges 144: 279–294

Bundesregierung (1990) Verordnung über Trinkwasser und über Wasser für Lebensmittelbetriebe (Trinkwasserverordnung) vom 05.12.1990. Bundesgesetzblatt I: 2612–2629; Bonn

Deibel K (1995) Grundwasserchemismus im Südosten Mecklenburg-Vorpommerns. Wasserwirtschaft-Wassertechnik WWT, 6: 35–42, Berlin

DVWK-Regeln 128 (1992) Entnahme und Untersuchungsumfang von Grundwasserproben. DVWK Fachausschuß Grundwasserchemie. Paul Parey, Hamburg Berlin, 36 S.

DVWK-Schriften 104 (1993) Stoffeintrag und Grundwasserbewirtschaftung. DVWK-Fachausschuß Grundwassernutzung, 275 S., Paul Parey, Hamburg Berlin

Furtak H, Langguth R (1967) Zur hydrochemischen Kennzeichnung von Grundwassertypen mittels Kennzahlen. Memoires IAH-Congress 1965, VII: 89–96, Hannover

Gabriel B, Bufe J, Bühnemann N, Fischer H, Kunzmann R, Pohl A, Schultze M, Schwarze R, Ziegler G (1989) Das Grundwasser – Einfluß der landwirtschaftlichen Produktion. In: Wasserwirtschaftsdirektion Saale-Werra, Forschungsbereich Erfurt (Hrsg), Salzlanddruckerei Bernburg, 122 S.

Glander H, Remus W, Schirrmeister W (1973) Methodische Ansätze bei der Ermittlung der oberen Mineralwassergrenze. Z Angew Geol, 19: 402–410, Berlin

Goldberg VM, Voigt HJ, Zieschank J (1988) Untersuchung des Einflusses von Mineraldünger und Abprodukten industrieller tierhaltungen auf das unterirdische Wasser. Zentrales Geologisches Institut der DDR (Hrsg) Wissenschaftlich-technischer Informationsdienst A29, 2: 25 S., Berlin

Grimm-Strele J, Feuerstein W (1991) Hintergrundwerte aus Grundwasserbeschaffenheitsmeßstellen als Entscheidungshilfe für Sanierungsanordnungen? In: Kongreß Grundwassersanierung Berlin 1991. IWS-Schriftenreihe 11: 61–88, Erich Schmidt Verlag, Berlin

Grimm-Strele J, Schulz K, Brauch J, Herzer J, Kaltenbach D, Schullerer S (1993) Modellhafte Einrichtung eines Grundwassergütemeßnetzes in einer ausgewählten Region. Umweltforschungsplan des Bundesministers für Umwelt, Naturschutz und Reaktorsicherheit, Unveröff Forschungsbericht 10204214, Landesanst. für Umweltschutz Baden-Württemberg, 456 S., Karlsruhe

Hannappel S (1996) Die Beschaffenheit des Grundwassers in den hydrogeologischen Strukturen der neuen Bundesländer. Berliner Geowissenschaftliche Abhandlungen A182: 151 S., FU Berlin

Hannappel S, Voigt HJ, Lauterbach D (1995) Regionale Bezugseinheiten zur Interpretation des hydrochemischen Status der Porenaquifere im Lockergesteinsbereich–Beispiel Land Brandenburg. Z Angew Geol 41, 2: 127–133

Hölting B (1991) Geogene Grundwasserbeschaffenheiten und ihre regionale Verbreitung in der Bundesrepublik Deutschland. In: Rosenkranz D, Einsele G, Harreß HM (Hrsg) Bodenschutz – ergänzbares Handbuch der Maßnahmen und Empfehlungen für Schutz, Pflege und Sanierung von Böden, Landschaft und Gewässer. Erich Schmidt Verlag, Berlin, 6. Lfg. (1300): 36 S.

Jacks G, Knutsson G, Maxe L, Fylkner A (1984) Effect of acid rain on soil and groundwater in Sweden. In: Yaron B (ed) Pollutants in porous media. Ecological studies 47: 94–114, Springer, Berlin Heidelberg New York

Joneck M, Prinz R (1995) Nutzungs- und raumspezifische Hintergrundgehalte organischer Schadstoffe in Böden. Wasser und Boden, 47, 11: 28–42

Jordan H, Weder HJ (Hrsg, 1995) Hydrogeologie – Grundlagen und Methoden, Regionale Hydrogeologie. 2. Aufl. 603 S., Enke Stuttgart

Kähler WM (1992) Statistische Datenanalyse mit SPSS/PC+. 2. Aufl., Vieweg, Braunschweig

Klost U (1994) Konzept zum Grundwasser-Monitoring für das Land Brandenburg. Teil Beschaffenheit. In: Landesumweltamt Brandenburg (Hrsg) Berichte aus der Arbeit 1993: 138 S., Potsdam

Krajnov SR, Voigt HJ (1990) Geochemische und ökologische Folgen der Beschaffenheitsveränderung desa Grundwassers unter Schadstoffeinfluß. Z Angew Geol 36: 405–410

LAWA (1993) Grundwasserrichtlinie für Beobachtung und Auswertung, Teil 3. Grundwasserbeschaffenheit, Bonn, 81 S.

Lotsch D (1967) Zur Paläogeographie des Tertiärs der DDR. Ber deutsch Ges Geol Wiss A12, 3-4, Berlin

Matthess G (1990) Die Beschaffenheit des Grundwassers. Lehrbuch der Hydrogeologie, Band 2, Bornträger, Berlin Stuttgart

Schenk V (1993) Bewertung und Auswertung hydrochemischer Grundwasseruntersuchungen, Bedeutung von natürlichen Unterschieden und Fehlern für die Beurteilung von Beschaffenheitsdaten. Unveröff Studie im Auftrag des DVWK, Bonn, 68. S.

Schleyer R, Kerndorff H (1992) Die Grundwasserqualität westdeutscher Trinkwasserressourcen. VCH, Weinheim, 245 S.

Schulz M (1981) Über die Bewegung der Süß-/Salzwassergrenze im Hamburger Raum. Z Dtsch Geol Ges 132: 575–583

Valjasko MG (1965) Geochemie und Genese der Solen des Irkutsker Amphitheaters (russisch) Izdat Nauka, Moskva

Voigt HJ (1990) Hydrogeochemie – Eine Einführung in die Beschaffenheitsentwicklung des Grundwassers. 310 S. Springer, Heidelberg, Berlin

Vrapporti G, Vriend SP (1993) Hydrogeochemistry of Dutch groundwater: classification into natural homogenous grouping with fuzzy c-means clustering. Appl Geochem Suppl 2: 273–276

Ziegler G, Gabriel B, Jacobs H, Schultze M, Vorbach S, Werner L (1992) Langfristige Auswirkungen des Stoffeintrags durch atmosphärische Deposition auf die Grundwasserbeschaffenheit im Festgesteinsbereich der neuen Bundesländert. BMFT-Forschungsvorhaben 30Fc101700, Thüringer Landesanstalt für Umwelt, Jena

22 Hydrogeochemische und isotopenchemische Prozesse bei der Auflösung von Karbonatgestein und bei der Abscheidung von Calcit

MARTIN DIETZEL

Die Karbonatgesteine machen etwa 11% der Sedimente der Erdkruste aus und stellen einen großen Aquifer dar. Der Karbonatgehalt von Grundwässern dieser Regionen wird durch das Wechselspiel zwischen der Auflösung von Kalken und Dolomiten sowie der Abscheidung von Calcit gesteuert. Diese Prozesse finden an der Grenzschicht zwischen den Lösungen und den Festkörpern statt. Regional führen die Mechanismen der subterrestrischen Karbonat-Auflösung zu großräumigen Verkarstungen. Das mobilisierte Karbonat kann mit dem Wasser abtransportiert und wiederum in geeigneten Gesteinsverbänden gespeichert werden. Diese Reservoire (Karstaquifere) werden z.B. für die Trinkwassergewinnung ge nutzt.

Die chemische Zusammensetzung karbonatreicher Wässer kann nur über die Mechanismen der Auflösung und der Abscheidung von Karbonat verstanden werden, die in Standardwerken wie Garrels u. Christ (1965), Morel u. Hering (1993) sowie Stumm u. Morgan (1996) beschrieben sind. Eine allgemeinverständliche Darstellung der Gesamtproblematik wird in den Arbeiten von Matthess (1990), Voigt (1990) und Sigg u. Stumm (1994) gegeben. So wird die Menge des aufgelösten Karbonats maßgeblich durch biogenes Kohlendioxid gesteuert, das im Bodenhorizont produziert und von infiltriertem Regenwasser aufgenommen wird. Die hierdurch entstandene saure Lösung reagiert im Untergrund mit den anstehenden Karbonatgesteinen. Die Karbonat-Auflösung durch biogene Kohlensäure kann durch eine Auflösung infolge der Einwirkung von sauren Atmosphärilien überlagert werden, die z.B. durch die Reaktion von Schwefel- und Stickstoffoxiden mit Wasser entstanden sind (z.B. Sigg u. Stumm 1994; → Kap. 1, 3). Während in Kalksteinregionen durch den erhöhten Eintrag von Atmosphärilien die aufgelöste Karbonat-Menge zunimmt, kann es in karbonatarmen Regionen zu einer Verringerung der natürlichen Pufferungskapazität kommen. Dieser Prozeß mündet schließlich in das Problem der Gewässerversauerung (→ Kap. 23). Die Abscheidung von Kalk wird unter natürlichen Bedingungen im wesentlichen dadurch hervorgerufen, daß Calciumkarbonat-haltige Wässer, die unter einem erhöhten CO_2-Partialdruck stehen, durch Entgasung einen Teil des Karbonatinhalts verlieren (z.B. Dandurand et al. 1982; Michaelis et al. 1985). Derartige Kalk-Sinterungen werden beim Austritt von karbonathaltigen Wässern an die Erdoberfläche beobachtet und führen oft zu erheblichen Mengen von neugebildetem Gestein, das im wesentlichen aus Calcit besteht.

Daneben findet im anthropogenen Bereich eine Karbonat-Abscheidung in Situationen statt, in denen die pH-Werte der Wässer durch die Kontamination mit Hydroxiden deutlich erhöht werden. Derartige Situationen findet man häufig nach dem Kontakt von karbonathaltigen Wässern mit Beton-Konstruktionen wie Brücken, Straßenbelägen, Fundamenten oder Tunneln (Berner 1988; Dietzel 1995). Als wichtigster Vertreter der Hydroxide in Beton-Konstruktionen ist der Portlandit zu nennen. Durch die Auflösung des gut löslichen Portlandits werden dem Wasser Ca^{2+}- und OH^--Ionen zugeführt, die in Calciumkarbonat-reichen Wässern zur Abscheidung von Calcit beitragen. Diese Kalk-Sinterungen können für die Betreiber inbesondere von unterirdischen Tunnelbauten hohe Kosten verursachen.

In Ergänzung zur chemischen Analyse von Wässern werden oft die stabilen Isotope des Kohlenstoffs, des Sauerstoffs und des Schwefels gemessen (→ Kap. 14). Im Karbonat werden die $^{13}C/^{12}C$- und $^{18}O/^{16}O$-Verhältnisse und im Sulfat das $^{34}S/^{32}S$-Verhältnis bestimmt. In vielen Fällen können erst mit diesen Daten einzelne Prozesse identifiziert werden. Es wird gezeigt, daß isotopenchemische Untersuchungen auch eine Quantifizierung der einzelnen Prozesse bei der Auflösung von Karbonatgesteinen und Abscheidung von Calcit ermöglichen (s.a. Usdowski 1982; Schaefer u. Usdowski 1987; Matthess et al. 1992; Dietzel et al. 1992).

22.1 GENERIERUNG VON KARBONATHALTIGEN WÄSSERN

Bei der Generierung von karbonathaltigen Wässern ergibt sich die Zusammensetzung der Initial-Lösung durch die Aufnahme von Kohlendioxid aus dem Bodengas und aus dem Eintrag von sauren Atmosphärilien (SO_2, NO_x etc.). Die anschließende Auflösung von Karbonat-Gestein wird mit den Grenzfällen eines gegenüber CO_2-Gas geschlossenen (GS) und eines offenen Systems (OS) diskutiert. Beide Fälle lassen sich anhand der stabilen Isotope des Kohlenstoffs im gelösten Karbonat unterscheiden. Der Anteil der Karbonatauflösung durch Kohlen- und Schwefelsäure kann prinzipiell anhand der stabilen Isotope des Schwefels ermittelt werden.

Auflösung von Karbonaten unter Beteiligung von CO_2

Hauptkomponenten. Liegt über einem Karbonatgestein ein belebter Boden, so reichert sich Regenwasser mit biogenem CO_2 an und löst im Untergrund das Karbonatgestein. Die CO_2-Gehalte im Boden-Gas sind variabel. Im Mittel beträgt der CO_2-Partialdruck etwa 10^{-2} atm. Bei der Auflösung laufen die folgenden Reaktionen 22.1a–d ab.

$$CO_{2(gas)} + H_2O = H_2CO_3^* \quad K_0 \qquad 22.1a$$

$$H_2CO_3^* = H^+ + HCO_3^- \quad K_1 \qquad 22.1b$$

$$H^+ + CO_3^{2-} = HCO_3^- \quad 1/K_2 \qquad 22.1c$$

$$CaCO_3 = Ca^{2+} + CO_3^{2} \quad K_C \qquad 22.1d$$

$$CaCO_3 + CO_{2(gas)} + H_2O = Ca^{2+} + 2HCO_3^- \qquad 22.1$$

In der Abbildung 22.1 sind die Ca^{2+} - und HCO_3^--Konzentrationen von subterrestren Wässern einer Kalkstein-Region dargestellt. Die Steigung der Regressionsgeraden beträgt mit guter Näherung Ca^{2+}/HCO_3^- = 0,5 und entspricht dem Pauschalumsatz der Reaktion 22.1.

Kohlenstoff-Isotope. Die Auflösung von Karbonaten spielt sich zwischen den Grenzfällen eines gegenüber CO_2-Gas offenen und eines geschlossenen Systems ab. In einem offenen System wird das für die Reaktion erforderliche CO_2 ständig nachgeliefert. Es ist eine theoretisch unendlich große Gasphase vorhanden. In einem geschlossenen System dagegen wird zunächst Wasser bei einem bestimmten Partialdruck an CO_2 gesättigt. Diese Lösung wird dann von der Gasphase getrennt, indem sie in den Gesteins-Untergrund gelangt und dort das Gestein auflöst.

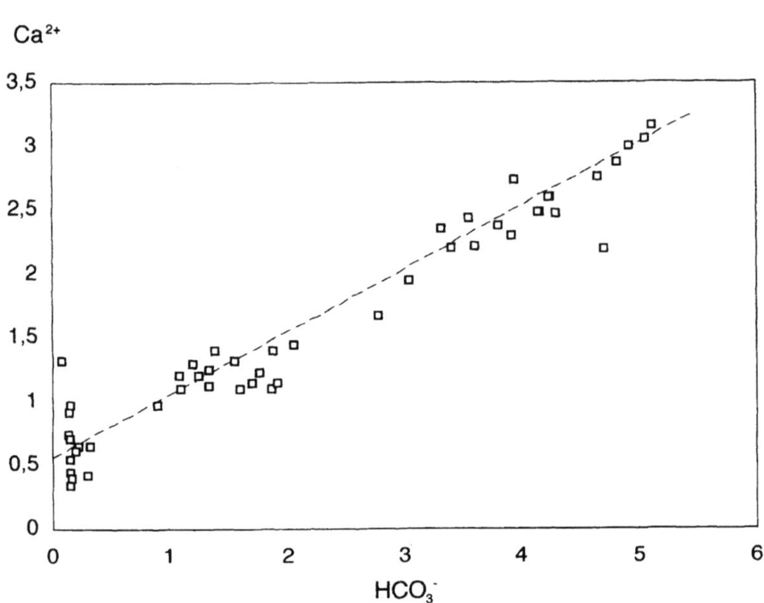

Abb. 22.1. Ca^{2+} - und HCO_3^--Konzentration von Grundwässern (mmol l^{-1}; Michaelis 1992)

Beide Grenzfälle lassen sich anhand der stabilen Isotope des Kohlenstoffs differenzieren (Deines et al. 1974; Reardon u. Fritz 1978; Wigley et al. 1978; Michaelis et al. 1984; Michaelis 1992). Eine detaillierte Darstellung der Generierung von Karbonatwässern in offenen, geschlossenen und intermediären Systemen ist bei Schaefer u. Usdowski (1987) zu finden.

Die Abbildung 22.2 zeigt die Gleichgewichtsfraktionierung der Kohlenstoff-Isotope im System $CaCO_3$–CO_2–H_2O. Die Definition der Fraktionierungskonstanten und Zahlenwerte für 10°C sind in der Tabelle 22.1 angegeben. Die Fraktionierung zwischen dem gesamten gelösten Karbonat und der CO_2-Gasphase wird durch einen pauschalen Fraktionierungsfaktor bestimmt, der sich aus den einzelnen Faktoren in der Proportion der vorhanden Karbonatspezies ergibt. Es ist

$$\alpha_T = \frac{^{13}R_T}{^{13}R_{CO_2(gas)}} = X_f \cdot \alpha_f + X_b \cdot \alpha_b + X_c \cdot \alpha_c \qquad 22.2$$

In dieser Beziehung ist $^{13}R = {}^{13}C/{}^{12}C$, und X_f, X_b und X_c sind die Molenbrüche von $H_2CO_3^*$, HCO_3^- und CO_3^{2-}.

In einem offenen System findet permanent ein Isotopenaustausch zwischen dem CO_2 der Gasphase und dem gelösten Karbonat statt. Die Gasphase ist als „unendlich groß“ zu betrachten und bestimmt daher über den pauschalen Fraktionierungsfaktor die Isotopenzusammensetzung des gelösten Karbonats. Drückt man die Gleichung 22.2 durch $\delta^{13}C$-Werte aus, erhält man die Beziehung 22.3.

$$\delta^{13}C_T = \alpha_T \cdot (\delta^{13}C_{CO2\text{-}gas} + 10^3) - 10^3 \qquad 22.3$$

Die Isotopen-Zusammensetzung der Lösung wird also im wesentlichen über den Fraktionierungsfaktor α_T und durch die Isotopen-Zusammensetzung des CO_2-Gases bestimmt. Da die Lösung normalerweise hauptsächlich HCO_3^- enthält, kann man mit guter Näherung α_T durch α_b ersetzen (Tabelle 22.1). Die $\delta^{13}C$-Werte von Boden-CO_2 sind variabel. Sie liegen häufig in einem Bereich von etwa -20 bis -30‰ PDB (Galimov 1966; Pearson u. Hanshaw 1970; Hendy 1971; Rightmire u. Hanshaw 1973; Kirchhoff u. Usdowski 1985; Fritz et al. 1985; Michaelis 1992; Davidson 1995). In einem offenen System resultieren also isotopisch sehr leichte Karbonatwässer. In einem geschlossenen System dagegen ist das Karbonat der Lösung eine Mischung von Boden-CO_2 und dem Karbonat des aufgelösten Gesteins (Reaktion 22.1). Daher ist auch die $^{13}C/^{12}C$-Zusammensetzung des gelösten Karbonats eine Mischung aus den Zusammensetzungen von Boden-CO_2 und aufgelöstem Karbonatgestein. Sie ergibt sich aus der Beziehung 22.4:

$$\delta^{13}C_T = \delta^{13}C_0 \cdot F + \delta^{13}C_K \cdot (1 - F) \qquad 22.4$$

In dieser Gleichung ist F das Verhältnis vom Karbonat der initialen Lösung zum Karbonat der resultierenden Lösung. $\delta^{13}C_0$ repräsentiert die Isotopen-Zusammensetzung der Initial-Lösung (im wesentlichen $H_2CO_3^*$) und ergibt sich aus der Beziehung 22.3 mit $\delta^{13}C_T = \delta^{13}C_0$. Die Größe $\delta^{13}C_K$ ist die Isotopen-Zusammensetzung des anstehenden Gesteins. Da in vielen Situationen $F \approx 0{,}5$ ist (Gleichung 22.1), kann man anstelle der Gleichung 22.4 auch die Beziehung 22.5 setzen.

$$\delta^{13}C_T = 0{,}5 \cdot (\delta^{13}C_0 + \delta^{13}C_K) \qquad 22.5$$

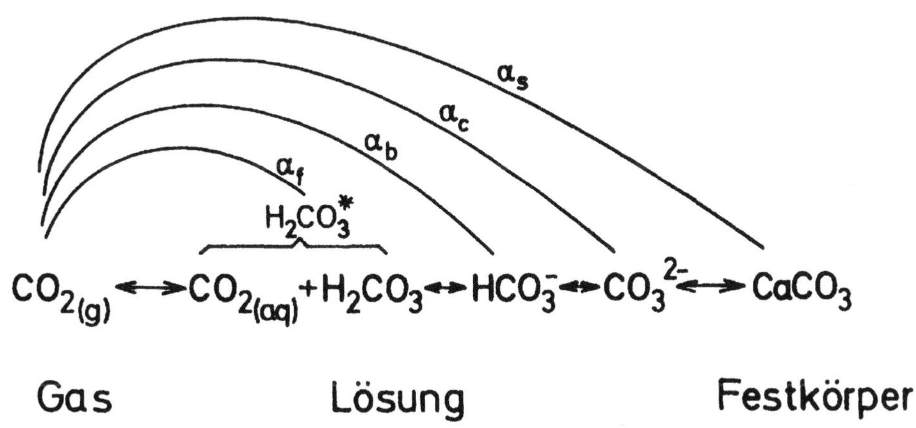

Abb. 22.2. Gleichgewichtsfraktionierung der Kohlenstoff-Isotope im System $CaCO_3$–CO_2–H_2O

Box 22.1 Initial-Lösungen

Die Abbildung 22.3 zeigt den pH-Wert von Lösungen im System SO_2–CO_2–H_2O. Liegt nur wenig oder keine Schwefelsäure vor, so wird der pH-Wert durch den CO_2-Partialdruck bestimmt. Der Zusammenhang zwischen Pco_2, pH-Wert und der Sulfatkonzentration ergibt sich folgendermaßen: Gasförmiges CO_2 löst sich in Wasser und dissoziiert nach den Reaktionen 22.6–22.8.

$CO_{2(gas)} + H_2O = H_2CO_3^*$ K_0 22.6

$H_2CO_3^* = H^+ + HCO_3^-$ K_1 22.7

und

$HCO_3^- = H^+ + CO_3^{2-}$ K_2 22.8

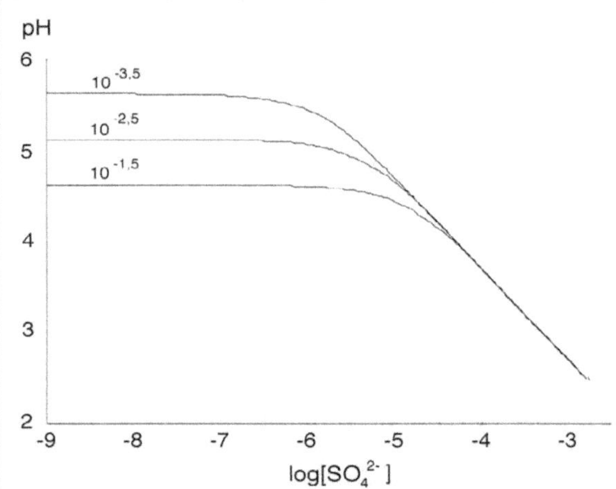

Abb. 22.3. Der pH-Wert als Funktion der Sulfat-Konzentration im System CO_2–SO_3–H_2O (10°C). Zahlenwerte an den Kurven: CO_2-Partialdruck (atm)

Die Ausdrücke für die Gleichgewichtskonstanten sind mit Zahlenwerten für 10°C in der Tabelle 22.1 angegeben. Werte für andere Temperaturen sind bei Usdowski (1982) zu finden. Im reinen System CO_2–H_2O ergibt sich der pH-Wert aus der Elektroneutralität (Gl. 22.9).

$[H^+] = [HCO_3^-] + 2[CO_3^{2-}] + [OH^-]$ 22.9

Setzt man in die Gleichung 22.9 die Ausdrücke für die Gleichgewichtskonstanten der Reaktionen 22.6 bis 22.8 und das Ionenprodukt von Wasser ein, erhält man unter Vernachlässigung der Aktivitätskoeffizienten die Beziehung 22.10.

$$[H^+] = Pco_2 \frac{K_0 \cdot K_1}{[H^+]} + \frac{2 \cdot K_0 \cdot K_1 \cdot K_2}{[H^+]^2} + \frac{K_w}{[H^+]} \qquad 22.10$$

Da im allgemeinen $[HCO_3^-] >> [CO_3^{2-}] + [OH^-]$ ist, gilt unter dieser Voraussetzung $[H^+] = [HCO_3^-]$, so daß man anstelle von Gleichung 22.10 mit guter Näherung auch den Ausdruck 22.11 schreiben kann.

$[H^+] = (K_0 \cdot K_1 \cdot Pco_2)^{0.5}$ 22.11

Im System SO_2-H_2O ist die Konstante für die erste Dissoziation von H_2SO_4 sehr groß, so daß nur die Reaktion 22.12 berücksichtigt werden muß.

$HSO_4^- = H^+ + SO_4^{2-}$ K_S 22.12

Der pH-Wert der Lösung ergibt sich aus der Beziehung 22.13 durch Einsetzen der Konstanten der Reaktion 22.12 und K_w.

$[H^+] = [HSO_4^-] + 2[SO_4^{2-}] + [OH^-]$ 22.13

Tabelle 22.1. Konstanten mit Zahlenwerten für 10°C ($H_2CO_3{}^* = CO_{2(gelöst)} + H_2CO_3$)

Konstanten	Autoren
$K_0 = \frac{(H_2CO_3{}^*)}{Pco_2} = 10^{-1,27}$	Harned u. Davis 1943
$K_1 = \frac{(H^+)\cdot(HCO_3{}^-)}{H_2CO_3{}^*} = 10^{-6,46}$	Harned u. Davis 1943
$K_2 = \frac{(H^+)\cdot(CO_3{}^{2-})}{HCO_3{}^-} = 10^{-10,49}$	Harned u. Scholes 1941
$K_w = (H^+)\cdot(OH^-) = 10^{-14,53}$	Harned u. Owen 1958
$K_s = \frac{(H^+)\cdot(SO_4{}^{2-})}{(HSO_4{}^-)} = 10^{-1,80}$	Barnes et al. 1966
$K_c = (Ca^{2+})\cdot(CO_3{}^{2-}) = 10^{-8,36}$	Jacobson u. Langmuir 1974
$K_{Portlandit} = (Ca^{2+})\cdot(OH^-)^2 = 10^{-4,9}$	Greenberg u. Copeland 1960
$K_{Brucit} = (Mg^{2+})\cdot(OH^-)^2 = 10^{-10,4}$	Khodakovskiy et al. 1968
$\alpha_f = \frac{(^{13}C/^{12}C)_{H_2CO_3{}^*}}{(^{13}C/^{12}C)_{CO_2\text{-}gas}} = 0,9989$	Vogel et al. 1970
$\alpha_b = \frac{(^{13}C/^{12}C)_{HCO_3{}^-}}{(^{13}C/^{12}C)_{CO_2\text{-}gas}} = 1,0097$	Mook et al. 1974
$\alpha_c = \frac{(^{13}C/^{12}C)_{CO_3{}^{2-}}}{(^{13}C/^{12}C)_{CO_2\text{-}gas}} = 1,0091$	Thode et al. 1965
$\alpha_s = \frac{(^{13}C/^{12}C)_{CO_2\text{-}gas}}{(^{13}C/^{12}C)_{Calcit}} = 0,9883$	Bottinga 1969
$\alpha_{T\text{-}H_2O} = \frac{(^{18}O/^{16}O)_T}{(^{18}O/^{16}O)_{H_2O}} = 1,0343$	Usdowski et al. 1991
$^{12}k = 3,49\cdot10^5 (l\cdot mol^{-1}\cdot min^{-1})$ (18 C)	Pinsent et al. 1956
$^{13}k = 3,36\cdot10^5 (l\cdot mol^{-1}\cdot min^{-1})$ (18 C)	Usdowski et al. 1982
$lg^{12}D_{CO_2} = -4,83\ (cm^2\cdot s^{-1})$ (18 C) $lg^{13}D_{CO_2} \approx lg^{12}D_{CO_2}$	Danckwerts 1970

Da $[SO_4^{2-}] >> [HSO_4^-] + [OH^-]$ ist, kann man anstelle der Gleichung 22.13 mit guter Näherung die Gleichung 22.14 verwenden.

$$[H^+] = 2[SO_4^{2-}] \qquad 22.14$$

Für das System CO_2-SO_2-H_2O gilt die Elektroneutralitätsbeziehung 22.15, aus der man durch Einsetzen der jeweiligen Konstanten den pH-Wert ermitteln kann.

$$[H^+] = [HCO_3^-] + 2[CO_3^{2-}] + [HSO_4^-] + 2[SO_4^{2-}] + [OH^-] \qquad 22.15$$

Die Tabelle 22.2 zeigt $\delta^{13}C$-Werte von Wässern aus Karbonatgestein-Regionen. Die zum Einzugsgebiet der Wässer gehörenden $\delta^{13}C$-Werte des Boden-CO_2 variieren zwischen etwa -20 und -33‰ PDB. Der Kalkstein hat $\delta^{13}C$-Werte zwischen 0 und 5‰. Aus dem Vergleich der Messungen mit den unter der Annahme eines offenen und eines geschlossenen Systems ermittelten Werte ergibt sich, daß die Auflösung im wesentlichen unter den Bedingungen eines geschlossenen Systems stattgefunden hat.

Auflösung von Karbonaten unter Beteiligung von Atmosphärilien

In Anwesenheit saurer Atmosphärilien (z.B. H_2SO_4) wird die Reaktion 22.1 durch die Reaktion 22.16 überlagert.

$$2CaCO_3 + H_2SO_4 = 2Ca^{2+} + 2HCO_3^- + SO_4^{2-} \qquad 22.16$$

Das in Karbonat-Grundwässern vorkommende Sulfat muß jedoch nicht unbedingt nach dieser Reaktion entstanden sein, da in vielen Fällen Karbonatgesteine fein verteilten Gips oder Anhydrit enthalten oder zusammen mit Lagen dieser Minerale vorkommen. Die Konzentration des gesamten Sulfats des Grundwassers (T) setzt sich also aus der Konzentration des geogenen Sulfats (G) und der des anthropogenen Sulfats (A) zusammen. Prinzipiell ermöglichen die stabilen Isotope des Schwefels eine Differenzierung der Herkunft. Wenn die Bilanz T = G + A erfüllt ist, läßt sich A anhand der Beziehung 22.17 ermitteln.

$$\frac{A}{T} = \frac{\delta^{34}S_T - \delta^{34}S_G}{\delta^{34}S_A - \delta^{34}S_G} \qquad 22.17$$

Es muß jedoch gewährleistet sein, daß im Gesteinsverband keine nennenswerten Mengen von Sulfid-Mineralen vorliegen, die infolge einer Oxidation zusätzliches Sulfat liefern können. Ferner muß eine Reduktion von Sulfat vernachlässigbar klein sein. Die $^{34}S/^{32}S$-Isotopen-Zusammensetzung von atmosphärischem Sulfat ist variabel. Typische δ^{34} S-Werte liegen zwischen etwa 0 und 5‰ CD. Die $\delta^{34}S$-Werte des aus der $CaSO_4$-Auflösung stammenden Sulfats sind gewöhnlich durch die stratigraphische Stellung des Gesteins gegeben. So hat der Zechstein $\delta^{34}S \approx 11$‰, und der Muschelkalk hat $\delta^{34}S \approx 20$‰ CD (Nielsen u. Rambow 1969). Auf dieser Basis sind Sulfat-Konzentrationen aus dem Eintrag von Atmosphärilien zwischen 15 und 50 mg l^{-1} ermittelt worden (Kirchhoff u. Usdowski 1985; Böttcher u. Rienäcker 1990; Schaefer u. Usdowski 1992). Input-Output-Bilanzierungen von Schulz (1970), Beese et al. (1975) sowie Kühn u. Weller (1977) lieferten ähnliche Werte.

Tabelle 22.2. $\delta^{13}C$-Werte (‰) von Karbonatgrundwässern und Ergebnisse von Modellrechnungen für ein offenes (OS) und ein geschlossenes System (GS)

	Messung	Modell	
		OS	GS
1	-13,7	-18,4	-13,6
2	-13,1	-18,0	-13,2
3	-7,8	-17,8	-8,5
4	-10,8	-17,0	-10,0
5	-11,0	-16,9	-11,4
6	-9,5	-17,6	-10,3
7	-10,9	-25,0	-13,0
8	-11,2	-24,8	-12,1
9	-12,8	-23,5	-10,6
10	-11,3	-24,0	-12,5

1–2: Güterstein (Schwäbische Alb)
3–6: Osterode (Harz)
7–10: Göttingen und Westerhof

Aus: Michaelis et al. (1984), Schaefer (1985), Kirchhoff (1984), Schaefer u. Usdowski (1992), Kirchhoff u. Usdowski (1985)

22.2 ABSCHEIDUNG VON CALCIUMKARBONAT

Die Abscheidung von Calciumkarbonat erfolgt sowohl in natürlichen als auch in anthropogenen Umfeldern. Sie wird im ersten Fall durch die Entgasung von Kohlendioxid aus dem Wasser in die Atmosphäre erhalten. Im zweiten Fall kommt es durch die Auflösung von Portlandit zu einer Zunahme des pH-Wertes und der Ca^{2+}-Konzentration und damit zu einer Abscheidung von Calcit. Eine zusätzliche Calcit-Bildung wird durch die Absorption von Kohlendioxid in diese alkalischen Wässer erhalten. Die Mechanismen der Kalkabscheidung durch CO_2-Entgasung und durch Zufuhr von Hydroxyl-Ionen lassen sich anhand der stabilen Isotope des Kohlenstoffs differenzieren.

Abscheidung durch CO_2-Desorption

Kommen Karbonatgrundwässer, die bei einem erhöhten CO_2-Partialdruck gebildet wurden, mit der Erdatmosphäre in Kontakt, z.B. an ober- und unterirdischen Quellen oder in klüftigen Gesteinen, kann Calcit in Umkehrung der Reaktion 22.1 gebildet werden. Diese Reaktion tritt jedoch nicht spontan ein. Sie wird kinetisch kontrolliert. Hierfür sind zwei Grenzflächen-Effekte verantwortlich. Aus der Reaktion 22.1 (von rechts nach links) geht hervor, daß mit der $CaCO_3$-Abscheidung ein Teil des gelösten Karbonats an der Grenzfläche Gas-Lösung an die Atmosphäre abgegeben wird (Reaktionen 22.1a und 22.1b). Die Geschwindigkeit der CO_2-Desorption wird durch die Diffusion des gelösten CO_2 bestimmt. Der diesen Prozeß charakterisierende Parameter ist der dem Karbonatinhalt der Lösung entsprechende „interne" CO_2-Partialdruck. Er ergibt sich aus den zusammengefaßten Reaktionen 22.6 bis 22.8 und wird nach der Gleichung 22.18 ermittelt.

$$P_{CO_2} = \frac{(H^+)^2 \cdot (CO_3^{2-})}{K_0 \cdot K_1 \cdot K_2} \qquad 22.18$$

Ist dieser CO_2-Partialdruck größer als derjenige der umgebenden Atmosphäre (Erdatmosphäre: $Pco_2 = 10^{-3,5}$), so kann CO_2 desorbiert werden. Entspricht er dem Partialdruck der Atmosphäre, dann herrscht ein Gleichgewicht. Ist er kleiner, gelangt CO_2 in dic Lösung.

Der andere Effekt besteht darin, daß durch Nukleation und Weiterwachsen von $CaCO_3$-Partikeln infolge der Teilreaktion 22.1d eine Grenzfläche Festkörper-Lösung aufgebaut wird. Der charakteristische Parameter für diesen Prozeß ist die Reaktionsenthalpie 22.19.

$$\Delta G_R = - R \cdot T \cdot \ln S_C \qquad 22.19$$

In dieser Gleichung 19 ist die Gleichung 22.20 der Reaktionsquotient, der auch als Sättigungsgrad der Lösung bezeichnet wird. Er vergleicht tatsächlich vorhandene Aktivitäten mit dem Löslichkeitsprodukt K_C. Zahlenwerte $S_C <1$, $S_C = 1$ und $S_C >1$ bedeuten Untersättigung, Sättigung und Übersättigung der Lösung in Bezug auf den Festkörper.

$$S_C = \frac{(Ca^{2+}) \cdot (CO_3^{2-})}{K_C} \qquad 22.20$$

Aus Messungen entlang von fließenden, karbonathaltigen Wässern geht hervor, daß die CO_2-Entgasung einsetzt, sobald die Lösung mit der Atmosphäre in Kontakt kommt. Dagegen findet die Abscheidung von Calcit erst später statt (Usdowski et al. 1979; Dandurand et al. 1982; Michaelis et al. 1985). Die Abbildung 22.4 zeigt, daß der CO_2-Partialdruck entlang der Fließstrecke (d.h. als Funktion der Zeit) in einer Initialperiode abnimmt. Hierdurch kommt es zu einer pH-Erhöhung, so daß der relative Anteil von CO_3^{2-} zunimmt und bei unverändertem Ca^{2+}-Gehalt die Übersättigung der Lösung an $CaCO_3$ steigt. Alle Untersuchungen zeigen, daß die Nukleation von Calcit erst dann einsetzt, wenn eine Mindest-Aktivität des CO_3^{2-} von etwa 10^{-5} erreicht worden ist. Da die Übersättigung groß ist, wird das $CaCO_3$ schnell abgeschieden.

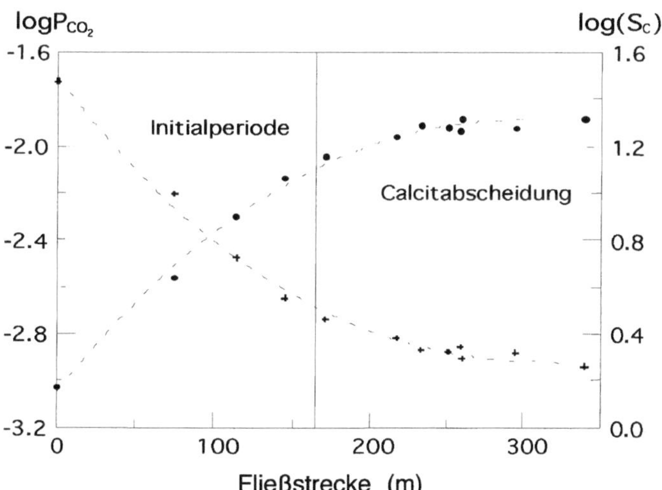

Abb. 22.4. Änderung des CO_2-Partialdruckes und der Übersättigung an Calcit entlang der Fließstrecke eines Calciumkarbonathaltigen Gewässers. Initialperiode: $H^+ + HCO_3^- \rightarrow H_2CO_3 \rightarrow CO_{2(gas)} + H_2O$; Calcitabscheidung: $Ca^{2+} + 2HCO_3^- \rightarrow CaCO_3 + CO_{2(gas)} + H_2O$

Abscheidung durch alkalische Lösungen

Kommen Calciumkarbonat-haltige Grundwässer in Kontakt mit alkalisch reagierenden Substanzen, dann erfolgt ebenfalls eine Abscheidung von $CaCO_3$. Im anthropogenen Bereich ist diese Situation gegeben, wenn derartige Wässer z.B. in Berührung mit Betonbauten oder Bauschutt kommen. Insbesondere bei Fundamenten und unterirdischen Bauten besteht eine großes Problem darin, daß infolge der $CaCO_3$-Abscheidung Drainagesysteme verstopfen und das Wasser ohne aufwendige Sanierungsmaßnahmen nicht mehr abgeleitet werden kann (Dietzel et al. 1992). Neben der $CaCO_3$-Abscheidung laufen weitere Prozesse ab, die zu einer deutlichen Veränderung der Zusammensetzung der Drainagewässer gegenüber den Grundwässern führen. Die Ursache für die alkalische Wirkung des Betons besteht darin, daß er sehr häufig Relikte von Portlandit ($Ca(OH)_2$) enthält. Dieses Material löst sich nach der Reaktion 22.21.

$$Ca(OH)_2 = Ca^{2+} + 2\,OH^- \qquad K_{Portlandit} \qquad 22.21$$

Aus dem Löslichkeitsprodukt (Tabelle 22.1) ergibt sich ein maximaler pH-Wert von etwa 13. Aus der Abbildung 22.5 geht hervor, daß derartige Werte durchaus erreicht werden.

Kommt ein Calciumkarbonat-Wasser mit Beton in Kontakt, so werden infolge der Auflösung von Portlandit die Ca^{2+}-Konzentration und der pH-Wert erhöht. Infolge der pH-Zunahme nimmt auch der relative Anteil von CO_3^{2-} am Gesamtkarbonat zu, und die Übersättigung an $CaCO_3$ steigt (Gleichung 22.20), so daß es nach der Reaktionen 22.22a–c zur Abscheidung von Calcit kommt.

$$Ca(OH)_2 = Ca^{2+} + 2\,OH^- \qquad 22.22a$$

$$2\,HCO_3^- + 2\,OH^- = 2\,CO_3^{2-} + 2\,H_2O \qquad 22.22b$$

$$2\,Ca^{2+} + 2\,CO_3^{2-} = 2\,CaCO_3 \qquad 22.22c$$

$$Ca(OH)_2 + Ca^{2+} + 2\,HCO_3^- = 2\,CaCO_3 + 2\,H_2O \qquad 22.22$$

Die Tabelle 22.3 zeigt die Zusammensetzungen und Kenngrößen von Grundwässern einer Karbonatgesteinsregion und von Drainagewässern, die durch Reaktion der Grundwässer mit einer unterirdischen Betonkonstruktion entstanden sind. Die Ca^{2+}-Konzentrationen der Drainagewässer ergeben sich aus einer Zufuhr von Ca^{2+} durch die Portlandit-Auflösung und einem Entzug von Ca^{2+} durch die Abscheidung von $CaCO_3$. Wird viel Portlandit aufgelöst, erhält man sehr hohe pH-Werte. Hierdurch verschiebt sich die Reaktion 22.22 ganz nach rechts, so daß das Karbonat des Grundwassers fast quantitativ entfernt wird. Der aus der Portlanditauflösung stammende hohe Ca^{2+}-Gehalt wird nur wenig erniedrigt. Wird wenig Portlandit gelöst, ergeben sich niedrigere pH-Werte. Die Steigung der Regressionsgeraden in Abbildung 22.5 beträgt 0,37. Dieser Wert repräsentiert

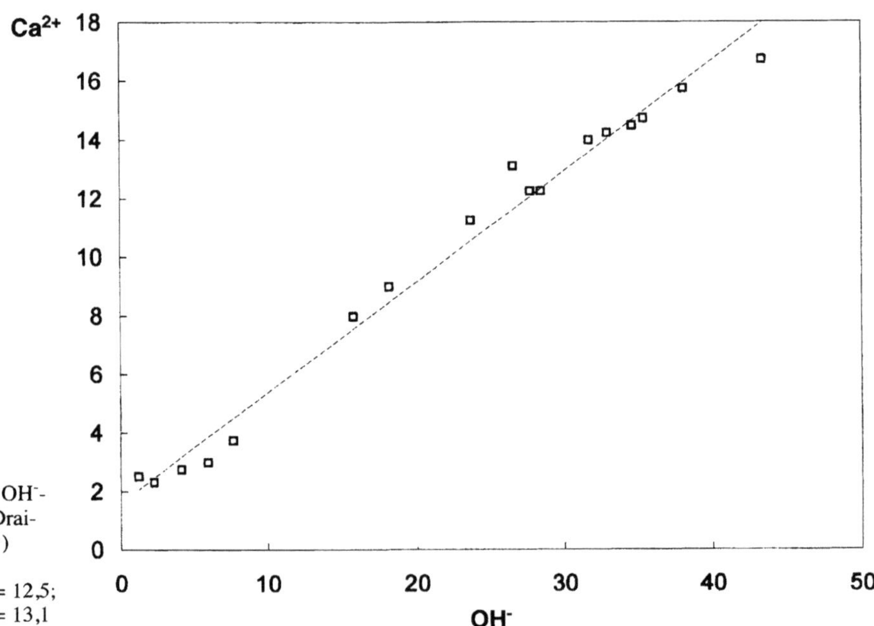

Abb. 22.5. Ca^{2+}- und OH^--Konzentrationen von Drainagewässern (mmol l^{-1}) (Dietzel et al. 1992). 10 mmol $OH^-\,l^{-1}$: pH = 12,5; 40 mmol $OH^-\,l^{-1}$: pH = 13,1

Tabelle 22.3. Zusammensetzungen und Kenngrößen von Grundwässern (G) und Drainagewässern (D). Konzentrationen in $mg\ l^{-1}$

	T(°C)	pH	Ca^{2+}	Mg^{2+}	Na^+	K^+	Cl^-	SO_4^{2-}	$H_2CO_3^*$	HCO_3^-	CO_3^{2-}	$\lg P_{CO_2}$	$\lg S_C$
G1	10,3	7,52	254	28	4,5	1,7	16	431	22	288	0,46	-2,1	0,53
G2	9,1	7,32	52	19	4,3	1,2	15	58	20	149	0,12	-2,2	-0,48
G3	9,5	7,40	185	42,6	7,5	1,5	8,2	338	34	323	0,38	-2,0	0,33
G4	11,4	7,58	122	12,4	6,8	2,0	12,4	240	7,6	115	0,19	-2,6	-0,02
G5	9,9	7,32	125	30,1	4,0	1,6	25,7	76	43	351	0,31	-1,8	0,21
D1	9,3	8,06	80	21	6,0	17	39	51	5,2	220	1,0	-2,8	0,60
D2	8,8	9,75	39	18	8,0	4,2	34	86	0,03	68	15	-5,0	1,41
D3	5,9	11,66	59	3,0	11	8,1	30	52	-	0,82	13	-8,8	1,56
D4	10,2	12,87	562	n,n,	87	94	41	8,1	-	0,01	5,0	-11,9	1,81
D5	10,1	12,92	592	n,n,	67	7,8	21	6,0	-	-	0,39	-13,1	0,71

gegenüber dem aus der Stöchiometrie resultierenden Wert von 0,5 die Relation zwischen der Auflösung von Portlandit und der Abscheidung von Calcit.

Neben diesen Prozessen tritt in Drainagesystemen ein weiterer Mechanismus auf, der ebenfalls zu beträchtlichen Calcit-Abscheidungen führt (Dietzel et al. 1992). Kommen alkalische Wässer vom Typ D3 bis D5 (Tabelle 22.3) mit Luft in Kontakt, so nehmen sie atmosphärisches CO_2 auf, das infolge des hohen pH-Werts in CO_3^{2-} transformiert und als Calcit abgeschieden wird. Hierbei laufen die Reaktionen 22.23a–d ab.

$$CO_{2(gas)} = CO_{2(gelöst)} \qquad 22.23a$$

$$CO_{2(gelöst)} + OH^- = HCO_3^- \qquad 22.23b$$

$$HCO_3^- + OH^- = CO_3^{2-} + H_2O \qquad 22.23c$$

$$Ca^{2+} + CO_3^{2-} = CaCO_3 \qquad 22.23d$$

$$Ca^{2+} + 2\ OH^- + CO_{2(gas)} = CaCO_3 + H_2O \qquad 22.23$$

Die Geschwindigkeit der Calcit-Abscheidung wird durch die Absorptionsgeschwindigkeit des atmosphärischen CO_2 gesteuert. Der Ausdruck für die Geschwindigkeit (Gl. 22.24) lautet:

$$R = \frac{dN}{F \cdot dt} = C_0 \cdot (D_{CO_2} \cdot k \cdot [OH^-])^{0,5} \qquad 22.24$$

In dieser Gleichung 22.24 ist N die Molzahl des absorbierten CO_2, F ist die Oberfläche der Lösung, und C_0 ist die CO_2-Konzentration der Lösung an der Grenzschicht Lösung-Gasphase. Die Größe D_{CO_2} ist der Diffusionskoeffizient von gelöstem CO_2, und k ist die Geschwindigkeitskonstante der Hydroxilierung (Reaktion 22.23b von links nach rechts). Die nach diesem Prozeß ablaufende Calcit-Abscheidung ist beträchtlich. Mit den in der Tabelle 22.1 angegebenen Werten der Konstanten ermittelt man für pH = 13 anhand der integrierten Gleichung 22.24 eine Menge von 50 g $CaCO_3$ pro m^2 Lösungsoberfläche und Tag (Dietzel 1995).

Aus den Zuammensetzungen der Grund- und Drainagewässer (Tabelle 22.1) gehen weitere chemische Prozesse hervor. Die Magnesium-Verarmung beruht auf der Abscheidung von Brucit nach der Reaktion 22.25 (Brucit tritt als suspensiv eingebrachter Nebenbestandteil in den Drainagen auf).

$$Mg^{2+} + 2OH^- = Mg(OH)_2 \qquad K_{Brucit} \qquad 22.25$$

Ab pH-Werten um 12 ist Magnesium praktisch nicht mehr in den Lösungen vorhanden, da K_{Brucit} sehr klein ist (Tabelle 22.3). Die gegenüber den Grundwässern deutlich erhöhten Alkali- und Chlorid-Konzentrationen zeigen, daß es neben der Auflösung von Portlandit auch zu einer Auflösung der dem Beton zugegebenen Erstarrungsbeschleuniger kommt (s.a. Babatschev u. Nikolova 1968). Die Konzentration des aus dem Grundwasser stammenden Sulfats wird durch die Bildung von Ettringit ($3CaO \cdot Al_2O_3 \cdot 3\,CaSO_4 \cdot 32H_2O$) erniedrigt, welcher der Lösung ebenfalls Ca^{2+} entziehen kann (D'Ans u. Eick 1953; McLeod u. Hall 1991; Dietzel 1989, 1995; Dietzel et al. 1992).

Stabile Isotope des Kohlenstoffs

Wird Calcit in Umkehrung der Reaktion 22.1 durch CO_2-Entgasung abgeschieden, dann sollte zwischen dem gelösten Karbonat und dem Festkörper eine $^{13}C/^{12}C$-Fraktionierung von etwa 2‰ auftreten. Alle Untersuchungen an hydrogeochemischen Systemen, in denen Calcit schnell aus einer übersättigten

Lösung abgeschieden wird, zeigen jedoch, daß sich das Isotopengleichgewicht nicht einstellt, so daß die $^{13}C/^{12}C$-Zusammensetzung des gelösten Karbonats im abgeschiedenen Festkörper praktisch konserviert wird (Usdowski et al. 1979; Dandurand et al. 1982; Michaelis et al. 1985). Wird also Calcit aus einem Calciumkarbonat-Wasser abgeschieden, das infolge seiner Entstehung in einem geschlossenen System eine Isotopenzusammensetzung von $\delta^{13}C$ = -10‰ PDB hat, dann besitzt der Festkörper mit guter Näherung die gleiche Zusammensetzung. Dieselben Verhältnisse gelten für den Fall, in dem $CaCO_3$ nach der Reaktion 22.22 durch pH-Erhöhung infolge eines Kontakts mit alkalisch reagierenden Substanzen abgeschieden wird. Erfolgt dagegen die Abscheidung nach der Gleichung 22.23, hat man einen deutlichen, kinetischen Isotopen-Effekt. Bei der CO_2-Absorption durch alkalische Lösungen diffundieren und hydroxilieren $^{13}CO_2$ und $^{12}CO_2$ unabhängig voneinander, so daß für das schwere und leichte CO_2 zwei Gleichungen 22.24 gelten, die sich nur durch die massenspezifischen Zahlenwerte der Konstanten ^{13}D, ^{13}k, ^{12}D und ^{12}k unterscheiden. Der Quotient dieser beiden integrierten Gleichungen ergibt die $^{13}C/^{12}C$-Fraktionierung bei der $CaCO_3$-Bildung durch alkalische Lösungen. Unter Verwendung von $\delta^{13}C$-Werten lautet der Ausdruck für die Fraktionierung:

$$\delta^{13}C_{Calcit} = \alpha\left(\frac{^{13}D \cdot {}^{13}k}{^{12}D \cdot {}^{12}k}\right) \cdot (\delta^{13}C_{CO_2(gas)} + 10^3) - 10^3 \quad 22.26$$

Der kinetische Fraktionierungsfaktor ist $(^{13}D \cdot {}^{13}k/{}^{12}D \cdot {}^{12}k)^{0,5}$ = 0,9805 für 18°C. Er ergibt sich im wesentlichen aus den unterschiedlichen Geschwindigkeitskonstanten für die Reaktion von $^{13}CO_2$ und $^{12}CO_2$ mit OH^- (Tabelle 22.1). Die Größe α ist ein Gleichgewichts-Fraktionierungsfaktor, dessen Zahlenwert nahe bei eins liegt (Usdowski et al. 1982). Mit $\delta^{13}C$ = -7‰ PDB für Luft-CO_2 ergibt sich $\delta^{13}C_{Calcit}$ = -25‰.

Die Abbildung 22.6 zeigt $\delta^{13}C$-Werte von Calcit-Abscheidungen in Drainagesystemen und die zugehörigen pH-Werte von Lösungen. Das Diagramm reflektiert die Mechanismen der Calcit-Abscheidung. Calcite, die durch eine CO_2-Desorption (Reaktion 22.1 von rechts nach links) entstanden sind, weisen einen mittleren $\delta^{13}C$-Wert von etwa -13‰ auf. Isotopenwerte um -13‰ erhält man zwischen pH-Werten von 8 bis 13. In alkalischen Lösungen repräsentiert dieser $\delta^{13}C$-Wert einen Calcit, der nach der Reaktion 22.22 bei hoher $Ca(OH)_2$-Konzentration gebildet wurde. Die unterschiedlichen pH-Werte entsprechen

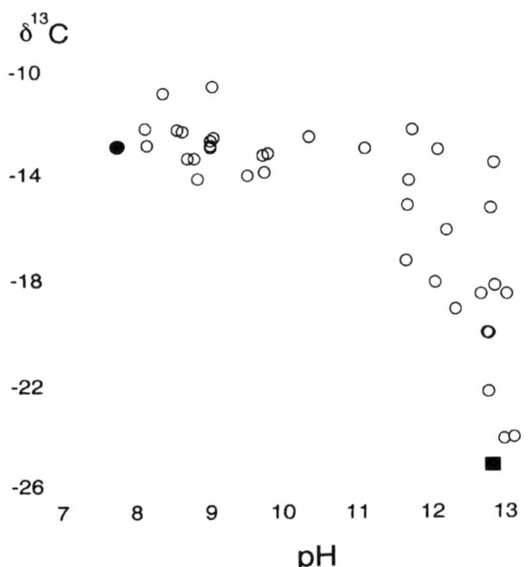

Abb. 22.6. $\delta^{13}C$-Werte (PDB) von Calcit-Abscheidungen als Funktion des pH-Wertes der Lösung (Dietzel 1995).
●: Grenzwert für reine Abscheidung durch CO_2-Absorption.
■: Grenzwert für reine Abscheidung aus Karbonatgrundwasser

Situationen, in denen von links nach rechts zunehmende Mengen von Portlandit gelöst wurden und der Calcit ebenfalls nach der Reaktion 22.22 abgeschieden worden ist. Calcit mit $\delta^{13}C$ = -24‰ ist infolge von CO_2-Absorption durch eine im wesentlichen $Ca(OH)_2$-haltige Lösung entstanden (Reaktion 22.23). Die anderen Fälle bei pH-Werten um 13 stellen eine Superposition der Reaktionen 22.22 und 22.23 mit unterschiedlichen Gewichtungen dar.

Stabile Isotope des Sauerstoffs

Die Abbildung 22.7 zeigt, daß die $\delta^{13}C$-Werte der Abbildung 22.6 mit den zugehörigen $\delta^{18}O$-Werten korrelliert sind. Sie variieren in Abhängigkeit des pH-Werts von $\delta^{18}O \approx$ 10‰ bei pH ≈ 13 bis $\delta^{18}O \approx$ 24‰ bei pH ≈ 7,5. Die $^{18}O/^{16}O$-Zusammensetzung der Calcite reflektieren ebenfalls die unterschiedlichen Reaktionsmechanismen.

Wird Kalkstein nach der Reaktion 22.1 gelöst, findet zwischen dem gelösten Karbonat und dem Wasser eine $^{18}O/^{16}O$-Austauschreaktion statt, die über das gelöste CO_2 abläuft (Usdowski et al. 1991; Usdowski u. Hoefs 1993). Aus der Abbildung 22.8 geht hervor, daß der Austausch in der Nähe des Neutralpunktes nach relativ kurzer Zeit abgeschlossen ist. Der

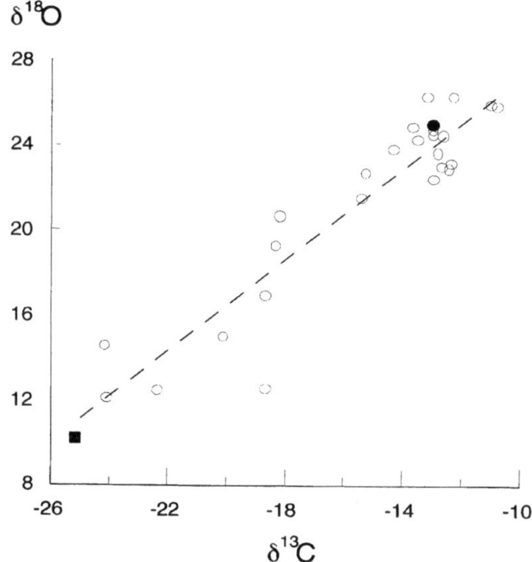

Abb. 22.7. Relation zwischen den $\delta^{13}C$-Werten (PDB) der Calcit-Abscheidungen (Abb. 22.6) und den zugehörigen $\delta^{18}O$-Werten (SMOW; Dietzel 1995). ●: Grenzwert für reine Abscheidung durch CO_2-Absorption. ■: Grenzwert für reine Abscheidung aus Karbonatgrundwasser

Fraktionierungsfaktor nach Gleichung 22.27 ist 33,7 bei 10°C ($^{18}R = {}^{18}O/{}^{16}O$).

$$10^3 \ln \alpha_{T\text{-}H_2O} = 10^3 \ln \frac{^{18}R_T}{^{18}R_{H_2O}} \qquad 22.27$$

Hieraus ergibt sich unter Verwendung von $\delta^{18}O$-Werten der Ausdruck 22.28.

$$\delta^{18}O_T = \alpha_{T-H_2O} \cdot (\delta^{18}O_{H_2O} + 10^3) - 10^3 \qquad 22.28$$

Setzt man in diese Gleichung 22.28 den Mittelwert $\delta^{18}O_{H2O}$ = -8,2‰ SMOW des Regenwassers aus dem Einzugsgebiet ein, erhält man $\delta^{18}O_T$ = 26‰. Diese Isotopenzusammensetzung wird bei der schnellen Abscheidung von Calcit nach der Initialperiode der Reaktion 22.1 (Abbildung 22.7) im Festkörper konserviert. Die unter Gleichgewichtsbedingungen zu erwartende Fraktionierung zwischen Festkörper und Wasser findet nicht statt.

Erfolgt die Calcit-Abscheidung bei hohen pH-Werten, wie bei der Abscheidung durch CO_2-Absorption (Reaktion 22.23), dann ist der $^{18}O/^{16}O$-Austausch zwischen dem gelösten Karbonat und dem Wasser extrem langsam (Abb. 22.8). Die Isotopenzusammensetzung des nach der Reaktion 22.23 absorbierten CO_2 ändert sich also praktisch nicht und die des abgeschiedenen $CaCO_3$ ist somit eine Mischung der Zusammensetzungen des CO_2 und des mit dem Wasser im Isotopengleichgewicht stehenden OH^- in der Proportion der $^{18}O/^{16}O$-Stöchiometrie (Usdowski et al. 1991). Es gilt die Beziehung 22.29

$$\delta^{18}O_{Calcit} = \frac{2}{3} \cdot \delta^{18}O_{CO_{2(gas)}} + \frac{1}{3} \cdot \delta^{18}O_{OH} \qquad 22.29$$

Hiermit erhält man unter Berücksichtigung der Fraktionierung zwischen H_2O und OH^- ($\Delta^{18}O_{H20\text{-}OH}$ = 47‰; Usdowski et al. 1991) sowie mit der Zusammensetzung von atmosphärischem CO_2 ($\delta^{18}O$ = 41‰ SMOW) und des Wassers ($\delta^{18}O$ = -8,2‰) für den Calcit eine Zusammensetzung von $\delta^{18}O$ = 9‰.

Die Kohlenstoff- und Sauerstoff-Isotopenzusammensetzungen der Calcit-Ausscheidungen sind also durch die Reaktions-Mechanismen 22.22 und 22.23 limitiert. Bei der Reaktion 22.22 entspricht die $^{13}C/^{12}C$-Zusammensetzung des Festkörpers derjenigen der Lösung, die ihrerseits aus den Zusammensetzungen des Boden-CO_2 und des anstehenden Kalksteins resultiert. Das $^{18}O/^{16}O$-Verhältnis in den Calciten ergibt sich aus dem Isotopenaustausch zwischen dem gelösten Karbonat und dem Wasser. Bei der Reaktion 22.23 wird das $^{13}C/^{12}C$-Verhältnis kinetisch durch die unterschiedlich schnell ablaufende Hydroxilierung von $^{13}CO_2$ und $^{12}CO_2$ bestimmt. Die $^{18}O/^{16}O$-Zusammensetzung ergibt sich aus aus den Zusammensetzungen des Wassers und des atmosphärischen CO_2 im Verhältnis der $^{18}O/^{16}O$-Stöchiometrie.

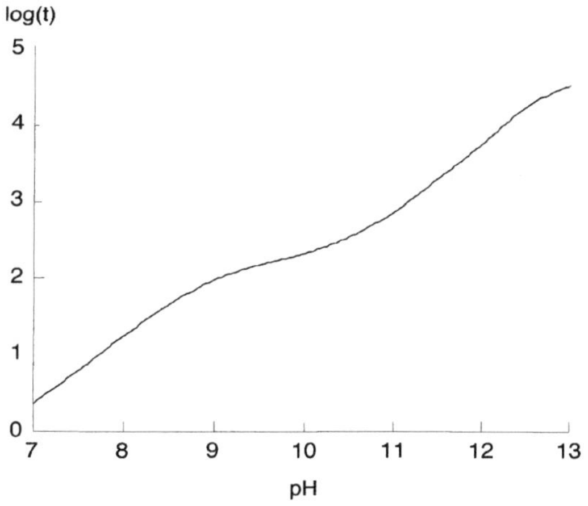

Abb. 22.8. Erforderliche Zeit t (Stunden) für die Einstellung des $^{18}O/^{16}O$-Isotopengleichgewichts zwischen gelöstem Karbonat und H_2O als Funktion von pH (10°C)

LITERATUR

Babatschev GN, Nikolova AB (1968) Chemische Zugaben zur Beschleunigung des Erstarrens und Erhärtens von Spritzbeton. Zement-Kalk-Gips 6: 263–266

Barnes HL, Helgeson HC, Ellis AJ (1966) Ionization constants in aqueous solutions. In: Clark SP (ed) Handbook of physical constants. Section 18, Geol Soc Am Mem 97: 401–415

Beese F, Homeyer B, Meyer G (1975) Der Wasser- und Bioelement-Haushalt von Ackerparabraunerden aus Löß in den nördlichen Randgebieten der Mitteldeutschen Schwelle (Süd-Niedersachsen). Göttinger Bodenkdl Ber 33: 102–132

Berner UR (1988) Modelling the incongruent dissolution of hydrated cement minerals. Radiochim Acta 44/45: 387–393

Böttcher ME, Rienecker I (1990) Hydrogeochemische und isotopengeochemische Untersuchungen an Grund- und Oberflächenwässern am Südrand des Harzes während eines künstlich induzierten Hochwassers. Z Wasser-Abwasser-Forsch 23: 136–140

Bottinga Y (1969) Calculated fractionation factors for carbon and hydrogen isotope exchange in the system calcite–carbon dioxide–graphite–methane–hydrogen–water vapor. Geochim Cosmochim Acta 33: S. 49

Danckwerts PV (1970) Gas-liquid Reactions. McGraw-Hill, New York, 276 S.

Dandurand JL, Gout R, Hoefs J, Menschel G, Schott J, Usdowski E (1982) Kinetically controlled variations of major components and carbon and oxygen isotopes in a calcite-precipitating spring. Chem Geol 36: 299–315

D'Ans J, Eick H (1953) Das System CaO-Al_2O_3-$CaSO_4$-H_2O bei 20°C. Zement Kalk Gips 6: 302–311

Davidson GR (1995) The stable isotopic composition and measurement of carbon in soil CO_2. Geochim Cosmochim Acta 59: 2485–2489

Deines P, Langmuir DL, Harmon RS (1974) Stable carbon isotope ratios and the existence of a gas phase in the evolution of carbonate ground waters. Geochim Cosmochim Acta 38: 1147–1164

Dietzel M (1989) Hydrogeochemische und isotopengeochemische Untersuchungen am Leinebuschtunnel zur Erfassung der Kontaminationen des Bergwassers an der Tunnelwandung und zur Erklärung der Abscheidungen im Drainagesystem. Unveröff Diplomarbeit, Geowiss Univ Göttingen, 97 S.

Dietzel M (1995) $^{13}C/^{12}C$- und $^{18}O/^{16}O$-Signaturen von Calcit-Abscheidungen in Drainagesystemen. Acta hydrochim hydrobiol 23, 4: 180–184

Dietzel M, Usdowski E, Hoefs J (1992) Chemical and $^{13}C/^{12}C$- and $^{18}O/^{16}O$-isotope evolution of alkaline drainage waters and the precipitation of calcite. Applied Geochem 7: 177–184

Fritz P, Mozeto AA, Reardon EJ (1985) Practical considerations on carbon isotope studies on soil carbon dioxide. Chem Geol (Isotope Sect) 58: 89–95

Galimov EM (1966) Carbon isotopes of soil CO_2. Geochem Internat 3: 889–898

Garrels RM, Christ CL (1965) Solutions, minerals and equilibria. Harper International, New York, 450 S.

Greenberg SA, Copeland LE (1960) The thermodynamic functions for the solution of calcium hydroxide in water. J Phys Chem 64: 1057–1059

Harned HS, Davis R (1943) The ionization constant of carbonic acid in water and the solubility of carbon dioxide in water and aqueous salt solutions from 0 to 50°C. J Am Chem Soc 65: 2030–2037

Harned HS, Owen BB (1958) The physical chemistry of electrolyte solutions. Reinhold, New York, 803 S.

Harned HS, Scholes SR (1941) The ionization constant of HCO_3^- from 0 to 50°C. J Am Chem Soc 63: S. 1706

Hendy CH (1971) The isotopic geochemistry of speleothems, I. The calculation of the effects of different modes of formation on the isotopic composition of speleothems and their applicability as paleoclimatic indicators. Geochim Cosmochim Acta 35: 801–824

Jacobsen RL, Langmuir D (1974) Dissociation constants of calcite and $CaHCO_3^+$ from 0 to 50°C. Geochim Cosmochim Acta 38: 301–318

Kirchhoff A (1984) Hydrogeochemische Untersuchungen und Modellbetrachtungen zur Grundwasserentwicklung in Kalksteinregionen – Messungen in den Gebieten von Göttingen und Westerhof. Unveröff Diplomarbeit, Geowiss Univ Göttingen, 159 S.

Kirchhoff A, Usdowski E (1985) Hydrogeochemische und isotopenchemische Untersuchungen an karbonathaltigen Grundwässern im Göttinger Raum. Z deutsch Geol Ges 136: 575–583

Khodakovskiy IL, Ryzhenko BN, Naumov GB (1968) Thermodynamics of aqueous electrolyte solutions at elevated temperatures (temperature dependence of the heat capacities of ions in aqueous solution). Geochem Internat 5: 1200–1218

Kühn H, Weller H (1977) Sechsjährige Untersuchungen über Schwefelzufuhr durch Niederschläge und Schwefelverluste durch Auswaschungen (in Lysimetern). Z Pfanzenernähr Bodenkd 140: 431–440

McLeod G, Hall AJ (1991) Whisker crystals of the mineral ettringite. Min Petr 433: 211–215

Matthess G (1990) Die Beschaffenheit des Grundwassers. Lehrbuch der Hydrogeologie. 2. Aufl. Band 2: 498 S., Bornträger, Berlin Stuttgart

Matthess G, Frimmel FH, Hirsch P, Schulz HD, Usdowski E (eds; 1992) Progress in hydrogeochemistry. Organics – carbonate systems – silicate systems –microbiology – models. Springer, Berlin Heidelberg New York, 544 S.

Michaelis J (1992) Carbonate rock dissolution under intermediate system conditions. In: Matthess G, Frimmel FH, Hirsch P, Schulz HD, Usdowski E (eds) Progress in hydrogeochemistry. Springer, Berlin Heidelberg New York. S. 167–174

Michaelis J, Usdowski E, Menschel G (1984) Model considerations for the evolution of carbonate ground waters in the Schwäbische Alb (Federal Republic of Germany). Isotope Geoscience 2: 197–204

Michaelis J, Usdowski E, Menschel G (1985) Partitioning of ^{13}C and ^{12}C on the degassing of CO_2 and the precipitation of calcite – Rayleigh-type fractionation and a kinetic model. Am J Sci 285: 318–327

Mook WG, Bommerson JC, Stavermann WH (1974) Carbon isotope fractionation between dissolved bicarbonate and gaseous carbon dioxide. Earth Planet Sci Lett 22: S. 169

Morel FMM, Hering JG (1993) Principles and applications of aquatic chemistry. Wiley Interscience, New York Chichester Brisbane, 588 S.

Nielsen H, Rambow D (1969) S-Isotopenuntersuchungen an Sulfaten hessischer Mineralwässer. Notizen HLfB 97: 352–366

Pearson FJ, Hanshaw BB (1970) Sources of dissolved carbonate species in ground water and their effects on carbon-14 dating – Isotope Hydrology, Internat Atomic Energy Agency (IAEA), S. 271–286, Wien

Reardon EJ, Fritz P (1978) Computer modelling of groundwater ^{13}C and ^{14}C isotope compositions. J Hydrol 36: 201–224

Rightmire CT, Hanshaw BB (1973) Relationship between the carbon isotope composition of soil CO_2 and dissolved carbonate species in ground water. Water Resources Res 9: 958–967

Pinsent BRW, Pearson L, Roughton FJW (1956) The kinetics of combination of carbon dioxide with hydoxide ions. Trans Faraday Soc 52: S. 1512

Schaefer KW (1985) Hydrogeochemische und isotopengeochemische Untersuchungen im Gips-Karbonat-Gebiet von Osterode/Harz – Modelle der Karbonatauflösung und ihre Anwendung. Unveröff Diplomarbeit, Geowiss Univ Göttingen, 239 S.

Schaefer KW, Usdowski E (1987) Modelle der Kalk-Auflösung und $^{12}C/^{13}C$-Entwicklung von Karbonat-Grundwässern. Z Wasser-Abwasser-Forsch 20: 69–81

Schaefer KW, Usdowski E (1992) Application of stable carbon and sulfur isotope models to the development of ground water in a limestone-dolomite-anhydrite-gypsum area. In: Matthess G, Frimmel FH, Hirsch P, Schulz HD, Usdowski E (eds) Progress in hydrogeochemistry. Springer, Berlin Heidelberg New York, S. 157–163

Schulz HD (1970) Chemische Vorgänge beim Übergang von Sickerwasser zum Grundwasser. Dissertation, TH Aachen, 114 S.

Sigg L, Stumm W (1994) Aquatische Chemie. Einführung in die Chemie wässriger Lösungen und natürlicher Gewässer. 3. Aufl· 498 S., Teubner, Stuttgart

Stumm W, Morgan JJ (1996) Aquatic chemistry. Third edition. Wiley Interscience, New York Chichester Brisbane, 1022 S.

Thode HG, Shima M, Rees CE, Krishnamurty KV (1965) Carbon-13 isotope effects in systems containing carbon dioxide, bicarbonate, carbonate and metal ions. Can J Chem 43: S. 582

Usdowski E (1982) Reactions and equilibria in the systems CO_2-H_2O and $CaCO_3$-CO_2-H_2O (0°-50°C). N Jb Miner Abh 144, 2: 148–171

Usdowski E, Hoefs J (1993) Oxygen isotope exchange between carbonic acid, bicarbonate, carbonate, and water: A re-examination of the data of McCREA (1950) and an expression for the overall partitioning of oxygen isotopes between the carbonate species and water. Geochim Cosmochim Acta 57: 3815–3818

Usdowski E, Hoefs J, Menschel G (1979) Relationship between ^{13}C and ^{18}O fractionation and changes in major element composition in a recent calcite-deposition spring – a model of chemical variations with inorganic $CaCO_3$ precipitation. Earth Planet Sci Lett 42: 267–276

Usdowski E, Menschel G, Hoefs J (1982) Kinetically controlled partitioning and isotopic equilibrium of ^{13}C and ^{12}C in the system CO_2-NH_3-H_2O. Z Phys Chem NF 130: 13–21

Usdowski E, Michaelis J, Böttcher ME, Hoefs J (1991) Factors of the oxygen isotopic equilibrium fractionation between aqueous CO_2, carbonic acid, bicarbonate, carbonate and water (19°C). Z Phys Chem 170: 237–249

Vogel JC, Grootes PM, Mook WG (1970) Isotopic fractionation between gaseous and dissolved carbon dioxide. Z Phys 230: S. 225

Voigt HJ (1990) Hydrogeochemie. Eine Einführung in die Beschaffenheitsentwicklung des Grundwassers. Springer, Heidelberg Berlin, 310 S.

Wigley TML, Plummer LN, Pearson FJ (1978) Mass transfer and carbon isotope evolution in natural water systems. Geochim Cosmochim Acta 42: 1117–1139

23 Problematik der Grundwasserversauerung und das Lösungsverhalten von Spurenstoffen

ALEXANDER PLEßOW • ULRICH BIELERT • HARTMUT HEINRICHS • ILKA STEINER

Das Problem einer ausreichenden Wasserversorgung ist nicht allein auf aride Gebiete beschränkt. Auch in Deutschland wird es zunehmend schwerer, den steigenden Bedarf an hochwertigem Trinkwasser unter vertretbarem Kostenaufwand zu decken. Neben dem Rückgang natürlicher Wasserspeicher durch Trokkenlegung ist dies vor allem auf die Schadstoffbelastung der Oberflächen- und Grundwässer zurückzuführen (z.B. Hessische Landesanstalt für Umwelt 1995; → Kap. 18–22, 24). Die Trinkwassergewinnung aus Oberflächengewässern ist nicht immer kostengünstig. Es kommt zu hohen Verdunstungen, zur schnellen Erwärmung, zu Algenwachstum und zu direkten Einträgen schadstoffreicher atmosphärischer Depositionen. Das Grundwasser hat deshalb als Trinkwasserreserve eine besondere Bedeutung. Jedoch wird auch die Qualität des Grundwassers bereits heute großräumig durch diffuse Schadstoffeinträge aus den verschiedensten Quellen beeinträchtigt (Umweltbundesamt 1994a; Xanthopoulos u. Hahn 1994). Trotz flächendeckender Abwasserreinigung, verbesserter Deponieabdichtungen und Emissionsschutzmaßnahmen verringert sich das Potential unbelasteter Grundwasserreservoire ständig: Die zunehmende Bodenversauerung durch langanhaltende hohe Säureimmissionen beeinflußt das Verhalten von natürlichen und anthropogenen Stoffen sowie deren Transport von der Bodenpassage über die wasserungesättigte Zone bis in den Grundwasserkörper. Ein weiteres aktuelles Problem ist die Oxidation von Sulfiden in Abraumhalden (z.B. Wisotzky 1994).

Die Versauerung von Grundwässern und die damit einhergehenden Belastungen mit umweltrelevanten Spurenmetallen können um Jahrzehnte bis Jahrhunderte zeitlich verzögert auftreten. Diese Entwicklung wird nur mit hohem technischen Aufwand und in langen Zeiträumen zu korrigieren sein. Grundlegend wird diese Problematik auch bei Matschullat et al. (1991) und Voigt (1990) behandelt.

23.1 Säureneutralisation in Böden und Gesteinen

Verwitterungsprozesse als Wechselwirkung von Wasser und Atmosphärilien mit der Lithosphäre treten auf, weil die Boden- und Gesteinsminerale unter den gegebenen Bedingungen thermodynamisch instabil sind. Durch fortgesetzten atmosphärischen Eintrag starker anorganischer Säuren kommt es an den Mineraloberflächen bevorzugt zu protonenkontrollierten Reaktionsprozessen. Die Fähigkeit der Böden, eingetragene Säuren zu neutralisieren, hängt in hohem Maße vom Chemismus und der Verwitterungsbeständigkeit der Ausgangsgesteine ab. Versauerungsempfindlich sind vor allem Grundwässer in Regionen mit basenarmen Sandsteinen, Graniten, Gneisen, Kieselschiefern und Quarziten (→ Kap. 20, 21). Die Einwirkung von H^+ auf Silikate führt zunächst zur Freisetzung von Ca^{2+}, Mg^{2+}, Na^+ und K^+, wobei sich unter Verbrauch von H^+ undissoziierte Kieselsäure bildet (z.B. Gl. 23.1). Die chemischen Verwitterungsraten können in Böden unter dem Einfluß der Biosphäre, zum Beispiel durch die Bildung von organischen Säuren und Kohlendioxid, deutlich zunehmen. In carbonathaltigen Böden und Gesteinen verläuft die Reaktion mit sauren Wässern gemäß Gl. 23.2. Die relativ hohe Geschwindigkeit dieser Umsetzung ist der Grund für das starke Säureneutralisationsvermögen (SNV) von Carbonatgesteinen. Ähnlich der Säureneutralisationskapazität (SNK) der Böden und Gesteine besitzen auch natürliche Wässer die Fähigkeit, Säuren über das Kohlensäure-Gleichgewichtssystem zu neutralisieren Gl. 23.3.

$$2NaAlSi_3O_8(s) + 7H_2O + 2H_3O^+ \rightarrow 2Na^+ + 4H_4SiO_4 + Al_2Si_2O_5(OH)_4(s) \qquad 23.1$$

$$CaCO_3 + H_3O^+ \rightarrow Ca^{2+} + HCO_3^- + H_2O \qquad 23.2$$

$$HCO_3^- + H_3O^+ \leftrightarrow H_2CO_3 + H_2O \leftrightarrow 2\,H_2O + CO_2 \qquad 23.3$$

Box 23.1 Umweltbelastungen durch anthropogene Säureemissionen

Hauptursache für die Versauerung von Böden und Gewässern sind atmosphärisch transportierte anthropogene Schadstoffe. Die wichtigsten Säurebildner sind die bei Verbrennungsprozessen freigesetzten S- und N-Oxide, die schließlich in Verbindung mit Wasser zu Schwefelsäure und Salpetersäure, aber auch zu schwefliger Säure reagieren. Die Gleichungen 23.4 und 23.5 geben exemplarisch einen möglichen Reaktionsweg für die Schwefelsäure wieder. Die Bildung der Salpetersäure ist in den Gleichungen 23.6 bis 23.7 beschrieben. Eine ausführliche Darstellung der unterschiedlichen Reaktionsmechanismen findet sich bei Graedel u. Crutzen (1994) oder auch Heintz u. Reinhardt (1991). Die für die Säurebildung wichtigen Stickoxide NO, NO_2 und N_2O_4 stehen miteinander im Gleichgewicht (Gl. 23.6). Sie werden deshalb zusammenfassend als NO_x bezeichnet. Konzentrations- oder Mengenangaben werden im allgemeinen auf das dominierende Stickstoffdioxid NO_2 bezogen.

$$SO_2 + O_2 + NO \rightarrow SO_3 + NO_2 \qquad 23.4$$

$$SO_3 + 3\,H_2O \rightarrow H_2SO_4 + 2\,H_2O \rightarrow 2\,H_3O^+ + SO_4^{2-} \qquad 23.5$$

$$2\,NO + O_2 \leftrightarrow 2\,NO_2 \leftrightarrow N_2O_4 \qquad 23.6$$

$$N_2O_4 + H_2O \rightarrow HNO_2 + HNO_3 \qquad 23.7$$

$$3\,HNO_2 \rightarrow HNO_3 + 2\,NO + H_2O \qquad 23.8$$

$$HNO_3 + H_2O \rightarrow H_3O^+ + NO_3^- \qquad 23.9$$

Im Jahre 1991 betrugen die Emissionen in der Bundesrepublik Deutschland 4550 kt $SO_2\,a^{-1}$ und 3150 kt $NO_x\,a^{-1}$, gerechnet als Stickstoffdioxid. Davon entfielen 1000 kt a^{-1} SO_2 beziehungsweise 2650 kt a^{-1} NO_x auf die alten Bundesländer (Umweltbundesamt 1994b). Beim SO_2 ist in den neuen Bundesländern mit einem weiteren Rückgang zu rechnen. Dies ist auf den zunehmenden Einsatz moderner Anlagentechnik, insbesondere zur Entschwefelung von Kraftwerksabgasen, sowie auf die Verwendung schwefelarmer fossiler Brennstoffe zurückzuführen. Eine schnelle Angleichung der Emissionssituation auf dem relativ niedrigen westdeutschen Niveau zeichnet sich ab. Eine darüber hinaus gehende Reduzierung der in die Luft abgegebenen Schwefeldioxidmengen ist jedoch nicht zu erwarten. Die NO_x-Emissionen stammen zu 68,7% aus dem Verkehr. Hier wurden bislang alle technischen Fortschritte, wie die Einführung von Abgaskatalysatoren, durch das weiterhin steigende Verkehrsaufkommen nahezu kompensiert. Mit einer signifikanten Reduzierung der in die Luft abgegebenen NO_x-Mengen ist deshalb auf absehbare Zeit nicht zu rechnen. Insgesamt können also die gegenwärtig konstanten Emissionsraten der alten Bundesländer für die beiden wichtigsten Säurebildner als Berechnungsgrundlage herangezogen werden.

Der atmosphärische Kreislauf der emittierten Luftinhaltsstoffe wird durch den Rücktransport zur Erdoberfläche geschlossen. Der Saure Regen mit einem mittleren pH-Wert von etwa 4,5 ist daran nur zu ungefähr 10% beteiligt. Ein großer Teil des ursprünglichen Säurepotentials wird in der Luft durch Ammoniak weitgehend neutralisiert (Gl. 23.10). Die 1991 in Deutschland in die Luft abgegebene Ammoniakmenge beläuft sich auf 660 kt und stammt größtenteils aus der Landwirtschaft (Umweltbundesamt 1994b). Bei der Versickerung der Niederschläge im Boden werden jedoch die Wasserstoffionen (H^+) aus den Ammoniumverbindungen durch Nitrifikation (Gl. 23.11) oder auch bei der Ammoniumernährung (Gl. 23.12) wieder freigesetzt. Hinsichtlich einer umfassenden Behandlung des N-Kreislaufes sei auf Schachtschabel et al. (1992) oder Heintz u. Reinhardt (1991) verwiesen.

$$H_3O^+ + NH_3 \rightarrow H_2O + NH_4^+ \qquad 23.10$$

$$NH_4^+ + H_2O + 2\,O_2 \rightarrow NO_3^- + 2\,H_3O^+ \qquad 23.11$$

$$NH_4^+ + R\text{-}OH \rightarrow R\text{-}NH_2 + H_3O^+ \qquad 23.12$$

Die Hauptmenge der atmosphärisch transportierten Säurebildner wird trocken abgeschieden, bevor der Regen sie abwäscht. Legt man die Daten für die alten Bundesländer von 1991 zugrunde (Umweltbundesamt 1994b), würden bei gleichmäßiger Verteilung im gesamten Bundesgebiet pro Jahr 20 kg S ha^{-1} und 32 kg N ha^{-1} deponiert (→ Kap. 1). Daraus ließe sich ein maximaler Eintrag von etwa 3,5 kg H^+ ha^{-1} jährlich ableiten. Mit dem Sickerwasser werden die sauren Niederschläge in die Böden eingetragen. Diese liegen wie ein Puffer zwischen der Atmosphäre und dem Grundwasserspeicher, sie sind jedoch häufig nicht in der Lage, eine Versauerung der Grundwässer zu verhindern.

Neben dem atmosphärischen Säureeintrag trägt regional auch die Sulfidoxidation ganz erheblich zum Absinken der pH-Werte in Sickerwässern bei. Insbesondere durch den Braunkohletagebau und Erzbergbau kommen große Mengen sulfidhaltigen Materials mit Sauerstoff in Kontakt. Dies führt unter Freisetzung von H^+ zur Bildung von Sulfaten. Die in den Gleichungen 23.13 bis 23.15 sowie 23.16 am Beispiel des Pyrit dargestellten Oxidationsprozesse (nach Singer u. Stumm 1970) setzen mit der Absenkung des Grundwasserspiegels ein, wenn Luft oder sauerstoffreiche Sickerwässer tiefer in den Untergrund eindringen. Die Gleichungen 23.14 bis 23.15 fassen die Pyritoxidation mit Sauerstoff zusammen. Analog verläuft die Reaktion mit Nitrat. Gleichung 23.16 zeigt die Pyritoxidation mit Fe^{3+} als Oxidationsmittel.

$$FeS_2(s)\ \frac{7}{2}O_2 + 3H_2O \leftrightarrow Fe^{2+} + 2SO_4^{2-} + 2H_3O^+ \qquad 23.13$$

$$2Fe^{2+} + \frac{1}{2}O_2 + 2H_3O^+ \leftrightarrow 2Fe^{3+} + 3H_2O \qquad 23.14$$

$$Fe^{3+} + 6H_2O \leftrightarrow Fe(OH)_3(s) + 3H_3O^+ \qquad 23.15$$

$$FeS_2(s) + 14Fe^{3+} + 24H_2O \leftrightarrow 15Fe^{2+} + 2SO_4^{2-} + 16H_3O^+ \qquad 23.16$$

Der geschwindigkeitsbestimmende Schritt der Pyritoxidation ist die Oxidation des zweiwertigen Eisens in Gl. 23.14. Daher nimmt die Reaktionsgeschwindigkeit mit der H^+-Konzentration zu. Die Pyritoxidation kann darüber hinaus auch bei niedrigen pH-Werten durch metabolische Reaktionen acidophiler, chemolithoautotropher Bakterien gegenüber der abiotisch ablaufenden Reaktion um Faktoren von bis zu 10^6 beschleunigt werden (Singer u. Stumm 1970; Seidel et al. 1995).

Bei 15°C und 1013 hPa beträgt die H^+-Konzentration in einer mit atmosphärischem CO_2 im Gleichgewicht stehenden elektrolytarmen wäßrigen Lösung 2,5 μmol l^{-1}, einem pH-Wert von 5,6 entsprechend. Diese H^+-Konzentration ist ausschließlich auf die Protolysereaktion der Kohlensäure zurückzuführen. Mit der Kohlensäure allein lassen sich pH-Werte < 5 kaum erreichen. Drastische Absenkungen der pH-Werte im Wasser treten erst bei weitgehendem Ausfall des Carbonat/Hydrogencarbonat-Puffersystems auf. Bei einem pH-Wert von 5,0 beträgt die totale H^+-Konzentration 10 μmol l^{-1}; davon werden nur 0,7 μmol l^{-1} durch die Dissoziation von Kohlensäure, aber bereits 9,3 μmol l^{-1} durch Salpetersäure und Schwefelsäure freigesetzt. Letztere dissoziieren im Unterschied zur deutlich schwächeren Kohlensäure in verdünnten Lösungen praktisch vollständig. Die Hydrogencarbonatkonzentration strebt bei pH-Werten < 5 gegen null. Demzufolge kennzeichnet eine H^+-Konzentration von 10^{-5} μmol l^{-1}, entsprechend pH = 5, den Verlauf der Versauerungsfront. Diese bildet die Grenze zwischen Schichten mit Kohlensäure-Pufferung, in denen also die Kohlensäure die stärkste Säure ist, und den darüberliegenden durch stärkere Säuren versauerten Schichten, in welchen das Kohlensäure-Puffersystem zusammengebrochen ist (Malessa 1994; → Kap. 3).

Ein Maß für die Neutralisationskapazität beziehungsweise Versauerungsempfindlichkeit eines Wassers ist die Alkalinität. Darunter versteht man die Summe der Basenäquivalente, die in der Lage sind, Säuren zu neutralisieren. Im allgemeinen wird die Alkalinität über das Carbonat/Hydrogencarbonat-Puffersystem definiert (Gl. 23.17). Der Anteil der Carbonat- und Hydroxidionen ist bei pH-Werten < 8,2 vernachlässigbar klein. Für Grundwässer in Einzugsgebieten, in denen Silikatverwitterung dominiert, vereinfacht sich daher die Berechnung (Gl. 23.18). Mit dem Rückgang der Hydrogencarbonatkonzentration fällt die Alkalinität auf Werte um null. Der pH-Wert erreicht Werte um 5. Mit weiter abnehmenden pH-Werten führt die fortschreitende Neutralisation starker Mineralsäuren durch Reaktionen mit Boden- beziehungsweise Gesteinsmineralen zu einer verstärkten Freisetzung von Al (z.B. Gl. 23.19 und Abb. 23.1), Fe und Mn.

$$\text{Alkalinität} = [HCO_3^-] + 2[CO_3^{2-}] + [OH^-] - [H^+] \qquad 23.17$$

$$\text{Alkalinität} = [HCO_3^-] - [H^+] \quad \text{für pH} < 8{,}2 \qquad 23.18$$

$$Al_2Si_2O_5(OH)_4(s) + 6\,H_3O^+ \rightarrow 2\,Al^{3+} + 2\,H_4SiO_4 + 7\,H_2O \qquad 23.19$$

Diese Art der Säureneutralisation bietet jedoch kaum noch eine Schutzwirkung für aquatische Systeme, denn das Säurepotential wird in Form der Kationenspezies mit dem Sickerwasser nur verlagert. Die Hydrolyse dieser sogenannten Kationensäuren setzt schon in weniger versauerten Horizonten noch oberhalb der Versauerungsfront bei pH-Werten < 5, zum Beispiel gemäß Gl. 23.20, wieder Protonen frei. Die Kationensäuren müssen daher bei der Berechnung der Alkalinität berücksichtigt werden (Gl. 23.21). Auf der Grundlage einer Ionenbilanz und dem Prinzip der Elektroneutralität kann die Alkalinität auch als Differenz aller nicht protolytischen Kationen und Anionen definiert werden. Die Berechnung der Alkalinität nach der sich daraus ergebenden Gleichung 23.22 hat den Vorteil, daß alle dazu erforderlichen Ionenkonzentrationen leicht zu bestimmen sind.

$$Al^{3+} + 6\,H_2O \leftrightarrow Al(OH)_3 + 3\,H_3O^+ \qquad 23.20$$

$$\text{Alkalinität} = [HCO_3^-]-[H^+]-n[\Sigma\ \text{Kationensäuren}^{\,n+}] \qquad 23.21$$

$$\text{Alkalinität} = [Na^+]+[K^+]+2[Ca^{2+}]+2[Mg^{2+}]-[Cl^-]-2[SO_4^{2-}]-[NO_3^-] \qquad 23.22$$

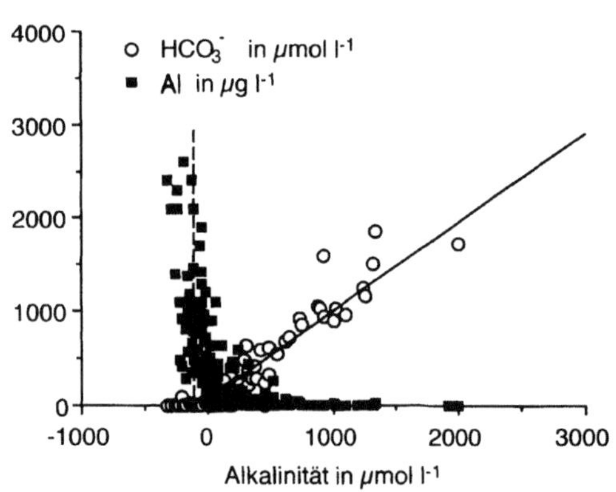

Abb 23.1. Vergleich von Al- und HCO_3^--Konzentrationen in Quell- und Bachwässern aus dem Einzugsgebiet der Sösetalsperre (Oberharz) nach Heinrichs et al. (1994)

Die Abbildung 23.2 zeigt pH-Werte in Bodenprofilen auf unterschiedlichem Gesteinsuntergrund im Einzugsgebiet der Sösetalsperre (Oberharz). In Bodentiefen von weniger als 1,2 Metern liegen die pH-Werte aller Profile unter 5. Die besonders versauerungsgefährdeten Standorte auf Kieselschiefer und Quarzit sind bis in den C-Horizont tiefgründig versauert (Böttcher 1992; Böttcher u. Heinrichs 1994). Weltweit läßt sich nachweisen, daß in versauerungsempfindlichen Regionen, vor allem in bewaldeten Regionen in denen Silikatverwitterung vorherrscht, die Versauerungsfronten durch die Unterböden verlaufen und über Kluftsysteme längst das Grundwasser erreichen (z.B. van Breemen et al. 1984; Reuss et al. 1987; Schindler 1988; → Kap. 3). Die mit den Sickerwässern eingetragenen Säuren werden in den Oberböden durch Silikatverwitterung nicht vollständig neutralisiert. Die Bodenminerale besitzen zwar ein großes Potential an säureneutralisierenden Basen, die sich jedoch nur sehr langsam umsetzen. Infolge dieser Reaktionsträgheit werden die Versauerungsfronten immer weiter in die Tiefe verlagert.

23.2 AUSWIRKUNGEN DER GRUNDWASSERVERSAUERUNG

Zahlreiche Untersuchungen, wie zum Beispiel die Fallstudie Harz (Matschullat et al. 1994), haben gezeigt, daß die Versauerung von Böden und Oberflächengewässern eine Destabilisierung der Ökosysteme bis hin zum Artensterben nach sich ziehen kann. Das Vordringen der Versauerungsfronten in die Grundwasserleiter ist darüber hinaus auch vor dem Hintergrund zu sehen, daß in Deutschland etwa drei Viertel des steigenden Trinkwasserbedarfs aus Grund- und Quellwasser gedeckt werden (Umweltbundesamt 1994b). Der pH-Wert im Trinkwasser muß zwischen 6,5 und 8,5 betragen (EU-Richtlinie 1980; WHO-Guideline 1984/85; Trinkwasserverordnung 1991; → Kap. 16). Die Festlegung dieser Grenzwerte erfolgte im Hinblick auf den Korrosionsschutz. Dabei geht es jedoch keineswegs nur um die Vermeidung von Sachschäden, denn eine Beeinträchtigung der Gesundheit ist nicht in erster Linie durch extreme pH-Werte, sondern vielmehr durch gelöste Korrosionsprodukte wie Fe-, Zn-, Cu- und weitere Schwermetallsalze zu befürchten. So wurden 1993 im Trinkwasser des Landkreises Dippoldiswalde/Erzgebirge auf dem Weg von der Trinkwasserfassungsanlage zum Endverbraucher korrosionsbedingte Elementanreicherungen um fol-

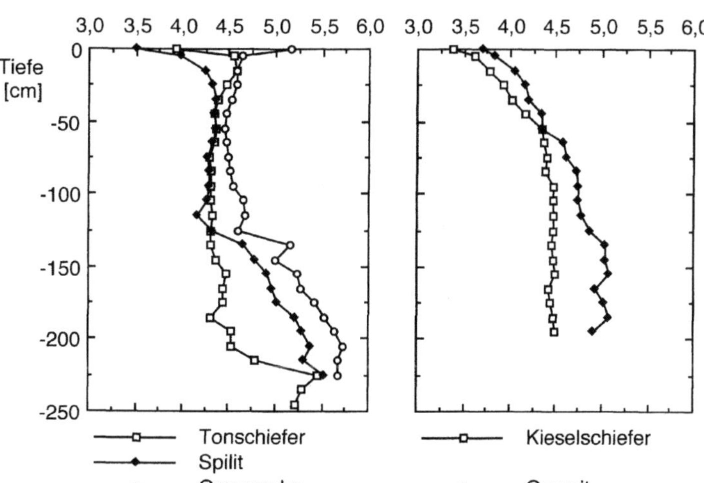

Abb. 23.2. pH-Werte in Bodenprofilen auf unterschiedlichem Gesteinsuntergrund im Einzugsgebiet der Sösetalsperre (Oberharz) nach Böttcher (1992) sowie Böttcher u. Heinrichs (1994)

gende Faktoren festgestellt: Pb 15–39, Fe 1,8–14, Zn 1,3–16 und Cu 3–13. Bei Installationen mit Pb-Rohren erreichten die Konzentrationen in den Trinkwässern Werte von etwa 60 μg Pb je Liter. Damit war der Grenzwert von 40 $\mu g\ l^{-1}$ deutlich überschritten. Zum Zeitpunkt der Probennahme wurden zur Trinkwasserversorgung noch überwiegend oberflächennahe, etwa 2–4 m tiefe Grundwasservorkommen herangezogen. Die Untersuchungen ergaben, daß nur bei 8,3% der Proben die pH-Werte in dem durch die Trinkwasserverordnung vorgeschriebenen Bereich lagen. Wie aus der Abbildung 23.3 hervorgeht, wies ein Großteil der analysierten Wässer sehr niedrige pH-Werte von 4,4–4,8 auf.

Die Neutralisation saurer Trinkwässer stellt indessen auch im großen Maßstab technisch kein Problem dar. Die Korrosion des Rohrnetzes kann außerdem durch Zusätze von Polyphosphaten oder Kieselsäure wirksam verhindert werden. Jedoch lassen sich mit diesen Maßnahmen die aus den Säureemissionen für die Trinkwassergewinnung enstehenden Probleme langfristig kaum lösen: Es darf nicht übersehen werden, daß die mit sinkenden pH-Werten massiv veränderten Lösemitteleigenschaften des Wassers sich lange vor der Einspeisung in Leitungssysteme auswirken. Bereits bei der Passage des Niederschlagswassers durch die Bodenhorizonte und den Grundwasserleiter läßt die aufgrund fortgesetzter Säureein-

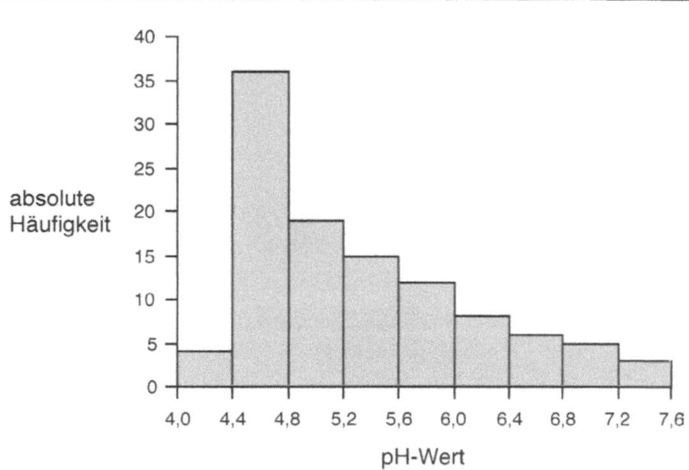

Abb. 23.3. Häufigkeitsverteilung der pH-Werte in Trinkwasserproben aus dem Osterzgebirge (n = 108)

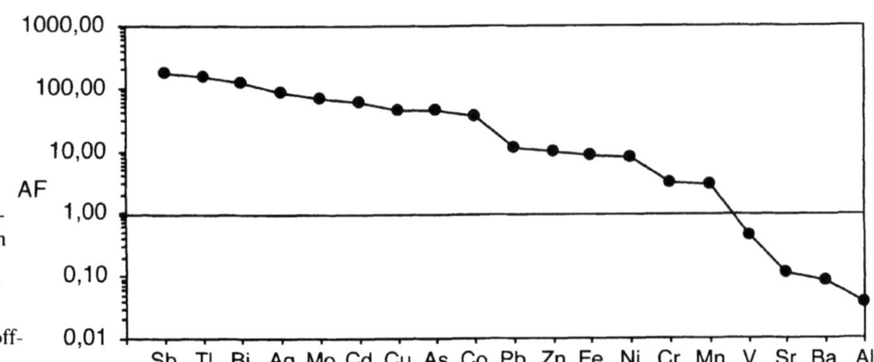

Abb. 23.4. Anreicherungsfaktoren (AF) von Spurenmetallen in elf Pyriten gegenüber der mittleren Zusammensetzung von kohlenstoffarmen Tonschiefern

träge zunehmende Verwitterung den Elektrolytgehalt ansteigen. Dabei werden wichtige Nährstoffe wie zum Beispiel Ca ausgewaschen (Gleichungen 23.1 und 23.2). Im weiteren Verlauf nehmen die Konzentrationen des toxischen Aluminiums in Bodenlösungen und Sickerwässern zu (Gleichung 23.19). Ein weiteres aktuelles Problem stellt die Sulfid- beziehungsweise Pyritoxidation dar, weil dabei neben der zusätzlichen Wasserstoffionen-Freisetzung verstärkt die im Pyrit angereicherten Spurenmetalle (Abb. 23.4) an das Sickerwasser abgegeben werden. Letzteres gilt für alle Erzminerale, die auf Halden der Verwitterung ausgesetzt sind (→ Kap. 15).

Diese Entwicklung beschränkt sich nicht nur auf die natürlichen Stoffkreisläufe, vielmehr ist auch die Mobilisierung der in den oberen Bodenhorizonten über Jahrzehnte akkumulierten, anthropogenen Spurenstoffe zu erwarten. Mit deren Freisetzung wächst das Potential der Substanzen, die in sehr geringen Konzentrationen langfristig auf den Menschen einwirken können. Das Lösungsverhalten der Schwermetalle ist in diesem Zusammenhang von besonderer Bedeutung für die Wasserqualität, weil sie den Organismus häufig schon in geringen, nur wenig erhöhten Konzentrationen schädigen.

23.3 Lösungsverhalten von Spurenstoffen in Wasser

Hinsichtlich ihrer chemischen Eigenschaften sind die Elemente durch die jeweilige Stellung im Periodensystem charakterisiert. Der Aufbau der Elektronenhülle bestimmt auch das Lösungsverhalten in Wasser, wobei die folgenden Migrationsformen auftreten:

- hydratisierte Nichtmetall-Anionen,
- hydratisierte Kationen,
- Hydroxo-Komplexe,
- Anionenkomplexe und
- Komplexe mit komplexen Anionen als Liganden oder
- Komplexe mit organischen Verbindungen.

Im Unterschied zu den Nichtmetallen existieren Metalle und Halbmetalle ausschließlich in positiven Oxidationsstufen. In wäßriger Lösung bilden die Alkali- und Erdalkalimetalle, mit Ausnahme der leichtesten Gruppenhomologen, einfache Kationen, die von den Wassermolekülen hydratisiert werden. Die übrigen Hauptgruppenmetalle neigen zur Hydrolyse (z.B. Gleichung 23.20) und zu koordinativen Bindungen. Deutlich stärker ausgeprägt ist diese Tendenz allerdings bei den Übergangsmetallen, deren chemische Eigenschaften entscheidend durch die Elektronen in den d-Orbitalen bestimmt werden. Diese Elektronenkonfiguration erlaubt die Bildung besonders stabiler Komplexverbindungen. Dementsprechend liegen diese Elemente in wäßriger Lösung als Aquo- oder Hydroxokomplexe vor. Einige bilden auch Anionenkomplexe, wie zum Beispiel Cr das Chromat (CrO_4^{2-}). Die Hydroxide der meisten Komplexbildner sind amphoter (Gl. 23.23 und 23.24).

$$Cr(OH)_3 + 3\,H_3O^+ \rightarrow [Cr(H_2O)_6]^{3+} \qquad 23.23$$

$$Cr(OH)_3 + 3\,OH^- \rightarrow [Cr(OH)_6]^{3-} \qquad 23.24$$

Außer den Haupt- und Nebengruppenmetallen finden sich in der Natur die auch als innere Übergangsmetalle bezeichneten Lanthanoide. Diese bilden als die 14 auf das La folgenden Elemente neben den radioaktiven Actinoiden die größte Gruppe im Periodensystem. Historisch bedingt werden die Lanthanoide insbesondere im englischen Sprachgebrauch häufig auch als Seltenerdelemente (SEE; *rare earth elements*, REE) bezeichnet. Beide Begriffe sind in der Chemie heute nach allgemeiner Übereinkunft synonym. Abgesehen vom Pm, das keine stabilen Isotope bildet, sind die Lanthanoide keineswegs so selten, wie die ursprüngliche Namensgebung vermuten ließe. Ihre wirtschaftliche Bedeutung ist indessen zur Zeit relativ gering. Die Chemie der in Grundwässern bislang wenig beachteten Lanthanoide ist durch die Besetzung der inneren 4f-Orbitale und die daraus resultierende große Ähnlichkeit dieser Metalle gekennzeichnet. Letztere ist auch der Grund für die ungewöhnlich schwierige analytische Bestimmung und Unterscheidung der Lanthanoide, die erst mit der Etablierung der Massenspektrometrie entscheidend vereinfacht wurde.

Man findet die Lanthanoide fast ausschließlich in der Oxidationsstufe +III. In wäßrigen Lösungen sind Ce^{IV} und Eu^{II} die einzigen Ausnahmen. Das Auftreten des vierwertigen Ce ist mit dessen energetisch relativ hoch liegenden 4f-Orbital zu erklären. Beim Eu wird die Oxidationsstufe +II durch die stabilisierende Wirkung der halbbesetzten 4f-Schale begünstigt. Als Folge der großen Ionenradien werden kaum kovalente Bindungen gebildet. Aus demselben Grund weisen die Lanthanoide in Komplexen hohe Koordinationszahlen auf. Bedingt durch die Elektronenkonfiguration sind, im Unterschied zu den Übergangsmetallen, π-Rückbindungen energetisch ungünstig, so daß die Komplexverbindungen der Lanthanoide insgesamt weniger stabil und nicht so zahlreich sind (z.B. Greenwood u. Earnshaw 1988). In wäßriger Lösung findet man Carbonat- und Hydroxokomplexe, bei pH-Werten unter 7 überwiegt jedoch die kationische, einfach solvatisierte Migrationsform. In stark versauerten Wässern mit relativ hohen Sulfatgehalten von 2–4 mmol SO_4^{2-} kg^{-1} treten auch stabile Lanthanoidkomplexe mit Sulfationen als Liganden auf (Johannesson u. Lyons 1995).

Von großer Bedeutung für das Lösungsverhalten der Metalle, insbesondere im Spurenelementbereich, sind die in natürlichen Wässern enthaltenen Kolloide. Nach Lieser et al. (1990) handelt es sich dabei hauptsächlich um feine Tonpartikeln, Kieselsäure, Eisenhydroxid sowie unterschiedlich große Anteile von Huminsäuren und auch Mikroorganismen. Nicht hydrolysierende Ionen, wie Cs^+ und Sr^{2+} werden hauptsächlich durch Ionenaustausch in Tonminerale eingebunden. Mn- oder Fe-Ionen dagegen hydrolysieren und bilden Hydroxide, die durch Polymerisation Kolloide bilden. Andere Ionen, beispielsweise von Pb, Ac oder Th, könnten gleichfalls solche Eigenkolloide aufbauen. In der Regel sind die Konzentrationen dieser Metalle in natürlichen Wässern allerdings so gering, daß ihre Hydroxide adsorptiv an bereits vorhandene, sogenannte Fremdkolloide gebunden werden. Neben der adsorptiven Bindung an anorganische Kolloide ist die koordinative Bindung an diverse kolloidale und subkolloidale organische Liganden von Bedeutung. Nach Duffy et al. (1989) sind 20–91% der gelösten Spurenmetalle an den gelösten Kohlenstoff gebunden.

Der pH-Wert beeinflußt nicht nur das Löslichkeitsverhalten der Metallkationen, sondern auch das Komplexbildungsverhalten der organischen Verbindungen. Nach Schnitzer u. Skinner (1966, 1967) nehmen die Stabilitätskonstanten mit dem pH-Wert zu. Dies ist auf eine Konkurrenz der Metallkationen mit den Protonen zurückzuführen. Der gleiche Vorgang ist andererseits für die Mobilisierung der an Festphasen, wie unlöslichen Huminstoffen, Al- oder Mn-Verbindungen, sowie Schwebstoffen adsorbierten Spurenelemente mit abnehmenden pH Werten verantwortlich (Murray 1975; Davis 1984; Slavek u. Pickering 1988; Gambrell et al. 1991). Auf die Löslichkeit organischer Verbindungen hat unter anderem auch der Elektrolytgehalt der Wässer Auswirkungen: Der Zusatz eines Salzes verändert den Aktivitätskoeffizienten und damit auch die Sättigungskonzentration eines gelösten Stoffes. Die Löslichkeit von Nicht-Elektrolyten, also auch organischer Kolloide und Makromoleküle, wird in Salzlösungen meist herabgesetzt. Dieser sogenannte Aussalzeffekt wurde bislang nur in Oberflächenwässern quantitativ untersucht (z.B. Gobran u. Clegg 1992).

Die Gehalte an gelöstem organisch gebundenem Kohlenstoff (*Dissolved Organic Carbon* = DOC) nehmen im Verlauf der Bodenpassage kontinuierlich ab. Cronan u. Aiken (1985) fanden in Porenwässern DOC-Gehalte von 10–30 mg l^{-1} für A- und obere B-Horizonte und 2–5 mg l^{-1} für untere B- und C-Horizonte. Im Grundwasser finden sich schließlich 0,1–2,0 mg l^{-1} DOC mit einem Medianwert von 0,7 mg l^{-1} (Thurman 1985; Drever 1988). Diese relativ geringen Konzentrationen sind auf die Adsorption organischer Substanzen an Oberflächen des Grundwasserleiters, insbesondere Tonmineralen, sowie auch auf den mikrobakteriellen Abbau zu CO_2 oder CH_4 zurückzuführen. Hinzu kommt, daß die Festphasen der Grundwasserleiter wasserlösliche organische Verbindungen nur in Spuren enthalten. Sickerwässer mit höheren DOC-Konzentrationen finden sich jedoch im Bereich von Deponien und Kohleflözen (→ Kap. 12, 14, 15).

Der DOC natürlicher Wässer besteht überwiegend aus Säuren. Nach Thurman (1985) enthält der organische Anteil 40–75% Huminstoffe und 10–20% einfache Zucker, Aminosäuren, Fettsäuren sowie weitere Carbonsäuren. Drever (1988) geht von 50% Humin- und Fulvosäuren, 25% niedermolekularen Carbonsäuren und 15% neutralen Sustanzen aus. Aufgrund des im Verlauf der Bodenpassage fortschreitenden Abbaus der DOC-Komponente, gewinnen die kurzkettigen, hydrophilen Carbonsäuren mit zunehmender Tiefe an Bedeutung (Cordt u. Kußmaul 1990; Thurman 1985). Die Gehalte von sonstigen organischen Verbindungen, wie Kohlenwasserstoffen, Aminen, Ketonen, Ethern, Pestiziden, Pigmenten liegen unter 1% (Thurman 1985). Zu den aquatischen Huminstoffen zählen Huminsäuren und Fulvosäuren. Letztere haben Molekularmassen von weniger als 2000 amu und liegen damit im subkolloidalen Bereich, wohingegen die Huminsäuren als Kolloide einzustufen sind. Beide gehören zu den wichtigsten Komplexliganden der DOC-Fraktion. Am stabilsten sind erwartungsgemäß die Übergangsmetallkomplexe in der Reihenfolge Hg > Cu > Ni > Zn > Co > Mn > Cd > Ca > Mg (Thurman 1985). Während die komplexierenden Eigenschaften der Humin- und Fulvosäuren relativ gut untersucht worden sind, ist über die niedermolekularen Carbonsäuren weit weniger bekannt, obwohl diese teilweise wesentlich stärkere komplexbildende Eigenschaften besitzen (Cordt u. Kußmaul 1990).

Entsprechend dem Massenwirkungsgesetz erhöht sich durch die Komplexierung gelöster Kationen die Gesamtkonzentration, weil die Gehalte der hydratisierten Spezies konstant bleiben. Daher können organische Komplexliganden bei ausreichender Reaktionsgeschwindigkeit die Löslichkeit von Spurenmetallen steigern. Die wasserlöslichen Huminstoffe können neben den Schwermetallen auch Pestizide, Herbizide und andere organische Schadstoffe adsorptiv binden oder mit diesen reagieren (→ Kap. 24). Die hydrophoben, an sich wasserunlöslichen, organischen Schadstoffe können durch Bindung an Moleküle wie Humin- und Fulvosäuren, die sowohl hydrophile als auch lipophile Eigenschaften haben, in aquatische Systeme eingetragen werden. Die Bindungs- beziehungsweise Migrationsformen der Spurenelemente sind insbesondere auch im Hinblick auf die Bioverfügbarkeit und ihre schädigenden Wirkungen von Bedeutung. So sind zum Beispiel einige aromatische As-Verbindungen, insbesondere die in Fischen enthaltene o-Phosphatidyltrimethylarsoniummilchsäure, toxikologisch nicht relevant. Elementares As und seine anorganischen Verbindungen dagegen sind für den Menschen krebserregend.

23.4 Einfluß des pH-Wertes auf die Spurenelementkonzentrationen im Sicker- und Grundwasser

Bei zunehmender H^+-Konzentration im Grundwasser ist mit einem Ansteigen der Spurenelementgehalte zu rechnen, weil adsorbierte Schwermetalle remobilisiert und Verwitterungsprozesse gefördert werden. Die hier zusammengefaßten Erkenntnisse über die Lösungsprozesse im Grundwasser lassen jedoch im Einzelfall keine detaillierten Prognosen darüber zu, ob überhaupt beziehungsweise in welchem Umfang die Spurenelementgehalte im Grundwasser unter dem Einfluß der Versauerung ansteigen. Die Vorgänge sind zwar im Prinzip bekannt und im einzelnen auch quantitativ zu erfassen oder modellhaft zu beschreiben (z.B. Brookins 1988; Stumm 1990; Voigt 1990; Hölting 1994; Mattheß 1994; Sigg u. Stumm 1994). Ergebnisse aus Laborversuchen, beispielsweise zur Lösungskinetik, Gleichgewichtsberechnungen für Stabilitätsdiagramme oder auch physikalisch-chemische Ansätze wie Adsorptionsmodelle, lassen sich jedoch nicht ohne weiteres auf komplexe natürliche Systeme übertragen, weil diese von vielen Parametern abhängen. Die neben dem pH-Wert von Temperatur, Redoxpotential, Sauerstoffkonzentration, CO_2-Partialdruck, Zusammensetzung und Oberflächenstruktur der angrenzenden Festphasen, Fließgeschwindigkeit beziehungsweise Verweildauer, Elektrolytgehalt, Konzentration anorganischer wie organischer Komplexbildner, Schwebstoffgehalt und mikrobiologische Aktivitäten bestimmten Rahmenbedingungen sind in der Regel zu unübersichtlich und auch nicht konstant. Zumindest im Verlauf der Sickerwasserpassage, in der wichtige Lösungsprozesse ablaufen, ändern sich die äußeren Bedingungen mit der Tiefe, eventuell auch mit der Jahreszeit. So werden Gleichgewichtsbetrachtungen den dynamischen Verhältnissen und der Reaktionskinetik im Grundwasser kaum gerecht.

Bestimmte Lösungsvorgänge können exemplarisch an einem tiefgründig versauerten Boden im Solling erklärt werden. Während der Passage des Niederschlagswassers durch den Boden und das anstehende Gestein finden die oben beschriebenen Verwitterungsreaktionen statt. In diesem Bereich werden auch die durch atmosphärische Deposition einge-

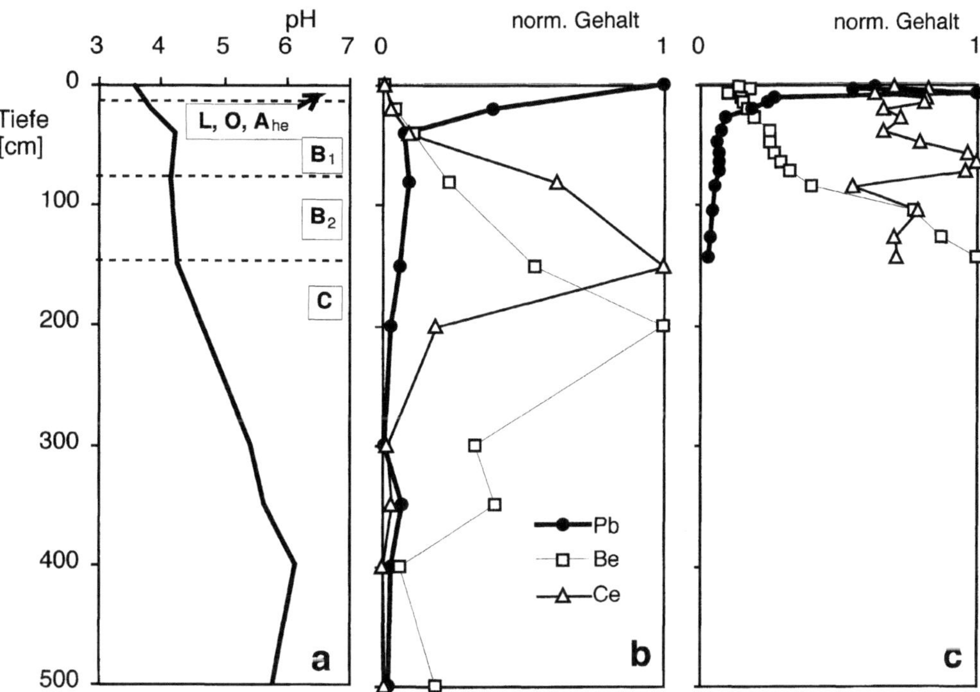

Abb. 23.5a–c. Bodenprofil im Solling. **a)** pH-Werte, **b)** normierte Konzentrationen von Be, Ce und Pb im Sickerwasser und **c)** im Feinboden (Korngröße < 2 mm) als Funktion der Tiefe

brachten Schadstoffe in die Lösungsvorgänge mit einbezogen. Die Elementgehalte des Wassers in Abhängigkeit von der Bodentiefe sind für die Interpretation der Belastung natürlicher Grundwässer von besonderer Bedeutung. In der Abbildung 23.5 sind neben den pH-Werten mit der Tiefe (Abb. 23.5a) und den auf die maximale Konzentration normierten Elementgehalten des filtrierten Sickerwassers (Abb. 23.5b) auch die in gleicher Weise normierten Elementgehalte des Feinbodens (Abb. 23.5c; Barnekow 1996; Bielert 1996; Schlabach 1996) gegen die Tiefe dargestellt. Das dominierende Ausgangsmaterial der Bodenbildung ist Löß bis zu einer Tiefe von ca. 75 cm (B_1). Darunter folgt eine Zersatzzone von grauem Tonstein (B_2). Der C-Horizont besteht aus einem glimmerreichen Sandstein. Eine detaillierte Profilbeschreibung findet sich bei Deutschmann (1994).

Die Normierung auf die maximalen Konzentrationen ermöglicht einen direkten Vergleich der Elementverteilungen. Die Elemente Pb, Be und Ce wurden ausgewählt, um beispielhaft unterschiedliches Lösungsverhalten zu zeigen. Aus der Abbildung 23.5c ist zu ersehen, daß sich die Akkumulation des Bleis nur auf die oberen Bodenhorizonte erstreckt. Das Pb ist hier überwiegend an organische Feststoffe gebunden und schwer löslich. In diesen oberen Bodenhorizonten erfordert die Mobilisierung des Bleis sehr hohe H^+-Konzentrationen. In der Darstellung der Konzentrationen gegen die entsprechenden pH-Werte (Abb. 23.6) ist dieses Verhalten an einer Verschiebung der Pb-Gehalte zu kleineren pH-Werten im Vergleich zu den Grundwasserdaten zu erkennen. Die Elemente Be und Ce weisen, trotz der sehr niedrigen pH-Werte, in den oberen Proben des Sickerwassers nur geringe Konzentrationen auf (Abb. 23.5b). Dies läßt sich für Be durch eine selektive Abreicherung im Feinboden erklären (Abb. 23.5c). Im Gegensatz dazu zeigt Ce im Feinboden dieses Profils keinen eindeutigen Trend. Lanthanoide sind überwiegend an verwitterungsbeständige akzessorische Mineralphasen gebunden. Die niedrigen Konzentrationen an Ce im Sickerwasser könnten demzufolge auf eine langsame Freisetzung zurückgeführt werden. Bis in eine Tiefe von etwa 2 m steigt der Gehalt von Be und Ce weiter an. Die Ursache für den Konzentrationsrückgang ab einer Tiefe von 2 m ist wahrscheinlich die vermehrte Bildung unlöslicher Hydroxide bei höheren pH-Werten.

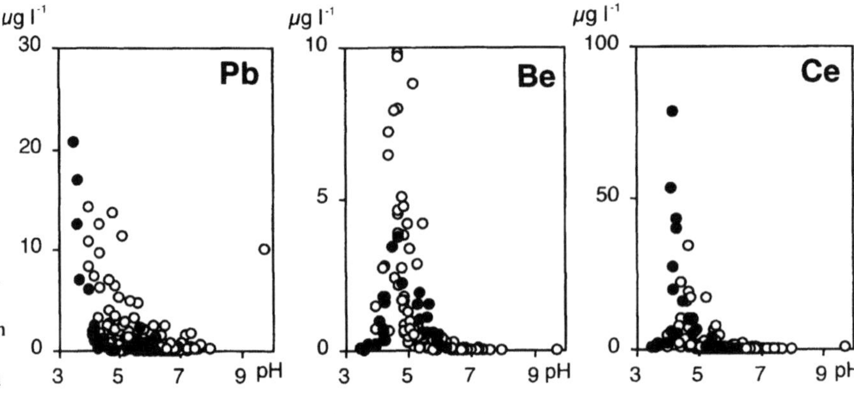

Abb. 23.6. Konzentrationen von Pb-, Be-, Ce- und H^+-Ionen in unbeeinflußten Grundwässern aus Südniedersachsen und dem Hochtaunus im Vergleich zu Sickerwässern aus dem Solling.

In der Abbildung 23.6 werden Sicker- und Grundwasserdaten der drei diskutierten Spurenmetalle verglichen. Die Be- und Ce-Gehalte der Sickerwässer folgen im pH-Bereich von etwa 4,5 bis 6 den für Grundwässer ermittelten Werten. In den oberen Bodenhorizonten mit pH-Werten unter 4,5 weichen sie dagegen mit deutlich geringeren Konzentrationen von den meisten vergleichbaren Grundwasserdaten ab. Mit Abreicherung und geringer Lösungsgeschwindigkeit lassen sich so auch die für diesen pH-Bereich sehr niedrigen Gehalte einiger Grundwässer erklären. Sie stehen mit den Gesteinen und Böden nicht im Gleichgewicht, oder das entsprechende Element ist bereits aus der Festsubstanz ausgewaschen worden. Die Spurenmetalle lassen sich nach der Beeinflussung ihres Lösungsverhaltens durch die H^+-Konzentration in den untersuchten natürlichen und nicht direkt anthropogen beeinflußten Grundwässern in drei Gruppen einteilen. Die erste Gruppe zeigt einen deutlichen Anstieg der Konzentrationen bei kleinen pH-Werten. Zu dieser Gruppe zählen Be, Co, Zn, As, Rb, Y, Pd, Cd, die Lanthanoide, Pb und U. Für diese Elemente stellt der pH-Wert von circa 5 die Grenze dar, ab der sie sich leicht lösen.

Dagegen lösen sich Ti, Hf, Ta und W vermehrt bei abnehmender H^+-Konzentration (Abb. 23.7). Dies resultiert hauptsächlich aus der Bildung wasserlöslicher Hydroxokomplexe wie $[Me(OH)_4]^-$. Andere Spurenmetalle, wie zum Beispiel Ni, zeigen mitunter recht hohe Konzentrationen in Grundwässern, die aber über einen weiten pH-Bereich streuen (Abb. 23.7). Dieses Verhalten ist für Ni auch in vielen sauren Quell- und Sickerwässern von Waldstandorten zu beobachten (Heinrichs et al. 1986; Heinrichs et al. 1994).

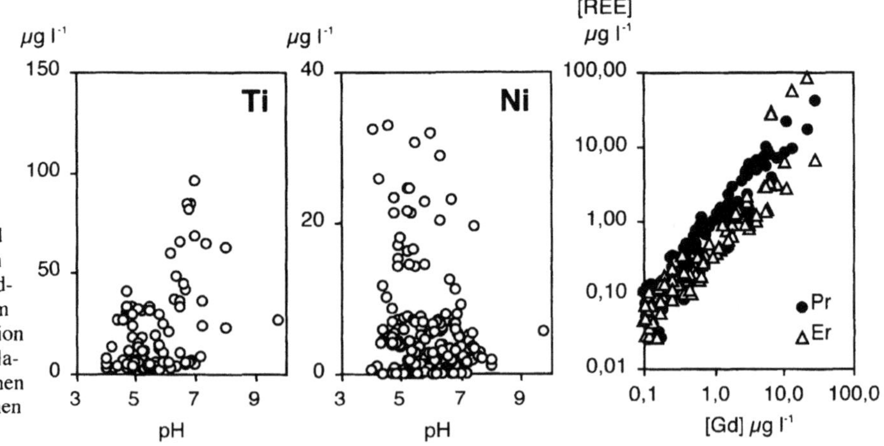

Abb. 23.7. Titan- und Ni-Konzentrationen in Grundwässern aus Südniedersachsen und dem Hochtaunus als Funktion des pH-Wertes. Korrelation der Konzentrationen von Pr und Er mit denen von Gd

Trotz der auffallend großen Streubreite in diesen Wässern, läßt sich im Gegensatz zu den Grundwässern noch eine pH-Abhängigkeit erkennen. Das abweichende Lösungsverhalten des Nickels kann möglicherweise mit dem ausgeprägten Komplexbildungscharakter dieses Elementes erklärt werden. Die Korrelation der Lanthanoide miteinander demonstriert deren große chemische Ähnlichkeit. Beispielhaft wurden in Abbildung 23.7 die Konzentrationen von Pr und Er gegen die von Gd aufgetragen. Bis auf die oben erwähnten Ausnahmen von Ce (Ce^{IV}, Ce^{III}) und Eu (Eu^{II}, Eu^{III}) treten die übrigen Lanthanoide in der Oxidationsstufe +III auf und zeigen deshalb ein identisches Lösungsverhalten.

Einige Elemente lösen sich ungeachtet der hier vorgenommenen empirischen Dreiteilung verstärkt bei höheren Elektrolytgehalten. Zum Beispiel wurden in stark sulfat- und chloridhaltigen Wässern auffallend hohe Konzentrationen von Sr, Zr, Hf, Ta und U gefunden. Dies ist auf die Bildung entsprechender wasserlöslicher Komplexe zurückzuführen. Andere Elemente wie Pt und Ir ließen sich nicht oder nur in wenigen Proben nachweisen. Die Platinmetalle sind relativ selten und kommen in der Natur nur in geringsten Mengen vor. Jedoch hat die weltweite Verbreitung von Abgaskatalysatoren bei Kraftfahrzeugen, in Deutschland seit Mitte der achtziger Jahre, den motorisierten Straßenverkehr zu einer Emissionsquelle für Pt und Rh werden lassen (→ Kap. 11). Jeder Katalysator enthält 2 bis 3 g Pt und Rh (Zereini u. Urban 1994). Davon werden etwa 10% während der Lebensdauer des Katalysators abgegeben und gelangen mit dem Abgasstrom in die Umwelt. Dies entspricht einer Freisetzung von 1–2 $\mu g\ km^{-1}$ beziehungsweise 0,02–0,2 $\mu g\ m^{-3}$ Abgas und beträgt damit immerhin 1–10% des MAK-Wertes (Forth 1987). Als Folge dieser Emissionen werden erhöhte Pt- und Rh-Konzentrationen in Straßenkehricht (8–35 μg Pt kg^{-1} bzw. 2–17 μg Rh kg^{-1}), Stäuben (100 μg Pt kg^{-1} bzw. 14–35 μg Rh kg^{-1}) und Schlammproben von Absetzbecken an Autobahnen (10–69 μg Pt kg^{-1} bzw. 1–20 μg Rh kg^{-1}) gefunden (Zereini u. Urban 1994; → Kap. 11). Allerdings gehen die Konzentrationen abseits der Straßen rasch wieder zurück, was darauf hindeutet, daß die Platinmetalle nicht weiträumig transportiert werden. Die Tatsache, daß Pt von Zereini u. Urban (1994) ausschließlich in den oberen 20 cm der untersuchten Böden gefunden wurde, zeigt, daß der Eintrag mit dem Sickerwasser relativ gering ist und steht mit den niedrigen, im Grundwasser gemessenen Konzentrationen im Einklang.

In der Tabelle 23.1 (nächste Seite) sind die Elementkonzentrationen und in der Tabelle 23.2 pH-Werte, Leitfähigkeiten sowie Redoxpotentiale der untersuchten Grundwässer zusammengefaßt (Bielert 1996; Frei 1996; Pleßow unveröff.; → Kap. 20). Die Proben stammen aus industriefernen Regionen Südniedersachsens und dem Hochtaunus, in denen Trinkwasser gewonnen wird. Lokale Emissionsquellen, die zu einer unterschiedlichen Belastung des Grundwassers an den einzelnen Probenahmepunkten führen könnten, fehlen hier. Der Einfluß des pH-Wertes auf die Konzentrationen gelöster Spurenelemente in den Wässern der untersuchten Standorte geht aus Abbildung 23.6 hervor.

Im Taunus dominieren nach Kämmerer (1994) Sulfat- und Nitrationen in oberflächennahen Grundwässern, deren erhöhte Konzentrationen auf Depositionen anthropogener Säurebildner zurückzuführen sind. Die Versauerung oberflächennaher Grundwässer unterliegt nach Kämmerer (1994) starken jahreszeitlichen Schwankungen. Hierbei dürfen höhere pH-Werte nicht darüber hinwegtäuschen, daß bei den teilweise sehr geringen Alkalinitäten der Wässer drastische pH-Wert-Einbrüche durch Säureeinträge erfolgen können. In Grundwässern aus tieferen Horizonten des Grundwasserleiters tritt das Hydrogencarbonat als Hauptanion auf. Hier sind Versauerungserscheinungen und erhöhte Spurenmetallkonzentrationen bisher kaum zu beobachten. Regionale geologische Unterschiede sind hinsichtlich Menge und Zusammensetzung der gelösten Wasserinhaltsstoffe durchaus von Bedeutung. So ist vielfach anhand der Konzentrationen gelöster Alkali- und Erdalkalimetallionen eine Differenzierung der Gewässer von bestimmten geologischen Einheiten möglich (Heinrichs et al. 1986; → Kap. 20, 21). Weiterhin können die jeweiligen Säureneutralisationskapazitäten unterschiedlicher Gesteine einen Einfluß auf die Gewässeralkalinitäten, die pH-Werte und damit auf das Lösungsverhalten von Spurenmetallen haben (Bielert 1996; Frei 1996). In welchem Umfang darüberhinaus die geogenen Hintergrundkonzentrationen die Spurenmetallgehalte im Grundwasser prägen, wird im Einzelfall Gegenstand weiterer Untersuchungen sein.

23.5 AUSBLICK

Die anhaltende Emission von Säurebildnern in die Atmosphäre und damit der Eintrag von Säuren in die Böden werden eine zunehmende Versauerung unserer Grundwassersysteme zur Folge haben. Mit sinkenden pH-Werten steigen die Konzentrationen zahlreicher umweltrelevanter Spurenelemente im Grundwasser

Tabelle 23.1. Spurenelementkonzentrationen ($\mu g\ l^{-1}$) in Grundwässern geologisch unterschiedlicher Liefergebiete; Probenzahl: 295

	Max	Mittel	Median	Min		Max	Mittel	Median	Min
Li	150	6	2,5	<0,05	La	1100	9,3	0,37	<0,02
Be	11	1,2	0,32	<0,02	Ce	34	1,7	0,24	<0,02
B	2300	30	7,7	<1	Pr	42	1,0	0,10	<0,01
Sc	17	4,7	4	<0,2	Nd	180	3,8	0,37	<0,02
Ti	2800	66	20	2,0	Sm	34	0,78	0,11	<0,02
V	18	0,9	0,42	<0,2	Eu	7,4	0,15	0,03	<0,01
Cr	52	1,8	0,28	<0,2	Gd	28	0,82	0,11	<0,02
Co	20	1,0	0,23	<0,02	Tb	3,7	0,12	0,02	<0,01
Ni	43	5,8	3,5	<0,1	Dy	15	0,60	0,11	<0,01
Cu	67	2	1,0	<0,1	Ho	2,6	0,12	0,02	<0,01
Zn	1400	120	18	<0,5	Er	7	0,31	0,06	<0,01
As	35	0,7	0,28	<0,05	Tm	0,8	0,04	<0,01	<0,01
Se	52	1,5	<1	<1	Yb	4,4	0,22	0,05	<0,01
Rb	87	12	8,9	<1	Lu	2,8	0,09	<0,01	<0,01
Sr	11000	320	37	0,32	Hf	2,4	0,10	0,03	<0,1
Y	60	3,6	0,57	<0,02	Ta	0,7	0,03	<0,01	<0,01
Zr	6,3	0,42	0,24	<0,05	W	3,4	0,06	0,01	<0,01
Pd	0,8	0,11	0,03	<0,02	Ir	0,02	<0,02	<0,02	<0,02
Ag	2	0,06	<0,02	<0,02	Pt	0,04	<0,02	<0,02	<0,02
Cd	23	1,8	0,2	<0,01	Tl	0,2	0,02	0,01	<0,01
Sn	3	0,1	<0,05	<0,05	Pb	28	1,7	0,40	<0,01
Sb	1,1	0,11	0,09	<0,05	Bi	1,5	<0,02	<0,02	<0,02
Cs	14	0,37	<0,05	<0,05	Th	4	0,27	0,09	<0,02
Ba	310	41	22	0,50	U	8	0,17	0,02	<0,01

Tabelle 23.2. Übersicht der pH-Werte, Leitfähigkeiten und Redoxpotentiale in den untersuchten Grundwässern

	Max	Mittel	Median	Min
pH-Wert	9,8	5,7	5,6	4,0
Leitfähigkeiten ($\mu S\ cm^{-1}$)	2390	200	140	25
Eh-Wert (mV)	640	450	475	50

sprunghaft an. Viele der mobilisierten Elemente wurden bisher aufgrund unzureichender analytischer Möglichkeiten nicht systematisch bestimmt. Über einige dieser Elemente existieren keine detaillierten Informationen hinsichtlich ihrer toxischen Eigenschaften im Trinkwasser, daher fehlen auch entsprechende Grenzwerte in der Trinkwasserverordnung (→ Kap. 16). Als Beispiel können hier die Lanthanoide angeführt werden, die zwar in einigen Grundwässern in hohen Konzentrationen gefunden werden, über deren Langzeitwirkung auf den Menschen bisher aber nichts bekannt ist.

Thermodynamische Berechnungen und Modellversuche können immer nur einen kleinen Ausschnitt des sehr komplexen Systems Grundwasser betrachten. Die hier besprochenen Ursachen und Wirkungsketten zeigen, daß natürliche aquatische Systeme auf äußere Einflüsse sehr individuell reagieren können und deshalb immer einzeln betrachtet werden sollten. Auch ist die Notwendigkeit langfristiger Beobachtungen gegeben, um sich abzeichnende Entwicklungen frühzeitig erkennen zu können. Die Eliminierung störender oder toxischer Substanzen aus belasteten Wässern ist durch einen entsprechenden technologischen Aufwand bei der Trinkwasseraufbereitung möglich. Die Kosten für solche Verfahren sind allerdings sehr hoch. Sinnvoller wäre neben Maßnahmen zur Senkung des Wasserverbrauchs eine dauerhafte Reduzierung der Luftschadstoffe und ein konsequenter Schutz der heute noch intakten Grundwassersysteme.

Danksagung

Die Autoren möchten sich bei Herrn Dr. K. J. Meiwes, Niedersächsische Forstliche Versuchsanstalt Göttingen und Herrn Dr. G. Deutschmann, Institut für Bodenkunde und Waldernährung der Universität Göttingen, für Probenmaterial aus den Lysimetern der Sollingversuchsflächen bedanken. Herrn R. Nielsen, Staatliches Amt für Wasser und Abfall Göttingen, und Herrn Dr. P. Groth, Harzwasserwerke des Landes Niedersachsen, sei für interessante Proben von Tiefengrundwässern aus Südniedersachsen gedankt. Herrn Dr. H. Keltsch und Herrn Dr. D. Kämmerer, Hessisches Landesamt für Bodenforschung Wiesbaden, möchten wir für das Probenmaterial aus dem Hochtaunus danken. Ferner bedanken wir uns bei den Gutachtern für die konstruktive Kritik.

LITERATUR

Barnekow P (1996) Der Einfluß der Silikatverwitterung auf den Chemismus abgepreßter Porenlösungen von versauerten Bodenprofilen (Harz, Solling). Unveröff Diplomarbeit, Geochem Inst Univ Göttingen, 94 S.

Bielert U (1996) Herkunft und Lösungsverhalten von Spurenmetallen in Grund- und Trinkwässern. Unveröff Diplomarbeit, Geochem Inst Univ Göttingen, 63 S.

Böttcher G (1992) Wechselwirkungen zwischen Festphasen und Lösungen (z.B. unter Bildung basischer Aluminiumsulfate) in 5 Bodenprofilen über verschiedenartigen Gesteinen in der Sösemulde (Oberharz). Ber Forschungszentr Waldökosysteme, Univ Göttingen, 93A: 84 S.

Böttcher G, Heinrichs H (1994) Wechselwirkungen zwischen Festphasen und Lösungen in Bodenprofilen mit anthropogen verursachten Versauerungserscheinungen. In: Matschullat J, Heinrichs H, Schneider J, Ulrich B (Hrsg) Gefahr für Ökosysteme und Wasserqualität. Springer, Berlin, S. 123–161

Breemen N van, Driscoll CT, Mulder J (1984) Acidic deposition and internal proton sources in acidification of soils and water. Nature 307: 599–604

Brookins DG (1988) Eh-pH diagrams for geochemistry. Springer, Berlin Heidelberg New York, 176 S.

Cordt T, Kußmaul H (1990) Niedermolekulare Carbonsäuren im Boden, in der ungesättigten Zone und im Grundwasser. Vom Wasser 74: 287–298

Cronan CS, Aiken GR (1985) Chemistry and transport of soluble humic substances in forested watersheds of the Adirondack Park, New York. Geochim Cocmochim Acta 49: 1697–1705

Davis JA (1984) Complexation of trace metals by adsorbed natural organic matter. Geochim Cosmochim Acta 48: 679–691

Deutschmann G (1994) Zustand und Entwicklung der Versauerung des Bodens und des oberflächennahen Buntsandsteinuntergrundes eines Waldökosystems im Solling. Ber Forschungszentr Waldökosysteme, A118: 180 S.

Drever JJ (1988) The geochemistry of natural waters. Prentice Hall, Englewood Cliffs, 2. Aufl. 437 S.

Duffy SJ, Hay GW, Micklethwaite RK, van Loon GW (1989) Distribution and classification of metal species in soil leachates. Sci Total Environ 87/88: 189–197

EU-Richtlinie (1980) Richtlinie des Rates vom 15.07.1980 über die Qualität von Wasser für den menschlichen Gebrauch (80/778/EWG) (ABl.EG vom 30.08.1980 Nr. L 229/11)

Frei M (1996) Säureneutralisationskapazitäten verschiedener Gesteine und Gewässeralkalinitäten im Einzugsgebiet der Eckertalsperre (Harz). Unveröff Diplomarbeit, Geochem Inst Univ Göttingen (in Vorbereitung)

Forth W (1987) Gesundheitsgefährdung durch den Katalysator. Dtsch Ärztebl 84, 36: C-1443–C-1446

Gambrell RP, Wiesepape JB, Patrick WH Jr, Duff MC (1991) The effects of pH, redox, and salinity on metal release from a contaminated sediment. Water Air Soil Pollut 57–58: 359–367

Gobran GR, Clegg S (1992) Relationship between total dissolved organic carbon and SO_4^{2-} in soil and waters. Sci Total Environ 117–118: 449–461

Graedel TE, Crutzen PJ (1994) Chemie der Atmosphäre – Bedeutung für Klima und Umwelt. Spektrum Akademischer Verlag, Heidelberg, 511 S.

Greenwood NN, Earnshaw A (1988) Chemie der Elemente. Verlag Chemie, Weinheim, 1707 S.

Heinrichs H, Wachtendorf B, Wedepohl KH, Rösner B, Schwedt G (1986) Hydrogeochemie der Quellen und kleineren Zuflüsse der Sösetalsperre (Harz). N Jb Miner Abh 156: 23–62

Heinrichs H, Siewers U, Böttcher G, Matschullat J, Roostai AH, Schneider J, Ulrich B (1994) Auswirkungen von Luftverunreinigungen auf Gewässer im Einzugsgebiet der Sösetalsperre In: Matschullat J, Heinrichs H, Schneider J, Ulrich B (Hrsg) Gefahr für Ökosysteme und Wasserqualität. Springer, Berlin Heidelberg New York S. 233–259

Heintz A, Reinhardt G (1991) Chemie und Umwelt. 2. Aufl., Vieweg, Braunschweig, 359 S.

Hessische Landesanstalt für Umwelt (1995) Umweltplanung, Arbeits- und Umweltschutz, Heft 196. Symposium 20.–22. September 1995: Umweltgerechte Wasserwirtschaft, Grundwasserschutz und Wassersparen, Wiesbaden XII: 145 S.

Hölting B (1994) Hydrogeologie. Enke, Stuttgart, 4. Aufl, 415 S.

Johannesson KH, Lyons WB (1995) Rare-earth element geochemistry of Colour Lake, an acidic freshwater lake on Axel Heiberg Island, Canada. Chem Geol 119: 209–223

Kämmerer D (1994) Zur Neutralisation saurer Niederschläge in Grundwassersystemen des südlichen Taunus, Abschlußbericht Hessisches Landesamt für Bodenforschung Wiesbaden, Az.: M-275-12/89, 245 S.

Lieser KH, Ament A, Hill R, Singh RN, Stingl U, Thybusch B (1990) Colloids in groundwater and their influence on migration of trace elements and radionuclides. Radiochim Acta 49: 83–100

Malessa V (1994) Ökologische Typisierung von Tiefengradienten der Bodenversauerung. In: Matschullat J, Heinrichs H, Schneider J, Ulrich B (Hrsg) Gefahr für Ökosysteme und Wasserqualität, Springer, Berlin Heidelberg New York, S. 162–185

Matschullat J, Schneider J, Heinrichs H, Siewers (1991) Acid rain and heavy metal pollution – influence and threat for ecosystems and drinking water. Verh Internat Verein Limnol 24: 2185–2189

Matschullat J, Heinrichs H, Schneider J, Ulrich B (Hrsg; 1994) Gefahr für Ökosysteme und Wasserqualität – Ergebnisse interdisziplinärer Forschung im Harz. Springer, Berlin Heidelberg New York, 470 S.

Mattheß G (1994) Lehrbuch der Hydrogeologie. 2: Die Beschaffenheit des Grundwassers. Borntraeger, Berlin Stuttgart, 499 S.

Murray JW (1975) The interaction of metal ions at the manganese dioxide-solution interface. Geochim Cosmochim Acta 39: 505–519

Reuss JO, Cosby BJ, Wright RF (1987) Chemical processes governing soil and water acidification. Nature 329: 27–32

Schachtschabel P, Blume HP, Brümmer G, Hartge KH, Schwertmann U (Hrsg; 1992) Scheffer/Schachtschabel Lehrbuch der Bodenkunde. 13. Aufl. Enke, Stuttgart, 491 S.

Schindler DW (1988) Effects of acid rain on freshwater ecosystems. Science 239: 149–157

Schlabach S (1996) Konzentrationsänderungen natürlicher und anthropogener Inhaltsstoffe in abgepreßten Porenlösungen mit dem pH-Wert und der Tiefe auf versauerten Waldstandorten (Harz, Solling). Unveröff Diplomarbeit, Geochem Inst Univ Göttingen, 99 S.

Schnitzer M, Skinner SIM (1966) Organo-metallic interaction in soil: 5. Stability constants of Cu^{2+}, Fe^{2+}, and Zn^{2+}-Fulvic Acid complexes. Soil Sci 102, 5: 361–365

Schnitzer M, Skinner SIM (1967) Organo-metallic interactions in soils: 7. stability constants of Pb^{2+}-, Ni^{2+}-, Mn^{2+}-, Co^{2+}-, Ca^{2+}-, and Mg^{2+}-fulvic acid complexes. Soil Sci 103, 4: 247–252

Seidel H, Ondruschka J, Kuschk P, Stottmeister U (1995) Einfluß des Schwefelgehaltes von Sedimenten auf die Mobilisierung von Schwermetallen durch bakterielle Laugung. Vom Wasser 84: 419–430

Sigg L, Stumm W (1994) Aquatische Chemie. Verlag der Fachvereine Zürich, 3.Aufl., 498 S.

Singer PC, Stumm W (1970) Acidic mine drainage: The rate-determining step. Science 167: 1121–1123

Slavek J, Pickering WF (1988) Metal ion interaction with the hydrous oxides of aluminium. Water Air Soil Pollut 39: 201–216

Stumm W (ed; 1990) Aquatic Chemical Kinetics. Wiley & Sons, New York, 545 S.

Thurman EM (1985) Developments in biogeochemistry 2. Organic geochemistry of natural waters. Dr W Junk Publishers, Dordrecht Boston Lancaster, 497 S.

Trinkwasserverordnung (1991) Verordnung über Trinkwasser und über Wasser für Lebensmittelbetriebe. BGBl. I 760 vom 22.05.1986 mit Änderungsverordnung BGBl. I 2600 vom 05.12.1990 sowie Neufassung BGBl. I 2612 vom 05.12.1990; ber. BGBl. I 227 vom 08.02.1991

Umweltbundesamt (1994a) Jahresbericht 1994. Umweltbundesamt, Berlin, 420 S.

Umweltbundesamt (1994b) Daten zur Umwelt 1992/93. Erich-Schmidt-Verlag Berlin, 688 S.

Voigt HJ (1990) Hydrogeochemie. Springer, Berlin Heidelberg New York, 310 S.

WHO (World Health Organization, Hrsg; 1984/85) Guidelines for Drinking-Water Quality. Vol. 1–3, Geneva

Wisotzky F (1994) Untersuchungen zur Pyritoxidation in Sedimenten des Rheinischen Braunkohlenreviers und deren Auswirkungen auf die Chemie des Grundwassers. Besondere Mitteilungen zum Deutschen Gewässerkundlichen Jahrbuch 58: 153 S., Landesumweltamt Nordrhein-Westfalen in Essen

Xanthopoulos C, Hahn HH (1994) Diffuse Schadstoffbelastung des Grundwassers in Siedlungsgebieten. Vom Wasser 83: 81–94

Zereini F, Urban H (1994) Platingruppenelemente (PGE) in Schlamm- und Abwasserproben aus Absatzbecken der Autobahnen A8 und A66. In: Matschullat J, Müller G (Hrsg) Geowissenschaften und Umwelt. Springer, Heidelberg Berlin New York, S. 171–176

24 Sorption und Desorption hydrophober organischer Schadstoffe in Aquifermaterial und Sedimenten

Peter Grathwohl

24.1 Organische Schadstoffe in Boden und Grundwasser

Untergrundverunreinigungen durch organische Schadstoffe stellen ein weitverbreitetes Problem hinsichtlich der Boden- und Grundwasserqualität dar. Sie machen in Baden-Württemberg über 90% aller bekannten Untergrundverunreinigungen aus (Stand 1996). Die massivsten Verunreinigungen gehen auf Punktquellen (lokale „Unfälle", undichte Leitungen etc.) zurück. Zu den am häufigsten angetroffenen Schadstoffen zählen hier die organischen Lösemittel (chlorierte C_1–C_2 Kohlenwasserstoffe, aromatische Kohlenwasserstoffe), Kraftstoffe, Schmiermittel, (aliphatische und aromatische Kohlenwasserstoffe), Stein- und Braunkohlenteer (mit polyzyklischen aromatischen Kohlenwasserstoffen), Holzschutzmittel (z.T. mit Pentachlorphenol), Transformatorenflüssigkeiten (polychlorierte Biphenyle), Rückstände aus der Pestizidproduktion (z.B. Hexachlorcyclohexan – Lindan) und Weichmacher (Phthalate). Flächige Kontaminationen, die im allgemeinen durch geringere Konzentrationen gekennzeichnet sind, gehen meist auf die Anwendung von Pestiziden in der Landwirtschaft oder atmosphärische Deposition einer Vielzahl anthropogener organischer Verbindungen zurück. Das Verhalten chemischer Verbindungen in der Umwelt und ihre Persistenz hängen von deren physikalisch-chemischen Eigenschaften ab (Box 24.1).

Alle Eigenschaften wirken zusammen und bedingen Verweilzeit, Konzentration und ubiquitäre Verbreitung eines Stoffes in den verschiedenen Umweltkompartimenten (z.B. Boden, Wasser, Luft). Für das Verhalten hydrophober organischer Verbindungen in Boden und Grundwasser sind vor allem der Dampfdruck (besonders bei flüchtigen Schadstoffe in der wasserungesättigten Bodenzone), Wasserlöslichkeit bzw. der Oktanol/Wasser-Verteilungskoeffizient (K_{ow}) wichtig. Diese Eigenschaften bestimmen auch die Schadstoffverteilung zwischen den einzelnen Phasen im Untergrund (Feststoffe des Bodens/Grund- u. Sickerwasser/Luft), die, wie in Abbildung 24.1 gezeigt, unter Gleichgewichtsbedingungen durch zwei

Box 24.1 Wichtige physikalisch-chemische Größen, die das Verhalten von organischen Verbindungen in der Umwelt bestimmen

1. Flüchtigkeit: Siedepunkt, Dampfdruck, Sättigungskonzentration in Luft (bzw. Bodenluft),
2. Löslichkeit in Oberflächen-, Grund- und Sickerwasser: Molekülgröße, funktionelle Gruppen, Wasserinhaltsstoffe, Zusammensetzung org. Mischphasen,
3. Mobilität: Dichte, Viskosität, Benetzungseigenschaften fluider Schadstoffphasen gegenüber Mineraloberflächen; Diffusivität gelöster und gasförmiger Stoffe (in Wasser und Gasphase),
4. Persistenz: Hydrolyse-, Photolyseraten; Bioverfügbarkeit,
5. Akkumulation: Lipophilie (Oktanol/Wasser-Verteilungskoeffizient, K_{ow}), Sorption (bei organischen Schadstoffen vor allem vom organischen Kohlenstoffgehalt des Sorbenten abhängig).

Verteilungskoeffizienten – den K_d-Wert (Boden/Wasser) und die Henry-Konstante (Wasser/Luft) – einfach beschrieben werden kann. Der Sättigungsdampfdruck hängt von der Temperatur und die Wasserlöslichkeit z.T. von anderen im Wasser vorkommenden Stoffen ab. Die Tabelle 24.1 zeigt eine kurze (unvollständige) Übersicht häufig vorkommender organischer Schadstoffe mit Daten zum Molekulargewicht, der Wasserlöslichkeit, Dampfdruck und den Verteilungskoeffizienten Oktanol/Wasser sowie Luft/Wasser (Henry-Konstanten). Ziel dieses Beitrags ist es in erster Linie, die Grundlagen zur Sorption sowie der Sorptions- bzw. Desorptionskinetik und das daraus resultierende Transportverhalten organischer Schadstoffe im Untergrund zu erläutern.

Ausbreitung von Schadstoffen im Untergrund

Einmal in den Untergrund eingetragene Schadstoffe können sich in eigener flüssiger Phase sowie durch Advektion und Diffusion in der wässerigen bzw. gasförmigen Phase ausbreiten (Abb. 24.2). Der Transport von sorbierenden Schadstoffen verläuft gegenüber einer inerten Verbindung (nicht-reaktiver Tracer) verzögert (retardiert). Beim advektiven Transport im Grundwasser ist der Retardationsfaktor als Verhältnis der Transportgeschwindigkeit des sorbierenden Stoffes (v_{org}) zur Fließgeschwindigkeit des Wassers (v_a) definiert:

$$R_d = \frac{v_{org}}{v_a} \qquad 24.1$$

Der Retardationsfaktor gibt also an, um wieviel mal langsamer der Transport einer sorbierenden Verbindung gegenüber einem konservativen Tracer bzw. dem Fließen des Wasser erfolgt. Für den advektiven und den diffusiven Transport läßt sich der Retardationsfaktor aus dem Verteilungskoeffizienten (K_d), der Porosität (n) und der Feststoffdichte (d_s) berechnen:

$$R_d = 1 + \frac{(1-n)d_s}{n} K_d \qquad 24.2$$

Der Retardationsfaktor entspricht damit dem Quotienten aus Gesamtmasse (sorbiert und gelöst) und mobiler Masse (nur gelöst) der betreffenden Verbindung. K_d steht für das Konzentrationsverhältnis zwischen sorbierten und gelösten Schadstoffen (Abb. 24.1, Abschnitt 24.2).

Gleichung 24.2 setzt voraus, daß die Sorption der Schadstoffe im Vergleich zur Advektion schnell verläuft (Gleichgewicht). In Feld- und Laborexperimenten zum Verhalten organischer Schadstoffe wurde jedoch festgestellt, daß die Gleichgewichtsbedingung in sehr vielen Fällen nicht erfüllt ist. Die Zeiten bis zur Einstellung eines Sorptionsgleichgewichtes können dabei wenige Tage bei gering sorbierenden

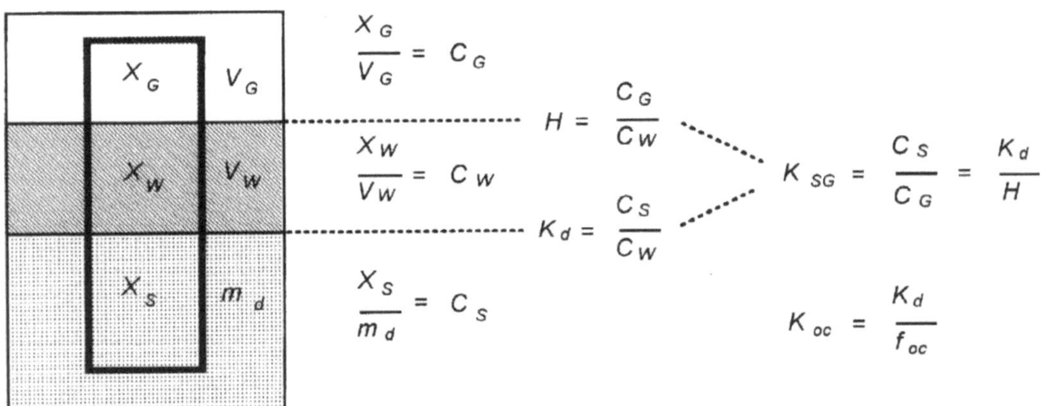

Abb. 24.1. Schadstoffverteilung im 3-Phasensystem Boden (Feststoffe)-Wasser-Luft. In der wassergesättigten Zone (Grundwasser) reduziert sich das System auf zwei Phasen bzw. den K_d-Wert. Aus Grathwohl u. Einsele (1991)

X_G, X_W, X_S : Schadstoffmasse in Gasphase (V_G), Wasser (V_W) und Boden (m_d) %[µg]
C_G, C_W, C_S : Schadstoffkonzentrationen in Gasphase, Wasser [µg l^{-1}] und Boden [µg kg^{-1}]
H : Henry-Konstante (Verteilungskoeffizient Gasphase/Wasser) [–]
K_d : Verteilungskoeffizient Boden/ Wasser [l kg^{-1}]
K_{SG} : Verteilungskoeffizient Boden/ Gasphase [l kg^{-1}]
K_{OC} : Verteilungskoeffizient Schadstoof / f_{oc} [l kg^{-1}]
f_{oc} : Fraktion an organisch gebundenem Kohlenstoff [–]

Tabelle 24.1. Physikalisch-chemische Eigenschaften einiger häufig vorkommender organischer Schadstoffe: Molekulargewicht (M), Wasserlöslichkeit (S), Oktanol/Wasser-Verteilungskoeffizienten ($\log K_{ow}$), Dampfdruck (p^o) und Henry-Konstanten (H, aus S und p^o berechnet)

Verbindung	Abkürzung	M [g]	S (S^*)[a)] [mg l^{-1}]	$\log K_{ow}$	p^o [kPa]	H [-]
Chlorierte aliphatische Kohlenwasserstoffe						
Dichlormethan	DCM	84,9	19500	1,15	59,7	0,11
Trichlorethen	TCE	131,4	1200	2,42	9,90	0,44
Tetra(Per)chlorethen	PCE	165,8	150	2,88	2,55	1,13
Dibromethan	EDB	187,9	1700	-	0,273	0,012
Aromatische Kohlenwasserstoffe (BTX)						
Benzol	B	78,1	1780	2,13	12,8	0,23
Toluol	T	92,1	520	2,69	3,85	0,28
o-Xylol	X	106,2	185	3,12	0,903	0,21
Pentachlorphenol	PCP	266,4	14	5,01[b)]	$1{,}5 \times 10^{-5}$[b)]	($3{,}6 \times 10^{-4}$)[c)]
Polyzyklische Aromatische Kohlenwasserstoffe (PAK)						
Naphthalin	Nap	128,2	31,5 (112)	3,36	0,0106	0,017
Fluoren	Fl	166,2	1,82 (13,8)	4,18	$8{,}0\ 10^{-5}$	($2{,}9\ 10^{-3}$)
Phenanthren	Phen	178,2	1,12 (6,18)	4,57	$1{,}6\ 10^{-5}$	($1{,}0\ 10^{-3}$)
Fluoranthen	Fla	202,3	0,237 (1,68)	5,22	$1{,}3\ 10^{-6}$	($4{,}3\ 10^{-4}$)
Benzo(a)anthracen	BaA	228,3	0,0112 (0,25)	5,91	$2{,}9\ 10^{8}$	($2{,}3\ 10^{4}$)
Benz(a)pyren	BaP	252,3	0,0015 (0,05)	6,50	$7{,}3\ 10^{-10}$	($4{,}9\ 10^{-5}$)

Daten nach Schwarzenbach et al. 1993 [25°C];

a) S* = subcooled liquid solubility (Wasserlöslichkeit der unterkühlten Flüssigkeit – wird für Verbindungen benötigt, die in einem Gemisch, z.B. PAK in Teeröl, flüssig vorkommen, unter den herrschenden Druck- und Temperaturbedingungen als Reinsubstanz aber kristallin vorliegen würden);

b) Verschueren 1983 [20°C];

c) Weber u. DiGiano 1996; Literaturangaben streuen je nach Quelle besonders bei sehr niedrigen Dampfdrücken und Wasserlöslichkeiten z.T. erheblich – die Henry-Konstanten für die hochsiedenden PAK sind entsprechend unsicher

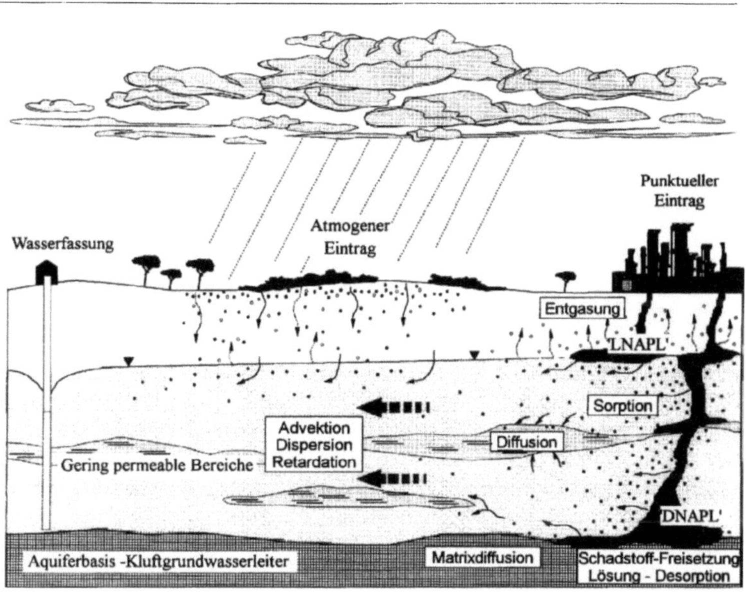

Abb. 24.2. An Eintrag und Ausbreitung von Schadstoffen im Untergrund beteiligte Prozesse (nach Schüth 1994)

Stoffen bis zu vielen Jahren (Dekaden) bei stark sorbierenden Verbindungen betragen. Dies geht auf einen langsamen diffusionsbedingten Transport der Moleküle zu Sorptionsplätzen hin, die im intrapartikulären Porenraum (poröse Aggregate, Lithofragmente) oder innerhalb geringdurchlässiger Bereiche (poröse Matrix von Sedimentgesteinen, Tonlagen) liegen, zurück (Wu u. Gschwend 1986; Ball u. Roberts 1991; Farrell u. Reinhard 1994; Harmon u. Roberts 1994; Schüth u. Grathwohl 1994). Der eigentliche Prozeß der Sorption/Desorption dagegen verläuft verhältnismäßig schnell (praktisch momentan), wie Pignatello (1989) aus Daten zur Aktivierungsenergie bei der Sorption von organischen Verbindungen in Böden schloß.

Der Stoffaustausch zwischen mobiler und immobiler Phase (Box 24.2) hängt damit im wesentlichen von der Diffusion in tortuosen Poren in Sedimenten, Kluftgesteinen und Gesteinsfragmenten (Sandkörner, Kies, Steine) ab. Die in Laborexperimenten beobachteten Desorptionszeiten nehmen im allgemeinen mit zunehmender Sorptionsneigung der betreffenden Schadstoffe (retardierte Porendiffusion) und zunehmender Expositionszeit zu („gealterte“ Kontamination). In humusreichen Böden kann auch die Diffusion im organischen Material selbst (Intrasorbent-Diffusion, Brusseau et al. 1991) oder eine Kombination zwischen Porendiffusion und Intrasorbent-Diffusion ausschlaggebend sein (Abb. 24.9).

Diffusive Prozesse bestimmen auch die Schadstoff-Lösungsraten aus im Untergrund vorliegenden residualen Flüssigphasen (z.B. Mineralöl, Lösemittel, Teer). Die Stoffübertragung zwischen mobiler und immobiler Phase kann hier z.B. durch ein Filmdiffusionsmodell beschrieben werden (molekulare Diffusion durch einen an die residuale Phase angrenzenden stagnierenden Wasserfilm; Box 24.2). Zusätzlich können auch dispersive Transportmechanismen (Querdispersion) im Aquifer die Lösungsrate beeinflussen.

Box 24.2 Schema zum Nichtgleichgewichtstransport von Schadstoffen

Grund- und Sickerwasser sowie die Bodenluft stellen eine mobile Phase dar, in welcher vorwiegend ein schneller advektiver Transport von Schadstoffen stattfindet. Feststoffe sowie Haftwasser bilden die immobile Phase, die Schadstoffe durch Lösung bzw. Sorption aufnehmen, d.h. speichern kann. Je nach Aufnahmekapazität kommt es damit zu einer mehr oder weniger ausgeprägten Retardation des Transports in der mobilen Phase. Die immobile Phase ist in der Regel wassergesättigt – dies gilt auch in der wasserungesättigten Zone für Poren bis zum Radius von 0,1 mm, die aufgrund der Kapillarkondensation bei hoher Luftfeuchtigkeit wassergesättigt sind. Der Stoffaustausch zwischen mobiler und immobiler Phase erfolgt daher immer durch molekulare Diffusion im Wasser, die etwa 10 000 mal langsamer als in Luft ist. Bei stark sorbierenden Stoffen (= Verbindungen mit geringer Wasserlöslichkeit) und weiten Diffusionsstrecken, wie z.B. in gering durchlässigen Ton- oder Schlufflagen und der Matrix von Kluftgesteinen, ist mit sehr langen Zeiten (Jahre bis Jahrhunderte) bis zum Konzentrationsausgleich zwischen mobiler und immobiler Phase zu rechnen.

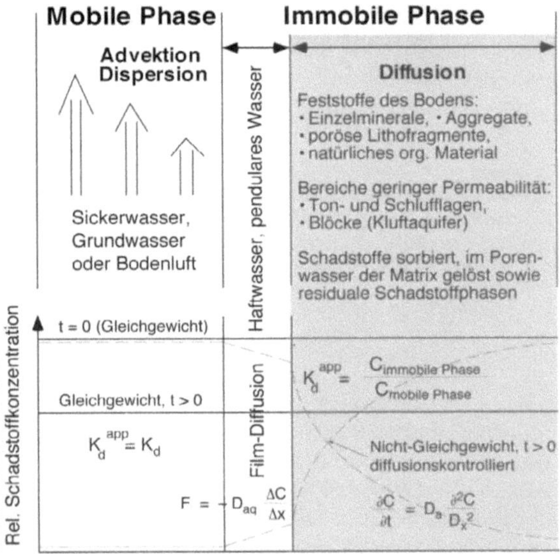

Abb. 24.3. Schema zum Nichtgleichgewichtstransport von Schadstoffen

Die Filmdiffusion hängt von den hydrodynamischen Bedingungen ab – die Filmdicke nimmt mit zunehmender Fließgeschwindigkeit ab, was zu entsprechend höheren Diffusionsraten führt. Bei hohen Fließgeschwindigkeiten (in Sanden und Kiesen, Kluftgrundwasserleiter) kann die Filmdiffusion gegenüber der Diffusion in der Matrix oder Partikeln vernachlässigt werden. Sie spielt jedoch eine wesentliche Rolle bei der Lösung residualer Flüssigphasen (z.B. Öl).

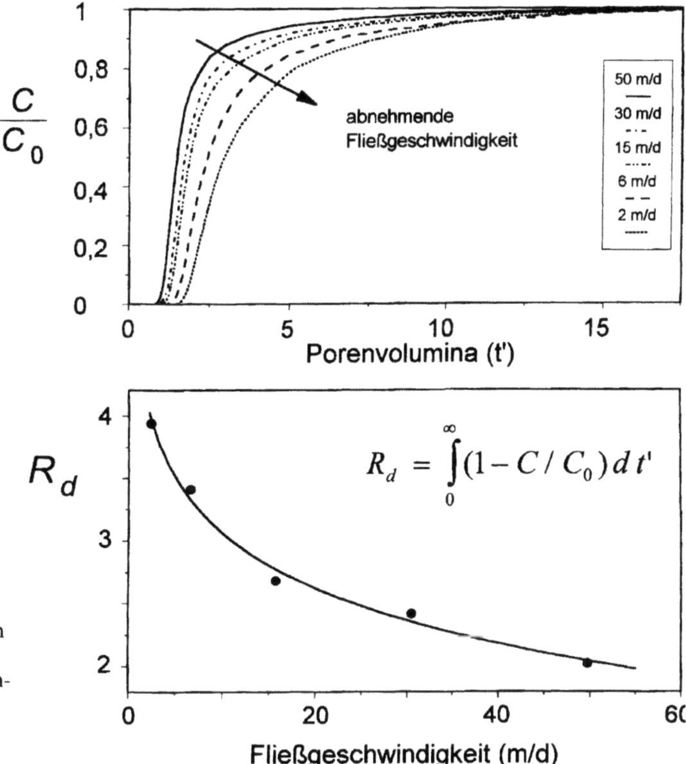

Abb. 24.4. Durchbruchskurven (*oben*) beim Transport von in Wasser gelöstem Phenanthren in Säulenexperimenten (Sande). Durchbruchszeiten und Retardationsfaktoren (R_d, *unten*) nehmen mit abnehmender Fließgeschwindigkeit zu (Grathwohl et al. 1995)

Bei einer langsamen Sorptionskinetik der Schadstoffe im Grundwasser ist mit Retardationsfaktoren zu rechnen, die mit zunehmender Fließstrecke und abnehmender Fließgeschwindigkeit (zunehmende Kontaktzeit, Abb. 24.4) zunehmen (Roberts et al. 1986; Ptacek u. Gillham 1992; Schüth u. Grathwohl 1994). Die im Feld oder im Säulenexperiment beobachteten Retardationsfaktoren sind dann niedriger als aufgrund der Gleichgewichts-Sorptionskoeffizienten zu erwarten wäre.

Bei der Modellierung des Schadstofftransports im Sicker- und Grundwasser muß der diffusionsbedingten Dynamik von Sorptions- und Desorptionsprozessen Rechnung getragen werden (Wood et al. 1990). Solche Modelle wurden für die Simulation der Adsorptionskinetik von Schadstoffen bei der Wasserfiltration durch Aktivkohlen oder Ionenaustauscher (z.B. Mansour et al. 1982; Weber u. Smith 1987; Weber u. Wang 1987; Nicoud u. Schweich 1989) sowie die Adsorption von Gasen (z.B. Kast 1981) häufig verwendet und zur Beschreibung des advektiven Stofftransports im Grundwasser sowie in der Bodenluft weiterentwickelt (z.B. Rao et al. 1980; Crittenden et al. 1986; Gierke 1986; Wu u. Gschwend 1986; Rasmuson et al. 1990).

Sanierung von Boden- und Grundwasserverunreinigungen

Effizienz und Dauer von Boden- und Grundwassersanierungsverfahren (z.B. Bodenwäsche, *pump-and-treat*, Bodenluftabsaugung) hängen stark von der Desorptionsrate oder bei residualen Flüssigphasen der Lösungsrate der Schadstoffe ab. Viele der heutigen Untergrundkontaminationen wurden vor relativ langer Zeit verursacht (Altlasten, Altstandorte). Ehemalige Gaswerke beispielsweise gingen z.T. schon vor über 100 Jahren in Betrieb und wurden nach vielen Jahrzehnten Betriebszeit wieder stillgelegt. Schadstoffe (in diesem Fall vor allem im Teer und Teeröl enthaltene polyzyklische aromatische Kohlenwasserstoffe) hatten daher genügend Zeit, nicht nur in den tieferen Untergrund einzudringen (sowohl in organischer Flüssigphase als auch im Sickerwasser gelöst), sondern auch in geringdurchlässige Zonen hineinzudiffundieren (→ Kap. 7). Solche alten Kontaminationen sind äußerst persistent, d.h. sie können mittels in-situ Maßnahmen in überschaubaren Zeiträumen (< 10er Jahre) nicht ohne weiteres wieder entfernt werden. Dies wurde auch nach jahrzehntelanger Pestizidanwendung in landwirtschaftlichen Oberböden beobachtet (→ Kap. 6). Steinberg et al. (1987) und

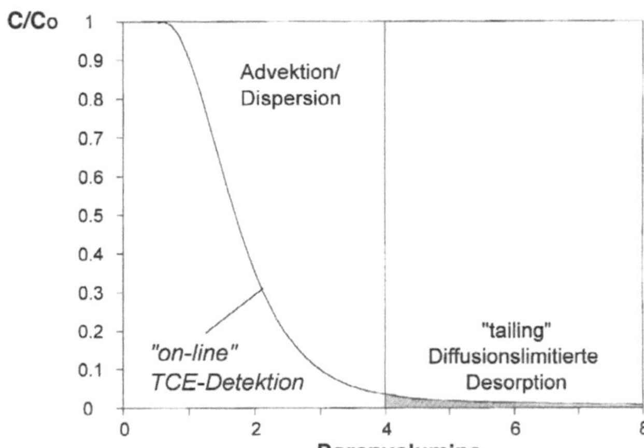

Abb. 24.5. Säulenexperiment zur Bodenluftabsaugung in einem mit Trichlorethen kontaminierten Sand. Einem anfänglich schnellem Rückgang der Konzentration in der Abluft folgt nach ca. vier ausgetauschten Porenvolumina ein ausgeprägtes *tailing* (nach Grathwohl et al. 1990)

Pignatello et al. (1990) fanden Rückstände von EDB (Ethylendibromid oder 1,2-Dibromethan – ein u.a. als Fungizid eingesetztes Begasungsmittel) selbst zwei Jahrzehnte nach der letzten Anwendung auf Tabakfeldern im Boden und im Grundwasser. Diese Persistenz wird – wie bei der Sorptionskinetik – ebenfalls auf eine sehr langsame Diffusion zurückgeführt.

Diese Bereiche, die über lange Zeiträume organische Schadstoffe angereichert haben (Schadstoff-Senken), wirken auch lange nach Beendigung des Eintrags (z.B. während einer Sanierung) noch als Langzeit-Schadstoffquellen. Sowohl die Lösungsrate von Schadstoffen aus residualer Phase als auch die Desorptionsrate hängen von der molekularen Diffusion in wassererfüllten Poren ab. Da die Diffusion im Wasser nur sehr langsam ist, kommt es zu den sehr langen Sanierungszeiten, die beim Versuch der Dekontamination von verunreinigten Böden und Grundwässern in der Praxis beobachtet werden. Viele Standorte können selbst in Jahrzehnten nicht saniert werden (Travis u. Doty 1990; Travis u. Macinnis 1992).

Bei Sanierungen treten daher niedrige diffusionskontrollierte Dekontaminationsraten auf, was beispielsweise dazu führt, daß die Schadstoffkonzentrationen im abgepumpten Wasser oder in der extrahierten Bodenluft nach anfänglich starken Rückgang nur noch sehr langsam abnehmen (*tailing*: Abb. 24.5). Dieses *tailing* zieht sich dann über lange Zeiträume hin – bei Stillstand der Pumpen kommt es oft zu einem raschen Wiederanstieg (*rebound*-Effekt) der Schadstoffkonzentrationen in der mobilen Phase (Wasser oder Luft). Wenn es sich um sorbierte Schadstoffe handelt, werden die Desorptionsraten relativ schnell unabhängig von der Fließgeschwindigkeit des extrahierten Grundwassers bzw. der extrahierten Bodenluft (Abb. 24.6).

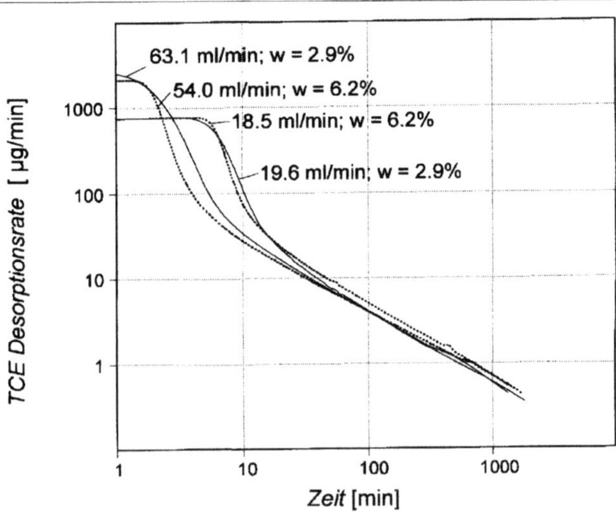

Abb. 24.6. Austrags- bzw. Desorptionsraten von Trichlorethen (TCE) während Experimenten zur Bodenluftabsaugung in Sand (wasserungesättigt) werden bereits nach relativ kurzer Zeit (< 1 h) unabhängig von der Durchflußrate der Luft [ml min^{-1}]. In feuchten Proben (relative Luftfeuchte nahe 100%) wirken sich Unterschiede im Wassergehalt (*w* in Gew.-% bezogen auf die Trockenmasse) nicht auf die Desorptionsraten aus (Grathwohl u. Reinhard 1992, 1993).

Auswirkung von Sorption und Desorption auf den biologischen Schadstoffabbau

„Gealterte Rückstände“ organischer Verbindungen können unter Feldbedingungen extrem persistent sein (Stewart et al. 1971; Wolfe et al. 1973; Pignatello et al. 1993). Organische Verbindungen gelten nur dann als bioverfügbar, wenn sie gelöst im Porenwasser vorliegen (z.B. Ogram et al. 1985; Werner 1989). Eine langsame diffusionskontrollierte Desorption aus Feinporen, die Mikroorganismen nicht direkt zugänglich sind, verhindert daher selbst den biologischen Abbau von organischen Verbindungen, die an sich als gut abbaubar gelten (innerhalb von wenigen Tagen bis Wochen; *micropore entrapment* nach Steinberg et al. 1987). So wurde beispielsweise ^{14}C-markiertes EDB in Böden, die bereits „natürliches“ nicht markiertes EDB enthielten, innerhalb von 22 Tagen abgebaut, während die Konzentration des bereits „natürlich“ vorhandenen EDB nicht zurückging (Pignatello et al. 1990). Ähnliche Befunde ergaben sich auch für Simazin und Atrazin in Oberböden (Pignatello u. Huang 1991; Scribner et al. 1992). Die maximal möglichen biologischen Abbauraten der Schadstoffe werden dann von den diffusionslimitierten Desorptionsraten bestimmt (Rignaarts et al. 1990; Alvarez-Cohen et al. 1993).

24.2 SORPTION ORGANISCHER SCHADSTOFFE IN BÖDEN UND SEDIMENTEN

Im folgenden werden die wichtigsten Grundlagen zur Sorption hydrophober organischer Verbindungen in Böden und Sedimenten dargestellt. Weitergehende Ausführungen zu diesem Thema finden sich in der Literatur (z.B. Voice u. Weber 1983; Weber et al. 1983, 1991; Chiou 1989; Hassett u. Banwart 1989; Schwarzenbach et al. 1993).

Sorptionsphänomena

Bei der Anreicherung von Schadstoffen in Böden und Sedimenten kann zwischen *Ad*sorption und/oder *Ab*sorption unterschieden werden. *Ad*sorption beschreibt die Anlagerung von Molekülen auf einer Oberfläche bzw. Grenzfläche (z.B. fest/flüssig; fest/gasförmig; flüssig/gasförmig) während die *Ab*sorption eher einen Lösungsprozeß beschreibt (Aufnahme im Sorbenten). Da aufgrund der Heterogenität (im Sinne ihrer lithologischen Zusammensetzung) von Böden und Sedimenten beide Phänomene parallel auftreten können und eine Unterscheidung experimentell oft nicht möglich ist, wird hier der Begriff Sorption übergeordnet verwendet. Sorptiv und Sorbat bezeichnen die im Wasser gelösten oder gasförmigen (zu sorbierenden) bzw. sorbierte Verbindungen.

Die Sorption organischer Verbindungen in Böden und Sedimenten kann auf verschiedene Anziehungskräfte zwischen Sorbat und Sorbent bzw. Sorptiv und Lösemittel (hier Wasser) zurückgehen. Im allgemeinen kommen chemische, physikalische und elektrostatische (Coulomb-)Wechselwirkungen in Frage. Chemische Wechselwirkungen schließen beispielsweise kovalente oder Wasserstoffbrücken-Bindungen ein. Elektrostatische Kräfte sind bei der Sorption von Ionen (z.B. Ionenaustausch) und Dipolen ausschlaggebend.

Die Sorption der häufig vorkommenden nichtionischen organischen Schadstoffe geht jedoch im wesentlichen auf relativ schwache physikalische Wechselwirkungen zwischen Sorptiv bzw. Sorbat und Sorbent zurück („Van der Waals- bzw. London-Dispersions-Kräfte“). Dazu zählen Dipol-Dipol-Wechselwirkungen, dipol-induzierte Dipole sowie momentane dipol-induzierte Interaktionen (aufgrund von Fluktuationen in der Elektronenhülle können auch zwischen unpolaren Molekülen momentane Anziehungskräfte auftreten).

Einen wesentlichen Beitrag zur Sorption nichtionischer organischer Verbindungen aus der wässerigen Phase liefert die sogenannte „hydrophobe Bindung“. Die hydrophobe Sorption ist ein Beispiel einer entropiegesteuerten Interaktion. Im Wasser gelöste organische Moleküle sind von einem Käfig „strukturierten“ Wassers umgeben (*iceberg effect*, Frank u. Evans 1945), was zu einer Entropieanomalie führt. Eine Sorption (Entfernung des Moleküls aus der Lösung) führt wieder zu einer Zunahme der Entropie und ist daher thermodynamisch begünstigt.

Die Sorption organischer Schadstoffe in Böden und Sedimenten, die wie oben ausgeführt im wesentlichen auf relativ schwache physikalische Wechselwirkungen zurückgeht, ist in der Regel vollständig reversibel. Gelegentlich finden sich Berichte in der Literatur, in welchen Schwierigkeiten bei der Entfernung von Schadstoffen aus Böden auf irreversible Sorptionsmechanismen zurückgeführt werden (Ditoro u. Horzempa 1982). Oft bleibt jedoch unklar, ob nicht eine langsame Desorptionskinetik für die beobachteten Effekte verantwortlich ist. Pignatello (1989) unterscheidet zwischen resistenter, d.h. langsamer aber vollständig reversibler, und irreversibler Sorption. Bei resistenter Sorption ist nach gegebener Zeit eine vollständige Desorption möglich, während bei irreversibler Sorption die Verbindung aufgrund einer chemischen Umwandlung (Reaktion) nicht in ihrer ursprünglichen Zusammensetzung wiedergewonnen werden kann. Letzteres kann beispielsweise auf eine Komplexbildung zwischen phenolischen Verbindungen und natürlichem organischen Material zurückgehen (Isaacson u. Frink 1984).

Sorption hydrophober organischer Verbindungen im natürlichen organischen Material

Wie viele Untersuchungen in der Vergangenheit zeigten, geht die Sorption hydrophober organischer Verbindungen in Böden und Sedimenten im wesentlichen auf das darin enthaltene natürliche organische Material zurück (Lambert et al. 1965; Lambert 1966, 1967; Briggs 1969, 1981; Karickhoff et al. 1979; Karickhoff 1984). Nach Chiou et al. (1979, 1981, 1983, 1985) kann die Sorption organischer Verbindungen im natürlichen organischen Material als Verteilung zwischen organischer Phase und Wasser, vergleichbar zur Lösung der Verbindung in einem geeigneten Lösemittel z.B. Oktanol (Chiou 1989) angesehen werden. Die Sorption kann dann mittels eines einfachen konzentrationsunabhängigen Verteilungskoeffizienten K_{om} beschrieben werden:

$$K_{om} = \frac{C_{om}}{C_w} \quad \left[\mathrm{l\,kg^{-1}}\right] \qquad 24.3$$

C_{om} und C_w bezeichnen hier die Konzentration in der organischen bzw. wässerigen Phase. Der Verteilungskoeffizient hängt von den Aktivitätskoeffizienten der jeweiligen Verbindung in der wässerigen (γ_w) und organischen (γ_{om}) Phase ab (Raoult'sches Gesetz; siehe auch Schwarzenbach et al. 1993):

$$K_{om} = \frac{\gamma_w\, V_w}{\gamma_{om}\, V_{om}\, \rho_{om}} \qquad 24.4$$

V_w und V_{om} bezeichnen das molare Volumen des Wassers (= 0,018 l mol^{-1}) bzw. der organischen Phase [l mol^{-1}]. ρ_{om} ist die Dichte des organischen Materials [kg l^{-1}]. V_w, V_{om} und ρ_{om} sind konstant und γ_{om} liegt nahe bei 1 (solange das organische Material ein geeignetes Lösemittel darstellt). Unterschiedliche Werte für K_{om} hängen damit hauptsächlich von γ_w ab. Für die hydrophoben organischen Verbindung mit geringen Wasserlöslichkeiten (unendlich verdünnte Lösungen) ist der Wert für γ_w nahezu unabhängig von ihrer Konzentration im Wasser (C_w). K_{om} kann daher über die Wasserlöslichkeit (S [mol l^{-1}]) der betreffenden Verbindung abgeschätzt werden (z.B. nach Schwarzenbach et al. 1993):

$$\log K_{om} = -0{,}75 \log S + 0{,}44 \qquad 24.5$$

Nach diesem *Partitioning*-Konzept ist über einen weiten Konzentrationsbereich eine lineare Beziehung zwischen der Stoffkonzentration in der organischen Phase und der wässerigen Phase zu erwarten. Die hydrophobe Sorption kann daher analog zur Lösung einer Verbindung in organischen Lösemitteln empirisch beschrieben werden (*linear free energy relationships* - LFER, siehe Hansch et al. 1968 und Leo et al. 1971). Statt des oben beschriebenen Verteilungskoeffizienten K_{om} wird meist der K_{oc}-Wert, der auf die zugängliche Meßgröße – den Gehalt an organisch gebundenem Kohlenstoff (f_{oc}) – bezogene Verteilungskoeffizient verwendet:

$$K_{oc} = \frac{C_{oc}}{C_w} = \frac{K_{om}}{f_{oc}} \quad \left[\mathrm{l\,kg^{-1}}\right] \qquad 24.6$$

C_{oc} bezeichnet die Schadstoffkonzentration bezogen auf den Gehalt an organisch gebundenem Kohlenstoff (C_s/f_{oc}). K_{oc} kann aus dem Oktanol/Wasser-Verteilungskoeffizienten (K_{ow}), der für viele organische Verbindungen bekannt ist, mittels empirischer Beziehungen berechnet werden. Nach Karickhoff et al. (1979) gilt für Verbindungen mit $\log K_{ow} > 2$ folgende Beziehung:

$$\log K_{oc} = 1{,}00 \log K_{oc} - 0{,}21 \Rightarrow K_{oc} = 0{,}62 K_{ow} \qquad 24.7$$

Sontheimer et al. (1983) stellten Literaturdaten zusammen und geben je nach $\log K_{ow}$-Bereich unterschiedliche Beziehungen an:

$$\begin{aligned} &\log K_{ow} : 1{,}0 \pm 2{,}4: \\ &\qquad \log K_{oc} = 0{,}356\, K_{ow} + 1{,}15 \\ &\log K_{ow} : 2{,}4 \pm 7{,}4: \\ &\qquad \log K_{oc} = 0{,}807\, K_{ow} + 0{,}068 \end{aligned} \qquad 24.8$$

Das K_{oc} -Konzept setzt allerdings stillschweigend voraus, daß sich die Variabilität in Struktur und Zusammensetzung des organischen Materials nicht auf die K_{oc} -Werte auswirkt. Nkedi-Kizza et al. (1983) beobachteten in Oberböden eine relativ geringe Variabilität des K_{oc} (bzw. K_{om}) etwa um den Faktor 1,5. Natürliche organische Substanzen in Sedimentgesteinen, Torf und Kohlen differieren in ihrer Zusammensetzung und Struktur jedoch substantiell von denen in Böden und rezenten Sedimenten, was sich in unterschiedlichen K_{oc}-Werten äußert. Auch innerhalb der gelösten organischen Substanzen (Humin- und Fulvosäuren) wurden Variationen der K_{oc}-Werte für Pyren um Faktor 10 beobachtet, die mit der Aromatizität der organischen Substanzen zunehmen (Gauthier et al. 1987). Nach McCarthy et al. (1989) geht die Sorption von Benzo(a)pyren durch gelöste organische Substanzen auf unpolare Bereiche innerhalb der natürlichen organischen Makromoleküle zurück und hängt damit ebenfalls von deren Zusammensetzung bzw. chemischen Eigenschaften ab (→ Kap. 7). K_{oc}-Werte für halogenierte Kohlenwasserstoffe in Böden und Sedimenten nehmen signifikant (bis zu zwei Größenordnungen) mit abnehmendem Gehalt an hydrophilen (sauerstoffhaltigen) funktionellen Gruppen der festen natürlichen organischen Substanz zu (Garbarini u. Lion 1986; Grathwohl 1989, 1990). Im Gegensatz zum Verteilungsprinzip (*Partitioning*) verläuft die Sorption auch nichtlinear (wird konzentrationsabhängig), was den Schluß zuläßt, daß in Böden und Sedimenten neben einem reinen *Partitioning* (d.h. Lösung im organischen Material) zusätzliche, andere Sorptionsmechanismen auftreten.

Sorptionsisothermen

Die Schadstoffsorption in Böden oder Sedimenten (aus wässeriger Lösung oder aus der Gasphase) wird durch Sorptionsisothermen beschrieben, welche die Konzentration des Sorbats im Sorbenten (q) der Konzentration des Sorptivs unter Gleichgewichtsbedingungen (C_{eq}; der im Wasser gelösten oder der gasförmigen Verbindung) bei konstanter Temperatur gegenüberstellen. Im einfachsten Fall ergibt sich eine lineare Beziehung:

$$q = K_d \, C_{eq} \qquad 24.9$$

K_d [l kg^{-1}] beschreibt hier einfach das Konzentrationsverhältnis zwischen gelösten und sorbierten Molekülen. Bei einer linearen Sorption ergibt sich K_d aus der Steigung der Sorptionsisotherme (bei *Partitioning* wird oft auch K_p verwendet). Verläuft die Sorption nichtlinear, dann hängt der K_d-Wert von der Konzentration (q, C_{eq}) ab. In Böden wird oft das Freundlich-Sorptionsmodell verwendet (Freundlich 1909):

$$q = K_{Fr} \, C_{eq}^{1/n} \qquad 24.10$$

K_{Fr} bezeichnet den Freundlich-Sorptionskoeffizienten und $1/n$ ist ein empirischer Exponent. Für $1/n$ = 1 entspricht das Freundlich-Modell der Gleichung 24.9. K_{Fr} hängt von den verwendeten Konzentrationseinheiten ab, was beim Vergleich von Sorptionsdaten aus verschiedenen Studien beachtet werden muß. Die Abhängigkeit des K_d von der Konzentration ergibt sich bei Vorliegen einer Freundlichisotherme aus Gl. 24.9 und 24.10:

$$K_d = K_{Fr} \, C_{eq}^{1/n-1} \qquad 24.11$$

Für C_{eq} = 1 entspricht K_d dem K_{Fr}-Wert. Neben der Freundlich-Sorptionsisotherme werden auch oft andere Sorptionsmodelle wie beispielsweise Langmuir- und BET-Isothermen angewendet, die beide ursprünglich für die Adsorption von Gasen auf Festkörperoberflächen entwickelt wurden. Beim Langmuir-Model wird eine maximale Belegung der Oberflächen (q_{max}) erreicht:

$$q = \frac{K_L \, q_{\max} \, C_{eq}}{1 + K_L \, C_{eq}} \qquad 24.12$$

K_L steht hier für den Langmuir-Sorptionskoeffizienten. Für sehr geringe Konzentrationen ($K_L C_{eq} << 1$) ergibt (Gl. 24.12) eine lineare Beziehung analog zu (Gl. 24.9; $K_L \, q_{max} = K_d$). Bei hohen Konzentrationen ($K_L \, C_{eq} >> 1$) wird die maximal mögliche Beladung erreicht ($q = q_{max}$). Das von Brunauer et al. (1938) entwickelte BET-Model stellt eine Erweiterung der Langmuir-Isotherme (Adsorption in multimolekularen Lagen bis zur Kapillarkondensation in Mikro- und Mesoporen) dar:

$$q = \frac{K \, q_{\max} \, C_{eq}}{\left[C_{sat} - C_{eq}\right]\left[1 + (K-1)\, C_{eq}/C_{sat}\right]} \qquad 24.13$$

C_{sat} bezeichnet die Sättigungskonzentration in der Gasphase (bzw. die Wasserlöslichkeit). Für $C_{eq} << C_{sat}$ gilt ebenfalls eine lineare Beziehung zwischen Sorptiv- und Sorbatkonzentration. Mit der Annäherung von C_{eq} an C_{sat} wird q unendlich groß (Kapillarkondensation aus der Gasphase, *Cluster*-Bildung in wässeriger Lösung).

Die Freundlich-Isotherme läßt sich auch aus der Superposition verschiedener Langmuir-Isothermen herleiten (mehrere unterschiedliche Sorptionsisothermen vom Langmuir-Typ). Der Freundlich-Exponent 1/n kann dann als Heterogenitätsparameter interpretiert werden. Noch flexibler zur Beschreibung von Sorptionsdaten in Böden und Sedimenten als die Freundlich-Iostherme ist die Tòth Isotherme (Kinniburgh 1986):

$$q = \frac{K_T \, q_{\max} \, C_{eq}}{\left[1 + \left(K_T \, C_{eq}\right)^{\beta_T}\right]^{1/\beta_T}} \qquad 24.14$$

K_T und β_T bezeichnen Affinitäts- bzw. Heterogenitätsparameter. Die Abbildung 24.7 zeigt einige Beispiele für die hier aufgeführten Sorptionsmodelle (Gl. 24.9–24.14), die in bestimmten Konzentrationsbereichen ähnlich verlaufen. Sorptionsmessungen in Böden, die oft auch relativ große Fehlerspannen aufweisen, lassen daher meist keine eindeutige Zuordnung einer bestimmten Sorptionsisotherme zu.

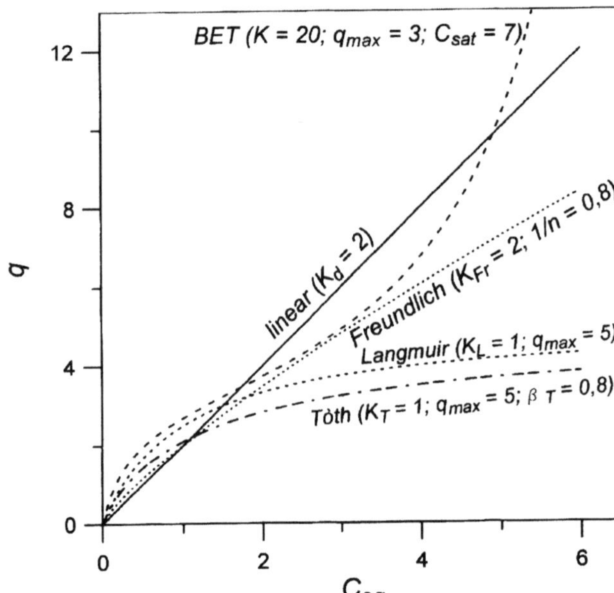

Abb. 24.7. Beispiele für Sorptionsisothermen (Modelle)

24.3 DIFFUSIONSLIMITIERTE SORPTION UND DESORPTION

Sorption und Desorption in Aggregaten und Partikeln

Wie oben ausgeführt (Box 24.2), wird die Austauschrate von Schadstoffen zwischen Feststoffen des Bodens und einer mobilen Phase (Grundwasser, Sickerwasser, Bodenluft) von der molekularen Diffusion bestimmt. In granularem Material kann die Intrapartikel-Diffusion (poröse Aggregate, Lithofragmente, organisches Material) mittels des 2. Fick´schen Gesetz in Radialkoordinaten beschrieben werden:

$$\frac{\partial C}{\partial t} = D_a \left[\frac{\partial^2 C}{\partial r^2} + \frac{2}{r} \frac{\partial C}{\partial r} \right] \quad 24.15$$

C, t und r bezeichnen hier Konzentration, Zeit und radialen Abstand vom Kornmittelpunkt. Für konstante scheinbare Diffusionskoeffizienten D_a (lineare Sorptionsisothermen) und verschiedene Anfangs- und Randbedingungen existieren einfache analytische Lösungen für Gl. 24.15. Damit können beispielsweise Sorptions- und Desorptionsraten bzw. Desorptionszeiten berechnet werden. Für nichtlineare Freundlich-Isothermen sind numerische Lösungen notwendig. Herrscht während der Sorption bzw. Desorption eine konstante Konzentration an der Kornoberfläche (z.B. $C = 0$ während der Desorption) und war die Konzentration innerhalb des Korns zuvor konstant (z.B. $C = C_{eq}$ vor der Desorption oder $C = 0$ vor der Sorption) gilt für lineare Sorptionsisothermen folgende analytische Lösung für die zum Zeitpunkt t ins Korn hinein- oder herausdiffundierte (sorbierte bzw. desorbierte) Schadstoffmasse (Crank 1975):

$$\frac{M}{M_{eq}} = 1 - \frac{6}{\pi^2} \sum_{n=1}^{\infty} \frac{1}{n^2} \exp\left[-n^2 \pi^2 \frac{D_a}{a^2} t \right] \quad 24.16$$

Der Term $D_a\, t\, a^{-2}$ wird als dimensionslose Zeit oder Fourier-Zahl bezeichnet. M_{eq} bezeichnet die unter Gleichgewichtsbedingungen im Korn aufgenommene Schadstoffmasse [mg kg^{-1}], die sich aus der Gleichgewichtskonzentration im Wasser C_{eq} [mg l^{-1}] berechnen läßt:

$$M_{eq} = C_{eq} \frac{\alpha}{\rho} \quad 24.17$$

α bezeichnet einen Kapazitätsfaktor, der sich in porösen Medien aus der Porosität (ε – hier Intrapartikel-Porosität) und dem K_d-Wert ergibt ($\alpha = \varepsilon + K_d\, \rho$). ρ ist die Trockenraumdichte des porösen Mediums $(1-\varepsilon)d_s$ (d_s: Korndichte [kg l^{-1}]). Die zu bestimmten (dimensionslosen) Zeiten sich ergebenden Konzentrationsprofile im Korn sind in Abbildung 24.8 dargestellt.

Für lange Zeiten ($D_a\, t\, a^{-2} > 0{,}1$) können die höheren Glieder (n > 1) der Reihenentwicklung in Gl. 24.16

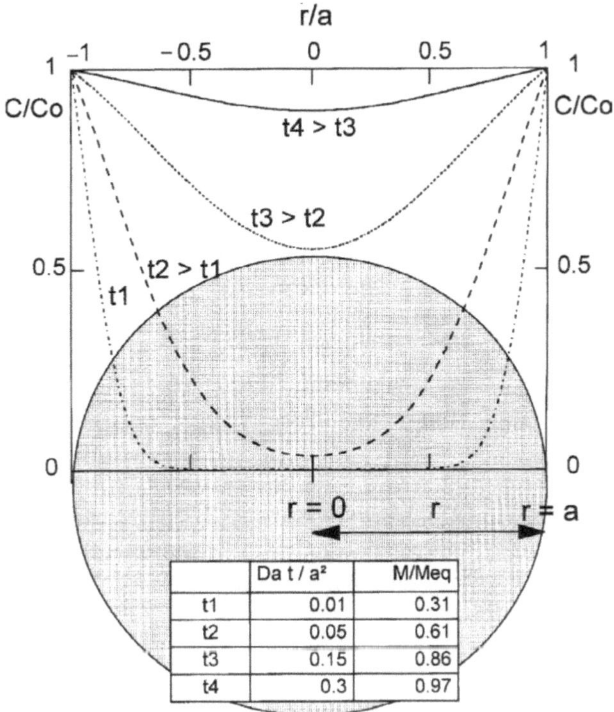

	Da t / a²	M/Meq
t1	0.01	0.31
t2	0.05	0.61
t3	0.15	0.86
t4	0.3	0.97

Abb. 24.8. Diffusion in eine Kugel: Konzentrationsprofile nach unterschiedlichen Zeiten t1 bis t4. Die Tabelle zeigt Fourier-Zahlen (dimensionslose Zeiten) mit entsprechenden Werten für M/M_{eq}

vernachlässigt werden – die Diffusion folgt dann einer Exponentialfunktion mit einer Steigung von $-\pi^2 D_a a^{-2}$ in halblogarithmischer Darstellung. Die Zeit, die notwendig ist, um mehr als 50% zu sorbieren bzw. zu desorbieren, kann ebenfalls aus der Langzeitnäherung für Gl. 24.16 abgeleitet werden:

$$t = \left(-0{,}233 \log\left[1 - \frac{M}{M_{eq}}\right] - 0{,}05\right) \frac{a^2}{D_a} \qquad 24.18$$

90% von M_{eq} werden z.B. nach $D_a\, t\, a^{-2} = 0{,}183$ erreicht. Für kurze Zeiten mit $D_a t\, a^{-2} < 0{,}15$ kann folgende Näherungslösung verwendet werden:

$$\frac{M}{M_{eq}} = 6\sqrt{\frac{D_a\, t}{\pi\, a^2}} - 3\frac{D_a\, t}{a^2} \qquad 24.19$$

Für Fourier-Zahlen < 0,1 kann auch der letzte Term in Gl. 24.19 vernachlässigt werden. Die Diffusionsrate hängt dann nur noch von der Quadratwurzel der Zeit ab. Die Abbildung 24.9 zeigt einen Vergleich zwischen der analytischen Lösung (Reihenentwicklung) und den verschiedenen Näherungslösungen. Die entsprechenden Sorptions- bzw. Desorptionsraten ergeben sich einfach aus der Ableitung der Gleichungen 24.16 und 24.19 nach der Zeit.

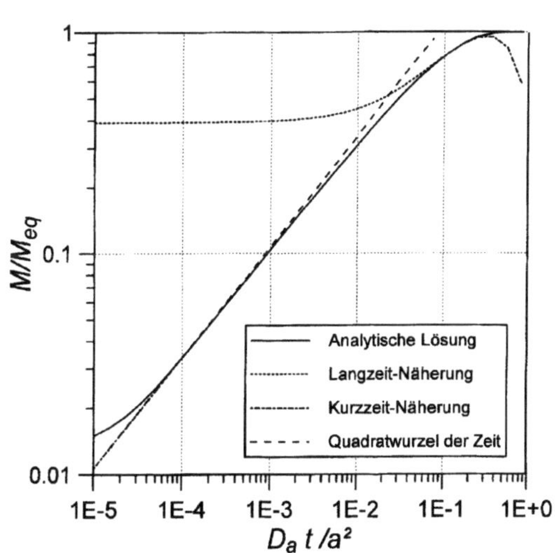

Abb. 24.9. Analytische Lösung (50 Glieder der Reihenentwicklung in Gl. 24.16) im Vergleich zu Kurzzeit- Gl. 24.19 und Langzeitnäherung (1. Glied in Gl. 24.16). M/M_{eq}: Masse (relativ zur unter Gleichgewichtsbedingungen in der Kugel befindlichen Masse M_{eq}), die bei konstanter Oberflächenkonzentration (infinites Bad) nach der Zeit t in die Kugel hinein oder aus der Kugel heraus diffundiert

Diffusionskoeffizienten in porösen Medien

Um Aussagen zum Transportverhalten von Schadstoffen unter Berücksichtigung der Sorptionskinetik (Intrapartikel-Diffusion) bzw. der Matrixdiffusion treffen zu können, müssen sowohl die entsprechenden Sorptionskoeffizienten als auch die Diffusionskoeffizienten bekannt sein. In wassergesättigten porösen Medien kann der scheinbare Diffusionskoeffizient D_a [$m^2\ s^{-1}$] ausgehend von der freien Diffusion in Wasser (D_{aq}) und den Porenraumcharakteristika folgendermaßen definiert werden (Abb. 24.10):

$$D_a = \frac{D_{aq}\,\varepsilon\,\delta}{(\varepsilon + K_d\,\rho)\tau_f} = \frac{D_{aq}\,\varepsilon^{m-1}}{R_p} \qquad 24.20$$

Dabei wird davon ausgegangen, daß die Diffusion nur im Porenraum stattfinden kann (keine Festkörperdiffusion). ε bezeichnet die (Intrapartikel-)Porosität. Falls Poren vorhanden sind, die den diffundierenden Molekülen nicht zugänglich sind, ist ε kleiner als die Gesamtporosität (Lever et al. 1985). Über die dimensionslosen Faktoren τ_f und δ wird die Tortuosität ($\tau_f > 1$) bzw. die Konstriktivität ($\delta \leq 1$) der Poren berücksichtigt. δ wird dann wichtig, wenn die Porengröße in der Größenordnung des Durchmessers des diffundierenden Moleküls liegt. Für die hier besprochenen Verbindungen sind dies nur Poren mit Durchmessern unterhalb 1 nm. τ_f ergibt sich aus dem quadratischen Verhältnis zwischen tatsächlichem tortuosen Diffusionspfad und der Länge des direkten Weges (Abb. 24.10). τ_f kann in natürlichen porösen Medien in der Regel nicht direkt erfaßt werden und wird daher meist aus der Porosität mittels empirischer Beziehungen, z.B. mittels des empirischen Exponenten m in Gl. 24.20, berechnet (Wakao u. Smith 1962; Probst u. Wohlfahrt 1979). Der Wert für m in Gl. 24.20 liegt in natürlichen porösen Medien (z.B. Sedimentgesteine) erfahrungsgemäß zwischen 1,5 und 2,5 (meist nahe 2; Grathwohl 1992). Der Poren-Retardationsfaktor R_p in Gl. 24.20 ergibt sich aus dem Quotienten $\alpha\ \varepsilon^{-1}$ (retardierte Porendiffusion).

Die zur Berechnung von D_a notwendigen molekularen Diffusionskoeffizienten im Wasser (D_{aq}) werden im wesentlichen von der dynamischen Viskosität des Wassers und der Molekülgröße (molares Volumen) der diffundierenden Substanz bestimmt. In verdünnten Lösungen sind die Diffusionskoeffizienten unabhängig von der Konzentration und sonstigen Spurenwasserinhaltsstoffen. D_{aq} kann nach verschiedenen Methoden, die alle auf der Molekülgröße und der Viskosität basieren, berechnet werden (Wilke u. Chang 1955; Hayduk u. Laudie 1974). Nach Worch (1993) kann D_{aq} auch einfach über das Molekulargewicht (m_s [$g\ mol^{-1}$]), die Temperatur (T [K]) und die Viskosität (η [$N\ s\ m^{-2}$]) bestimmt werden:

$$D_{aq} = \frac{3{,}595E-14\ T}{\eta\, m_s^{0{,}53}} \quad \left[m^2\ s^{-1}\right] \qquad 24.21$$

Die Viskosität des Wassers ist temperaturabhängig und beträgt bei 293 K (= 20°C) 1,002E-3 N s m^{-2} (= Pa s = J s m^{-3} = 1,002 centiPoise). D_{aq} beträgt für

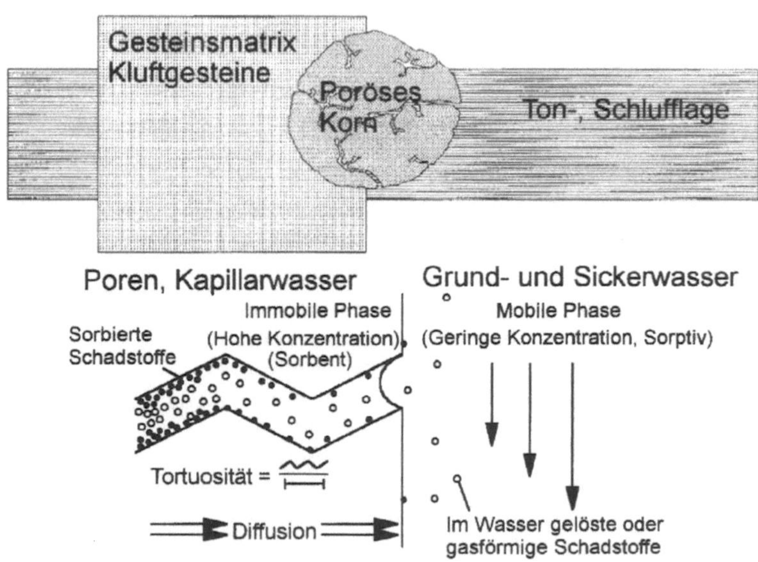

Abb. 24.10. Retardierte Porendiffusion in geringdurchlässigen feinkörnigen (tonigen) Lagen, in der Gesteinsmatrix und in feinporösen Partikeln bzw. Aggregaten (τ_f = Tortuosität^2).

Dichlormethan, Trichlorethen, Toluol, Naphthalin, Phenanthren und Benz(a)pyren 1×10^{-9}, $0{,}79 \times 10^{-9}$, $0{,}89 \times 10^{-9}$, $0{,}8 \times 10^{-9}$, $0{,}67 \times 10^{-9}$ bzw. $0{,}56 \times 10^{-9}$ [$m^2 s^{-1}$].

Diffusion in organischem Material

Humose Böden enthalten z.T. auch größere Mengen an partikulärem organischem Material (z.B. Pflanzenreste), das ebenfalls Schadstoffe über die Diffusion aufnehmen kann. Nkedi-Kizza et al. (1989) beispielsweise schlossen aus vergleichenden Transportexperimenten mit hydrophoben organischen Verbindungen und ^{45}Ca in Bodensäulen, daß die Nichtgleichgewichtssorption auf die langsame Diffusion in organischem Material zurückgeht (*intra-organic matter* bzw. Intrasorbent-Diffusion). Poren in Sedimentgesteinen, die reich sind an natürlicher organischer Substanz, können z.T. mit organischem Material (z.B. Bitumen, Kerogen in Schiefertonen oder in kohligem Material) erfüllt sein – die Sorptions- bzw. Desorptionskinetik von organischen Schadstoffen hängt dann von der Diffusion im organischen Material ab (Abb. 24.11). In ähnlicher Weise wird auch die Aufnahme von polyzyklischen aromatischen Kohlenwasserstoffen in Aerosolen von der molekularen Diffusion in der organischen Phase bestimmt (Rounds et al. 1993).

In Sorptions- und Desorptionsexperimenten ermittelte Ratenkonstanten erster Ordnung zeigen auch bei organischem Material eine log-log lineare inverse Abhängigkeit von den Sorptions(*partition*)koeffizienten (Brusseau et al. 1990). Zur Modellierung der Sorptionskinetik organischer Verbindungen (polychlorierte Biphenyle: PCB) in Flußsedimenten wurden Polymerpermeations- bzw. Gelverteilungsmodelle verwendet (Freeman u. Chang 1981; Carroll et al. 1994). Bei Experimenten zur Aufnahme organischer Verbindungen durch Steinkohlen beobachteten Barr-Howell et al. (1986) eine Veränderung der Transporteigenschaften (bzw. der Diffusionskoeffizienten) durch quellendes organisches Material mit zunehmender Konzentration. Dadurch tritt eine anomale (Nicht-Fick'sche) Diffusion auf (Frisch 1980) – die Sorptionskinetik kann dann durch eine einfache Potenzfunktion beschrieben werden:

$$\frac{M}{M_{eq}} = k_r t^n \qquad 24.22$$

k_r ist eine makromolekulare Relaxationskonstante, die von der Struktur des organischen Polymers und den Eigenschaften der diffundierenden Verbindung abhängt. n ist ein empirischer Exponent, der bei Fick'scher Diffusion und $M/M_{eq} < 0{,}5$ den Wert von 1/2 annimmt (Kurzzeitlösung – M/M_{eq} nimmt mit der Wurzel der Zeit zu). Bei Werten von $n > 1/2$ hängt die Diffusion vom Fortschreiten des Übergangs zwischen gequollenem und nicht-gequollenem (glasigen) Kern im Sorbenten ab (Frisch 1980).

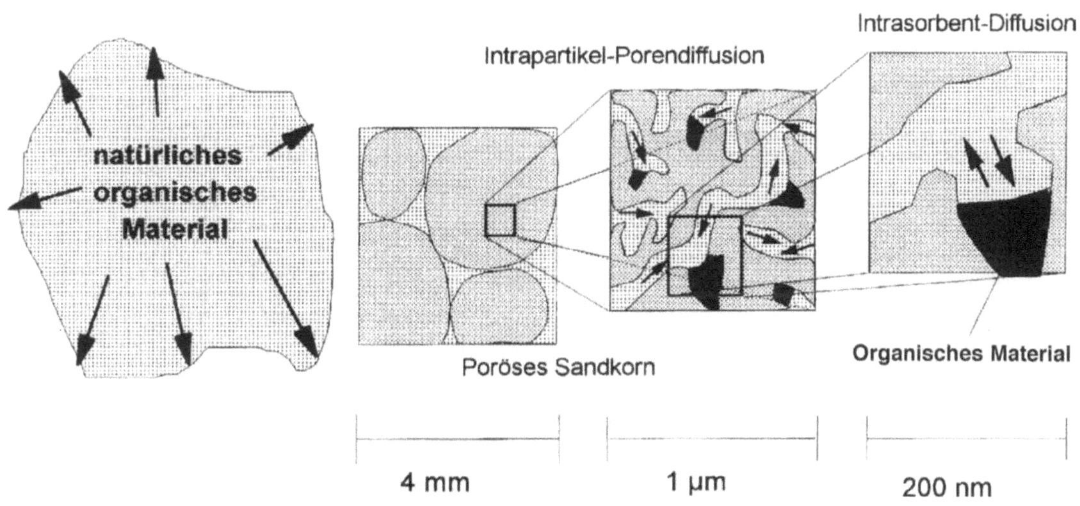

Abb. 24.11. Intrasorbent(*intra-organic matter*)-Diffusion (links) bzw. Poren- und Intra-sorbent-Diffusion kombiniert (nach Mattes 1993)

LITERATUR

Alvarez-Cohen L, McCarty PL, Roberts PV (1993) Sorption of trichloroethylene onto a zeolite accompanied by methanotrophic biotransformation. Environ Sci Technol 27, 10: 2141–2148

Ball WP, Roberts PV (1991) Long-term sorption of halogenated organic chemicals by aquifer material. 2. Intraparticle diffusion. Environ Sci Technol 25, 7: 1237–1249

Barr-Howell BD, Peppas NA, Winslow DN (1986) Transport of penetrants in the macromolecular structure of coals. II. Effect of porous structure on pyridine transport mechanisms. Chem Eng Comm 43, 4–6: 301–315

Briggs GG (1969) Molekular structure of herbicides and their sorption by soils. Nature 223: 1288

Briggs GG (1981) Theoretical and experimental relationships between soil adsorption, octanol - water partition coefficients, water solubilities, bioconcentration factors and the parachor. J Agric Food Chem 29, 5: 1050–1059, Washington

Brunauer S, Emmet PH, Teller E (1938) Adsorption of gases in multimolekular layers. J Amer Chem Soc 60, 2: 309–319, Washington

Brusseau ML, Jessup RE, Rao PSC (1990) Sorption kinetics of organic chemicals: Evaluation of gas-purge and miscible-displacement techniques. Environ Sci Technol 24: 727–735

Brusseau ML, Jessup RE, Rao PSC (1991) Nonequilibrium sorption of organic chemicals: Elucidation of rate-limiting processes. Environ Sci Technol 25: 134–142

Carroll KM, Harkness MR, Bracco AA, Balarcel RR (1994) Application of a permeant/polymer diffusional model to the desorption of polychlorinated biphenyls from Hudson River sediments. Environ Sci Technol 28, 2: 253–258

Chiou CT (1989) Theoretical considerations of the partition uptake of nonionic organic compounds by soil organic matter. SSSA 22: 1–29

Chiou CT, Peters LJ, Freed VH (1979) A physical concept of soil-water equilibria for nonionic organic compounds. Science 206, 11: 831-832

Chiou CT, Peters LJ, Freed VH (1981) Soil-water equilibria for nonionic organic compounds. Science 213, 8: 683–684

Chiou CT, Porter PE, Schmedding DW (1983) Partition equilibria of nonionic organic compounds between soil organic matter and water. Environ Sci Technol 17, 4: 227–231

Chiou CT, Shoup TD, Porter PE (1985) Mechanistic roles of soil humus and minerals in the sorption of nonionic organic compounds from aqueous and organic solutions. Org Geochem 8, 1: 9–14

Crank J (1975) The mathematics of diffusion. 2. Aufl.: 414 S., University Press Oxford, U.K.

Crittenden JC, Hutzler NJ, Geyer DG, Orawitz JL, Friedman G (1986) Transport of organic compounds with saturated groundwater flow: model development and parameter sensitivity. Water Resources Res 22: 271–284

Ditoro DM, Horzempa LM (1982) Reversible and resistant components of PCB adsorption-desorption isotherms. Environ Sci Technol 16, 9: 594–602

Farrell J, Reinhard M (1994) Desorption of halogenated organics from model solids, sediments, and soil under unsatuarted conditions. 1. Isotherms. 2. Kinetics. Environ Sci Technol 28, 1: 53–72

Frank H, Evans M (1945) Free volume and entropy in condensed systems. III. Mixed liquids. J Chem Phys 13: 507–532

Freeman DH, Chang LS (1981) A gel partition model for organic desorption from a pond sediment. Science 214: 790–792

Freundlich H (1909) Kapillarchemie. Akademische Verlagsgesellschaft, Leipzig, 591 S.

Frisch HL (1980) Sorption and transport in glassy polymers – a review. Polymer Engineering Science 20, 1: 2–13

Garbarini DR, Lion LW (1986) Influence of the nature of soil organics on the sorption of toluene and trichloroethylene. Environ Sci Technol 20, 12: 1263–1269

Gauthier TH, Seitz WR, Grant CL (1987) Effects of structural and compositional variation of dissolved humic materials an Pyren K_{oc} values. Environ Sci Technol 21, 3: 243–248

Gierke JS (1986) Modeling the movement of volatile organic chemicals through homogeneous isotropic, unsaturated soils with concurrent air and water flow. M.S. Civil Eng. Thesis, Michigan Inst Technol, Ann Arbor, MI, 220 S.

Grathwohl P (1989) Verteilung unpolarer organischer Verbindungen in der wasserungesättigten Bodenzone am Beispiel leichtflüchtiger aliphatischer Cklorkohlenwasserstoffe – Modellversuche. Tübinger Geowiss Arb 1: 102 S.

Grathwohl P (1990) Influence of organic matter from soils and sediments from various origins on the sorption of some chlorinated aliphatic hydrocarbons: Implications on K_{oc} correlations. Environ Sci Technol 24, 11: 1687–1693

Grathwohl P (1992) Diffusion controlled desorption of organic contaminants in various soils and rocks. 7th Int Symp Water Rock Interaction 1992, Park City, Utah, USA, S. 283 ff.

Grathwohl P, Farrell J, Reinhard M (1990) Desorption kinetics of volatile organic contaminants from aquifer materials. In: Arendt F, Hinsenveld M, van den Brink WJ (eds) Contaminated Soil '90, Kluwer Academic Publishers, Netherlands, S. 343–350

Grathwohl P, Einsele G (1991) Verhalten verschiedener leichtflüchtiger chlorierter Kohlenwasserstoffe (LCKW) im Untergrund. In: Rosenkranz D, Einsele G, Harreß HM (Hrsg) Handbuch Bodenschutz. Erich Schmidt Verlag, Berlin

Grathwohl P, Reinhard M (1992) Sorption and desorption kinetics of trichloroethylene in aquifer material under saturated and unsaturated conditions. Technical Report No. WRC-2; Western Region Hazardous Substances Research Center, Stanford University, Oregon State University; Department of Civil Engineering, Environmental Engineering and Science, Stanford University, USA, 57 S.

Grathwohl P, Reinhard M (1993) Desorption of trichloroethylene in aquifer material: Rate limitation at the grain scale. Environ Sci Technol 27, 12: 2360–2366

Grathwohl P, Merkel P, Schüth C, Pyka W (1995) Einfluß der Sorptionskinetik auf das Verhalten organischer Schadstoffe im Untergrund: Transport, Grundwassergefährdung und Sanierung. Z dtsch geol Ges 146, 1: 8–16

Hansch C, Quinlen JE, Lawrence GL (1968) The linear free-energy relationship between partition coefficients and the aqueous solubility of organic liquids. J Org Chem 33: 347–350

Harmon TC, Roberts PV (1994) Comparison of intraparticle sorption and desorption rates for a halogenated alkene in a sandy aquifer material. Environ Sci Technol 28, 9: 1650–1660

Hassett JH, Banwart WL (1989) The sorption of nonpolar organics by soils and sediments. SSSA 22: 31–44

Hayduk W, Laudie H (1974) Prediction of diffusion coefficients for nonelectrolytes in dilute aqueous solutions. Am Inst Chem Engineers J 20, 3: 611–615, New York

Isaacson PJ, Frick CR (1984) Nonreversible sorption of phenolic compounds by sediment fractions: The role of organic matter. Environ Sci Technol 18: 43–48

Karickhoff SW (1984) Organic pollutant sorption in aquatic systems. J Hydraulic Engineering 10, 6: 707–735, New York

Karickhoff SW, Brown DS, Scott TA (1979) Sorption of hydrophobic pollutants on natural sediments. Water Res 13, 3: 241–248

Karickhoff SW, Morris KR (1985) Sorption dynamics of hydrophobic pollutants in sediment suspensions. Environ Toxicol Chem 4: 469–479

Kast W (1988) Adsorption aus der Gasphase. Ingenieurwissenschaftliche Grundlagen und technische Verfahren. VCH, Weinheim, 279 S.

Kinniburgh DG (1986) General purpose adsorption isotherms. Environ Sci Technol 20, 9: 895–904

Lambert SM (1966) The influence of soil-moisture on herbizidal response. Weeds 14: 273–275

Lambert SM (1967) Functional relationship between sorption in soil and chemical structure. J Agric Food Chem 15: 572–576

Lambert SM, Porter PE, Schieferstein H (1965) Movement and sorption of chemicals applied to the soil. Weeds 13: 185–190

Leo AL, Hansch C, Elkins D (1971) Partition coefficients and their uses. Chem Reviews 1, 6: 525–554

Lever DA, Bradbury MH, Hemingway SJ (1985) The effect of dead end porosity on rock matrix diffusion. J Hydrol 80: 45–76

Mansour A, Rosenberg DU, Sylvester ND (1982) Numerical solution of liquid-phase multicomponent adsorption in fixed beds. AIChE J 28, 5: 765–772

Mattes A (1993) Vergleichende Untersuchungen zur Sorption und Sorptionsdynamik organischer Schadstoffe (Trichlorethen) in Aquifersanden aus geologisch unterschiedlichen Liefergebieten. Unveröff Diplomarbeit, Inst Geol Paläont Univ Tübingen, 59 S.

McCarthy JF, Robertson LE, Burns LW (1989) Association of Benzo(a)pyrene with dissolved organic matter: prediction of K_{dom} from structural and chemical properties of the organic matter. Chemosphere 19, 12: 1911–1920

Nicoud RM, Schweich D (1989) Solute transport in porous media with solute-liquid mass transfer limitations: applications to ion exchange. Water Resources Res 25, 6: 1071–1082

Nkedi-Kizza P, Rao PSC, Johnson JW (1983) Adsorption of Diuron and 2,4,5-T on soil particle-size separates. J Environ Qual 12: 195–197

Nkedi-Kizza P, Brusseau ML, Rao PSC, Hornsby AG (1989) Nonequilibrium sorption during displacement of hydrophobic organic chemicals and ^{45}Ca through soil columns with aqueous and mixed solvents. Environ Sci Technol 23, 7: 814–820

Ogram AV, Jessup RE, Ou LT, Rao PSC (1985) Effect of sorption on biological degradation rates of (2,4-dichloro-phenoxy) acetic acid in soils. Appl Environ Microbiol 49: 582–587

Pignatello JJ (1989) Sorption dynamics of organic compounds in soils and sediments. In: Sawhney BL, Brown K (Hrsg) Reactions and movement of organic chemicals in soils. Soil Sci Soc America, S. 45–81, Madison, Wisconsin, USA

Pignatello JJ, Frink CR, Marin PA, Droste EX (1990) Field-observed ethylen dibromide in an aquifer after two decades. J Contaminant Hydrol 5: 195–214

Pignatello JJ, Huang LQ (1991) Sorptive reversibility of atrazine and metachlor residues in field soil samples. J Environ Qual 20: 222–228

Pignatello JJ, Ferrandino FJ, Huang LQ (1993) Elution of aged and freshly added herbicides from a soil. Environ Sci Technol 27, 8: 1563–1571

Probst K, Wohlfahrt K (1979) Empirische Abschätzung effektiver Diffusionskoeffizienten in porösen Systemen. Chem-Ing-Tech 1, 7: 737–739

Ptacek CJ, Gillham RW (1992) Laboratory and field measurements of non-equilibrium transport in the Borden aquifer, Ontario, Canada. J Contaminant Hydrol 10: 119–158

Rao PSC, Jessup RE, Rolston DE, Davidson JM, Kilcrease DP (1980) Experimental and mathematical description of non-adsorbed solute transfer by diffusion in spherical aggregates. Soil Sci Soc Am J 44: 684–688

Rasmuson A, Gimmi T, Flühler H (1990) Modeling reactive gas uptake, transport, and transformation in aggregated soils. Soil Sci Soc Am J 54, 5: 1206–1213

Rignaarts HHM, Bachmann A, Jumelet JC, Zehnder AJB (1990) Effect of desorption and intraparticle mass transfer on the aerobic biomineralization of alpha-Hexachlorocyclohexane in contaminanted calcareaous soil. Environ Sci Technol 24, 9: 1349–1354

Roberts PV, Goltz MN, Mackay DM (1986) A natural gradient experiment on solute transport in a sand aquifer: 3. Retardation estimates and mass balances for organic solutes. Water Resources Res 22, 13: 2047–2058

Rounds SA, Tiffany BA, Pankow JF (1993) Description of gas/particle sorption kinetics with an intraparticle diffusion model: desorption experiments. Environ Sci Technol 27, 2: 366–377

Schüth C (1994) Sorptionskinetik und Transportverhalten von polyzyklischen aromatischen Kohlenwasserstoffen (PAK) im Grundwasser – Laborversuche. Unveröff Dissertation, Tübinger Geowiss Arb C1: 80 S.

Schüth C, Grathwohl P (1994) Nonequilibrium transport of PAHs: A comparison of column and batch experiments.- In: Dracos TH, Stauffer F (eds) Transport and Reactive Processes in Aquifers. Proc IAHR/AIRH Symp, April 11–15, 1994, Zürich, Switzerland. Balkema, Rotterdam, S. 143–148

Schwarzenbach RP, Gschwend PM, Imboden DM (1993) Environmental organic chemistry. Wiley & Sons, New York, 681 S.

Scribner SL, Benzing TR, Sun S, Boyd SA (1992) Desorption and bioavailability of aged simazine residues in soil from a continuos corn field. J Environ Qual 21: 115–120

Sontheimer H, Cornel P, Seym M (1983) Untersuchungen zur Sorption von aliphatischen Chlorkohlenwasserstoffen durch Böden aus Grundwasserleitern. Veröff Ber. Lehrstuhl Wasserchemie und DVGW-Forschungstelle Engler Bunte Institut 21: 1–46, Karlsruhe

Steinberg SM, Pignatello JJ, Sawhney BL (1987) Persistence of 1,2-Dibromethane in soils: entrapment in intraparticle micropores. Environ Sci Technol 21, 12: 1201–1208

Stewart DKR, Chisholm D, Ragab MTH (1971) Long term persistence of parathion on soil. Nature 229: 47

Travis CT, Doty CB (1990) Can contaminated aquifers at Superfund sites be remediated? Environ Sci Technol 24, 10: 1464–1466

Travis CC, Macinnis JM (1992) Vapor Extraction of organics from subsurface soils: Is it effective? Environ Sci Technol 26, 10: 1885–1887

Verschueren K (1983) Handbook of environmental data on organic chemicals. 2. Aufl. 1310 S., Van Nostrand Reinhold, New York

Voice TC, Weber WJ (1983) Sorption of hydrophobic compounds by sediments, soils and suspended solids – I. Theory and background. Water Res 17: 1433–1441

Wakao N, Smith JM (1962) Diffusion in catalyst pellets. Chem Eng Sci 17: 825–834

Weber WJ, DiGiano FA (1996) Process Dynamics in Environmental Systems. Wiley & Sons, New York, 943 S.

Weber WJ, Smith EH (1987) Simulation and desin models for adsorption processes. Environ Sci Technol 21, 11: 1040–1050

Weber WJ, Wang CK (1987) A microscale system for estimation of model parameters for fixed-bed adsorbers. Environ Sci Technol 21, 11: 1096–1102

Weber WJ, Voice TC, Pirbazari M, Hunt GE, Ulanoff DM (1983) Sorption of hydrophobic compounds by sediments, soils and suspended solids – II. sorbent evaluation studies. Water Res 17, 10: 1443–1452

Weber WJ, McGinley PM, Katz LE (1991) Sorption Phenomena in subsurface systems: Concepts, models and effects on contaminant fate and transport. Water Resour Res 25, 5: 499–528

Werner P (1989) Factors limiting the biodegradation of organic compounds in the subsurface during remediation measures. Internat Symp Processes governing the movement and fate of contaminants in the subsurface environment. Stanford, California, July 23-26, 1989

Wilke CR, Chang P (1955) Correlation of diffusion coefficients in dilute solutions. AIChE J 1: 264–270

Wolfe HR, Staiff DC, Armstrong JF, Comer SW (1973) Persistence of parathion in soil. Bull Environ Contamin Toxicol 10: 1–9

Wood WW, Kraemer TF, Hearn PP (1990) Intragranular diffusion: An important mechanism influencing solute transport in clastic aquifers. Science 242: 1569–1572

Worch E (1993) Eine neue Gleichung zur Berechnung von Diffusionskoeffizienten gelöster Stoffe. Vom Wasser 81: 289–297

Wu SC, Gschwend PM (1986) Sorption kinetics of hydrophobic organic compounds to natural sediments and soils. Environ Sci Technol 20, 7: 717–725

Sachverzeichnis

- Gattungs- und Artnamen sind kursiv gesetzt
- Namen von Lokalitäten aller Art in Kapitälchen.
- Fettgedruckt sind Seitenzahlen, bei denen das Stichwort ausführlicher diskutiert wird.
- Das „f." verweist auf die nachfolgende Seite, das „ff." auf die nachfolgenden bis zu 10 Seiten.
- Elemente und chemische Verbindungen sind ausgeschrieben, z.T. mit den Kürzeln des PSE in Klammern nachgestellt.

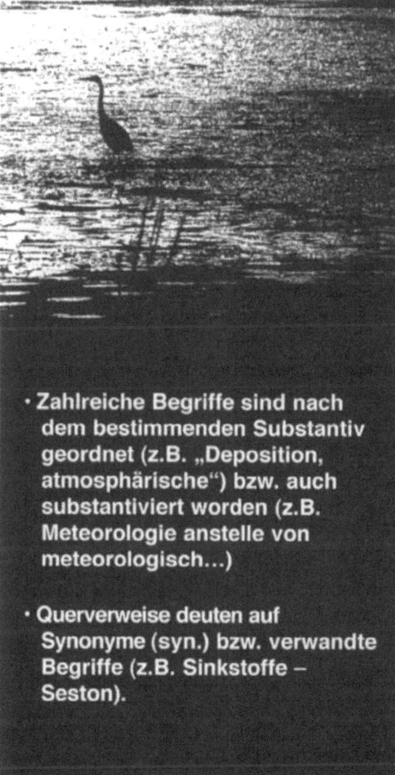

- Zahlreiche Begriffe sind nach dem bestimmenden Substantiv geordnet (z.B. „Deposition, atmosphärische") bzw. auch substantiviert worden (z.B. Meteorologie anstelle von meteorologisch...)
- Querverweise deuten auf Synonyme (syn.) bzw. verwandte Begriffe (z.B. Sinkstoffe – Seston).

H

M

N

O

Q

R

MIX
Papier aus verantwortungsvollen Quellen
Paper from responsible sources
FSC® C105338

If you have any concerns about our products,
you can contact us on
ProductSafety@springernature.com

In case Publisher is established outside the EU,
the EU authorized representative is:
Springer Nature Customer Service Center GmbH
Europaplatz 3, 69115 Heidelberg, Germany

Printed by Libri Plureos GmbH
in Hamburg, Germany